10	11	12	13	14	15	16	17	18
								₂He ヘリウム 4.003
			₅B ホウ素 10.81	₆C 炭素 12.01	₇N 窒素 14.01	₈O 酸素 16.00	₉F フッ素 19.00	₁₀Ne ネオン 20.18
			₁₃Al アルミニウム 26.98	₁₄Si ケイ素 28.09	₁₅P リン 30.97	₁₆S 硫黄 32.07	₁₇Cl 塩素 35.45	₁₈Ar アルゴン 39.95
₂₈Ni ニッケル 58.69	₂₉Cu 銅 63.55	₃₀Zn 亜鉛 65.38	₃₁Ga ガリウム 69.72	₃₂Ge ゲルマニウム 72.63	₃₃As ヒ素 74.92	₃₄Se セレン 78.97	₃₅Br 臭素 79.90	₃₆Kr クリプトン 83.80
₄₆Pd パラジウム 106.4	₄₇Ag 銀 107.9	₄₈Cd カドミウム 112.4	₄₉In インジウム 114.8	₅₀Sn スズ 118.7	₅₁Sb アンチモン 121.8	₅₂Te テルル 127.6	₅₃I ヨウ素 126.9	₅₄Xe キセノン 131.3
₇₈Pt 白金 195.1	₇₉Au 金 197.0	₈₀Hg 水銀 200.6	₈₁Tl タリウム 204.4	₈₂Pb 鉛 207.2	₈₃Bi ビスマス 209.0	₈₄Po ポロニウム (210)	₈₅At アスタチン (210)	₈₆Rn ラドン (222)
₁₁₀Ds ダームスタチウム (281)	₁₁₁Rg レントゲニウム (280)	₁₁₂Cn コペルニシウム (285)	₁₁₃Nh ニホニウム (284)	₁₁₄Fl フレロビウム (289)	₁₁₅Mc モスコビウム (288)	₁₁₆Lv リバモリウム (293)	₁₁₇Ts テネシン (293)	₁₁₈Og オガネソン (294)

₆₄Gd ガドリニウム 157.3	₆₅Tb テルビウム 158.9	₆₆Dy ジスプロシウム 162.5	₆₇Ho ホルミウム 164.9	₆₈Er エルビウム 167.3	₆₉Tm ツリウム 168.9	₇₀Yb イッテルビウム 173.0	₇₁Lu ルテチウム 175.0
₉₆Cm キュリウム (247)	₉₇Bk バークリウム (247)	₉₈Cf カリホルニウム (252)	₉₉Es アインスタイニウム (252)	₁₀₀Fm フェルミウム (257)	₁₀₁Md メンデレビウム (258)	₁₀₂No ノーベリウム (259)	₁₀₃Lr ローレンシウム (262)

周期表

＊ここに示した4桁の原子量は，IUPACで承認された最新の原子量表をもとに，日本化学会原子量専門委員会が作成したものである。安定な同位体がなく，天然で特定の同位体組成を示さない元素は，その元素の放射性同位体の質量数の一例を（ ）内に表示してある。

単体は気体（常温25℃，1.013×10^5Pa）
単体は液体（常温25℃，1.013×10^5Pa）
単体は固体（常温25℃，1.013×10^5Pa）

I₂ 塩素 — chlorine
Ca カルシウム — calcium
Fe 鉄 — iron
Cu 銅 — copper
Zn 亜鉛 — zinc
Ag 銀 — silver
I₂ iodine
lead

化学を学ぶあなたへ

「化学」は物質の科学であるといわれる。教科書では，物質をつくる原子や分子の性質を明らかにし，それらに基づいて物質がどれほど多様に変化しているかを解きあかしている。しかし，教科書だけではなかなか説明しつくせない面が多いのも事実だ。

それに答えようとしたのが本書である。図や写真を中心にした構成で，教科書の内容を一層深く理解出来るようにし，さらに化学がとても面白い学問であることをダイナミックにワイドに示している。本書は次のような特色をもっている。

1. 写真とコンピューターグラフィックスによるビジュアルな紙面
化学は，単なる暗記科目ではない。本書で学べば，化学が知的好奇心をかき立てる，すばらしい学問であることをきっと実感してもらえると思う。

2. 工夫された図による要点の適切な解説
斬新なモデル図やイラストが複雑な物質の性質や変化のようすをわかりやすく理解する糸口を与えるだろう。ミクロの世界の化学変化のイメージを一層かきたてる図も多い。

3. 教科書の内容の実験のほとんどを写真で解説
実験の過程を連続して撮影したり，特徴的な変化の瞬間をとらえたりしてリアルに，ダイナミックに再現している。授業でできなかった実験もこれで安心だ。

4. 見開き2ページで1項目の要点整理
灰色の帯線で事項をくくり，見開き全体での思考の筋道と視覚の流れが一致するようにした。

5. 高校化学の全内容を網羅し，資料も豊富
新課程の「化学基礎」「化学」の内容のすべてがこの1冊に凝縮されている。

使いやすさのための工夫

- 章ごとにタイトル部分の帯とページ両脇のつめが色分けされており，裏表紙から迅速に各章を検索できる。
- タイトルの右側にガイドラインを設けた。
- 発展的内容には ちょっと発展 マークを入れた。
- 分子モデルの色は全編を通して元素別に統一してある。

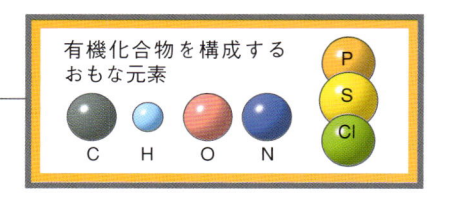

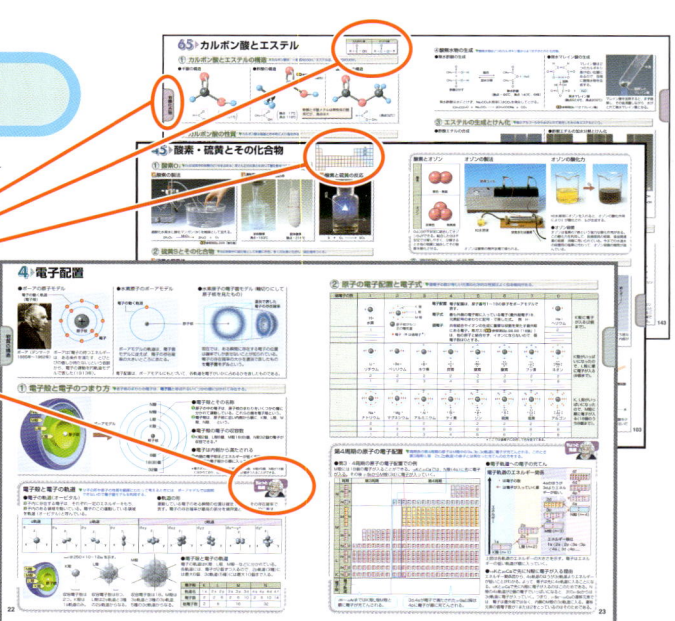

有機化合物を構成するおもな元素
C H O N P S Cl

ダイナミックワイド
図説化学

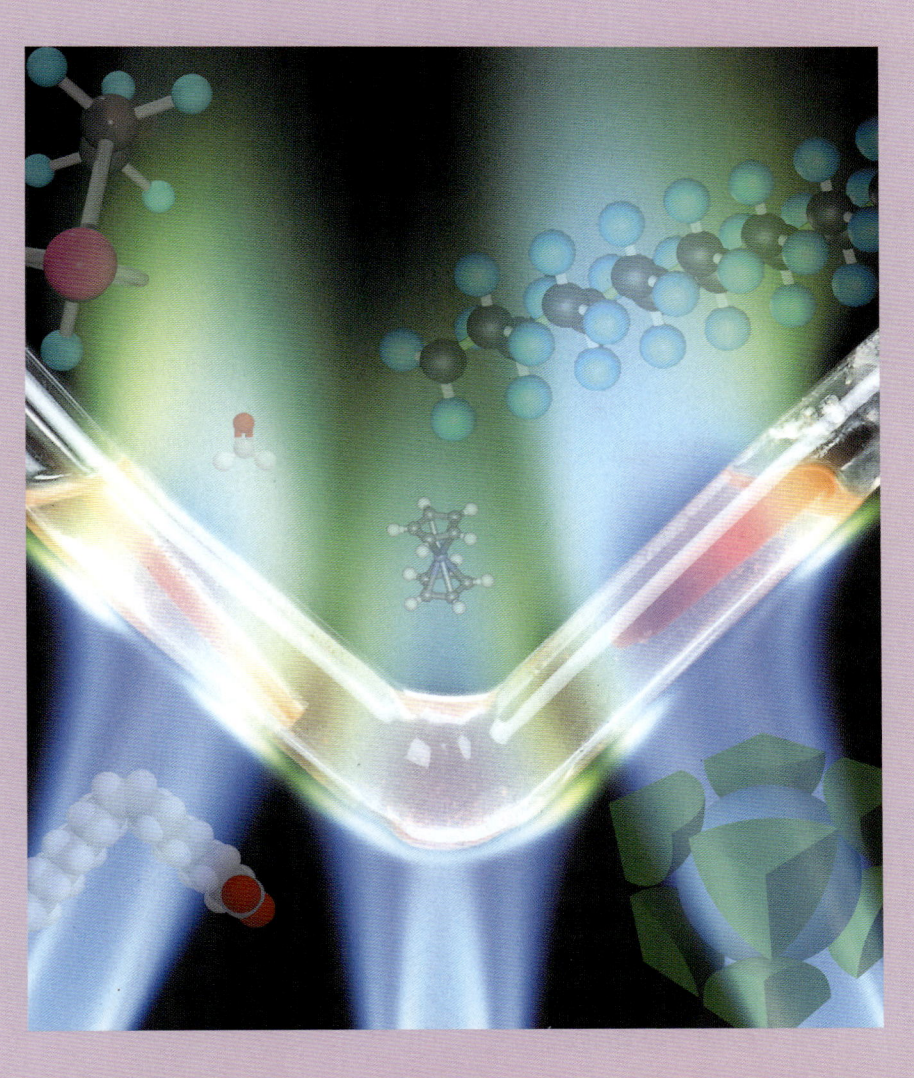

東京書籍

目次

化学基礎 おもに「化学基礎」で学習する内容です。
化学 おもに「化学」で学習する内容です。

序章 化学の進歩		4～7
実験室と安全		8
実験の基礎操作		9～15

第1章 物質の構造 化学基礎　16～45

1	物質の世界と化学の領域	16
2	物質の成分	18
3	原子の構造	20
4	電子配置	22
5	イオンの生成	24
6	元素の周期表	26
7	イオン結合とイオン結晶	28
8	共有結合と分子	30
9	分子の極性と水素結合	32
10	金属結合と金属結晶	34
11	化学結合のまとめ	36
12	原子量・分子量・式量	38
13	物質量	40
14	化学反応式	42
15	化学の基本法則	44

第2章 物質の状態 化学　46～63

16	物質の状態変化	46
17	気液平衡と蒸気圧	48
18	ボイル・シャルルの法則と気体の状態方程式	50
19	混合気体の圧力	52
20	理想気体と実在気体	53
21	溶解と溶液の濃度	54
22	溶解度（固体・気体）	56
23	薄い溶液の性質	58
24	コロイドの特徴と生成	60
25	コロイド溶液の性質	62

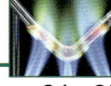

第3章 物質の化学変化　64～95

26	化学反応と熱 化学	64
27	酸・塩基	66
28	pHと指示薬	68
29	中和反応	70
30	中和滴定	72
31	塩 化学基礎	74
32	酸化と還元	76
33	酸化剤と還元剤	78
34	金属のイオン化傾向	80
35	電池	82
36	実用電池	84
37	電気分解	86
38	化学反応の速さ 化学	88
39	可逆反応と化学平衡	90
40	化学平衡の移動	92
41	水溶液の化学平衡	94

第4章 無機物質 化学　96～129

42	周期表と物質の性質	96
43	水素と希(貴)ガス	98
44	ハロゲンとその化合物	100
45	酸素・硫黄とその化合物	102
46	窒素・リンとその化合物	104
47	炭素・ケイ素とその化合物	106
48	アルカリ金属とその化合物	108
49	2族元素とその化合物	110
50	アルミニウム・亜鉛とその化合物	112
51	カドミウムと水銀，スズと鉛	114
52	鉄・コバルト・ニッケルとその化合物	116
53	銅・銀とその化合物	118
54	その他の遷移元素(Cr, Mn, Au, Pt)	120

参考資料／物質の構造／有機化合物
索引／物質の状態／高分子化合物
／物質の化学変化／生命と物質
／無機物質／生活と物質

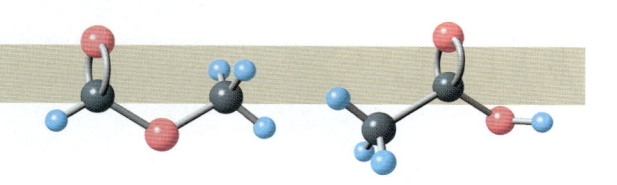

55	金属イオンのまとめ (1)	122
56	金属イオンのまとめ (2)	124
57	錯イオンの構造	126
58	金属イオンの分離と確認	128

第5章 有機化合物 化学 130〜159

59	有機化合物の特徴と分類	130
60	有機化合物の構造と異性体	132
61	アルカン・アルケン・アルキン	134
62	アルカン・アルケン・アルキンの生成と反応	136
63	アルコールとエーテル	138
64	アルデヒドとケトン	140
65	カルボン酸とエステル	142
66	油脂	144
67	セッケンと合成洗剤	146
68	有機化合物の構造決定	148
69	芳香族炭化水素	150
70	フェノール類	152
71	芳香族カルボン酸	154
72	芳香族アミンとアゾ化合物	156
73	有機化合物の分離	158

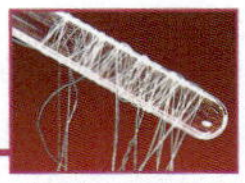

第6章 高分子化合物 化学 160〜167

74	高分子化合物とその性質	160
75	付加重合体と縮合重合体	162
76	熱硬化性樹脂・イオン交換樹脂・ゴム	164
77	特殊な機能をもった高分子	166

第7章 生命と物質 化学 168〜181

78	生体をつくる物質	168
79	糖類1 (単糖類・二糖類)	170
80	糖類2 (多糖類)	172
81	アミノ酸・タンパク質	174

82	酵素	176
83	生体内での化学反応	178
84	核酸	180

第8章 生活と物質 182〜205

85	食品の化学	182
86	薬の化学	184
87	肥料の化学	186
88	衣料の化学	188
89	染料と染色の化学	190
90	金属の化学	192
91	金属材料	194
92	セラミックス	196
93	無機化学工業	198
94	石油化学	200
95	化学とエネルギー	202
96	化学と環境 化学基礎	204

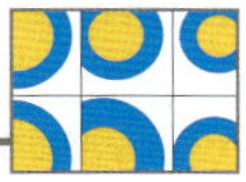

参考資料

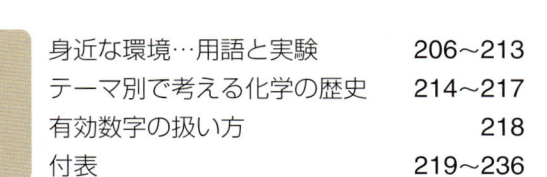

身近な環境…用語と実験	206〜213
テーマ別で考える化学の歴史	214〜217
有効数字の扱い方	218
付表	219〜236

索引　237〜244

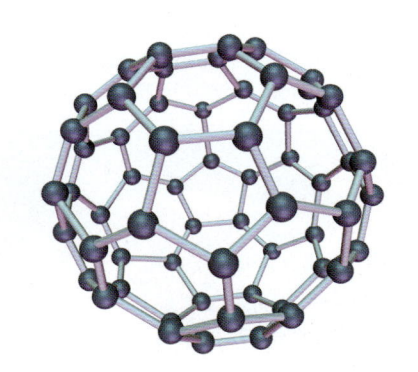

化学の進歩

●化学とは何か。化学は一口でいえば「物質を扱う学問」である。では、物質の何を扱うかというと、それこそ君たちが物質について知りたいと思っていることにほかならない。それを考えると、化学が何を扱うかの答えが自然にでてくる。

I. 物質の起源	地球自身を含めた身の回りの物質はどこからきたのだろうか。	**V. 物質の機能**	なぜある物質は私たちにとって役に立ち、ある物質はそうでないのだろうか。
II. 物質の反応	物質はなぜある決まった仕方で反応するのか。	**VI. 物質の合成**	目的とする性質、機能をもつ物質をいかにつくるのか。
III. 物質の構造	物質のつくりはどうなっているのだろうか。	**VII. 物質の影響**	物質を扱うことは、人間社会にどういう影響をおよぼすか。
IV. 物質の利用	物質を利用することによって人間の生活を豊かにできるか。		

人間はこういったことに興味をもちながら、化学という学問を深めてきた。

はじめは物質の起源とか利用が主であったが、学問の発展にともなって、次第に構造に関心が深まった。そして化学の発展、それにともなう物質の大量合成、大量利用が始まった段階で、大量の物質の利用が地球におよぼす影響が問題になってきた。人間がどのように物質にとり組んできたかを眺めることは、化学の進歩をたどることにほかならない。

❶ビッグバンからわずか10万分の1秒後に素粒子が生まれ、3分後には水素とヘリウムの元素の原子核が生成した。それから数十万年後に宇宙の温度が数千度に下がると、水素とヘリウムの原子核は電子をとらえ、電気的に中性な原子ができた。原子の誕生である。

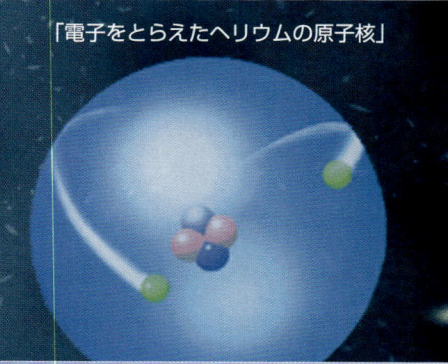

「電子をとらえたヘリウムの原子核」

物質はどこから来たのだろうか

宇宙は今から150億年ほど前、高温・高密度の火の玉として誕生した。ビッグバンである。宇宙は急激な膨張を続け、その嵐の中では、素粒子が飛びかっているだけで、まだ物質と呼べるようなものは誕生していなかった。膨張によって温度と密度が下がると、素粒子の結合が始まり、水素やヘリウムなどができてきた。新しい元素の誕生がさらに続き、銀河系が形成されていった。

地球は今から46億年ほど前、太陽はそれより数億年前に誕生したといわれる。渦を巻いて回っていた物質のほとんどが集まって太陽となった。一方、強い太陽風は軽い元素を吹き飛ばしたので、水星、金星、地球、火星などでは重い元素が残り、ケイ酸塩を主成分とする地殻からなる地球型惑星となった。

木星より遠い星は、太陽風によって吹き飛ばされた水素やヘリウムなどの軽い元素からなる木星型惑星となった。太陽系全体として見ると、水素とヘリウムが98%を占めているから、太陽系の中で、物質の量という点では、地球型惑星は小さな存在であることがわかる。

太陽系の物質のほとんどが太陽に集中すると、太陽は自己重力により圧縮され、高温となり、中心部で核反応が始まった。一方、地球のもとになった小天体に隕石が衝突をくり返し、地球は次第に成長していった。衝突にさいして生じた熱のために地球は融解し、中心に鉄を主成分とする核、その上にマントル、その上にケイ酸塩を主成分とする地殻が構成された。

地球の初期においては、表面は高温で、水蒸気の圧力も100気圧に達していた。しかし、太陽系が成長して衝突の回数が減り、地球の温度が下がってくると、適当な質量と太陽との距離のお陰で、水が液化し、雨となって地表に降り注ぎ、地表の一部を水でおおった。こうして生命をはぐくむ海が誕生した。

火星や金星など、他の地球型惑星の大気の主成分は二酸化炭素である。地球もまた、初期においては同じ状態であった。しかし、今では二酸化炭素は0.04%程度である。この大きな変化の原因は、地表が水でおおわれたことである。二酸化炭素は水にとけ、さらに炭酸塩となって沈殿した。もし地球を金星の位置に移すと、太陽エネルギーをより多く受けるようになり、炭酸塩は分解して二酸化炭素となって大気中に放出され、地球は金星の大気に似た組成の大気におおわれるようになる。

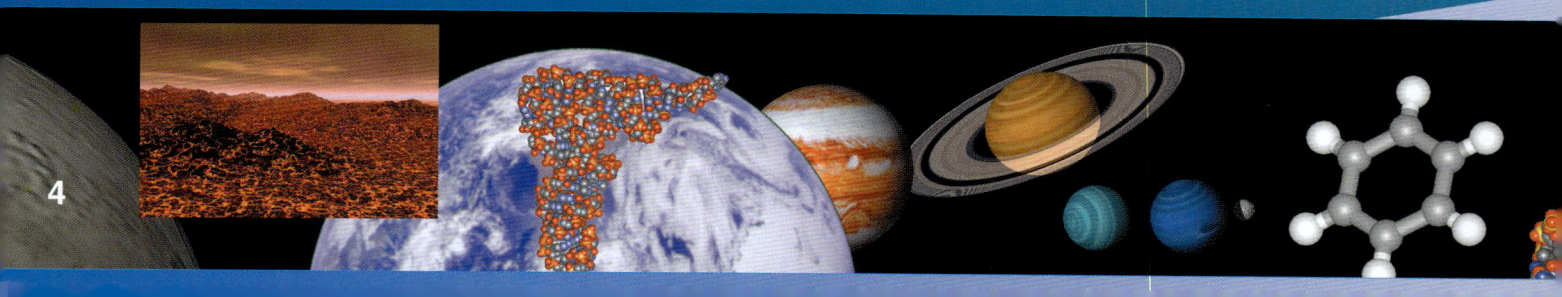

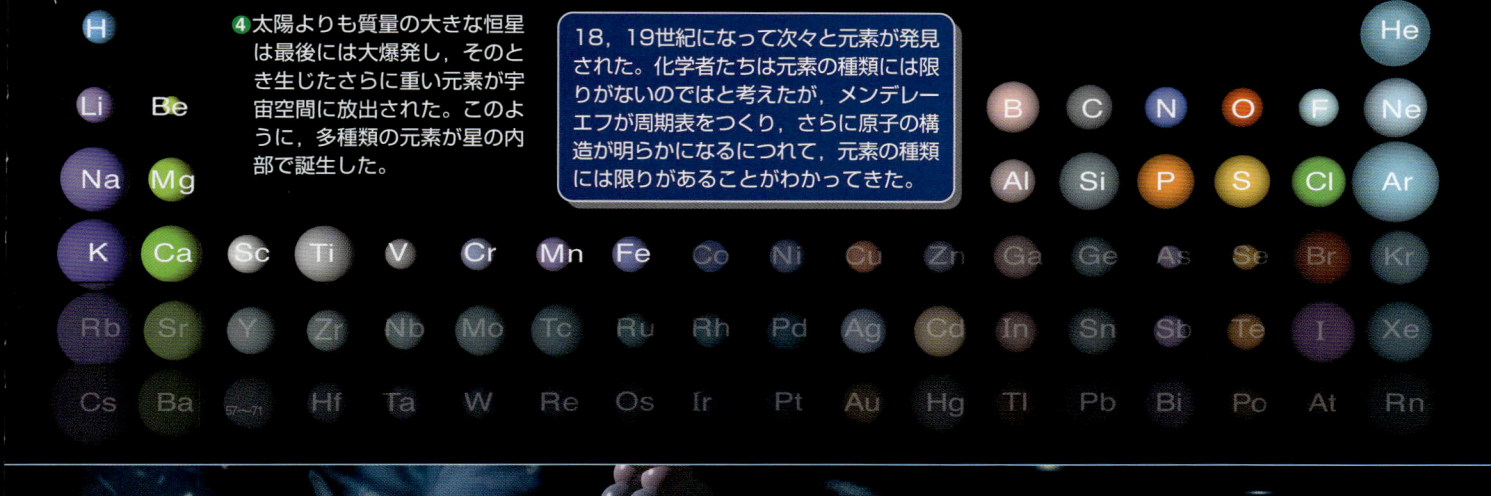

④ 太陽よりも質量の大きな恒星は最後には大爆発し、そのとき生じたさらに重い元素が宇宙空間に放出された。このように、多種類の元素が星の内部で誕生した。

18, 19世紀になって次々と元素が発見された。化学者たちは元素の種類には限りがないのではと考えたが、メンデレーエフが周期表をつくり、さらに原子の構造が明らかになるにつれて、元素の種類には限りがあることがわかってきた。

② ビッグバンから10億年後、猛烈な勢いで膨張していく宇宙で、水素やヘリウムが重力で引き合い恒星となり、それらが集合して銀河が形成された。

③ 太陽のような恒星では、中心部で水素燃焼反応（核融合反応）が起こりヘリウムがつくられ、その一部は炭素や酸素に融合する。燃料である水素がつきると、太陽は輝きを失い、一生を終わる。

物質はなぜ反応するか

　物質についての知識が深まって、物質が(今日の言葉でいえば化学反応によって)変化することが分かってくると、物質によって反応性が異なることが注目された。18世紀末の化学者は、その差を「親和力」で説明した。反応AB+CD→AC+BDが起こるのは、AはBに対してよりも、Cに対してより大きな親和力をもつからだと説明された。

　19世紀になって電池が発明され、電気分解の現象が知られるようになると、プラスの電荷をもつものと、マイナスの電荷をもつものどうしの引きつけ合いが物質の反応の原動力である、という「電気化学的二元論」がさかんになった。この理論は、形を変えて、今日の「イオン結合」の理論に残っている。

　物質がなぜ反応するかという最終的な答えは「共有結合」の理論の誕生を待たなければならなかったし、その共有結合の理論が成立するためには、原子構造や、電子の位置が明らかになる必要があった。共有結合の理論の骨子は、結合とは、2個の原子が2個の電子を共有してたがいに一定の距離を保つことであり、また、共有の原動力は、(水素原子は例外だが)各原子がその最外殻に電子を8個もつことによる安定性であった。

　結合生成の理論ができれば、反応はなぜ起こるのかの説明まであと一歩である。反応が起こるためには、結合が切れやすい条件にあること、新しい結合ができると系が安定化することの二つの条件が必要であると予想できよう。

　有機化合物を例にしよう。炭化水素のC-C結合やC-H結合には電子のかたよりがほとんど無いから、切れにくい結合である。しかし、アルコールやカルボン酸などでは、電子がかたよったC-O結合やO-H結合であるから、そこで反応が起こる。

　量子力学を用いて分子の中の電子のかたよりを計算する手法の先駆者の一人が、日本人初のノーベル化学賞受賞者、福井謙一である。今日では、簡単な分子についてのこの種の計算は、パソコンでも実行可能になっている。君たちもやってみることができる。

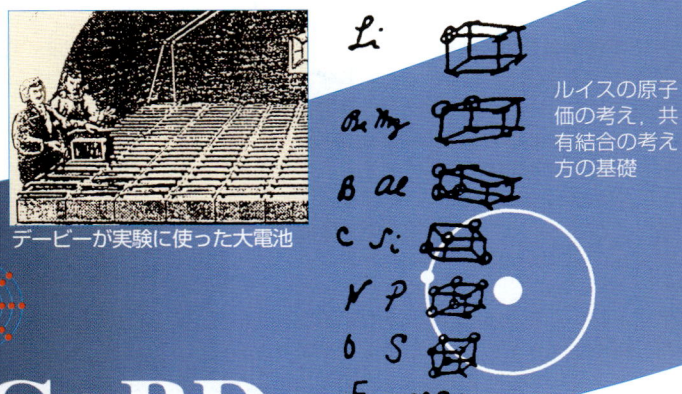

デービーが実験に使った大電池

ルイスの原子価の考え、共有結合の考え方の基礎

$$AB+CD \rightarrow AC+BD$$

化学を学ぶ意義

化学を学ぶことにどういう意義があるのだろうか。もしあなたが将来化学者になろう，あるいは科学技術者になろう，と考えているのなら，それは化学が好きか，少なくとも嫌いではないのだろうから，いまさら化学を学ぶ意義を議論しなくてもよいのかもしれない。そういうあなた方は，自然に化学に親しみ，化学を深く学ぶことになるだろうから。

しかし，あなた方の多くは，今の段階では自分の将来を必ずしも決めているわけではないだろう。そこで，ここでは，化学と直接関係のない職業についている人たちにとって，化学を学ぶことにどんな意義があるのか，という見方で考えてみよう。

シャーロック・ホームズものを読んだことがあるだろうか。ホームズはときどき気晴らしにヴァイオリンを弾いたり，化学実験を部屋の隅で試みて，くさい臭いでワトソン博士を悩ませたりしたものだった。

これこそまさに趣味，教養としての化学である。だが，実のところ，21世紀の市民はもう少し積極的に化学に関心をもってほしい。いや，そうしなければならない時代になった。科学技術の発展とともに人間の生活が豊かになるにつれて，生産され，消費され，最終的には廃棄される物質の量が，科学技術が大発展する以前の状態に比べて桁違いに多くなった。また，科学技術が最初に考えられたものとは違った用途に用いられることもあった。

ノーベルの遺言

スウェーデンの科学技術者ノーベルは，きわめて爆発性が高いニトログリセリンを安全にとり扱うことのできる製品に改良することに努力し，ダイナマイトやその他のとり扱いやすい爆薬をつくった。彼はこれらの発明が，例えば鉱山やトンネルでの発掘作業を安全，かつ容易にすることによって，人類の福祉に貢献すると考えた。しかし，現実は，これらの爆薬の最大の効果は，戦争における殺人を容易にしたことだった。ノーベル賞は，この予期せざる使われ方に心を痛めたノーベルの遺言によって設定された。

BHC(ベンゼンヘキサクロリド)やDDTのような塩素系農薬は，作物を虫害から守ることによって，農業に従事する人の仕事を楽にし，さらに食糧増産を可能にすると期待された。農薬が小規模な農場で試験的に用いられている限りでは，そのような希望は現実となった。しかし，飛行機で大量の農薬を散布するようなことが日常的に行われるようになると，土壌に蓄積された農薬がさまざまな害をおよぼすようになった。

塩素系農薬以外にも，オゾン層を破壊するフロン，温室効果の原因となる二酸化炭素のように，地球規模の環境破壊を引き起こす物質が問題になってきた。

ベーカー街221Bのホームズの居間
実験器具が右手の机の上に見える。

飛行機による農薬散布（アメリカ）

「沈黙の春」の著者
レイチェル・カーソン

市民としての化学的知識

アメリカの生態学者カーソンは，1962年に『沈黙の春』という本をあらわし，春がきても鳥が鳴かないようになった原因を明らかにした。いわゆる環境問題がこれを契機に真剣に考えられるようになった。

BHCやDDTの場合は，これらの製造を中止し，代替品を用意すれば一応解決できることである。化学物質をどのように扱うかを決めるのは，市民の責任である。大切な判断を下すにあたって，適切な化学的知識を備えているのが望ましいことはいうまでもない。化学を学ぶ意義はまさにここにある。化学的知識は，「持続可能な社会」を実現するための重要な前提であるといえる。

ノーベルとノーベル賞

　前に述べたように，ダイナマイトの発明者ノーベルの遺言によって設立されたノーベル賞には，化学賞が含まれている。それは，ノーベルが「化学こそは人類の福祉に貢献する学問である」と考えたからにほかならない。
　第1回ノーベル化学賞はファント・ホッフにあたえられた。認められた業績の一つは「溶液の浸透圧の発見」である。これは化学IIの学習範囲である。ファント・ホッフのもう一つの重要な業績は，「炭素の正四面体構造の確立」である。
　ファント・ホッフの二つの業績は，p.4冒頭の「II.物質の反応」と「III.物質の構造」の化学テーマに該当しよう。関連して，これまでのノーベル化学賞受賞者の業績を調べ，化学のテーマのどれに該当する業績が受賞の対象になったかを調べてみるのもよいだろう。
　理化学辞典(岩波書店)など，科学関係の辞典にはノーベル賞受賞者とその業績がのっているので参考になる。本格的に調べるために，インター

> 　アルフレッド・ノーベルは1833年スウェーデンのストックホルムで生まれた。アメリカで機械工学を学び，1866年にダイナマイトを発明した。
> 　1896年12月10日にイタリアで亡くなった。ノーベルの遺書には，国籍を問わず人類にもっとも貢献した人に賞を贈ることがかかれていた。
> 　この遺言をもとに財団がつくられ，彼の命日にノーベル賞の授賞式もよおされることになった。最初のノーベル物理学賞はX線を発見したレントゲンに授与された。

炭素の正四面体構造

ノーベル　福井謙一　白川英樹　野依良治　小柴昌俊　田中耕一

ネットでノーベル財団(ノーベル賞を運営している組織)ホームページにアクセスしてみよう。下図左：(URL；http://www.nobel.se)
　そこでChemistryの欄をクリックすると，最新のものから始まる受賞者リストがでてくる。2001年をクリックすると，下の右図が得られ，3名の受賞者William S.Knowles, Ryoji Noyori, K Barry Sharplessの名前と顔写真が見られる。このページから，各受賞者に関する様々な情報が得られるようになっている。

ノーベル財団ホームページの表紙　　ノーベル財団のホームページのうち，受賞者の欄。

　ホームページから，Nobel Laureates(受賞者)を選んでクリックすると，受賞者の目次に相当するもの(左図)が出てくる。

　日本からは，これまで7名がノーベル化学賞を受賞している。福井謙一(1981年)は物質の反応に関する研究，白川英樹(2000年)，野依良治(2001年)は物質の合成に関する研究，田中耕一(2002年)は生体高分子の構造決定に関する研究，下村脩(2008年)は蛍光を発するタンパク質の研究，根岸英一・鈴木章(2010年)は有機化合物を効率的に合成する手法の研究で受賞している。これらの成果のほとんどは，君たちがこれから学ぶ基礎的な研究の発展から生まれたものだと考えられる。

21世紀を生きるあなたへのメッセージ

　結局のところ，あなたは何を学ぶべきなのだろうか。21世紀を迎えて，人類がなすべきことはただ一つ，「持続可能な社会」を維持して，あとに続く子孫に，いまあなたが享受している文明生活を贈ることである。不用意に拡散された化学物質によって地球環境が大きな影響を受けることを考えると，「持続可能な社会」をつくる鍵は21世紀型化学，すなわち［持続可能な化学］にある。
　だが，化学者だけでは，「持続可能な化学」をつくり，発展させることはできない。市民の一人一人が，「持続可能な社会」を維持するのに化学が果たす役割を理解し，化学の成果に関心をもつだけでなく，自分自身の生活の中に，「持続可能な化学」の考え方をとり入れることが重要である。
　「持続可能な化学」の基礎は，いうまでもなく，資源の活用である。それも単にリサイクルとか消費を抑えるといったレベルのことではない。原料から有用な物質（つまり私たちが消費する物質）に変換していく過程を，従来の方法（例えばフラスコを加熱して反応させる）を改めて，もっとも効率よく物質変換をおこなう生物のやり方に近づけることが必要である。
　生物の真似をすることは，従来の化学を思い切って変えることでもある。フラスコの中で行われる反応では，個々の分子はいわば勝手にふるまうので，目的物以外の副産物がいろいろできることが多かった。「ナノテクノロジー」という新しい分野が加わった21世紀型化学では，化学者はナノメートルの大きさの分子や分子の集合体の1個1個をあやつり，しかも生物のような効率で反応を進める。20世紀後半になって発展してきた，原子や分子などが弱い相互作用で結びついて新しい機能を示す「超分子」の化学がその基礎にある。
　あなたがこれから学ぶ化学は，従来の化学であるのは事実である。だが，21世紀型化学もまた，従来の化学を基礎に発展してきたものである。あなたがまず従来の化学を学ぶのは，21世紀型化学を理解するための第一歩である。

（竹内敬人）

実験室と安全

実験室には安全・快適に実験をするための設備が用意されている。

■**実験を行う前に**
- 実験内容を予習し，目的・方法を理解しておく。
- 使用する薬品や器具の取り扱い上の注意を理解しておく。
- 必要に応じて白衣や安全眼鏡を着用する。
- 長い髪はゴムなどで束ねる。

■**実験中は**
- 実験は原則的に立って行う。いすは実験台の中に入れる。
- 実験台には必要なもの以外を置かない。器具・薬品は誤って床に落とさないように実験台の中央に置く。
- 実験室内では走り回ったりせず，操作は落ち着いて行う。
- 事故が起こったら，あわてずに指導者を呼びに行く。
- 観察事項や測定データはそのつど記録する。

■**実験後は**
- ガスバーナーは火を消し，ガスの元栓を必ずしめる。
- 有害薬品は流しに流さず，所定の容器に回収する。
- 使用した薬品，器具，測定機器などは所定の場所に返却する。
- 実験結果を整理し，レポートを作成する。

■**薬品棚（庫）**
薬品は分類して薬品棚や薬品庫に納めてある。地震などで倒れないようしきりや棒が付いている。

安全に実験するために

■**白衣と安全眼鏡の着用**
薬品が飛び散るおそれのあるときは，必ず白衣と安全眼鏡を着用する。

■**廃液の回収**
実験廃液は指示された容器に捨てる。むやみに流しに捨ててはいけない。

■**ドラフトチャンバーの利用**
有毒または悪臭のある気体を扱うときに利用する。

空気は→のように流れ，実験室内は清浄に保たれる。

実験の基礎操作

I. 試薬のとり方
試薬びん内への不純物の混入を防ぐため，試薬によって薬さじを使い分ける。一度試験管などにとった試薬は，試薬びんにもどさない。

固体試薬
粉末は薬さじで試験管の底まで入れる。

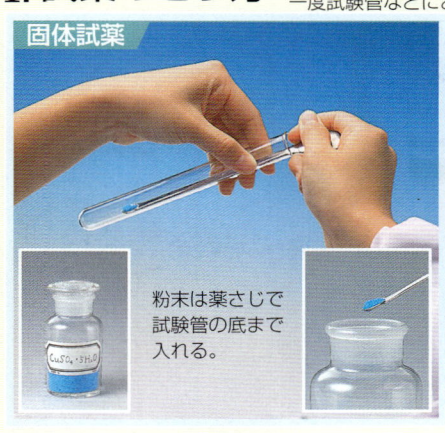

液体試薬
試験管の内壁を伝わらせて液を入れる。試薬の量は試験管の1/4以下にする。入れ終わったら，試薬びんに栓をする。

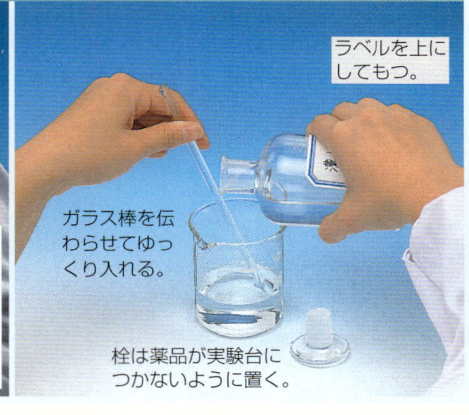

ラベルを上にしてもつ。

ガラス棒を伝わらせてゆっくり入れる。

栓は薬品が実験台につかないように置く。

II. 質量の測定
実験の精度を考えて，てんびんの種類を選ぶ。電子てんびんの表示は目的の有効数字まで読めばよい。

電子てんびん
機種により多様な形，秤量・感量のものがあるが，基本的な機能は同じである。

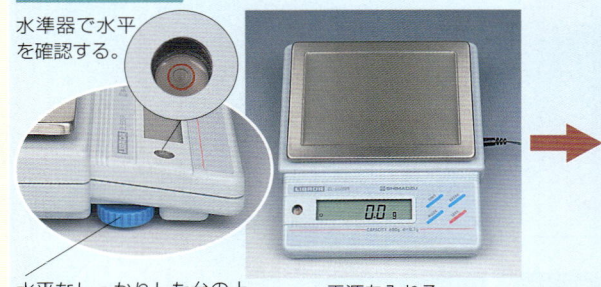

水準器で水平を確認する。

水平なしっかりした台の上に置き，水平調節ねじを回しててんびんを水平に保つ。

電源を入れる。

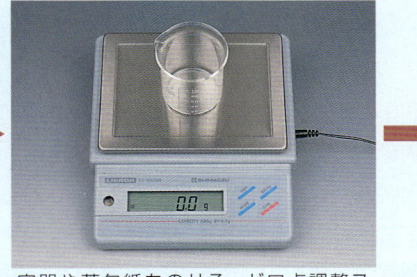

容器や薬包紙をのせる。ゼロ点調整スイッチ（機種によっては風袋消去ボタン）をおすと，試薬の質量のみが表示される。

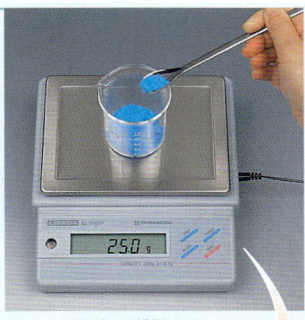

目的の質量まで，試薬を入れる。

上皿てんびん

●上皿てんびんの準備

皿　皿受け

① 振動の少ない水平な台の上に置く。収納時は支点を保護するため，皿は片方に重ねる。

調節ねじ　調節ねじ

② 皿を両側の皿受けにのせ，バランスを見る。アームが傾いていたら，左右の調節ねじで水平に調節する。

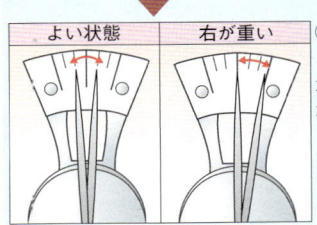

よい状態　右が重い

③ 指針を軽くふらして，左右に均等にふれたら準備完了である。右が重いと右に大きくふれる。

●一定質量の物質をはかりとる

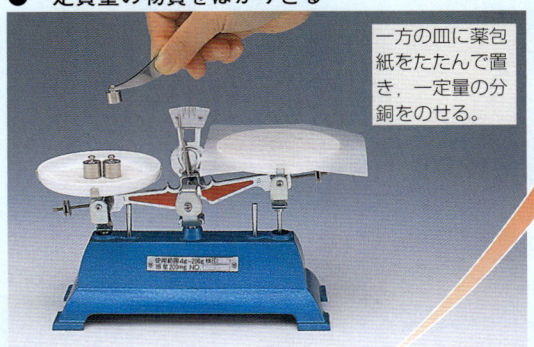

一方の皿に薬包紙をたたんで置き，一定量の分銅をのせる。

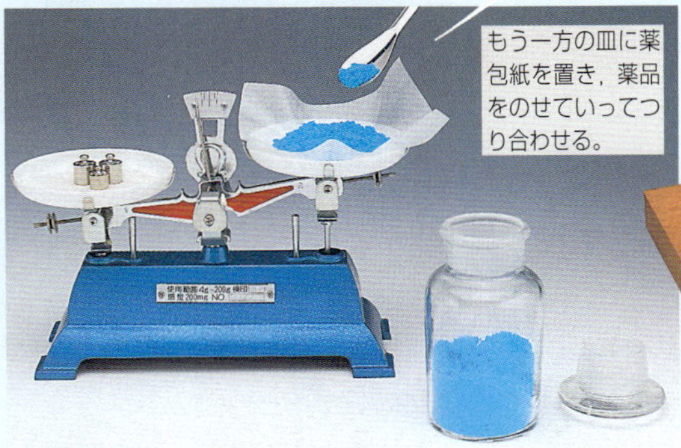

もう一方の皿に薬包紙を置き，薬品をのせていってつり合わせる。

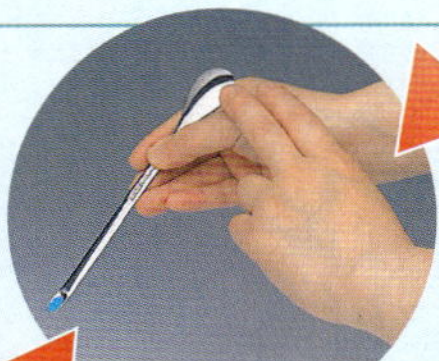

●少量の試薬の調製
薬さじをもった手を軽くたたくようにすると，粉末試薬の微量調製ができる。

●分銅の扱い方
さびて質量が変化しないようにピンセットで扱う。使い終わった分銅はすぐにケースにおさめる。

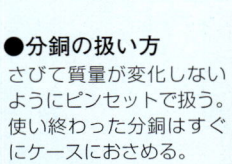

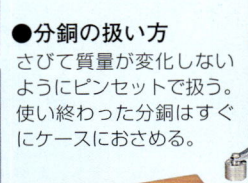

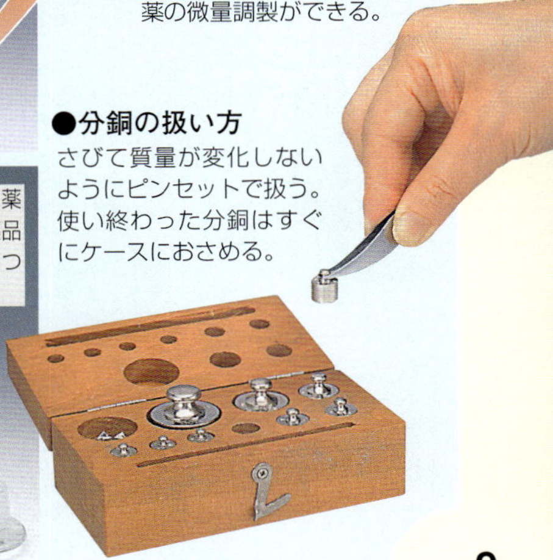

III. 体積の測定

液体の体積をはかる測定器具（測容器）は，測定の精度に合わせて適するものを選ぶ。これらの測定器具は温度により容積が変化するので，加熱乾燥してはいけない。▶▶参照 p.13

メスシリンダー
手軽に体積をはかりとることができるが，精度はメスフラスコやホールピペットより劣る。

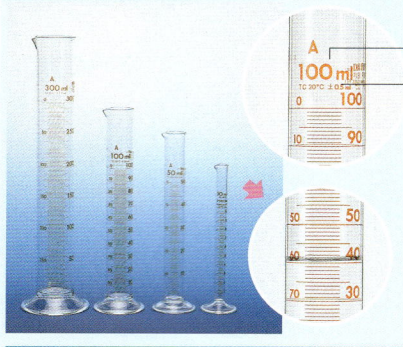

① はかれる体積の最大値
② 「20℃のとき正確な体積がはかれる」という表示。測定は20℃付近で行う。

水平な台の上に置き，液面のくぼみ（メニスカス）の底の目盛りを真横から読む。最小目盛りの 1/10 まで目測で読みとる。
（写真の例では 40.4mL）

メスフラスコ
正確な濃度の溶液を調製するのに用いる。

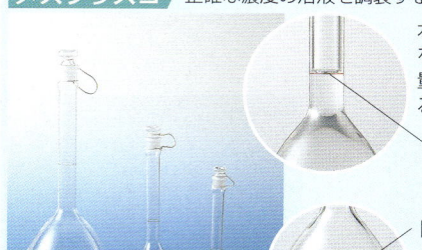

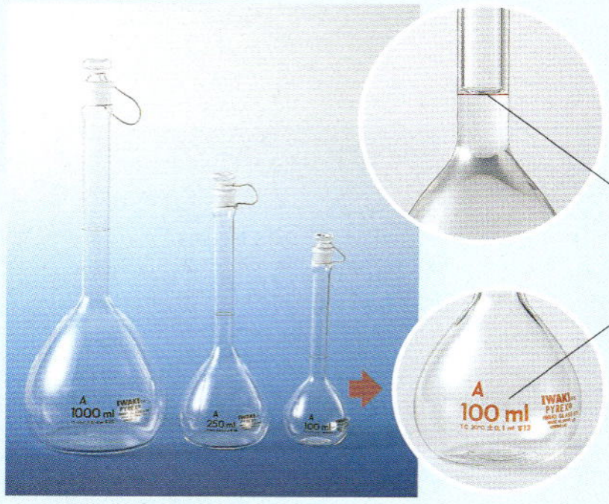

水を加えて標線にメニスカスを合わせると，正確に表示容量分の体積をとることができる。

標線

「100mL」：標線まで入れたときの内部の体積

メートルグラス
メスシリンダーと同様に扱う。口が広いので扱いやすいが，精度が落ちる。

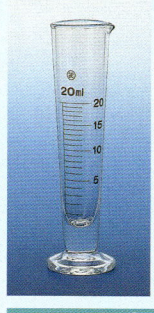

こまごめピペット
ゴムキャップを押して空気を追い出した後，先端を溶液中に入れて溶液を吸い上げる。

液体のおよその量をはかりとるのに用いる。

ホールピペット
一定量の液体を正確にはかりとるときに用いる。

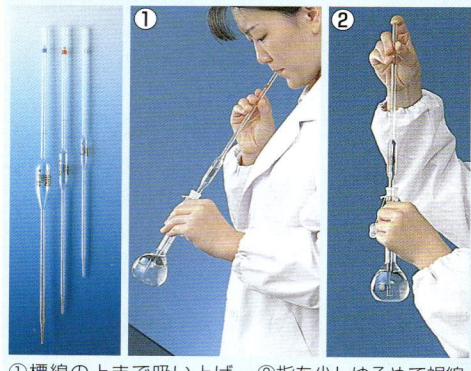

① 標線の上まで吸い上げ，口のところを指で押さえる。
② 指を少しゆるめて視線と液面の底を標線に合わせる。
③ 指をはずして溶液を容器に移す。
④ 最後の1滴はホール部分を手であたためて出す。

安全ピペッター
ホールピペットはふつう口で吸うが，有毒な液体などの場合は安全ピペッターを使う。

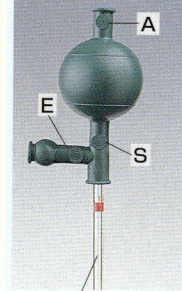

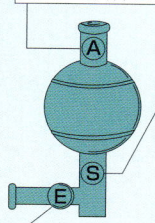

A を押すとゴムにすき間が空いて外部とつながる。

S を押すとホールピペットとゴム球部がつながり，溶液が吸い上げられる。

E を押すとホールピペットと外部がつながり，空気が入ってピペット内部の液が流出する。

ホールピペット

① A と球部を押し，球部の空気を抜く。
② S を押し標線の上まで溶液を吸い込む。
③ E を押し標線に合わせる。
④ E を押し別の容器に移す。最後の1滴は E を押して出す。または，手であたためて出す。

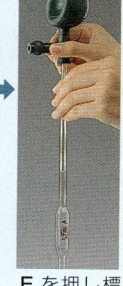

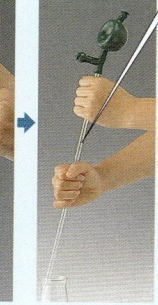

ビュレット
コックの開閉により，必要量の溶液を滴下できる。

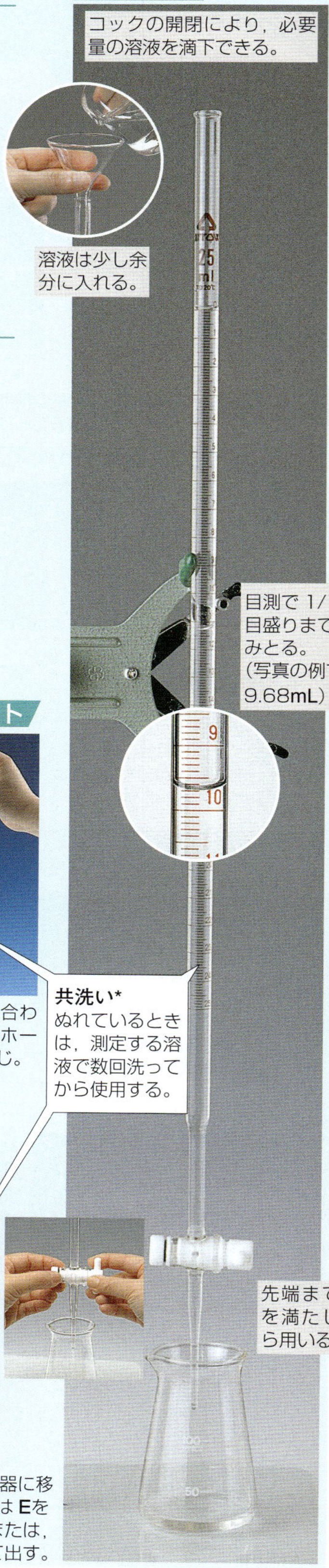

溶液は少し余分に入れる。

目測で 1/10 目盛りまで読みとる。
（写真の例では 9.68mL）

メスピペット
液面を目盛りに合わせる。使い方はホールピペットと同じ。

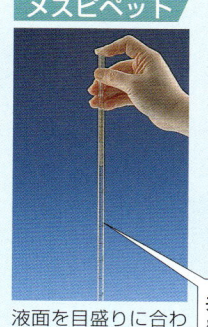

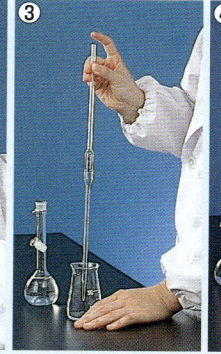

共洗い*
ぬれているときは，測定する溶液で数回洗ってから使用する。

先端まで溶液を満たしてから用いる。

*使用する溶液で洗うこと

実験の基礎操作

IV. 加熱
引火事故を防ぐため周囲の可燃物を片付け，加熱時は装置から目を離さないようにする。液体の加熱では，突沸に注意する。

ガスバーナーの使い方

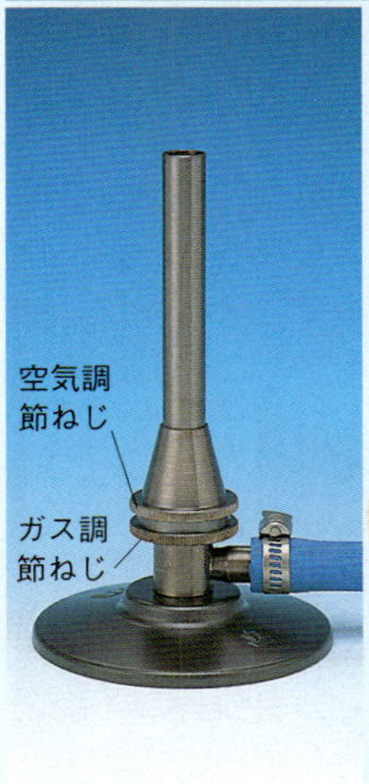

(1) 点火

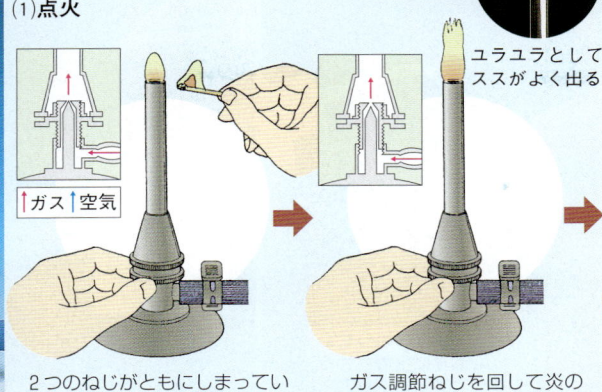

空気少ない：ユラユラとしてススがよく出る
正常：空気に冷やされ1500℃前後／1600～1800℃／空気がよく混じった炎
空気過剰

空気調節ねじ／ガス調節ねじ
↑ガス ↑空気

- 2つのねじがともにしまっていることを確認し，元栓を開く。斜め下から火を近づけ，ガス調節ねじをゆるめ，火をつける。
- ガス調節ねじを回して炎の大きさを5～6cmくらいに調節する。 
- ガス調節ねじはそのまま手で押さえ，空気調節ねじをゆるめて，炎の中に青色の三角形の部分ができるようにする。 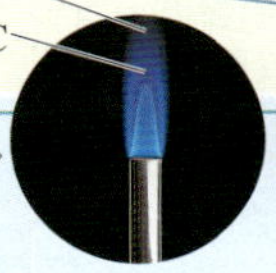  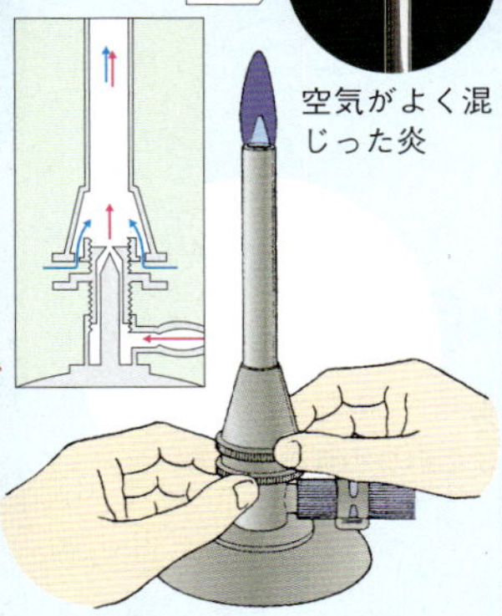

(2) 消火 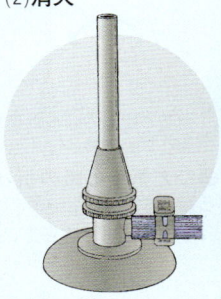
① 空気調節ねじをしめる。
② ガス調節ねじをしめる。
③ 元栓を閉じる。

いろいろな加熱方法

(1) 試験管の加熱

●液体
- 液の量は試験管の1/4～1/5にする。
- 突沸することがあるので，試験管の口は人のいる方に向けない。
- 試験管は立てない。
- 熱しているときは，試験管を時々こきざみに振り動かす。

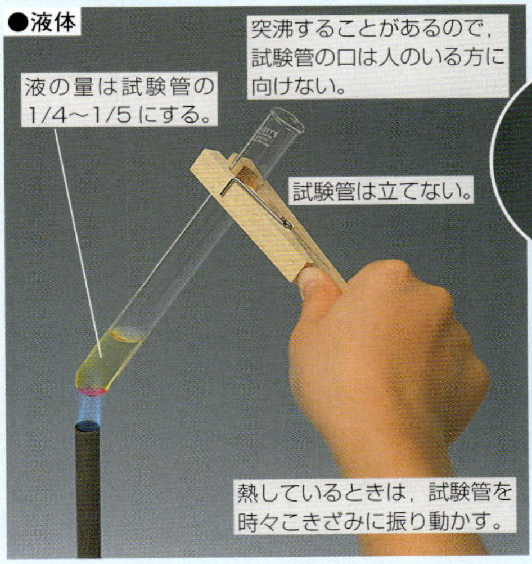

[試験管を固定して加熱するとき]

●液体 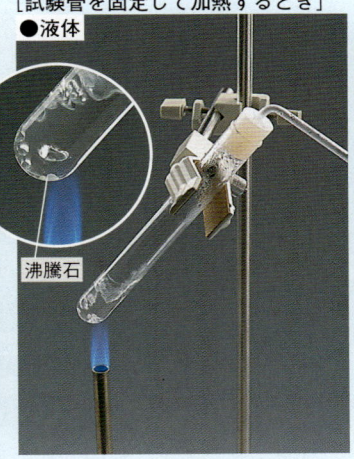
沸騰石
- 沸騰石を必ず入れる。沸騰石は加熱の途中から入れないようにする。

●固体 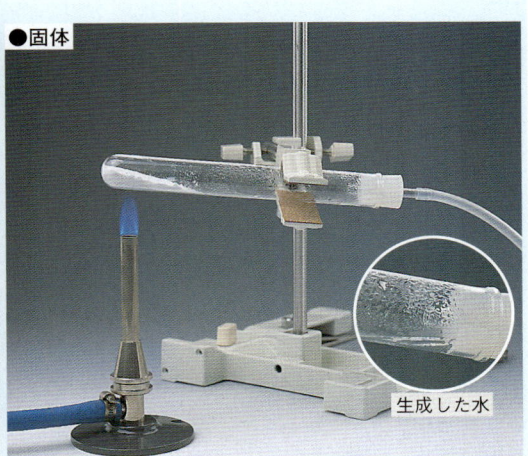
生成した水
- 固体を加熱するときは試験管の口を下向きにしておく。（生成した水が逆流して試験管が割れるのを防ぐため）

(2) ビーカー，フラスコの加熱

●直火 
- ガラス棒で撹拌しながら，加熱する。
- 三脚に金網をのせて加熱する。

●水浴 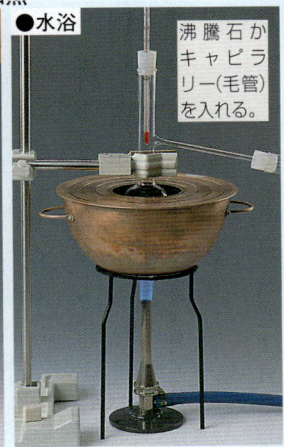
- 沸騰石かキャピラリー（毛管）を入れる。
- 100℃より低い温度で沸騰する引火性の液体を熱するときは，水浴器（ウオーターバス）を使う。

砂皿
引火性の液体の加熱に使用する。

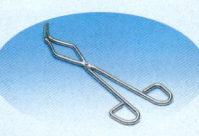

るつぼばさみ
るつぼや蒸発皿は，るつぼばさみではさんでもつ。

マッフル

(3) るつぼの加熱
るつぼは三角架で支持して加熱する。るつぼを特に強熱したいときはマッフルを三脚にのせて直火で強熱する。

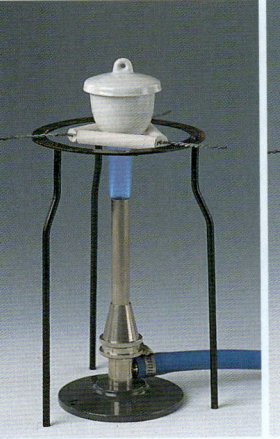

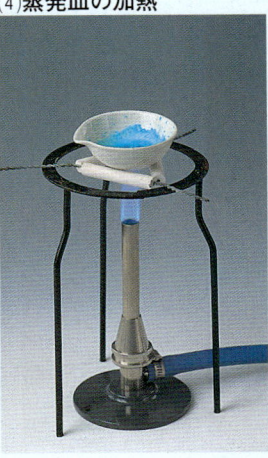

(4) 蒸発皿の加熱

11

V. 分離操作

分離操作にはろ過，蒸留，再結晶，抽出，昇華，クロマトグラフィーがある。分離したい物質の性質を考えて分離法を選択する。（再結晶，抽出，昇華，クロマトグラフィーについてはp.19を参照）

ろ過

●ろ紙の折り方とつけ方

4つ折りにしてすみをちぎる。

すみをちぎるのはろ紙を漏斗に密着させるため。

上端から約1cmの高さ

漏斗にあった大きさのろ紙を選ぶ。

●ひだ折りろ紙の折り方

ろ過をはやくしたいときはひだ折りろ紙を用いる。

先まで折らない。

半円に折りさらに8等分（または16等分）するように折り目を入れる。

折り目どおりに折り込んでいく。

折り込んだものを開く。

ろ紙をしめらせて漏斗に密着させる。

試料液をガラス棒に伝わらせて注ぐ。ガラス棒はろ紙の三重になっているところに当てる。

試料液はろ紙の縁から1cmぐらい下までにする。

漏斗の先をビーカーの内壁につける。

吸引ろ過

通常のろ過では時間のかかるものについて行う。吸引びんとアスピレーターの間に安全びんを入れることもある。

ブフナー漏斗（ヌッチェ）

吸引びん

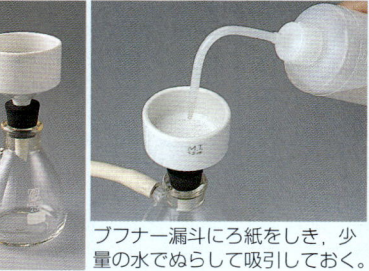

ブフナー漏斗にろ紙をしき，少量の水でぬらして吸引しておく。

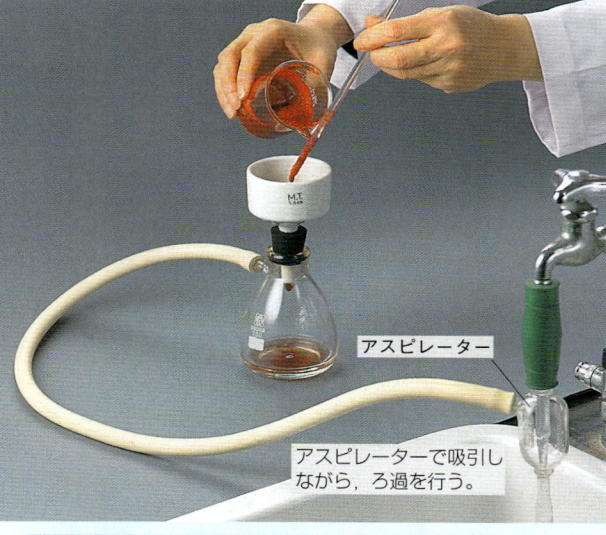

アスピレーターで吸引しながら，ろ過を行う。

アスピレーター

●アスピレーターのしくみ

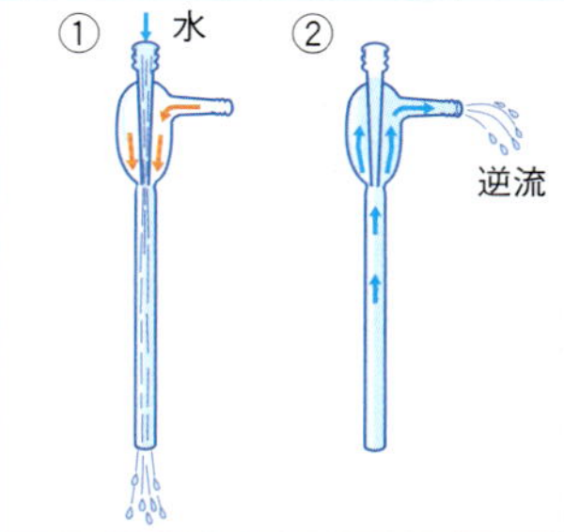

① 水 ② 逆流

① 上の入り口から水を流すと，周辺の空気が吸い込まれて水とともに下へ落ちるので，吸引びん内の空気は次々と吸引される。

② 急に水道を止めると，アスピレーター内の水が減圧している吸引びんに逆流するので，止める前に吸引びんをはずす。

加熱ろ過

高温の溶液をろ過するときには保温漏斗を用いる。（再結晶の操作で，事前に不溶物質を除くときなど）

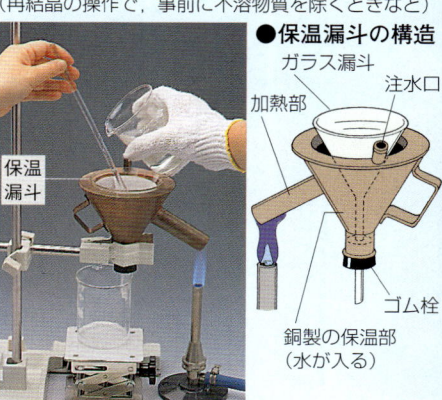

保温漏斗

●保温漏斗の構造

ガラス漏斗
加熱部
注水口
ゴム栓
銅製の保温部（水が入る）

蒸留

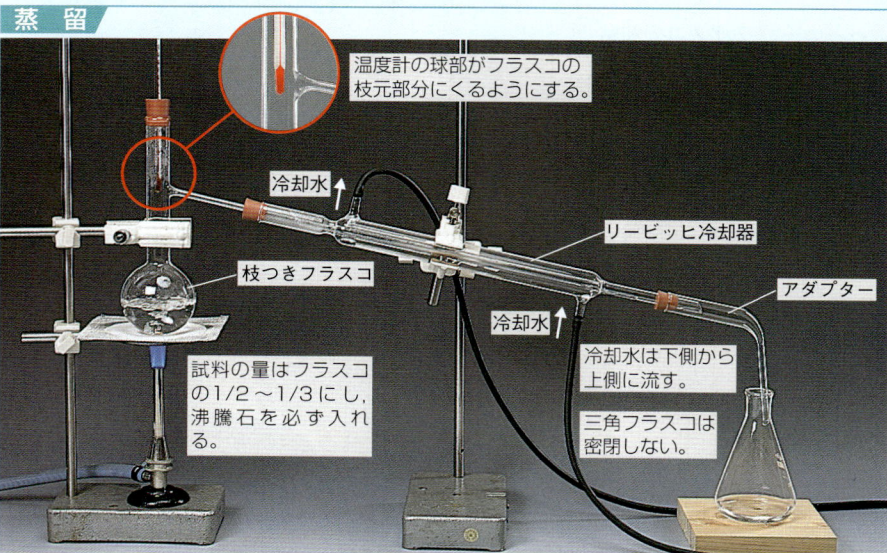

温度計の球部がフラスコの枝元部分にくるようにする。

冷却水

枝つきフラスコ

リービッヒ冷却器

冷却水

アダプター

試料の量はフラスコの1/2〜1/3にし，沸騰石を必ず入れる。

冷却水は下側から上側に流す。

三角フラスコは密閉しない。

実験の基礎操作

VI. 撹拌のしかた

撹拌は，液体中に固体や他の液体を入れて，溶解や反応をさせる，また温度を均一にするなどのために行う。連続的に撹拌するときは，マグネチックスターラーを用いる。

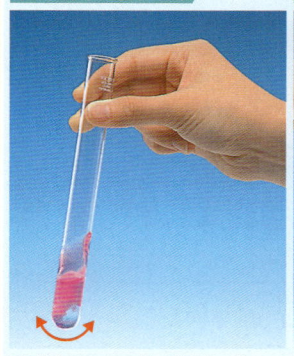

試験管の振り方
試験管は3本の指で軽くつまむように上端に近いところをもつ。

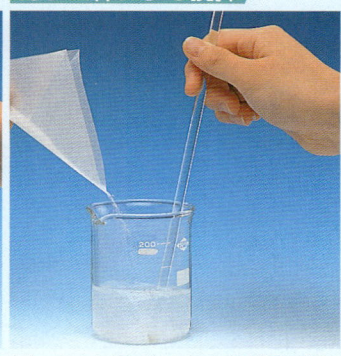

ガラス棒による撹拌
ビーカーを傷つけないようガラス棒は回すようにし，左右に振るようには使わない。

自動かき混ぜ器
●マグネチックスターラー
撹拌子（磁石片をテフロンで封じたもの）

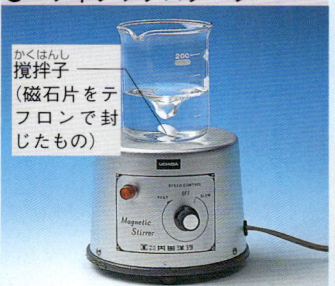

液体の入った容器をのせ，撹拌子を入れた後，スイッチを入れて回転数を上げる。回転が激しすぎないように注意する。

乳鉢の使い方
乳棒／乳鉢／ゴム板

固体どうしの混合や固体を粉末にしたり，植物をすりつぶすのに使う。直接置かずにゴム板などを下に敷く。乳棒はたたくのではなく，乳鉢の底から縁にすりつけるように使う。

VII. 電流と電圧の測定

電池，電気分解などで起電力や電気量を調べるときに，電圧計や電流計を用いる。

電流計・電圧計の利用（水の電気分解）

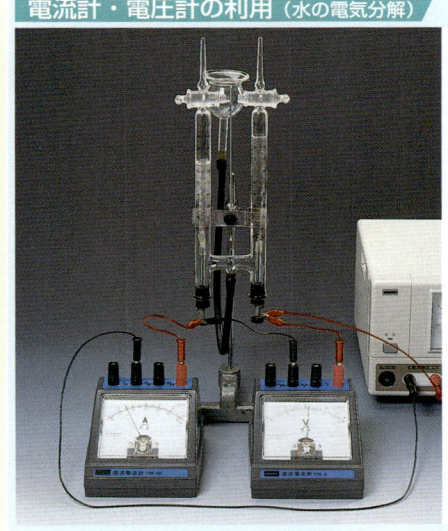

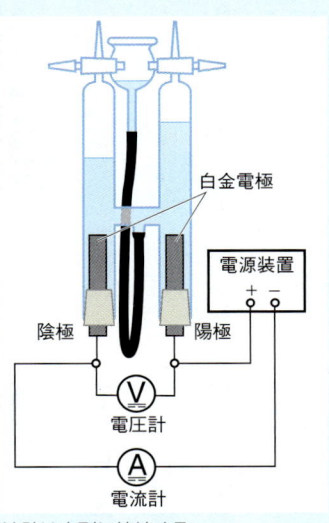

白金電極／陰極／陽極／電源装置／電圧計／電流計

測定しようとする部分に対して電圧計は並列に，電流計は直列に接続する。

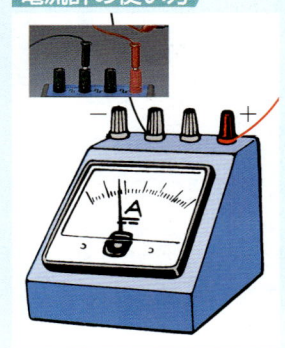

電流計の使い方
① 直流用（A）か交流用（A）かを選ぶ。
② つなぎ方は直列つなぎ。＋端子を電源＋極側へ，－端子を電源の－端子側へつなぐ。
③ 電流の強さの見当をつけて端子を選ぶ。

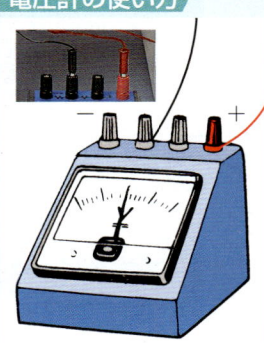

電圧計の使い方
① 直流用（V）か交流用（V）かを選ぶ。
② つなぎ方は並列つなぎ。＋端子を電源＋極側へ，－端子を電源の－端子側へつなぐ。
③ 電圧の大きさの見当をつけて端子を選ぶ。

VIII. 器具の洗浄と乾燥

ガラス器具は外側から内側へと洗う。縁のまわりは汚れが残りやすいので念入りに洗う。

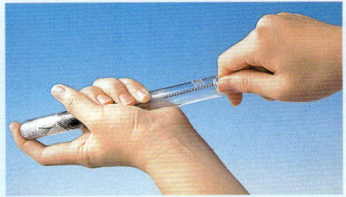

洗浄用具
試験管ブラシ／フラスコブラシ／ビュレットブラシ

試験管の洗浄
ブラシを入れて試験管の深さに柄をもつ。試験管の底に人差し指を当ててブラシを前後させて洗う。

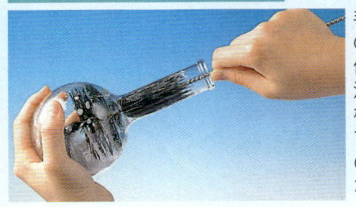

フラスコやビーカーの洗浄
手のひらを容器の底に当てて外側，内側の順に洗う。ブラシの柄を容器の深さでつかむと器具の底を突き破らない。

ガラス器具の乾燥
試験管やビーカーなどは電気乾燥機を用いて加熱乾燥してよい。

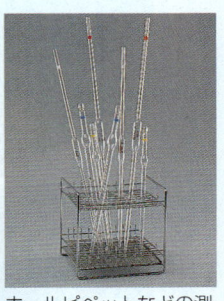

ホールピペットなどの測定器具は，加熱乾燥すると膨張により変形するため，自然乾燥する。

IX. 気体の発生と捕集

気体の発生装置は、反応物が液体か固体か、また加熱が必要かどうかによって決まる。
気体の捕集・乾燥法は、気体の性質（酸性・塩基性、水溶性など）を考えて選択する。

気体の発生装置

酸素の発生
滴下漏斗 / H_2O_2 / 三角フラスコ / MnO_2

固体試薬と液体試薬の反応

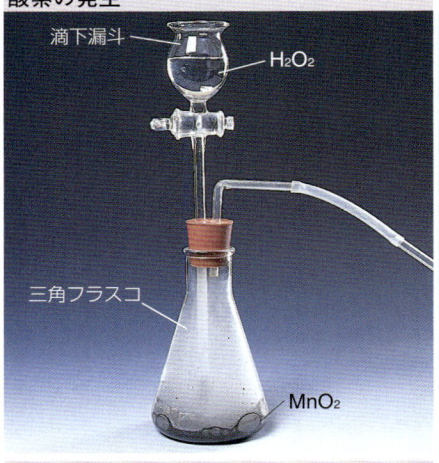

二酸化炭素の発生 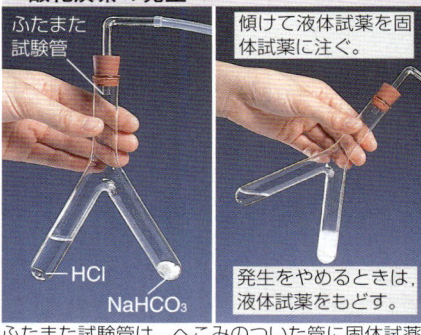
ふたまた試験管 / HCl / $NaHCO_3$
傾けて液体試薬を固体試薬に注ぐ。
発生をやめるときは、液体試薬をもどす。
ふたまた試験管は、へこみのついた管に固体試薬、反対側の管に液体試薬を入れる。

塩素の発生
滴下漏斗 / 濃HCl / 丸底フラスコ / MnO_2

固体と液体試薬を加熱して反応

アンモニアの発生 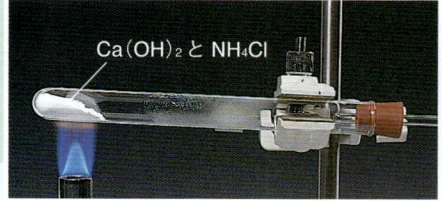
$Ca(OH)_2$ と NH_4Cl
試験管の口を少し下げる。

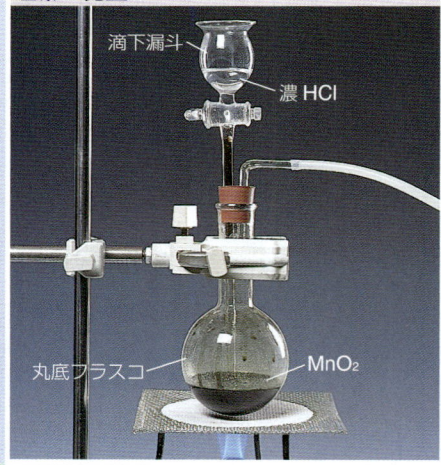

固体試薬を加熱する反応

気体の乾燥

[乾燥剤] 試料中の水分を除去するために使用する試薬。
酸性の気体：酸性の乾燥剤を使用。　塩基性の気体：塩基性の乾燥剤を使用。
中性の気体：酸性・塩基性どちらの乾燥剤でも使用可。

	乾燥剤	乾燥してよい気体	乾燥に適さない気体
酸性気体	十酸化四リン P_4O_{10} 濃硫酸 H_2SO_4 シリカゲル	CO_2, HCl Cl_2, SO_2 H_2	NH_3 （注）塩化カルシウム $CaCl_2$ はアンモニアと $CaCl_2 \cdot 8NH_3$ のような付加生成物をつくるため、$CaCl_2$ は NH_3 の乾燥には適さない。
中性気体	塩化カルシウム $CaCl_2$	N_2 O_2	
塩基性気体	酸化カルシウム CaO ソーダ石灰 (CaO + NaOH)	空気 NH_3	CO_2, HCl, Cl_2 SO_2

液体の乾燥剤による乾燥

簡易型洗気びん / 洗気びん
液体の乾燥剤や水を入れ、気体を通して洗う。
濃硫酸

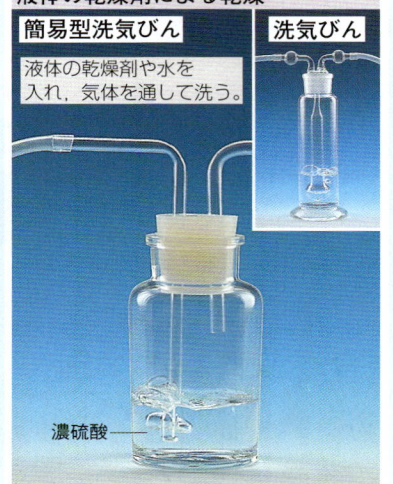

固体の乾燥剤による乾燥

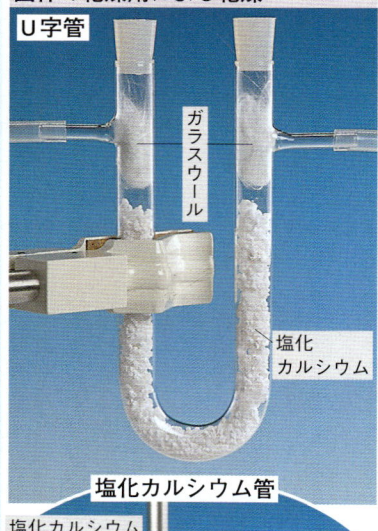

U字管
ガラスウール / 塩化カルシウム

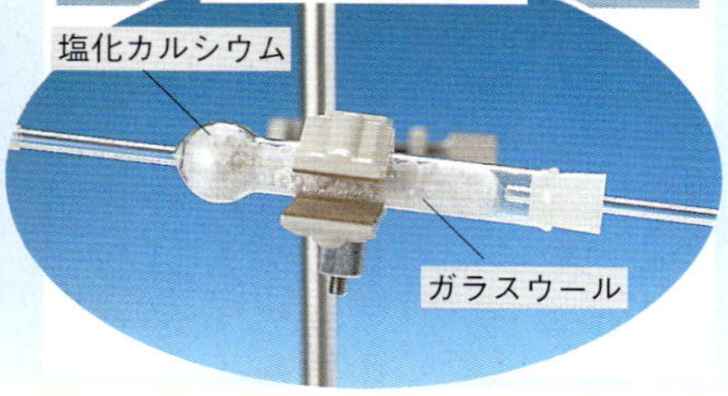

塩化カルシウム管
塩化カルシウム / ガラスウール

気体の捕集

● 水上置換
水にとけにくい気体
すりガラスのふたを沈めておく。
H_2, N_2, O_2, CO, NO,
CH_4, C_2H_4, C_2H_2

● 下方置換
分子量が空気*より大
水にとけやすい気体
ガラス管を奥まで入れる。
Cl_2, NO_2, CO_2, SO_2,
HCl, H_2S, HBr, HI

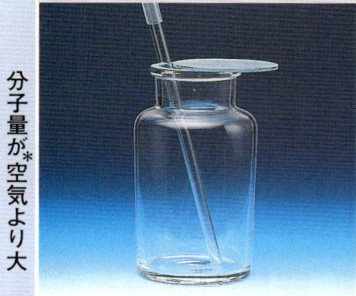

● 上方置換
分子量が空気*より小
ガラス管は長めにし、奥まで入れる。
NH_3

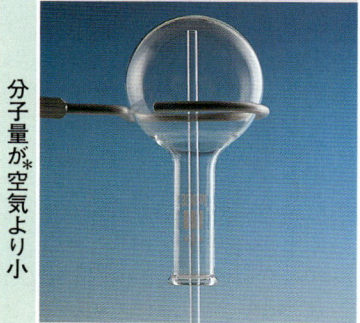

＊空気の平均分子量 28.8

実験の基礎操作

キップの装置
実験室で気体を連続して発生させる装置である。

●キップの装置の構造
漏斗部 容器部と漏斗部はすり合わせで密栓する。
コック

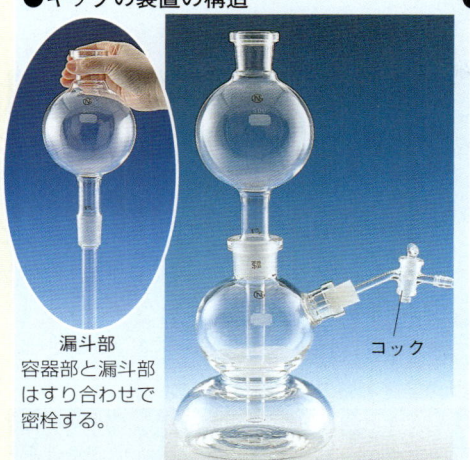

●試薬の準備
① 栓をとり固体試薬を入れる。
コック
② 液体試薬を上から入れる（コックは閉じておく）。

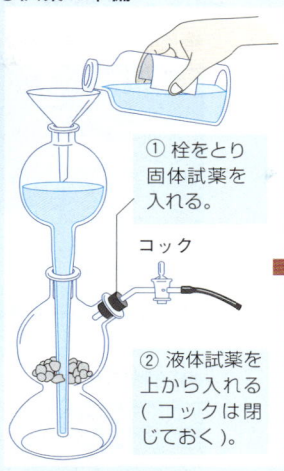

●気体発生のしくみ
コックを開ける。
気体
発生した気体の泡
③ コックを開けると液体試薬は自重で下に落ち、固体試薬と触れあって反応する。

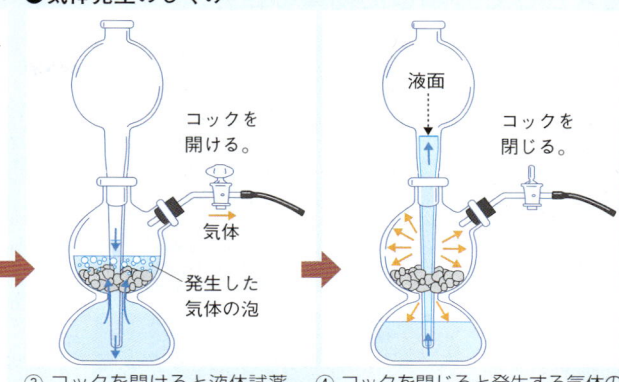

液面
コックを閉じる。
④ コックを閉じると発生する気体の圧力で固体試薬と接した液面は押し下げられ、反応が止まる。生じた気体はコックを開けとり出す。

気体の発生装置と捕集の具体例

①硫化水素の発生と捕集　▶▶参照p.102
希H_2SO_4
FeS

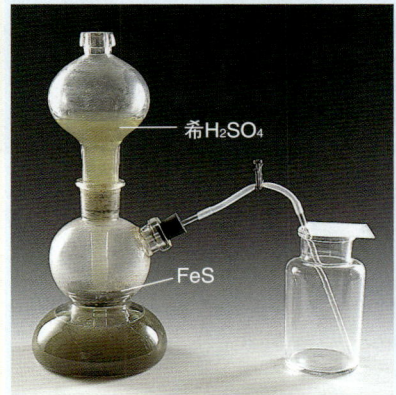

$H_2SO_4 + FeS → FeSO_4 + H_2S$
硫化水素H_2Sは水にとけ、空気より分子量が大きいので、下方置換で捕集する。

②水素の発生と捕集　▶▶参照p.98
H_2
希HCl　Zn

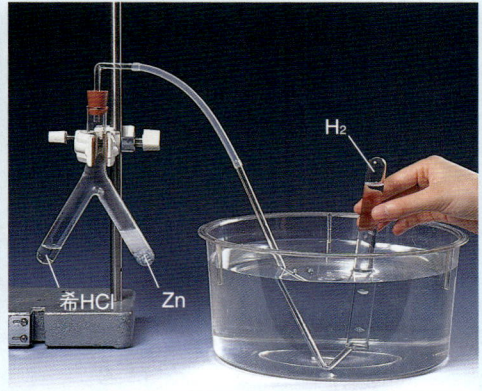

$Zn + 2HCl → ZnCl_2 + H_2$
水素H_2は水にとけにくいので、水上置換で捕集する。

③一酸化窒素の発生と捕集　▶▶参照p.104
NO
希HNO_3　Cu

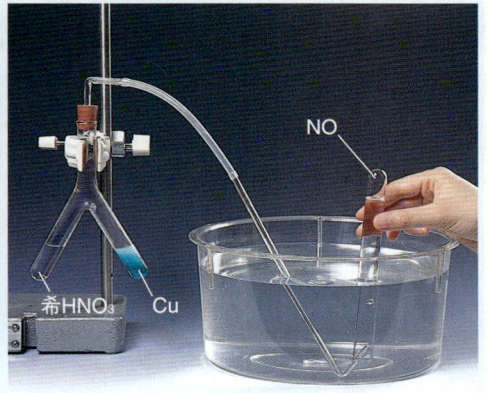

$3Cu + 8HNO_3 → 3Cu(NO_3)_2 + 4H_2O + 2NO$
一酸化窒素NOは水にとけにくく、空気に触れると二酸化窒素NO_2になるので、水上置換で捕集する。

④アンモニアの発生と捕集　▶▶参照p.105
NH_3
$Ca(OH)_2$とNH_4Cl
ソーダ石灰

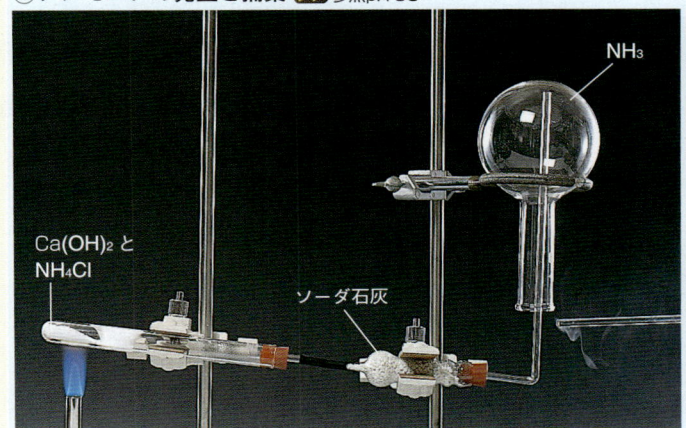

$2NH_4Cl + Ca(OH)_2 → CaCl_2 + 2NH_3 + 2H_2O$
・固体試薬はよく混合し、試験管の口を少し下げる。
・アンモニアNH_3は塩基性なので、塩基性の乾燥剤（ソーダ石灰）を用いる。
・NH_3は水によくとけ、空気より分子量が小さいので上方置換で捕集する。

⑤塩素の発生と捕集　▶▶参照p.101
濃HCl
HCl除去　H_2O除去
MnO_2
水　濃硫酸　Cl_2

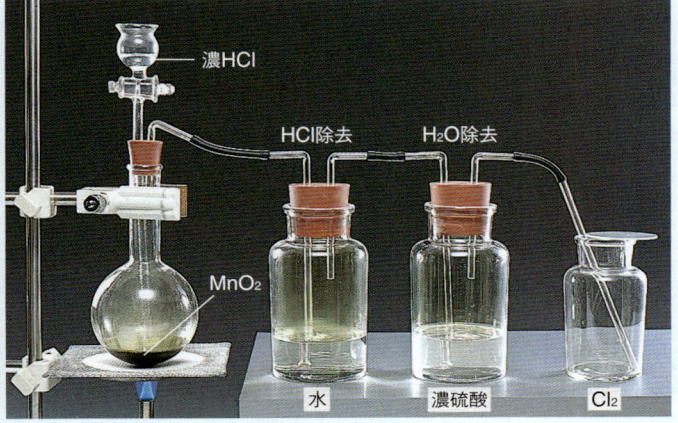

$MnO_2 + 4HCl → MnCl_2 + Cl_2 + 2H_2O$
・発生した気体を水に通し、不純物の塩化水素HClを除去。次いで、濃硫酸に通して、乾燥させる。水と濃硫酸を逆にしてはいけない。
・塩素Cl_2は空気より分子量が大きいので、下方置換で捕集する。

1 ▶ 物質の世界と化学の領域

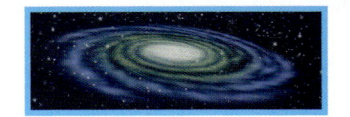

① 化学の領域
▼化学とは，物質の性質や変化を原子や分子の構造やふるまいから理解していく学問である。

■ 大きさで分類した物質の世界

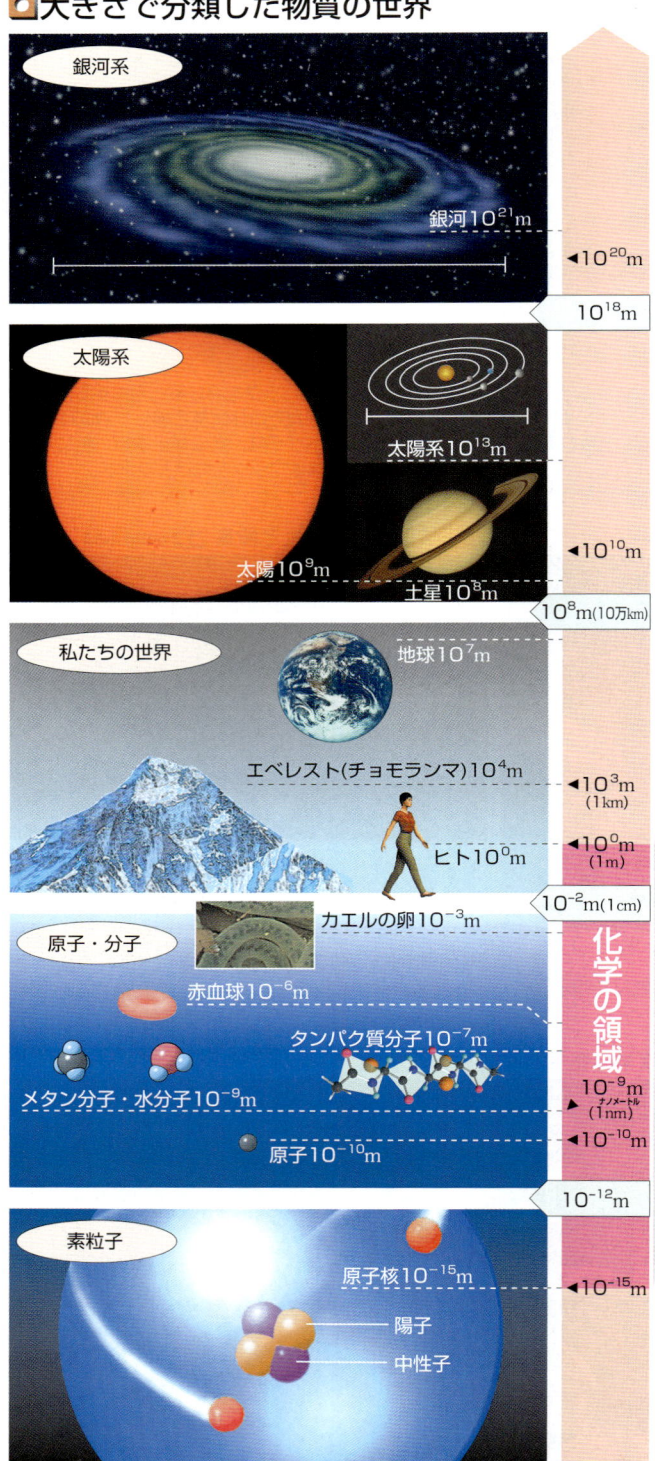

- 銀河系：銀河 10^{21} m
- 10^{20} m
- 10^{18} m
- 太陽系 10^{13} m
- 10^{10} m
- 太陽 10^9 m
- 土星 10^8 m
- 10^8 m（10万km）
- 私たちの世界：地球 10^7 m
- エベレスト（チョモランマ）10^4 m
- 10^3 m（1km）
- ヒト 10^0 m
- 10^0 m（1m）
- 10^{-2} m（1cm）
- 原子・分子：カエルの卵 10^{-3} m
- 赤血球 10^{-6} m
- タンパク質分子 10^{-7} m
- メタン分子・水分子 10^{-9} m
- 10^{-9} m ナノメートル（1nm）
- 原子 10^{-10} m
- 10^{-10} m
- 10^{-12} m
- 素粒子：原子核 10^{-15} m（陽子，中性子）
- 10^{-15} m

化学の領域

物質の構造

私たちの世界は，たくさんの銀河を含む宇宙から素粒子の世界まで大きな広がりがある。化学は私たちの日常生活から微小で見ることのできない素粒子の世界までの物質の性質や変化を扱うばかりでなく，遠い宇宙のかなたの星雲中の分子のようすまで探ろうとしている。

■ 化学の領域

●肉眼の世界 同じ白い粉でも…

雪（水の固体）／食塩（塩化ナトリウム）　塩湖における塩の採取

●顕微鏡の世界 拡大すると独特の結晶からできている。

雪の結晶／食塩の結晶

●分子やイオン，原子の世界 分子やイオン，原子の結合の仕方が結晶形に現れることがある。

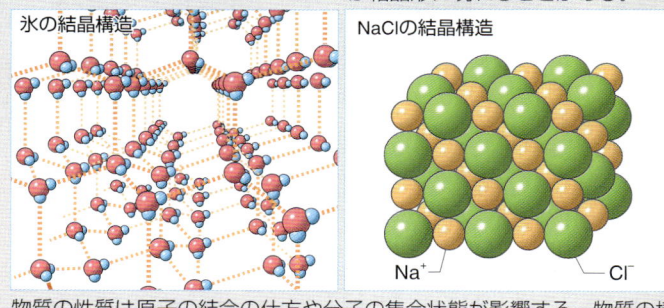

氷の結晶構造／NaClの結晶構造（Na$^+$，Cl$^-$）

物質の性質は原子の結合の仕方や分子の集合状態が影響する。物質の構造，性質や変化を原子・分子のレベルで考えるのが化学である。

■ 原子・分子を見る
▼電子顕微鏡やさまざまな分析装置の発達により原子の配列や分子の形を見ることができる。

金箔中の金原子の電子顕微鏡写真（1250万倍）

X線結晶回折装置により構造決定されたタンパク質（リゾチーム）

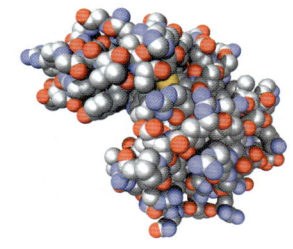

原子	··· 物質を構成する基本的な粒子
分子	··· いくつかの原子が結合してできた粒子

② 物質の世界をつくる元素 ▼物質は約100種類の元素から成り立っている。

■元素記号 ▼化学では元素を元素記号で表す。元素記号は，ラテン語などの頭文字（大文字）の1文字または2文字で表す。

元素	元素記号	ラテン語名	語源	元素	元素記号	ラテン語名	語源
水素	H	Hydrogenium	水をつくる	金	Au	Aurum	光，輝き
酸素	O	Oxygenium	酸をつくる	銀	Ag	Argentum	光り輝く
窒素	N	Nitrogenium	硝石をつくる	銅	Cu	Cuprum	キプロス島（銅の産地）
炭素	C	Carbōneum	炭	鉄	Fe	Ferrum	かたい，強固

■自然界に多く含まれる元素（質量％）

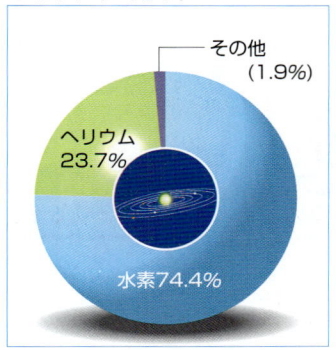

●宇宙（太陽系）
- その他（1.9％）
- ヘリウム 23.7％
- 水素 74.4％

これらの元素は恒星（太陽）に集中して存在する。

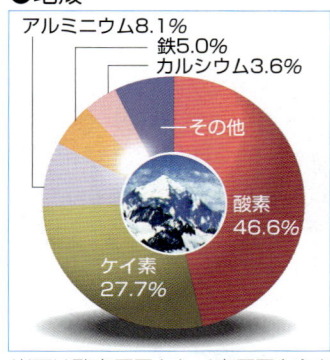

●地殻
- アルミニウム 8.1％
- 鉄 5.0％
- カルシウム 3.6％
- その他
- 酸素 46.6％
- ケイ素 27.7％

岩石は酸素原子とケイ素原子を主な成分としてつくられている。

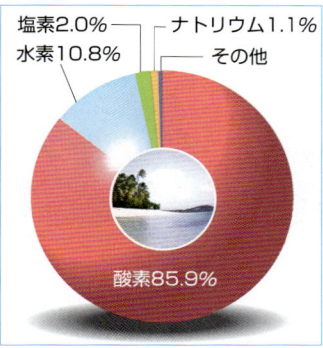

●海水
- 塩素 2.0％
- ナトリウム 1.1％
- 水素 10.8％
- その他
- 酸素 85.9％

酸素原子と水素原子から海水の主成分である水ができる。

●人体
- 窒素 5.2％
- 水素 9.3％
- その他
- 炭素 19.5％
- 酸素 62.6％

人体には水が大量に含まれている。

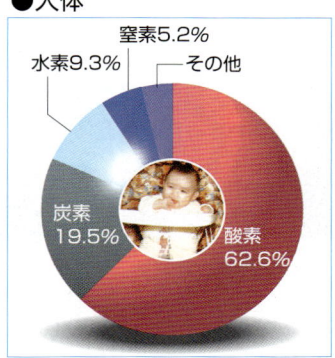

■原子・分子に囲まれる私たちの生活

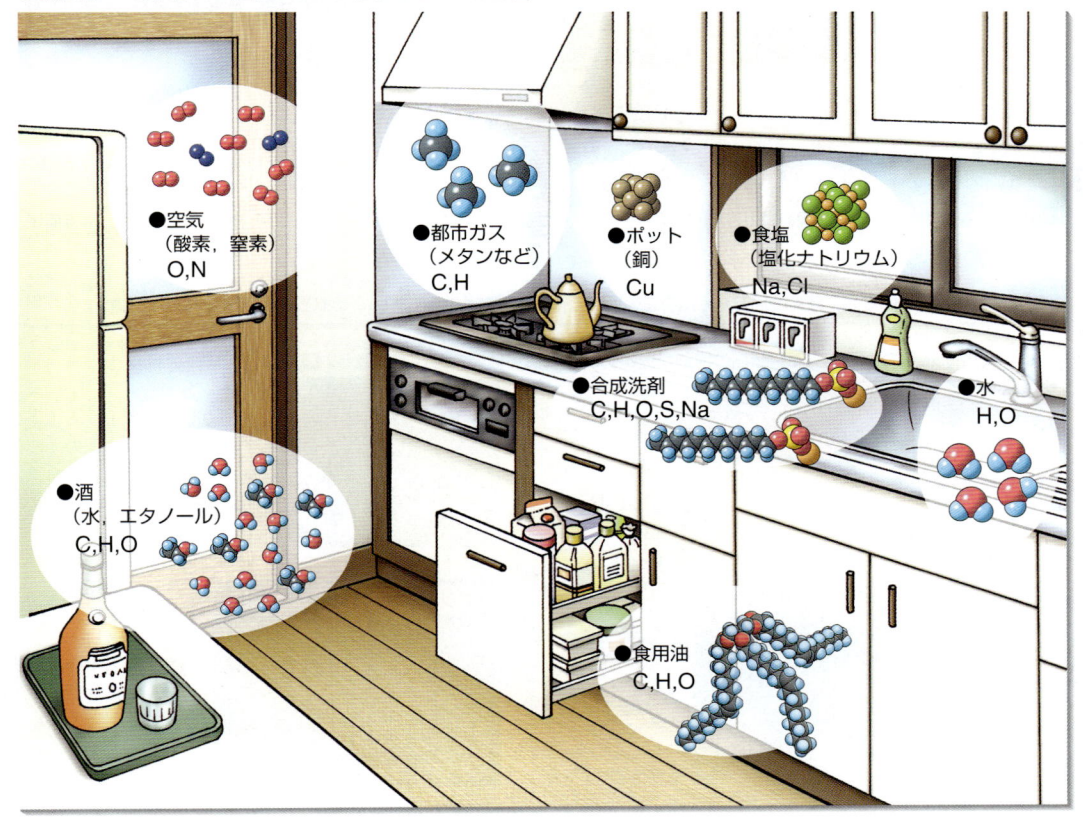

- ●空気（酸素，窒素） O, N
- ●都市ガス（メタンなど） C, H
- ●ポット（銅） Cu
- ●食塩（塩化ナトリウム） Na, Cl
- ●酒（水，エタノール） C, H, O
- ●合成洗剤 C, H, O, S, Na
- ●水 H, O
- ●食用油 C, H, O

■生活用品の成分元素

●スポーツドリンク
C, H, O, Na
Ca, Cl, K, Mg

●ベーキングパウダー
C, H, O, Na
Al, K, P, S

●使い捨てかいろ
Fe, C, Na, Cl

私たちが利用する日用品も1種類または数種類の元素が結びついた物質からなる。これらの成分元素は成分表示のラベルから知ることができる。

② 物質の成分

物質は混合物と純物質に分類される。混合物は物質の性質の違いを利用して、純物質に分離することができる。純物質は単体と化合物に分類される。

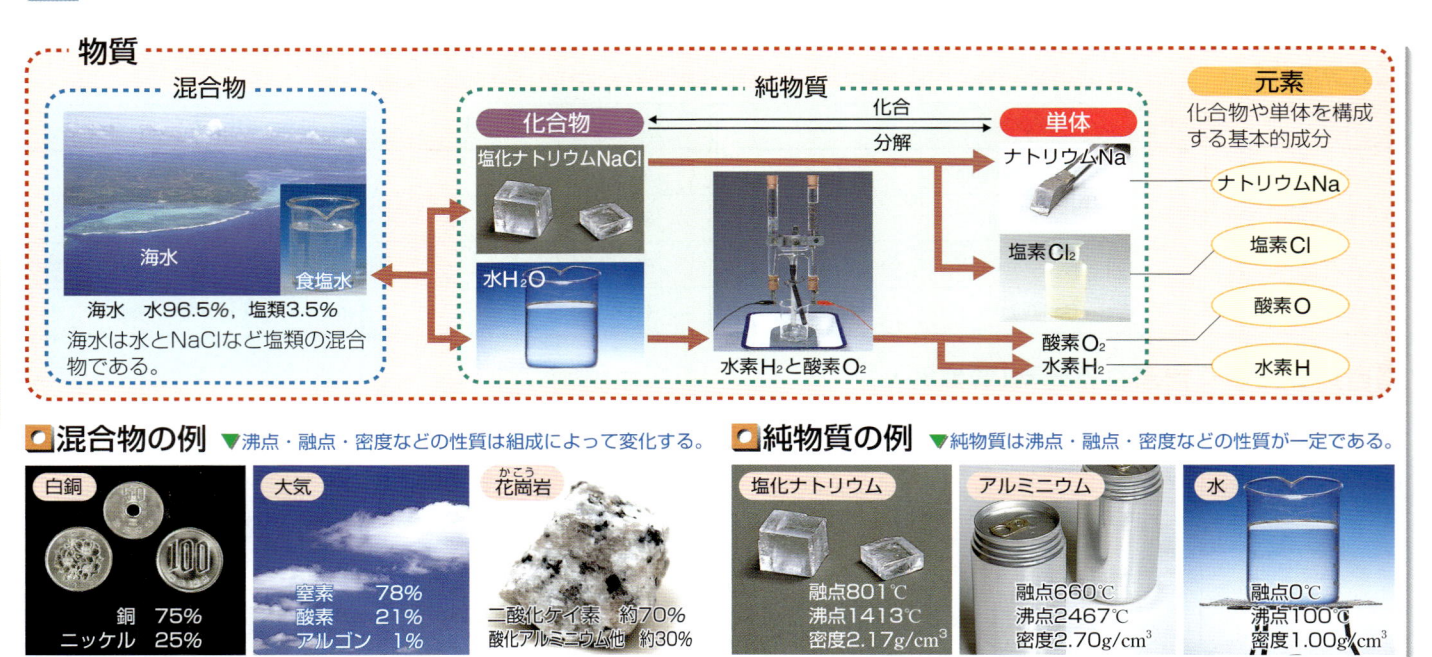

物質

混合物
- 海水（水96.5%、塩類3.5%）
- 食塩水

海水は水とNaClなど塩類の混合物である。

純物質
- 化合物：塩化ナトリウムNaCl、水H_2O
- 単体：ナトリウムNa、塩素Cl_2、酸素O_2、水素H_2

化合 ⇔ 分解

元素：化合物や単体を構成する基本的成分
- ナトリウムNa
- 塩素Cl
- 酸素O
- 水素H

混合物の例
▼沸点・融点・密度などの性質は組成によって変化する。

- **白銅**：銅75%、ニッケル25%
- **大気**：窒素78%、酸素21%、アルゴン1%
- **花崗岩**：二酸化ケイ素 約70%、酸化アルミニウム他 約30%

純物質の例
▼純物質は沸点・融点・密度などの性質が一定である。

- **塩化ナトリウム**：融点801℃、沸点1413℃、密度2.17g/cm³
- **アルミニウム**：融点660℃、沸点2467℃、密度2.70g/cm³
- **水**：融点0℃、沸点100℃、密度1.00g/cm³

① 単体と化合物

単体の例
▼1種類の原子のみからできている物質を**単体**という。

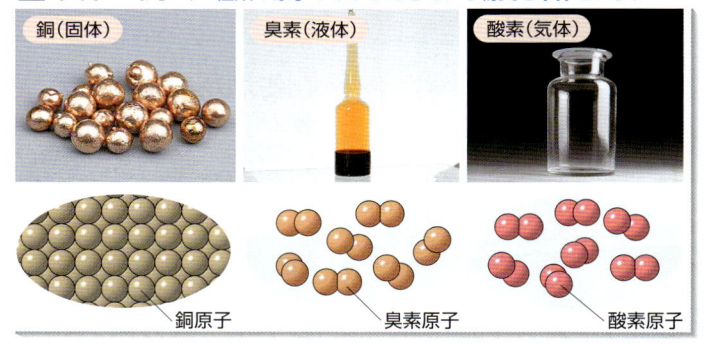

- 銅（固体）— 銅原子
- 臭素（液体）— 臭素原子
- 酸素（気体）— 酸素原子

化合物の例
▼2種類以上の原子が結合してできている物質を**化合物**という。

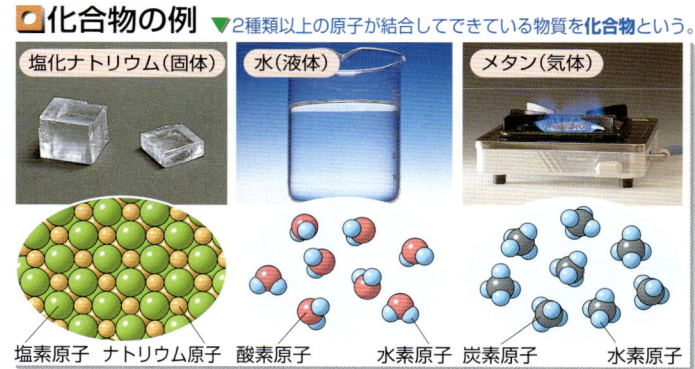

- 塩化ナトリウム（固体）— 塩素原子、ナトリウム原子
- 水（液体）— 酸素原子、水素原子
- メタン（気体）— 炭素原子、水素原子

② 同素体
▼1種類の原子からできている単体の中には、結合の仕方や結晶構造の違いで性質の異なるものがある。それらをたがいに**同素体**という。

硫黄Sの同素体
▼斜方硫黄と単斜硫黄は分子式は同じS_8でも結晶の構造が違い、ゴム状硫黄は結合の仕方が違う。▶参照 p.102

- **斜方硫黄** S_8 硫黄原子：環状分子。常温で安定。
- **単斜硫黄** S_8：放置しておくと、斜方硫黄に変化する。
- **ゴム状硫黄** S_x：多数（x個）の硫黄原子が鎖状に結合する。弾性がある。

炭素Cの同素体

- **ダイヤモンド**：炭素原子。地球上でもっともかたい物質。光の屈折率が大きい。
- **黒鉛**：やわらかい結晶。電気伝導性がある。
- **フラーレン（C_{60}）**：C_{60}はサッカーボール型の分子構造をもつ。▶p.107参照

このほか、リンの同素体（黄リン、赤リン ▶p.105参照）、酸素の同素体（酸素O_2、オゾンO_3、▶p.103参照）が存在する。

③ 物質の分離と精製
▼純物質のもつ性質の違いを利用して，混合物から純物質を分離・精製することができる。

ろ過
ろ紙などを用いて，液体に混合している固体を分離する。
▶▶参照項目p.12「ろ過」

色素水（色素：クリスタルバイオレット）
色素を吸着した活性炭
ろ紙
活性炭を加える。
無色の液
（色素を吸着させた活性炭をろ過で取り除く例）

蒸留
沸点の差を利用して，蒸発しやすい成分を気体にし，再び液体にしてとり出す。
▶▶参照項目p.12「蒸留」

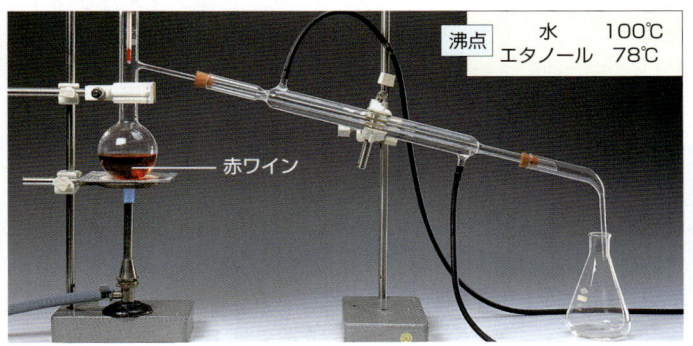

沸点	水 100℃
	エタノール 78℃

赤ワイン

抽出
物質の溶解性の差を利用して，目的とする物質だけをとかして分離する。
▶▶参照項目p.158「分液漏斗の使い方」

お茶
ブタノールを加え，よくふって混ぜる。
ブタノールの層
水層
水にとけていた葉緑素が，よりとけやすいブタノールの層へ移る。

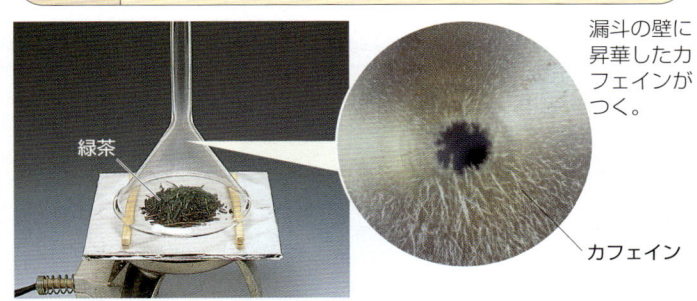

昇華
固体から直接気体になる状態変化を利用し，ある成分だけを一度気体にして再び固体にする。
▶▶参照項目p.47「ヨウ素の昇華」

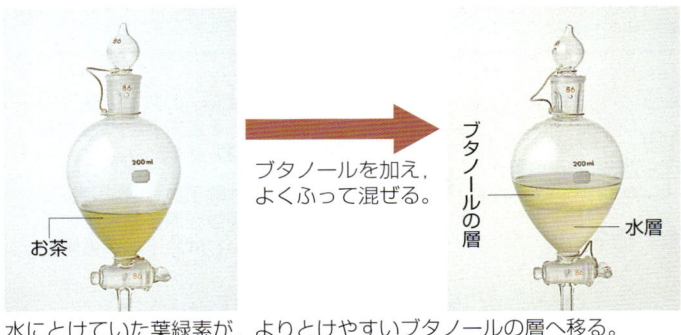

漏斗の壁に昇華したカフェインがつく。
緑茶
カフェイン
緑茶をおだやかに加熱すると，カフェインが気体となって分離され，漏斗の壁で冷やされて再び固体となる。

再結晶
温度による溶解度の違いを利用して，一度とかした溶液を冷却して1種類の固体を析出させる。
▶▶参照項目p.56「固体の溶解度」

$NiSO_4・6H_2O$
KNO_3
少量の硫酸ニッケル(Ⅱ)六水和物を含む硝酸カリウム
適量の水に加熱してとかす。
放置して冷却する。
析出したKNO_3
ろ過・洗浄
KNO_3
純粋な硝酸カリウムが得られる。

クロマトグラフィー
液体にとけている種々の物質のろ紙などへの吸着性や溶媒などで，運ばれる速さの違いを利用して分離する。

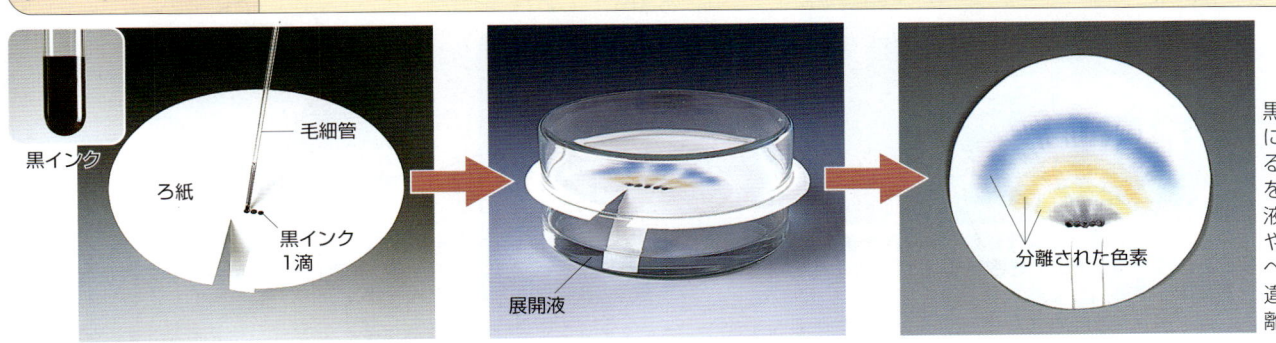

黒インク
毛細管
ろ紙
黒インク1滴
展開液
分離された色素
黒インクの中に含まれている種々の色素を溶媒（展開液）へのとけやすさとろ紙への吸着性の違いにより分離する。

3 ▶ 原子の構造

原子は原子核と電子からなり，原子核はさらに陽子と中性子からなる。同位体とは，原子番号は等しいが，中性子の数が異なるため質量数が異なる原子をいう。

1 原子の大きさ
▼原子の直径は約 10^{-10} m，原子核は約 10^{-15}〜10^{-14} m。身のまわりのものとの対比で原子の大きさを実感してみよう。

●ケイ素の表面画像

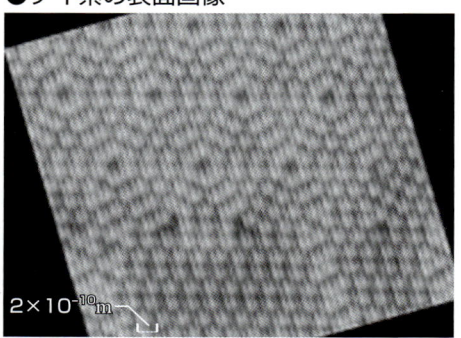

2×10^{-10} m

走査型トンネル顕微鏡画像。その目盛りからケイ素原子の直径は 2×10^{-10} m とわかる。

●ケイ素原子を1億倍すると2cm，人の顔を1億倍すると15000km

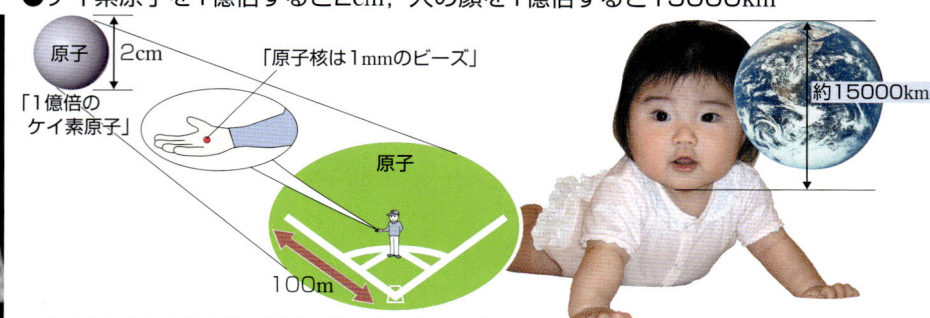

「1億倍のケイ素原子」 2cm
「原子核は1mmのビーズ」
原子 100m
約15000km

すべてのものを1億倍（10^8倍）に拡大するとケイ素原子はやっと2cmほどの大きさになる。原子を野球場100mの大きさに拡大すると，原子核はその中央においたビーズ1mmの大きさになる。人の頭を1億倍すると約15000kmで地球より大きい。

2 原子の構造
▼原子は原子核と電子からなり，さらに原子核は陽子と中性子からなる。

■原子をつくる粒子

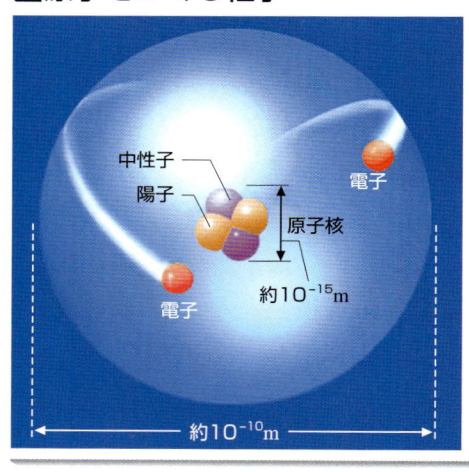

中性子／陽子／原子核／電子／約 10^{-15} m／約 10^{-10} m

●原子の表し方

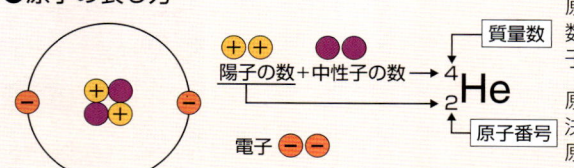

陽子の数＋中性子の数 → 質量数 4
　　　　　　　　　　　　原子番号 2 He

電子

原子の質量は陽子の数と中性子の数で決まる。そこで（陽子数＋中性子数）を**質量数**という。

原子の性質は陽子数（＝電子数）で決まる。陽子数を**原子番号**という。原子番号はいわば原子の背番号である。

原子 ─ 原子核 ─ 陽子(＋)
　　　　　　　 中性子
　　　 電子(－)

素粒子		質量〔g〕	電荷〔C〕	質量比（陽子1）	電荷の比（陽子+1）
陽子	＋	1.673×10^{-24}	$+1.602 \times 10^{-19}$	1	+1
中性子	●	1.675×10^{-24}	0	1	0
電子	－	9.109×10^{-28}	-1.602×10^{-19}	1/1840	-1

1C（クーロン）　1Aの電流で1秒間に運ばれる電気量

電子は負（－），陽子は正（＋）の電荷をもち，中性子は電荷をもたない。陽子と中性子の質量はほぼ同じであるが，電子の質量ははるかに小さい。

原子の構成粒子の発見　ちょっと発展

●電子の発見（J.J.トムソンの実験，1897年）

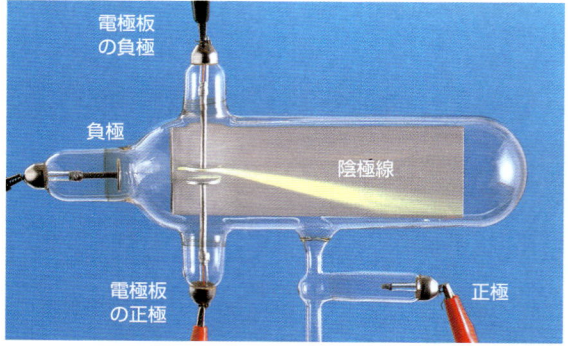

電極板の負極／負極／陰極線／電極板の正極／正極

電圧をかけた電極板の間に電子の流れである陰極線を通すと，電極板の正極の方に曲がる。その大きさから J.J.トムソンは，電子の質量と電荷の比を算出した。

●原子核の発見（ラザフォードの実験，1911年）

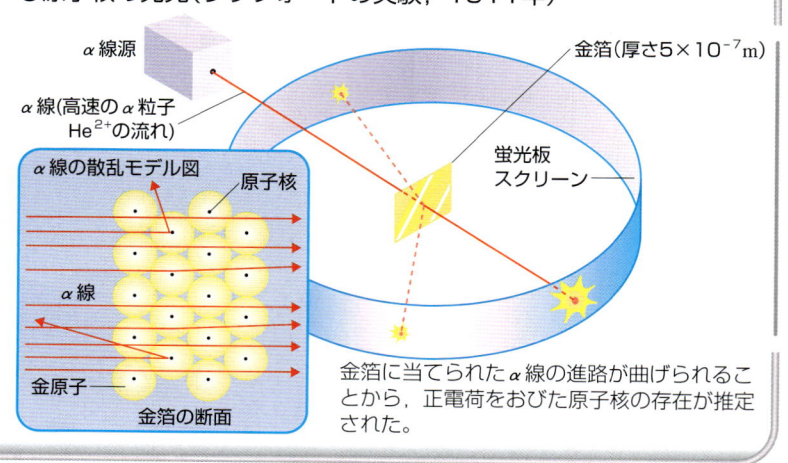

α線源／α線（高速のα粒子 He^{2+} の流れ）／金箔（厚さ 5×10^{-7} m）／蛍光板スクリーン

α線の散乱モデル図／原子核／α線／金原子／金箔の断面

金箔に当てられたα線の進路が曲げられることから，正電荷をおびた原子核の存在が推定された。

3 同位体（アイソトープ） ▶原子核を構成する陽子数は同じだが，中性子数の異なる原子をたがいに**同位体**という。

■ 同位体の性質

水素		重水素
^1_1H	記号	^2_1H
1	陽子の数	1
1	電子の数	1
0	中性子の数	1
1	質量数	2

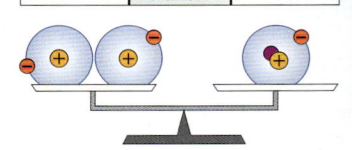

●質量が異なる

質量数（＝陽子の数＋中性子の数）が異なるので，重水素は水素の約2倍の質量である。

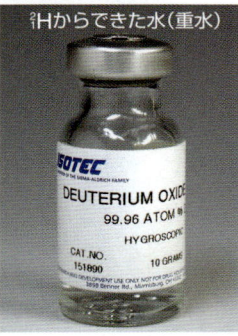

重水は化学的な性質は普通の水と変わらないが，密度が11％ほど大きい。

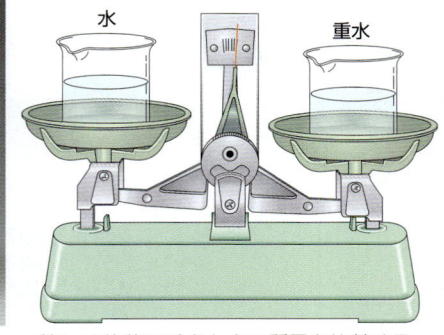

等しい体積の重水と水の質量を比較する。重水素^2_1HはDと表すことがある。

●化学的性質は同じ

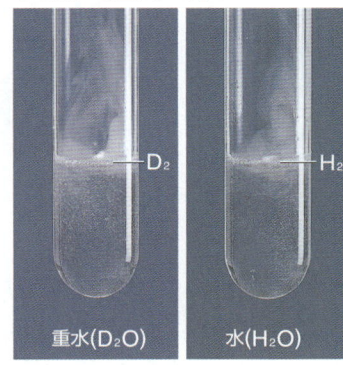

重水と水にそれぞれナトリウムを加えるといずれも水素が発生する。

■ 天然に存在する同位体 ▶元素はいくつかの同位体が集まったものである。その割合は「存在比」(%)で表される。

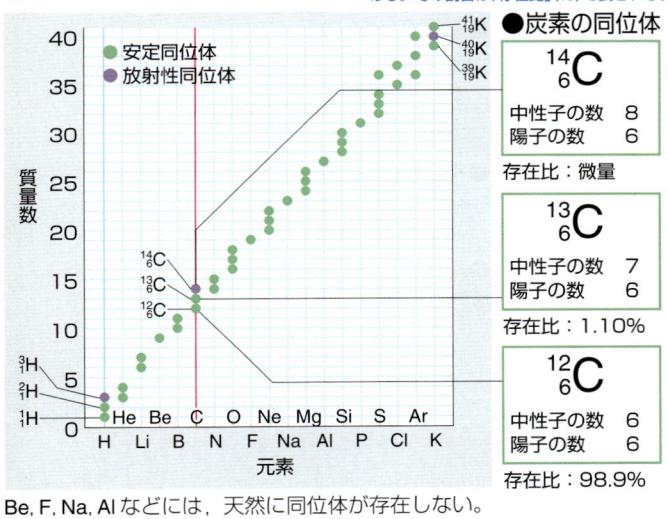

Be, F, Na, Al などには，天然に同位体が存在しない。

●炭素の同位体

$^{14}_6C$
中性子の数 8
陽子の数 6
存在比：微量

$^{13}_6C$
中性子の数 7
陽子の数 6
存在比：1.10%

$^{12}_6C$
中性子の数 6
陽子の数 6
存在比：98.9%

■ 放射性同位体 ▶原子核が不安定で，放射線を出して別の原子核へ変化（原子核崩壊）する同位体を**放射性同位体**（ラジオアイソトープ）という。

β崩壊

$^{14}_6C$の原子核は，電子（β線）を放射しながら$^{14}_7N$の原子核へ変化する。

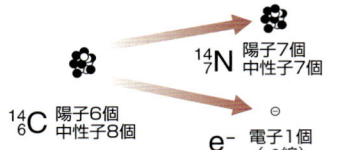

$^{14}_6C$ 陽子6個 中性子8個 → $^{14}_7N$ 陽子7個 中性子7個 ＋ e^- 電子1個（β線）

α崩壊

$^{235}_{92}U$の原子核は^4_2Heの原子核（α線）を放射しながら$^{231}_{90}Th$原子核へ変化する。

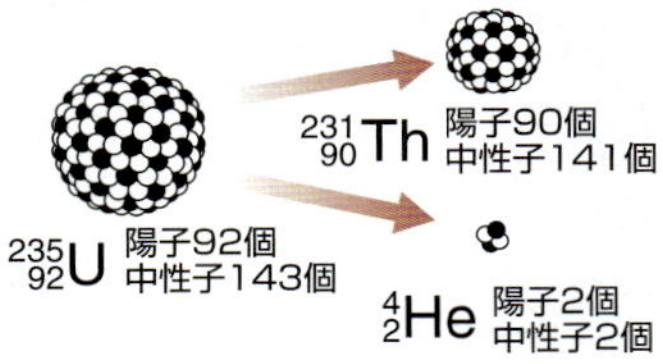

$^{235}_{92}U$ 陽子92個 中性子143個 → $^{231}_{90}Th$ 陽子90個 中性子141個 ＋ ^4_2He 陽子2個 中性子2個

■ 放射線の種類

電荷をもつ放射線は，磁場の中で運動の方向が曲げられる。

●放射線の種類
α線：^4_2Heの原子核の流れ
β線：高速の電子の流れ
γ線：波長の短い電磁波

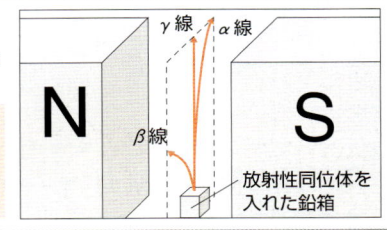

放射性同位体の半減期と年代測定 ▶放射性同位体の半減期を利用すると，発掘された木片に含まれる$^{14}_6C$の量からその年代を知ることができる。

① $^{14}_6C$は生きているうちは一定

木が生きている間は，外界と物質交換によりまわりの環境と同じ割合で$^{14}_6C$を含む。

② 木が死ぬと$^{14}_6C$は半減期に従い減り始める。

木が切り倒されて木材になると，物質交換をしなくなり$^{14}_6C$は崩壊して減少する。

③ 数千〜数万年後出土した木片の$^{14}_6C$の割合は半減期に従って減っている。

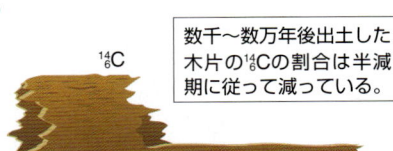

遺跡から出土した木片の$^{14}_6C$割合を調べると，$^{14}_6C$の半減期からその木が生きていた年代を推定できる。

④ $^{14}_6C$の割合が$\frac{1}{8}$ (3T) になっていたら，その木片は約17200年前のものであるとわかる。

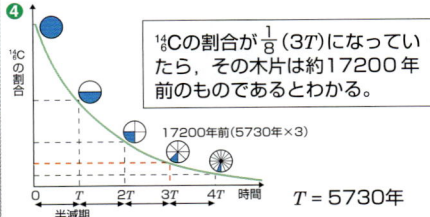

17200年前（5730年×3）
$T=5730$年

$^{14}_6C$の半減期 $T=5730$年

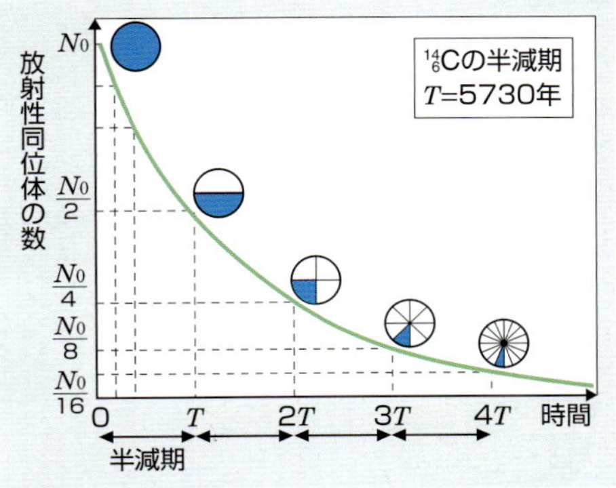

放射性同位体の数が半分になる時間を**半減期**という。半減期は放射性同位体により異なる。半減期が短い放射性同位体ほどはやく崩壊する。

4 ▶ 電子配置

●ボーアの原子モデル
電子の動く軌道（電子殻）
原子核
電子

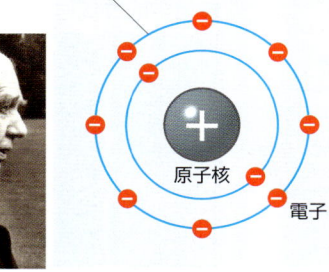

ボーア（デンマーク 1885～1962年）

ボーアは「電子のもつエネルギーは、ある条件を満たす、とびとびの値しかもたない」という仮説から、電子の運動を円軌道モデルで表した（1913年）。

●水素原子のボーアモデル
電子の動く軌道

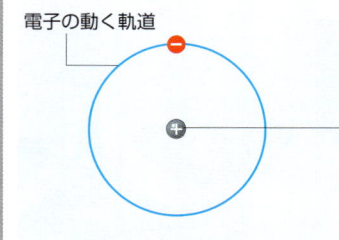

ボーアモデルにおける電子の軌道は、電子雲モデルでは、電子の存在確率の大きいところにあたる。

●水素原子の電子雲モデル（輪切りにして原子核を見たもの）
濃淡で表した電子の存在確率
原子核

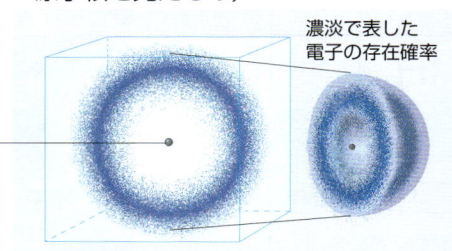

現在では、ある瞬間に存在する電子の位置は確率でしか表せないことが知られている。電子の存在確率の大小を濃淡で表したものを**電子雲モデル**という。

電子配置は、ボーアモデルにもとづいて、各軌道を電子がいかに占めるかを表したものである。

1 電子殻と電子のつまり方
▼原子核のまわりの電子は、**電子殻**と呼ばれるいくつかの層に分かれて存在する。

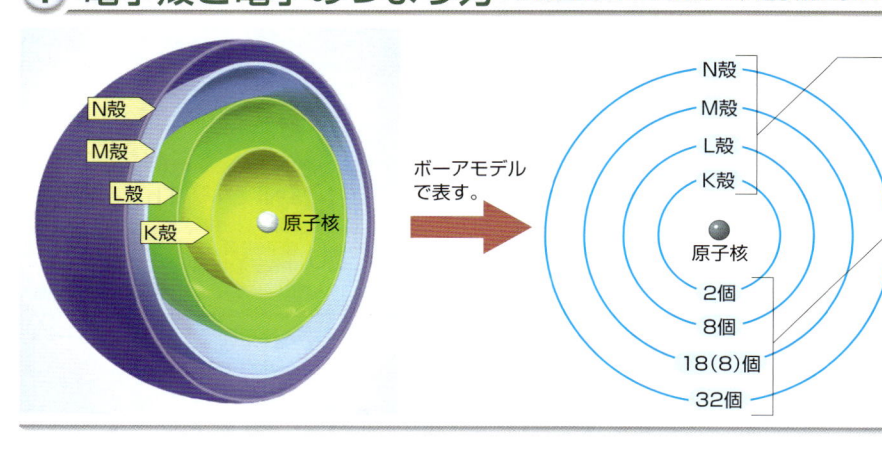

N殻 / M殻 / L殻 / K殻 / 原子核
ボーアモデルで表す。

N殻 / M殻 / L殻 / K殻 → 2個 / 8個 / 18(8)個 / 32個

●電子殻とその名称
❶ 原子の中の電子は、原子核のまわりをいくつかの層に分かれて運動している。これらの層を電子殻という。
❷ 電子殻は、原子核に近い内側から順に、K殻、L殻、M殻、N殻、…という。

●電子殻の電子の収容数
❸ K殻2個、L殻8個、M殻18(8)個、N殻32個の電子を収容できる。*

●電子は内側の電子殻から満たされる
❹ 内側の電子殻ほどエネルギーが低く安定なので、電子は内側の電子殻から順に入っていく。

*電子が入れる軌道は、K殻が1個、L殻が4個、M殻が9個、N殻が16個に分かれており、各軌道には電子が2個ずつ入ることができる。

電子殻と電子の軌道
▼分子の形や原子の性質を細部にわたって考えるときには、ボーアモデルでは説明できないので電子雲モデルを利用する。

●電子の軌道（オービタル）
原子内に存在する電子は、それぞれ一定のエネルギーをもち、原子内のある領域を動いている。電子のこの運動している領域を軌道（オービタル）と呼んでいる。

●軌道の形
運動している電子のある瞬間の位置は確定できず、その存在確率で表す。電子の存在確率が最高の部分を境界面として立体的に表す。

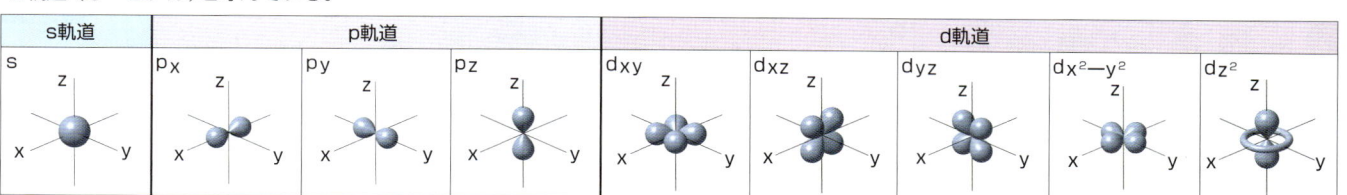

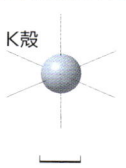

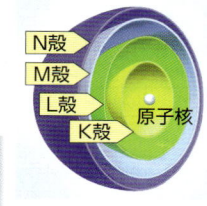

s軌道	p軌道			d軌道				
s	p_x	p_y	p_z	d_{xy}	d_{xz}	d_{yz}	$d_{x^2-y^2}$	d_{z^2}

└─┘ は $250×10^{-12}$ m を示す。

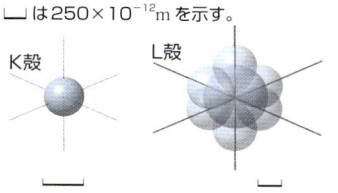

K殻：収容電子数は2。K殻は1s軌道のみ。
L殻：収容電子数は8。L殻は2s軌道と3種の2p軌道からなる。
M殻：収容電子数は18。M殻は3s軌道と3種の3p軌道、5種の3d軌道からなる。

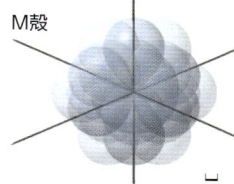

●電子殻と電子の軌道
電子の軌道はK殻、L殻、M殻…などに分かれている。各軌道には、電子が2個ずつ入るので、2p軌道(3種)には最大6個、3d軌道(5種)には最大10個まで入る。

電子殻	K	L		M			N			
軌道名	1s	2s	2p	3s	3p	3d	4s	4p	4d	4f
電子数	2	2	6	2	6	10	2	6	10	14
総電子数	2	8		18			32			

② 原子の電子配置と電子式

▼価電子の数が等しい元素の化学的な性質はよく似る傾向がある。

価電子の数	1	2	3	4	5	6	7	0
電子配置 / 電子式	H・ 水素	(11+ K殻/L殻/M殻)						He: ヘリウム
K殻	1							2
L殻	—							—
M殻	—							—
電子配置 / 電子式	Li・ リチウム	・Be・ ベリリウム	・B・ ホウ素	・C・ 炭素	・N・ 窒素	・O・ 酸素	・F・ フッ素	:Ne: ネオン
K殻	2	2	2	2	2	2	2	2
L殻	1	2	3	4	5	6	7	8
M殻	—	—	—	—	—	—	—	—
電子配置 / 電子式	Na・ ナトリウム	・Mg・ マグネシウム	・Al・ アルミニウム	・Si・ ケイ素	・P・ リン	・S・ 硫黄	・Cl・ 塩素	:Ar: アルゴン
K殻	2	2	2	2	2	2	2	2
L殻	8	8	8	8	8	8	8	8
M殻	1	2	3	4	5	6	7	8

電子配置 電子配置は,原子番号1~18の原子をボーアモデルで表す。

電子式 最も外側の電子殻に入っている電子(最外殻電子)を,元素記号のまわりに記号・で表した式。例:H・

価電子 共有結合やイオンの生成に重要な役割を果たす最外殻にある電子。希ガス元素(▶▶参照項目p.99「希ガス元素」)は,他の原子と結合せず,イオンにならないので,価電子数は0とする。

K殻に電子が入る(2個まで)。

K殻がいっぱいになったので,L殻に順に電子が入る(8個まで)。

K, L殻がいっぱいになったので,M殻に順に電子が入る(18個のうち8個まで)。

*ここでは価電子に注目して色を変えてある。

第4周期の原子の電子配置

▼周期表の第4周期の原子はM殻中の3s,3p,3d軌道に電子が充填される。このとき第3周期(L殻:2s,2p軌道)の原子とは異なった充填のしかたをする。

●第3・4周期の原子の電子配置での例

M殻には18個の電子が入ることができる。$_{19}$Kと$_{20}$Caでは,N殻(4s)に先に電子が入る。その後$_{21}$ScからM殻(3d)に電子が入っていく。

●電子軌道への電子の充填

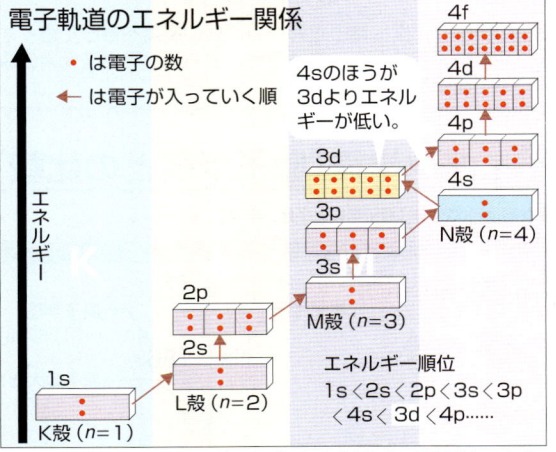

電子軌道のエネルギー関係

・は電子の数
←は電子が入っていく順

4sのほうが3dよりエネルギーが低い。

エネルギー順位
1s<2s<2p<3s<3p<4s<3d<4p……

上図は各軌道のエネルギーの大きさを示す。電子はエネルギーの低い軌道から順に入っていく。

●$_{19}$Kと$_{20}$Caで先にN殻に電子が入る理由

エネルギー関係図から,4s軌道のほうが3d軌道よりエネルギーが低いことがわかる。よって,電子は先に4s軌道に入ることになる。$_{19}$Kと$_{20}$Caで先にN殻に電子が入るのはこのためである。N殻の4s軌道が2個の電子でいっぱいになると,次の$_{21}$Scからは3d軌道に電子が入っていく。つまり,$_{21}$Sc~$_{29}$Cuの遷移元素では,電子は最外殻ではなく,内側のM殻の3d軌道に入る。遷移元素の価電子数が1または2となっているのはそのためである。

$_1$H~$_{18}$ArまではK殻,L殻,M殻と順に電子が充填される。

3d,4sが電子で満たされた$_{31}$Ga以降は4pに電子が順に充填される。

5 イオンの生成

1 単原子イオンの生成
▼原子が電子を失うと**陽イオン**になり、電子をもらうと**陰イオン**になる。

陽イオンの生成
▼帯電した原子または原子団を**イオン**といい、正に帯電したイオンを**陽イオン**という。

●ナトリウムイオンNa^+（1価の陽イオン）の生成

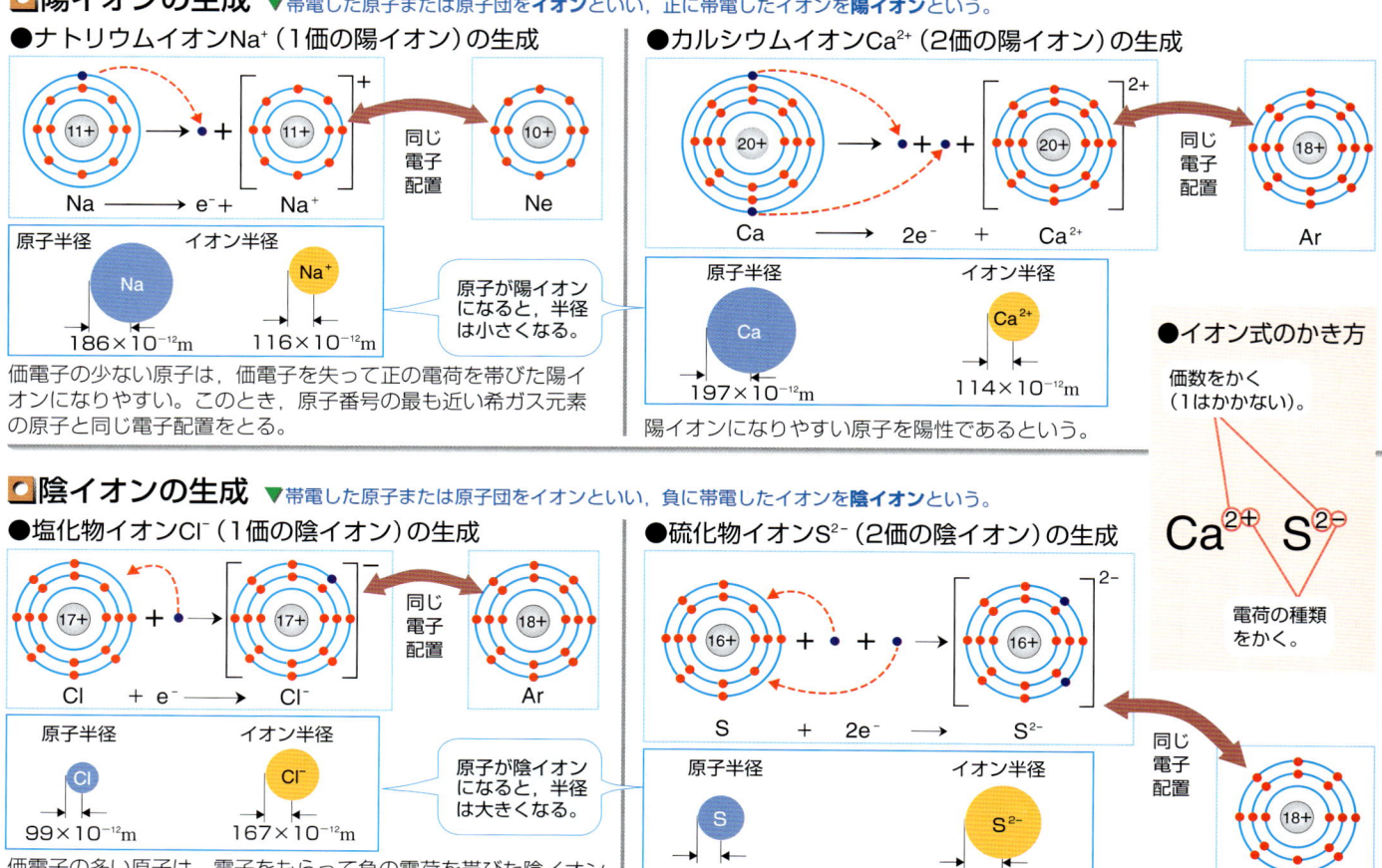

$Na \longrightarrow e^- + Na^+$

同じ電子配置 → Ne

原子半径 Na $186\times10^{-12}m$
イオン半径 Na^+ $116\times10^{-12}m$

原子が陽イオンになると、半径は小さくなる。

価電子の少ない原子は、価電子を失って正の電荷を帯びた陽イオンになりやすい。このとき、原子番号の最も近い希ガス元素の原子と同じ電子配置をとる。

●カルシウムイオンCa^{2+}（2価の陽イオン）の生成

$Ca \longrightarrow 2e^- + Ca^{2+}$

同じ電子配置 → Ar

原子半径 Ca $197\times10^{-12}m$
イオン半径 Ca^{2+} $114\times10^{-12}m$

陽イオンになりやすい原子を陽性であるという。

●イオン式のかき方

Ca^{2+}　S^{2-}

価数をかく（1はかかない）。
電荷の種類をかく。

陰イオンの生成
▼帯電した原子または原子団を**イオン**といい、負に帯電したイオンを**陰イオン**という。

●塩化物イオンCl^-（1価の陰イオン）の生成

$Cl + e^- \longrightarrow Cl^-$

同じ電子配置 → Ar

原子半径 Cl $99\times10^{-12}m$
イオン半径 Cl^- $167\times10^{-12}m$

原子が陰イオンになると、半径は大きくなる。

価電子の多い原子は、電子をもらって負の電荷を帯びた陰イオンになりやすい。このとき、原子番号の最も近い希ガス元素の原子と同じ電子配置をとる。

●硫化物イオンS^{2-}（2価の陰イオン）の生成

$S + 2e^- \longrightarrow S^{2-}$

同じ電子配置 → Ar

原子半径 S $104\times10^{-12}m$
イオン半径 S^{2-} $170\times10^{-12}m$

陰イオンになりやすい原子を陰性であるという。

2 イオン半径（原子半径との比較）
▼原子が陽イオンになると半径は小さくなり、陰イオンになると半径は大きくなる。

▶ 参照項目 p.219「原子半径とイオン半径」

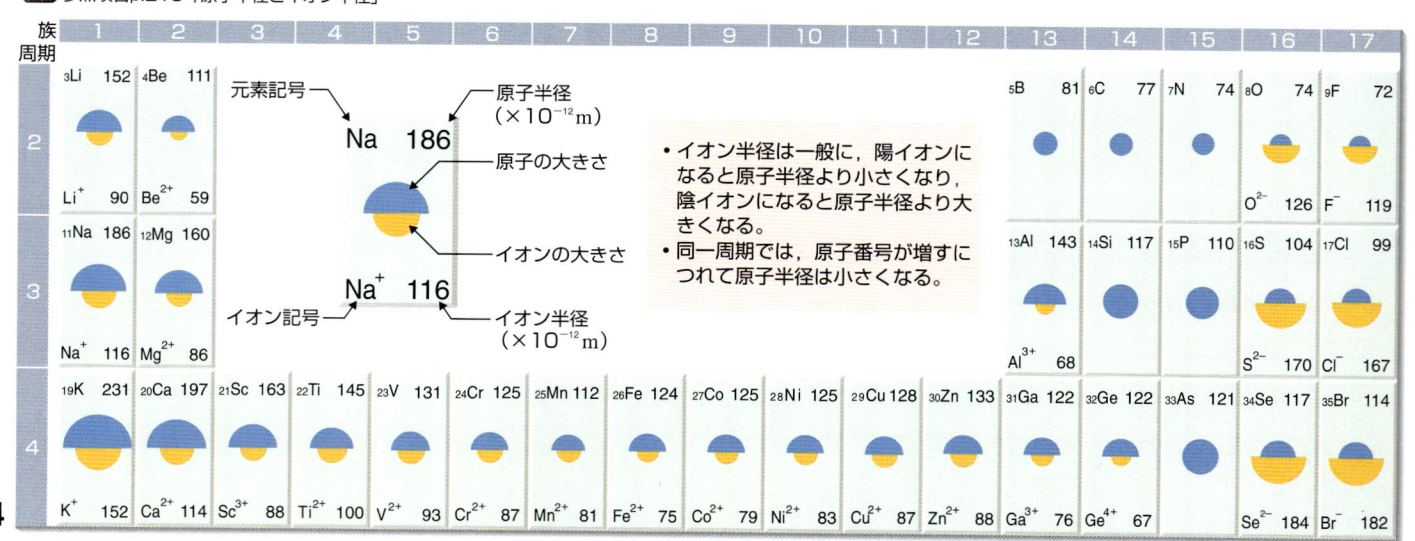

凡例：元素記号 Na 186（原子半径 ×10^{-12}m）／イオン記号 Na^+ 116（イオン半径 ×10^{-12}m）

- イオン半径は一般に、陽イオンになると原子半径より小さくなり、陰イオンになると原子半径より大きくなる。
- 同一周期では、原子番号が増すにつれて原子半径は小さくなる。

周期 \ 族	1	2	3	4	5	6	7	8	9	10	11	12	13	14	15	16	17
2	₃Li 152 / Li⁺ 90	₄Be 111 / Be²⁺ 59											₅B 81	₆C 77	₇N 74	₈O 74 / O²⁻ 126	₉F 72 / F⁻ 119
3	₁₁Na 186 / Na⁺ 116	₁₂Mg 160 / Mg²⁺ 86											₁₃Al 143 / Al³⁺ 68	₁₄Si 117	₁₅P 110	₁₆S 104 / S²⁻ 170	₁₇Cl 99 / Cl⁻ 167
4	₁₉K 231 / K⁺ 152	₂₀Ca 197 / Ca²⁺ 114	₂₁Sc 163 / Sc³⁺ 88	₂₂Ti 145 / Ti²⁺ 100	₂₃V 131 / V²⁺ 93	₂₄Cr 125 / Cr²⁺ 87	₂₅Mn 112 / Mn²⁺ 81	₂₆Fe 124 / Fe²⁺ 75	₂₇Co 125 / Co²⁺ 79	₂₈Ni 125 / Ni²⁺ 83	₂₉Cu 128 / Cu²⁺ 87	₃₀Zn 133 / Zn²⁺ 88	₃₁Ga 122 / Ga³⁺ 76	₃₂Ge 122 / Ge⁴⁺ 67	₃₃As 121	₃₄Se 117 / Se²⁻ 184	₃₅Br 114 / Br⁻ 182

③ 単原子イオンの電子配置と名称

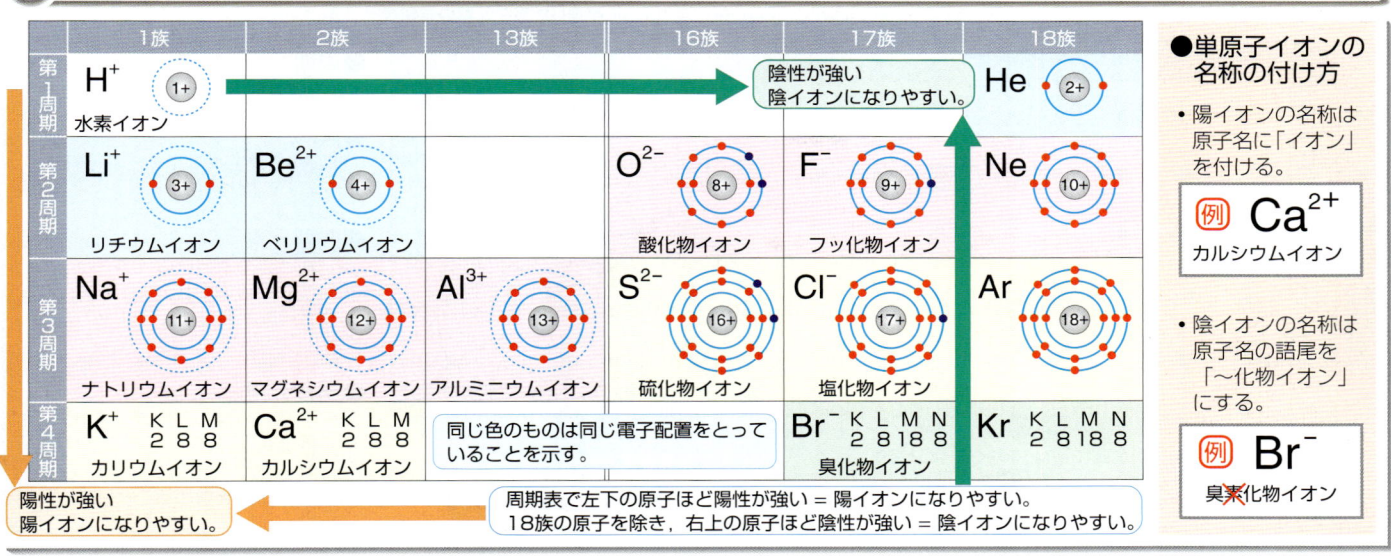

	1族	2族	13族	16族	17族	18族
第1周期	H^+ (1+) 水素イオン			陰性が強い 陰イオンになりやすい。		He (2+)
第2周期	Li^+ (3+) リチウムイオン	Be^{2+} (4+) ベリリウムイオン		O^{2-} (8+) 酸化物イオン	F^- (9+) フッ化物イオン	Ne (10+)
第3周期	Na^+ (11+) ナトリウムイオン	Mg^{2+} (12+) マグネシウムイオン	Al^{3+} (13+) アルミニウムイオン	S^{2-} (16+) 硫化物イオン	Cl^- (17+) 塩化物イオン	Ar (18+)
第4周期	K^+ K L M / 2 8 8 カリウムイオン	Ca^{2+} K L M / 2 8 8 カルシウムイオン	同じ色のものは同じ電子配置をとっていることを示す。		Br^- K L M N / 2 8 18 8 臭化物イオン	Kr K L M N / 2 8 18 8

陽性が強い 陽イオンになりやすい。

周期表で左下の原子ほど陽性が強い＝陽イオンになりやすい。
18族の原子を除き，右上の原子ほど陰性が強い＝陰イオンになりやすい。

● 単原子イオンの名称の付け方

・陽イオンの名称は原子名に「イオン」を付ける。

例 Ca^{2+} カルシウムイオン

・陰イオンの名称は原子名の語尾を「〜化物イオン」にする。

例 Br^- 臭素化物イオン

④ イオン生成でのエネルギーの出入り

● 陽イオン生成に必要なエネルギー（第一イオン化エネルギー）*1

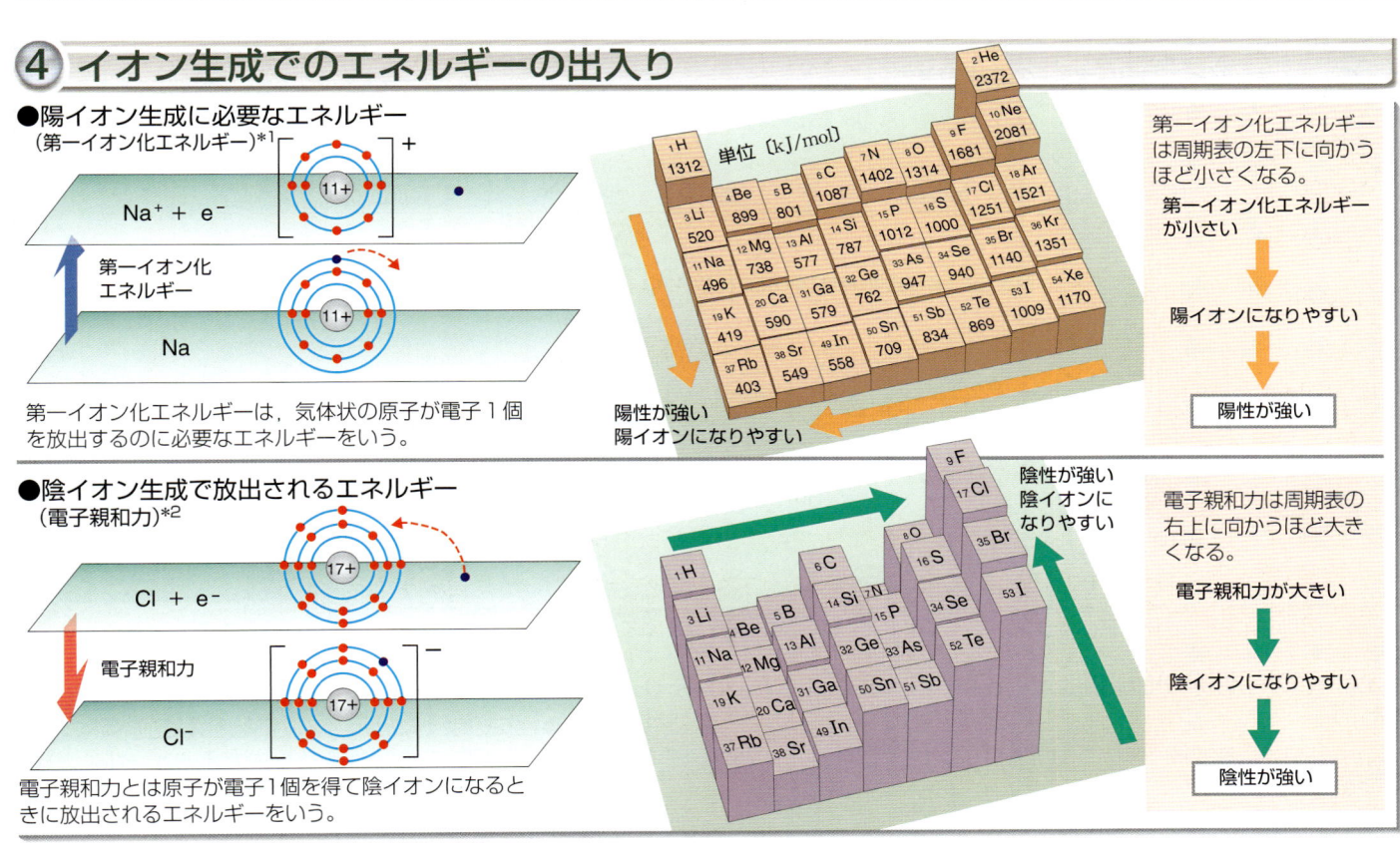

$Na^+ + e^-$
第一イオン化エネルギー
Na

第一イオン化エネルギーは，気体状の原子が電子1個を放出するのに必要なエネルギーをいう。

単位 [kJ/mol]

| 2He 2372 |
1H 1312	9F 1681	10Ne 2081
4Be 899	6C 1087	7N 1402	8O 1314	17Cl 1251	18Ar 1521
3Li 520	12Mg 738	13Al 577	14Si 787	15P 1012	16S 1000	35Br 1140	36Kr 1351
11Na 496	20Ca 590	31Ga 579	32Ge 762	33As 947	34Se 940	53I 1009	54Xe 1170
19K 419	38Sr 549	49In 558	50Sn 709	51Sb 834	52Te 869
37Rb 403

陽性が強い 陽イオンになりやすい

第一イオン化エネルギーは周期表の左下に向かうほど小さくなる。

第一イオン化エネルギーが小さい
↓
陽イオンになりやすい
↓
陽性が強い

● 陰イオン生成で放出されるエネルギー（電子親和力）*2

$Cl + e^-$
電子親和力
Cl^-

電子親和力とは原子が電子1個を得て陰イオンになるときに放出されるエネルギーをいう。

陰性が強い 陰イオンになりやすい

電子親和力は周期表の右上に向かうほど大きくなる。

電子親和力が大きい
↓
陰イオンになりやすい
↓
陰性が強い

*1 ▷▷ p.26参照　　*2 ▷▷ p.27参照

⑤ 多原子イオン
▼ 2個以上の原子が結合した原子団が電子を受けとった陰イオンや，原子団が電子を放出してできた陽イオンを，多原子イオンという。

イオンの名称	イオン式	イオンの名称	イオン式
アンモニウムイオン	NH_4^+	リン酸イオン	PO_4^{3-}
水酸化物イオン	OH^-	炭酸イオン	CO_3^{2-}
硝酸イオン	NO_3^-	炭酸水素イオン	HCO_3^-
硫酸イオン	SO_4^{2-}	酢酸イオン	CH_3COO^-

● 多原子イオンのイオン式のかき方

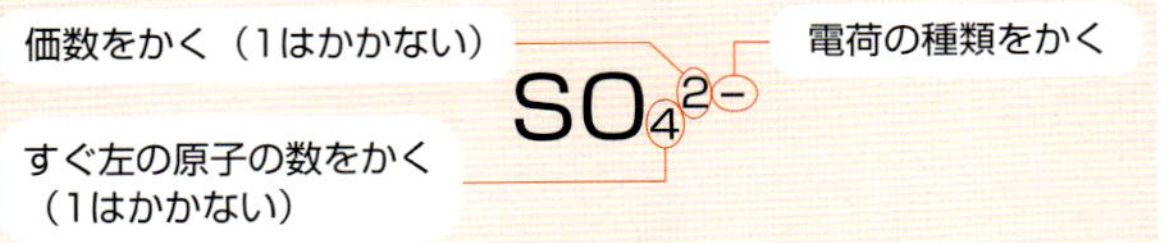

価数をかく（1はかかない）
すぐ左の原子の数をかく（1はかかない）
電荷の種類をかく

SO_4^{2-}

6 ▶ 元素の周期表

元素を原子番号の順に並べていくと、性質の類似した元素が周期的に現れる。これを元素の周期律といい、周期律で整理すると宇宙に存在する100種類以上の元素の性質がとらえやすくなる。

■元素の周期表
▼元素を原子番号順に並べて性質の類似した元素が縦に並ぶように整理した表を**元素の周期表**という。

族\周期	1	2	3	4	5	6	7	8	9	10	11	12	13	14	15	16	17	18
1	₁H																	₂He
2	₃Li	₄Be											₅B	₆C	₇N	₈O	₉F	₁₀Ne
3	₁₁Na	₁₂Mg											₁₃Al	₁₄Si	₁₅P	₁₆S	₁₇Cl	₁₈Ar
4	₁₉K	₂₀Ca	₂₁Sc	₂₂Ti	₂₃V	₂₄Cr	₂₅Mn	₂₆Fe	₂₇Co	₂₈Ni	₂₉Cu	₃₀Zn	₃₁Ga	₃₂Ge	₃₃As	₃₄Se	₃₅Br	₃₆Kr
5	₃₇Rb	₃₈Sr	₃₉Y	₄₀Zr	₄₁Nb	₄₂Mo	₄₃Tc	₄₄Ru	₄₅Rh	₄₆Pd	₄₇Ag	₄₈Cd	₄₉In	₅₀Sn	₅₁Sb	₅₂Te	₅₃I	₅₄Xe
6	₅₅Cs	₅₆Ba	ランタノイド	₇₂Hf	₇₃Ta	₇₄W	₇₅Re	₇₆Os	₇₇Ir	₇₈Pt	₇₉Au	₈₀Hg	₈₁Tl	₈₂Pb	₈₃Bi	₈₄Po	₈₅At	₈₆Rn
7	₈₇Fr	₈₈Ra	アクチノイド	₁₀₄Rf	₁₀₅Db	₁₀₆Sg	₁₀₇Bh	₁₀₈Hs	₁₀₉Mt	₁₁₀Ds	₁₁₁Rg	₁₁₂Cn	₁₁₃Nh	₁₁₄Fl	₁₁₅Mc	₁₁₆Lv	₁₁₇Ts	₁₁₈Og

現在の周期表の原形は、メンデレーエフによってまとめられた(1869年)。

典型元素　遷移元素　金属元素　非金属元素

100番以降の元素の性質は定まらない。

- アルカリ土類金属(Be, Mgを除くことがある) ▶▶参照項目p.110, 111
- アルカリ金属(Hを除く) ▶▶参照項目p.108, 109
- ハロゲン ▶▶参照項目p.100, 101
- 希(貴)ガス ▶▶参照項目p.99

●**周期**
周期表の横の行。

●**族**
周期表の縦の列。同じ族の元素は同族元素と呼ばれる。

●**典型元素**
1,2族と12〜18族の元素。元素の類似性や性質の変化が明確に現れている。同族元素は価電子の数が等しく、化学的性質が類似している。

●**遷移元素**
3〜11族の元素。周期律が明確でない。同族元素よりも左右に隣り合った元素の化学的性質が類似している(12族の元素を含めることもある)。

1 元素の周期表と周期律：第一イオン化エネルギー

■第一イオン化エネルギーの周期律
▼原子から電子1個を引き離して1価の陽イオンにするのに必要なエネルギーを**第一イオン化エネルギー**という。

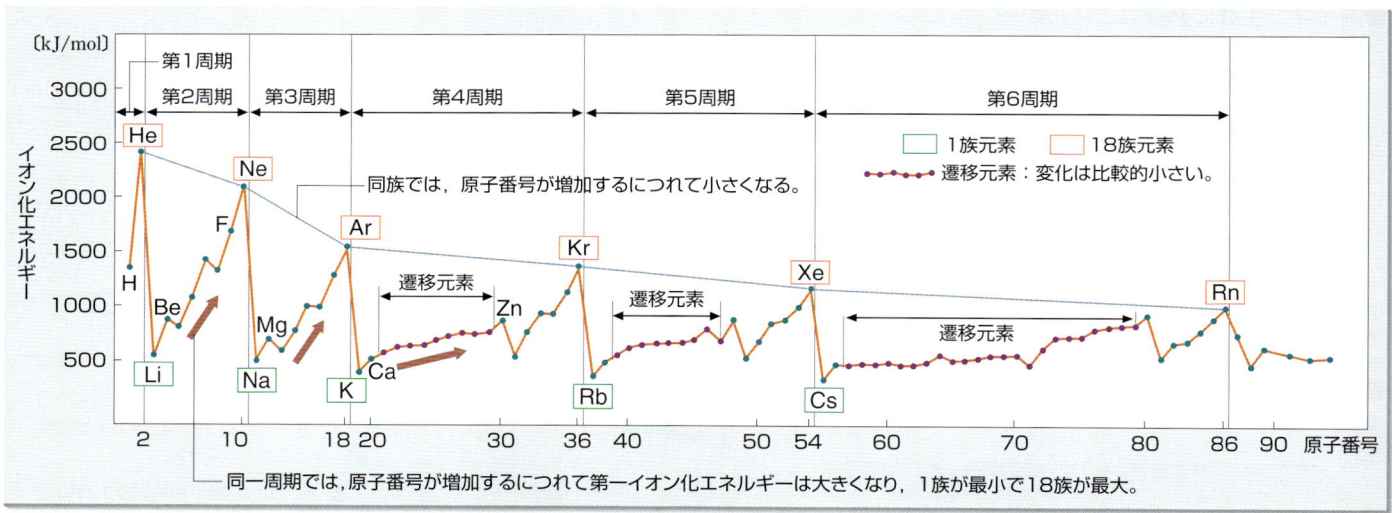

[グラフ：第一イオン化エネルギー(kJ/mol)と原子番号の関係。He, Ne, Ar, Kr, Xe, Rnが極大、Li, Na, K, Rb, Csが極小。1族元素、18族元素、遷移元素：変化は比較的小さい。]

同族では、原子番号が増加するにつれて小さくなる。

同一周期では、原子番号が増加するにつれて第一イオン化エネルギーは大きくなり、1族が最小で18族が最大。

第一イオン化エネルギーの値を原子番号順に並べると一定周期で性質のよく似た元素が現れる。

■元素の周期律から周期表へ(例：第一イオン化エネルギー)

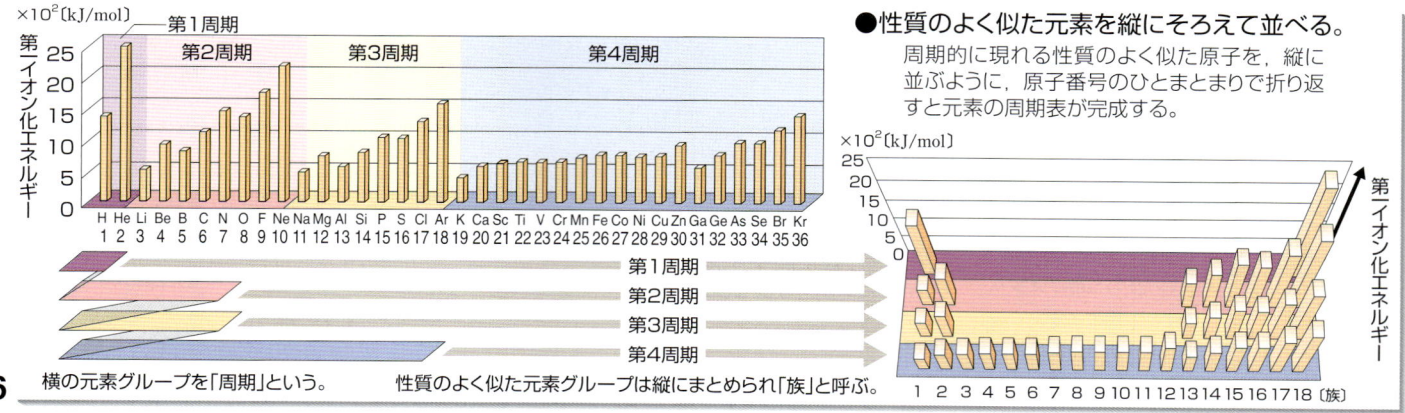

●**性質のよく似た元素を縦にそろえて並べる。**
周期的に現れる性質のよく似た原子を、縦に並ぶように、原子番号のひとまとまりで折り返すと元素の周期表が完成する。

② 元素の周期的性質
▼第一イオン化エネルギーのほか，さまざまな性質が周期性を表す。しかし，遷移元素では周期性がはっきりとしない。

●最外殻電子の数

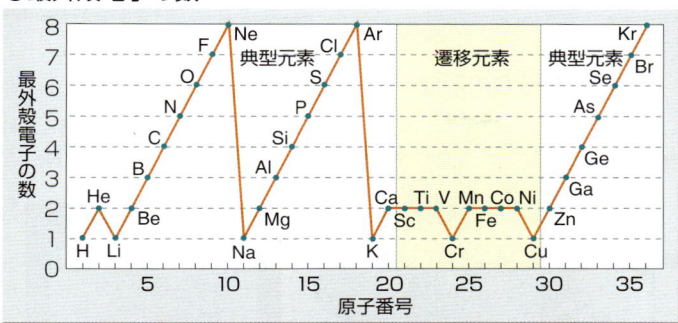

第一イオン化エネルギーと原子の最外殻電子の数は同じような周期的変化を示す。最外殻電子の数が増加すると，第一イオン化エネルギーも大きくなる。

●原子半径＊

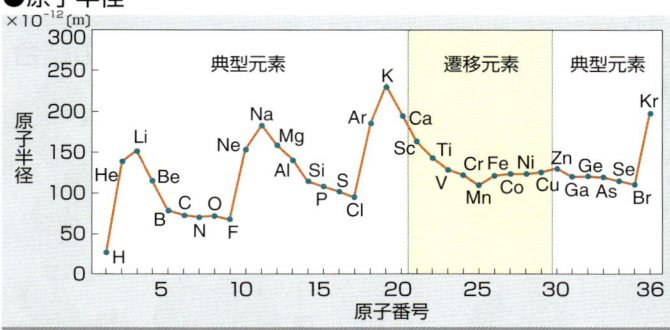

原子の半径は，同一周期では1族が最大，17族が最小となる。
＊希ガス元素はファンデルワールス半径，金属元素は金属結合半径。

●電子親和力

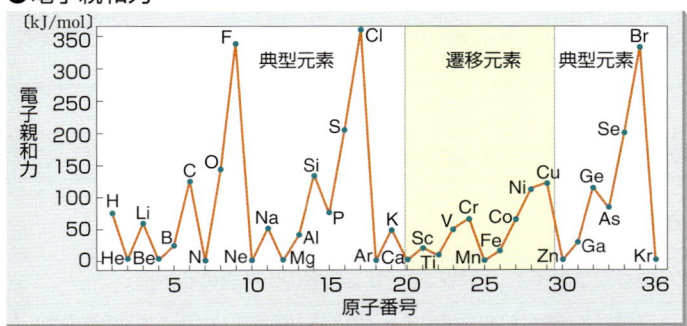

原子が電子を1個受けとって，1価陰イオンになるさいに放出されるエネルギーは，同一周期では17族に向けて変化しつつ大きくなる。

●電気陰性度
▼2原子間の化学結合で，各原子が共有電子対を引きつける力の大小を相対的に示した数値。▶▶参照項目p.32「電気陰性度」

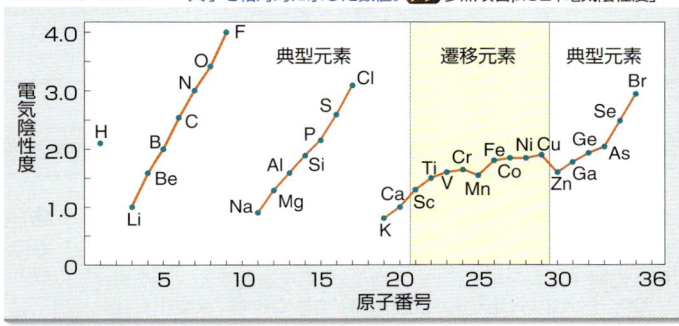

同一周期では，17族に向けて大きくなる。希ガス元素の原子は結合をつくりにくいので電気陰性度は定められない。

●単体の融点

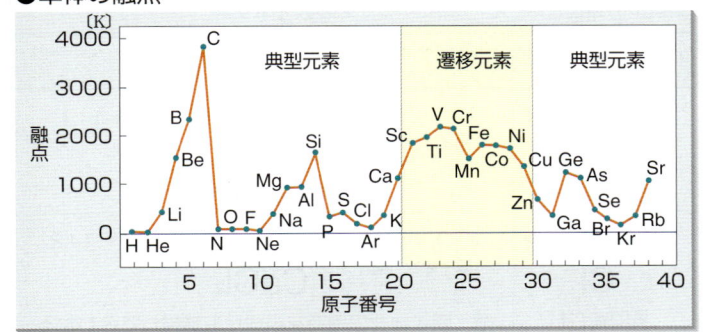

粒子間の結合力が強いものほど融点が高い。
14族C,Siに向けて大きくなる。遷移元素の融点は高い。

●原子容
単体1molの固体が占める体積 [cm³/mol]

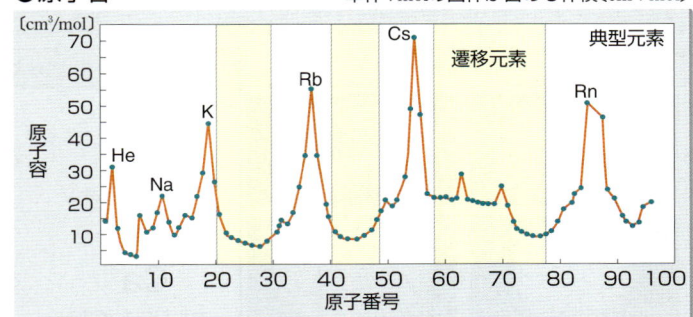

原子容の値は1族に向かって大きくなり，周期性がよく現れる。元素の周期律発見のきっかけとなる。

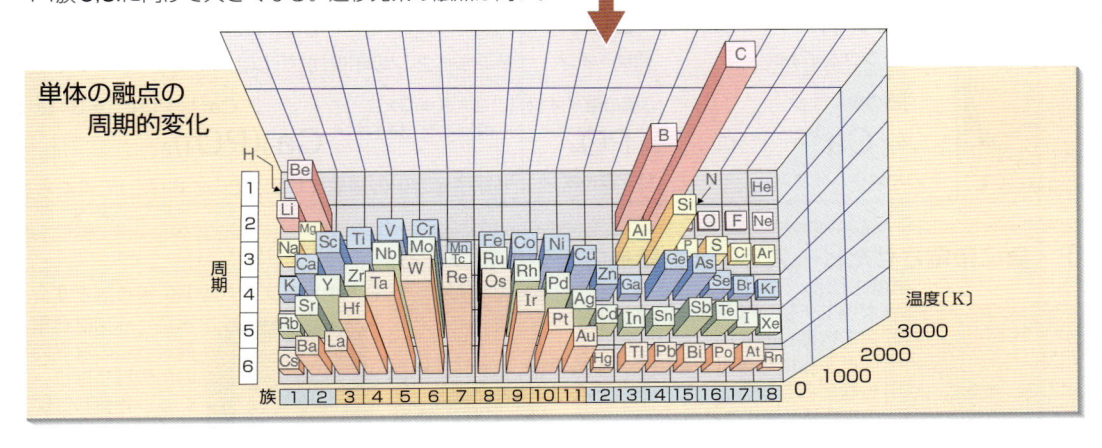

単体の融点の周期的変化

単体の融点を周期表に合わせてグラフにすると，周期性をよりはっきりとらえることができる。

- 融点は，遷移元素や炭素，ホウ素，ケイ素などで高い。
- アルカリ金属および2族では，原子番号が増すにつれて融点が低くなる。
- ハロゲン(17族)，希ガス元素(18族)では，原子番号が増すにつれて融点が高くなる。

7 イオン結合とイオン結晶

① イオン結合 ▼多数の陽イオンと陰イオンがクーロン力（静電気力）で引き合って**イオン結合**を形成する。

■ ナトリウムイオンNa^+と塩化物イオンCl^-の結合

●イオンの生成／●クーロン力で引き合う／●イオン結合の形成

金属元素は陽イオンとなり，非金属元素は陰イオンとなる。

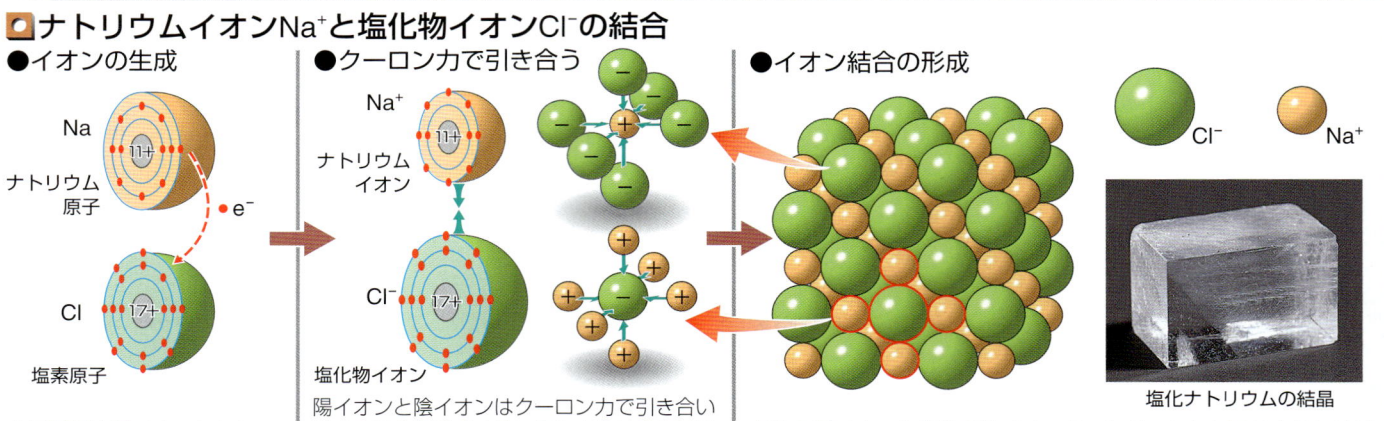

陽イオンと陰イオンはクーロン力で引き合いイオン結合を形成する。塩化ナトリウムでは，イオンは反対電荷のイオン6つに囲まれる。

多数の陽イオンと多数の陰イオンが，たがいをとり囲むように整然と集合してイオン結晶となる。

塩化ナトリウムの結晶

② 組成式と命名法 ▼イオン結合を形成する成分元素の原子数を簡単な整数比で表したものを**組成式**という。

●組成式の読み方
陰イオンの名称を先に読み，そのあとに陽イオンの名称を読む。

❶～化物イオンの場合には，「物イオン」を省略する。（例）塩化物イオンCl^-は「塩化」，水酸化物イオンOH^-は「水酸化」，酸化物イオンO^{2-}は「酸化」と読む。

❷❶以外の場合は「イオン」を省略する。（例）硝酸イオンNO_3^-は「硝酸」，硫酸イオンSO_4^{2-}は「硫酸」，ナトリウムイオンNa^+は「ナトリウム」，銅(Ⅱ)イオンCu^{2+}は「銅(Ⅱ)」と読む。

●組成式のかき方
❶陽イオンの後に陰イオンをかく。
❷下の式が成り立つ陽イオンの数と陰イオンの数の比を求める。

（陽イオンの価数）×（陽イオンの数の比）=（陰イオンの価数）×（陰イオンの数の比）

❸陽イオンと陰イオンの数の比を，それぞれのイオンの右下にかく。

補足：陽イオンが複数あるときは，アルファベット順にかく。多原子イオンが2個以上あるときは，( )でくくってその数を示す。

名称と例	成分イオン		組成式
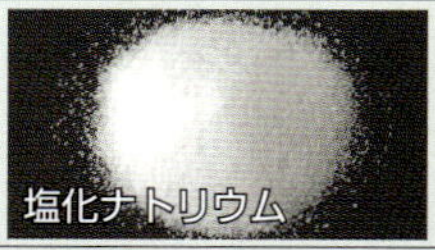  塩化ナトリウム／岩塩	1価の陽イオン Na^+ ナトリウムイオン	1価の陰イオン Cl^- 塩化物イオン	$1×1 = 1×1$　$Na^+:Cl^- = 1:1$　陽イオン 陰イオン **NaCl** 組成比が1のときは省略する。
  塩化カルシウム／乾燥剤	2価の陽イオン Ca^{2+} カルシウムイオン	1価の陰イオン Cl^- 塩化物イオン	$2×1 = 1×2$　$Ca^{2+}:Cl^- = 1:2$　陽イオン 陰イオン **CaCl$_2$** 陰・陽イオンの電荷を組成比を調整して合わせる。
 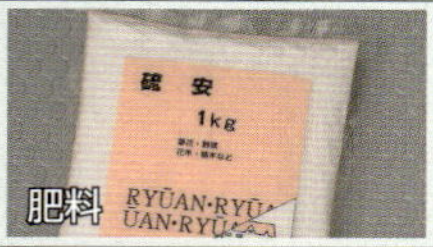 硫酸アンモニウム／肥料	1価の陽イオン NH_4^+ アンモニウムイオン	2価の陰イオン SO_4^{2-} 硫酸イオン	$1×2 = 2×1$　$NH_4^+:SO_4^{2-} = 2:1$　陽イオン 陰イオン **(NH$_4$)$_2$SO$_4$** 多原子イオンの組成比が2以上のときは( )でくくる。
 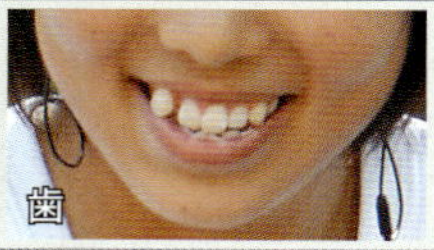 リン酸カルシウム／歯	2価の陽イオン Ca^{2+} カルシウムイオン	3価の陰イオン PO_4^{3-} リン酸イオン	$2×3 = 3×2$　$Ca^{2+}:PO_4^{3-} = 3:2$　陽イオン 陰イオン **Ca$_3$(PO$_4$)$_2$** 多原子イオンの組成比が2以上のときは( )でくくる。

イオン結晶のモデル：正・負に帯電させたビーズでイオン結晶のモデルをつくる。

❶桃色ビーズを正に帯電させる。　❷水色ビーズを負に帯電させる。

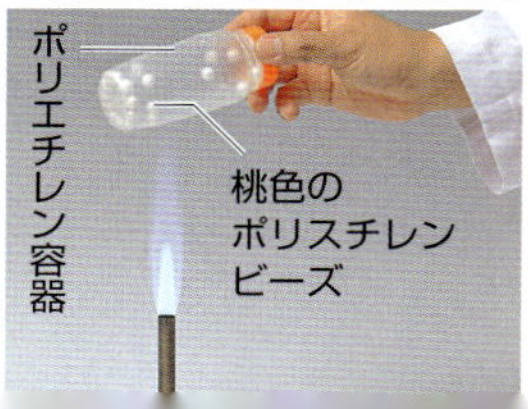

ポリエチレンは正に，アクリルは負に帯電しやすい。ポリスチレンはどちらにも帯電するので，加熱しながらこすることで，それぞれの帯電量を増すことができる。

❸水色ビーズをバットに振り落とす。

水色ビーズは負電荷どうしの反発力のため散らばり，くっつき合わない。

③ イオン結晶の結晶構造
▼構成粒子が規則正しく配列している固体を**結晶**という。イオン結合でできている結晶を**イオン結晶**という。

◆塩化ナトリウム型結晶　▼NaCl, NaBr, MgO, KI など

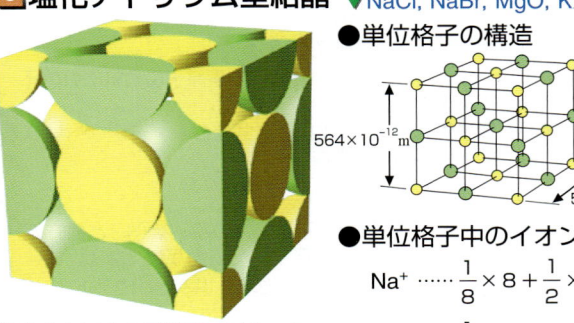

●単位格子の構造

$564×10^{-12}$ m
$564×10^{-12}$ m

●単位格子中のイオン数

Na^+ …… $\frac{1}{8}×8+\frac{1}{2}×6=4$ 個

Cl^- …… $\frac{1}{4}×12+1=4$ 個

塩化ナトリウム型結晶では1つのイオンに接するイオンの数は6。

◆塩化セシウム型結晶　▼CsCl, CsBr, CsI, NH₄Cl など

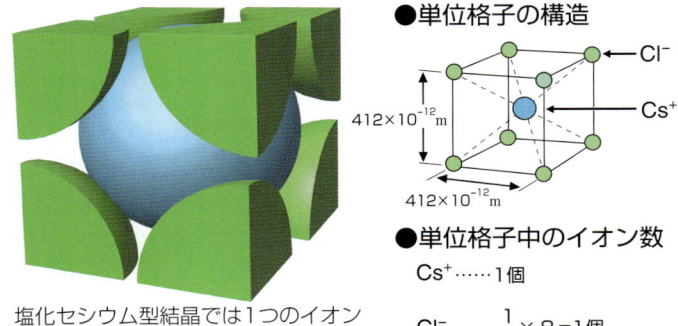

●単位格子の構造

$412×10^{-12}$ m
$412×10^{-12}$ m

●単位格子中のイオン数

Cs^+ …… 1個

Cl^- …… $\frac{1}{8}×8=1$ 個

塩化セシウム型結晶では1つのイオンに接するイオンの数は8。

④ イオン結晶の性質

◆電気伝導性
▼イオン結晶は固体では電気を通さないが、融解したり水溶液にしたりすると電気をよく通す。

●固体：電気を通さない

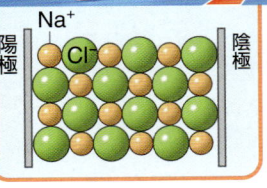

イオンからなる物質は固体状態（結晶）では電気を通さない。電気の運び手であるイオンが移動できないからである。

●液体：電気を通す

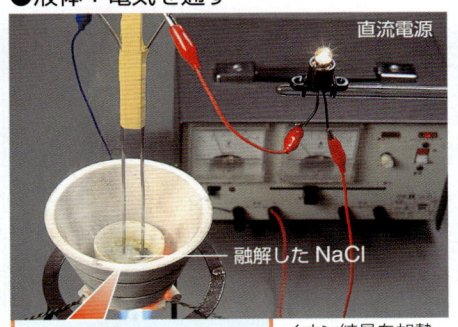

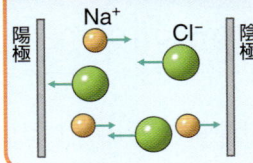

イオン結晶を加熱、融解し液体状態にすると、陽イオンと陰イオンが自由に動くことができるようになり電気を通すことができる。

●水溶液：電気を通す

水溶液中で電離しても陽イオンと陰イオンは自由に動くことができる。したがって、水溶液も電気を通すことができる。

●かたくて、もろい

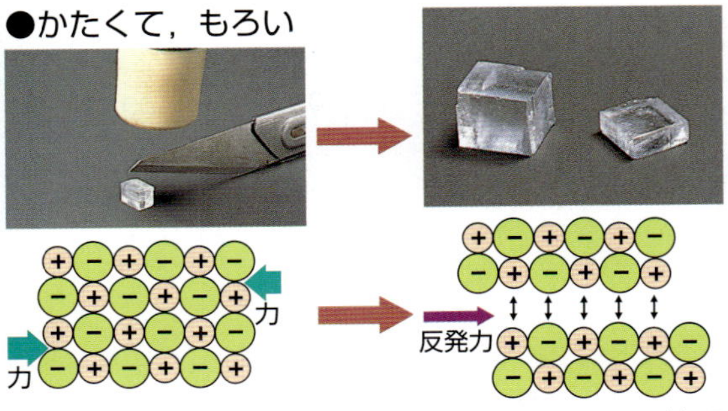

力を加えると同種電荷どうしの反発力により特定の面にそって割れる。

●溶解性：水にとけやすい

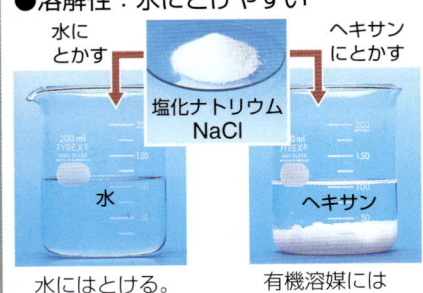

水にはとける。　　有機溶媒にはとけにくい。

●融点は高い

イオン結晶	イオン間距離 ×10⁻¹²(m)	融点(℃)
MgO	212	2826
CaO	240	2572
SrO	258	2430
BaO	275	1918
NaCl	282	801
KCl	319	770
RbCl	333	718

イオン結合は結合力が強いので、融点は高いものが多い。一般に、イオンの価数が大きいほど、また、イオン間の距離が短いほど結合力が大きくなり、融点は高い。

ちょっと発展

正と負に帯電したビーズが立体的に交互に並び、部分的にNaCl型のイオン結晶のモデルができる。

①で正に帯電した桃色ビーズ／水色ビーズの入ったバット

④桃色ビーズを水色ビーズの上に振り落とす。／静電気力による結合／桃色と水色のビーズが静電気力で引き合い、数個ずつくっつく。

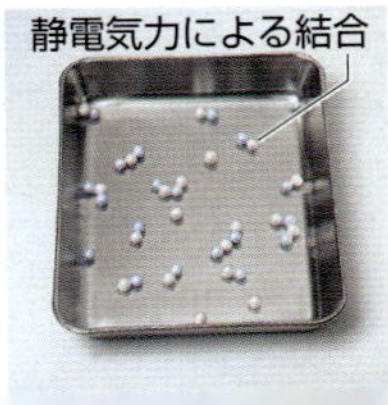

⑤バットを揺すり、ビーズをバットの隅に集める。

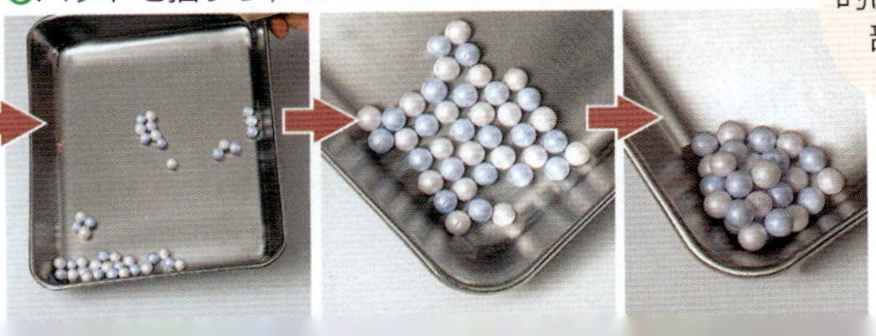

ビーズはつぎつぎにつながる。これがイオン結合である。

8 共有結合と分子

共有結合は希ガス元素を除いた非金属元素どうしの結合

① 共有結合
▼原子間で不対電子を出し合って共有電子対をつくる結合を**共有結合**という。

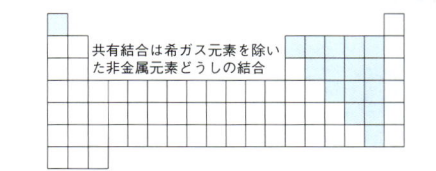

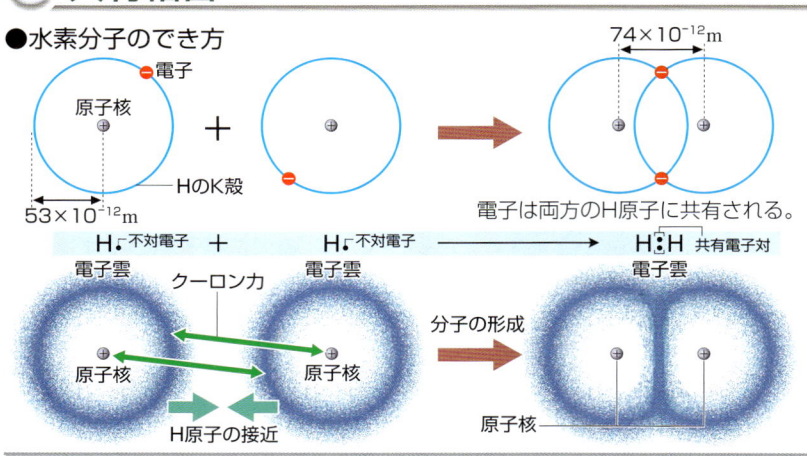

●水素分子のでき方

HのK殻 $53×10^{-12}$ m、$74×10^{-12}$ m

ボーア模型の不対電子で考える
❶ 重なり合った電子殻の中では、水素原子のそれぞれの不対電子が対になる。→ 共有電子対。
❷ 共有電子対は2つの水素原子に共有され、安定なヘリウム原子と同じ電子配置をとる。

電子雲で考える
❶ 2個の水素原子が接近すると一方の原子核（＋）と他方の電子雲（−）が引き合い、原子間の引力が強くなる。
❷ 2つの水素原子の電子雲が重なり、共有結合を形成し、水素分子が完成する。

●分子式の表し方

C_2H_4 ― 構成元素／分子を構成する原子数（1は略す）

・分子式では分子を構成する原子の数をかく。
・構成原子数が1のときは1を省略する。

② 共有結合の分子の形成と構造
▼いくつかの非金属原子が共有結合してできた粒子が分子である。

分子式	共有結合の形成と電子式	電子式	構造式	共有電子対の数	非共有電子対の数	立体構造
酸素 O_2	:Ö: + :Ö: → :Ö::Ö:（非共有電子対、不対電子、共有電子対）	:Ö::Ö:（非共有電子対、共有電子対）	O=O（価標）	2	4	$121×10^{-12}$ m 直線
窒素 N_2	:N: + :N: → :N:::N:	:N:::N:	N≡N	3	2	$110×10^{-12}$ m 直線
水 H_2O	H・ + ・Ö・ + ・H → H:Ö:H	H:Ö:H	H−O−H	2	2	$96×10^{-12}$ m 折れ線 104.5°
二酸化炭素 CO_2	:Ö: + ・C・ + :Ö: → :Ö::C::Ö:	:Ö::C::Ö:	O=C=O	4	4	$116×10^{-12}$ m 直線
アンモニア NH_3	H・ + ・N: + ・H → H:N:H（下H）	H:N:H（下H）	H−N−H（下H）	3	1	$101×10^{-12}$ m 三角錐 106.7°
メタン CH_4	H・ + ・C・ + ・H (+上下H) → H:C:H (上下H)	H:C:H（上下H）	H−C−H（上下H）	4	0	正四面体 109.5° $109×10^{-12}$ m

③ 配位結合
▼一方の原子の非共有電子対を、もう一方の原子と共有して結合する。

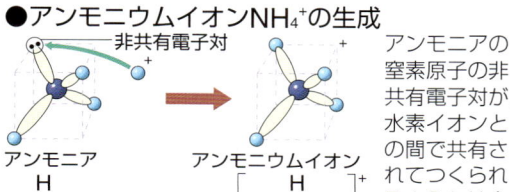

●アンモニウムイオンNH_4^+の生成

非共有電子対
アンモニア → アンモニウムイオン

H:N:H + H⁺ → [H:N:H]⁺
  H   H

アンモニアの窒素原子の非共有電子対が、水素イオンとの間で共有されてつくられるような結合を**配位結合**という。

●共有結合と配位結合

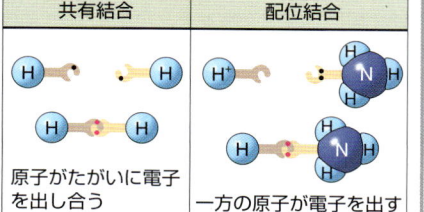

共有結合	配位結合
原子がたがいに電子を出し合う	一方の原子が電子を出す

●オキソニウムイオンH_3O^+

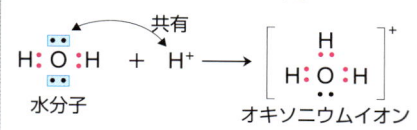

H:Ö:H + H⁺ → [H:Ö:H]⁺ 共有
水分子   オキソニウムイオン
              H

水分子の酸素原子の非共有電子対を、水素イオンとの間で共有し、配位結合する。

▶▶参照項目 p.66「酸と塩基の定義」

4 共有結合の結晶とその性質 ▼原子がすべて共有結合で結合している固体を**共有結合の結晶**という。

共有結合の結晶

● ダイヤモンド　融点3550℃　$154×10^{-12}$m

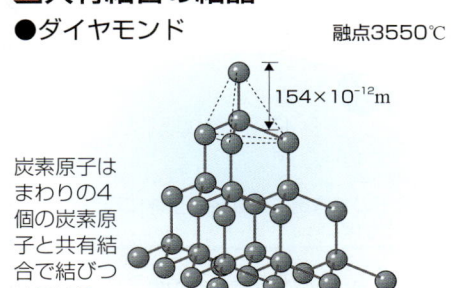

炭素原子はまわりの4個の炭素原子と共有結合で結びついている。

ダイヤモンドの原石　カットしたダイヤモンド

● 黒鉛（グラファイト）　$335×10^{-12}$m　$142×10^{-12}$m

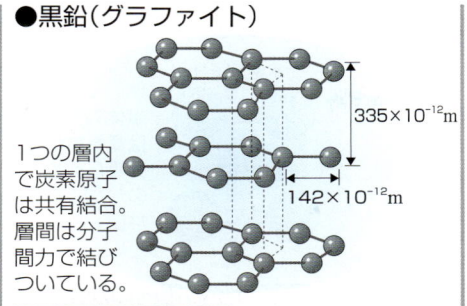

1つの層内で炭素原子は共有結合。層間は分子間力で結びついている。

黒鉛（グラファイト）　鉛筆の芯の原料

● 二酸化ケイ素の結晶　融点1550℃

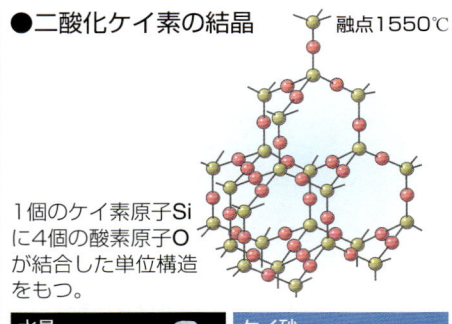

1個のケイ素原子Siに4個の酸素原子Oが結合した単位構造をもつ。

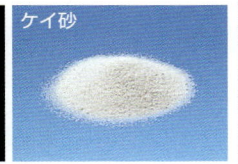

水晶　ケイ砂

共有結合の結晶の性質 ▼すべての原子が共有結合で結びついているのでかたくて，融点が高い。

● かたい

ダイヤモンドカッター

ダイヤモンドは非常にかたいので，研磨・切削用として用いられる。

● 融点が高い

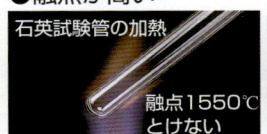

石英試験管の加熱　融点1550℃　とけない

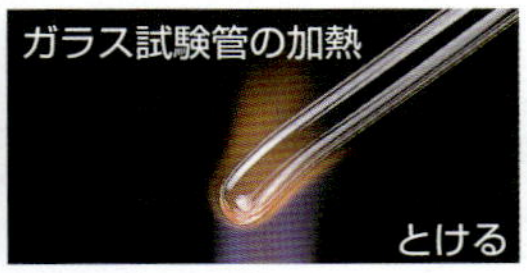

ガラス試験管の加熱　とける

石英は二酸化ケイ素（融点1550℃）からできている。ガラスの試験管がとける炎の温度ではとけない。

● 電気伝導性がない

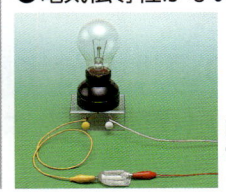

固体・液体とも電気を通さない*（写真は水晶）。

＊グラファイトは例外で電気をよく通す。

5 分子結晶とその性質 ▼分子からできた物質は分子間力で結びついている。その固体を**分子結晶**という。

● 二酸化炭素CO_2の結晶（ドライアイス）　$560×10^{-12}$m　O　C

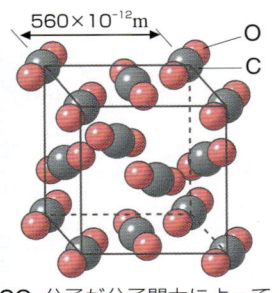

CO_2分子が分子間力によって，規則的に配列している。

● ヨウ素I_2の結晶　I　I　$980×10^{-12}$m　$730×10^{-12}$m　$480×10^{-12}$m

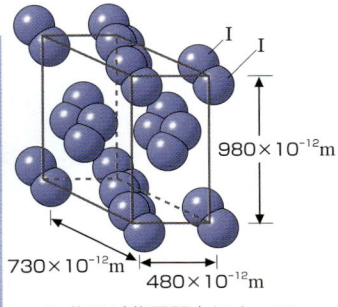

I_2分子が分子間力によって，規則的に配列している。

分子結晶の性質

● 電気伝導性がない

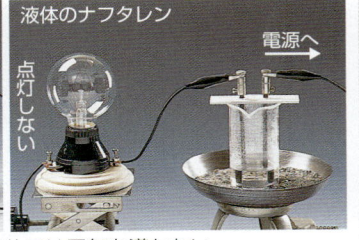

固体のナフタレン　点灯しない　電源へ

液体のナフタレン　点灯しない　電源へ

分子は電荷をもたないので固体，液体では電気を導かない。

● もろい

ドライアイス

● 昇華するものがある

I_2

分子間力が化学結合に比べて弱いので沸点，融点が低く，昇華するものもある。

9 分子の極性と水素結合

1 電気陰性度と電荷のかたより
▼結合した原子間の電気陰性度に差があると共有結合に極性が生じる。

●電気陰性度

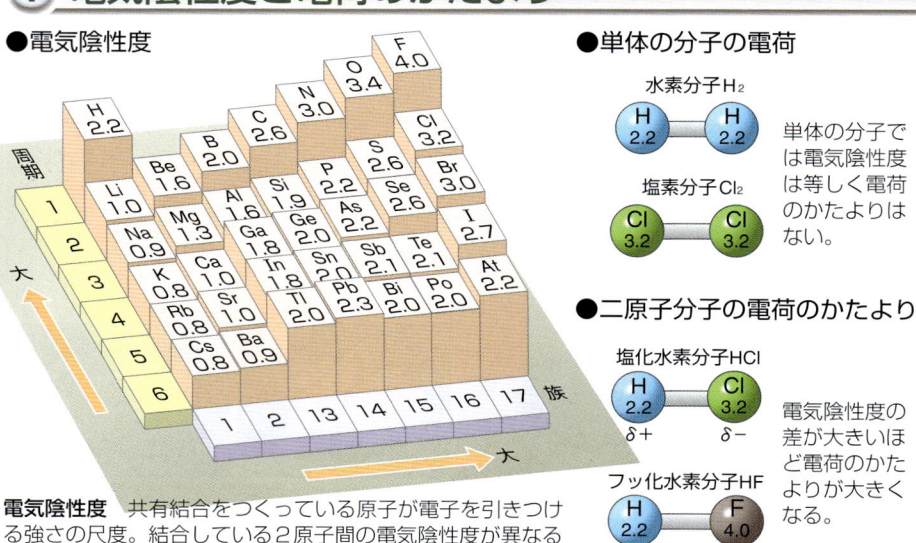

(周期表：電気陰性度の値)
H 2.2, Li 1.0, Be 1.6, B 2.0, C 2.6, N 3.0, O 3.4, F 4.0
Na 0.9, Mg 1.3, Al 1.6, Si 1.9, P 2.2, S 2.6, Cl 3.2
K 0.8, Ca 1.0, Ga 1.8, Ge 2.0, As 2.2, Se 2.6, Br 3.0
Rb 0.8, Sr 1.0, In 1.8, Sn 2.0, Sb 2.1, Te 2.1, I 2.7
Cs 0.8, Ba 0.9, Tl 2.0, Pb 2.3, Bi 2.0, Po 2.0, At 2.2

電気陰性度 共有結合をつくっている原子が電子を引きつける強さの尺度。結合している2原子間の電気陰性度が異なるときは、電気陰性度の大きい原子に電子が引き寄せられる。

●単体の分子の電荷
水素分子 H_2：H(2.2)—H(2.2)
塩素分子 Cl_2：Cl(3.2)—Cl(3.2)

単体の分子では電気陰性度は等しく電荷のかたよりはない。

●二原子分子の電荷のかたより
塩化水素分子 HCl：H(2.2) $\delta+$ — Cl(3.2) $\delta-$
フッ化水素分子 HF：H(2.2) $\delta+$ — F(4.0) $\delta-$

電気陰性度の差が大きいほど電荷のかたよりが大きくなる。

●水素分子の電子分布
H_2分子の共有電子対は分子全体に均等に分布している。

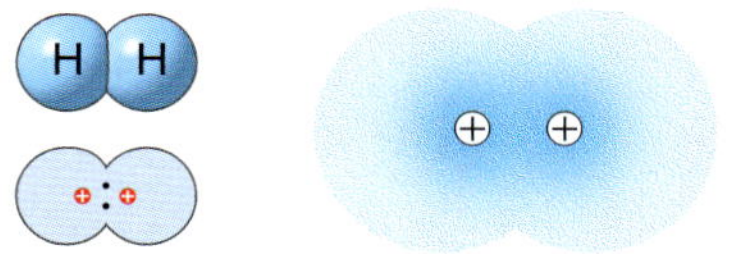

●塩化水素分子の電子分布
HCl分子の共有電子対はCl原子の方に引き寄せられ電荷の分布にかたよりを生じている。この電荷のかたよりを極性があるという。$\delta+$はやや正に、$\delta-$はやや負に帯電していることを表す。

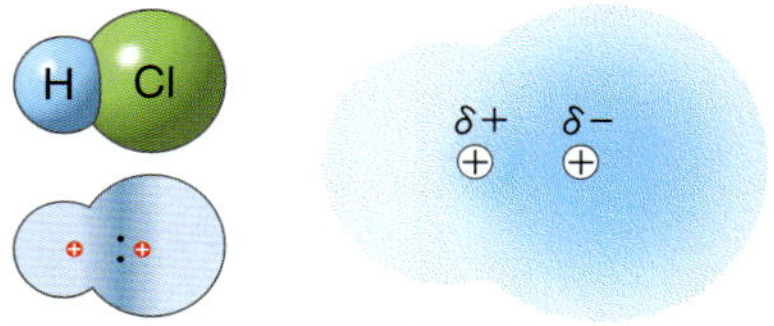

2 分子の極性と分子間力
▼極性をもつ分子を**極性分子**といい、極性をもたない分子を**無極性分子**という。

■無極性分子（電荷のかたよりのない分子）
（→ は電荷のかたより）

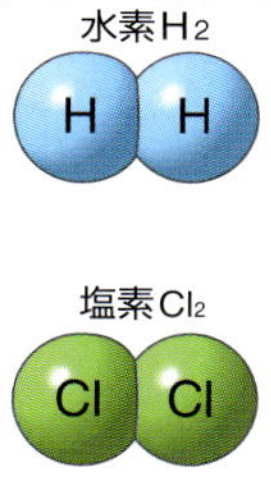

- 水素 H_2
- 塩素 Cl_2
  単体なので、極性がない。
- 二酸化炭素 CO_2（直線型）：$\delta-$ O ← C → O $\delta-$（中央 $\delta+$）
- メタン CH_4（正四面体型）：各H $\delta+$、C $\delta-$

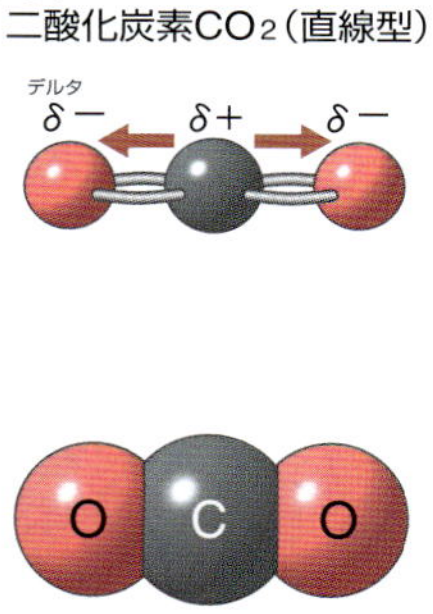

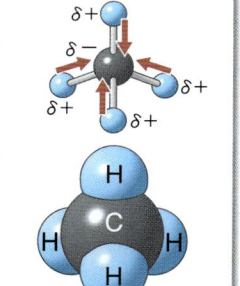

CO_2やCH_4は結合に極性があっても対称性がよいため電荷のかたよりが打ち消しあい、分子全体として電荷の中心が一致しているので無極性となる。このような分子を**無極性分子**という。

■極性分子（電荷のかたよりのある分子）

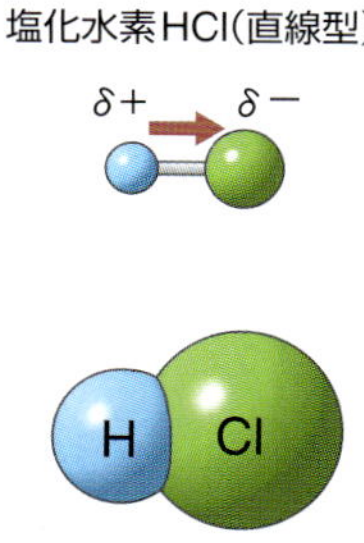

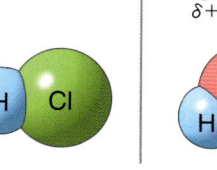

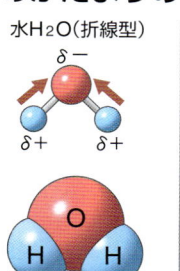

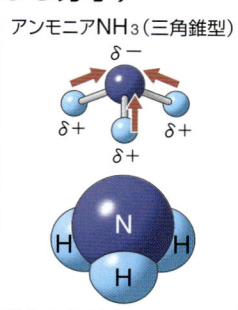

- 塩化水素 HCl（直線型）：H $\delta+$ — Cl $\delta-$
- 水 H_2O（折れ線型）：O $\delta-$、H $\delta+$
- アンモニア NH_3（三角錐型）：N $\delta-$、H $\delta+$

結合に極性があり、分子全体として正負の電荷の中心がずれていると極性となる。このような分子を**極性分子**という。

■無極性分子と極性分子の分子間力

分子量が同じくらいの**極性分子**（アルデヒド）と**無極性分子**（アルカン）の沸点・融点を比較すると極性分子のほうが分子間力が大きいので、沸点・融点が高い。また、同じ系統の分子では、分子量が大きいほど分子間力が大きくなり、沸点・融点は高くなる。

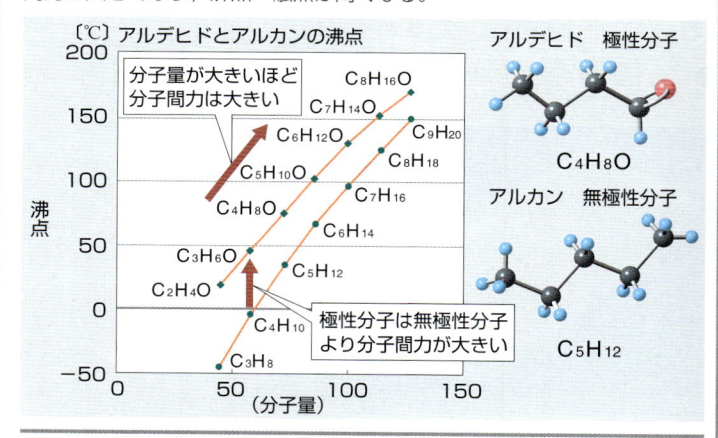

〔℃〕アルデヒドとアルカンの沸点
- 分子量が大きいほど分子間力は大きい
- 極性分子は無極性分子より分子間力が大きい

アルデヒド（極性分子）：C_4H_8O
アルカン（無極性分子）：C_5H_{12}

分子間力は極性分子の方が大きい*

●無極性分子の分子間力
分子間には弱い引力がはたらいている。この分子間力を一般にファンデルワールス力という。無極性分子でのファンデルワールス力のおもな力は、分散力と呼ばれるものによる。

●極性分子の分子間力
極性分子の分子間にはたらくファンデルワールス力は、極性分子の電荷のかたよりによって生じたクーロン力が主である。これに分散力が加わるので分子間力は無極性分子より大きい。

クーロン力（極性分子間）

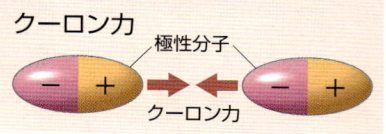

*分子量が同程度の場合。

③ 水素結合
▼極性分子の正の電荷を帯びた水素原子が，負の電荷を帯びた他の分子の陰性原子と静電気的に引き合うことを**水素結合**という。

◆水素化合物の沸点と分子量との関係

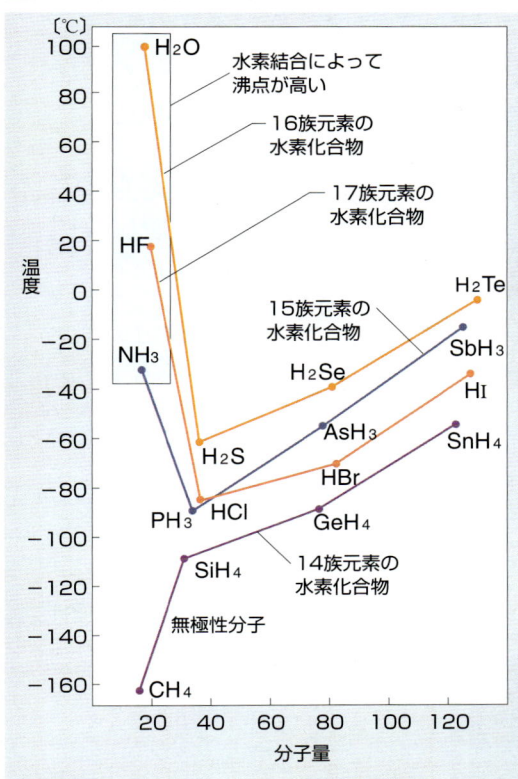

- 同族元素の水素化合物では，分子量が小さいものほど沸点が低いが，H_2O，HF，NH_3の沸点は水素結合のため高くなっている。
- 14族元素の水素化合物は無極性分子なので，15，16，17族元素の水素化合物より沸点が低い。

◆水素結合 ▼水素原子をなかだちとした分子間の結合

- 電気陰性度の大きい原子X(F,O,N)と結合している水素原子Hは，他の分子または同じ分子内の電気陰性度の大きい原子Xと，X–H…Xのような弱い結合（点線部分）をつくる。これを**水素結合**という。
- 水素結合の強さは共有結合の$\frac{1}{5} \sim \frac{1}{10}$，ファンデルワールス力の10倍程度である。

●結合力の比較　エネルギー値[kJ/mol]

分子間力	
ファンデルワールス力	0.1～10
水素結合	10～40

化学結合	
イオン結合	100～1000
共有結合	100～1000

◆水素結合する分子　||||は水素結合

●水分子(H_2O)　　●アンモニア分子(NH_3)

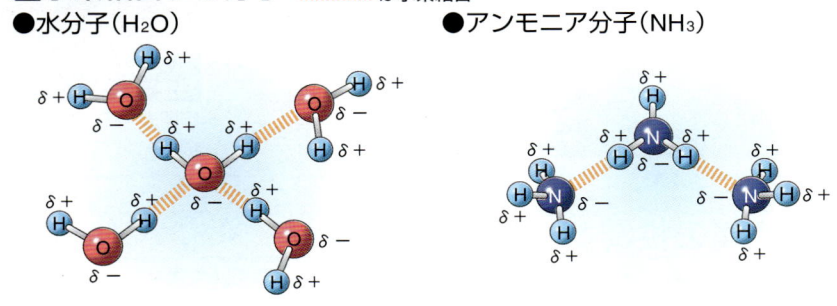

δ+とδ-のクーロン力によって分子間に弱い結合（水素結合）が生じる。

●酢酸分子(CH_3COOH)　　●フッ化水素分子(HF)

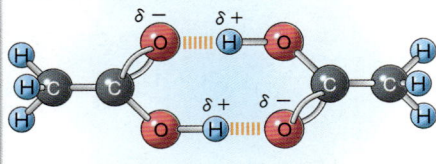

酢酸分子は液体中で2分子が水素結合し二量体を形成している。

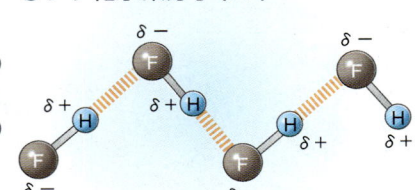

水の特異性 ▼水分子間には，水素結合がはたらくので，特別な性質をもつ。

●水分子間の水素結合
氷では，水分子が水素結合により正四面体に位置するため，すき間の多い構造になる。このため水から氷になると体積が増大する。

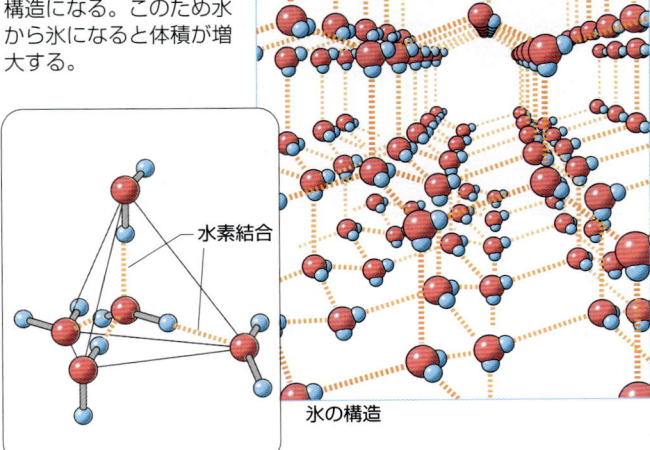

氷の構造

●固体と液体の密度

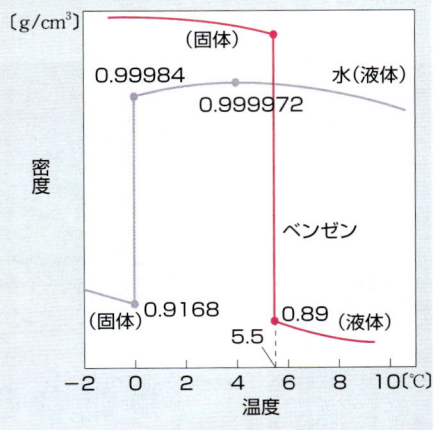

水の場合，凍ると体積が増大するので密度が小さくなる。一般の物質はベンゼンのように液体から固体になると体積が減少し，密度が増加する。　▶▶参照項目p.223「水の密度」

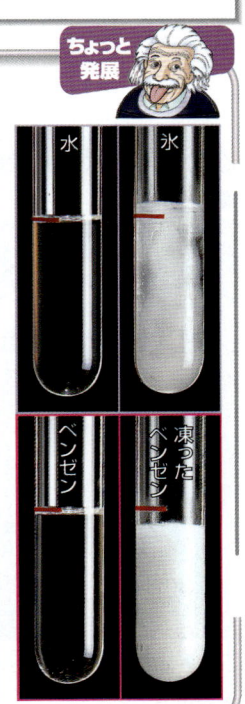

10 ▶ 金属結合と金属結晶

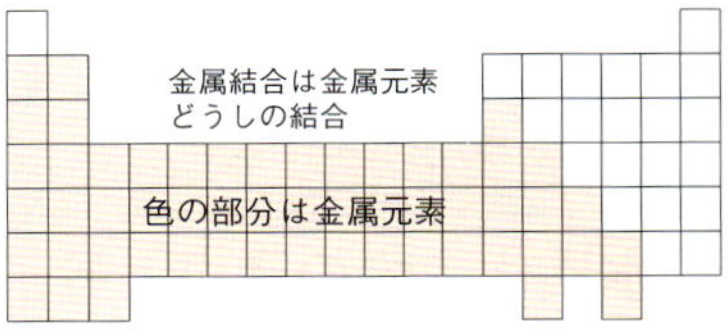

金属結合は金属元素どうしの結合
色の部分は金属元素

1 金属結合
▼金属結晶では，金属原子が自由電子を介した**金属結合**で結びつけられている。

◼ 金属結合

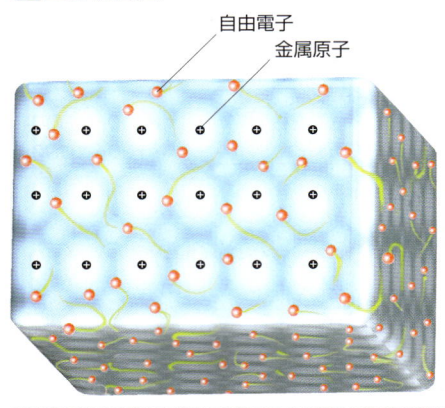

自由電子
金属原子

金属原子から出た自由電子が，金属原子間を自由に動きまわって結合に関係している。

金属の性質
- 金属光沢
- 電気伝導性
- 熱伝導性
- 展性・延性

◼ 金属

白金

周期表中の元素の約 $\frac{4}{5}$ は金属元素である。

◼ 金属結晶の構造

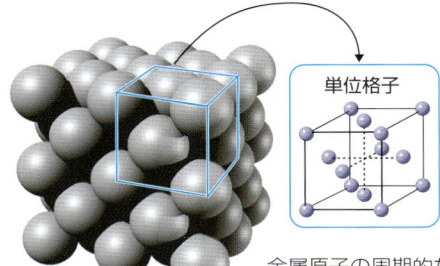

単位格子

金属の固体中では，多数の金属原子が規則正しく配列している。

金属原子の周期的な配列の基本となる単位。全体の規則的な配列は単位格子のくり返しになっている。

2 金属の性質
▼金属の光沢，電気伝導性，熱伝導性，展性・延性などは自由電子の存在により説明できる。

◼ 電気伝導性と熱伝導性 ▼金属は電気・熱の良導体である。

●液体の水銀 —— 点灯 —— 電源へ —— 水銀（液体）

●固体の水銀 —— より明るく点灯 —— 電源へ —— ドライアイス メタノール —— 水銀（固体）

温度が高いと金属イオンの振動が大きくなるので，自由電子の動きが妨げられ電気伝導率が小さくなる。液体の金属では金属イオンが動き回っているので，自由電子の動きはさらに妨げられるので電気伝導率は小さい。

●主な金属の電気伝導性と熱伝導性

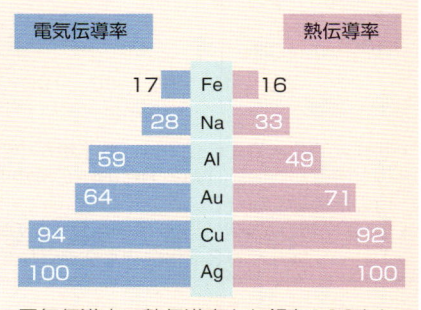

電気伝導率		熱伝導率
17	Fe	16
28	Na	33
59	Al	49
64	Au	71
94	Cu	92
100	Ag	100

電気伝導率，熱伝導率とも銀を100とした場合の値。

◼ 金属光沢と展性・延性

●金属光沢

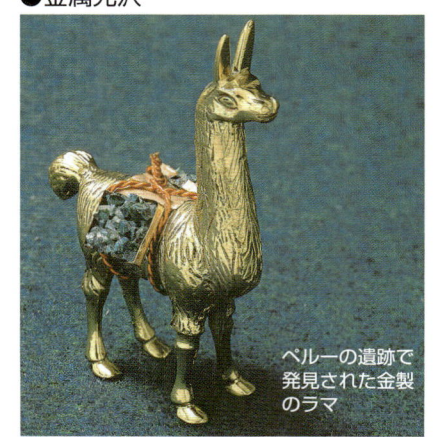

ペルーの遺跡で発見された金製のラマ

光が当たると金属中の自由電子が振動し，同じ波長の光が金属から放出される。その光が金属光沢として見える。

●展性 ▼薄く広げて箔（はく）にすることのできる性質

金1gは面積で0.5m²にのばせる。また，長さで約3000mにのばせる。

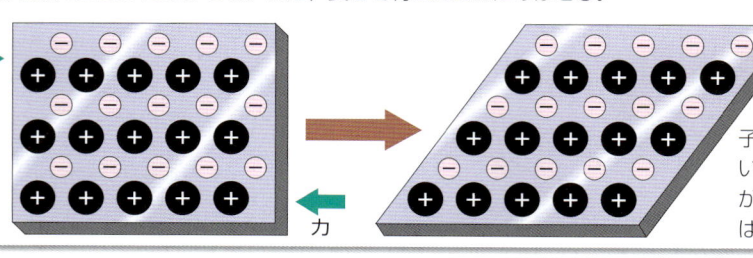

●延性 ▼線状に引きのばすことのできる性質

自由電子が動きながら原子を結びつけているので，原子がずれても結合は切れない。

3 金属結晶の結晶構造

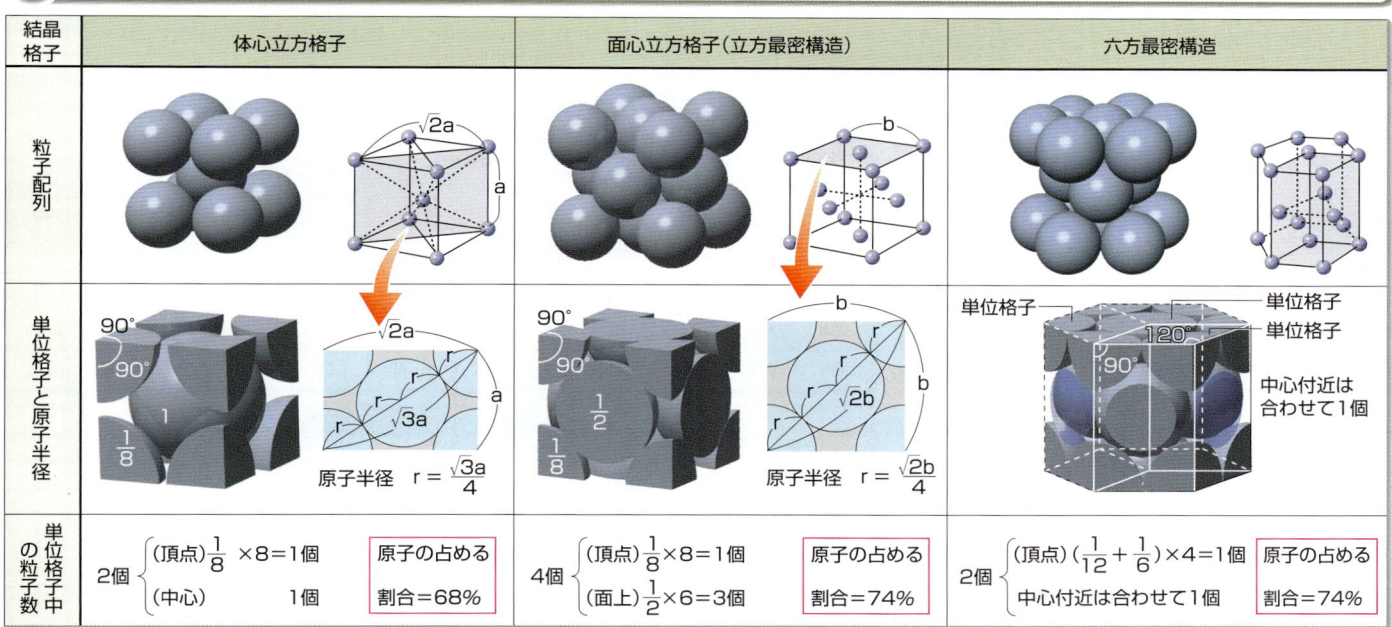

結晶格子	体心立方格子	面心立方格子（立方最密構造）	六方最密構造
粒子配列			
単位格子と原子半径	原子半径 $r = \dfrac{\sqrt{3}a}{4}$	原子半径 $r = \dfrac{\sqrt{2}b}{4}$	単位格子／中心付近は合わせて1個
単位格子中の粒子数	2個 ｛（頂点）$\dfrac{1}{8} \times 8 = 1$個／（中心）1個｝ 原子の占める割合＝68%	4個 ｛（頂点）$\dfrac{1}{8} \times 8 = 1$個／（面上）$\dfrac{1}{2} \times 6 = 3$個｝ 原子の占める割合＝74%	2個 ｛（頂点）$\left(\dfrac{1}{12}+\dfrac{1}{6}\right) \times 4 = 1$個／中心付近は合わせて1個｝ 原子の占める割合＝74%

＊結晶格子とは，単位格子を積み上げたときにできる構造単位の空間的な配列のこと。

4 金属原子の最密充填

▼多くの金属は緊密に原子が重なり合い，隙間のない結晶構造をとっている。これを**最密充填構造**という。

▶▶ 参照項目p.222「主な金属の結晶格子」

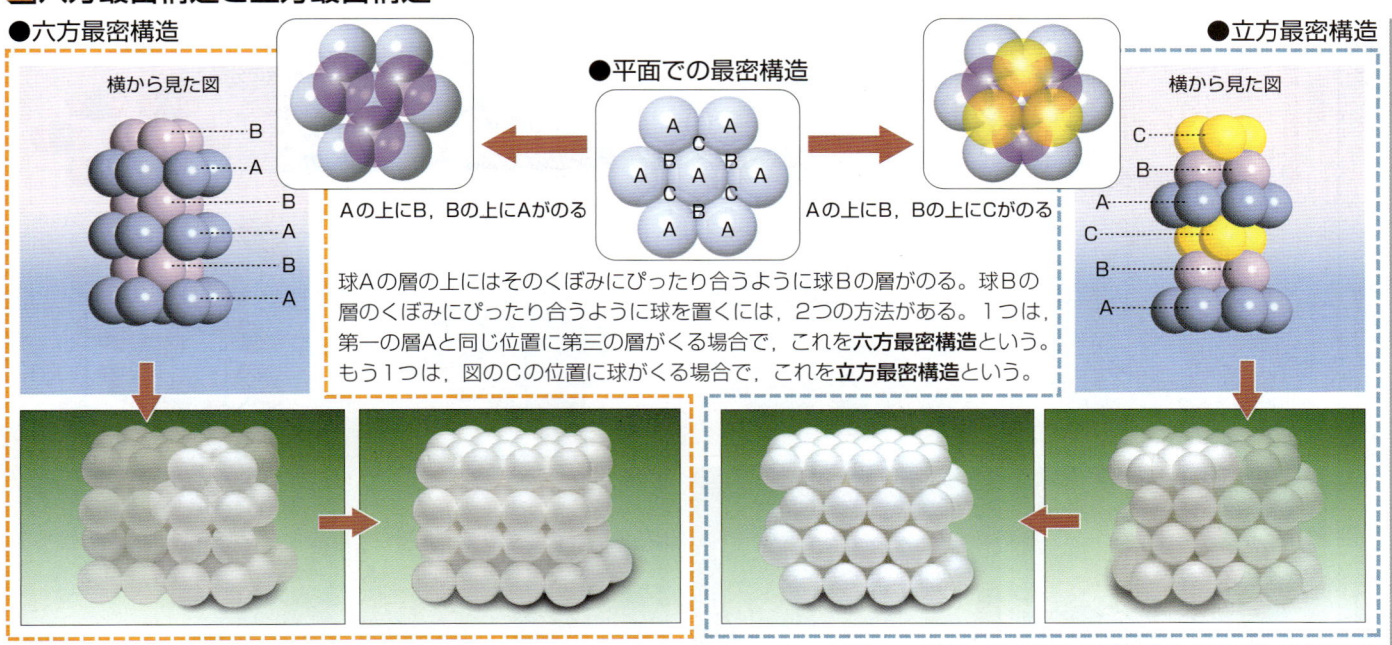

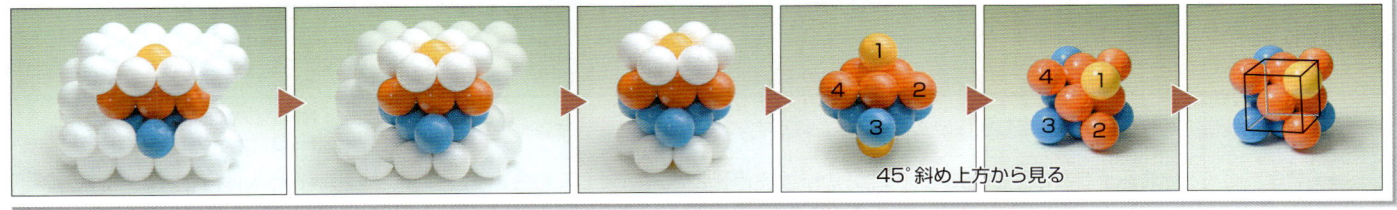

■六方最密構造と立方最密構造

●六方最密構造　　　　●平面での最密構造　　　　●立方最密構造

横から見た図　　Aの上にB，Bの上にAがのる　　　　　　Aの上にB，Bの上にCがのる　　横から見た図

球Aの層の上にはそのくぼみにぴったり合うように球Bの層がのる。球Bの層のくぼみにぴったり合うように球を置くには，2つの方法がある。1つは，第一の層Aと同じ位置に第三の層がくる場合で，これを**六方最密構造**という。もう1つは，図のCの位置に球がくる場合で，これを**立方最密構造**という。

■立方最密構造＝面心立方格子

▼立方最密構造は面心立方格子からなる結晶構造である。

45°斜め上方から見る

11 ▶ 化学結合のまとめ

① 原子の種類と化学結合
▼金属原子と非金属原子の組み合わせにより，結合の種類（イオン結合・共有結合・金属結合）が決まる。

族/周期	1	2	3	4	5	6	7	8	9	10	11	12	13	14	15	16	17	18
1	$_1$H																	$_2$He
2	$_3$Li	$_4$Be											$_5$B	$_6$C	$_7$N	$_8$O	$_9$F	$_{10}$Ne
3	$_{11}$Na	$_{12}$Mg											$_{13}$Al	$_{14}$Si	$_{15}$P	$_{16}$S	$_{17}$Cl	$_{18}$Ar
4	$_{19}$K	$_{20}$Ca	$_{21}$Sc	$_{22}$Ti	$_{23}$V	$_{24}$Cr	$_{25}$Mn	$_{26}$Fe	$_{27}$Co	$_{28}$Ni	$_{29}$Cu	$_{30}$Zn	$_{31}$Ga	$_{32}$Ge	$_{33}$As	$_{34}$Se	$_{35}$Br	$_{36}$Kr
5	$_{37}$Rb	$_{38}$Sr	$_{39}$Y	$_{40}$Zr	$_{41}$Nb	$_{42}$Mo	$_{43}$Tc	$_{44}$Ru	$_{45}$Rh	$_{46}$Pd	$_{47}$Ag	$_{48}$Cd	$_{49}$In	$_{50}$Sn	$_{51}$Sb	$_{52}$Te	$_{53}$I	$_{54}$Xe
6	$_{55}$Cs	$_{56}$Ba	ランタノイド	$_{72}$Hf	$_{73}$Ta	$_{74}$W	$_{75}$Re	$_{76}$Os	$_{77}$Ir	$_{78}$Pt	$_{79}$Au	$_{80}$Hg	$_{81}$Tl	$_{82}$Pb	$_{83}$Bi	$_{84}$Po	$_{85}$At	$_{86}$Rn
7	$_{87}$Fr	$_{88}$Ra	アクチノイド	$_{104}$Rf	$_{105}$Db	$_{106}$Sg	$_{107}$Bh	$_{108}$Hs	$_{109}$Mt	$_{110}$Ds	$_{111}$Rg	$_{112}$Cn	$_{113}$Nh	$_{114}$Fl	$_{115}$Mc	$_{116}$Lv	$_{117}$Ts	$_{118}$Og

金属元素 ／ 希ガス元素以外の非金属元素

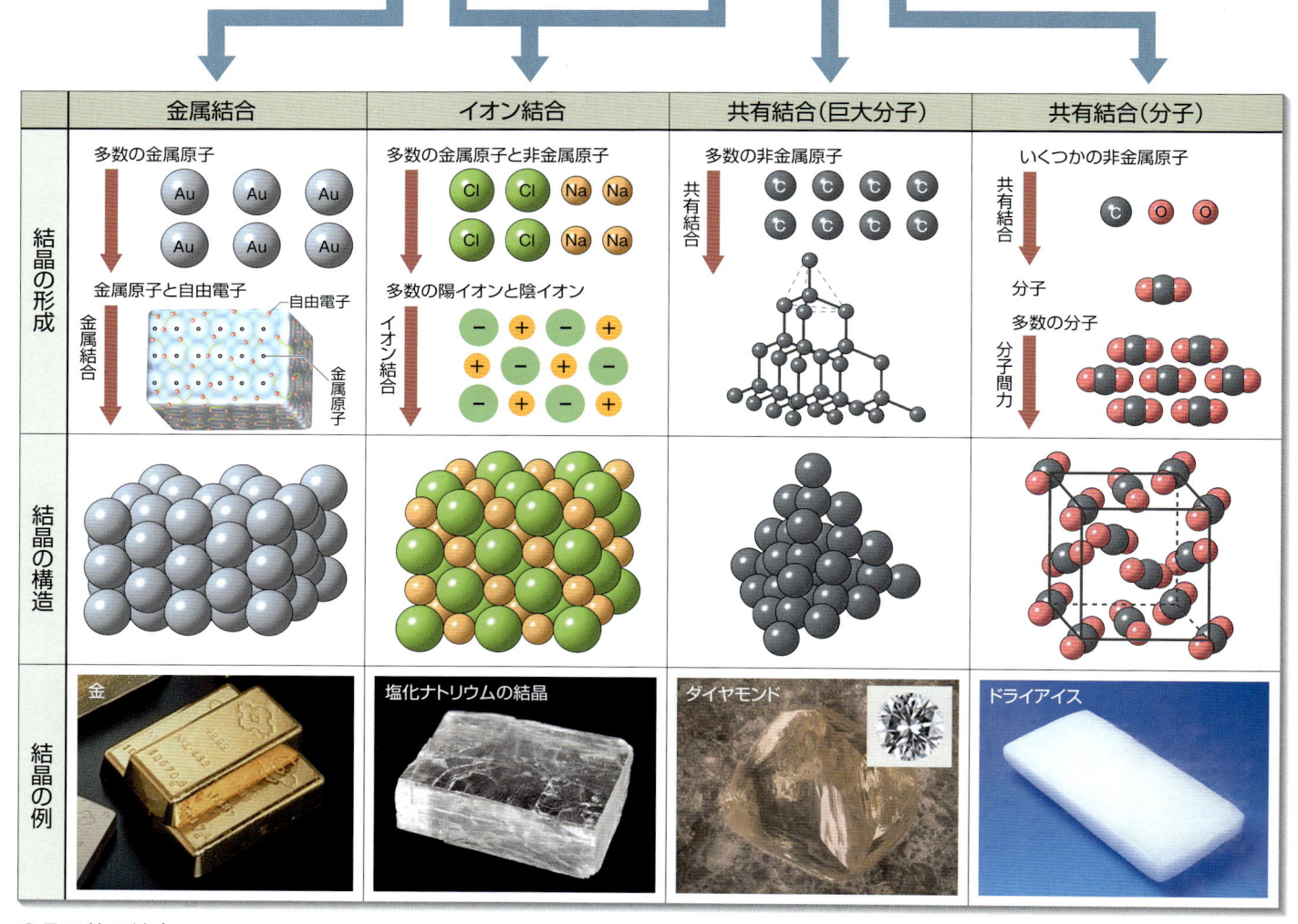

	金属結合	イオン結合	共有結合（巨大分子）	共有結合（分子）
結晶の形成	多数の金属原子 → 金属原子と自由電子（金属結合）	多数の金属原子と非金属原子 → 多数の陽イオンと陰イオン（イオン結合）	多数の非金属原子 → 共有結合	いくつかの非金属原子 → 共有結合 → 分子 → 多数の分子（分子間力）
結晶の例	金	塩化ナトリウムの結晶	ダイヤモンド	ドライアイス

●その他の結合

	結合のようす	例
配位結合	非共有電子対を含む極性の強い分子またはイオンと，水素イオン・金属イオンの結合。	NH_4^+（アンモニウムイオン）　H_3O^+（オキソニウムイオン）
水素結合	水素原子を含む極性の強い分子どうしが，水素原子をなかだちとして結合する。	H_2O, NH_3, HF分子どうし

② 結晶の性質のまとめ

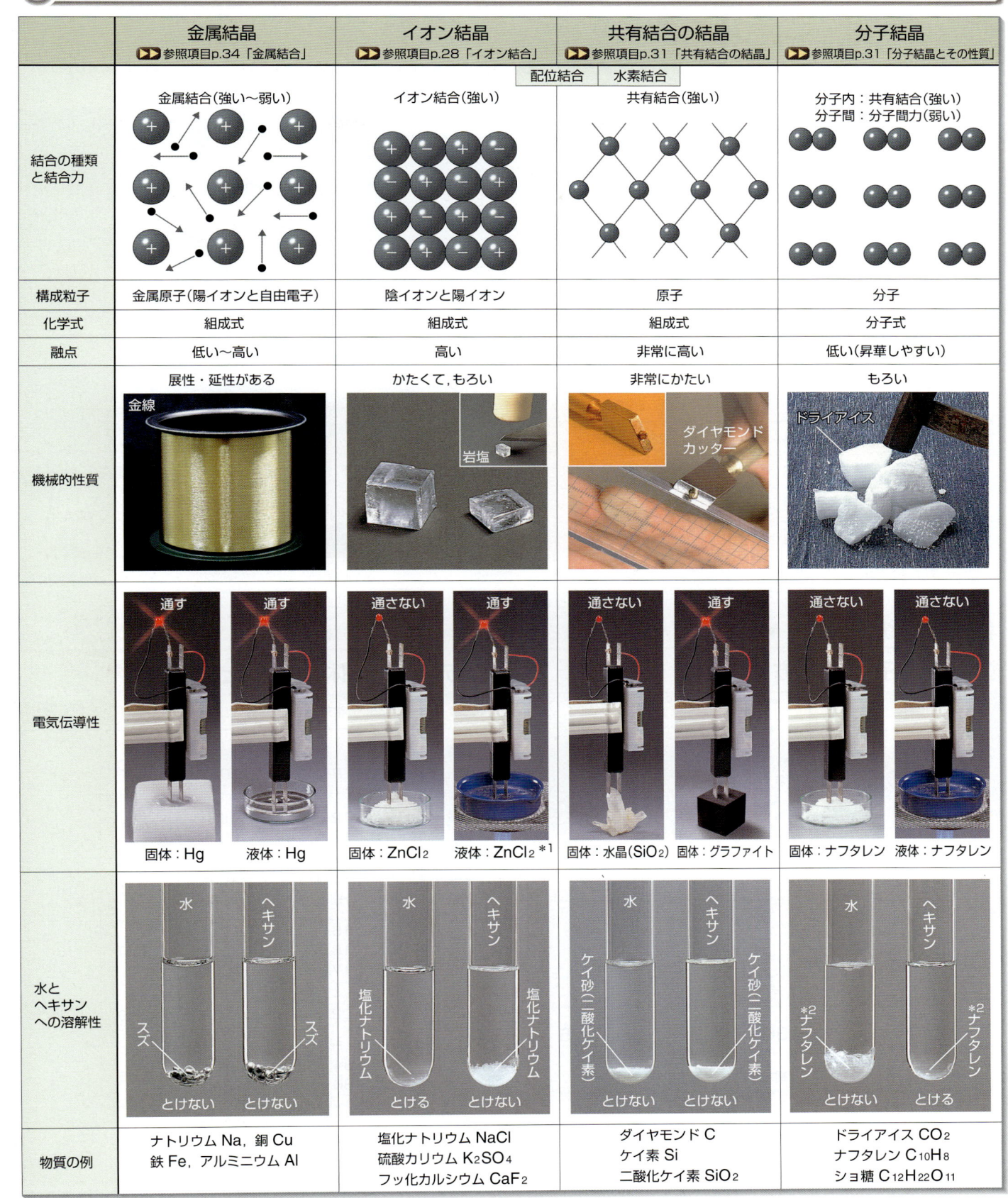

	金属結晶 ▶▶参照項目p.34「金属結合」	イオン結晶 ▶▶参照項目p.28「イオン結合」	共有結合の結晶 ▶▶参照項目p.31「共有結合の結晶」	分子結晶 ▶▶参照項目p.31「分子結晶とその性質」
結合の種類と結合力	金属結合(強い～弱い)	イオン結合(強い)	配位結合　水素結合 共有結合(強い)	分子内：共有結合(強い) 分子間：分子間力(弱い)
構成粒子	金属原子(陽イオンと自由電子)	陰イオンと陽イオン	原子	分子
化学式	組成式	組成式	組成式	分子式
融点	低い～高い	高い	非常に高い	低い(昇華しやすい)
機械的性質	展性・延性がある（金線）	かたくて，もろい（岩塩）	非常にかたい（ダイヤモンドカッター）	もろい（ドライアイス）
電気伝導性	固体:Hg 通す／液体:Hg 通す	固体:$ZnCl_2$ 通さない／液体:$ZnCl_2$ 通す *1	固体:水晶(SiO_2) 通さない／固体:グラファイト 通す	固体:ナフタレン 通さない／液体:ナフタレン 通さない
水とヘキサンへの溶解性	スズ 水:とけない／ヘキサン:とけない	塩化ナトリウム 水:とける／ヘキサン:とけない	ケイ砂(二酸化ケイ素) 水:とけない／ヘキサン:とけない	ナフタレン 水:とけない／ヘキサン:とける *2
物質の例	ナトリウム Na，銅 Cu 鉄 Fe，アルミニウム Al	塩化ナトリウム NaCl 硫酸カリウム K_2SO_4 フッ化カルシウム CaF_2	ダイヤモンド C ケイ素 Si 二酸化ケイ素 SiO_2	ドライアイス CO_2 ナフタレン $C_{10}H_8$ ショ糖 $C_{12}H_{22}O_{11}$

*1 イオン結晶の水溶液には電気伝導性がある。
*2 分子結晶で極性をもつもの(メタノールCH_3OH，アンモニアNH_3，ショ糖$C_{12}H_{22}O_{11}$など)は，水にとけやすく，ヘキサンにとけにくい。

12 ▶ 原子量・分子量・式量

1 原子の相対質量
▼原子の質量はきわめて小さいので，実際の質量ではなく**相対質量**で表す。

相対質量の求め方
▼相対質量とは，あるものを基準として，それと比較した質量の相対値。原子の質量は$^{12}C=12$を基準とした相対質量で表す。

$$^{1}\text{Hの相対質量} = \frac{^{1}\text{H1個の質量}}{^{12}\text{C1個の質量}} \times 12 = \frac{0.16735 \times 10^{-23}\text{g} \times 12}{1.9926 \times 10^{-23}\text{g}} \fallingdotseq 1.0078$$

原子の質量と相対質量

	原子1個の質量 [g] [単位がある]	相対質量 [単位がない]
^{1}H 原子	0.16735×10^{-23}	1.0078
^{4}He 原子	0.66466×10^{-23}	4.0026
^{12}C 原子	1.9926×10^{-23}	12 基準
^{14}N 原子	2.3253×10^{-23}	14.003
^{16}O 原子	2.6561×10^{-23}	15.995
^{23}Na 原子	3.8176×10^{-23}	22.990
^{27}Al 原子	4.4805×10^{-23}	26.982
^{32}S 原子	5.3092×10^{-23}	31.972
^{35}Cl 原子	5.8068×10^{-23}	34.969
^{40}Ca 原子	6.6361×10^{-23}	39.963

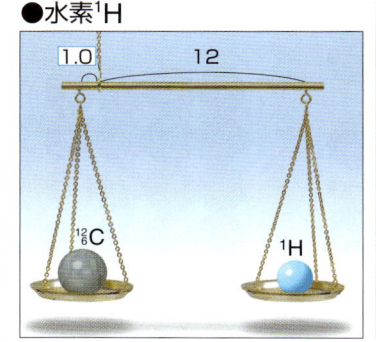

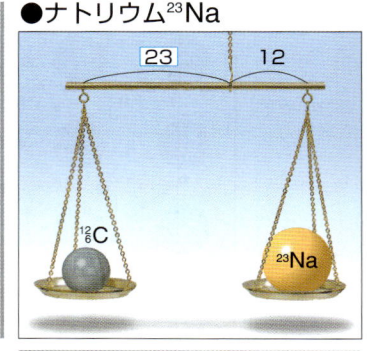

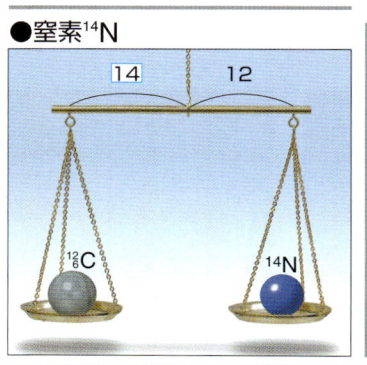

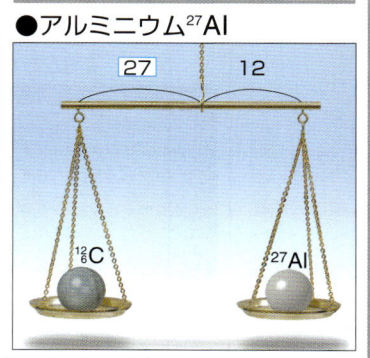

●水素 ^{1}H　●ナトリウム ^{23}Na　●窒素 ^{14}N　●アルミニウム ^{27}Al

2 元素の原子量
▼元素を構成する同位体の相対質量とその存在比から求めた平均値を，元素の**原子量**という。　▶▶参照項目p.21「同位体」

元素の原子量の求め方
例：塩素 Cl₂

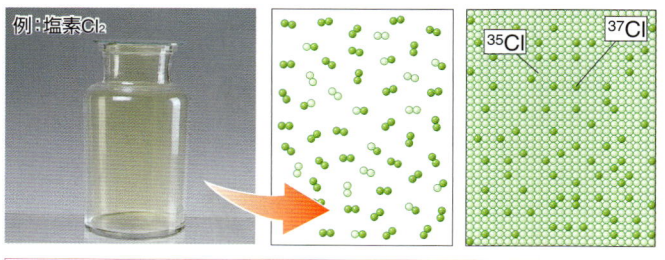

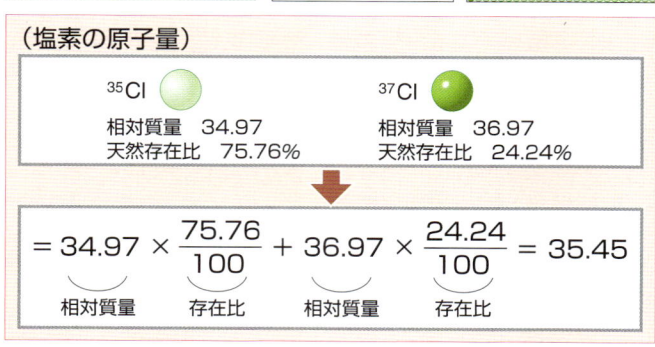

（塩素の原子量）

^{35}Cl　相対質量 34.97　天然存在比 75.76%
^{37}Cl　相対質量 36.97　天然存在比 24.24%

$$= 34.97 \times \frac{75.76}{100} + 36.97 \times \frac{24.24}{100} = 35.45$$

相対質量　存在比　相対質量　存在比

●天然の塩素原子
^{35}Cl原子76個に対して，^{37}Cl原子が約24個の割合で含まれる。自然界に存在するほとんどの原子は，一定の存在比で同位体を含む。そこで，元素の原子量は，$^{12}C=12$として決めた同位体の相対質量とその存在比から平均して求める。

各元素の同位体の存在比と原子量

元素	同位体	相対質量	存在比(%)	原子量	原子量の概数値
水素 $_1$H	^{1}H ^{2}H	1.0078 2.0141	99.9885 0.0115	1.008	1.0
炭素 $_6$C	^{12}C ^{13}C	12(基準) 13.003	98.93 1.07	12.01	12
窒素 $_7$N	^{14}N ^{15}N	14.003 15.000	99.632 0.368	14.01	14
酸素 $_8$O	^{16}O ^{17}O ^{18}O	15.995 16.999 17.999	99.757 0.038 0.205	16.00	16
ナトリウム $_{11}$Na	^{23}Na	22.990	100.0	22.99	23
塩素 $_{17}$Cl	^{35}Cl ^{37}Cl	34.969 36.966	75.76 24.24	35.45	35.5

- ナトリウムには同位体が存在せず，原子の相対質量が原子量と一致する。
- 化学の計算では，原子量は概数値を用いることが多い。

3 分子量と式量
▼分子を構成している原子の原子量の総和を**分子量**，組成式やイオン式を構成する元素の原子量の総和を**式量**という。

ａ 分子量 ▼分子を構成している原子の原子量の総合計

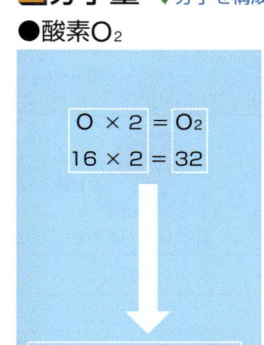

●酸素 O_2

$O \times 2 = O_2$
$16 \times 2 = 32$

→ 原子量の合計 = 分子量

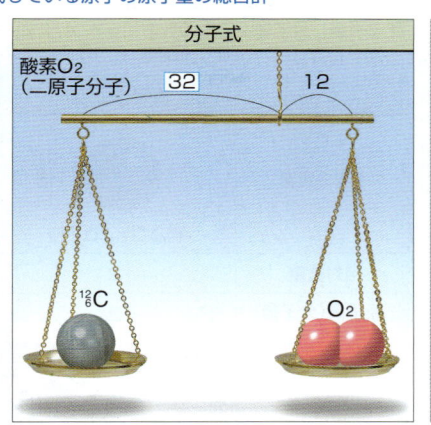

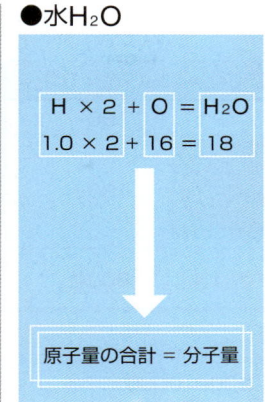

分子式：酸素 O_2（二原子分子） 32 ｜ 12

●水 H_2O

$H \times 2 + O = H_2O$
$1.0 \times 2 + 16 = 18$

→ 原子量の合計 = 分子量

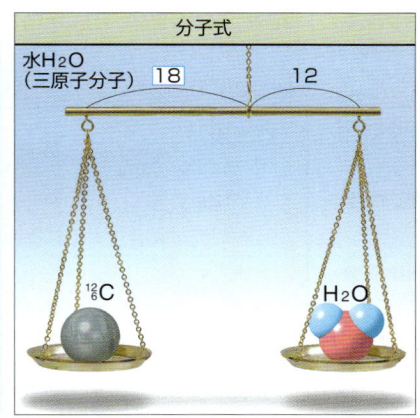

分子式：水 H_2O（三原子分子） 18 ｜ 12

分子量は，$^{12}C = 12$ を基準としたときの分子の相対質量を表している。

ｂ 式量 ▼組成式やイオン式を構成する原子の原子量の総合計

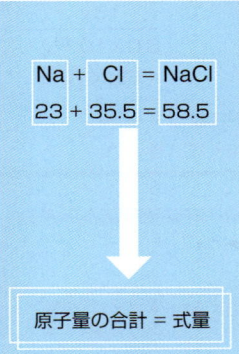

●塩化ナトリウム NaCl

$Na + Cl = NaCl$
$23 + 35.5 = 58.5$

→ 原子量の合計 = 式量

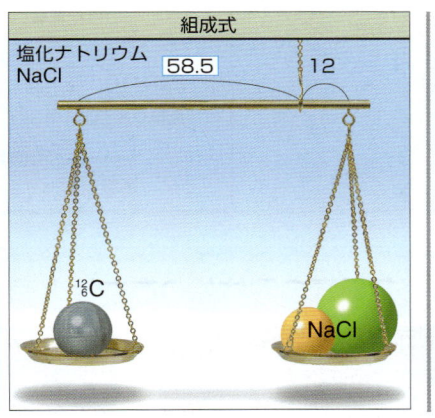

組成式：塩化ナトリウム NaCl 58.5 ｜ 12

●硫酸イオン SO_4^{2-}

$S + O \times 4 = SO_4^{2-}$
$32 + 16 \times 4 = 96$

→ 原子量の合計 = 式量

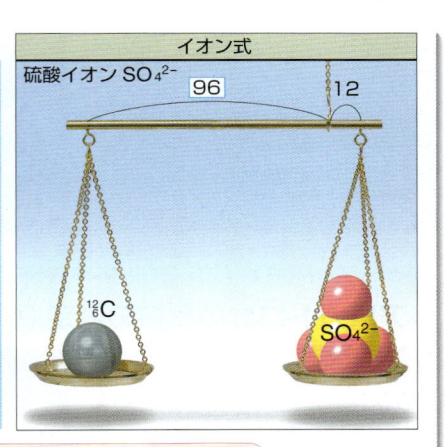

イオン式：硫酸イオン SO_4^{2-} 96 ｜ 12

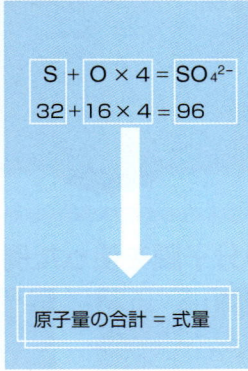

式量は，$^{12}C = 12$ を基準としたとき，組成式やイオン式で示される原子または原子団の相対質量を表している。

質量分析による同位体の確認　ちょっと発展

アストンは，電界と磁界を別々に加えることによって，同じ質量の原子（実際はイオン）が1点に集まるようにした質量分析器を考案した。これによって，かなりの精度で原子の質量が求められるようになり，大部分の元素にはいくつかの同位体があることが判明した。

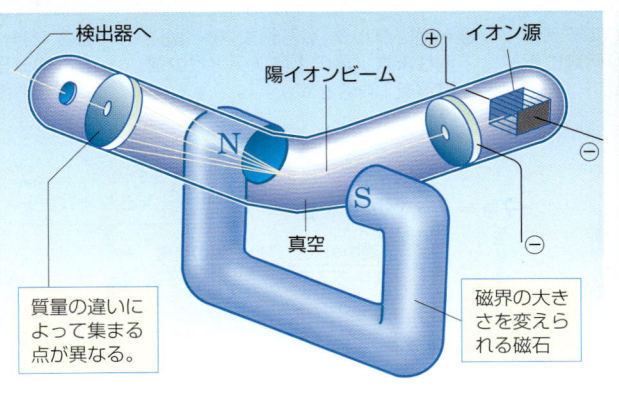

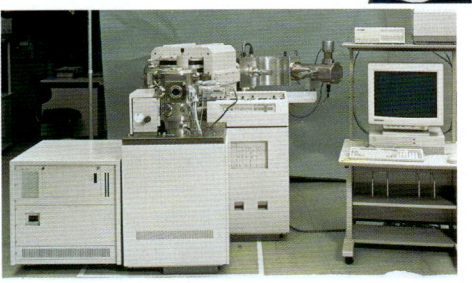

検出器へ／陽イオンビーム／イオン源／真空／磁界の大きさを変えられる磁石／質量の違いによって集まる点が異なる。

質量分析器では，イオン源で原子をイオン化し，数千ボルトで加速する。加速されたイオンは電界中で電界方向に，磁界中で磁界に垂直方向に曲げられるが，その度合いがイオンの質量により異なるので，質量の違いにより別々の位置に集まる。

13 ▶ 物質量

1 アボガドロ数
▼^{12}C原子をちょうど12gとったとき，その中に含まれる^{12}C原子の数を**アボガドロ数**という。

●アボガドロ数の考え方
▼相対質量にg単位をつけた分量だけ粒をはかりとると，質量は違ってもその中には同じ数の粒が含まれる。

	米50粒＝1g(1粒＝0.02g)	大豆50粒＝15g(1粒＝0.3g)
相対質量	12	180
(相対質量)g	12g 	180g
(相対質量)g中の粒の数	600粒	600粒

質量は違っても粒の数は等しい。

●アボガドロ数の大きさ
$6.0×10^{23}$＝6000 0000 0000 0000 0000 0000
　　　　　　　垓　京　兆　億　万

直径30cmのスイカを地球からアンドロメダ銀河までアボガドロ数個並べると約4往復になる。

アンドロメダ銀河
地球とアンドロメダ銀河間の距離は約230万光年。
地球

●$6.0×10^{23}$個の粒子集団
▼原子量，分子量，式量の数値にgをつけた質量の物質には，それぞれアボガドロ数($6.0×10^{23}$)個の原子，分子，イオンが含まれる。

	炭素原子$^{12}_{6}C$	水分子H_2O
1個の質量	 約$2.0×10^{-23}$g	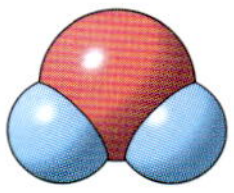 約$3.0×10^{-23}$g
相対質量	12	18
原子量(分子量)	12	18
原子量(分子量)g中の原子(分子)の数	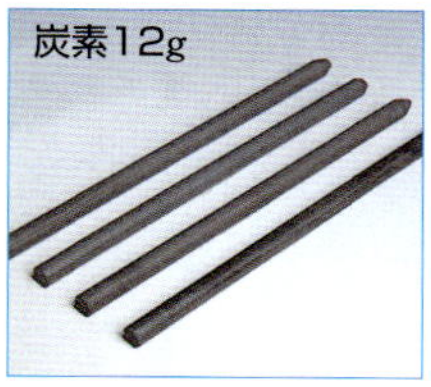 炭素12g　原子量にgをつけた質量 $\dfrac{12g}{2.0×10^{-23}g}=6.0×10^{23}$	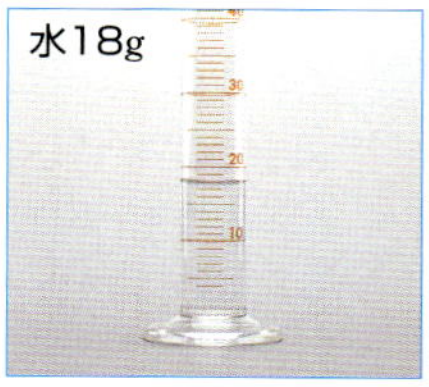 水18g　分子量にgをつけた質量 $\dfrac{18g}{3.0×10^{-23}g}=6.0×10^{23}$

アボガドロ数
質量は違っても粒子数は等しい。

アボガドロ数の概数の測定（単分子膜を使った例）

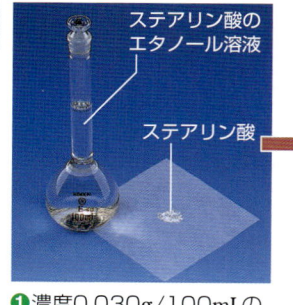

❶濃度0.030g/100mLのステアリン酸のエタノール溶液をつくる。

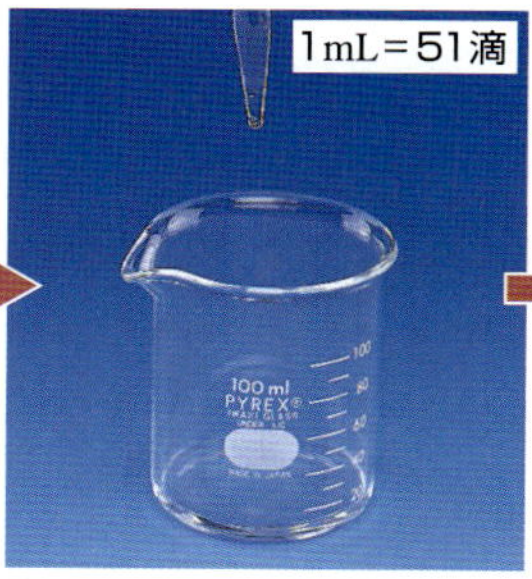

❷メスピペットでステアリン酸溶液1mLが何滴に相当するか調べる。　1mL＝51滴

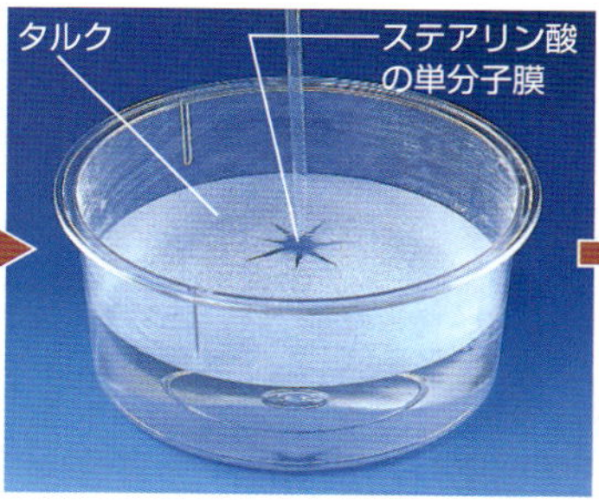

❸水面にタルク(滑石粉末)を一様に振りまき，その上にステアリン酸溶液を1滴落とす。

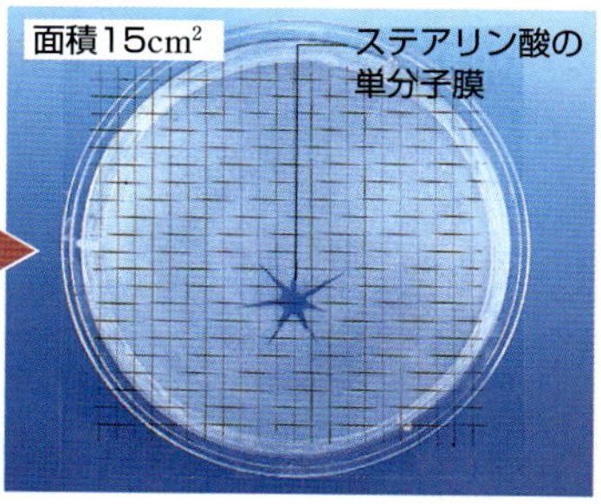

❹2，3分後，タルクがステアリン酸の単分子膜で排除された部分の面積を方眼紙ではかる。　面積15cm²

●ステアリン酸の単分子膜
タルク上に落ちたステアリン酸溶液は，エタノールが蒸発し，水面に1個ずつのステアリン酸分子が並んだ膜(単分子膜)をつくる。

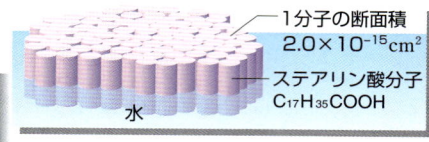

1分子の断面積 $2.0×10^{-15}cm^2$
ステアリン酸分子 $C_{17}H_{35}COOH$
水

アボガドロ数N_Aの求め方

分子量 ＝ N_A × 1分子の質量

$C_{17}H_{35}COOH = 284g^*$

$\dfrac{0.030}{100×51} = 5.9×10^{-6}g$

＝ $N_A × \dfrac{1滴中のステアリン酸の質量}{1滴中のステアリン酸の分子数}$

$\dfrac{15}{2.0×10^{-15}} = 7.5×10^{15}$（個）

$N_A = \dfrac{284×7.5×10^{15}}{5.9×10^{-6}}$

$≒ 4×10^{23}$（個）

*ここでは，ステアリン酸の分子量に相当する質量284gを用いている。

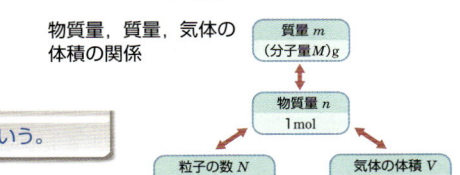

② 物質量

▼ $6.0×10^{23}$個の粒子集団を1mol（**モル**）といい，モルを単位として表す量を**物質量**という。

物質量，質量，気体の体積の関係

質量 m（分子量M）g → 物質量 n 1mol ← 粒子の数 N $6.0×10^{23}$ / 気体の体積 V 標準状態 22.4L

◨ モル(mol)を単位とする物質の量
▼ $6.0×10^{23}$〔/mol〕を**アボガドロ定数**という。

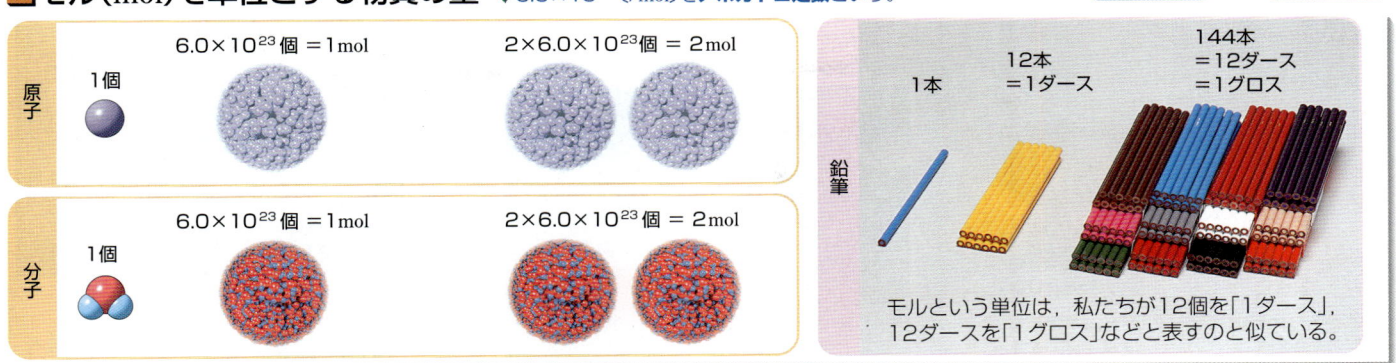

原子
- 1個
- $6.0×10^{23}$個 = 1mol
- $2×6.0×10^{23}$個 = 2mol

分子
- 1個
- $6.0×10^{23}$個 = 1mol
- $2×6.0×10^{23}$個 = 2mol

鉛筆
- 1本
- 12本 = 1ダース
- 144本 = 12ダース = 1グロス

モルという単位は，私たちが12個を「1ダース」，12ダースを「1グロス」などと表すのと似ている。

◨ 物質1モル(mol)の質量
▼ 物質1molの質量は原子量（分子量，式量）にgをつけた量である。物質1molの質量を**モル質量**〔g/mol〕という。

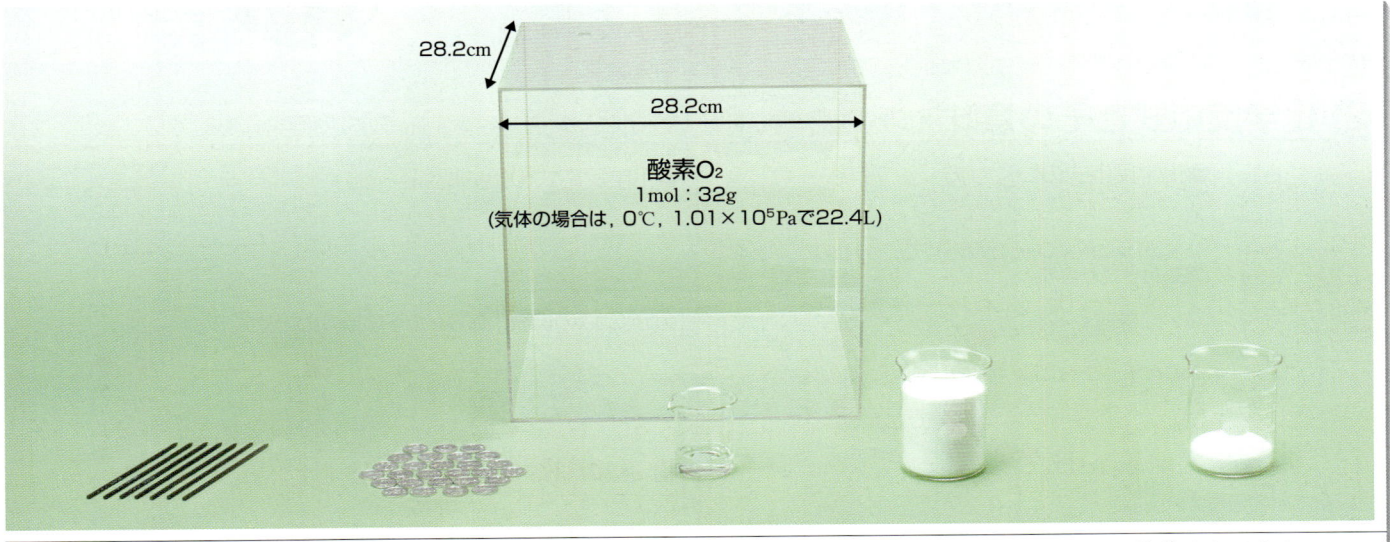

28.2cm × 28.2cm
酸素O_2 1mol : 32g
（気体の場合は，0℃，$1.01×10^5$Paで22.4L）

炭素C	アルミニウムAl	水H_2O	グルコース(ブドウ糖)$C_6H_{12}O_6$	塩化ナトリウムNaCl
1mol : 12g	1mol : 27g	1mol : 18g	1mol : 180g	1mol : 58.5g

◨ 気体1モル(mol)の体積
▼ 1molの気体の体積は，気体の種類によらず標準状態（0℃，$1.01×10^5$Pa）で22.4Lを占める。気体の場合，物質1molの体積を**モル体積**〔L/mol〕という。

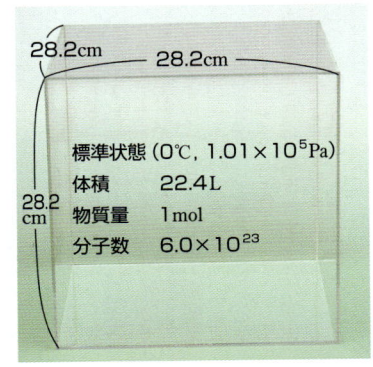

28.2cm × 28.2cm × 28.2cm
標準状態（0℃，$1.01×10^5$Pa）
体積 22.4L
物質量 1mol
分子数 $6.0×10^{23}$

標準状態（0℃，$1.01×10^5$Pa）で1molの気体が占める体積22.4Lは，一辺が28.2cmの立方体の体積に相当する。

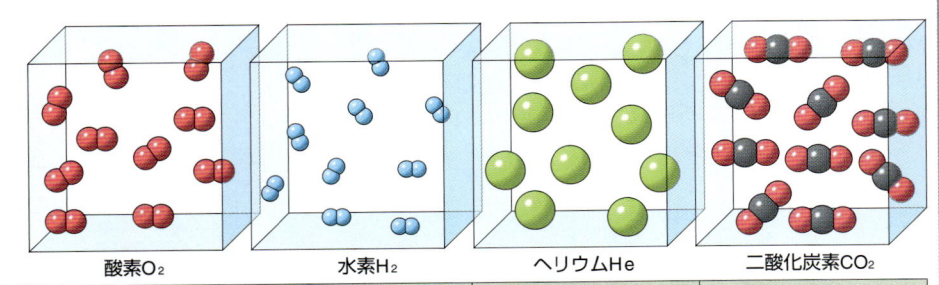

	酸素O_2	水素H_2	ヘリウムHe	二酸化炭素CO_2
体積（標準状態）	22.4L	22.4L	22.4L	22.4L
分子の数	$6.0×10^{23}$個	$6.0×10^{23}$個	$6.0×10^{23}$個	$6.0×10^{23}$個
質量	32g	2g	4g	44g

14 ▶ 化学反応式

1 化学反応 ▼もとの物質とは違う別の物質ができる変化を**化学反応(化学変化)**という。

ナトリウムと塩素の反応

塩素を発生させた集気びんに，熱したナトリウムを入れると，激しく反応して塩化ナトリウムを生じる。

塩素　＋　ナトリウム　→　塩化ナトリウムの結晶

化学反応は，物質を構成する原子の組み換えが起こる変化であり，化学反応の前後で原子の種類や数は変わらない。

2 化学反応式とその意味 ▼**化学反応式**は化学反応を化学式に用いて表した式で，反応物と生成物の間の量的関係を表している。

●化学反応式のつくり方
例：水素と酸素から水ができる。

反応物の化学式を左側に，生成物の化学式を右側にかき，⟶でつなぐ。

❶水素 H_2 と酸素 O_2 とが反応して，水 H_2O ができる事実を化学式で表す。

$$H_2 + O_2 \longrightarrow H_2O$$

このとき，左右でHの数は等しいが，Oの数は等しくない。

反応の前後で原子の種類と数が一致するように化学式の前に係数をつける。（1は省略する）

❷左右でOの数を等しくするために H_2O を2倍にする。

$$H_2 + O_2 \longrightarrow 2H_2O$$

このとき，Oの数は等しいが，Hの数は等しくならない。

❸左右のHの数を等しくするために，H_2 を2倍にする。

$$2H_2 + O_2 \longrightarrow 2H_2O$$

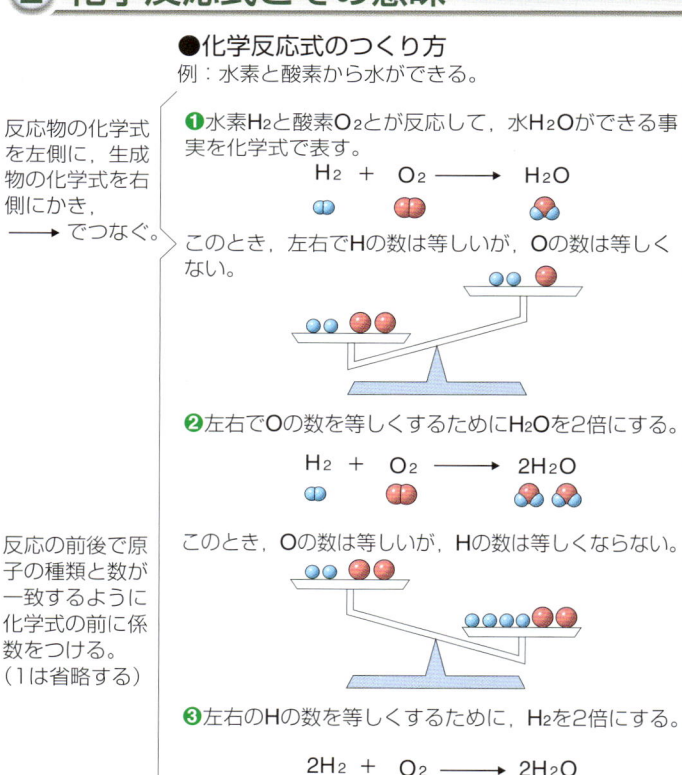

このとき，左右の原子の数は等しくなる。

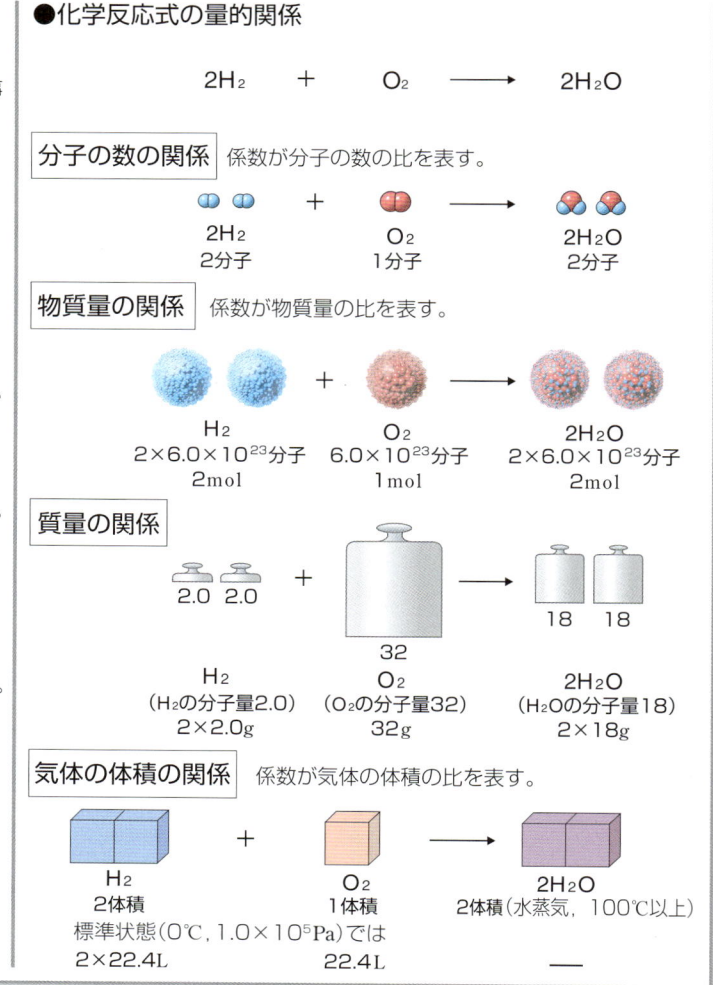

●化学反応式の量的関係

$$2H_2 + O_2 \longrightarrow 2H_2O$$

分子の数の関係 係数が分子の数の比を表す。

$2H_2$	O_2	$2H_2O$
2分子	1分子	2分子

物質量の関係 係数が物質量の比を表す。

H_2	O_2	$2H_2O$
$2×6.0×10^{23}$分子	$6.0×10^{23}$分子	$2×6.0×10^{23}$分子
2 mol	1 mol	2 mol

質量の関係

H_2	O_2	$2H_2O$
(H_2の分子量2.0)	(O_2の分子量32)	(H_2Oの分子量18)
$2×2.0$ g	32 g	$2×18$ g

気体の体積の関係 係数が気体の体積の比を表す。

H_2	O_2	$2H_2O$
2体積	1体積	2体積（水蒸気，100℃以上）
標準状態(0℃, $1.0×10^5$ Pa)では		
$2×22.4$ L	22.4 L	—

3 いろいろな化学反応
▼化学反応式の係数は，反応物と生成物の物質量の比を表している。

■マグネシウムの燃焼　$2Mg + O_2 \longrightarrow 2MgO$

空気中でマグネシウムを加熱すると，酸素と化合して酸化マグネシウムMgOを生じる。

加熱を何回かくり返すと，マグネシウム1.2g（0.05mol）と反応する酸素は0.8g（0.025mol）となる。

加熱をくり返しても，マグネシウム1.2g（0.05mol）と反応する酸素は0.8g（0.025mol）で変わらない。

$2Mg$	$+$	O_2	$\longrightarrow$	$2MgO$
2mol		1mol		2mol
2×24.0g		32.0g		2×40.0g
1.2g(0.05mol)		0.8g(0.025mol)		2.0g(0.05mol)

■マグネシウムと塩酸の反応　$Mg + 2HCl \longrightarrow H_2 + MgCl_2$

3mol/Lの塩酸1.0mL（0.003mol）と数種類の異なる質量のマグネシウムを反応させ，発生する水素の体積を測定する。

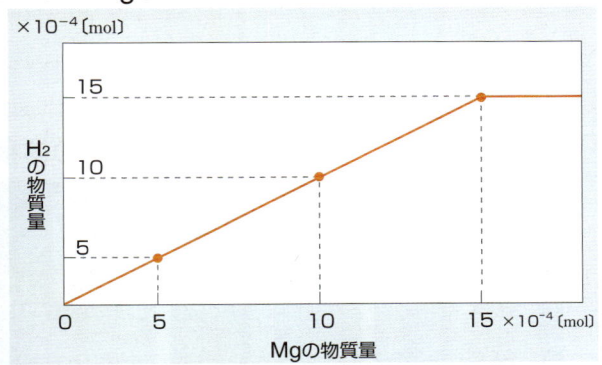

Mgが0.036g（0.0015mol）までは発生するH₂の体積が増えるが，それ以上では変わらない。

Mg	$+$	$2HCl$	$\longrightarrow$	$MgCl_2$	$+$	H_2
1mol						1mol
24.0g						22.4L(標準状態)
0.0036g(0.0015mol)						33.6mL(0.0015mol)

■ヨウ化カリウムと酢酸鉛(Ⅱ)の反応　$2KI + Pb(CH_3COO)_2 \longrightarrow PbI_2 + 2CH_3COOK$

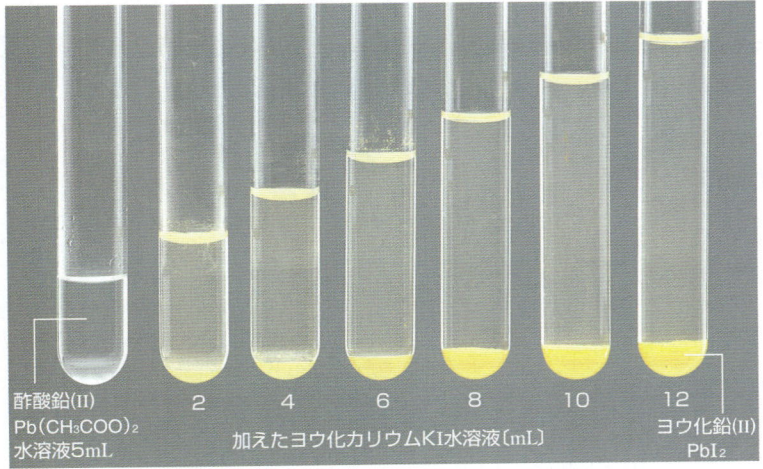

0.1mol/L酢酸鉛(Ⅱ)水溶液5mLに0.1mol/Lヨウ化カリウム水溶液を1mLずつ加える。

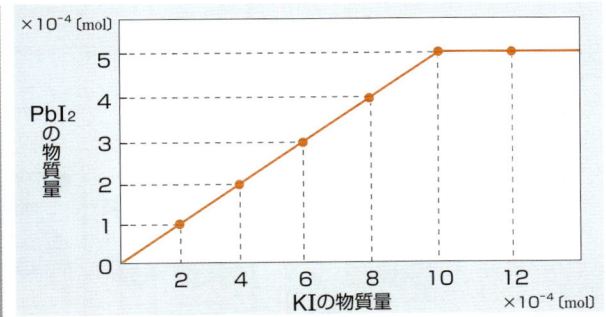

加える量が10mL（KIの物質量0.001mol）までは沈殿が増えるが，それ以上では変わらない。

$2KI$	$+$	$Pb(CH_3COO)_2$	$\longrightarrow$	PbI_2	$+$	$2CH_3COOK$
2mol		1mol		1mol		2mol
2×166g		325g		461g		2×98g
0.001mol				0.0005mol		

15 ▶ 化学の基本法則

1 質量保存の法則
▼化学反応の前後において，物質全体の質量は変化しない。

塩化バリウム水溶液と硫酸ナトリウム水溶液の反応

●反応前 → ●反応後

硫酸ナトリウムNa_2SO_4水溶液に塩化バリウム$BaCl_2$水溶液を加えると硫酸バリウム$BaSO_4$の白い沈殿を生じるが，反応の前後で物質全体の質量には変化がない。

ラボアジエ 〔フランス，1743～1794〕
金属の酸化反応とその質量関係について天びんを用いた精密な実験を数多く行い，1774年，質量保存の法則を提唱した。また，近代的な燃焼理論を確立した。

2 気体反応の法則
▼気体の化学反応では，反応する気体および生成する気体の体積は，同温・同圧のもとで，簡単な整数比となる。

$H_2 + Cl_2 \longrightarrow 2HCl$ の反応の体積関係

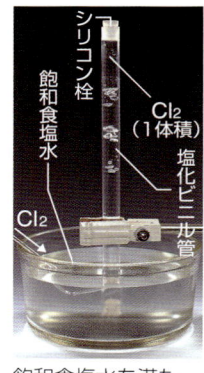

- 飽和食塩水を満たした塩化ビニル管に塩素を入れる。
- 次に塩素と同体積の水素を入れる。
- 強い光をあてると，爆発的に化合して，塩化水素が2体積できる。
- 塩化水素は水によくとけるので，飽和食塩水が激しく上昇する。

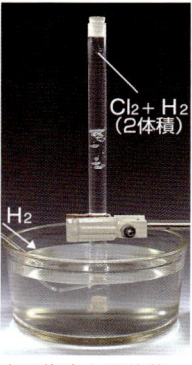

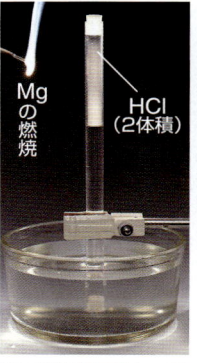

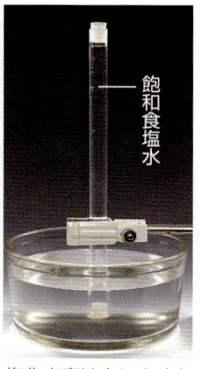

ゲーリュサック 〔フランス，1778～1850〕
1802年，熱による気体の膨張の法則を発見し，1808年，ゲーリュサックの第2法則ともいわれる気体反応の法則を実験的に導きだした。

塩素 1 ＋ 水素 1 → 塩化水素 2

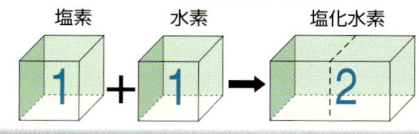

3 アボガドロの法則
▼同温・同圧のもとで，同体積の気体は，その気体の種類に関係なく，同数の分子を含んでいる。

アボガドロの分子説

●ドルトンの原子説
水素(1体積) ＋ 塩素(1体積) → 塩化水素(2体積)

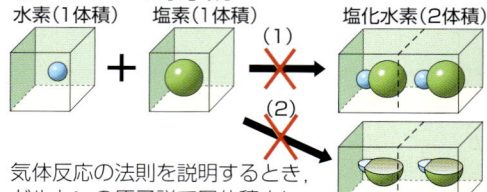

気体反応の法則を説明するとき，ドルトンの原子説で同体積中に同数の原子が存在すると考えると，矛盾が生じる。
(1)では質量保存の法則に反することになる。
(2)では原子を分割することになる。

●アボガドロの分子説
水素 ＋ 塩素 → 塩化水素

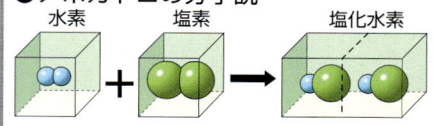

同体積中に同数の分子（水素，塩素は二原子分子と考える）が存在すると考えると，うまく説明できる。
アボガドロの分子説はのちに法則となった。

アボガドロ 〔イタリア，1776～1856〕
1811年，ゲーリュサックの気体反応の法則とドルトンの原子説の矛盾を説明するため，分子の概念を導入したアボガドロの分子説（のちに法則）を発表した。

化学の基本

物質の構造

1774年 — 質量保存の法則
ドルトン
1808年 — 気体反応の法則
1811年 — アボガドロの法則

法則の流れ

1799年 — 定比例の法則

4 定比例の法則
▼化合物を構成している元素の質量の比は製法によらずつねに一定である。

酸化銅(II) CuO 中の銅と酸素の質量

プルースト〔フランス，1754～1826〕

塩基性炭酸銅（クジャク石）や硫化鉄などの成分の研究を続けるなかで，1799年，定比例の法則をまとめた。

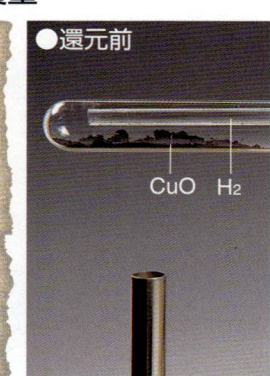

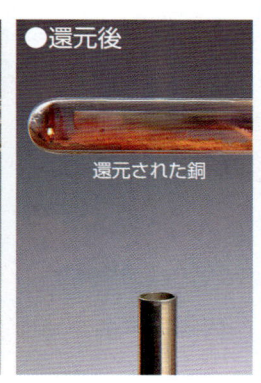

●還元前　CuO　H_2
●還元中
●還元後　還元された銅

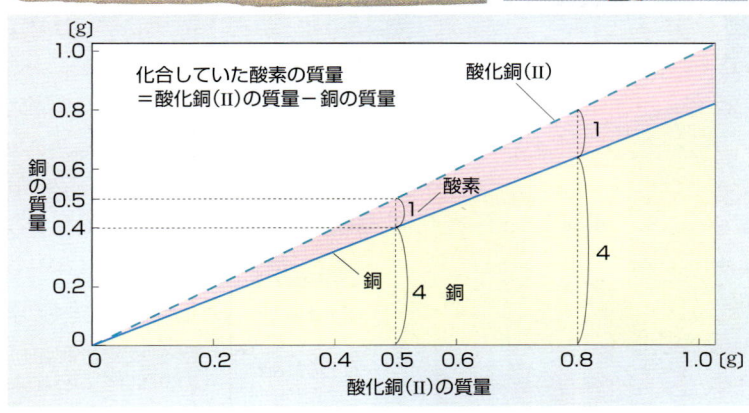

質量比　4：1

黒色の酸化銅(II)を水素で還元すると銅を生じる。このとき，生じる銅の質量と，化合していた酸素の質量（酸化銅(II)の質量 − 銅の質量）の比は一定であり，

　　銅：酸素＝4：1

である。
これより，酸化銅(II)中の銅と酸素の質量比は4：1で一定であるといえる。

（グラフ：横軸 酸化銅(II)の質量 [g]，縦軸 銅の質量 [g]，化合していた酸素の質量＝酸化銅(II)の質量−銅の質量）

ドルトンの原子説

5 倍数比例の法則
▼元素A，Bが化合していくつかの化合物をつくるとき，一定質量のAと化合するBの質量の割合は，簡単な整数比となる。

銅と酸素の化合：酸化銅(II)と酸化銅(I)中の酸素の質量の比

●酸化銅(II) CuO 
●酸化銅(I) Cu_2O

銅と酸素の化合物には，酸化銅(II)と酸化銅(I)がある。

●銅と化合している酸素の質量

銅の質量 [g]	1.00	2.00	3.00	比率
酸化銅(II)中の酸素の質量 [g]	0.25	0.50	0.75	2
酸化銅(I)中の酸素の質量 [g]	0.13	0.25	0.38	1

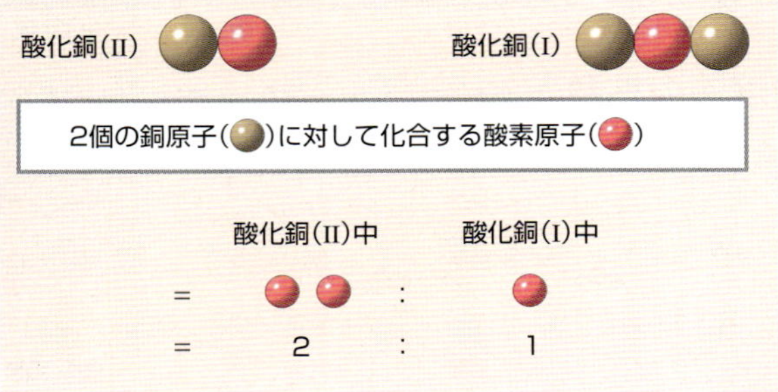

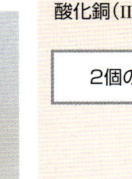

2個の銅原子（●）に対して化合する酸素原子（●）

	酸化銅(II)中	酸化銅(I)中
＝	●●	●
＝	2	1

ドルトン〔イギリス，1766～1844〕

1801年，混合気体の分圧の法則を発見。質量保存の法則や定比例の法則，さらに自身が発見した倍数比例の法則とも関連させて，1803年，原子説を発表した。

1803年 — 倍数比例の法則

16 ▶ 物質の状態変化

1 物質の三態
▼物質は温度と圧力を変えると，気体・液体・固体の3つの状態をとる。気体・液体・固体をまとめて**物質の三態**という。

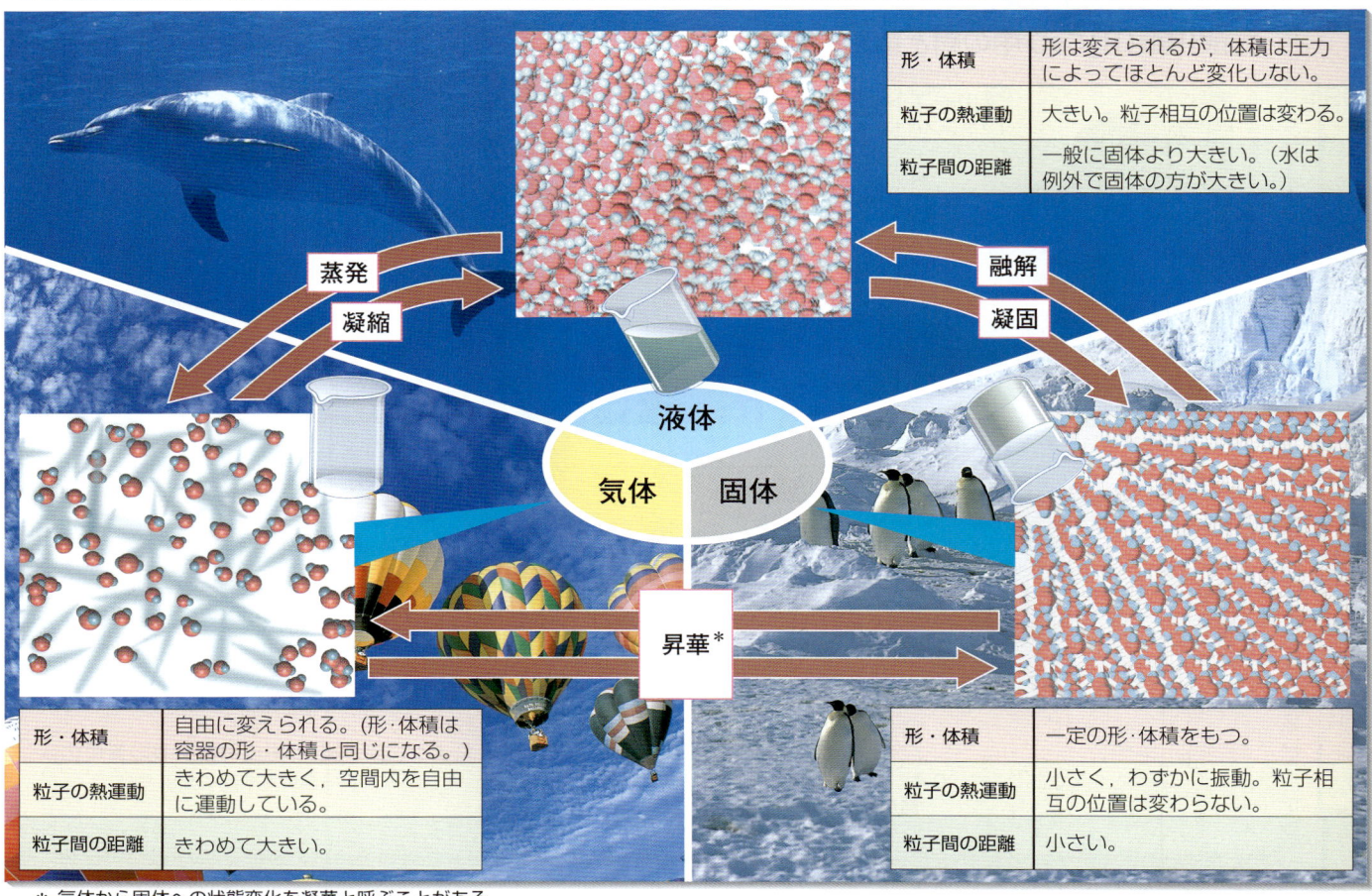

蒸発／凝縮　融解／凝固　昇華*

液体

気体　固体

液体
形・体積	形は変えられるが，体積は圧力によってほとんど変化しない。
粒子の熱運動	大きい。粒子相互の位置は変わる。
粒子間の距離	一般に固体より大きい。（水は例外で固体の方が大きい。）

気体
形・体積	自由に変えられる。（形・体積は容器の形・体積と同じになる。）
粒子の熱運動	きわめて大きく，空間内を自由に運動している。
粒子間の距離	きわめて大きい。

固体
形・体積	一定の形・体積をもつ。
粒子の熱運動	小さく，わずかに振動。粒子相互の位置は変わらない。
粒子間の距離	小さい。

＊ 気体から固体への状態変化を凝華と呼ぶことがある。

2 粒子の熱運動と拡散
▼物質を構成する粒子はつねに運動（熱運動）をしている。粒子が自然に拡がっていくことを**拡散**という。

気体の拡散
▼下の集気びん中の臭素の気体は自然に上の集気びんに拡がっていく。

Br_2

拡散前 → 10分後 → 20分後 → 40分後 → 50分後 → 60分後

溶液の拡散
▼溶液中でも溶媒・溶質の熱運動により拡散が起こり自然に均一な溶液になる。

❶ インクの拡散
滴下直後 → 約30分後 → 約120分後

❷ 硫酸銅(Ⅱ)結晶の溶解と拡散
結晶を入れた直後 → 3日後 → 18日後

気体分子の速度の分布
（酸素）
0℃／100℃

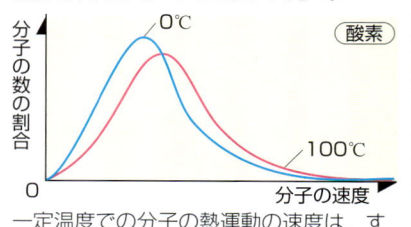

分子の数の割合／分子の速度

一定温度での分子の熱運動の速度は，すべての分子で同じではなく，一定の分布をしている。高温ほど速度の速い分子の割合が大きくなる。

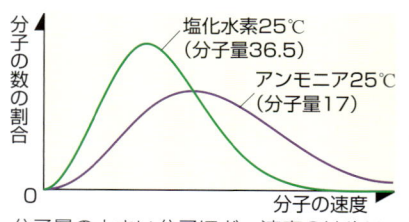

塩化水素25℃（分子量36.5）
アンモニア25℃（分子量17）

分子の数の割合／分子の速度

分子量の大きい分子ほど，速度のはやい分子の割合が小さくなる。

物質の状態

3 温度変化による状態変化

水の状態変化

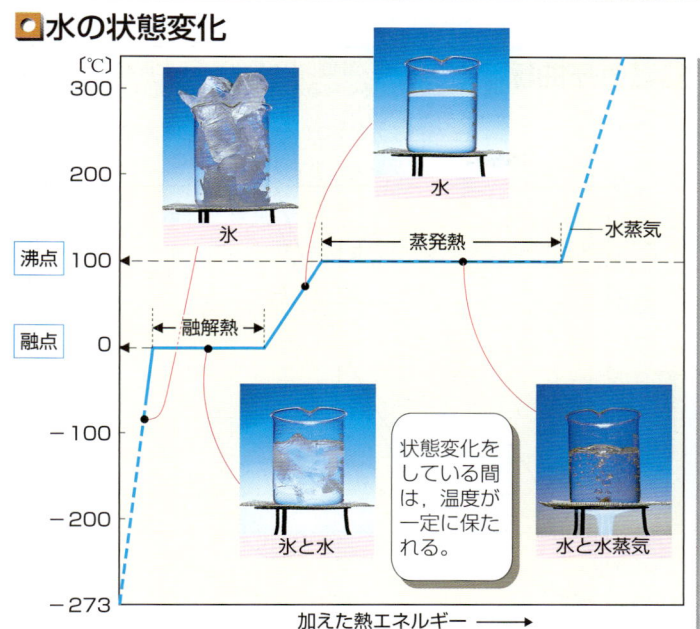

一定圧力で氷(固体)を加熱していくと、やがて水(液体)になり、最後に水蒸気(気体)になる。融解および蒸発の間は、加熱しても温度は一定になる。これは、この間に加えられたエネルギーが水分子間の結合を切るために使われるためである。

状態変化をしている間は、温度が一定に保たれる。

昇華
▼固体が液体にならずに、直接気体になること、あるいは気体から直接固体になる現象。

●ヨウ素の昇華

加熱によりビーカーの底のヨウ素の結晶が昇華する。昇華したヨウ素の蒸気はフラスコ内の水で冷却され再び結晶になる。この方法でヨウ素の結晶は精製される。

●ドライアイスの昇華

ポリエチレンの袋にドライアイスを入れて昇華させる。
ドライアイス4.4g(体積約2.8cm³)
ふくらんだポリエチレン袋の体積約2.2L

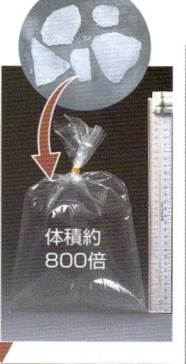

液体窒素をかける。

気体の二酸化炭素は昇華して固体(白い粉末)になり、体積は非常に小さくなる。

ドライアイスを昇華させると、急激な体積の変化をする。

4 圧力変化による状態変化

●二酸化炭素の圧力変化による状態変化

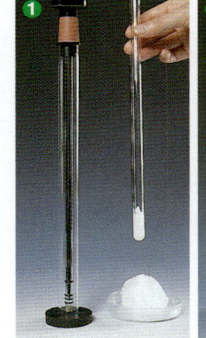

❶,❷ ドライアイスを圧気発火器に入れる。
❸ 圧力をかけると、液体に変わる。
❹ 急激に圧力を下げると固体にもどる。

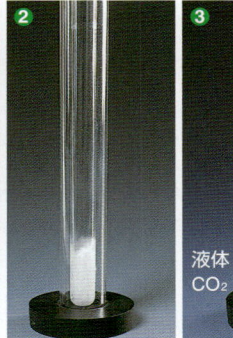

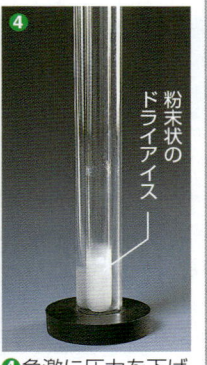

●二酸化炭素の状態図

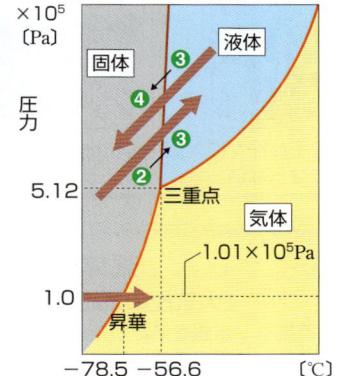

状態図 温度と圧力によって、物質が気体・液体・固体のどの状態を示すかを表した図をいう。

〔実験の説明〕
二酸化炭素を$1.01×10^5$Paのまま温度を上げると昇華する。しかし図❷の状態から圧力をかけると(断熱圧縮)、図❸のように固体から液体になる。逆に急激に圧力を下げると(断熱膨張)、図❹のように固体にもどる。

超臨界流体とその利用

●超臨界状態
右図の二酸化炭素の状態図で温度がT_c以上かつ圧力がP_c以上では(図のピンク部分)、液化が観測されなくなり、二酸化炭素は気体と液体の両方の性質をもつ特殊な状態になる。この状態を超臨界状態といい、この状態にある物質を超臨界流体という。

臨界圧 $P_c = 7.38×10^6$Pa
臨界温度 $T_c = 31.1$℃

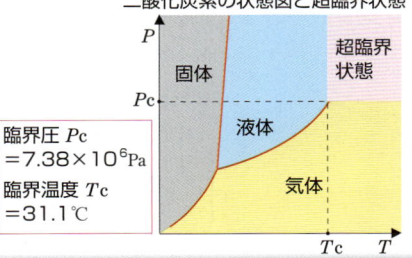

●超臨界流体の利用
超臨界流体は溶媒としての特性がすぐれているので、コーヒーからのカフェインの抽出や、ポテトチップの油ぬきなどに利用されている。溶媒として水や二酸化炭素が利用されるので、廃棄物を出さないという利点がある。また最近、ダイオキシンの分解にも超臨界流体を利用する研究が行われている。

超臨界流体によってカフェインを抽出し、低カフェインコーヒーがつくられた。

17 ▶ 気液平衡と蒸気圧

1 気液平衡
▼密閉容器中に液体を入れて温度を一定に保つと，見かけ上，液体の蒸発が止まった状態になる。これを**気液平衡**という。

◉気液平衡と蒸気圧

●飽和蒸気圧

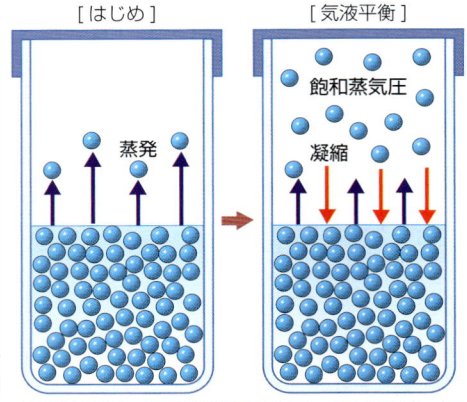

密閉容器（温度一定）の中の臭素は，見かけ上蒸発も凝縮もしていない。**気液平衡**に達している。容器内では，蒸発も凝縮も起こっているが，気液平衡では**蒸発速度＝凝縮速度**となり，見かけ上蒸発も凝縮も起こってない。このときの蒸気の圧力を **飽和蒸気圧** という。

密閉容器でない場合 → 気液平衡に達しない。

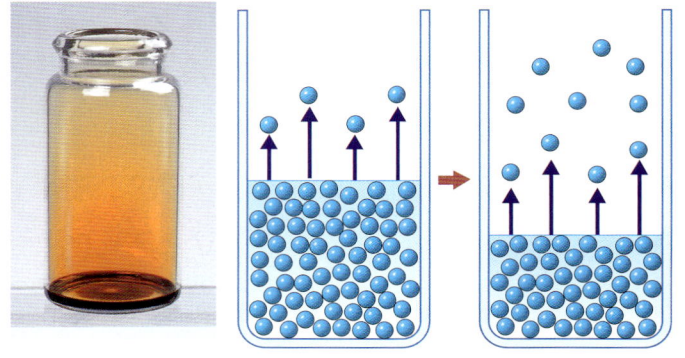

密閉容器でない場合，蒸発した分子が徐々に大気中に拡散していき，凝縮が進みにくいので，気液平衡にならない。

◉蒸気圧曲線
▼飽和蒸気圧の温度による変化を表した曲線。飽和蒸気圧は温度が高くなると大きくなる。図の左上にあるほど蒸発しやすい。
（破線は圧力が$1.01×10^5$Paにおける沸点）

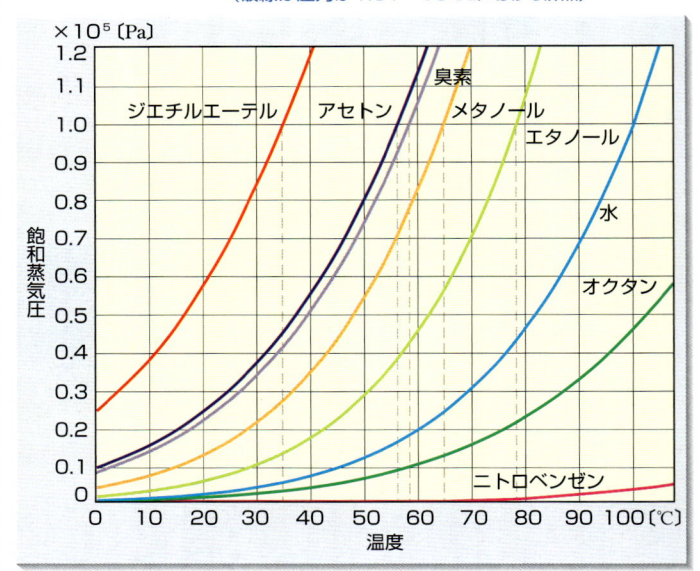

グラフ：縦軸 飽和蒸気圧 ×10^5〔Pa〕，横軸 温度〔℃〕
曲線：ジエチルエーテル，アセトン，臭素，メタノール，エタノール，水，オクタン，ニトロベンゼン

◉蒸気圧の温度による変化

はじめの平衡状態	非平衡状態	新しい平衡状態
0℃, $6.09×10^2$Pa		100℃, $1.01×10^5$Pa
V_1蒸発速度 V_2凝縮速度	V'_1 水 V'_2	V''_1 水 V''_2
$V_1 = V_2$	$V'_1 > V'_2$	$V''_1 = V''_2$

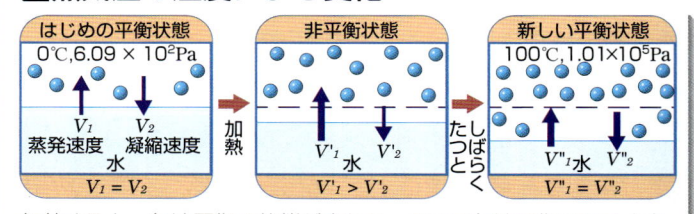

加熱すると，気液平衡の状態が変わる。0℃で気液平衡にある水を加熱し，100℃で一定に保っておくと，いったん蒸発速度が凝縮速度より大きくなり，やがて新しい平衡状態に達する。

気体の圧力とトリチェリーの実験

〔気体の圧力〕
気体の圧力は，熱運動している気体分子が容器の壁に衝突するときの衝撃力の和で，単位面積あたりにはたらく力で表す。

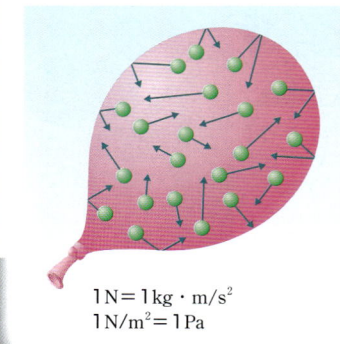

$1N = 1kg・m/s^2$
$1N/m^2 = 1Pa$

〔大気圧の測定〕
水銀を満たした長さ80cmほどの一端を閉じたガラス管を，水銀をためた容器にさかさに立てると，内部の水銀は高さが約76cmのところまで下がって止まる。このときガラス管の上部にできるすきまは真空（トリチェリーの真空）で，ガラス管内の水銀の示す圧力が大気圧に等しくなっている。この方法で大気圧が測定された。この実験をトリチェリーの実験という。

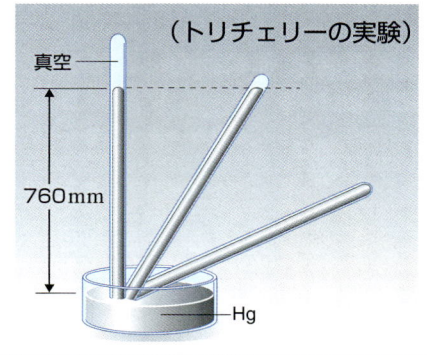

（トリチェリーの実験）真空 760mm Hg

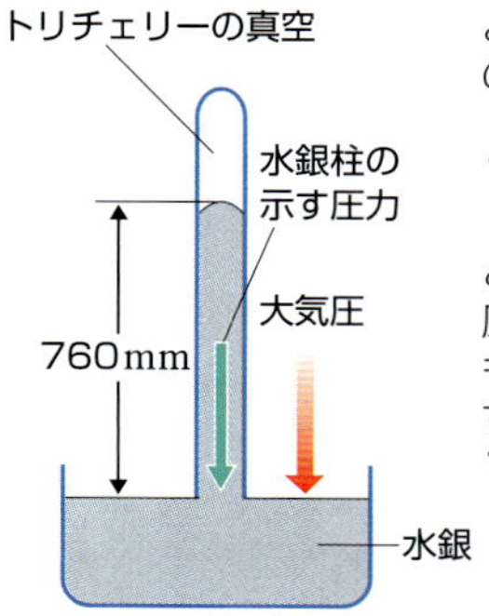

トリチェリーの真空，水銀柱の示す圧力，760mm，大気圧，水銀

よく用いられる単位である気圧の単位〔atm〕は，

$1\text{atm} = 101325\text{Pa}$

と定義される。圧力は水銀柱の高さで表すこともあり，高さ1mmの水銀柱の示す圧力を1mmHgと表すので，

$1\text{atm} = 760\text{mmHg}$
$= 1.01×10^5\text{Pa}$
$= 1.01×10^3\text{hPa}$

❷ 沸騰 ▼液体の内部からも蒸発が起こる現象。

◉ 蒸発

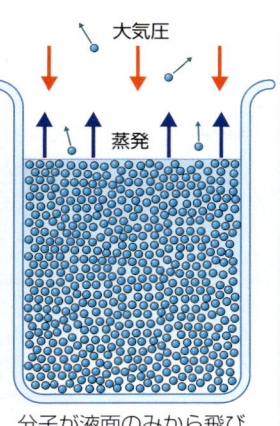

分子が液面のみから飛び出すことを**蒸発**という。

◉ 沸騰

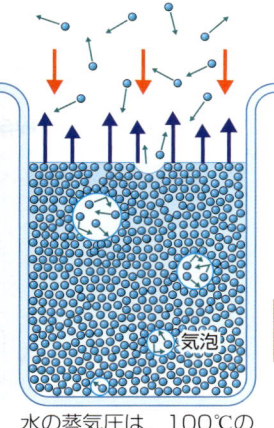

水の蒸気圧は，100℃のとき，大気圧と同じ$1.01×10^5$Paになる。それで，水は100℃で沸騰することになる。

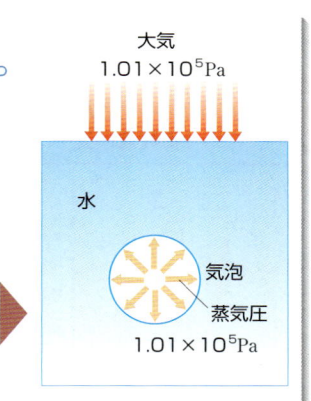

大気 $1.01×10^5$Pa
水
気泡
蒸気圧 $1.01×10^5$Pa

蒸気圧＝大気圧 のとき沸騰

このとき，液体内部で生じた水蒸気は，周囲の液体の水を押しのけて気泡となり，沸騰が起こる。

◉ 大気圧(外圧)の変化による沸点の変化

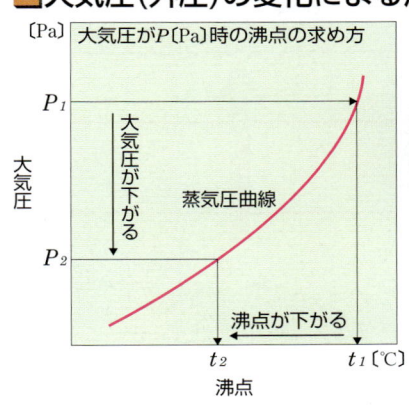

蒸気圧曲線から，大気圧(外圧)がP_1からP_2に下がると，沸点もt_1からt_2に下がる。

圧力鍋は，内部の圧力が高くなるので，普通の鍋より沸点が高くなる。

◉ 高度による水の沸点の変化

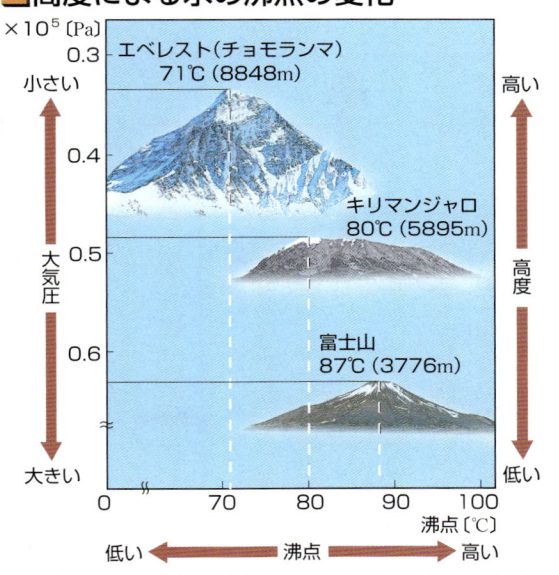

エベレスト(チョモランマ) 71℃ (8848m)
キリマンジャロ 80℃ (5895m)
富士山 87℃ (3776m)

高い山では大気圧が小さくなるので，沸点も低くなる。

◉ 低圧における沸騰

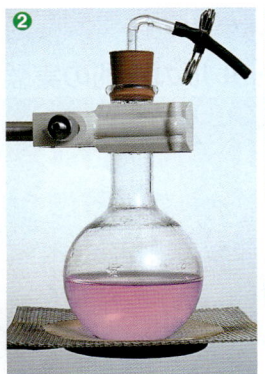

❶ 水を沸騰させる。

❷ 沸騰したら，火を止めすばやくゴム栓をした後，ピンチコックでゴム管を閉じる。

❸ 冷水をフラスコにかけると，フラスコ内の蒸気が凝縮し，内部の圧力が下がるので，低温でも 外圧＝蒸気圧 になり，再び沸騰する。

突沸と沸騰石

突沸：沸点に達しても沸騰しなかった液体が外部の衝撃や異物の混入をきっかけに突然激しく沸騰する現象。

沸騰石：突沸を防ぐには沸騰石や一端を閉じた毛細管などを用いる。沸騰石には多数の孔があり，ここに閉じこめられた気泡が沸騰の核になるので突沸を防げる。

毛細管を用いての突沸の防止

一端を閉じた毛細管を図のように水中に入れると，はじめ毛細管中には空気が閉じこめられている。加熱して水が沸点に達すると，毛細管の入り口付近で水の蒸発が活発になり毛細管中に水蒸気が充満し，毛細管の先から多数の気泡が出されるため，沸騰が穏やかに持続される。

18 ボイル・シャルルの法則と気体の状態方程式

1 ボイルの法則

温度(T)が一定のとき，一定物質量の体積(V)は圧力(P)に反比例する。

$$T = \text{一定のとき} \quad PV = k\,(\text{一定})$$
(物質量一定)

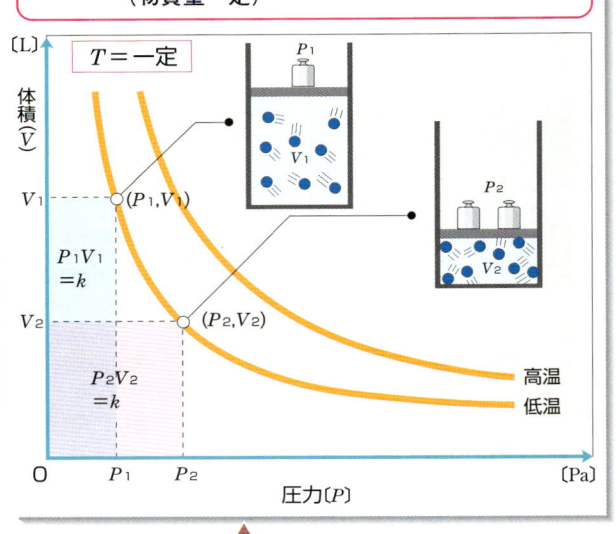

2 シャルルの法則

圧力(P)が一定のとき，一定物質量の体積(V)は絶対温度(T)に比例する。

$$P = \text{一定のとき} \quad \frac{V}{T} = k'\,(\text{一定}) \qquad T\,[\text{K}] = t\,[\text{℃}] + 273$$
(物質量一定) (絶対温度)

圧力が一定のとき，気体の体積Vは，気体の種類によらず，温度が1℃上がるごとに0℃の体積V_0の$\frac{1}{273}$ずつ増加する。

$$V = V_0\left(1 + \frac{t}{273}\right) = \frac{V_0}{273}(273 + t)$$

$T = 273 + t$ とすると

$$V = k' T \quad \left(k' = \frac{V_0}{273}\right)$$

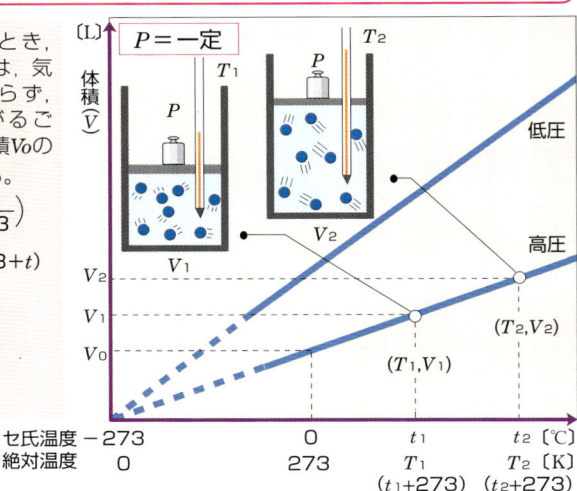

3 ボイル・シャルルの法則

$$\frac{PV}{T} = k''\,(\text{一定})$$

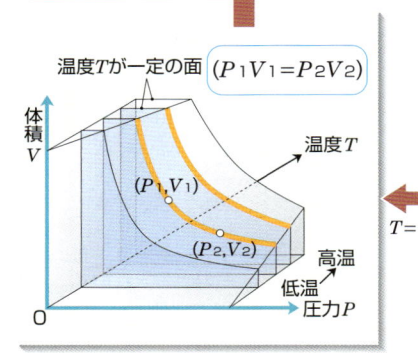

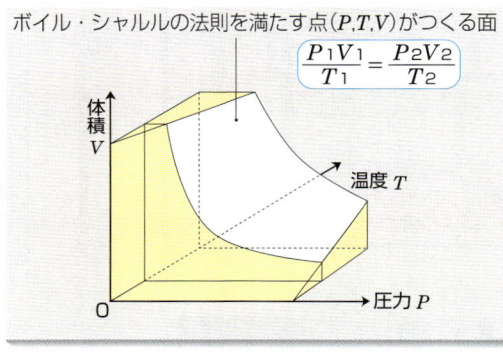

温度Tが一定の面 ($P_1 V_1 = P_2 V_2$)

$$\frac{P_1 V_1}{T_1} = \frac{P_2 V_2}{T_2}$$

$$\frac{V_1}{T_1} = \frac{V_2}{T_2}$$

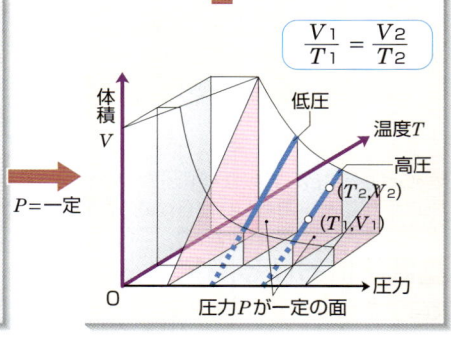

ボイルの法則の実験

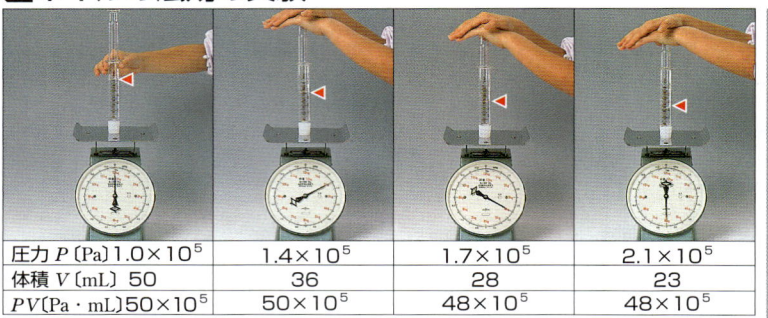

圧力 P [Pa]	1.0×10^5	1.4×10^5	1.7×10^5	2.1×10^5
体積 V [mL]	50	36	28	23
PV [Pa・mL]	50×10^5	50×10^5	48×10^5	48×10^5

〔実験〕注射器に一定量の気体を閉じこめ，一定温度でピストンに加わる力を変えて，体積を測定した。
〔結果〕PVの値がほぼ一定になったので，圧力Pと体積Vは反比例することがわかる。

シャルルの法則の実験

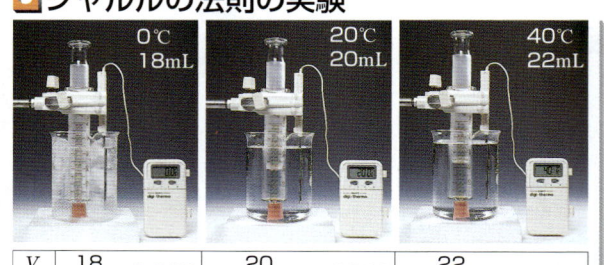

0℃ 18mL　20℃ 20mL　40℃ 22mL

$\frac{V}{T}$	$\frac{18}{273} = 0.066$	$\frac{20}{20+273} = 0.068$	$\frac{22}{40+273} = 0.070$

〔実験〕注射器に一定量の気体を閉じこめ，温度を変えた水につけて，気体の体積を測定した。
〔結果〕(V/T)の値がほぼ一定になったので，体積Vと絶対温度Tは比例することがわかる。

4 気体の状態方程式 $PV=nRT$

▼気体の物質量，圧力，体積，温度に関する関係式。ボイル・シャルルの法則から導かれる。

■気体定数 R を求める
▼求められたボイル・シャルルの法則の比例定数を**気体定数**という。

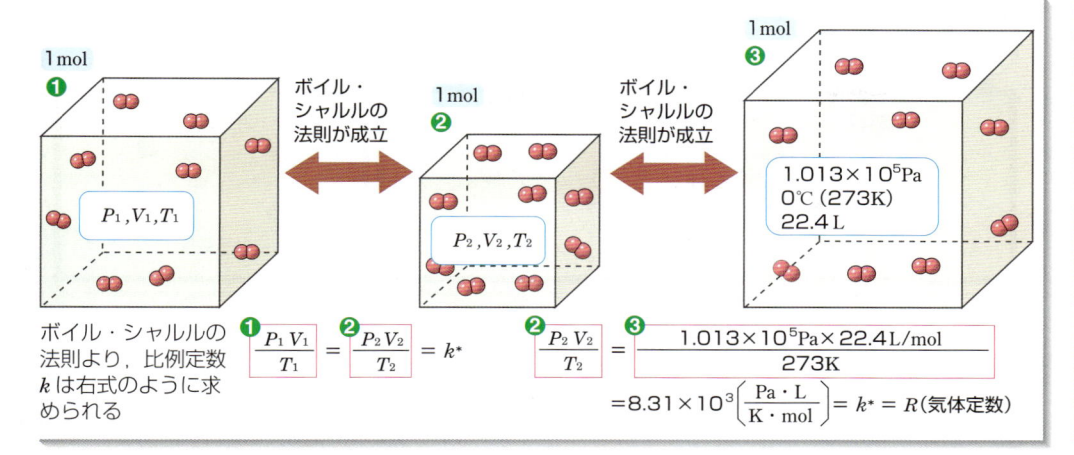

① 1mol P_1, V_1, T_1 ⇔ ボイル・シャルルの法則が成立 ⇔ **②** 1mol P_2, V_2, T_2 ⇔ ボイル・シャルルの法則が成立 ⇔ **③** 1mol 1.013×10^5Pa, 0℃(273K), 22.4L

ボイル・シャルルの法則より，比例定数 k は右式のように求められる

① $\dfrac{P_1V_1}{T_1} = \dfrac{P_2V_2}{T_2} = k^*$

② $\dfrac{P_2V_2}{T_2} =$ **③** $\dfrac{1.013\times10^5\text{Pa}\times22.4\text{L/mol}}{273\text{K}}$

$= 8.31\times10^3 \left(\dfrac{\text{Pa}\cdot\text{L}}{\text{K}\cdot\text{mol}}\right) = k^* = R$（気体定数）

■気体の状態方程式

$$PV = nRT$$

あるいは

$$PV = \dfrac{w}{M}RT$$

- P：圧力〔Pa〕
- V：体積〔L〕
- T：絶対温度〔K〕
- R（気体定数） $= 8.31\times10^3$ Pa・L/(K・mol)
- w：質量〔g〕
- M：モル質量〔g/mol〕

計算には，P, V, T の単位に注意！

■気体の状態方程式を用いた分子量の測定実験

① フラスコの質量 W_1 をはかる。 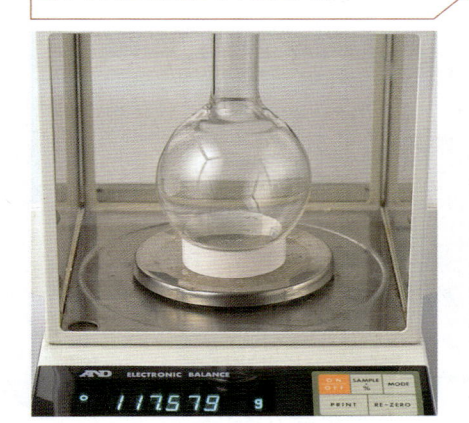
$W_1 = 117.579$g

② フラスコ内をヘキサンの気体だけで満たす。 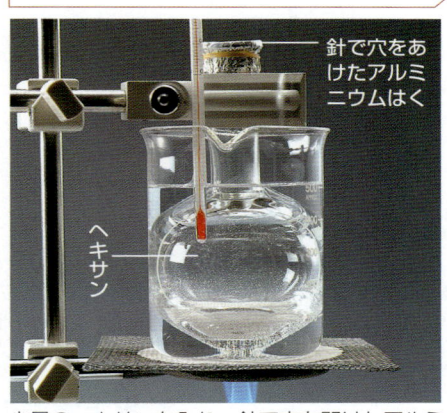
少量のヘキサンを入れ，針で穴を開けたアルミニウムはくでおおい，t〔℃〕で完全に蒸発させる。$t = 85.0$℃

③ フラスコ内を満たした蒸発したヘキサンを液体にもどしその質量をはかる。 
フラスコを冷やし，アルミニウムはくをとり，水分をふきとって質量 W_2 をはかる。
$W_2 = 118.326$g

④ フラスコの容積を決定するためフラスコに水を満たしメスシリンダーで測定する。 
フラスコに水を満たし，メスシリンダーにあけて体積 V を測定。
$V = 260$mL $= \dfrac{260}{1000}$L

⑤ 大気圧 P をはかる。 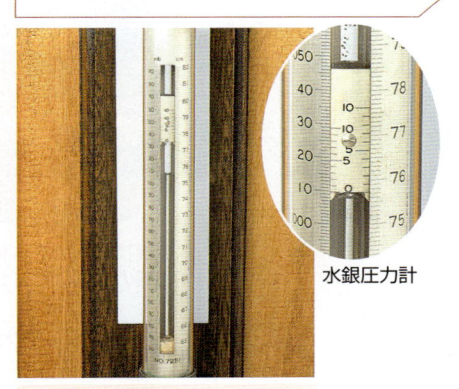
水銀圧力計
$P = 756$mmHg
$= \dfrac{756}{760}\times1.013\times10^5$Pa
$= 1.008\times10^5$Pa

⑥ 分子量 M を求める

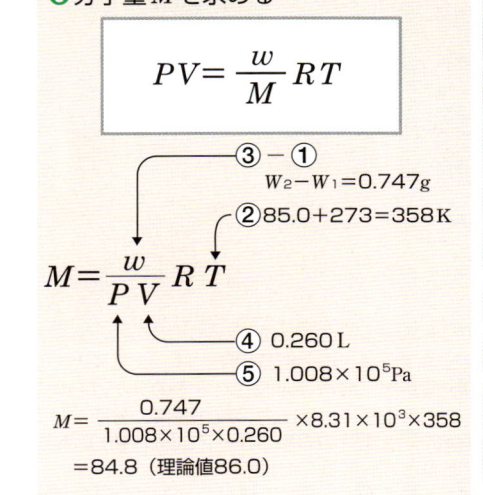

$$PV = \dfrac{w}{M}RT$$

③−① $W_2 - W_1 = 0.747$g
② $85.0 + 273 = 358$K

$M = \dfrac{w}{PV}RT$

④ 0.260L
⑤ 1.008×10^5Pa

$M = \dfrac{0.747}{1.008\times10^5\times0.260}\times8.31\times10^3\times358$

$= 84.8$（理論値86.0）

19 ▶ 混合気体の圧力

1 混合気体の圧力
▼温度と体積が同じであれば，純粋な気体でも混合気体でも，気体の圧力は分子の数(物質量)に比例する。

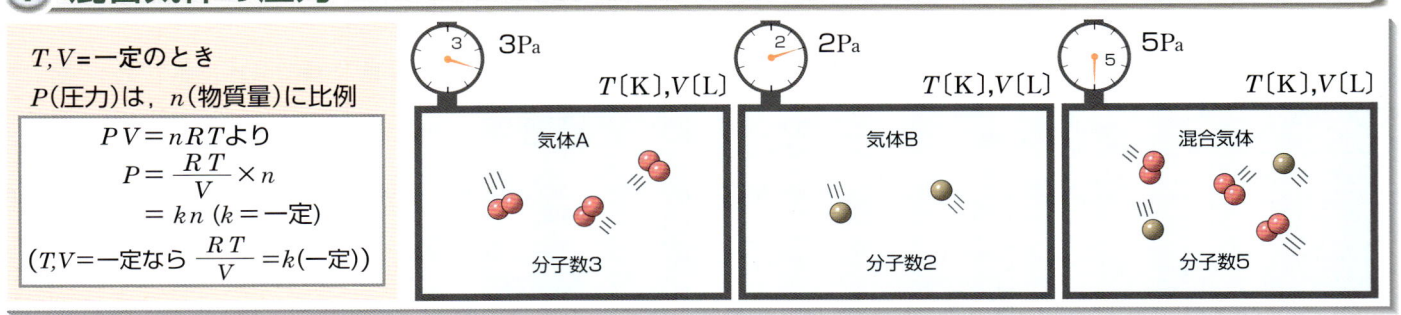

T, V=一定のとき
P(圧力)は，n(物質量)に比例

$PV = nRT$ より
$$P = \frac{RT}{V} \times n = kn \ (k = 一定)$$
(T, V=一定なら $\frac{RT}{V} = k$(一定))

- 気体A：3Pa，分子数3，$T[K], V[L]$
- 気体B：2Pa，分子数2，$T[K], V[L]$
- 混合気体：5Pa，分子数5，$T[K], V[L]$

2 分圧と全圧
▼混合気体では，その全圧は各成分気体の分圧の和に等しい。

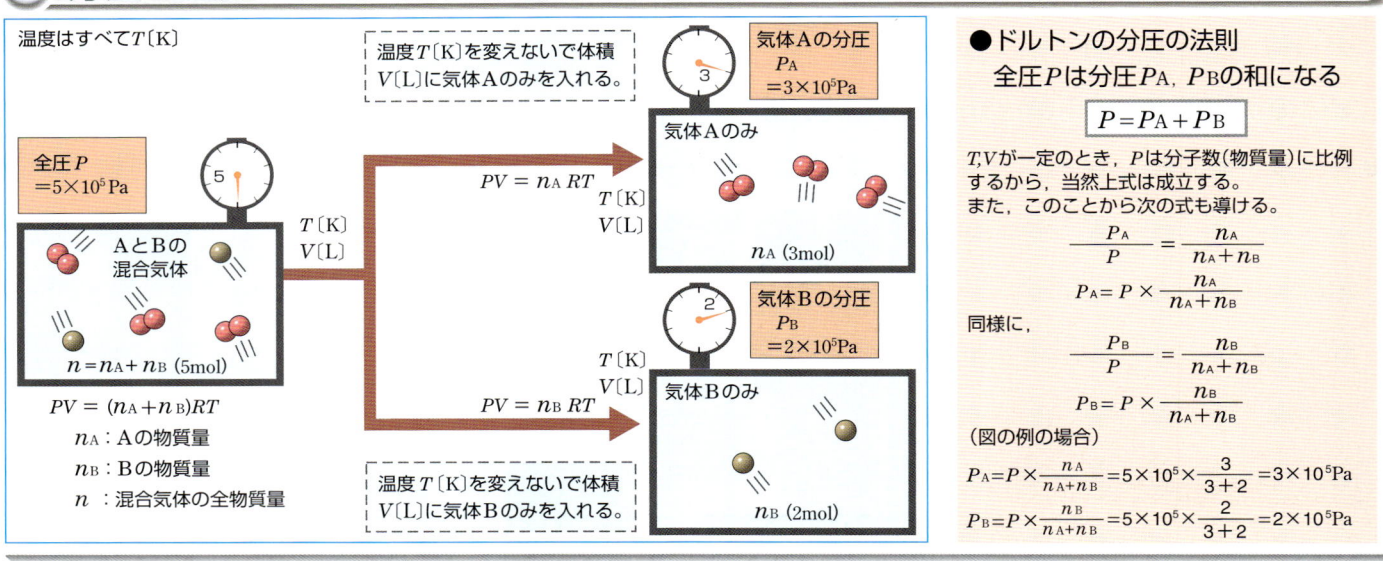

温度はすべて$T[K]$

全圧 $P = 5 \times 10^5$ Pa
AとBの混合気体
$n = n_A + n_B$ (5mol)
$PV = (n_A + n_B)RT$
- n_A：Aの物質量
- n_B：Bの物質量
- n：混合気体の全物質量

温度$T[K]$を変えないで体積$V[L]$に気体Aのみを入れる。
$PV = n_A RT$
気体Aのみ　$T[K], V[L]$，n_A (3mol)
気体Aの分圧 $P_A = 3 \times 10^5$ Pa

温度$T[K]$を変えないで体積$V[L]$に気体Bのみを入れる。
$PV = n_B RT$
気体Bのみ　$T[K], V[L]$，n_B (2mol)
気体Bの分圧 $P_B = 2 \times 10^5$ Pa

● ドルトンの分圧の法則
全圧Pは分圧P_A，P_Bの和になる

$$P = P_A + P_B$$

T, Vが一定のとき，Pは分子数(物質量)に比例するから，当然上式は成立する。
また，このことから次の式も導ける。

$$\frac{P_A}{P} = \frac{n_A}{n_A + n_B}$$
$$P_A = P \times \frac{n_A}{n_A + n_B}$$

同様に，
$$\frac{P_B}{P} = \frac{n_B}{n_A + n_B}$$
$$P_B = P \times \frac{n_B}{n_A + n_B}$$

(図の例の場合)
$$P_A = P \times \frac{n_A}{n_A + n_B} = 5 \times 10^5 \times \frac{3}{3+2} = 3 \times 10^5 \text{Pa}$$
$$P_B = P \times \frac{n_B}{n_A + n_B} = 5 \times 10^5 \times \frac{2}{3+2} = 2 \times 10^5 \text{Pa}$$

▫ 空気中の酸素の分圧の測定

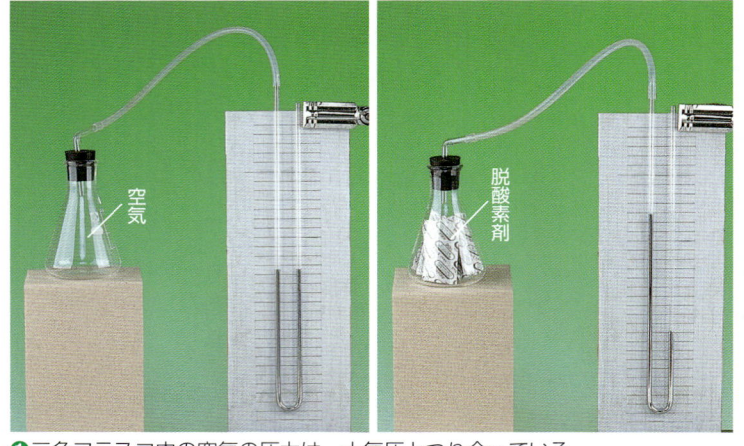

❶ 三角フラスコ内の空気の圧力は，大気圧とつり合っている。
❷ 脱酸素剤で酸素が吸収され，その分だけ三角フラスコ内の圧力が下がるので，水銀柱による圧力の差が酸素の分圧として測定される。
理論的には空気中の酸素が約20%(体積)であるから，大気圧が1.01×10^5Paであるとき，酸素の分圧は
$1.01 \times 10^5 \text{Pa} \times 0.2 = 2.02 \times 10^4 \text{Pa} ≒ 150$mmHg となる。

▫ 水上置換のときの水蒸気の分圧

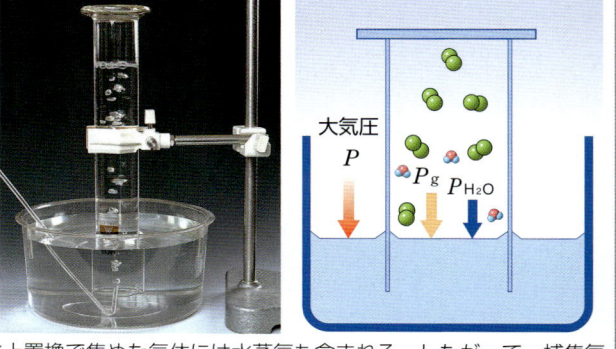

水上置換で集めた気体には水蒸気も含まれる。したがって，捕集気体の真の圧力は全圧(大気圧)から水蒸気圧をさし引いた値になる。

$$\underset{(大気圧)}{P} = \underset{(気体の分圧)}{P_g} + \underset{(水蒸気圧)}{P_{H_2O}}$$

● 測定例(水素を水温20℃，大気圧1.01×10^5Paで捕集した場合)

P	=	1.01	$\times 10^5$ Pa	(大気圧)
P_{H_2O}	=	0.023	$\times 10^5$ Pa	(20℃の水蒸気圧)
P_g	$= P - P_{H_2O} =$	0.99	$\times 10^5$ Pa	(捕集した水素の圧力)

20 ▶ 理想気体と実在気体

1 実在気体の体積の温度による変化(圧力一定の場合)

我々が通常扱う気体の内部では,分子どうしに力がはたらいている(この力を分子間力という)。このため,温度を下げていくと右図の実線のように凝縮して液体になり,さらに下げていくと凝固して固体になる。
右図の破線はシャルルの法則が完全に成立しているとした状態で,$T=0\text{K}$ では $V=0$ となる。これは,分子に大きさがないことを表している。また分子間力がはたらかないので,凝縮,凝固しない。このような気体を**理想気体**という。これに対して実際に扱う気体を**実在気体**という。

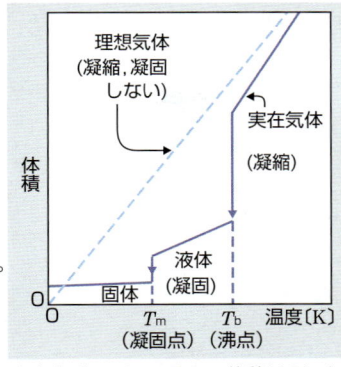

実在気体では $T=0\text{K}$ で体積は 0 にならない。分子自身が固有の体積をもっているからである。

グラフ: 縦軸=体積, 横軸=温度[K]
- 理想気体(凝縮,凝固しない) — 破線
- 実在気体(凝縮) — 実線
- 固体 / 液体(凝固)
- T_m(凝固点), T_b(沸点)

1molの実在気体の体積 (0℃, 1.01×10^5 Pa)

▼分子間力の大きい気体(極性分子や分子量の大きな気体)の 1mol の体積は 22.4L からずれる。

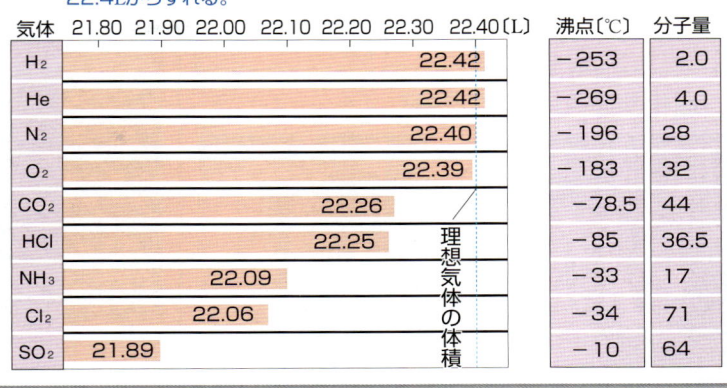

気体	体積 [L]	沸点 [℃]	分子量
H_2	22.42	−253	2.0
He	22.42	−269	4.0
N_2	22.40	−196	28
O_2	22.39	−183	32
CO_2	22.26	−78.5	44
HCl	22.25	−85	36.5
NH_3	22.09	−33	17
Cl_2	22.06	−34	71
SO_2	21.89	−10	64

(理想気体の体積 = 22.4L)

2 理想気体と実在気体

理想気体(次の2つの条件を満たす仮想気体)

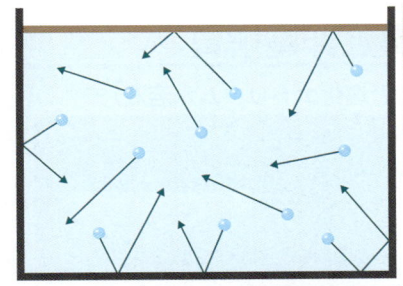

分子の体積	分子間力
なし	はたらかない

冷却しても凝縮しない。

実在気体

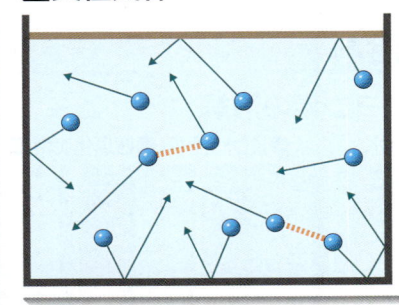

分子の体積	分子間力
あり	はたらく

分子が器壁におよぼす力は分子間力がはたらく分,小さくなる。
→冷却すると凝縮。

3 実在気体が理想気体に近づく条件

理想気体では,ボイル・シャルルの法則が完全に成立。

理想気体では $\dfrac{PV}{nRT}=1$

$\dfrac{PV}{nRT}$ の値が1からずれるほど,理想気体からのずれが大きい。

●温度の影響

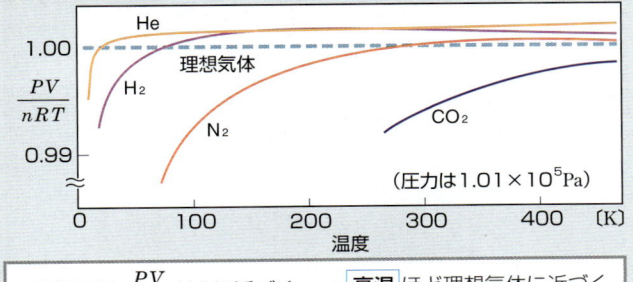

グラフ: 縦軸 $\dfrac{PV}{nRT}$ (0.99〜1.00), 横軸 温度 [K]
He, H_2, N_2, CO_2, 理想気体
(圧力は 1.01×10^5 Pa)

高温では $\dfrac{PV}{nRT}$ は1に近づく → **高温**ほど理想気体に近づく

●圧力の影響

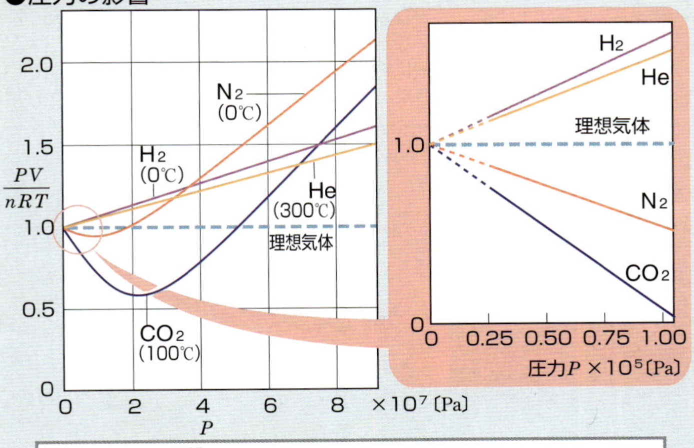

グラフ: 縦軸 $\dfrac{PV}{nRT}$ (0〜2.0), 横軸 P [Pa]
N_2(0℃), H_2(0℃), He(300℃), CO_2(100℃), 理想気体

(拡大図: 圧力 $P\times10^5$ [Pa], 0〜1.00)
H_2, He, 理想気体, N_2, CO_2

低圧では $\dfrac{PV}{nRT}$ は1に近づく → **低圧**ほど理想気体に近づく

高温,低圧では実在気体も理想気体のように扱える。

21 ▶ 溶解と溶液の濃度

1 溶解 ▼液体に他の物質が分子やイオンの形で均一に分散すること。

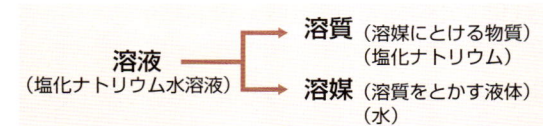

溶液（塩化ナトリウム水溶液） → 溶質（溶媒にとける物質）（塩化ナトリウム）
　　　　　　　　　　　　　　 → 溶媒（溶質をとかす液体）（水）

●塩化ナトリウムの水への溶解のモデル ▼イオン結晶は極性のある水によくとける。

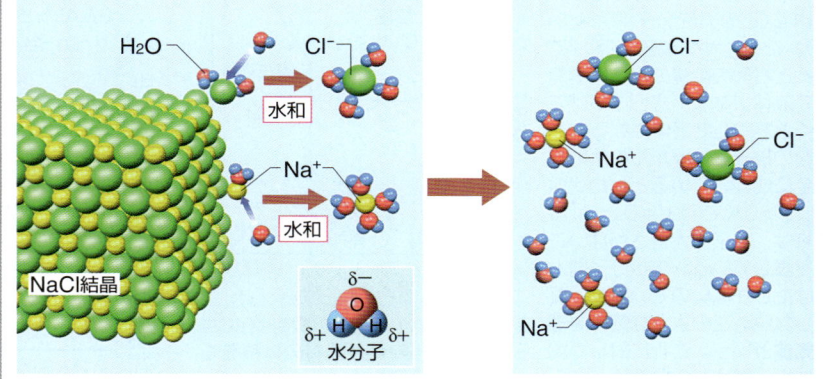

●塩化ナトリウムの溶解

塩化ナトリウムの結晶を水中に放置すると，はじめは密度の違いで塩化ナトリウムのとけ込むようすが見える。しばらく放置すると，全体が均一な水溶液になる。

塩化ナトリウムが水にとけるとき，水分子がNa^+やCl^-をとり囲むようにして結晶から引き離し，水中に分散させていく。水には極性があり，H原子はやや正に帯電（δ+）し，O原子はやや負に帯電（δ−）している。このとき，水分子はNa^+にはO原子を向け，Cl^-にはH原子を向けている。このように溶媒が溶質の分子やイオンをとり囲むことを**溶媒和**という。とくに溶媒が水のときは**水和**という。

2 物質の極性と溶解

溶媒＼溶質	イオン結晶	分子結晶 極性物質	分子結晶 無極性物質
極性	とける	とける	とけない
無極性	とけない	とけない	とける

●ヨウ素の溶解
●水　●KI水溶液　●四塩化炭素　●ヘキサン

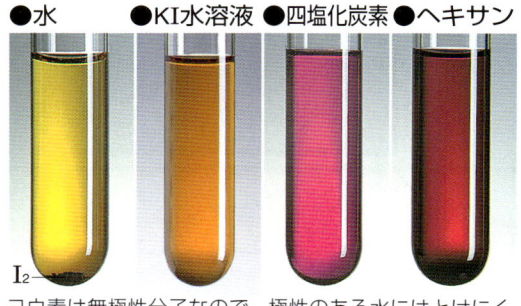

ヨウ素は無極性分子なので，極性のある水にはとけにくいが無極性の四塩化炭素やヘキサンにはとける。KI水溶液には$I_2 + I^- \longrightarrow I_3^-$の反応で$I_3^-$として溶液にとけている。また，この場合は溶媒の種類により溶液の色が異なる。

●グルコースの溶解
●水　●ヘキサン
とける　とけない

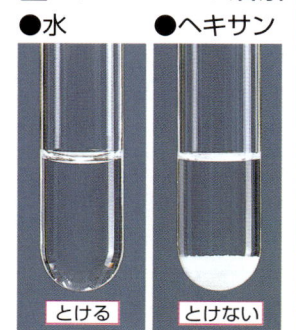

極性のあるグルコースは極性溶媒の水にとけ，無極性溶媒のヘキサンにはとけない。

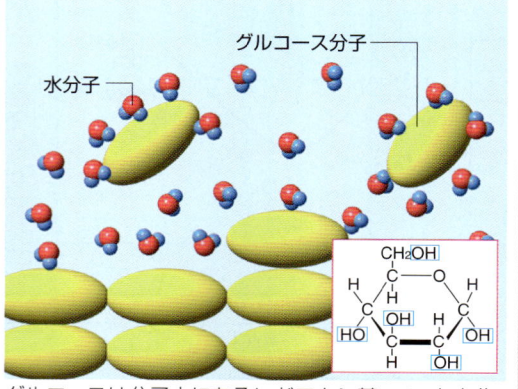

グルコースは分子中にあるヒドロキシ基−OHと水分子が結合して水和する。

3 電解質と非電解質

●電解質水溶液（塩化ナトリウム水溶液）

塩化ナトリウムのように水にとけてイオンに分かれる（電離する）物質を**電解質**という。電解質の水溶液は電気を通す。

●非電解質水溶液（スクロース）

スクロースのように水にとけてもイオンに分かれない物質を**非電解質**という。非電解質の水溶液は電気を通さない。

4 溶液の濃度

◆モル濃度
▼溶液1L中に含まれる溶質の物質量〔mol〕で表した溶液の濃度。単位は〔mol/L〕。

$$\text{モル濃度〔mol/L〕} = \frac{\text{溶質の物質量〔mol〕}}{\text{溶液の体積〔L〕}}$$

● 0.10mol/L 硫酸銅(II)水溶液100mLの調製

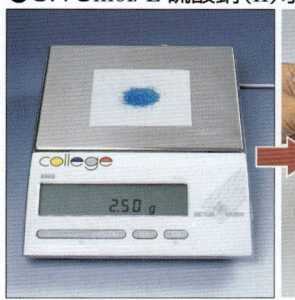

0.010molの$CuSO_4 \cdot 5H_2O$
(0.010×250=2.50g)を正確にはかりとる。
($CuSO_4 \cdot 5H_2O$の式量250)

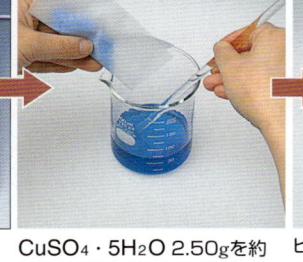

$CuSO_4 \cdot 5H_2O$ 2.50gを約50mLの純水にとかす(このとき結晶水の水は溶媒の水として存在する)。

ビーカー内の溶液を100mLメスフラスコに移す。このときビーカーに付着している溶液も少量の純水で洗って、メスフラスコに入れる。

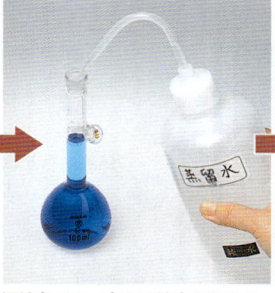

標線(100mL)まで純水を入れる。

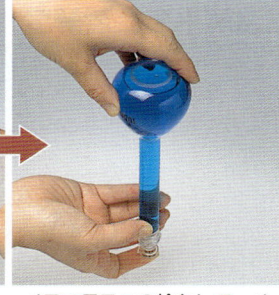

$$\frac{0.010 \text{ mol}}{0.10 \text{ L}} = 0.10 \text{mol/L}$$

メスフラスコの栓をして、メスフラスコをよく振って、溶液を均一にする。

◆質量パーセント濃度

$$\text{質量パーセント濃度〔\%〕} = \frac{\text{溶質の質量〔g〕}}{\text{溶液の質量〔g〕}} \times 100$$

● 10%食塩水の調製

NaCl 10gをはかる。

90gの水に加えてとかす。$\frac{10}{90+10} \times 100 = 10\%$

◆質量モル濃度

$$\text{質量モル濃度〔mol/kg〕} = \frac{\text{溶質の物質量〔mol〕}}{\text{溶媒の質量〔kg〕}}$$

● 1.0 mol/kgの食塩水の調製

NaCl 5.85g(0.10mol)をはかる。

100gの水に加えてとかす。$\frac{0.10 \text{ mol}}{0.100 \text{ kg}} = 1.0 \text{mol/kg}$

溶液の調製上の注意点

● 水50mL+エタノール50mL=溶液100mL？

右図のように水50mLにエタノールを50mL加えても100mLにはならず約97mLになる。このように溶媒の体積と溶質の体積の和は必ずしも溶液の体積にはならない。例えば0.1mol/Lの食塩水をつくるとき、0.1molの食塩を1Lの水にとかしても溶液は1Lにならないことを示唆している。したがって、この場合0.1molの食塩に水を加えて溶液全体を1Lにして溶液をつくる。

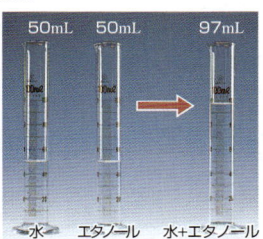

● 結晶水の扱いについて

結晶の中にとり込まれた水分子を結晶水という。例えば青色の結晶の硫酸銅(II)は$CuSO_4 \cdot 5H_2O$とかき、硫酸銅(II)1molに水5molが含まれることを表す。結晶水を含む結晶を水にとかして水溶液をつくると、溶解後結晶水は溶媒の水と同じになる。溶液をモル濃度で調製するときは、水を加えて溶液の体積を一定体積にするので問題はないが、質量%濃度や質量モル濃度で調製するときは、結晶溶解後、溶媒の質量が増加することに注意する。

$CuSO_4 \cdot 5H_2O$を硫酸銅(II)五水和物(写真左)というが、結晶水を含まない$CuSO_4$は無水硫酸銅(II)(写真右)という。

ppmとppb

ごく微量成分の濃度を表すのにppmやppbの単位が用いられる。ppmはparts per millionの略で100万分率を表す。

$$\text{ppm} = \frac{\text{溶質の質量〔g〕}}{\text{溶液の質量〔g〕}} \times 10^6$$

$$\frac{0.5 \text{g}}{5.0 \times 10^5 \text{g}} \times 10^6 = 1 \text{ppm}$$

ppbはparts per billionの略で10億分率を表す。

$$\text{ppb} = \frac{\text{溶質の質量〔g〕}}{\text{溶液の質量〔g〕}} \times 10^9$$

1ppm=0.0001% 1ppb=0.001ppm

満杯の浴槽の水(500kg)に1つまみの塩(0.5g)をたらすと1ppmになる。

22 ▶ 溶解度（固体・気体）

固体の溶解度	気体の溶解度
温度が高いほど，とけやすい。	温度が高くなるほど，とけにくい。

1 固体の溶解度

◆固体の溶解度の表し方

固体の溶解度は「溶媒100gにとける溶質の最大質量〔g〕」で表す。

◆溶解平衡と溶解度

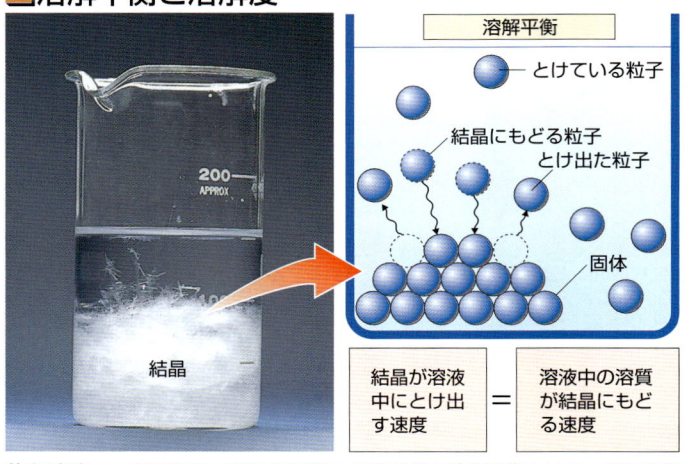

飽和溶液…一定温度で一定量の溶媒に溶質が最大量とけた溶液。この状態を**溶解平衡**という。溶解平衡にあるときの溶液を飽和溶液という。

不飽和溶液…飽和に達してない溶液。

結晶が溶液中にとけ出す速度 ＝ 溶液中の溶質が結晶にもどる速度

◆溶解度曲線 ▼水に対する溶解度の温度による変化を表した曲線

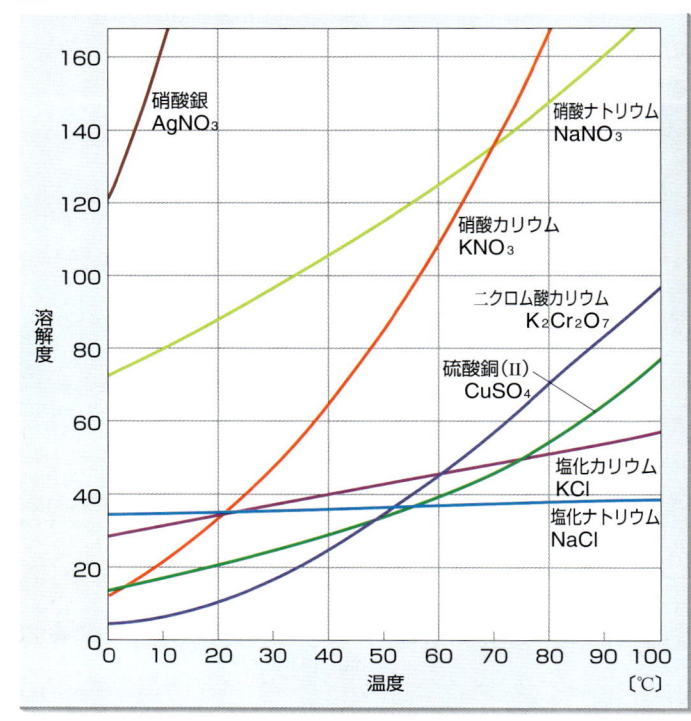

硝酸銀 $AgNO_3$
硝酸ナトリウム $NaNO_3$
硝酸カリウム KNO_3
二クロム酸カリウム $K_2Cr_2O_7$
硫酸銅(II) $CuSO_4$
塩化カリウム KCl
塩化ナトリウム $NaCl$

◆溶解度曲線と溶解度

●高温で濃度の大きいKNO_3水溶液を冷却するときの変化

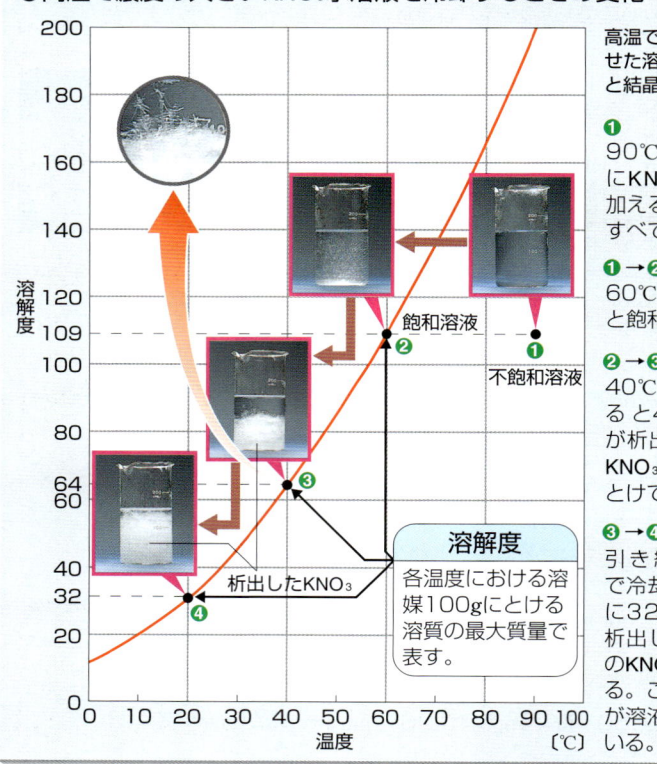

高温で結晶を溶解させた溶液を冷却すると結晶が析出する。

❶ 90℃で水100gにKNO_3を109g加える。→KNO_3はすべて溶解する。

❶→❷ 60℃に冷却すると飽和溶液になる。

❷→❸ 40℃まで冷却すると45gのKNO_3が析出し，64gのKNO_3が溶液中にとけている。

❸→❹ 引き続き20℃まで冷却するとさらに32gのKNO_3が析出し，合計77gのKNO_3が析出する。このとき32gが溶液中にとけている。

溶解度 各温度における溶媒100gにとける溶質の最大質量で表す。

◆再結晶による結晶の精製

再結晶 不純物を少量含む結晶から，温度による溶解度の違いを利用して結晶を精製する方法。

$CuSO_4・5H_2O$を不純物として含むKNO_3 → 高温で結晶をとかす。 → ろ過・洗浄（放置して冷却）→ 純粋なKNO_3（析出したKNO_3）

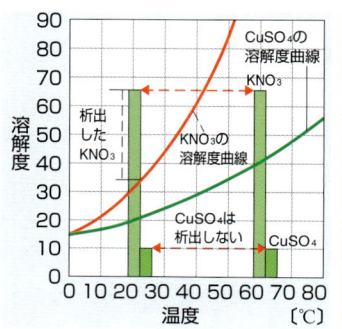

●再結晶の原理

高温で結晶を溶解した溶液を冷却すると，とけきれなくなったKNO_3は析出してくる。しかし$CuSO_4$は飽和に達しないので析出せず，溶液中に残る。ろ過すると$CuSO_4$はろ液中にとり除かれる。

❷ 気体の溶解度 ▼溶媒1Lにとける溶質の量を物質量・質量・体積などで表したものを**溶解度**という（一定温度・一定圧力のもと）。

●気体の溶解度の温度による変化

水の温度を上げると気泡が出てくる。これは、温度が高くなると水にとけていた空気（窒素や酸素）の溶解度が小さくなり、気体が気泡となって液面からとび出していくからである。

お湯から出る空気中の気体
[例]窒素の溶解度（0℃, 1.01×10⁵Pa）

水1Lに溶解したN₂分子
$(1.03×10^{-3}\text{mol})$
└ 実験値

溶解したN₂分子を別の容器にあける。
$(1.03×10^{-3}\text{mol})$

質量に換算した場合（N₂分子量）
$1.03×10^{-3}×28 = 0.0288\text{g}$
$2.88×10^{-2}\text{g}$

体積に換算した場合（N₂ 1molの0℃, 1.01×10⁵Paでの体積mL）
$1.03×10^{-3}×22400 = 23.1\text{mL}$
23.1mL（0℃, 1.01×10⁵Pa）

温度・圧力に注意！

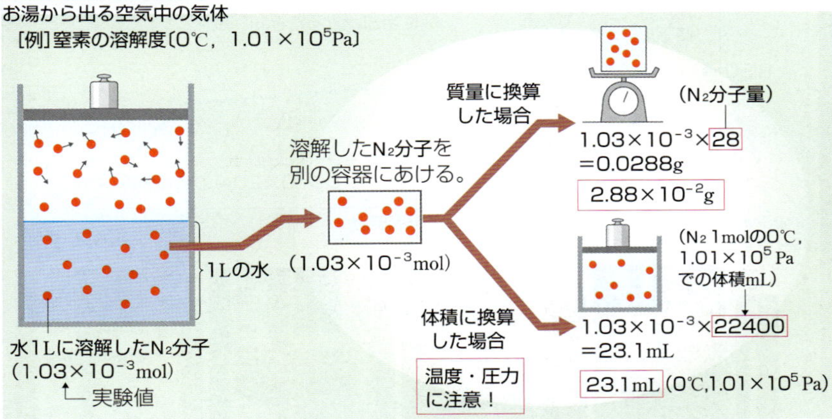

●水1Lに対する気体の溶解度の温度による変化

L（0℃, 1.01×10⁵Pa/水1L）

メタンCH₄ / 酸素O₂ / 水素H₂ / 窒素N₂

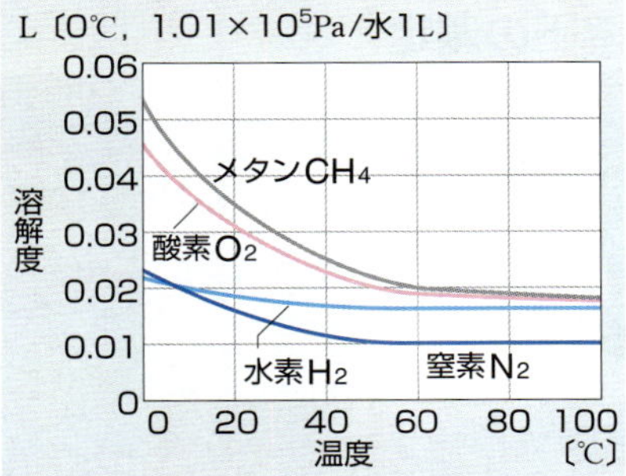

気体の溶解度は温度が上がると小さくなる。

●温度上昇による炭酸水の発泡

温度が上がると炭酸水にとけている二酸化炭素の溶解度が減少し、とけきれなくなった二酸化炭素が気泡となって出てくる。

低温(0℃)　高温(50℃)

---

❸ 気体の溶解度の圧力による変化

●ヘンリーの法則

温度が一定のとき、一定量の溶媒にとける気体の質量（あるいは物質量）は溶媒に接している気体の圧力に比例する。この法則が成立するのは、溶質の気体が水にとけにくい場合である（HClやNH₃などのように、水にとけやすい気体では成立しない）。

●圧力の変化による炭酸水の発泡

炭酸水には高圧で二酸化炭素がとけている。栓をぬくと気体の圧力が低くなるので、気体の溶解度が下がり、とけきれなくなった二酸化炭素が気泡として出てくる。

高圧(4×10⁵Pa)　大気圧(1×10⁵Pa)

●溶解度を質量（あるいは物質量）ではかるとき

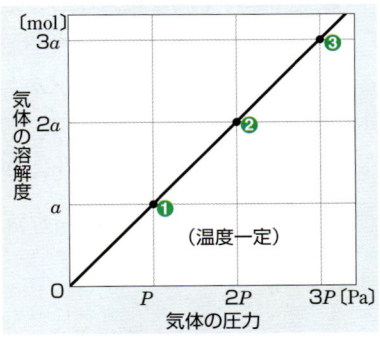

気体の溶解度 [mol]
$3a, 2a, a$ — (温度一定)
$P, 2P, 3P$ [Pa] 気体の圧力

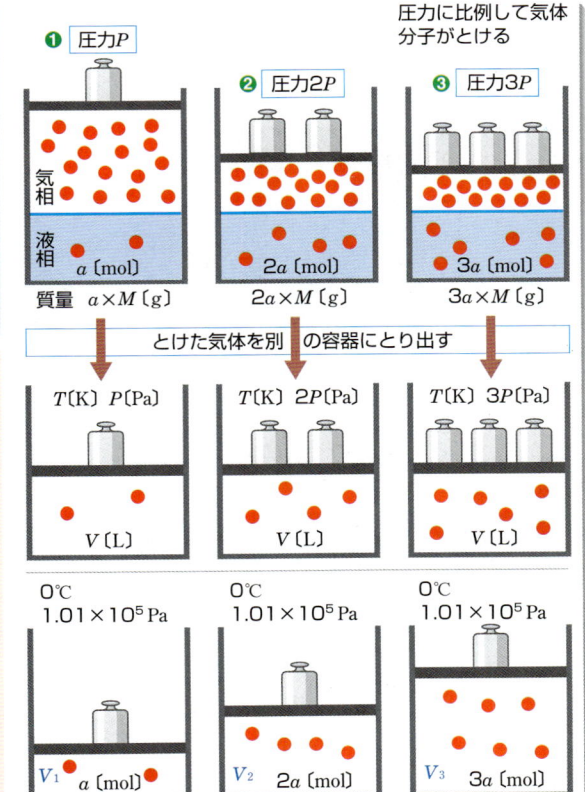

圧力に比例して気体分子がとける

① 圧力P — 気相／液相 a [mol] — 質量 $a×M$ [g]
② 圧力2P — $2a$ [mol] — $2a×M$ [g]
③ 圧力3P — $3a$ [mol] — $3a×M$ [g]

とけた気体を別の容器にとり出す

T[K] P[Pa] V[L]
T[K] $2P$[Pa] V[L]
T[K] $3P$[Pa] V[L]

●溶解度をとけた気体の体積ではかるとき

[溶媒に接する気体の圧力ではかるとき]
圧力によらず一定

$$V = \frac{aRT}{P} = \frac{2aRT}{2P} = \frac{3aRT}{3P}$$

[同温・同圧ではかるとき]
気体をとかしたときの圧力に比例

$$V_1 = \frac{a×R×273}{1.01×10^5}$$

$$V_2 = \frac{2a×R×273}{1.01×10^5} = 2V_1$$

（0℃, 1.01×10⁵Paで測定）

0℃ 1.01×10⁵Pa
V_1 a [mol] — V_1 [L]
V_2 $2a$ [mol] — $V_2 = 2V_1$ [L]
V_3 $3a$ [mol] — $V_3 = 3V_1$ [L]

23 ▶ 薄い溶液の性質

1 凝固点降下 ▼不揮発性物質をとかした溶液の凝固点が，純粋な溶媒の凝固点より下がる現象。

◆凝固点降下の測定

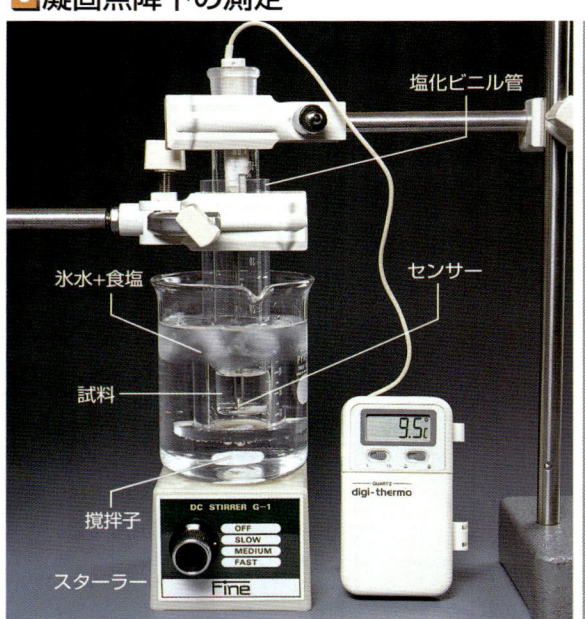

❶中央の平底試験管に溶媒（ベンゼン）を入れ，一定時間ごとに温度を測定する。
❷溶媒（ベンゼン）に溶質（ナフタレン）を加え，❶と同様に一定時間ごとに温度を測定する。

◆冷却曲線

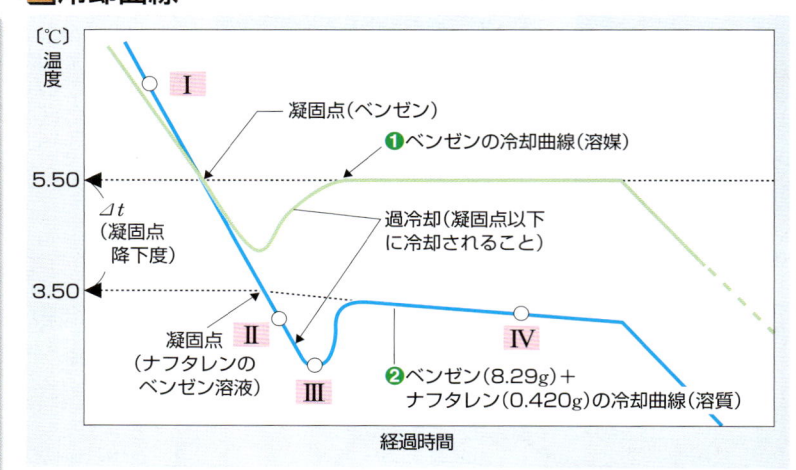

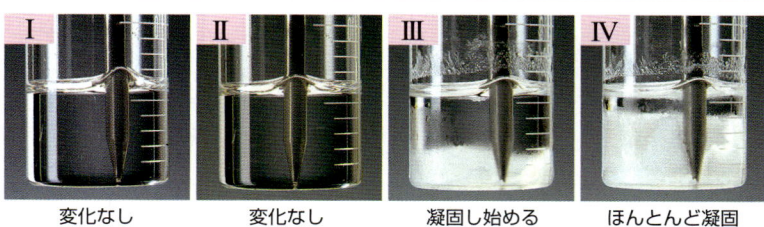

I 変化なし　II 変化なし　III 凝固し始める　IV ほんとんど凝固

◆凝固点降下に関連した現象

●防虫剤の併用禁止

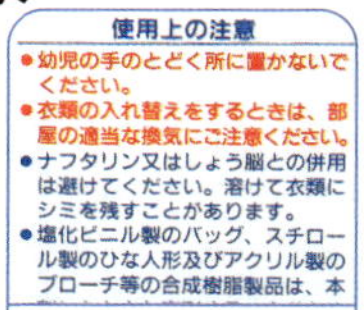

パラジクロロベンゼンとナフタレンを混合すると凝固点降下により混合物は液体となり，衣類に油状のしみがつく恐れがあるので，2種類の防虫剤を混ぜてはならない。

（裏の注意書き）
ナフタレン，しょうのうとの併用は避けて下さい。衣類にシミを残すことがあります。

●不凍液
自動車のラジエーターの冷却水の凍結防止にエチレングリコール（1,2-エタンジオール）の水溶液が用いられる。すると，水の凝固点が下がり，凍結しにくくなる。

●流氷
海水は凝固点降下のため，淡水湖の水に比べて凍結しにくい。海水が凍るとき，溶媒の水が先に凍るので，流氷は海水より塩辛くない。

●凝固点降下測定結果からの分子量の計算

凝固点降下度 Δt 〔K〕は溶液の質量モル濃度 m〔mol/kg〕に比例する。

$$\Delta t = k_f \cdot m = k_f \times \frac{w}{M} \times \frac{1000}{W}$$

k_f：モル凝固点降下〔K・kg/mol〕
w：溶質の質量〔g〕，W：溶媒の質量〔g〕
M：溶質の分子量

〔例〕上の測定結果と下の表の k_f の値からナフタレンの分子量を M とすると，

$$2.00 = 5.12 \times \frac{0.420}{M} \times \frac{1000}{8.29}$$

$M = 130$（ナフタレンの分子量理論値128）

●おもな溶媒のモル凝固点降下 k_f とモル沸点上昇 k_b

物質	凝固点〔℃〕	モル凝固点降下 k_f〔K・kg/mol〕	沸点〔℃〕	モル沸点上昇 k_b〔K・kg/mol〕
水	0	1.85	100	0.52
ベンゼン	5.5	5.12	80.1	2.53
ナフタレン	80.5	6.94	218	5.80
ショウノウ	178	37.7	209	5.61

●電解質溶液の電離による影響

沸点上昇度・凝固点降下度は質量モル濃度に，浸透圧はモル濃度に比例する。電解質溶液の場合，濃度は電離によって生じる全イオン濃度を用いる。
例えば，NaCl 1mol/kgの場合，NaClはNa$^+$，Cl$^-$に完全に電離するから2mol/kgとして作用する。

NaCl ⟶ Na$^+$ + Cl$^-$

	NaCl	Na$^+$	Cl$^-$	全物質量
電離前	1mol	0mol	0mol	1mol
電離後	0mol	1mol	1mol	2mol

2 溶液の蒸気圧降下と沸点上昇

◆蒸気圧降下
▼不揮発性の物質をとかした溶液の蒸気圧はもとの溶媒の蒸気圧より下がる。これを**蒸気圧降下**という。

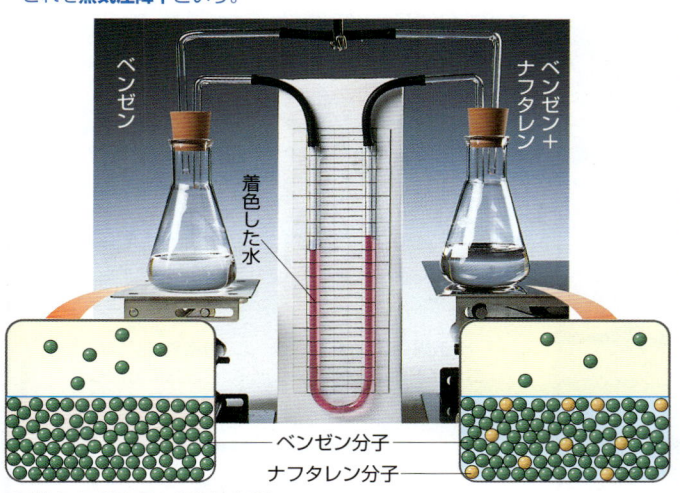

●蒸気圧降下の測定実験
U字管内の液面は溶液側（ベンゼン＋ナフタレン）へ上がっているから、純溶媒（ベンゼン）の蒸気圧より、不揮発性の物質（ナフタレン）をとかした溶液の蒸気圧の方が低いことがわかる。これはベンゼンに溶解したナフタレン分子によりベンゼン分子の蒸発がじゃまされるからである。

◆沸点上昇
▼不揮発性の物質をとかした溶液の沸点はもとの溶媒の沸点より上がる。これを**沸点上昇**という。

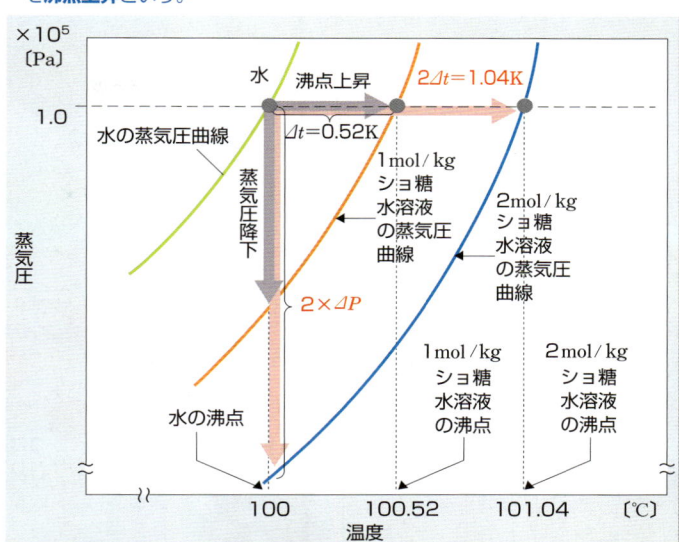

蒸気圧降下の結果、沸点が上昇する。薄い溶液では沸点上昇度Δtは質量モル濃度mol/kgに比例する。2mol/kgのショ糖溶液の沸点上昇度は1mol/kgのショ糖溶液の2倍になる。

3 浸透圧
▼半透膜を通して、溶媒が溶液中に拡散することを浸透といい、そのとき溶媒が浸透しようとする圧力を浸透圧という。

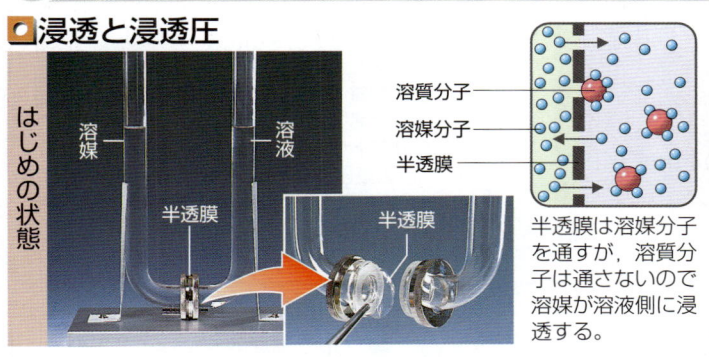

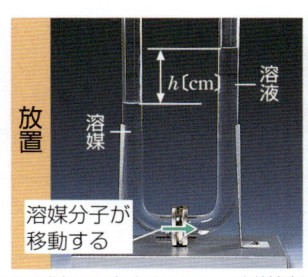

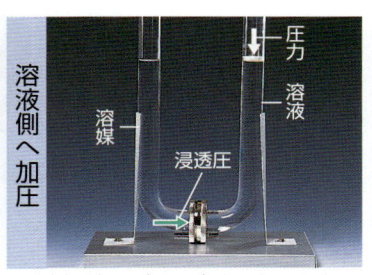

◆浸透と浸透圧
半透膜は溶媒分子を通すが、溶質分子は通さないので溶媒が溶液側に浸透する。

溶媒側に圧力をかけて、溶媒側と溶液側の水面が同じ高さになったとき、その圧力は浸透圧に等しくなる。

◆浸透圧と溶液の濃度・温度の関係

浸透圧はモル濃度に比例
絶対温度に比例

ファントホッフの式

$$\Pi = cRT = \frac{n}{V}RT$$

c：溶液のモル濃度〔mol/L〕
Π：浸透圧〔Pa〕
R：気体定数 8.31×10^3〔Pa・L/K・mol〕
V：溶液の体積〔L〕
n：溶質の物質量〔mol〕
T：絶対温度〔K〕

▶▶参照項目p.51

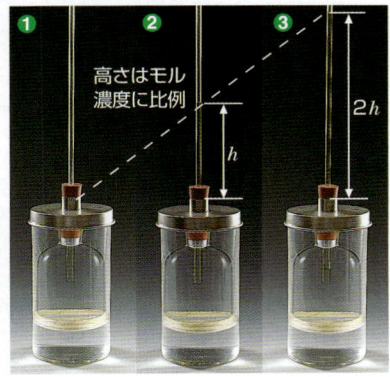

❶純水　❷1mol/Lのショ糖水溶液　❸2mol/Lのショ糖水溶液

◆浸透現象の利用

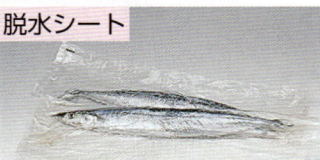

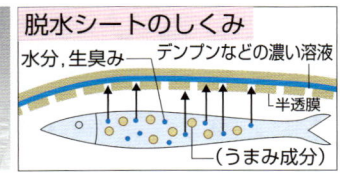

脱水シート
脱水シートにはデンプンなどの濃い溶液が入っている。浸透圧によって魚や肉の余分な水分や生臭みは、シートの中に移動するが、アミノ酸などのうまみ成分は分子が大きいので半透膜を通過せず食品にそのまま残り、うまみが濃縮される。

つけもの
野菜の細胞膜は半透膜で外側の塩分濃度が高いと、細胞内の水が浸透圧によって外に出てしまう。

24 ▶ コロイドの特徴と生成

1 コロイド粒子とコロイド

◆ コロイド粒子
▼直径が 10^{-9}～10^{-7} m（1～100 nm）の粒子

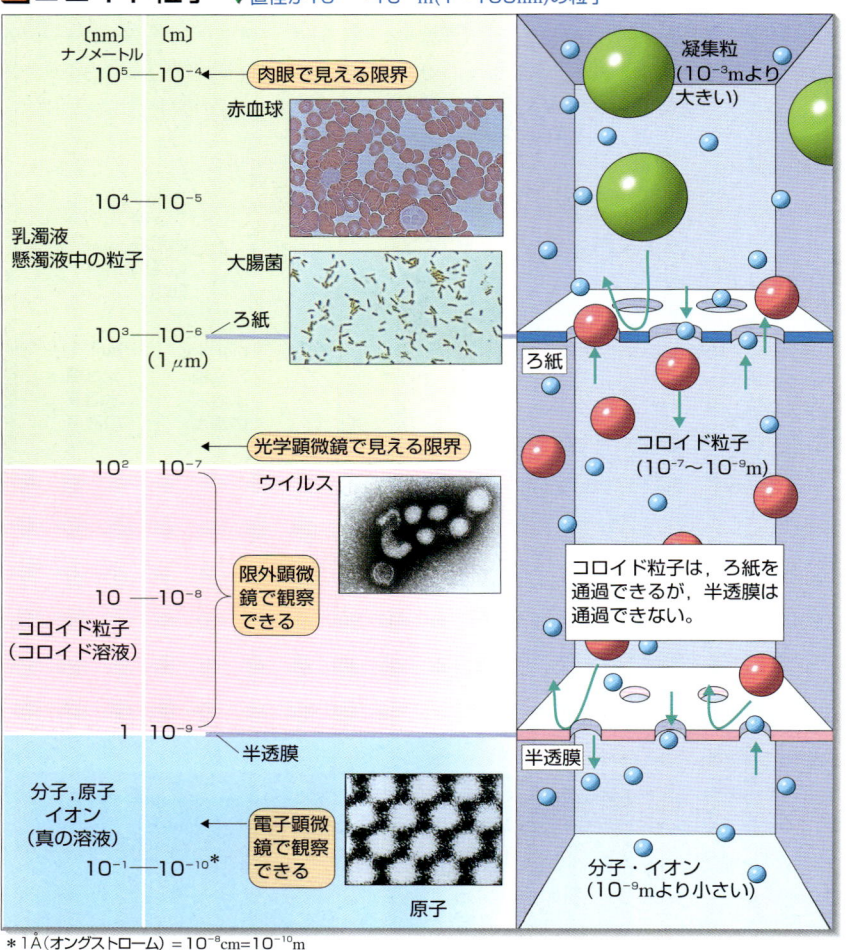

[nm]	[m]	
10^5	10^{-4}	←肉眼で見える限界
		赤血球
10^4	10^{-5}	
乳濁液懸濁液中の粒子		大腸菌
10^3	10^{-6} ($1\mu m$)	ろ紙
10^2	10^{-7}	←光学顕微鏡で見える限界
		ウイルス
10	10^{-8}	限外顕微鏡で観察できる
コロイド粒子（コロイド溶液）		
1	10^{-9}	半透膜
分子,原子イオン（真の溶液）		電子顕微鏡で観察できる
10^{-1}	10^{-10}*	原子

*1Å（オングストローム）$= 10^{-8}$ cm $= 10^{-10}$ m

凝集粒（10^{-3} mより大きい）
ろ紙
コロイド粒子（10^{-7}～10^{-9} m）
コロイド粒子は，ろ紙を通過できるが，半透膜は通過できない。
半透膜
分子・イオン（10^{-9} mより小さい）

◆ コロイド（コロイド分散系）
▼コロイド粒子が，気体・液体・固体に浮遊している（分散という）とき，これをコロイド分散系あるいはコロイドという。

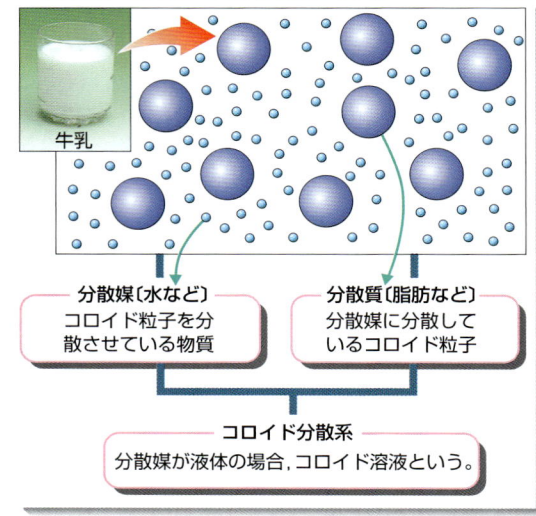

牛乳

分散媒〔水など〕 コロイド粒子を分散させている物質
分散質〔脂肪など〕 分散媒に分散しているコロイド粒子

コロイド分散系 分散媒が液体の場合，コロイド溶液という。

コロイドの由来
コロイドという用語は，1861年グレアムが初めて用いた。彼は物質の拡散速度にはやいものとおそいものがあることを見いだした。拡散速度のおそい代表的なものが膠（ニカワ）であったことから，膠質（こうしつ）つまりコロイドと名づけた。その後ドイツのオストワルトによって，コロイドは（10^{-7}～10^{-9} m）の直径の粒子であるとの定義がなされた。

グレアム

2 コロイドの分類

◆ 疎水コロイドと親水コロイド

	モデル	安定の要因と沈殿の生成	例
疎水コロイド	疎水性のコロイド粒子が分散しているコロイド（反発／疎水コロイド粒子）	**電荷の反発** 同じ種類のコロイドは正または負の電荷を帯びているので，同種電荷の反発により安定化。→**凝析**により沈殿。	**硫黄や水酸化鉄(III)のコロイド** 無機物質が水に単に分散したものが多い。→**分散コロイド**という。
親水コロイド	親水性のコロイド粒子が分散しているコロイド（親水コロイド粒子／水和／水）	**電荷の反発と水和** 親水性の基をもっているので電荷の反発による安定化だけでなく水和によっても安定する。→**塩析**により沈殿。	**ゼラチン** タンパク質分子（自身がコロイド粒子の大きさ）が分散している。→**分子コロイド**という。 **セッケン水** セッケン分子がミセル*をつくって分散している。→**会合コロイド**という。

◆ ゾルとゲル**
● ゾル：流動性のあるコロイド

雲／牛乳／泡／ゾル／マヨネーズ

エーロゾル：ゾルのうち分散媒が気体のものをいう（雲）。

● ゲル：流動性のないコロイド

オパール／豆腐／ようかん／ゲル／乾燥した寒天／キセロゲル

キセロゲル：ゲルのうち乾燥した寒天のように乾燥したものをいう。

* ▶▶参照項目 p.147「界面活性剤と洗浄作用」
** ゾル→ sol → solution（溶解）
ゲル→ gel → gelatin（ゼラチン）

身近なコロイド

	分散媒		
分散質	気体	液体	固体
気体	コロイド分散系は存在しない。	ビールの泡：水中に空気の小さな粒が分散したもの。一般に泡という。	マシュマロ：菓子の本体(ウスベニタチアオイの根の粘液、砂糖、卵白、水あめなどからなる)に空気の小さな粒が分散している。
液体	雲：雲は空気中に水滴が分散したもの。エーロゾルという。	マヨネーズ：水中に油が分散したもの。一般にエマルジョンという。	ゼリー：ゼラチン中に小さな水の粒が分散している。
固体	煙：空気中に固体微粒子が分散したもの。	墨汁：水中に炭素の粉末が分散したもの。サスペンションという。	サファイヤ：Al_2O_3 中に微量の TiO_2 が分散している。

固体コロイド

③ コロイド溶液の生成

●水酸化鉄(Ⅲ)コロイドの生成

FeCl₃水溶液 → 水酸化鉄(Ⅲ)コロイド

FeCl₃にNaOHを加える。→ 水酸化鉄(Ⅲ)

沸騰水に塩化鉄(Ⅲ)水溶液を加えると、水酸化鉄(Ⅲ)の赤色(赤褐色)のコロイド溶液ができる。

$$FeCl_3 + 3H_2O \longrightarrow Fe(OH)_3 + 3HCl$$

水酸化鉄(Ⅲ)の赤褐色沈殿。コロイド溶液と色が異なる。

●金コロイドの生成

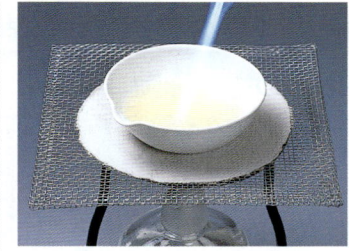

蒸発皿にとった塩化金(Ⅲ)酸水溶液を下からアルコールランプで、上からハンドバーナーの弱火で加熱すると、塩化金(Ⅲ)酸水溶液中の3価の金が還元されて金粒子になり、赤紫色の金コロイドができる。

④ 透析(コロイド溶液の精製)

コロイド粒子は半透膜を通過できないが、小さな分子やイオンは半透膜を通過できるので、浸透圧を利用してコロイド溶液を精製できる。これを**透析**という。

●水酸化鉄(Ⅲ)コロイド溶液の透析

糸 / コロイド粒子 / 半透膜(セロハン) / 溶媒や溶質の分子やイオン / 透析チューブ / 水 / Fe(OH)₃コロイド

透析液(水)をとり出す

H^+ と Cl^- は半透膜を通ってビーカー内の水の中に浸透し除去される。

●除去されたイオンの確認

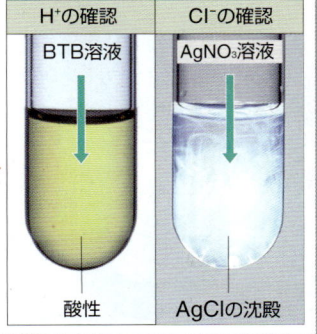

H^+の確認	Cl^-の確認
BTB溶液	AgNO₃溶液
酸性	AgClの沈殿

●透析の利用-人工血液透析

透析装置の中枢は半透膜からなる中空糸でできている。

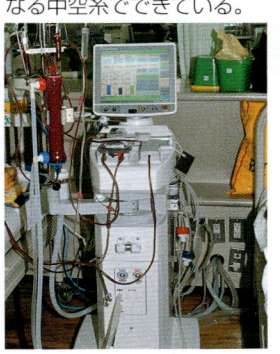

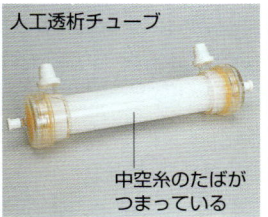

人工透析チューブ：中空糸のたばがつまっている

中空糸の中を血液が流れ、そのまわりに透析液が流れる。タンパク質や血球は血液中に残したまま、血液中の老廃物を透析液中に除去している。

25 ▶ コロイド溶液の性質

1 チンダル現象

▼コロイド溶液に強い光を当てたとき，光の進路が見える。

●上から見た場合

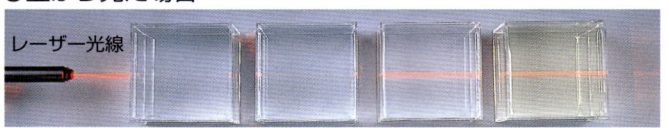

●横から見た場合

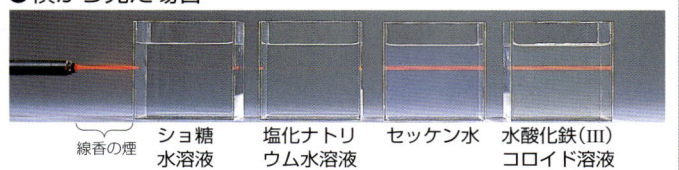

（線香の煙／ショ糖水溶液／塩化ナトリウム水溶液／セッケン水／水酸化鉄(III)コロイド溶液）

●チンダル現象のモデル

（光／分子・イオン／コロイド粒子／透過光／散乱光）

溶液中のイオンや分子より大きいコロイド粒子は光を散乱させるので，コロイド溶液では光の進路が見える。これを**チンダル現象**という。チンダル現象を利用して，コロイド溶液，ふつうの溶液(真の溶液という)を区別できる。

2 ブラウン運動 ▼コロイド粒子が不規則に動く現象

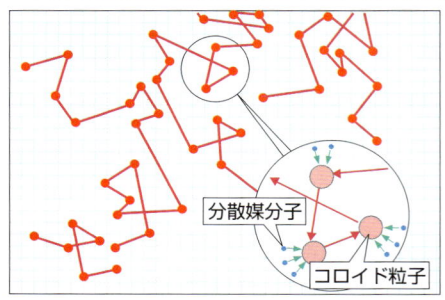

（分散媒分子／コロイド粒子）

限外顕微鏡でコロイド溶液を観察すると光る点が不規則にゆれるように観察される。これがブラウン運動である。これは熱運動している分散媒(溶媒)の分子がコロイド粒子に衝突するために起こる。コロイド粒子が熱運動しているためではない。

●限外顕微鏡

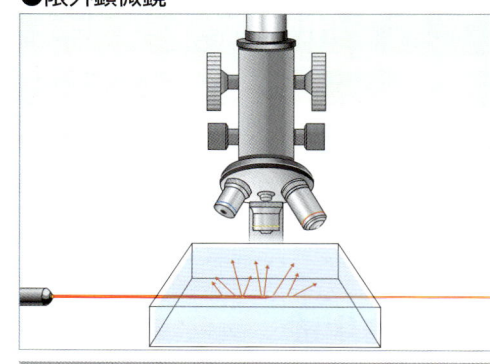

強い光を横から当てられるように工夫された光学顕微鏡を**限外顕微鏡**という。限外顕微鏡によってコロイド粒子そのものは見えないが，コロイド粒子に散乱された光の点の動きを見ることができる。

3 電気泳動 ▼コロイド溶液に直流電圧をかけると，コロイド粒子が一方の電極に移動する現象を**電気泳動**という。これはコロイド粒子の帯電による。

●水酸化鉄(III)コロイド溶液の電気泳動

水酸化鉄(III)のコロイド粒子は正に帯電しているので陰極に移動する。

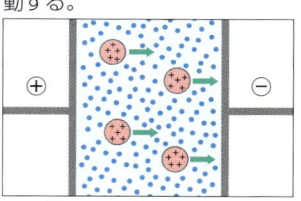

正に帯電したコロイドを正コロイド，負に帯電したコロイドを負コロイドという。

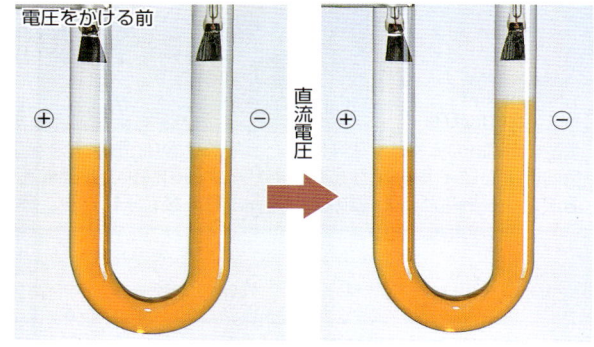

電圧をかける前 → 直流電圧

●プルシアンブルーコロイド溶液の電気泳動

プルシアンブルーのコロイド粒子は負に帯電しているので陽極に移動する。

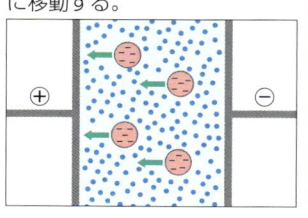

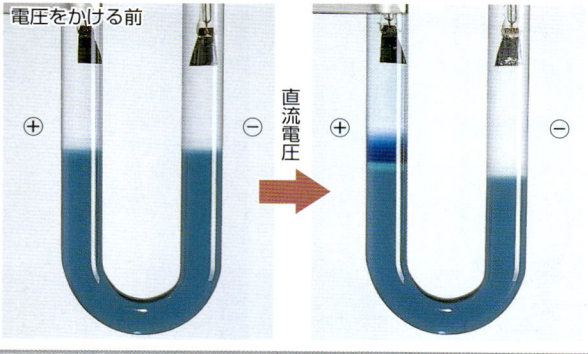

電圧をかける前 → 直流電圧

●電気泳動の利用

●電着塗装

電気泳動を利用して，金属面に均一に塗料を塗る方法で自動車工業に大きな貢献をした。

●電着塗装の概念図

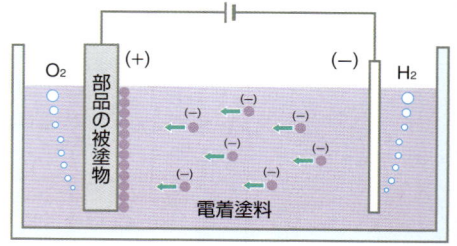

（O_2／部品の被塗物／電着塗料／H_2）

電着塗装にはアニオン電着塗装とカチオン電着塗装がある。上図はアニオン電着塗装の場合のモデルである。負に帯電した塗料が，陽極につながれた自動車部品に移動し表面につく。

物質の状態

④ 凝析と塩析

▼浄水場では泥水の負に帯電したコロイド（負コロイド）を効率よく沈殿させるため，硫酸アルミニウムなどを用いて凝析させている。硫酸アルミニウムはAl^{3+}とSO_4^{2-}に電離，Al^{3+}は陽イオンで価数が大きいので泥水の負コロイドの凝析に対し，より有効となる。

■ 凝析：疎水コロイドに少量の電解質を加え，コロイドを沈殿させること。

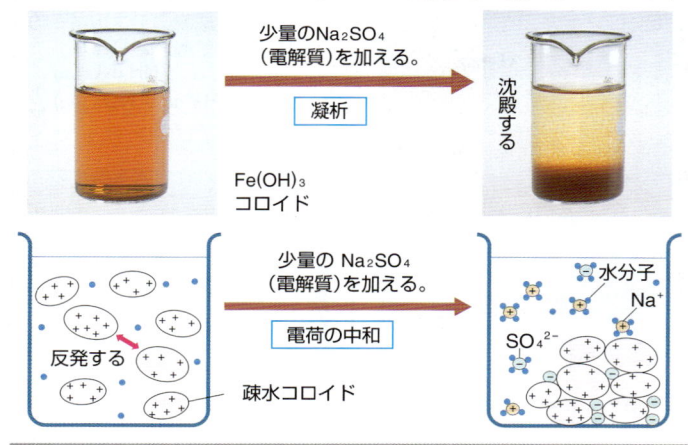

少量のNa_2SO_4（電解質）を加える。
→ 凝析 → 沈殿する

$Fe(OH)_3$コロイド

反発する → 少量のNa_2SO_4（電解質）を加える。電荷の中和 → 水分子・Na^+・SO_4^{2-}

疎水コロイド

疎水コロイドに少量の電解質を加えると，コロイド粒子の電荷が中和され，コロイド粒子が凝集する。
凝析にはコロイド粒子の電荷と反対の電荷をもち，価数の大きなイオンが有効である。例えば，正コロイドに対しては，$PO_4^{3-} > SO_4^{2-} > Cl^-$の順に，負コロイドに対しては，$Al^{3+} > Ca^{2+} > Na^+$の順に各イオンが有効となる。

■ 凝析の利用

● 浄水場の沈殿池

硫酸アルミニウムによって凝析した泥

■ 塩析：親水コロイドに多量の電解質を加え，コロイドを沈殿させること。

多量のNaClを加える。→ 塩析 → 沈殿する

液体セッケン

水和水・反発する → 多量のNaCl（電解質）を加える。電荷の中和 水和水の除去 → 水分子・Cl^-・Na^+

親水コロイド

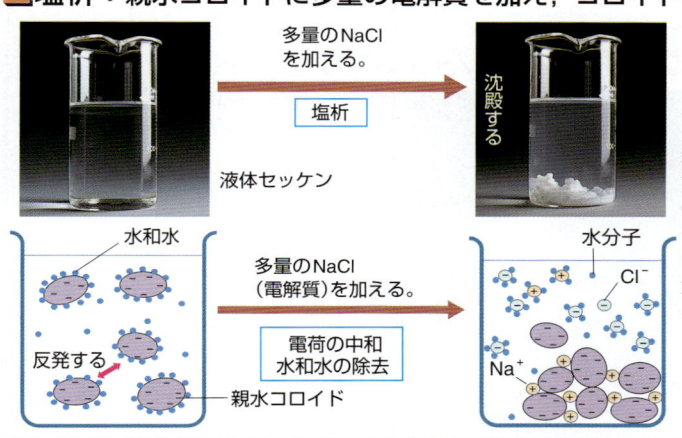

親水コロイドを凝集させるにはコロイド粒子の電荷を中和するとともに水和水も除去しなければならないので多量の電解質が必要となる。

■ 塩析の利用

● 豆腐の製法

親水コロイドである豆乳ににがり（$MgCl_2$が主成分）を加えると，豆乳が塩析して，豆腐が沈殿してくる。なお，熱によるタンパク質の変性も豆乳凝固の大きな要素である。

⑤ 保護コロイド

▼疎水コロイドに一定量の親水コロイドを加えると凝析しにくくなる。この作用をする親水コロイドを**保護コロイド**という。

水酸化鉄(III)コロイド（疎水コロイド）にゼラチン水溶液（親水コロイド）を加えておくと凝析しにくくなる。これは疎水コロイドの回りを親水コロイドでおおうので，凝析しにくくなるからである。ここではゼラチン水溶液が保護コロイドになる。

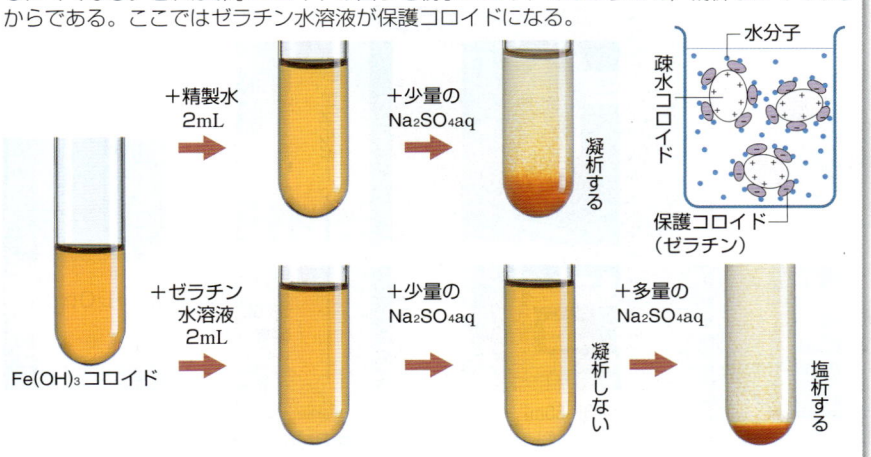

$Fe(OH)_3$コロイド
→ +精製水 2mL → +少量のNa_2SO_4aq → 凝析する
→ +ゼラチン水溶液 2mL → +少量のNa_2SO_4aq → 凝析しない → +多量のNa_2SO_4aq → 塩析する

水分子／疎水コロイド／保護コロイド（ゼラチン）

■ 保護コロイドの利用

● 墨汁

墨汁は疎水コロイドである炭素粉末に，親水コロイドのにかわ水溶液を加えたもの。にかわ水溶液が保護コロイドとして作用し，炭素粉末が安定に分散している。

にかわは魚などの骨や皮などからつくられた不純物を含むゼラチン。

26 ▶ 化学反応と熱

化学反応や状態変化にともなって熱エネルギーの出入りが起こる。このとき出入りする熱を反応熱といい，燃焼熱，溶解熱，中和熱，生成熱などがある。

1 発熱反応と吸熱反応
▼熱を放出する反応を**発熱反応**，熱を吸収する反応を**吸熱反応**という。

◯発熱反応：炭素の燃焼（燃焼熱）

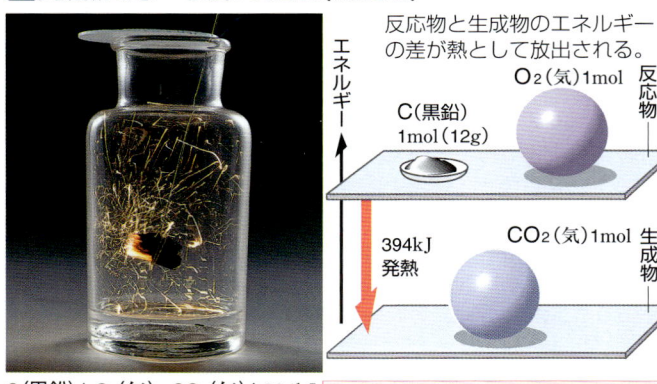

反応物と生成物のエネルギーの差が熱として放出される。

- O₂(気) 1mol
- C(黒鉛) 1mol(12g)
- 394kJ発熱
- CO₂(気) 1mol

$C(黒鉛) + O_2(気) = CO_2(気) + 394 kJ$
1mol　1mol　1mol

熱化学方程式…化学反応式の左辺と右辺を等号で結び，右辺に反応熱をかき加えたもの。反応熱は発熱が＋，吸熱が－。

◯吸熱反応：硝酸アンモニウムの溶解（溶解熱）

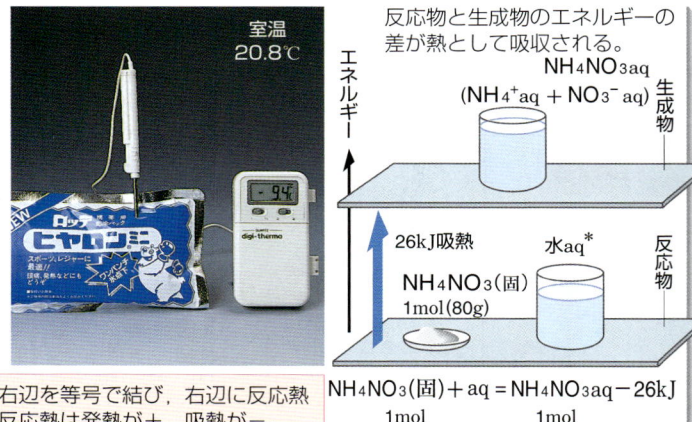

室温 20.8℃

反応物と生成物のエネルギーの差が熱として吸収される。

- NH₄NO₃aq （NH₄⁺aq + NO₃⁻aq） 生成物
- 26kJ吸熱
- 水aq*
- NH₄NO₃(固) 1mol(80g) 反応物

$NH_4NO_3(固) + aq = NH_4NO_3 aq - 26 kJ$
1mol　　　　　1mol

2 いろいろな反応熱

◯溶解熱：無水硫酸銅(Ⅱ)の溶解

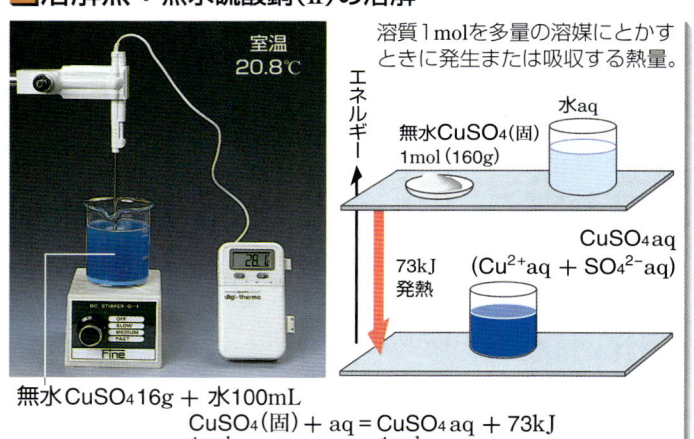

室温 20.8℃

溶質1molを多量の溶媒にとかすときに発生または吸収する熱量。

- 無水CuSO₄(固) 1mol(160g)
- 水aq
- 73kJ発熱
- CuSO₄aq (Cu²⁺aq + SO₄²⁻aq)

無水CuSO₄ 16g + 水100mL

$CuSO_4(固) + aq = CuSO_4 aq + 73 kJ$
1mol　　　　　1mol

◯燃焼熱：メタノールの燃焼

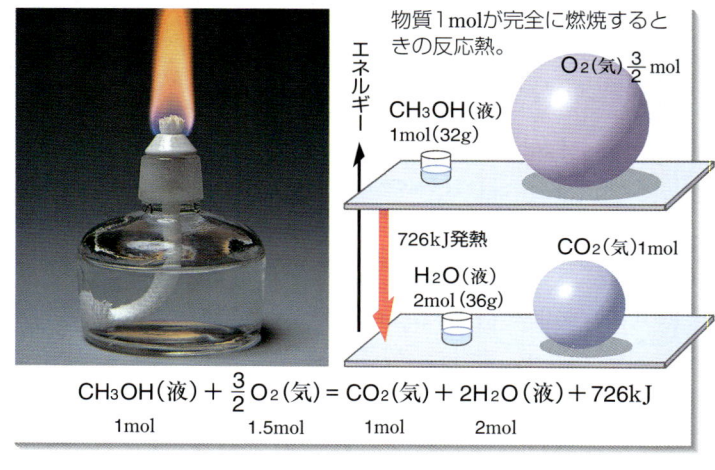

物質1molが完全に燃焼するときの反応熱。

- CH₃OH(液) 1mol(32g)
- O₂(気) 3/2 mol
- 726kJ発熱
- CO₂(気) 1mol
- H₂O(液) 2mol(36g)

$CH_3OH(液) + \frac{3}{2} O_2(気) = CO_2(気) + 2H_2O(液) + 726 kJ$
1mol　　　1.5mol　　　1mol　　　2mol

◯生成熱：塩化ナトリウムの生成

生成物1molがその成分元素の単体から生成するときの反応熱。

- Na(固) 1mol(23g)
- Cl₂(気) 0.5mol(35.5g)
- 411kJ発熱
- NaCl(固) 1mol(58.5g)

$Na(固) + \frac{1}{2} Cl_2(気) = NaCl(固) + 411 kJ$
1mol　　　0.5mol　　　1mol

◯中和熱：酸と塩基の中和

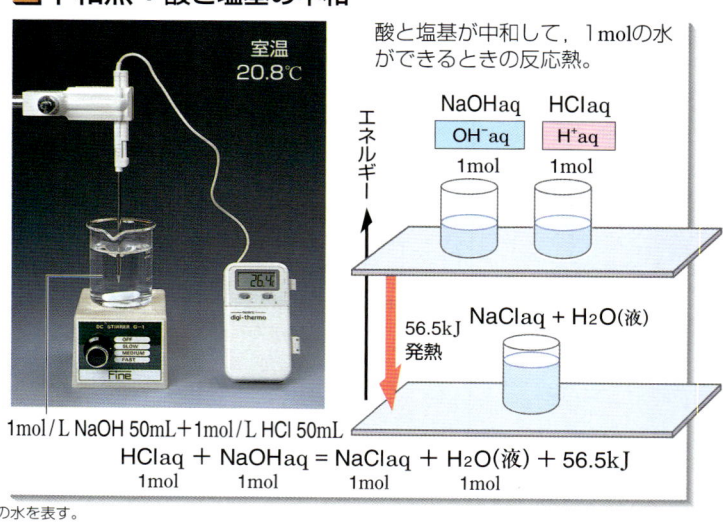

室温 20.8℃

酸と塩基が中和して，1molの水ができるときの反応熱。

- NaOHaq (OH⁻aq) 1mol
- HClaq (H⁺aq) 1mol
- 56.5kJ発熱
- NaClaq + H₂O(液)

1mol/L NaOH 50mL + 1mol/L HCl 50mL

$HClaq + NaOHaq = NaClaq + H_2O(液) + 56.5 kJ$
1mol　　1mol　　　1mol　　1mol

*（気）は気体（gas），（固）は固体（solid），（液）は液体（liquid）を表す。aqは水溶液（aqua）または大量の水を表す。

③ ヘスの法則の検証
▼反応熱の総和は反応の経路によらず最初と最後の状態で決まる。これを**ヘスの法則**という。

◉ 中和熱（NaOH（固）とHClaq）

反応経路1

（溶解熱＋中和熱）
101kJ/mol

NaOH（固）2.00g ＋ 2mol/L HClaq 100mL
上昇温度 12.0℃

上昇する温度を点線のように求め，発熱量を計算する。

❶ NaOH（固）とHClaqの反応
$NaOH(固) + HClaq = NaClaq + H_2O(液) + 101 kJ$

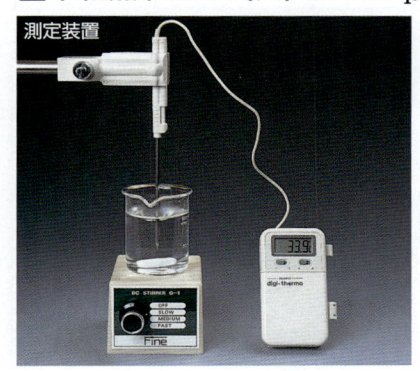

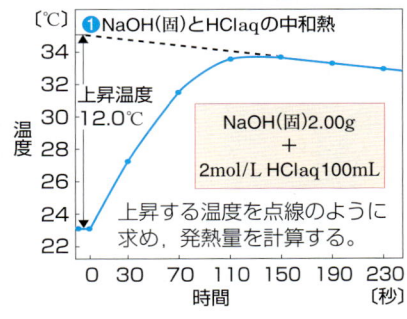

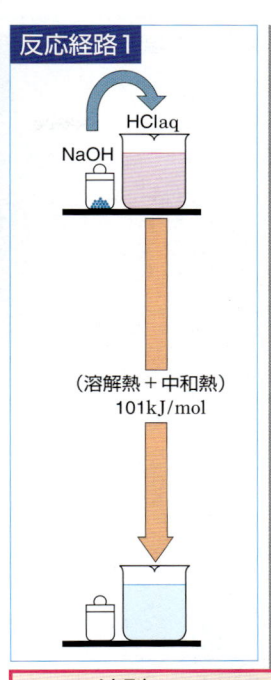

◉ 溶解熱（NaOH（固）＋aq）＋中和熱（NaOHaqとHClaq）

反応経路2

（溶解熱）44.5kJ/mol
（中和熱）56.5kJ/mol

❶ NaOH（固）の溶解熱
水50mL ＋ NaOH（固）2.00g
10.5℃

❷ NaOHaqとHClaqの中和熱
NaOHaq（2.00g/50mL） ＋ 2mol/L HClaq 50mL
6.7℃

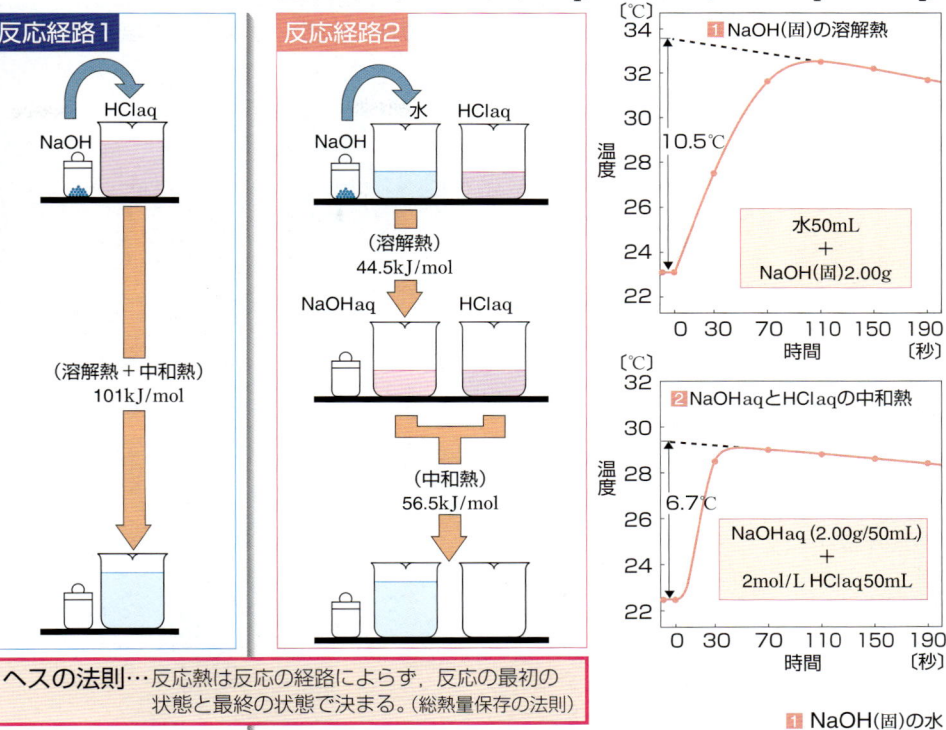

ヘスの法則…反応熱は反応の経路によらず，反応の最初の状態と最終の状態で決まる。（総熱量保存の法則）

$NaOH(固) + aq = NaOHaq + 44.5 kJ$
$NaOHaq + HClaq = NaClaq + H_2O(液) + 56.5 kJ$

反応経路1の発熱量＝反応経路2の総発熱量

❶ NaOH（固）の水への溶解
❷ NaOHaqとHClaqの中和

この反応ではHClの量を過剰にしてある。発熱量はNaOHの物質量で決まる。

④ 結合エネルギーと反応熱

◉ 結合エネルギー
▼分子中の結合を切断するのに必要な結合1molあたりのエネルギー

● H–Hの結合エネルギー

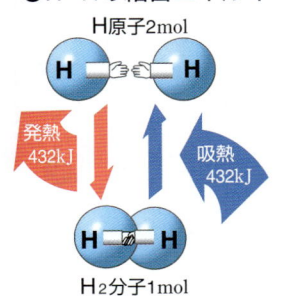

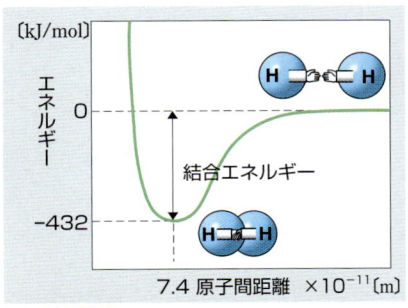

H原子2mol → H₂分子1mol
発熱 432kJ ／ 吸熱 432kJ

$H_2(気) = 2H(気) - 432 kJ$ ── 結合エネルギー

水素原子2molが結合して，水素分子1molができると，432kJのエネルギーが発生する。逆に，水素分子1molを水素原子2molに引き離すには，432kJのエネルギーが必要である。

● 結合エネルギーの例　0Kにおける値

分子	結合	結合エネルギー	分子	結合	結合エネルギー
H_2	H–H	432kJ/mol	ダイヤモンド	C–C	354kJ/mol
HCl	H–Cl	428kJ/mol	C_2H_6	C–C	366kJ/mol
H_2O	O–H	459kJ/mol	CH_4	C–H	411kJ/mol

▶▶参照項目p.226「結合エネルギー」

◉ 結合エネルギーから塩化水素の反応熱を求める

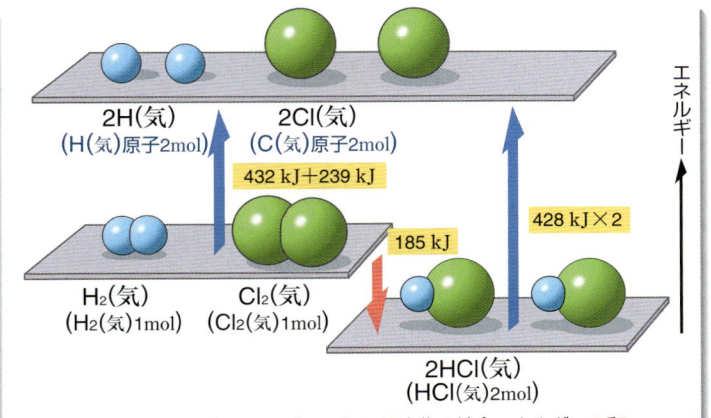

2H(気) (H(気)原子2mol)　2Cl(気) (Cl(気)原子2mol)
432 kJ ＋ 239 kJ
H_2(気) (H₂(気)1mol)　Cl_2(気) (Cl₂(気)1mol)
185 kJ
428 kJ × 2
2HCl(気) (HCl(気)2mol)

反応熱＝生成物の結合エネルギーの和－反応物の結合エネルギーの和

水素の結合エネルギー　　$H_2(気) = 2H(気) - 432 kJ$　…(1)
塩素の結合エネルギー　　$Cl_2(気) = 2Cl(気) - 239 kJ$　…(2)
塩化水素の結合エネルギー　$HCl(気) = H(気) + Cl(気) - 428 kJ$　…(3)

→ (1)＋(2)－(3)×2 ＝ 185 kJ

塩化水素の反応熱　$H_2(気) + Cl_2(気) = 2HCl(気) + 185 kJ$

27 ▶ 酸・塩基

1 酸と塩基の性質
▼酸はすっぱい味をもち，青色リトマス紙を赤色に変える。塩基はしぶい味をもち，赤色リトマス紙を青色に変える。

● 身近な酸　H^+

● 酸性の確認　青色リトマス紙を赤くする　食酢　H^+

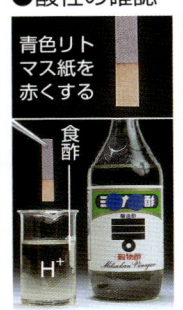

● 身近な塩基　OH^-

● 塩基性の確認　赤色リトマス紙を青くする　セッケン水　OH^-

◉ 酸と塩基の水溶液の電離
▼酸の水溶液のH^+は陰極へ，塩基の水溶液のOH^-は陽極へ移動する。

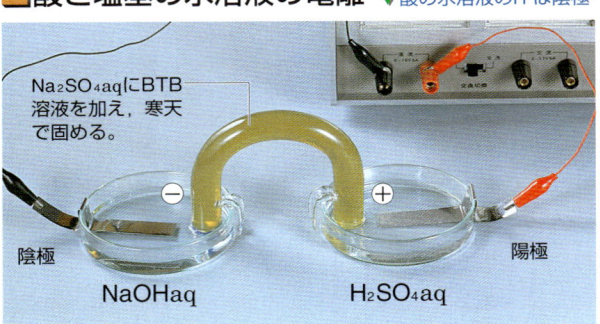

Na₂SO₄aqにBTB溶液を加え，寒天で固める。

陰極　NaOHaq　　H₂SO₄aq　陽極

30分後　OH^-　　H^+　　H^+のほうがより速く移動する。

BTB溶液は，酸性で黄色，中性で緑色，塩基性で青色を示す。

電流を通じると，酸の水溶液からは陰極に向かってH^+が，塩基の水溶液からは陽極に向かってOH^-が移動する。

2 酸と塩基の定義
▼アレーニウスの定義を拡張したのが，ブレンステッドの定義である。

◉ アレーニウスの定義
- 酸とは水にとけて水素イオンH^+を生じる物質。
- 塩基とは水にとけて水酸化物イオンOH^-を生じる物質。

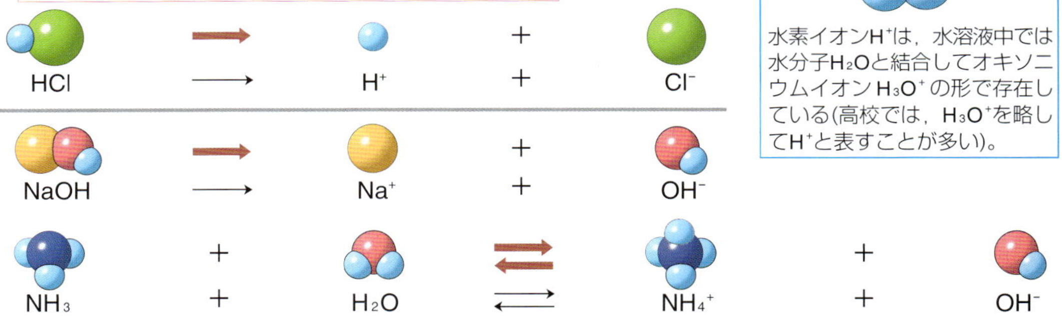

酸	塩化水素（塩化水素の水溶液を塩酸という。）	HCl ⟶ H^+ + Cl^-
塩基	水酸化ナトリウム	NaOH ⟶ Na^+ + OH^-
	アンモニア	NH_3 + H_2O ⇌ NH_4^+ + OH^-

オキソニウムイオン　H_3O^+

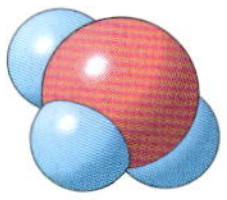

水素イオンH^+は，水溶液中では水分子H_2Oと結合してオキソニウムイオンH_3O^+の形で存在している（高校では，H_3O^+を略してH^+と表すことが多い）。

◉ ブレンステッドの定義
- 酸とは水素イオンH^+をあたえる分子，イオン。
- 塩基とは水素イオンH^+を受けとる分子，イオン。

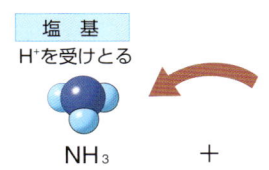

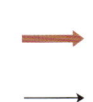

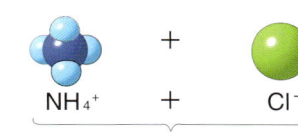

塩基　H^+を受けとる　　酸　H^+をあたえる

NH_3 + HCl ⟶ NH_4^+ + Cl^-
　　　　　　　　　　　NH_4Cl

ブレンステッドの定義を用いると，アンモニアと塩化水素から塩化アンモニウムが生成するような非水溶液の反応についても，酸・塩基の区別ができる。

アンモニアと塩化水素の反応　白煙 NH_4Cl　濃HClをつけたガラス棒　NH_3　NH_4Cl

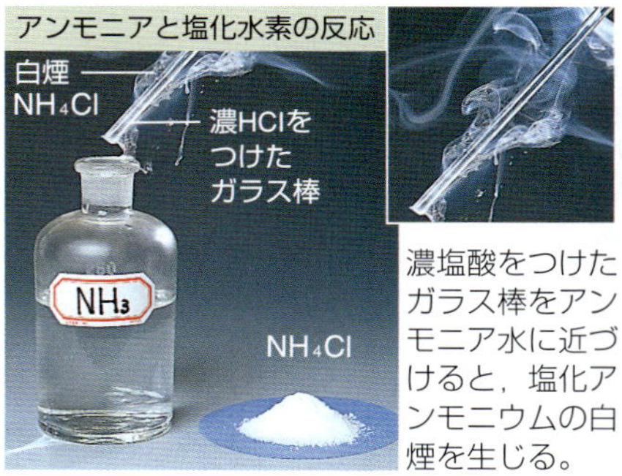

濃塩酸をつけたガラス棒をアンモニア水に近づけると，塩化アンモニウムの白煙を生じる。

3 酸と塩基の強弱と電離度
▼電離度が大きい酸(塩基)を強酸(強塩基)といい，電離度が小さい酸(塩基)を弱酸(弱塩基)という。

水にとけて電気をよく導く物質を**電解質**といい，電解質がイオンに分かれることを**電離**という。

■電離度：水溶液中で電離している酸や塩基の割合

$$電離度 = \frac{電離している酸(塩基)の物質量}{最初にとかした酸(塩基)の物質量}$$

（電離度は，温度や濃度により変化する。）

強酸・強塩基の電離度は1に近いが，弱酸・弱塩基の電離度は1より非常に小さい値となる。

酸・塩基の電離度(25℃, 0.1mol/L)　0　　　　　　　　　　1

強酸	塩酸	HCl	0.94
	硝酸	HNO_3	0.92
弱酸	酢酸	CH_3COOH	0.016
強塩基	水酸化ナトリウム	NaOH	0.91
	水酸化カリウム	KOH	0.91
弱塩基	アンモニア	NH_3	0.013

■弱酸と強酸との違い：弱酸は金属との反応も弱く，電球の点灯も暗い。

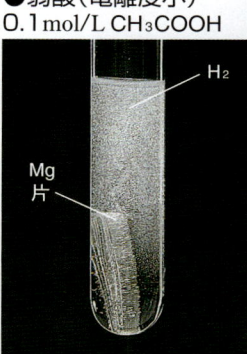

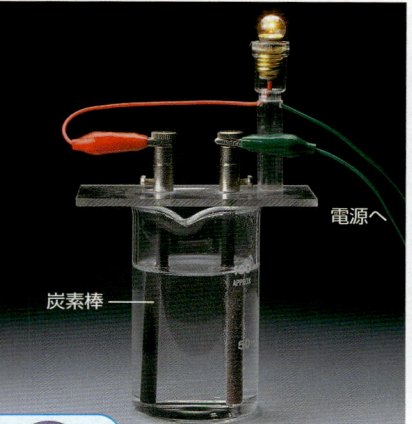

●弱酸(電離度小) 0.1mol/L CH_3COOH

弱酸である酢酸水溶液中では，大部分の酢酸は分子のままであり，H^+とCH_3COO^-に電離しているのは一部なので，マグネシウムとの反応での水素の発生は少なく，電球も暗くしか点灯しない。

H^+とCH_3COO^-に一部電離している。

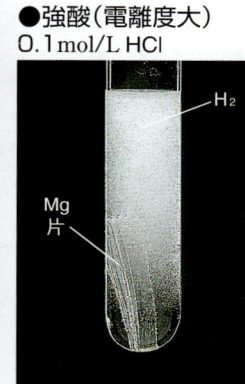

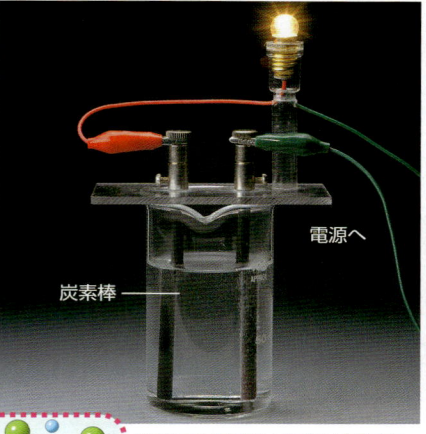

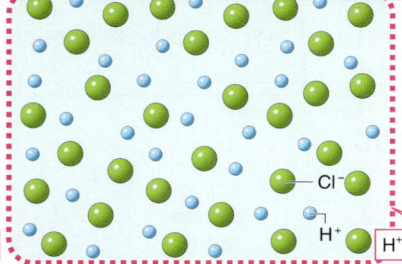

●強酸(電離度大) 0.1mol/L HCl

強酸である薄い塩酸はほぼ完全にH^+とCl^-に電離しているので，マグネシウムと反応すると激しく水素を発生し，電球も明るく点灯する。

H^+とCl^-にほぼ完全に電離している。

4 酸と塩基の価数
▼酸と塩基の価数と，酸と塩基の強弱とは無関係である。

■酸の価数：1化学式あたり生じるH^+の数。

HCl $\longrightarrow$ H^+ + Cl^-　　1価

H_2SO_4 $\longrightarrow$ $2H^+$ + SO_4^{2-}　　2価

CH_3COOH $\rightleftarrows$ H^+ + CH_3COO^-　　1価

	強酸		弱酸	
1価	HCl HNO_3	塩酸 硝酸	CH_3COOH	酢酸
2価	H_2SO_4	硫酸	$(COOH)_2$* H_2S	シュウ酸 硫化水素
3価			H_3PO_4	リン酸

*$H_2C_2O_4$ともかく。

■塩基の価数：1化学式あたり生じるOH^-の数。

NaOH $\longrightarrow$ Na^+ + OH^-　　1価

$Ca(OH)_2$ $\longrightarrow$ Ca^{2+} + $2OH^-$　　2価

NH_3 + H_2O $\rightleftarrows$ NH_4^+ + OH^-　　1価

	強塩基		弱塩基	
1価	NaOH KOH	水酸化ナトリウム 水酸化カリウム	NH_3	アンモニア
2価	$Ca(OH)_2$ $Ba(OH)_2$	水酸化カルシウム 水酸化バリウム	$Cu(OH)_2$ $Mg(OH)_2$	水酸化銅(Ⅱ) 水酸化マグネシウム
3価			$Fe(OH)_3$	水酸化鉄(Ⅲ)

28 ▶ pHと指示薬

① 水素イオンの濃度 [H⁺] ▼[H⁺]は水溶液中の水素イオンH⁺のモル濃度を表す。

◨ [H⁺], [OH⁻]と水溶液の性質 ▼水溶液中のH⁺の濃度[H⁺]と、OH⁻の濃度[OH⁻]の積は一定。水のイオン積$[H^+][OH^-]=1.0×10^{-14}$ (mol/L)² (25℃)

● 酸性水溶液 ▼[H⁺]が大きいほど酸性が強い。　● 中性水溶液　● 塩基性水溶液 ▼[H⁺]が小さいほど塩基性が強い。

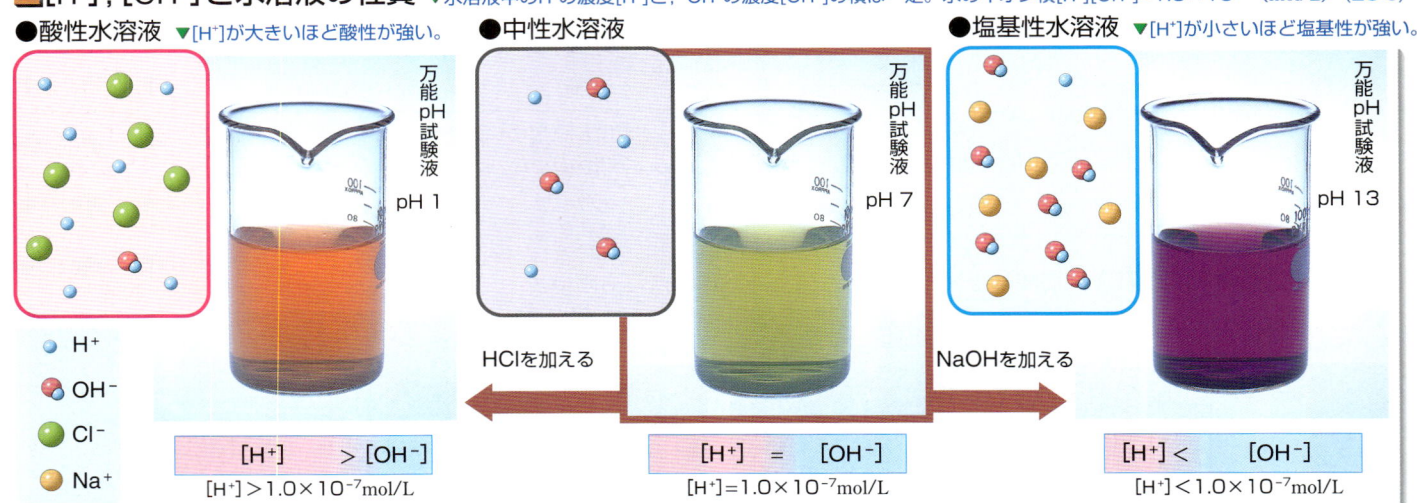

pH 1　　　　　pH 7　　　　　pH 13

○ H⁺
● OH⁻
● Cl⁻
● Na⁺

HClを加える　　　　NaOHを加える

$[H^+] > [OH^-]$	$[H^+] = [OH^-]$	$[H^+] < [OH^-]$
$[H^+] > 1.0×10^{-7}$ mol/L	$[H^+] = 1.0×10^{-7}$ mol/L	$[H^+] < 1.0×10^{-7}$ mol/L

水溶液中の[H⁺]と[OH⁻]を比較すると、その液性がわかる。中性水溶液では $[H^+]=[OH^-]$ となり、このとき $[H^+]=1.0×10^{-7}$ mol/L (25℃) である。

② pH（水素イオン指数） ▼[H⁺]は非常に小さな数値になるので、扱いやすくしたものがpHによる表し方である。

◨ pHの定義

水素イオン濃度を $[H^+]=10^{-n}$ (mol/L) と表したとき、n の値をpHという。

- $[H^+]=10^{-3}$ mol/Lのとき　pH=3
- $[H^+]=10^{-12}$ mol/Lのとき　pH=12
- 純粋な水は中性であり*　pH=7

$$pH = \log\frac{1}{[H^+]} = -\log[H^+]$$

*$[H^+]=10^{-7}$ mol/L

◨ 塩酸の希釈とpHの変化

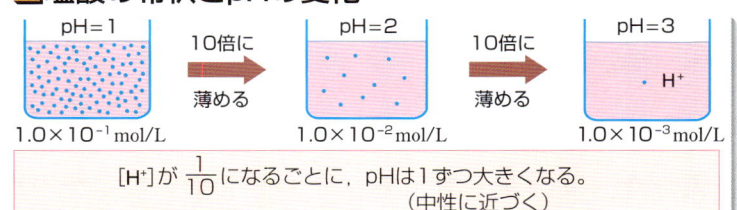

pH=1　→10倍に薄める→　pH=2　→10倍に薄める→　pH=3
$1.0×10^{-1}$ mol/L　　$1.0×10^{-2}$ mol/L　　$1.0×10^{-3}$ mol/L

[H⁺]が $\frac{1}{10}$ になるごとに、pHは1ずつ大きくなる。
（中性に近づく）

◨ pHと[H⁺], [OH⁻]の関係

[H⁺] 水素イオンの濃度	pH	[OH⁻] 水酸化物イオンの濃度
$1 = 10^{0}$	0	$10^{-14} = 0.00000000000001$
$0.1 = 10^{-1}$	1	$10^{-13} = 0.0000000000001$
$0.01 = 10^{-2}$	2	$10^{-12} = 0.000000000001$
$0.001 = 10^{-3}$	3	$10^{-11} = 0.00000000001$
$0.0001 = 10^{-4}$	4	$10^{-10} = 0.0000000001$
$0.00001 = 10^{-5}$	5	$10^{-9} = 0.000000001$
$0.000001 = 10^{-6}$	6	$10^{-8} = 0.00000001$
$0.0000001 = 10^{-7}$	7	$10^{-7} = 0.0000001$
$0.00000001 = 10^{-8}$	8	$10^{-6} = 0.000001$
$0.000000001 = 10^{-9}$	9	$10^{-5} = 0.00001$
$0.0000000001 = 10^{-10}$	10	$10^{-4} = 0.0001$
$0.00000000001 = 10^{-11}$	11	$10^{-3} = 0.001$
$0.000000000001 = 10^{-12}$	12	$10^{-2} = 0.01$
$0.0000000000001 = 10^{-13}$	13	$10^{-1} = 0.1$
$0.00000000000001 = 10^{-14}$	14	$10^{0} = 1$

酸性 ↑　中性　↓ 塩基性（アルカリ性）

③ pHの測定 ▼pHメーターは、水素イオンの濃度を電気的に正確に計測する。

◨ pH試験紙

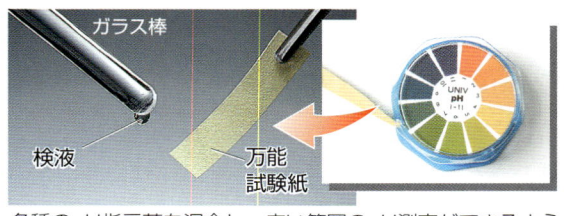

ガラス棒　検液　万能試験紙

各種のpH指示薬を混合し、広い範囲のpH測定ができるように処理されたものが万能指示薬である。液体である万能指示薬を紙に湿らせて乾かしたものが万能試験紙であり、水溶液のpHのおよその値が求められる。

◨ pHメーター ▼試料水溶液にガラス電極をひたすと、水溶液のpHがよみとれる。

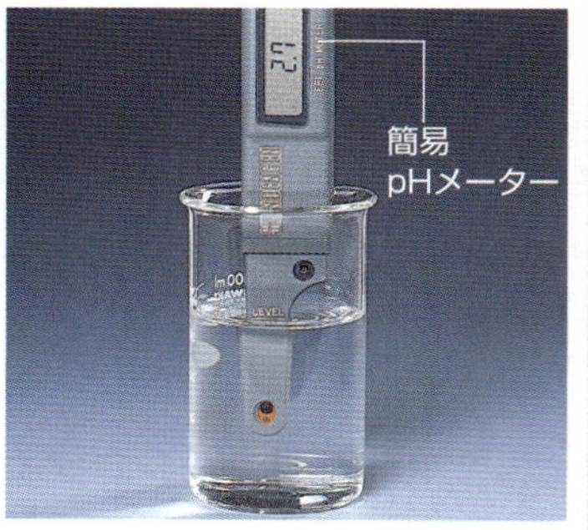

ガラス電極　簡易pHメーター

4 酸・塩基の指示薬
▼指示薬はpHにより色が変化するので，水溶液のpHを調べるのに用いられる。

●pHの違いによる指示薬の変色
▼肉眼で変色が認められるpHの範囲を，その指示薬の**変色域**という。指示薬により変色域は異なる。

指示薬	変色域	色の変化
メチルオレンジ MO	変色域 (3.1～4.4) p.157	赤 → 黄
フェノールフタレイン PP	変色域 (8.0～9.8)	無色 → 赤
ブロモチモールブルー BTB	変色域 (6.0～7.6)	黄 → 緑 → 青
リトマス	変色域 (5.0～8.0)	赤 → 紫 → 青

中和滴定の終点の色

リトマスは変色域が明確でないので，滴定などには用いられない。

万能試験紙

▶▶参照項目p.157「いろいろなアゾ色素」

●身近な物質のpH

pH	1	2	3	4	5	6	7	8	9	10	11	12	13	14
$[H^+]$ (mol/L)	10^{-1}	10^{-2}	10^{-3}	10^{-4}	10^{-5}	10^{-6}	10^{-7}	10^{-8}	10^{-9}	10^{-10}	10^{-11}	10^{-12}	10^{-13}	10^{-14}
$[OH^-]$ (mol/L)	10^{-13}	10^{-12}	10^{-11}	10^{-10}	10^{-9}	10^{-8}	10^{-7}	10^{-6}	10^{-5}	10^{-4}	10^{-3}	10^{-2}	10^{-1}	10^{0}
生活の中のpH	レモン、トイレ洗剤	りんご、酢	ソース	すいか、みかん、しょうゆ		だいこん、牛乳			カンカン、虫さされ薬	セッケン水		パイプ洗浄剤、植物の灰を入れた水		
人体中のpH	胃液				尿		血液	なみだ						
[比較] 0.1mol/L 水溶液のpH	HCl	CH₃COOH					NaCl			NH₃		NaOH		

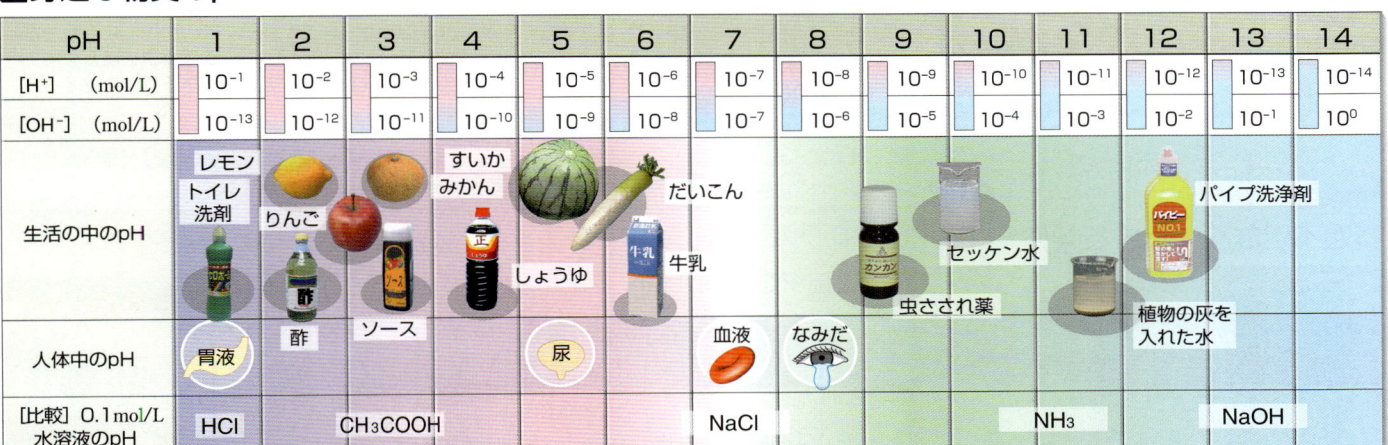

ムラサキキャベツの葉の汁の色の変化

ムラサキキャベツの葉の汁をとり出す

← 酸性　　　中性　　　塩基性 →

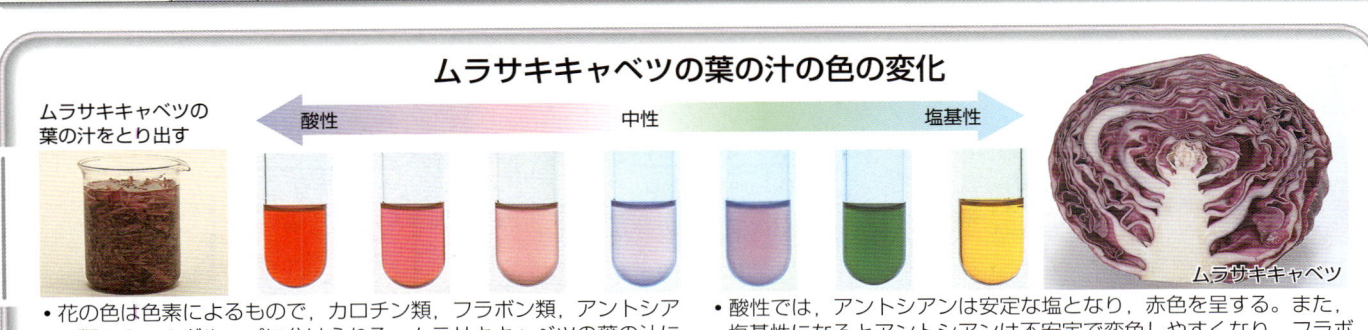

ムラサキキャベツ

- 花の色は色素によるもので，カロチン類，フラボン類，アントシアン類の3つのグループに分けられる。ムラサキキャベツの葉の汁には，主にアントシアン類が含まれており，酸性や塩基性などの液性により，色が変化する。
- 酸性では，アントシアンは安定な塩となり，赤色を呈する。また，塩基性になるとアントシアンは不安定で変色しやすくなり，フラボン類により黄色を示す。

29 ▶ 中和反応

① 中和反応
▼酸と塩基が反応して，たがいにその性質を打ち消し合うことを**中和**という。

▶▶ 参照項目 p.74「塩」

中和反応と水溶液の液性
▼酸 + 塩基 → 塩 + 水　酸のH^+と塩基のOH^-が反応し，水H_2Oを生じる。

● 塩酸HClと水酸化ナトリウムNaOH水溶液との反応　HCl + NaOH → NaCl + H_2O

凡例：● H^+　● Cl^-　● Na^+　● OH^-

| 酸性 | → 加えたOH^-の量だけ中和する。→ 酸性 | → 過不足なく中和反応が起こる。→ 中性(中和点) | → 塩基が過剰となる。→ 塩基性 |

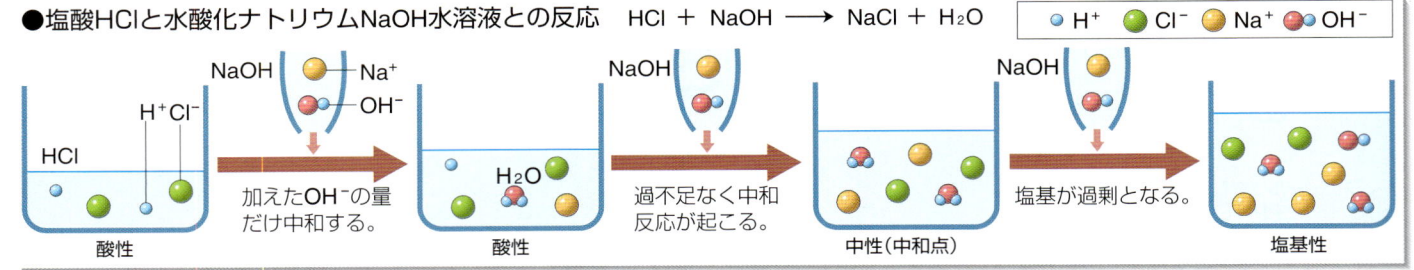

中和反応と水溶液の電導性
▼中和点に近づくにつれ，電流が流れにくくなる。

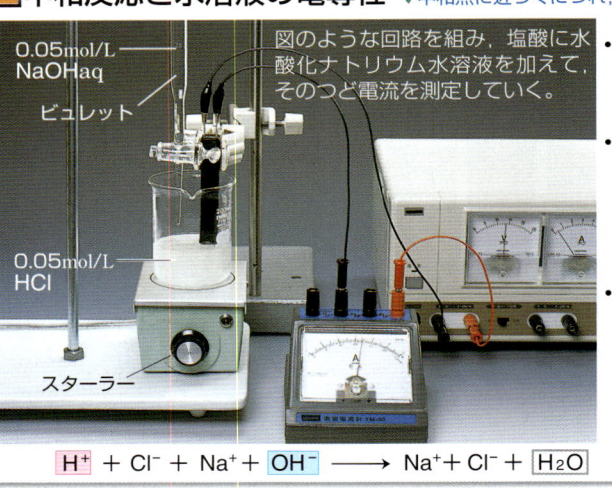

- 0.05mol/L HCl 30mLを200mLビーカーにとり，電流値を測定する。
- ビュレットから0.05mol/L NaOHaqを徐々に滴下すると，30mL付近で最小の電流値を示す。
- その後滴下を続けると再び電流値は大きくなる。

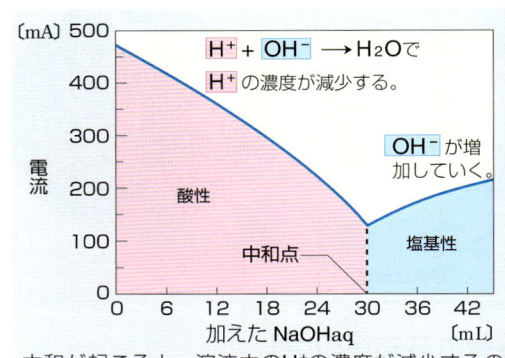

H^+ + Cl^- + Na^+ + OH^- → Na^+ + Cl^- + H_2O

H^+ + OH^- → H_2OでH^+の濃度が減少する。OH^-が増加していく。

中和が起こると，溶液中のH^+の濃度が減少するので電流の値が小さくなっていく。最小になるときが中和点である。中和点で電流の値が0にならないのは，生じた塩(NaCl)が電離しているためである。

② 中和反応の量的関係
▼酸から生じたH^+と，塩基から生じたOH^-の物質量が等しいとき，過不足なく中和する。

過不足なく中和する条件

酸　　　　　　　　塩基
a価 × c〔mol/L〕× v〔L〕= b価 × c'〔mol/L〕× v'〔L〕

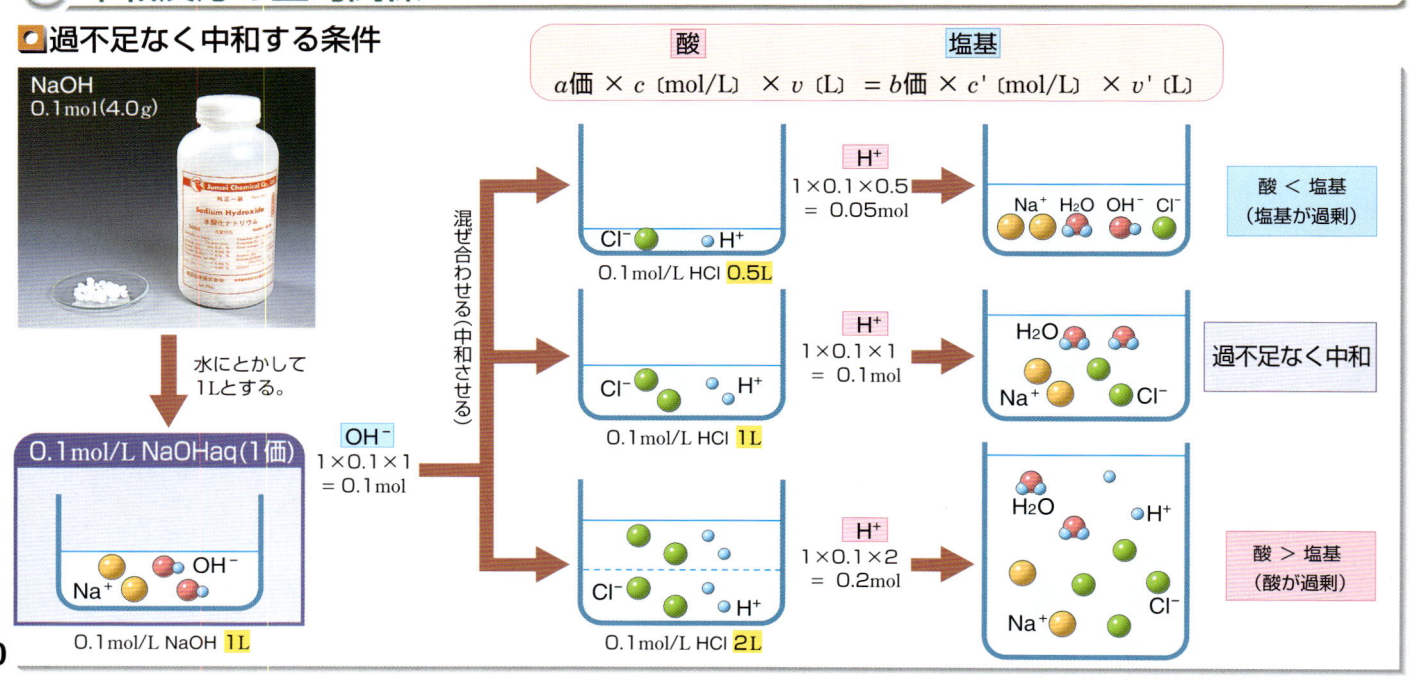

NaOH 0.1mol(4.0g) → 水にとかして1Lとする。→ 0.1mol/L NaOHaq(1価)　OH^-　1×0.1×1 = 0.1mol

- 0.1mol/L HCl 0.5L：H^+ 1×0.1×0.5 = 0.05mol　→　酸 < 塩基（塩基が過剰）
- 0.1mol/L HCl 1L：H^+ 1×0.1×1 = 0.1mol　→　過不足なく中和
- 0.1mol/L HCl 2L：H^+ 1×0.1×2 = 0.2mol　→　酸 > 塩基（酸が過剰）

3 中和反応と滴定曲線

▼酸（塩基）の水溶液に塩基（酸）の水溶液を滴下したとき，その滴下量とpHの関係を示したものが**滴定曲線**。

強酸・弱酸と強塩基の中和と滴定曲線

A 0.1mol/Lの塩酸50mLを，0.1mol/Lの水酸化ナトリウム水溶液で滴定する。
B 0.1mol/Lの酢酸50mLを，0.1mol/Lの水酸化ナトリウム水溶液で滴定する。

●滴定曲線の求め方

滴下した体積と，そのときの混合溶液のpHを測定する。

❸50.2mL滴下
❷50mL滴下
❶49.8mL滴下

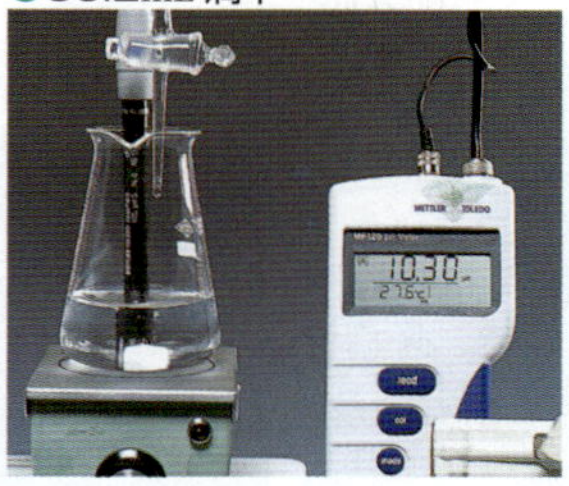

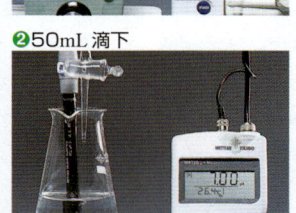

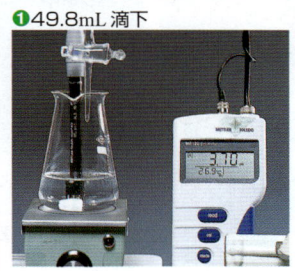

pHの値は中和点付近で急激に変化する。適当な指示薬を用いることで，中和に要した塩基の水溶液の正確な体積を決定できる。

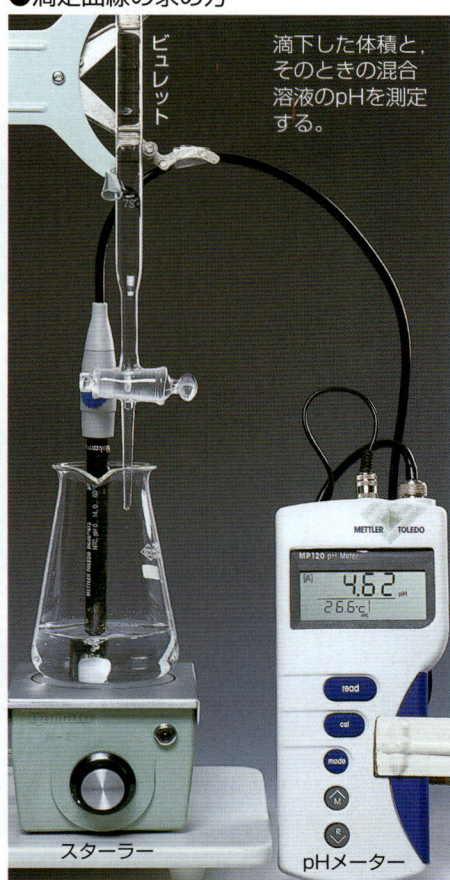

ビュレットからNaOHaqを徐々に滴下し，そのときの混合溶液のpHを測定する。スターラーを回しすぎると，空気中のCO_2の影響がでるので注意する。

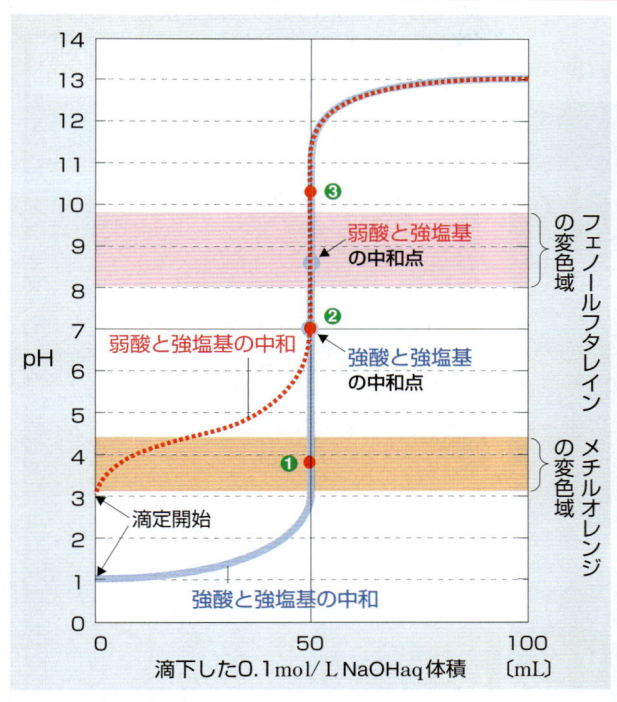

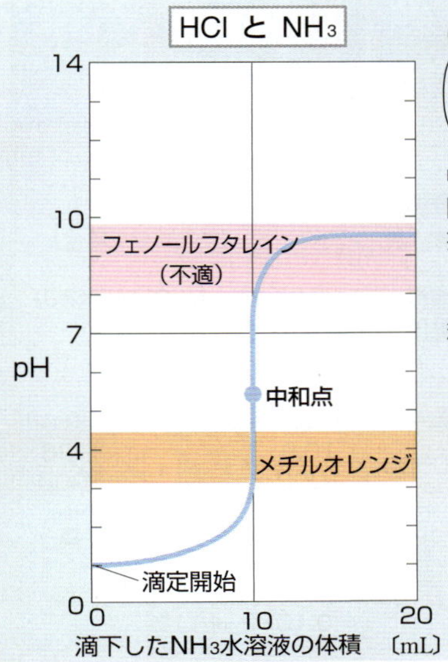

●指示薬の選び方

B 弱酸・強塩基 **フェノールフタレイン**
A 強酸・強塩基 **メチルオレンジ** 強酸・弱塩基

- Aの場合，中和点付近でpHが大きく変化するので，指示薬はメチルオレンジ，フェノールフタレインのいずれを用いてもよい。
- Bの場合，中和点付近でのpHの変化の範囲が，塩基性の方にかたよるため，指示薬はフェノールフタレインが適している。

HClとNH₃

●強酸と弱塩基の中和
（0.1mol/Lの塩酸10mLを，0.1mol/Lのアンモニア水溶液で滴定する）

中和点付近でのpHの変化の範囲が酸性の方にかたよるため，指示薬はメチルオレンジが適している。フェノールフタレインでは中和点の正確な判断はできない。

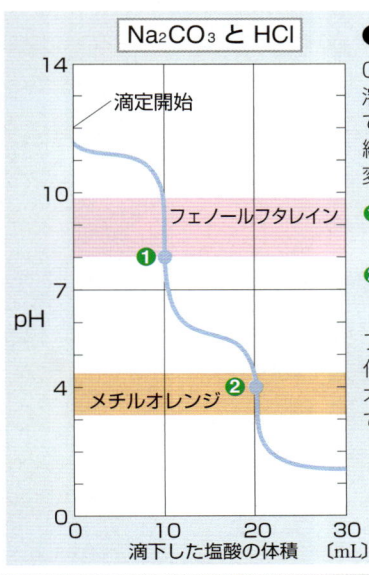

Na₂CO₃とHCl

●二段階反応の滴定曲線

0.1mol/Lの炭酸ナトリウム水溶液10mLを，0.1mol/Lの塩酸で滴定すると，左図のような曲線となる。pHは大きく2か所で変化する。

❶ $Na_2CO_3 + HCl \longrightarrow NaHCO_3 + NaCl$

❷ $NaHCO_3 + HCl \longrightarrow NaCl + CO_2 + H_2O$

フェノールフタレインの色の変化（赤→無色）で❶を，メチルオレンジの色の変化（黄→赤）で❷を判断する。

30 ▶ 中和滴定

酸	$a \times c \times V$	=	$b \times c' \times V'$	塩基
	価数 モル 体積 濃度		価数 モル 体積 濃度	

濃度既知の酸(塩基)を用いて，濃度未知の塩基(酸)の濃度を求める操作を，中和滴定という。ここでは，水酸化ナトリウム水溶液を用いた中和滴定によって，食酢中の酢酸の濃度を求める。

1 NaOH水溶液の濃度決定
▼シュウ酸の標準溶液を使って中和滴定し，水酸化ナトリウム水溶液の正確な濃度を求める。*

①シュウ酸標準溶液を調製する

シュウ酸の結晶は純度が高く，安定性があるので標準物質に適している。

2価の酸 $(COOH)_2 \cdot 2H_2O$（式量126）

直示てんびんで6.30g（0.0500mol）を正確にはかりとる。

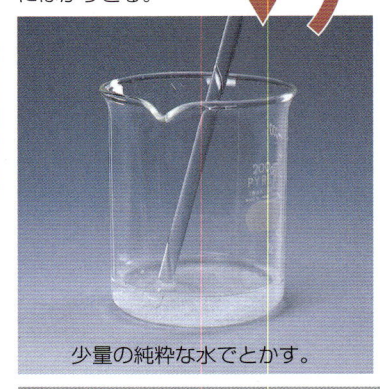

少量の純粋な水でとかす。

1Lメスフラスコ　標線

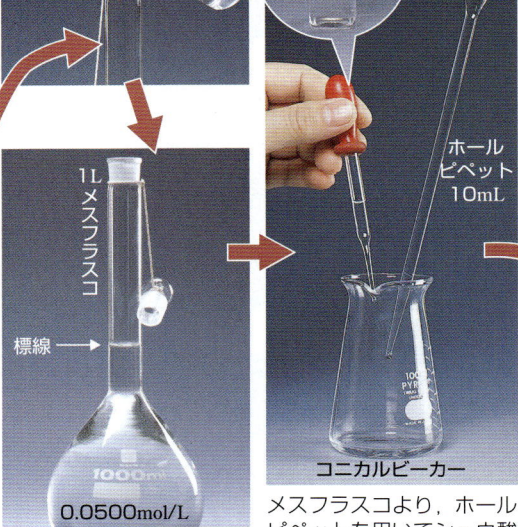

0.0500mol/L シュウ酸水溶液

純粋な水を加えて全量を1Lにする。

②NaOH水溶液を調製する

秤量びんで約4.0gをはかる。

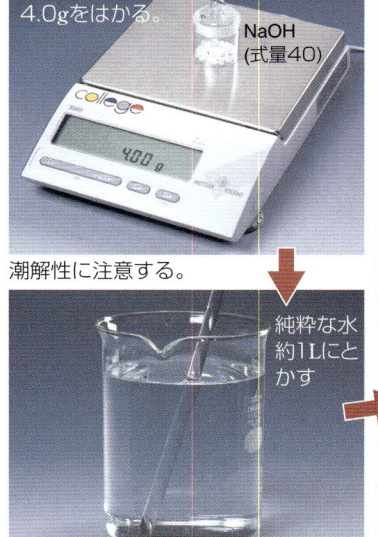

NaOH（式量40）

潮解性に注意する。

純粋な水約1Lにとかす。

約0.1mol/LのNaOH水溶液となる。

ガラス器具 ▶▶p.10
純粋な水で洗うもの：メスフラスコ，コニカルビーカー
使う溶液で洗うもの：ホールピペット，ビュレット

ホールピペット 10mL

フェノールフタレイン

メスフラスコより，ホールピペットを用いてシュウ酸水溶液10.0mLをはかりとる。フェノールフタレイン溶液を1〜2滴加える。

コニカルビーカー

約0.1mol/L NaOH水溶液

漏斗

ビュレット

漏斗とビュレットの間にすきまをあける。

0の目盛りより少し余分に入れる。

0の位置

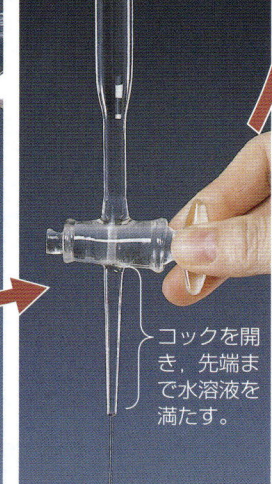

コックを開き，先端まで水溶液を満たす。

③NaOH水溶液のモル濃度を決定する(滴定)

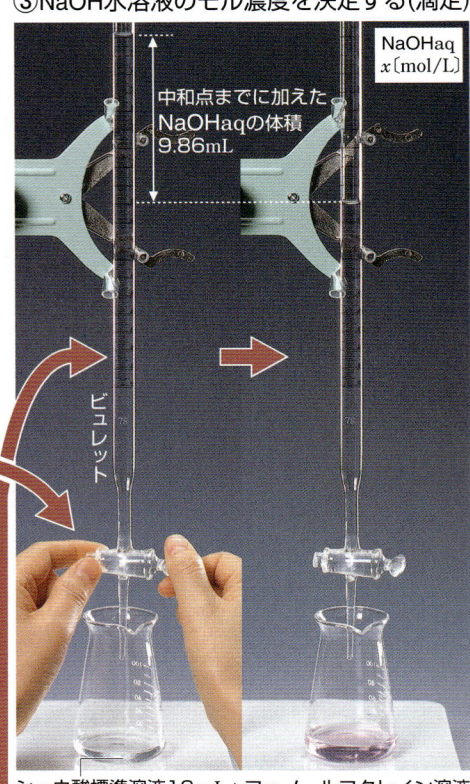

NaOHaq x [mol/L]

中和点までに加えたNaOHaqの体積 9.86mL

ビュレット

シュウ酸標準溶液10mL＋フェノールフタレイン溶液

滴定の終点は，薄く色がついたときである。

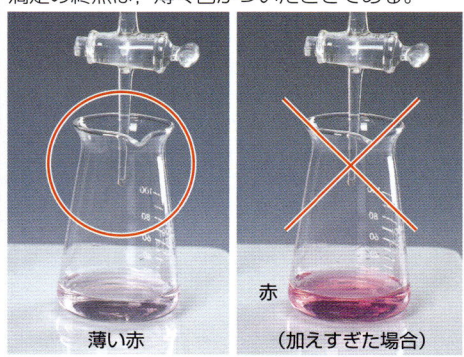

薄い赤　　赤（加えすぎた場合）

シュウ酸標準溶液を用いて，NaOH水溶液の正確な濃度x[mol/L]を求める。

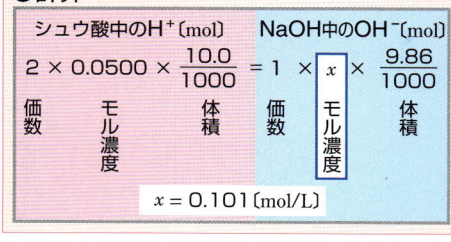

●計算

シュウ酸中のH^+[mol]		NaOH中のOH^-[mol]
$2 \times 0.0500 \times \dfrac{10.0}{1000}$	=	$1 \times x \times \dfrac{9.86}{1000}$
価数　モル濃度　体積		価数　モル濃度　体積

$$x = 0.101 \text{ [mol/L]}$$

*水酸化ナトリウムは，空気中の水や二酸化炭素と反応するので，正確な秤量が難しいからである。

② 薄めた食酢の濃度決定

▼食酢を10倍に薄め，濃度を求めたNaOH水溶液で滴定する。これを数回繰り返してNaOH水溶液の滴下量を求め，食酢中の酢酸の濃度を求める。

④ 食酢を10倍に薄める
▶薄めることで測定誤差を少なくし，NaOH滴下量も少なくてすむ。

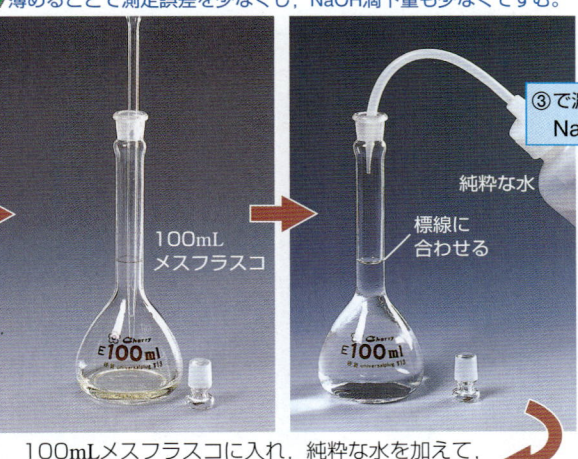

ホールピペットで食酢10.0mLを正確にはかりとる。

100mLメスフラスコに入れ，純粋な水を加えて，100mLの水溶液にし，栓をしてよく振る。

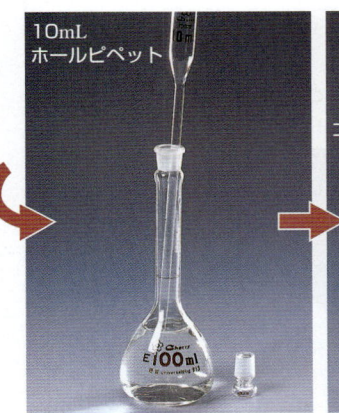

ホールピペットで，薄めた食酢10.0mLを正確にはかりとり，コニカルビーカーに入れる。

フェノールフタレイン溶液を1〜2滴加える。

⑤ 薄めた食酢のモル濃度を決定する（滴定）

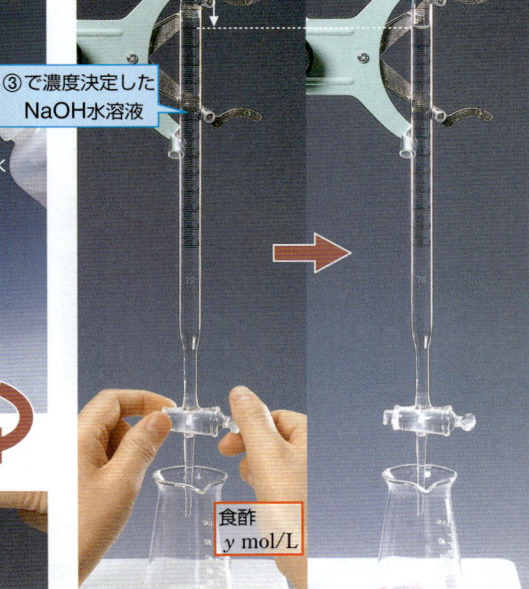

中和点までに加えたNaOHaqの体積 7.10mL

③で濃度決定したNaOH水溶液

薄めた食酢 y mol/L

薄めた食酢10mL + フェノールフタレイン溶液

NaOH水溶液を用いて薄めた食酢の正確な濃度 y [mol/L] を計算する。

●計算

薄めた食酢中のH⁺ [mol]	NaOH中のOH⁻ [mol]
$1 \times y \times \dfrac{10.0}{1000}$	$= 1 \times 0.101 \times \dfrac{7.10}{1000}$
価数　モル濃度　体積	価数　モル濃度　体積

$$y = 0.0717 \text{ [mol/L]}$$

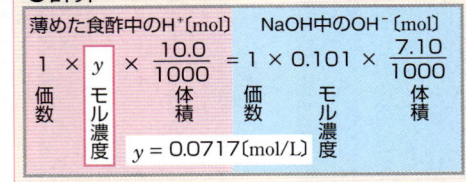

③ 食酢の濃度決定
▼食酢に含まれる酸をすべて酢酸と考え，濃度を決定する。

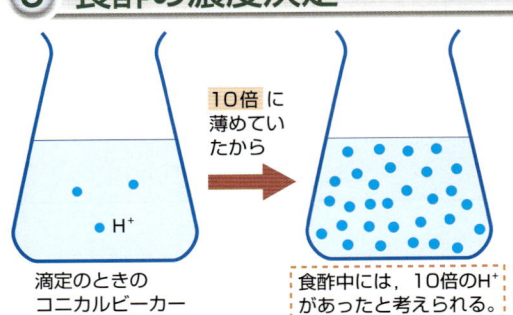

滴定のときのコニカルビーカー → 10倍に薄めていたから → 食酢中には，10倍のH⁺があったと考えられる。

⑤の測定結果より

$$[H^+] = 0.0717 \times 10 = 0.717 \text{ [mol/L]}$$

すべて酢酸（CH_3COOH の分子量60）とし，食酢の密度を1.0 [g/cm³] とすると，

$$\dfrac{0.717 \times 60}{1000 \times 1.0} \times 100 = 4.30 \text{ [%]}$$

●食酢原液中の酢酸の濃度は？

食酢のびんのラベル
酸度 4.2%
内容量 500mL

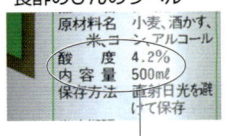

食酢に示されている酸度は，

$$\dfrac{\text{酸の質量 [g]}}{\text{溶液の体積 [mL]}} \times 100$$

で示されている。

●食酢（Vinegar）の種類

品名	穀物酢	米酢	りんご酢
原材料名	小麦，酒かす，米，コーン，アルコール	米，アルコール	りんご果汁
酸度	4.2%	4.5%	5.0%
内容量	500mL	500mL	500mL
保存方法	直射日光を避けて保存	直射日光を避けて保存	直射日光を避けて保

穀物酢 酸度4.2%　　米酢 酸度4.5%　　果実酢（りんご酢） 酸度5.0%

31 ▶ 塩

1 塩の生成
▼中和反応において，酸の陰イオンと塩基の陽イオンとから生成する物質を **塩** という。中和反応以外でも塩は生成する。

■ 中和反応による塩の生成

● 酸 + 塩基 ⟶ 塩 + 水
$HCl + NaOH \longrightarrow \boxed{NaCl} + H_2O$

中和後の水溶液を蒸発させると，塩化ナトリウムが残る。

● 酸 + 塩基性酸化物 ⟶ 塩 + 水
$2HCl + CaO \longrightarrow \boxed{CaCl_2} + H_2O$

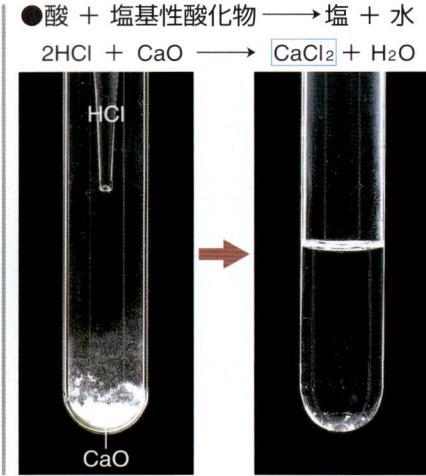

● 塩基 + 酸性酸化物 ⟶ 塩 + 水
$Ca(OH)_2 + CO_2 \longrightarrow \boxed{CaCO_3} + H_2O$

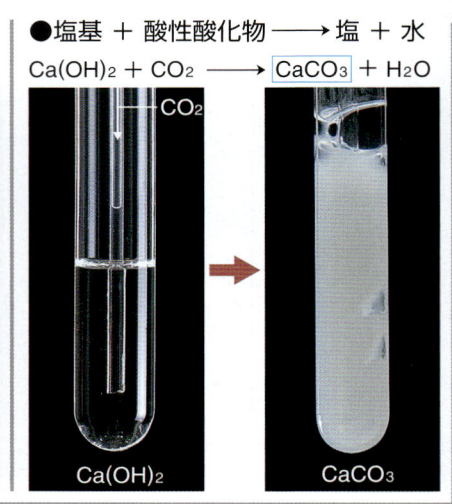

＊塩基性酸化物＋酸性酸化物からも塩は生じる。

■ 中和反応以外の塩の生成

● 金属単体 + 酸 ⟶ 塩 + 水素
$Mg + H_2SO_4 \longrightarrow \boxed{MgSO_4} + H_2$

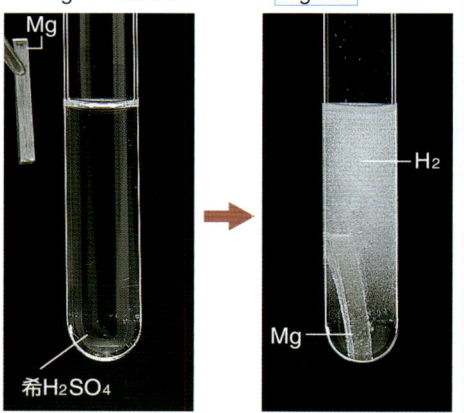

● 非金属単体 + 塩基 ⟶ 塩
$Cl_2 + 2NaOH \longrightarrow \boxed{NaCl} + NaClO + H_2O$

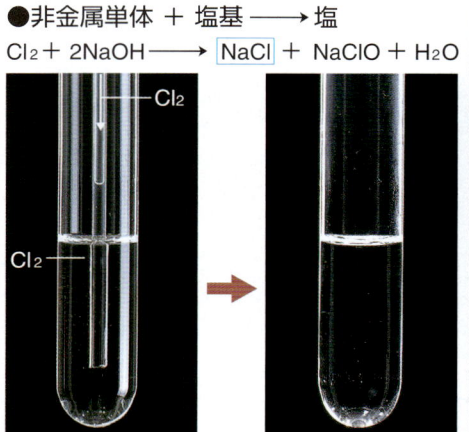

● 金属単体と非金属単体 ⟶ 塩
$2Na + Cl_2 \longrightarrow 2\boxed{NaCl}$

2 塩の分類
▼塩はその組成から正塩，酸性塩，塩基性塩に分類できる。しかし，その水溶液の液性は組成とは無関係である。

		正 塩 酸のHも塩基のOHも残っていない塩	酸性塩 酸のHが残っている塩	塩基性塩 塩基のOHが残っている塩
水溶液の液性	酸 性	NH₄Cl （塩化アンモニウム） CuSO₄ （硫酸銅(II)）	NaHSO₄ （硫酸水素ナトリウム） NaH₂PO₄ （リン酸二水素ナトリウム）	
	中 性	NaCl （塩化ナトリウム） CaCl₂ （塩化カルシウム）		
	塩基性	CH₃COONa （酢酸ナトリウム） Na₂CO₃ （炭酸ナトリウム）	NaHCO₃ （炭酸水素ナトリウム） Na₂HPO₄ （リン酸水素二ナトリウム）	
	水にとけにくい	AgCl （塩化銀） CaCO₃ （炭酸カルシウム）		CaCl(OH) （塩化水酸化カルシウム） MgCl(OH) （塩化水酸化マグネシウム）

3 水溶液の液性と塩の加水分解

▼弱酸と強塩基の中和で生じた塩や、強酸と弱塩基の中和で生じた塩を水にとかすとき、塩が水と反応して一部がもとの酸や塩基にもどる現象を塩の**加水分解**という。

■塩（弱酸＋強塩基）の加水分解 → 弱塩基性

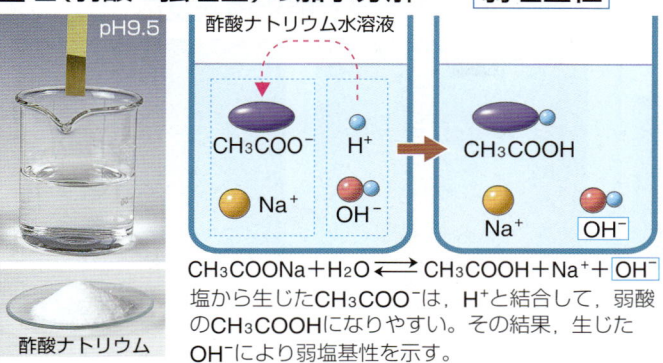

pH9.5　酢酸ナトリウム水溶液

$CH_3COONa + H_2O \rightleftarrows CH_3COOH + Na^+ + OH^-$

塩から生じたCH_3COO^-は、H^+と結合して、弱酸のCH_3COOHになりやすい。その結果、生じたOH^-により弱塩基性を示す。

酢酸ナトリウム

■塩（弱塩基＋強酸）の加水分解 → 弱酸性

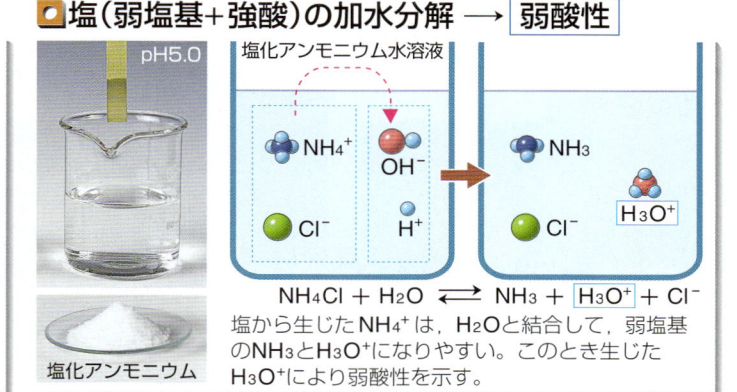

pH5.0　塩化アンモニウム水溶液

$NH_4Cl + H_2O \rightleftarrows NH_3 + H_3O^+ + Cl^-$

塩から生じたNH_4^+は、H_2Oと結合して、弱塩基のNH_3とH_3O^+になりやすい。このとき生じたH_3O^+により弱酸性を示す。

塩化アンモニウム

4 塩と酸・塩基の反応
▼弱酸（弱塩基）の塩に強酸（強塩基）を加えると弱酸（弱塩基）が遊離する。

①弱酸の遊離

強酸の塩酸HClに炭酸H_2CO_3（弱酸）の塩である炭酸水素ナトリウム$NaHCO_3$を入れ反応させると、弱酸の二酸化炭素CO_2が発生する。

$HCl + NaHCO_3 \longrightarrow NaCl + CO_2\uparrow + H_2O$

②弱塩基の遊離

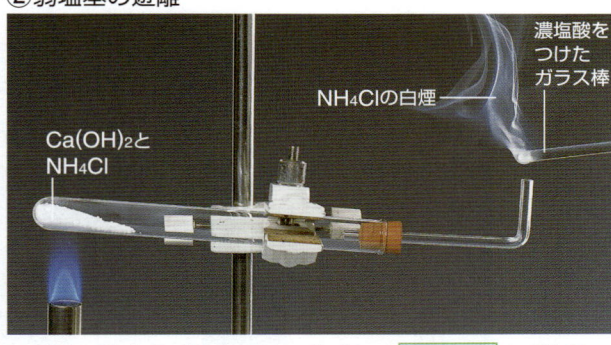

アンモニア（弱塩基）の塩である塩化アンモニウムNH_4Clに強塩基の水酸化カルシウム$Ca(OH)_2$を加えて加熱すると、弱塩基のアンモニアNH_3が発生する。

濃塩酸をつけたガラス棒　NH_4Clの白煙　$Ca(OH)_2$とNH_4Cl

$2NH_4Cl + Ca(OH)_2 \longrightarrow CaCl_2 + 2NH_3\uparrow + 2H_2O$

▶▶参照項目p.198「無機化学工業」

5 緩衝溶液とその作用
▼酸や塩基を加えても緩衝溶液はほぼ一定のpHを保つ。

■緩衝溶液
▼弱酸（弱塩基）に弱酸の塩（弱塩基の塩）を加えた溶液。

●緩衝溶液（$CH_3COONa + CH_3COOH$）に酸・塩基を加える

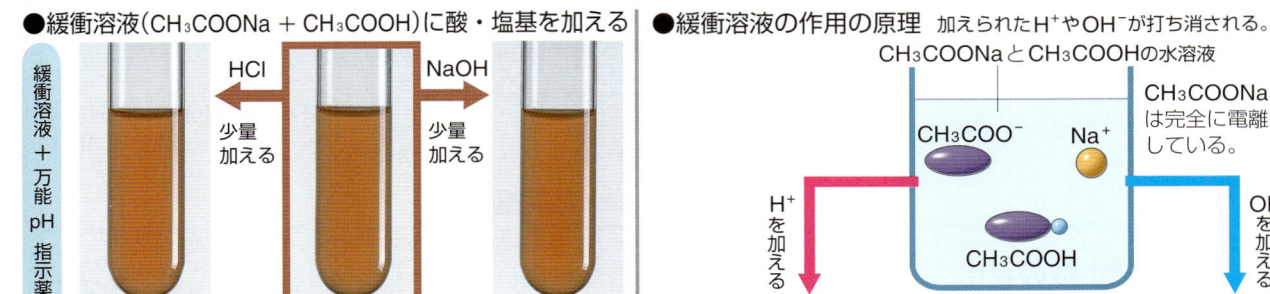

緩衝溶液＋万能pH指示薬

HCl少量加える　　NaOH少量加える

少量の酸、塩基を加えてもpHはほとんど変化しない。

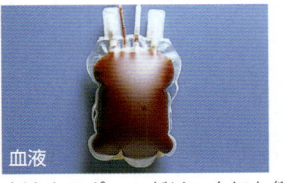

血液　血液やスポーツドリンクにも緩衝作用がある。

スポーツドリンク

●緩衝溶液の作用の原理　加えられたH^+やOH^-が打ち消される。

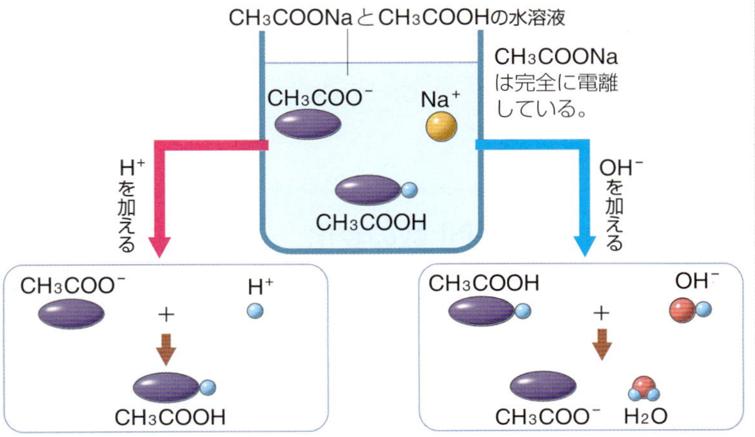

CH_3COONaとCH_3COOHの水溶液

CH_3COONaは完全に電離している。

H^+を加える　　OH^-を加える

$CH_3COO^- + H^+ \longrightarrow CH_3COOH$

CH_3COO^-と反応し、加えたH^+が除かれてpHがほとんど変化しない。

$CH_3COOH + OH^- \longrightarrow CH_3COO^- + H_2O$

CH_3COOHと反応し、加えたOH^-が除かれてpHがほとんど変化しない。

32 ▶ 酸化と還元

① 酸化反応と還元反応 ▼酸化と還元は常に同時に起こる。

◾ 酸素原子の授受と酸化還元反応

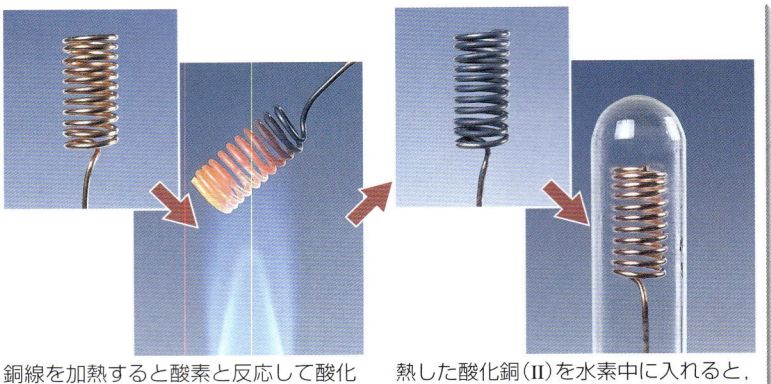

銅線を加熱すると酸素と反応して酸化銅(II) CuOを生じる。

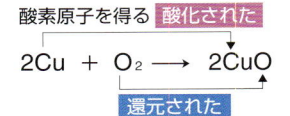

熱した酸化銅(II)を水素中に入れると、酸素を失ってもとの銅の光沢にもどる。

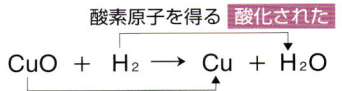

酸素原子を得る **酸化された**
$$2Cu + O_2 \longrightarrow 2CuO$$
還元された

酸素原子を得る **酸化された**
$$CuO + H_2 \longrightarrow Cu + H_2O$$
酸素原子を失う **還元された**

◾ 水素原子の授受と酸化還元反応

ヨウ素溶液に硫化水素を通じる。

硫化水素が水素を失って硫黄が遊離する。

水素原子を失う **酸化された**
$$H_2S + I_2 \longrightarrow S + 2HI$$
水素原子を得る **還元された**

◾ 電子の授受と酸化還元反応

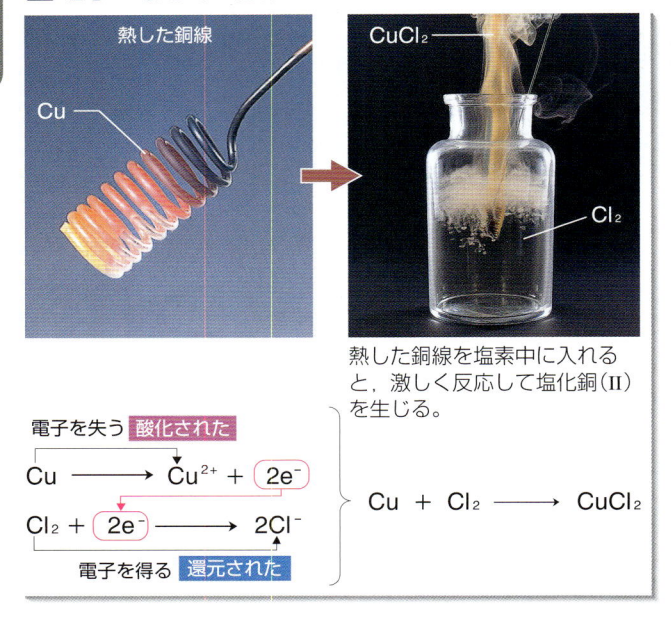

熱した銅線を塩素中に入れると、激しく反応して塩化銅(II)を生じる。

電子を失う **酸化された**
$$Cu \longrightarrow Cu^{2+} + 2e^-$$
$$Cl_2 + 2e^- \longrightarrow 2Cl^-$$
電子を得る **還元された**

$$Cu + Cl_2 \longrightarrow CuCl_2$$

◾ 酸化・還元での電子の移動

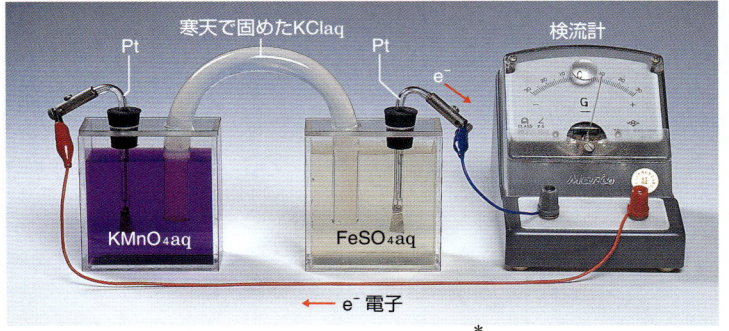

硫酸鉄(II)水溶液から過マンガン酸カリウム水溶液へ電子が移動するので、検流計の針がふれる。

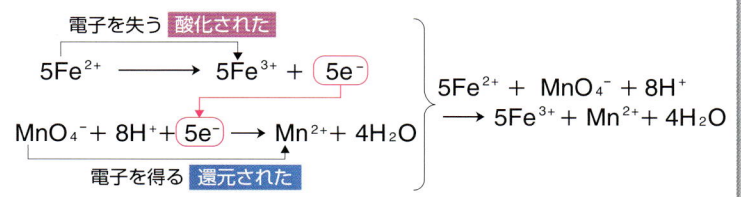

電子を失う **酸化された**
$$5Fe^{2+} \longrightarrow 5Fe^{3+} + 5e^-$$
$$MnO_4^- + 8H^+ + 5e^- \longrightarrow Mn^{2+} + 4H_2O$$
電子を得る **還元された**

$$5Fe^{2+} + MnO_4^- + 8H^+ \longrightarrow 5Fe^{3+} + Mn^{2+} + 4H_2O$$

*過マンガン酸カリウムは黒紫色の結晶で、水溶液は過マンガン酸イオンMnO_4^-の赤紫色を示す。

◾ 電子のやりとりと酸化数の変化

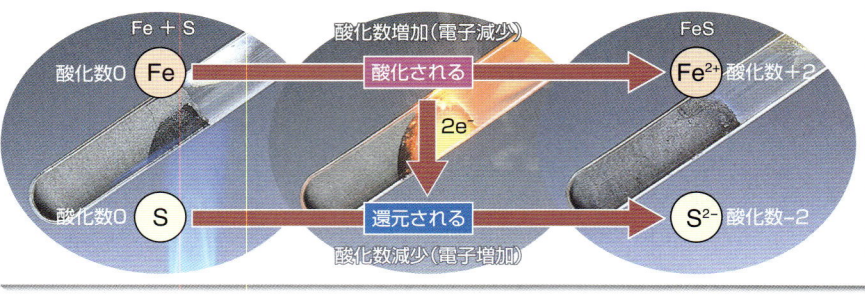

酸化数0 Fe → 酸化される → Fe^{2+} 酸化数+2
酸化数増加(電子減少)
2e⁻
酸化数0 S → 還元される → S^{2-} 酸化数-2
酸化数減少(電子増加)

	酸素原子	水素原子	電子	酸化数*の変化
酸化反応	得る	失う	失う	増加
還元反応	失う	得る	得る	減少

酸化とは酸素を得ること、あるいは水素を失うことであり、どちらも**電子を失う**ことである。
*電子を1個失うと酸化数は1増え、電子を1個得ると酸化数は1減る。

2 酸化数 ▼原子やイオンの酸化の程度を表す数値。

●酸化数の決め方

❶ 単体の中の原子の酸化数は0とする。
　　H_2 (H : 0)　　Cu (Cu : 0)

❷ 単原子イオンの酸化数は，そのイオンの価数とする。
　　Cu^{2+} (Cu : +2)　　Cl^- (Cl : −1)

❸ 化合物中のHの酸化数は+1とする。
　　化合物中のOの酸化数は−2とする。
　　（H_2O_2では例外的にOの酸化数は−1とする。）

❹ 化合物の中の原子の酸化数の総和は0とする。　　NH_3

$$(Nの酸化数) + (+1) \times 3 = 0$$
$$(Nの酸化数) = -3$$

❺ 多原子イオン中の原子の酸化数の総和は，イオンの価数とする。　　MnO_4^-

$$(Mnの酸化数) + (-2) \times 4 = -1$$
$$(Mnの酸化数) = +7$$

化合物中の原子の酸化数の変化 ▼同じ元素でも，種々の酸化数をとる原子がある。

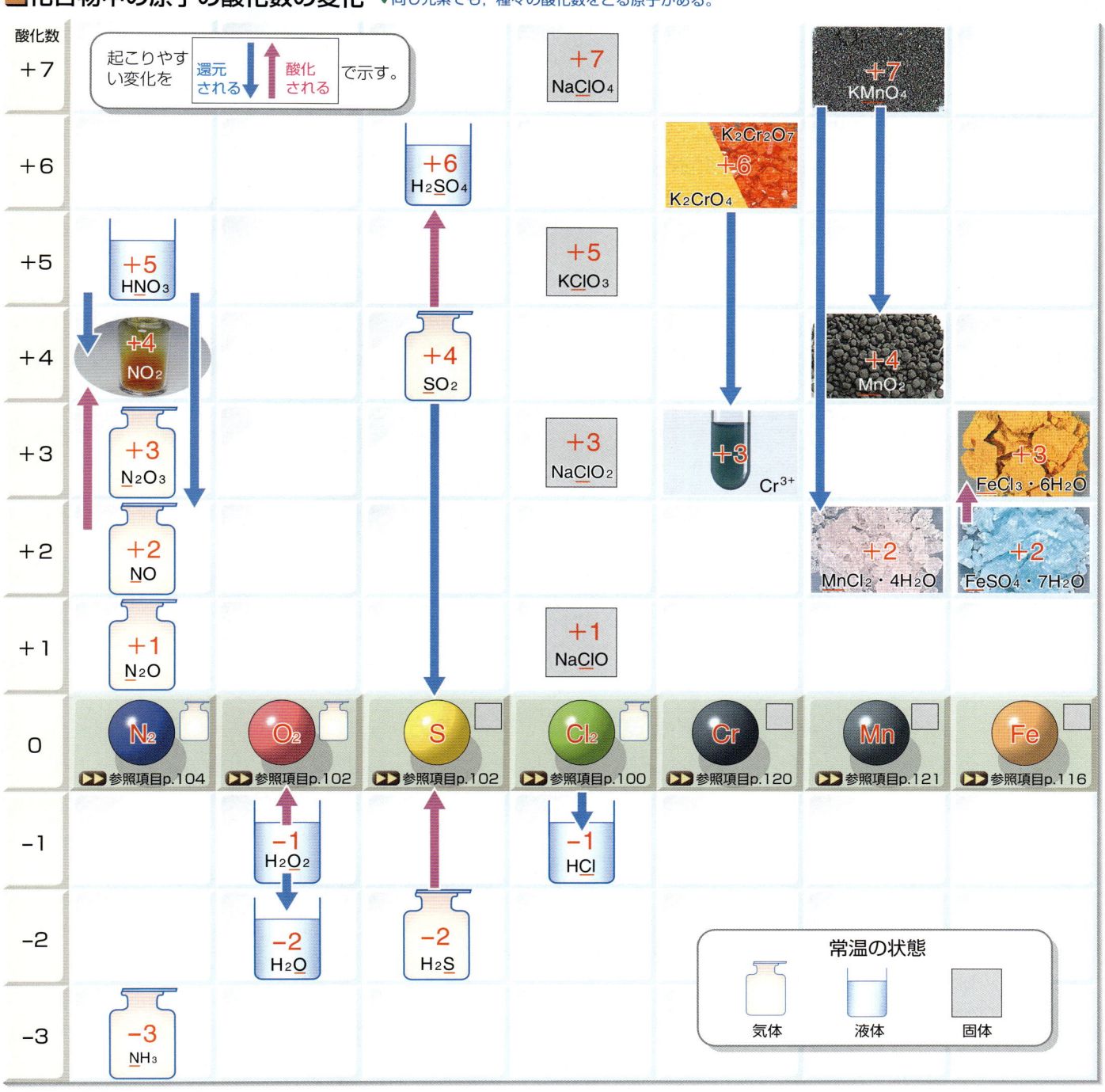

起こりやすい変化を　還元される↓　酸化される↑　で示す。

酸化数	N_2	O_2	S	Cl_2	Cr	Mn	Fe
+7				+7 $NaClO_4$		+7 $KMnO_4$	
+6			+6 H_2SO_4		+6 $K_2Cr_2O_7$ / K_2CrO_4		
+5	+5 HNO_3			+5 $KClO_3$			
+4	+4 NO_2		+4 SO_2			+4 MnO_2	
+3	+3 N_2O_3			+3 $NaClO_2$	+3 Cr^{3+}		+3 $FeCl_3 \cdot 6H_2O$
+2	+2 NO					+2 $MnCl_2 \cdot 4H_2O$	+2 $FeSO_4 \cdot 7H_2O$
+1	+1 N_2O			+1 NaClO			
0	N_2	O_2	S	Cl_2	Cr	Mn	Fe
−1		−1 H_2O_2		−1 HCl			
−2		−2 H_2O	−2 H_2S				
−3	−3 NH_3						

参照項目 p.104 / p.102 / p.102 / p.100 / p.120 / p.121 / p.116

常温の状態：気体／液体／固体

33 ▶ 酸化剤と還元剤

1 酸化剤と還元剤

酸化剤…他の物質を酸化させるはたらきがある(自身は還元されやすい)。
還元剤…他の物質を還元させるはたらきがある(自身は酸化されやすい)。

	酸化剤	還元剤
電子のやりとり	電子をうばう	電子をあたえる
相手物質へのはたらき(自身が変化)	酸化する(それ自身は還元される)	還元する(それ自身は酸化される)
自身の酸化数の変化	減少する	増加する

●主な酸化剤

過マンガン酸カリウム(酸性)	$KMnO_4$
過酸化水素(酸性)	H_2O_2
濃硝酸,希硝酸	HNO_3
熱濃硫酸	H_2SO_4

●主な還元剤

過酸化水素	H_2O_2
水素	H_2
二酸化硫黄	SO_2
硫化水素	H_2S

2 酸化剤と還元剤の反応

◻ 過マンガン酸カリウム $KMnO_4$(硫酸酸性) (酸化剤) + ヨウ化カリウム KIの反応 (還元剤)

過マンガン酸カリウム(酸化剤)
(硫酸酸性)

$$MnO_4^- + 8H^+ + 5e^- \longrightarrow Mn^{2+} + 4H_2O$$
(+7)酸化数 → (+2) 還元

自身は還元され,相手物質を酸化する

ヨウ化カリウム(還元剤)

$$2I^- \longrightarrow I_2 + 2e^-$$
(−1) → (0) 酸化

自身は酸化され,相手物質を還元する

ヨウ素(I_2)が遊離する

$$2MnO_4^- + 10I^- + 16H^+ \longrightarrow 2Mn^{2+} + 5I_2 + 8H_2O$$

KMnO₄の液性による酸化力の違い

MnO_4^- の酸化力は,溶液が酸性か,中性・塩基性かにより異なる。酸性溶液中ではMnO_4^-(酸化数+7)がMn^{2+}(酸化数+2)にまで還元される。しかし,中性・塩基性の水溶液中ではMnO_2(酸化数+4)までしか還元されない。

$$MnO_4^- + 2H_2O + 3e^- \longrightarrow MnO_2 + 4OH^-$$

したがって,硫酸酸性で$KMnO_4$を酸化剤として用いる。

酸化還元反応式のつくり方

❶酸化数の変化に合わせて,電子(e^-)を加える。	MnO_4^- + $5e^-$ $\longrightarrow$ Mn^{2+} (+7)　　　　　　　(+2) Mn原子の酸化数が5減少するので左辺に$5e^-$を加える。	$H_2O_2 \longrightarrow O_2 + 2e^-$ (−1)　　　(0) 2つのO原子の酸化数が1増加するので右辺に$2e^-$を加える。
❷両辺の電荷をH⁺を加えてつり合わせ,両辺の原子数を合わせる。	$MnO_4^- + 5e^- + 8H^+ \longrightarrow Mn^{2+} + 4H_2O$ ……(1) 電荷　−1　　−5　　+8　　　　+2　　　0 MnO_4^-の電荷は−1,$5e^-$は−5であるので合計して左辺は−6,右辺はMn^{2+}の+2だけである。その変化は+8であり,相当するH^+を8つ,左辺に加える。左辺の8つのH^+とO原子4つより,右辺に$4H_2O$を加える。	$H_2O_2 \longrightarrow O_2 + 2e^- + 2H^+$ ……(2) 　0　　　　　0　　−2　　+2 左辺はH_2O_2なので電荷は0,右辺は$2e^-$だけなので−2となり,その変化に対応して右辺にH^+を2つ加える。
❸酸化剤の反応式,還元剤の反応式からe^-を消去する。	(1)×2+(2)×5　　$2MnO_4^- + 6H^+ + 5H_2O_2 \longrightarrow 2Mn^{2+} + 5O_2 + 8H_2O$	

対になるイオンを加えると,通常の化学反応式が得られる。

③ 相手物質により酸化剤にも還元剤にもなる物質 ▶▶参照項目p.77

■過酸化水素 H_2O_2 の反応 ▼KIに対しては酸化剤，$KMnO_4$に対しては還元剤となる。

▼H_2O_2は相手物質により酸化剤にも還元剤にもなる。

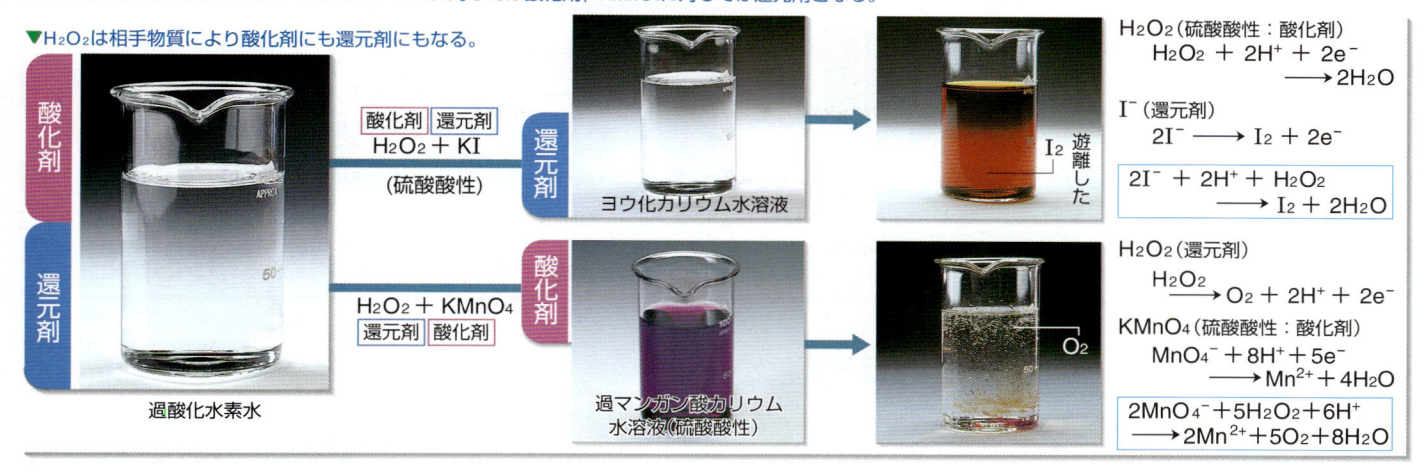

酸化剤 / 還元剤

H_2O_2 + KI （硫酸酸性）　→還元剤　ヨウ化カリウム水溶液　→　I_2 遊離した

H_2O_2 + $KMnO_4$　還元剤／酸化剤　→酸化剤　過マンガン酸カリウム水溶液（硫酸酸性）　→　O_2

過酸化水素水

H_2O_2（硫酸酸性：酸化剤）
$H_2O_2 + 2H^+ + 2e^- \longrightarrow 2H_2O$

I^-（還元剤）
$2I^- \longrightarrow I_2 + 2e^-$

$$2I^- + 2H^+ + H_2O_2 \longrightarrow I_2 + 2H_2O$$

H_2O_2（還元剤）
$H_2O_2 \longrightarrow O_2 + 2H^+ + 2e^-$

$KMnO_4$（硫酸酸性：酸化剤）
$MnO_4^- + 8H^+ + 5e^- \longrightarrow Mn^{2+} + 4H_2O$

$$2MnO_4^- + 5H_2O_2 + 6H^+ \longrightarrow 2Mn^{2+} + 5O_2 + 8H_2O$$

■二酸化硫黄 SO_2 の反応 ▼H_2Sに対しては酸化剤，I_2に対しては還元剤となる。

▼SO_2は相手物質により酸化剤にも還元剤にもなる。

酸化剤 / 還元剤

SO_2 + H_2S　酸化剤／還元剤　→還元剤　硫化水素水溶液　→　S 遊離した

SO_2 + I_2　還元剤／酸化剤　→酸化剤　ヨウ素・ヨウ化カリウム水溶液

二酸化硫黄水溶液

SO_2（酸化剤）
$SO_2 + 4H^+ + 4e^- \longrightarrow S + 2H_2O$

H_2S（還元剤）
$H_2S \longrightarrow S + 2H^+ + 2e^-$

$$SO_2 + 2H_2S \longrightarrow 3S + 2H_2O$$

SO_2（還元剤）
$SO_2 + 2H_2O \longrightarrow SO_4^{2-} + 4H^+ + 2e^-$

I_2（酸化剤）
$I_2 + 2e^- \longrightarrow 2I^-$

$$I_2 + SO_2 + 2H_2O \longrightarrow 2HI + H_2SO_4$$

④ 酸化還元滴定 ▼酸化還元反応を利用して濃度未知の酸化剤（還元剤）の濃度が求められる。

■オキシドール中の過酸化水素の$KMnO_4$による濃度決定

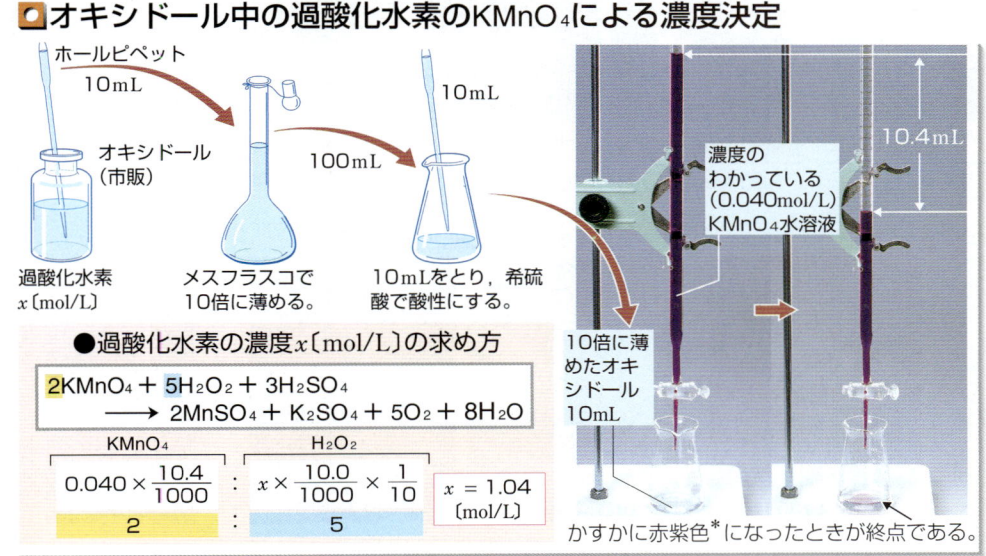

ホールピペット 10mL → オキシドール（市販）x〔mol/L〕 → メスフラスコで10倍に薄める。 100mL → 10mLをとり，希硫酸で酸性にする。 → 濃度のわかっている（0.040mol/L）$KMnO_4$水溶液　10.4mL

10倍に薄めたオキシドール 10mL

かすかに赤紫色*になったときが終点である。
*MnO_4^-の色である。

●過酸化水素の濃度x〔mol/L〕の求め方

$$2KMnO_4 + 5H_2O_2 + 3H_2SO_4 \longrightarrow 2MnSO_4 + K_2SO_4 + 5O_2 + 8H_2O$$

$KMnO_4$	H_2O_2	
$0.040 \times \dfrac{10.4}{1000}$	$x \times \dfrac{10.0}{1000} \times \dfrac{1}{10}$	$x = 1.04$ 〔mol/L〕
2	5	

混ぜると危険!!

（次亜塩素酸ナトリウム）NaClO ＋ トイレ洗浄剤（塩酸HCl） → Cl_2

次亜塩素酸ナトリウムを主成分とする塩素系漂白剤と，塩酸を主成分とする洗浄剤を混合すると，酸化還元反応が起こって塩素が発生するので，危険である。

$NaClO + 2HCl \longrightarrow NaCl + H_2O + Cl_2 \uparrow$

34 ▶ 金属のイオン化傾向

1 水溶液中での金属のイオン化とイオン化傾向

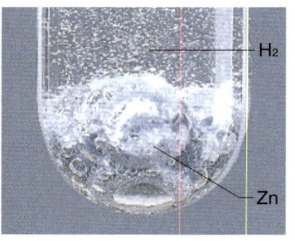

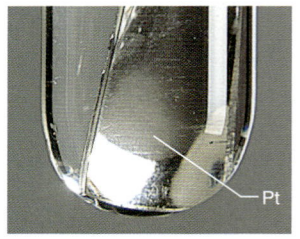

亜鉛は塩酸にとけて水素を発生する。

$$Zn + 2HCl \longrightarrow ZnCl_2 + H_2\uparrow$$

$$\begin{pmatrix} Zn \longrightarrow Zn^{2+} + 2e^- & \text{酸化反応} & Znは電子を失う。\\ 2H^+ + 2e^- \longrightarrow H_2\uparrow & \text{還元反応} & H^+は電子を受けとる。\end{pmatrix}$$

一方、白金は塩酸にとけず、水素を発生しない。
水溶液中での金属の反応性の違いは、電子を放出して酸化される傾向の違いによる。金属が水または水溶液中で陽イオンになる性質を金属の**イオン化傾向**という。

水素を発生する。 / 反応しない。

2 金属のイオン化列と金属の反応性
▼金属をイオン化傾向の大きさの順に並べた序列を**イオン化列**という。

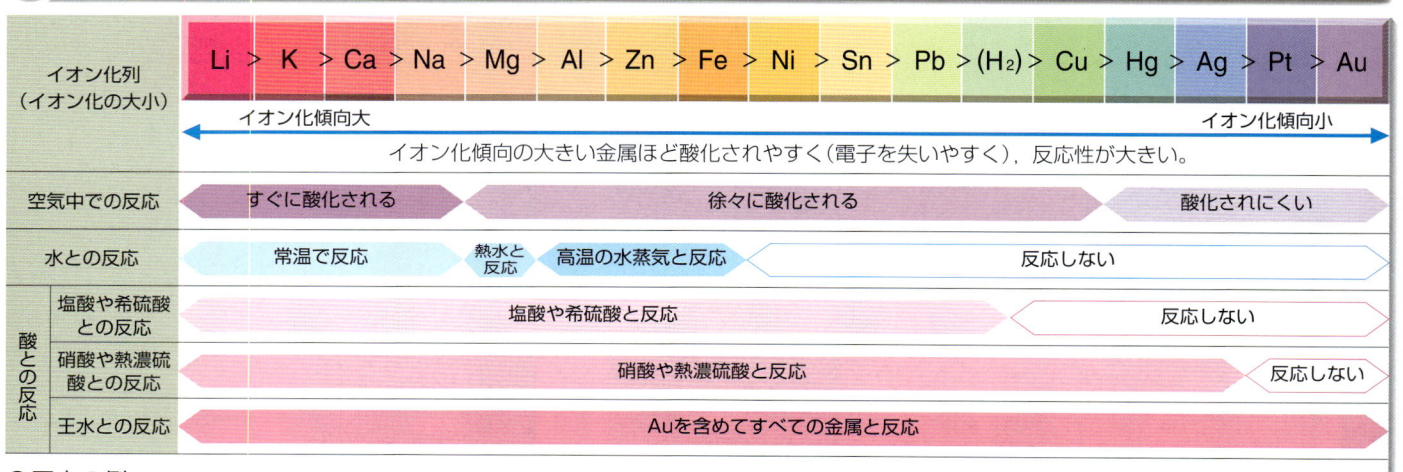

イオン化列 (イオン化の大小)	Li > K > Ca > Na > Mg > Al > Zn > Fe > Ni > Sn > Pb > (H_2) > Cu > Hg > Ag > Pt > Au
	←イオン化傾向大　　　　　　　　　　　　　　　　　　　イオン化傾向小→
	イオン化傾向の大きい金属ほど酸化されやすく(電子を失いやすく)、反応性が大きい。
空気中での反応	すぐに酸化される ／ 徐々に酸化される ／ 酸化されにくい
水との反応	常温で反応 ／ 熱水と反応 ／ 高温の水蒸気と反応 ／ 反応しない
酸との反応 塩酸や希硫酸との反応	塩酸や希硫酸と反応 ／ 反応しない
硝酸や熱濃硫酸との反応	硝酸や熱濃硫酸と反応 ／ 反応しない
王水との反応	Auを含めてすべての金属と反応

●反応の例　▼Pbは表面に水にとけない $PbCl_2$ や $PbSO_4$ をつくるため、塩酸や希硫酸にはほとんどとけない。Al, Fe, Ni は濃硝酸には不動態となり、とけない。

水と反応する / 熱水と反応する　　塩酸(6mol/L)と反応する　　濃硝酸と反応する

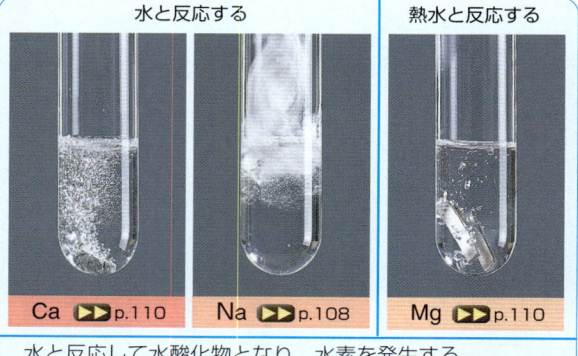

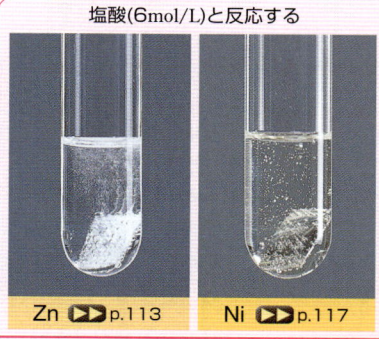

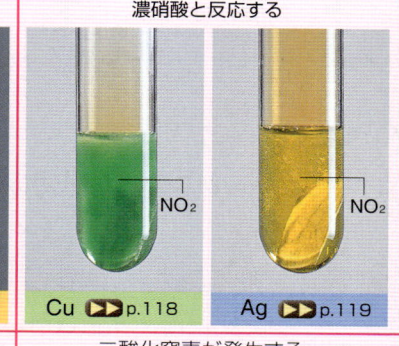

Ca ▶p.110　Na ▶p.108　Mg ▶p.110　Zn ▶p.113　Ni ▶p.117　Cu ▶p.118　Ag ▶p.119

水と反応して水酸化物となり、水素を発生する。／塩酸や希硫酸にとけて水素を発生する。／二酸化窒素が発生する。

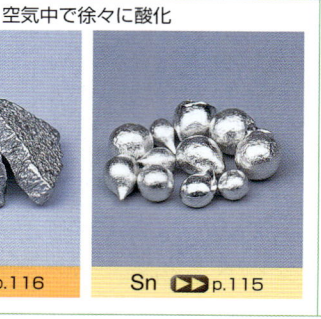

空気中ですぐに酸化　　空気中で徐々に酸化　　空気中では酸化されにくい　　王水と反応する

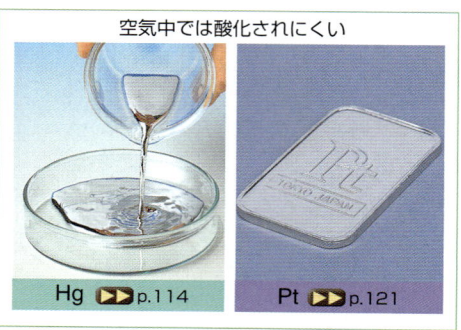

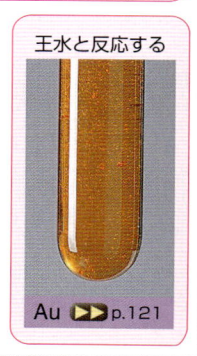

Na ▶p.108　Fe ▶p.116　Sn ▶p.115　Hg ▶p.114　Pt ▶p.121　Au ▶p.121

③ 金属間の電位差とイオン化列 ▼イオン化傾向の大きい金属が負極になる。

■金属間電位差の測定

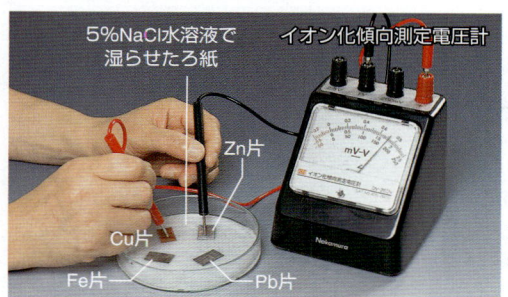

5%NaCl水溶液で湿らせたろ紙 / イオン化傾向測定電圧計 / Zn片 / Cu片 / Fe片 / Pb片

イオン化傾向の大きい金属が負極になり、イオン化傾向の小さい金属が正極になる。

測定電圧は金属表面の状態などによって異なる。

■標準電極電位 ▶▶参照項目p.227「標準酸化還元電位」

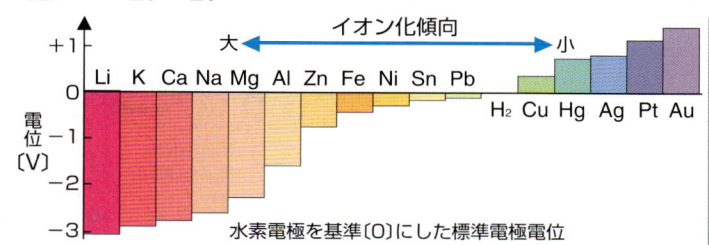

イオン化傾向 大 ⇔ 小
Li K Ca Na Mg Al Zn Fe Ni Sn Pb H₂ Cu Hg Ag Pt Au
電位〔V〕 +1 ～ -3

水素電極を基準〔0〕にした標準電極電位

金属をその金属を含む水溶液に浸したときに生じる電位差を**電極電位**という。金属のイオン化列は標準電極電位がもとになって決められている。

④ 金属の析出 ▼金属樹は、イオン化傾向の小さな金属の溶液に、イオン化傾向の大きい金属を入れたときに生成する。

●銀樹（銀の析出）

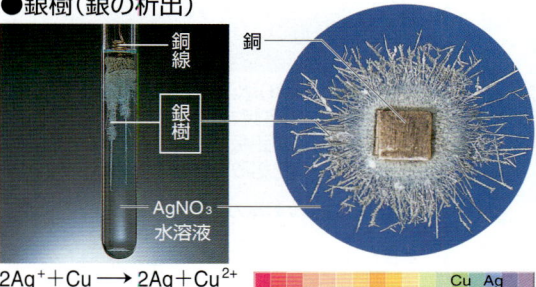

銅線 / 銀樹 / 銅 / AgNO₃水溶液

$2Ag^+ + Cu \longrightarrow 2Ag + Cu^{2+}$

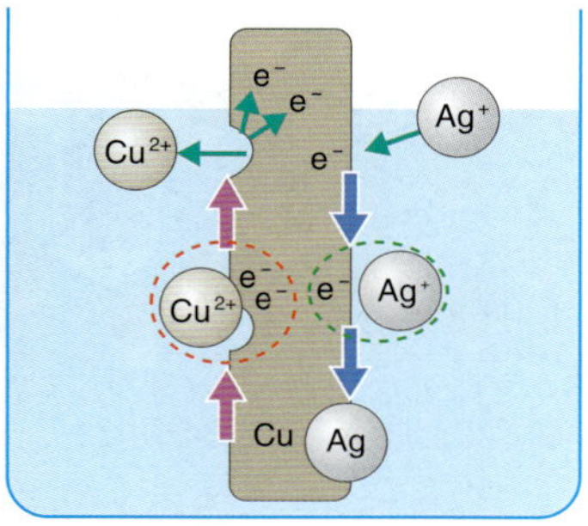

陽イオンになりやすさは $Cu > Ag$

銅と銀では、銅の方が陽イオンになりやすいことがわかる。

硝酸銀水溶液中に、銅を浸すと、銀が析出する。

$Cu \longrightarrow Cu^{2+} + 2e^-$（酸化）

銅は電子を失って、銅(Ⅱ)イオンになる。

$Ag^+ + e^- \longrightarrow Ag$（還元）

銀(Ⅰ)イオンは電子を得て銀となって析出する（還元）。

●銅樹（銅の析出）

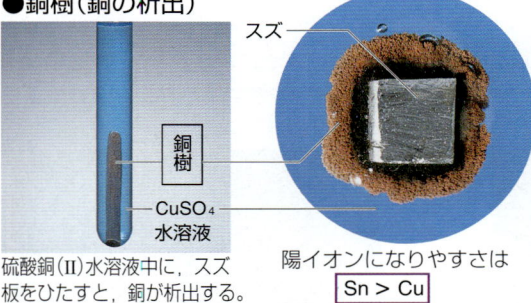

スズ / 銅樹 / CuSO₄水溶液

硫酸銅(Ⅱ)水溶液中に、スズ板をひたすと、銅が析出する。
$Cu^{2+} + Sn \longrightarrow Cu + Sn^{2+}$

陽イオンになりやすさは $Sn > Cu$

●スズ樹（スズの析出）

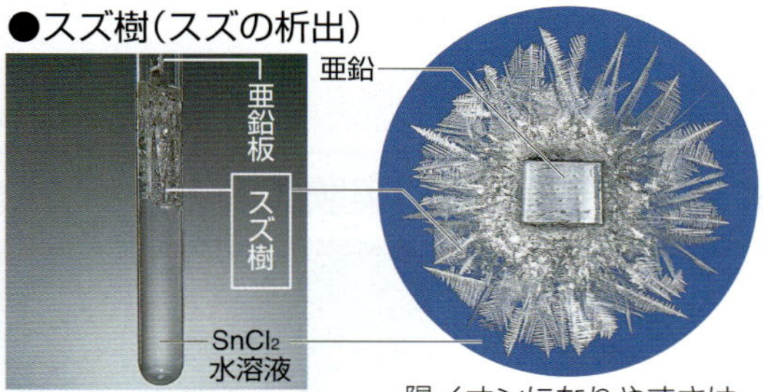

亜鉛板 / スズ樹 / 亜鉛 / SnCl₂水溶液

塩化スズ(Ⅱ)水溶液中に亜鉛をひたすと、スズが析出する。
$Sn^{2+} + Zn \longrightarrow Sn + Zn^{2+}$

陽イオンになりやすさは $Zn > Sn$

●イオン化列

イオン化傾向の大きい順に4種の金属を並べると、

$Zn > Sn > Cu > Ag$

の大小関係が得られる。これをイオン化列という。

局部電池

イオン化傾向の異なる2種の金属が電解質水溶液中で接するときに形成される。金属の腐食の原因となる。

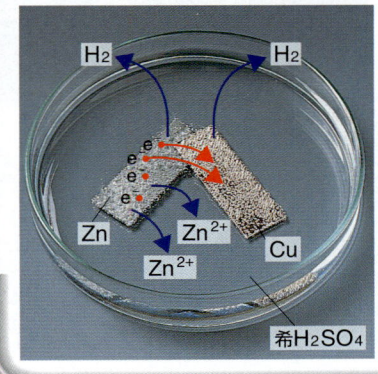

亜鉛板と銅板を希硫酸中で接触させると、局部電池が形成され、亜鉛板だけでなく、銅板の表面からもさかんに水素が発生する。

希H₂SO₄ / Zn / Zn²⁺ / Cu / H₂

メッキによる金属の保護

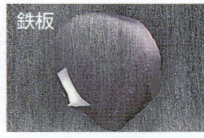

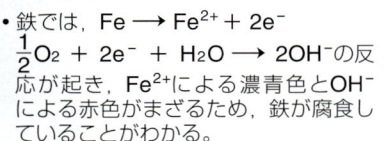

鉄板

・鉄では、$Fe \longrightarrow Fe^{2+} + 2e^-$
$\frac{1}{2}O_2 + 2e^- + H_2O \longrightarrow 2OH^-$ の反応が起き、Fe^{2+}による濃青色とOH^-による赤色がまざるため、鉄が腐食していることがわかる。

トタン板（傷をつける）

・傷をつけたトタンでは、
$Zn \longrightarrow Zn^{2+} + 2e^-$
$\frac{1}{2}O_2 + 2e^- + H_2O \longrightarrow 2OH^-$ が起き、OH^-によって赤色になっている。

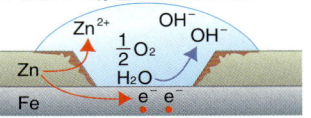

鉄イオンの検出に使われるヘキサシアニド鉄(Ⅲ)酸カリウム*とフェノールフタレインの混合液を滴下する。

・トタンでは亜鉛がとけ出すため、鉄が保護される。

トタン（鋼板に亜鉛をめっき）

ブリキ（鋼板にスズをめっき） / 缶詰の内側

*ヘキサシアニド鉄(Ⅲ)酸カリウムK₃[Fe(CN)₆]aq ▶▶参照項目p.116

35 ▶ 電池

$K > Ca > Zn > (H_2) > Cu > Au$
$Zn > Cu$
酸化(e^-を放出) 還元される

① ダニエル電池
▼ダニエル電池では，亜鉛と銅のイオン化傾向の違いによって起電力を得る。

■電池の原理

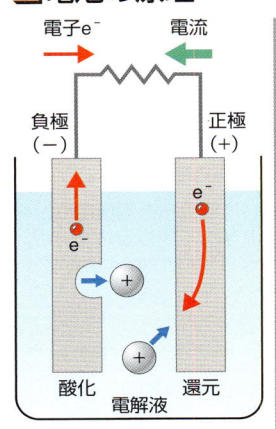

電子e^- ／ 電流
負極(−) ／ 正極(+)
酸化 ／ 電解液 ／ 還元

負極から導線へ電子が流れ出し，正極へ流れ込む。

●電池式の表し方

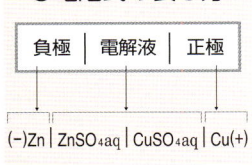

負極	電解液	正極
(−)Zn	ZnSO₄aq	CuSO₄aq	Cu(+)

■ダニエル電池の仕組み

$(-)Zn\ |\ ZnSO_4aq\ |\ CuSO_4aq\ |\ Cu(+)$

イオン化傾向の大きい亜鉛ZnはZn^{2+}となって水溶液中にけ出し，Zn板中の電子が導線を通って，Cu板に達する。

Cu板では，硫酸銅(II) $CuSO_4$水溶液中のCu^{2+}がCuに還元されるので，銅が析出する。

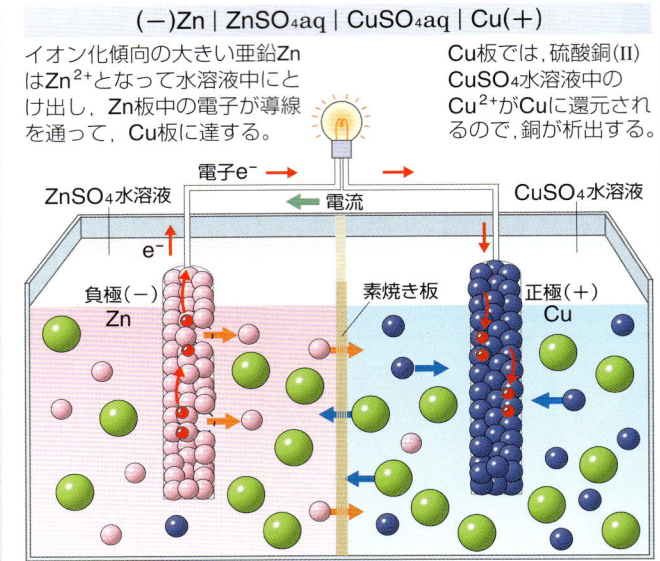

ZnSO₄水溶液 ／ 電子e^- ／ 電流 ／ CuSO₄水溶液
負極(−) Zn ／ 素焼き板 ／ 正極(+) Cu

素焼き板にあいている小さな あな を通ってイオンが流れる。電流が流れないときには，両極の溶液が混ざるのを防ぐ。

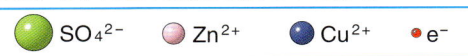

● SO_4^{2-} ● Zn^{2+} ● Cu^{2+} ● e^-

■ダニエル電池の実験装置

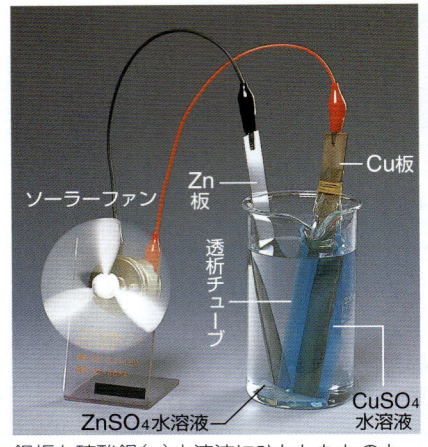

ソーラーファン ／ Zn板 ／ Cu板 ／ 透析チューブ ／ ZnSO₄水溶液 ／ CuSO₄水溶液

銅板を硫酸銅(II)水溶液にひたしたものと，透析チューブ(素焼き板と同じ役目をする)をへだてて，亜鉛板を硫酸亜鉛の水溶液にひたしたものを組み合わせた電池。

起電力：約1.1V

負極(−) $Zn \longrightarrow Zn^{2+} + 2e^-$ 　酸化される
正極(+) $Cu^{2+} + 2e^- \longrightarrow Cu$ 　還元される

② ボルタ電池
▼ボルタ電池では，亜鉛と水素のイオン化傾向の違いによって起電力を得る。

■ボルタ電池の仕組み

$(-)Zn\ |\ H_2SO_4aq\ |\ Cu(+)$

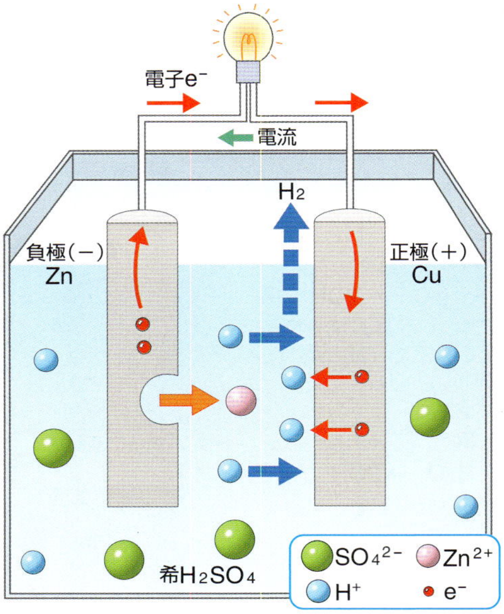

電子e^- ／ 電流
負極(−) Zn ／ 正極(+) Cu ／ H_2
希H_2SO_4

● SO_4^{2-} ● Zn^{2+} ○ H^+ ● e^-

負極(−) $Zn \longrightarrow Zn^{2+} + 2e^-$ 　酸化される
正極(+) $2H^+ + 2e^- \longrightarrow H_2$ 　還元される

■実験装置と分極現象

Zn板 ／ Cu板 ／ 希H_2SO_4

希硫酸中に亜鉛板と銅板をひたし，それらを導線でつなぐ。電球はいったん点灯するが，すぐに起電力が低下する(分極という)ので消えてしまう。

起電力(はじめ)：約1.1V

酸化剤(正極活物質)を入れる →

起電力が回復し，電球が点灯する。

酸化剤を加える(正極活物質)

正極で電子を受けとることによって分極が起こらないようにする物質を，正極活物質という。H_2O_2，$K_2Cr_2O_7$ などの酸化剤が主に用いられる。

亜鉛板をアマルガム(水銀と他の金属との合金)処理すれば，亜鉛板からの水素の発生を抑えられる。

物質の化学変化

③ 鉛蓄電池 ▼充電のできる実用化した二次電池である。

●鉛蓄電池の仕組み

(－)Pb｜H₂SO₄aq｜PbO₂(＋)

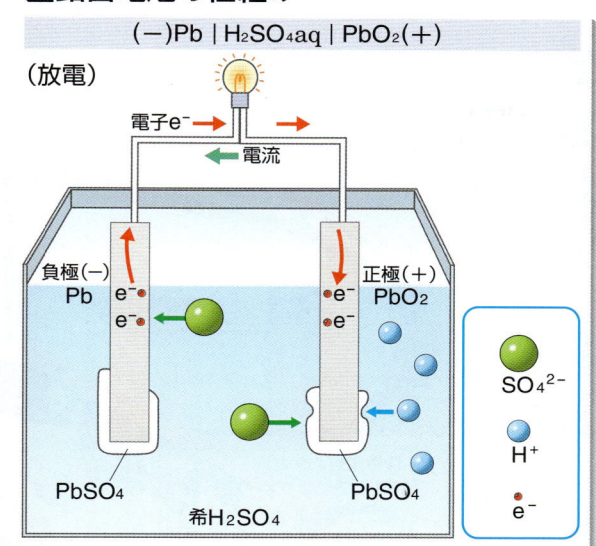

(放電)

負極(－) Pb + SO₄²⁻ ⟶ PbSO₄ + 2e⁻
正極(＋) PbO₂ + 4H⁺ + 2e⁻ + SO₄²⁻
　　　⟶ PbSO₄ + 2H₂O

実際に使われている鉛蓄電池では，希硫酸中にPbとPbO₂を隔離板をへだてて交互にひたし，高い起電力(約6V)を得ている。
▶▶参照項目p.85「鉛蓄電池」

●鉛蓄電池の放電と充電　PbO₂ + Pb + 2H₂SO₄ ⇌(放電/充電) 2PbSO₄ + 2H₂O

放電前：負極Pb／正極PbO₂
正極は酸化鉛(IV)で表面が褐色。

放電中：起電力 約2.1V／鉛板／希H₂SO₄／酸化鉛(IV)板

充電中：直流電源装置

放電後：負極，正極とも硫酸鉛(II)でおおわれる。

放電すると硫酸の濃度が小さくなり，極板がしだいに硫酸鉛(II)でおおわれるので起電力が低下するが，充電により逆向きの反応が進行する。このように外部から逆向きの電流を流すと起電力を回復させることのできる電池を**二次電池**という。一方，逆向きの電流を流しても最初の状態に戻せない電池を**一次電池**という。

④ マンガン乾電池 ▼電解液のもれを防ぐために密閉製とした携帯用電池である。

(－)Zn｜ZnCl₂(NH₄Cl)aq｜MnO₂｜C(＋)

●マンガン乾電池の構造

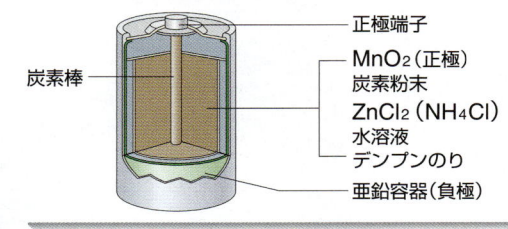

炭素棒／正極端子／MnO₂(正極)／炭素粉末／ZnCl₂(NH₄Cl)水溶液／デンプンのり／亜鉛容器(負極)

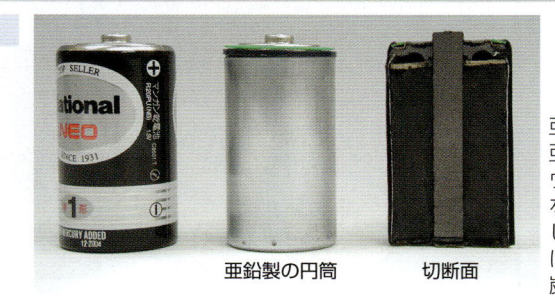

亜鉛製の円筒／切断面

亜鉛製の円筒に電解液として塩化亜鉛 ZnCl₂，少量の塩化アンモニウム NH₄Cl が加わり，この水溶液を合成のりを用いてペースト状にし，特殊な紙を用いたセパレータに塗布したものを使用する。中に炭素棒がうめてある。

⑤ 燃料電池 ▼金属以外の物質が起こす酸化還元反応を利用した電池を燃料電池という。

(－)H₂(Pt)｜KOHaq｜O₂(Pt)(＋)

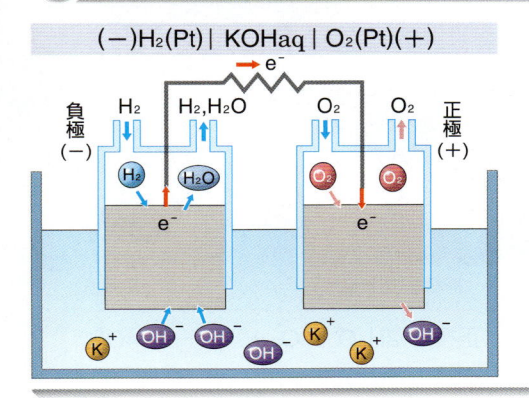

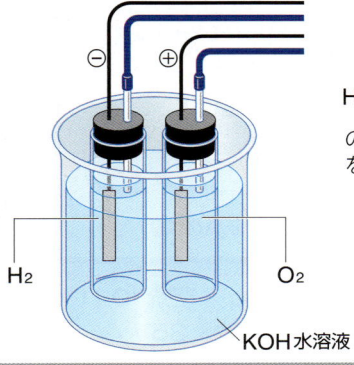

負極／H₂／H₂,H₂O／O₂／O₂／正極
KOH水溶液

$H_2 + \dfrac{1}{2}O_2 \longrightarrow H_2O$

の水素の燃焼エネルギーを利用した電池である。

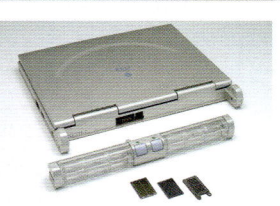

開発中のノートパソコン用燃料電池ユニット

負極(－) $H_2 + 2OH^- \longrightarrow 2H_2O + 2e^-$　酸化される
正極(＋) $\dfrac{1}{2}O_2 + H_2O + 2e^- \longrightarrow 2OH^-$　還元される
全体　　$H_2 + \dfrac{1}{2}O_2 \longrightarrow H_2O$

36 ▶ 実用電池

① 一次電池：放電のみを行い，充電できない電池

◉アルカリマンガン乾電池
▼電解液としてアルカリ(KOH)を使用している。連続して大きな電流が得られる。従来のマンガン乾電池に比べ長寿命。
▶▶ 参照項目p.83「マンガン乾電池」

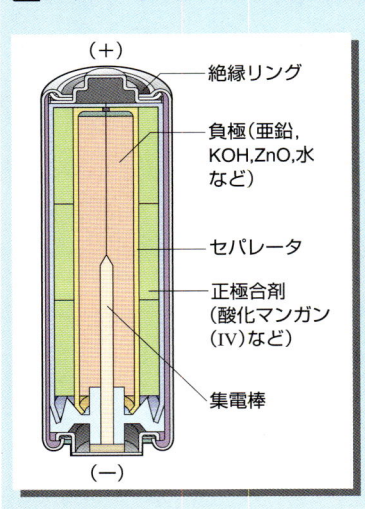

構造図ラベル：(+)、絶縁リング、負極(亜鉛, KOH, ZnO, 水など)、セパレータ、正極合剤(酸化マンガン(IV)など)、集電棒、(−)

$(-)\ Zn\ |\ KOHaq\ |\ MnO_2\ (+)$
起電力　約1.5V

用途：おもちゃ、懐中電灯、カセットテープレコーダー

◉リチウム電池
▼小形・軽量で3Vという高電圧が得られる。電解液が有機溶媒で水分が含まれていないので凍らず寒さに強い。

$(-)\ Li\ |\ フッ素の化合物＋有機電解液\ |\ MnO_2\,,\, または(CF)_n\ (+)$*
起電力　約3.0V

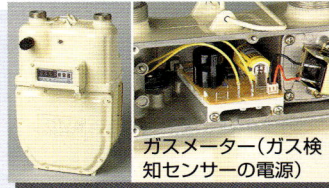

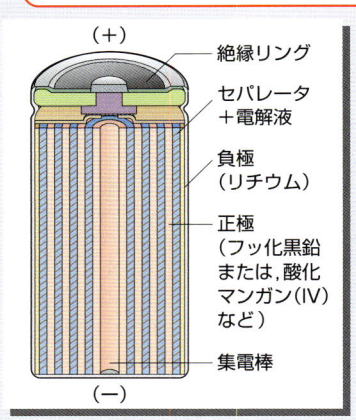

構造図ラベル：(+)、絶縁リング、セパレータ＋電解液、負極(リチウム)、正極(フッ化黒鉛または，酸化マンガン(IV)など)、集電棒、(−)

*正極活物質として，MnO_2が使われているものを二酸化マンガンリチウム電池，$(CF)_n$が使われているものをフッ化黒鉛リチウム電池という。

用途：ガスメーター(ガス検知センサーの電源)、カメラ(ストロボやフィルム巻き上げの電源)

◉酸化銀電池(銀電池)
▼電圧が非常に安定しており，精密な電子機器に利用される。

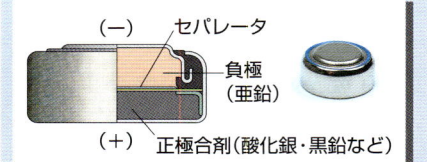

構造図ラベル：(−)、セパレータ、負極(亜鉛)、正極合剤(酸化銀・黒鉛など)、(+)

$(-)\ Zn\ |\ KOHaq\ |\ Ag_2O\ (+)$
起電力　約1.55V

◉空気電池(空気亜鉛電池)
▼正極の物質をおさめる必要がないため，その分，負極の物質がつめられ，小型で大容量が得られる。

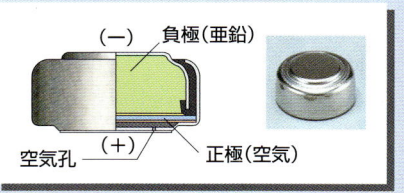

構造図ラベル：(−)、負極(亜鉛)、空気孔、(+)、正極(空気)

$(-)\ Zn\ |\ NH_4Claq\ |\ 空気\,(O_2)\ (+)$
起電力　約1.35V

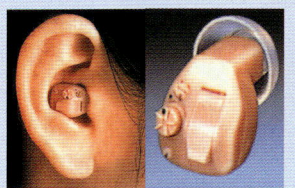

正極で $2H_2O + O_2 + 4e^- \longrightarrow 4OH^-$

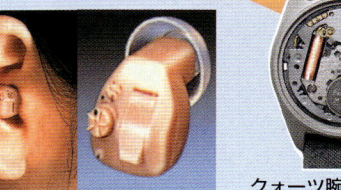

用途：補聴器(空気電池)、クォーツ腕時計の内部(酸化銀電池)

一次電池

物質の化学変化

よい電池の条件	❶ エネルギー密度が高い	❷ 起動力が大きい
	❸ 自己放電を抑制	❹ 二次電池では放電と充電が可逆的に何回も可能
	❺ とり扱いやすく経済的	❻ 安全性・信頼性が高く，無公害

❷ 二次電池：放電と充電がくり返しできる電池

長寿命・小形・軽量化へ

■ ニッケル・カドミウム電池

▼電圧が安定しており，軽く衝撃に強い。

(−) Cd | KOHaq | NiO(OH) (+)
起電力　約1.3V

負極極板(Cd)
セパレータ
正極極板(NiO(OH))

リサイクルのためのマーク

コードレス電話と電池

携帯用ステレオプレイヤー

二次電池
その他の電池

人工衛星

■ ニッケル・水素電池

▼負極に水素を大量にたくわえることのできる金属を使っており，ニッケル・カドミウム電池の約2倍の電気容量が可能。

(−) 水素(水素貯蔵合金) | KOHaq | NiO(OH) (+)
起電力　約1.3V

● ニッケル・水素電池とリチウムイオン電池の利用例

ノートパソコン
携帯電話
ニッケル・水素電池

■ リチウムイオン電池

▼高性能の充電式電池。大きな電流が得られ，電圧が安定している。

(−) C | 有機電解液 | LiCoO$_2$ (+)
起電力　約4V

リチウムイオン電池

■ 鉛蓄電池　▼大きな電流が得られ，安価。
▶▶ 参照項目p.83

オートバイや自動車のバッテリー

端子　　液口栓
負極板
セパレータ　正極板

(−) Pb | H$_2$SO$_4$aq | PbO$_2$ (+)
起電力　約2.1V

小型密閉型電池も開発され，各種コードレス機器に利用されている。

環境を汚さない太陽電池と燃料電池

■ 太陽電池

太陽光などの光エネルギーを直接電気エネルギーに変換する。このような電池を物理電池という。電卓，腕時計の電源や住宅用の屋根などに利用されている。シリコンを用いたn型半導体とp型半導体とが接するところで光が吸収されると，起電力が生じる。変換効率が高く安価なアモルファスシリコンの開発が進んでいる。

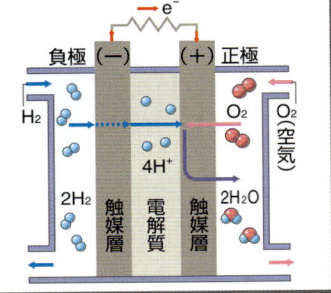

電卓
ソーラーハウス

● 燃料電池の原理(リン酸型*)

負極(−)　　(+)正極
H$_2$　　　　O$_2$
4H$^+$　　　O$_2$(空気)
2H$_2$　触媒層 電解質 触媒層　2H$_2$O

■ 燃料電池

天然ガスなどの燃料から得られる水素と，空気中の酸素とを反応させ，水素の酸化反応による化学エネルギーを直接電気エネルギーとしてとり出す。電解質として，リン酸水溶液を使用したものだけでなく，より高エネルギーをとり出せる固体電解質型の燃料電池も開発が進んでいる。

*負極：H$_2$ ⟶ 2H$^+$ + 2e$^-$，正極：O$_2$ + 4H$^+$ + 4e$^-$ ⟶ 2H$_2$O

37 ▶ 電気分解

① 水溶液の電気分解
▶水溶液に直流電流を流して，酸化還元反応を起こさせることを**電気分解**という。

■電気分解の原理

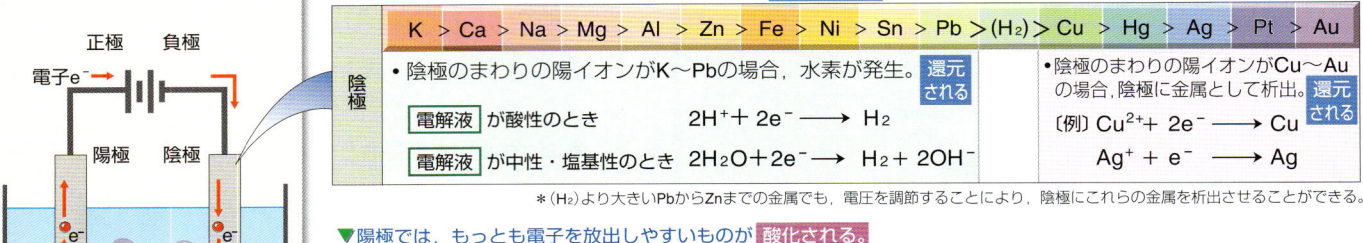

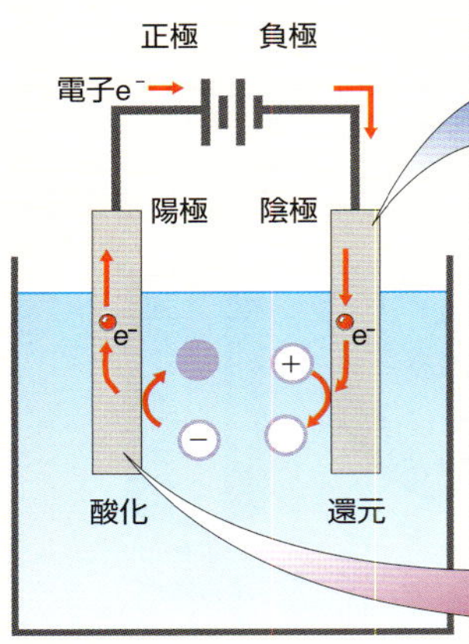

電子e⁻ 正極 負極
陽極 陰極
酸化 還元

電解質の水溶液や高温の融解塩に外部から直流電流を流して酸化還元反応を起こさせることを電気分解（電解）という。

■陰極・陽極での反応
・外部電源の正極(負極)とつながっているものを陽極(陰極)という。

▼陰極では，もっとも電子を受け入れやすいものが **還元される。**

K > Ca > Na > Mg > Al > Zn > Fe > Ni > Sn > Pb > (H₂) > Cu > Hg > Ag > Pt > Au

陰極
・陰極のまわりの陽イオンがK～Pbの場合，水素が発生。**還元される**

| 電解液 が酸性のとき | $2H^+ + 2e^- \longrightarrow H_2$ |
| 電解液 が中性・塩基性のとき | $2H_2O + 2e^- \longrightarrow H_2 + 2OH^-$ |

・陰極のまわりの陽イオンがCu～Auの場合，陰極に金属として析出。**還元される**

〔例〕 $Cu^{2+} + 2e^- \longrightarrow Cu$
$Ag^+ + e^- \longrightarrow Ag$

＊(H₂)より大きいPbからZnまでの金属でも，電圧を調節することにより，陰極にこれらの金属を析出させることができる。

▼陽極では，もっとも電子を放出しやすいものが **酸化される。**

陽極
・電極がCuやAgの場合，電極が陽イオンとしてとけ出す。**酸化される。**
〔例〕 $Cu \longrightarrow Cu^{2+} + 2e^-$ $Ag \longrightarrow Ag^+ + e^-$

・電極がPtやCの場合，酸化されやすい陰イオンが反応する。**酸化される。**

酸化されやすさ $I^- > Br^- > Cl^- > OH^- \gg SO_4^{2-}, NO_3^-$

・I⁻, Br⁻, Cl⁻があるとき，ハロゲン単体が生成する。
〔例〕 $2I^- \longrightarrow I_2 + 2e^-$
$2Cl^- \longrightarrow Cl_2 + 2e^-$

・I⁻, Br⁻, Cl⁻がないとき，酸素を発生する。
| 電解液 が塩基性のとき | $4OH^- \longrightarrow O_2 + 2H_2O + 4e^-$ |
| 電解液 が中性，酸性のとき | $2H_2O \longrightarrow O_2 + 4H^+ + 4e^-$ |

●NaClaqの電気分解（Pt-Pt極）

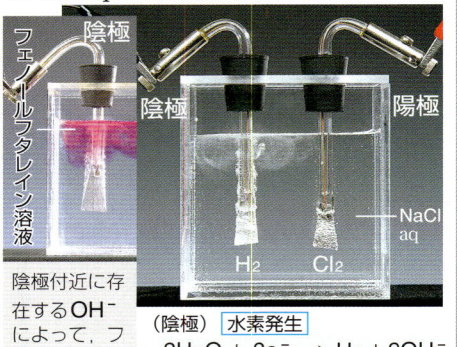

陰極付近に存在するOH⁻によって，フェノールフタレインが赤変する。

(陰極) 水素発生 $2H_2O + 2e^- \longrightarrow H_2 + 2OH^-$
(陽極) 塩素発生 $2Cl^- \longrightarrow Cl_2 + 2e^-$

●KIaqの電気分解（Pt-Pt極）

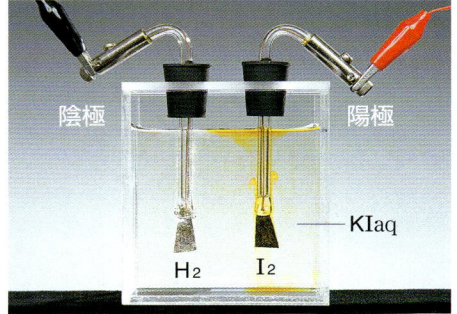

(陰極) 水素発生 $2H_2O + 2e^- \longrightarrow H_2 + 2OH^-$
(陽極) ヨウ素生成 $2I^- \longrightarrow I_2 + 2e^-$

●NaOHaqの電気分解（Pt-Pt極）

(陰極) 水素発生 $2H_2O + 2e^- \longrightarrow H_2 + 2OH^-$
(陽極) 酸素発生 $4OH^- \longrightarrow O_2 + 2H_2O + 4e^-$

●AgNO₃aqの電気分解（Pt-Pt極）

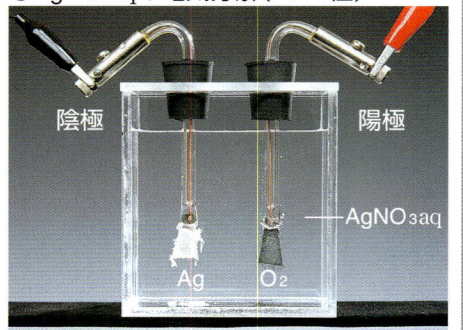

(陰極) 銀析出 $Ag^+ + e^- \longrightarrow Ag$
(陽極) 酸素発生 $2H_2O \longrightarrow O_2 + 4H^+ + 4e^-$

●CuSO₄aqの電気分解（Pt-Pt極）

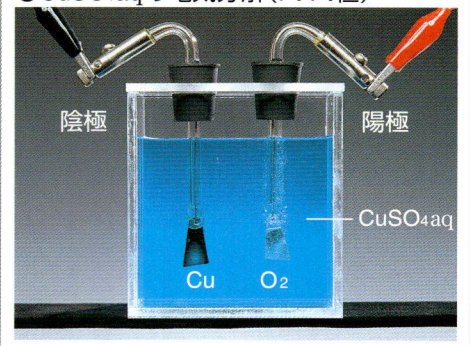

(陰極) 銅析出 $Cu^{2+} + 2e^- \longrightarrow Cu$
(陽極) 酸素発生 $2H_2O \longrightarrow O_2 + 4H^+ + 4e^-$

●CuSO₄aqの電気分解（Cu-Cu極）

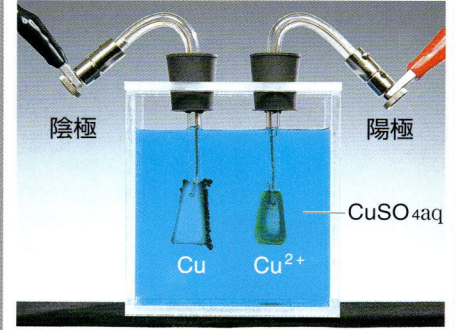

(陰極) 銅析出 $Cu^{2+} + 2e^- \longrightarrow Cu$
(陽極) 極板がとける $Cu \longrightarrow Cu^{2+} + 2e^-$

2 融解塩の電気分解
▼融解塩の電気分解では，水溶液の電気分解では得られないイオン化傾向の大きい金属が析出する。

原理図

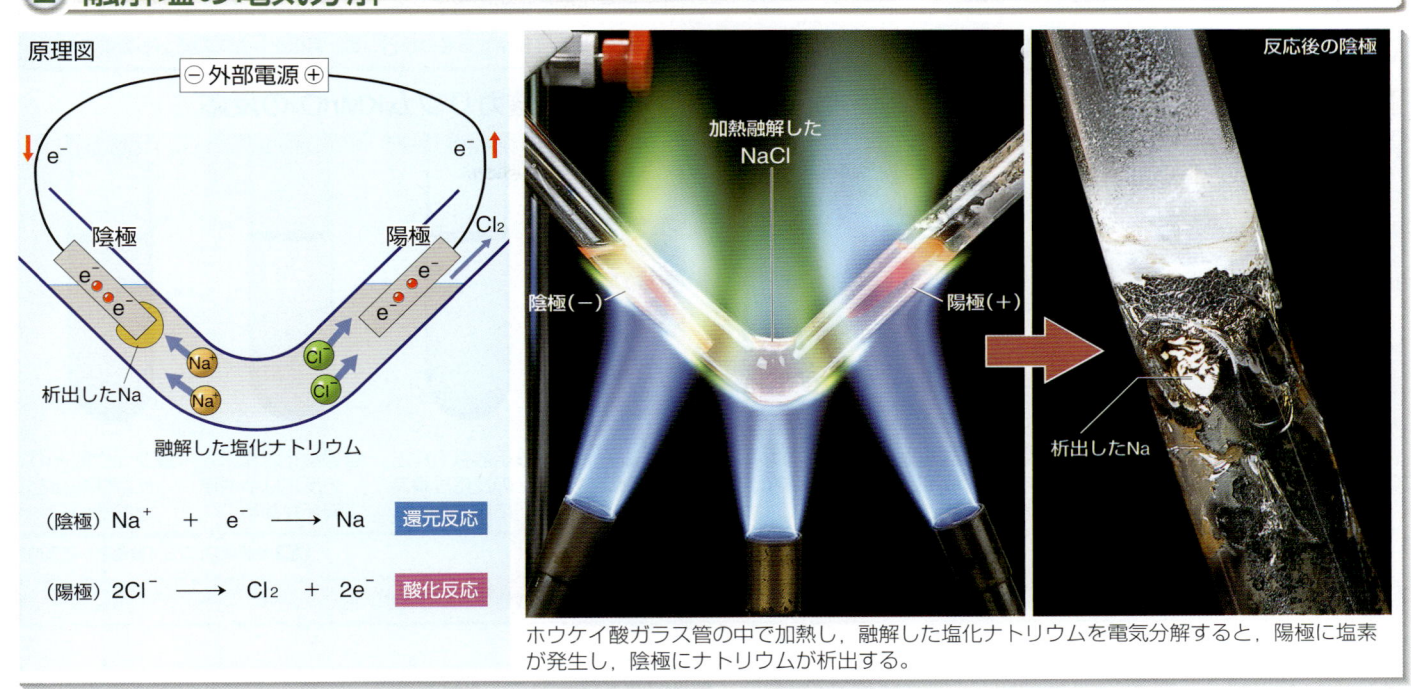

(陰極) $Na^+ + e^- \longrightarrow Na$ 　還元反応

(陽極) $2Cl^- \longrightarrow Cl_2 + 2e^-$ 　酸化反応

ホウケイ酸ガラス管の中で加熱し，融解した塩化ナトリウムを電気分解すると，陽極に塩素が発生し，陰極にナトリウムが析出する。

3 ファラデーの電気分解の法則
▼陰極または陽極で変化する物質量は，流した電気量に比例する。1molの電子がもつ電気量96500C/molをF（ファラデー定数）という。電気量〔C〕＝電流〔A〕×時間〔s〕

◾️水の電気分解

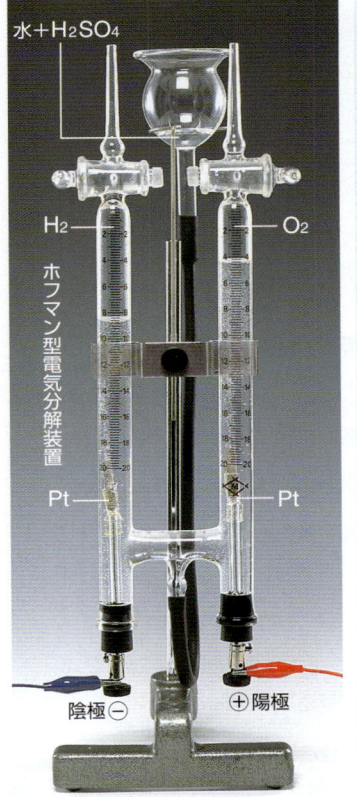

(陰極) $2H^+ + 2e^- \longrightarrow H_2$
　　　　　電子　　　　　水素
　　　　　2mol　　　　　1mol

・電子2molにより水素1molが生じる。

(陽極)
$2H_2O \longrightarrow O_2 + 4H^+ + 4e^-$
　　　　　　　酸素　　　　　電子
　　　　　　　1mol　　　　　4mol

・電子4molにより酸素1molが生じる。

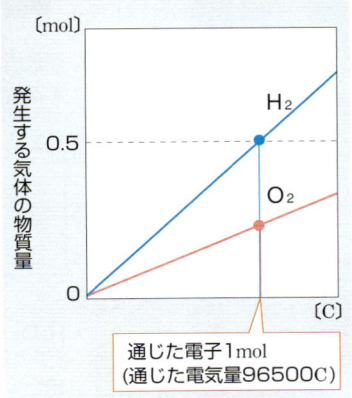

陰極に発生するH_2，陽極に発生するO_2とも，発生する気体の体積は通じた電気量に比例している。

通じた電子1mol（通じた電気量96500C）

◾️硫酸銅(II)水溶液の電気分解

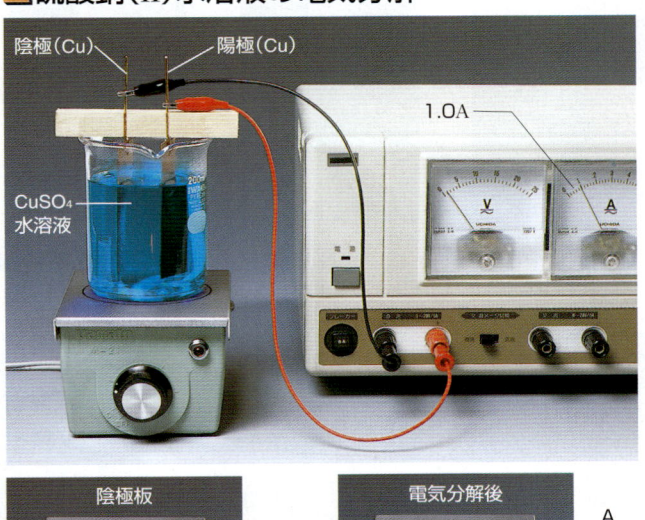

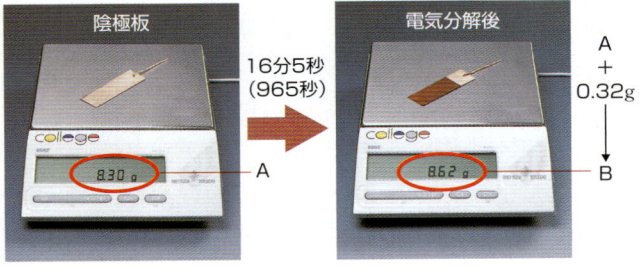

上図の実験装置で，$CuSO_4$水溶液に，一定の電気量（電子0.01mol：1.0Aで965秒）を通じると，陰極板は0.32g（0.005mol）増加した。

$Cu^{2+} + 2e^- \longrightarrow Cu$
0.01mol　　　　　　　0.005mol

16分5秒（965秒）

38 ▶ 化学反応の速さ

●反応の速さを変える要因
①濃度：濃度が大きいほどはやい。（反応物どうしの衝突回数が増加）
②温度：高温ほどはやい。（反応することのできる粒子が増加）
③触媒：活性化エネルギーを下げ反応をはやめる。（正触媒）

1 はやい反応・おそい反応

▼反応により進行する速さが異なり，瞬時に完結するものから，数ヶ月以上かかるおそいものまである。

おそい反応
緑青（銅の錆）
熱田神宮・本宮
鉄や銅の錆は，ゆっくりと起こる酸化反応である。

はやい反応
水素と空気の混合物の爆発
爆発は，瞬時に起こる燃焼反応である。

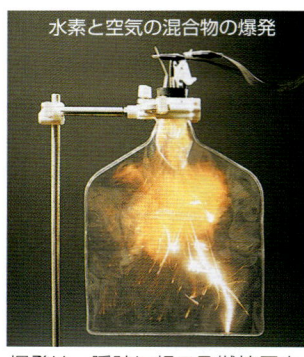

過マンガン酸カリウム $KMnO_4$ の反応

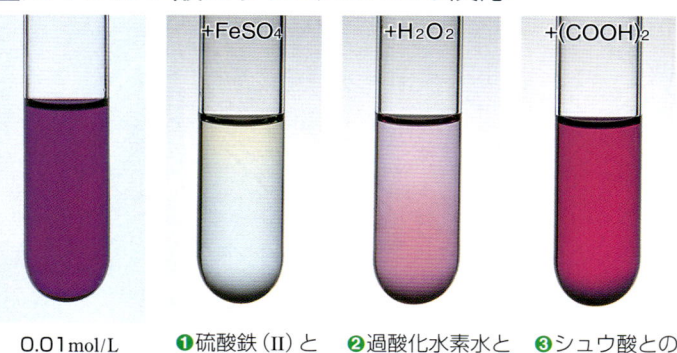

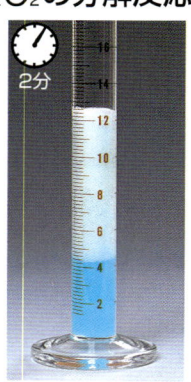

0.01mol/L $KMnO_4$ 水溶液（硫酸酸性）
+$FeSO_4$
+H_2O_2
+$(COOH)_2$

❶硫酸鉄(Ⅱ)との反応は瞬時に起こる。
❷過酸化水素水との反応はやや時間がかかる。
❸シュウ酸との反応はもっともおそい。

▶▶ 参照項目p.78「酸化剤と還元剤」

2 反応の速さを調べる

▼反応の速さは，単位時間あたりの反応物の減少や生成物の増加で表す。

過酸化水素 H_2O_2 の分解反応の速さ　$2H_2O_2 \xrightarrow{Cu^{2+}} 2H_2O + O_2$

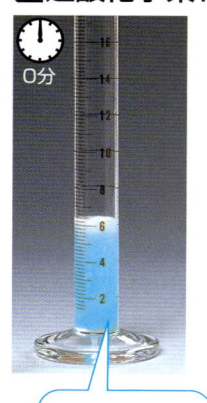

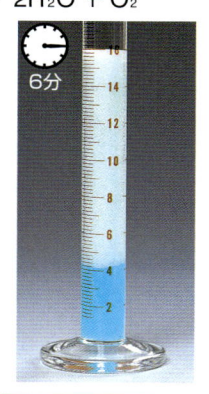

0分　2分　4分　6分　8分　10分

泡の体積

$H_2O_2 + CuCl_2$ ＋合成洗剤

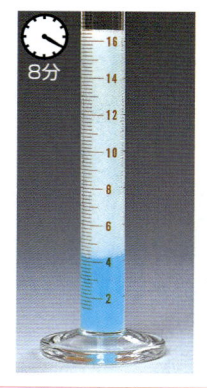

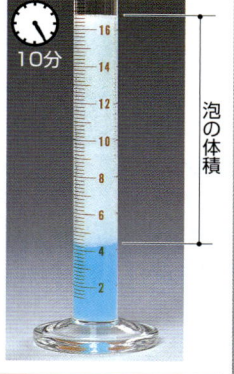

(1) メスシリンダーに一定濃度の過酸化水素水をとり，泡を発生させるために合成洗剤数滴を加えておく。
(2) $CuCl_2$ 水溶液を触媒として加え，発生する酸素の量の時間変化を泡の増加で測定する。

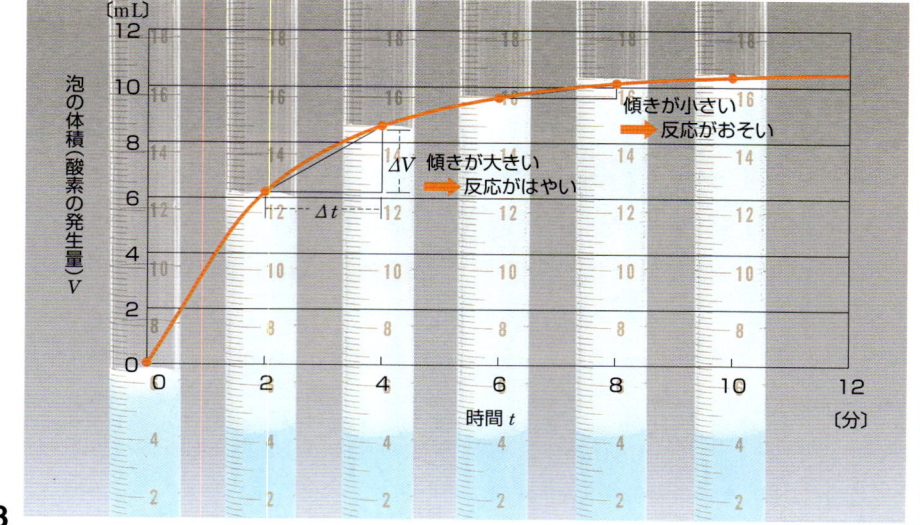

傾きが小さい → 反応がおそい
傾きが大きい → 反応がはやい
ΔV
Δt

泡の体積（酸素の発生量）V [mL]
時間 t 〔分〕

●酸素の発生量の時間変化

・反応の速さは，一定時間（Δt）に発生する酸素の体積（ΔV）で表せる。

$$反応の速さ = \frac{\Delta V}{\Delta t} = グラフの傾き$$

・H_2O_2 の分解反応の反応の速さは，反応のはじめでははやく，徐々におそくなり，やがてほとんど止まってしまうことがわかる。

物質の化学変化

③ 濃度と反応の速さ　▼反応物の濃度を大きくすると，反応速度は大きくなる。

◾ H_2O_2の濃度と分解反応の速さ

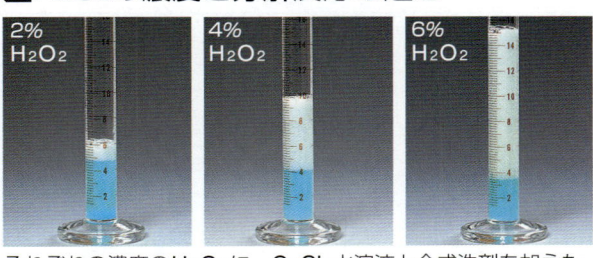

それぞれの濃度のH_2O_2に，$CuCl_2$水溶液と合成洗剤を加えた一定時間後の状態。H_2O_2の濃度が大きいほど反応がはやい。

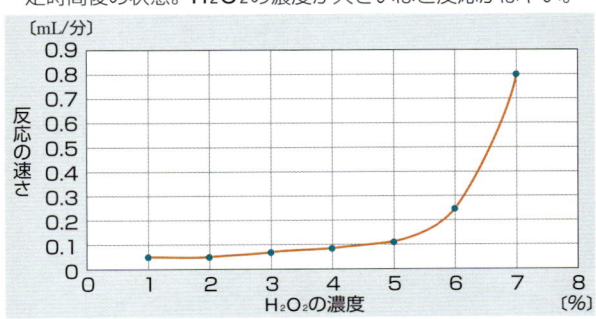

◾ 酸素濃度とスチールウールの燃焼

衝突する酸素分子は少ない。（空気中）

多くの酸素分子が衝突する。（酸素中）

繊維状の鉄は空気中（酸素約20％）でも燃焼する。酸素中では，O_2濃度が空気中の約5倍になるため，反応の速さが増し，激しく燃える。

④ 温度と反応の速さ　▼反応が起こるには活性化エネルギーをこえるエネルギーが必要である。

◾ 高温で反応ははやくなる

● $KMnO_4$ + $(COOH)_2$ の反応

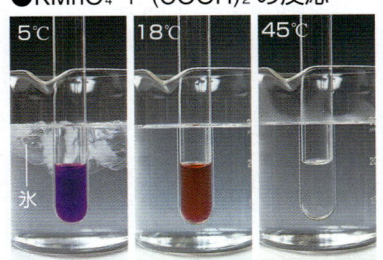

5℃　18℃　45℃

$KMnO_4$水溶液とシュウ酸$(COOH)_2$の反応は，温度が高いほどはやい。

◾ 分子の衝突と活性化エネルギー

● H_2 + $I_2 \longrightarrow 2HI$ の反応

衝突のエネルギーが大きいと活性化状態になり，反応が進む。

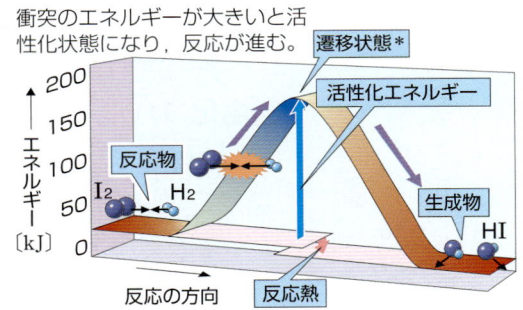

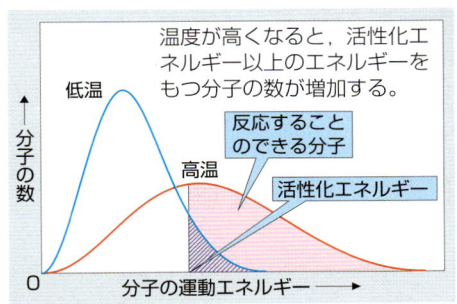

遷移状態*
活性化エネルギー
反応物
生成物
反応の方向
反応熱

*活性化状態ともいう。

温度が高くなると，活性化エネルギー以上のエネルギーをもつ分子の数が増加する。

低温　高温
反応することのできる分子
活性化エネルギー

活性化エネルギー：遷移状態のエネルギーと反応物のもつエネルギーの差。反応を起こすのに必要なエネルギー。

⑤ 触媒と反応の速さ　▼触媒（正触媒）は反応の活性化エネルギーを下げ反応速度をはやめるが，触媒自体は変化しない。

◾ 反応をはやめる触媒

● $2H_2O_2 \longrightarrow 2H_2O + O_2$ の反応と触媒

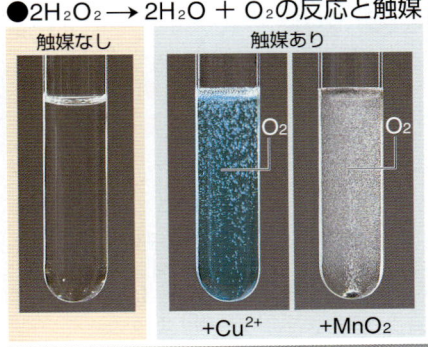

触媒なし　　触媒あり
　　　　　　$+Cu^{2+}$　$+MnO_2$

◾ 触媒と活性化エネルギー

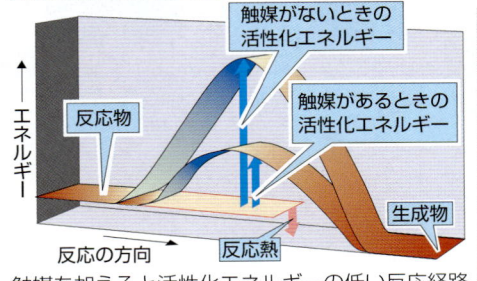

触媒がないときの活性化エネルギー
触媒があるときの活性化エネルギー
反応物
生成物
反応の方向
反応熱

触媒を加えると活性化エネルギーの低い反応経路ができる。このため，反応できる分子が増加し，反応が促進される。

◾ 身の回りの触媒

車の排気ガス中の窒素酸化物や炭化水素を窒素，二酸化炭素，水にするため，マフラーに触媒が入っている。

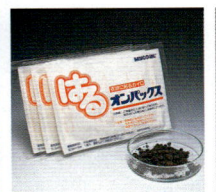

化学カイロは塩化ナトリウムなどの触媒を工夫して，鉄の酸化反応熱を調節する。

39 ▶ 可逆反応と化学平衡

1 可逆反応
▼正反応（右向き），逆反応（左向き）の両方が起こる反応を**可逆反応**といい，化学反応式では ⇄ の記号を用いて表す。

■塩化アンモニウム NH_4Cl の分解と生成

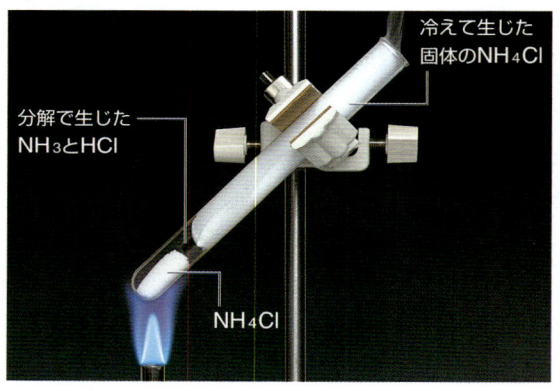

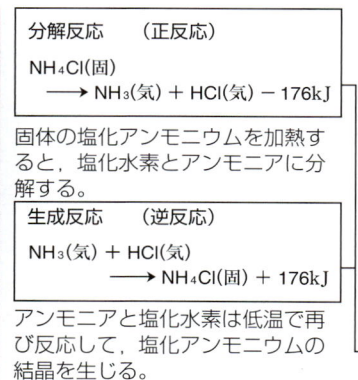

分解で生じた NH_3 と HCl
冷えて生じた固体の NH_4Cl
NH_4Cl

分解反応（正反応）
$NH_4Cl(固) \longrightarrow NH_3(気) + HCl(気) - 176 kJ$
固体の塩化アンモニウムを加熱すると，塩化水素とアンモニアに分解する。

生成反応（逆反応）
$NH_3(気) + HCl(気) \longrightarrow NH_4Cl(固) + 176 kJ$
アンモニアと塩化水素は低温で再び反応して，塩化アンモニウムの結晶を生じる。

正・逆反応をまとめて

生成反応（発熱） / 分解反応（吸熱）
エネルギー　NH_4Cl　$NH_3 + HCl$

$$NH_4Cl(固) \xrightleftharpoons[逆反応]{正反応} NH_3(気) + HCl(気)$$

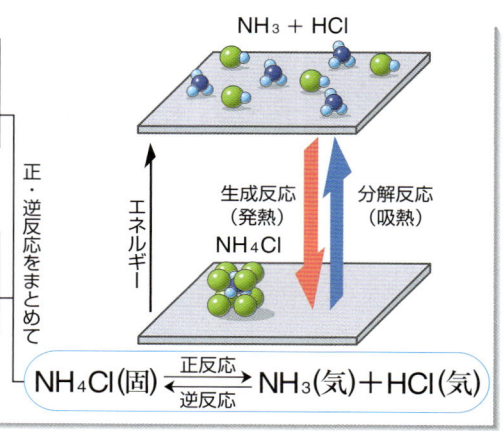

■臭素 Br_2 の変化

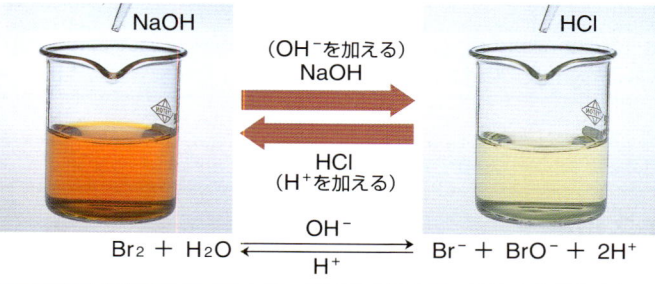

NaOH　　　HCl

（OH^- を加える） NaOH →
← HCl（H^+ を加える）

$Br_2 + H_2O \xrightleftharpoons[H^+]{OH^-} Br^- + BrO^- + 2H^+$

臭素水（左）を塩基性にすると Br_2 が減少するので，溶液の色が薄くなる（右）。これをまた酸性にすると，溶液の色が濃くなる。

■二クロム酸イオン $Cr_2O_7^{2-}$ の解離

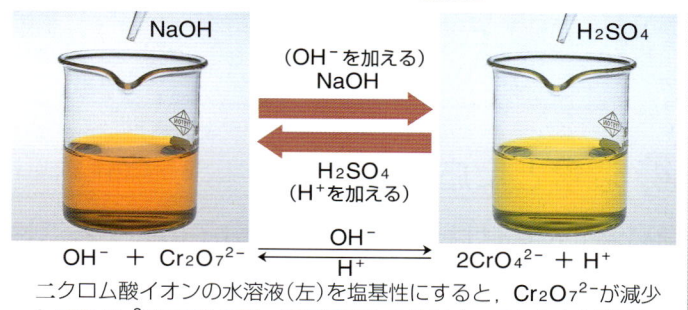

NaOH　　　H_2SO_4

（OH^- を加える） NaOH →
← H_2SO_4（H^+ を加える）

$OH^- + Cr_2O_7^{2-} \xrightleftharpoons[H^+]{OH^-} 2CrO_4^{2-} + H^+$

二クロム酸イオンの水溶液（左）を塩基性にすると，$Cr_2O_7^{2-}$ が減少して CrO_4^{2-} になるので，黄色に変化する（右）。これをまた酸性にすると赤橙色に変化する。

■フェノールフタレインの変色

無色 (pH<8.0)　⇄ OH^- / H^+ ⇄　赤色 (pH>9.8)

OH^- を加える → / ← H^+ を加える
OH^- を加える →

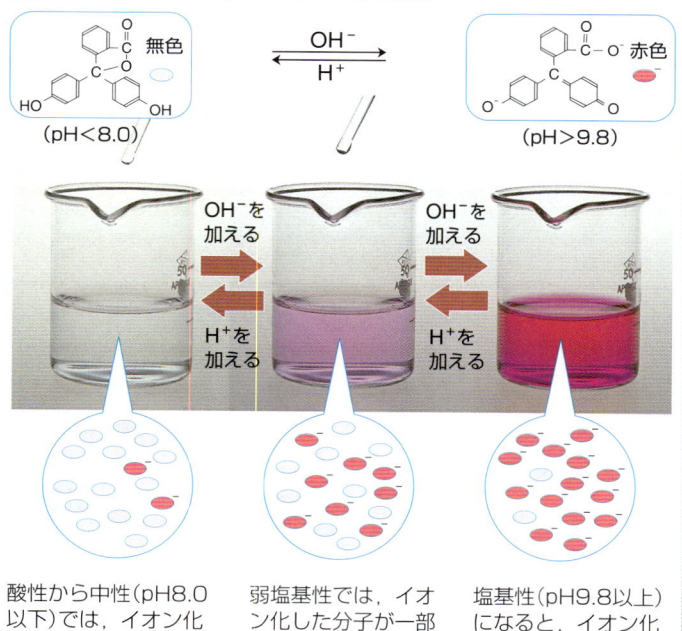

- 酸性から中性（pH8.0以下）では，イオン化していない分子（無色）が多く存在する。
- 弱塩基性では，イオン化した分子が一部存在する。
- 塩基性（pH9.8以上）になると，イオン化した分子（赤色）が多く存在する。

■塩化コバルト(II)水溶液の変色

$$[CoCl_4]^{2-} + 6H_2O \xrightleftharpoons[Cl^-増]{Cl^-減} [Co(H_2O)_6]^{2+} + 4Cl^-$$

$[CoCl_4]^{2-}$ （青）　　$[Co(H_2O)_6]^{2+}$ （赤）

Cl^- を増加させる HClを加える ←
Cl^- を減少させる $AgNO_3$ 水溶液を加える →
AgClの沈殿

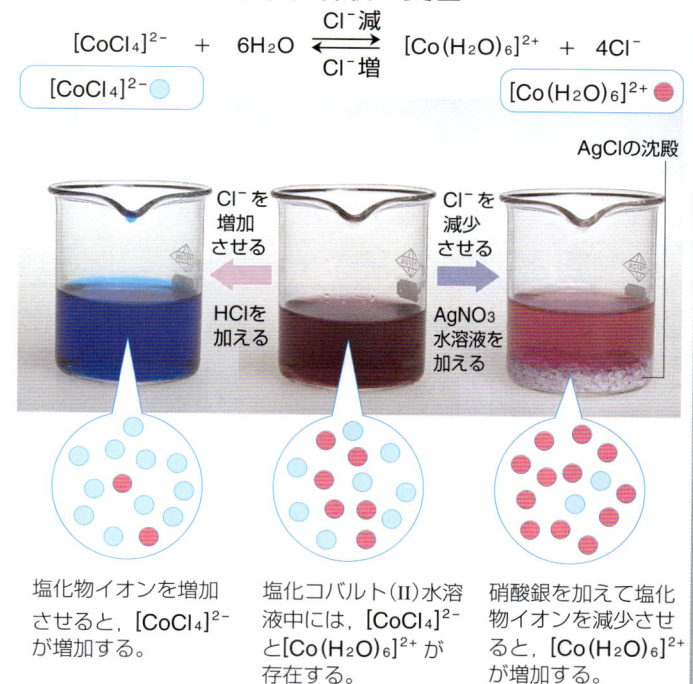

- 塩化物イオンを増加させると，$[CoCl_4]^{2-}$ が増加する。
- 塩化コバルト(II)水溶液中には，$[CoCl_4]^{2-}$ と $[Co(H_2O)_6]^{2+}$ が存在する。
- 硝酸銀を加えて塩化物イオンを減少させると，$[Co(H_2O)_6]^{2+}$ が増加する。

❷ 化学平衡の状態
▼正反応と逆反応の速度が等しくなると，見かけ上反応が停止したようになる。この状態を化学平衡の状態という。

■ 平衡状態に達するまでのHIの物質量　$H_2 + I_2 \rightleftarrows 2HI$

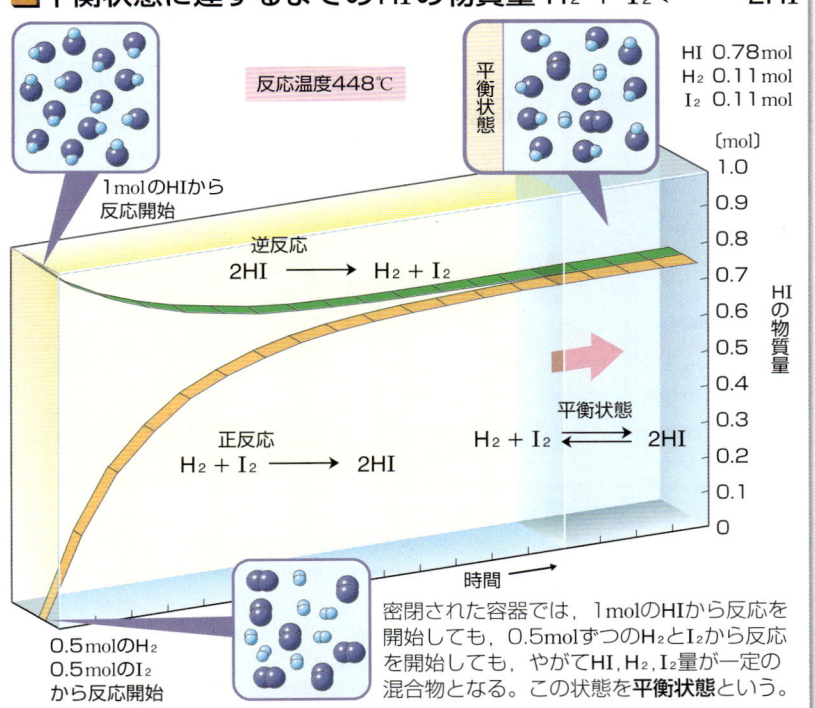

反応温度448℃

平衡状態
HI 0.78 mol
H_2 0.11 mol
I_2 0.11 mol

1molのHIから反応開始

逆反応 $2HI \rightarrow H_2 + I_2$

正反応 $H_2 + I_2 \rightarrow 2HI$

平衡状態 $H_2 + I_2 \rightleftarrows 2HI$

0.5molのH_2, 0.5molのI_2 から反応開始

密閉された容器では，1molのHIから反応を開始しても，0.5molずつのH_2とI_2から反応を開始しても，やがてHI, H_2, I_2量が一定の混合物となる。この状態を**平衡状態**という。

質量作用の法則（化学平衡の法則）

可逆反応$H_2+I_2 \rightleftarrows 2HI$で，反応が始まるときの各物質の濃度をさまざまに変えても，ある一定の温度で平衡状態に達したとき，その濃度の間には，次の関係が成り立つ。

$$\frac{[HI]^2}{[H_2][I_2]} = K \quad (\text{[ ]はモル濃度を表す。})$$

Kは（濃度）平衡定数と呼ばれ，温度が決まると一定の値になる。このとき，濃度を変化させても一定温度ならKの値は変わらない。また，この式で表される関係を質量作用の法則という。

左の平衡状態では（温度448℃）
[HI] = 0.78 mol, [H_2] = [I_2] = 0.11 mol であるから，

$$K = \frac{[HI]^2}{[H_2][I_2]} = \frac{(0.78)^2}{0.11 \times 0.11} = 50 \quad (K: 平衡定数)$$

化学反応式　$aA + bB + \cdots \rightleftarrows mM + nN + \cdots$
で表される場合の質量作用の法則は次式で表される。

$$\frac{[M]^m [N]^n \cdots}{[A]^a [B]^b \cdots} = K \quad (K: 平衡定数)$$

平衡定数Kは温度によって決まる定数である。

■ 平衡状態のモデル

① 反応開始直後

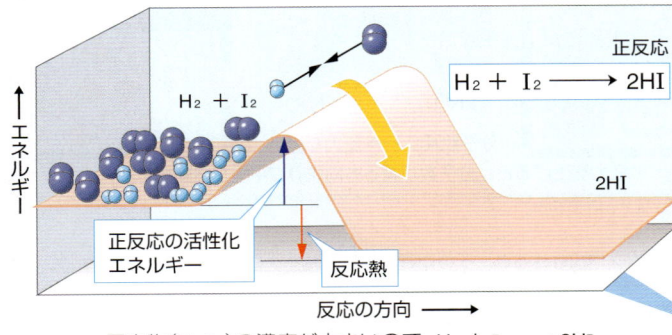

正反応 $H_2 + I_2 \rightarrow 2HI$

正反応の活性化エネルギー／反応熱

反応物(H_2, I_2)の濃度が大きいので $H_2 + I_2 \rightarrow 2HI$ の反応速度が大きい。

② しばらくたつと…

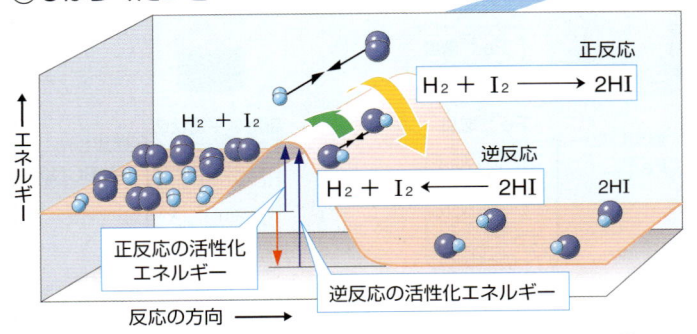

正反応 $H_2 + I_2 \rightarrow 2HI$
逆反応 $H_2 + I_2 \leftarrow 2HI$

正反応の活性化エネルギー／逆反応の活性化エネルギー

HIが増加し，$H_2 + I_2 \rightarrow 2HI$ の正反応に，$2HI \rightarrow H_2 + I_2$ の逆反応の影響が現れ，見かけ上HIの生成速度がおそくなる。

■ 反応速度から見た化学平衡

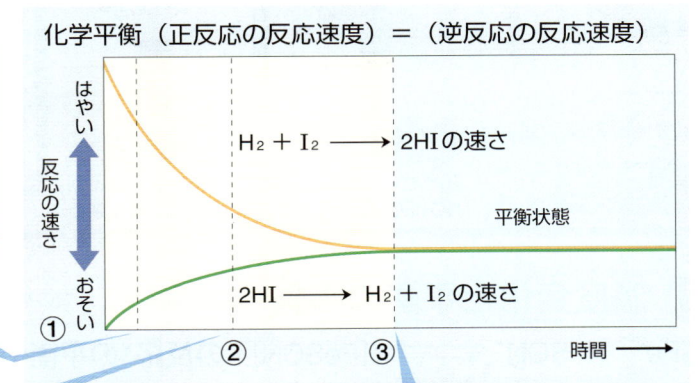

化学平衡（正反応の反応速度）＝（逆反応の反応速度）

$H_2 + I_2 \rightarrow 2HI$ の速さ
平衡状態
$2HI \rightarrow H_2 + I_2$ の速さ

③ 平衡状態では（正反応の反応速度）＝（逆反応の反応速度）

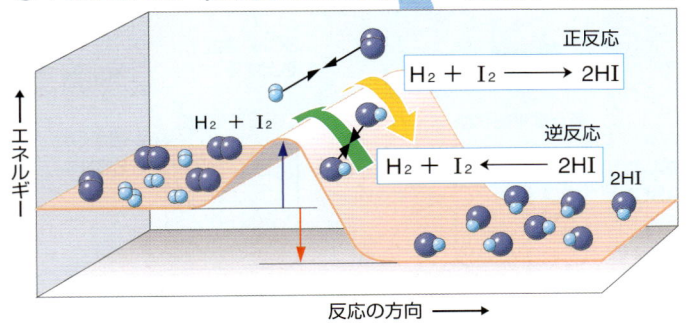

正反応 $H_2 + I_2 \rightarrow 2HI$
逆反応 $H_2 + I_2 \leftarrow 2HI$

$H_2 + I_2 \rightarrow 2HI$ の正反応と $2HI \rightarrow H_2 + I_2$ の逆反応の反応速度が等しくなるので，見かけ上HIの生成速度は0になる。

40 ▶ 化学平衡の移動

1 温度変化と平衡の移動
▼平衡状態にある反応系を冷却すると発熱反応の向きに，加熱すると吸熱反応の向きに移動する。

$2NO_2 = N_2O_4 + 57.2kJ$ の反応の平衡の移動

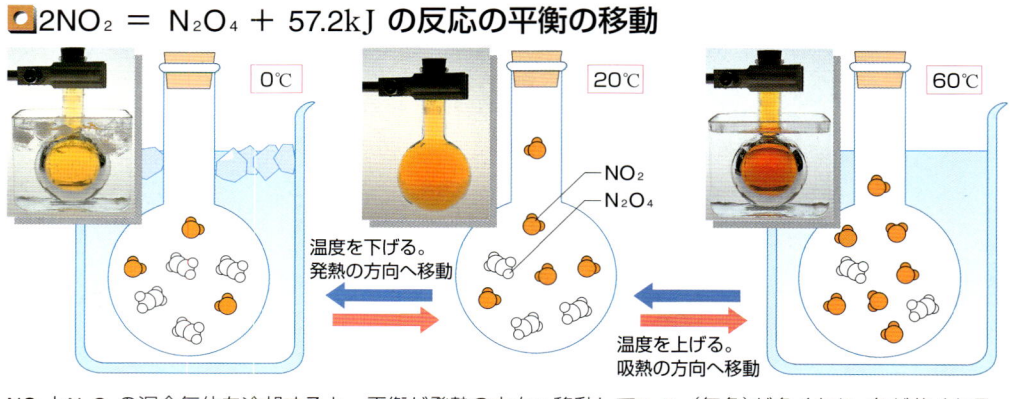

0℃ / 20℃ / 60℃

温度を下げる。発熱の方向へ移動
温度を上げる。吸熱の方向へ移動

NO_2とN_2O_4の混合気体を冷却すると，平衡が発熱の方向へ移動してN_2O_4（無色）が多くなり，色が薄くなる。加熱すると，平衡が吸熱の方向へ移動しNO_2（赤褐色）が多くなり，色が濃くなる。

ルシャトリエの原理
化学平衡の条件を変化させると，変化の影響をなるべく小さくする方向に平衡が移動して，新たな平衡状態になる。

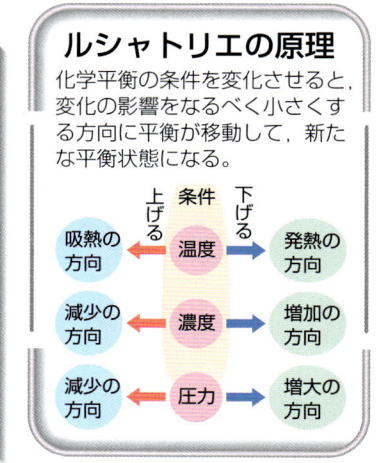

条件 上げる		条件 下げる
吸熱の方向	温度	発熱の方向
減少の方向	濃度	増加の方向
減少の方向	圧力	増大の方向

2 圧力変化と平衡の移動
▼平衡状態にある気体混合物の圧力を高くすると，気体分子の総数が減る向きに平衡が移動する。

$2NO_2 \rightleftarrows N_2O_4$ の反応の圧力変化による平衡の移動

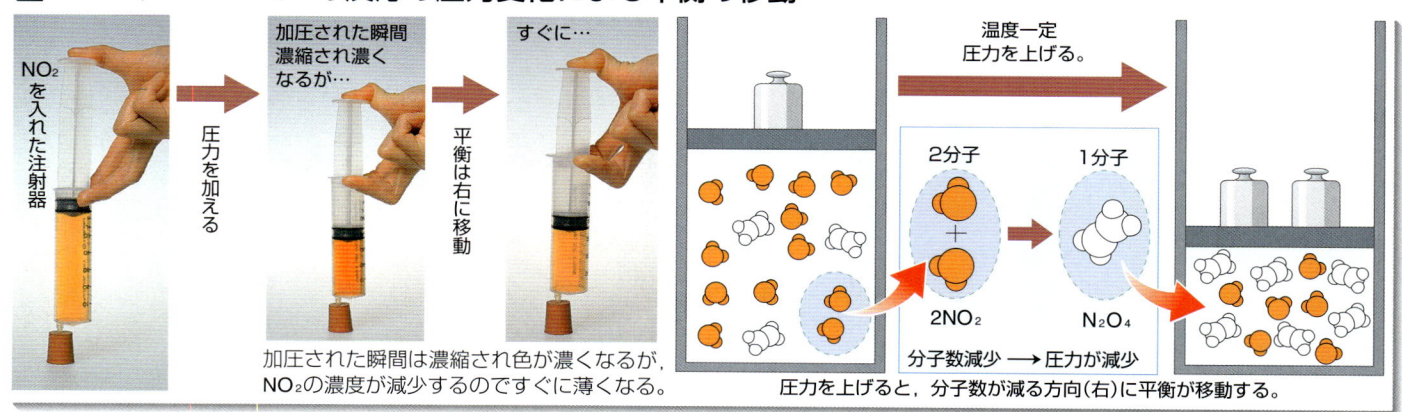

NO_2を入れた注射器 → 圧力を加える → 加圧された瞬間濃縮され濃くなるが… → すぐに… 平衡は右に移動

加圧された瞬間は濃縮され色が濃くなるが，NO_2の濃度が減少するのですぐに薄くなる。

温度一定 圧力を上げる。

2分子 $2NO_2$ + → 1分子 N_2O_4
分子数減少 → 圧力が減少

圧力を上げると，分子数が減る方向（右）に平衡が移動する。

3 濃度変化と平衡の移動
▼平衡状態のとき，1つの物質の濃度を増加させると，その物質の濃度が減少する向きに平衡が移動する。

$Fe^{3+} + SCN^- \rightleftarrows [FeSCN]^{2+}$ の反応*の平衡の移動

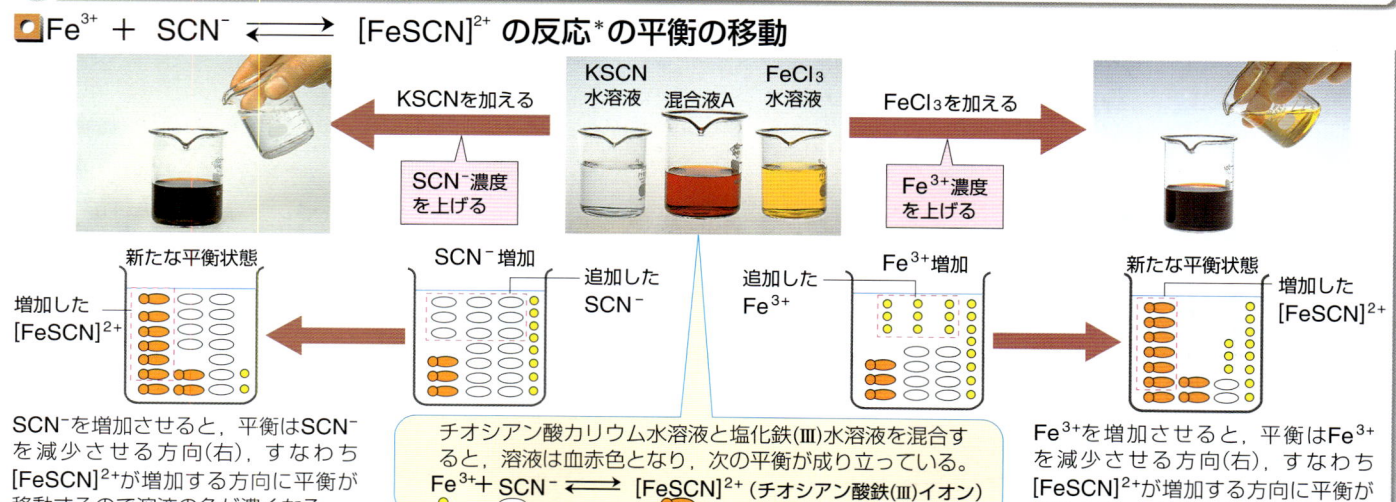

KSCN水溶液 / 混合液A / FeCl₃水溶液

KSCNを加える ← SCN⁻濃度を上げる
FeCl₃を加える → Fe^{3+}濃度を上げる

新たな平衡状態：増加した$[FeSCN]^{2+}$ ← SCN⁻増加 追加したSCN⁻ ／ 追加したFe^{3+} Fe^{3+}増加 → 新たな平衡状態：増加した$[FeSCN]^{2+}$

チオシアン酸カリウム水溶液と塩化鉄(Ⅲ)水溶液を混合すると，溶液は血赤色となり，次の平衡が成り立っている。
$Fe^{3+} + SCN^- \rightleftarrows [FeSCN]^{2+}$ (チオシアン酸鉄(Ⅲ)イオン)

SCN⁻を増加させると，平衡はSCN⁻を減少させる方向（右），すなわち$[FeSCN]^{2+}$が増加する方向に平衡が移動するので溶液の色が濃くなる。

Fe^{3+}を増加させると，平衡はFe^{3+}を減少させる方向（右），すなわち$[FeSCN]^{2+}$が増加する方向に平衡が移動するので溶液の色が濃くなる。

*高濃度では，$[Fe(SCN)_4]^-$，$[Fe(SCN)_6]^{3-}$も生じる。

4 アンモニアの合成と化学平衡

▼アンモニア合成は，ルシャトリエの原理を化学工業に応用した代表的な例である。

平衡から見た条件　$N_2 + 3H_2 = 2NH_3 + 92.2kJ$

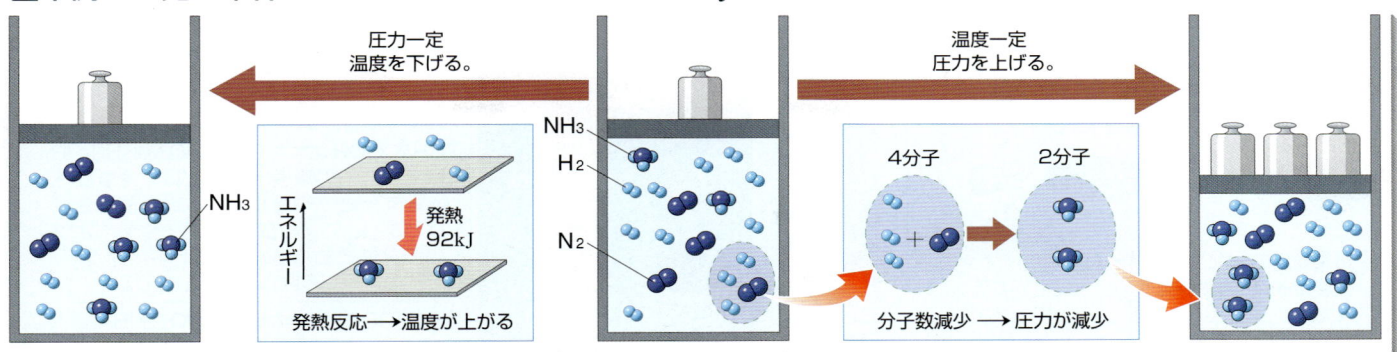

温度を下げると，発熱反応の方向（右）に平衡が移動する。

平衡から見たアンモニアを多量に得るための反応条件＝高圧・低温

圧力を上げると，分子数が減る方向（右）に平衡が移動する。

平衡状態と反応速度

●温度・圧力とアンモニアの生成量

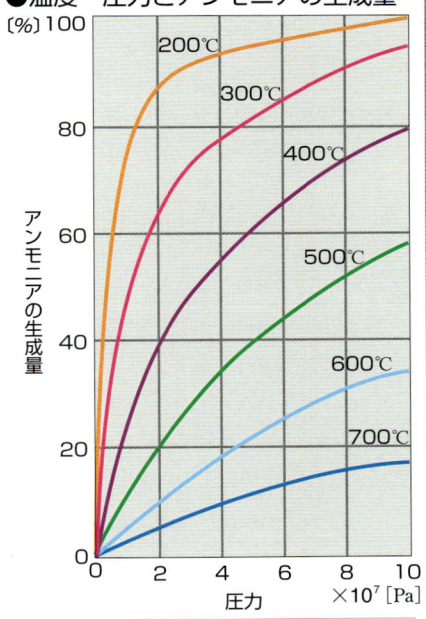

●平衡に達するまでの時間

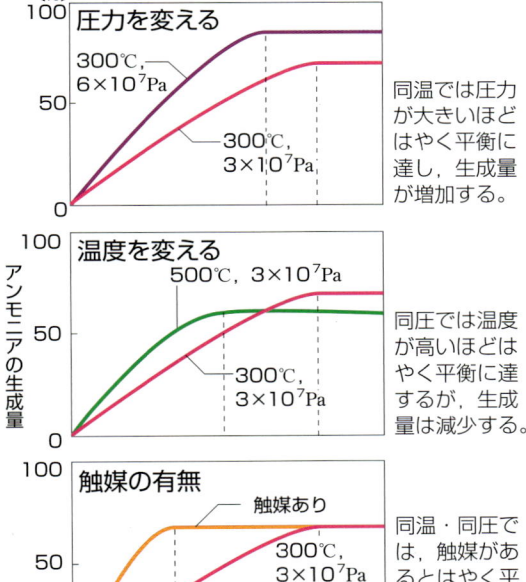

圧力を変える　300℃，$6×10^7Pa$ / 300℃，$3×10^7Pa$
同温では圧力が大きいほどはやく平衡に達し，生成量が増加する。

温度を変える　500℃，$3×10^7Pa$ / 300℃，$3×10^7Pa$
同圧では温度が高いほどはやく平衡に達するが，生成量は減少する。

触媒の有無　触媒あり / 触媒なし　300℃，$3×10^7Pa$
同温・同圧では，触媒があるとはやく平衡に達する。生成量は変わらない。

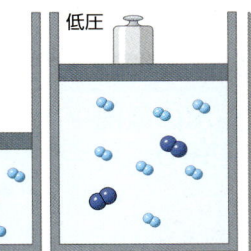

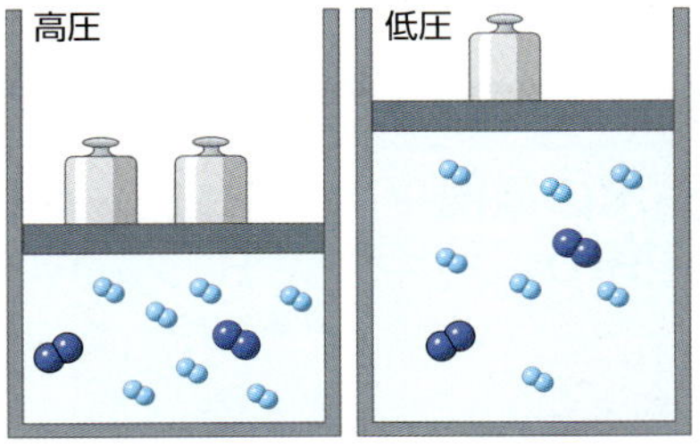

- 温度が低いほど，生成量が多い。
- 同一温度では，圧力が大きいほど生成量が多い。

高い圧力では水素分子と窒素分子の衝突回数が増加する。→反応がはやい。

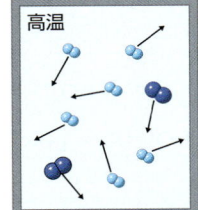

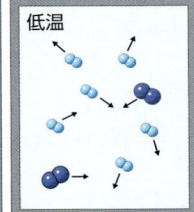

高温では分子の運動エネルギーが大きいので水素分子と窒素分子の衝突回数が増え，活性化エネルギーを越える衝突が多数起こる。→反応がはやい。

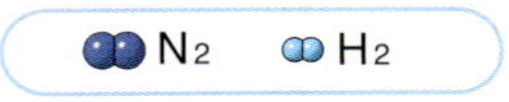

● N_2　● H_2

アンモニア合成に有利な条件

▼アンモニアの工業的製法（ハーバー・ボッシュ法）で用いる反応は発熱反応であり，アンモニアの生成にともなって気体分子の総数が減少する。ルシャトリエの原理（平衡移動の原理）と反応速度を考えて工業的製法の反応条件が設定されている。

(Fe_3O_4)

	反応速度を上げ，アンモニアを大量に得るための条件	実際の条件
濃度	生成したNH_3をすみやかにとり出す。	—
圧力	気体分子の総数が減る反応なので圧力を上げる。	$2～3.5×10^7Pa$
温度	発熱反応なので低温にする。しかし低すぎると反応がおそくなる。	450～600℃
触媒	触媒によって反応速度をはやくし，平衡状態に達するまでの時間を短縮する。	Fe_3O_4を主成分とする触媒

41 ▶ 水溶液の化学平衡

1 電離平衡
▼水や電解質の一部が電離して生じたイオンと，電離していない電解質の間で平衡状態になる。このような平衡を**電離平衡**という。

弱酸の電離平衡
▼酢酸は水溶液中では一部が電離し電離平衡の状態になっている。水を加えるとルシャトリエの原理により平衡が右に移動する。

$$CH_3COOH \rightleftharpoons CH_3COO^- + H^+$$

酢酸分子　　　酢酸イオン　水素イオン

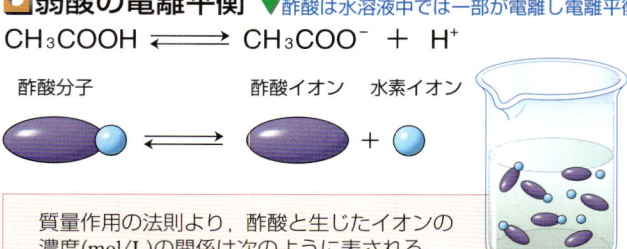

質量作用の法則より，酢酸と生じたイオンの濃度(mol/L)の関係は次のように表される。

$$\frac{[CH_3COO^-][H^+]}{[CH_3COOH]} = K_a \quad K_a：酸の電離定数$$

電離平衡の平衡定数を電離定数という。
酢酸の電離定数：$K_a = 2.75 \times 10^{-5}$ [mol/L]（25℃）であり，温度によって変わる。

氷酢酸に水を加えると電離し，電流が流れる。さらに水を加えると平衡が右に移動し，イオンが増加するので電球が明るく点灯する。

●酢酸の電離定数と電離度
酢酸の電離平衡
$CH_3COOH \rightleftharpoons CH_3COO^- + H^+$ において，酢酸の濃度を c [mol/L]，電離度を α とすると，電離していない酢酸の濃度は $c(1-\alpha)$ で，酢酸イオン，水素イオンの濃度はともに $c\alpha$ となる。したがって，酢酸の電離定数は下のようになる。

$$CH_3COOH \rightleftharpoons CH_3COO^- + H^+$$
$$c(1-\alpha) \qquad c\alpha \qquad c\alpha \text{ [mol/L]}$$

$$\frac{[CH_3COO^-][H^+]}{[CH_3COOH]} = \frac{c^2\alpha^2}{c(1-\alpha)} = \frac{c\alpha^2}{1-\alpha} = K_a$$

電離度が非常に小さい場合は，$1-\alpha \fallingdotseq 1$ とみなせるので，$K_a = c\alpha^2$ が成り立つ。

2 水の電離平衡とイオン積・pH

水の電離平衡
▼水はごくわずかに電離して，電離平衡の状態になっている。

$$H_2O \rightleftharpoons H^+ + OH^-$$

水分子　　水素イオン　水酸化物イオン

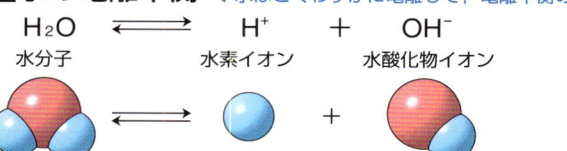

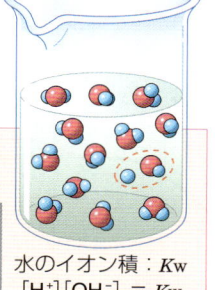

質量作用の法則より，水と水素イオン，水酸化物イオンの濃度[mol/L]の関係は次のように表される。

$$\frac{[H^+][OH^-]}{[H_2O]} = K \quad \text{ここで}[H_2O]\text{はほぼ一定だから}$$

$$[H^+][OH^-] = K[H_2O] = K_w = 1.0 \times 10^{-14} \text{ (mol/L)}^2 \text{ (25℃)}$$
K_w：水のイオン積

水のイオン積：K_w
$[H^+][OH^-] = K_w$

水素イオン指数 pH
▼水素イオン濃度は桁数が大きく扱いにくいので，pHという指数（水素イオン指数）を用いる。

$$pH = \log\frac{1}{[H^+]} = -\log[H^+]$$

	水素イオン濃度	pH
酸性	$[H^+] > 1.0 \times 10^{-7}$ mol/L $> [OH^-]$	7.0より小
中性	$[H^+] = 1.0 \times 10^{-7}$ mol/L $= [OH^-]$	7.0
塩基性	$[H^+] < 1.0 \times 10^{-7}$ mol/L $< [OH^-]$	7.0より大

$[H^+] = 1.0 \times 10^{-n}$ mol/L のとき，pH $= n$
$[H^+] = a \times 10^{-b}$ mol/L のとき，
　pH $= -\log(a \times 10^{-b}) = b - \log a$

▶▶参照項目p.68「pH（水素イオン指数）」

酸，塩基を加えたときの[H⁺]，[OH⁻]の変化
▼酸性・中性・塩基性の水溶液の水のイオン積は，$K_w = [H^+][OH^-] = 1.0 \times 10^{-14}$ (mol/L)² と一定。

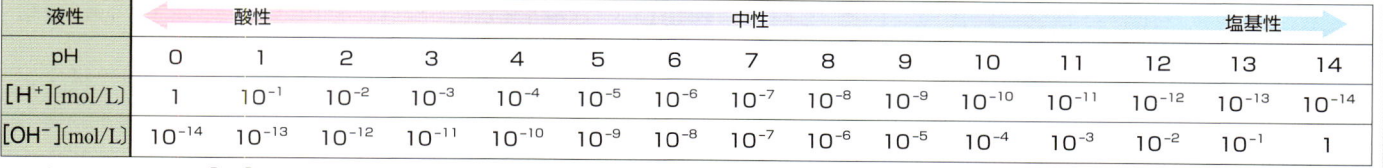

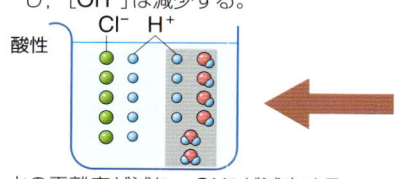

液性	酸性						中性						塩基性	
pH	0	1	2	3	4	5	6	7	8	9	10	11	12	13	14
[H⁺][mol/L]	1	10^{-1}	10^{-2}	10^{-3}	10^{-4}	10^{-5}	10^{-6}	10^{-7}	10^{-8}	10^{-9}	10^{-10}	10^{-11}	10^{-12}	10^{-13}	10^{-14}
[OH⁻][mol/L]	10^{-14}	10^{-13}	10^{-12}	10^{-11}	10^{-10}	10^{-9}	10^{-8}	10^{-7}	10^{-6}	10^{-5}	10^{-4}	10^{-3}	10^{-2}	10^{-1}	1

水に酸を加えると[H⁺]が増加し，[OH⁻]は減少する。

酸性　Cl⁻　H⁺

HClを加え酸性にする。

水の電離度が減り，OH⁻が減少する。
$[H^+] = 1.0 \times 10^{-1}$ mol/L
$[OH^-] = 1.0 \times 10^{-13}$ mol/L
$[H^+] \times [OH^-] = 1.0 \times 10^{-14}$ (mol/L)²

中性の水は水素イオン濃度[H⁺]と水酸化物イオン濃度[OH⁻]は等しく$[H^+] = [OH^-] = 1.0 \times 10^{-7}$ mol/L である。

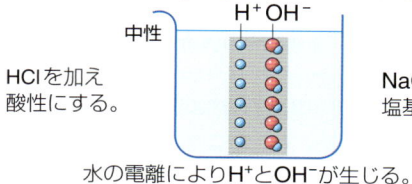

中性　H⁺ OH⁻

水の電離によりH⁺とOH⁻が生じる。
$[H^+] = 1.0 \times 10^{-7}$ mol/L
$[OH^-] = 1.0 \times 10^{-7}$ mol/L
$[H^+] \times [OH^-] = 1.0 \times 10^{-14}$ (mol/L)²

水に塩基を加えると[OH⁻]が増加し，[H⁺]は減少する。

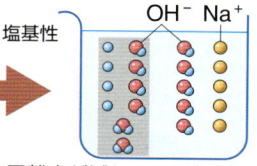

塩基性　OH⁻ Na⁺

NaOHを加え塩基性にする。

水の電離度が減り，H⁺が減少する。
$[H^+] = 1.0 \times 10^{-13}$ mol/L
$[OH^-] = 1.0 \times 10^{-1}$ mol/L
$[H^+] \times [OH^-] = 1.0 \times 10^{-14}$ (mol/L)²

3 溶解平衡
▼沈殿物と飽和溶液中のイオンとの間には，平衡（溶解平衡）が成り立つ。溶解速度＝析出速度

◉溶解平衡と共通イオン効果

●飽和食塩水の溶解平衡

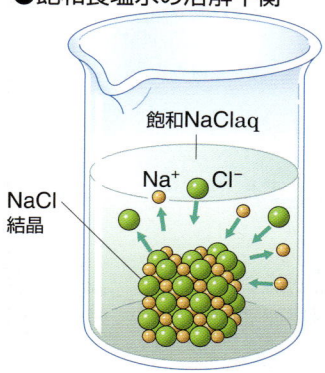

塩化ナトリウムの飽和水溶液中では，
$NaCl(固) + aq \rightleftharpoons Na^+aq + Cl^-aq$
の平衡が成り立ち，結晶の溶解と析出が同時に起こっている。

●飽和食塩水の共通イオン効果

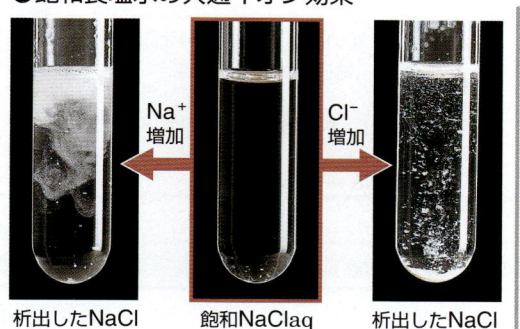

飽和食塩水では，$NaCl(固)+aq \rightleftharpoons Na^+aq + Cl^-aq$ の平衡が成り立っている。これに共通のイオンである Na^+ または Cl^- を加えると，平衡が左に移動し，NaClが析出する。これを**共通イオン効果**という。

●難溶性塩の溶解平衡

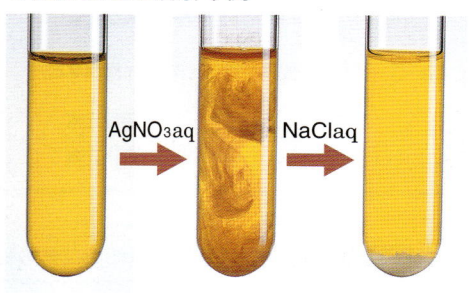

クロム酸銀 Ag_2CrO_4 の沈殿している溶液では，$Ag_2CrO_4(固) + aq \rightleftharpoons 2Ag^+aq + CrO_4^{2-}aq$ の平衡が成り立ち，溶解と析出が同時に起こっている。これに Cl^- を加えると，溶解度のより小さい AgCl が沈殿し，この平衡は右へ移動する。

◉難溶性塩の溶解度積
▼塩化銀はごくわずかに電離して，電離平衡の状態になっている。

$AgCl(固) + aq \rightleftharpoons Ag^+aq + Cl^-aq$

質量作用の法則より，塩と電離したイオンの濃度 [mol/L] の関係は次のように表される。

$$\frac{[Ag^+][Cl^-]}{[AgCl]} = K$$ ここで[AgCl]はほぼ一定だから

$$[Ag^+][Cl^-] = K[AgCl] = K_{sp}$$ K_{sp}：塩の溶解度積

溶解度積を利用すると，2種のイオンを混合したときに沈殿が生じるかどうかを計算で予想することができる。陰陽両イオンの濃度の積が溶解度積 K_{sp} より大きくなる場合に沈殿が生じる。

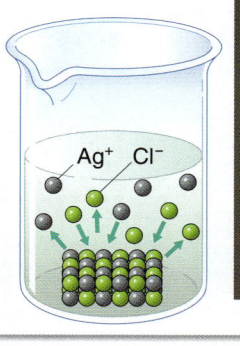

●難溶性塩の溶解度積〔$(mol/L)^2$〕（20℃）

塩	イオン	溶解度積
AgCl	$[Ag^+][Cl^-]$	1.8×10^{-10}
AgI	$[Ag^+][I^-]$	1.9×10^{-14}
PbS	$[Pb^{2+}][S^{2-}]$	1.3×10^{-23}*
CuS	$[Cu^{2+}][S^{2-}]$	6.5×10^{-30}
ZnS	$[Zn^{2+}][S^{2-}]$	2.1×10^{-18}

＊25℃の値

◉硫化水素と金属イオンの反応 ▶▶参照項目p.123

硫化水素の水溶液は弱酸性で，次のように電離している。

$H_2S \rightleftharpoons H^+ + HS^-$
$HS^- \rightleftharpoons H^+ + S^{2-}$

この溶液に塩基を加え，中和反応が起こって H^+ が減ると平衡は右へ移動し，S^{2-} の濃度が増加する。
溶解度積が比較的大きいFeSやZnSでは，S^{2-} の濃度が大きい塩基性の硫化水素水溶液でないと沈殿が生じない。Ag^+，Cu^{2+} などの硫化物 Ag_2S，CuS は溶解度積が小さいので，S^{2-} の濃度の小さい酸性の硫化水素水溶液でも沈殿を生じる。

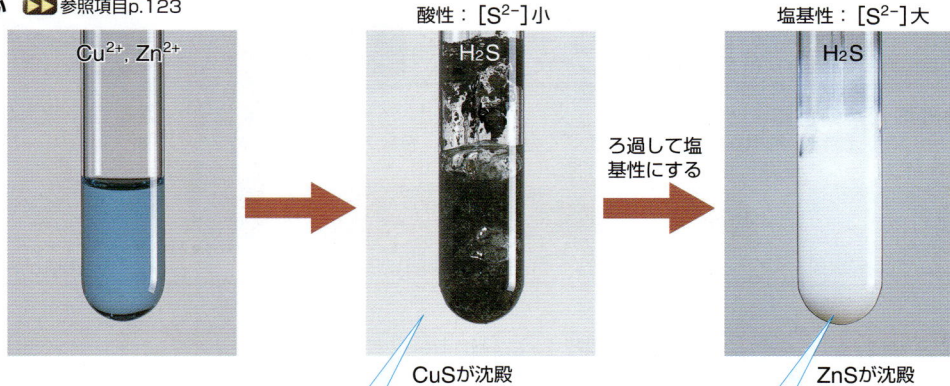

酸性条件：$[H^+]$ が大きい，硫化水素の電離平衡は左に移動するので，$[S^{2-}]$ は小さい。

$[Cu^{2+}][S^{2-}] > K_{CuS}$　CuSが沈殿する。
$[Zn^{2+}][S^{2-}] < K_{ZnS}$　ZnSは沈殿しない。

塩基性条件：$[H^+]$ が小さい，硫化水素の電離平衡は右に移動するので，$[S^{2-}]$ は大きい。

$[Zn^{2+}][S^{2-}] > K_{ZnS}$　ZnSは沈殿する。

K_{CuS}：CuSの溶解度積
K_{ZnS}：ZnSの溶解度積

42 ▶ 周期表と物質の性質

① 金属元素と非金属元素
▼元素は金属元素（陽性）と，非金属元素（陰性）に大別される。

元素
- 非金属元素 ── 典型元素
- 中間の性質をもつ元素（ケイ素Siなど）
- 金属元素 ── 典型元素
- 金属元素 ── 遷移元素

●金属元素…電子を失って陽イオンになりやすい原子からなる（Hを除く）。

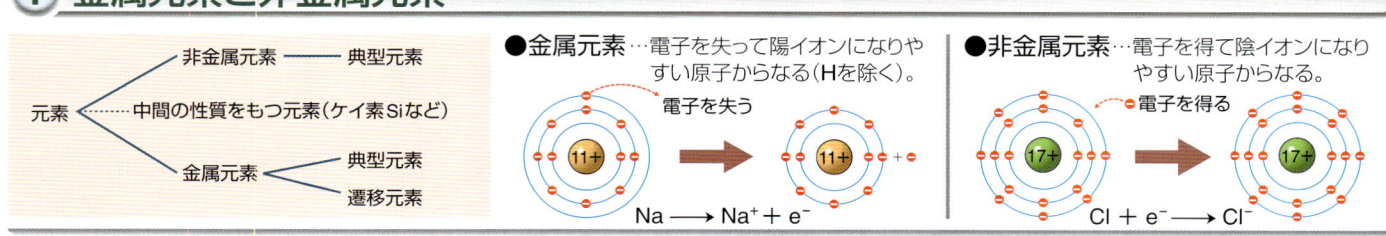

Na ⟶ Na⁺ + e⁻

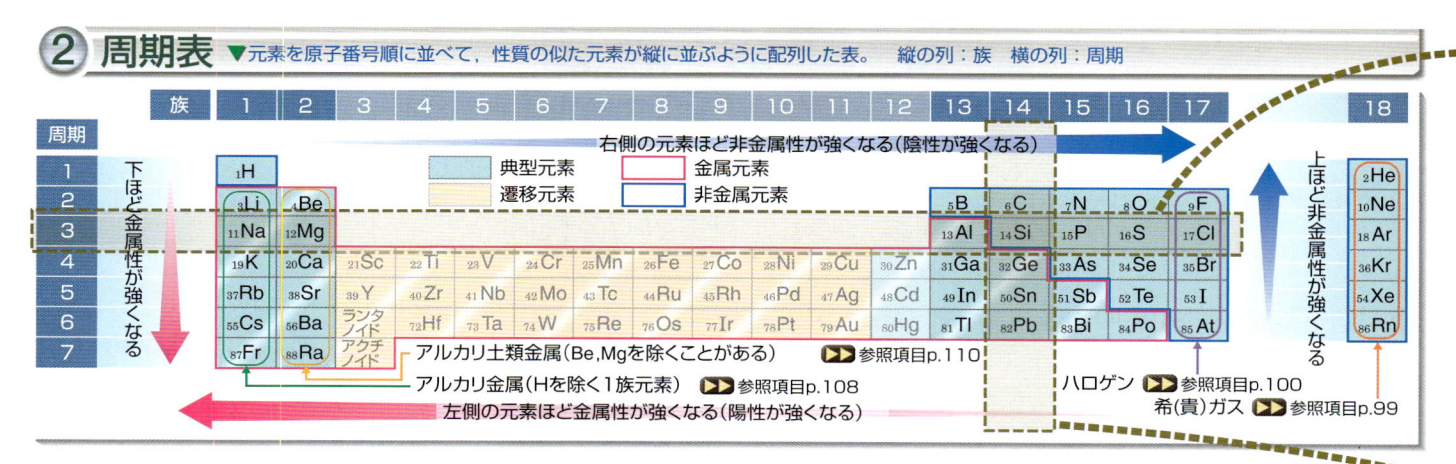

●非金属元素…電子を得て陰イオンになりやすい原子からなる。

Cl + e⁻ ⟶ Cl⁻

② 周期表
▼元素を原子番号順に並べて，性質の似た元素が縦に並ぶように配列した表。　縦の列：族　横の列：周期

右側の元素ほど非金属性が強くなる（陰性が強くなる）
下ほど金属性が強くなる
上ほど非金属性が強くなる
左側の元素ほど金属性が強くなる（陽性が強くなる）

- 典型元素
- 遷移元素
- 金属元素
- 非金属元素

アルカリ土類金属（Be, Mgを除くことがある）　▶▶参照項目p.110
アルカリ金属（Hを除く1族元素）　▶▶参照項目p.108
ハロゲン　▶▶参照項目p.100
希（貴）ガス　▶▶参照項目p.99

③ 典型元素と遷移元素の代表例

●典型元素のおもなグループとその性質

アルカリ金属	アルカリ土類金属
融点が低いやわらかな金属。空気中ですぐに酸化され光沢を失う。 　ナトリウム	アルカリ金属と比較すると，融点がより高く反応性は小さい。 　カルシウム

ハロゲン	希ガス元素
単体は有毒。ただし反応性が大きいため単体として自然界に存在しない。 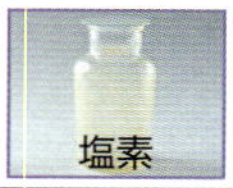　塩素	単原子分子として存在し，化合物をほとんどつくらない。 　ヘリウム

●遷移元素の性質
一般に典型元素より融点が高く，単体はすべて金属である。複数の酸化数を持つ。また，遷移元素のイオンは錯イオンになりやすい。

銀 Ag 　マンガン Mn 　鉄 Fe 　銅 Cu

④ 周期表の縦の関係（14族元素の例）
▼同族の典型元素は価電子の数が等しいので，性質がよく似ている。

周期	単体	6mol/L HClとの反応	6mol/L NaOHとの反応
2	C	反応しない	反応しない
3	Si	反応しない	反応する
5	Sn	反応する	わずかに反応する

金属性大　周期が下にいくほど金属性が強くなる。

⑤ 単体・酸化物の性質と周期性

●単体（典型元素）の金属性，非金属性

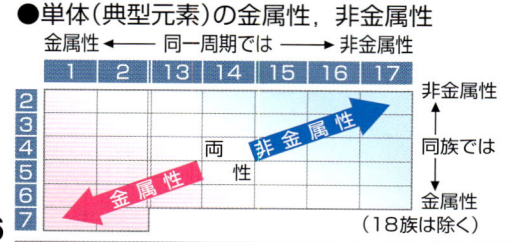

金属性 ←──同一周期では──→ 非金属性

非金属性／両性／金属性

単体は，周期表で右上の元素ほど非金属性が強く，左下ほど金属性が強くなる。一般に金属は酸と反応しやすく，非金属は塩基と反応しやすい。

同族では　非金属性　金属性（18族は除く）

●酸化物の性質と結合性

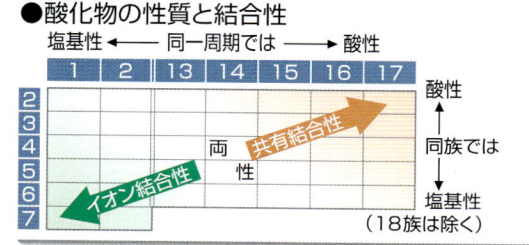

塩基性 ←──同一周期では──→ 酸性

共有結合性／両性／イオン結合性

金属の酸化物はイオン結合性が強く，一般に水溶液は塩基性を示す。非金属の酸化物は共有結合性が強く，一般に水溶液は酸性を示す。

同族では　酸性　塩基性（18族は除く）

6 典型元素の性質と周期性（周期表の横の関係 – 第3周期の例）

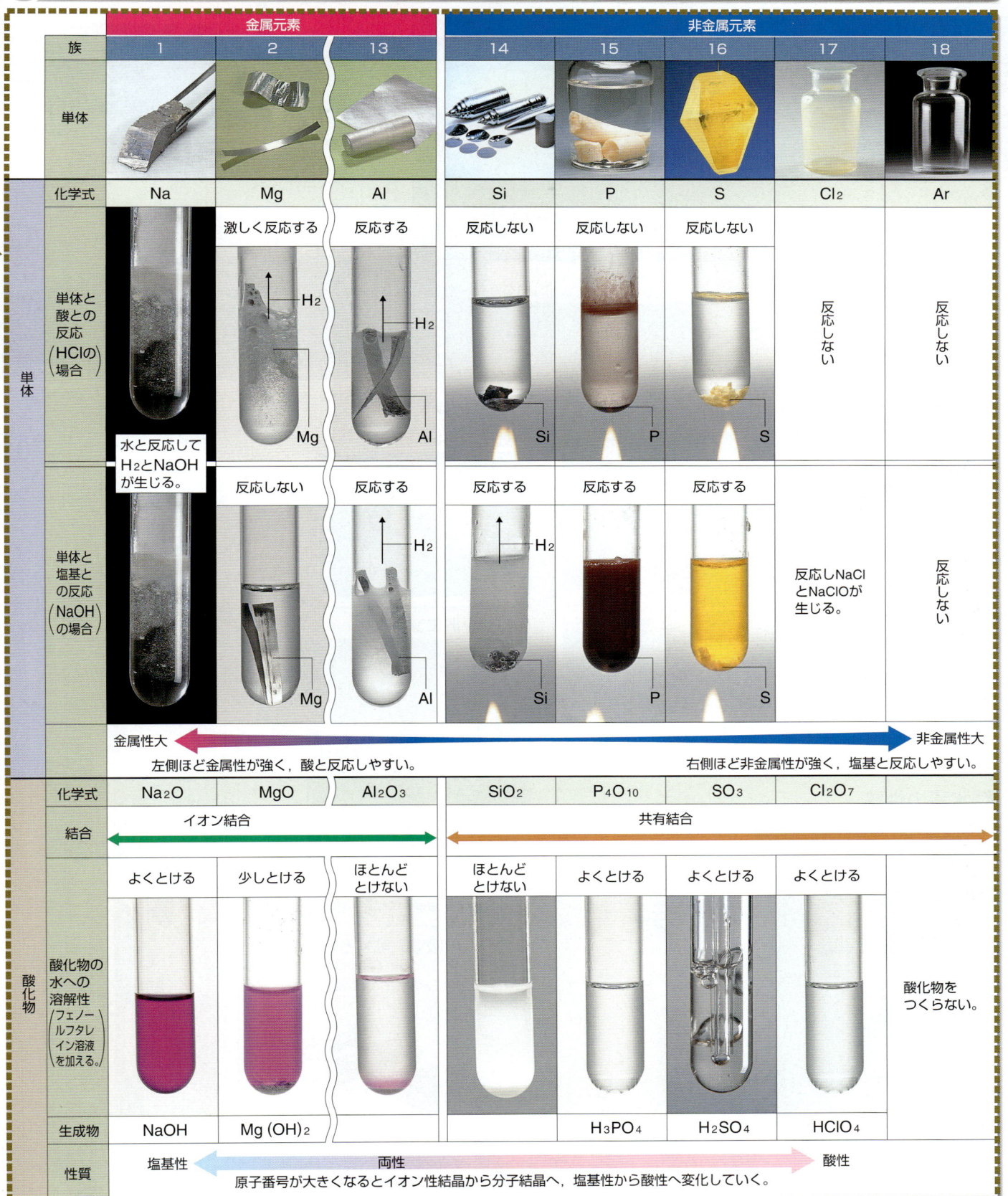

	族	1	2	13	14	15	16	17	18
単体	単体								
	化学式	Na	Mg	Al	Si	P	S	Cl_2	Ar
	単体と酸との反応（HClの場合）	水と反応してH_2とNaOHが生じる。	激しく反応する（H_2、Mg）	反応する（H_2、Al）	反応しない（Si）	反応しない（P）	反応しない（S）	反応しない	反応しない
	単体と塩基との反応（NaOHの場合）		反応しない（Mg）	反応する（H_2、Al）	反応する（H_2、Si）	反応する（P）	反応する（S）	反応しNaClとNaClOが生じる。	反応しない

⬅ 金属性大　　　　　　　　　　　　　　　　　　　　　　　　　　　　　　　非金属性大 ➡

左側ほど金属性が強く、酸と反応しやすい。　　　右側ほど非金属性が強く、塩基と反応しやすい。

	化学式	Na_2O	MgO	Al_2O_3	SiO_2	P_4O_{10}	SO_3	Cl_2O_7	
酸化物	結合	イオン結合			共有結合				
	酸化物の水への溶解性（フェノールフタレイン溶液を加える）	よくとける	少しとける	ほとんどとけない	ほとんどとけない	よくとける	よくとける	よくとける	酸化物をつくらない。
	生成物	NaOH	$Mg(OH)_2$			H_3PO_4	H_2SO_4	$HClO_4$	
	性質	塩基性		両性				酸性	

原子番号が大きくなるとイオン性結晶から分子結晶へ、塩基性から酸性へ変化していく。

43 水素と希(貴)ガス

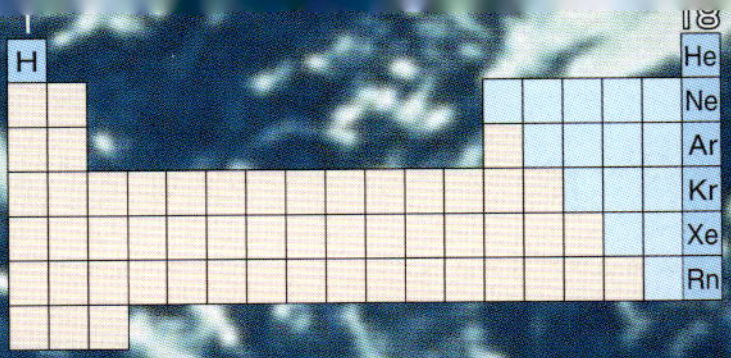

① 水素H₂とその性質
▼水素は宇宙にもっとも多く存在する元素。常温でもっとも軽い。

●水素の密度と沸点
水素は宇宙空間には多量に存在。
地球上では水として多量に存在。

沸点	−253〔℃〕
密度	0.0899〔g/L〕

●海水中の元素の存在比〔質量%〕

O	H	その他
85.7	10.8	

●太陽系の元素の存在比〔質量%〕

H	He	その他
75.4	23.2	

●乾燥空気の組成〔体積%〕

N₂	78.10	Ne	0.0018
O₂	20.95	He	0.0005
Ar	0.9325	Kr	0.0001
CO₂	0.04	Xe	0.000008

◾水素の製法：Zn + 2HCl ⟶ ZnCl₂ + H₂

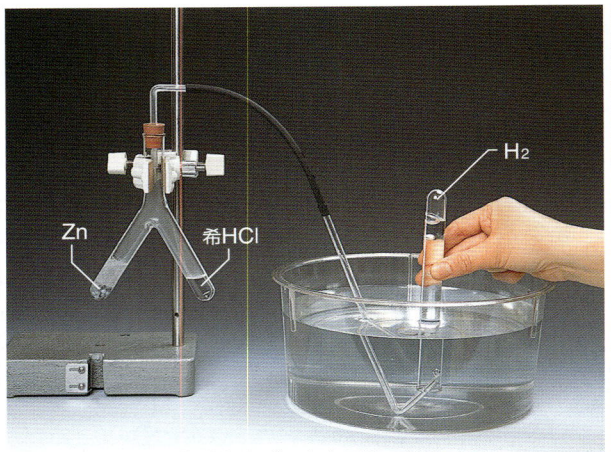

亜鉛に希塩酸を注ぎ，水上置換で捕集する。

◾水素の性質

水素は青白い炎を上げて燃える。

$2H_2 + O_2 \longrightarrow 2H_2O$

●金属酸化物・有機化合物の還元

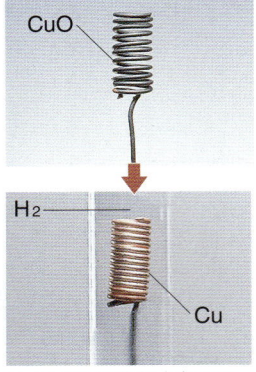

H₂により酸化銅(II)は還元される。

$CuO + H_2 \longrightarrow Cu + H_2O$

◾水素の利用

●気球の浮揚ガス
水素は軽いので，気象観測用の気球や風船の浮揚ガスとして利用される。

●ロケットエンジン
H-IIロケット　第1段エンジン

宇宙開発事業団が開発したH-IIロケットのエンジンは−253℃の液体水素を燃料とし，液体酸素を酸化剤に用いている。

●金属への吸着：触媒と電池
水素は白金やニッケルなどの金属表面によく吸着されるので，水素による還元反応にこれらの金属が触媒として用いられる。

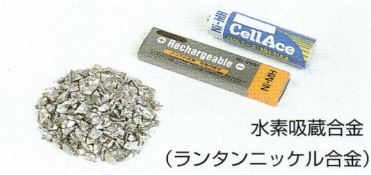

水素吸蔵合金（ランタンニッケル合金）

水素吸蔵合金は合金の体積の約1000倍の体積の水素を蓄えることができる。この性質を利用して電池がつくられている。

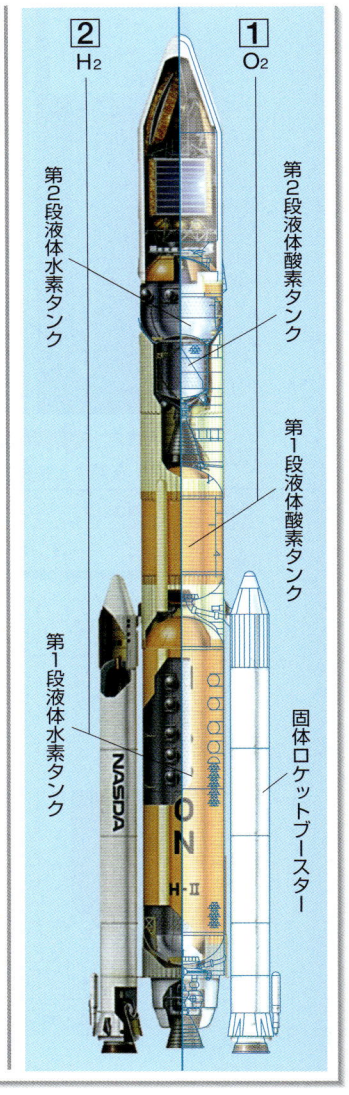

② H₂　① O₂
第2段液体水素タンク　第2段液体酸素タンク
第1段液体酸素タンク
第1段液体水素タンク　固体ロケットブースター
NASDA　H-II

無機物質

② 希ガス元素 He, Ne, Ar, Kr, Xe, Rn とその性質
▼単原子分子の気体として空気中にわずかに存在。無色・無臭の気体。

●希ガスの性質

●希ガスの沸点　固体　液体　気体

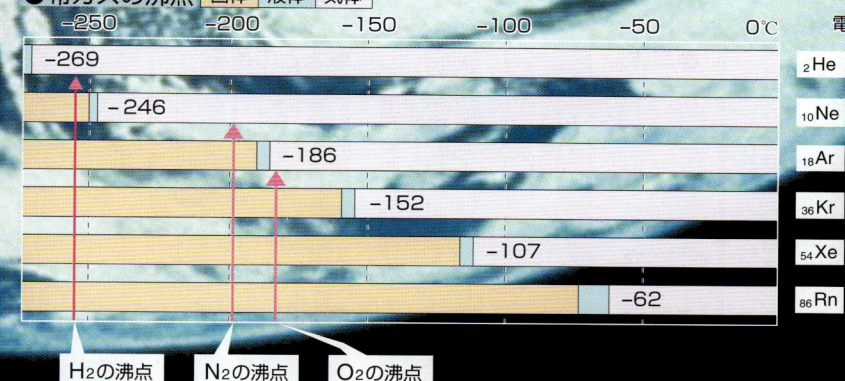

元素	沸点(℃)
₂He	−269
₁₀Ne	−246
₁₈Ar	−186
₃₆Kr	−152
₅₄Xe	−107
₈₆Rn	−62

H₂の沸点 (−253℃)　N₂の沸点 (−196℃)　O₂の沸点 (−183℃)

Heは天然ガス，その他の希ガスは液体空気から沸点の差を利用して分けられている。

●希ガス元素の電子配置

電子殻	K殻	L殻	M殻	N殻	O殻	P殻
₂He	2					
₁₀Ne	2	8				
₁₈Ar	2	8	8			
₃₆Kr	2	8	18	8		
₅₄Xe	2	8	18	18	8	
₈₆Rn	2	8	18	32	18	8

希ガス元素は最外殻の電子殻が閉殻構造になっている。希ガスは化学的に極めて不活発であり，化学結合をつくりにくい。

- ヘリウムHeは太陽コロナのスペクトルから発見(1865年)。
- ラドンRnは天然で放射能をもつ唯一の気体。

●希ガスの特性と利用：化学的に不活発

●浮揚ガス　He
かつては水素が用いられていたが，現在では不燃性で，水素に次いで軽いヘリウムが気球や飛行船の浮揚ガスとして用いられる。

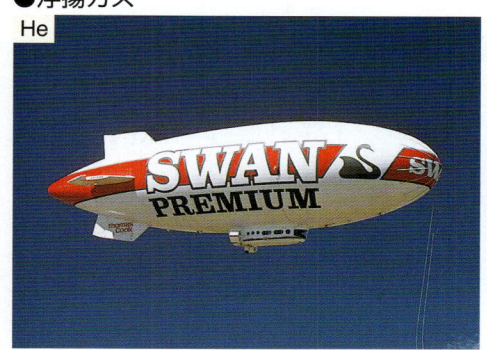

●液体ヘリウムの利用(冷却剤)　He
液体ヘリウムは極低温を得るための冷却剤として用いられ，超伝導磁石の冷却などに用いられる。

●アルゴン溶接(酸化防止)　Ar
ステンレス鋼を溶接するときなど金属の酸化防止の保護ガスとして使われる。

●赤熱電球の充塡ガス　Ar, Kr, Xe
普通の電球　クリプトン電球　映写機用電球
高温のフィラメントを守るために，不活性な希ガスが充塡されている。

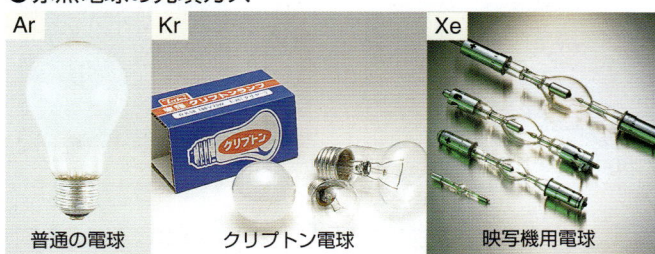

●ストロボ　Xe
Xeを封入した放電管でコンデンサーにたくわえた電気を一時に放電させることにより強い光を得る。

●ネオンサイン　Ne, Ar, Xe
放電管にNe, Ar, Xe, などをさまざまな割合で封入し種々の色光を発光させる。

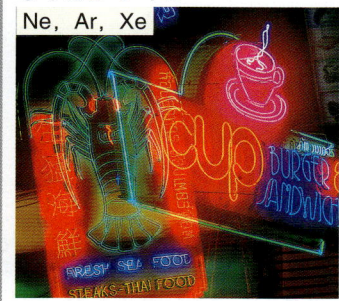

●放電管　He, Ne, Ar
低圧の希ガスに高電圧をかけると，各元素に特有な色の光を発する。

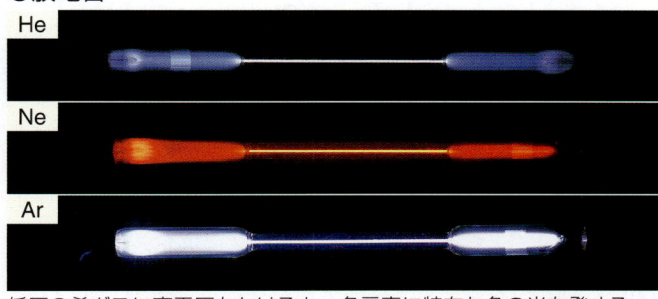

●ヘリウム・ネオンレーザー　He-Ne
HeとNeを放電管に封じ，発光させてレーザー光をつくる。レーザー発振器によってつくられた光は単色光で直進性に優れている。(光路は煙中で撮影)

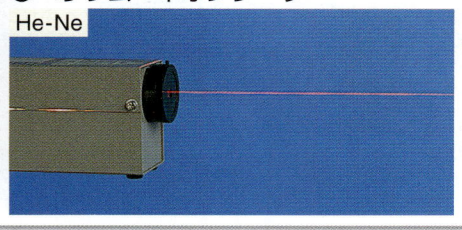

44 ハロゲンとその化合物

参照項目p.222「ハロゲン」

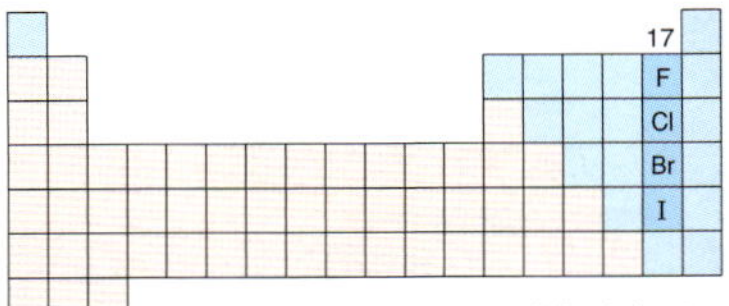

1 ハロゲンの単体
▼有毒な二原子分子。原子番号が大きいほど沸点・融点が高い。

反応性が大きいため、自然界では単体で存在しない。

フッ素 F_2 ▼融点−219.6℃、沸点−188.1℃、密度1.70g/dm³

●単体
常温で淡黄色の気体。反応性が強く、保存できない。

●水との反応
水と激しく反応して酸素を発生。
$2F_2 + 2H_2O \longrightarrow 4HF + O_2$

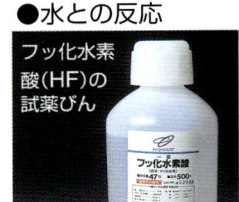

フッ化水素酸(HF)の試薬びん
ガラスを腐食するのでポリエチレンの容器に保存する。

●所在 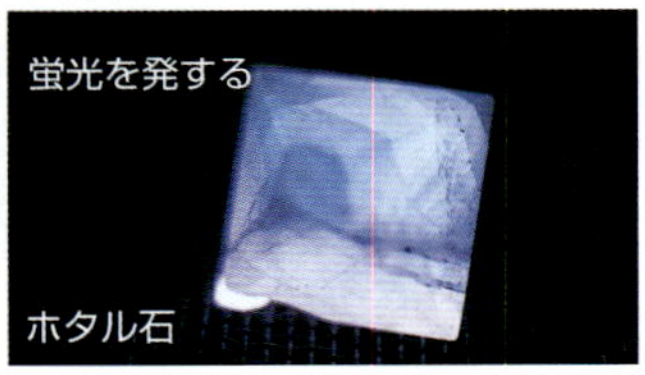
蛍光を発する　ホタル石
ホタル石CaF_2、氷晶石Na_3AlF_6など

●利用
テフロン製の理化学容器 

塩素 Cl_2 ▼融点−101.0℃、沸点−34.0℃、密度3.21g/dm³

●単体
常温で黄緑色の気体 

●水との反応 
水に少しとける。　塩素水
$Cl_2 + H_2O \rightleftharpoons HCl + HClO$

●所在 
天日塩
食塩NaClなど

●利用
塩素系漂白剤 

臭素 Br_2 ▼融点−7.2℃、沸点58.8℃、密度3.12g/cm³

●単体
常温で赤褐色の液体 

●水との反応 
ほとんど水と反応しない
水／臭素
$Br_2 + H_2O \rightleftharpoons HBr + HBrO$

●所在
海水中のにがりなど 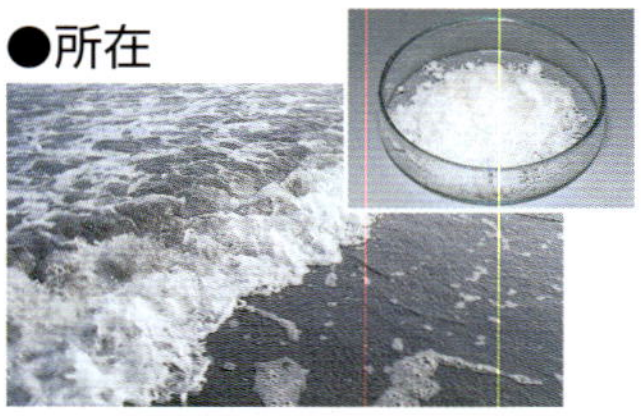

●利用 ▶p.119
フィルムの感光剤(AgBr) 

ヨウ素 I_2 ▼融点113.5℃、沸点184.3℃、密度4.93g/cm³

●単体
常温で黒紫色の固体 

●水との反応 ▶p.54 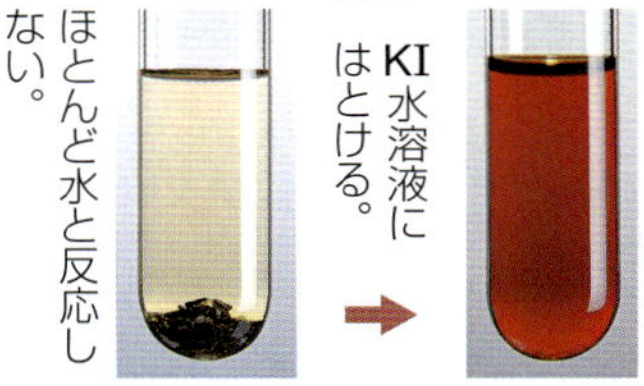
ほとんど水と反応しない。　KI水溶液にはとける。
$I_2 + I^- \longrightarrow I_3^-$

●所在
コンブの中に含まれる。 

●利用 
うがい薬、消毒薬

2 ハロゲンの反応性の強さ(酸化力) $Cl_2 > Br_2 > I_2$

KBr水溶液 + Cl_2水
Cl₂水　Br₂
ヘキサンを加えて振る。
KBr水溶液
$2KBr + Cl_2 \longrightarrow 2KCl + Br_2$
遊離した臭素がヘキサンにとけて上層が赤褐色を示す。
酸化力：$Cl_2 > Br_2$

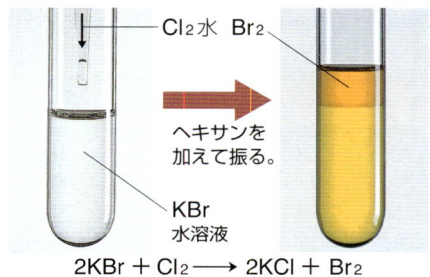

KI水溶液 + Cl_2水
Cl₂水　I₂
ヘキサンを加えて振る。
KI水溶液
$2KI + Cl_2 \longrightarrow 2KCl + I_2$
遊離したヨウ素がヘキサンにとけて上層が紫色を示す。
酸化力：$Cl_2 > I_2$

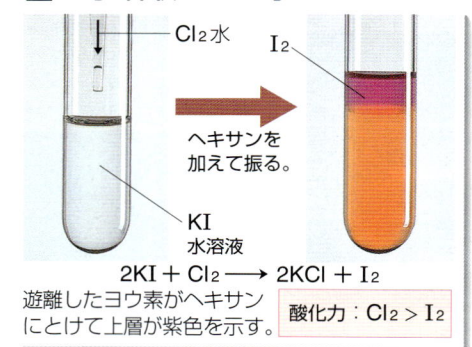

KI水溶液 + Br_2水
Br₂水　I₂
ヘキサンを加えて振る。
KI水溶液
$2KI + Br_2 \longrightarrow 2KBr + I_2$
遊離したヨウ素がヘキサンにとけて上層が紫色を示す。
酸化力：$Br_2 > I_2$

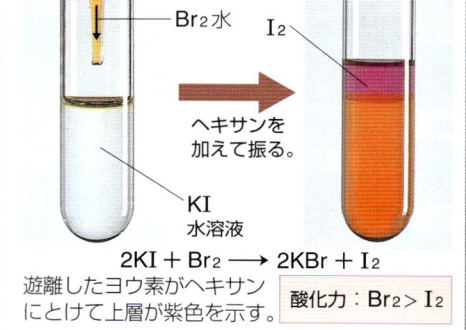

ハロゲン化合物については ▶参照項目p.228〜229「塩」

3 塩素 Cl_2 の製法と性質
▼ Cl_2 は刺激臭をもつ黄緑色の気体。空気より重く水にとけにくい。

■製法① 酸化マンガン(IV)＋濃塩酸

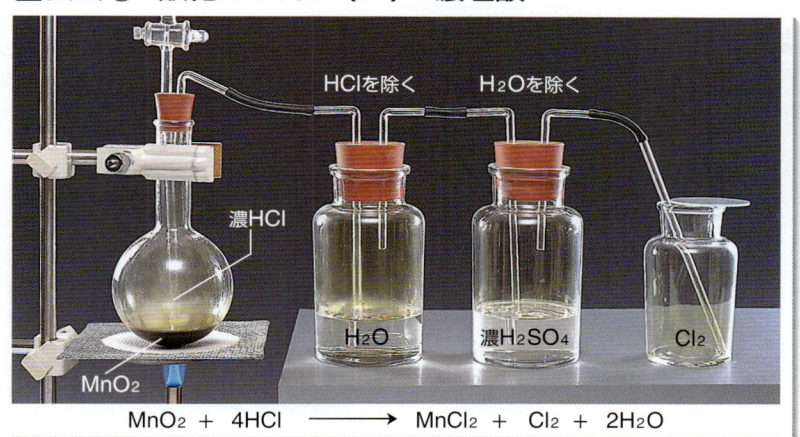

$$MnO_2 + 4HCl \longrightarrow MnCl_2 + Cl_2 + 2H_2O$$

■製法② さらし粉＋塩酸

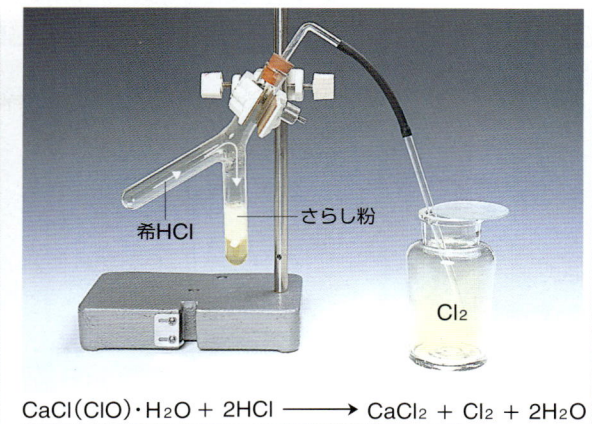

$$CaCl(ClO) \cdot H_2O + 2HCl \longrightarrow CaCl_2 + Cl_2 + 2H_2O$$

■金属と激しく反応する

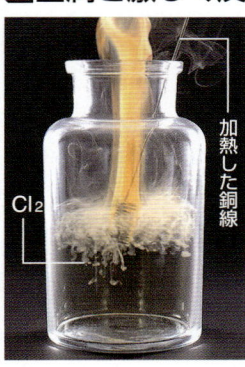

塩素中に加熱した銅線を入れると、激しく反応し、褐色の煙を出す。(燃焼後、水を少量加えて振り混ぜると、液は青色になる*)

$$Cu + Cl_2 \longrightarrow CuCl_2$$

*$CuCl_2 + 4H_2O \longrightarrow [Cu(H_2O)_4]^{2+} + 2Cl^-$

■漂白作用
▼塩素が水にとけて生成する次亜塩素酸 HClO の強い酸化力にもとづく。

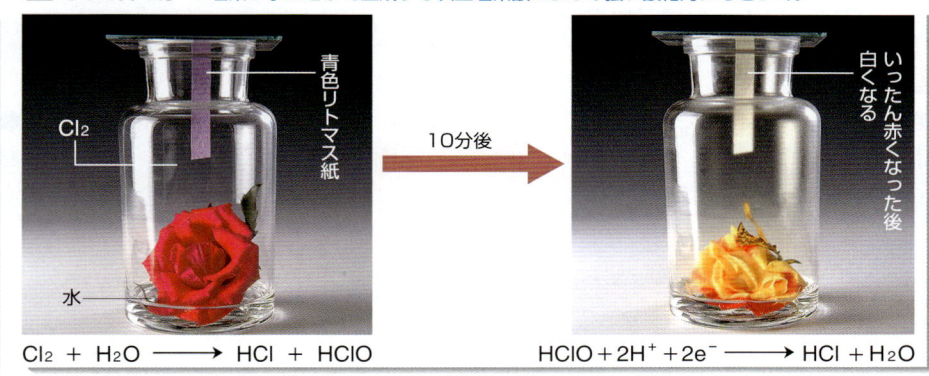

$$Cl_2 + H_2O \longrightarrow HCl + HClO$$

$$HClO + 2H^+ + 2e^- \longrightarrow HCl + H_2O$$

10分後 → いったん赤くなった後白くなる

4 ハロゲン化水素
▼ハロゲンと水素の化合物を**ハロゲン化水素**という。無色で刺激臭の有毒な気体で、空気よりも密度が大きい。

■塩化水素 HCl の発生

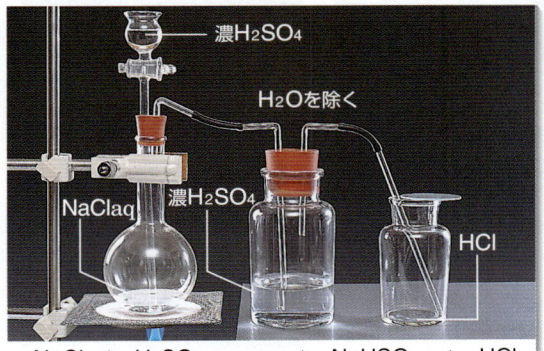

$$NaCl + H_2SO_4 \longrightarrow NaHSO_4 + HCl$$

■フッ化水素酸 HF のガラス腐食作用

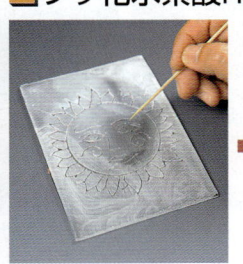

ガラスにパラフィンを塗り、パラフィンを削りながら絵をかく。

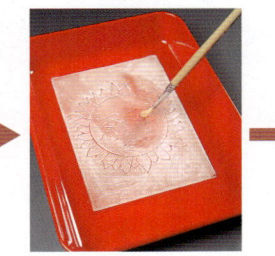

フッ化水素酸をぬると絵をかいたところだけが腐食される。

水洗後パラフィンを落とすと、ガラスに絵が刻まれている。

$$SiO_2 + 6HF \longrightarrow H_2SiF_6{}^* + 2H_2O$$

*ヘキサフルオロケイ酸

ハロゲン化水素	常温での状態	沸点 [℃]	色	極性	水溶液(酸の強さ)
フッ化水素　HF	気体	20	無色	大 ↑	フッ化水素酸　(弱酸)
塩化水素　　HCl	気体	−85	無色		塩酸　　　　(強酸)
臭化水素　　HBr	気体	−67	無色		臭化水素酸　(強酸)
ヨウ化水素　HI	気体	−35	無色	↓ 小	ヨウ化水素酸(強酸)

参照項目 p.32「電気陰性度」

45 ▶ 酸素・硫黄とその化合物

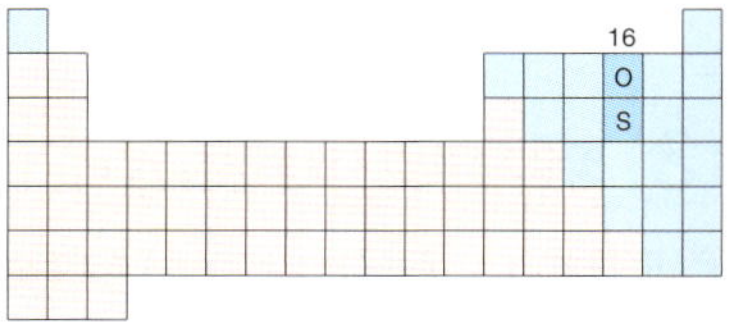

1 酸素 O_2
▼O_2は空気中の体積の21%を占める。ほとんどの元素と化合して酸化物をつくる。

◾酸素の製法
過酸化水素水に酸化マンガン(Ⅳ)を触媒として加える。

$$2H_2O_2 \xrightarrow{MnO_2} 2H_2O + O_2$$

▶▶参照項目p.228「酸化物」

◾酸素の液体・固体
液体酸素 沸点 −183℃
固体酸素 融点 −218℃

◾酸素と硫黄の反応
$$S + O_2 \longrightarrow SO_2$$

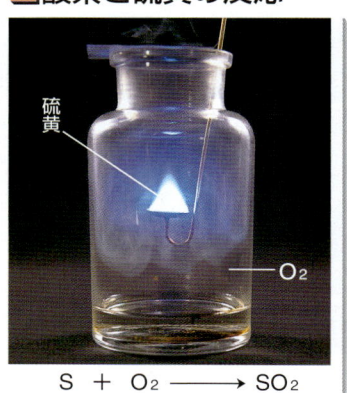

2 硫黄 S とその化合物
▼Sは地殻中に硫化物として多量に存在。多くの元素と化合して硫化物をつくる。

◾硫黄の同素体

●斜方硫黄（常温で安定，融点113℃，密度2.07g/cm³） 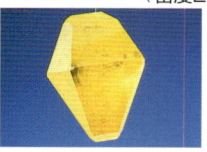 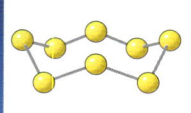
S_8の環状分子

●単斜硫黄（融点119℃，密度1.96g/cm³）  
加熱しても流動性はない。 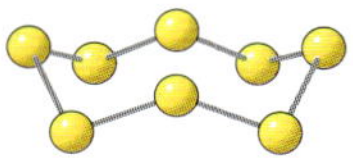
S_8の環状分子

●ゴム状硫黄 
250℃以上に加熱してとかした硫黄を水中で急冷。 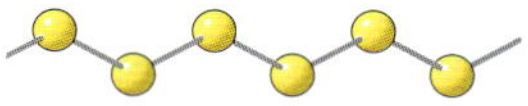
冷水
鎖状分子

◾硫黄の化合物

●二酸化硫黄 SO_2　SO_2は常温で無色，刺激臭。

製法　希H_2SO_4／Na_2SO_3／SO_2
$$Na_2SO_3 + H_2SO_4 \longrightarrow Na_2SO_4 + H_2O + SO_2$$

還元作用　色素を還元して漂白する。
$$SO_2 + 2H_2O \longrightarrow 4H^+ + SO_4^{2-} + 2e^-$$

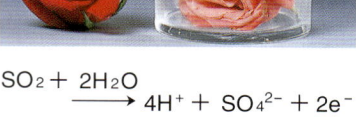

H_2O_2をかけると酸化されて再び色素が現れる。

●SO_2とH_2Sとの反応
酸化作用　SO_2 酸化剤／ガラス板／H_2S 還元剤
ガラス板をとる。 
Sが析出
$$SO_2 + 2H_2S \longrightarrow 3S + 2H_2O$$

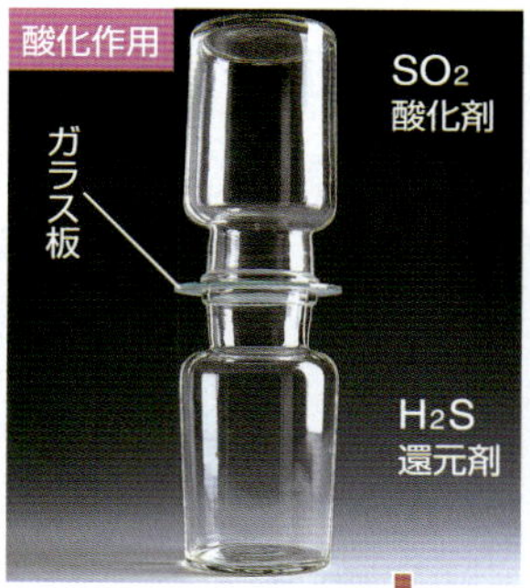

●硫化水素 H_2S　▼空気より重い無色の気体。腐敗臭で有毒。

H_2SO_4／FeS／H_2S／キップの装置

❶コックを開くと中の気体が出てH_2SO_4とFeSがふれ合い，反応が起こる。 
❷コックを閉じると気体が充満し，H_2SO_4が上がるので，反応が止まる。

●硫化水素と金属イオンの反応

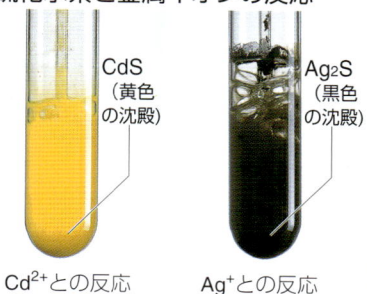

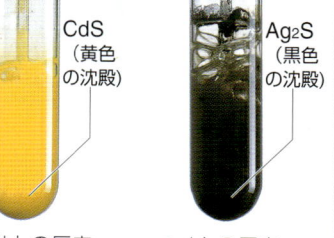

CdS（黄色の沈殿）　Cd^{2+}との反応
Ag_2S（黒色の沈殿）　Ag^+との反応

酸素とオゾン（同素体） オゾンの製法

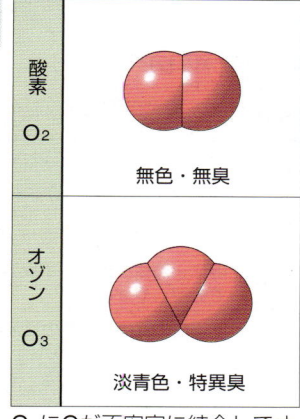

酸素 O_2		無色・無臭
オゾン O_3		淡青色・特異臭

O_2にOが不安定に結合してオゾンO_3ができる。結合したOは不安定で分解しやすく、分解するとき他の物質に結合してその物質を酸化させる。

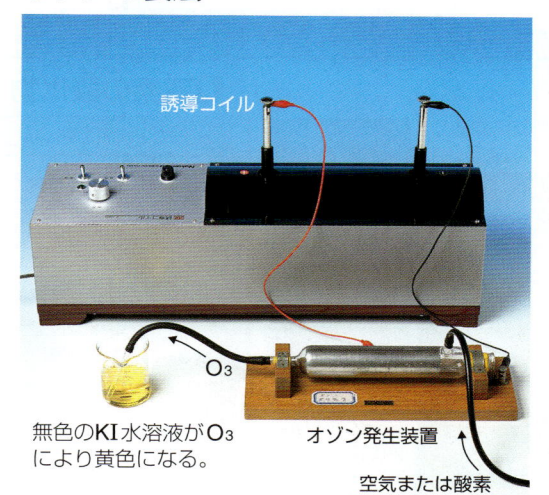

誘導コイル / O_3 / 無色のKI水溶液がO_3により黄色になる。/ オゾン発生装置 / 空気または酸素

オゾンの酸化作用

デンプン水溶液

KI水溶液にオゾンを入れると、オゾンの酸化作用によりI^-が酸化され、I_2が生成される。デンプン水溶液を加えると、ヨウ素デンプン反応を示す。

$$O_3 + 2H^+ + 2e^- \longrightarrow O_2 + H_2O$$

●オゾン殺菌
オゾンには塩素の7倍という強力な酸化作用がある。この酸化力を利用して、医療器具の殺菌、食品関連業の殺菌・消毒に用いられている。今までの水道水の殺菌用の塩素に代わって、オゾン殺菌の開発が進んでいる。

3 濃硫酸H_2SO_4の性質

▼H_2SO_4は無色でねばりけのある不揮発性の液体。密度が大きい（1.84g/cm³）。

■酸としての性質

●濃硫酸（反応弱い）　●希硫酸（反応強い）

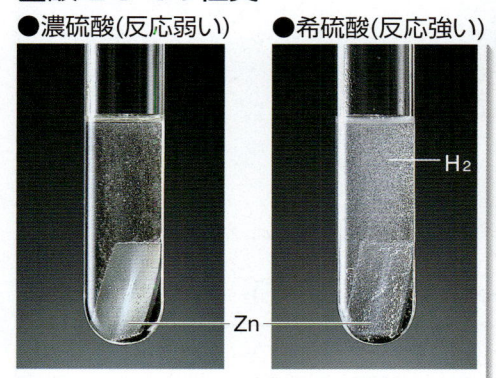

Zn / H_2

濃硫酸は、ほとんど水分を含まず、電離度が小さいため酸としての性質は弱い。希硫酸は電離度が大きく、強酸である。

■酸化作用　▶▶ 参照項目p.198「硫酸の製造」

濃H_2SO_4 / Cu片 → 加熱 → SO_2 / 不動態 / 鉄くぎ / 濃H_2SO_4

加熱した濃硫酸には酸化作用がある。

$$Cu + 2H_2SO_4 \xrightarrow{加熱・高温} CuSO_4 + SO_2 + 2H_2O$$

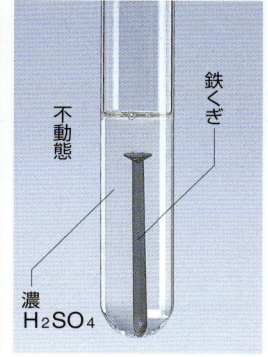

不動態…金属表面にち密な酸化膜などが生じ、内部が保護される状態。

■脱水作用・吸湿性

濃H_2SO_4 / 白砂糖 → 黒い炭

ショ糖分子が脱水され炭素だけが残される。
$C_{12}H_{22}O_{11} \longrightarrow 12C + 11H_2O$

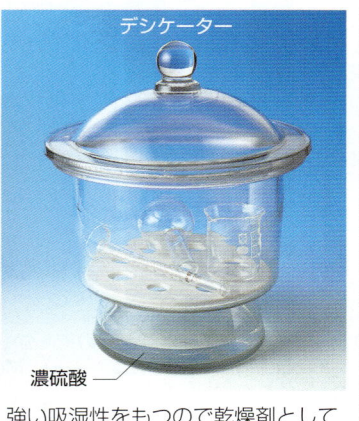

デシケーター / 濃硫酸
強い吸湿性をもつので乾燥剤として利用される。

■希硫酸のつくり方

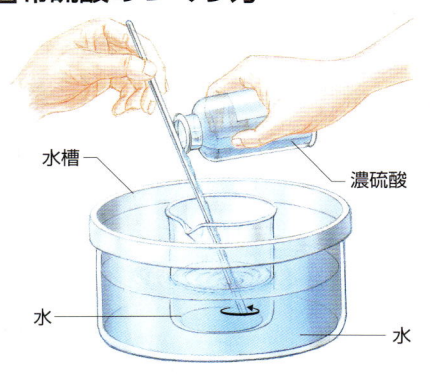

水槽 / 濃硫酸 / 水

多量の溶解熱を発生するので、水に濃硫酸を少しずつ注ぎ撹拌する。逆に行うと、注いだ水が沸騰し危険である。

46 ▶ 窒素・リンとその化合物

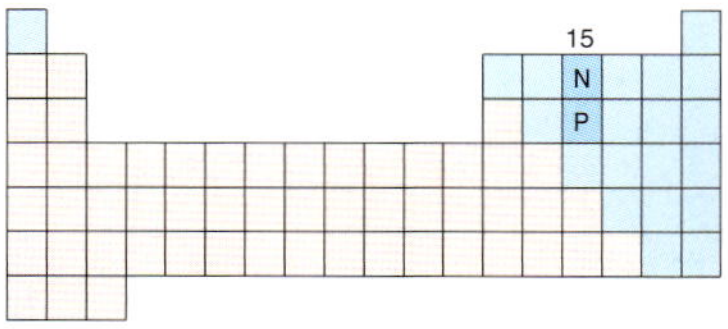

1 窒素N₂とその酸化物
▼N₂は空気の約78%を占める。常温で不活性な気体。

■液体窒素：沸点−196℃

液体窒素に入れた花は瞬時に凍結し、たたくと粉々にくだけてしまう。

デュワーびん
液体窒素などを保存する容器。

■窒素の酸化物
▼窒素酸化物を総称してノックス（NOₓ）という。

分子式	名称	酸化数	性質
N_2O	一酸化二窒素	+1	無色の気体。笑気とよばれ麻酔に利用。
NO	一酸化窒素	+2	無色の気体。水にとけにくい。空気中ですぐに酸化。
N_2O_3	三酸化二窒素	+3	固体・液体は青色。不安定で分解しやすい。
NO_2	二酸化窒素	+4	赤褐色の気体。特有の臭気。有毒。水にとけやすい。
N_2O_4	四酸化二窒素	+4	無色の気体。NO₂を冷却すると得られる。
N_2O_5	五酸化二窒素	+5	無色の結晶で分解しやすい。

▶▶参照項目p.204「酸性雨」

■一酸化窒素NOの製法と性質
▼NOは水にとけにくい無色の気体。

Cu、希HNO₃、NO（無色）

NOは空気に触れると酸化され、NO₂となる。
NO₂（赤褐色）

$3Cu + 8HNO_3 \longrightarrow 3Cu(NO_3)_2 + 2NO + 4H_2O$

$2NO + O_2 \longrightarrow 2NO_2$

■二酸化窒素NO₂の製法

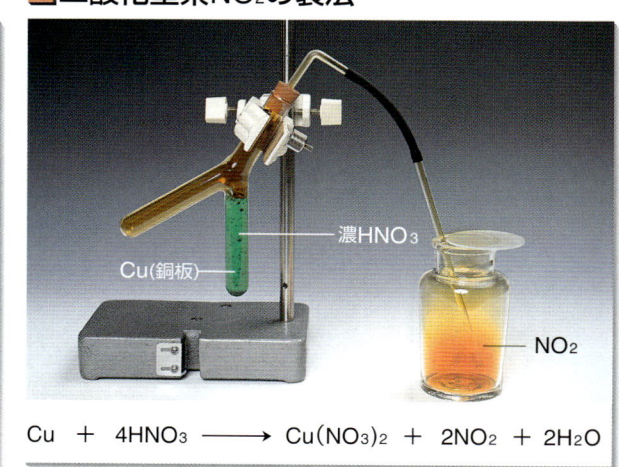

Cu(銅板)、濃HNO₃、NO₂

$Cu + 4HNO_3 \longrightarrow Cu(NO_3)_2 + 2NO_2 + 2H_2O$

2 硝酸HNO₃
▼HNO₃は無色の液体で水によくとけ，水溶液は強い酸性を示す。酸化力が強く，金・白金以外の金属と反応する。

■硝酸HNO₃の性質と金属との反応

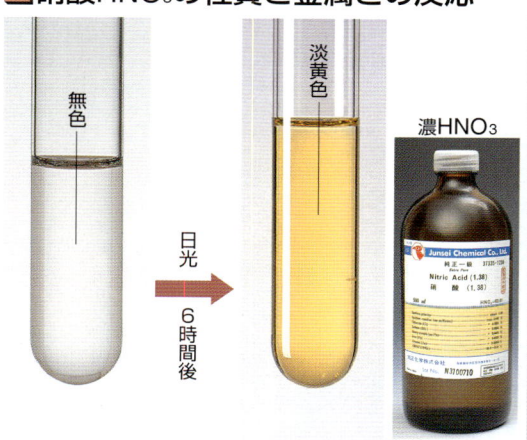

無色 → 日光6時間後 → 淡黄色　濃HNO₃

$4HNO_3 \longrightarrow 4NO_2 + 2H_2O + O_2$
光により分解し，NO₂を生成するので，褐色びんに保存。

▶▶参照項目p.198「硝酸の製造」

❶希硝酸とマグネシウム　H₂　Mg
❷濃硝酸と銀　NO₂　Ag
❸濃硝酸と水銀　NO₂　Hg
濃硝酸と鉄　Fe
濃硝酸とアルミニウム　Al

硝酸は強酸(❶)でしかも酸化力(❷,❸)がある。

❶ $Mg + 2HNO_3 \longrightarrow Mg(NO_3)_2 + H_2$
❷ $Ag + 2HNO_3 \longrightarrow AgNO_3 + NO_2 + H_2O$
❸ $Hg + 4HNO_3 \longrightarrow Hg(NO_3)_2 + 2NO_2 + 2H_2O$

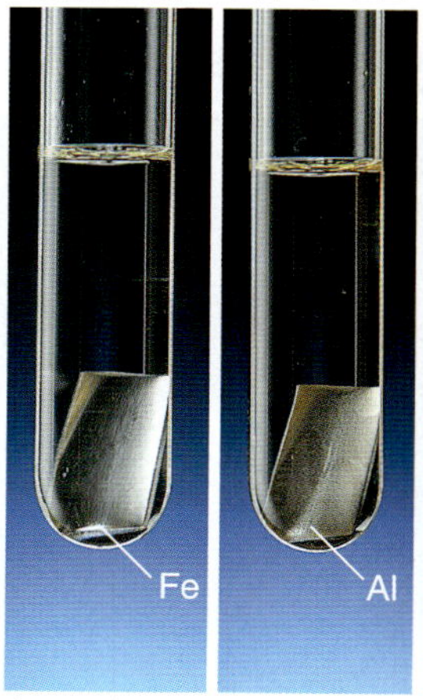

金属の表面にち密な酸化被膜が不動態をつくり，反応しない。

無機物質

③ アンモニア NH_3
▼NH_3は無色で刺激臭のある気体。常温で圧力をかけ冷却すると容易に液化する。

◉アンモニア NH_3 の製法と性質

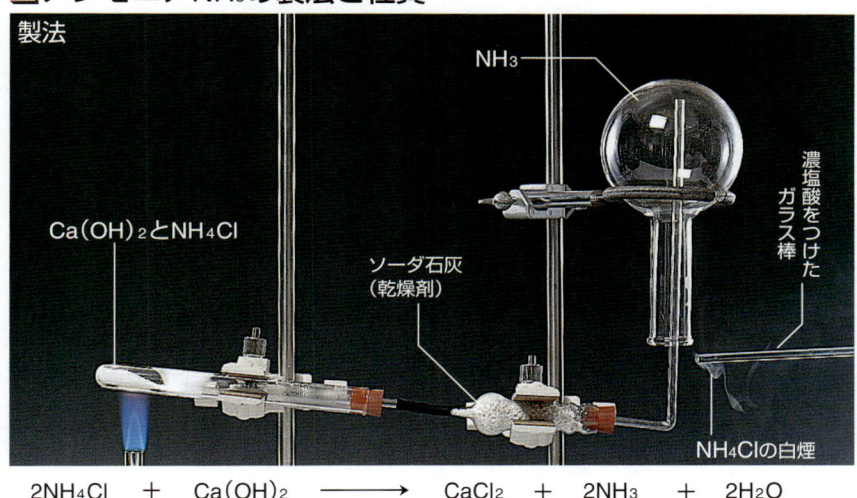

製法
- $Ca(OH)_2$ と NH_4Cl
- NH_3
- ソーダ石灰（乾燥剤）
- 濃塩酸をつけたガラス棒
- NH_4Cl の白煙

$$2NH_4Cl + Ca(OH)_2 \longrightarrow CaCl_2 + 2NH_3 + 2H_2O$$

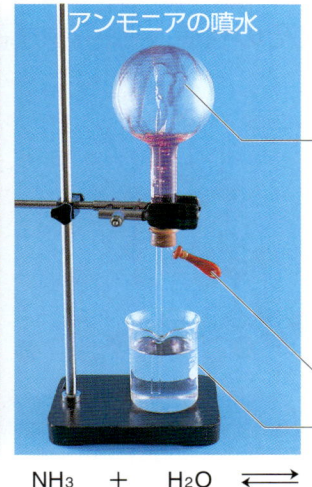

アンモニアの噴水

アンモニアは水によくとけ弱塩基性を示すので、フェノールフタレイン溶液が赤くなる。
- NH_3
- 水を入れたスポイト
- フェノールフタレイン溶液を加えた水

フラスコにスポイトで水を入れると、フラスコ中のアンモニアが水にとけて、フラスコ内の圧力が下がるので、ビーカーの水が上がってくる。

$$NH_3 + H_2O \rightleftharpoons NH_4^+ + OH^-$$

▶▶参照項目 p.198「ハーバー・ボッシュ法」

④ リン P とその化合物
▼窒素と同じく生命活動に欠かせない元素。

◉リンの同素体
▼リンの同素体には5種類で、その代表例は黄リンと赤リン。

リンの同素体	黄リン（P_4）	赤リン（P_x）
単体の外観	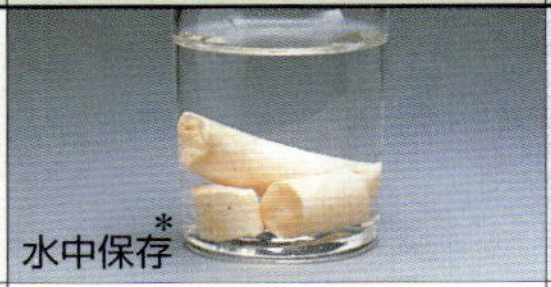 水中保存*	
色・状態	淡黄色・固体	赤褐色・粉末
密度	$1.82 g/cm^3$	$2.20 g/cm^3$
融点	44℃	590℃（$4.3 \times 10^6 Pa$）
発火点	30℃*	260℃
溶解性	CS_2 にとける	CS_2 にとけない
毒性	猛毒	毒性が少ない
構造	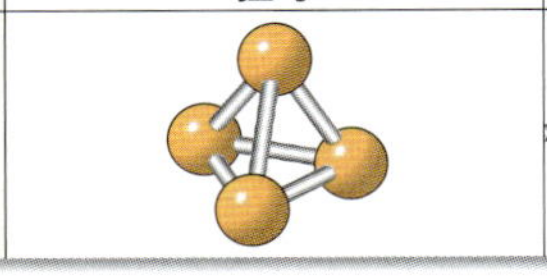	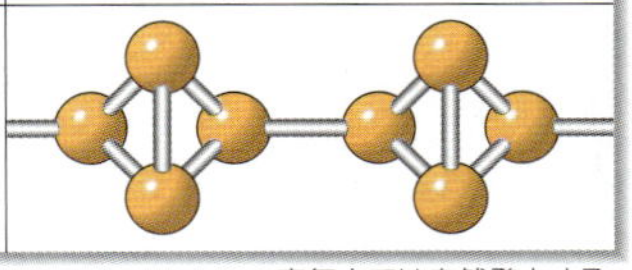

*空気中では自然発火する。

◉リンの燃焼
- P_4O_{10}
- リン P
- O_2

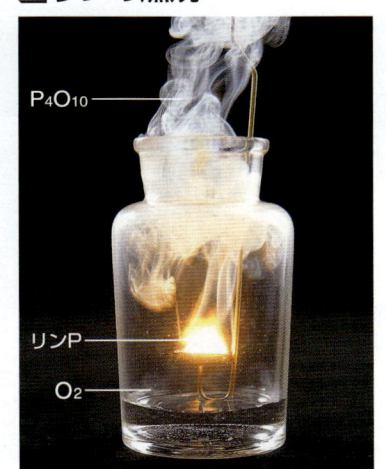

●P_4O_{10} の構造
燃焼すると白色結晶の十酸化四リン P_4O_{10} になる。

$$4P + 5O_2 \longrightarrow P_4O_{10}$$

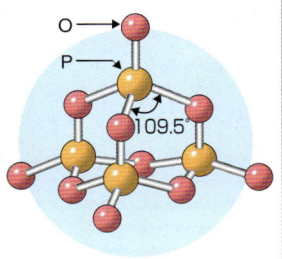

O→
P→
109.5

リン酸 H_3PO_4 4分子が脱水縮合したとみなされる構造をもつ。

◉十酸化四リン P_4O_{10}
▼食品のpH調整剤、リン酸肥料の原料。

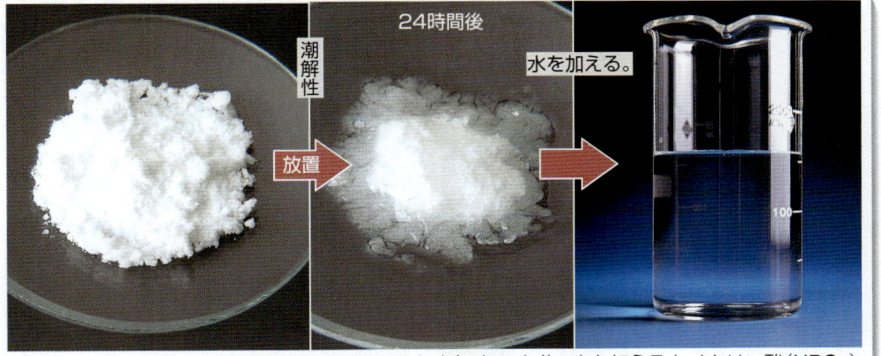

潮解性 → 24時間後 → 水を加える。
放置

十酸化四リン P_4O_{10} は、組成が P_2O_5 なので五酸化二リンとも呼ばれる。乾燥剤として使われる。

放置すると空気中の水分を吸収して潮解する。

水を加えるとメタリン酸 $(HPO_3)_n$ の水溶液となり、さらに加熱するとリン酸 H_3PO_4 が得られる。

◉リン酸 H_3PO_4 の酸としての強さ

酢酸 CH_3COOH	リン酸 H_3PO_4	塩酸 HCl
弱酸		強酸
Zn	Zn	Zn

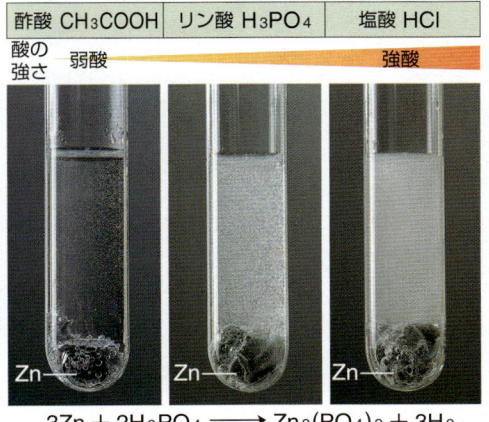

$$3Zn + 2H_3PO_4 \longrightarrow Zn_3(PO_4)_2 + 3H_2$$

47 炭素・ケイ素とその化合物

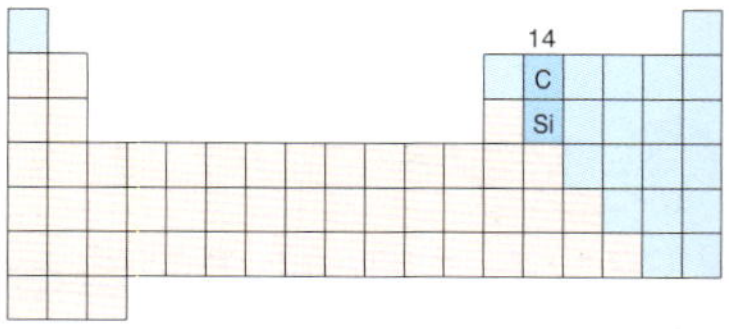

1 炭素Cとその化合物 ▼Cは4個の価電子をもち，共有結合をつくりやすい。

炭素の同素体とその構造 ▼同素体ではこの他にフラーレンがある。

●ダイヤモンド
109.5°　0.15nm

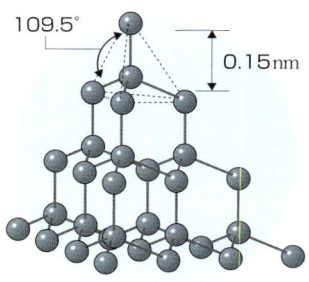

もっともかたく，融点が高い（3550℃）。電気を通さない。密度（3.51g/cm³）。

1個の炭素原子のまわりを正四面体形に4個の炭素原子が囲む。炭素原子間は共有結合。

●黒鉛（グラファイト）
0.14nm　0.67nm

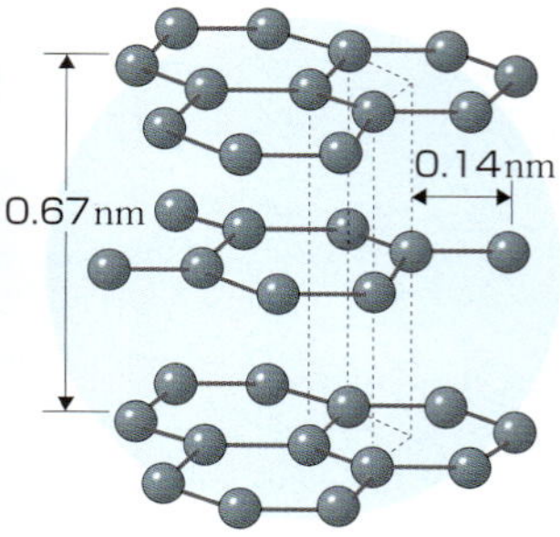

金属光沢のあるやわらかい結晶で電気をよく通す。鉛筆のしんや電極などに利用。

正六角形網目状に配列した炭素原子からなる層が多数重なる。層中の炭素原子間は共有結合，層間は分子間力。

●無定形炭素
微結晶が不規則に配列。活性炭は多孔質で表面積が大きいので，においや色素の吸着性に富む。

炭素の燃焼

$C + O_2 \longrightarrow CO_2$（完全燃焼）

炭素が不完全燃焼すると，有毒な一酸化炭素COが発生する（$2C + O_2 \longrightarrow 2CO$）。

一酸化炭素CO ▼無色・無臭の水にとけにくい気体。炭素の不完全燃焼によって発生し，きわめて有毒。

●製法
空気中で燃焼　沸騰石　ギ酸　濃硫酸

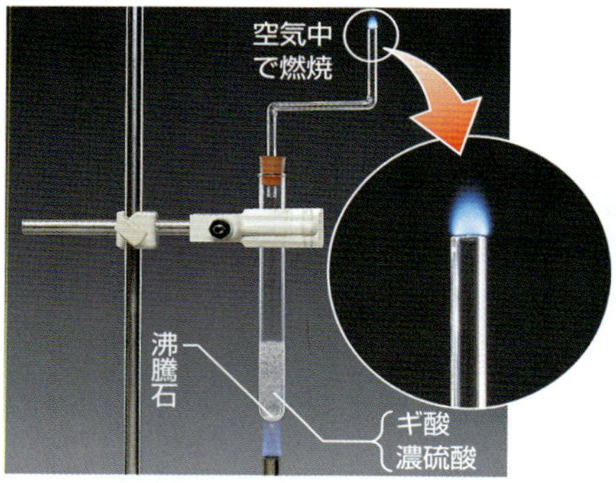

$HCOOH \longrightarrow CO + H_2O$

COは血液中のヘモグロビンと結合して酸素の供給を阻害する。

●還元性
CuO　CO　CO₂

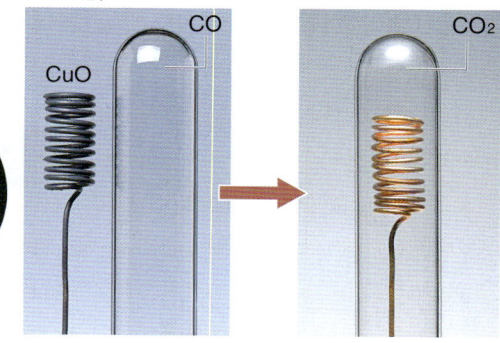

$CuO + CO \longrightarrow Cu + CO_2$

銅線を加熱して生じた酸化銅(II)CuOをCO中に入れると，銅に還元される。

二酸化炭素CO₂ ▼無色・無臭の気体。空気よりも重い。大気に0.04%含まれる。

●製法
塩酸　石灰石 CaCO₃　CO₂

$CaCO_3 + 2HCl \longrightarrow CaCl_2 + H_2O + CO_2$

●検出
石灰水　CO₂を吹き込む。　CO₂　Ca(OH)₂ aq　石灰水を白濁させる。

$Ca(OH)_2 + CO_2 \longrightarrow CaCO_3 + H_2O$

●炭酸水は弱い酸性
CO₂　炭酸水＋BTB

pH約5.6。ごく弱い酸性。BTBの呈色は黄色を示す。

▶▶参照項目p.111「カルシウム化合物の反応」

② ケイ素Siとその化合物
▼Siは地殻中で酸素に次いで多い元素。ガラスや半導体の材料。

ケイ素の単体とその構造

ケイ素の単体 | 融点 1410℃
| 密度 2.3g/cm³

ケイ素の単体は自然界に存在せず，酸化物SiO_2を還元してつくる。

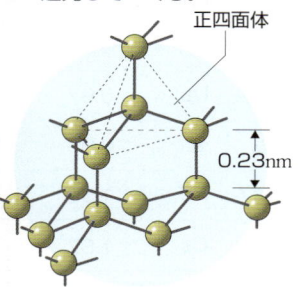

正四面体
0.23nm

高純度ケイ素の結晶は，薄片にしてIC（集積回路）に用いられる。

ダイヤモンドと同じ正四面体型構造をもつ共有結合の結晶。わずかに電気伝導性を示す（半導体）。

二酸化ケイ素SiO_2とその構造

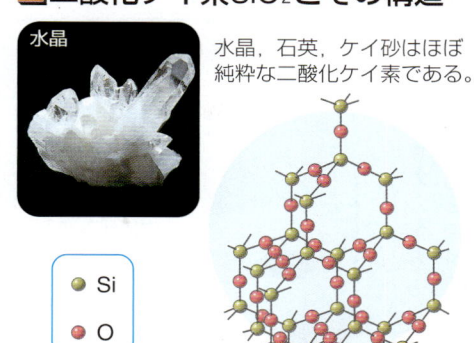

水晶

水晶，石英，ケイ砂はほぼ純粋な二酸化ケイ素である。

● Si
● O

ケイ素原子と酸素原子が共有結合でつながり，正四面体構造をもつ。岩石をつくる鉱物のほとんどは，この構造の中にFe，Mgなどが入り込んでできている。

時計用水晶発振子

電圧を変えると規則的に発振する。

光ファイバー

透明度の高い繊維状のもので，光通信，内視鏡に利用される。

水ガラスとシリカゲルの製法

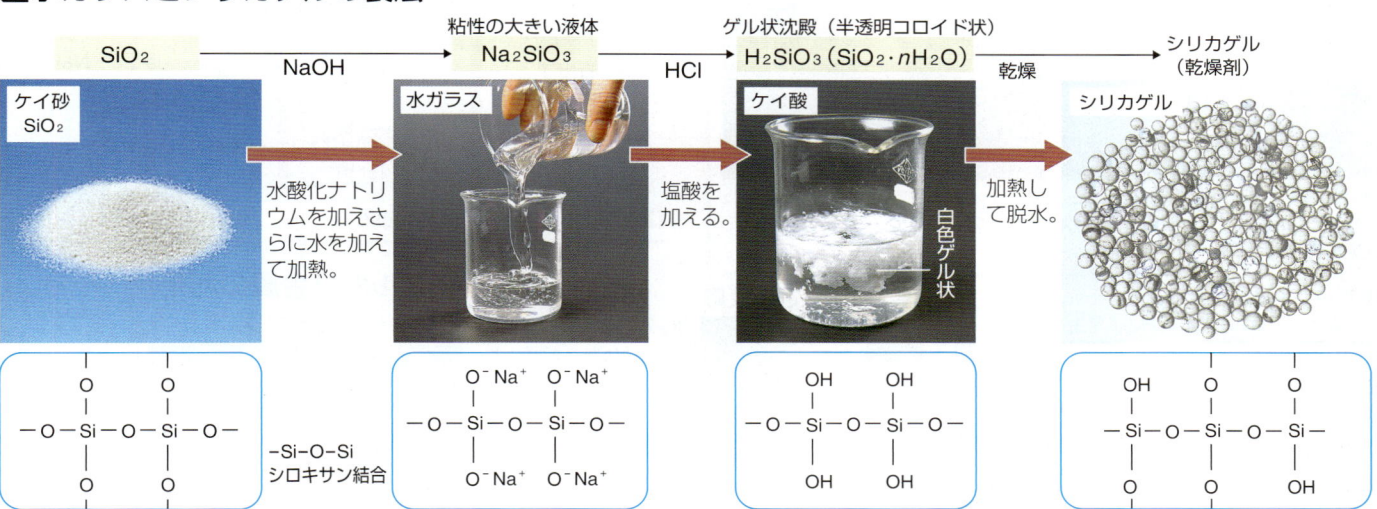

SiO_2 →(NaOH)→ 粘性の大きい液体 Na_2SiO_3 →(HCl)→ ゲル状沈殿（半透明コロイド状）H_2SiO_3 ($SiO_2 \cdot nH_2O$) →(乾燥)→ シリカゲル（乾燥剤）

ケイ砂 SiO_2 — 水酸化ナトリウムを加えさらに水を加えて加熱。— 水ガラス — 塩酸を加える。— ケイ酸（白色ゲル状）— 加熱して脱水。— シリカゲル

```
    O      O
    |      |
 —O—Si—O—Si—O—
    |      |
    O      O
```

```
  O⁻Na⁺ O⁻Na⁺
    |      |
 —O—Si—O—Si—
    |      |
  O⁻Na⁺ O⁻Na⁺
```
-Si-O-Si- シロキサン結合

```
   OH     OH
    |      |
 —O—Si—O—Si—
    |      |
   OH     OH
```

```
   OH     O
    |      |
  —Si—O—Si—
    |      |
    O     OH
```

フラーレンとカーボンナノチューブ   ちょっと発展

フラーレン（fullerene）は60個以上の炭素原子が結合して球状あるいは，チューブ状に閉じた構造をもつ。

フラーレンC_{60}は1970年に大澤映二により存在が予言され，1985年スモーリーらにより発見された。

C_{60}分子の構造　0.7nm
C_{60}の結晶
C_{60}ヘキサン溶液

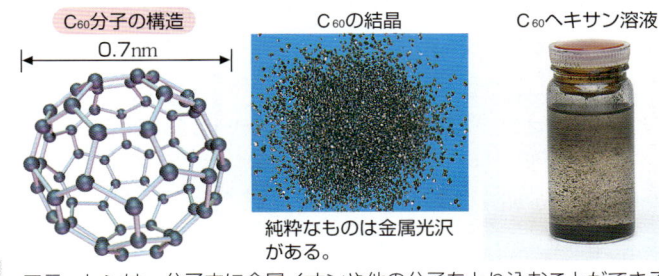

純粋なものは金属光沢がある。

フラーレンは，分子内に金属イオンや他の分子をとり込むことができる。とくにカリウムを添加したものが比較的高温で超伝導を示すことがわかり，その研究が急速に進みつつある。

チューブ状フラーレン（カーボンナノチューブ）は，1991年に飯島澄男により発見された。

カーボンナノチューブ電顕写真　CGによる原子模型

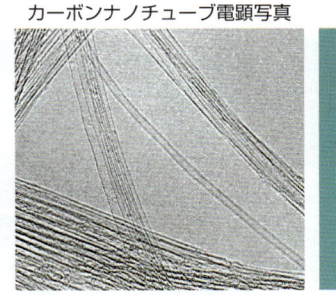

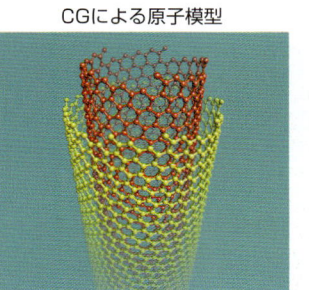

炭素原子がチューブ状に閉じた構造をもち，導電性，柔軟性をもっている。現在，電子デバイスとしての応用研究が進んでいる。

48 ▶ アルカリ金属とその化合物

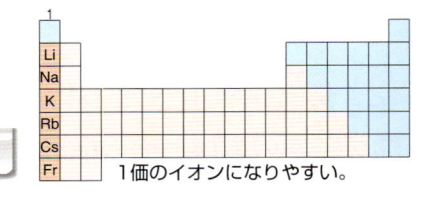

1価のイオンになりやすい。

1 アルカリ金属の単体
▼イオンとして海水や鉱物中に存在。単体はやわらかく融点は低い。

単体の性質

●やわらかさ

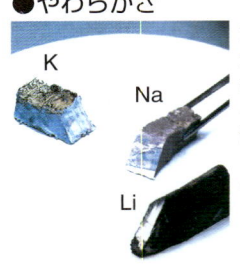

ナトリウム，カリウムはやわらかく，ナイフで容易に切断できる。リチウムはややかたい。

●保存

アルカリ金属は空気中でただちに酸化されるので石油中に保存する。リチウムは密度が小さいので浮いている。

▶▶参照項目 p.221「密度」

元素名	元素記号	密度 [g/cm³]	融点 [℃]	炎色
リチウム	Li	0.53	181	赤
ナトリウム	Na	0.97	98	黄
カリウム	K	0.86	64	赤紫
ルビジウム	Rb	1.53	39	赤
セシウム	Cs	1.87	28	青

▶▶参照項目 p.125「炎色反応」

単体の反応性

●水との反応
水酸化物を生成する。

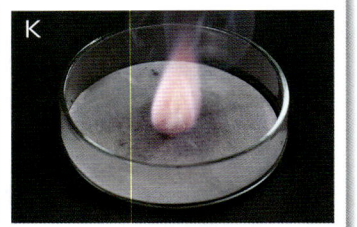

フェノールフタレイン

$2Na + 2H_2O \longrightarrow 2NaOH + H_2$ $2K + 2H_2O \longrightarrow 2KOH + H_2$

水との反応でそれぞれNaOH，KOHが生成するので，フェノールフタレインで塩基性を確認することができる。

ナトリウム単体の製法（ダウンズ法）

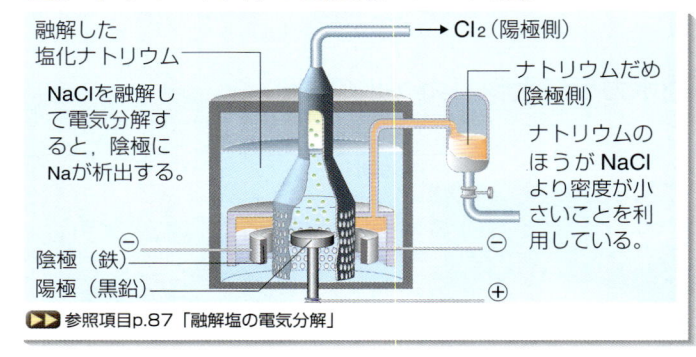

融解した塩化ナトリウム → Cl_2（陽極側）

NaClを融解して電気分解すると，陰極にNaが析出する。

ナトリウムだめ（陰極側）
ナトリウムのほうがNaClより密度が小さいことを利用している。

陰極（鉄）
陽極（黒鉛）

▶▶参照項目p.87「融解塩の電気分解」

●エタノールとの反応
K＞Na＞Liの順に激しくH₂が発生する。

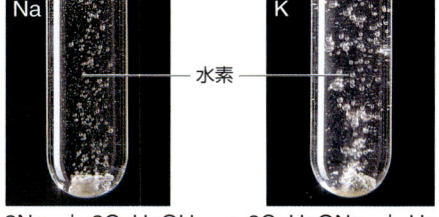

水素

$2Na + 2C_2H_5OH \longrightarrow 2C_2H_5ONa + H_2$

●ハロゲンとの反応

Cl₂の気体の中に融解したNaを入れる。

$2Na + Cl_2 \longrightarrow 2NaCl$

NaClが生成する。

アルカリ金属の利用

●ナトリウムランプ

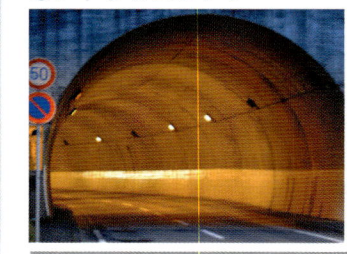

Na蒸気が放電などによって出す黄色の光は，霧などに吸収されにくいので，トンネル内の照明に用いられる。

2 塩化ナトリウム NaCl

塩化ナトリウムの産出

ウユニ湖
天日塩の結晶
岩塩の結晶

海水からの製塩（イオン交換膜法）

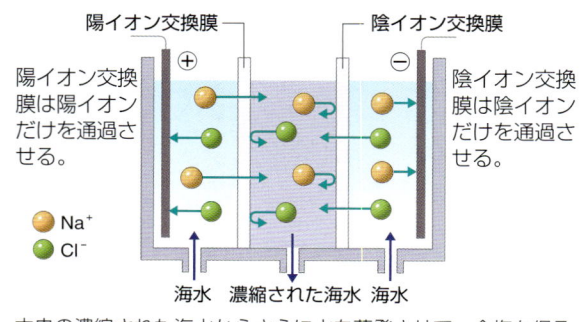

陽イオン交換膜　　陰イオン交換膜

陽イオン交換膜は陽イオンだけを通過させる。

陰イオン交換膜は陰イオンだけを通過させる。

● Na^+
● Cl^-

海水　濃縮された海水　海水

中央の濃縮された海水からさらに水を蒸発させて，食塩を得る。

③ 炭酸水素ナトリウム NaHCO₃ と炭酸ナトリウム Na₂CO₃

◆炭酸水素ナトリウムの熱分解 $2NaHCO_3 \longrightarrow Na_2CO_3 + H_2O + CO_2$

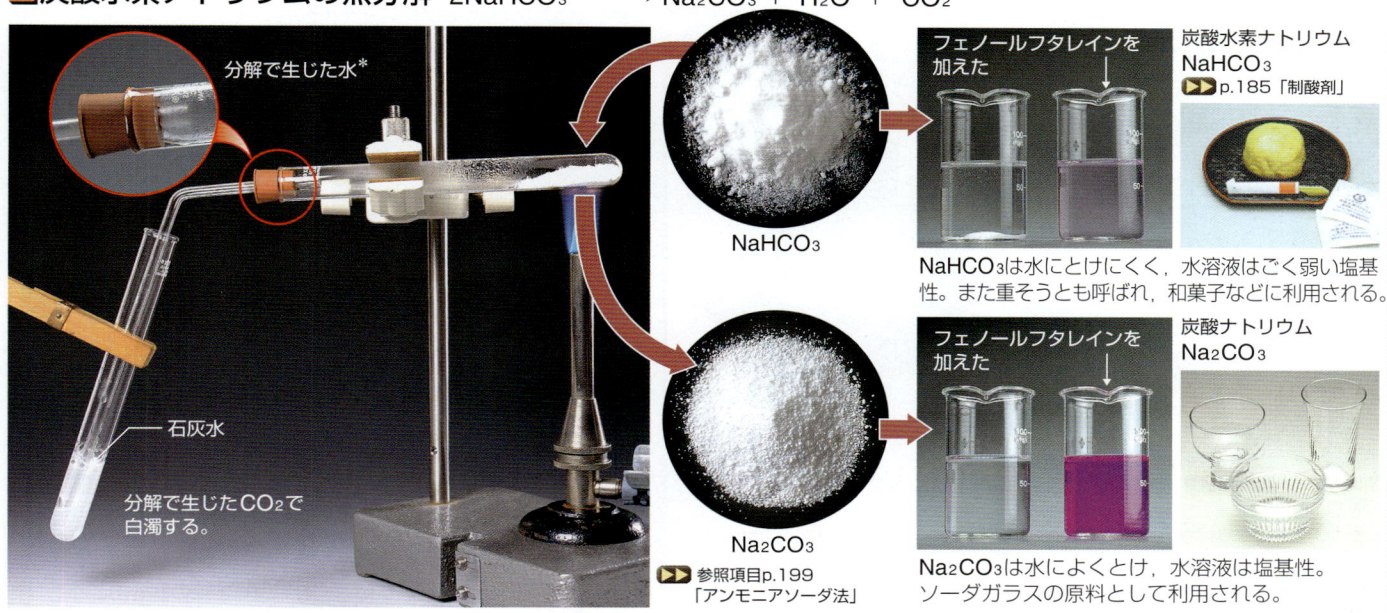

分解で生じた水*

石灰水

分解で生じた CO₂ で白濁する。

NaHCO₃

フェノールフタレインを加えた

炭酸水素ナトリウム NaHCO₃
▶▶ p.185「制酸剤」

NaHCO₃ は水にとけにくく、水溶液はごく弱い塩基性。また重そうとも呼ばれ、和菓子などに利用される。

Na₂CO₃

▶▶ 参照項目 p.199「アンモニアソーダ法」

フェノールフタレインを加えた

炭酸ナトリウム Na₂CO₃

Na₂CO₃ は水によくとけ、水溶液は塩基性。ソーダガラスの原料として利用される。

*試験管の口を下に傾ける。 ▶▶ 参照項目 p.11「固体の加熱方法」

④ 水酸化ナトリウム NaOH ▼水溶液は強塩基性で皮膚をおかす。

◆潮解とCO₂の吸収

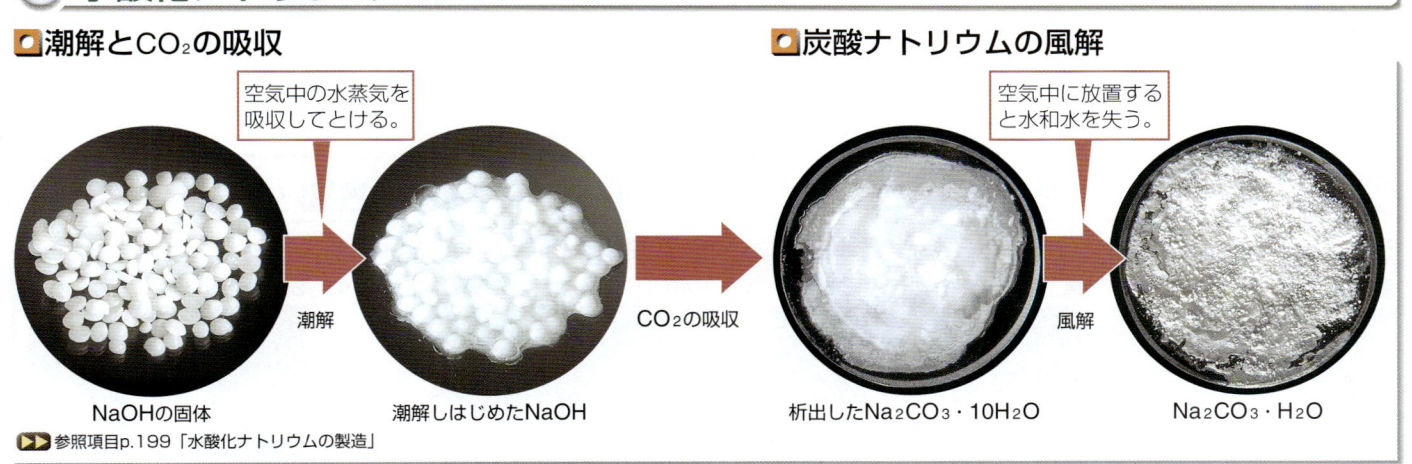

空気中の水蒸気を吸収してとける。

NaOH の固体 → 潮解 → 潮解しはじめた NaOH → CO₂ の吸収

▶▶ 参照項目 p.199「水酸化ナトリウムの製造」

◆炭酸ナトリウムの風解

空気中に放置すると水和水を失う。

析出した Na₂CO₃・10H₂O → 風解 → Na₂CO₃・H₂O

ナトリウムの反応のまとめ

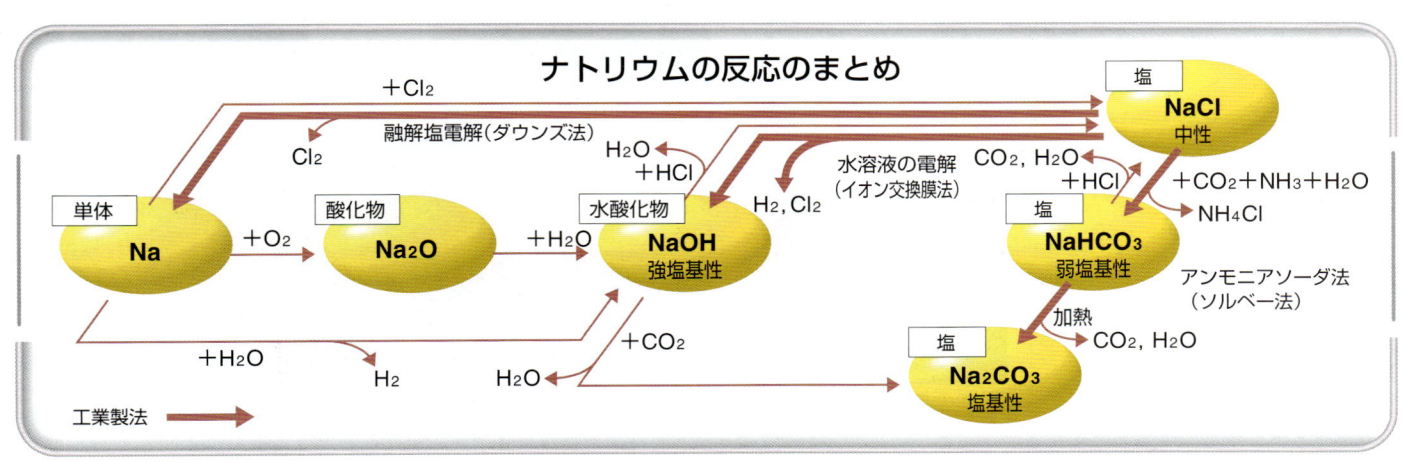

- 単体 **Na** $+O_2$ → 酸化物 **Na₂O** $+H_2O$ → 水酸化物 **NaOH**（強塩基性）
- Na $+Cl_2$ → 塩 **NaCl**（中性）（融解塩電解（ダウンズ法）で Cl₂ ）
- NaOH $+HCl$ → NaCl + H₂O（水溶液の電解（イオン交換膜法）で H₂, Cl₂）
- NaCl $+CO_2+NH_3+H_2O$ → **NaHCO₃**（弱塩基性） + NH₄Cl（アンモニアソーダ法（ソルベー法））
- NaHCO₃ 加熱 → 塩 **Na₂CO₃**（塩基性） + CO₂, H₂O
- Na₂CO₃ $+HCl$ → NaCl
- Na $+H_2O$ → NaOH + H₂
- NaOH $+CO_2$ → Na₂CO₃ + H₂O

工業製法 ⟶

109

49 ▶ 2族元素とその化合物

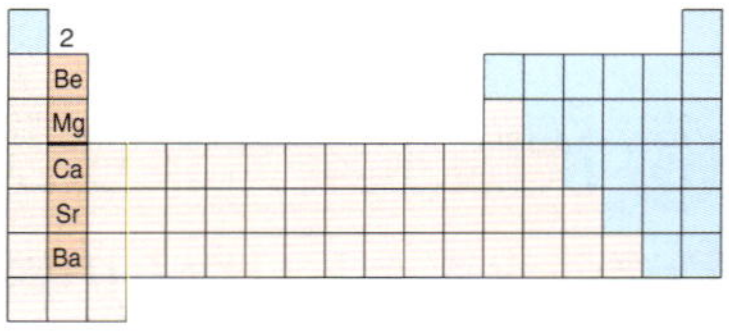

1 2族元素の単体
▼単体の反応性は，アルカリ金属より弱い。

単体とその性質

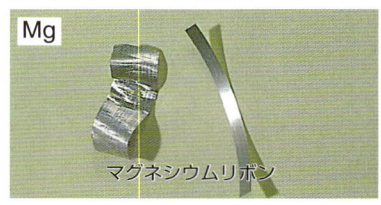

Mg マグネシウムリボン

Ca Caの単体は乾燥空気中で比較的安定である。

Ba Baの単体は反応性に富むので石油中に保存する。

	元素名	元素記号	密度 [g/cm³]	融点 [℃]	炎色反応
	ベリリウム	Be	1.85	1282	無
アルカリ土類金属	マグネシウム	Mg	1.74	649	無
	カルシウム	Ca	1.55	839	橙赤
	ストロンチウム	Sr	2.54	769	深赤
	バリウム	Ba	3.59	729	黄緑

▶▶参照項目p.125「炎色反応」

▶▶参照項目p.222「アルカリ土類金属」
2価の陽イオンになりやすく，単体および化合物の化学的性質がよく似ている。

水との反応

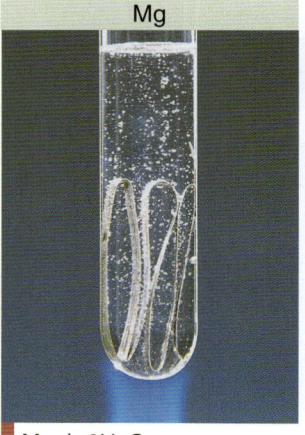

Mg
$Mg + 2H_2O \longrightarrow Mg(OH)_2 + H_2$
Mgは熱水と反応して，水素を発生する（冷水とは反応しない）。

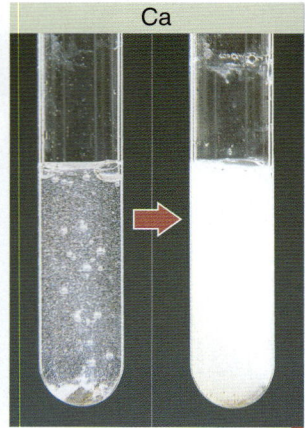

フェノールフタレイン溶液
Mgの水酸化物は，弱塩基性を示す。　**弱塩基性**（薄い赤）

Ca
$Ca + 2H_2O \longrightarrow Ca(OH)_2 + H_2$
Caは水と反応して，水素を発生し，このとき生じるCa(OH)₂の溶解度は小さいので白濁する。

フェノールフタレイン溶液 
Caの水酸化物は，強塩基性を示す。　**強塩基性**

2 マグネシウムMgとその化合物

マグネシウムの燃焼

●空気中 
$2Mg + O_2 \longrightarrow 2MgO$
マグネシウムは空気中で激しい光を出しながら燃焼する。

●二酸化炭素中 
$2Mg + CO_2 \longrightarrow 2MgO + C$
マグネシウムは還元力が強いので，二酸化炭素中でも燃焼し，CO₂を還元して炭素を生じる。

塩化マグネシウムMgCl₂の潮解

MgCl₂・6H₂Oの結晶 → H₂Oを吸収 → 潮解した塩化マグネシウム

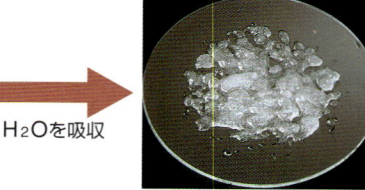

にがりの主成分である塩化マグネシウムには潮解性がある。

3 バリウムBaの化合物

水酸化バリウムBa(OH)₂と硫酸バリウムBaSO₄

Ba(OH)₂は水にとける。　　BaSO₄は水や酸にとけない。

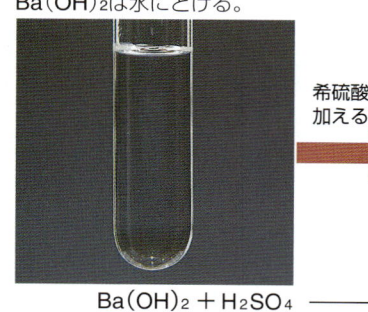

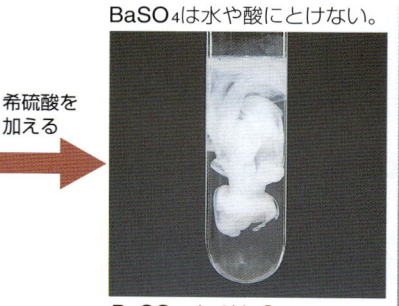

希硫酸を加える

$Ba(OH)_2 + H_2SO_4 \longrightarrow BaSO_4 + 2H_2O$

●BaSO₄の利用
BaSO₄はX線撮影の造影剤として利用されている。

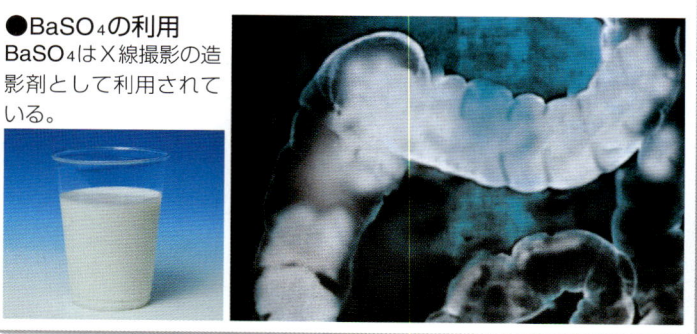

4 カルシウムCaの化合物とその反応

▼Caは炭酸塩として地殻中に大量に存在する。

◆塩化カルシウム$CaCl_2$と水酸化カルシウム$Ca(OH)_2$

● $CaCl_2$乾燥剤（潮解性あり）　●$Ca(OH)_2$（消石灰）

しっくいの壁

◆炭酸カルシウム$CaCO_3$

●$CaCO_3$

石灰石　貝殻

セメントの原料となりコンクリートに利用される。　コンクリート

◆カルシウム化合物の反応

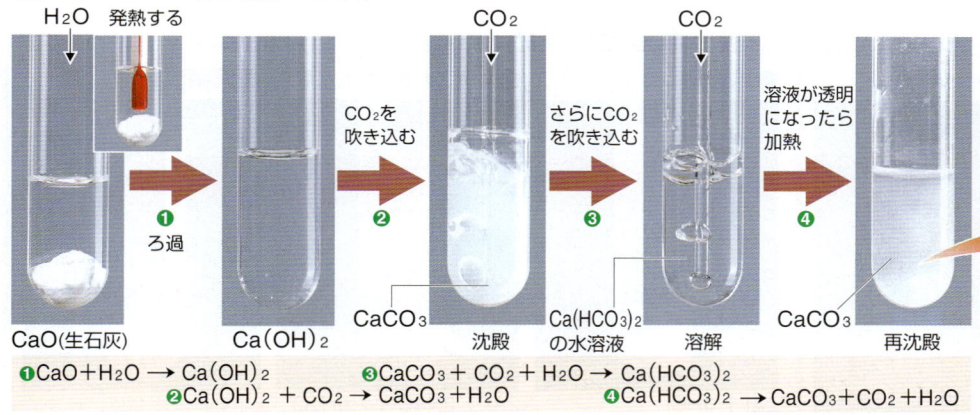

H_2O → 発熱する → ろ過 → CO_2を吹き込む → さらにCO_2を吹き込む → 溶液が透明になったら加熱

CaO（生石灰） → $Ca(OH)_2$ → ❷ $CaCO_3$ 沈殿 → ❸ $Ca(HCO_3)_2$の水溶液 溶解 → ❹ $CaCO_3$ 再沈殿

❶ $CaO + H_2O \rightarrow Ca(OH)_2$
❷ $Ca(OH)_2 + CO_2 \rightarrow CaCO_3 + H_2O$
❸ $CaCO_3 + CO_2 + H_2O \rightarrow Ca(HCO_3)_2$
❹ $Ca(HCO_3)_2 \rightarrow CaCO_3 + CO_2 + H_2O$

● 鍾乳洞

鍾乳洞では石灰石$CaCO_3$が❸の反応でとけ、さらに❹の反応が起こって$CaCO_3$を析出し、鍾乳石や石筍などができる。

◆2族元素の化合物の水溶性

	酸化物	水酸化物	炭酸水素塩	炭酸塩	硫酸塩
Mg	不溶	不溶	可溶	不溶	33.7
Ca	反応	0.2	可溶	不溶	0.2
Sr	反応	0.8	可溶	不溶	不溶
Ba		3.9	可溶	不溶	不溶

数値は20℃での水への溶解度〔g/100gの水〕

◆水酸化カルシウム$Ca(OH)_2$の反応

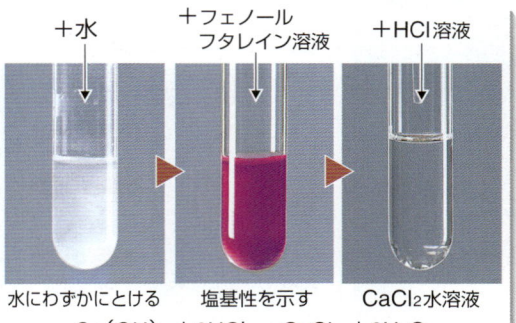

+水 → +フェノールフタレイン溶液 → +HCl溶液

水にわずかにとける　塩基性を示す　$CaCl_2$水溶液

$Ca(OH)_2 + 2HCl \rightarrow CaCl_2 + 2H_2O$

◆硫酸カルシウム$CaSO_4$の反応

（セッコウ）　（焼きセッコウ）

$CaSO_4 \cdot 2H_2O \xrightleftharpoons[H_2O]{加熱} CaSO_4 \cdot \frac{1}{2} H_2O$

カルシウムの反応のまとめ

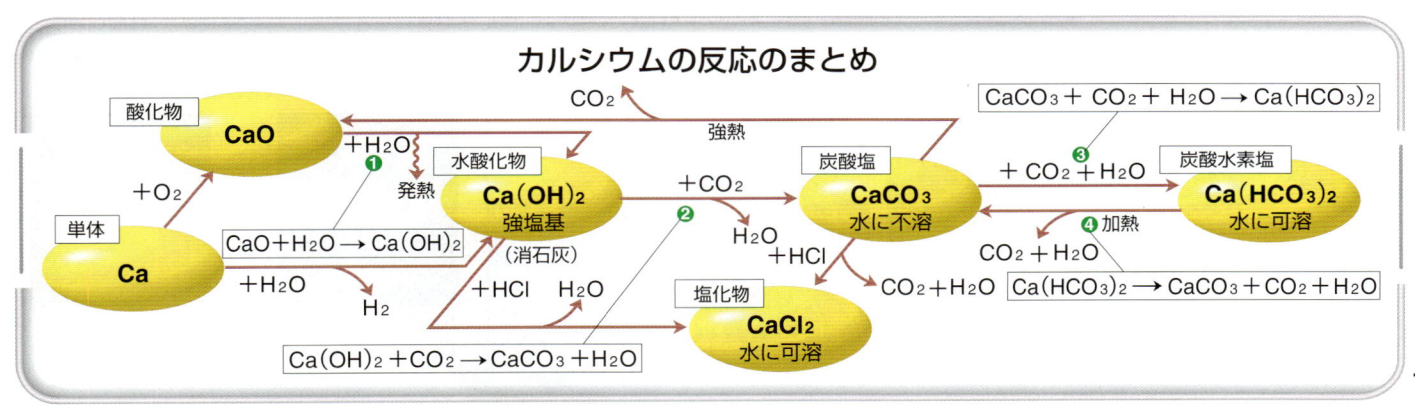

酸化物 **CaO** ＋H_2O ❶ 発熱 → 水酸化物 **$Ca(OH)_2$** 強塩基（消石灰） ＋CO_2 ❷ → 炭酸塩 **$CaCO_3$** 水に不溶 ＋CO_2 ＋H_2O ❸ → 炭酸水素塩 **$Ca(HCO_3)_2$** 水に可溶

単体 **Ca** ＋O_2 / ＋H_2O → $CaO + H_2O \rightarrow Ca(OH)_2$ / H_2

CO_2　強熱

$CaCO_3 + CO_2 + H_2O \rightarrow Ca(HCO_3)_2$

❹ 加熱　$CO_2 + H_2O$　$Ca(HCO_3)_2 \rightarrow CaCO_3 + CO_2 + H_2O$

H_2O ＋HCl → 塩化物 **$CaCl_2$** 水に可溶　＋HCl → $CO_2 + H_2O$

$Ca(OH)_2 + CO_2 \rightarrow CaCO_3 + H_2O$

50 アルミニウム・亜鉛とその化合物

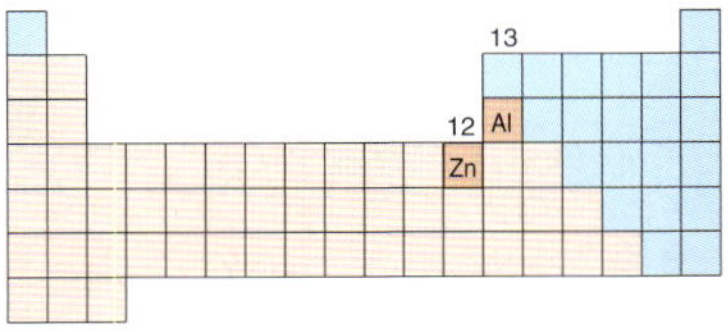

① アルミニウムAlの反応とその化合物 ▼Alは鉱物などに化合物として存在。

◆単体とその利用 ▼展性，延性が大きく，加工しやすい。

アルミニウムAl
密度：2.70g/cm³
融点：660℃

アルミニウムはく
アルミニウムケーブル
コンパクトディスク  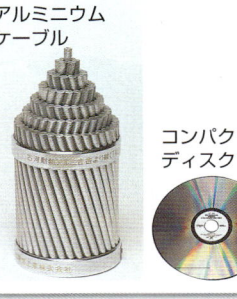 
飛行機
ジュラルミン（Al，Cu，Mg，Mnなどからなる合金）。

◆テルミット反応 ▼Alの強い還元性を利用した鉄の製錬法。

$$2Al + Fe_2O_3 \longrightarrow Al_2O_3 + 2Fe$$

Al粉末と酸化鉄(Ⅲ)を質量比1：3で混合して点火。

アルミニウムが酸化するときに発生する多量の熱を利用して酸化鉄(Ⅲ)Fe_2O_3を還元してFeを生成する。

とけた鉄

◆酸・塩基との反応 ▼Alは酸とも塩基とも反応する元素。

●希塩酸 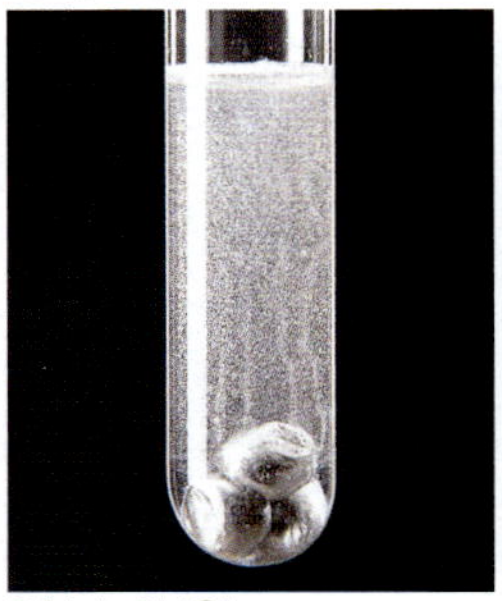
$$2Al + 6HCl \longrightarrow 2AlCl_3 + 3H_2$$

●水酸化ナトリウム水溶液 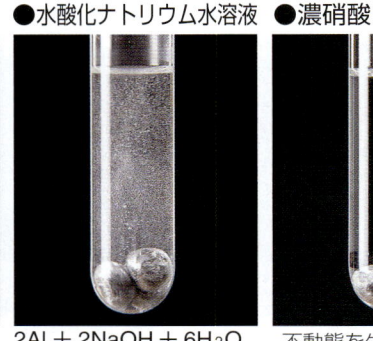
$$2Al + 2NaOH + 6H_2O \longrightarrow 2Na[Al(OH)_4] + 3H_2$$
テトラヒドロキシドアルミン酸ナトリウム

●濃硝酸 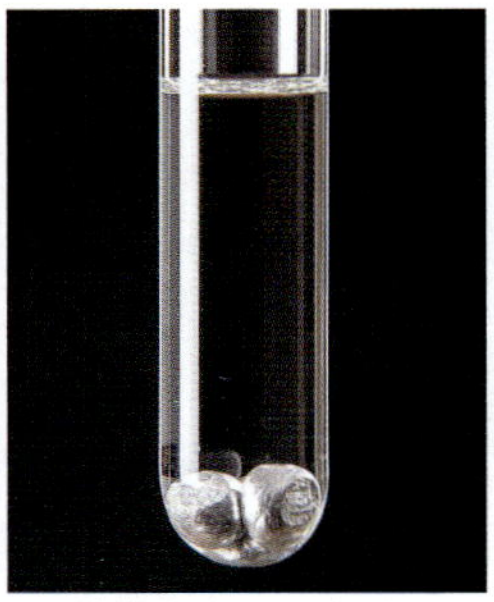
不動態を生じ反応せず。

◆アルミニウムイオンAl^{3+}の反応

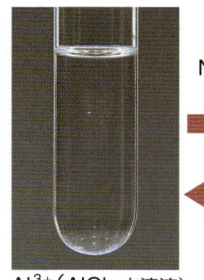

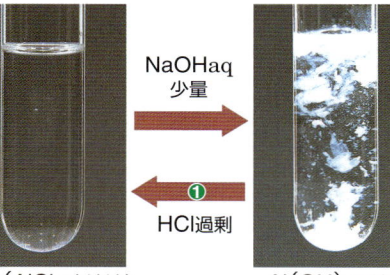

Al^{3+}（$AlCl_3$水溶液） —NaOHaq少量→ $Al(OH)_3$の沈殿 —NaOHaq過剰→ $[Al(OH)_4]^-$の水溶液
←HCl過剰① ←HCl少量②

$Al(OH)_3$は両性水酸化物で，酸にも塩基にもとける。

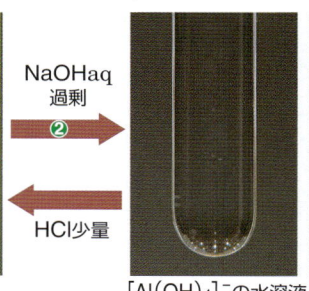

① $Al(OH)_3 + 3H^+ \longrightarrow Al^{3+} + 3H_2O$

② $Al(OH)_3 + OH^- \longrightarrow [Al(OH)_4]^-$

◆酸化アルミニウム Al_2O_3

アルミナAl_2O_3 
放熱板に利用されているアルミナ

サファイア Al_2O_3に微量のTiO_2を含む。
ルビー Al_2O_3に微量のCr_2O_3を含む。 

▶▶参照項目p.192「アルミニウムの製錬」

◆ミョウバン（複塩）

K_2SO_4と$Al_2(SO_4)_3$の混合溶液を放置する。

カリウムミョウバン $AlK(SO_4)_2\cdot 12H_2O$
正八面体，無色の結晶

❷ 亜鉛Znの反応とその化合物 ▼アルミニウムと同様に両性金属元素。

■単体とその利用

亜鉛Zn
密度：7.13g/cm³
融点：420℃

乾電池の缶および負極

■酸化亜鉛 ZnO ▼白色の粉末で，水にとけないが両性酸化物。亜鉛華ともいわれ，顔料や化粧品などに用いられる。

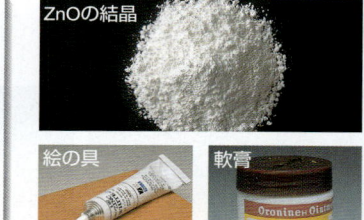

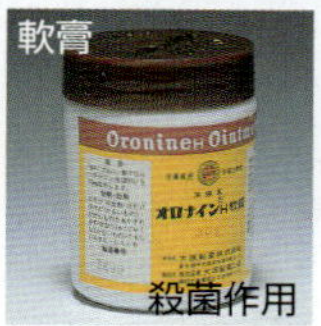

ZnOの結晶

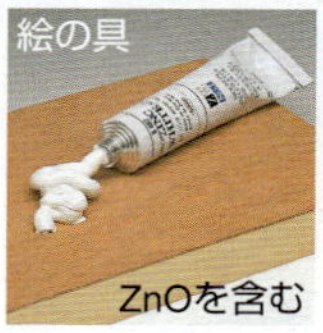

絵の具：ZnOを含む
軟膏：殺菌作用

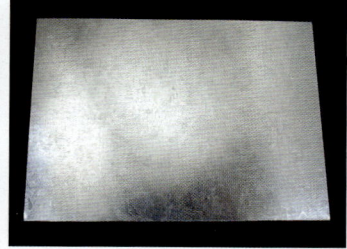

さびにくくするために，鋼に亜鉛をめっきしたものをトタンという。

硫化亜鉛ZnSは白色の結晶で，蛍光塗料に利用される。

■亜鉛と亜鉛イオンZn^{2+}の反応 ▼両性元素である亜鉛は酸とも強塩基の水溶液とも反応する。

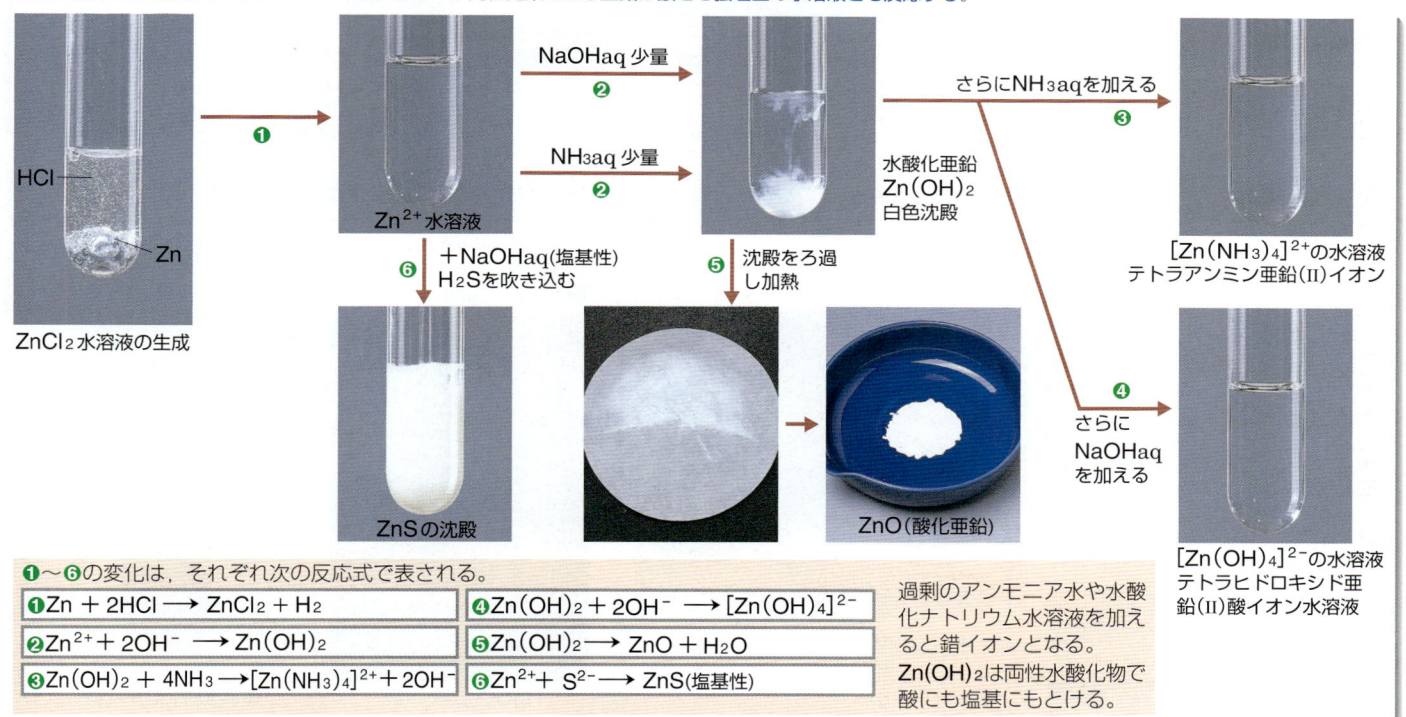

HCl + Zn → $ZnCl_2$水溶液の生成 ❶→ Zn^{2+}水溶液

→ NaOHaq 少量 ❷
→ NH_3aq 少量 ❷
→ 水酸化亜鉛 $Zn(OH)_2$ 白色沈殿

→ さらにNH_3aqを加える ❸ → $[Zn(NH_3)_4]^{2+}$の水溶液 テトラアンミン亜鉛(Ⅱ)イオン

→ さらにNaOHaqを加える ❹ → $[Zn(OH)_4]^{2-}$の水溶液 テトラヒドロキシド亜鉛(Ⅱ)酸イオン水溶液

→ ❺沈殿をろ過し加熱 → ZnO(酸化亜鉛)

→ ❻+NaOHaq(塩基性) H_2Sを吹き込む → ZnSの沈殿

❶～❻の変化は，それぞれ次の反応式で表される。

❶ $Zn + 2HCl \longrightarrow ZnCl_2 + H_2$
❷ $Zn^{2+} + 2OH^- \longrightarrow Zn(OH)_2$
❸ $Zn(OH)_2 + 4NH_3 \longrightarrow [Zn(NH_3)_4]^{2+} + 2OH^-$
❹ $Zn(OH)_2 + 2OH^- \longrightarrow [Zn(OH)_4]^{2-}$
❺ $Zn(OH)_2 \longrightarrow ZnO + H_2O$
❻ $Zn^{2+} + S^{2-} \longrightarrow ZnS$(塩基性)

過剰のアンモニア水や水酸化ナトリウム水溶液を加えると錯イオンとなる。
$Zn(OH)_2$は両性水酸化物で酸にも塩基にもとける。

アルミニウムと亜鉛の反応のまとめ

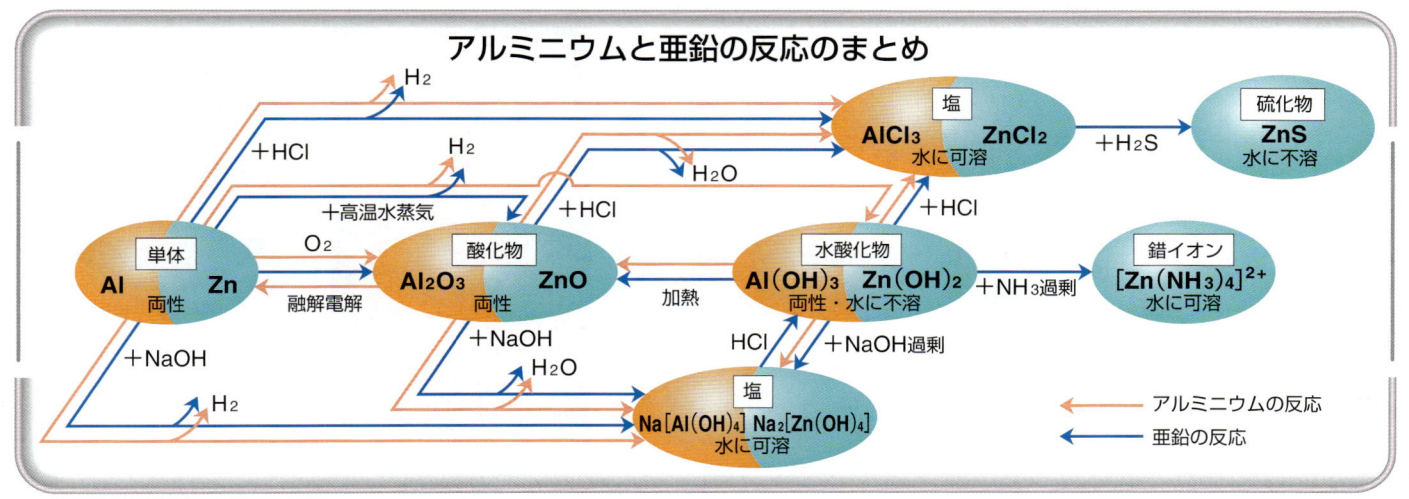

単体 Al Zn 両性
　+HCl → H_2 + $AlCl_3$ / $ZnCl_2$（塩・水に可溶）　+H_2S → ZnS（硫化物・水に不溶）
　+高温水蒸気 → H_2 + Al_2O_3 / ZnO（酸化物・両性）
　O_2 → Al_2O_3 / ZnO
　融解電解 ← Al_2O_3
　+NaOH → H_2
　Al_2O_3/ZnO +HCl → H_2O + 塩
　Al_2O_3/ZnO +NaOH → H_2O + Na[Al(OH)$_4$] / Na_2[Zn(OH)$_4$]（水に可溶）
　水酸化物 $Al(OH)_3$（両性・水に不溶）／$Zn(OH)_2$
　加熱 → 酸化物
　HCl → 塩
　+NaOH過剰 → Na[Al(OH)$_4$] / Na_2[Zn(OH)$_4$]
　+NH_3過剰 → [$Zn(NH_3)_4$]$^{2+}$（錯イオン・水に可溶）

← アルミニウムの反応
← 亜鉛の反応

51 カドミウムと水銀、スズと鉛

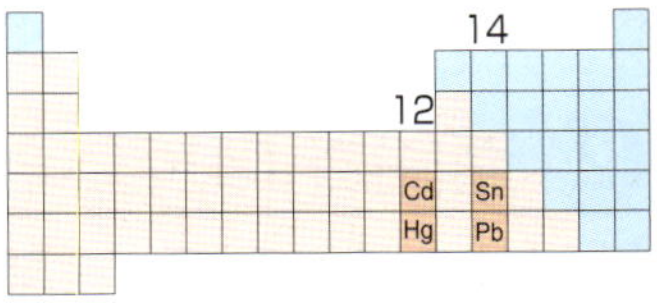

1 カドミウムCdとその化合物 ▼Cdは亜鉛にともなって産出する。

■カドミウムの単体とその利用

密度：8.65g/cm³　融点：321℃

青味を帯びた銀白色金属。展性・延性に富み、有毒。

●ニッケル・カドミウム電池　▶▶参照項目p.85

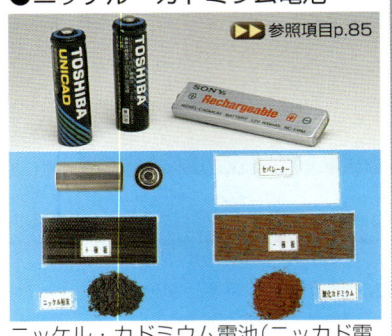

ニッケル・カドミウム電池(ニッカド電池)は正極にNi化合物、負極にCd、電解液にKOHを用いている。充電可能で、長寿命なのが特徴。

■硫化カドミウムCdS

●CdSO₄にH₂Sを反応させる

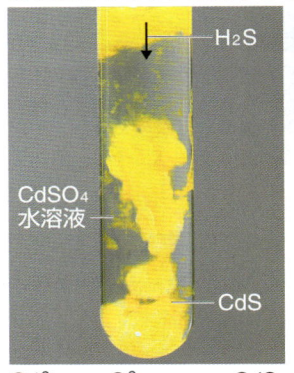

$Cd^{2+} + S^{2-} \longrightarrow CdS$ (黄色沈殿)

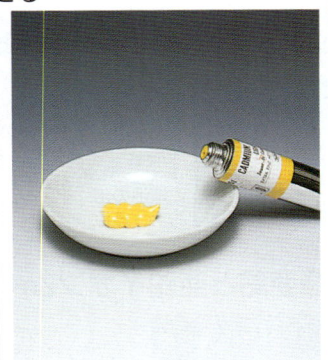

硫化カドミウムはカドミウムイエローと呼ばれ、絵の具に利用される。

2 水銀Hgとその化合物 ▼Hgは常温で液体の唯一の金属。水銀は種々の金属とアマルガムとよばれる合金をつくる。

■水銀の単体とその性質 ▶▶参照項目p.104「濃硝酸と水銀」

Hg　密度：13.55g/cm³　融点：-39℃

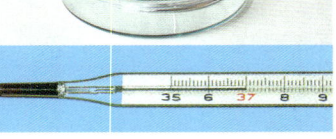

常温で液体の唯一の金属

電気伝導性がある　電源へ→

水銀は膨張率の温度変化がほぼ一定なので、温度計などに利用される。電気伝導性は金属としては小さい。

■酸化水銀(II)HgOと硫化水銀(II)HgS

●HgOの加熱

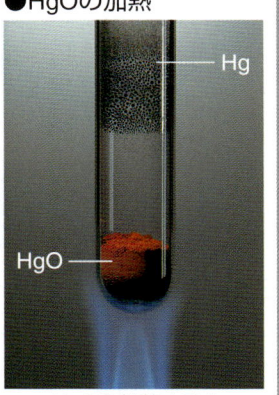

HgOを加熱するとHgが遊離する。

●H₂Sを吹き込む

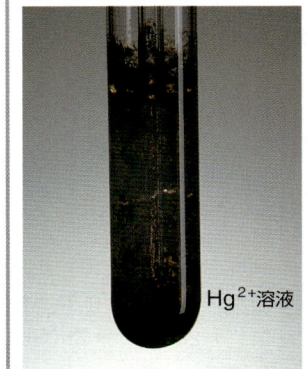

Hg^{2+}溶液

黒色のHgSが沈殿

↓加熱

赤色

朱(赤色顔料HgS)

朱は紀元前1500年頃のエジプトや古代中国の遺跡の出土品にも使用され、日本でも古墳などの壁画に使われていた。HgSを主成分とする辰砂は不老長寿の薬としても使われた。

藤の木古墳(6世紀)の石棺のふたの内部。

■塩化水銀(I)Hg₂Cl₂と塩化水銀(II)HgCl₂

Hg₂Cl₂(甘汞ともいう)〔酸化数〕+1
水にとけにくい。

HgCl₂(昇汞ともいう)有毒 +2
水にとけやすい。

③ スズSnと鉛Pbとその化合物　▼鉛とスズは両性金属元素。

■スズと鉛の単体とその利用
Sn 密度: 7.31g/cm³ 融点: 232℃ / Pb 密度: 11.35g/cm³ 融点: 328℃　▶▶参照項目p.118「青銅(Cu-Sn)」

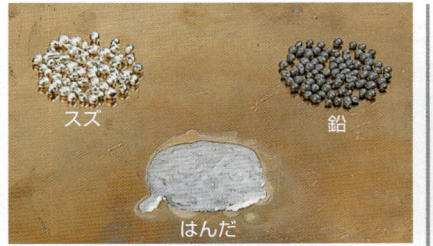

スズ　鉛　はんだ
180℃に熱せられた銅板にのせた状態

●はんだ付け(鉛フリー)
はんだはスズの合金で、かつては鉛が用いられていた。今日、鉛の毒性のため鉛入りはんだは使われず、かわってスズ・銅合金(220℃)、スズ・ビスマス合金(140℃)などが用いられている。

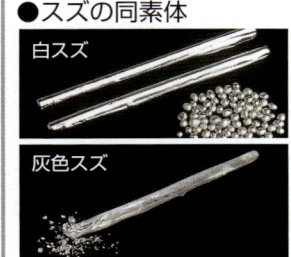

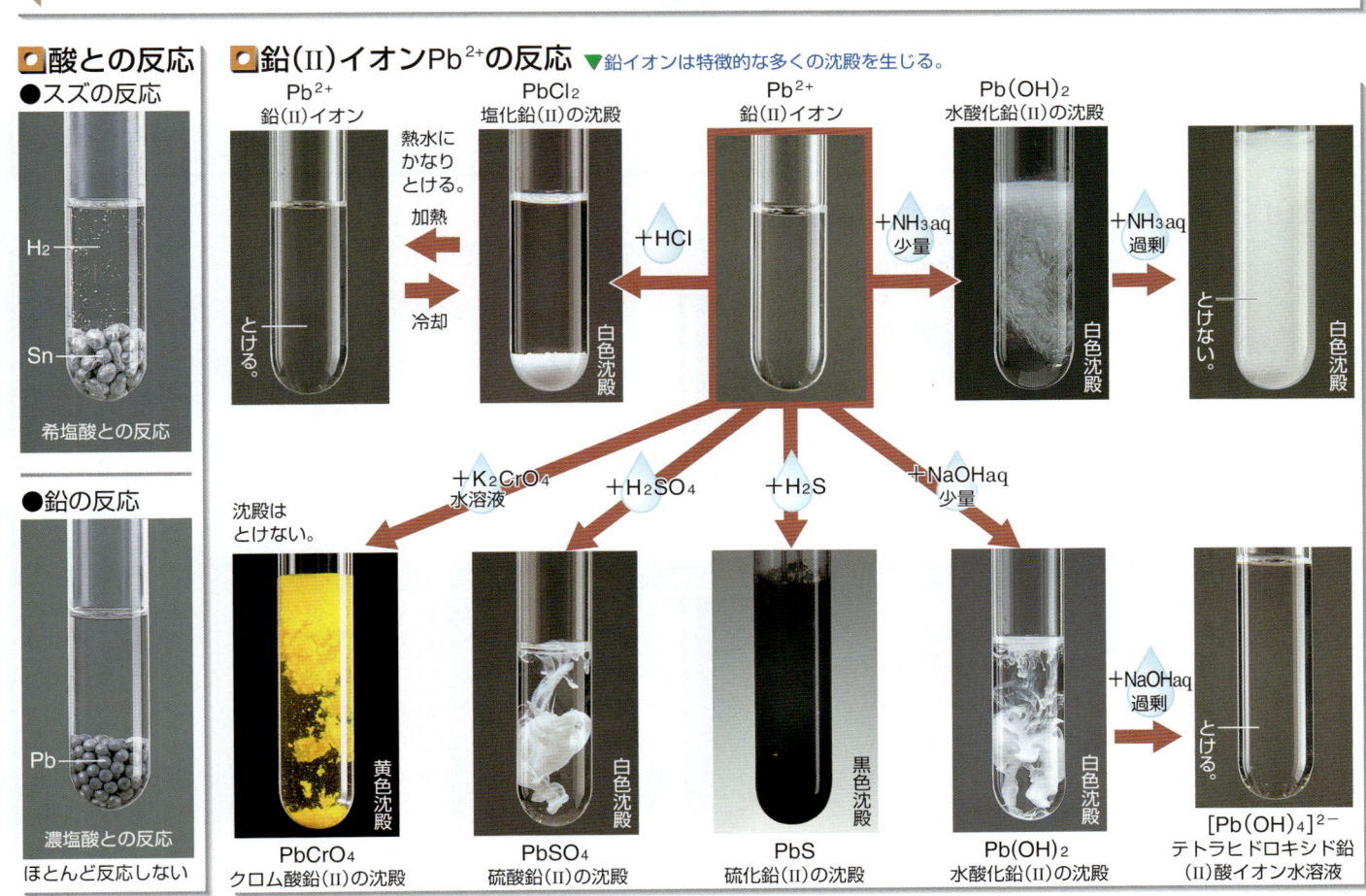

●スズの同素体
白スズ　灰色スズ
スズ[白色スズ(β-Sn)]を低温で放置すると、同素体の灰色スズ(α-Sn)となり、くずれやすくなる(スズペスト)。

■スズと鉛の化合物
▼スズ、鉛とも+2価と+4価の酸化物の化合物をつくるが、スズは+4価、鉛は+2価のほうが安定である。

〔酸化数〕
+2　加熱←　+4

酸化鉛(Ⅱ) PbO (安定) 有毒
塩化スズ(Ⅱ)二水和物 SnCl₂・2H₂O (還元剤として利用)　$Sn^{2+} \rightarrow Sn^{4+} + 2e^-$
酸化鉛(Ⅳ) PbO₂　▶▶参照項目p.85「鉛蓄電池」
塩化スズ(Ⅳ) SnCl₄・nH₂O (安定)

■酸との反応
●スズの反応
H₂　Sn
希塩酸との反応

●鉛の反応
Pb
濃塩酸との反応
ほとんど反応しない

■鉛(Ⅱ)イオンPb²⁺の反応　▼鉛イオンは特徴的な多くの沈殿を生じる。

Pb²⁺ 鉛(Ⅱ)イオン
PbCl₂ 塩化鉛(Ⅱ)の沈殿　熱水にかなりとける。　加熱→　←冷却　とける。白色沈殿
+HCl ← Pb²⁺ 鉛(Ⅱ)イオン → +NH₃aq 少量　Pb(OH)₂ 水酸化鉛(Ⅱ)の沈殿 白色沈殿
+NH₃aq 過剰 → とけない。白色沈殿

沈殿はとけない。
+K₂CrO₄水溶液 → PbCrO₄ クロム酸鉛(Ⅱ)の沈殿 黄色沈殿
+H₂SO₄ → PbSO₄ 硫酸鉛(Ⅱ)の沈殿 白色沈殿
+H₂S → PbS 硫化鉛(Ⅱ)の沈殿 黒色沈殿
+NaOHaq 少量 → Pb(OH)₂ 水酸化鉛(Ⅱ)の沈殿 白色沈殿
+NaOHaq 過剰 → [Pb(OH)₄]²⁻ テトラヒドロキシド鉛(Ⅱ)酸イオン水溶液　とける。

52 ▶ 鉄・コバルト・ニッケルとその化合物

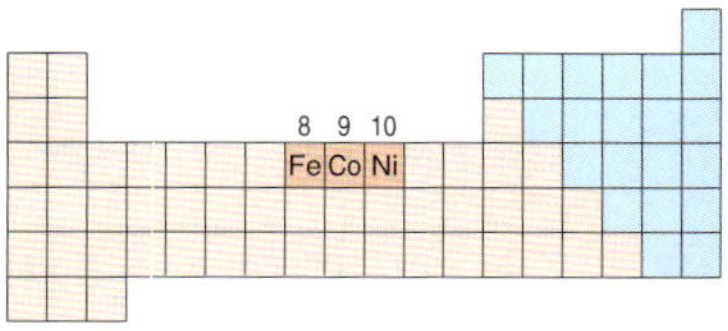

1 鉄Feとその化合物
▼Feはほとんどの岩石にケイ酸塩や酸化物として存在。 ▶▶参照項目p.193「鉄の製錬」

◾ 鉄とさび（一昼夜放置後） Fe 密度：7.87g/cm³ 融点：1535℃

● 乾燥空気中　● 半分水中　● 水中　● 食塩水中

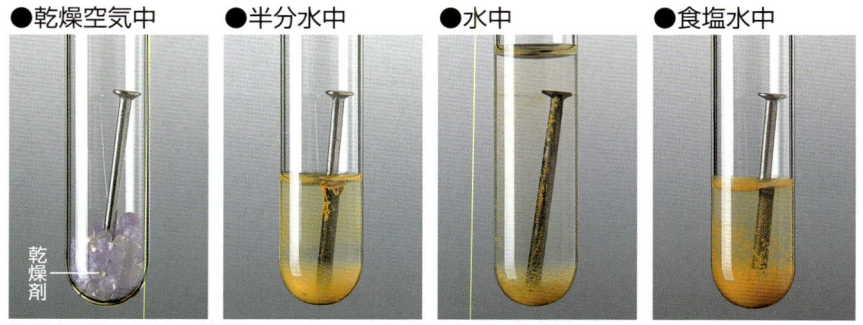

乾燥剤

鉄がさびるのには水が必要で、また、空気（酸素）と電解質の存在がさびの進行に影響する。

◾ 鉄と酸との反応

● 希塩酸　● 濃硝酸

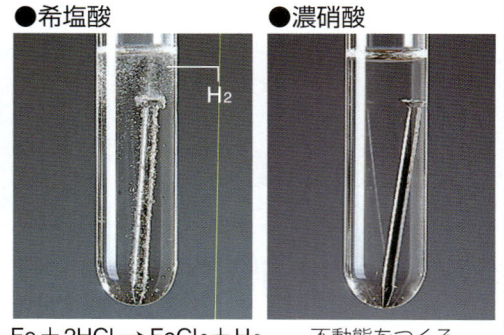

H_2

$Fe + 2HCl \rightarrow FeCl_2 + H_2$　　不動態をつくる。

◾ 鉄の化合物

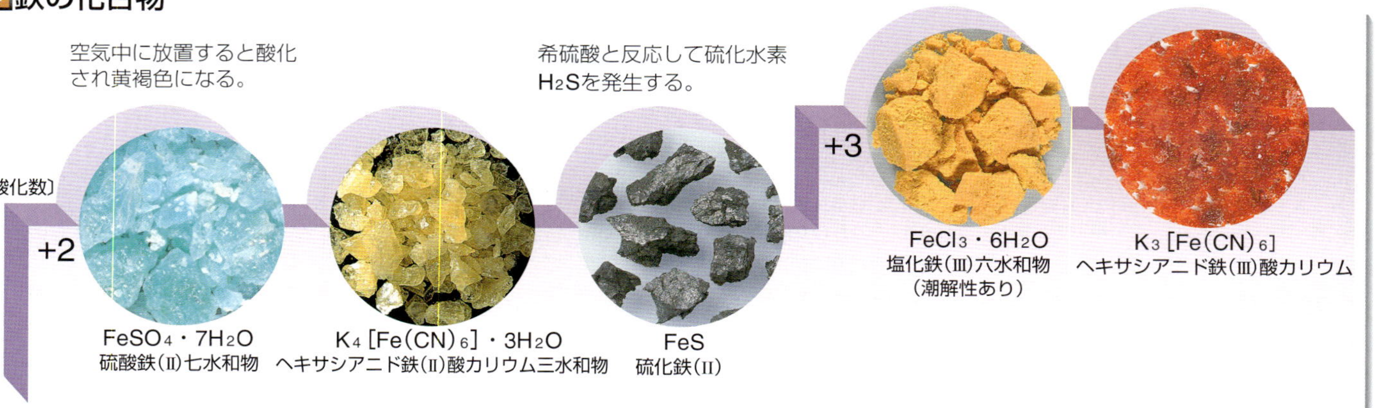

〔酸化数〕

+2
- $FeSO_4 \cdot 7H_2O$　硫酸鉄(II)七水和物（空気中に放置すると酸化され黄褐色になる。）
- $K_4[Fe(CN)_6] \cdot 3H_2O$　ヘキサシアニド鉄(II)酸カリウム三水和物
- FeS　硫化鉄(II)（希硫酸と反応して硫化水素H_2Sを発生する。）

+3
- $FeCl_3 \cdot 6H_2O$　塩化鉄(III)六水和物（潮解性あり）
- $K_3[Fe(CN)_6]$　ヘキサシアニド鉄(III)酸カリウム

◾ 鉄(II)イオンFe^{2+}と鉄(III)イオンFe^{3+}の反応

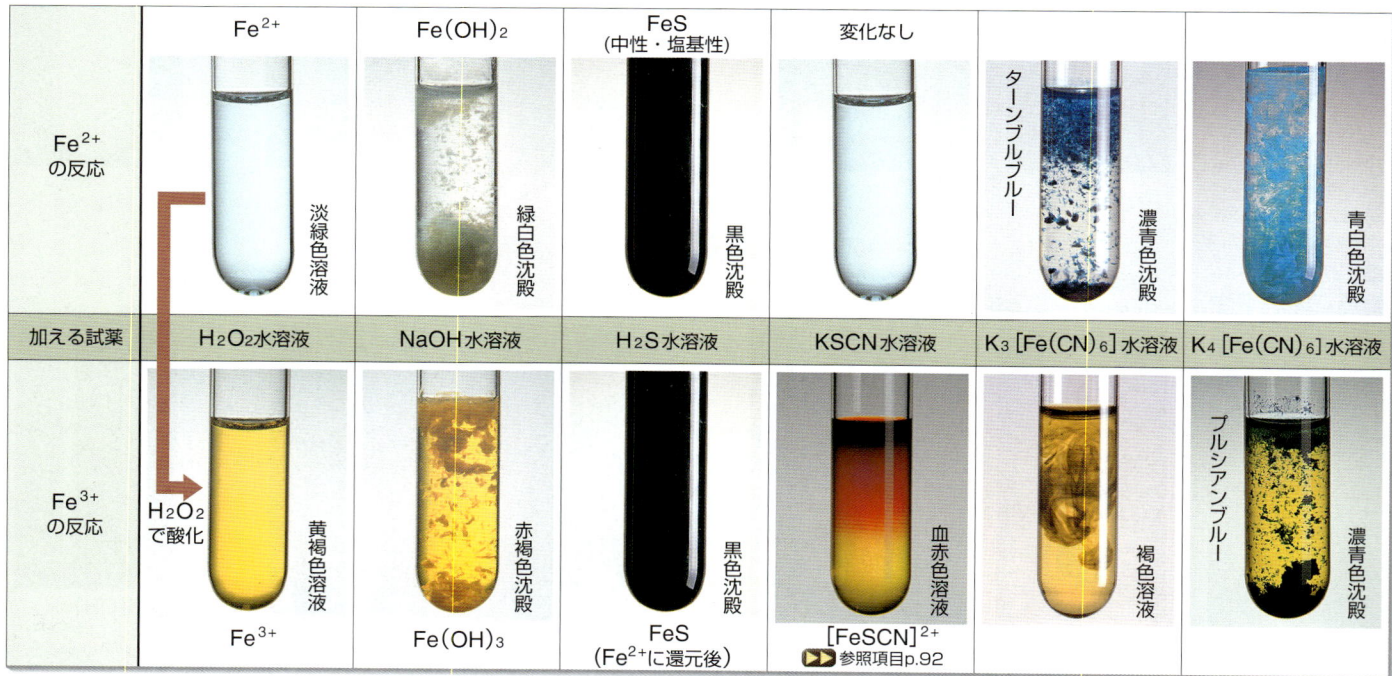

	Fe^{2+}	$Fe(OH)_2$	FeS（中性・塩基性）	変化なし	ターンブルブルー	
Fe^{2+}の反応	淡緑色溶液	緑白色沈殿	黒色沈殿		濃青色沈殿	青白色沈殿
加える試薬	H_2O_2水溶液	NaOH水溶液	H_2S水溶液	KSCN水溶液	$K_3[Fe(CN)_6]$水溶液	$K_4[Fe(CN)_6]$水溶液
Fe^{3+}の反応	黄褐色溶液（H_2O_2で酸化）Fe^{3+}	赤褐色沈殿 $Fe(OH)_3$	黒色沈殿 FeS（Fe^{2+}に還元後）	血赤色溶液 $[FeSCN]^{2+}$ ▶▶参照項目p.92	褐色溶液	濃青色沈殿 プルシアンブルー

＊ターンブルブルーとプルシアンブルーは以前は異なるものと考えられていたが、現在では構造が同じ物質であることが知られている。

2 コバルトCo, ニッケルNiとその化合物
▼Co, Niとも単体は酸にとけて有色のイオンを生じる。

◆単体とその利用

●コバルトの単体
Co 密度：8.90g/cm³
融点：1495℃

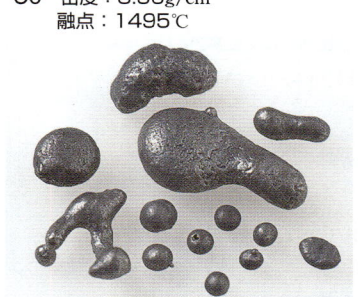

●ニッケルの単体
Ni 密度：8.90g/cm³
融点：1453℃

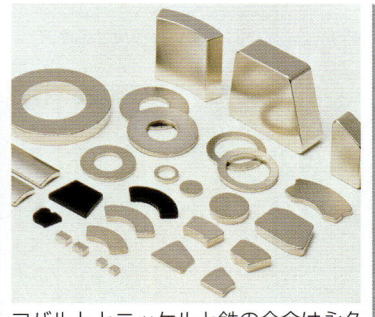

コバルトとニッケルと鉄の合金は永久磁石として利用されている。

◆コバルトと酸との反応
●希塩酸

$Co + 2HCl \rightarrow CoCl_2 + H_2$

◆塩化コバルト(II) $CoCl_2$ の水による色の変化

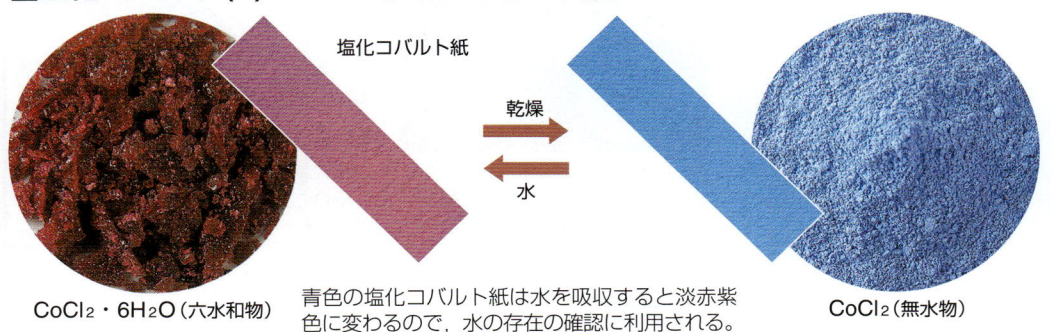

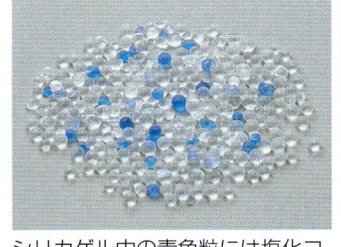

塩化コバルト紙

乾燥 ⇌ 水

$CoCl_2・6H_2O$（六水和物）

青色の塩化コバルト紙は水を吸収すると淡赤紫色に変わるので、水の存在の確認に利用される。

$CoCl_2$（無水物）

シリカゲル中の青色粒には塩化コバルト $CoCl_2$ が含まれ、色の変化より吸湿の程度がわかる。

◆ニッケルと酸との反応

●希塩酸

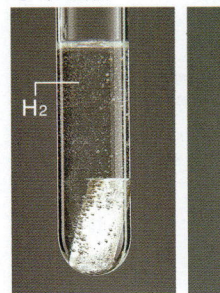

$Ni + 2HCl \rightarrow NiCl_2 + H_2$

●濃硝酸

不動態をつくり、反応しない。

$NiSO_4・6H_2O$
（硫酸ニッケル(II)六水和物）

◆ニッケルイオン Ni^{2+} の反応

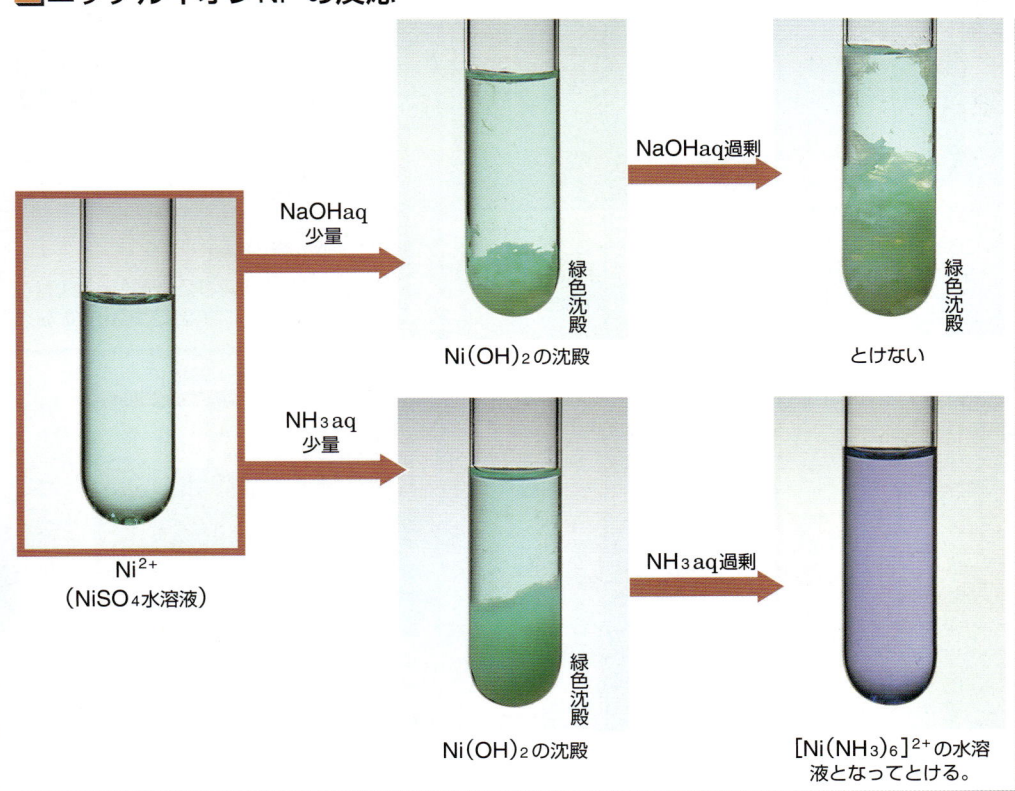

Ni^{2+}
（$NiSO_4$水溶液）

NaOHaq 少量 → $Ni(OH)_2$の沈殿（緑色沈殿）

NaOHaq 過剰 → とけない（緑色沈殿）

NH₃aq 少量 → $Ni(OH)_2$の沈殿（緑色沈殿）

NH₃aq 過剰 → $[Ni(NH_3)_6]^{2+}$の水溶液となってとける。

53 ▶ 銅・銀とその化合物

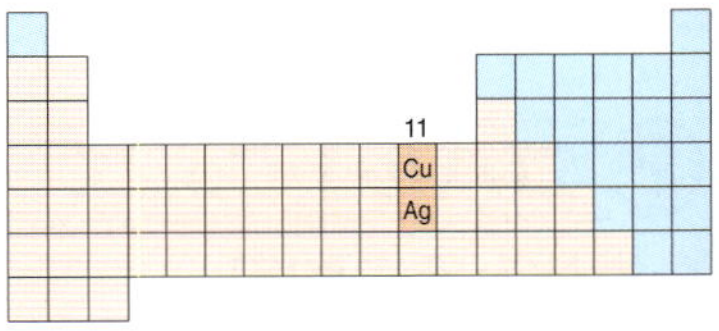

1 銅Cuとその化合物
▼Cuは熱や電気の伝導性は銀に次いで大きい。展性・延性に富む。

◉銅の単体とその利用
▼Cuは赤味をおび、やわらかな金属。

銅 Cu 密度：8.96g/cm³ 融点：1083℃

自然銅／銅製のコップ／導線

電気伝導性が大きいので導線に用いられる。
▶▶参照項目p.125「炎色反応」

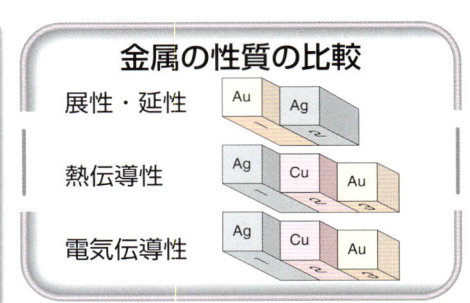

金属の性質の比較
- 展性・延性：Au, Ag
- 熱伝導性：Ag, Cu, Au
- 電気伝導性：Ag, Cu, Au

◉銅の合金とその利用

黄銅（しんちゅう）* Cu-Zn さびにくく、展性に富み、機械部品や楽器などに用いられる。

青銅（ブロンズ）Cu-Sn 黄銅よりさびにくく、かたい。鋳造用で、つり鐘や銅像に用いられる。

白銅 Cu-Ni 硬貨に用いられる。さらにZnを加えたものは洋銀といわれ、食器や医療器具に使われる。

●銅のさび
緑青 銅を湿った空気中に放置するとCO_2とH_2Oによって表面に青緑色のさび（緑青）を生じる。主成分は$CuCO_3 \cdot Cu(OH)_2$ 

*「ブラス」とは金属の「しんちゅう」のことで、しんちゅうの楽器を使うことからブラスバンドという名がついた。

◉銅と酸との反応
▶▶参照項目p.192「銅の電解精錬」

●希硝酸　NO
$3Cu + 8HNO_3 \longrightarrow 3Cu(NO_3)_2 + 2NO + 4H_2O$

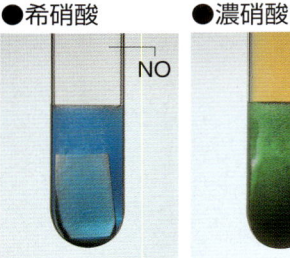

●濃硝酸　NO_2
$Cu + 4HNO_3 \longrightarrow Cu(NO_3)_2 + 2NO_2 + 2H_2O$

●熱濃硫酸　SO_2
$Cu + 2H_2SO_4 \longrightarrow CuSO_4 + SO_2 + 2H_2O$

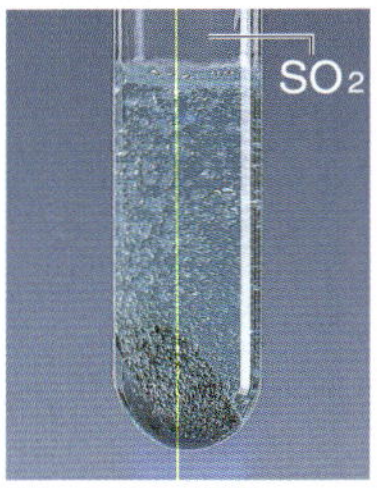

銅はイオン化傾向がHより小さいので、酸化力のある酸とのみ反応してとける。

◉銅の化合物

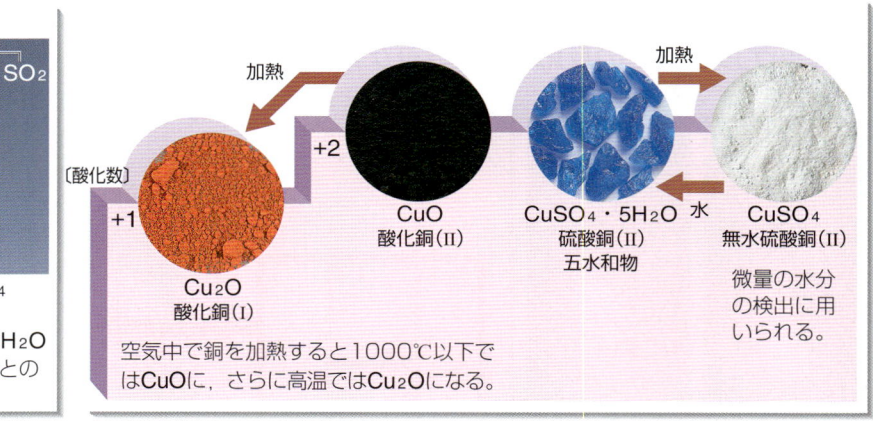

〔酸化数〕
- +1 Cu_2O 酸化銅(I)
- +2 CuO 酸化銅(II)
- $CuSO_4 \cdot 5H_2O$ 硫酸銅(II)五水和物
- $CuSO_4$ 無水硫酸銅(II) 微量の水分の検出に用いられる。

空気中で銅を加熱すると1000℃以下ではCuOに、さらに高温ではCu_2Oになる。

◉銅(II)イオンCu^{2+}の反応

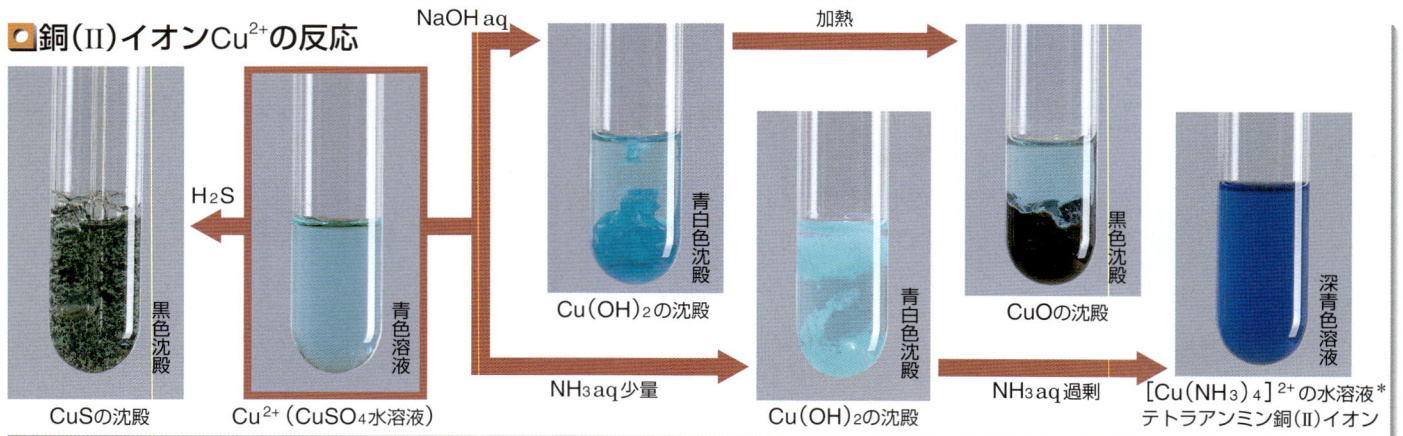

Cu^{2+}（$CuSO_4$水溶液）青色溶液

- ← H_2S → CuSの沈殿（黒色沈殿）
- NaOH aq → $Cu(OH)_2$の沈殿（青白色沈殿）→ 加熱 → CuOの沈殿（黒色沈殿）
- NH_3 aq 少量 → $Cu(OH)_2$の沈殿（青白色沈殿）
- NH_3 aq 過剰 → $[Cu(NH_3)_4]^{2+}$の水溶液* テトラアンミン銅(II)イオン（深青色溶液）

*銅(II)イオンの確認に用いられる。

② 銀Agとその化合物
▼Agは熱と電気の伝導性は金属の中で最大。展性と延性に富む。銅と同じく酸化力のある酸と反応。

●銀の単体とその利用
銀 Ag　密度：10.5g/cm³　融点：952℃

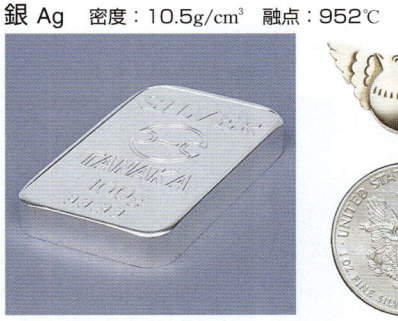

ブローチ
銀貨 

●銀と酸との反応

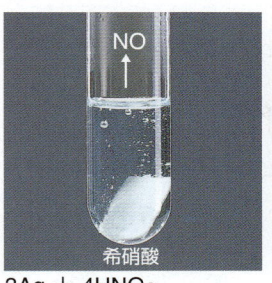

希硝酸　　　　　　　濃硝酸　　　　　　熱濃硫酸

$3Ag + 4HNO_3$
$\rightarrow 3AgNO_3 + 2H_2O + NO$

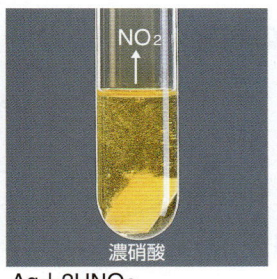

$Ag + 2HNO_3$
$\rightarrow AgNO_3 + H_2O + NO_2$

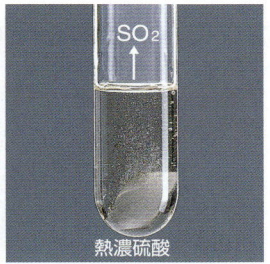

$2Ag + 2H_2SO_4$
$\rightarrow Ag_2SO_4 + 2H_2O + SO_2$

●ハロゲン化銀とその感光性
▼塩化銀AgClなどのハロゲン化銀は還元されやすく，光などによって銀が遊離する。

●塩化銀AgCl　　●臭化銀AgBr　　●ヨウ化銀AgI
白色沈殿　　　　淡黄色沈殿　　　　黄色沈殿

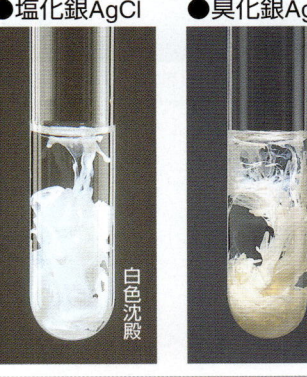

●ハロゲン化銀を利用した日光写真

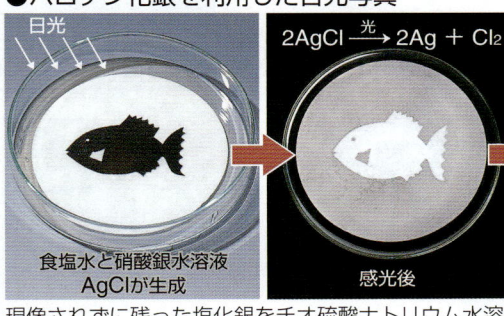

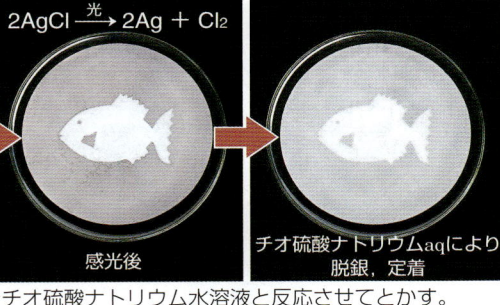

日光　　　　$2AgCl \xrightarrow{光} 2Ag + Cl_2$

食塩水と硝酸銀水溶液　　感光後　　チオ硫酸ナトリウムaqにより
AgClが生成　　　　　　　　　　　　脱銀，定着

現像されずに残った塩化銀をチオ硫酸ナトリウム水溶液と反応させてとかす。

$AgCl + 2Na_2S_2O_3 \rightarrow [Ag(S_2O_3)_2]^{3-} + Cl^- + 4Na^+$

●銀イオンAg⁺の反応
▼銀イオンは1価の陽イオンで種々の沈殿を生じる。

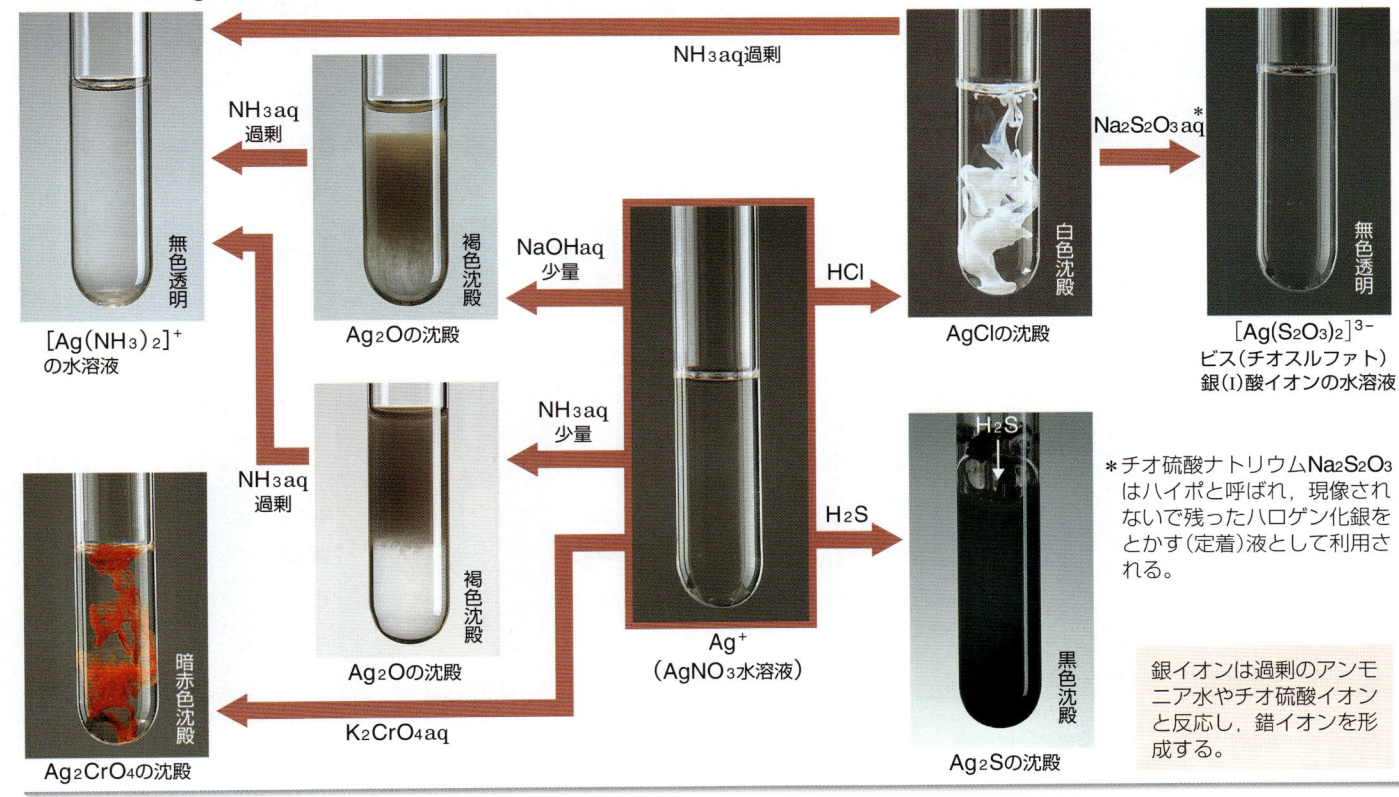

NH₃aq過剰

NH₃aq過剰　　　　　　　NaOHaq少量　　　　HCl　　　　　　Na₂S₂O₃aq*

[Ag(NH₃)₂]⁺の水溶液　　Ag₂Oの沈殿　　　　　　　　　　　AgClの沈殿　　　[Ag(S₂O₃)₂]³⁻ビス(チオスルファト)銀(I)酸イオンの水溶液
無色透明　　　　　　　　褐色沈殿　　　　　　　　　　　　白色沈殿　　　　　無色透明

NH₃aq過剰　　　　　　　NH₃aq少量
　　　　　　　　　　　　Ag₂Oの沈殿
　　　　　　　　　　　　褐色沈殿

Ag⁺（AgNO₃水溶液）

H₂S

Ag₂Sの沈殿
黒色沈殿

K₂CrO₄aq

Ag₂CrO₄の沈殿
暗赤色沈殿

*チオ硫酸ナトリウムNa₂S₂O₃はハイポと呼ばれ，現像されないで残ったハロゲン化銀をとかす（定着）液として利用される。

銀イオンは過剰のアンモニア水やチオ硫酸イオンと反応し，錯イオンを形成する。

54 ▶ その他の遷移元素（Cr, Mn, Au, Pt）

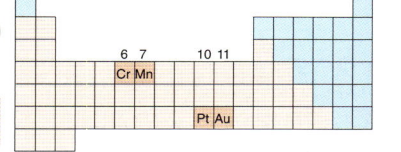

1 クロムCrとその化合物
▼クロムの単体は安定で，空気や水で酸化されにくい。

■クロムの単体とその利用
クロムCr　密度：7.19g/cm³　融点：1860℃

クロムめっきのスプーン

電熱線に使われるニクロムはニッケルとクロムの合金。

ステンレス鋼は，鉄とニッケルとクロムの合金。

■クロムと酸との反応
●希塩酸　　●濃硝酸

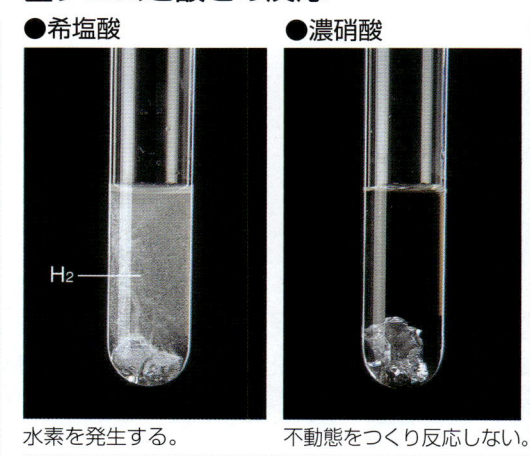

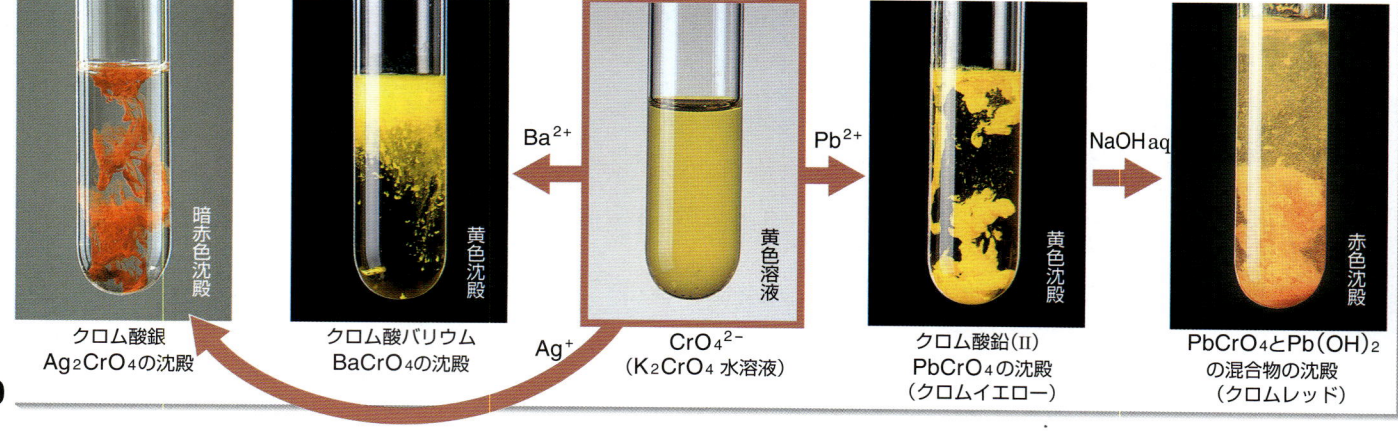

水素を発生する。　不動態をつくり反応しない。

■クロムの化合物

〔酸化数〕

+3　Cr_2O_3　酸化クロム（Ⅲ）　暗緑色　暗緑色溶液

+6　毒性がある　K_2CrO_4　クロム酸カリウム　黄色溶液

❶ H^+　❷ OH^-　赤橙色の溶液

$K_2Cr_2O_7$　二クロム酸カリウム　強力な酸化剤

❶ $2CrO_4^{2-} + 2H^+ \longrightarrow Cr_2O_7^{2-} + H_2O$
❷ $Cr_2O_7^{2-} + 2OH^- \longrightarrow 2CrO_4^{2-} + H_2O$

クロム酸イオンCrO_4^{2-}水溶液（黄色）を酸性にすると，二クロム酸イオン$Cr_2O_7^{2-}$（赤橙色）に変化する。また，二クロム酸イオンを塩基性にすると，クロム酸イオンにもどる。両イオンのCrの酸化数は+6である。

■クロム酸イオンCrO_4^{2-}の反応
▼クロム酸イオンは，特徴的な多くの沈殿反応を生じる。

クロム酸銀 Ag_2CrO_4 の沈殿　暗赤色沈殿　← Ag^+

クロム酸バリウム $BaCrO_4$ の沈殿　黄色沈殿　← Ba^{2+}

CrO_4^{2-}（K_2CrO_4水溶液）　黄色溶液

→ Pb^{2+}　クロム酸鉛（Ⅱ） $PbCrO_4$ の沈殿（クロムイエロー）　黄色沈殿

→ NaOHaq　$PbCrO_4$と$Pb(OH)_2$の混合物の沈殿（クロムレッド）　赤色沈殿

② マンガンMnとその化合物 ▼さまざまな酸化数(+1〜+7)をとる。

中部北太平洋深さ5500mの海底で撮影。

海底にあるマンガン団塊

■マンガンの単体とその利用

マンガンMn　密度：7.44g/cm³　融点：1244℃

純度約100%

マンガン鋼(マンガンを含む鋼)は硬度が大きいので，線路のポイントに使われる。

純度約95%　鉄よりもかたいが，もろい。

■マンガンの化合物

❶硫酸酸性 +H_2O_2

❷+Na_2SO_3 亜硫酸ナトリウム水溶液を加える。

❸+HCl 水にとけにくい。

赤紫色溶液　MnO_4^- 過マンガン酸イオン

緑黒色溶液　MnO_4^{2-} マンガン酸イオン

淡赤色溶液

黒紫色　$KMnO_4$ 過マンガン酸カリウム
▶▶ 参照項目p.78「酸化剤と還元剤」

Mn^{2+} マンガン(Ⅱ)イオン

MnO_2 酸化マンガン(Ⅳ)

〔酸化数〕 +2　+4　+6　+7

淡赤色　$MnCl_2 \cdot 4H_2O$ 塩化マンガン(Ⅱ)四水和物

❶ $2MnO_4^- + 5H_2O_2 + 6H^+ \longrightarrow 2Mn^{2+} + 5O_2 + 8H_2O$
❷ $2MnO_4^- + 3SO_3^{2-} + H_2O \longrightarrow 2MnO_2 + 3SO_4^{2-} + 2OH^-$
❸ $MnO_2 + 4HCl \longrightarrow MnCl_2 + 2H_2O + Cl_2$

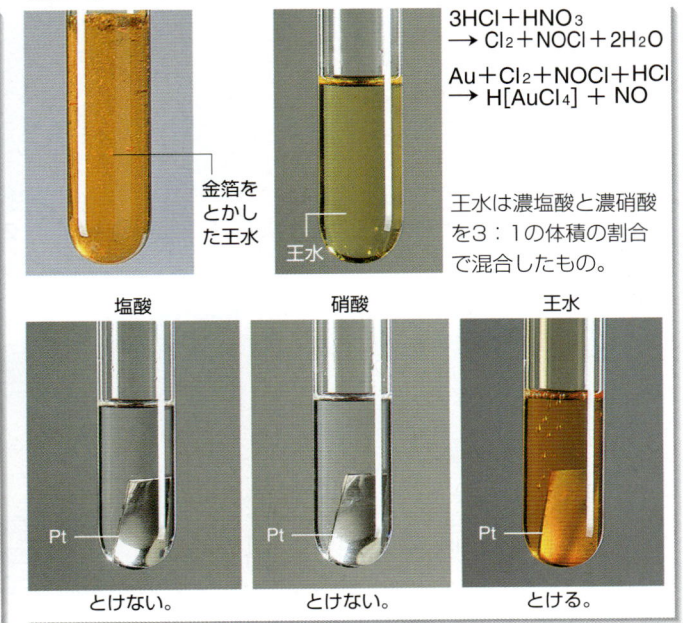

③ 金Auと白金Pt ▼空気中で安定，光沢を失わない。

■金と白金の単体とその利用

金Au　密度：19.3g/cm³　融点：1064℃
白金Pt　密度：21.5g/cm³　融点：1772℃

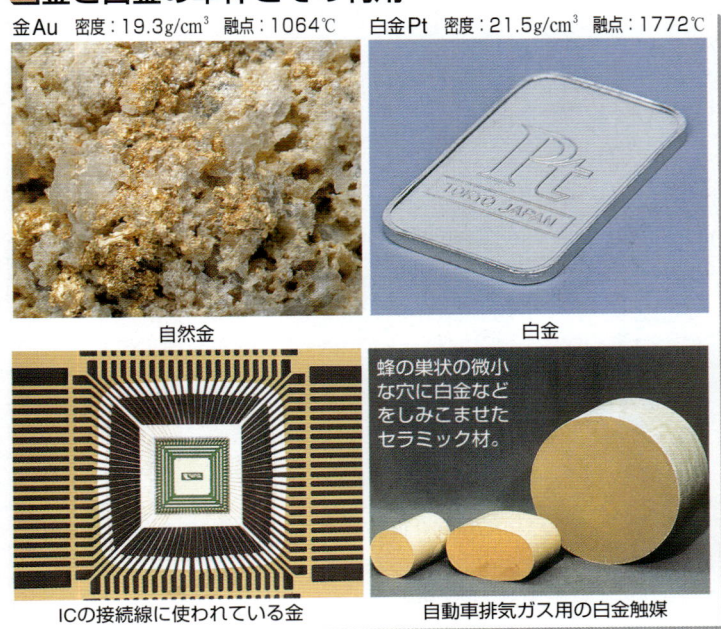

自然金

白金

ICの接続線に使われている金

蜂の巣状の微小な穴に白金などをしみこませたセラミック材。

自動車排気ガス用の白金触媒

■王水との反応

$3HCl + HNO_3 \longrightarrow Cl_2 + NOCl + 2H_2O$
$Au + Cl_2 + NOCl + HCl \longrightarrow H[AuCl_4] + NO$

金箔をとかした王水

王水は濃塩酸と濃硝酸を3：1の体積の割合で混合したもの。

塩酸　Pt とけない。
硝酸　Pt とけない。
王水　Pt とける。

55 金属イオンのまとめ（1）

水溶液中の金属イオンは，水酸化物イオン，硫化物イオン，炭酸イオン，塩化物イオンなどの陰イオンと反応して，それぞれ特徴的な塩が生成する。

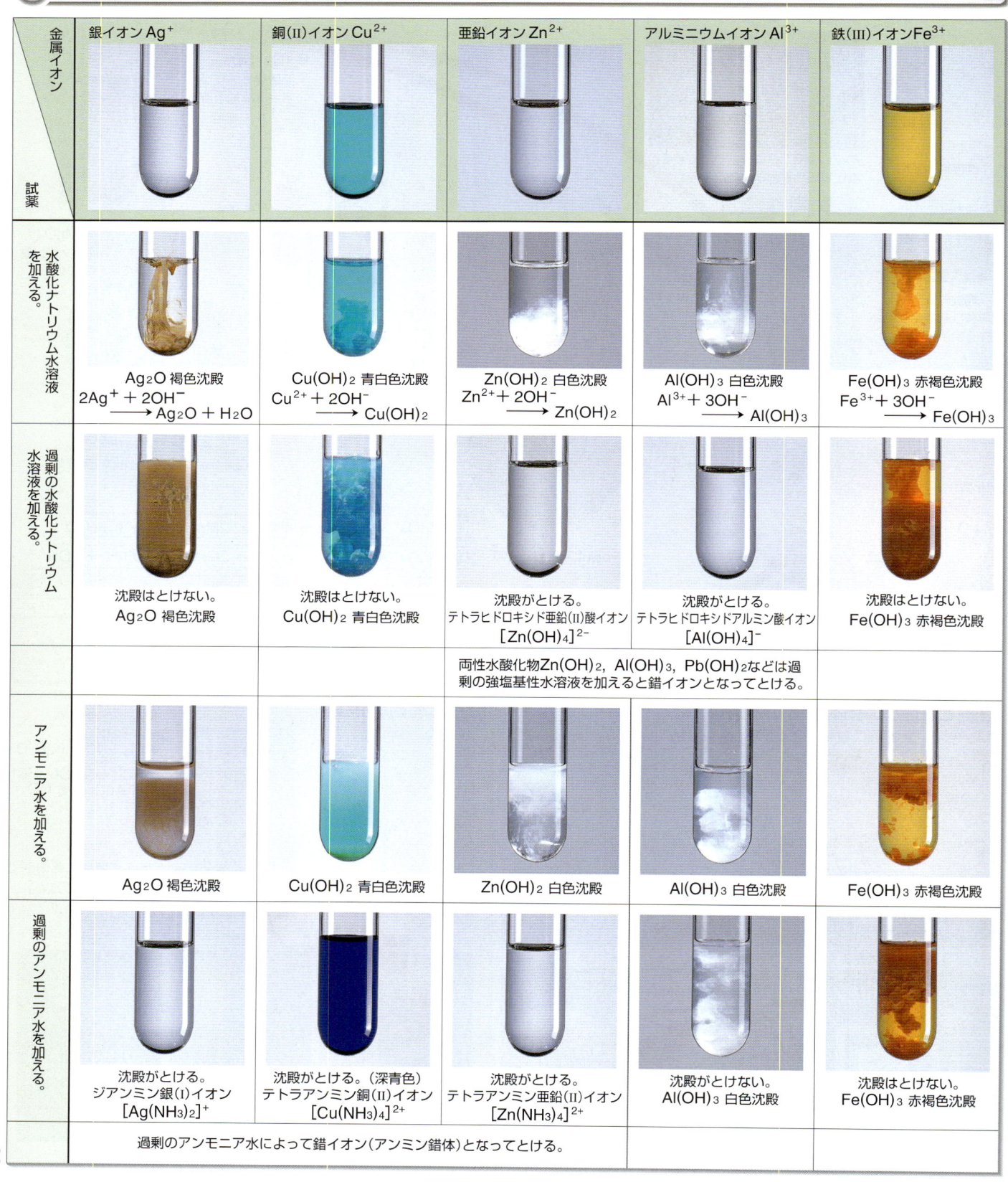

1 水酸化物イオンとの反応
▼金属イオンにアルカリ溶液を加えると，沈殿など種々の特異的な反応を生じる。

試薬 / 金属イオン	銀イオン Ag^+	銅(II)イオン Cu^{2+}	亜鉛イオン Zn^{2+}	アルミニウムイオン Al^{3+}	鉄(III)イオン Fe^{3+}
水酸化ナトリウム水溶液を加える。	Ag_2O 褐色沈殿 $2Ag^+ + 2OH^- \longrightarrow Ag_2O + H_2O$	$Cu(OH)_2$ 青白色沈殿 $Cu^{2+} + 2OH^- \longrightarrow Cu(OH)_2$	$Zn(OH)_2$ 白色沈殿 $Zn^{2+} + 2OH^- \longrightarrow Zn(OH)_2$	$Al(OH)_3$ 白色沈殿 $Al^{3+} + 3OH^- \longrightarrow Al(OH)_3$	$Fe(OH)_3$ 赤褐色沈殿 $Fe^{3+} + 3OH^- \longrightarrow Fe(OH)_3$
過剰の水酸化ナトリウム水溶液を加える。	沈殿はとけない。 Ag_2O 褐色沈殿	沈殿はとけない。 $Cu(OH)_2$ 青白色沈殿	沈殿がとける。 テトラヒドロキシド亜鉛(II)酸イオン $[Zn(OH)_4]^{2-}$	沈殿がとける。 テトラヒドロキシドアルミン酸イオン $[Al(OH)_4]^-$	沈殿はとけない。 $Fe(OH)_3$ 赤褐色沈殿

両性水酸化物 $Zn(OH)_2$，$Al(OH)_3$，$Pb(OH)_2$ などは過剰の強塩基性水溶液を加えると錯イオンとなってとける。

アンモニア水を加える。	Ag_2O 褐色沈殿	$Cu(OH)_2$ 青白色沈殿	$Zn(OH)_2$ 白色沈殿	$Al(OH)_3$ 白色沈殿	$Fe(OH)_3$ 赤褐色沈殿
過剰のアンモニア水を加える。	沈殿がとける。 ジアンミン銀(I)イオン $[Ag(NH_3)_2]^+$	沈殿がとける。（深青色） テトラアンミン銅(II)イオン $[Cu(NH_3)_4]^{2+}$	沈殿がとける。 テトラアンミン亜鉛(II)イオン $[Zn(NH_3)_4]^{2+}$	沈殿がとけない。 $Al(OH)_3$ 白色沈殿	沈殿はとけない。 $Fe(OH)_3$ 赤褐色沈殿

過剰のアンモニア水によって錯イオン（アンミン錯体）となってとける。

2 さまざまな陰イオンとの反応

■硫化物イオン S^{2-} との反応

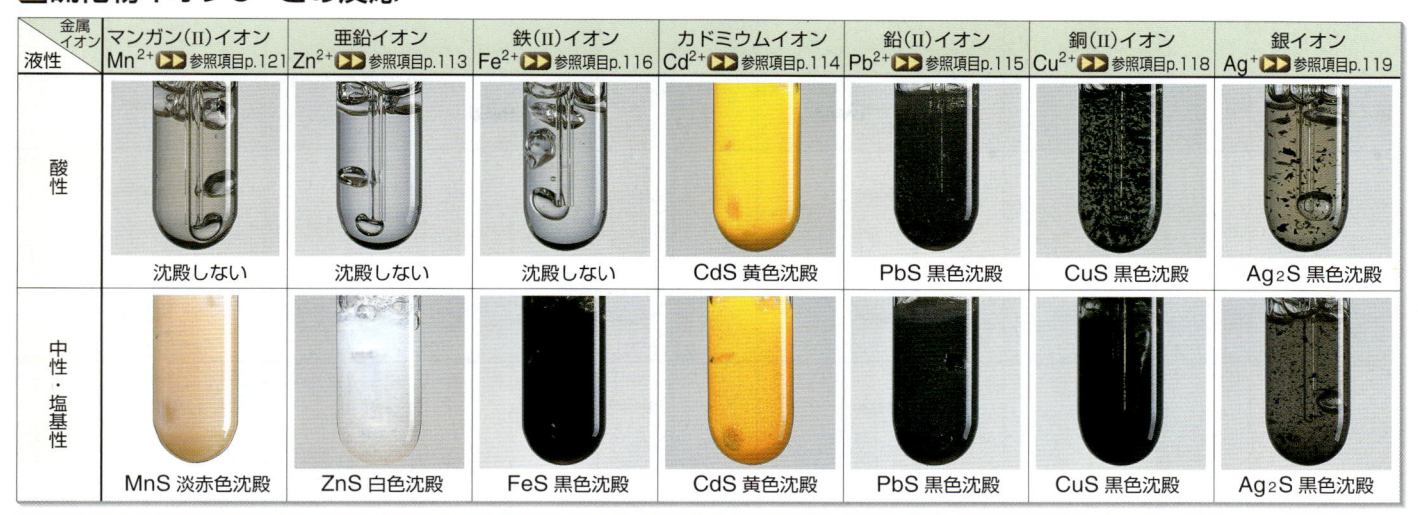

金属イオン 液性	マンガン(II)イオン Mn^{2+} ▶▶参照項目p.121	亜鉛イオン Zn^{2+} ▶▶参照項目p.113	鉄(II)イオン Fe^{2+} ▶▶参照項目p.116	カドミウムイオン Cd^{2+} ▶▶参照項目p.114	鉛(II)イオン Pb^{2+} ▶▶参照項目p.115	銅(II)イオン Cu^{2+} ▶▶参照項目p.118	銀イオン Ag^+ ▶▶参照項目p.119
酸性	沈殿しない	沈殿しない	沈殿しない	CdS 黄色沈殿	PbS 黒色沈殿	CuS 黒色沈殿	Ag_2S 黒色沈殿
中性・塩基性	MnS 淡赤色沈殿	ZnS 白色沈殿	FeS 黒色沈殿	CdS 黄色沈殿	PbS 黒色沈殿	CuS 黒色沈殿	Ag_2S 黒色沈殿

硫化水素 H_2S を吹き込むと水の中では, 次のように電離する。　$H_2S \rightleftarrows H^+ + HS^-$ ❶　$HS^- \rightleftarrows H^+ + S^{2-}$ ❷

酸性溶液では, ❶,❷の平衡がともに ←(左)へ移動し, $[S^{2-}]$ 濃度は低くなり, 亜鉛イオン, 鉄(II)イオンの硫化物は沈殿しない。一方, 銅(II)イオンや銀イオンなどは $[S^{2-}]$ が小さくても硫化物が沈殿する。▶▶参照項目p.95「硫化水素と金属イオンの反応」

■炭酸イオン CO_3^{2-}, 硫酸イオン SO_4^{2-} による沈殿

	カルシウムイオン Ca^{2+}	バリウムイオン Ba^{2+}
炭酸イオン CO_3^{2-} を加える。	$CaCO_3$ 白色沈殿 炭酸イオンの塩は希塩酸にとける。	$BaCO_3$ 白色沈殿
硫酸イオン SO_4^{2-} を加える。	$CaSO_4$ 白色沈殿 硫酸イオンの塩は希塩酸にはとけない。	$BaSO_4$ 白色沈殿

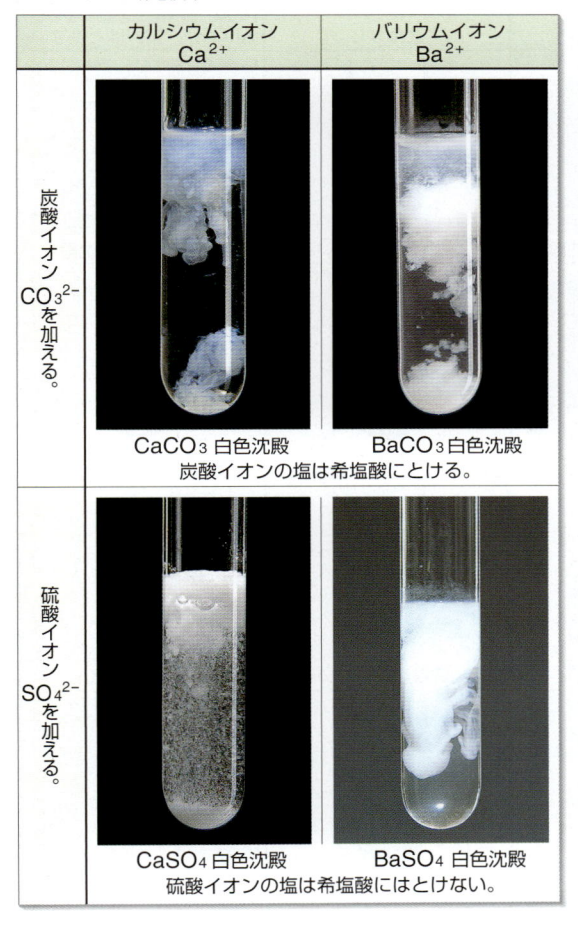

■クロム酸イオン CrO_4^{2-}, 塩化物イオン Cl^- による沈殿

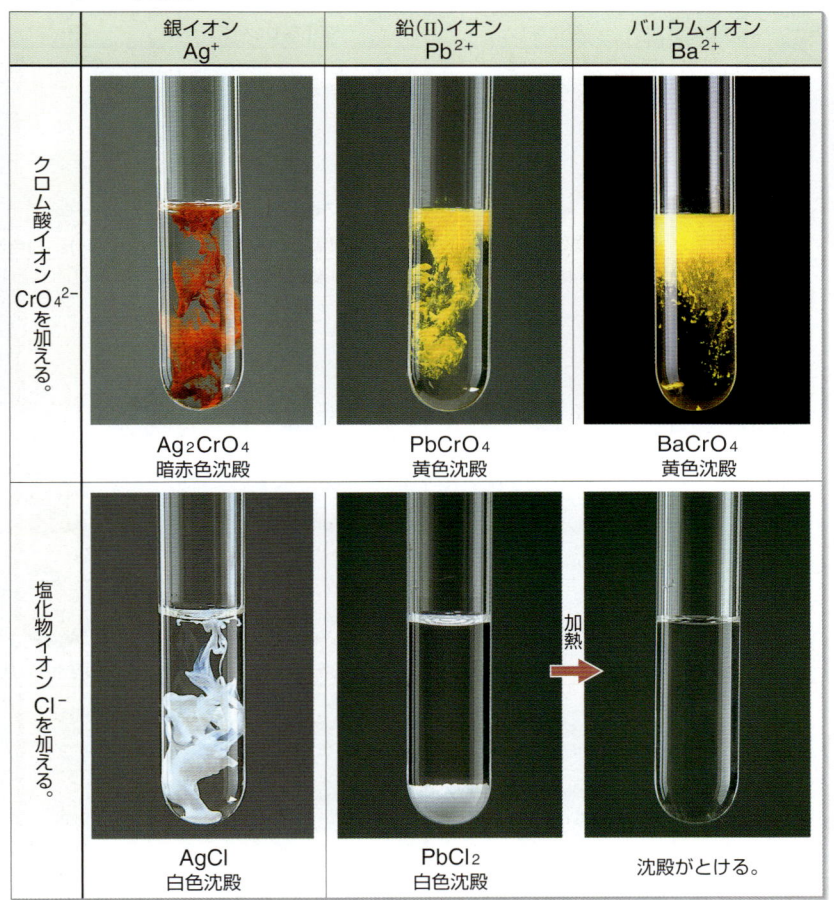

	銀イオン Ag^+	鉛(II)イオン Pb^{2+}	バリウムイオン Ba^{2+}
クロム酸イオン CrO_4^{2-} を加える。	Ag_2CrO_4 暗赤色沈殿	$PbCrO_4$ 黄色沈殿	$BaCrO_4$ 黄色沈殿
塩化物イオン Cl^- を加える。	AgCl 白色沈殿	$PbCl_2$ 白色沈殿	加熱 → 沈殿がとける。

56 金属イオンのまとめ(2)

▼濁りが生じた場合も沈殿という。

陽イオン / 加える試薬	ナトリウムイオン Na^+ 無色	カリウムイオン K^+ 無色	カルシウムイオン Ca^{2+} 無色	バリウムイオン Ba^{2+} 無色	アルミニウムイオン Al^{3+} 無色
塩酸 HCl	沈殿を生じない。	沈殿を生じない。	沈殿を生じない。	沈殿を生じない。	沈殿を生じない。
アンモニア(NH_3)水 / 少量	沈殿を生じない。	沈殿を生じない。	沈殿を生じない。	沈殿を生じない。	$Al(OH)_3$ 白色沈殿
アンモニア(NH_3)水 / 過剰量	変化なし。	変化なし。	変化なし。	変化なし。	$Al(OH)_3$ 沈殿はとけない。
水酸化ナトリウム NaOH 水溶液 / 少量	沈殿を生じない。	沈殿を生じない。	$Ca(OH)_2$ 白色沈殿	沈殿を生じない。	$Al(OH)_3$ 白色沈殿
水酸化ナトリウム NaOH 水溶液 / 過剰量	変化なし。	変化なし。	$Ca(OH)_2$ 沈殿はとけない。	変化なし。	$[Al(OH)_4]^-$ 無色溶液
硫化水素 H_2S / 酸性(塩酸を加える)	沈殿を生じない。	沈殿を生じない。	沈殿を生じない。	沈殿を生じない。	沈殿を生じない。
硫化水素 H_2S / 塩基性(アンモニア水を加える)	沈殿を生じない。	沈殿を生じない。	沈殿を生じない。	沈殿を生じない。	$Al(OH)_3$ 白色沈殿*

Na^+とK^+は炎色反応で確認する(右ページ上参照)。

*塩基性ではアルミニウムイオンは水酸化物として沈殿する。

炎色反応

Li	Na	K	Ca	Sr	Ba	Cu
赤色	黄色	赤紫色	橙赤色	紅(深赤色)	黄緑色	青緑色

アルカリ金属，アルカリ土類金属，銅イオンなどは，バーナーの外炎により，元素固有の色が生じる。

	亜鉛イオン Zn^{2+}	銀イオン Ag^+	鉛(II)イオン Pb^{2+}	銅(II)イオン Cu^{2+}	鉄(II)イオン Fe^{2+}	鉄(III)イオン Fe^{3+}	
	無色	無色	無色	青色	淡緑色	黄褐色	
塩酸 HCl	沈殿を生じない。	AgCl 白色沈殿	$PbCl_2$ 白色沈殿	沈殿を生じない。	沈殿を生じない。	沈殿を生じない。	
アンモニア水 少量	$Zn(OH)_2$ 白色沈殿	Ag_2O 褐色沈殿	$Pb(OH)_2$ 白色沈殿	$Cu(OH)_2$ 青白色沈殿	$Fe(OH)_2$ 緑白色沈殿	$Fe(OH)_3$ 赤褐色沈殿	
アンモニア水 過剰量	$[Zn(NH_3)_4]^{2+}$ 無色溶液	$[Ag(NH_3)_2]^+$ 無色溶液	$Pb(OH)_2$ 沈殿はとけない。	$[Cu(NH_3)_4]^{2+}$ 深青色溶液	$Fe(OH)_2$ 沈殿はとけない。	$Fe(OH)_3$ 沈殿はとけない。	
水酸化ナトリウム水溶液 少量	$Zn(OH)_2$ 白色沈殿	Ag_2O 褐色沈殿	$Pb(OH)_2$ 白色沈殿	$Cu(OH)_2$ 青白色沈殿	$Fe(OH)_2$ 緑白色沈殿	$Fe(OH)_3$ 赤褐色沈殿	
水酸化ナトリウム水溶液 過剰量	$[Zn(OH)_4]^{2-}$ 無色溶液	沈殿はとけない。	$[Pb(OH)_4]^{2-}$ 無色溶液	$Cu(OH)_2$ 沈殿はとけない。	$Fe(OH)_2$ 沈殿はとけない。	$Fe(OH)_3$ 沈殿はとけない。	
硫化水素 酸性	沈殿を生じない。	Ag_2S 黒色沈殿	PbS 黒色沈殿	CuS 黒色沈殿	沈殿を生じない。	Fe^{2+} 淡緑色溶液*	
硫化水素 塩基性	ZnS 白色沈殿	Ag_2S 黒色沈殿	PbS 黒色沈殿	CuS 黒色沈殿	FeS 黒色沈殿	FeS 黒色沈殿	

*Fe^{3+}は還元されてFe^{2+}になり，H_2Sは酸化されてSの沈殿を生じる。

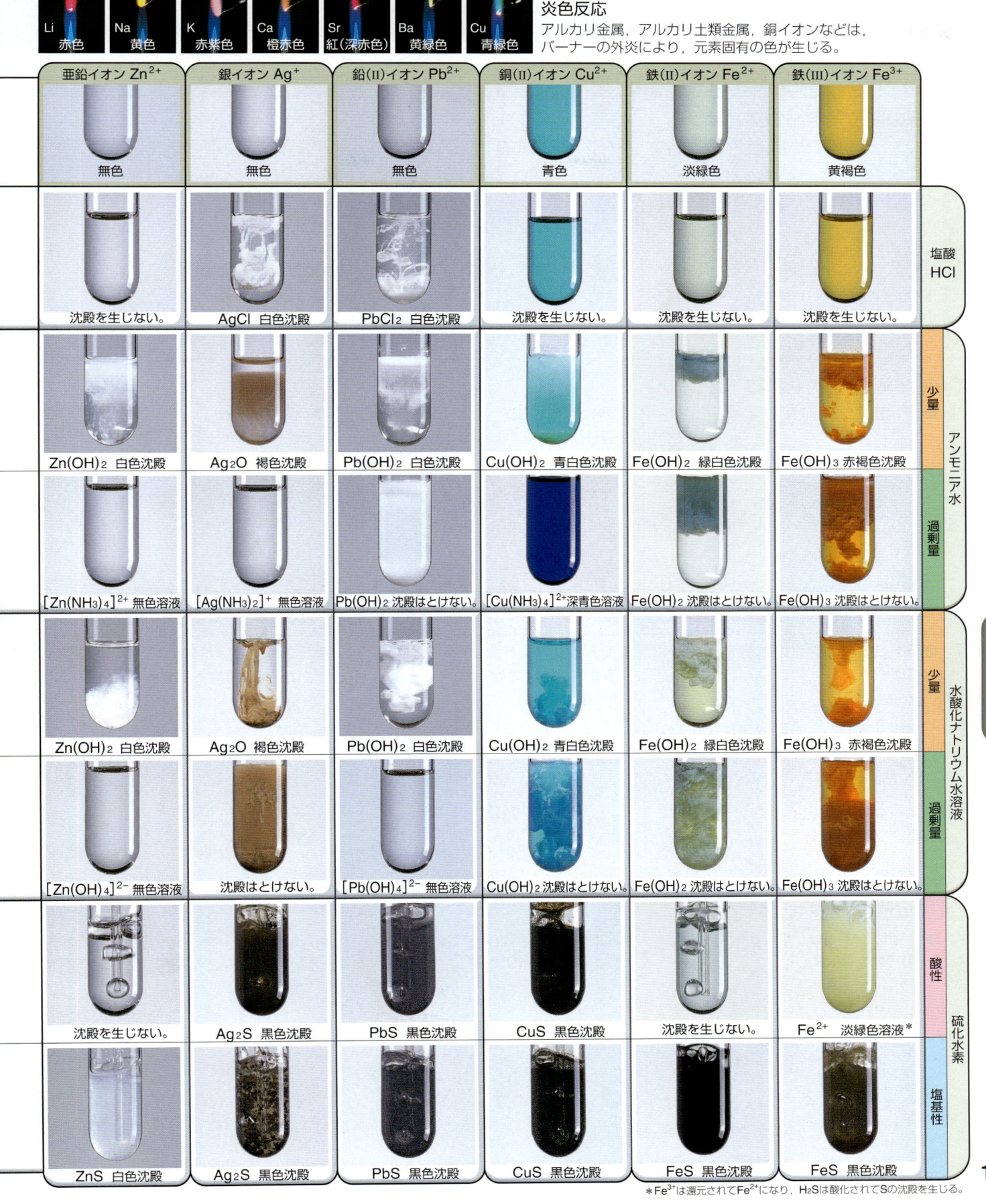

57 錯イオンの構造

金属元素の陽イオンに，陰イオンや分子が配位結合したイオンを錯イオンという。結合したイオンや分子を配位子と呼び，その数を配位数という。

1 錯イオンの構造と色
▼錯イオンの立体構造は，中心イオンの電子配置と配位子の種類や数の違いによって定まる。

●2個の配位子をもつ錯イオン

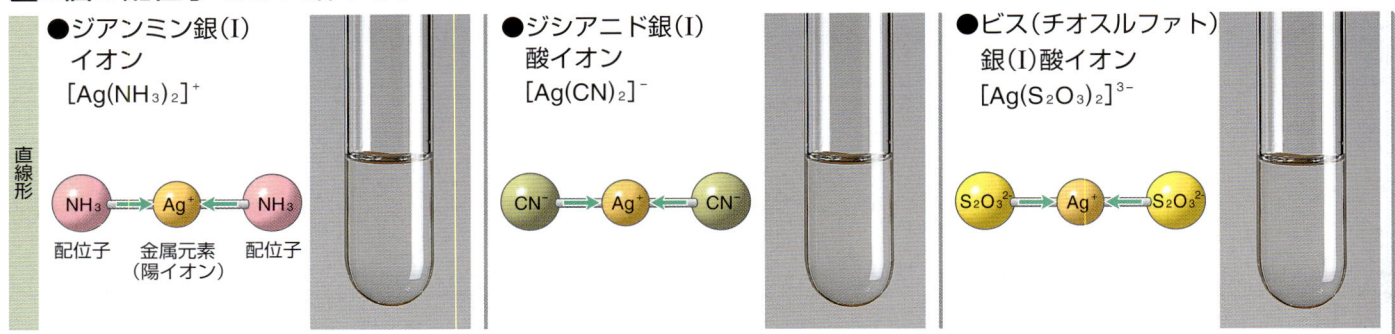

直線形

- ジアンミン銀(I)イオン $[Ag(NH_3)_2]^+$
  （配位子 — 金属元素（陽イオン） — 配位子）
- ジシアニド銀(I)酸イオン $[Ag(CN)_2]^-$
- ビス(チオスルファト)銀(I)酸イオン $[Ag(S_2O_3)_2]^{3-}$

●4個の配位子をもつ錯イオン

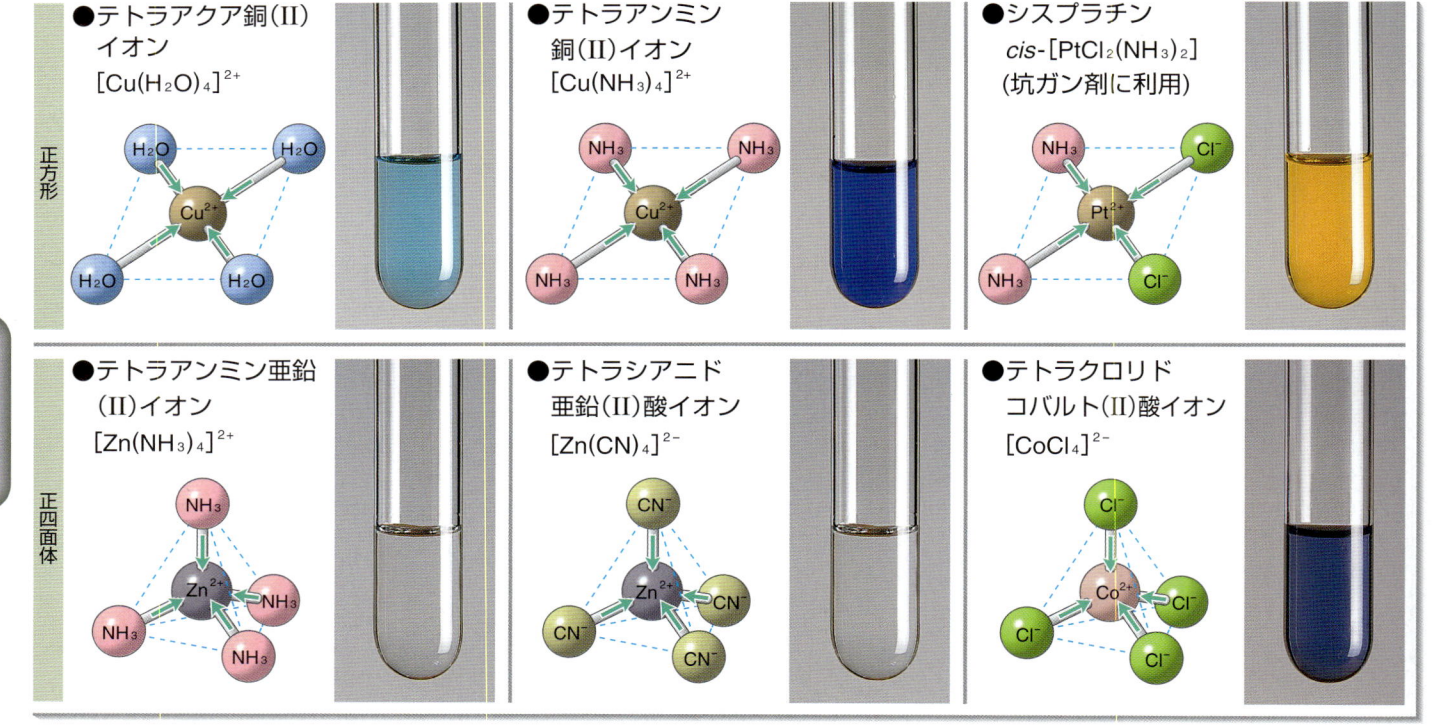

正方形

- テトラアクア銅(II)イオン $[Cu(H_2O)_4]^{2+}$
- テトラアンミン銅(II)イオン $[Cu(NH_3)_4]^{2+}$
- シスプラチン $cis\text{-}[PtCl_2(NH_3)_2]$（抗ガン剤に利用）

正四面体

- テトラアンミン亜鉛(II)イオン $[Zn(NH_3)_4]^{2+}$
- テトラシアニド亜鉛(II)酸イオン $[Zn(CN)_4]^{2-}$
- テトラクロリドコバルト(II)酸イオン $[CoCl_4]^{2-}$

●6個の配位子をもつ錯イオン

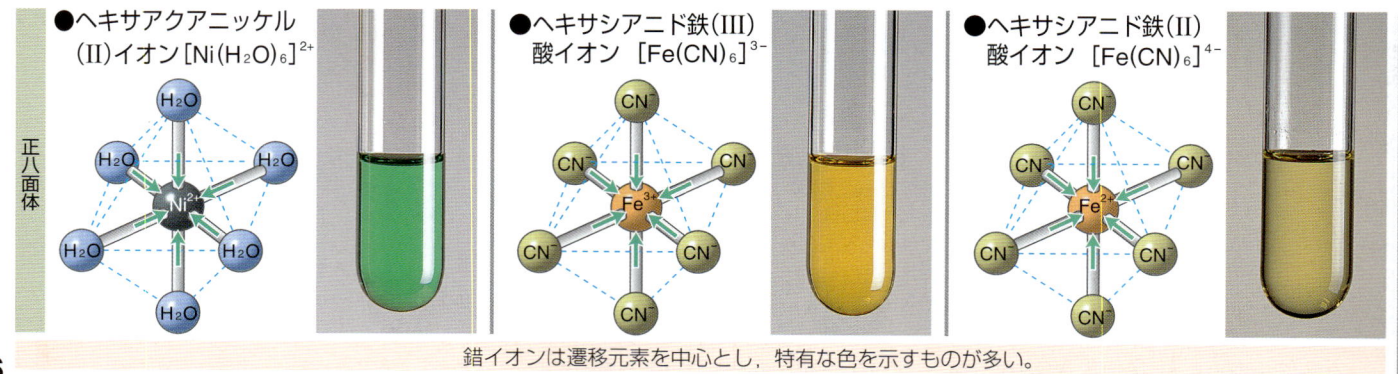

正八面体

- ヘキサアクアニッケル(II)イオン $[Ni(H_2O)_6]^{2+}$
- ヘキサシアニド鉄(III)酸イオン $[Fe(CN)_6]^{3-}$
- ヘキサシアニド鉄(II)酸イオン $[Fe(CN)_6]^{4-}$

錯イオンは遷移元素を中心とし，特有の色を示すものが多い。

② 錯イオンの表し方

①錯イオンのイオン式 下のような順序に並べて[ ]で囲む。

$[Ag(NH_3)_2]^+$
金属元素 — 配位子

●配位子名

配位子	名称
NH_3	アンミン
H_2O	アクア
Cl^-	クロリド
OH^-	ヒドロキシド
CN^-	シアニド

●ギリシア語の数詞

数字	数詞	
1	モノ	mono
2	ジ	di
3	トリ	tri
4	テトラ	tetra
5	ペンタ	penta
6	ヘキサ	hexa

②錯イオンの呼び方 配位子の数と名称を前につけ，次に金属元素の名称とその酸化数をつける。この場合，配位子の数は，ギリシア語の数詞を用いる。錯イオンが陰イオンのときは，金属元素名に「～酸」をつける。

[例] $[Ag(NH_3)_2]^+$ ジアンミン 銀(I) イオン
　　　　　　　　　数詞　配位子名　中心元素(酸化数)

$[Fe(CN)_6]^{4-}$ ヘキサ シアニド 鉄(II) 酸イオン
　　　　　　　　　数詞　配位子名　中心元素(酸化数)

③ 錯体の色の変化

ちょっと発展

●クロモトピズムの原因とその種類

遷移金属を含む錯体には色鮮やかな化合物が多い。また，色のある金属錯体のあるものは，その置かれている状態が変化すると，別の色に変化するものがある。この色の変わる現象は，クロモトピズムと総称されている。その原因はいくつかに分類される。

原因	名称
温度	サーモクロミズム
溶媒	ソルバトクロミズム
圧力	ピエゾクロミズム
光	フォトクロミズム

●塩化コバルト(II)錯体のサーモクロミズム

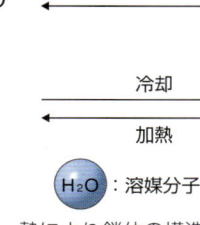

シール温度計の利用

$[CoCl_2(H_2O)_2] + 4H_2O \rightleftarrows [Co(H_2O)_6]^{2+} + 2Cl^-$
青色　　　　　　　　　　　　　　　　　薄赤色

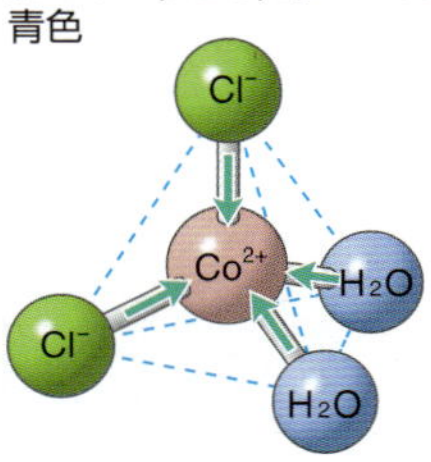

冷却 ⇄ 加熱

H_2O：溶媒分子

熱により錯体の構造が図のように変化したために，色が変化する。

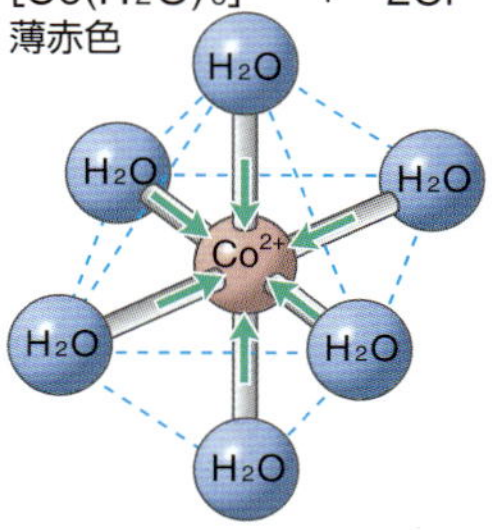

四配位四面体(高温型)　　六配位八面体(低温型)

●利用の例

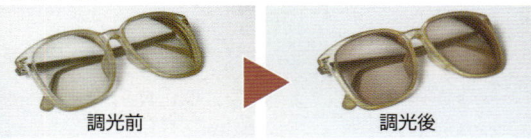

調光前 ▶ 調光後

光があたると色が変化するレンズ(調光レンズ)に利用されている。

レアメタル(希少金属)

存在量が少ない，または抽出が難しい金属のことをレアメタル(希少金属)といい，希土類(レアアース)を含めてコバルトCo，カドミウムCd，チタンTiなど31種類がこれにあたる。これら金属は，産業の先端技術「ハイテクノロジー」を支える新素材として重要な金属である。レアメタルに含まれる希土類は，周期表の原子番号57のランタンLaから原子番号71のルテチウムLuのランタノイド系列といわれる15元素と，イットリウムY，スカンジウムScを加えた17元素である。

チタン $_{22}Ti$　スプーン・フォーク
軽くて，耐食性・耐熱性強度に優れている。メガネフレームやゴルフクラブなどの日用品からジェットエンジンやロボット材料などに広く利用されている。

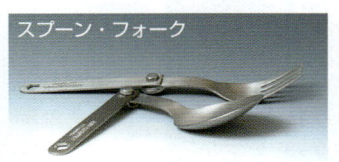

ニオブ $_{41}Nb$　リニアモーターカー
ニオブとチタンの合金は，超伝導物質である。医療用のMRIやリニアモーターカーの超伝導磁石のコイルとして使用されている。

イットリウム $_{39}Y$　カラーテレビ用ブラウン管
カラーテレビ用ブラウン管の蛍光体として用いられており，同じレアメタルであるユウロピウムEuなどの蛍光体とくみ合わせて使用されている。

タングステン $_{74}W$　電球のフィラメント
融点が3410℃と金属中もっとも高い性質をもつ。白熱電球用のフィラメントとして用いられている。

58 金属イオンの分離と確認

分離操作の手順

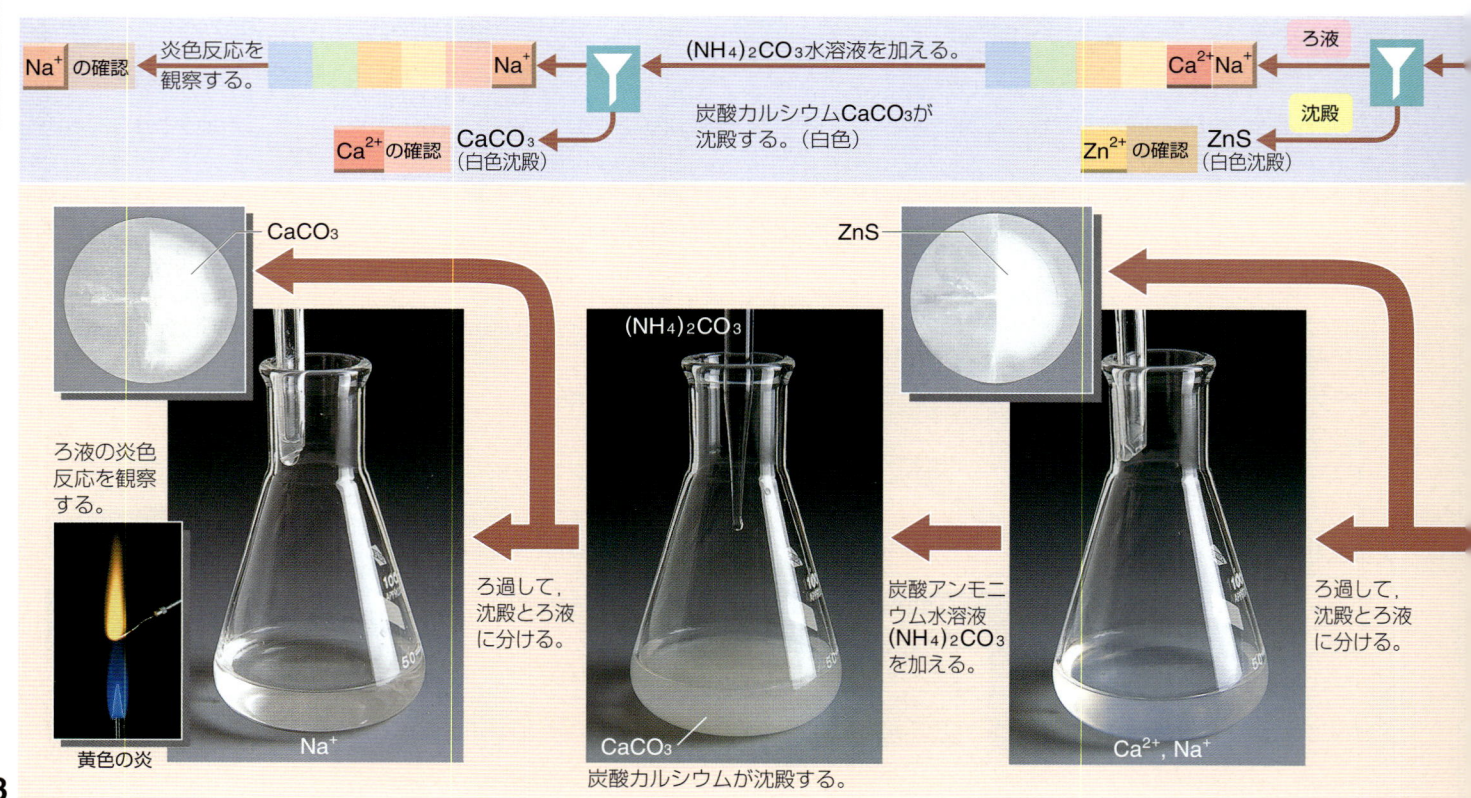

金属イオンの混合水溶液

希塩酸HCl を加える。

塩化銀が沈殿する。

AgCl
感光によって色が変わっている。

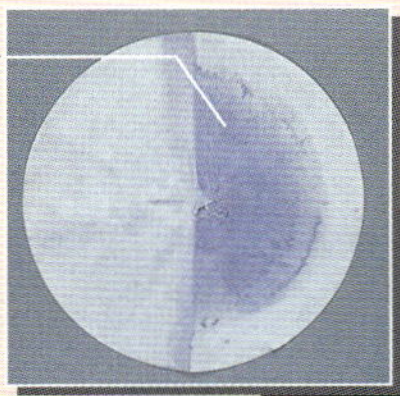

ろ過して，沈殿とろ液に分ける。

アンモニア水

ろ液に硫化水素H_2Sを通じる。

Ag^{+} Cu^{2+} Fe^{3+} Zn^{2+} Ca^{2+} Na^{+} → HClを加える。塩化銀AgClが沈殿する。（白色） → ろ液：Cu^{2+} Fe^{3+} Zn^{2+} Ca^{2+} Na^{+} →

沈殿：AgCl（白色沈殿） → NH_3水を加える。 → $[Ag(NH_3)_2]^{+}$ 無色　Ag^{+} の確認

→ ろ液：Ca^{2+} Na^{+} → $(NH_4)_2CO_3$水溶液を加える。炭酸カルシウム$CaCO_3$が沈殿する。（白色） → Na^{+} → 炎色反応を観察する。 → Na^{+} の確認

沈殿：ZnS（白色沈殿） → Zn^{2+} の確認

$CaCO_3$（白色沈殿） → Ca^{2+} の確認

ろ過して，沈殿とろ液に分ける。

ZnS

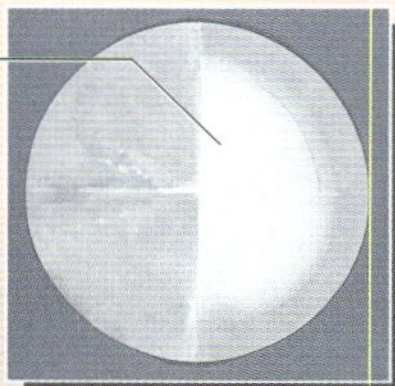

炭酸アンモニウム水溶液$(NH_4)_2CO_3$を加える。

炭酸カルシウムが沈殿する。

ろ過して，沈殿とろ液に分ける。

$CaCO_3$

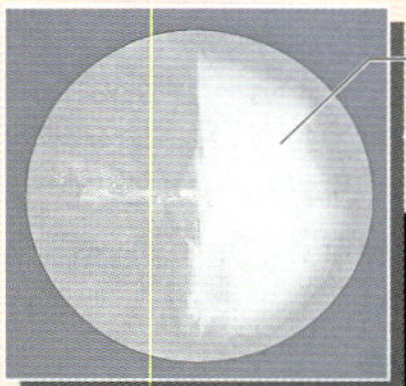

ろ液の炎色反応を観察する。

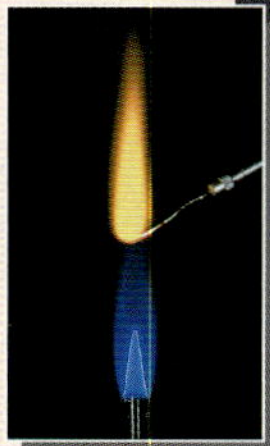

黄色の炎

参照項目p.125「炎色反応」

CuS

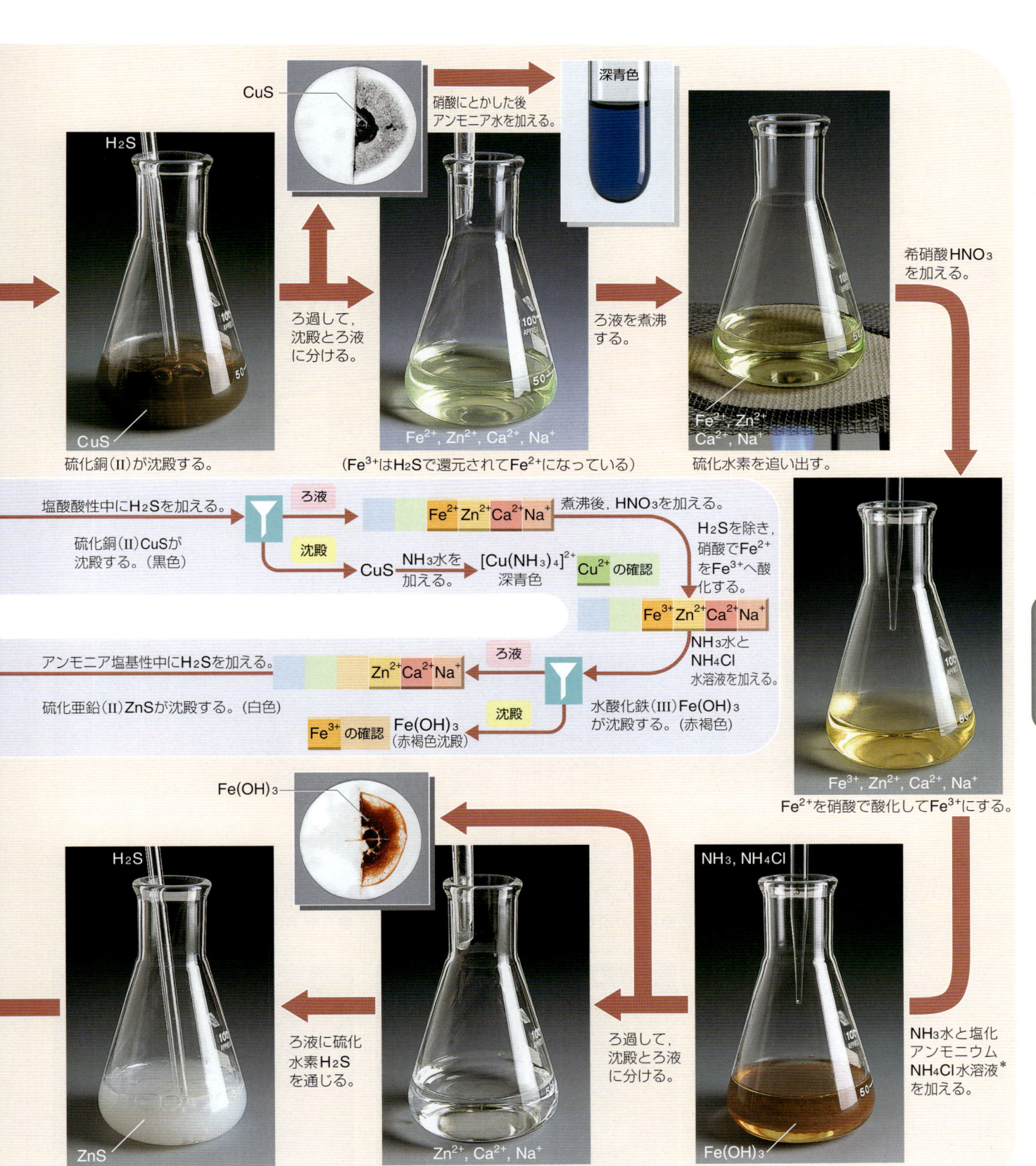

硝酸にとかした後
アンモニア水を加える。

深青色

H₂S

ろ過して,
沈殿とろ液
に分ける。

ろ液を煮沸
する。

希硝酸 HNO_3
を加える。

CuS

$Fe^{2+}, Zn^{2+}, Ca^{2+}, Na^+$
(Fe^{3+}はH_2Sで還元されてFe^{2+}になっている)

$Fe^{2+}, Zn^{2+}, Ca^{2+}, Na^+$
硫化水素を追い出す。

硫化銅(II)が沈殿する。

塩酸酸性中にH_2Sを加える。

硫化銅(II)CuSが
沈殿する。(黒色)

ろ液 → Fe^{2+} Zn^{2+} Ca^{2+} Na^+ 煮沸後,HNO_3を加える。

沈殿 → CuS $\xrightarrow{NH_3水を加える。}$ $[Cu(NH_3)_4]^{2+}$ 深青色 | Cu^{2+}の確認

H_2Sを除き,
硝酸でFe^{2+}
をFe^{3+}へ酸
化する。

Fe^{3+} Zn^{2+} Ca^{2+} Na^+

アンモニア塩基性中にH_2Sを加える。

ろ液 → Zn^{2+} Ca^{2+} Na^+

NH_3水と
NH_4Cl
水溶液を加える。

硫化亜鉛(II)ZnSが沈殿する。(白色)

沈殿 → Fe^{3+}の確認 $Fe(OH)_3$
(赤褐色沈殿)

水酸化鉄(III)$Fe(OH)_3$
が沈殿する。(赤褐色)

$Fe^{3+}, Zn^{2+}, Ca^{2+}, Na^+$
Fe^{2+}を硝酸で酸化してFe^{3+}にする。

Fe(OH)₃

H₂S

NH₃, NH₄Cl

ろ液に硫化
水素H_2S
を通じる。

ろ過して,
沈殿とろ液
に分ける。

NH_3水と塩化
アンモニウム
NH_4Cl水溶液*
を加える。

ZnS
硫化亜鉛(II)が沈殿する。

Zn^{2+}, Ca^{2+}, Na^+
(Zn^{2+}は$[Zn(NH_3)_4]^{2+}$として存在する。)

Fe(OH)₃
水酸化鉄(III)が沈殿する。

*塩化アンモニウム水溶液を加えるのは $Mn^{2+}, Zn^{2+}, Mg^{2+}$ などが
水酸化物として沈殿しないようにするためである。

129

59 ▶ 有機化合物の特徴と分類

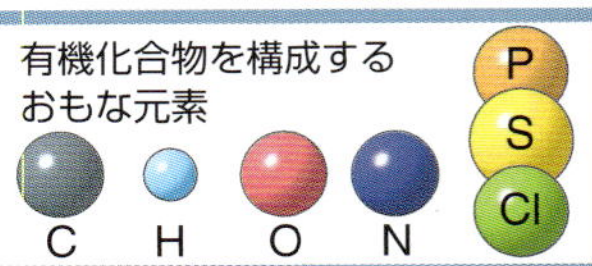

動物植物のタンパク質，炭水化物，脂肪などを有機化合物といい，炭素原子を骨格とする化合物である。

有機化合物を構成するおもな元素　C　H　O　N　P　S　Cl

1 有機化合物と無機化合物の比較

▼有機化合物とは，主として炭素原子を骨格としてくみ立てられている化合物をいう。

身近な有機化合物

牛乳，油，小麦粉，しょう油，砂糖，化学調味料，肉，魚，野菜，ガス，プラスチック，木材，紙，洗剤など，身近な物質には有機化合物が多い。

身近な無機化合物と単体

身近な物質の中で，食塩，水，ガラス，陶磁器などは無機化合物，鉄，アルミニウム，炭などは単体である。

有機化合物は，無機化合物に比べ，構成する元素の種類は少ないが，化合物の種類はきわめて多い。
有機化合物は，比較的に融点，沸点が低く，ほとんどのものが加熱すると分解したり，燃焼したりする。

■燃焼性の違い（砂糖と食塩をガスバーナーで加熱した場合）

●砂糖の加熱　【有機化合物】

角砂糖を加熱する。　角砂糖が融解し，分解して生じる気体が燃焼する。　炭が残る。有機化合物は燃えやすく，分解しやすいものが多い。

●食塩（塩化ナトリウム）の加熱　【無機化合物】

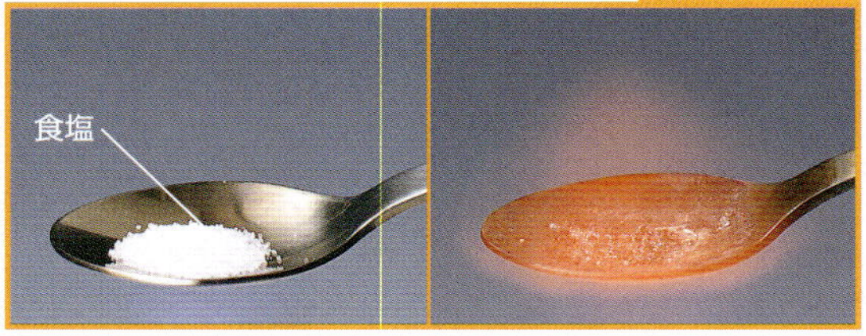

食塩を加熱する。　食塩は融解するが，燃焼しない。

■融点の違い（ナフタレンと食塩）

ホットプレート（約90℃）

ナフタレン　融点81℃　とける
食塩　融点801℃　結晶そのまま

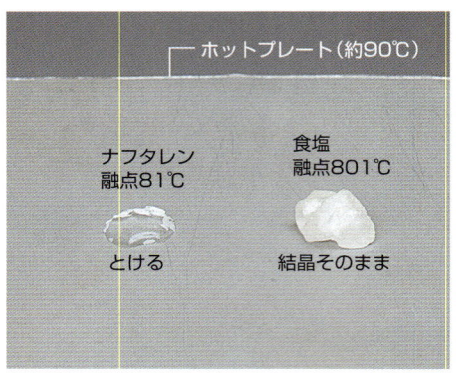

有機化合物の融点は一般に低い。

■水と有機溶媒への溶解性の違い（ナフタレンと食塩）

●水への溶解性

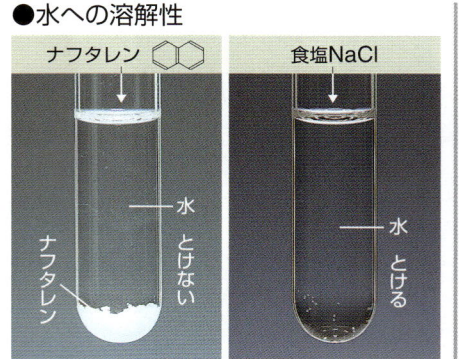

ナフタレン：水にとけない
食塩NaCl：水にとける

●有機溶媒（ヘキサン）への溶解性

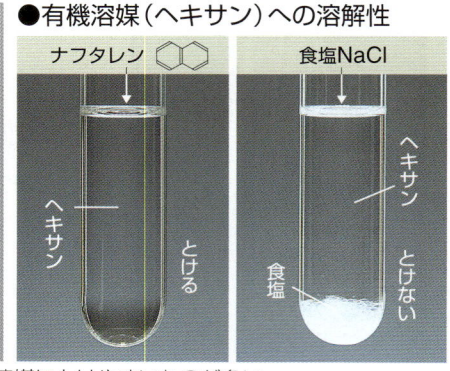

ナフタレン：ヘキサンにとける
食塩NaCl：ヘキサンにとけない

有機化合物は水にとけにくいものが多く，有機溶媒にとけやすいものが多い。

② 有機化合物の分類
▼有機化合物は，炭素原子の結合様式や官能基の種類によって分類される。

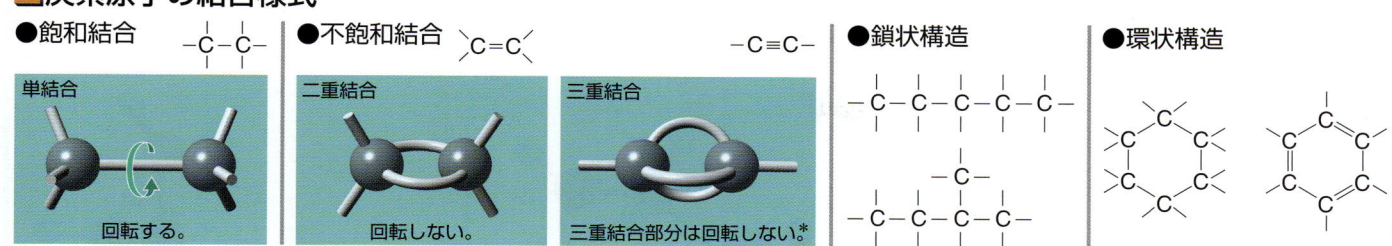

◎ 炭素原子の結合様式

●飽和結合
- 単結合 $-C-C-$ 回転する。
-

●不飽和結合
- 二重結合 $C=C$ 回転しない。
- 三重結合 $-C\equiv C-$ 三重結合部分は回転しない。*

●鎖状構造

●環状構造

*ただし，両端の単結合は回転するため，構造全体としては回転する。

① 炭化水素の分類
▼炭化水素は炭素Cと水素Hだけからなるもっとも基本的な有機化合物である。

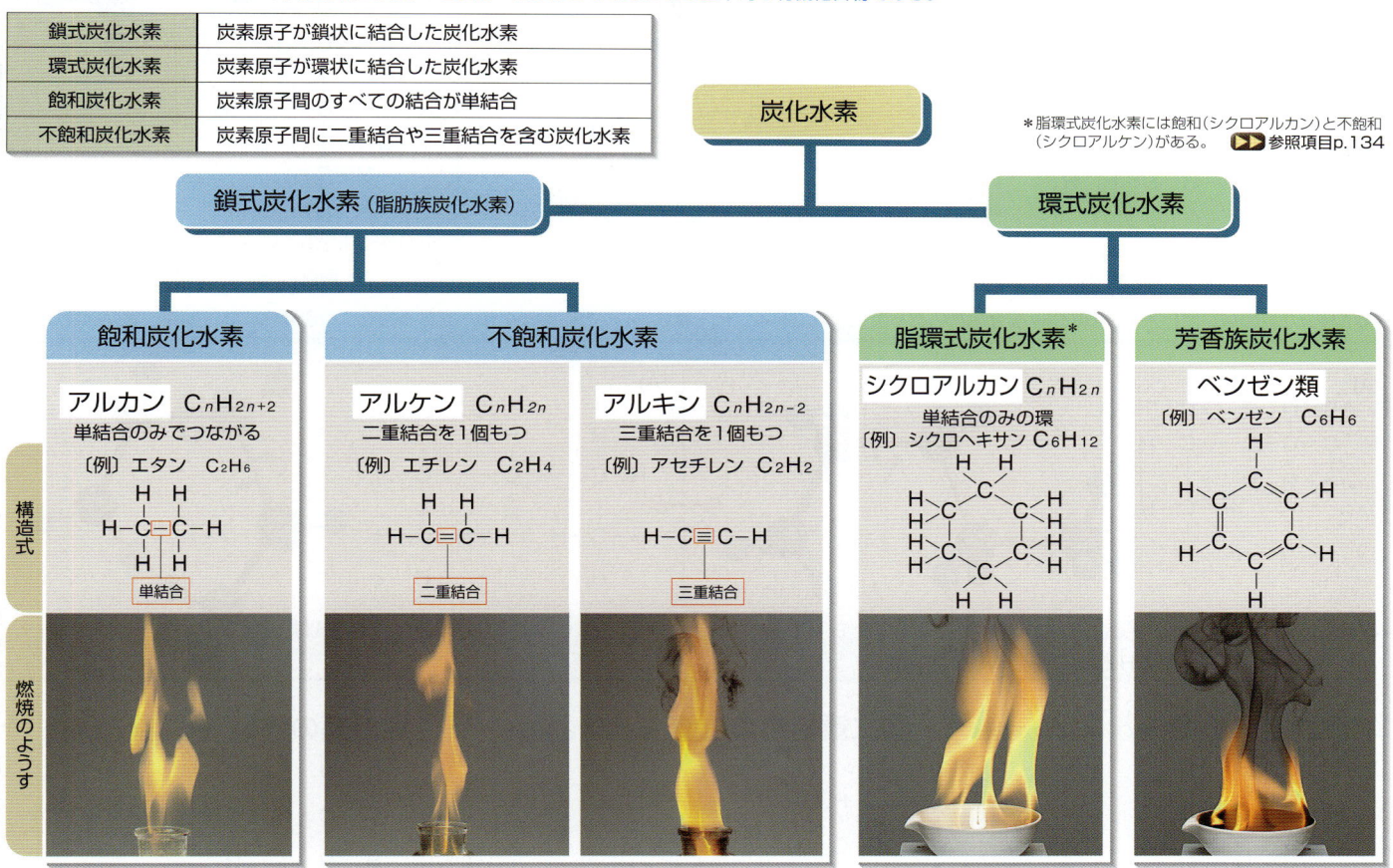

鎖式炭化水素	炭素原子が鎖状に結合した炭化水素
環式炭化水素	炭素原子が環状に結合した炭化水素
飽和炭化水素	炭素原子間のすべての結合が単結合
不飽和炭化水素	炭素原子間に二重結合や三重結合を含む炭化水素

*脂環式炭化水素には飽和（シクロアルカン）と不飽和（シクロアルケン）がある。　▶▶参照項目p.134

炭化水素
- 鎖式炭化水素（脂肪族炭化水素）
  - 飽和炭化水素
    - **アルカン C_nH_{2n+2}**　単結合のみでつながる
      〔例〕エタン C_2H_6
  - 不飽和炭化水素
    - **アルケン C_nH_{2n}**　二重結合を1個もつ
      〔例〕エチレン C_2H_4
    - **アルキン C_nH_{2n-2}**　三重結合を1個もつ
      〔例〕アセチレン C_2H_2
- 環式炭化水素
  - 脂環式炭化水素*
    - **シクロアルカン C_nH_{2n}**　単結合のみの環
      〔例〕シクロヘキサン C_6H_{12}
  - 芳香族炭化水素
    - **ベンゼン類**
      〔例〕ベンゼン C_6H_6

アルカン，アルケン，アルキンと炭素の含有率が大きくなるにつれ，すすの出方が多くなり，炎の色が赤みをおびる。

② 官能基による分類
▼酸素や窒素などを含み，有機化合物の性質を特徴づける原子団を官能基という。

官能基の種類と構造		化合物の一般名	有機化合物の例	特性
ヒドロキシ基	$-OH$	アルコール	エタノール C_2H_5OH	中性
		フェノール類	フェノール C_6H_5OH	酸性（弱酸性）
アルデヒド基（ホルミル基）	$-C{\overset{O}{\underset{H}{\lessgtr}}}$	アルデヒド	アセトアルデヒド CH_3CHO	中性
カルボニル基（ケトン基）	$>C=O$	ケトン	アセトン CH_3COCH_3	中性
カルボキシ基	$-C{\overset{O}{\underset{OH}{\lessgtr}}}$	カルボン酸	酢酸 CH_3COOH	酸性（弱酸性）

官能基の種類と構造		化合物の一般名	有機化合物の例	特性
エーテル結合	$-O-$	エーテル	ジエチルエーテル $C_2H_5OC_2H_5$	中性
エステル結合	$-C{\overset{O}{\underset{O-}{\lessgtr}}}$	エステル	酢酸エチル $CH_3COOC_2H_5$	中性
アミノ基	$-N{\overset{H}{\underset{H}{\lessgtr}}}$	アミン	アニリン $C_6H_5NH_2$	塩基性（弱塩基性）
ニトロ基	$-NO_2$	ニトロ化合物	ニトロベンゼン $C_6H_5NO_2$	中性
スルホ基	$-SO_3H$	スルホン酸	ベンゼンスルホン酸 $C_6H_5SO_3H$	酸性（弱酸性）

60 ▶ 有機化合物の構造と異性体

有機化合物には，分子式が同じでも原子の結合の仕方が異なる化合物がある。これを異性体という。異性体のうち，原子の結合の順序が異なるものを構造異性体という。幾何異性体や鏡像異性体は，原子の結合の順序は同じだが，立体配置は異なる。

1 構造異性体：C_5H_{12}の異性体 ▼分子式は同じであるが，構造式の異なる化合物。

①炭素骨格の形 ▼C_5H_{12}には次の3つの構造異性体が存在。

Ⓐ $CH_3CH_2CH_2CH_2CH_3$　ペンタン
融点 −130℃　沸点 36℃

Ⓑ $CH_3CH(CH_3)CH_2CH_3$　2-メチルブタン(イソペンタン)
融点 −160℃　沸点 28℃

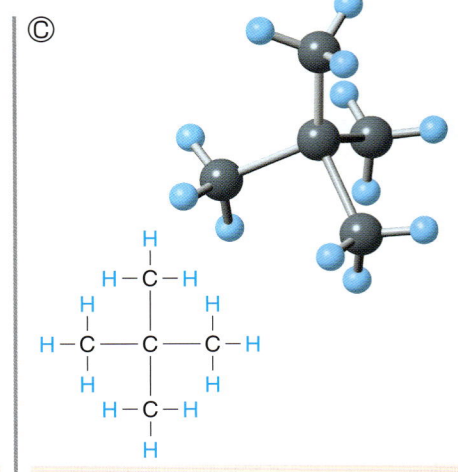

Ⓒ $CH_3C(CH_3)_2CH_3$　2,2-ジメチルプロパン(ネオペンタン)
融点 −16.6℃　沸点 9.5℃

Ⓐは枝分かれのない炭化水素。Ⓑ，Ⓒは枝分かれのある炭化水素である。分子量は等しいが，分子の形が異なるので，構造異性体は，融点，沸点が異なる。

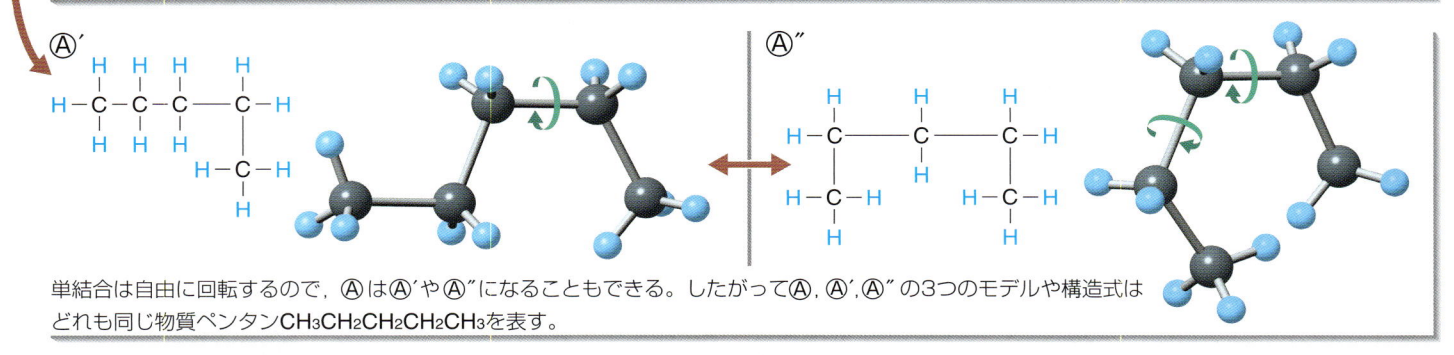

Ⓐ′ ／ **Ⓐ″**

単結合は自由に回転するので，ⒶはⒶ′やⒶ″になることもできる。したがってⒶ，Ⓐ′，Ⓐ″の3つのモデルや構造式はどれも同じ物質ペンタン$CH_3CH_2CH_2CH_2CH_3$を表す。

②置換基の位置 ▼$C_3H_6Cl_2$の異性体

- 1,1-ジクロロプロパン
- 1,2-ジクロロプロパン
- 2,2-ジクロロプロパン
- 1,3-ジクロロプロパン

③二重結合の位置 ▼C_4H_8の異性体

- 1-ブテン
- 2-ブテン

2-ブテンには，p.133の幾何異性体がある。

- 2-メチルプロペン

1-ブテン，2-ブテンとは炭素骨格が異なる。

*この他，C_4H_8にはシクロアルカンもある。

④官能基の種類 ▼C_3H_8Oの異性体

- エチルメチルエーテル（エーテル結合）
- 1-プロパノール（ヒドロキシ基）
- 2-プロパノール

1-プロパノールとは−OHの位置が異なる。

② 幾何異性体 ▼二重結合の両側の立体配置の違いによって生じる異性体。

■シス-2-ブテンとトランス-2-ブテン

●シス形* ▼2つのメチル基が二重結合の同じ側

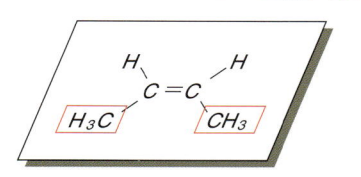

シス-2-ブテン(融点 −139℃, 沸点3.7℃)

●トランス形* ▼2つのメチル基が二重結合の反対側

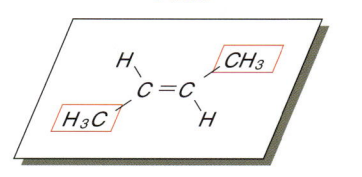

トランス-2-ブテン(融点 −106℃, 沸点0.9℃)

■マレイン酸とフマル酸

●シス形 ▼2つのカルボキシ基が二重結合の同じ側

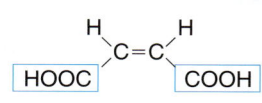

マレイン酸(融点133℃)
加熱により酸無水物をつくる。

無色の板状結晶

マレイン酸は水によくとける。(79g/100g水) pH 約1

●トランス形 ▼2つのカルボキシ基が二重結合の反対側

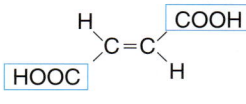

フマル酸(融点約300℃)

無色の針状結晶

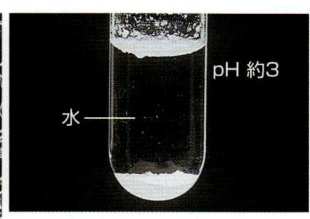

フマル酸は水にあまりとけない。(0.70g/100g水) pH 約3

*ラテン語に由来し、シスは「こちら側の」、トランスは「横切って」を意味する。なお、1-ブテンと2-メチルプロペンには幾何異性体がない。

③ 鏡像異性体 ▼不斉炭素原子がある分子には、鏡像異性体が存在する。

■実像と鏡像の関係にある鏡像異性体

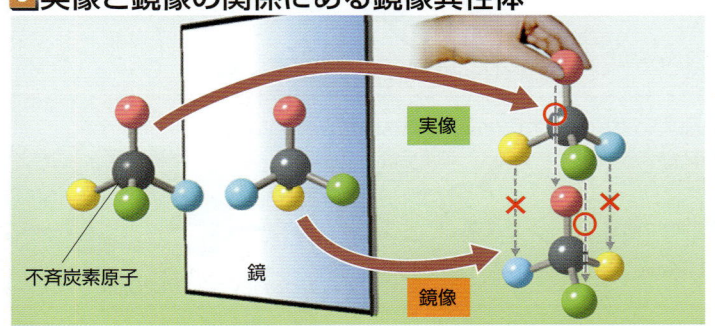

4種の異なる原子や原子団が結合している炭素原子を**不斉炭素原子**という。不斉炭素原子を持つ分子には空間的な配置の異なる2種の化合物が存在し、これらは実像と鏡像の関係になっているので、重ね合わすことができない。

■乳酸$CH_3CH(OH)COOH$の鏡像異性体

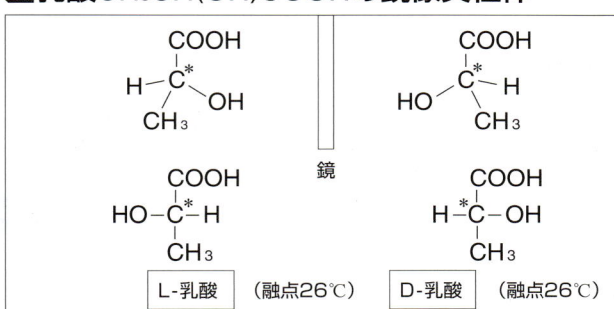

L-乳酸 (融点26℃)　　D-乳酸 (融点26℃)

鏡像異性体であるL-乳酸とD-乳酸は、化学的性質や物理的性質はほとんど同じであるが、生体内での反応 ▶▶参照項目p.178「生体内での化学反応」や光学的性質(偏光に対する性質)が異なる。

■医薬品と鏡像異性体

ハッカの成分のメントールにも鏡像異性体があり、天然のものはL型で清涼感や鎮痛作用があるが、D型にはない。ノーベル化学賞受賞者の野依良治らは、特殊な触媒を用い、L-メントールだけを製造する方法を確立した。また、1960年前後に世界各地で薬害事件が起きたサリドマイドにも鏡像異性体がある。催眠・鎮痛作用があるのはD型で、胎児に害をおよぼす作用はL型にあることが事件後にわかった。当時はD型だけを生産する技術もなかった。現在、世界的にはサリドマイドのいろいろな効能が再び注目されている。しかし、その使用法を人類が再び誤ることは許されない。

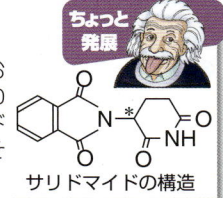

サリドマイドの構造

*は不斉炭素原子を示す。

④ 有機化合物の表し方 ▼構造異性体を区別するためには、構造式か示性式を用いる。

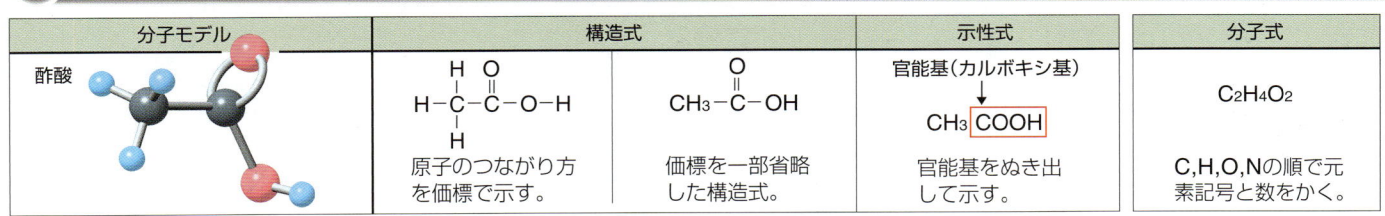

分子モデル	構造式		示性式	分子式
酢酸	H-C(-H)(-H)-C(=O)-O-H 原子のつながり方を価標で示す。	$CH_3-C(=O)-OH$ 価標を一部省略した構造式。	官能基(カルボキシ基) $CH_3\boxed{COOH}$ 官能基をぬき出して示す。	$C_2H_4O_2$ C,H,O,Nの順で元素記号と数をかく。

酢酸は分子式$C_2H_4O_2$で表すと、構造異性体であるギ酸メチル$HCOOCH_3$と区別することができない。

61 アルカン・アルケン・アルキン

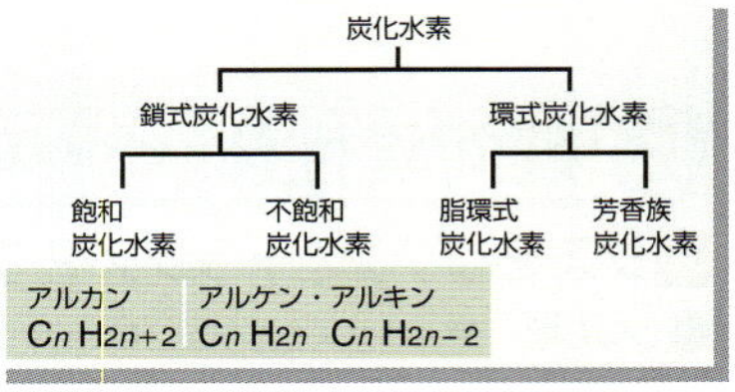

```
                    炭化水素
            ┌─────────┴─────────┐
         鎖式炭化水素          環式炭化水素
        ┌────┴────┐        ┌────┴────┐
       飽和      不飽和      脂環式    芳香族
      炭化水素   炭化水素    炭化水素   炭化水素
       アルカン  アルケン・アルキン
      $C_nH_{2n+2}$  $C_nH_{2n}$  $C_nH_{2n-2}$
```

1 アルカン・アルケン・アルキンの構造

■アルカン C_nH_{2n+2}
▼炭素原子間がすべて単結合である鎖式飽和炭化水素

- メタン CH_4 — 0.109nm, 109.5°, 正四面体構造 (融点 −182.8℃ / 沸点 −161.5℃)
- エタン C_2H_6 — 0.154nm, 111°, C−C結合は回転できる。(融点 −183.6℃ / 沸点 −89℃)
- プロパン C_3H_8 — 112°, 0.153nm (融点 −187.7℃ / 沸点 −42.1℃)

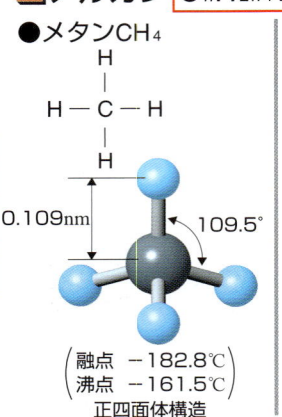

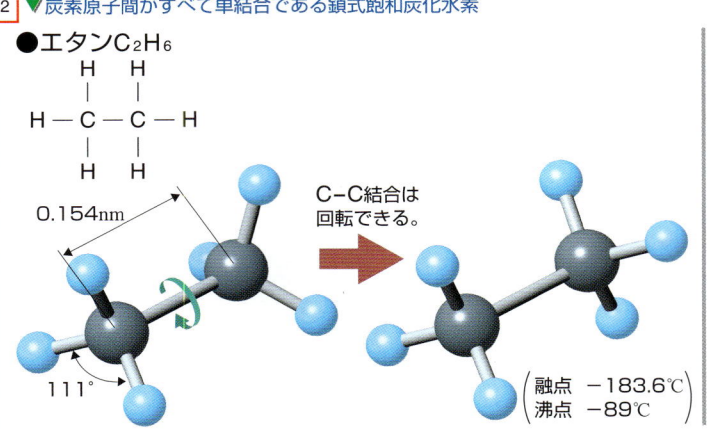

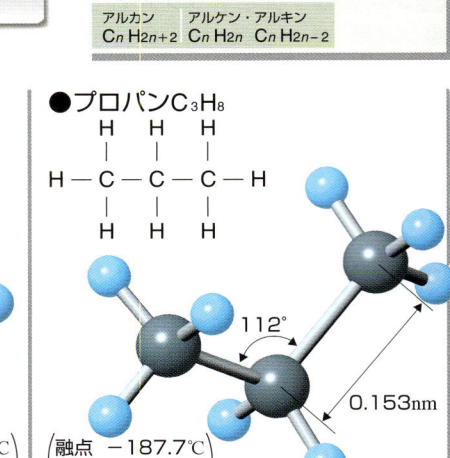

■アルケン C_nH_{2n}
▼炭素原子間に二重結合1個をもつ鎖式不飽和炭化水素

- エチレン C_2H_4 — 0.134nm, 117°, 0.109nm, C=C結合は回転できない。(融点 −169℃ / 沸点 −104℃)
- 6個の原子は同一平面上にある。▶▶参照項目p.133「幾何異性体」

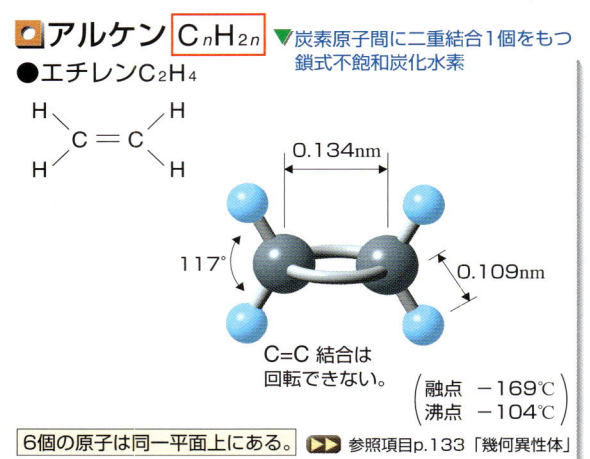

■アルキン C_nH_{2n-2}
▼炭素原子間に三重結合1個をもつ鎖式不飽和炭化水素

- アセチレン C_2H_2 — $H-C≡C-H$ — 0.120nm, 0.106nm, 直線構造, 4個の原子は一直線上に並んでいる。(融点 −82℃ / 沸点 −74℃)

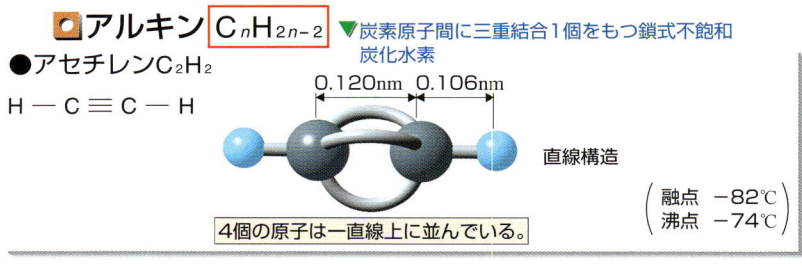

●結合距離の大小
単結合が一番長く、三重結合が一番短い。
単結合 0.154nm > 二重結合 0.134nm > 三重結合 0.120nm
長い ← → 短い

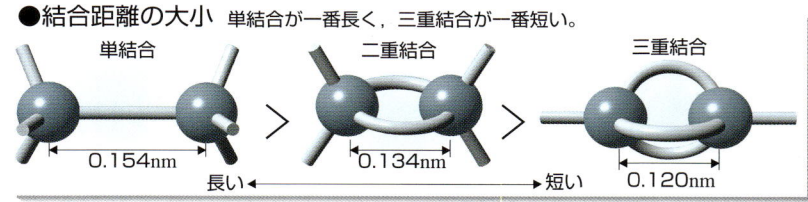

*アルカン・アルケン・アルキンは炭化水素の分類名である。

2 シクロアルカン・シクロアルケン（脂環式炭化水素）

▼名称は同じ炭素数のアルカン・アルケンの前にシクロをつける。性質はそれぞれアルカン・アルケンと似ている。

■シクロアルカン*1 C_nH_{2n} （一般式はアルケンと同じになる）

- シクロペンタン C_5H_{10} （沸点49℃） — 111.7°
- シクロヘキサン C_6H_{12} （沸点81℃） — いす形構造（安定）111.3°, 105°, 舟形構造
  シクロヘキサンはいす形構造をとったり舟形構造をとったりしている。
- コルク栓

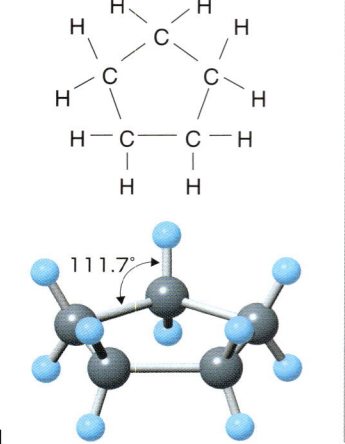

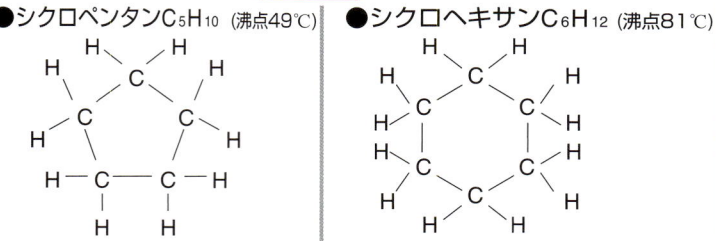

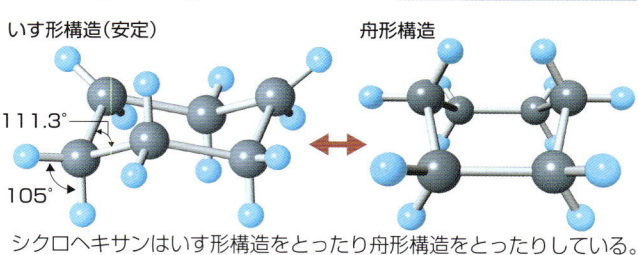

■シクロアルケン*2 C_nH_{2n-2}

- シクロヘキセン C_6H_{10} （沸点83℃）

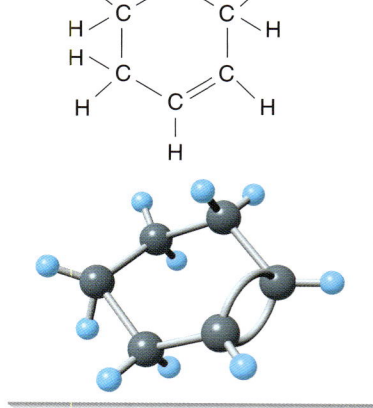

*1 環式の飽和炭化水素
*2 環式で二重結合1個をもつ不飽和炭化水素

③ アルカンの性質
▼アルカンの融点・沸点は，炭素原子の数が増大するにつれて高くなる。

◼ 枝分かれのないアルカンの融点・沸点

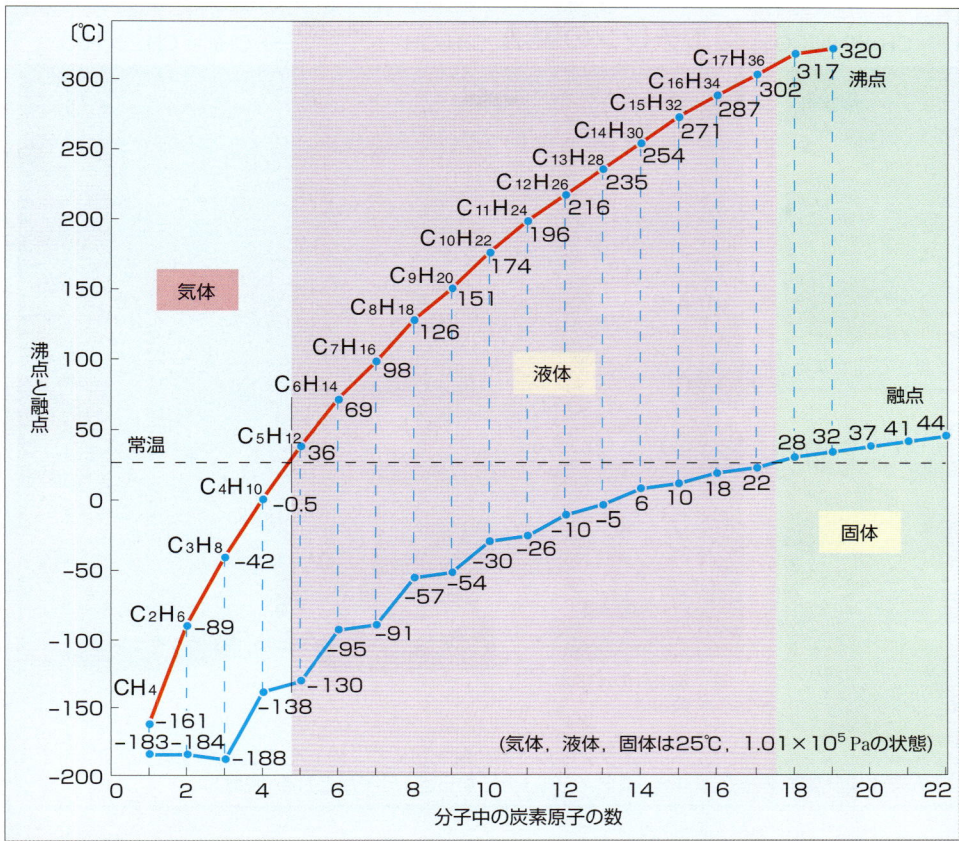

グラフ（沸点と融点 [℃]　対　分子中の炭素原子の数）

沸点（赤）：
- CH_4: −161
- C_2H_6: −89
- C_3H_8: −42
- C_4H_{10}: −0.5
- C_5H_{12}: 36
- C_6H_{14}: 69
- C_7H_{16}: 98
- C_8H_{18}: 126
- C_9H_{20}: 151
- $C_{10}H_{22}$: 174
- $C_{11}H_{24}$: 196
- $C_{12}H_{26}$: 216
- $C_{13}H_{28}$: 235
- $C_{14}H_{30}$: 254
- $C_{15}H_{32}$: 271
- $C_{16}H_{34}$: 287
- $C_{17}H_{36}$: 302
- : 317
- : 320

融点（青）：
- CH_4: −183
- C_2H_6: −184
- C_3H_8: −188
- C_4H_{10}: −138
- C_5H_{12}: −130
- : −95
- : −91
- : −57
- : −54
- : −30
- : −26
- : −10
- : −5
- : 6
- : 10
- : 18
- : 22
- : 28
- : 32
- : 37
- : 41
- : 44

領域：気体／液体／固体（常温の破線あり）
（気体，液体，固体は25℃，$1.01×10^5$ Paの状態）

◼ 溶解性

● 水への溶解性　▼混じり合わない。
- ヘキサン C_6H_{14} ／ 水
- シクロヘキサン C_6H_{12} ／ 水

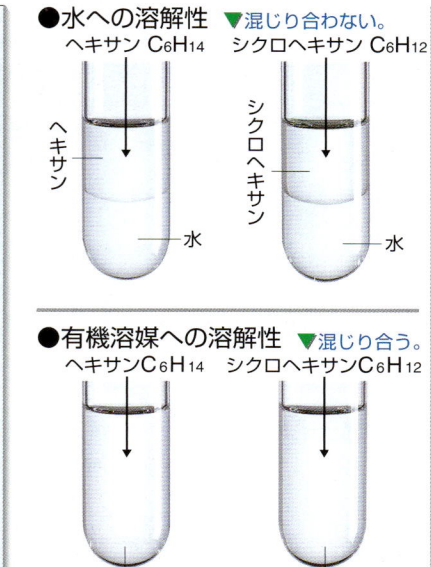

● 有機溶媒への溶解性　▼混じり合う。
- ヘキサン C_6H_{14} ／ ジエチルエーテル $C_2H_5OC_2H_5$
- シクロヘキサン C_6H_{12} ／ ジエチルエーテル $C_2H_5OC_2H_5$

● 枝分かれのないアルカンの名称

分子式	名称	分子式	名称
CH_4	メタン	C_6H_{14}	ヘキサン
C_2H_6	エタン	C_7H_{16}	ヘプタン
C_3H_8	プロパン	C_8H_{18}	オクタン
C_4H_{10}	ブタン	C_9H_{20}	ノナン
C_5H_{12}	ペンタン	$C_{10}H_{22}$	デカン

④ 身近な炭化水素

● 海底油田／原油

天然ガスや石油の主成分はさまざまな炭化水素であり，燃料や化学工業の原料として用いられる。

● 都市ガス　メタン CH_4

● LPガスボンベ　プロパン C_3H_8

● スプレー缶の中味　LPG（プロパン C_3H_8 など）

● ポリエチレン容器　$-(CH_2-CH_2)_n-$

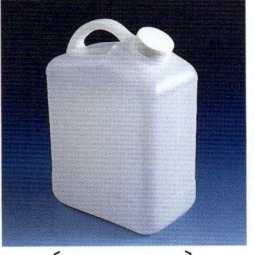

● 酸素アセチレン炎

● 緑黄色野菜の色素　ニンジン／カボチャ　β-カロテン

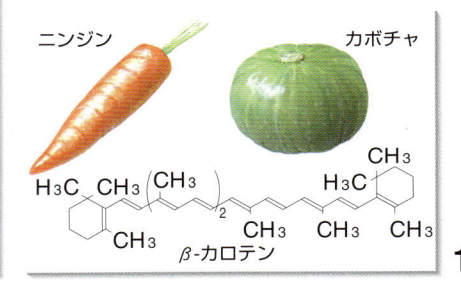

62 アルカン・アルケン・アルキンの生成と反応

1 アルカン・アルケン・アルキンの生成

メタンの製法
$CH_3COONa + NaOH \longrightarrow CH_4 + Na_2CO_3$

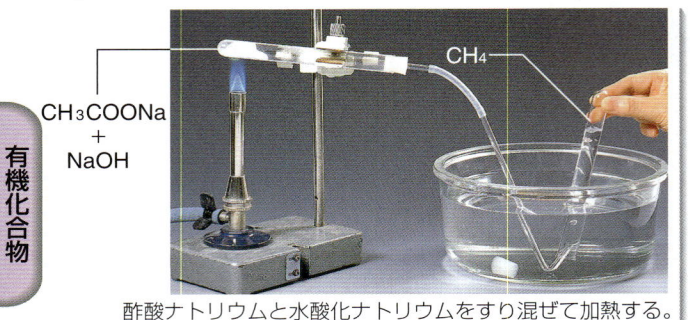

$CH_3COONa + NaOH$ / CH_4

酢酸ナトリウムと水酸化ナトリウムをすり混ぜて加熱する。

アセチレンの製法
$CaC_2 + 2H_2O \longrightarrow HC \equiv CH + Ca(OH)_2$

炭化カルシウム CaC_2 / C_2H_2

炭化カルシウム（カーバイド）をアルミホイルにくるんで水にひたす。

エチレンの製法
$C_2H_5OH \xrightarrow[160～170℃]{濃H_2SO_4} CH_2 = CH_2 + H_2O$

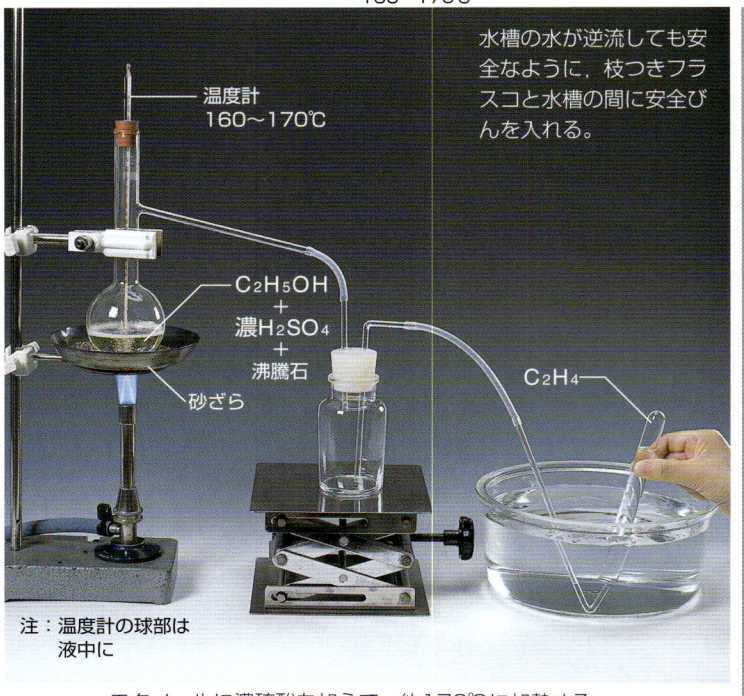

水槽の水が逆流しても安全なように，枝つきフラスコと水槽の間に安全びんを入れる。

温度計 160～170℃
C_2H_5OH + 濃H_2SO_4 + 沸騰石
砂ざら
C_2H_4

注：温度計の球部は液中に

エタノールに濃硫酸を加えて，約170℃に加熱する。エタノール1分子から水1分子がとれる（脱離）。

2 アルカンの置換反応

メタンの置換反応
▼メタンと塩素の混合物に光を当てると，メタンの水素原子が順次塩素原子に置き換えられる。

CH_4（沸点 −161℃） $\xrightarrow{+Cl_2, 光}$ (−HCl) クロロメタン（塩化メチル）CH_3Cl（沸点 −24℃） $\xrightarrow{+Cl_2, 光}$ (−HCl) ジクロロメタン（塩化メチレン）CH_2Cl_2（沸点 40℃） $\xrightarrow{+Cl_2, 光}$ (−HCl) トリクロロメタン（クロロホルム）$CHCl_3$（沸点 61℃） $\xrightarrow{+Cl_2, 光}$ (−HCl) テトラクロロメタン（四塩化炭素）CCl_4（沸点 77℃）

常温で気体 ／ 常温で液体

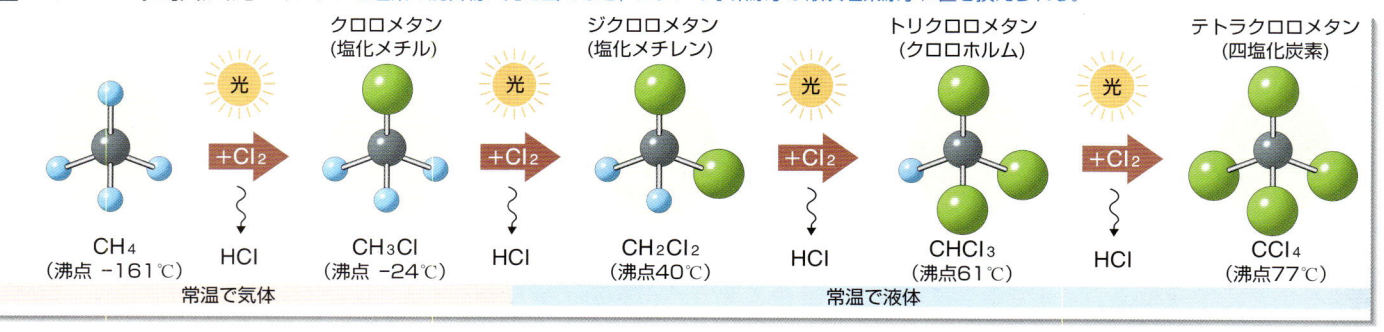

ヘキサンの置換反応
▼飽和炭化水素の水素原子は光が当たるとハロゲン原子に置き換えられる。

ヘキサン C_6H_{14}*1 ／ Br_2水
ヘキサンに臭素水を加える。

→ よく振る → 臭素は反応せず，ヘキサンに溶解する。

→ 水をとり除く → 臭素がとけたヘキサン

→ 日光に当てながら振る。 → 臭素の色が消える。
$C_6H_{14} + Br_2 \longrightarrow C_6H_{13}Br + HBr$

→ NH_4Brの白煙／濃NH_3のついたガラス棒
置換反応で生じた臭化水素が濃アンモニア水と反応する。
$HBr + NH_3 \longrightarrow NH_4Br$

*1 もとのヘキサンは無色。このとき，すでに少しBr_2がとけて着色している。

置換反応：炭素原子に結合している原子または原子団が他の原子または原子団に置き換わる反応。
付加反応：二重結合や三重結合が開いて臭素や水素や水などが結合する反応。

アルカン		アルケン		アルキン	
単結合	・メタン・ヘキサン C_nH_{2n+2}	二重結合	・エチレン C_nH_{2n}	三重結合	・アセチレン C_nH_{2n-2}

③ アルケン・アルキンの反応 ▼付加反応と酸化反応

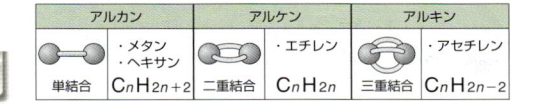

① 付加反応 ▼不飽和結合(二重結合か三重結合)があると，付加反応するので臭素の色が消える。

●アルケン + 臭素　　●アルキン + 臭素　　●アルカン + 臭素

アルケン・アルキンは付加反応する。　　アルカンは付加反応しない。

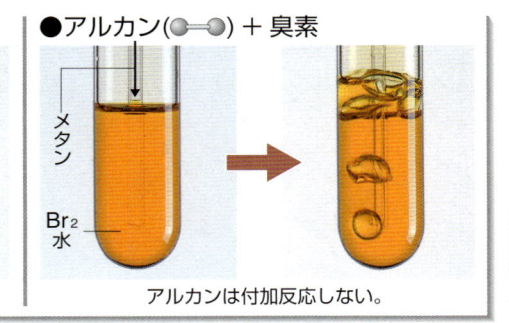

●アルケンの付加反応

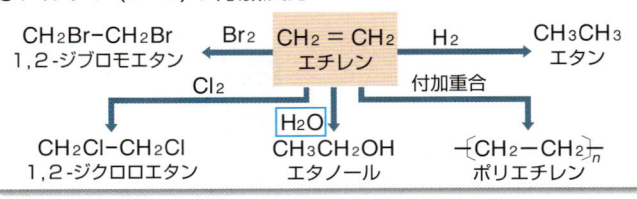

CH_2Br-CH_2Br ← Br_2 ← $CH_2=CH_2$ (エチレン) → H_2 → CH_3CH_3 (エタン)
1,2-ジブロモエタン

↓ Cl_2 ↓ H_2O ↓ 付加重合

CH_2Cl-CH_2Cl 　 CH_3CH_2OH 　 $-(CH_2-CH_2)_n-$
1,2-ジクロロエタン 　 エタノール 　 ポリエチレン

●アルキンの付加反応

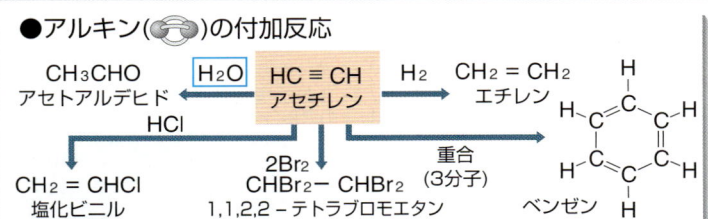

CH_3CHO (アセトアルデヒド) ← H_2O ← $HC≡CH$ (アセチレン) → H_2 → $CH_2=CH_2$ (エチレン)

↓ HCl ↓ $2Br_2$ ↓ 重合(3分子)

$CH_2=CHCl$ 　 $CHBr_2-CHBr_2$ 　 ベンゼン
塩化ビニル 　 1,1,2,2-テトラブロモエタン

●水の付加

H₂C=CH₂ (エチレン) + H-O-H (水) → CH₃-CH₂-OH (エタノール)

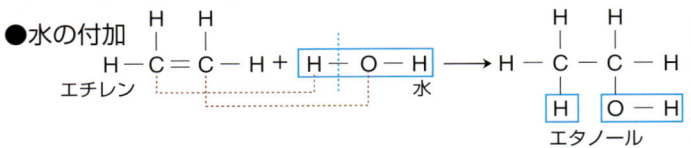

水分子がH-と-OHに分かれて，エチレンの >C=C< 部分に結合する。

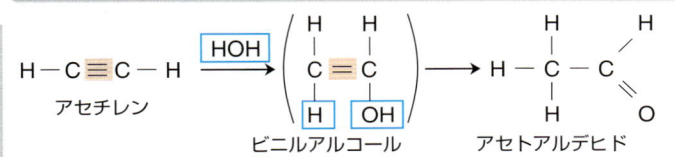

HC≡CH (アセチレン) + HOH → [H₂C=CH(OH)] (ビニルアルコール) → CH₃-CHO (アセトアルデヒド)

アセチレンに水が付加するとビニルアルコールが生成すると考えられるが，これは不安定で，すぐにアセトアルデヒドになる。

② 酸化反応 ▼過マンガン酸カリウム水溶液によっても，不飽和結合の有無を調べることができる。

●アルケン + $KMnO_4$　●アルキン + $KMnO_4$ 　●アルカン + $KMnO_4$

($KMnO_4$水溶液 → MnO_2の沈殿)

アルケン・アルキンは$KMnO_4$によって酸化される。　　アルカンは酸化されない。

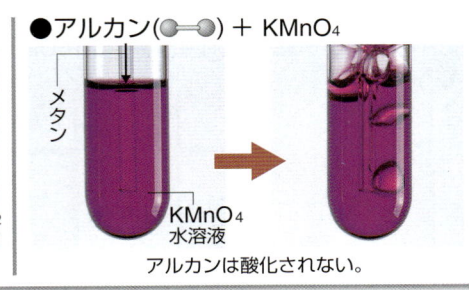

④ アセチレンの検出反応

銀アセチリドの生成

$C_2H_2 + 2[Ag(NH_3)_2]OH \longrightarrow Ag_2C_2 + 4NH_3 + 2H_2O$

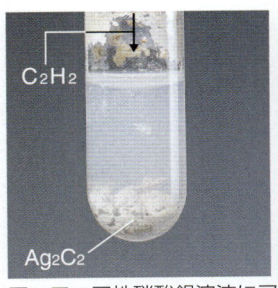

アンモニア性硝酸銀溶液にアセチレンを加えると，銀アセチリドの白色沈殿を生じる。

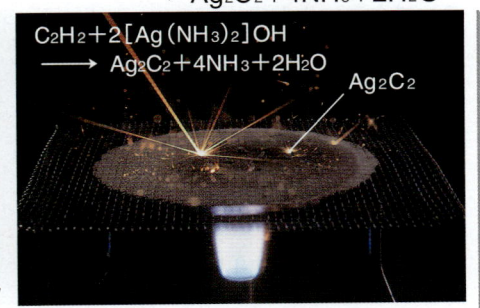

銀アセチリド $AgC≡CAg$ は不安定な物質で，かわいたものはパンという音をたてて分解する。

果実の熟成ホルモン：エチレン

未熟なキウイフルーツを熟したりんごやバナナといっしょにポリ袋に入れ密閉しておくと，キウイフルーツがはやく熟す。また，りんごのかわりにエチレンを10ppmほど入れても，同様にキウイフルーツの熟成がはやまる。このことから，エチレンが熟成ホルモンであることがわかった。

63 アルコールとエーテル

アルコール	エーテル
ROH	ROR'

① アルコールとエーテルの構造

▼アルコールは，炭化水素のHを−OHで置換した構造の化合物で，**一般式ROH**。エーテルは，**一般式ROR'**。反応性が低く，有機溶媒として用いられる。

■メタノールの構造
CH_3-OH （沸点65℃）

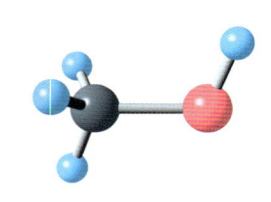

■エタノールの構造
CH_3-CH_2-OH （沸点78℃*）

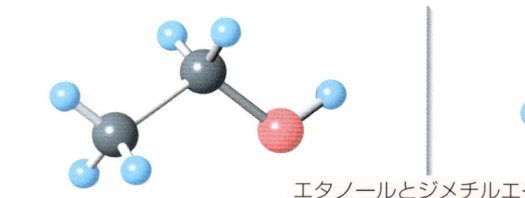

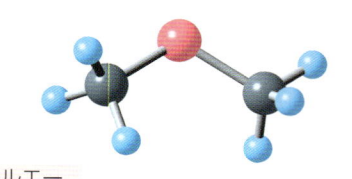

エタノールとジメチルエーテルは異性体の関係にある。

■ジメチルエーテルの構造
CH_3-O-CH_3 （沸点−25℃）

*エタノールはヒドロキシ基をもち水素結合をするので，ジメチルエーテルより沸点が高い。

多価アルコール
▼アルコールのOH基の数を**価数**という。メタノールやエタノールは1価アルコールである。2価以上のアルコールを**多価アルコール**という。

●2価アルコール ▼OH基が2個
CH_2-CH_2
 $|$ $|$
OH OH

1,2-エタンジオール（エチレングリコール）

沸点198℃，粘り気のある甘味の液体。自動車の不凍液に利用する。
▶▶参照項目p.58「凝固点降下」

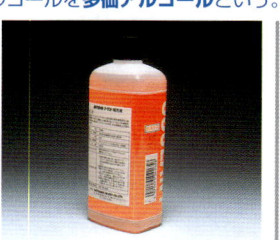

●3価アルコール ▼OH基が3個
$CH_2-CH-CH_2$
 $|$ $|$ $|$
OH OH OH

1,2,3-プロパントリオール（グリセリン）

沸点はきわめて高く，粘り気のある甘味の液体。水によくとける。化粧品や医薬品に湿潤剤として含まれている。 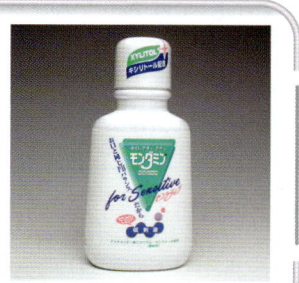
▶▶参照項目p.146「セッケン」

② アルコールとエーテルの性質

■アルコールの水への溶解性 ▼炭素数が多いほど，水にとけにくい。

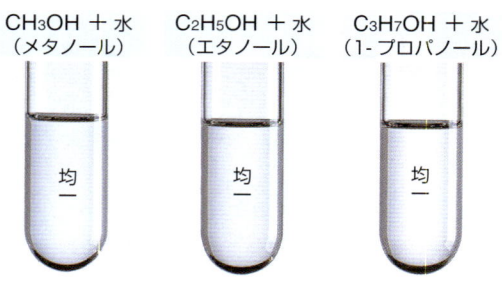

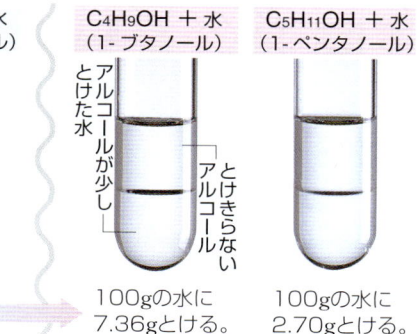

CH_3OH + 水（メタノール）	C_2H_5OH + 水（エタノール）	C_3H_7OH + 水（1-プロパノール）	C_4H_9OH + 水（1-ブタノール）	$C_5H_{11}OH$ + 水（1-ペンタノール）
均一	均一	均一	アルコールが少しとけた水／とけきらないアルコール	

炭素数1〜3まではどんな割合でも水にとける。　100gの水に7.36gとける。　100gの水に2.70gとける。

■エーテルの溶解性

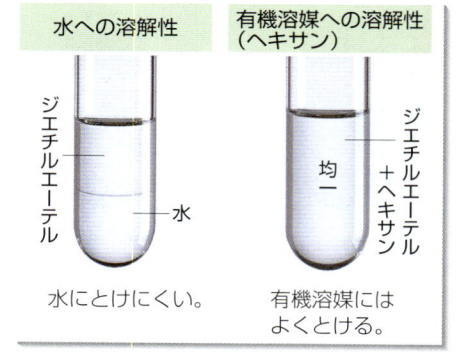

水への溶解性	有機溶媒への溶解性（ヘキサン）
ジエチルエーテル／水	均一（ジエチルエーテル+ヘキサン）

水にとけにくい。　有機溶媒にはよくとける。

■アルコールとナトリウムNaとの反応 ▼水素を発生し，ナトリウムアルコキシドをつくる。

●エタノールとの反応 ▼NaはH₂を発生してとける。
C_2H_5OH + Na
エタノール + ナトリウム

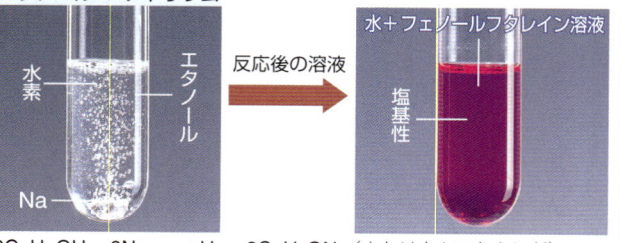

反応後の溶液 → 水+フェノールフタレイン溶液（塩基性）

$2C_2H_5OH + 2Na \longrightarrow H_2 + 2C_2H_5ONa$ （ナトリウムエトキシド）
ナトリウムエトキシドは水にとけると塩基性を示す。

●1-ブタノールとの反応
C_4H_9OH + Na
1-ブタノール + ナトリウム

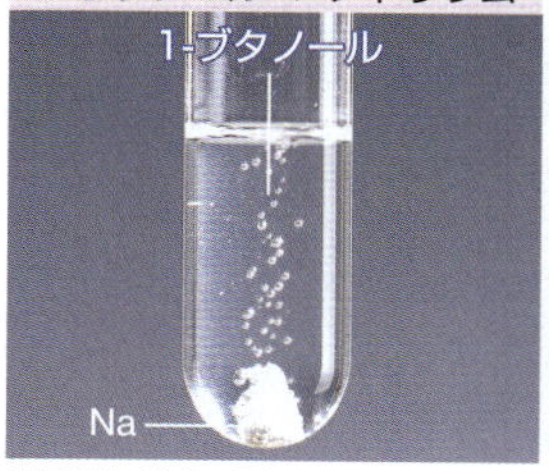

炭素数が多くなると，反応がおだやかになる。

■エーテルとナトリウムNa
$C_2H_5OC_2H_5$ + Na
ジエチルエーテル + ナトリウム

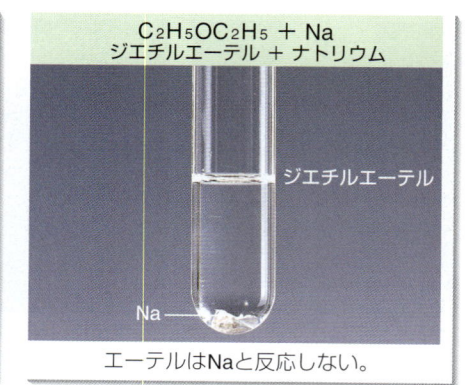

エーテルはNaと反応しない。

3 アルコールの分類と酸化反応　▼ －OHが結合したCに結合するアルキル基の数で，第一級，第二級，第三級に分類される。

■第一級アルコール
OH基が結合している炭素原子に，アルキル基が1個または0個結合(水素原子が2個以上結合)。

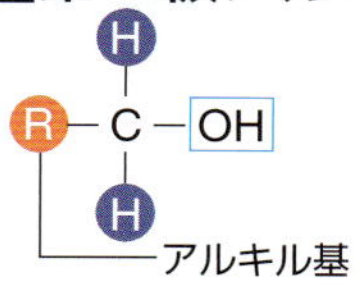

酸化されてアルデヒドとなり，さらに酸化されてカルボン酸となる。

〔例〕1-ブタノール
$CH_3-CH_2-CH_2-CH_2-OH$

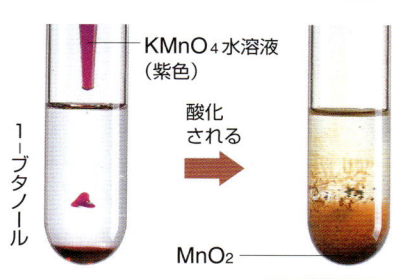

1-ブタノール → 酸化される → MnO_2
(KMnO₄水溶液 紫色)

■第二級アルコール
OH基が結合している炭素原子に，アルキル基が2個結合(水素原子が1個結合)。 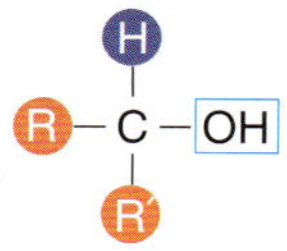

酸化されてケトンとなる。

〔例〕2-ブタノール
$CH_3-CH_2-CH-CH_3$
　　　　　　　OH

2-ブタノール → 酸化される → MnO_2
(KMnO₄水溶液 紫色)

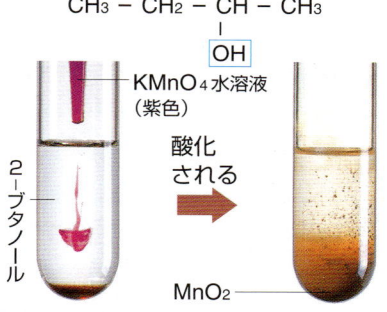

酸化剤のKMnO₄は還元されてMnO₂を生じる。

■第三級アルコール
OH基が結合している炭素原子に，アルキル基が3個結合(水素原子が結合していない)。

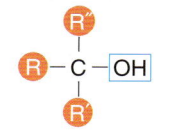

$KMnO_4, K_2Cr_2O_7$などでは酸化されない。

〔例〕2-メチル-2-プロパノール
　　　　CH_3
CH_3-C-OH
　　　　CH_3

2-メチル-2-プロパノール → 酸化されない
(KMnO₄水溶液 紫色)

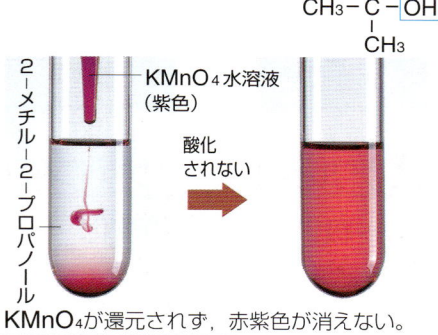

KMnO₄が還元されず，赤紫色が消えない。

>> 参照項目p.140「アルデヒドとケトン」・参照項目p.142「カルボン酸とエステル」　　　　　　　　　　　　　　　　　　　　　　＊酸化剤との反応が異なる。

4 アルコールとヨードホルム反応
>> 参照項目p.141「ヨードホルム反応」

●メタノール — 反応しない。
●エタノール — ヨードホルム反応をする。CHI_3
●1-ブタノール — 反応しない。
●2-ブタノール  — ヨードホルム反応をする。CHI_3

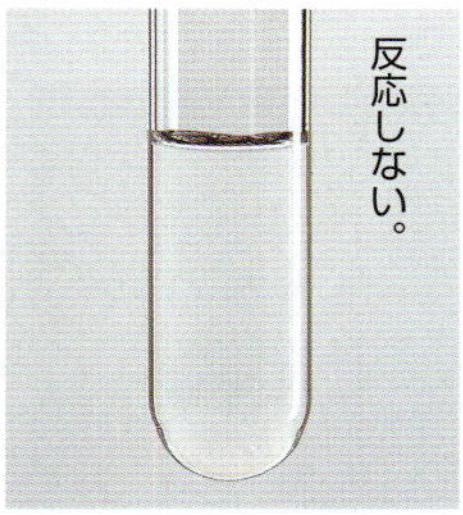

●ヨードホルム反応をするアルコール

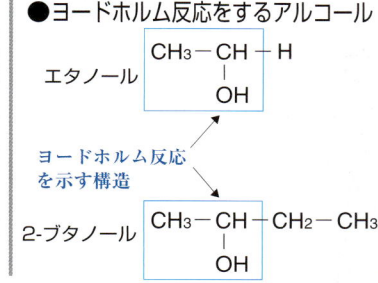

エタノール　CH_3-CH-H
　　　　　　　　OH

2-ブタノール　$CH_3-CH-CH_2-CH_3$
　　　　　　　　OH

ヨードホルム反応を示す構造

＊酸化されるとCH_3-CO-となる構造。

5 エーテル

■ジエチルエーテルの製法
$2C_2H_5OH \xrightarrow[130〜140℃]{濃H_2SO_4} H_2O + C_2H_5OC_2H_5$ (沸点34.5℃)

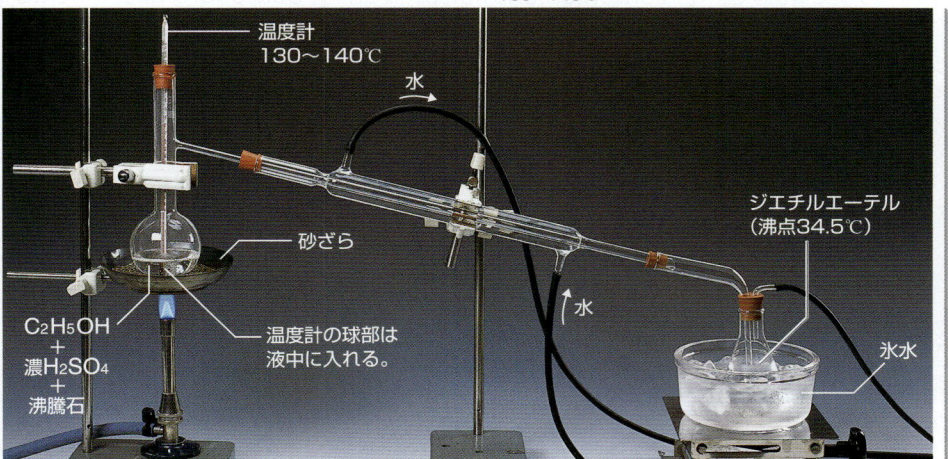

温度計 130～140℃
水
砂ざら
温度計の球部は液中に入れる。
C_2H_5OH + 濃H_2SO_4 + 沸騰石
ジエチルエーテル(沸点34.5℃)
氷水

エタノールに濃硫酸を加え，約130℃に加熱する。エタノール2分子から水1分子がとれる(脱水縮合)。

■エーテルの引火性
ジエチルエーテル

エーテルの蒸気は引火性が強く，とり扱いには注意が必要である。

64 アルデヒドとケトン

アルデヒド	ケトン
RCHO	RCOR′
$-\text{C}{\lessgtr}^{\text{O}}_{\text{H}}$	$>\text{C}=\text{O}$
アルデヒド基（ホルミル基）	カルボニル基

1 アルデヒドとケトンの構造

▼アルデヒドは，ホルミル基 −CHO をもつ化合物で**一般式 RCHO**。ケトンはカルボニル基 >C=O をもつ化合物で**一般式 RCOR′**。

●ホルムアルデヒド （ホルマリンは，この40%水溶液）

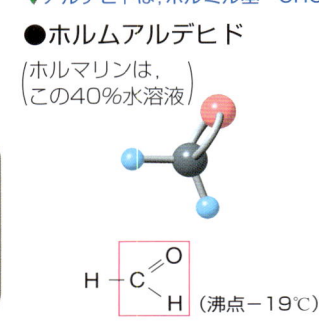

$H-\underset{H}{\overset{\text{O}}{\text{C}}}$ （沸点 −19℃）

●アセトアルデヒド

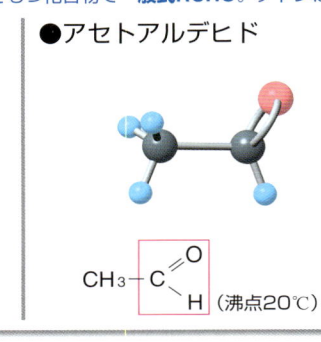

$CH_3-\underset{H}{\overset{\text{O}}{\text{C}}}$ （沸点 20℃）

●プロピオンアルデヒド

$CH_3-CH_2-\underset{H}{\overset{\text{O}}{\text{C}}}$ （沸点 48℃）

プロピオンアルデヒドとアセトンは異性体の関係にある。

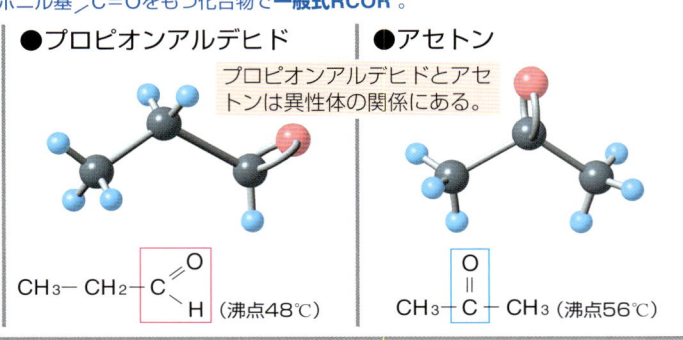

●アセトン

$CH_3-\overset{\text{O}}{\underset{\|}{\text{C}}}-CH_3$ （沸点 56℃）

2 アルデヒドとケトンの製法

■ 第一級アルコールの酸化 ⟶ アルデヒド

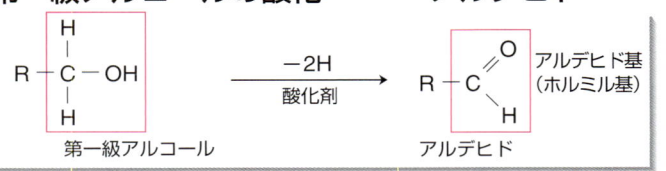

$R-\underset{H}{\overset{H}{\text{C}}}-OH \xrightarrow[\text{酸化剤}]{-2H} R-\underset{H}{\overset{\text{O}}{\text{C}}}$ アルデヒド基（ホルミル基）

第一級アルコール → アルデヒド

■ 第二級アルコールの酸化 ⟶ ケトン

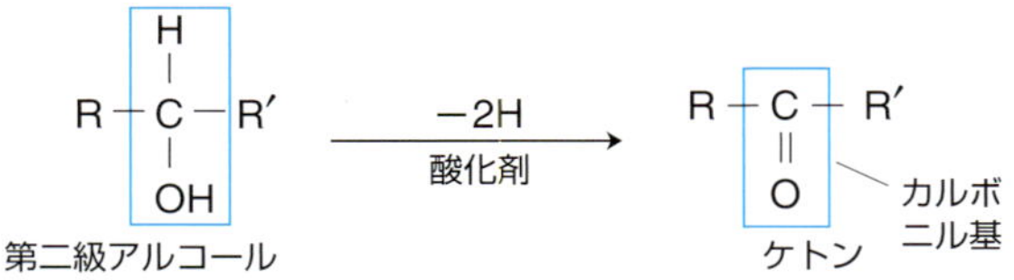

$R-\underset{OH}{\overset{H}{\text{C}}}-R' \xrightarrow[\text{酸化剤}]{-2H} R-\overset{\|}{\underset{O}{\text{C}}}-R'$ カルボニル基

第二級アルコール → ケトン

■ ホルムアルデヒドの製法（メタノールの酸化）

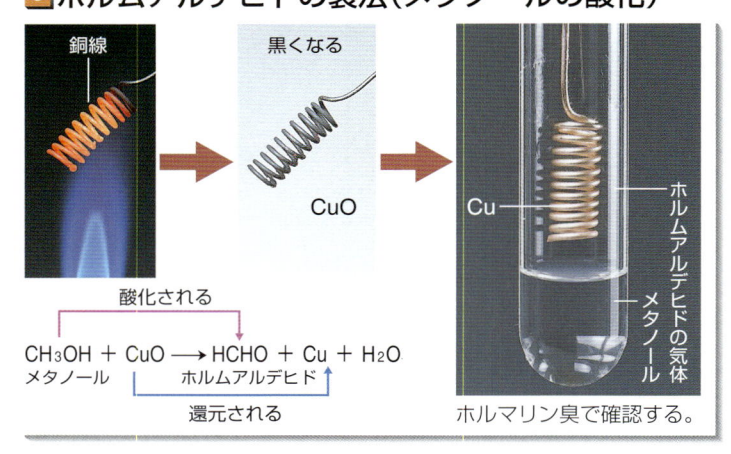

銅線 → 黒くなる CuO → Cu

酸化される
$CH_3OH + CuO \longrightarrow HCHO + Cu + H_2O$
メタノール　　　　　　　ホルムアルデヒド
還元される

ホルマリン臭で確認する。

■ アセトアルデヒドの製法（エタノールの酸化）

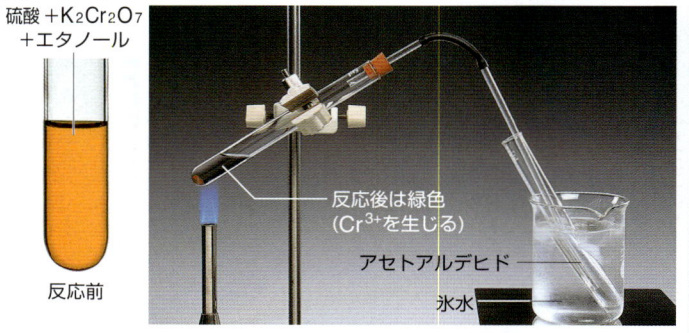

硫酸 + $K_2Cr_2O_7$ + エタノール

反応前 → 反応後は緑色（Cr^{3+}を生じる）→ アセトアルデヒド／氷水

エタノールに硫酸酸性のニクロム酸カリウム水溶液を加えて加熱。

$3C_2H_5OH + Cr_2O_7^{2-} + 8H^+ \longrightarrow 3CH_3CHO + 2Cr^{3+} + 7H_2O$
　　　　　　　　（赤橙色）　　　　　　　　　　　　　　　（緑色）

■ アセトンの製法

① 2-プロパノールの酸化

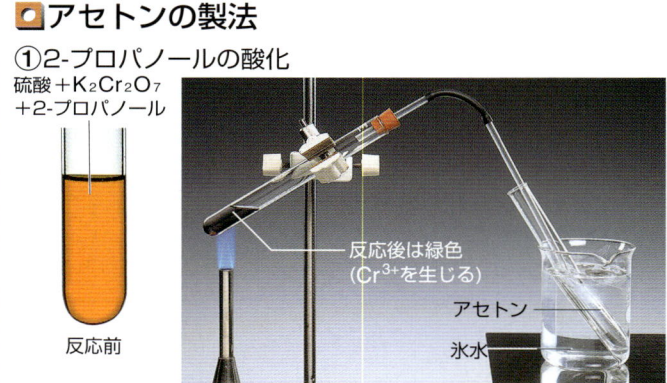

硫酸 + $K_2Cr_2O_7$ + 2-プロパノール

反応前 → 反応後は緑色（Cr^{3+}を生じる）→ アセトン／氷水

2-プロパノールに硫酸酸性のニクロム酸カリウム水溶液を加えて加熱。

$3CH_3CH(OH)CH_3 + Cr_2O_7^{2-} + 8H^+ \longrightarrow 3CH_3COCH_3 + 2Cr^{3+} + 7H_2O$
　　　　　（赤橙色）　　　　　　　　　　　　　　　　（緑色）

② 酸化以外の方法（酢酸カルシウムの乾留）

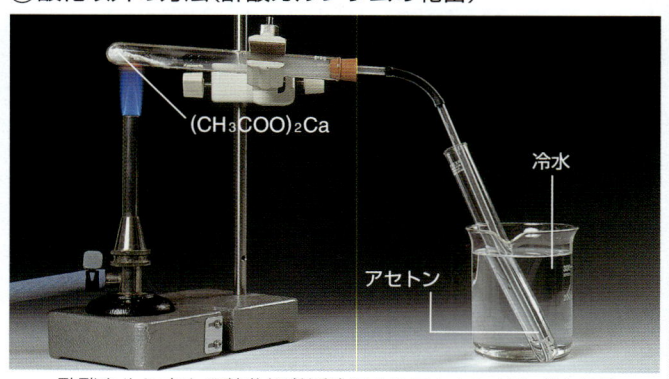

$(CH_3COO)_2Ca$ → 冷水／アセトン

酢酸カルシウムの熱分解（乾留）によりアセトンが生成される。

$(CH_3COO)_2Ca \longrightarrow CH_3COCH_3 + CaCO_3$

▶▶参照項目 p.153「フェノールの工業的製法」

③ アルデヒドとケトンの検出反応 ▼アルデヒドは酸化されやすく，還元性が高い。

■銀鏡反応 ▼アルデヒドはアンモニア性硝酸銀溶液を還元し銀鏡をつくるが，ケトンは銀鏡反応を示さない。

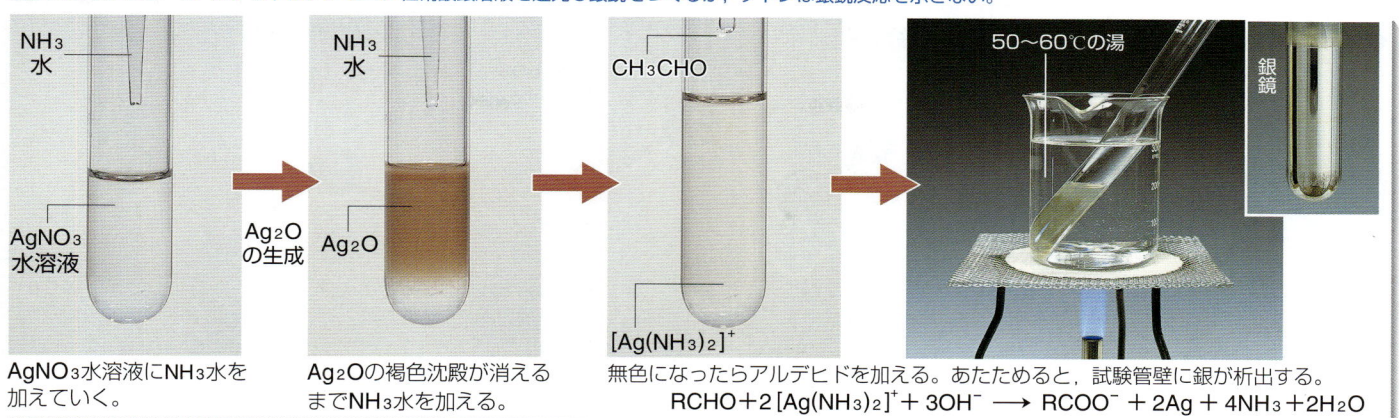

$AgNO_3$水溶液にNH_3水を加えていく。 → Ag_2Oの褐色沈殿が消えるまでNH_3水を加える。 → 無色になったらアルデヒドを加える。あたためると，試験管壁に銀が析出する。

$$RCHO + 2[Ag(NH_3)_2]^+ + 3OH^- \longrightarrow RCOO^- + 2Ag + 4NH_3 + 2H_2O$$

■フェーリング液の還元 ▼アルデヒドはフェーリング液を還元し酸化銅(I)Cu_2Oを沈殿させる（ケトンは反応しない）。

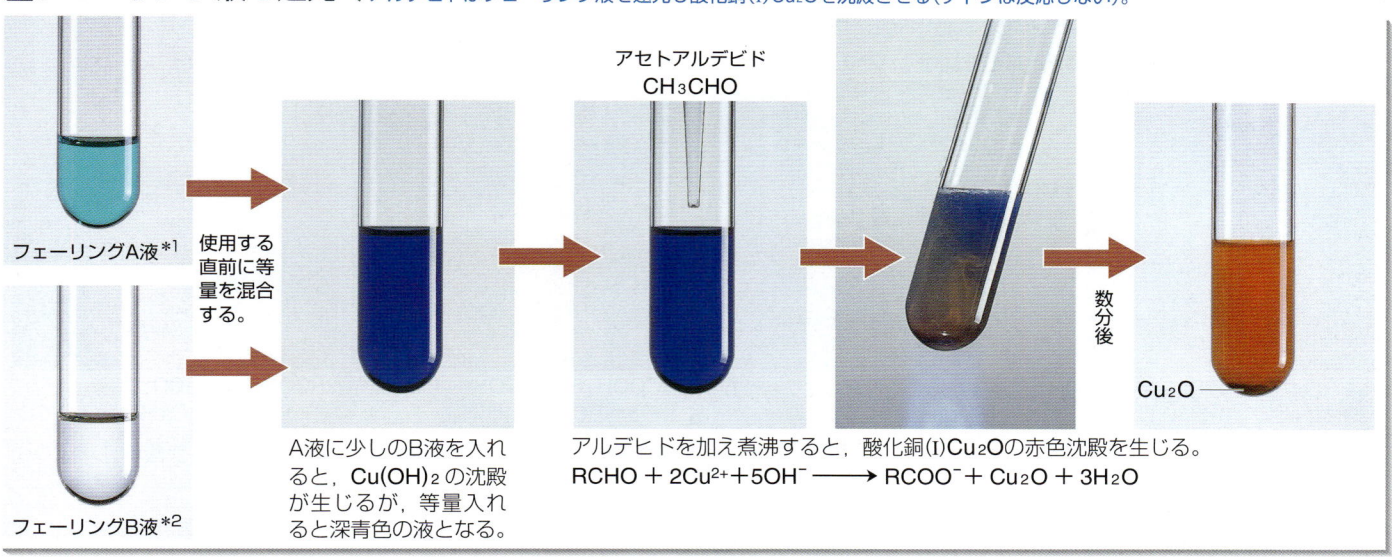

フェーリングA液[*1] / フェーリングB液[*2] 使用する直前に等量を混合する。 → A液に少しのB液を入れると，$Cu(OH)_2$の沈殿が生じるが，等量入れると深青色の液となる。 → アルデヒドCH_3CHOを加え煮沸すると，酸化銅(I)Cu_2Oの赤色沈殿を生じる。 → 数分後 Cu_2O

$$RCHO + 2Cu^{2+} + 5OH^- \longrightarrow RCOO^- + Cu_2O + 3H_2O$$

[*1] 硫酸銅(II)水溶液。　[*2] 酒石酸ナトリウムカリウムと水酸化ナトリウムの混合水溶液。

④ アルデヒド・ケトンのヨードホルム反応

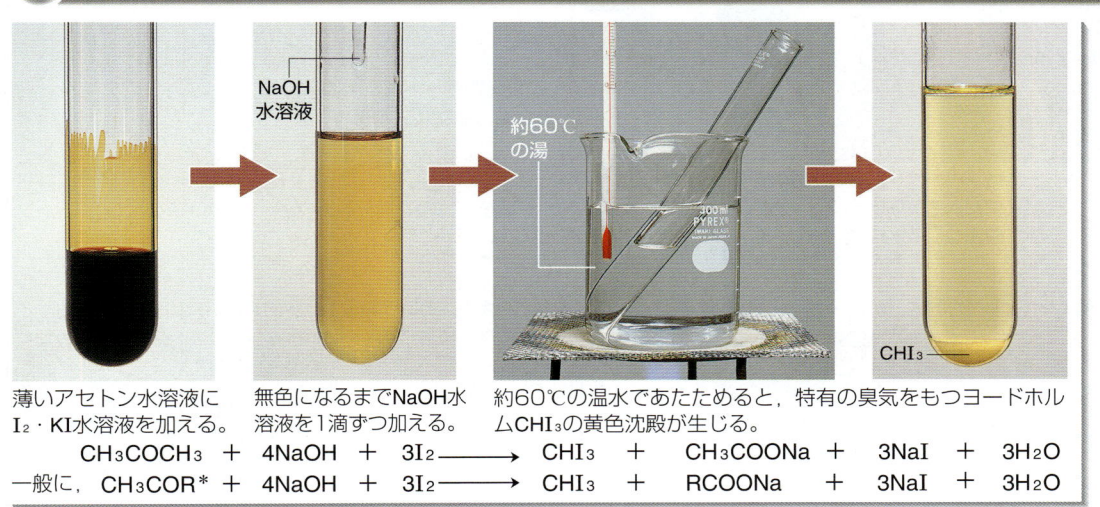

薄いアセトン水溶液にI_2・KI水溶液を加える。 → 無色になるまで$NaOH$水溶液を1滴ずつ加える。 → 約60℃の温水であたためると，特有の臭気をもつヨードホルムCHI_3の黄色沈殿が生じる。

$$CH_3COCH_3 + 4NaOH + 3I_2 \longrightarrow CHI_3 + CH_3COONa + 3NaI + 3H_2O$$
一般に，
$$CH_3COR^* + 4NaOH + 3I_2 \longrightarrow CHI_3 + RCOONa + 3NaI + 3H_2O$$

*R=Hのときがアセトアルデヒド，RはH原子またはアルキル基。

■ヨードホルム反応を示すアルデヒド・ケトン
● アセトアルデヒド　$CH_3-\underset{\underset{O}{\|}}{C}-H$

ヨードホルム反応を示す構造

● アセトン　$CH_3-\underset{\underset{O}{\|}}{C}-CH_3$

65 ▶ カルボン酸とエステル

カルボキシ基	エステル結合
R−C(=O)−OH	R−C(=O)−O−R

1 カルボン酸とエステルの構造
▼カルボン酸は，**一般式RCOOH**。エステルは，**一般式RCOOR'**。

●ギ酸の構造

H−C(=O)−OH （融点 8.4℃，沸点 101℃）

●酢酸の構造 ▶▶参照項目 p.33「水素結合」

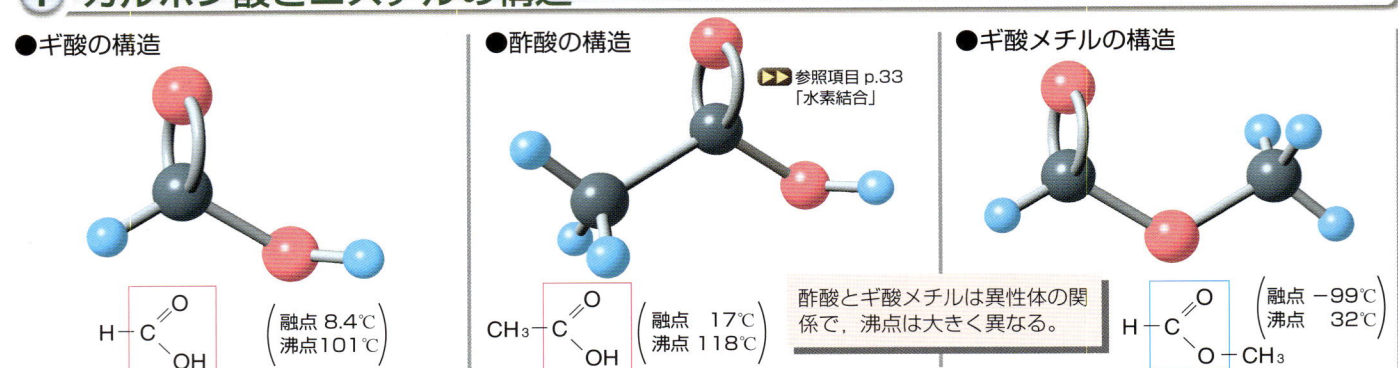

CH_3−C(=O)−OH （融点 17℃，沸点 118℃）

酢酸とギ酸メチルは異性体の関係で，沸点は大きく異なる。

●ギ酸メチルの構造

H−C(=O)−O−CH_3 （融点 −99℃，沸点 32℃）

2 カルボン酸の性質
▼カルボン酸は塩基との中和により塩をつくる。

① 酸としての性質
▼カルボン酸は弱酸であるが，炭酸よりは強い酸である。

〔例〕パルミチン酸$C_{15}H_{31}$COOHとNaOH水溶液との反応

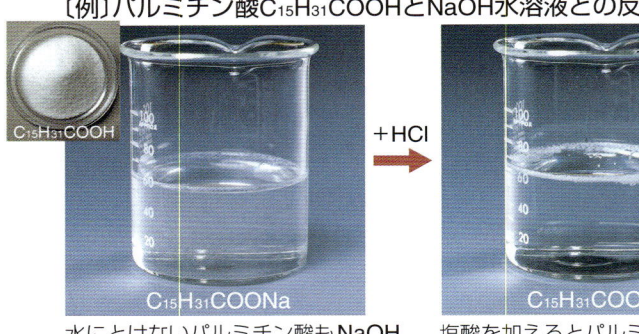

水にとけないパルミチン酸もNaOH水溶液には塩をつくりとける。
RCOOH ＋ NaOH （R=$C_{15}H_{31}$）
　　　⟶ RCOONa ＋ H_2O

塩酸を加えるとパルミチン酸が遊離する。
RCOONa ＋ HCl
　　　⟶ RCOOH ＋ NaCl

〔例〕食酢と$NaHCO_3$との反応（食酢は酢酸CH_3COOHを3〜5％含む）

$NaHCO_3$を酢酸に加えると，CO_2を発生してとける。

RCOOH ＋ $NaHCO_3$ （R=CH_3）
　⟶ RCOONa ＋ H_2O ＋ CO_2

卵のから，貝がら，大理石などの成分である$CaCO_3$も酢酸にとける。

2RCOOH ＋ $CaCO_3$
　⟶ $(RCOO)_2Ca$ ＋ H_2O ＋ CO_2

酸の強さは　HCl，H_2SO_4 ＞ カルボン酸(RCOOH) ＞ 炭酸(H_2O＋CO_2)

② 酢酸とギ酸
▼酢酸は食酢中に3〜5％含まれる。ギ酸はアリやハチの毒腺中に含まれ，皮膚にふれると水疱を生じる。

●氷酢酸

純粋な酢酸（融点17℃）は冬に凝固するので，氷酢酸と呼ばれる。

●酸としての強さの比較（同じ濃度）

酢酸　　　　　　　ギ酸
H_2　　　　　　　H_2
Mg　　　　　　　　Mg

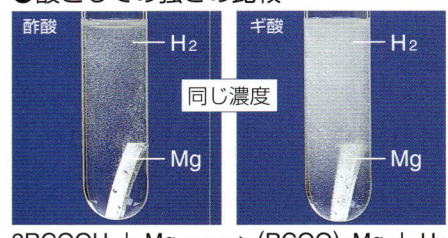

2RCOOH ＋ Mg ⟶ $(RCOO)_2$Mg ＋ H_2

ギ酸のほうが水素が激しく発生する。つまりギ酸のほうが酢酸より強い酸である。

●ギ酸の還元性

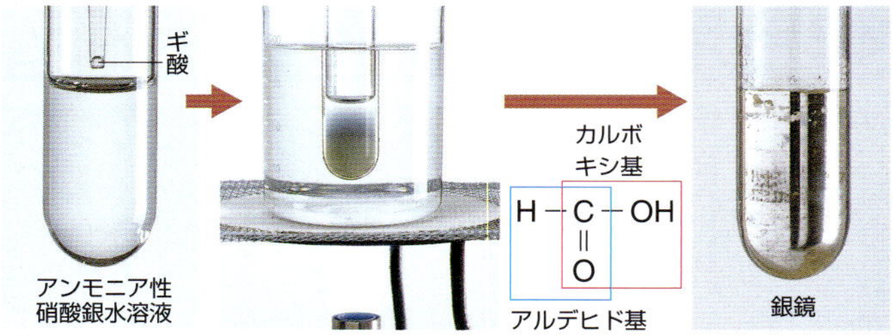

アンモニア性硝酸銀水溶液

H−C(−OH)(=O) カルボキシ基／アルデヒド基

銀鏡

ギ酸はアルデヒド基をもつので還元性があり，銀鏡反応を示し，フェーリング液を還元する。

③ ヒドロキシ酸
▼カルボキシ基(−COOH)とヒドロキシ基(−OH)の両方をもつ化合物を**ヒドロキシ酸**という。 ▶▶参照項目 p.131「官能基による分類」

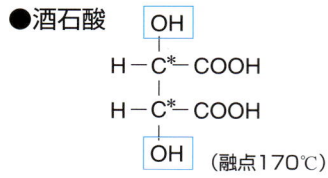

●乳酸

CH_3
｜
H−C*−COOH
｜
OH
（融点17℃）

乳酸飲料

●酒石酸

OH
｜
H−C*−COOH
｜
H−C*−COOH
｜
OH
（融点170℃）

ブドウ

*は不斉炭素原子　▶▶参照項目 p.133「光学異性体」

④酸無水物の生成 ▶酸無水物は2つのカルボキシ基から水1分子がとれた化合物。

●無水酢酸の生成

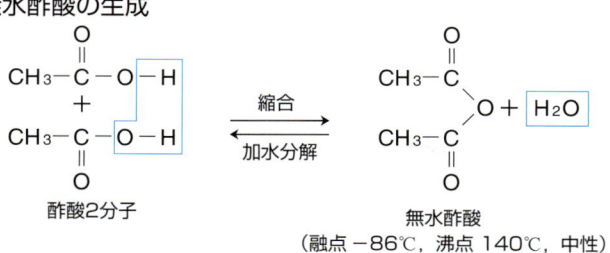

$$CH_3-C(=O)-OH + CH_3-C(=O)-OH \xrightleftharpoons[\text{加水分解}]{\text{縮合}} CH_3-C(=O)-O-C(=O)-CH_3 + H_2O$$

酢酸2分子 → 無水酢酸（融点−86℃，沸点140℃，中性）

無水酢酸は水にとけず*，Na_2CO_3水溶液にはCO_2を発生してとける。

$(CH_3CO)_2O + Na_2CO_3 \longrightarrow 2CH_3COONa + CO_2$

*実際には徐々に加水分解してとける。

●無水マレイン酸の生成

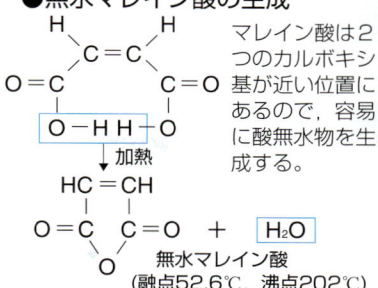

マレイン酸は2つのカルボキシ基が近い位置にあるので，容易に酸無水物を生成する。

無水マレイン酸（融点52.6℃，沸点202℃）

▶▶参照項目p.133「マレイン酸とフマル酸」

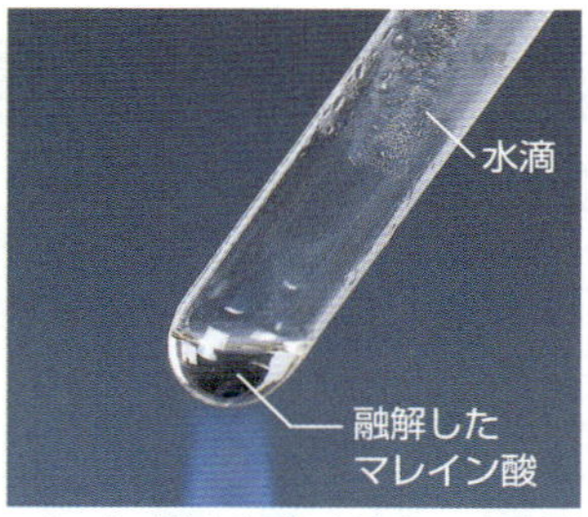

マレイン酸を加熱すると，まず融解し，その後沸騰しながら，水がとれて無水マレイン酸となる。

③ エステルの生成とけん化 ▶酸とアルコールから水がとれて結合したものをエステルという。

●酢酸エチルの合成

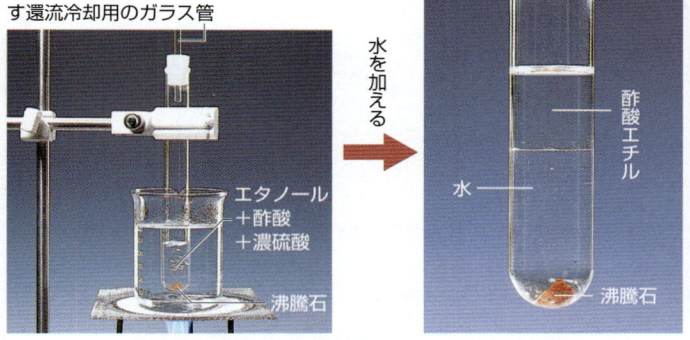

濃硫酸を触媒とし，酢酸とエタノールの混合物を加熱すると，芳香がある酢酸エチルが生成。

$$CH_3-C(=O)-OH + HO-C_2H_5 \xrightleftharpoons{\text{濃}H_2SO_4} CH_3-C(=O)-O-C_2H_5 + H_2O$$

（エステル結合）

●酢酸エチルの加水分解とけん化

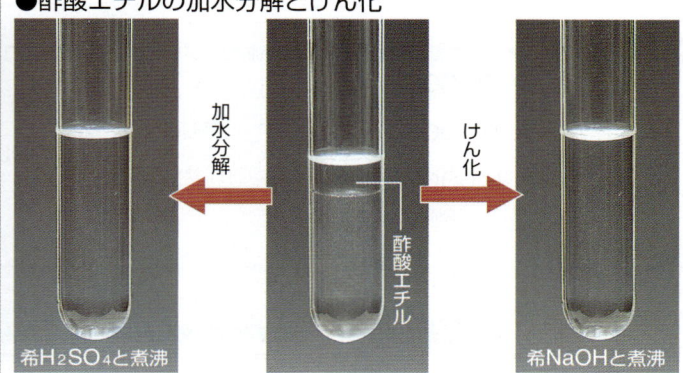

加水分解 $CH_3COOC_2H_5 + H_2O \xrightleftharpoons{H_2SO_4} CH_3COOH + C_2H_5OH$

けん化 $CH_3COOC_2H_5 + NaOH \longrightarrow CH_3COONa + C_2H_5OH$

エステルに塩基を加えて加熱し，カルボン酸の塩とアルコールに分解する反応をけん化という。

④ エステルの例 ▶カルボン酸エステルの他に硫酸エステルや硝酸エステルもある。

■カルボン酸エステル

●酢酸エチル
$CH_3COOC_2H_5$

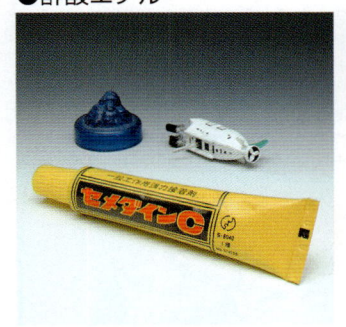

融点−83.6℃，沸点76.8℃，水にとけにくく，芳香をもつ。接着剤や塗料の溶剤として用いられる。

●酢酸ペンチル（くだものの香り）
$CH_3COOC_5H_{11}$

バナナやパイナップルなどくだものの香りの主成分は，酢酸ペンチルなどのエステルである。

■その他のエステル（無機酸エステル）

●硫酸エステル
$C_{12}H_{25}OSO_3Na$ 硫酸ドデシルナトリウム

合成洗剤

ドデカノールと硫酸から水がとれると，硫酸水素ドデシル$C_{12}H_{25}OSO_3H$ができる。そのナトリウム塩が合成洗剤として利用されている。

●硝酸エステル

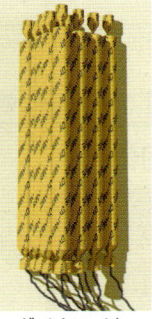

$$\begin{array}{l} CH_2ONO_2 \\ | \\ CH\ ONO_2 \\ | \\ CH_2ONO_2 \end{array}$$

ニトログリセリン*

ダイナマイト

3価のアルコールであるグリセリン（1,2,3-プロパントリオール）と硝酸から水分子がとれてできるニトログリセリン*は，強力な爆薬でダイナマイトに利用されている。

*ニトログリセリンは硝酸エステルであってニトロ化合物ではない。

66 ▶ 油脂

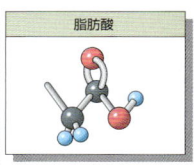

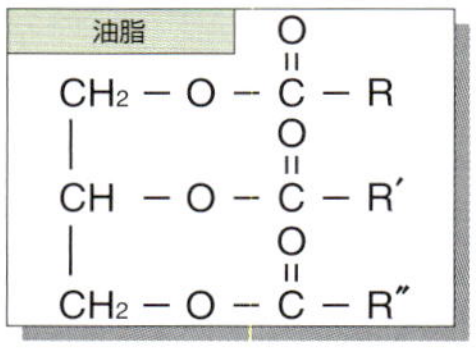

1 油脂の成分と種類
▼油脂は高級脂肪酸とグリセリンのエステル。

油脂:
$$\begin{array}{l} CH_2-O-C(=O)-R \\ CH-O-C(=O)-R' \\ CH_2-O-C(=O)-R'' \end{array}$$

脂肪酸

油脂の構造

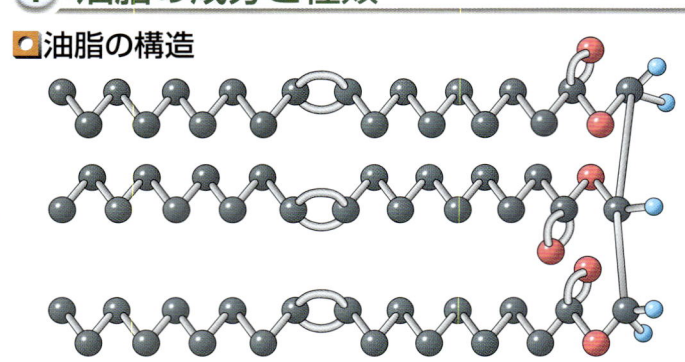

(炭素骨格のH原子を除く)　● H　● O　● C

常温で固体の脂肪と液体の脂肪油に大別される。

油脂（動・植物の油）
- 脂肪油（常温で液体）［ゴマ油，大豆油など］
- 脂肪（常温で固体）［牛脂（ヘット），豚脂（ラード）など］

みかんの皮の油のような芳香をもつ揮発性の油は精油といい，油脂とは異なる成分のものである。

加水分解
▼油脂を加水分解すると高級脂肪酸とグリセリン（1,2,3-プロパントリオール）が得られる。

$$\begin{array}{l}RCOOCH_2 \\ R'COOCH \\ R''COOCH_2\end{array} + 3H_2O \underset{エステル化}{\overset{加水分解}{\rightleftarrows}} \begin{array}{l}RCOOH \\ R'COOH \\ R''COOH\end{array} + \begin{array}{l}CH_2-OH \\ CH-OH \\ CH_2-OH\end{array}$$

油脂　　　　　　　　　　　　　　　高級脂肪酸　　　　　グリセリン
　　　　　　　　　　　　　　　　　炭素数の多い脂肪酸　　3価アルコール

2 代表的な高級脂肪酸*
▼飽和脂肪酸と不飽和脂肪酸があり，不飽和脂肪酸はふつうシス型の C=C 二重結合をもつ。

飽和脂肪酸
- パルミチン酸　$C_{15}H_{31}COOH$（融点63℃） 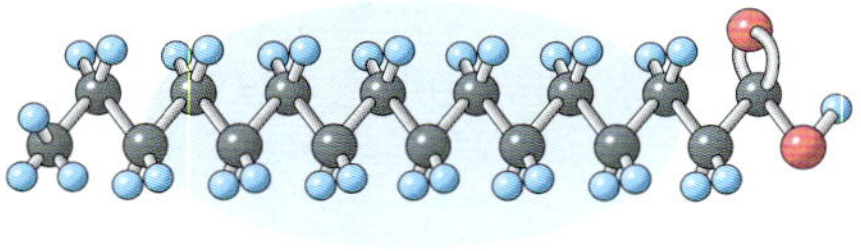
- ステアリン酸　$C_{17}H_{35}COOH$（融点71℃）

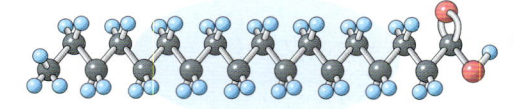

不飽和脂肪酸
- オレイン酸　$C_{17}H_{33}COOH$（融点13℃） 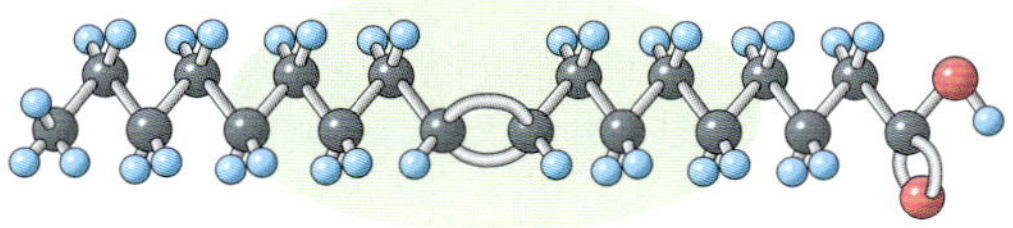
- リノール酸　$C_{17}H_{31}COOH$（融点−5.2℃）

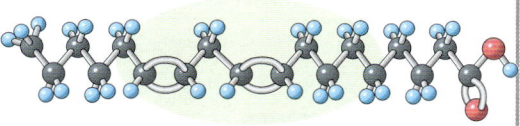

●ヨウ素の付加
ステアリン酸　オレイン酸　リノール酸 

脱色されない。色が薄くなる。さらに色が薄い。
それぞれの溶液に I_2-KI 溶液を加える。二重結合を含む脂肪酸は付加反応をする。

*ほかに二重結合を3つもつリノレン酸 $C_{17}H_{29}COOH$（融点−11℃）などがある ▶▶参照項目 p.235「油脂の分類と脂肪酸組成」

3 乾性油
▼油脂には，乾性油（あまに油，きり油），半乾性油（大豆油，ごま油），不乾性油（オリーブ油，牛脂）がある。

乾性油の固化*

あまに油 →（空気中に放置）→ 空気中の酸素により固化する。

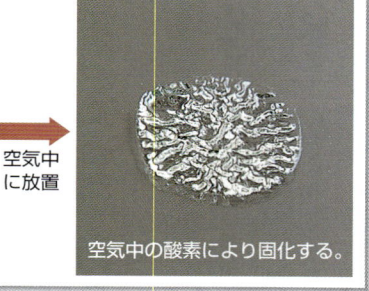

乾性油の利用
油絵の具は，顔料（色素の微粒子）を乾性油でこねたものである。水彩絵の具は水が蒸発してかわくので，かわいた絵がほとんど平面になる。油絵の具は乾性油が空気中の酸素により酸化重合して樹脂状になって乾く。そのためかわいても絵の具の体積の減少がほとんどなく，筆使いがそのまま残った絵となる。

*乾性油は不飽和脂肪酸を多く含むので，空気中で酸化されて固化する。不乾性油は，不飽和脂肪酸が少ないので，空気中で固化しない。その中間が半乾性油である。

④ 油脂の抽出
▼油脂は，乾燥したダイズやナタネ，トウモロコシ胚芽などからヘキサンで抽出する。

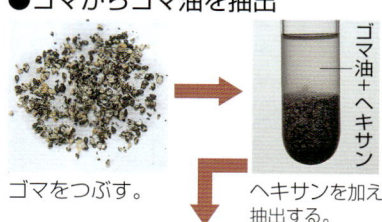

●ゴマからゴマ油を抽出

ゴマをつぶす。

ヘキサンを加え抽出する。

ゴマ油＋ヘキサン

ろ過する。

湯浴でヘキサンを蒸発させる。

水を加える。

抽出されたゴマ油

ゴマ油／水

●コーン・大豆油の抽出

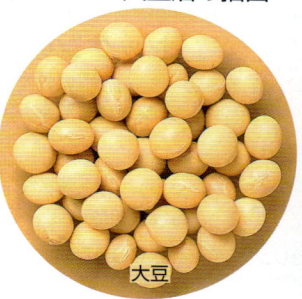

大豆

トウモロコシの胚芽

コーン油は油脂を多く含むトウモロコシの胚芽から抽出される。

ヘキサンで油を抽出する。

機械のふたを開けたところ。

油脂をとったあとのものを脱脂大豆といい，タンパク質を含む。豆腐やしょう油，味噌の原料になるほか，脱脂大豆からつくられた大豆タンパクはいろいろな加工食品に加えられている。抽出に用いたヘキサンは回収して再利用する。

⑤ 油脂の加工と利用

◆硬化油
▼硬化油は脂肪油に水素を付加させて固体にしたもの。これを水素添加という。

脂肪油 →水素添加（Ni触媒）→ マーガリン

硬化油はショートニング，マーガリン，セッケン原料に用いられる。

◆ボイル油
▼乾性油に Mn, Pb, Co などの化合物を加え加熱し，さらに乾燥性を高めたもの。

ボイル油は油性塗料や印肉の溶剤に用いられる。

圧搾法による油脂の抽出

長木（8世紀）

しめぎ（江戸時代）

現在の圧搾機

ゴマやナタネは油脂を多く含むので，「油をしぼる」こともできる。「長木」はてこの原理を利用したもので，8世紀ごろから使われた日本で最初の圧搾機である。江戸時代にはくさびを打ち込む「しめぎ」という圧搾機が使われた。

現在でも大豆油やナタネ油の一部は圧搾機により製造されているが，圧搾法では油を半分ぐらいしかとり出せないので残りを抽出法によってとり出すことが多い。

67 セッケンと合成洗剤

1 セッケン
▼セッケンは、油脂に塩基を加えてけん化すると生成する**高級脂肪酸の塩**である。

油脂のけん化によるセッケンの生成

$$\begin{array}{l} R\text{-}COOCH_2 \\ R'\text{-}COOCH \\ R''\text{-}COOCH_2 \end{array} + 3NaOH \xrightarrow[\text{(加熱)}]{\text{けん化}} \begin{array}{l} R\text{-}COONa \\ R'\text{-}COONa \\ R''\text{-}COONa \end{array} + \begin{array}{l} CH_2\text{-}OH \\ CH\text{-}OH \\ CH_2\text{-}OH \end{array}$$

油脂 　　水酸化ナトリウム　　高級脂肪酸の塩(セッケン)　　グリセリン

セッケンの構造

CH_3-CH_2〜〜〜CH_2-C(=O)-O^-　Na^+

疎水性　　　　　　　　　　親水性

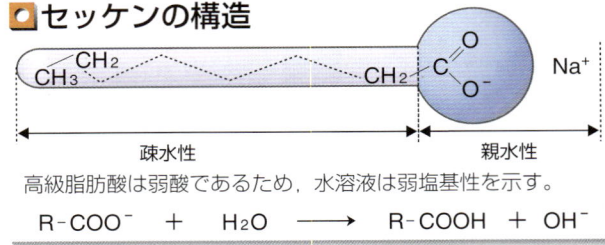

高級脂肪酸は弱酸であるため、水溶液は弱塩基性を示す。

$$R\text{-}COO^- + H_2O \longrightarrow R\text{-}COOH + OH^-$$

このような反応を塩の加水分解という。

セッケンの製造
▼油脂をけん化すると高級脂肪酸の塩(セッケン)が生じる。

NaOHaq エタノール → けん化 → 塩析 → ろ過 → 乾燥

湯／やし油／遊離したセッケン／飽和食塩水

2 合成洗剤
▼合成洗剤には陰イオン系、陽イオン系、非イオン系などがある。下の2つはもっとも広く用いられている陰イオン系洗剤である。

硫酸アルキルナトリウム(AS)

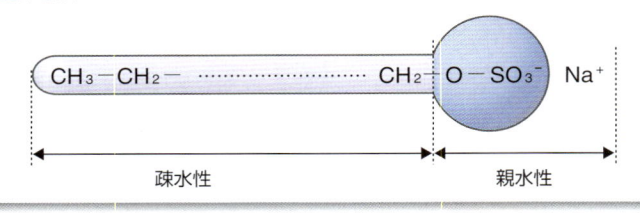

CH_3-CH_2-......-CH_2-O-SO_3^-　Na^+

疎水性　　　　　　親水性

アルキルベンゼンスルホン酸ナトリウム(LAS)

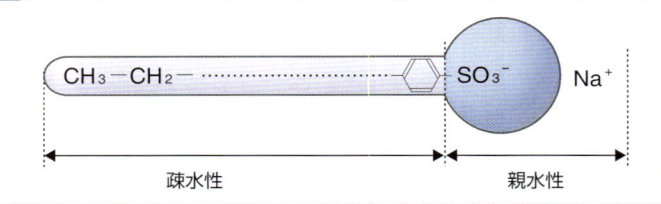

CH_3-CH_2-......-⬡-SO_3^-　Na^+

疎水性　　　　　　親水性

どちらも強酸と強塩基の塩であり、水溶液中で加水分解を起こさず溶液は中性になる。これがセッケンとの違いである。

合成洗剤(硫酸ドデシルナトリウム)の製造

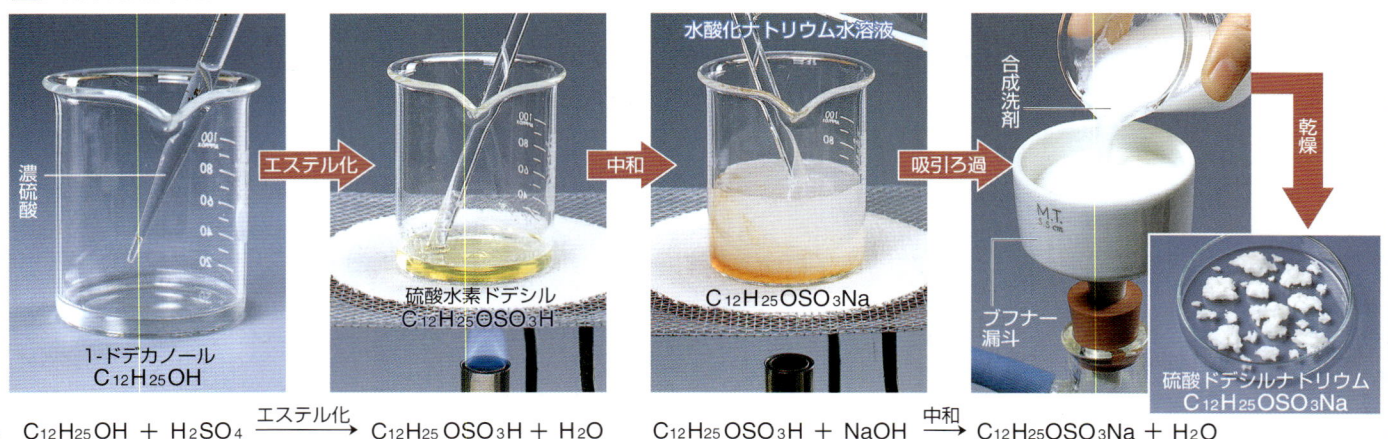

濃硫酸／1-ドデカノール $C_{12}H_{25}OH$ → エステル化 → 硫酸水素ドデシル $C_{12}H_{25}OSO_3H$ → 中和(水酸化ナトリウム水溶液) → $C_{12}H_{25}OSO_3Na$ → 吸引ろ過(合成洗剤／ブフナー漏斗) → 乾燥 → 硫酸ドデシルナトリウム $C_{12}H_{25}OSO_3Na$

$$C_{12}H_{25}OH + H_2SO_4 \xrightarrow{\text{エステル化}} C_{12}H_{25}OSO_3H + H_2O$$

$$C_{12}H_{25}OSO_3H + NaOH \xrightarrow{\text{中和}} C_{12}H_{25}OSO_3Na + H_2O$$

③ 界面活性剤と洗浄作用
▼セッケンのように分子中に疎水基と親水基をもち，水の表面張力を下げる物質を**界面活性剤**という。

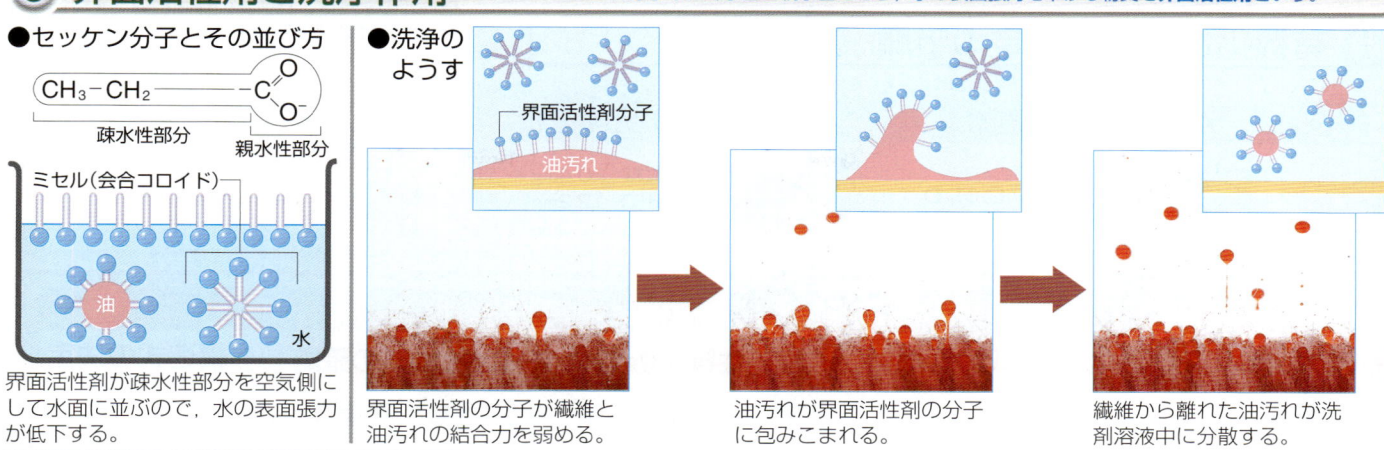

●セッケン分子とその並び方

$CH_3-CH_2-\cdots-C\begin{matrix}O\\\\O\end{matrix}$

疎水性部分　　親水性部分

ミセル（会合コロイド）

界面活性剤が疎水性部分を空気側にして水面に並ぶので，水の表面張力が低下する。

●洗浄のようす

界面活性剤の分子が繊維と油汚れの結合力を弱める。→ 油汚れが界面活性剤の分子に包みこまれる。→ 繊維から離れた油汚れが洗剤溶液中に分散する。

洗浄作用
▼界面活性剤の乳化作用によって，油汚れは水中に分散する。界面活性剤は繊維に再び汚れが付着するのを防ぐ。

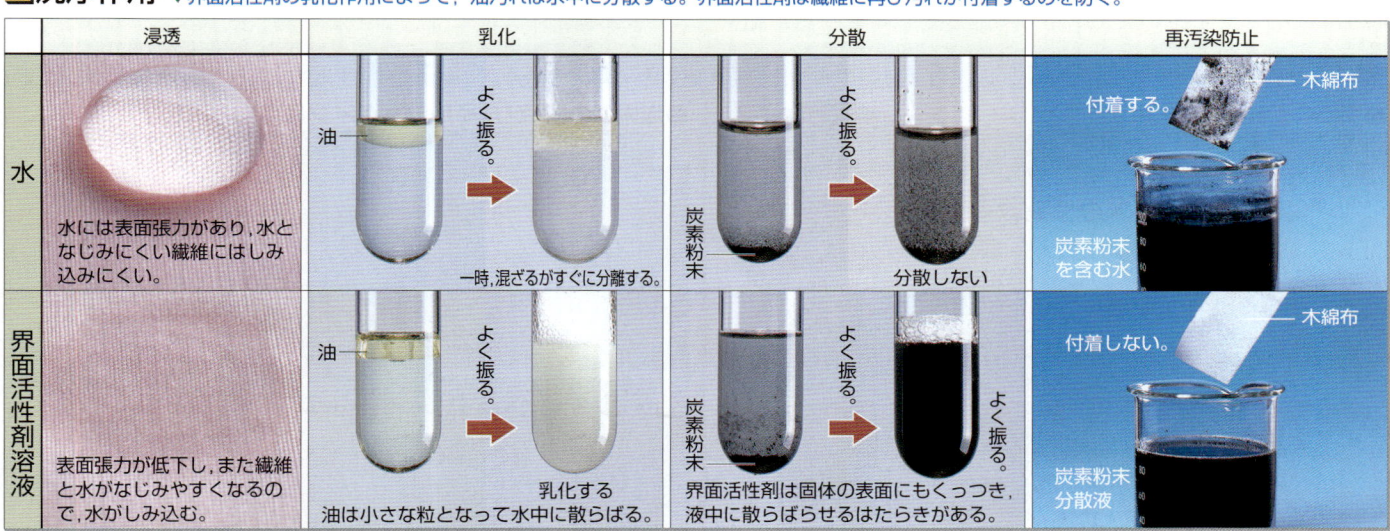

	浸透	乳化	分散	再汚染防止
水	水には表面張力があり，水となじみにくい繊維にはしみ込みにくい。	一時，混ざるがすぐに分離する。	分散しない。	付着する。炭素粉末を含む水
界面活性剤溶液	表面張力が低下し，また繊維と水がなじみやすくなるので，水がしみ込む。	乳化する。油は小さな粒となって水中に散らばる。	界面活性剤は固体の表面にもくっつき，液中に散らばらせるはたらきがある。	付着しない。炭素粉末分散液

④ セッケン溶液と合成洗剤溶液の性質

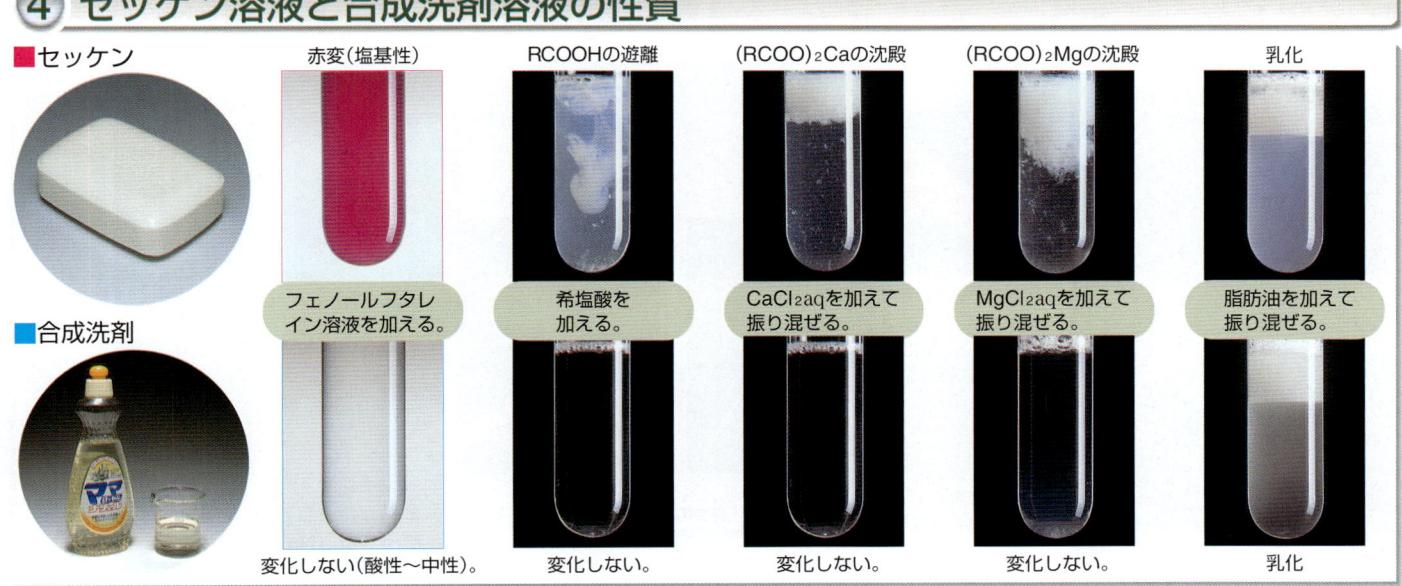

■セッケン　　■合成洗剤

	赤変（塩基性）	RCOOHの遊離	(RCOO)$_2$Caの沈殿	(RCOO)$_2$Mgの沈殿	乳化
セッケン	フェノールフタレイン溶液を加える。	希塩酸を加える。	CaCl$_2$aqを加えて振り混ぜる。	MgCl$_2$aqを加えて振り混ぜる。	脂肪油を加えて振り混ぜる。
合成洗剤	変化しない（酸性〜中性）。	変化しない。	変化しない。	変化しない。	乳化

68 ▶ 有機化合物の構造決定

有機化合物の構造決定は，成分元素の確認→元素分析→〔組成式の決定〕→分子量の測定→〔分子式の決定〕→〔構造式の決定〕の順でなされる。構造式の決定は，官能基の種類と数，異性体の有無，反応性を調べて決定する。

1 有機化合物構造決定の手順

A 成分元素の確認
ある有機化合物 → C, H, O

B 元素分析
試料　20.4 mg
H_2O　12.2 mg
CO_2　30.0 mg

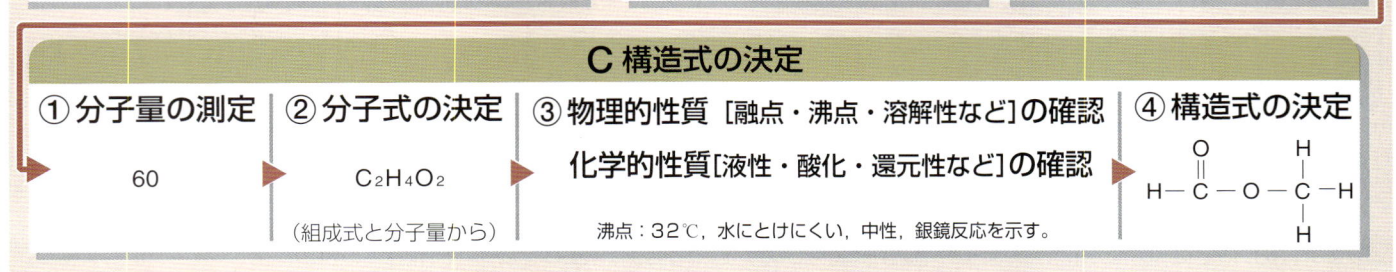

組成式の決定
CH_2O

C 構造式の決定

① 分子量の測定　　　　② 分子式の決定　　　　③ 物理的性質［融点・沸点・溶解性など］の確認　　　　④ 構造式の決定
　　　60　　　　　　　　$C_2H_4O_2$　　　　　　化学的性質［液性・酸化・還元性など］の確認
　　　　　　　　　　　（組成式と分子量から）　　沸点：32℃，水にとけにくい，中性，銀鏡反応を示す。

構造式：
$$H-\overset{O}{\overset{\|}{C}}-O-\overset{H}{\overset{|}{\underset{|}{C}}}-H$$

A 成分元素の確認

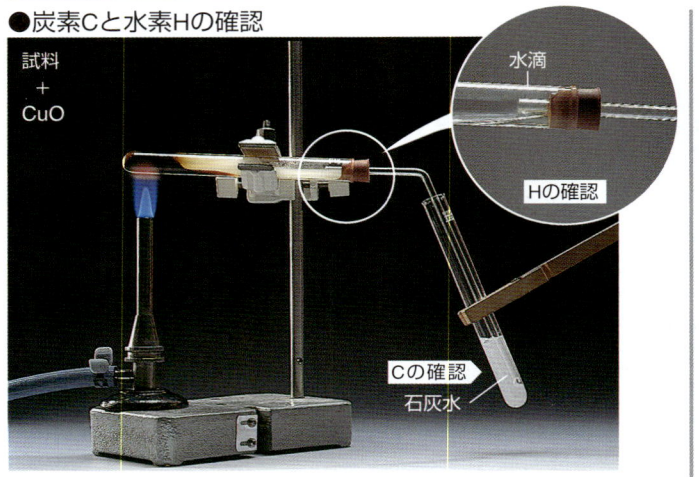

●炭素Cと水素Hの確認
試料＋CuO
水滴 … Hの確認
石灰水 … Cの確認

水素は水滴の生成，炭素は石灰水の白濁で確認する。CuOは酸化剤として加えている。

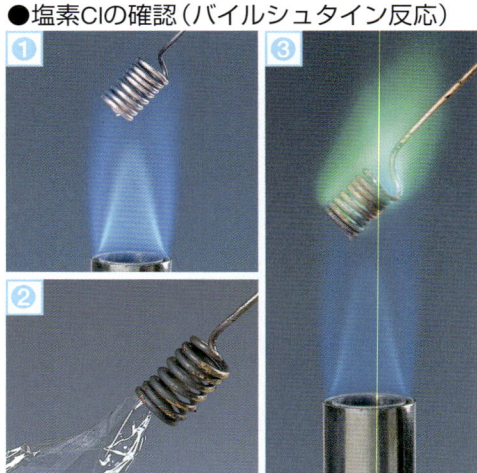

●塩素Clの確認（バイルシュタイン反応）
❶ 銅線を加熱する。
❷ 加熱した銅線に試料をつける。
❸ 再加熱すると，生成した塩化銅(II) $CuCl_2$により青緑色の炎色反応が見られる。

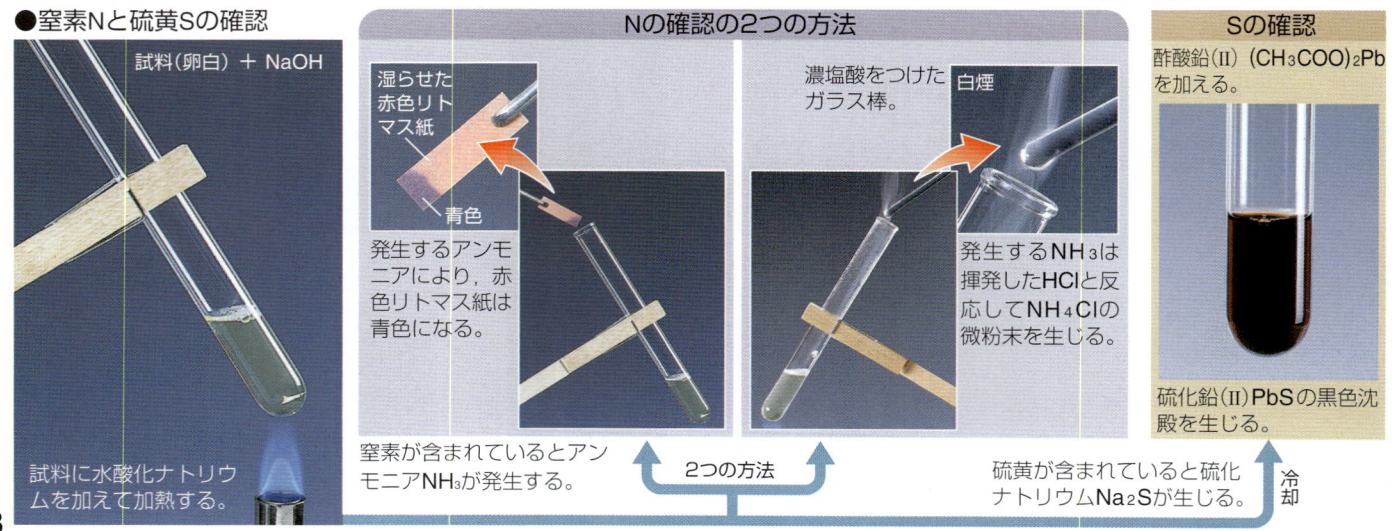

●窒素Nと硫黄Sの確認
試料（卵白）＋ NaOH
試料に水酸化ナトリウムを加えて加熱する。

Nの確認の2つの方法
方法① 湿らせた赤色リトマス紙 → 青色
発生するアンモニアにより，赤色リトマス紙は青色になる。

方法② 濃塩酸をつけたガラス棒 → 白煙
発生するNH_3は揮発したHClと反応してNH_4Clの微粉末を生じる。

窒素が含まれているとアンモニアNH_3が発生する。

Sの確認
酢酸鉛(II) $(CH_3COO)_2Pb$ を加える。
硫化鉛(II) PbSの黒色沈殿を生じる。
硫黄が含まれていると硫化ナトリウムNa_2Sが生じる。
（冷却）

B 元素分析と組成式の決定（C, H, Oだけからなる有機化合物の場合）

▼質量を正確に測定した試料を燃焼管中で完全燃焼させ、生じたH_2OおよびCO_2の質量を測定し、試料中のC, H, Oの質量を計算することで、組成式が求められる。

（固体試料の場合）

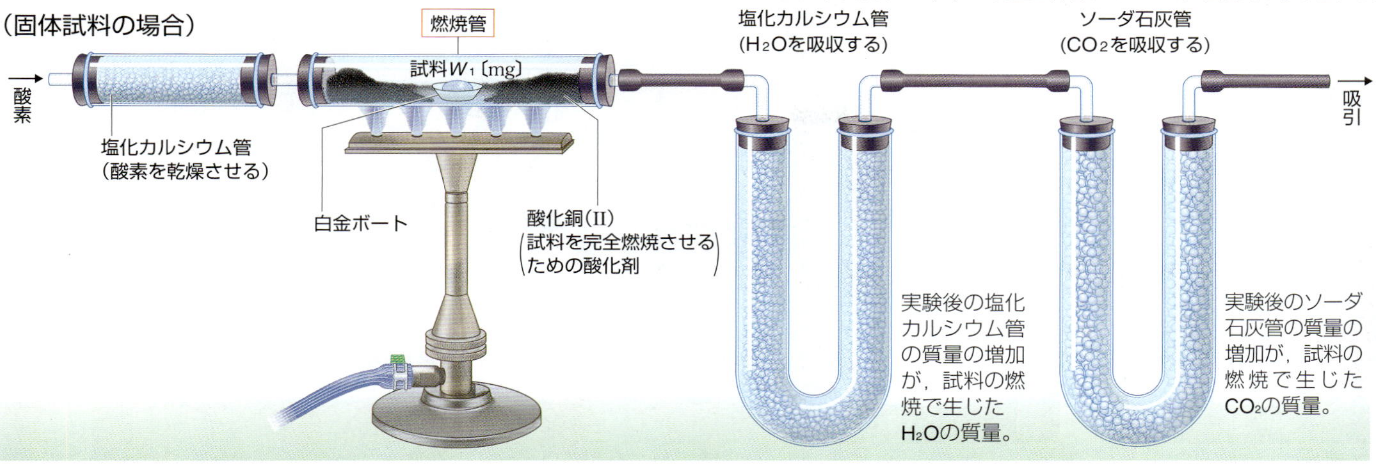

- 酸素
- 塩化カルシウム管（酸素を乾燥させる）
- 燃焼管　試料 W_1 [mg]
- 白金ボート
- 酸化銅(II)（試料を完全燃焼させるための酸化剤）
- 塩化カルシウム管（H_2Oを吸収する）
- ソーダ石灰管（CO_2を吸収する）
- 吸引

実験後の塩化カルシウム管の質量の増加が、試料の燃焼で生じたH_2Oの質量。

実験後のソーダ石灰管の質量の増加が、試料の燃焼で生じたCO_2の質量。

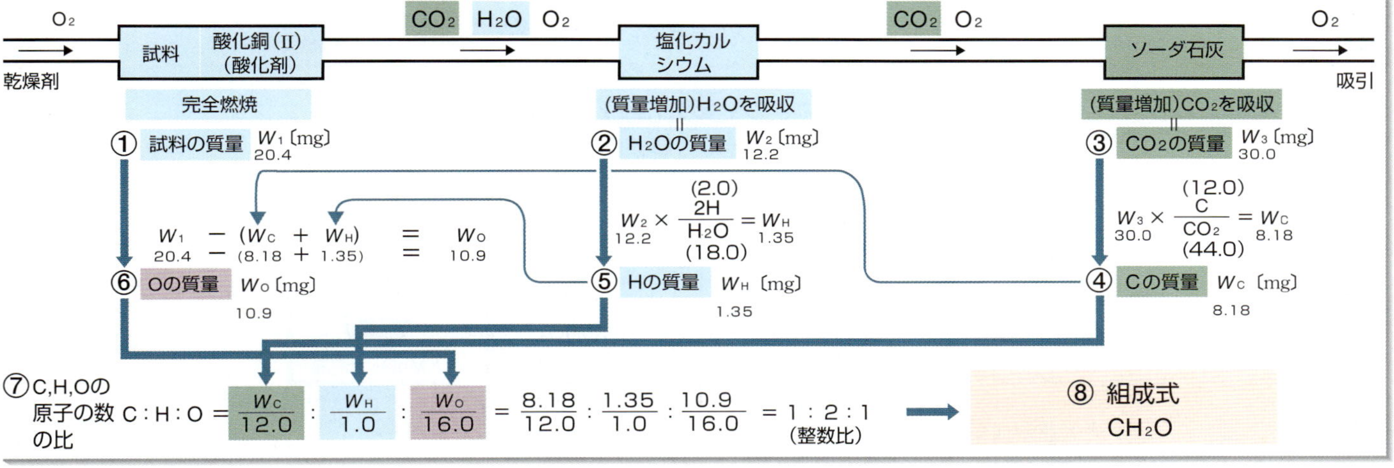

O_2 →	試料／酸化銅(II)（酸化剤）	CO_2 H_2O O_2 →	塩化カルシウム	CO_2 O_2 →	ソーダ石灰	O_2 →
乾燥剤	完全燃焼		(質量増加)H_2Oを吸収		(質量増加)CO_2を吸収	吸引

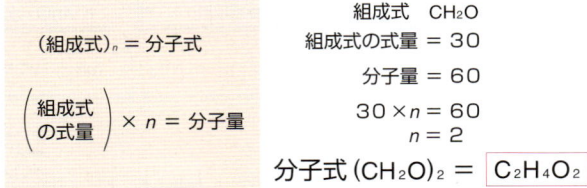

① 試料の質量 W_1 [mg]　20.4

② H_2Oの質量 W_2 [mg]　12.2

③ CO_2の質量 W_3 [mg]　30.0

$W_2 \times \dfrac{\frac{2H}{(2.0)}}{\frac{H_2O}{(18.0)}} = W_H$　　12.2 → 1.35

$W_3 \times \dfrac{\frac{C}{(12.0)}}{\frac{CO_2}{(44.0)}} = W_C$　　30.0 → 8.18

$W_1 - (W_C + W_H) = W_O$
20.4 − (8.18 + 1.35) = 10.9

⑥ Oの質量 W_O [mg]　10.9

⑤ Hの質量 W_H [mg]　1.35

④ Cの質量 W_C [mg]　8.18

⑦ C, H, Oの原子の数の比　$C : H : O = \dfrac{W_C}{12.0} : \dfrac{W_H}{1.0} : \dfrac{W_O}{16.0} = \dfrac{8.18}{12.0} : \dfrac{1.35}{1.0} : \dfrac{10.9}{16.0} = 1 : 2 : 1$（整数比）

⑧ 組成式 CH_2O

C 構造式の決定

① 分子量の測定

凝固点降下	▶▶参照項目p.58
浸透圧	▶▶参照項目p.59
気体の状態方程式	▶▶参照項目p.51 *
質量分析器	▶▶参照項目p.39
中和滴定	▶▶参照項目p.72
分子量	60

*ここでは囲み内の方法が使える。

② 組成式から分子式へ

(組成式)$_n$ = 分子式

$\left(\begin{array}{c}\text{組成式}\\ \text{の式量}\end{array}\right) \times n = $ 分子量

組成式　CH_2O
組成式の式量 = 30
分子量 = 60
$30 \times n = 60$
$n = 2$
分子式 $(CH_2O)_2$ = $C_2H_4O_2$

●分子式$C_2H_4O_2$から考えられる構造式

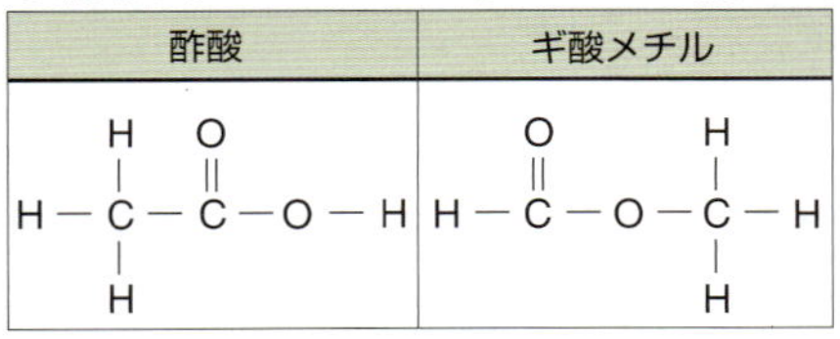

酢酸	ギ酸メチル
H O ｜ ‖ H－C－C－O－H ｜ H	O H ‖ ｜ H－C－O－C－H ｜ H

③ 物理的性質・化学的性質の確認

●溶解性・液性や関連する反応を調べる

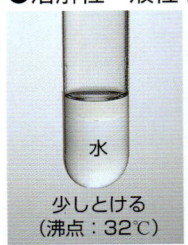

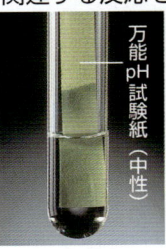

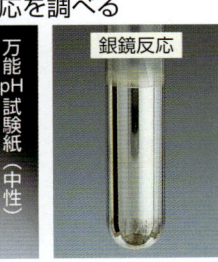

水（少しとける　沸点:32℃）／万能pH試験紙（中性）／銀鏡反応

●物理的性質・化学的性質の文献値

	酢酸	ギ酸メチル
融点〔℃〕	17	−99
沸点〔℃〕	118	32
水への溶解性	よくとける	少しとける
エーテルへの溶解性	よくとける	よくとける
液性	酸性	中性
銀鏡反応	しない	する*

④ 構造式の決定

●決定された化合物

物理的性質・化学的性質を文献値と照合して構造式を決定する。

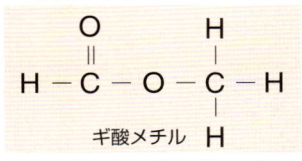

O　　　H
‖　　　｜
H－C－O－C－H
　　　　｜
ギ酸メチル　H

*銀鏡反応をするのは $-C\lessgtr^O_H$ のアルデヒド基をもつためである。

69 芳香族炭化水素

1 芳香族炭化水素の構造と性質
▶分子内にベンゼン環と呼ばれる環構造を持つものを**芳香族化合物**という。

ベンゼン C_6H_6 とその構造
▼原子はすべて同一平面上にあり、正六角形をつくる。
▼C-C結合距離は二重結合と単結合の中間。

C-C結合距離	〔nm〕
アルキン（アセチレン）	0.120
アルケン（エチレン）	0.134
芳香族（ベンゼン）	0.140
アルカン（エタン）	0.154

結合角120°、C-H結合距離0.11 nm、C-C結合距離0.140 nm

ベンゼンは融点5.5℃、沸点80℃。特有の臭気（芳香）をもち、揮発性、引火性が大きい。有毒。
▶▶参照項目 p.131「燃焼のようす」

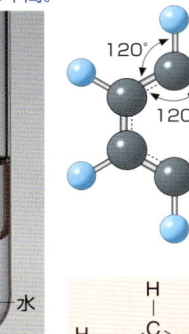

ベンゼンは水より軽く、水にとけにくい。

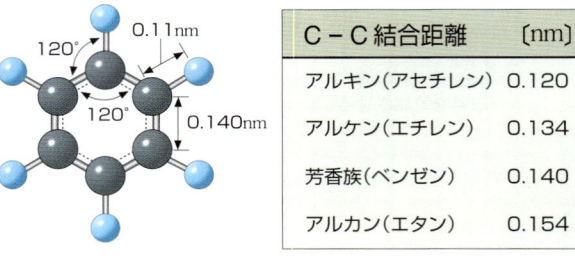

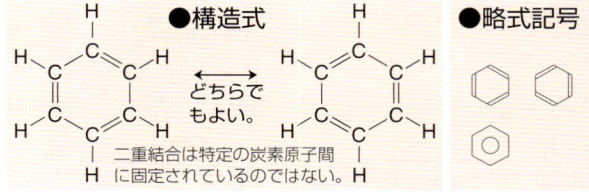

●構造式：二重結合は特定の炭素原子間に固定されているのではない。（どちらでもよい）
●略式記号

ベンゼン環の二重結合の性質（シクロヘキセンとの比較）

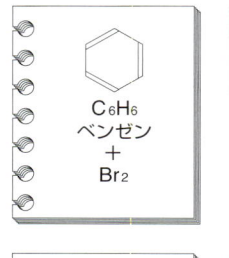

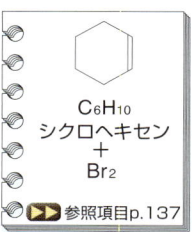

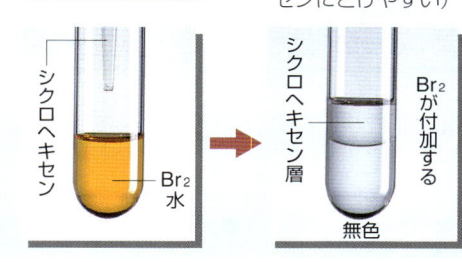

●付加反応
- C_6H_6 ベンゼン + Br_2 → Br_2は付加しない（臭素は水よりベンゼンにとけやすい）
- C_6H_{10} シクロヘキセン + Br_2 → Br_2が付加する（無色）

●酸化反応
- C_6H_6 ベンゼン + $KMnO_4$ → 酸化されない
- C_6H_{10} シクロヘキセン + $KMnO_4$ → 酸化される（MnO_2）

▶▶参照項目 p.137

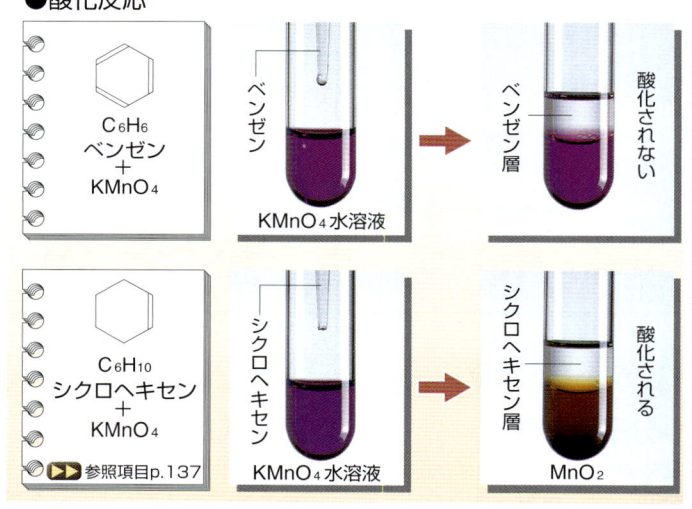

ベンゼン環の不飽和結合はアルケンやシクロアルケンと異なり、付加反応、酸化反応を受けにくい。

ベンゼン以外のおもな芳香族炭化水素

名称	構造	融点(沸点)
トルエン $C_6H_5CH_3$	CH_3-(環)	-95℃ (111℃)
o-キシレン	(環)$(CH_3)_2$	-25℃ (144℃)
m-キシレン	(環)$(CH_3)_2$	-48℃ (139℃)
p-キシレン	(環)$(CH_3)_2$	13℃ (138℃)

名称	構造	融点(沸点)
エチルベンゼン	C_2H_5-(環)	-95℃ (136℃)
スチレン	$CH=CH_2$-(環)	-31℃ (145℃)
ナフタレン $C_{10}H_8$	(二環)	81℃ (218℃)
アントラセン	(三環)	216℃ (342℃)

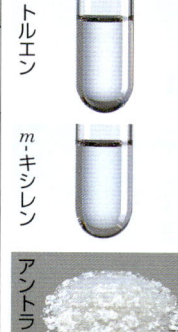

オルト・メタ・パラ異性体
ベンゼン環の水素原子2個を他の原子または原子団(A,B)で置換した化合物には、オルト、メタ、パラ異性体がある。

- オルト(o-)体：A,Bが隣接
- メタ(m-)体：A,Bが1つおき
- パラ(p-)体：A,Bが対向

② ベンゼンの置換反応 ▼ベンゼン環に結合した水素原子は置換反応を受けやすい。

❶ ハロゲン化 ▼ベンゼンの水素原子がハロゲン原子で置換される。

●ベンゼンの臭素化

湿らせた万能pH試験紙／Br₂／ベンゼンにBr₂をとかす

万能試験紙は赤くならずに、気化したBr₂により脱色される。

Fe粉を加えてよく振り混ぜる。

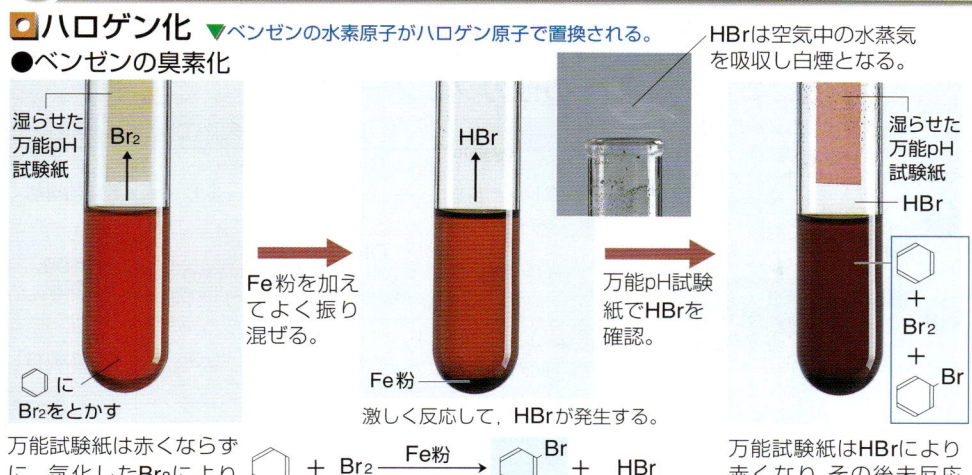

HBr／Fe粉

激しく反応して、HBrが発生する。

HBrは空気中の水蒸気を吸収し白煙となる。

万能pH試験紙でHBrを確認。

湿らせた万能pH試験紙／HBr／ベンゼン＋Br₂＋Br

万能試験紙はHBrにより赤くなり、その後未反応のBr₂により脱色される。

$$\text{C}_6\text{H}_6 + \text{Br}_2 \xrightarrow{\text{Fe粉}} \text{C}_6\text{H}_5\text{Br} + \text{HBr}$$
ブロモベンゼン(沸点156℃)

●パラジクロロベンゼン

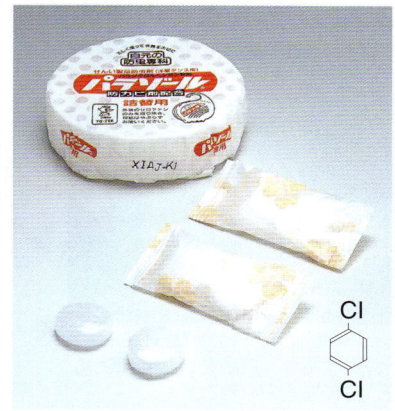

Cl–C₆H₄–Cl

昇華性があり、防虫剤に利用されている。

❷ ニトロ化 ▼ベンゼンの水素原子がニトロ基－NO₂で置換される。

●ニトロベンゼンの製法

ベンゼン／混酸 → 振り混ぜる／混酸／ニトロベンゼン／60℃ → 冷水／ニトロベンゼン

濃硝酸に濃硫酸を少しずつ加えた混合液(混酸)に、ベンゼンを少しずつ加える。

$$\text{C}_6\text{H}_6 + \text{HONO}_2 \xrightarrow{\text{濃H}_2\text{SO}_4} \text{C}_6\text{H}_5\text{NO}_2 + \text{H}_2\text{O}$$
ニトロベンゼン(沸点211℃)

反応液を冷水中に注ぐと、淡黄色のニトロベンゼンが下に沈む。(ニトロベンゼンの密度1.20g/cm³)

●芳香族ニトロ化合物

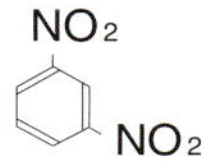

m-ジニトロベンゼン (融点92℃)

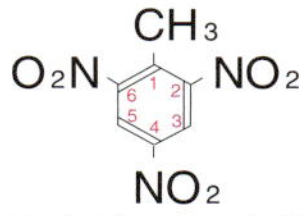

2,4,6-トリニトロトルエン* (TNT) (融点81℃)

▶▶参照項目p.153「ピクリン酸」

ニトロ基を多くもつ化合物は爆発性がある。TNTは火薬として用いられる。

*－CH₃のついた炭素原子を1として、ベンゼン環の炭素原子に1～6までの位置番号をつけると、2,4,6がニトロ化されている。

❸ スルホン化 ▼ベンゼンの水素原子がスルホ基－SO₃Hで置換される。

●ベンゼンスルホン酸の製法

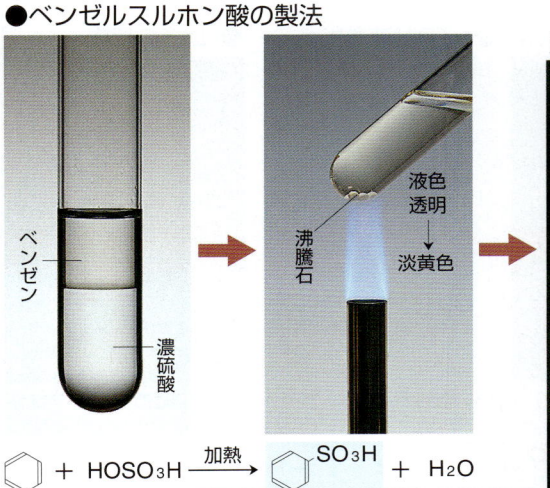

ベンゼン／濃硫酸 → 沸騰石／液色透明→淡黄色 → 反応液を飽和食塩水に注ぐ。／飽和食塩水 → 氷冷するとベンゼンスルホン酸ナトリウムの結晶(右上)が析出する。／氷

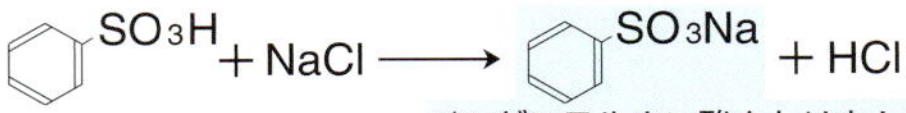

$$\text{C}_6\text{H}_6 + \text{HOSO}_3\text{H} \xrightarrow{\text{加熱}} \text{C}_6\text{H}_5\text{SO}_3\text{H} + \text{H}_2\text{O}$$
ベンゼンスルホン酸(融点50～51℃)

$$\text{C}_6\text{H}_5\text{SO}_3\text{H} + \text{NaCl} \longrightarrow \text{C}_6\text{H}_5\text{SO}_3\text{Na} + \text{HCl}$$
ベンゼンスルホン酸ナトリウム

70 フェノール類

① フェノール類
▼ベンゼン環の炭素原子に―OHが結合した構造の化合物を**フェノール類**という。

■フェノールとその構造

フェノール(融点 41℃) C_6H_5OH
刺激臭があり，皮膚をおかす。消毒剤，合成樹脂の原料。

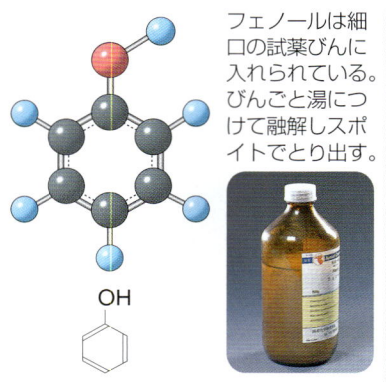

フェノールは細口の試薬びんに入れられている。びんごと湯につけて融解しスポイトでとり出す。

■その他のフェノール類

名称	構造	融点〔℃〕	用途
o-クレゾール	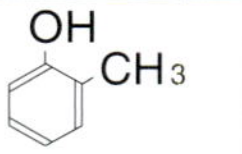 OH, CH$_3$	31	殺菌消毒剤
サリチル酸	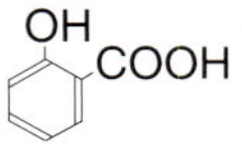 OH, COOH	159	防腐剤 医薬品
1-ナフトール (α-ナフトール)	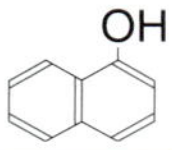 OH	96	染料の原料
2-ナフトール (β-ナフトール)	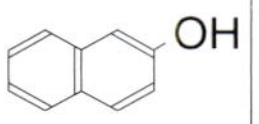 OH	122	染料の原料

■フェノール類の呈色反応

●塩化鉄(III) $FeCl_3$ 水溶液による呈色　▼フェノール類の水溶液に塩化鉄(III)水溶液を加えると青〜赤紫色を呈する。

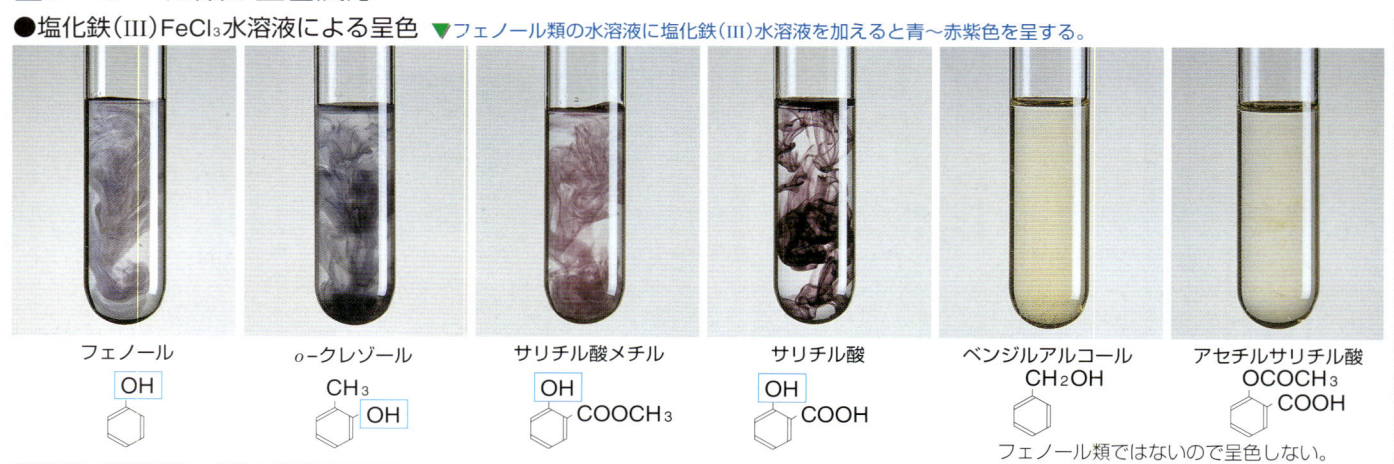

フェノール	o-クレゾール	サリチル酸メチル	サリチル酸	ベンジルアルコール	アセチルサリチル酸
OH	OH, CH$_3$	OH, COOCH$_3$	OH, COOH	CH$_2$OH	OCOCH$_3$, COOH

フェノール類ではないので呈色しない。

② フェノールの性質
▼水に少しとけ，ごく弱い酸性を示す。塩基と反応して塩をつくる。

■フェノールの溶解性と酸性

●水への溶解性 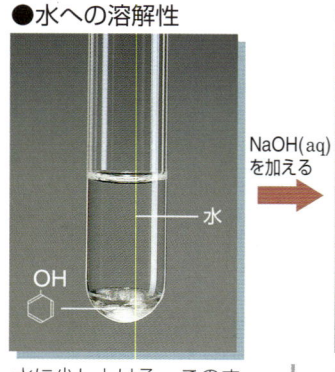
水に少しとける。このまま放置しておくと，フェノールにも少量の水がとけて，フェノールは液体になる。

→ NaOH(aq) を加える →

●塩基の水溶液への溶解性 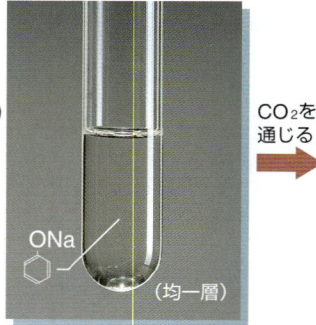
塩基の水溶液には，よくとける。 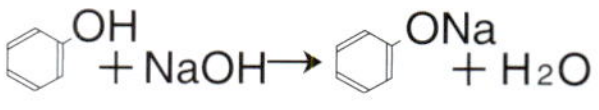
$\bigcirc$-OH + NaOH → $\bigcirc$-ONa + H$_2$O
(ナトリウムフェノキシド)

→ CO$_2$ を通じる →

●炭酸との酸性の比較 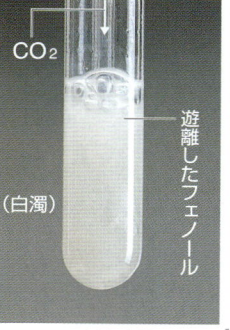
フェノールは炭酸より弱い酸である。
$\bigcirc$-ONa + CO$_2$ + H$_2$O → $\bigcirc$-OH + NaHCO$_3$

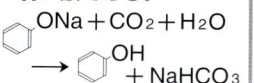

●BTB溶液を加える
弱い酸性を示す。  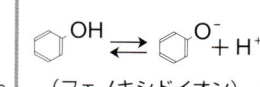
$\bigcirc$-OH ⇄ $\bigcirc$-O$^-$ + H$^+$
(フェノキシドイオン)

●Naとの反応 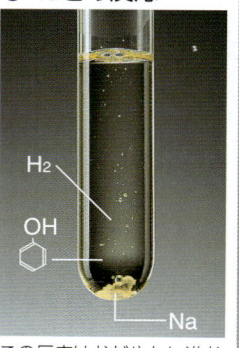
この反応はおだやかに進む。
2 $\bigcirc$-OH + 2Na → 2 $\bigcirc$-ONa + H$_2$

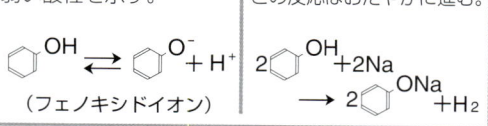

3 フェノールの置換反応 ▼フェノールは，ベンゼンより容易にハロゲン化やニトロ化が起こる。

■ ハロゲン化

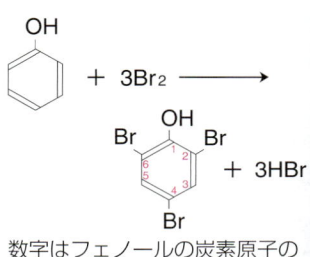

フェノール + $3Br_2$ → 2,4,6-トリブロモフェノール + $3HBr$

数字はフェノールの炭素原子の位置番号

白色沈殿
2,4,6-トリブロモフェノール

フェノールの水溶液と臭素水を混合するだけで，臭素の色が消え，水に不溶の2,4,6-トリブロモフェノールが生成する。

Br₂水 / 水溶液

■ ニトロ化 ▼ピクリン酸の生成

ピクリン酸の結晶

ピクリン酸(2,4,6-トリニトロフェノール)
（融点123℃）
爆薬の原料として利用される。

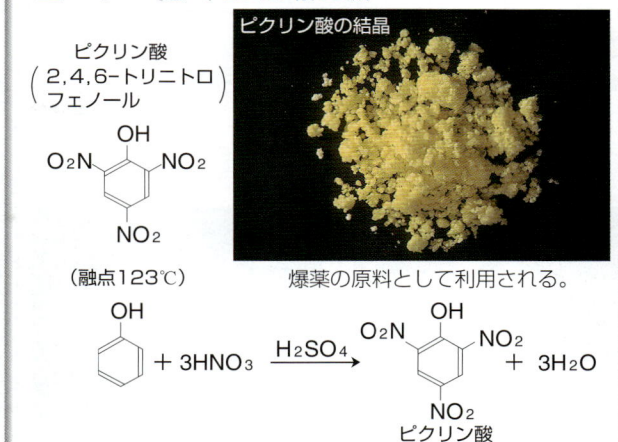

フェノール + $3HNO_3$ →(H_2SO_4) ピクリン酸 + $3H_2O$

実際には，濃硝酸によるフェノールの酸化を防ぐため濃硫酸でスルホン化した後，スルホ基を濃硝酸でニトロ基に置き換える。

フェノールの置換反応では，オルトとパラ位の水素原子が置換される。

4 フェノールの生成

■ ベンゼンスルホン酸ナトリウムのアルカリ融解による製法

ニッケルるつぼに水酸化ナトリウムを入れ，加熱融解する。

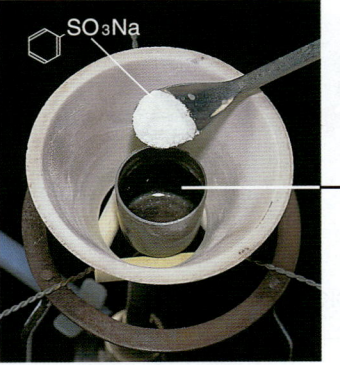

ベンゼンスルホン酸ナトリウムを少しずつ加え，表面に青色の物質が生じるまで加熱する。

ステンレス皿に移して冷却。

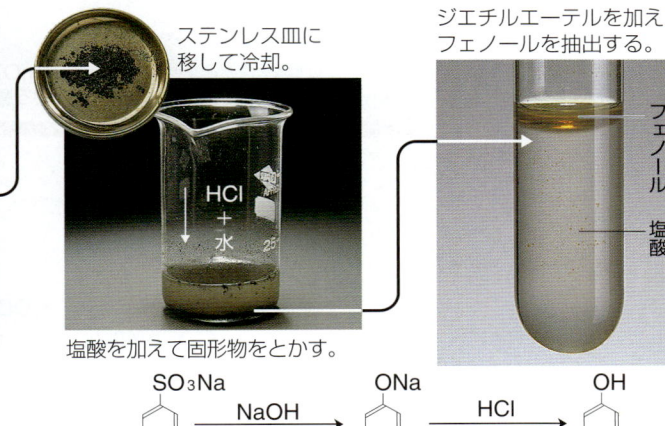

塩酸を加えて固形物をとかす。

ジエチルエーテルを加えフェノールを抽出する。

フェノール / 塩酸

$C_6H_5SO_3Na$ →($NaOH$, 290〜340℃) C_6H_5ONa →(HCl) C_6H_5OH

フェノールの工業的製法

ベンゼン +濃硫酸→ ベンゼンスルホン酸(SO_3H) +NaOHaq→ ベンゼンスルホン酸ナトリウム(SO_3Na) +NaOH 290〜340℃→ ナトリウムフェノキシド(ONa) +H^+→ フェノール(OH)

ベンゼン +Cl_2 鉄粉→ クロロベンゼン(Cl) +NaOHaq 高温・高圧→ ナトリウムフェノキシド

プロピレン +$CH_2=CHCH_3$ → イソプロピルベンゼン（クメン）($H_3C-CH-CH_3$) +O_2→ クメンヒドロペルオキシド($H_3C-C(O-O-H)-CH_3$) 硫酸で分解→ フェノール + CH_3COCH_3 アセトン

フェノールは，工業的にはベンゼンスルホン酸を経由する方法ではなく，クロロベンゼンを経由する方法か，アセトンが同時に得られるクメン法で製造される。

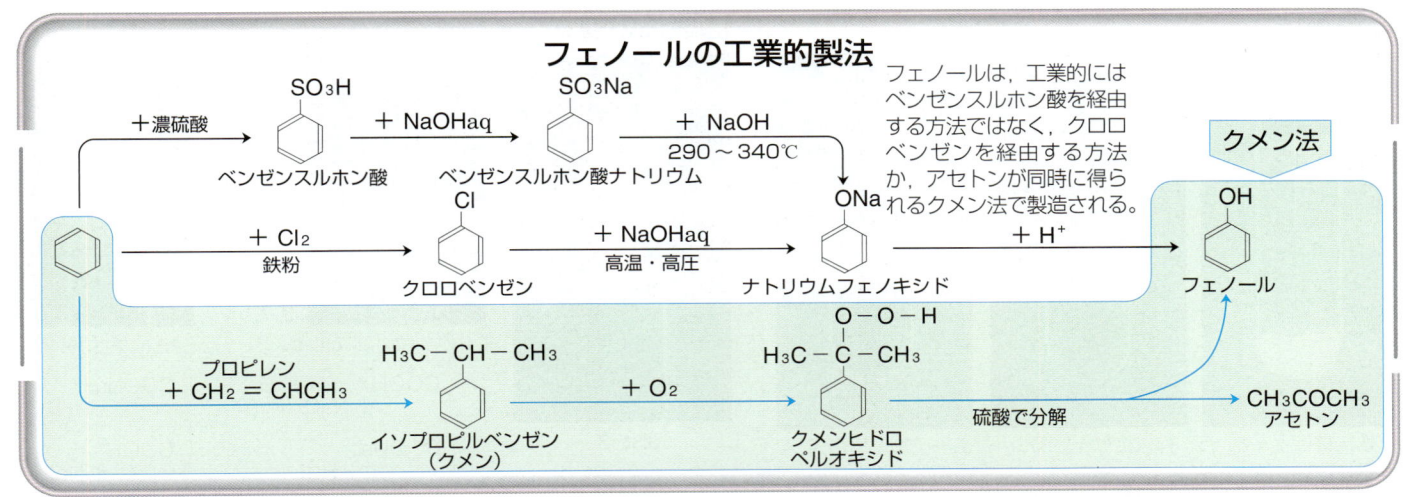

クメン法

▶▶参照項目p.140「アセトンの製法」

71 ▶ 芳香族カルボン酸

1 芳香族カルボン酸の構造
▼カルボニル基 >C=O をもつ芳香族化合物には，ほかに芳香族アルデヒドと芳香族ケトンがある。

芳香族カルボン酸

●安息香酸 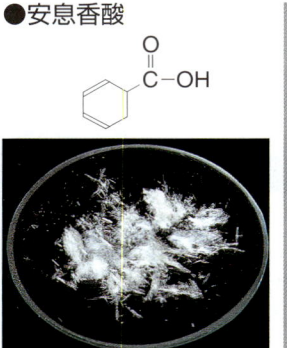
融点 123℃

●サリチル酸 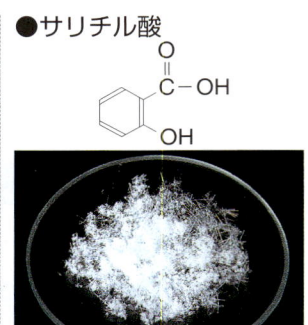
融点 159℃

●フタル酸
（2つのカルボキシ基がオルトの位置）
融点 234℃（分解）

●テレフタル酸
（2つのカルボキシ基がパラの位置）
沸点 300℃（昇華）

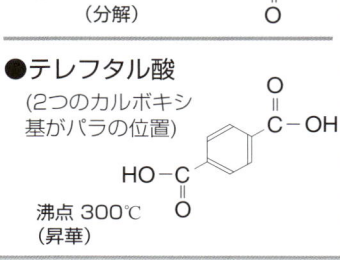

芳香族アルデヒドとケトン

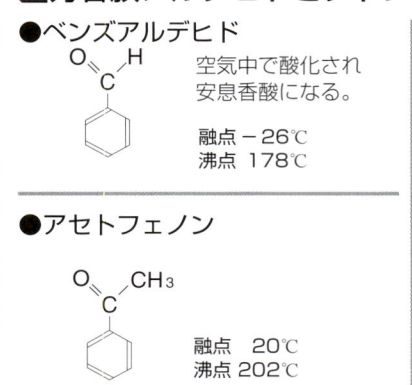

●ベンズアルデヒド
空気中で酸化され安息香酸になる。
融点 −26℃
沸点 178℃

●アセトフェノン
融点 20℃
沸点 202℃

2 安息香酸の生成

トルエンのKMnO₄による酸化
トルエンの側鎖の −CH₃ が酸化され，カルボキシ基 −COOH となる。

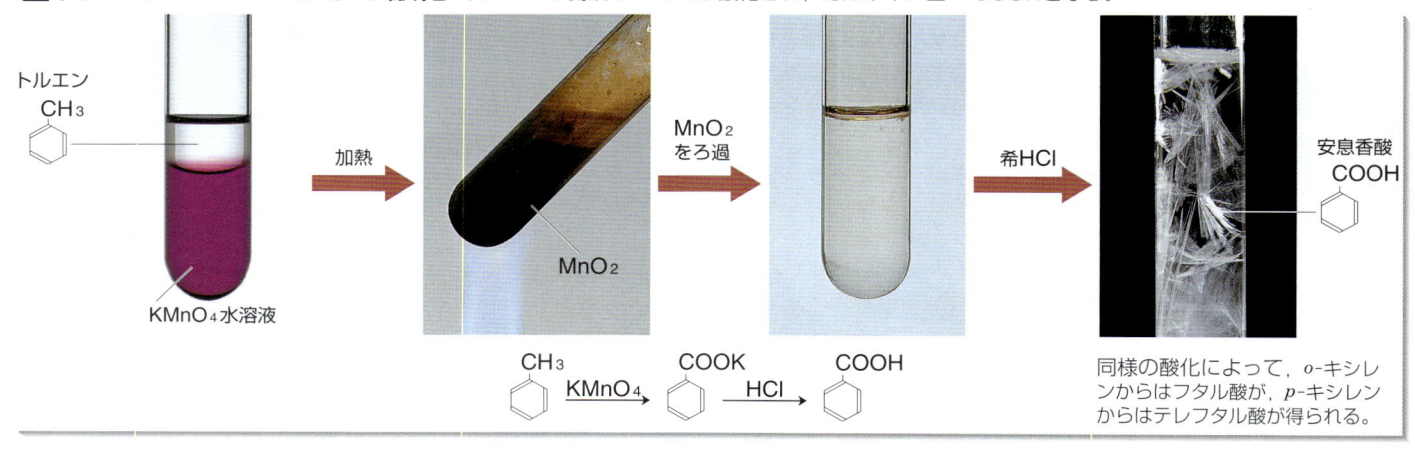

トルエン CH₃ → KMnO₄水溶液 → 加熱 → MnO₂ → MnO₂をろ過 → 希HCl → 安息香酸 COOH

$$\underset{CH_3}{\bigcirc} \xrightarrow{KMnO_4} \underset{COOK}{\bigcirc} \xrightarrow{HCl} \underset{COOH}{\bigcirc}$$

同様の酸化によって，o-キシレンからはフタル酸が，p-キシレンからはテレフタル酸が得られる。

3 安息香酸の性質

溶解性

冷水：水にはほとんどとけない。
熱水：熱水にはとける。
ジエチルエーテル：エーテル，アルコールにはよくとける。

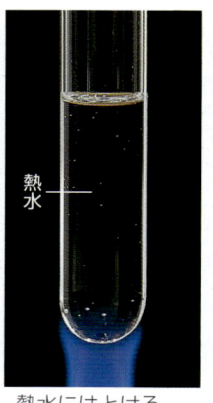

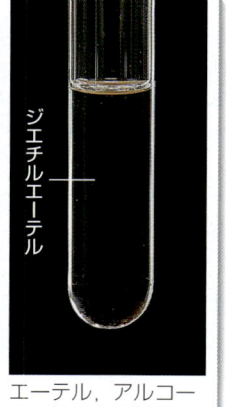

酸性の強さ
塩酸より弱く，炭酸よりは強い。

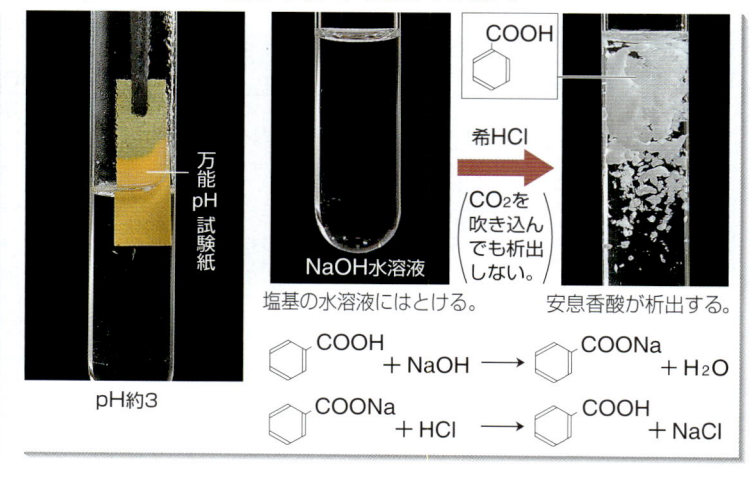

万能pH試験紙　pH約3

NaOH水溶液：塩基の水溶液にはとける。

希HCl → CO₂を吹き込んでも析出しない。
安息香酸が析出する。

$$\underset{COOH}{\bigcirc} + NaOH \longrightarrow \underset{COONa}{\bigcirc} + H_2O$$

$$\underset{COONa}{\bigcirc} + HCl \longrightarrow \underset{COOH}{\bigcirc} + NaCl$$

④ フタル酸の反応

フタル酸は234℃で融解し、同時に水を失う。

$$\underset{\text{フタル酸}}{\underset{}{\bigcirc}\begin{matrix}COOH\\COOH\end{matrix}} \xrightarrow[\text{(加熱)}]{\text{脱水}} \underset{\text{無水フタル酸}}{\underset{}{\bigcirc}\begin{matrix}CO\\CO\end{matrix}>O} + H_2O$$

フタル酸を加熱すると脱水反応が起こり、酸無水物である無水フタル酸が生成する。テレフタル酸は2つのカルボキシ基が離れているので、脱水反応は起こらない。

⑤ サリチル酸の反応
▼サリチル酸は、−OHと−COOHの2つの官能基をもち、フェノール類とカルボン酸の両方の性質を示す。

■ サリチル酸の生成と反応

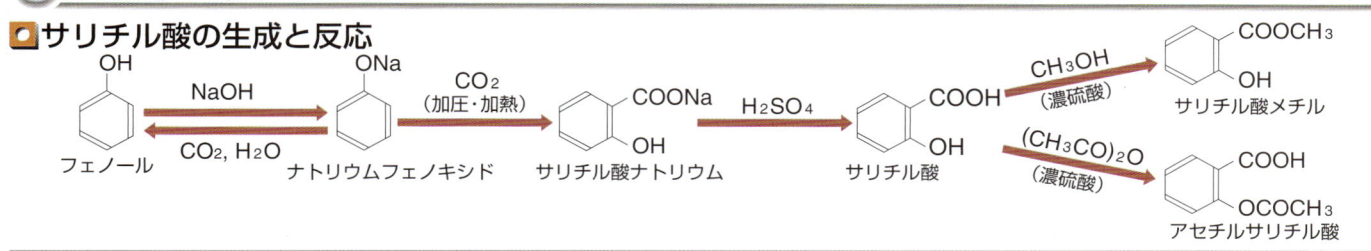

フェノール $\xrightarrow[CO_2,H_2O]{NaOH}$ ナトリウムフェノキシド $\xrightarrow{CO_2 \text{(加圧・加熱)}}$ サリチル酸ナトリウム $\xrightarrow{H_2SO_4}$ サリチル酸 $\xrightarrow[\text{(濃硫酸)}]{CH_3OH}$ サリチル酸メチル

サリチル酸 $\xrightarrow[\text{(濃硫酸)}]{(CH_3CO)_2O}$ アセチルサリチル酸

■ サリチル酸メチルの合成（エステル化）

サリチル酸 + CH_3OH + 濃H_2SO_4

サリチル酸とメタノールの混合物に濃硫酸を加えて加熱。

未反応のサリチル酸を塩にして溶解させる。（CO_2、$NaHCO_3$水溶液）

油状のサリチル酸メチルが遊離する。

$$\underset{\text{}}{\bigcirc}\begin{matrix}CO\boxed{OH}\\OH\end{matrix} + CH_3\boxed{OH} \xrightarrow{\text{濃}H_2SO_4} \boxed{H_2O} + \underset{\text{サリチル酸メチル（融点−8.3℃）}}{\bigcirc\begin{matrix}COOCH_3\\OH\end{matrix}}$$

●塩化鉄(III)水溶液による呈色：赤紫色に呈色。

利用例：消炎・鎮痛作用がある。

■ アセチルサリチル酸の合成（アセチル化）

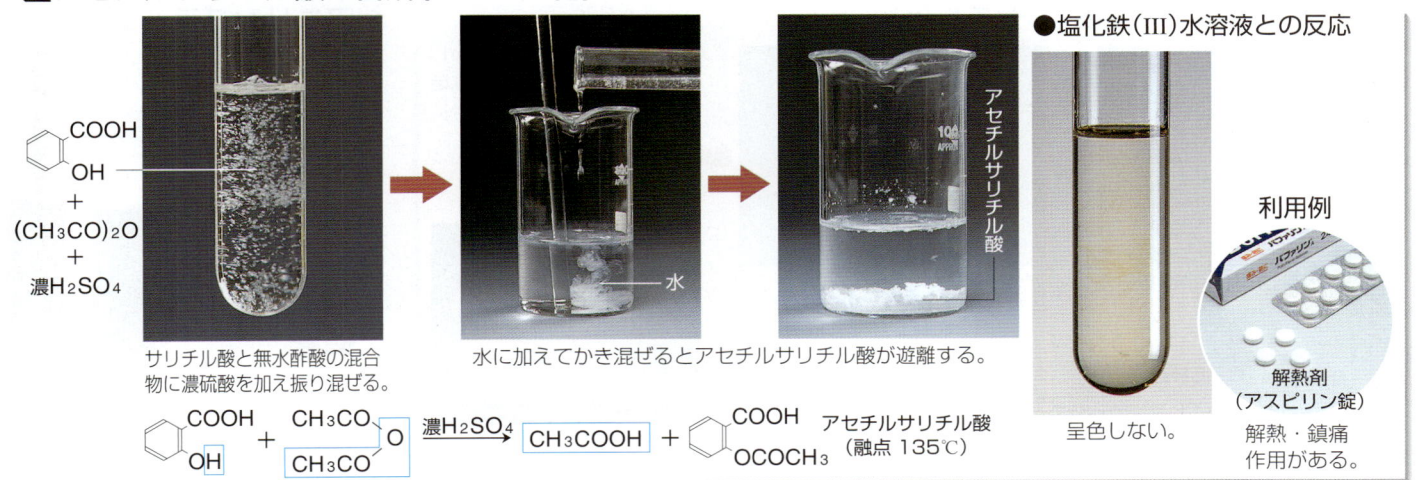

サリチル酸 + $(CH_3CO)_2O$ + 濃H_2SO_4

サリチル酸と無水酢酸の混合物に濃硫酸を加え振り混ぜる。

水に加えてかき混ぜるとアセチルサリチル酸が遊離する。

$$\underset{}{\bigcirc}\begin{matrix}CO\boxed{OH}\\OH\end{matrix} + \begin{matrix}CH_3CO\\CH_3CO\end{matrix}\boxed{}O \xrightarrow{\text{濃}H_2SO_4} \boxed{CH_3COOH} + \underset{\text{アセチルサリチル酸（融点 135℃）}}{\bigcirc\begin{matrix}COOH\\OCOCH_3\end{matrix}}$$

●塩化鉄(III)水溶液との反応：呈色しない。

利用例：解熱剤（アスピリン錠）解熱・鎮痛作用がある。

72 芳香族アミンとアゾ化合物

1 アニリンの構造と性質
▼アニリンのようにベンゼン環にアミノ基-NH₂が結合した化合物を**芳香族アミン**という。

■アニリン $C_6H_5NH_2$
沸点185℃

純粋なものは無色であるが，空気中の酸素で酸化され，黄～橙に着色しているものが多い。不快臭あり。

酸化して着色したアニリン。

■アニリンの性質
▼弱塩基性で，酸と反応して塩となり，水にとける。

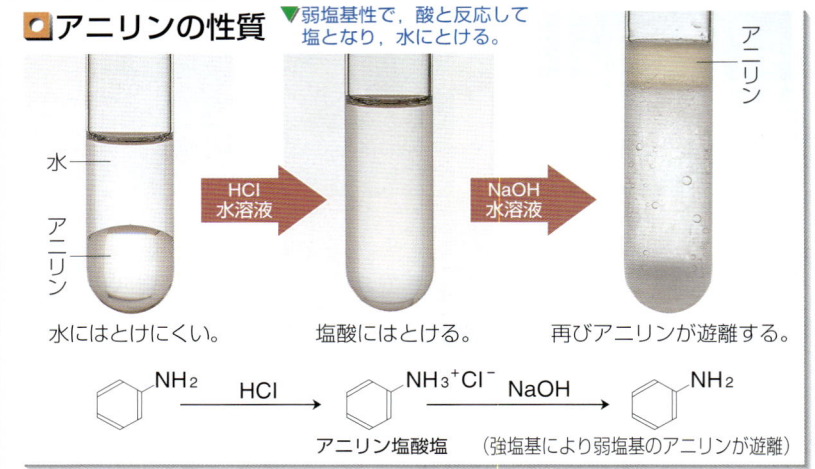

水にはとけにくい。 → (HCl水溶液) → 塩酸にはとける。 → (NaOH水溶液) → 再びアニリンが遊離する。

$$\text{C}_6\text{H}_5\text{NH}_2 \xrightarrow{\text{HCl}} \text{C}_6\text{H}_5\text{NH}_3^+\text{Cl}^- \xrightarrow{\text{NaOH}} \text{C}_6\text{H}_5\text{NH}_2$$

アニリン塩酸塩　（強塩基により弱塩基のアニリンが遊離）

2 アニリンの製法と反応

■アニリンの製法 ▼ニトロベンゼンを還元

塩酸・スズ・ニトロベンゼン
ニトロベンゼンにスズと塩酸を加え，はじめおだやかに加熱しながらよく振る。

液が均一になるまで反応をつづける。

生じたアニリン塩酸塩を水酸化ナトリウム水溶液に入れると，弱塩基のアニリンが遊離する。

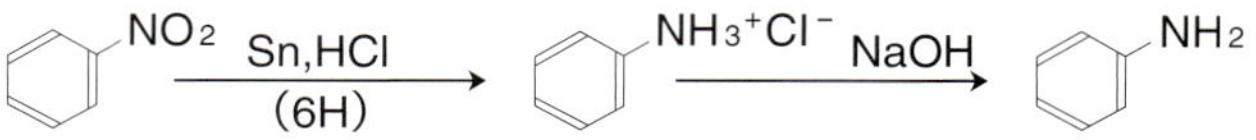

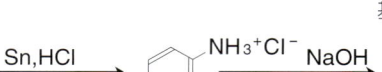

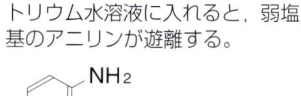

$$\text{C}_6\text{H}_5\text{NO}_2 \xrightarrow[\text{(6H)}]{\text{Sn, HCl}} \text{C}_6\text{H}_5\text{NH}_3^+\text{Cl}^- \xrightarrow{\text{NaOH}} \text{C}_6\text{H}_5\text{NH}_2$$

■さらし粉による呈色反応
スポイトでとり出し，さらし粉水溶液に加える。

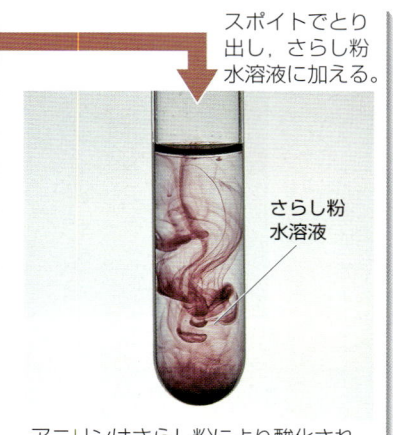

アニリンはさらし粉により酸化され，赤紫色を呈する。

■アセトアニリドの生成（アセチル化）
アニリン水溶液に無水酢酸を加えよく混ぜる。

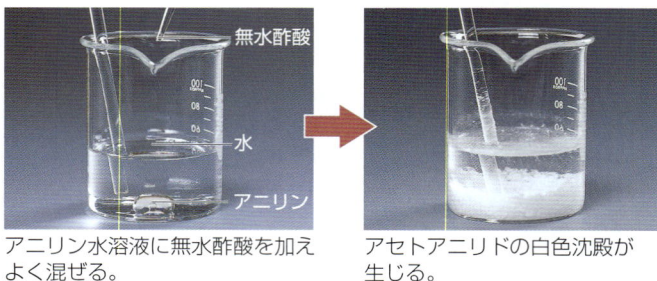

アセトアニリドの白色沈殿が生じる。

沈殿をろ過し，熱水にとかした後冷却すると，きれいな結晶が析出する。

$$\text{C}_6\text{H}_5\text{-NH-H} + (\text{CH}_3\text{CO})_2\text{O} \rightarrow \text{C}_6\text{H}_5\text{-NH-COCH}_3 + \text{CH}_3\text{COOH}$$

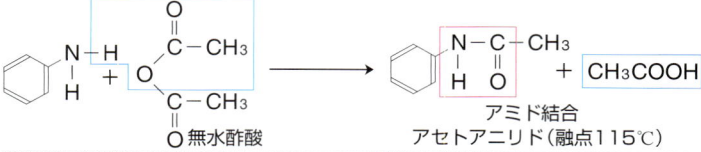

アミド結合　アセトアニリド（融点115℃）（解熱作用あり）

アセトアニリドの結晶

■アニリンブラック
$K_2Cr_2O_7$（硫酸酸性）・アニリン水溶液・木綿布

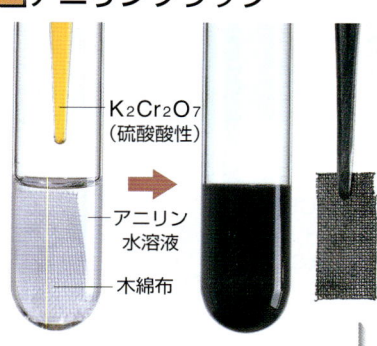

アニリンを，硫酸酸性の二クロム酸カリウム水溶液で酸化すると，黒色染料のアニリンブラックが得られる。

3 ジアゾ化とカップリング

塩化ベンゼンジアゾニウムの生成(ジアゾ化)とアゾ化合物の生成(カップリング)*

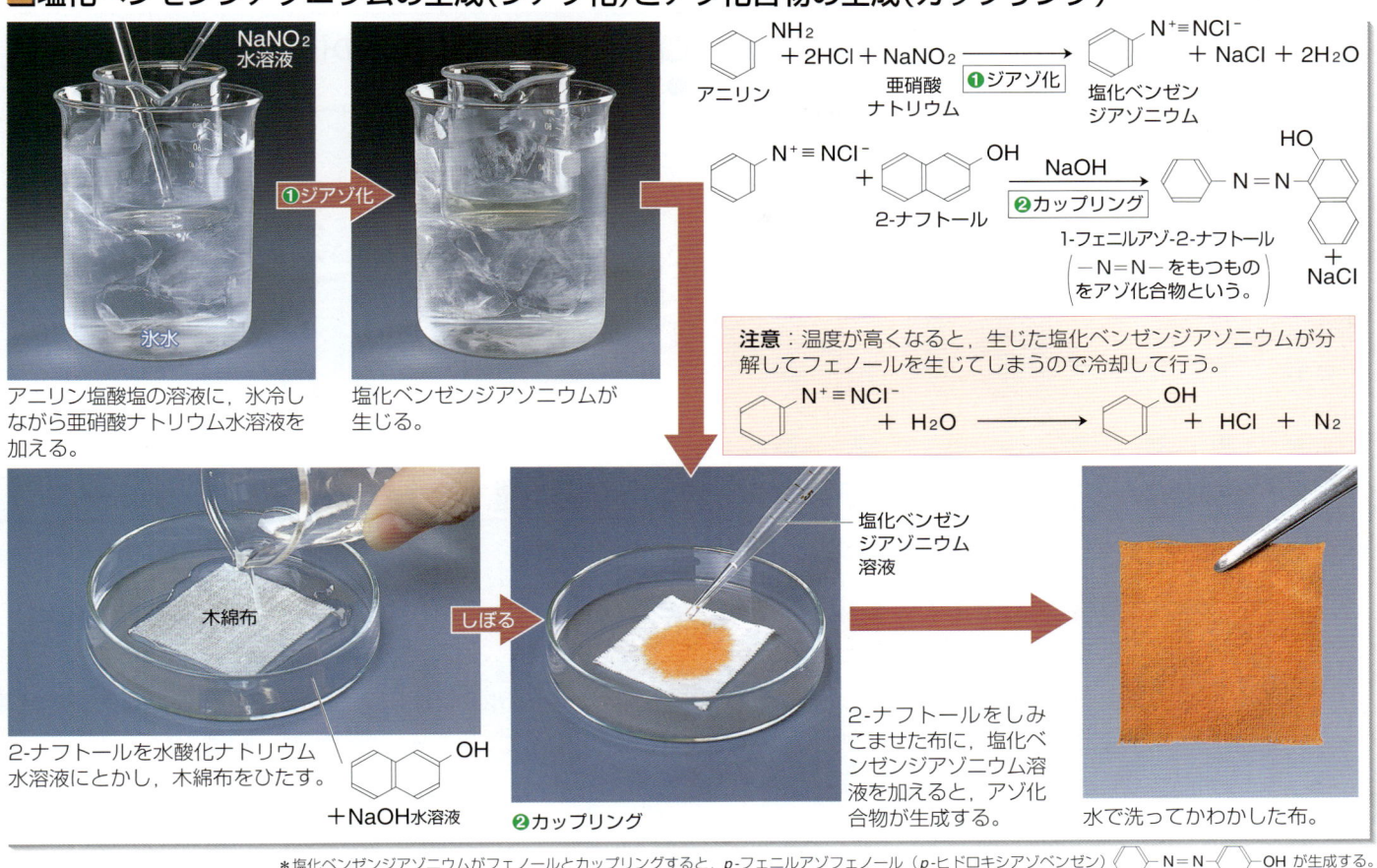

アニリン塩酸塩の溶液に、氷冷しながら亜硝酸ナトリウム水溶液を加える。

塩化ベンゼンジアゾニウムが生じる。

$$\text{アニリン} + 2HCl + NaNO_2 \xrightarrow{\text{①ジアゾ化}} \text{塩化ベンゼンジアゾニウム} + NaCl + 2H_2O$$

亜硝酸ナトリウム

$$\text{塩化ベンゼンジアゾニウム} + \text{2-ナフトール} \xrightarrow[\text{②カップリング}]{NaOH} \text{1-フェニルアゾ-2-ナフトール} + NaCl$$

−N=N−をもつものをアゾ化合物という。

注意：温度が高くなると、生じた塩化ベンゼンジアゾニウムが分解してフェノールを生じてしまうので冷却して行う。

$$\text{C}_6\text{H}_5\text{N}_2\text{Cl} + H_2O \longrightarrow \text{C}_6\text{H}_5\text{OH} + HCl + N_2$$

2-ナフトールを水酸化ナトリウム水溶液にとかし、木綿布をひたす。
+NaOH水溶液

❷カップリング

2-ナフトールをしみこませた布に、塩化ベンゼンジアゾニウム溶液を加えると、アゾ化合物が生成する。

水で洗ってかわかした布。

*塩化ベンゼンジアゾニウムがフェノールとカップリングすると、p-フェニルアゾフェノール（p-ヒドロキシアゾベンゼン） ⟨benzene⟩−N=N−⟨benzene⟩−OH が生成する。

4 いろいろなアゾ色素
▼アゾ化合物は指示薬や合成着色料として利用されている。

酸・塩基指示薬 ▶▶ 参照項目p.69「酸・塩基の指示薬」

メチルオレンジ 変色域 pH3.1(赤)〜4.4(黄)

$(CH_3)_2N-\bigcirc-N=N-\bigcirc-SO_3Na$

メチルオレンジの変色 pH2 / pH4 / pH6

メチルレッド 変色域 pH4.4(赤)〜6.2(黄)

COOH / $-N=N-\bigcirc-N(CH_3)_2$

コンゴーレッド 変色域 pH3.0(青紫)〜5.0(赤)

NH_2 ... $-N=N-\bigcirc-\bigcirc-N=N-$ ... NH_2 / SO_3Na ... SO_3Na

合成着色料

食用黄色5号

$NaO_3S-\bigcirc-N=N-\bigcirc\bigcirc$ HO / SO_3Na

合成着色料を使用したお菓子

食用赤色40号

OCH_3 HO / $NaO_3S-\bigcirc-N=N-\bigcirc\bigcirc$ / CH_3 / SO_3Na

73 有機化合物の分離

- 有機化合物の分離は、水と有機溶媒に対する溶解性の違い、酸性・塩基性の違い、酸性の強さの差などを利用して行われる。
- 水にとけにくい有機化合物は塩になると、水に溶解するようになる。
- 有機溶媒には、沸点の低いジエチルエーテルなどが用いられる。

1 有機化合物の分離の原理（2成分の分離）

◆溶解性（水と有機溶媒）の異なる化合物の分離

●ショ糖とナフタレン

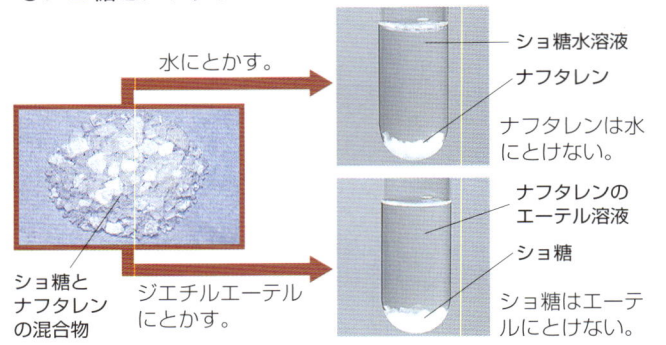

水にとかす → ショ糖水溶液／ナフタレン（ナフタレンは水にとけない。）

ジエチルエーテルにとかす → ナフタレンのエーテル溶液／ショ糖（ショ糖はエーテルにとけない。）

◆酸性の化合物と塩基性の化合物の分離

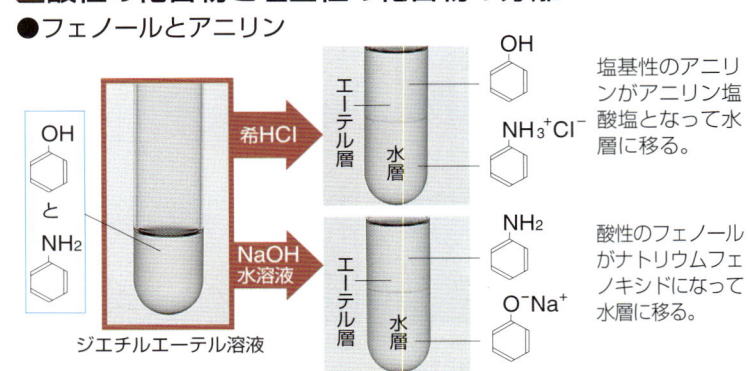

●フェノールとアニリン

ジエチルエーテル溶液（OHとNH$_2$）

- 希HCl → エーテル層：OH（フェノール）／水層：NH$_3^+$Cl$^-$　塩基性のアニリンがアニリン塩酸塩となって水層に移る。
- NaOH水溶液 → エーテル層：NH$_2$（アニリン）／水層：O$^-$Na$^+$　酸性のフェノールがナトリウムフェノキシドになって水層に移る。

2 ナフタレン・フェノール・アニリン混合物の分離

●ナフタレン, フェノール(OH), アニリン(NH$_2$)のジエチルエーテル溶液

分液漏斗に入れる。→ 希HClを加え、よく振ったのち静置。

$$\text{NH}_2\text{–C}_6\text{H}_5 + \text{HCl} \longrightarrow \text{NH}_3^+\text{Cl}^-\text{–C}_6\text{H}_5$$

上層（エーテル層）→ NaOHaqを加えて、よく振ったのち静置。

$$\text{C}_6\text{H}_5\text{OH} + \text{NaOH} \longrightarrow \text{C}_6\text{H}_5\text{O}^-\text{Na}^+ + \text{H}_2\text{O}$$

下層（水層）を分離。

分液漏斗の使い方

❶ 活栓を閉じてから試料を入れる。

❷ 上栓をする。空気孔が閉じられていることを確認する。（上栓（すりあわせ栓）、空気孔）

❸ 上栓の部分が下になるようにもち、両手でしっかり押さえて、上下に振り混ぜる。分液漏斗内の気体の圧力が増してくるので、ときどき活栓を開いて気体を逃がす。

❹ リングにかけて、層が分離するまで静置する。下層を下の容器に流し出すときは、上栓を回して空気孔をあけてから、静かに活栓を開く。2層の境目が活栓の孔にきたところで、活栓を閉じる。上層の溶液は、上の口から別の容器へ移す。（空気孔を溝に合わせる。）

酸性の強さの異なる化合物の分離 ▼[酸の強さ] スルホン酸 > カルボン酸 > 炭酸(二酸化炭素＋水) > フェノール類

安息香酸とフェノール ▼弱い酸の塩に強い酸を加えると、弱い酸が遊離し、強い酸の塩ができる。

① NaHCO₃水溶液 → エーテル層にOH、水層にCOO⁻Na⁺

ジエチルエーテル溶液

フェノールは炭酸より弱い酸なのでNaHCO₃と反応せず、エーテル層に残る。安息香酸は炭酸より強い酸なので反応し、安息香酸ナトリウムとなって水にとける。

② 両者をNaOH水溶液にとかす。(COO⁻Na⁺ + O⁻Na⁺) → CO₂を吹き込む → OH（白濁）→ ジエチルエーテルを加えると、フェノールがエーテル層に移る。

CO₂を吹き込むと、炭酸より弱い酸のフェノールが遊離する。

上層を三角フラスコにあける。→ 湯浴またはホットプレート → ジエチルエーテルを蒸発させる。→ ナフタレンの白色結晶が得られる。

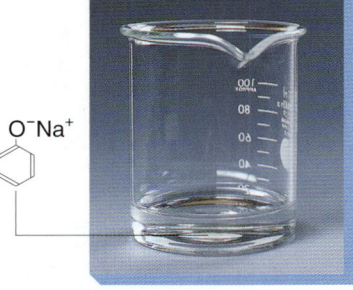

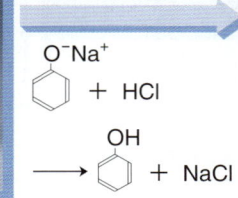

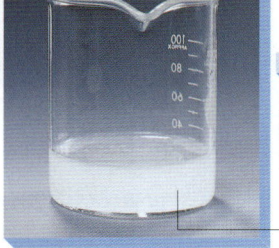

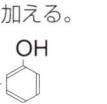

下層(水層)を分離。

O⁻Na⁺ → 希HClを加える。 O⁻Na⁺ + HCl → OH + NaCl → フェノールが遊離する(白濁する)。→ スポイトで数滴を塩化鉄(III)水溶液に加える。→ 塩化鉄(III)により紫色を呈する。

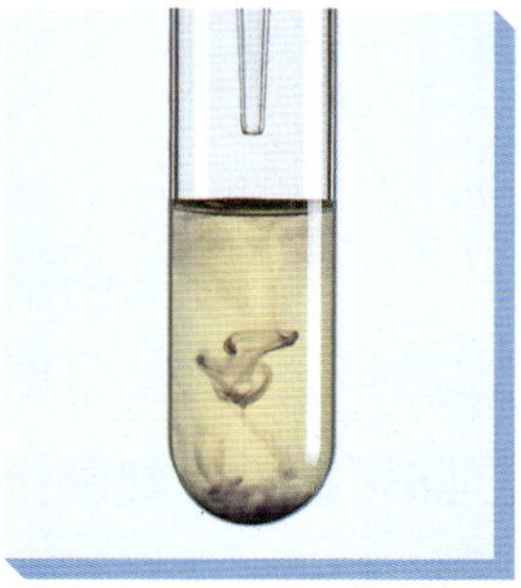

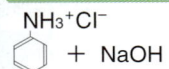

NaOHaqを加える。 NH₃⁺Cl⁻ + NaOH → NH₂ + NaCl + H₂O → アニリンが遊離する(液面に浮く)。→ スポイトで液面のアニリンをとり、数滴をさらし粉水溶液に加える。→ さらし粉により赤紫色を呈する。

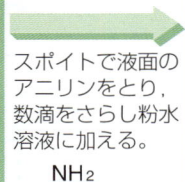

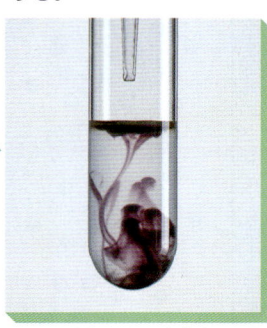

74 ▶ 高分子化合物とその性質

- 高分子化合物(高分子)とは，単量体(基本単位)が多数重合してできた分子量1万以上の分子をいう。
- 合成高分子は用途により，合成樹脂，合成繊維，合成ゴムに分類される。

① 高分子とその生成反応

◆単量体(モノマー)から重合体(ポリマー)へ
単量体が重合する主な反応の形式には，付加重合と縮合重合がある。

●**付加重合**：付加反応による重合反応

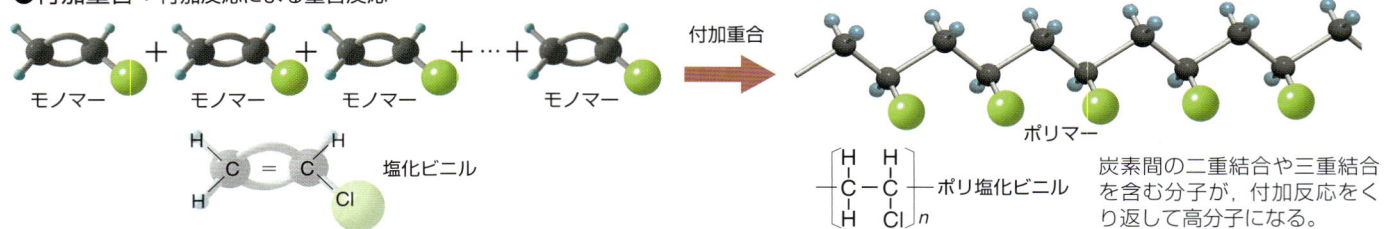

モノマー + モノマー + モノマー + … + モノマー → 付加重合 → ポリマー

塩化ビニル

ポリ塩化ビニル

炭素間の二重結合や三重結合を含む分子が，付加反応をくり返して高分子になる。

●**縮合重合**：縮合反応による重合反応

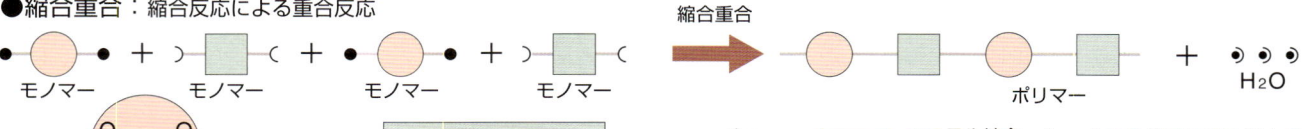

モノマー + モノマー + モノマー + モノマー → 縮合重合 → ポリマー + H_2O

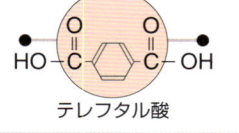

テレフタル酸

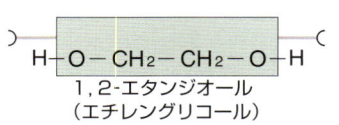

1,2-エタンジオール（エチレングリコール）

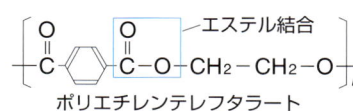

ポリエチレンテレフタラート（エステル結合）

1つの分子に2つ以上の官能基をもつ分子どうしが，縮合反応をくり返して高分子になる。

② 高分子の特徴

◆分子量分布 ▼高分子の分子量は一定ではない。

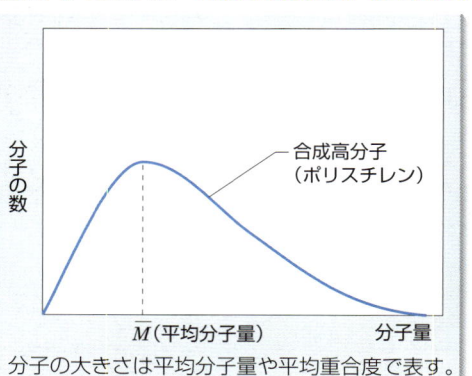

合成高分子（ポリスチレン）

分子の数 / M（平均分子量） / 分子量

分子の大きさは平均分子量や平均重合度で表す。

◆高分子溶液の性質 ▼コロイド溶液としての性質を示す。

●チンダル現象

レーザー光／ポリビニルアルコール溶液

高分子は，溶液中での分子の大きさがコロイド粒子程度なので，チンダル現象を示す。

●ゲル化

ポリビニルアルコール溶液／四ホウ酸ナトリウム／スライム

あたたかいポリビニルアルコール溶液に四ホウ酸ナトリウム水溶液を加え，よくかき混ぜるとゲル状のスライムができる。

◆熱可塑性と熱硬化性 ▼高分子には熱に対する性質の異なる熱可塑性樹脂と熱硬化性樹脂がある。

熱可塑性樹脂
モノマー → 重合 → ポリマー(鎖状) → 加熱 やわらかくなる（分子が動くことができる）。→ 成形 型に入れて冷却すると再びかたくなる。

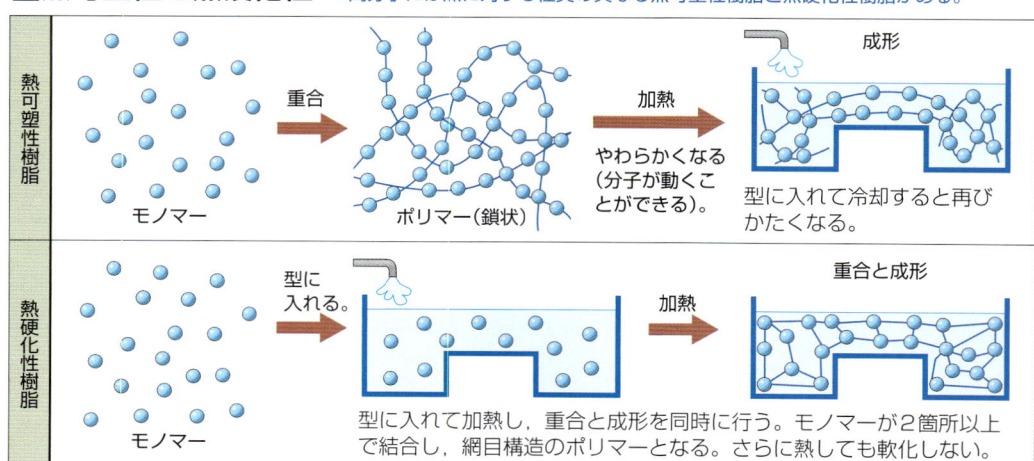

熱硬化性樹脂
モノマー → 型に入れる。→ 加熱 → 重合と成形
型に入れて加熱し，重合と成形を同時に行う。モノマーが2箇所以上で結合し，網目構造のポリマーとなる。さらに熱しても軟化しない。

◆熱可塑性樹脂の利用

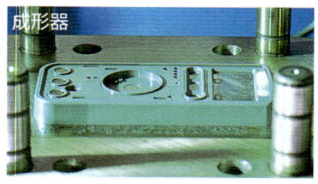

成形器

軟化した熱可塑性樹脂を成形器に入れてかためると，任意の形状の成形品が得られる。

成形器によってつくられた製品

③ 高分子の固体構造

◾固体構造のモデル

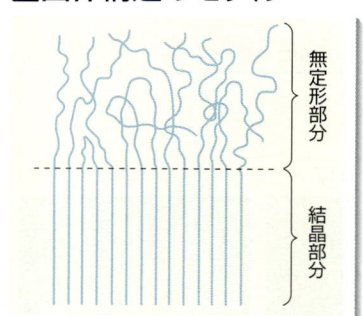

	無定形部分	結晶部分
分子の並び	乱雑	規則正しい
密度	小	大
分子間力	小	大
強度	弱	強

◾ポリエチレン分子の構造と性質

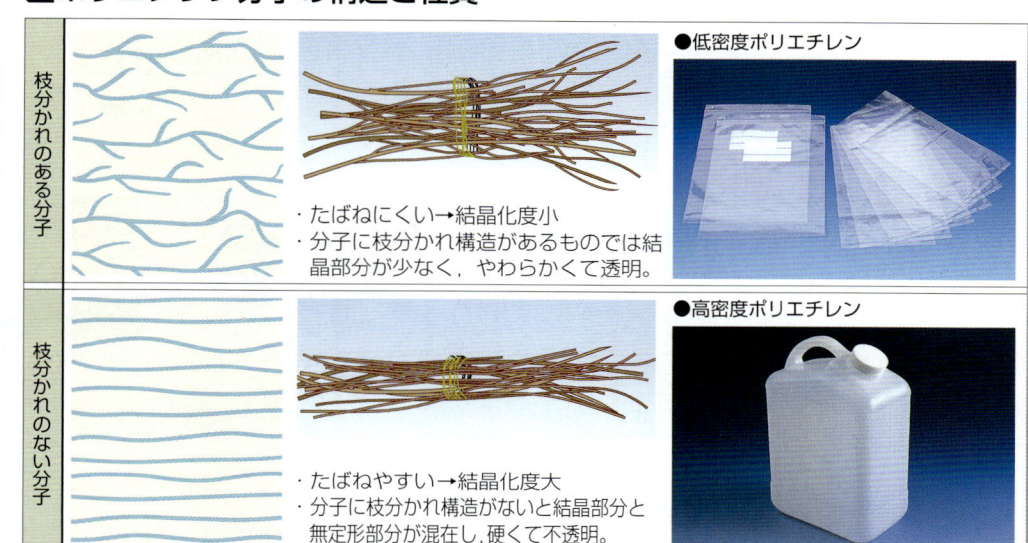

枝分かれのある分子
- たばねにくい→結晶化度小
- 分子に枝分かれ構造があるものでは結晶部分が少なく、やわらかくて透明。

●低密度ポリエチレン

枝分かれのない分子
- たばねやすい→結晶化度大
- 分子に枝分かれ構造がないと結晶部分と無定形部分が混在し、硬くて不透明。

●高密度ポリエチレン

◾PET(ポリエチレンテレフタラート)の熱可塑性と結晶化

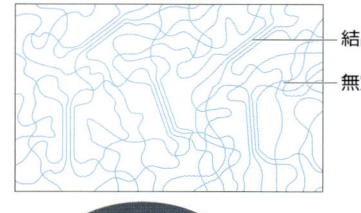

結晶部分
無定形部分

口の部分は結晶部分を多く含み不透明で硬い。

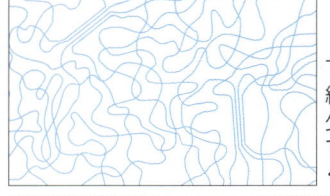

下のほうは結晶部分が少なく透明でやわらかくしなやか。

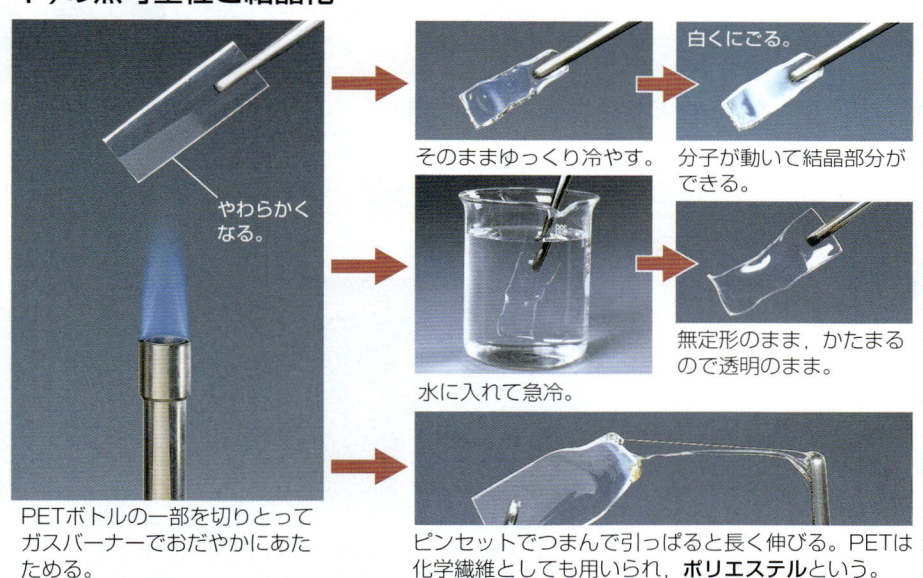

PETボトルの一部を切りとってガスバーナーでおだやかにあたためる。

やわらかくなる。

そのままゆっくり冷やす。 → 白くにごる。 分子が動いて結晶部分ができる。

水に入れて急冷。 → 無定形のまま、かたまるので透明のまま。

ピンセットでつまんで引っぱると長く伸びる。PETは化学繊維としても用いられ、**ポリエステル**という。

◾身近な高分子の燃焼の違い

ポリエチレン
(黄色の炎、とける)

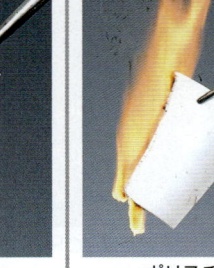

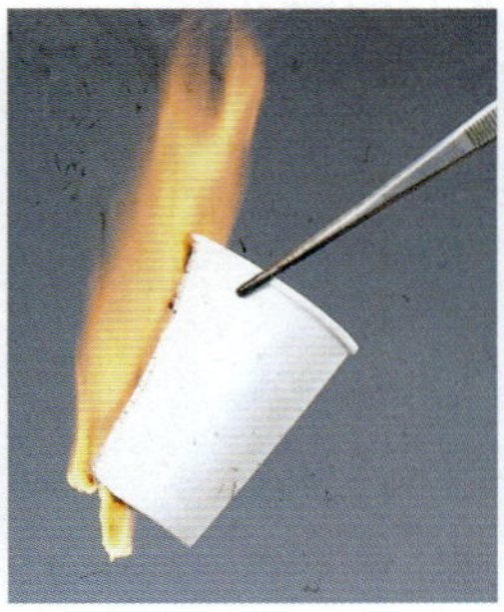

ポリプロピレン

ポリスチレン
(黒い煙、多量のすすが出る)

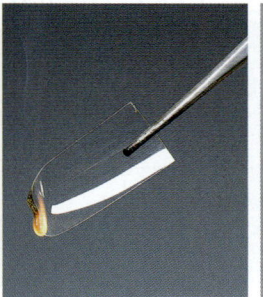

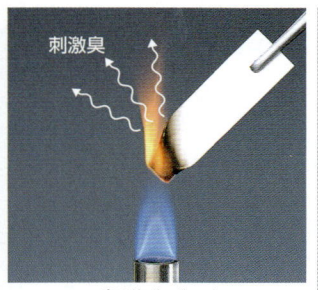

PET(ポリエチレンテレフタラート)

ポリ塩化ビニル
刺激臭
(炎の中では燃えるが、炎の外へ出すと燃えない)

75 付加重合体と縮合重合体

1 付加重合でできる高分子（付加重合体）とその用途

$\left[\begin{array}{c}H\ H\\-C-C-\\H\ X\end{array}\right]_n$ の高分子は種類が多く、Xによって性質が異なる。

名称	ポリエチレン（PE）	ポリプロピレン（PP）	ポリ塩化ビニル（PVC）	ポリ酢酸ビニル（PVAc）	ポリビニルアルコール（PVA）
構造式	$\left[\begin{array}{c}H\ H\\-C-C-\\H\ H\end{array}\right]_n$	$\left[\begin{array}{c}H\ H\\-C-C-\\H\ CH_3\end{array}\right]_n$	$\left[\begin{array}{c}H\ H\\-C-C-\\H\ Cl\end{array}\right]_n$	$\left[\begin{array}{c}H\ H\\-C-C-\\H\ OCOCH_3\end{array}\right]_n$	$\left[\begin{array}{c}H\ H\\-C-C-\\H\ OH\end{array}\right]_n$
用途	ポリ袋／耐水性・耐薬品性に優れる	容器／耐熱性・機械強度に優れる	水道管などのパイプ／可塑剤で硬質も軟質も可	木工用ボンド、チューインガム／軟化点が低い（38～40℃）	洗たくのり、接着用のり／水溶性のポリマー

名称	ポリスチレン（PS）	ポリアクリロニトリル（PAN）	ポリメタクリル酸メチル（PMMA）	ポリテトラフルオロエチレン（PTFE）	ポリ塩化ビニリデン（PVDC）
構造式	$\left[\begin{array}{c}H\ H\\-C-C-\\H\ C_6H_5\end{array}\right]_n$	$\left[\begin{array}{c}H\ H\\-C-C-\\H\ CN\end{array}\right]_n$	$\left[\begin{array}{c}H\ CH_3\\-C-C-\\H\ COOCH_3\end{array}\right]_n$	$\left[\begin{array}{c}F\ F\\-C-C-\\F\ F\end{array}\right]_n$ （テフロン）	$\left[\begin{array}{c}H\ Cl\\-C-C-\\H\ Cl\end{array}\right]_n$
用途	カップ／耐水性・透明性・成形性に優れる	アクリルのセーター／保温性に優れる	有機ガラス、光ファイバー、メガネレンズ／透明性に優れる	テフロン加工のフライパン／耐熱性に優れ、非粘着性	ラップ／水分・気体の透過性が小さい

2 付加重合体の合成とその反応

●ポリスチレンの合成と分解

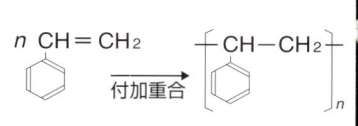

●合成

$n\ CH=CH_2\ (C_6H_5) \xrightarrow{付加重合} \left[-CH-CH_2-\right]_n (C_6H_5)$

スチレンに重合開始剤の過酸化ベンゾイルを加えて加熱すると、ポリスチレンが生成する。

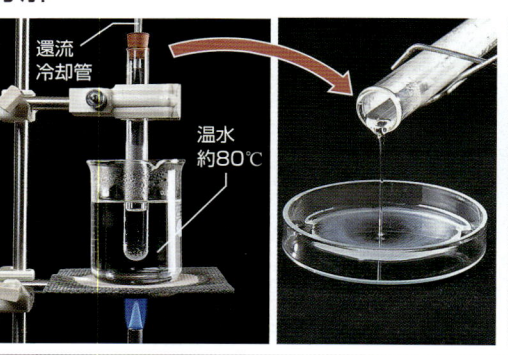

●分解

熱分解で生じたスチレンが臭素水を脱色する。

●ビニロンの合成（ポリビニルアルコールのアセタール化）

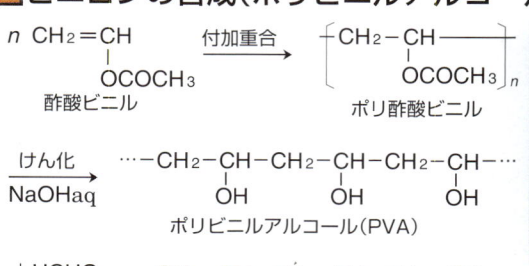

$n\ CH_2=CH(OCOCH_3) \xrightarrow{付加重合} \left[-CH_2-CH(OCOCH_3)-\right]_n$
酢酸ビニル　　　　　　　　　　　ポリ酢酸ビニル

$\xrightarrow[NaOHaq]{けん化}$ …-CH$_2$-CH(OH)-CH$_2$-CH(OH)-CH$_2$-CH(OH)-…
ポリビニルアルコール（PVA）

$\xrightarrow[アセタール化]{+HCHO}$ …-CH$_2$-CH(O-CH$_2$-O)-CH$_2$-CH-CH$_2$-CH(OH)-…
ビニロン

ポリビニルアルコール（PVA）は-OHを多くもつため水溶性であるが、ホルムアルデヒドと反応させると-CH$_2$-の架橋をつくり、水に不溶となる。この反応で生成するビニロンには親水基の-OHが残っており、適度に吸湿性がある。

ビニロンは酸・塩基に強く、燃えにくく丈夫で、魚網ロープなどに用いる。

3 縮合重合でできる高分子（縮合重合体）とその用途

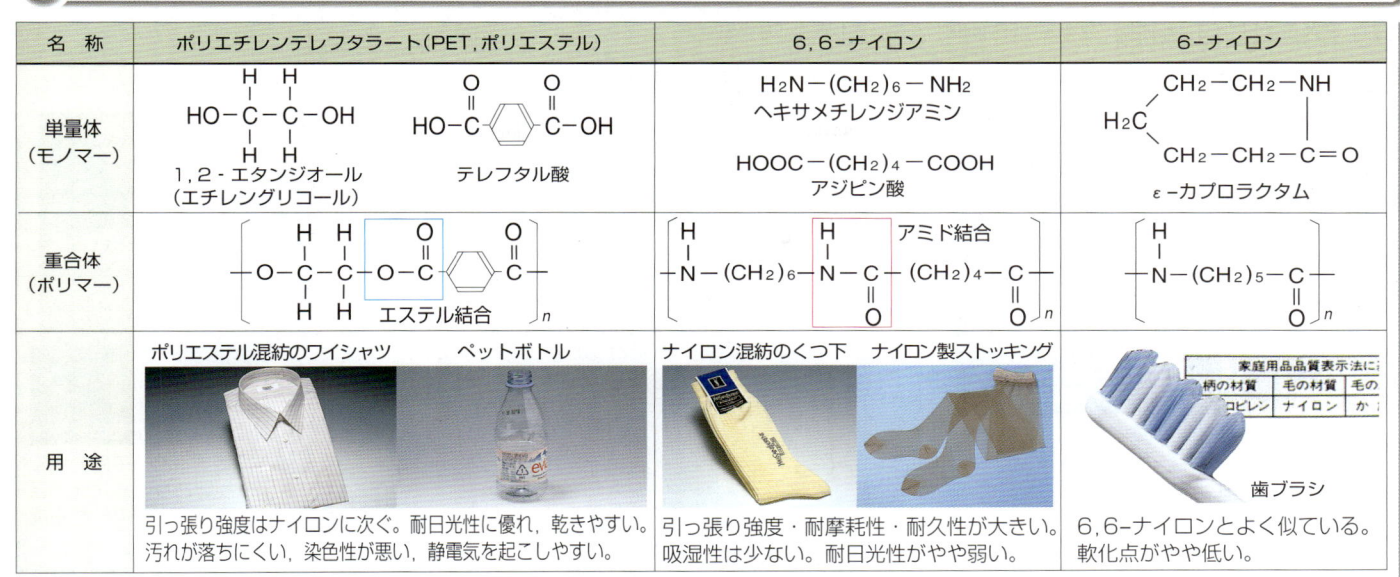

名称	ポリエチレンテレフタラート(PET, ポリエステル)	6,6-ナイロン	6-ナイロン
単量体（モノマー）	$HO-\underset{H}{\overset{H}{C}}-\underset{H}{\overset{H}{C}}-OH$　1,2-エタンジオール（エチレングリコール）　　$HO-\overset{O}{\overset{\|}{C}}-\bigcirc-\overset{O}{\overset{\|}{C}}-OH$　テレフタル酸	$H_2N-(CH_2)_6-NH_2$　ヘキサメチレンジアミン $HOOC-(CH_2)_4-COOH$　アジピン酸	$\begin{matrix}CH_2-CH_2-NH\\ H_2C\qquad\qquad\quad\|\\ CH_2-CH_2-C=O\end{matrix}$　ε-カプロラクタム
重合体（ポリマー）	$\left[-O-\underset{H}{\overset{H}{C}}-\underset{H}{\overset{H}{C}}-O-\overset{O}{\overset{\|}{C}}-\bigcirc-\overset{O}{\overset{\|}{C}}-\right]_n$　エステル結合	$\left[-\underset{H}{N}-(CH_2)_6-\underset{H}{N}-\overset{O}{\overset{\|}{C}}-(CH_2)_4-\overset{O}{\overset{\|}{C}}-\right]_n$　アミド結合	$\left[-\underset{H}{N}-(CH_2)_5-\overset{O}{\overset{\|}{C}}-\right]_n$
用途	ポリエステル混紡のワイシャツ　／　ペットボトル 引っ張り強度はナイロンに次ぐ。耐日光性に優れ，乾きやすい。汚れが落ちにくい，染色性が悪い，静電気を起こしやすい。	ナイロン混紡のくつ下　／　ナイロン製ストッキング 引っ張り強度・耐摩耗性・耐久性が大きい。吸湿性は少ない。耐日光性がやや弱い。	歯ブラシ 6,6-ナイロンとよく似ている。軟化点がやや低い。

4 縮合重合体の合成

●6,6-ナイロンの合成：ヘキサメチレンジアミンとアジピン酸の縮合重合

静かに注ぐ　／　ヘキサン＋アジピン酸ジクロリド　／　ヘキサメチレンジアミン＋Na_2CO_3をとかした水　／　6,6-ナイロンの膜　／　ピンセットで引き上げた6,6-ナイロン

アジピン酸ジクロリド層とヘキサメチレンジアミン層の界面で縮合重合が起こり，6,6-ナイロンの膜が生成する。

●6-ナイロンの合成：ε-カプロラクタムの開環重合

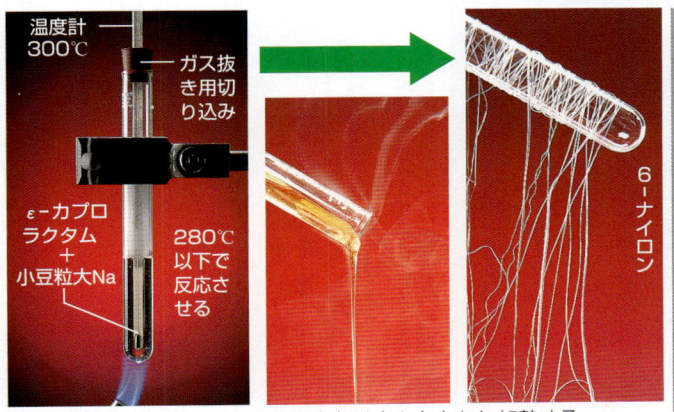

温度計 300℃　／　ガス抜き用切り込み　／　ε-カプロラクタム＋小豆粒大Na　／　280℃以下で反応させる　／　6-ナイロン

融解させたε-カプロラクタムにナトリウムをとかし加熱する。透明な繊維状の6-ナイロンが数10m得られる（写真右）。

ポリエチレンテレフタラートの分解

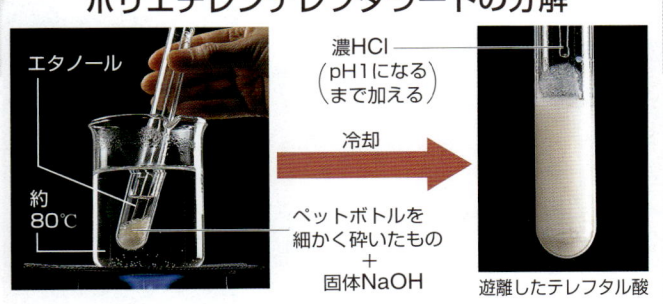

エタノール　／　約80℃　／　ペットボトルを細かく砕いたもの＋固体NaOH　／　冷却　／　濃HCl（pH1になるまで加える）　／　遊離したテレフタル酸

ポリエチレンテレフタラート(PET)は，水酸化ナトリウムで加水分解すると，構成単量体である1,2-エタンジオールとテレフタル酸にもどすことができる。清涼飲料水の容器などに大量に使用されているPETは回収してリサイクルされている。

▶▶ 参照項目p.205「ペットボトルのリサイクル」

76 熱硬化性樹脂・イオン交換樹脂・ゴム

1 熱硬化性樹脂
▼熱硬化性樹脂は，加熱しても軟化しない樹脂で，三次元網目状構造をとる。

●熱硬化性樹脂の生成とその仕組み：フェノール樹脂の場合

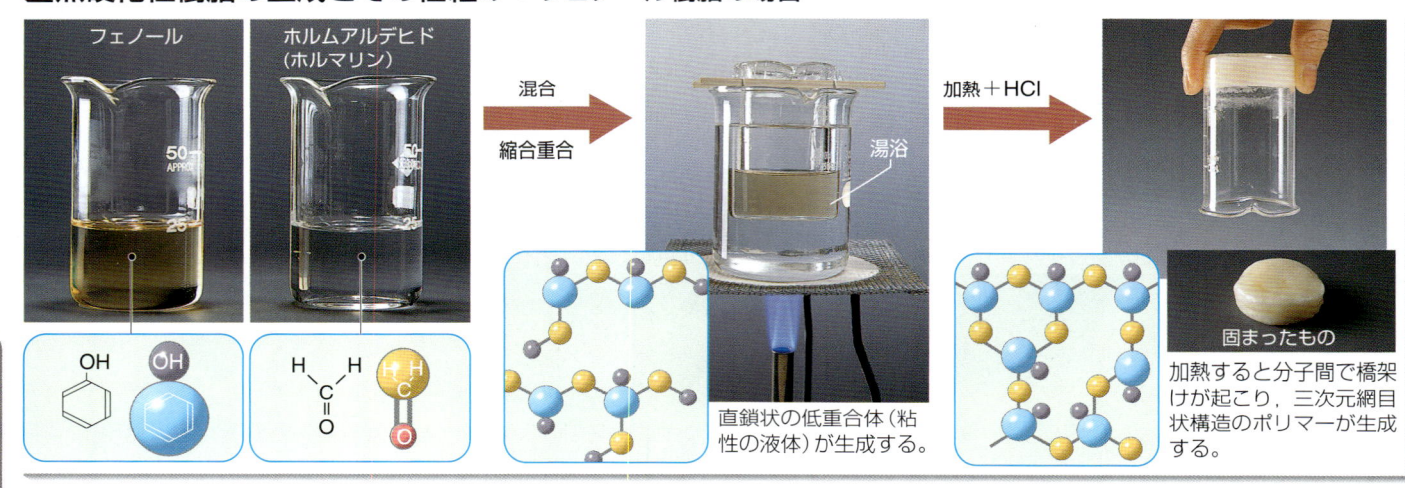

フェノール ＋ ホルムアルデヒド（ホルマリン） → 混合・縮合重合 → 直鎖状の低重合体（粘性の液体）が生成する。 → 加熱＋HCl → 加熱すると分子間で橋架けが起こり，三次元網目状構造のポリマーが生成する。

●フェノール樹脂（ベークライト）
●プリント配線基板 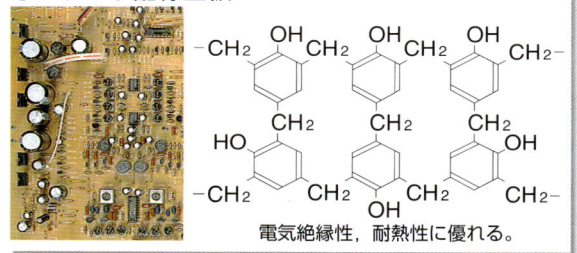
電気絶縁性，耐熱性に優れる。
▶▶参照項目p.217「有機化学工業の歴史」

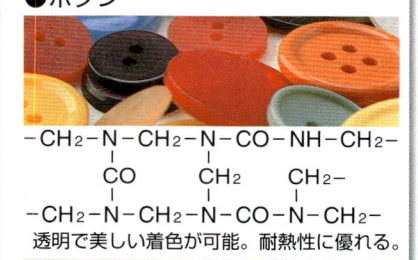

●尿素樹脂[*1]（ユリア樹脂）
●ボタン
透明で美しい着色が可能。耐熱性に優れる。
*1 尿素 $(NH_2)_2CO$ とホルムアルデヒドの縮合重合で生成する。

●メラミン樹脂[*2]
●テーブルの天板
耐熱性，耐水性に優れ，かたくて丈夫。
*2 メラミンとホルムアルデヒドの縮合重合で生成する。

2 イオン交換樹脂
▼イオン交換樹脂は，水溶液中の特定のイオンをとり除くのに用いられる。

●陽イオン交換樹脂とそのはたらき
$CuSO_4$ 水溶液を通す。

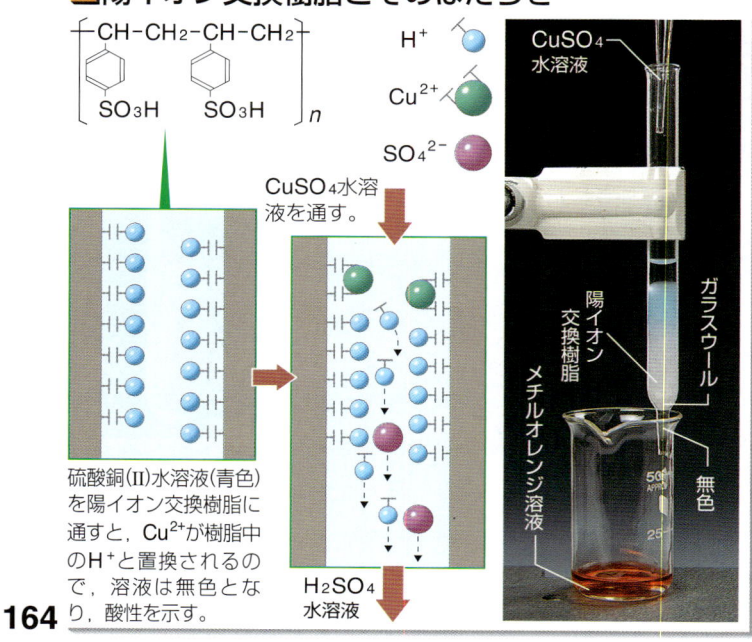

硫酸銅(II)水溶液(青色)を陽イオン交換樹脂に通すと，Cu^{2+} が樹脂中の H^+ と置換されるので，溶液は無色となり，酸性を示す。
→ H_2SO_4 水溶液

●陰イオン交換樹脂とそのはたらき
NaCl 水溶液を通す。

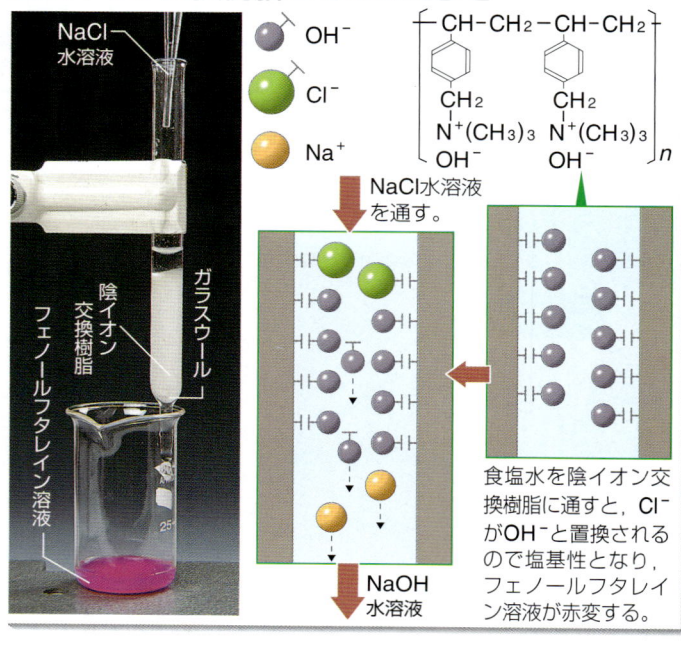

食塩水を陰イオン交換樹脂に通すと，Cl^- が OH^- と置換されるので塩基性となり，フェノールフタレイン溶液が赤変する。
→ NaOH 水溶液

3 ゴム

▼ゴムは，ジエン化合物の付加重合体で，その構造に起因した特有の弾性を示す。

◯ 天然ゴムの採取とラテックス

ラテックス粒子 ×1000

ゴムの木の樹皮に傷をつける。

◯ ゴムボールをつくる

レモン／水／ラテックス／水／レモン汁

ラテックスとレモン汁をそれぞれ10倍に薄めて，空びんに入れて，よく振る。

ラテックスがかたまったら，まわりの液を捨て，さらによく振って球状にする。とり出してタオルで水分を吸いとると，よくはずむボールができる。

◯ ゴムの構造とゴム弾性

$$n\ CH_2=C-CH=CH_2 \xrightarrow{付加重合} \left[CH_2-C=CH-CH_2\right]_n$$
$$\quad\quad\quad\quad CH_3 \quad\quad\quad\quad\quad\quad\quad CH_3$$

イソプレン → ポリイソプレン

生ゴムはイソプレンが付加重合したポリイソプレンである。重合度は数百から数万。

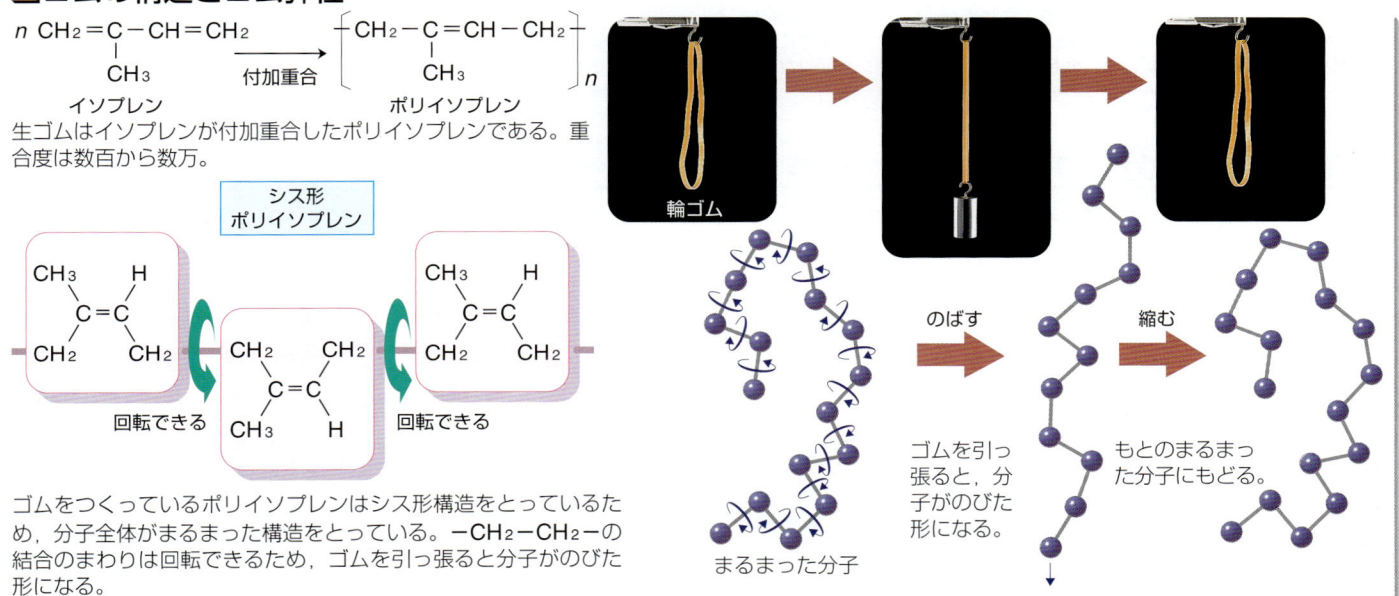

シス形ポリイソプレン

回転できる／回転できる

ゴムをつくっているポリイソプレンはシス形構造をとっているため，分子全体がまるまった構造をとっている。$-CH_2-CH_2-$の結合のまわりは回転できるため，ゴムを引っ張ると分子がのびた形になる。

輪ゴム

まるまった分子 → のばす → ゴムを引っ張ると，分子がのびた形になる。 → 縮む → もとのまるまった分子にもどる。

◯ 加硫：生ゴムに硫黄を加えて架橋結合をつくる

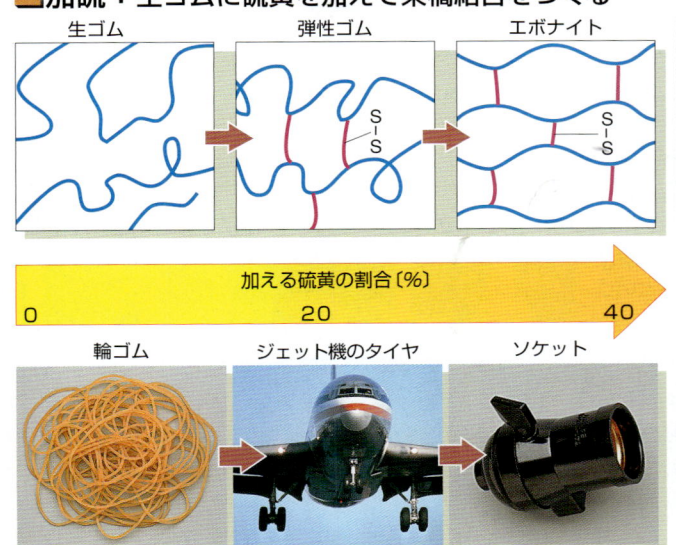

生ゴム／弾性ゴム／エボナイト

加える硫黄の割合〔%〕
0　　　20　　　40

輪ゴム／ジェット機のタイヤ／ソケット

◯ 合成ゴムとその製品

（化学式は構成単量体）

スチレン・ブタジエンゴム(SBR)

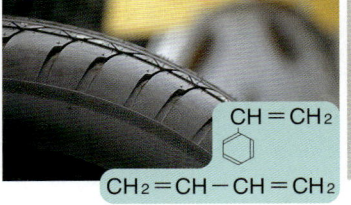

$CH=CH_2$ (ベンゼン環)
$CH_2=CH-CH=CH_2$

アクリロニトリル・ブタジエンゴム(NBR)

$CH_2=CH-CN$
$CH_2=CH-CH=CH_2$

SBRやNBRは2種類のモノマーが混じり合って，付加重合して鎖状の高分子ができている。このような付加重合を**共重合**という。

クロロプレンゴム

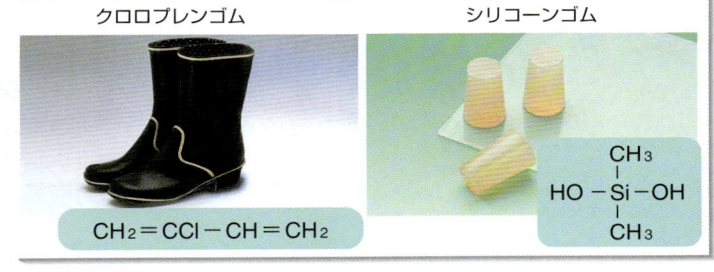

$CH_2=CCl-CH=CH_2$

シリコーンゴム

$$HO-\underset{\underset{CH_3}{|}}{\overset{\overset{CH_3}{|}}{Si}}-OH$$

165

77 特殊な機能をもった高分子

1 吸水性高分子 ▼側鎖に親水基をもつ高分子鎖が橋かけ構造をつくったもの。

◆吸水性高分子の構造と吸水のしくみ

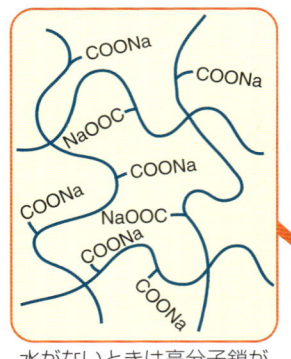

$$\{CH_2-CH(COONa)\}_n \text{ ポリアクリル酸ナトリウム}$$

水がないときは高分子鎖がからみ合い、密につまっているので、体積が小さい。

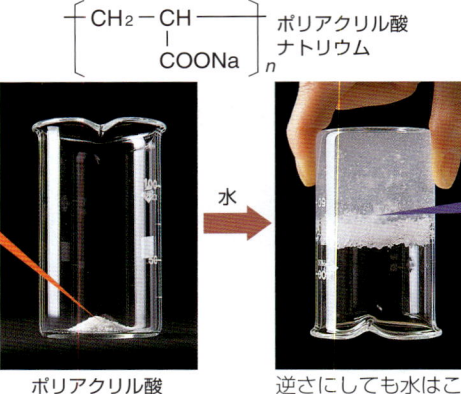

ポリアクリル酸ナトリウム → 水 → 逆さにしても水はこぼれない。

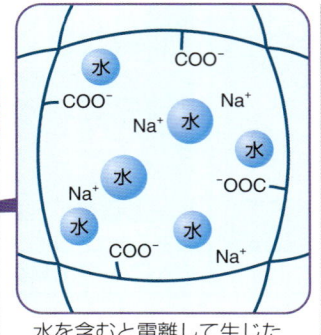

水を含むと電離して生じた$-COO^-$どうしが反発して、すき間に水分子が閉じこめられる。

◆利用
●紙おむつ

紙おむつや生理用品、土壌保水剤や人工雪などに利用されている。

2 超高強度高分子 ▼折れ曲がりにくい分子鎖が規則正しく平行に並んだ高分子。

◆アラミド繊維（ケブラー*）

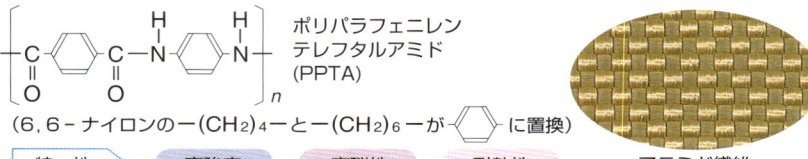

ポリパラフェニレンテレフタルアミド（PPTA）

(6,6-ナイロンの$-(CH_2)_4-$と$-(CH_2)_6-$が◯に置換)

特性：高強度　高弾性　耐熱性

消防服 　ブロックをつり上げる糸 　アラミド繊維は燃えにくく、また刃物などで傷つきにくい繊維。

*ケブラーは商品名。

◆超高強力ポリエチレン

$$\{CH_2-CH_2\}_n$$ 分子量100万以上のポリエチレン（通常のポリエチレンは分子量10万程度）

特性：軽量　高強度　高弾性

ウィンドサーフィンの帆 　歯車、ギアなどの機械部品

ちょっと発展：生分解性プラスチック

●微生物が合成する高分子

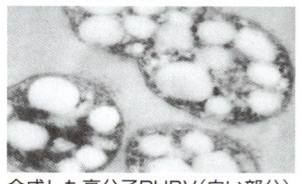

合成した高分子PHBV（白い部分）を体内にたくわえた水素細菌

*PHBVは3HB（3-ヒドロキシブチラート）と3HV（3-ヒドロキシバリラート）の共重合体（P[3HB-co-3HV]）の略。

・自然界で微生物により低分子量の化合物に分解されるプラスチックを生分解性プラスチックという。

微生物がつくるポリマーの1つPHBVの構造

$$\{O-CH(CH_3)-CH_2-C(=O)\}_x \{O-CH(C_2H_5)-CH_2-C(=O)\}_y$$

3-ヒドロキシブチラート　3-ヒドロキシバリラート

・PHBVのような脂肪族ポリエステル（エステル結合をもつ脂肪族化合物の高分子）は微生物により分解されやすい。

●生分解性プラスチックが分解されるようす

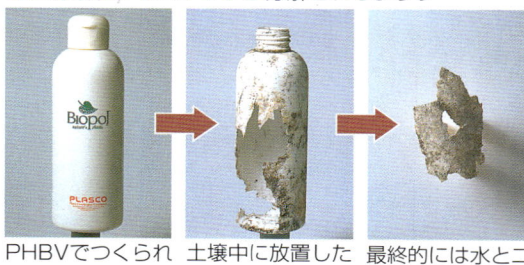

PHBVでつくられた容器。　土壌中に放置したもの。　最終的には水と二酸化炭素になる。

③ 感光性高分子 ▼光によって反応し，重合が進んだり解離したり，または橋かけ構造ができる高分子。

■ 感光性樹脂（フォトレジスト）の技術と利用

●感光性樹脂によるパターンの成形
ネガ型レジストでは，光によって橋かけ構造ができ，溶媒にとけなくなることを利用する。

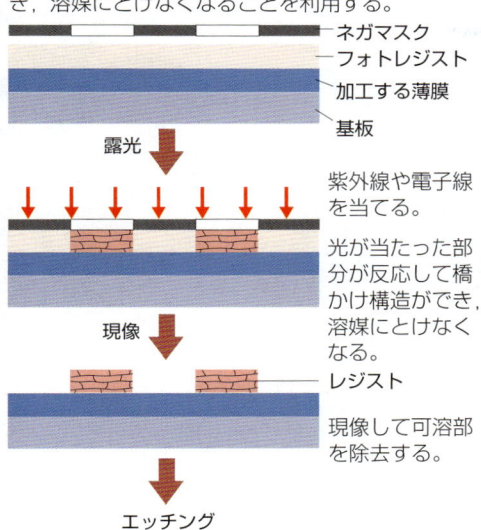

- ネガマスク
- フォトレジスト
- 加工する薄膜
- 基板

露光：紫外線や電子線を当てる。

光が当たった部分が反応して橋かけ構造ができ，溶媒にとけなくなる。

現像：現像して可溶部を除去する。

エッチング

●印刷に用いる凸版

●IC，LSIなどの電子回路基盤

●DVDの基盤
ピットはガラス面に塗られた感光性樹脂にレーザー光を当ててつくる。このガラス基盤を母体としてDVDが大量生産される。

ガラス基盤　DVD 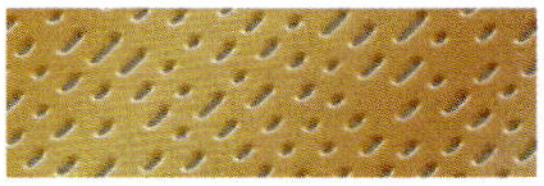　ディスク表面上の記録の信号（ピット）の電子顕微鏡写真。

●感光性高分子の例（ポリケイ皮酸ビニル）

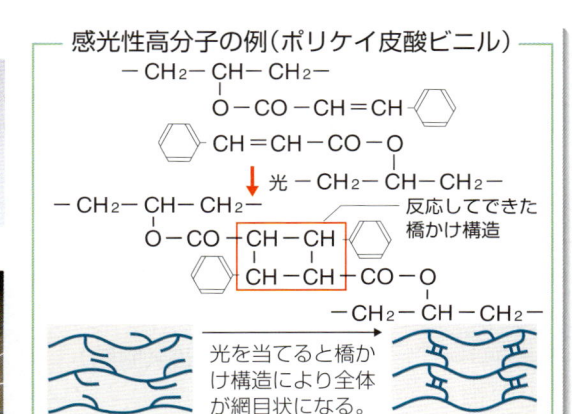

$$-CH_2-CH-CH_2-$$
$$O-CO-CH=CH-\bigcirc$$
$$\bigcirc-CH=CH-CO-O$$
↓光
$$-CH_2-CH-CH_2-$$
$$-CH_2-CH-CH_2-$$
$$O-CO-\boxed{CH-CH}$$
$$\boxed{CH-CH}-CO-O$$
$$-CH_2-CH-CH_2-$$

反応してできた橋かけ構造

光を当てると橋かけ構造により全体が網目状になる。

④ 導電性高分子 ▼白川英樹らはフィルム状のポリアセチレンを作成し，それに高い導電性をもたせることに成功した。

（ポリアセチレンの構造式）→ドーピング→（ドーピング後の構造式：•は電子，空孔）

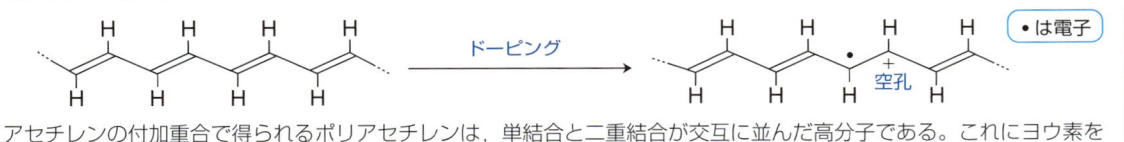

アセチレンの付加重合で得られるポリアセチレンは，単結合と二重結合が交互に並んだ高分子である。これにヨウ素を作用させる（ドーピング）と，ところどころに電子が失われた「空孔」ができ，導電性が大きく増大する*。

ポリアセチレンフィルム

*空孔にとなりの炭素原子から電子が移動すると空孔の位置が一つ動く。ポリアセチレンは空孔が動くことで電流を通すことができる。

⑤ 医療用高分子

●ソフトコンタクトレンズ

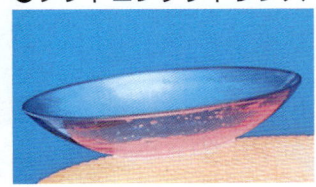

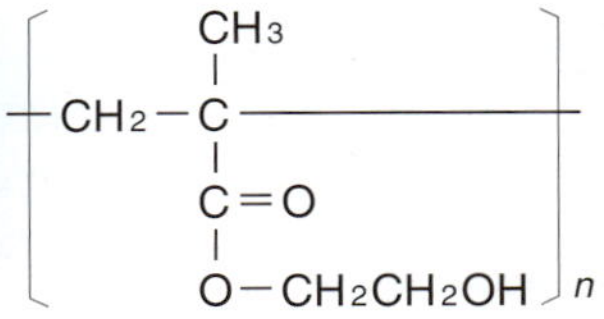

$$\left[-CH_2-\underset{\underset{O-CH_2CH_2OH}{\overset{\overset{CH_3}{|}}{C}}=O}{\overset{CH_3}{C}}-\right]_n$$

ポリメタクリル酸ヒドロキシエチル

●人工歯

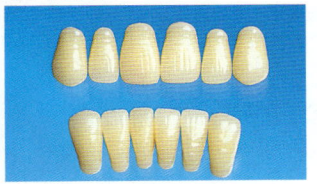

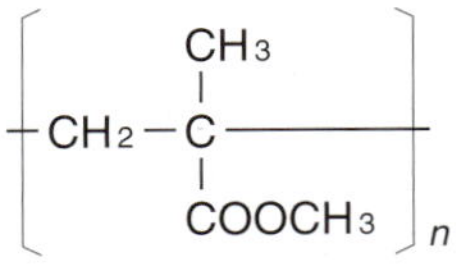

$$\left[-CH_2-\underset{COOCH_3}{\overset{CH_3}{C}}-\right]_n$$

ポリメタクリル酸メチル

●とける手術糸

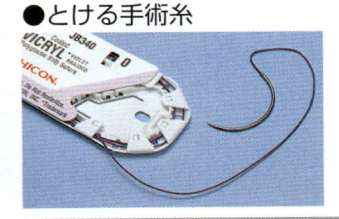

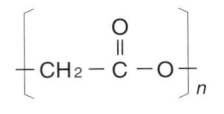

$$\left[-CH_2-\underset{}{\overset{O}{C}}-O-\right]_n$$

ポリグリコール酸

⑥ 複合材料（繊維強化プラスチックなど）

●炭素繊維複合材 
オートバイのボディーなど

●ガラス繊維織物＋フッ素樹脂 
東京ドームの天井

●合成皮革
スエード調エクセーヌ

●ABS樹脂
トランク

ABSはガラス状のアクリロニトリルスチレン共重合体とゴム状のポリブタジエンが混合し合って，かたくて柔軟な樹脂となっている。このような高分子をポリマーアロイ（高分子の合金）という。

78 ▶ 生体をつくる物質

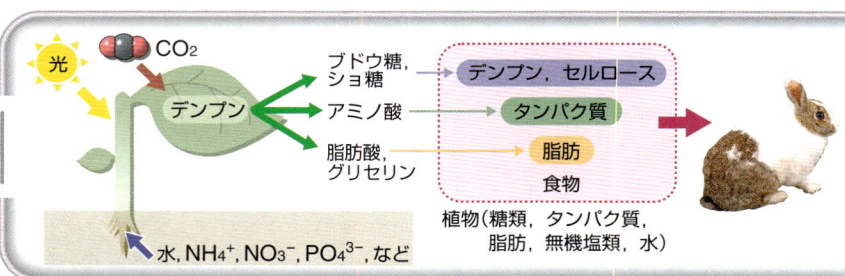

物質	構成元素
水	H, O
無機塩類	Na, K, Mg, Ca, Fe, P, S, Cl など
タンパク質	C, H, N, O, S
糖類（炭水化物）	C, H, O
油脂（脂肪）	C, H, O
核酸	C, H, N, O, P

生命と物質

植物は、光合成により大気中の二酸化炭素と水からデンプンを合成する。デンプンは、他の糖類や脂肪酸などに変換され、さらに地中からとり入れたアンモニウムイオンNH_4^+や硝酸イオンNO_3^-とともにアミノ酸に変換される。これらは、根、茎、種子などに糖類、タンパク質、脂肪として貯蔵され、体物質やエネルギー源となる。一方、動物は、植物や他の動物をつくる糖類、タンパク質、脂肪、無機塩類、水などを食物としてとり入れ、消化・吸収し、再合成して体物質やエネルギー源としている。

光 → CO_2 → デンプン → ブドウ糖, ショ糖 → デンプン, セルロース
→ アミノ酸 → タンパク質
→ 脂肪酸, グリセリン → 脂肪
食物：植物（糖類, タンパク質, 脂肪, 無機塩類, 水）
水, NH_4^+, NO_3^-, PO_4^{3-}, など

① 生体を構成する元素
▼生体は、C, H, O, Nの4元素を中心に構成されている。

生質量%（生きたからだに含まれる元素の割合）
- O 66.0%
- C 17.5%
- H 10.2%
- N 2.4%
- Ca 1.6%
- その他: P 0.9%, K 0.4%, Na 0.3%, Cl 0.3%, S 0.2%, Mg 0.05%
- ・O, C, H, Nの4元素で約95%を占める。
- ・H_2Oを約70%含むので、O, Hの割合が増える。

乾燥質量%（生体から水を除いた元素の割合）
- C 48.3%
- O 23.7%
- N 12.9%
- H 6.6%
- Ca 3.4%
- S 1.6%
- その他: P 1.6%, Na 0.7%, K 0.6%, Cl 0.5%, Mg 0.1%
- ・O, C, H, Nの4元素で約92%を占める。
- ・Cが約50%を占める。

② 生体を構成する物質
▼主要な物質は、水、タンパク質、油脂（脂肪）、糖類（炭水化物）、核酸、無機塩類である。

植物（生質量%）
水 75% | 糖類 20% | タンパク質 2% | 無機塩類 2% | 油脂・核酸 その他 1%

動物（生質量%）
水 67% | タンパク質 15% | 油脂 13% | 無機塩類 3% | 糖類, その他 2%

細胞の原形質の成分（生質量%）
水 85% | タンパク質 10% | 油脂 2% | 無機塩類 1.5% | 核酸 1.1% | 糖類 0.4%

成分比の違いは、生体内の貯蔵物質の違いによる。
植物：糖類が主。
動物：タンパク質、油脂（脂肪）。

原形質で見ると動物・植物の差はない。有機化合物でもっとも多いのはタンパク質。

③ 生体内の物質とはたらき
▼生体を構成する物質は，それぞれ異なる性質があり，細胞の各機能にうまく利用されている。

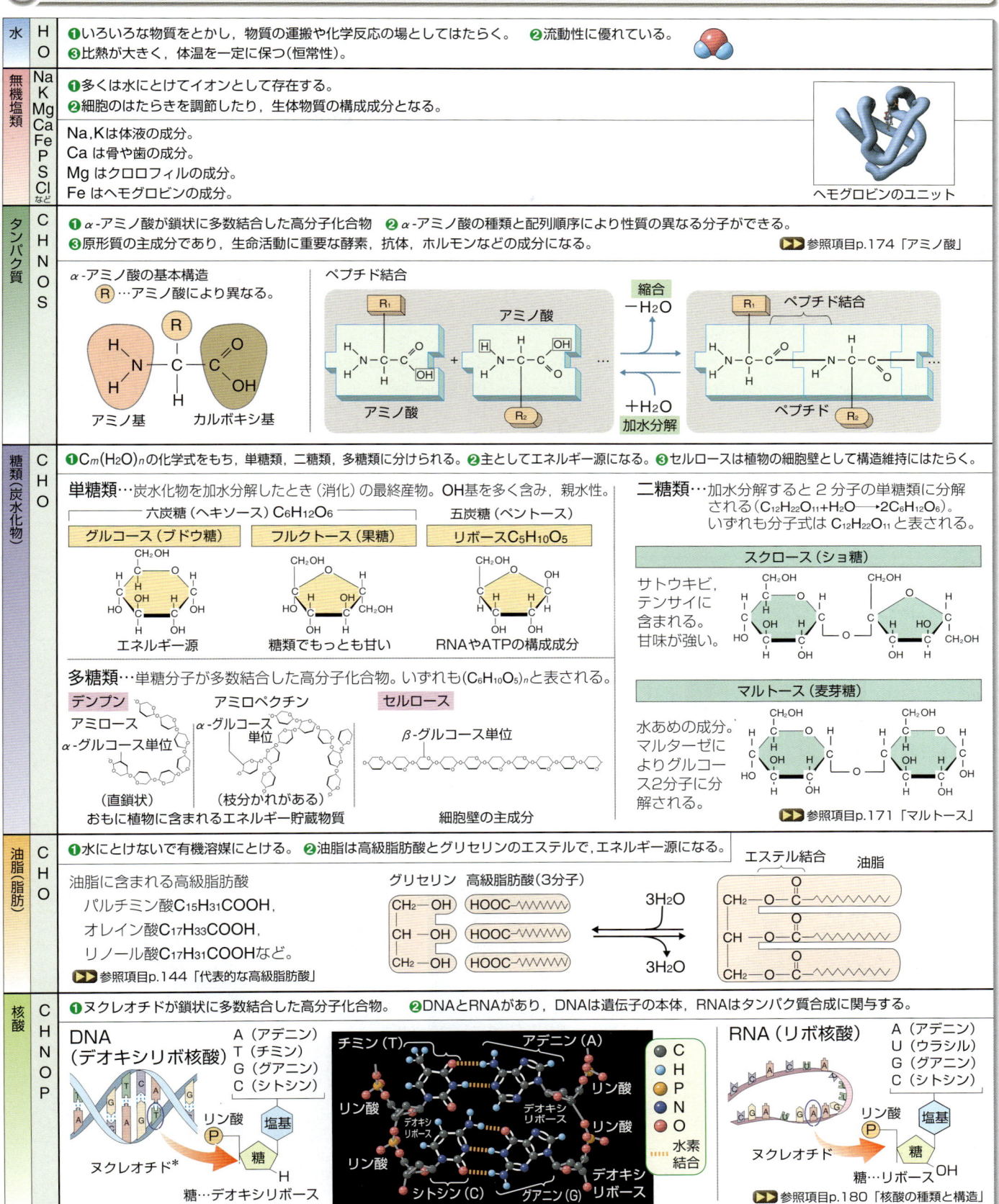

水 （H, O）
①いろいろな物質をとかし，物質の運搬や化学反応の場としてはたらく。　②流動性に優れている。
③比熱が大きく，体温を一定に保つ（恒常性）。

無機塩類 （Na, K, Mg, Ca, Fe, P, S, Cl など）
①多くは水にとけてイオンとして存在する。
②細胞のはたらきを調節したり，生体物質の構成成分となる。

Na, Kは体液の成分。
Caは骨や歯の成分。
Mgはクロロフィルの成分。
Feはヘモグロビンの成分。

ヘモグロビンのユニット

タンパク質 （C, H, N, O, S）
①α-アミノ酸が鎖状に多数結合した高分子化合物　②α-アミノ酸の種類と配列順序により性質の異なる分子ができる。
③原形質の主成分であり，生命活動に重要な酵素，抗体，ホルモンなどの成分になる。
▶▶参照項目p.174「アミノ酸」

α-アミノ酸の基本構造　R…アミノ酸により異なる。
アミノ基　カルボキシ基

ペプチド結合
アミノ酸 + アミノ酸 ⇌ ペプチド
縮合 −H_2O / 加水分解 +H_2O
ペプチド結合

糖類（炭水化物） （C, H, O）
①$C_m(H_2O)_n$の化学式をもち，単糖類，二糖類，多糖類に分けられる。　②主としてエネルギー源になる。　③セルロースは植物の細胞壁として構造維持にはたらく。

単糖類…炭水化物を加水分解したとき（消化）の最終産物。OH基を多く含み，親水性。

六炭糖（ヘキソース）$C_6H_{12}O_6$
- グルコース（ブドウ糖）…エネルギー源
- フルクトース（果糖）…糖類でもっとも甘い

五炭糖（ペントース）
- リボース $C_5H_{10}O_5$…RNAやATPの構成成分

二糖類…加水分解すると2分子の単糖類に分解される（$C_{12}H_{22}O_{11}+H_2O \longrightarrow 2C_6H_{12}O_6$）。いずれも分子式は$C_{12}H_{22}O_{11}$と表される。

- スクロース（ショ糖）…サトウキビ，テンサイに含まれる。甘味が強い。
- マルトース（麦芽糖）…水あめの成分。マルターゼによりグルコース2分子に分解される。

多糖類…単糖分子が多数結合した高分子化合物。いずれも$(C_6H_{10}O_5)_n$と表される。

- デンプン　アミロース（α-グルコース単位）（直鎖状）／アミロペクチン（α-グルコース単位）（枝分かれがある）…おもに植物に含まれるエネルギー貯蔵物質
- セルロース（β-グルコース単位）…細胞壁の主成分

▶▶参照項目p.171「マルトース」

油脂（脂肪） （C, H, O）
①水にとけないで有機溶媒にとける。　②油脂は高級脂肪酸とグリセリンのエステルで，エネルギー源になる。

油脂に含まれる高級脂肪酸
パルミチン酸 $C_{15}H_{31}COOH$,
オレイン酸 $C_{17}H_{33}COOH$,
リノール酸 $C_{17}H_{31}COOH$など。

グリセリン + 高級脂肪酸（3分子） ⇌ 油脂 + 3H_2O（エステル結合）

▶▶参照項目p.144「代表的な高級脂肪酸」

核酸 （C, H, N, O, P）
①ヌクレオチドが鎖状に多数結合した高分子化合物。　②DNAとRNAがあり，DNAは遺伝子の本体，RNAはタンパク質合成に関与する。

DNA（デオキシリボ核酸）
A（アデニン）／T（チミン）／G（グアニン）／C（シトシン）
ヌクレオチド＊　リン酸・糖・塩基　糖…デオキシリボース

チミン(T)／アデニン(A)／シトシン(C)／グアニン(G)／リン酸／デオキシリボース
C／H／P／N／O／水素結合

RNA（リボ核酸）
A（アデニン）／U（ウラシル）／G（グアニン）／C（シトシン）
ヌクレオチド　リン酸・糖・塩基　糖…リボース

▶▶参照項目p.180「核酸の種類と構造」

＊リン酸と糖と塩基からなる核酸の構成単位。

79 ▶ 糖類1（単糖類・二糖類）

1 糖類の分類 ▼一般式 $C_m(H_2O)_n$ で構成される化合物群を**糖類**（または**炭水化物**）という。

糖類の種類	単糖類	二糖類	多糖類
分子式	$C_6H_{12}O_6$	$C_{12}H_{22}O_{11}$	$(C_6H_{10}O_5)_n$
化合物の例	グルコース（ブドウ糖），フルクトース（果糖），ガラクトース，マンノース	マルトース（麦芽糖），スクロース（ショ糖），ラクトース（乳糖），セロビオース	デンプン，グリコーゲン，セルロース
性質	二糖類や多糖類の構成単位で，これ以上加水分解されない。	加水分解されて単糖2分子を生じる。	加水分解されて多数の単糖分子を生じる。

●多糖類から二糖類，単糖類へ

単糖類 → 二糖類 → 多糖類

※単糖を結びつけているエーテル結合を**グリコシド結合**という。

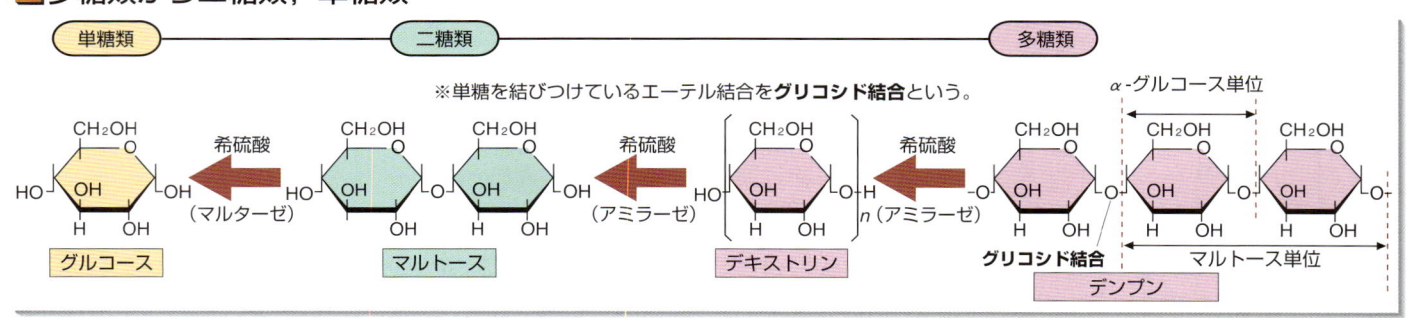

グルコース ←希硫酸（マルターゼ）— マルトース ←希硫酸（アミラーゼ）— デキストリン ←希硫酸（アミラーゼ）— デンプン（グリコシド結合／マルトース単位／α-グルコース単位）

2 単糖類 ▼これ以上簡単な糖に加水分解されない糖類を**単糖類**という。水にとけやすくすべてが還元性を示す。

●グルコース（ブドウ糖）

動植物の体内に存在する。水溶液中では3つの構造が混じった平衡状態にある。甘みがあり，水によくとけ，還元性を示す。

グルコースの粉末

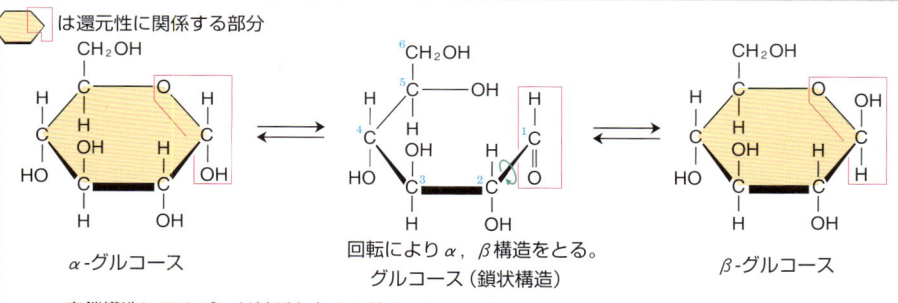

■は還元性に関係する部分

α-グルコース ⇌ グルコース（鎖状構造）回転によりα，β構造をとる。 ⇌ β-グルコース

直鎖構造にアルデヒド基が存在する糖を**アルドース**という。

●光合成（グルコースの合成）

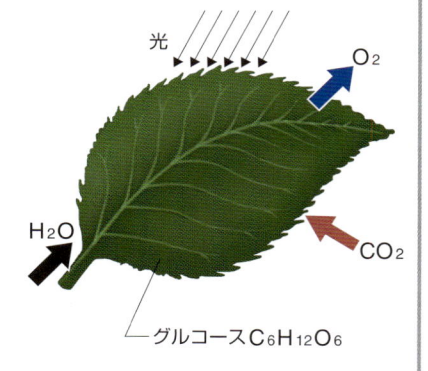

光，O_2，H_2O，CO_2，グルコース $C_6H_{12}O_6$

$6CO_2 + 6H_2O \longrightarrow C_6H_{12}O_6 + 6O_2$

グルコースは植物の光合成でつくられている。

●グルコースの還元反応

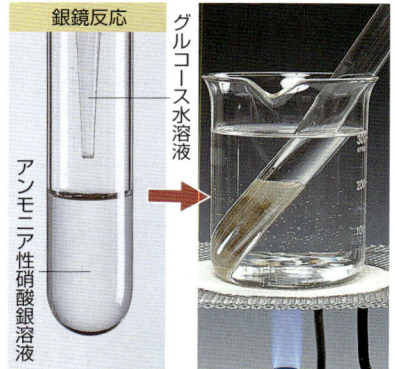

銀鏡反応：アンモニア性硝酸銀溶液にグルコース水溶液を加え，50〜60℃であたためると試験管の内壁に銀が析出し，鏡のように見える。

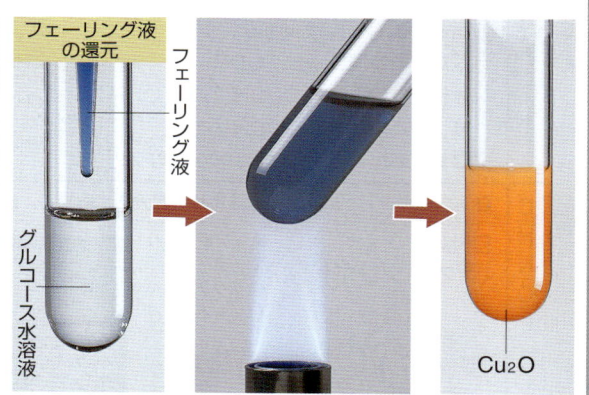

フェーリング液の還元：グルコース水溶液にフェーリング液を加えて加熱すると，赤色の酸化銅(I) Cu_2O の沈殿が生じる。

その他の単糖類

●フルクトース(果糖)
果物やハチミツに含まれる。水溶液中では3つの構造が混じった平衡状態にある。もっとも甘みが強く、水によくとけ、還元性を示す。

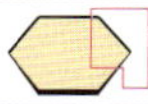

凡例：還元性に関係する部分

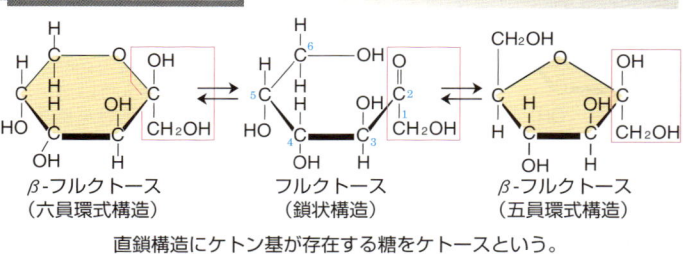

β-フルクトース（六員環式構造）⇔ フルクトース（鎖状構造）⇔ β-フルクトース（五員環式構造）

直鎖構造にケトン基が存在する糖をケトースという。

●ガラクトース
寒天に含まれるガラクタン(多糖類)の構成成分で、還元性を示す。

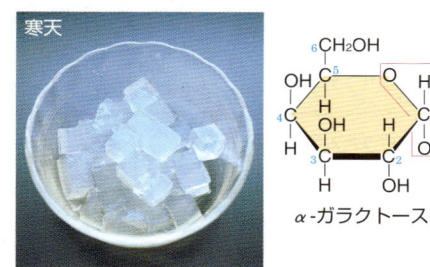

α-ガラクトース

●マンノース
コンニャクに含まれるマンナン(多糖類)の構成成分で、還元性を示す。

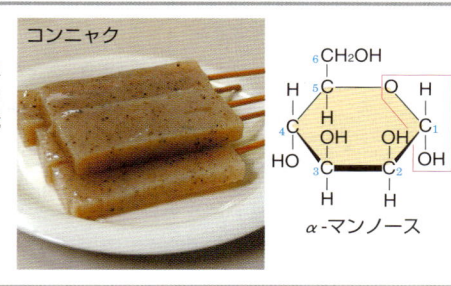

α-マンノース

3 二糖類
▼単糖2分子が脱水縮合した化合物を**二糖類**という。酸または酵素で加水分解されて2分子の単糖を生じる。

■スクロース
サトウキビ、テンサイに含まれ、砂糖として使われる。還元性は示さない。希硫酸またはインベルターゼによる加水分解により、グルコースとフルクトースを生じる。この混合物は転化糖と呼ばれ、還元性を示す。

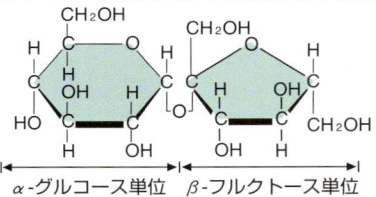

α-グルコース単位 — β-フルクトース単位

氷砂糖

■スクロース(ショ糖)の加水分解

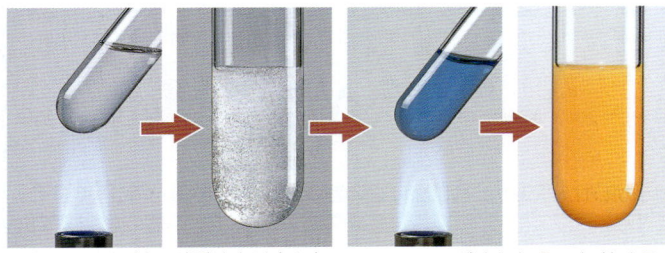

スクロースに希硫酸を加え、3分間沸騰。→ 炭酸ナトリウムを泡が出なくなるまで加える(中和)。→ フェーリング液を加えて加熱すると、赤色の酸化銅(I) Cu_2O の沈殿が生成する。

スクロースが加水分解するとグルコースとフルクトースになる。

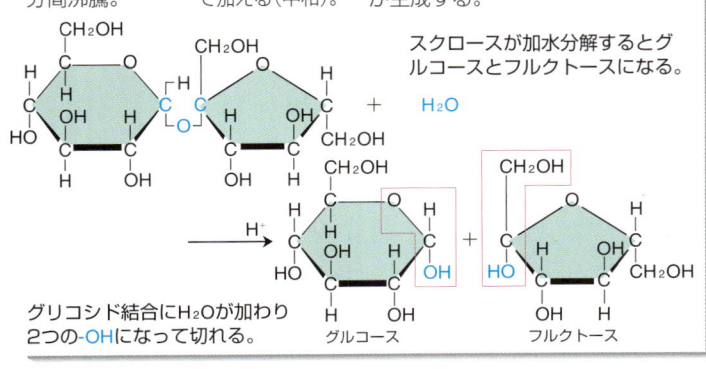

+ H_2O → (H⁺) → グルコース + フルクトース

グリコシド結合に H_2O が加わり2つの-OHになって切れる。

その他の二糖類

●マルトース(麦芽糖)
水あめの主成分で還元性を示す。希硫酸またはマルターゼによる加水分解により、グルコース2分子を生じる。

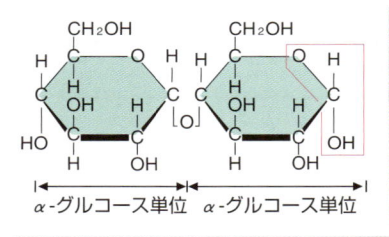

α-グルコース単位 — α-グルコース単位

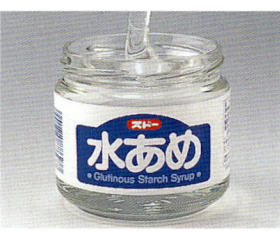

●ラクトース(乳糖)
ほ乳類の乳汁に含まれ還元性を示す。希硫酸またはラクターゼによる加水分解により、グルコースとガラクトースを生じる。

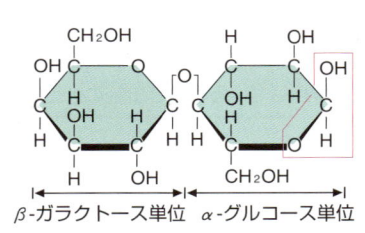

β-ガラクトース単位 — α-グルコース単位

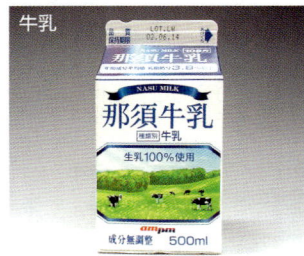

●セロビオース
マツの葉などに含まれ、還元性を示す。希硫酸またはセロビアーゼによる加水分解により、グルコース2分子を生じる。

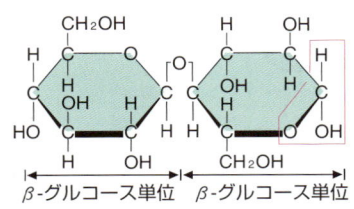

β-グルコース単位 — β-グルコース単位

80 ▶ 糖類 2（多糖類）

1 デンプン
▼分子式$(C_6H_{10}O_5)_n$で表される多糖類。植物の光合成でつくられ、種子や地下茎などにデンプン粒としてたくわえられる。

◉ デンプンの構造と例
▼デンプンは α-グルコース分子が縮合重合した構造をもち、直鎖構造のアミロースと枝分かれ構造のアミロペクチンがある。

●アミロース（直鎖構造）

ジャガイモ

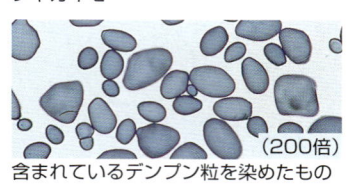

含まれているデンプン粒を染めたもの（200倍）

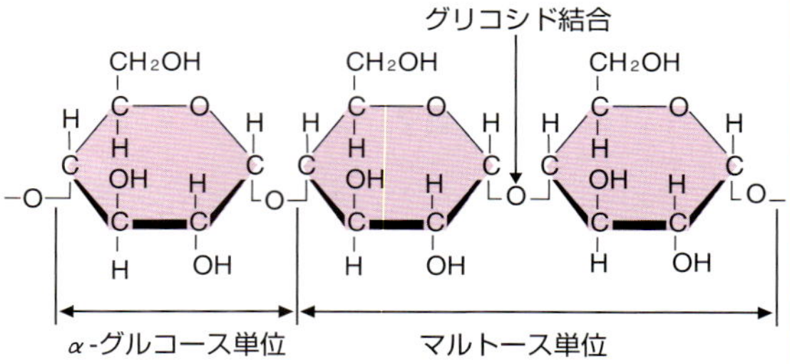

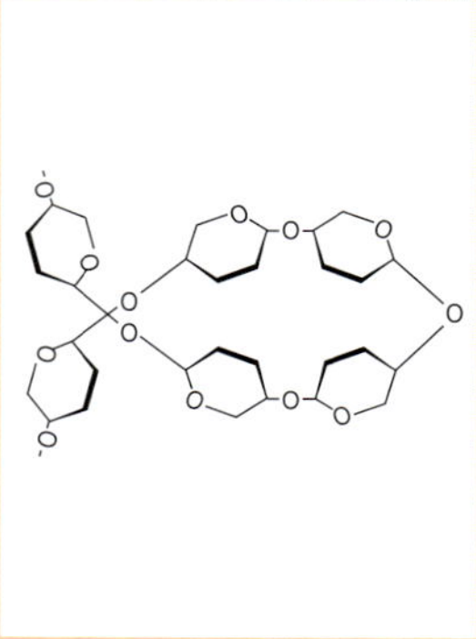

ふつうのデンプンに20〜25%含まれ、熱水にとける。分子量は比較的小さい（4万〜60万）。ヨウ素デンプン反応で濃青色を呈する。還元性はない。分子はらせん構造（グルコース単位6個で1回転する）をとっている。

●アミロペクチン（枝分かれ構造）

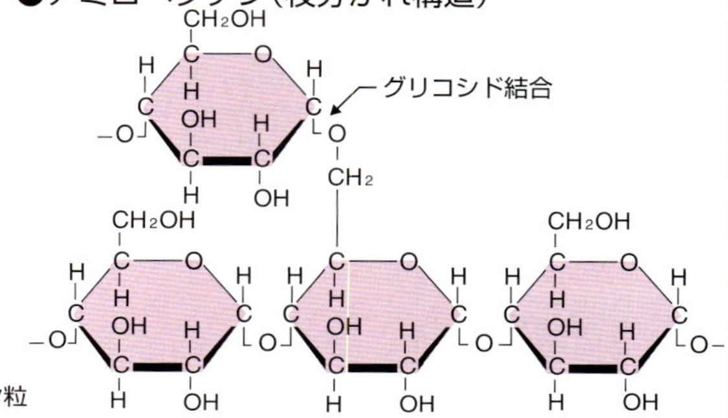

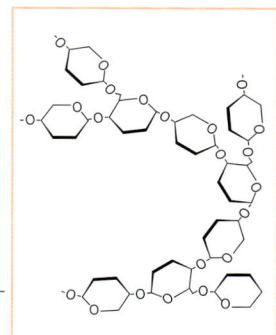

米粒

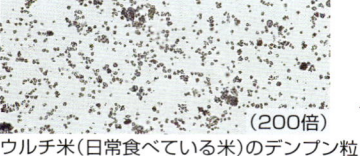

ウルチ米（日常食べている米）のデンプン粒（200倍）

ふつうのデンプンに75〜80%含まれる（もち米はほぼ100%）。分子量は比較的大きい。（20万〜700万）。ヨウ素デンプン反応で赤紫色を呈する。還元性はない。

●ヨウ素デンプン反応

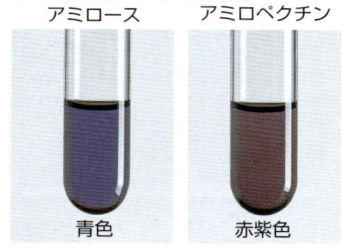

アミロース：青色
アミロペクチン：赤紫色

デンプン分子のらせん構造にヨウ素分子が入り込むと、らせん構造の長さによって青〜赤紫色を呈する。

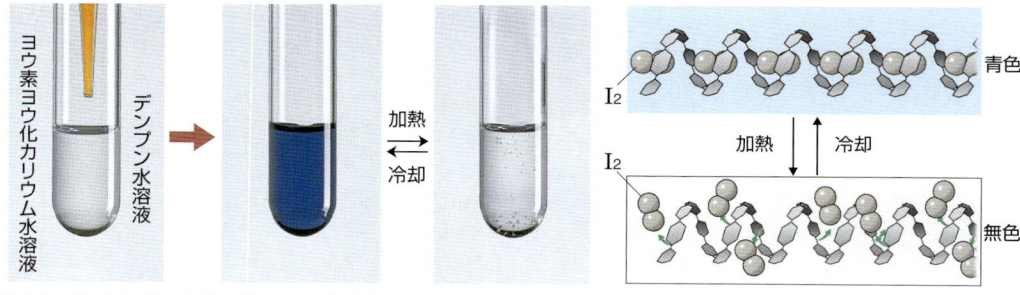

ヨウ素ヨウ化カリウム水溶液＋デンプン水溶液　加熱⇌冷却

呈色している状態で加熱すると、ヨウ素分子がらせん構造からぬけ出して無色になる。冷却すると再び呈色する。

●デンプンの加水分解

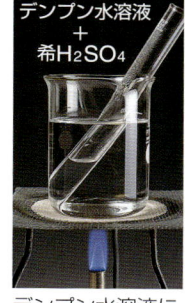

デンプン水溶液＋希H_2SO_4

デンプン水溶液に希硫酸を加え、100℃に加熱。

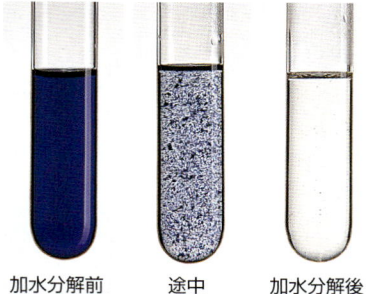

加水分解前／途中／加水分解後

ヨウ素ヨウ化カリウム水溶液を加水分解前、途中、分解後のデンプン水溶液にそれぞれ加える。加水分解後はグルコースになるのでヨウ素デンプン反応は示さない。

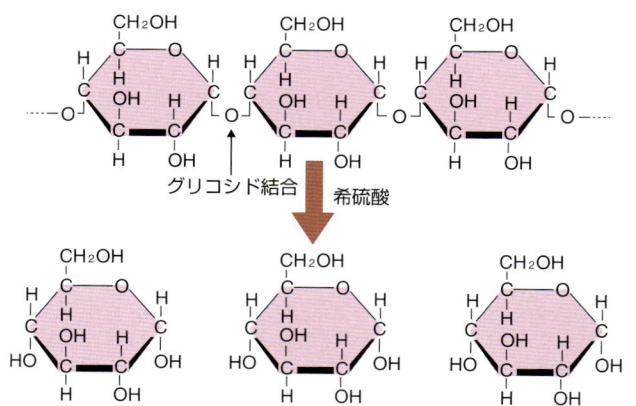

希硫酸によりグリコシド結合が切れる。

フェーリング液の還元：加水分解後、還元性を示す。

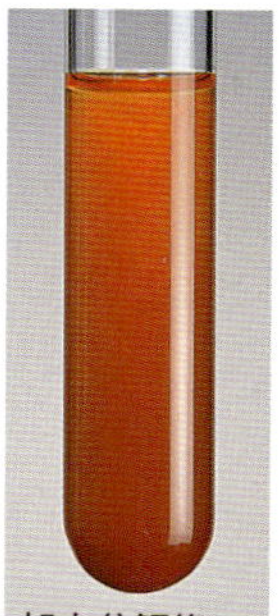

② セルロース ▼分子式 $(C_6H_{10}O_5)_n$ で表される多糖類。植物の細胞壁の主成分で、ほとんどの植物に含まれる。

◆セルロースの構造と例

綿の花
アサの茎

β-グルコース単位 / セロビオース単位

セルロースはβ-グルコース分子が縮合重合した構造をもつ。グルコース鎖が真っすぐのびた直鎖構造で熱水に不溶。ヨウ素デンプン反応は示さない（還元性なし）。

●セルロースの加水分解

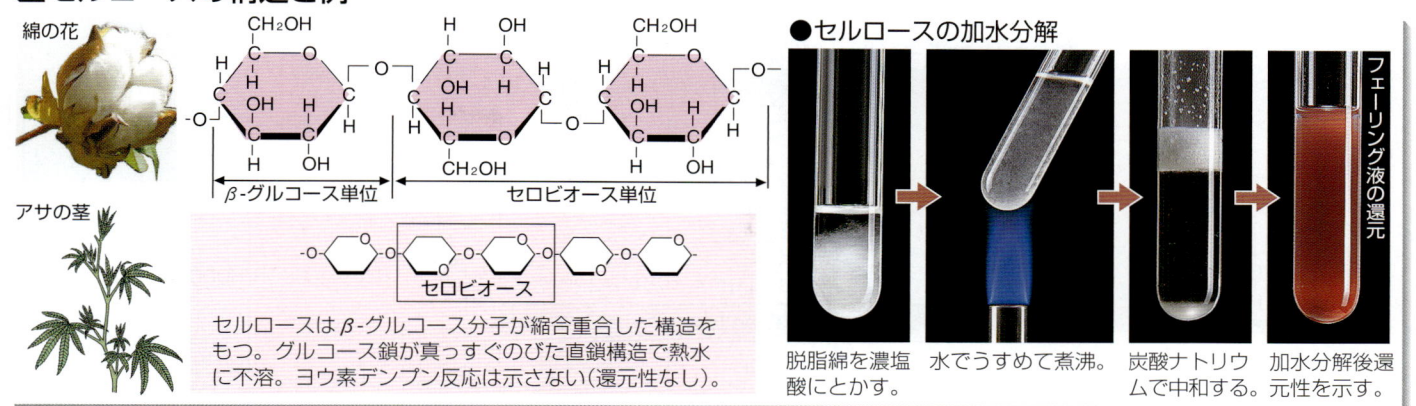

脱脂綿を濃塩酸にとかす。 → 水でうすめて煮沸。 → 炭酸ナトリウムで中和する。 → 加水分解後還元性を示す（フェーリング液の還元）。

セルロースの利用 — セルロースは紙や繊維の原料となる。—

◆半合成繊維 ▼セルロースに置換基をつけた繊維。

●ニトロセルロース
セルロースの硝酸エステルで、セルロイドや火薬に利用される。

濃硫酸と濃硝酸の混酸液に脱脂綿をひたす。水で洗い乾燥させるとニトロセルロースが得られる。火をつけると一瞬で燃えつきる。

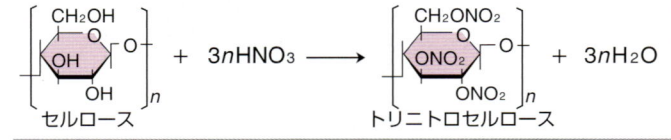

$$[\text{セルロース}] + 3n\text{HNO}_3 \longrightarrow [\text{トリニトロセルロース}] + 3n\text{H}_2\text{O}$$

●アセチルセルロース
セルロースのヒドロキシ基を酢酸エステル化する。

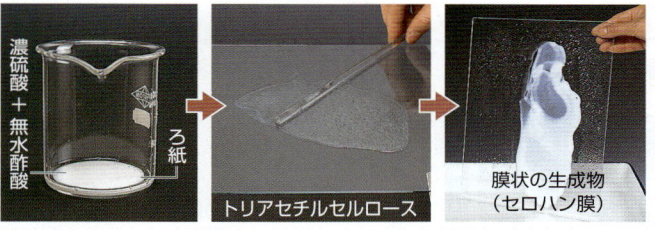

濃硫酸を加えた無水酢酸中にろ紙をひたすとトリアセチルセルロースが生成。ガラス板に流してかため、フィルムを得る。

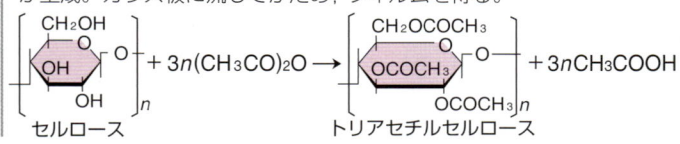

$$[\text{セルロース}] + 3n(\text{CH}_3\text{CO})_2\text{O} \longrightarrow [\text{トリアセチルセルロース}] + 3n\text{CH}_3\text{COOH}$$

膜状の生成物（セロハン膜）

◆再生繊維 ▼セルロースを一度溶解し、長繊維として再生させた繊維。

●ビスコースレーヨン

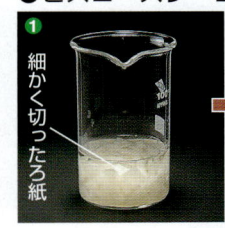

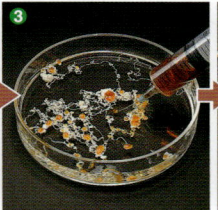

❶細かく切ったろ紙 → ❷二硫化炭素 CS_2 → ❸ → ❹ビスコースレーヨン

❶ろ紙を水酸化ナトリウム溶液にひたしておくと、半透明のアルカリセルロースとなる。
❷アルカリセルロースを二硫化炭素にひたすと透明な赤褐色の液体（ビスコース）となる。
❸ビスコースを注射器に入れ、硫酸ナトリウムと硫酸亜鉛をとかした希硫酸中に押し出す。
❹水洗して乾燥させると、繊維が得られる。

●銅アンモニアレーヨン（キュプラ）

❶水酸化銅(Ⅱ)＋アンモニア → ❷脱脂綿 → ❸希硫酸 → ❹銅アンモニアレーヨン

❶濃アンモニア水に水酸化銅(Ⅱ)をとかす（シュワイツァー試薬）。
❷脱脂綿を少量ずつ加えよくかくはんしてとかす。
❸希硫酸中に押し出す。
❹水洗して乾燥させると、繊維が得られる。

81 アミノ酸・タンパク質

1 アミノ酸
▼分子内にアミノ基−NH₂をもつカルボン酸を**アミノ酸**という。

●アミノ酸の構造
アミノ酸の種類を決める置換基 R
H−N−C−C=O の構造（アミノ基、カルボキシ基）

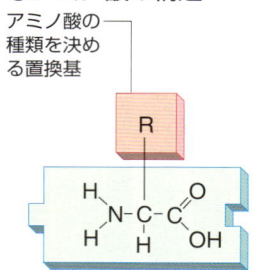

同じ炭素原子にカルボキシ基とアミノ基が結合しているアミノ酸を**α-アミノ酸***という。α-アミノ酸はタンパク質の構成単位である。

●おもなα-アミノ酸
*は動物の体内でつくりにくいアミノ酸（必須アミノ酸）である。

名称	グリシン(Gly)	アラニン(Ala)	リシン(Lys)*
置換基	H	CH₃	NH₂-CH₂-CH₂-CH₂-CH₂-
融点(℃)	290（分解）	297（分解）	224〜225（分解）

名称	メチオニン(Met)*	チロシン(Tyr)	グルタミン酸(Glu)
置換基	CH₃-S-CH₂-CH₂-	HO-C₆H₄-CH₂-	COOH-CH₂-CH₂-
融点(℃)	281（分解）	342〜344（分解）	247〜249（分解）

●アミノ酸の光学異性体
α-アミノ酸(L型)　α-アミノ酸(D型)

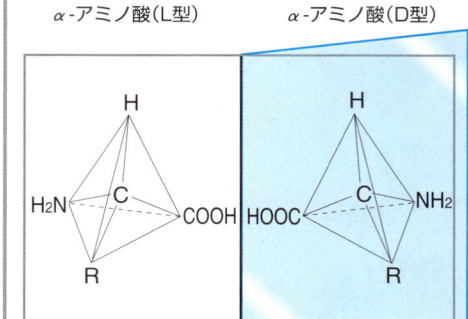

α-アミノ酸（グリシンを除く）は，不斉炭素原子をもつので光学異性体が存在する。天然に存在するほとんどのアミノ酸は，L型と呼ばれる構造をもっている。

*C^γ−C^β−C^α−COOHはカルボキシ基が結合している炭素から順にα, β, γと呼ぶ。

2 アミノ酸の性質
▼アミノ酸は，結晶中では双性イオンとして分子内塩をつくるため，イオン結晶のような性質をもつ。

●アミノ酸の溶解性
ヘキサン / 水　（アラニン）
有機溶媒より水にとけやすい。

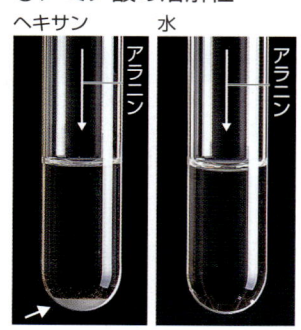

●結晶中では双性イオン（両性イオン）の性質

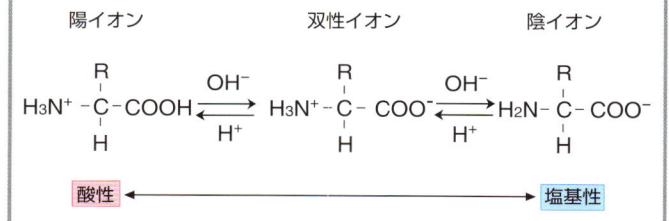

陽イオン ⇌(OH⁻/H⁺) 双性イオン ⇌(OH⁻/H⁺) 陰イオン

H₃N⁺−CR(H)−COOH ⇌ H₃N⁺−CR(H)−COO⁻ ⇌ H₂N−CR(H)−COO⁻

酸性 ←――――――→ 塩基性

アミノ酸の1分子中にはカルボキシ基とアミノ基があるので，溶液のpHにより陽イオンや陰イオンになる。結晶中では双性イオン（両性イオン）として存在する。

●ニンヒドリン反応
アミノ酸＋ニンヒドリン水溶液

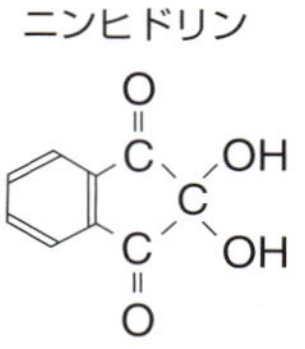

アミノ酸の検出
アミノ酸にニンヒドリン水溶液を入れてあたためると，青紫〜赤紫色に変わる。

●アミノ酸の縮合反応

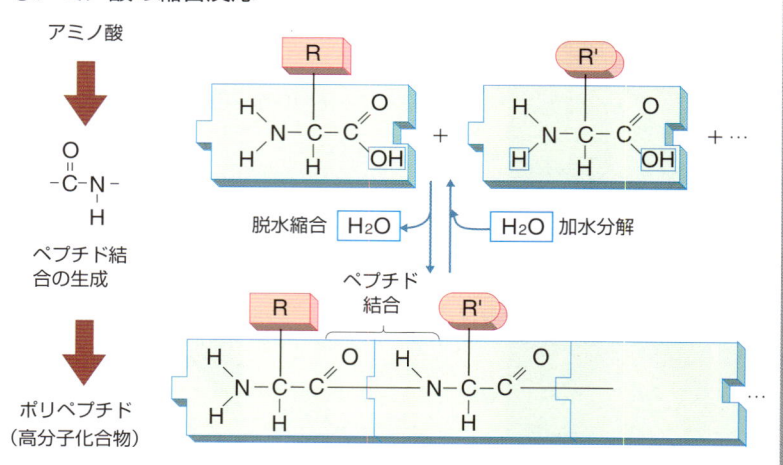

アミノ酸 → −C(=O)−N(H)− ペプチド結合の生成 → ポリペプチド（高分子化合物）

H−N(H)−C(H)(R)−C(=O)−OH ＋ H−N(H)−C(H)(R')−C(=O)−OH ＋ …
⇌ 脱水縮合 H₂O ／ 加水分解 H₂O
→ H−N(H)−C(H)(R)−C(=O)−N(H)−C(H)(R')−C(=O)− … （ペプチド結合）

多くのアミノ酸が縮合重合でペプチド結合した高分子化合物を**ポリペプチド**という。ポリペプチドはタンパク質の基本構造である。

●タンパク質の加水分解
水酸化ナトリウム粒／濃塩酸／固めたゼラチン／タンパク質分解酵素

数時間後

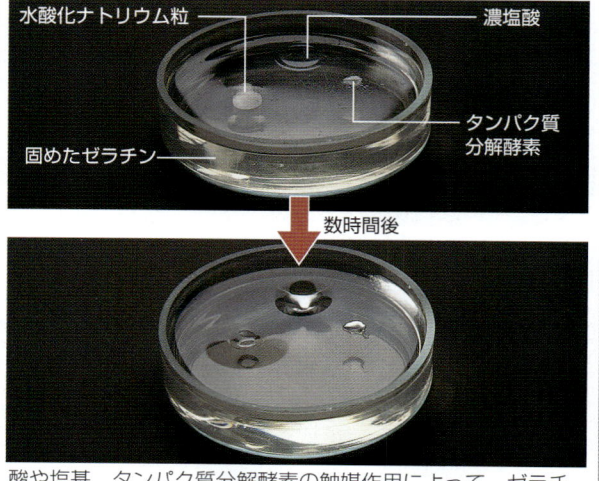

酸や塩基，タンパク質分解酵素の触媒作用によって，ゼラチン（タンパク質）はアミノ酸に分解され，形がくずれていく。

3 タンパク質の構造と性質

▼多数のα-アミノ酸がペプチド結合でつながったポリペプチドの構造をもつ高分子化合物。

●タンパク質の呈色反応

ビウレット反応
- CuSO₄水溶液
- 卵白水溶液 + NaOH水溶液

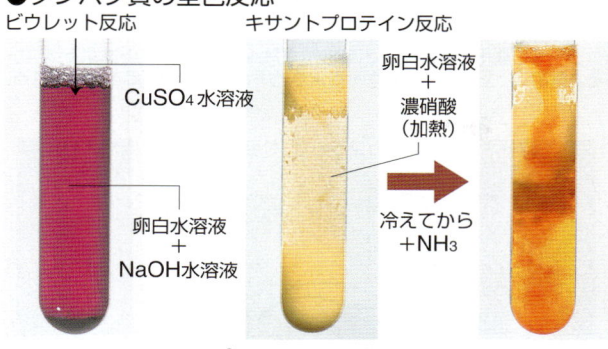

2個のペプチド結合がCu²⁺と錯イオンをつくり呈色する。ペプチド結合が2つ以上あると呈色する。

キサントプロテイン反応
- 卵白水溶液 + 濃硝酸（加熱）
- 冷えてから +NH₃

アミノ酸やタンパク質に含まれるベンゼン環がニトロ化により呈色する。

●タンパク質の分類

分類	おもな例と性質など	
単純タンパク質 加水分解によってα-アミノ酸のみを生成する。	アルブミン*	細胞, 体液, 植物の種子, 卵白
	グロブリン*	血清, 筋肉, 植物の種子
	ケラチン	爪, 毛髪
	コラーゲン	爪, 皮膚, 腱
	フィブロイン	まゆ糸
複合タンパク質 加水分解でα-アミノ酸のほか, 糖, 色素などを生成する。	核タンパク質	核酸と結合。細胞中に存在
	リンタンパク質	リン酸と結合。牛乳, 卵黄に存在。カゼイン
	糖タンパク質	糖と結合。血しょう, 臓器
	色素タンパク質	色素と結合。ヘモグロビン

*アルブミンやグロブリンは, アミノ酸以外に構成成分として微量の糖やリン酸などを含むものもある。その意味では厳密には単純タンパク質ではない。

◪ タンパク質の立体構造

●一次構造
タンパク質を構成するポリペプチドのアミノ酸配列順序を一次構造という。

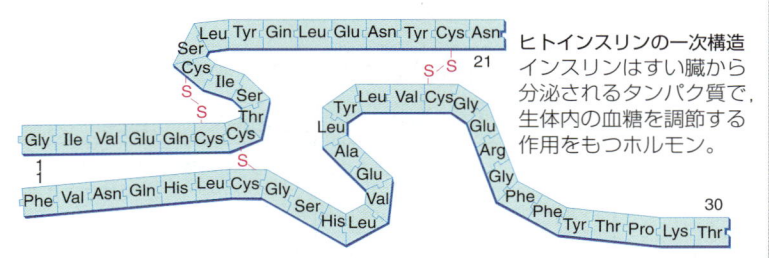

ヒトインスリンの一次構造
インスリンはすい臓から分泌されるタンパク質で, 生体内の血糖を調節する作用をもつホルモン。

●二次構造

α-ヘリックス（らせん）構造
- ミクロフィブリル（たくさんのα-ヘリックスからなる）。
- 細胞
- 羊毛や髪の毛
- 水素結合

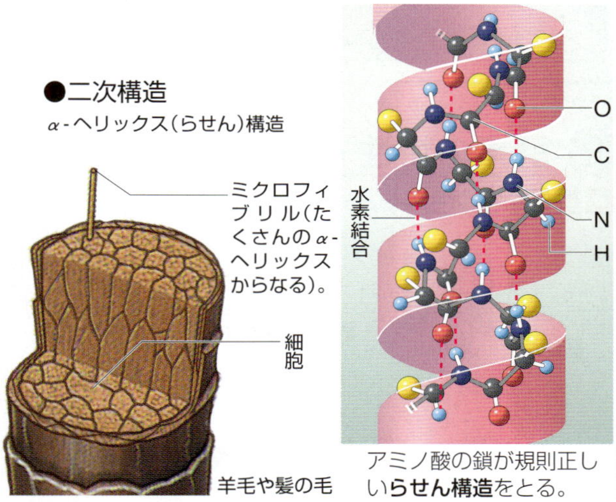

アミノ酸の鎖が規則正しいらせん構造をとる。

β-シート構造（平面構造）
- 水素結合
- 絹やクモの糸

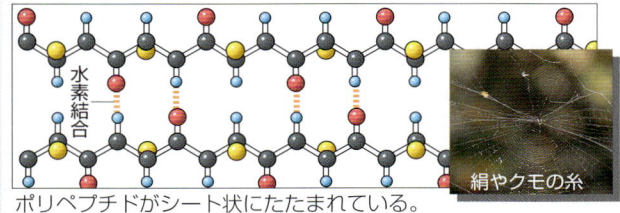

ポリペプチドがシート状にたたまれている。

α-ヘリックス構造やβ-シート構造など, 水素結合などにより, ポリペプチド鎖に部分的に現れる規則的な立体構造を二次構造という。

●タンパク質の変性
タンパク質の立体構造が破壊されて, もとの構造に戻らなくなる変化をタンパク質の変性という。

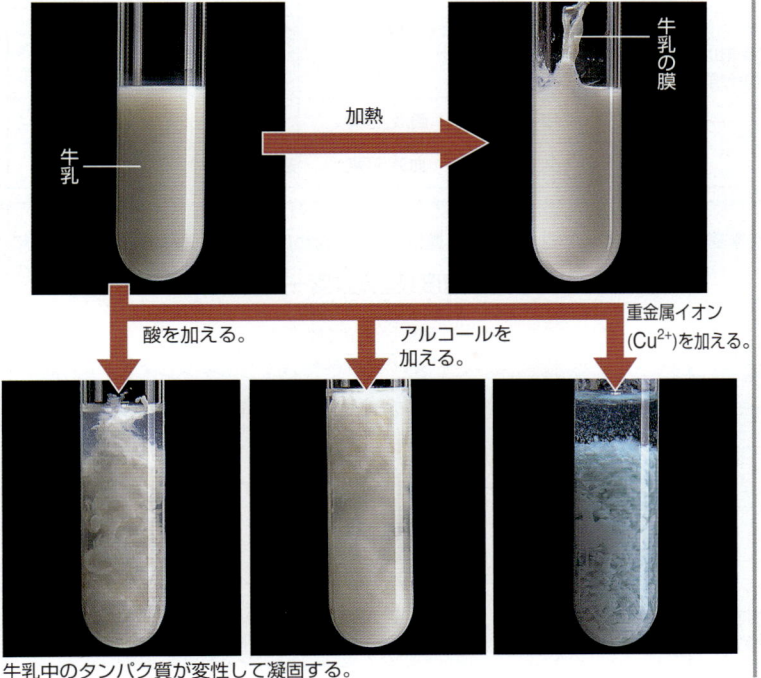

牛乳 → 加熱 → 牛乳の膜

- 酸を加える。
- アルコールを加える。
- 重金属イオン(Cu²⁺)を加える。

牛乳中のタンパク質が変性して凝固する。

●三次構造
ミオグロビン ヘム

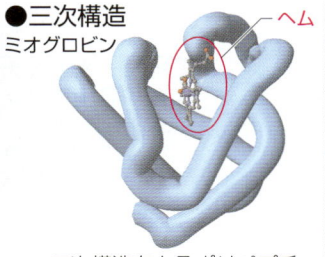

二次構造をとるポリペプチド鎖がつくる全体的な立体構造を三次構造という。

●四次構造
ヘモグロビン
- β鎖
- α鎖

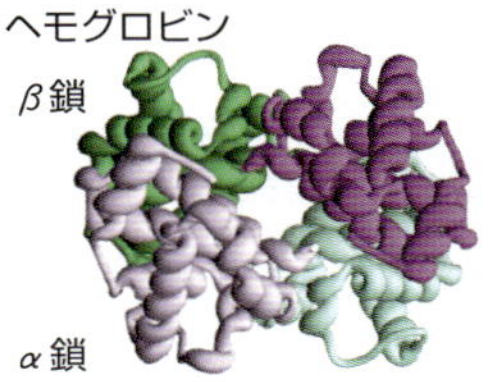

タンパク質が, 三次構造をとるいくつかのポリペプチド鎖の集合体であるとき, その全体を四次構造という。

82 ▶ 酵素

1 酵素のはたらき
▼酵素は生体内のさまざまな化学反応を同時にすみやかに進行させる触媒で，タンパク質でできている。

■カタラーゼ（H_2O_2分解酵素）の作用と酵素の触媒作用
▼カタラーゼも酸化マンガン（IV）（無機触媒）もH_2O_2の分解を促進する作用がある。酵素は，活性化エネルギーをより低下させて化学反応を促進させる。

活性化エネルギーの大きさ

$$2H_2O_2 \xrightarrow[MnO_2]{カタラーゼ} 2H_2O + O_2$$

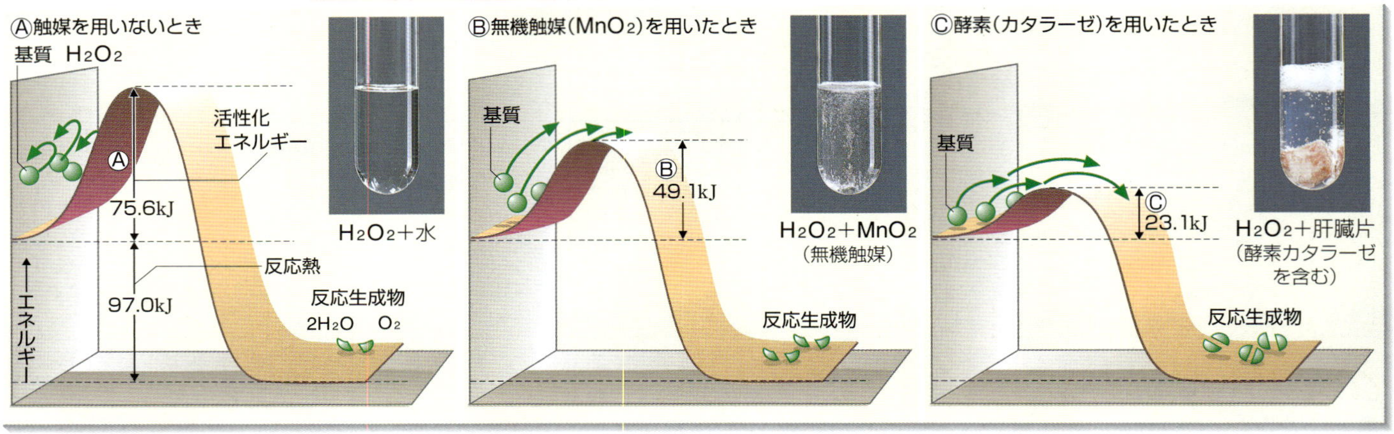

過酸化水素

Ⓐ 触媒を用いないとき　基質 H_2O_2
- 活性化エネルギー 75.6kJ
- 反応熱 97.0kJ
- 反応生成物 $2H_2O$　O_2
- H_2O_2＋水

Ⓑ 無機触媒（MnO_2）を用いたとき
- 基質
- 49.1kJ
- 反応生成物
- H_2O_2＋MnO_2（無機触媒）

Ⓒ 酵素（カタラーゼ）を用いたとき
- 基質
- 23.1kJ
- 反応生成物
- H_2O_2＋肝臓片（酵素カタラーゼを含む）

2 酵素の特性
▼酵素は無機触媒とは異なり，基質特異性，最適温度，最適pHがある。

■基質特異性
▼酵素は特有の立体構造をもち，特定の基質にしか作用しない。

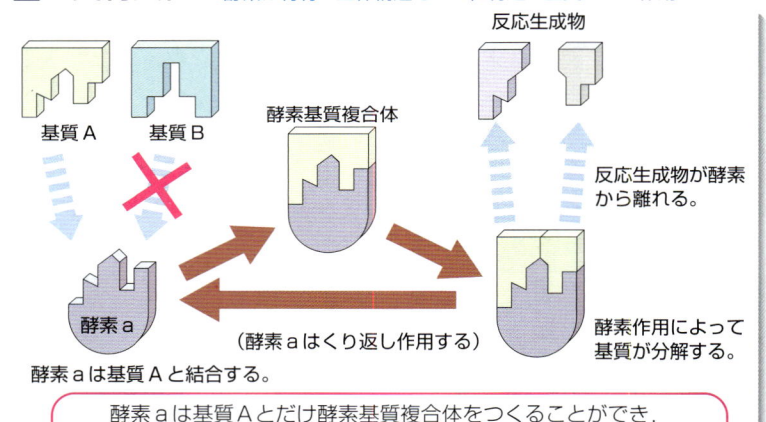

基質A　基質B　酵素基質複合体　反応生成物
酵素a　酵素aは基質Aと結合する。
（酵素aはくり返し作用する）
酵素作用によって基質が分解する。
反応生成物が酵素から離れる。

> 酵素aは基質Aとだけ酵素基質複合体をつくることができ，基質Bとはつくることができない。

■酵素の種類および反応物・生成物　▶▶ 参照p.236

酵素	所在	反応物	生成物
アミラーゼ	だ液,すい液,麦芽,カビ	デンプン	デキストリン,マルトース
マルターゼ	腸液,だ液,すい液,麦芽	マルトース	グルコース
インベルターゼ	植物,腸液,酵母	スクロース	グルコース,フルクトース
ラクターゼ	植物,腸液,細菌類	ラクトース	グルコース,ガラクトース
リパーゼ	すい液,胃液,植物	脂肪	脂肪酸,グリセリン
ペプシン	胃液	タンパク質	ペプチド
トリプシン	すい液	タンパク質	ペプチド
ペプチダーゼ	腸液,酵母	ペプチド	アミノ酸
カタラーゼ	血液,肝臓	過酸化水素水	酸素,水

■反応速度と酵素・基質濃度
▼酵素は基質と衝突し，酵素基質複合体をつくることで反応を進める。そのため反応速度は，酵素や基質の濃度によって変化する。

●基質濃度と反応速度（酵素濃度一定）

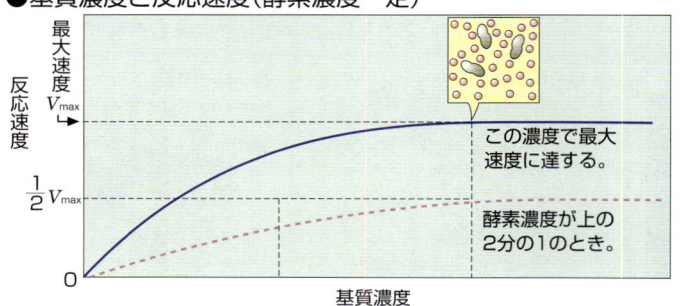

最大速度 V_{max}
$\frac{1}{2}V_{max}$
基質濃度
- この濃度で最大速度に達する。
- 酵素濃度が上の2分の1のとき。

基質濃度が高いほど，基質と酵素が衝突しやすく，反応速度が増加する。酵素の処理能力（単位時間内に処理できる基質分子数）には限界があり，一定の基質濃度以上では反応速度が一定となる。

●酵素濃度と反応速度（基質濃度一定）

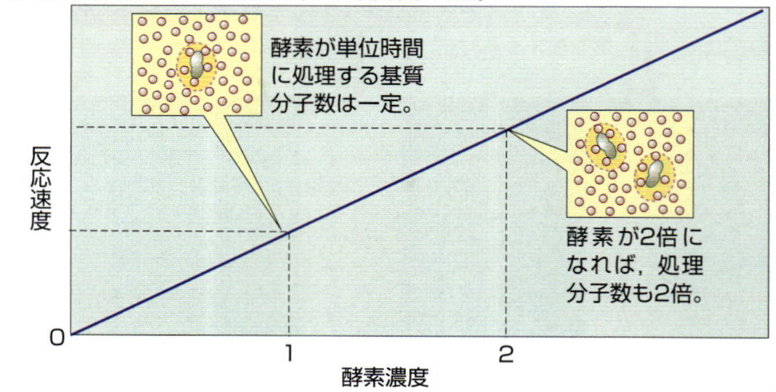

反応速度
酵素濃度
- 酵素が単位時間に処理する基質分子数は一定。
- 酵素が2倍になれば，処理分子数も2倍。

酵素の処理能力以上に基質が存在する間は，反応速度は酵素濃度に比例する。

生命と物質

最適温度
▼酵素には，もっともよくはたらく最適温度がある。一般に60℃以上になると，酵素タンパク質が変性し触媒の機能を失う。

●温度の影響

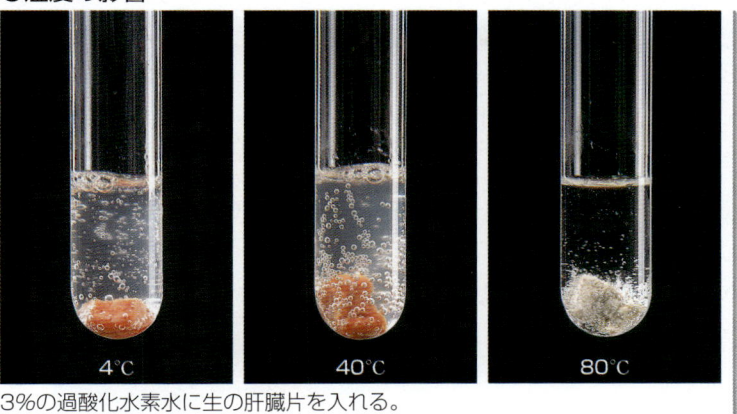

| 4℃ | 40℃ | 80℃ |

3%の過酸化水素水に生の肝臓片を入れる。

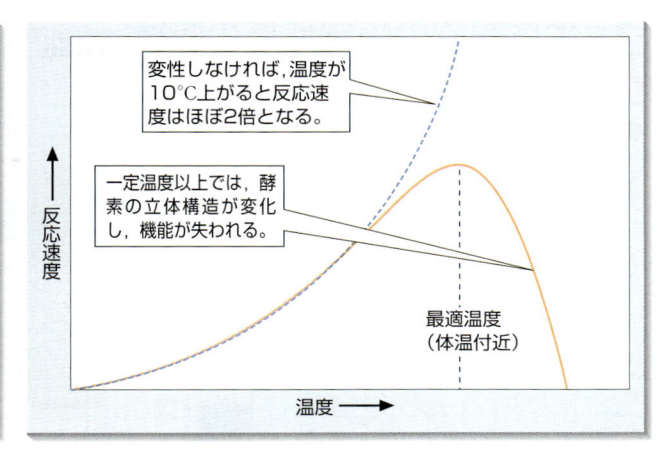

- 変性しなければ，温度が10℃上がると反応速度はほぼ2倍となる。
- 一定温度以上では，酵素の立体構造が変化し，機能が失われる。
- 最適温度（体温付近）

縦軸：反応速度　横軸：温度

最適pH
▼最適pHは酵素により異なり，最適pHから大きく離れると酵素は変性する。

●アミラーゼによるデンプンの加水分解

くだいた消化薬　40℃　pHを5,7,9に調整した1%デンプン水溶液

I_2-KI水溶液を加える

pH5　pH7　pH9

アミラーゼを含む消化薬をデンプン水溶液に加え，一定温度に保つ。

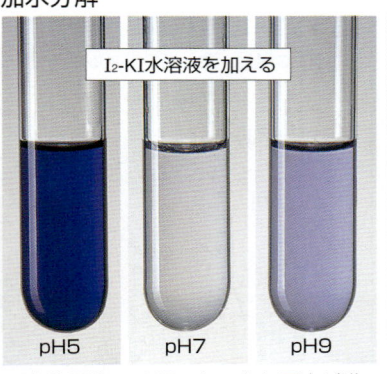

一定時間後，pH7でもっとも反応が進み，ヨウ素デンプン反応を示さない。

●最適pHをもつ…最適pHは酵素の種類によって異なる

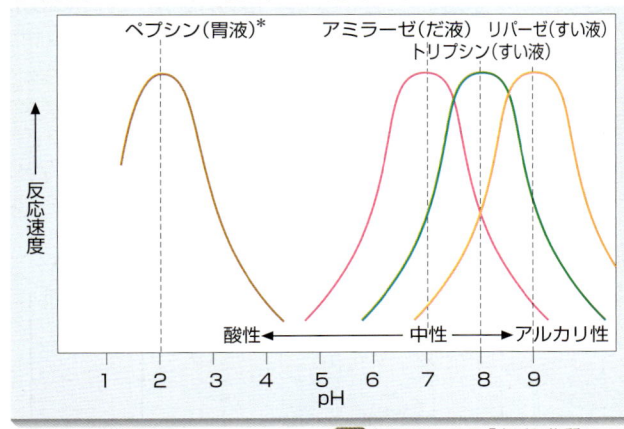

ペプシン（胃液）*　アミラーゼ（だ液）　リパーゼ（すい液）　トリプシン（すい液）

酸性　中性　アルカリ性

縦軸：反応速度　横軸：pH（1〜9）

*胃液のpHは約2である。

▶▶参照項目p.69「身近な物質のpH」

3 さまざまな酵素
▼酵素の種類はたいへん多く，日常生活ではさまざまな酵素のはたらきを利用した製品が使われている。

■パイナップル中の酵素
●プロテアーゼ

パイナップル入りゼリー
固まらない

ゼラチンはタンパク質なのでパイナップル中のプロテアーゼ*で分解され，固まらない（実験では生パインを使用する）。

パイナップル入り寒天
固まる

寒天は多糖類のゲルなのでプロテアーゼでは分解されず，固まる。

*タンパク質分解酵素

■洗剤用酵素
●アルカリセルラーゼ

粉末

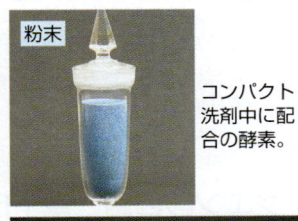

コンパクト洗剤中に配合の酵素。

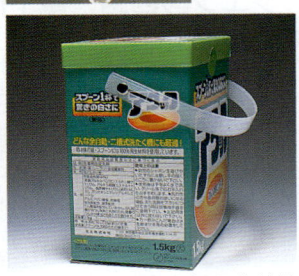

アルカリセルラーゼは弱塩基性でセルロースを分解し，組織にからまった汚れをとかし出す。

■風邪薬中の酵素
●塩化リゾチーム

粉末

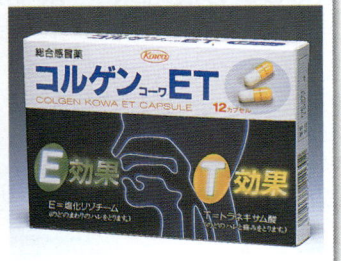

塩化リゾチームは細菌の細胞壁の成分を分解し，細菌を殺す。

おなかにやさしい牛乳と酵素
●バイオリアクター

酵素や微生物を高分子化合物などに結合させ，連続的に物質生産を行う反応装置。

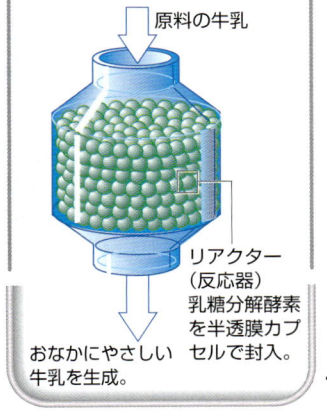

原料の牛乳　→　リアクター（反応器）　→　おなかにやさしい牛乳を生成。

乳糖分解酵素を半透膜カプセルで封入。

83 ▶ 生体内での化学反応

1 生体内での化学反応の特徴
▼生体内での化学反応は実験室での化学反応と結果は同じでも，その過程やようすは大きく異なる。

実験室と生体内の反応の違い

●デンプンの分解

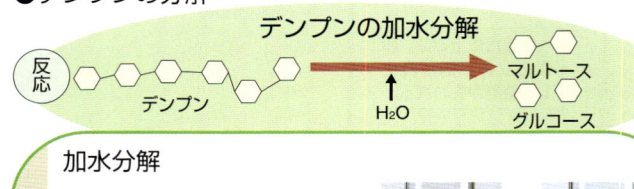

デンプンの加水分解

デンプン + H_2O → マルトース、グルコース

[実験室] 加水分解

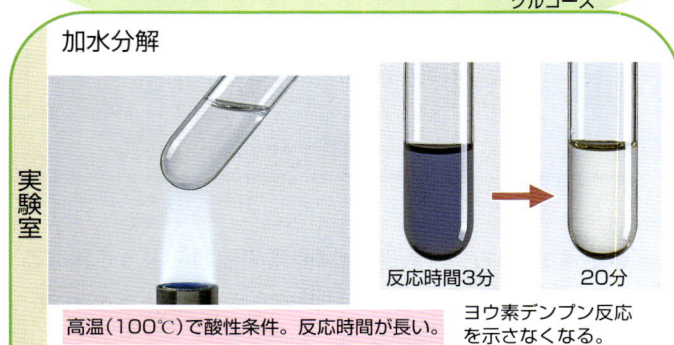

高温（100℃）で酸性条件。反応時間が長い。
ヨウ素デンプン反応を示さなくなる。（反応時間3分→20分）

[生体内] 加水分解酵素による消化

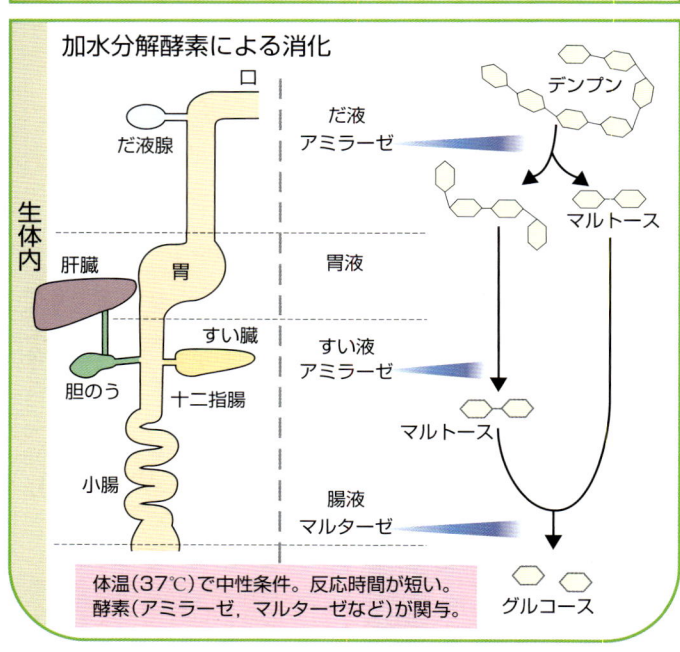

- 口：だ液腺 → だ液アミラーゼ
- 胃：胃液
- すい臓・十二指腸：すい液アミラーゼ
- 小腸：腸液マルターゼ
- 肝臓、胆のう

デンプン → マルトース → グルコース

体温（37℃）で中性条件。反応時間が短い。
酵素（アミラーゼ，マルターゼなど）が関与。

●グルコースの酸化

グルコースの酸化

$$C_6H_{12}O_6 + 6O_2 \longrightarrow 6CO_2 + 6H_2O$$

[実験室] グルコースの燃焼

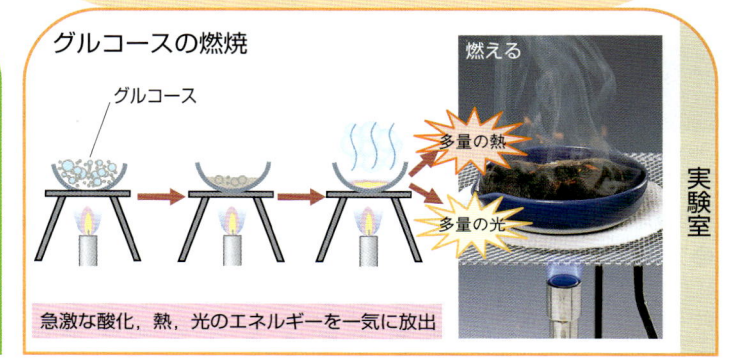

急激な酸化，熱，光のエネルギーを一気に放出

[生体内] 酸素呼吸

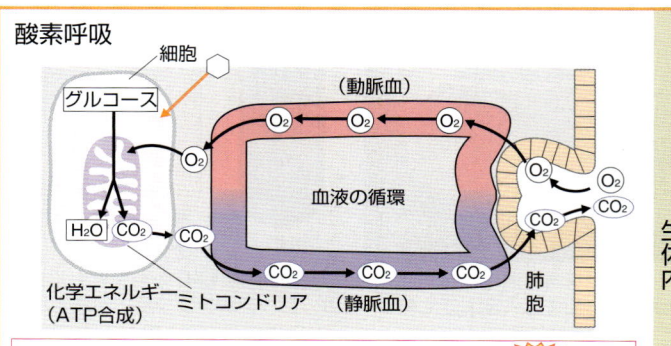

細胞内で、グルコース → ミトコンドリア（動脈血／静脈血），肺胞を経由して O_2，CO_2 のやりとり，化学エネルギー（ATP合成），H_2O，CO_2

$$C_6H_{12}O_6 + 6O_2 + 6H_2O \longrightarrow 6CO_2 + 12H_2O \quad (38\text{ATP 合成})$$

- 生物はグルコースなどの有機物を細胞内にとり入れて酸化し，ATPの形でエネルギーをとり出す。このはたらきを呼吸（内呼吸）といい，酸素を必要とする場合を酸素呼吸（好気呼吸）という。
- 内呼吸に必要な酸素をとり入れ，発生した二酸化炭素を排出する外界とのガス交換は外呼吸と呼ばれる。

多段階の反応で徐々に酸化，熱の発生を抑え，化学エネルギー（ATPの生成）として蓄積。

ちょっと発展：呼吸の3つの反応系 ― 解糖系，クエン酸回路，電子伝達系

呼吸反応は，細胞質基質，細胞小器官のミトコンドリア内で何段階もの複雑な反応が行われる。

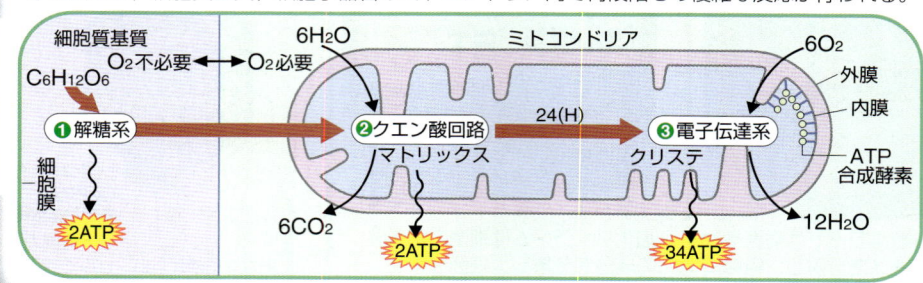

細胞質基質（O_2不必要）↔ O_2必要（ミトコンドリア）

$C_6H_{12}O_6$ → ①解糖系 → 2ATP（細胞膜）
→ ②クエン酸回路（マトリックス）：$6H_2O$，$6CO_2$，2ATP
→ 24(H) → ③電子伝達系（クリステ）：$6O_2$，$12H_2O$，34ATP，ATP合成酵素，外膜・内膜

① $C_6H_{12}O_6 \longrightarrow 2C_3H_4O_3 + 2H_2 + 2\text{ATP}$
　グルコース　　ピルビン酸

② $2C_3H_4O_3 + 6H_2O \longrightarrow 6CO_2 + 10H_2 + 2\text{ATP}$
　ピルビン酸

③ $12H_2 + 6O_2 \longrightarrow 12H_2O + 34\text{ATP}$

→ 全体の反応　①＋②＋③
$$C_6H_{12}O_6 + 6O_2 + 6H_2O \longrightarrow 6CO_2 + 12H_2O + 38\text{ATP}$$

② ATPの構造とはたらき
▼ATPはアデノシンにリン酸分子3個が結合した高エネルギー物質で，生命活動のエネルギーに使われる。

◉ATP（アデノシン三リン酸）の構造

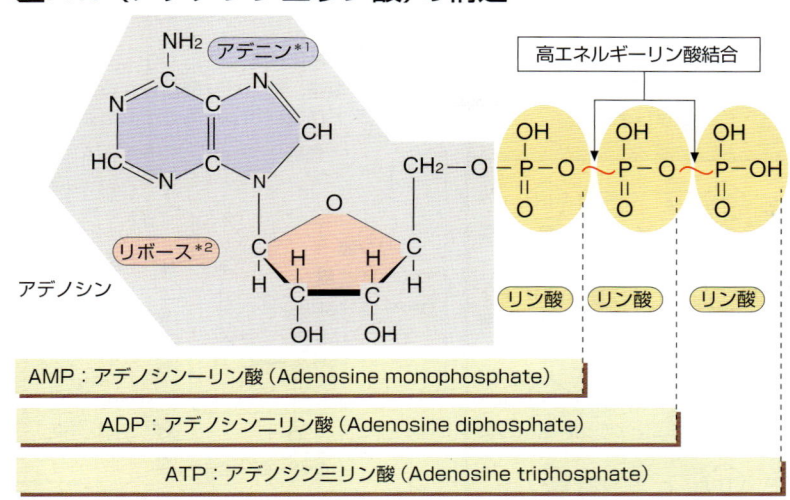

- アデニンとリボースからなるアデノシンにリン酸が3つ結合した構造である。
- ATPの末端に結合したリン酸が切り離されるときエネルギーを放出する。
- 末端のリン酸どうしの結合は高エネルギーリン酸結合と呼ばれる。
- ATPは，Adenosine triphosphateから3文字をとった略称である。

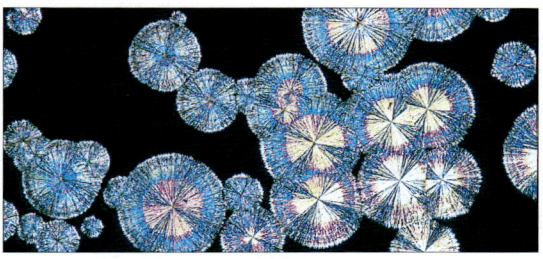

AMP：アデノシン一リン酸（Adenosine monophosphate）
ADP：アデノシン二リン酸（Adenosine diphosphate）
ATP：アデノシン三リン酸（Adenosine triphosphate）

ATPの結晶

*1【アデニン】核酸（DNA, RNA）の単位であるヌクレオチドやATPを構成する重要な塩基。 *2【リボース】RNAの単位であるヌクレオチドやATPに含まれる，5つの炭素をもつ単糖類。
◆AMPのM＝Mono（モノ）＝1，ADPのD＝Di（ジ）＝2，ATPのT＝Tri（トリ）＝3。A＝Adenosine（アデノシン），P＝Phosphate（リン酸）。

◉ATPの合成と分解
▼ATPはすべての生体反応に共通な「エネルギー通貨」で，ADP（アデノシン二リン酸）に変わるとき，1molあたり約31kJのエネルギーを放出する。合成には同じだけのエネルギーを必要とする。

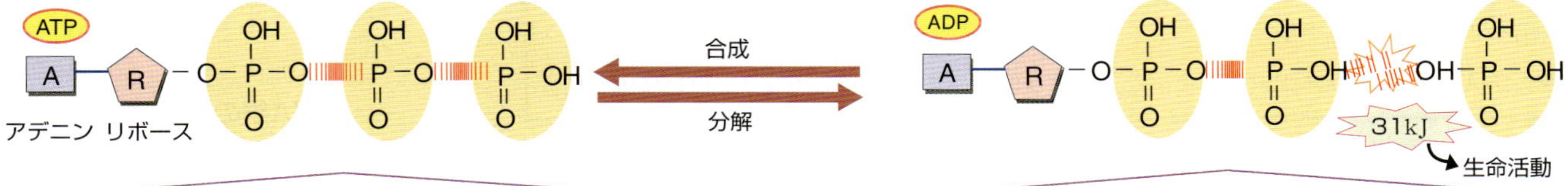

細胞内のATPは水溶液中では電離し，リン酸どうしがマイナスとマイナスで反発し合う。ちょうどバネが入っているような形になる。

ATPが分解されてリン酸どうしの結合が切れると，バネ（高エネルギーリン酸結合）のもっていたエネルギーが放出される。

◉ATPのエネルギーの利用
▼ATPのエネルギーはさまざまな生命活動のエネルギーに使われる。

●生命活動のエネルギー

化学エネルギー	生体物質の合成
熱エネルギー	発熱（体温）
機械エネルギー	筋肉の収縮
輸送エネルギー	K⁺，Na⁺の能動輸送
電気エネルギー	興奮の伝導，発電
光エネルギー	発光

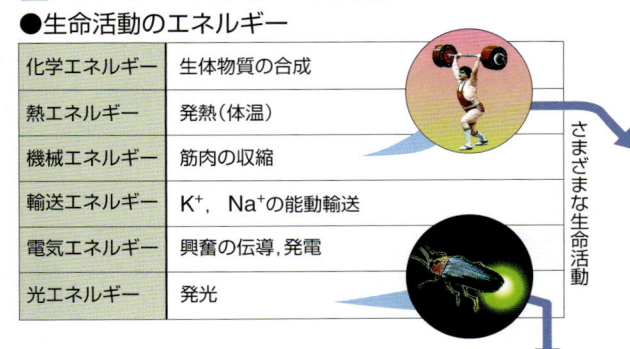

さまざまな生命活動

●筋収縮とATP
グリセリンで処理した筋肉は，電気刺激をあたえても収縮しないが，ATPをあたえると収縮する。このことから，ATPが筋収縮のエネルギー源であることが確認できる。

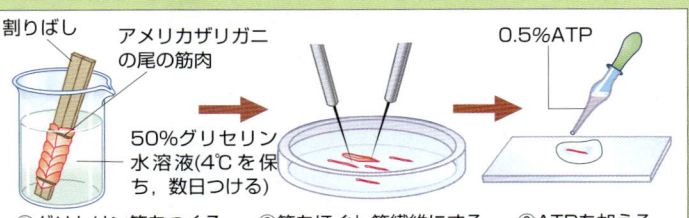

①グリセリン筋をつくる。　②筋をほぐし筋繊維にする。　③ATPを加える。

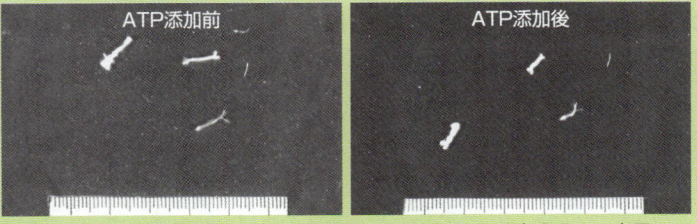

割りばし／アメリカザリガニの尾の筋肉／50％グリセリン水溶液（4℃を保ち，数日つける）／0.5％ATP

ATP添加前　　ATP添加後

グリセリン筋は電気刺激をあたえても収縮しないが，ATPを加えると，右図のように筋肉が収縮する。

●ホタルの発光
ホタルの発光は，ルシフェリン（発光物質）がATPにより活性化され，酵素ルシフェラーゼによって酸化されて起こる。

ルシフェリン　ルシフェラーゼ

84 ▶ 核酸

① 核酸の種類と構造
▼核酸は、遺伝やタンパク質合成をになう重要な物質で、**DNA（デオキシリボ核酸）** と **RNA（リボ核酸）** がある。

◎DNAとRNAの構成単位
*リン酸と糖、塩基からなる核酸の構成単位

	リン酸	糖（五炭糖）	塩基（プリン塩基）	塩基（ピリミジン塩基）	ヌクレオチド*	
DNA	リン酸	デオキシリボース $C_5H_{10}O_4$	アデニン(A)	チミン(T)	P-dR-A / リン酸-糖-アデニン	T-dR-P / チミン-糖-リン酸
DNA			グアニン(G)	シトシン(C)	P-dR-G / リン酸-糖-グアニン	C-dR-P / シトシン-糖-リン酸
RNA	リン酸	リボース $C_5H_{10}O_5$	アデニン(A)	ウラシル(U)	P-R-A / リン酸-糖-アデニン	U-R-P / ウラシル-糖-リン酸
RNA			グアニン(G)	シトシン(C)	P-R-G / リン酸-糖-グアニン	C-R-P / シトシン-糖-リン酸

アデニン(A)　グアニン(G)　チミン(T)　シトシン(C)　ウラシル(U)

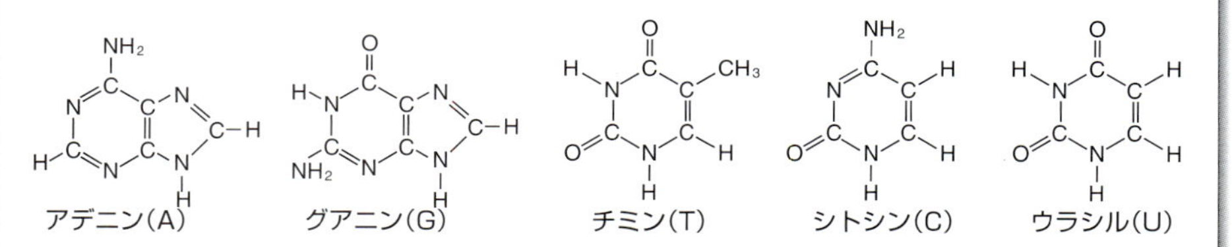

◎核酸の構造
核酸は、塩基、糖、リン酸からなるヌクレオチドがつながった高分子である。

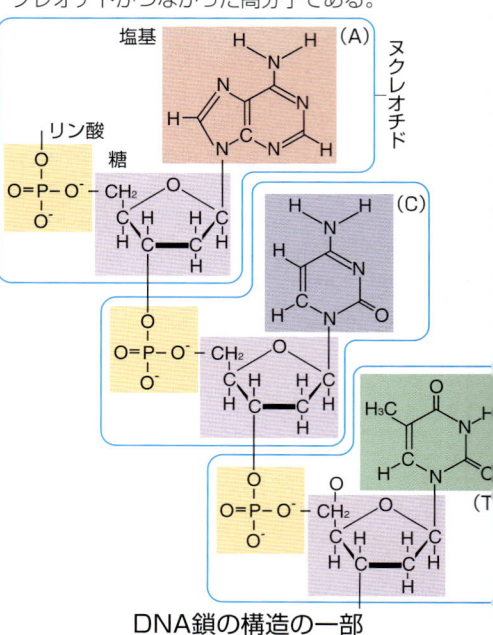

DNA鎖の構造の一部

② DNAの立体構造
▼DNAは2本のヌクレオチド鎖が塩基どうしの水素結合によって結びつき、二重らせん構造をとる。

◎塩基の水素結合
塩基の結合には相補性があり、アデニン(A)とチミン(T)、グアニン(G)とシトシン(C)が特異的に水素結合する。

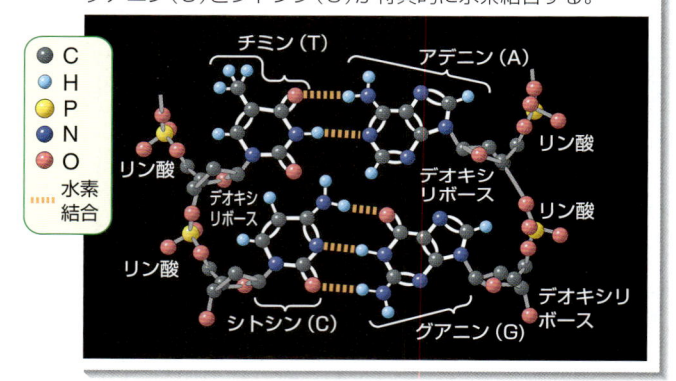

凡例：C / H / P / N / O / 水素結合

チミン(T)　アデニン(A)　リン酸　デオキシリボース　シトシン(C)　グアニン(G)

◎大腸菌からとり出されたDNA
約34000倍

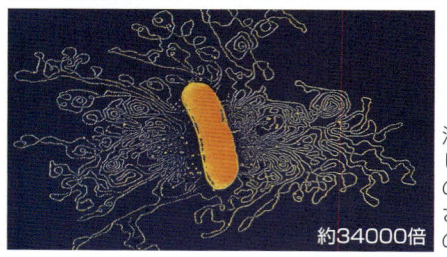

浸透圧を利用して、大腸菌の外にとり出されたDNAの長い鎖。

◎二重らせん構造
ヌクレオチド：糖・塩基・リン酸

1本のDNA鎖

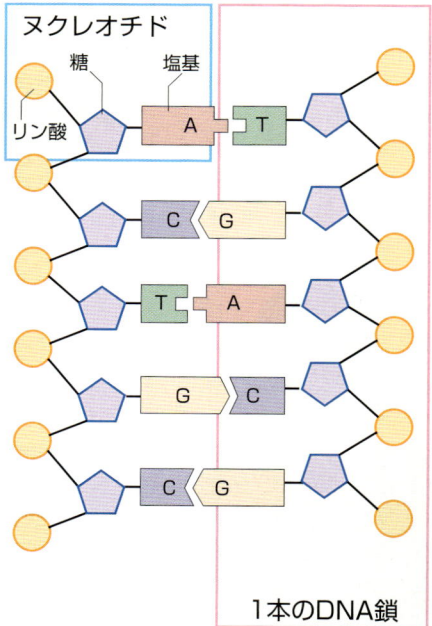

ヌクレオチドが一列につながってできた長い鎖が、2本縦に並んでよじれ、二重らせんになっている。ヌクレオチドの塩基は二重らせんの内側に向かってつき出ている。

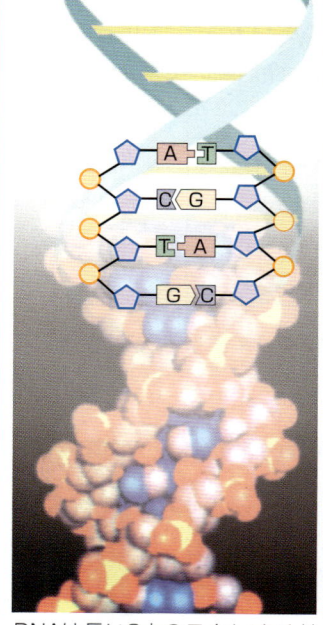

DNAは長い2本のヌクレオチド鎖が向かい合い、特定の塩基どうしが水素結合で結びつき、よじれた二重らせん構造をとっている。

生命と物質

◘DNAの抽出実験

❶ブロッコリーの花芽をちぎってつぶす。

❷すりつぶした花芽に中性洗剤と飽和食塩水を加える(タンパク質とDNAの結合を切る)。

❸布(4枚重ねのガーゼ)でろ過し、ろ液を冷却する。

❹冷却したエタノールを静かに加え静置すると、綿のようなDNAが成長する。

③ DNAの複製
▼染色体に小さく折りたたまれたDNAは、細胞分裂の過程で複製され、塩基配列を変えることなく子孫に伝えられる。

◘DNAの複製
DNAはもとの2本の鎖それぞれを鋳型として複製される(半保存的に複製されている)。

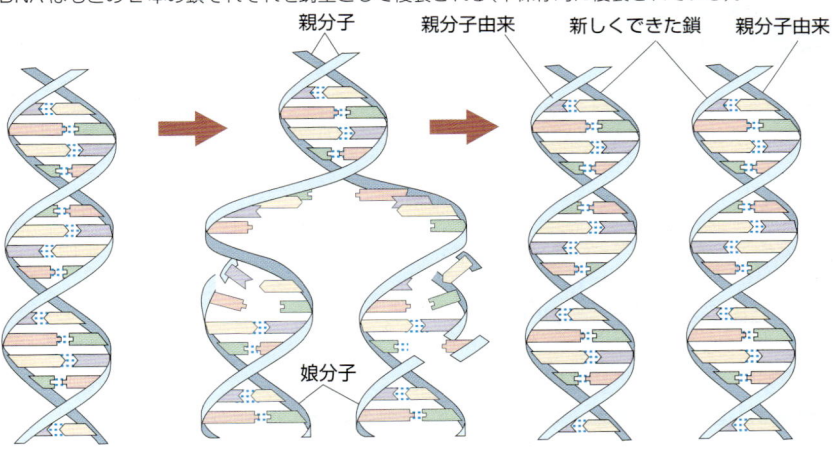

親分子　親分子由来　新しくできた鎖　親分子由来

娘分子

❶もとのDNA

❷二重らせんがほどけ、それぞれの鎖を鋳型として新しい鎖がつくられる(DNAポリメラーゼという酵素などがはたらく)。

❸もとと同じDNAの2本鎖が2つでき上がる。

◘ウイルスのDNA複製

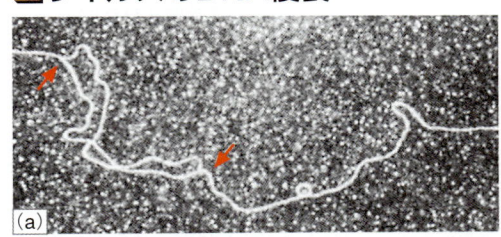

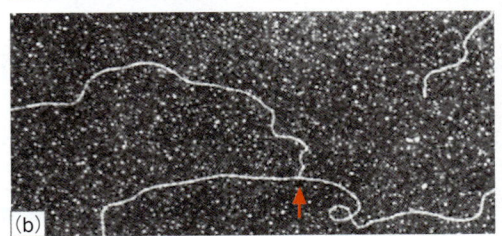

バクテリオファージT7のDNAの複製を示す電子顕微鏡写真 (a)↑で示した2か所で複製が進行中。(b)さらに複製が進んだもの。枝分かれした部分(↑より左)は複製が完了していて、両者の長さは等しい。

◘DNAの構造の立体視

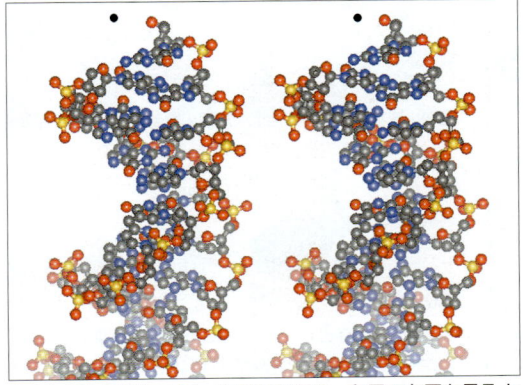

中央に紙を垂直に立て、右目で右図を、左目で左図を見るようにして目を少しずつ近づけてみよう。

ヒトゲノム計画

細胞にある染色体は倍率が数百倍の顕微鏡でないとよく観察できない。この微小な染色体に、30億個の塩基が結合した全長2mのDNAがらせん状に折り込まれている。このうち数千のまとまりが遺伝子となり、目が黒いというような生命種を保つための最小限の情報を伝えている。この1組の遺伝子を人の場合、ヒトゲノムという。

ヒトゲノム計画は、遺伝子の染色体上の位置を決め、遺伝子の全容を調べる国際的な共同研究である。2000年には、ほとんどの塩基配列が判読された。

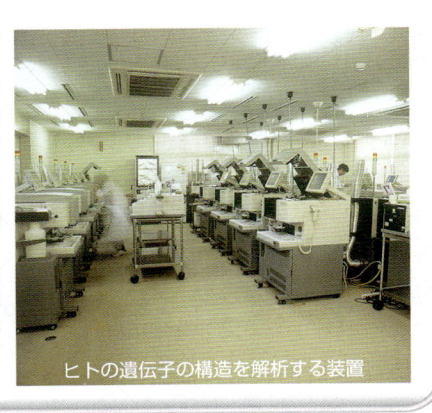

ヒトの遺伝子の構造を解析する装置

85 ▶ 食品の化学

1 食品の成分
▼食品には，生命の活動に必要な糖類(炭水化物)，タンパク質，油脂(脂肪)，無機塩類，ビタミンなどの栄養素が含まれる。

三大栄養素：糖類(炭水化物)・タンパク質・油脂(脂肪)
五大栄養素：三大栄養素＋ビタミン・無機塩類

- 糖類(炭水化物)：活動に必要なエネルギー源になる。体内にグリコーゲンとしてたくわえられる。
  - α-グルコースの単位 — デンプンの分子構造
- タンパク質：体の組織や筋肉などをつくるほか，エネルギー源にもなる。
  - α-アミノ酸の単位 — タンパク質の分子構造
- 油脂(脂肪)：効率のよいエネルギー源となるほか，体脂肪として貯蔵される。
  - 高級脂肪酸に基づく部分 / グリセリンに基づく部分
  - $R^1-CO-O-CH_2$
  - $R^2-CO-O-CH$
  - $R^3-CO-O-CH_2$
  - 油脂の分子構造
- ビタミン：体内の物質の合成や分解を調整する。
- 無機塩類：骨や歯をつくるほか，体液の濃度やpHの調整を行う。

2 添加物と保存方法
▼食品の加工や保存のために使われる物質を**食品添加物**という。

●食品添加物の種類

分類	用途	物質名	使用されている食品の例
保存料	腐敗の防止	安息香酸，ソルビン酸など	しょうゆ，ハム，バター
酸化防止剤	酸化の防止	アスコルビン酸(ビタミンC)など	天然果汁，マーガリン，魚の干物
着色料	食品の着色	食用赤色2号など	つけもの，あめ，たらこ
発色料	色調の保持	亜硝酸ナトリウムなど	ウィンナー，ハム，いくら
漂白剤	色調を白く	過酸化水素水，亜硝酸ナトリウムなど	甘なっとう，こんにゃく，かまぼこ
甘味料	甘味を加える	アスパルテームなど	清涼飲料水，ジャム，菓子類

●食品の保存方法
- 乾燥・脱水(高野豆腐など) 
- 加熱・密封(缶詰・びん詰) 
- 塩蔵(たらこなど) 
- 冷凍・冷蔵(冷凍食品) 

食品の保存には，腐敗や変質の原因となる微生物の繁殖を防ぐ方法や，酸素，水，光などを遮断する方法がある。

③ 身近な食品の製造
▼コメ，トウモロコシ，ダイズなどに含まれる糖類，タンパク質，油脂を利用したいろいろな食品がある。

コメ

●精白米の成分
（円グラフ：糖類（炭水化物），水分，タンパク質，油脂，その他）

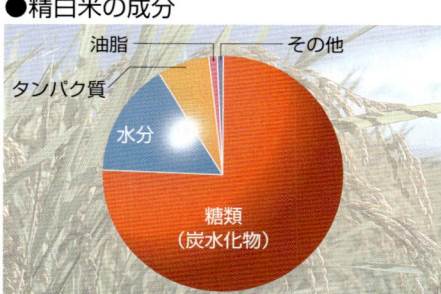

●糖類

水にひたした後，乾燥して得られたデンプン。もち米から白玉粉，うるち米から上新粉が得られる。

デンプンを取り出す
白玉粉

蒸し米，麹，水を混合して，麹によるデンプンの加水分解（糖になる）と酵母によるアルコール発酵を並行させながら醸造する。

糖から発酵によりアルコールにする

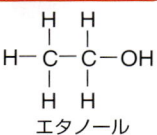

$$H-\underset{\underset{H}{|}}{\overset{\overset{H}{|}}{C}}-\underset{\underset{H}{|}}{\overset{\overset{H}{|}}{C}}-OH$$
エタノール

酒

糖から発酵によりアルコールにし，さらに酢にする

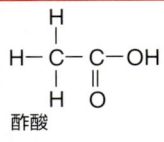

$$H-\underset{\underset{H}{|}}{\overset{\overset{H}{|}}{C}}-\overset{\overset{O}{\|}}{C}-OH$$
酢酸

米，小麦，酒かすなどを糖化発酵させ，まずアルコールをつくる。

米酢
さらに種酢（酢酸菌）を加え，発酵させて酢をつくる。

トウモロコシ

●トウモロコシの成分
（円グラフ：糖類（炭水化物），水分，タンパク質，油脂，その他）

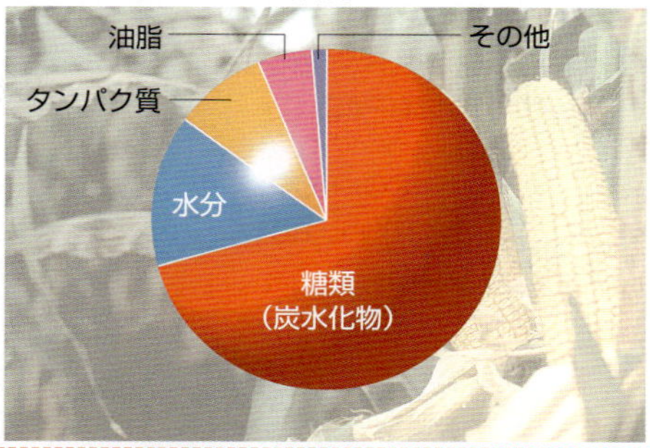

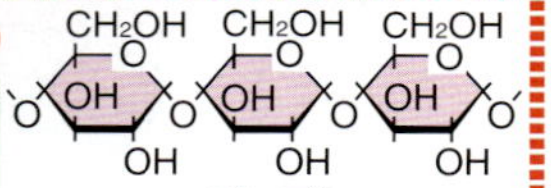

デンプン
トウモロコシの穀粉から精製したデンプン。
コーンスターチ

デンプンを酵素でマルトースにする

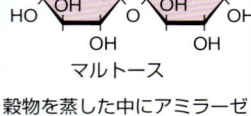

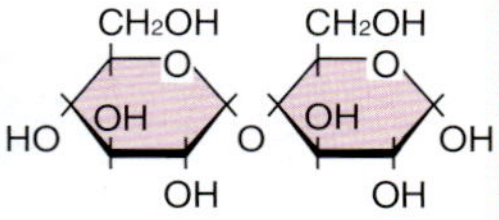

マルトース

穀物を蒸した中にアミラーゼや酸を加え，デンプンをマルトースに加水分解する。

水あめ

マルトースを加水分解し，グルコースにする

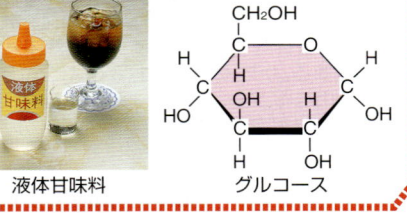

液体甘味料
グルコース

●油脂　**油脂の抽出**

抽出
ヘキサンで油脂を抽出する。

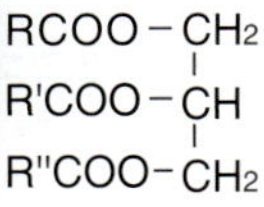

機械のふたを開けたところ。トウモロコシ油

$$RCOO-CH_2$$
$$R'COO-CH$$
$$R''COO-CH_2$$
油脂

ダイズ

●ダイズの成分
（円グラフ：タンパク質，油脂，糖類（炭水化物），水分，その他）

●タンパク質

タンパク質を分離・凝固する。（とうふづくり）

水につけ，粉砕したダイズを煮し，豆乳をしぼる。

豆乳ににがりを加え，熱いうちに型に入れ凝固させる。
塩析

型から抜いて水にさらす。

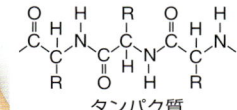

タンパク質

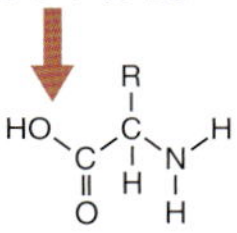

↓

アミノ酸

タンパク質を加水分解する

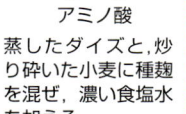

蒸したダイズと，炒り砕いた小麦に種麹を混ぜ，濃い食塩水を加える。

一年間の発酵熟成を経てできた「もろみ」をしぼってつくる。
しょう油 

油のびんづめ工程
大豆油

86 ▶ 薬の化学

1 治療薬
▼病気の原因を直接とり除く**原因療法薬**と，病気の症状を軽減する**対症療法薬**がある。

■原因療法薬
▼病原体の発育を抑制する作用をもつものを**化学療法剤**という。

●サルファ剤
スルファミン誘導体

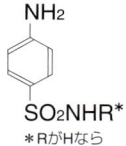

NH$_2$

SO$_2$NHR*

*RがHなら スルファミン

抗菌作用をもつ化学療法剤。抗菌目薬などに含まれる。

●抗結核剤
p-アミノサリチル酸(PAS)

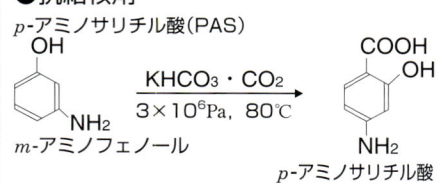

m-アミノフェノール (OH, NH$_2$) → p-アミノサリチル酸 (COOH, OH, NH$_2$)

条件: KHCO$_3$・CO$_2$, $3×10^6$Pa, 80℃

結核菌（電子顕微鏡写真）

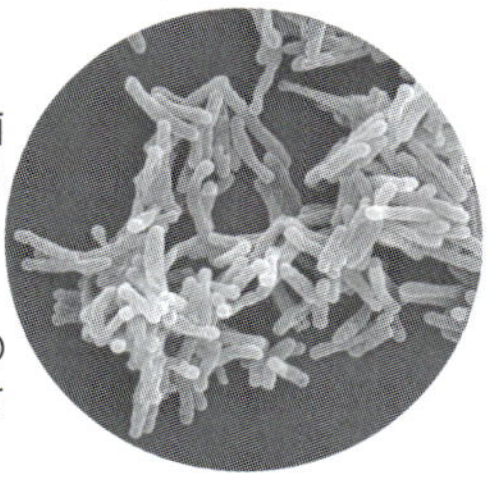

抗結核剤は結核菌の増殖を防ぎ，死滅させる化学療法剤。

●抗生物質製剤
微生物が生産，他の微生物の発育を抑制する物質。

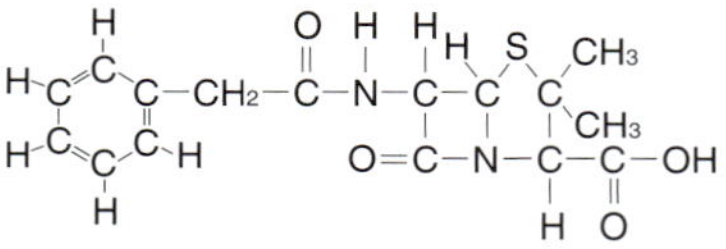

ペニシリンG

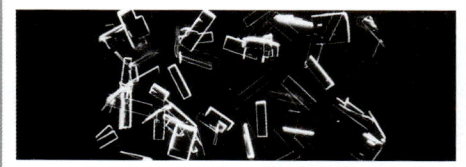

ペニシリンGの結晶（光学顕微鏡写真）

1929年，イギリスのフレミングがアオカビの分泌物から発見。細菌による感染症に効果を発揮。

●ホルモン剤
インスリン注射液のカートリッジを装着したペン型インスリン注射器

すい臓から分泌されるホルモン。血液中の糖分を細胞が利用するのをうながすはたらきがある。このはたらきが低下している糖尿病患者は体外からインスリンを補う必要がある。

●ビタミン製剤
ビタミンは生体内で合成されず，すべて体外から摂取する。かたよった食生活ではビタミン欠乏症になる。

●抗がん剤
シスプラチン

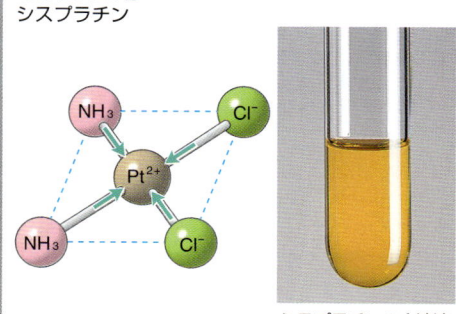

[Pt^{2+} を中心に NH$_3$ 2つ, Cl$^-$ 2つ]

シスプラチンの水溶液

がん細胞の異常増殖のプロセスに着目し，これをさまたげる。シスプラチンはがん細胞のDNAと結合して，がん細胞の分裂を阻害する。

■対症療法薬

●薬剤の作用する器官や部位別の分類

作用部位	種類	医薬品の例
神経系	麻酔剤	一酸化二窒素，ジエチルエーテル
	解熱鎮痛消炎剤	アセチルサリチル酸，サリチル酸メチル
循環器系	強心剤	カフェイン
	抗狭心症剤	ニトログリセリン，亜硝酸アミル
消化器系	健胃消化剤	アミラーゼ，ペプシン
	制酸剤	炭酸水素ナトリウム，ケイ酸アルミニウム
	下剤	硫酸マグネシウム，カルボキシメチルセルロースナトリウム
呼吸器系	鎮咳剤	リン酸コデイン

●解熱鎮痛消炎剤
アセチルサリチル酸(アスピリン) — COOH, OCOCH$_3$

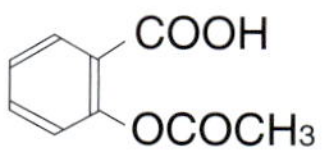

アセチルサリチル酸 ▶▶参照p.155

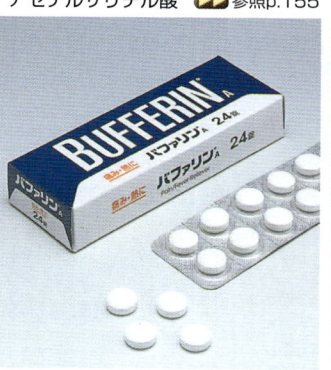

解熱鎮痛剤として内服薬に用いる。

サリチル酸メチル — COOCH$_3$, OH

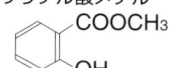

サリチル酸メチル ▶▶参照p.155

筋肉などの鎮痛消炎剤として外用塗布薬に用いる。

生活と物質

●制酸剤
炭酸水素ナトリウム NaHCO₃

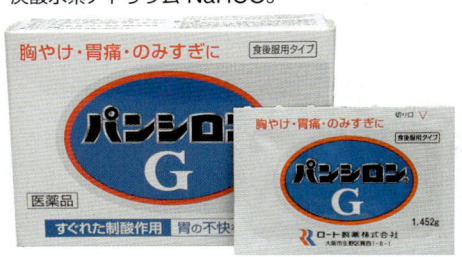

成分:1包(1.452g)中
炭酸水素ナトリウム…650mg、重質炭酸マグネシウム…200mg、沈降炭酸カルシウム…100mg、サナルミン…133mg、ロートエキス…10mg、ジアスSS…80mg、プロザイム…17mg、桂皮(ケイヒ)…50mg、桂皮油(ケイヒ油)…2mg、縮砂(シュクシャ)…30mg、生薬(センブリ)…1mg、L-グルタミン…135mg

胃酸を中和する。
$HCl + NaHCO_3 \longrightarrow NaCl + CO_2 + H_2O$

●抗狭心症剤
ニトログリセリン

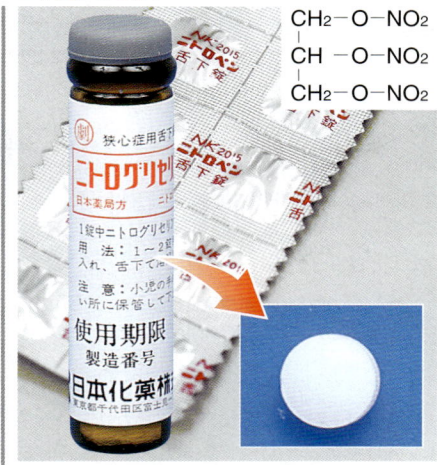

$$CH_2-O-NO_2$$
$$CH\ -O-NO_2$$
$$CH_2-O-NO_2$$

狭くなった心臓の血管を広げる作用をする。

●麻酔剤
一酸化二窒素(笑気ガス) N₂O

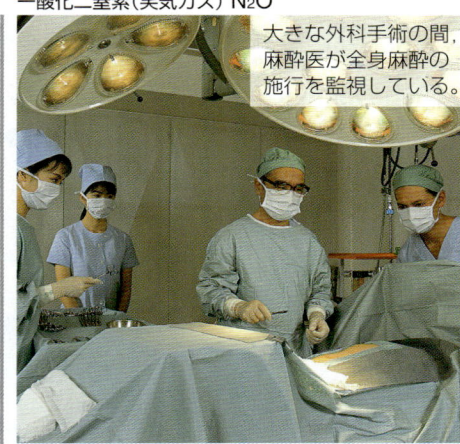

大きな外科手術の間、麻酔医が全身麻酔の施行を監視している。

他の麻酔剤と併用しながら、酸素と混合して吸引させる。

2 診断薬 ▼疾病の有無や状況を診断する。

●X線造影剤
硫酸バリウム BaSO₄

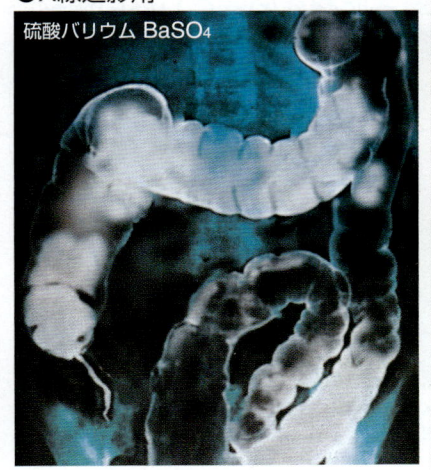

X線検査で病変を明瞭に映し出す。

●妊娠検査薬

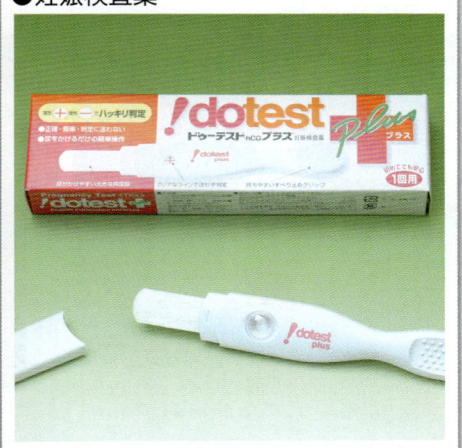

妊娠初期に尿中に排泄されるゴナドトロピンというホルモンを、抗原抗体反応を利用して検出する。

3 公衆衛生薬

▼疾病の発生防止、感染経路をたつ。

●殺菌消毒剤
塩化ベンザルコニウム

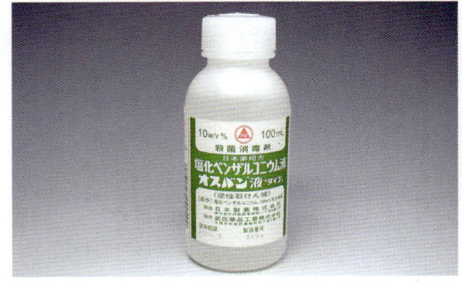

構造式: ベンゼン環-CH₂-N⁺(CH₃)(CH₃)R Cl⁻ (R=C₈H₁₇〜C₁₈H₃₇)

逆性のセッケンの一種で、創傷面、手指、食器、家屋、食品工場等の消毒に使われる。

免疫と病気の予防

体内に細菌などの病原体(抗原と呼ばれる)が侵入すると、リンパ球が抗体(免疫グロブリンというタンパク質)をつくりだす。抗体はY字形をしていて、先端部で抗原と特異的に結合し、抗原を不活性化する。これを抗原抗体反応という。一度病原体に感染すると、抗体が体内に残り、同じ病原体が体内に侵入しても発病しにくくなる。この現象を**免疫**という。
インフルエンザなどの予防接種に使われるワクチンは、病原体を弱毒化したり、不活性化して、免疫作用を人為的にもたらせようとする薬剤である。また、他の動物に病原体や毒素を注射して抗体をつくらせ、その抗体が含まれた血清を治療に用いることもある。

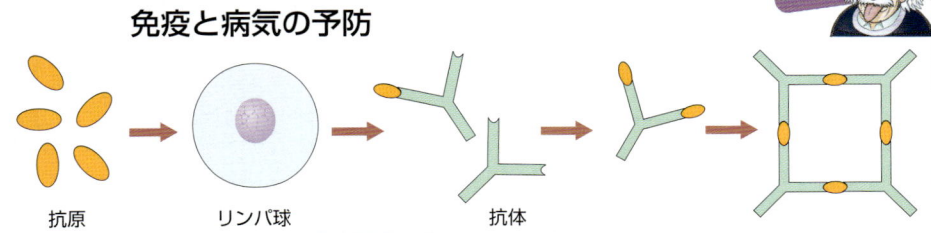

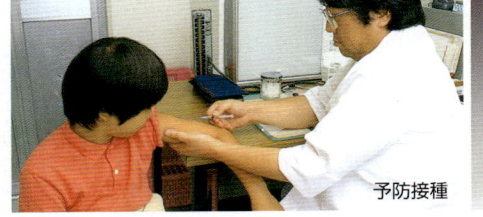

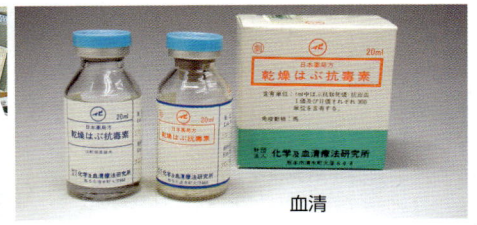

抗原 → リンパ球 → 抗体

予防接種　　血清

87 ▶ 肥料の化学

1 肥料とその三要素
▼土壌中で不足しやすく、植物の成長にもっとも必要な窒素、リン、カリウムの3成分を**肥料の三要素**という。

◉植物の成長に必要な16種の元素

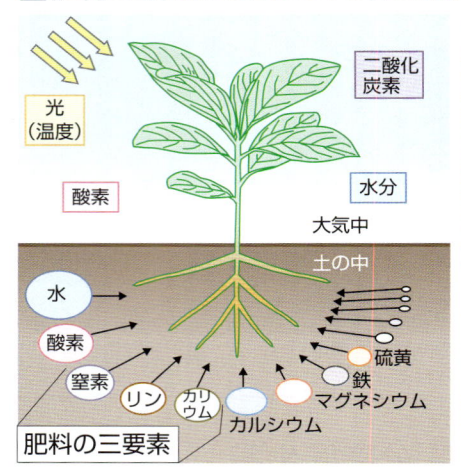

●16種類の必要元素

大量要素	炭素C, 水素H, 酸素O（空気や水から補給）, 窒素N, リンP, カリウムK（肥料の三要素）
中量要素	カルシウムCa, マグネシウムMg, 硫黄S
微量要素	マンガンMn, ホウ素B, 鉄Fe, 銅Cu, 亜鉛Zn, モリブデンMo, 塩素Cl

＊実際には窒素はNH_4^+やNO_3^-, PはPO_4^{3-}, KはK^+として根から吸収される。

植物は、必要元素が欠乏すると何らかの形で成長が阻害される。C, H, Oは空気中の二酸化炭素と水から補給されるが、これ以外は地下から摂取しなければならない。肥料は土壌中に不足する植物の養分を補給するもので、とくに多量に必要なN, P, Kは**肥料の三大要素**と呼ばれる。

◉植物成長の最少律
●ドベネックのおけ

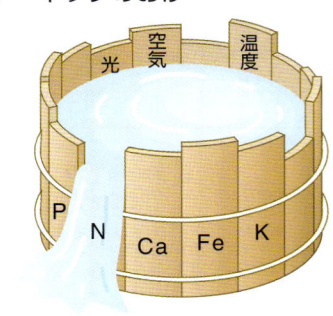

植物の生育は気候、土壌（栄養）、環境などの要素に支配され、生産量はもっとも劣悪な要素で決まる。これを**最少律**という。ドベネックのおけはこの法則をやさしく説明している。

◉植物工場
植物工場では、光、水、温度に加えて、水にとかす肥料をコンピュータで管理し、野菜などを短期間で大量生産している。

◉葉面散布肥料
根が弱った植物の回復には、肥料を水溶液にして葉面に散布し直接吸収させる。微量要素は、葉面散布肥料としての使用のみが認められている。

◉窒素肥料を必要としない植物
マメ科植物では、根につく根粒細菌が空気中の窒素を化合物として固定している。

◉窒素の欠乏
窒素はタンパク質や葉緑素の成分となる。窒素肥料は葉肥と呼ばれ、不足すると、葉が黄化したり、子実の成熟がはやくなったり、収量が少なくなったりする。

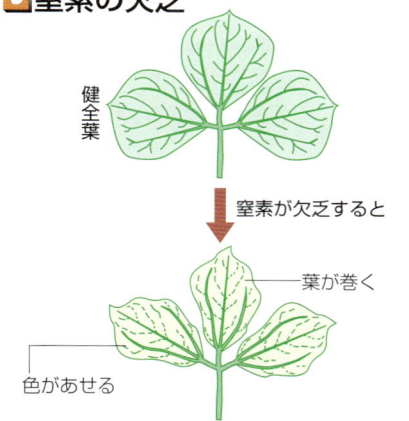

◉リンの欠乏
- リン酸は子実に移動する量が多い（欠乏がひどいと子実の入りが悪くなる）。
- 紫がかった青緑色となる。

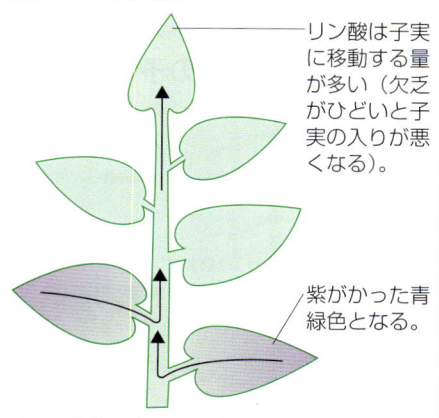

リンは植物の実に多く含まれ、芽と根の養分となる。リン肥料は実肥、花肥と呼ばれ、不足すると茎や葉柄が紫色をおび、開花や結実が悪くなる。

◉カリウムの欠乏
- 上葉や子実には欠乏症状が出ない。
- 中間葉には欠乏症状が少ない。
- 葉の先端やふちが黄化する。
- カリウムは移動がはやい。

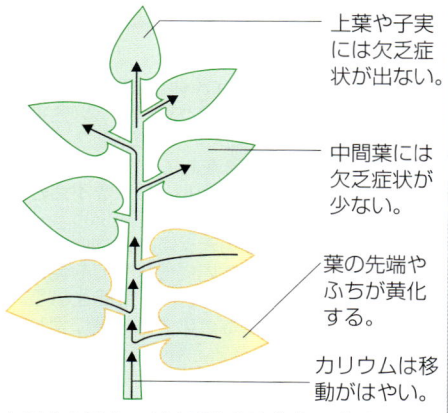

カリウムはタンパク質や炭水化物の合成に必要で、根・茎・葉の発育を促す。カリウム肥料は根肥と呼ばれ、不足すると、葉が黄化して枯れ、根ぐされをおこし、果実が小さくなる。

② 肥料の種類
▼肥料には，天然の有機肥料と工業的に合成された化学肥料（無機肥料）がある。

■ 有機肥料

●ゴマ油粕
ミネラル*がたっぷり含まれ，ゴマの香りがする。

●米ぬか
米ぬかに米のミネラルのほとんどが含まれる。

堆肥や動物の排泄物のほか，肥料成分の多い油かす，骨粉，米ぬかなどが使われる。有機肥料は，地中で微生物により無機イオンに分解されてから吸収されるので，速効性はない。

*構成元素で，C，H，O，Nを除いたものをいう。

■ 有機農業と土作り

温度を下げ空気を混ぜ合わせる撹拌作業風景
（白い湯気は微生物のはたらきで堆肥化するとき，土壌が60～70℃の高温になるため）

有機肥料を使うことで，土壌生物の活動を活発化させ，土に微小粒子や，さらにそれが集まった団粒構造を形成させる。団粒の間は水分が保持され，根の成長には良好な環境になる。

■ 主な化学肥料

肥料名	組成	有効成分 （計算値）
窒素肥料		⟨N⟩
硫安	$(NH_4)_2SO_4$	21.2%
塩安	NH_4Cl	26.2%
硝安	NH_4NO_3	35.5%
尿素	$CO(NH_2)_2$	46.7%
石灰窒素	$CaCN_2 + C$	30.4%
リン酸肥料		⟨P_2O_5⟩
過リン酸石灰	$Ca(H_2PO_4)_2 \cdot H_2O$, $CaSO_4 \cdot 2H_2O$ など	15～20%
溶性リン肥	$CaO \cdot 2MgO(P_2O_5)$, $CaSiO_2$ など	約17%
カリ肥料		⟨K_2O⟩*
硫酸カリウム	K_2SO_4	54.1%
塩化カリウム	KCl	63.1%

*K_2Oに換算した値。

■ 肥料の成分表示

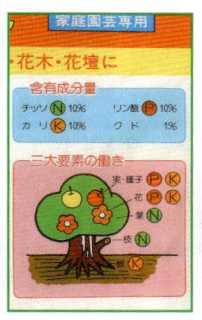

窒素，リン，カリウムを単一の成分として含む肥料を単肥，2成分以上含む肥料を複合肥料（配合肥料・化成肥料）という。複合肥料の包装に記載されている。「10-10-10」は，左から窒素，リン（P_2O_5として換算），カリウム（K_2Oとして換算）の各成分を10%含むことを示している。

農薬の利用

化学肥料の発達と並んで農作物の収量増加に貢献したのが農薬である。農薬には，植物を病気から守る殺菌剤，害虫を駆除する殺虫剤，雑草を除去する除草剤，植物の成長を促進する植物ホルモンなどがある。しかし，農薬は人畜や魚介類にも強い毒性をもつため，環境破壊や環境汚染を進めることにもなった。現在では使用禁止のものもあり，より安全な農薬の開発が進められている。また，害虫駆除に天敵昆虫や微生物など生物そのものを使うことがある。これらは生物農薬と呼ばれている。

●農薬散布

●生物農薬
食害痕など果樹被害をもたらす害虫（写真右：アザミウマの幼虫）に対して動物食の昆虫が生物農薬として使われる（写真左：ヒメハナカメムシ）。

88 ▶ 衣料の化学

① 繊維の種類
▼繊維にはさまざまな材料が用いられる。

繊維			
天然繊維	植物繊維	〔例〕	綿, 麻
	動物繊維	〔例〕	絹, 羊毛
化学繊維	再生繊維	〔例〕	レーヨン
	半合成繊維	〔例〕	アセテート
	合成繊維	〔例〕	ナイロン, ポリエステル, アクリル繊維, ビニロン

衣料品売場

※繊維は細長い分子で, 絹のように長くつながったものや, 綿や羊毛のように短いものがある。

② 身近な繊維の特徴
▼繊維は構造に応じて特有の性質をもつ。

原料から製品まで

木綿（植物からつくられる繊維）
- 綿花のつみとり
- 洗浄し, 綿実油を分離する。
- 紡糸した後, 織り上げる。
- 染色後, 縫製する。

絹（昆虫からつくられる繊維）
- カイコ（カイコ蛾の幼虫）がつくった繭
- 繭から紡糸する。
- はた織り
- 手がきによる染色　着物

羊毛（動物の毛からつくられる繊維）
- 紡糸
- 織る。
- セーター　カーペット

原料物質の構造

● セルロース　単量体：グルコース

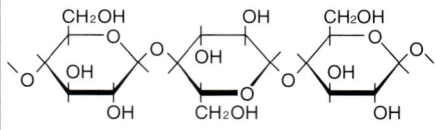

● タンパク質（フィブロイン）　単量体：アミノ酸

$$-N-C-C-N-C-C-N-C-C-N-C-C-N-C-C-$$
（各炭素にH, O, R置換基）

R=H, CH_3, CH_2OH など

● タンパク質（ケラチン）　単量体：アミノ酸

構成アミノ酸は約20種類

繊維の特徴

木綿（側面・断面）
- 繊維に天然のよりがあり, つむぎやすい。
- 中空部分があり, 吸湿性に優れている。
- 塩基に強く, 洗濯にたえる。

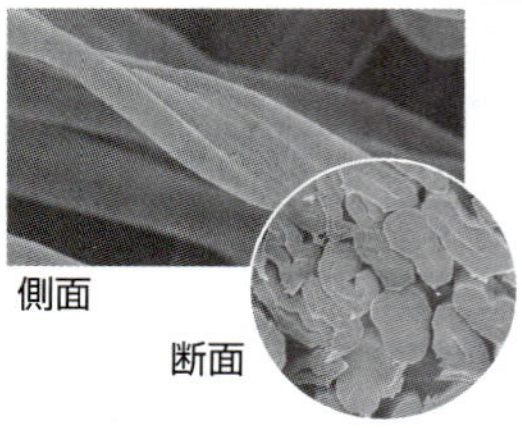

絹（側面・断面）
- 表面はなめらかで光沢に富み, 弾力性がある。
- 染色しやすい。
- 塩基に弱く, 洗濯がむずかしい。

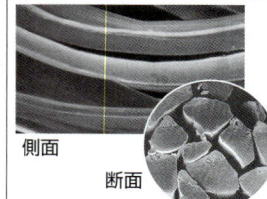

羊毛（側面・断面）
- 表面が鱗片状で, つむぎやすい。
- 弾力性がある。保湿性, 吸湿性がある。
- 塩基に弱い。

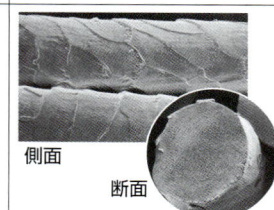

繊維の種類を色で見分ける

ある染料を用いて天然繊維や化学繊維を同時に染めると，繊維の種類によって異なる色に染色される。このことを利用して繊維の種類を見分けることができる。右の写真は，繊維鑑別用染料を用いて多繊交織布（横糸がポリエステル，縦糸が綿，ナイロン，アセテート，羊毛，レーヨン，アクリル，絹，ポリエステルでできた布）を染色したものである。

綿　ナイロン　アセテート　羊毛　レーヨン　アクリル　絹　ポリエステル

染色された交織布　未知試料布　水洗　乾燥

ナイロン（石油からつくられる繊維）

アジピン酸 $HOOC(CH_2)_4COOH$ とヘキサメチレンジアミン $H_2N(CH_2)_6NH_2$ を縮合重合させると得られる。

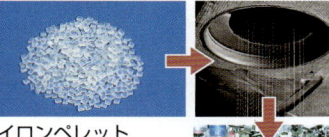

アジピン酸ジクロロドのジクロロエタン溶液

ナイロンペレットを融解する。

細い穴から押し出し，繊維状にした後，紡糸する。

ストッキングを編み上げる。

染色する。

染色されたストッキング

●6,6-ナイロン　単量体：ヘキサメチレンジアミン，アジピン酸

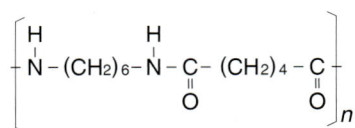

$$\left[-N-(CH_2)_6-N-C-(CH_2)_4-C- \right]_n$$
$$\;\;\;H\;\;\;\;\;\;\;\;\;\;\;\;\;\;H\;\;\;O\;\;\;\;\;\;\;\;\;\;\;\;\;\;\;\;O$$

▶▶参照p.163

・なめらかで均一な形。
・吸湿性に乏しい。
・耐久性に富む。
・弾力性があり，しわになりにくい。
・絹に似た性質

側面　断面

ポリエステル（石油からつくられる繊維）

テレフタル酸　エチレングリコール

テレフタル酸とエチレングリコールから得られるポリエチレンテレフタラートは，代表的なポリエステルで，ペットボトルや衣料などに用いられている。

原液を細い穴に通し，糸状にする。

糸をより合わせる。

プリーツのついたスカート

●ポリエチレンテレフタラート(PET)　単量体：テレフタル酸，エチレングリコール

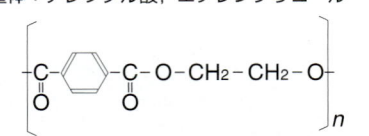

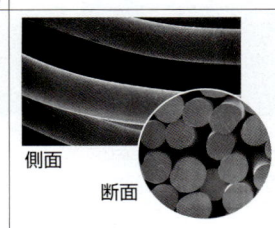

$$\left[-C-\bigcirc-C-O-CH_2-CH_2-O- \right]_n$$
$$\;\;O\;\;\;\;\;\;\;\;\;\;\;\;\;\;O$$

▶▶参照p.163

・なめらかで均一な形。
・吸湿性が乏しく，乾燥がはやい。
・熱可塑性がある。

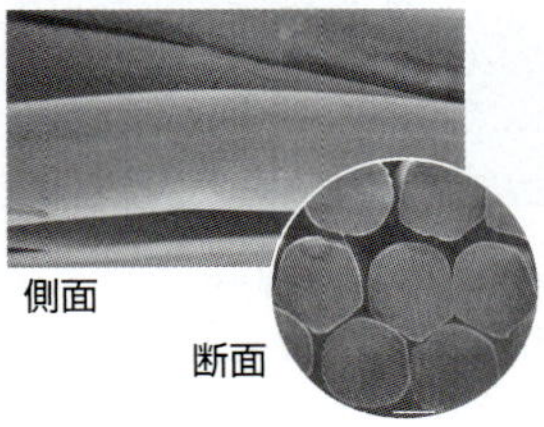

側面　断面

アクリル繊維（石油からつくられる繊維）

アクリロニトリル

アクリロニトリルを付加重合させると，ポリアクリロニトリルが得られる。ポリアクリロニトリルを主成分とする繊維をアクリル繊維という。

反応プラント

原綿

セーター　毛布

●ポリアクリロニトリル　単量体：アクリロニトリル

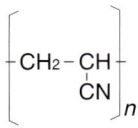

$$\left[-CH_2-CH- \right]_n$$
$$\;\;\;\;\;\;\;\;\;\;\;\;\;\;\;\;|$$
$$\;\;\;\;\;\;\;\;\;\;\;\;\;\;CN$$

▶▶参照p.162

塩化ビニル，アクリル酸メチルなどとの共重合体あり。

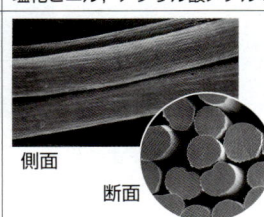

・羊毛に似た性質。
・ふんわりとあたたかな肌触り。
・やわらかく軽い。

側面　断面

89 ▶ 染料と染色の化学

1 物質の色
▼物質の色は，その物質が反射する光の色で決まる。

●物質の色と光の吸収
多くの色の光が集まった白色光が物質に当たるか，または物質を通過すると，光の一部が吸収され，反射光や透過光が物質の色として見える。

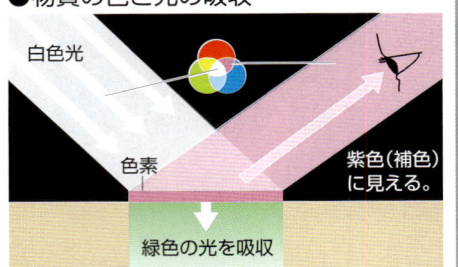

●光のスペクトル
太陽光を分光器（プリズム）に通すと，連続的に並んだ色の帯（スペクトル）が見える。

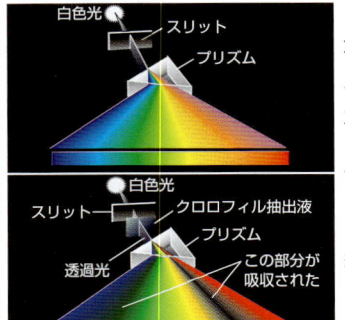

緑のフィルターを通した太陽光は，おもに赤い色が吸収される。

●染料と顔料
色の成分を色素といい，染料（繊維の染色用）と顔料（絵の具やペンキ用）に大別される。

2 天然染料
▼植物や動物から得られる染料を**天然染料**という。一般に染色法が複雑で，染料の採取量も少ないので，用途が少ない。

●植物染料
- アイ（葉） インジゴ
- アカネ（根） アリザリン

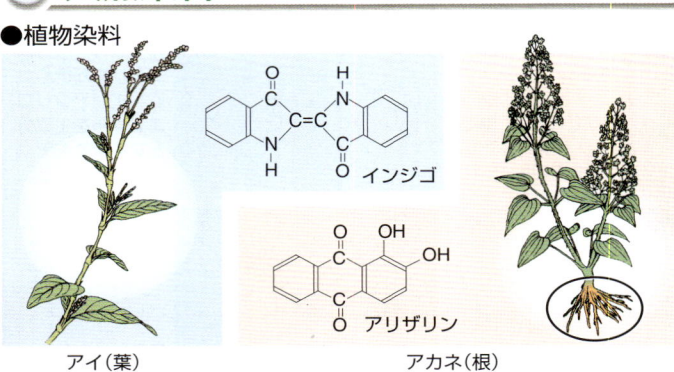

●動物染料
- コチニール（エンジムシのメス） カルミン酸
- 貝紫（アクキガイ科の貝の分泌物） ジブロモインジゴ

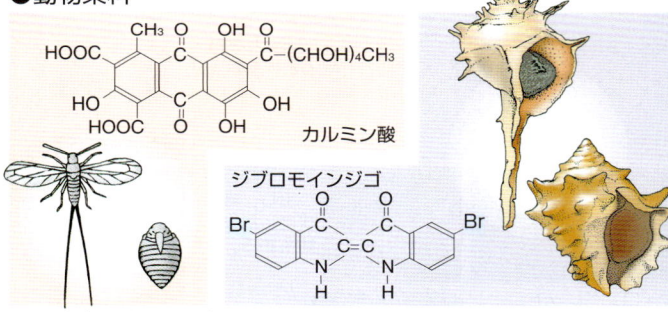

●タマネギの皮による染色
1. タマネギの皮を熱水に入れ色素を抽出する。
2. 抽出液に布をひたす。
3. 5%ミョウバン水溶液（媒染剤）にひたす。
4. 水洗し，乾燥する。

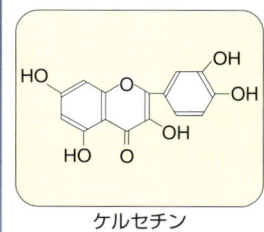

ケルセチン

●藍染の工程

タデアイの葉

1. **藍の葉の発酵** 藍の葉を積み重ねて発酵（これをすくもという），葉にふくまれるインジカンという物質をインジゴに変化させる。
2. **インジゴの還元** インジゴは水にとけないので，すくもを藍瓶に入れ，あく汁，水あめ，酒などを加えて発酵，水に可溶のロイコインジゴ（淡黄色）にする。
3. **染色** 布を藍瓶の液にしみこませ，とり出して空気中にさらすと，布は酸化され淡黄色から青色に変わる。この工程を建て染めという。

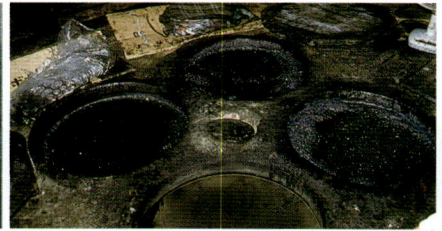

▶▶参照 p.191

生活と物質

3 合成染料
▼天然に存在するもの，存在しないものなど合成によってつくられた色素を**合成染料**という。

●染色のしくみによる染料の分類

種類	染色のしくみのモデル	特徴
直接染料	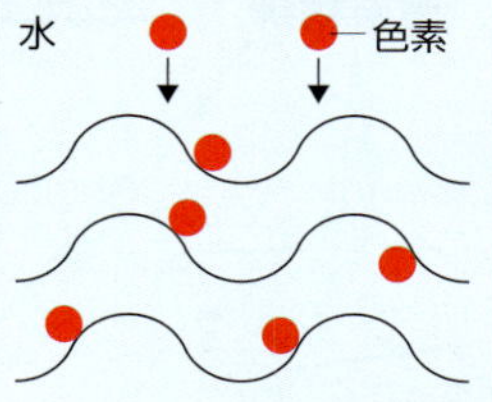 水・色素	水にとけやすく，繊維に直接結合する。染着力はあまり強くない。
酸性染料 塩基性染料	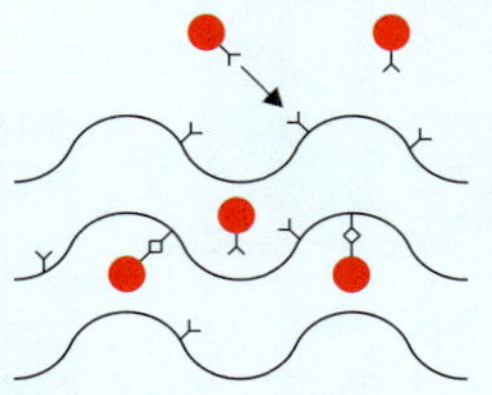	分子内に酸性や塩基性の基を持つ。イオン結合で染着する。
建て染め染料	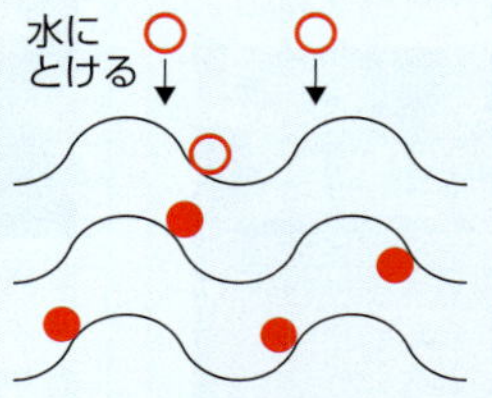 水にとける	還元して水にとけやすくして染色，空気酸化してもとの色素にもどす。
媒染染料	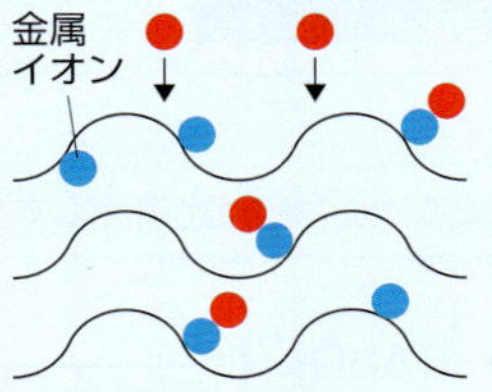 金属イオン	金属塩（媒染剤）をあらかじめ繊維に吸着させ，これに色素を結合させ染着させる。
アゾイック染料	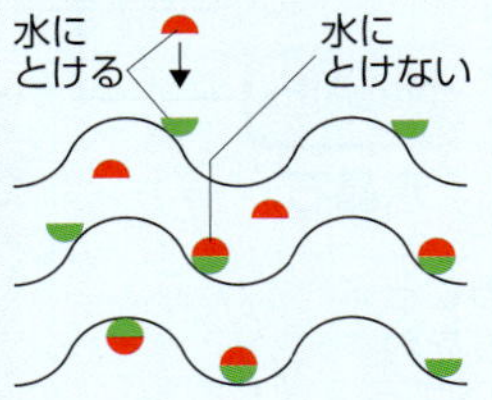 水にとける／水にとけない	水にとけにくいアゾ色素を繊維上で形成させ，染色する。

●アリザリン(媒染染料)
アカネに含まれる赤色染料。1869年，グレーベなどによって合成される。Cr^{3+}，Al^{3+} などの金属塩をあらかじめ繊維に吸着させ，これらの金属塩と色素が繊維上で結合して染着する。

●インジゴ(建て染め染料)
インジゴフェラやタデアイに含まれる青色染料。1880年，バイヤーによって人工的に合成された。工業的に安価で大量に合成されるようになると，天然のインジゴは大打撃を受けた。インジゴ(青色)は水に不溶の色素なので，いったん水にとける還元型(淡黄色)にして繊維に吸収させ，空気酸化により繊維の中で再びインジゴにもどすことで染色をする。この操作を「建て染め」という。

インジゴ（青色，水に不溶） ⇌ ロイコインジゴ（淡黄色，水に可溶）

インジゴで染めたジーンズ

●1-フェニルアゾ-2-ナフトール(アゾイック染料)
橙赤色の染料。2-ナフトール(カップリング成分)と塩化ベンゼンジアゾニウム(ジアゾ成分)を布上でカップリングさせて染色させる。

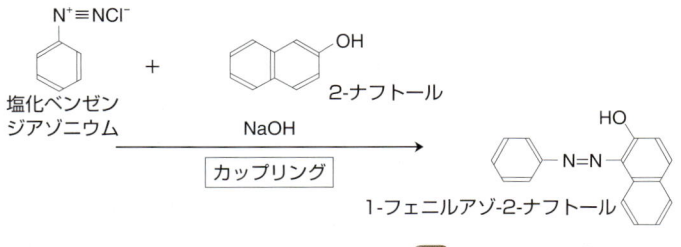

塩化ベンゼンジアゾニウム ＋ 2-ナフトール $\xrightarrow{NaOH}$ (カップリング) → 1-フェニルアゾ-2-ナフトール

▶▶ 参照項目p.157「カップリング」

4 いろいろな染色
▼染色の方法には，一様な色に染める浸染と，模様をつけて染め分ける捺染がある。

●手がきによる染色
染料が外に出ないように細いのりを置き，筆で彩色する。

●スクリーンや型紙による彩色
模様を表したスクリーンや型紙をつくり，印刷するように布にプリントする。

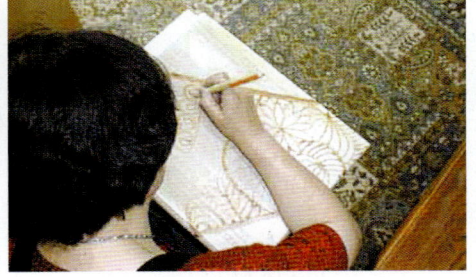

●布地をしばる染色(絞り染め)
一目絞り

染料がしみこまないように布地をしばり，模様を表現する。

90 ▶ 金属の化学

① 銅の製錬
▼銅は黄銅鉱などを炉内で酸素と反応させ粗銅を得, これを**電解精錬**してつくる。

黄銅鉱など ＋ コークス・石灰石 → 溶鉱炉 → Cu_2S, Cu_2O → 転炉 O_2 → 粗銅 → 電解精錬 → 純銅 Cu (99.99%以上)

硫化銅(I)と酸化銅(I)より粗銅を得る。

$$2Cu_2S + 3O_2 \longrightarrow 2Cu_2O + 2SO_2$$
$$Cu_2S + 2Cu_2O \longrightarrow 6Cu + SO_2$$

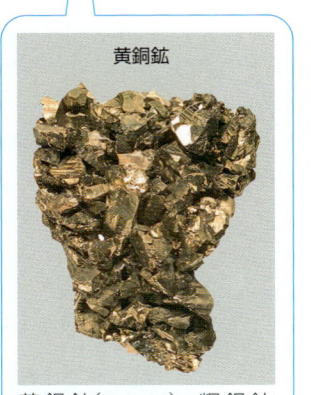

黄銅鉱($CuFeS_2$), 輝銅鉱(Cu_2S), 赤銅鉱(Cu_2O)などの鉱石を溶鉱炉や転炉を用いて高温に加熱し, 酸素と反応させて不純物を多く含む粗銅を単離する。

鋳型に流し込んで, 陽極板(粗銅)をつくる。

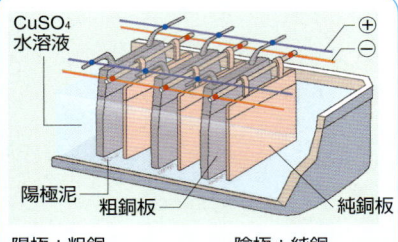

$CuSO_4$水溶液／陽極泥／粗銅板／純銅板

陽極：粗銅　　陰極：純銅
$Cu \longrightarrow Cu^{2+} + 2e^-$　　$Cu^{2+} + 2e^- \longrightarrow Cu$
陰極に純粋な銅が析出する。

陽極泥から得られる金・銀

陽極の下には銅よりもイオン化傾向の小さい金や銀などの貴金属がたまる(陽極泥)。

② アルミニウムの製錬
▼アルミニウムはボーキサイトから得たアルミナ(純粋な酸化アルミニウム)を溶融塩電解してつくる。

ボーキサイト → NaOH 溶解 → $Na[Al(OH)_4]$ → 沈殿 → $Al(OH)_3$ → 加熱 → Al_2O_3 → 溶融塩電解 → Al

Na_3AlF_6 氷晶石

ボーキサイト(主成分 $Al_2O_3 \cdot nH_2O$)
アルミナ Al_2O_3 (融点2054℃)(純粋な酸化アルミニウム) 
氷晶石(Na_3AlF_6) 

氷晶石を入れることにより電解温度を約1000℃ほど下げることができる。

精製されたアルミニウム

国内で消費するアルミニウムの原料ボーキサイトは, ほぼ100%を輸入に頼っている。

ボーキサイト約4tからアルミナ約2tが精製され, このアルミナを電解して約1tのアルミニウムの地金ができる。

●溶融塩電解(融解塩電解)

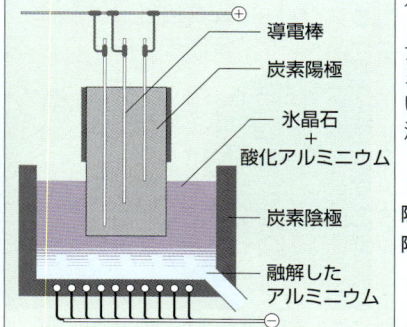

導電棒／炭素陽極／氷晶石＋酸化アルミニウム／炭素陰極／融解したアルミニウム

氷晶石 Na_3AlF_6 を約1000℃に加熱して融解し, これにボーキサイトからつくったアルミナ(純粋な酸化アルミニウム)をとかす(アルミナの融点が下がる)。これを炭素電極を用いて電気分解すると, アルミニウムが陰極に溶融状態のままたまってくる。

$$2Al_2O_3 \longrightarrow 4Al^{3+} + 6O^{2-}$$
陰極：$4Al^{3+} + 12e^- \longrightarrow 4Al$
陽極：$6O^{2-} + 3C \longrightarrow 3CO_2 + 12e^-$
$\left(O^{2-} + C \longrightarrow CO + 2e^- \right)$
一酸化炭素が発生することもある。

全体の反応：$2Al_2O_3 + 3C \longrightarrow 4Al + 3CO_2$

生活と物質

③ 鉄の製錬
▼鉄鉱石を溶鉱炉（高炉）で還元して銑鉄が得られ，さらに転炉で不純物を除いて鋼を得る。

鉄鉱石 ＋ コークス・石灰石 →（溶鉱炉）→ 銑鉄（炭素を多く含んでいてもろい。）→（転炉（酸素を吹き込む））→ 鋼（炭素の含有量が低い。(0.04～1.7%)）

● 溶鉱炉の外観

赤鉄鉱　磁鉄鉱

コークス・石灰石

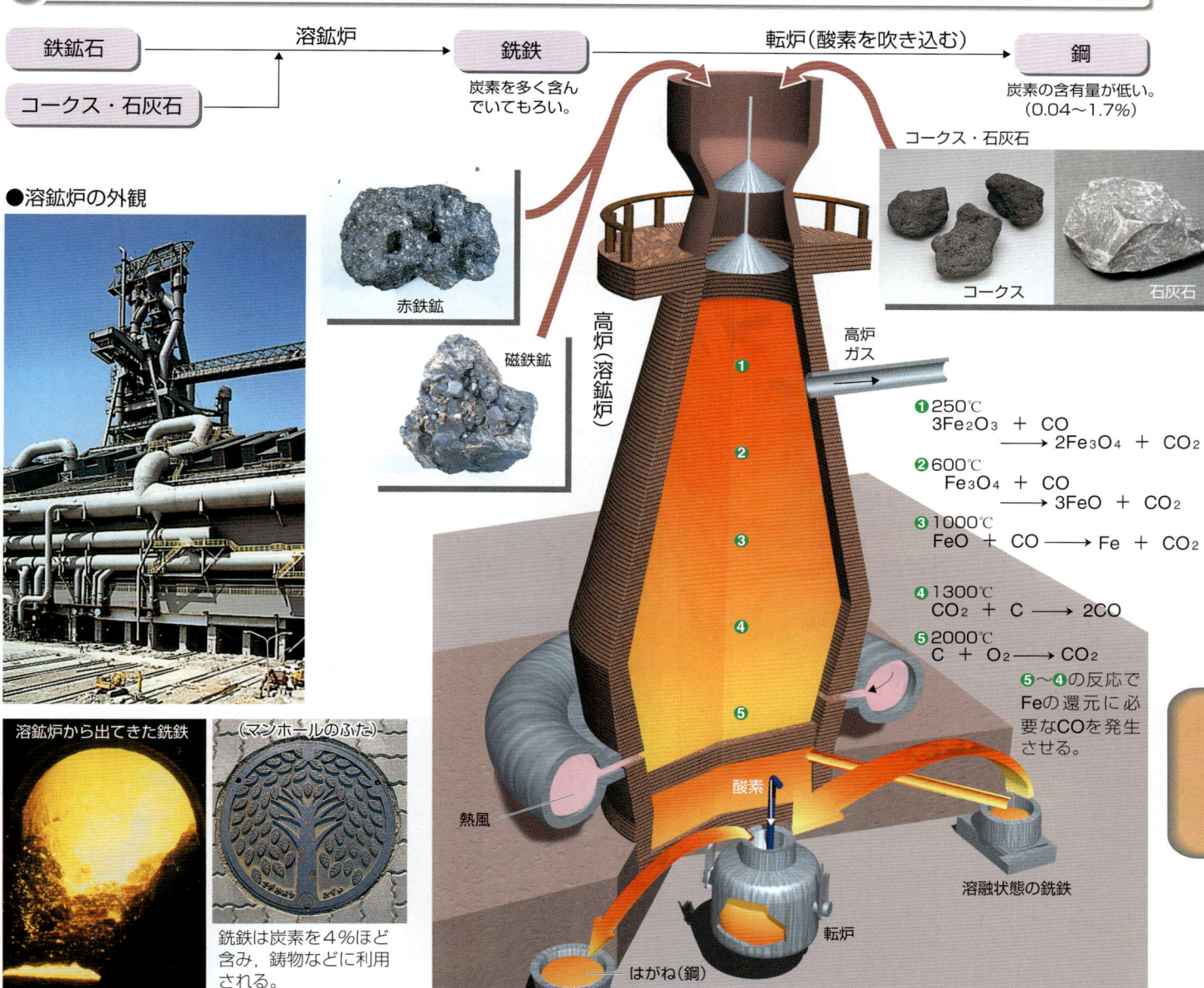

高炉（溶鉱炉）

高炉ガス

❶ 250℃　$3Fe_2O_3 + CO \longrightarrow 2Fe_3O_4 + CO_2$

❷ 600℃　$Fe_3O_4 + CO \longrightarrow 3FeO + CO_2$

❸ 1000℃　$FeO + CO \longrightarrow Fe + CO_2$

❹ 1300℃　$CO_2 + C \longrightarrow 2CO$

❺ 2000℃　$C + O_2 \longrightarrow CO_2$

❺～❹の反応でFeの還元に必要なCOを発生させる。

熱風　酸素　転炉　はがね（鋼）　溶融状態の銑鉄

溶鉱炉から出てきた銑鉄

（マンホールのふた）

銑鉄は炭素を4％ほど含み，鋳物などに利用される。

転炉による鋼の製造
▼転炉では銑鉄に酸素を吹き込んで炭素を除き，鋼をつくる。

転炉モデル　酸素

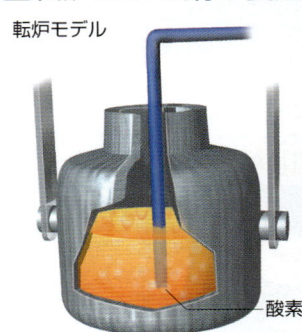

転炉では，融解した銑鉄に酸素を吹き込み，鋼をつくる。つくる鋼の種類によっては，ニッケル，マンガン，クロムなどの金属も加える。処理が終わると，炉を傾けて融解している鋼をとり出す。

得られた鋼を種々の素材に加工する。

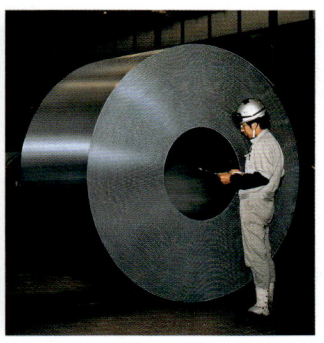

転炉によって精錬された鉄は，ねばりのある鋼として多方面に利用されている。

91 ▶ 金属材料

1 金属と合金の歴史

単体 ▼金，白金，銀，銅はイオン化傾向が小さく自然界でも安定なため，その単体は古くから利用されてきた。

合金 ▼多種類の金属を用いて，より多機能な性質をもつ金属材料。

●金 Au エジプト　B.C.2000頃～
砂金／黄金マスク　ツタンカーメン王

●銀 Ag 中国　B.C.400頃～
自然銀／アレクサンダー銀貨 

●鉄 Fe（鉄製の武器）　B.C.700頃～
製鉄の発達により，武器や農具として鉄が用いられるようになった。 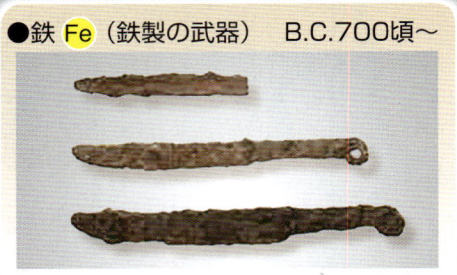

●アルミニウム Al　1880年代～
国産第一号アルミニウムインゴット
1880年に精錬，市販される。

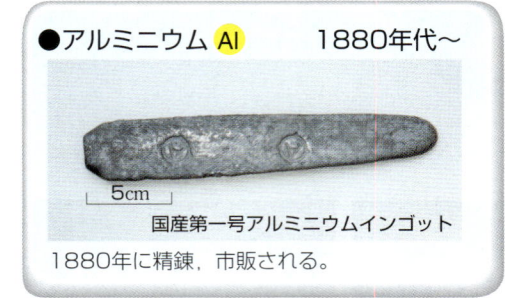

●鋼 Fe, C　1900年代～
19世紀は製鉄の時代ともいわれ，鉄とともに鋼が使用されるようになった。 

（年表：B.C.3000頃／B.C.700頃／19世紀／20世紀）

●青銅 Cu, Sn 中国 B.C.1300頃～
青銅（ブロンズ）は銅よりも融点が低く加工しやすい。中国では殷代には祭礼器として用いられ，後には通貨としても使われるようになった。 

●黄銅（しんちゅう）Cu, Zn　B.C.270頃～
江戸時代につくられた黄銅のキセル。 

●白銅（洋銀）Cu, Ni　1800年代～
美しく加工しやすい。 

●はんだ合金 Pb, Sn　1800年代～
融点が低い（300℃以下）。金属によく馴染むので金属どうしの接合に利用。 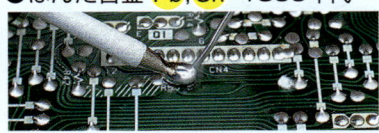

●ステンレス鋼 Fe, Cr, Ni　1900年代～
ステンレス灯籠 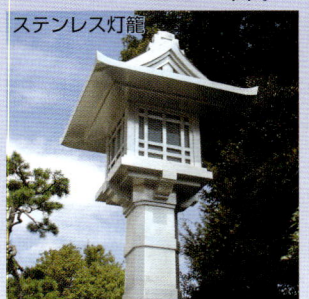
1900年代イギリスのH.ブリアミーらが発明。高クロム鋼のライフル銃の研究中に腐食に対する性能に気づき，刃物への使用を思いついた。

●アルミニウム合金 Al, Cu, Mg（ジュラルミン）　1910年代～
ツェッペリン号 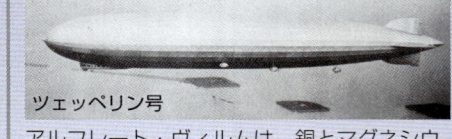
アルフレート・ヴィルムは，銅とマグネシウムを含有するアルミ合金を発明した。この合金を最初に利用したのは，ツェッペリン飛行船である。

軽くて強じんな性質を用いて航空機や電車の車両などに利用されている。

●マグネシウム合金　1930年代～
ノートパソコン
マグネシウム合金は合金の中で最も軽く，強度にも優れている。

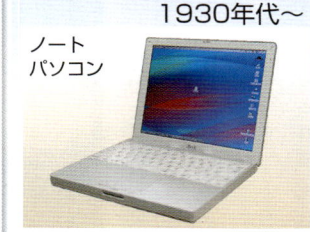

●チタン合金 Ti, Al, V　1960年代～
チタンは耐食性と強度に優れている。ゴルフクラブやカメラのボディなどにも利用されている。 
「しんかい6500」に用いられている。

生活と物質

② 新しい機能をもつ金属材料

●水素吸蔵合金　La, Ni
熱や圧力の変化で水素を吸収したり放出したりする。その体積の1000倍以上の体積の水素を吸収できる。触媒やニッケル・水素電池に利用。

●形状記憶合金　Ti, Ni
高い温度で一度成形されたものが，その後低い温度で変形しても，元の温度に戻すと形状を復元する性質をもつ合金。形状記憶合金には超弾性をもつものがある。

湯に入れると元の羊の形に戻る。

●鉄合金磁性体　MnO, Fe$_2$O$_3$
鉄の酸化物に Zn, Ni, Mn, Co などが含まれる。磁性を保持する性質に優れており，永久磁石や磁気テープの磁性層に利用される。

情報のよみ出しやかき込みをする磁気ヘッドにも，フェライトが利用されている。

●ネオジム磁石　Nd, Fe, B
小型で強力。エネルギー効率のよいモーターや高音域の小型ヘッドホンなどをつくれる。

●ウッド合金　Bi, Pb, Sn, Cd
熱湯で液体化するウッド合金。

低い温度で融解する性質を利用し，防火用スプリンクラーに利用されている。

●アモルファス合金　Co, Tb, Fe
金属原子が不規則に配列している。ステンレスに優る耐食性をもち，高温でもじょうぶ。優れた熱的，磁気的性質をもつ。

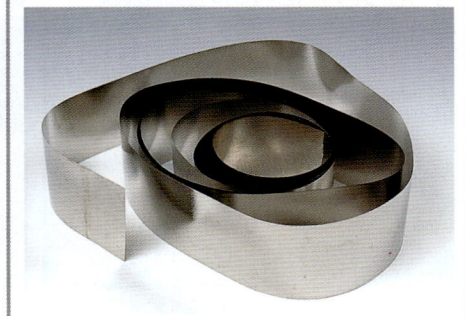

●超伝導磁石使用のMRI　Nb, Sn
ニオブとスズの合金 Nb$_3$Sn などの磁石を利用。超伝導コイルを使用し，冷却して大きな電流を流すことにより，強い磁場を得ている。

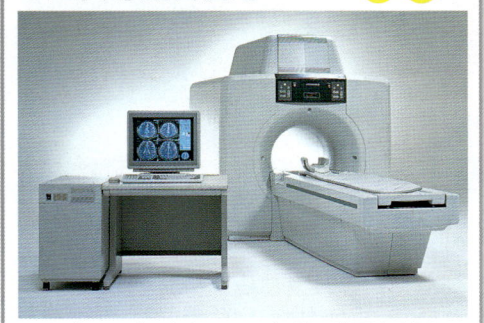

③ 触媒に使われる金属材料

🔲 環境用触媒

●自動車排ガス触媒
プラチナやロジウムといった貴金属を用いて自動車の排ガス中の一酸化炭素，炭化水素，窒素酸化物を同時に浄化している触媒。「三元」触媒とも呼ばれている。

●酸化チタン光触媒
酸化チタンは光を受けると化学反応を起こし汚れや雑菌，におい成分などを分解する触媒作用をもつ。この機能を用いた製品が近年多く登場してきた。

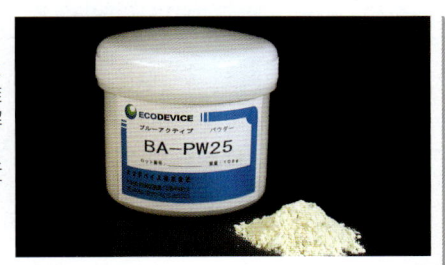

92 ▶ セラミックス

古代

飾り馬（古墳時代）　勾玉（古墳時代）　ガラス製杯（新羅時代）　色絵藤花文茶壺（江戸時代）

1 窯業製品　▼現在ではケイ酸塩工業といわれている。

セラミックスとは，英語で「やきもの」をさす。本来は，粘土などを焼いてつくった器を意味したが，現在は焼成技術を用いてつくった窯業製品すべてをさすようになった。

■ガラス
▼ガラスの原料はケイ砂（SiO_2）にNaやCaなどの酸化物や炭酸塩を混ぜたもの。これを加熱融解し，やわらかいうちに成形して固化させる。

ケイ砂／炭酸ナトリウム／炭酸カルシウム 　板ガラスの製造

●ソーダ石灰ガラス 
ケイ砂と炭酸ナトリウムと炭酸カルシウムを混合し，融解したもの。多様性，汎用性，量産性をもつ。

●鉛クリスタルガラス 
ケイ砂と酸化鉛（PbO）を用い，酸化カリウム（K_2O）などが加えられている。光沢，透明度がよい。

●ホウケイ酸ガラス 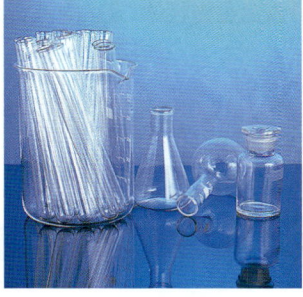
炭酸ナトリウムのかわりにホウ酸（H_3BO_4）を用いる。かたくて軟化温度が高く，薬品に強い。

■セメント（ポルトランドセメント）
▼石灰石と粘土，少量のスラグなどを原料とする。これらを粉砕して1400℃以上に加熱し，その後急冷して再び粉砕する。これに少量のセッコウを加えると，セメントになる。

石灰石／スラグ／セメント用粘土 　回転窯
この回転窯は，長さ100m，1000℃から始まり，最高温度1450℃で焼成していく。

●コンクリート 
セメント粉
セメントに砂と砂利を混合し，水を加えて練り，硬化させたもの。

●ダム：鉄筋コンクリートの利用 
コンクリートの引っぱりに弱い性質を鉄で補強したものが，鉄筋コンクリートである。

■陶磁器とレンガ
▼粘土にいろいろな金属酸化物を加えて，高温で焼き固めたものが陶磁器である。

粘土 　窯
焼き固めることで，かたく強い製品になる。

●陶磁器 
うわぐすりを水と混ぜ，素地にぬって焼くと，ガラス質の被膜が形成される。

●レンガ 
赤レンガは鉄を含む粘土と砂を高温で焼き固めたもの。

生活と物質

現代

東京駅　陶器のコーヒーカップ　LSI　耐熱タイル（スペースシャトル）　ランドマークタワー（横浜）

② 新しい機能をもつセラミックス

金属やプラスチックなどの従来の素材に見られない高硬度，高強度，耐摩耗性，耐腐食性，耐熱性，熱伝導性などの特徴を備えたセラミックスを，ニューセラミックス，ファインセラミックスという。

■ 高硬度・高強度の利用

●包丁やはさみ 
硬くてさびない特性を生かしている。

●セラミックスタービン
窒化ケイ素（Si_3N_4）など。強度と耐熱性に優れ，衝撃に強く，さびにくい。 

■ 高強度・生体への適合への利用

●人工骨・人工関節
ヒドロキシアパタイト$Ca_5(PO_4)_3OH$など。加工性がよいこと，耐久性に優れ，生体の組織とよくなじむことが要求される。 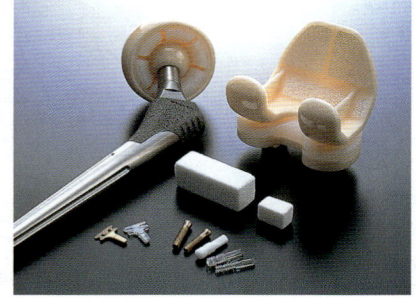

■ 熱伝導性や耐久性の利用

●エレクトロニクス部品
電気を通さず熱をよく伝える窒化アルミニウムAlN，アルミナAl_2O_3が基板などに使われる。 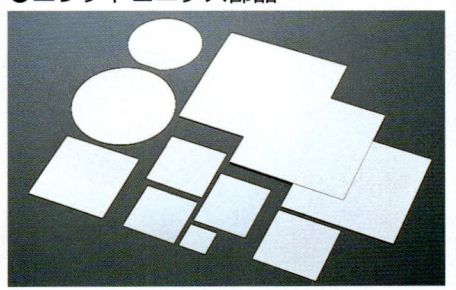

■ 圧電性の利用

●圧電モーター（カメラの自動ピント合わせ）
PZT（チタン酸ジルコン酸鉛）などの，電圧をかけると伸び縮みする性質を利用する。 

●点火装置（ガスコンロ）
ジルコン酸鉛$PbZrO_3$などに力を加えると電気的な分極が生じることを利用して点火させる。 

■ 断熱性の利用

繊維状シリカ（SiO_2）を固めた断熱タイルは，スペースシャトルの外壁に使われた。

■ 光ファイバーとしての利用

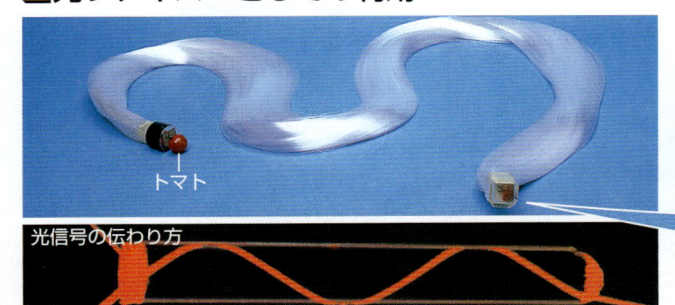

トマト
光信号の伝わり方
屈折率の高い中心部と屈折率の低い周辺部の間を光が全反射をくり返しながら伝わっていく（プラスチック製もある）。

光ファイバーを通して見えるトマト
二酸化ケイ素が原料の石英ガラスの繊維を束にしたもの。通信ケーブルに利用される。

■ 高温超伝導体としての利用

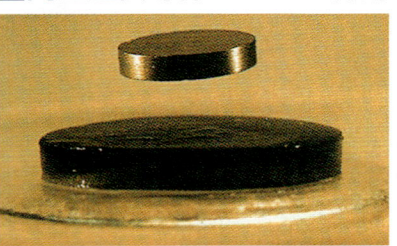

Y_2O_3，$BaCO_3$，CuOなど。完全反磁性というマイスナー効果によって超伝導体の上にある磁石は空中に浮く。1985年に発見された。Ba-La-Cu-Oの組成のセラミックスが-233℃という臨界温度を示した。

93 ▶ 無機化学工業

1 硫酸の製造
▼酸素と硫黄を原料とし、**接触法**と呼ばれる工業的製法でつくられる。

■接触法

硫黄 S(石油脱硫などより) $\xrightarrow{O_2}$ 二酸化硫黄 SO_2 $\xrightarrow[V_2O_5 触媒]{O_2}$ 三酸化硫黄 SO_3 $\xrightarrow{H_2O (希H_2SO_4)}$ 硫酸 H_2SO_4

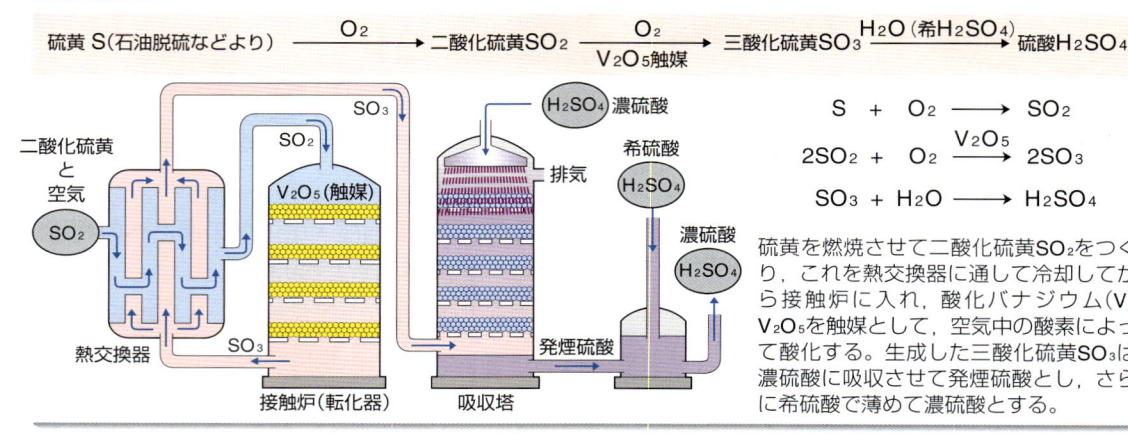

$$S + O_2 \longrightarrow SO_2$$
$$2SO_2 + O_2 \xrightarrow{V_2O_5} 2SO_3$$
$$SO_3 + H_2O \longrightarrow H_2SO_4$$

硫黄を燃焼させて二酸化硫黄SO_2をつくり、これを熱交換器に通して冷却してから接触炉に入れ、酸化バナジウム(V) V_2O_5を触媒として、空気中の酸素によって酸化する。生成した三酸化硫黄SO_3は濃硫酸に吸収させて発煙硫酸とし、さらに希硫酸で薄めて濃硫酸とする。

酸化バナジウム(V) V_2O_5

硫酸の製造設備外観(一部)

2 アンモニアの製造
▼空気中の窒素と水素を直接反応させる**ハーバー・ボッシュ法**という工業的製法でつくられる。

■ハーバー・ボッシュ法 ▶▶ 参照項目p.93

窒素N_2 + 水素H_2 $\longrightarrow$ アンモニアNH_3

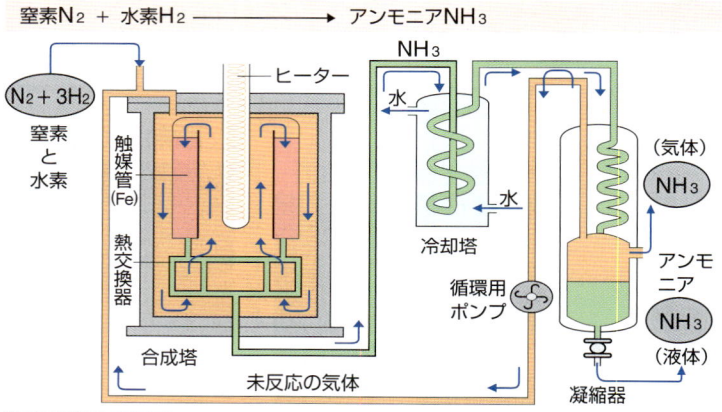

$$N_2(気) + 3H_2(気) = 2NH_3(気) + 92.2kJ$$

窒素と水素からアンモニアを得る反応は可逆反応で、生成率のよい平衡状態をつくるには低温・高圧の条件が望ましい。ハーバーとボッシュは、低温でも反応を進める触媒を見いだし、高圧にたえる装置をつくり、効率よくアンモニアを合成することに成功した。現在は鉄を主成分とする触媒を用いて、$2×10^7$Pa、500℃前後の条件で合成されている。

アンモニア工場

ハーバー・ボッシュ法の触媒 Fe_3O_4

3 硝酸の製造
▼アンモニアを酸化する**オストワルト法**という工業的製法でつくられる。

■オストワルト法

アンモニアNH_3 $\xrightarrow{O_2}_{Pt 触媒}$ 一酸化窒素NO $\xrightarrow{O_2}$ 二酸化窒素NO_2 $\xrightarrow{H_2O}$ 硝酸HNO_3 + NO

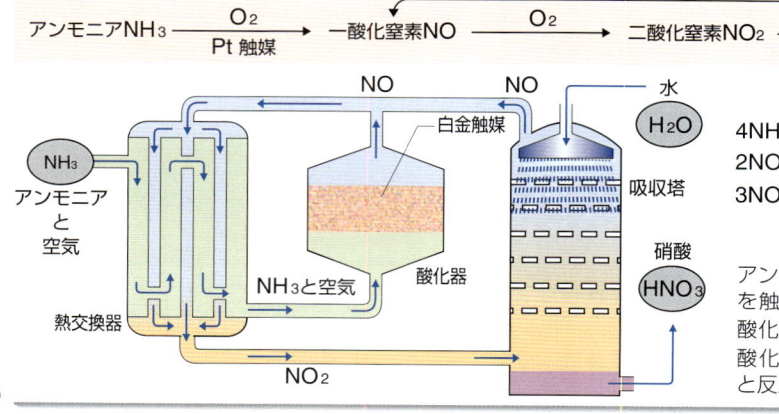

$$4NH_3 + 5O_2 \longrightarrow 4NO + 6H_2O$$
$$2NO + O_2 \longrightarrow 2NO_2$$
$$3NO_2 + H_2O \longrightarrow 2HNO_3 + NO$$

アンモニアを過剰の空気と混合し、白金を触媒として約800℃で反応させて一酸化窒素NOをつくる。これを空気中で酸化して二酸化窒素NO_2とした後、水と反応させて硝酸とする。

硝酸の製造設備外観(一部)

④ 炭酸ナトリウムの製造 ▼塩化ナトリウム，アンモニアなどを原料に**アンモニアソーダ法**という工業的製法でつくられる。

■ アンモニアソーダ法（ソルベー法）

塩化ナトリウム NaCl ─┐
アンモニア NH₃ ─┤──→ 炭酸水素ナトリウム $NaHCO_3$ ──→ 炭酸ナトリウム Na_2CO_3
二酸化炭素 CO₂ ─┤   塩化アンモニウム NH_4Cl
水 H₂O ─┘ 石灰石 $CaCO_3$ ─→ 酸化カルシウム CaO ─→ 水酸化カルシウム $Ca(OH)_2$ ──→ 塩化カルシウム $CaCl_2$ + NH_3

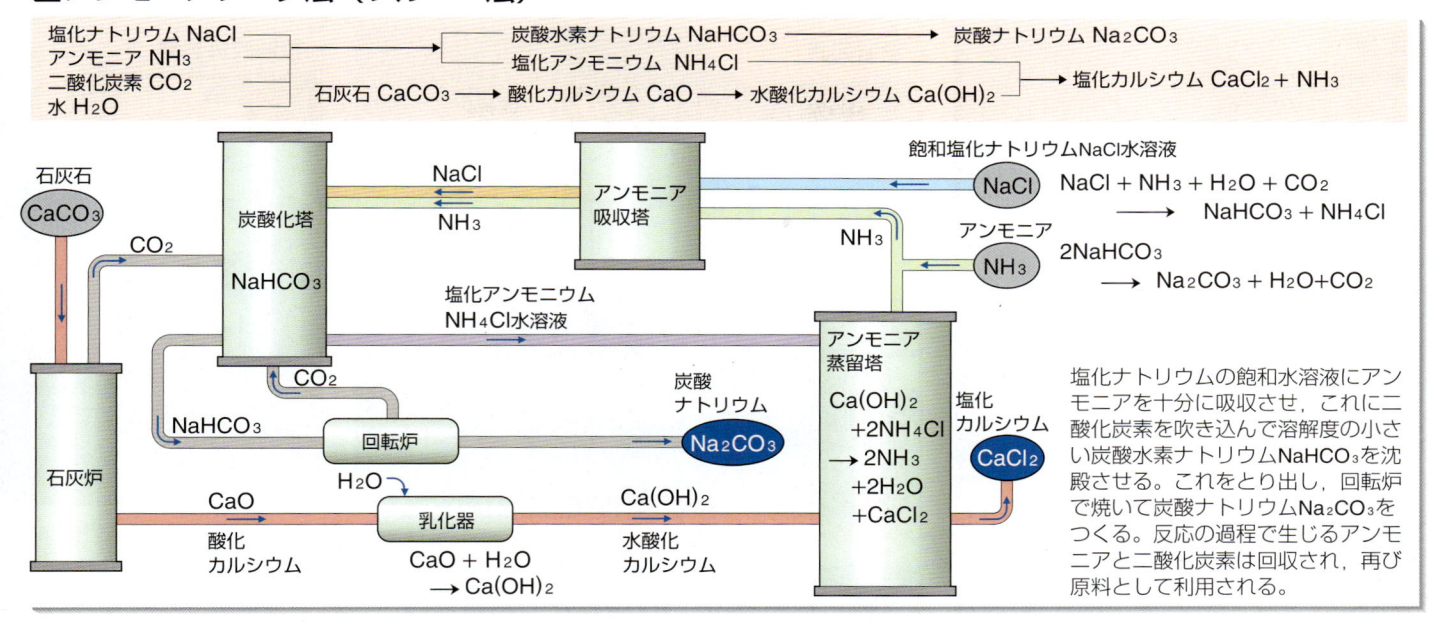

$NaCl + NH_3 + H_2O + CO_2$
$\longrightarrow NaHCO_3 + NH_4Cl$

$2NaHCO_3$
$\longrightarrow Na_2CO_3 + H_2O + CO_2$

$Ca(OH)_2 + 2NH_4Cl$
$\longrightarrow 2NH_3 + 2H_2O + CaCl_2$

$CaO + H_2O \longrightarrow Ca(OH)_2$

塩化ナトリウムの飽和水溶液にアンモニアを十分に吸収させ，これに二酸化炭素を吹き込んで溶解度の小さい炭酸水素ナトリウム$NaHCO_3$を沈殿させる。これをとり出し，回転炉で焼いて炭酸ナトリウムNa_2CO_3をつくる。反応の過程で生じるアンモニアと二酸化炭素は回収され，再び原料として利用される。

⑤ 水酸化ナトリウムの製造 ▼塩化ナトリウム水溶液をイオン交換膜を用いて電気分解する工業的製法でつくられる。

■ イオン交換膜法

塩化ナトリウム NaCl ──電気分解──→ 水酸化ナトリウム NaOH ＋ 水素 H_2 ＋ 塩素 Cl_2

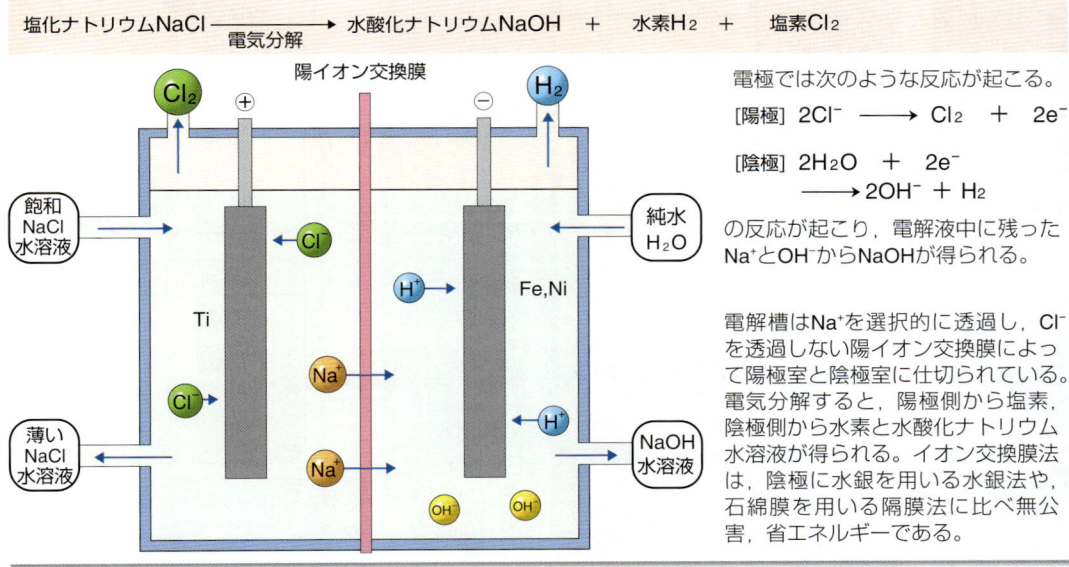

電極では次のような反応が起こる。

[陽極] $2Cl^- \longrightarrow Cl_2 + 2e^-$

[陰極] $2H_2O + 2e^- \longrightarrow 2OH^- + H_2$

の反応が起こり，電解液中に残ったNa^+とOH^-から$NaOH$が得られる。

電解槽はNa^+を選択的に透過し，Cl^-を透過しない陽イオン交換膜によって陽極室と陰極室に仕切られている。電気分解すると，陽極側から塩素，陰極側から水素と水酸化ナトリウム水溶液が得られる。イオン交換膜法は，陰極に水銀を用いる水銀法や，石綿膜を用いる隔膜法に比べ無公害，省エネルギーである。

水酸化ナトリウム製造工場（イオン交換膜法）

クルックスの予言した「空中窒素の固定」

20世紀に入るまで，肥料や火薬の原料となる窒素化合物は南米から産出されるチリ硝石（硝酸ナトリウム）に頼っていた。人口増加による食料増産の要求が高まってきた1898年，イギリスの化学者クルックスは，チリ硝石が枯渇する前に無尽蔵ともいえる空気中の窒素を化合物に利用する必要性を主張した。この「空中窒素の固定」は，ハーバー・ボッシュ法によるアンモニア合成の成功によって達成され，食料問題の解決に大きく貢献した。クルックスの予言から10年後の戦争勃発でアンモニアは硝酸を合成する原料となり，火薬の製造につながっていった。彼はクルックス管の発明者でもある。

クルックス

94 石油化学

1 原油の精製から製品までの流れ

▼原油には沸点の異なるさまざまな炭化水素が含まれ，蒸留装置によりナフサなどに分留される。

原油の採掘

蒸留装置

接触改質装置

原油 → 石油精製 → ナフサ

原油備蓄基地

タンカーによる原油の運搬

中国産
アラブ首長国連邦産

種々の原油

原油の外観や性状は産地によって異なる。流動性のあるものや，ほとんど固化したものなどがある。

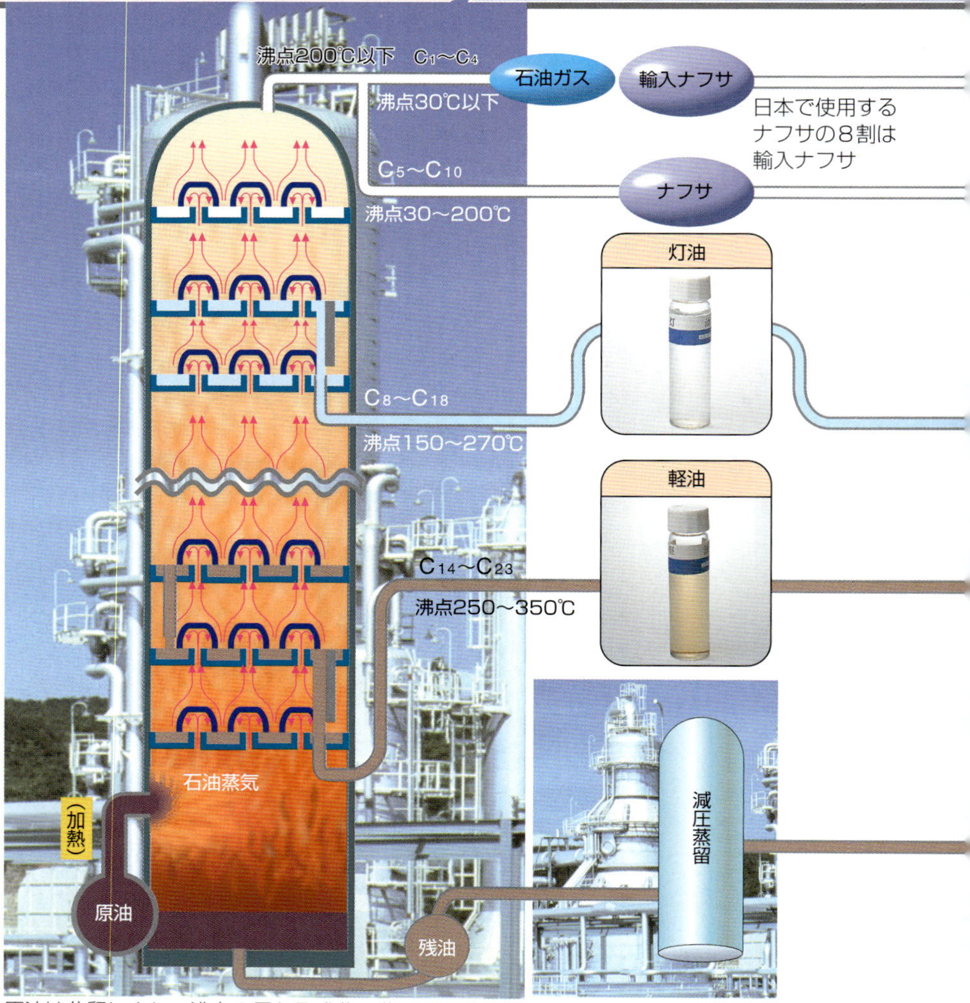

沸点200℃以下　C1～C4
石油ガス
輸入ナフサ
沸点30℃以下
日本で使用するナフサの8割は輸入ナフサ
C5～C10
ナフサ
沸点30～200℃
灯油
C8～C18
沸点150～270℃
軽油
C14～C23
沸点250～350℃
石油蒸気
(加熱)
原油
残油
減圧蒸留

原油は分留により，沸点の異なる成分に分けられる。蒸留塔では，何段階にもわたり連続的に蒸留が行われ，石油ガス，ナフサ，灯油，軽油，残油などを得ている。残油は減圧蒸留で重油とアスファルトに分けられる。

▼ナフサは熱分解され，エチレン，プロピレンなどの石油化学工業の基礎製品となる。

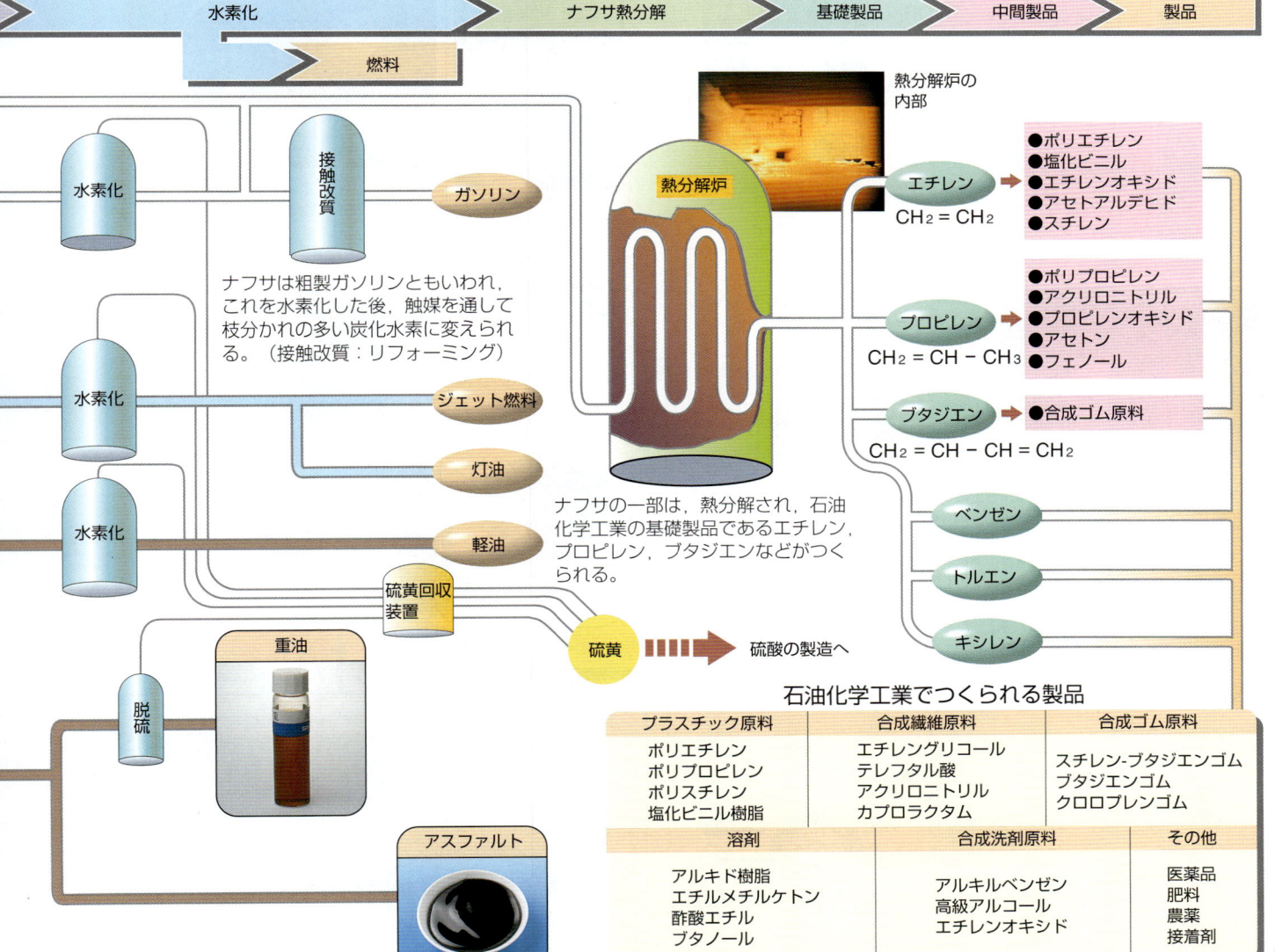

エチレン製造装置

エチレン貯蔵施設

ポリエチレン容器

ポリエチレンペレット

水素化 ＞ ナフサ熱分解 ＞ 基礎製品 ＞ 中間製品 ＞ 製品

燃料

水素化 → 接触改質 → ガソリン

ナフサは粗製ガソリンともいわれ，これを水素化した後，触媒を通して枝分かれの多い炭化水素に変えられる。（接触改質：リフォーミング）

水素化 → ジェット燃料
　　　　　灯油

水素化 → 軽油

硫黄回収装置

重油

脱硫

アスファルト

熱分解炉の内部

熱分解炉

ナフサの一部は，熱分解され，石油化学工業の基礎製品であるエチレン，プロピレン，ブタジエンなどがつくられる。

硫黄 ▶▶▶ 硫酸の製造へ

エチレン $CH_2=CH_2$
- ●ポリエチレン
- ●塩化ビニル
- ●エチレンオキシド
- ●アセトアルデヒド
- ●スチレン

プロピレン $CH_2=CH-CH_3$
- ●ポリプロピレン
- ●アクリロニトリル
- ●プロピレンオキシド
- ●アセトン
- ●フェノール

ブタジエン $CH_2=CH-CH=CH_2$
- ●合成ゴム原料

ベンゼン
トルエン
キシレン

石油化学工業でつくられる製品

プラスチック原料	合成繊維原料	合成ゴム原料
ポリエチレン ポリプロピレン ポリスチレン 塩化ビニル樹脂	エチレングリコール テレフタル酸 アクリロニトリル カプロラクタム	スチレン-ブタジエンゴム ブタジエンゴム クロロプレンゴム
溶剤	合成洗剤原料	その他
アルキド樹脂 エチルメチルケトン 酢酸エチル ブタノール	アルキルベンゼン 高級アルコール エチレンオキシド	医薬品 肥料 農薬 接着剤

95 ▶ 化学とエネルギー

1 化学エネルギーの変換と利用の例
▼化学エネルギーは化学変化により，熱，光，電気などのエネルギーに変換される。

■化学エネルギーの変換

化学エネルギー

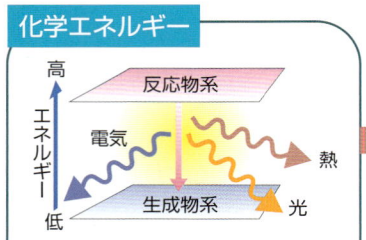

物質のもつ化学エネルギーは，化学反応により，熱，光，電気エネルギーなどに変換される。

燃焼

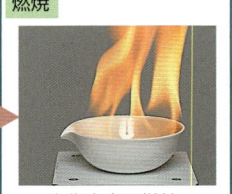

炭化水素の燃焼（オクタンの例）
$$C_8H_{18} + \frac{25}{2}O_2 = 8CO_2 + 9H_2O + 5470\,kJ$$

化学発光

発熱しないで，光を発生する反応

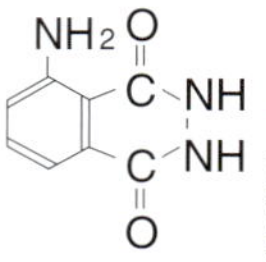

ルミノール + NaOH + H_2O_2 + $K_3[Fe(CN)_6]$

ルミノール発光

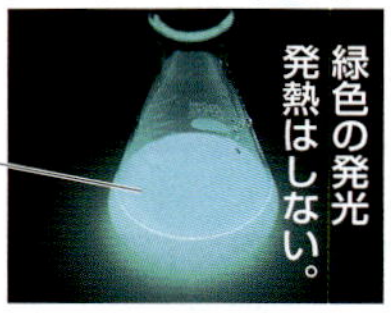

緑色の発光　発熱はしない。

ルミノールを水酸化ナトリウム水溶液にとかし過酸化水素水を加えた溶液に，ヘキサシアニド鉄(III)酸カリウム水溶液を加えると，緑～青白の発光が見られる。

電池

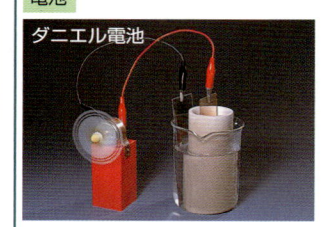

ダニエル電池

酸化・還元などの化学反応で生じるエネルギーを直接電気エネルギーに変換する。

■変換されたエネルギーの利用

熱エネルギー

家庭用ガス(CH_4～C_3H_8)の燃焼 　灯油(C_8H_{18}～$C_{18}H_{38}$)の燃焼
原油の分留で得られた炭化水素の燃焼により，熱エネルギーが得られる。

光エネルギー

ケミカルライト 　ホタルの発光器官
ろうそくやランタンは熱エネルギーを光エネルギーに変換する。 

電気エネルギー

モーターや電球などにより，運動，熱，光エネルギーなどに変換される。

掃除機　電灯 　CDプレーヤー　アイロン

運動エネルギー

蒸気タービン　火力発電所

燃焼による熱エネルギーで水を水蒸気にし，蒸気タービンを回転させて運動エネルギーに変え，発電機で電気エネルギーに変換する。

エネルギーの変換と効率

エネルギーは100％の効率で変換することはできない。自動車ではガソリンの燃焼で得られた熱エネルギーのうち，走行に利用できるのは約25％であり，残りの熱はエンジンの廃熱や道路との摩擦熱として環境に捨てられる。

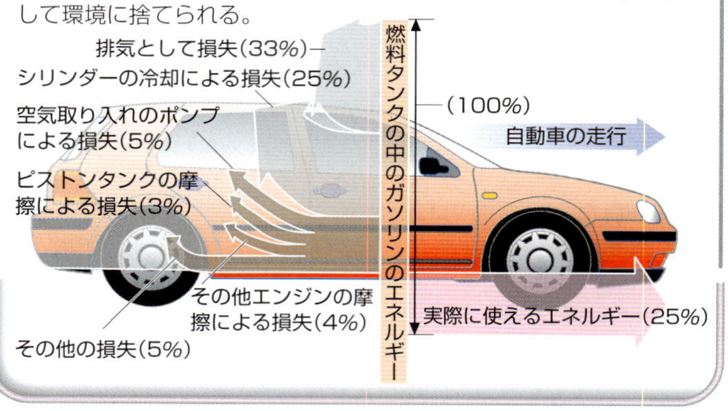

- 排気として損失(33%)
- シリンダーの冷却による損失(25%)
- 空気取り入れのポンプによる損失(5%)
- ピストンタンクの摩擦による損失(3%)
- その他エンジンの摩擦による損失(4%)
- その他の損失(5%)
- 燃料タンクの中のガソリンのエネルギー(100%)
- 自動車の走行 実際に使えるエネルギー(25%)

2 エネルギーと環境
▼人間による大量のエネルギー消費は，地球全体の環境問題を引き起こしている。

増え続ける二酸化炭素 CO_2

●化石燃料からの CO_2 排出量と大気中の CO_2 濃度の変化

近年，エネルギー消費量が増大し，それに伴い大気中の CO_2 濃度が加速度的に増えつつある。

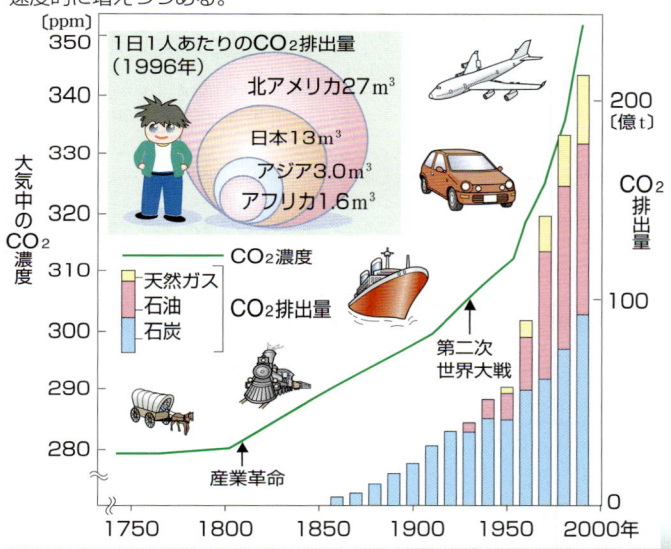

1日1人あたりの CO_2 排出量（1996年）
- 北アメリカ 27m³
- 日本 13m³
- アジア 3.0m³
- アフリカ 1.6m³

CO_2 濃度／CO_2 排出量（天然ガス・石油・石炭）

産業革命・第二次世界大戦

●家庭生活で発生する二酸化炭素 CO_2

家庭で使うエネルギーの多くは，石油などの化石燃料によっている。その燃料の使用により発生する CO_2 量を示す。

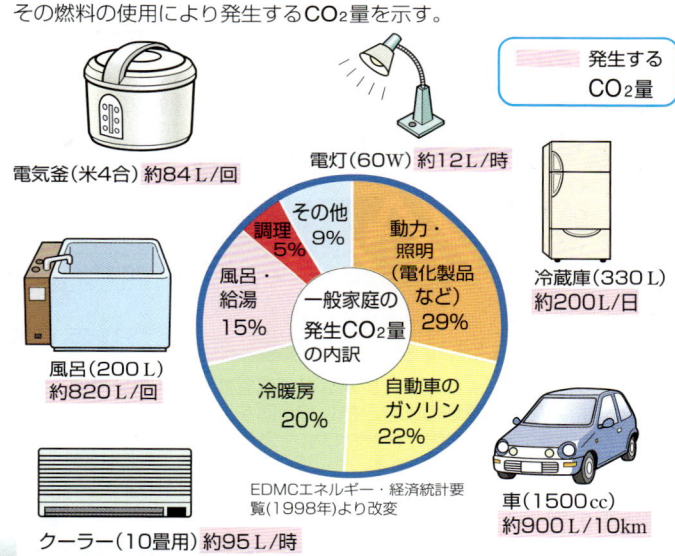

- 電気釜（米4合） 約84L/回
- 電灯（60W） 約12L/時
- 冷蔵庫（330L） 約200L/日
- 風呂（200L） 約820L/回
- クーラー（10畳用） 約95L/時
- 車（1500cc） 約900L/10km

一般家庭の発生 CO_2 量の内訳：
- 動力・照明（電化製品など） 29%
- 自動車のガソリン 22%
- 冷暖房 20%
- 風呂・給湯 15%
- 調理 5%
- その他 9%

EDMCエネルギー・経済統計要覧（1998年）より改変

地球環境問題の広がり

地球環境は，人間の活動により地球温暖化や酸性雨，砂漠化が起こり着実に悪化している。特に，石油や石炭などの化石燃料の大量消費による熱や CO_2，SO_2，NO_2 の発生に伴う大気や水質の汚染が心配されている。

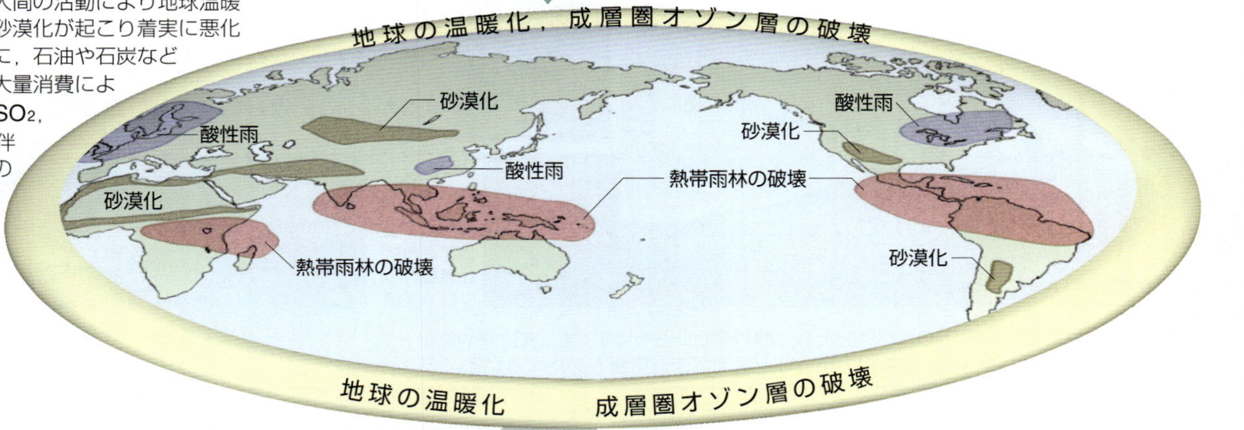

地球の温暖化，成層圏オゾン層の破壊／砂漠化／酸性雨／熱帯雨林の破壊

大気汚染

●熱による大気汚染　ヒートアイランド現象

道路の舗装化や自動車の集中，またエアコンの排熱などにより，都市部で局地的に気温が高くなる現象。

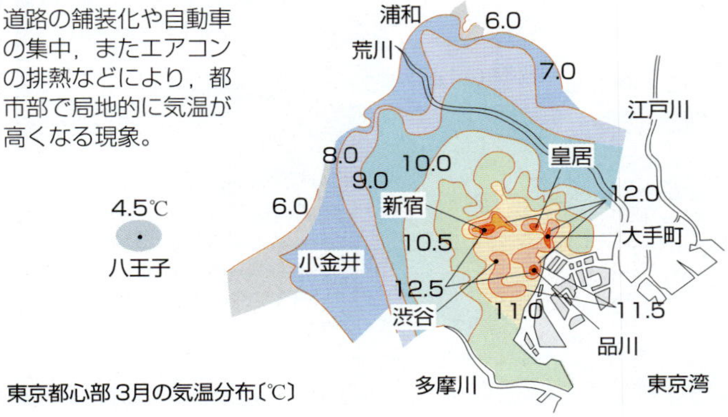

東京都心部3月の気温分布〔℃〕：浦和6.0，荒川7.0，江戸川，皇居12.0，大手町，新宿10.0，小金井8.0，9.0，10.5，渋谷12.5，11.0，品川11.5，多摩川，東京湾，八王子4.5℃

●NO_2，SO_2 による大気汚染

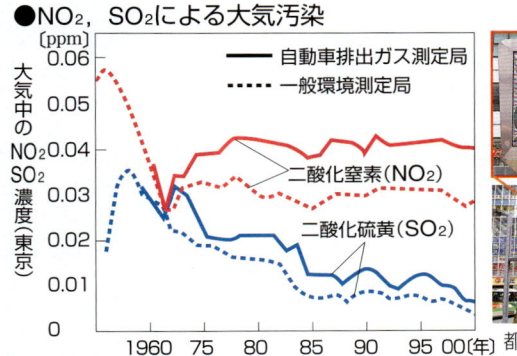

自動車排出ガス測定局／一般環境測定局

二酸化窒素（NO_2）／二酸化硫黄（SO_2）

SO_2 は石油の脱硫などで低下しているが，NO_2 は自動車の排気ガスなどで増加傾向にある。

都心に設置された汚染物質測定濃度の表示装置。

96 ▶ 化学と環境

① 化学物質と地球環境問題
▼酸性雨，温暖化，オゾン層の破壊には，さまざまな化学物質が関与している。

◾地球の温暖化

●温室効果
二酸化炭素，または，メタンやフロンなどの気体は，大気圏外への赤外線の熱放射を妨げ，気温を上昇させる。

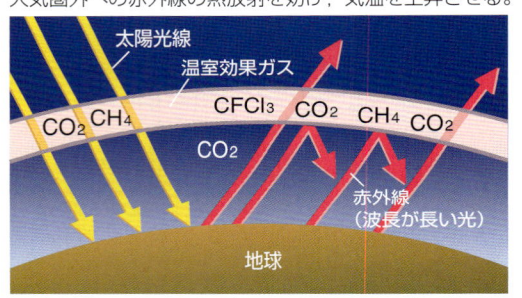

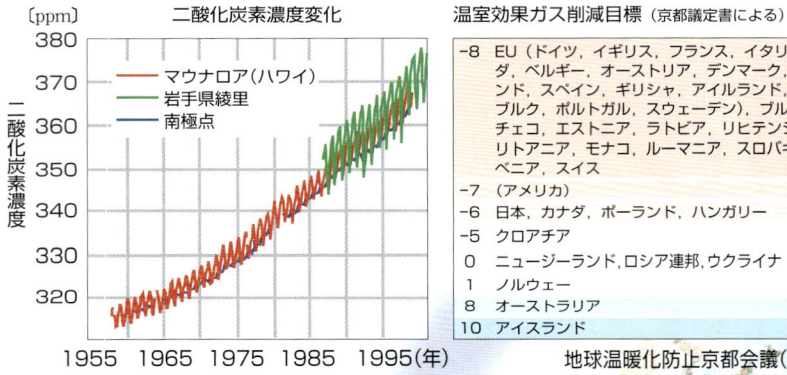

二酸化炭素濃度変化
- マウナロア（ハワイ）
- 岩手県綾里
- 南極点

温室効果ガス削減目標（京都議定書による）〔％〕

-8	EU（ドイツ，イギリス，フランス，イタリア，オランダ，ベルギー，オーストリア，デンマーク，フィンランド，スペイン，ギリシャ，アイルランド，ルクセンブルク，ポルトガル，スウェーデン），ブルガリア，チェコ，エストニア，ラトビア，リヒテンシュタイン，リトアニア，モナコ，ルーマニア，スロバキア，スロベニア，スイス
-7	（アメリカ）
-6	日本，カナダ，ポーランド，ハンガリー
-5	クロアチア
0	ニュージーランド，ロシア連邦，ウクライナ
1	ノルウェー
8	オーストラリア
10	アイスランド

地球温暖化防止京都会議（1997年12月）では，初めて先進国の温室効果ガス削減目標（1990年基準比による）が定められた。

化石燃料の大量消費による二酸化炭素などの温室効果ガスの急増は，地球表面の温度を上昇させ，生態系に影響をあたえたり，極地の氷をとかして海面を上昇させるなど深刻な事態を引き起こすといわれている。

◾酸性雨

●酸性雨の発生とメカニズム
工場，自動車などから排出された硫黄酸化物SO_xや窒素酸化物NO_x

大気中で硫酸や硝酸などに変化
$$SO_2 \rightarrow SO_4^{2-} \cdot H_2SO_4$$
$$NO_2 \rightarrow NO_3^- \cdot HNO_3$$

硫酸や硝酸が雨に含まれて落下

湖沼のpHの低下・魚の死滅

生物に有害な金属などがとけ出す。

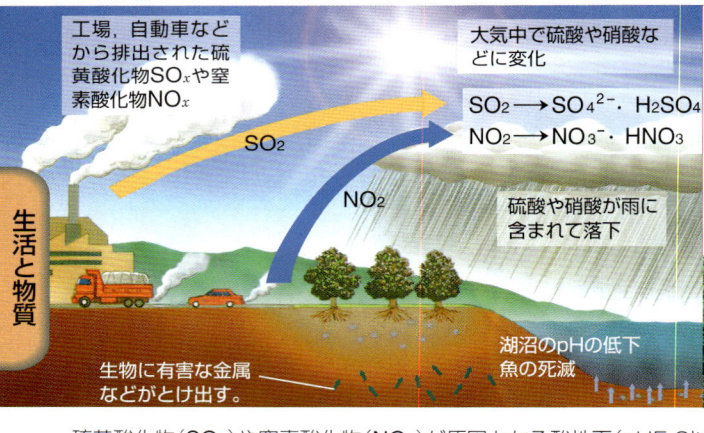

●排煙脱硫装置のしくみ
石灰水と水との混合液を排出ガスに，霧のように吹きつけると，排出ガス中の硫黄酸化物と石灰水が反応して亜硫酸カルシウムになる。これを酸素と反応させてセッコウ（硫酸カルシウム）としてとり出す。

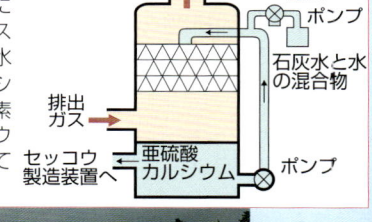

酸性雨で腐食が進んだと思われるブロンズ像

酸性化した湖に石灰をまく。

硫黄酸化物（SO_x）や窒素酸化物（NO_x）が原因となる酸性雨（pH5.6以下）は，農作物や森林への被害，湖沼の土壌の酸性化，建築物の腐食などさまざまな影響をあたえている。

◾オゾン層の破壊とフロン

●オゾンホール
近年極地上空の成層圏のオゾン層がうすくなる現象（オゾンホール）が観測されている。紫色の部分はオゾンの濃度が小さいことを表している。

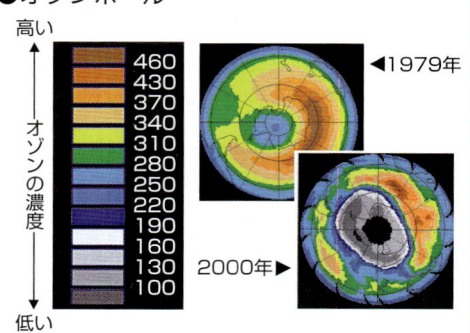

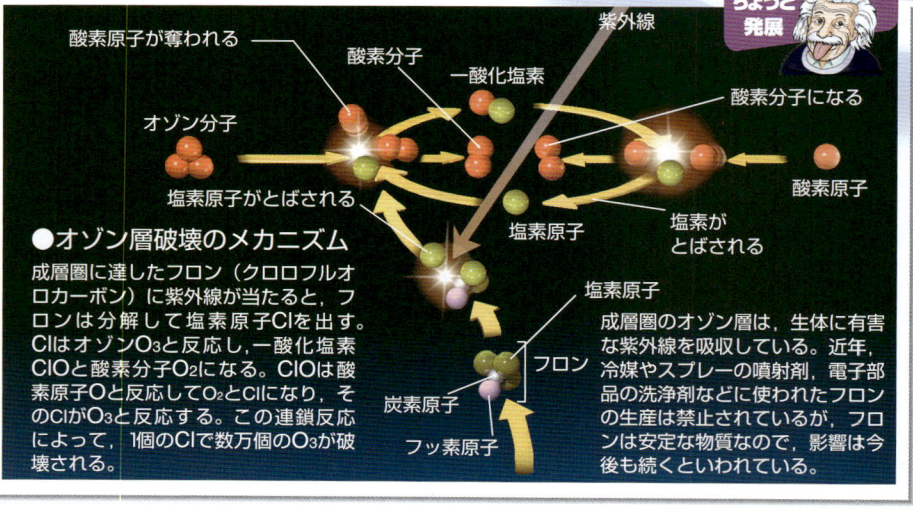

●オゾン層破壊のメカニズム
成層圏に達したフロン（クロロフルオロカーボン）に紫外線が当たると，フロンは分解して塩素原子Clを出す。ClはオゾンO_3と反応し，一酸化塩素ClOと酸素分子O_2になる。ClOは酸素原子Oと反応してO_2とClになり，そのClがO_3と反応する。この連鎖反応によって，1個のClで数万個のO_3が破壊される。

成層圏のオゾン層は，生体に有害な紫外線を吸収している。近年，冷媒やスプレーの噴射剤，電子部品の洗浄剤などに使われたフロンの生産は禁止されているが，フロンは安定な物質なので，影響は今後も続くといわれている。

② 家庭から出る物質と環境問題
▶家庭からゴミとして出される化学物質や生活排水も環境に影響をあたえている。

■生活排水と水質汚染

●水質汚染の指標
- **COD（化学的酸素要求量）**
  水中の有機物を酸化剤を用いて酸化するのに費やされる酸素量。この値が大きいほど汚染度が高い。
- **BOD（生物化学的酸素要求量）**
  水中の微生物が、酸素をとり込んで有機物を分解し、二酸化炭素にするときに必要な酸素の量。この値が大きいほど汚染度が高い。

台所，風呂，洗濯，トイレなど，家庭から排出される生活排水は，河川などの汚れの大きな原因となっている。

●パックテストを使ったCODの測定

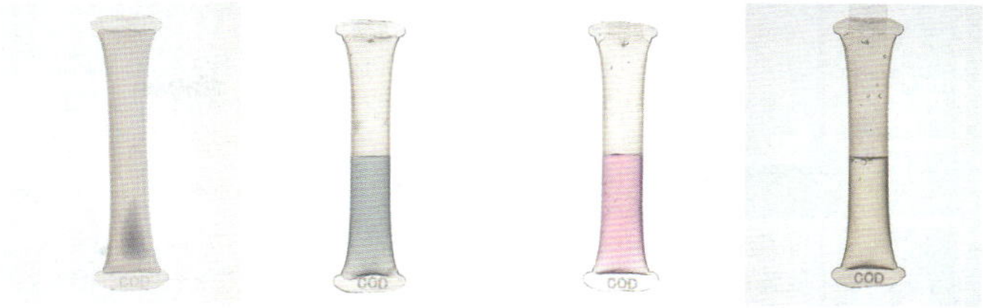

使用前／みそ汁／水道水／川の水

過マンガン酸カリウム $KMnO_4$ が入っている。検水中の有機物と反応すると緑色になり，反応が進むと無色になる。

標準変色表　mg/L
0　5　10　20　50　100

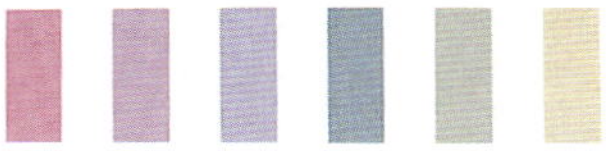

反応時間
10℃　6分
20℃　5分
30℃　4分

グルコース標準液を用いたときの色の変化を比較してCOD値で読みとる。

■ごみから生じる有害物質

●ダイオキシン類
ダイオキシンは，「ポリ塩化ジベンゾパラジオキシン（PCDD）」の略で，主にゴミの焼却などで発生し，きわめて強い急性毒性をもつ。化学的構造や毒性作用がよく似た「ポリ塩化ジベンゾフラン（PCDF）」「コプラナーPCB」を含めてダイオキシン類と呼ばれる。

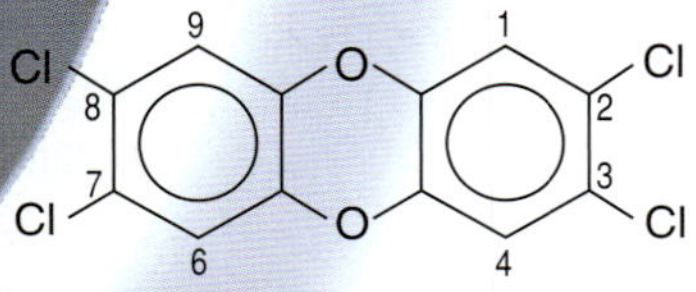

もっとも毒性が強いダイオキシンの2,3,7,8-TCDD

●PCB（ポリ塩化ビフェニル）
熱媒体，絶縁油，ノーカーボン紙などに使われたが催奇形成などの強い毒性をもつとして1972年，日本では製造が中止された。しかし，安定な物質であるため，かなりの量のPCBが環境中に残留している。

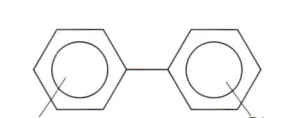

Cl_x　PCBの構造式　Cl_y
（x, y はベンゼン環に結合しているClの数。）

●環境ホルモンとしての影響
イボニシのメスの生殖器官の変化

雄性化したメス／オス
（異常）ペニス／ペニス／卵巣／精巣

環境中に放出された化学物質で，生殖障害などホルモンの作用を妨害する物質を環境ホルモンまたは内分泌かく乱化学物質という。ダイオキシン，PCBなど約70種類が発見されている。

▶▶参照項目p.211「環境ホルモン」

■リサイクルによるゴミの減量化

●ペットボトルのリサイクル

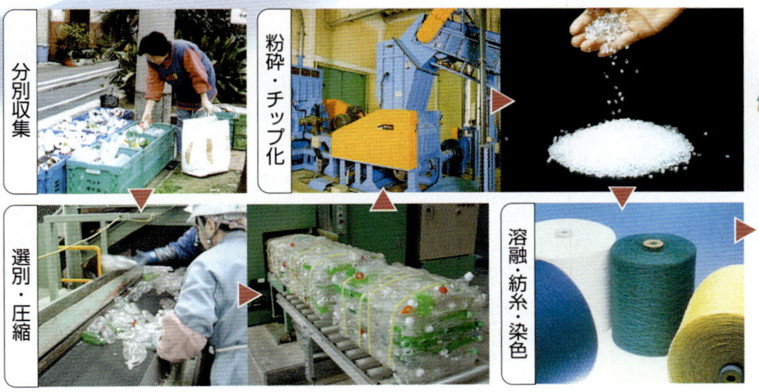

分別収集／選別・圧縮／粉砕・チップ化／溶融・紡糸・染色／製品

小さなチップにして，その後繊維にする。

1997年，容器包装リサイクル法施行により，消費者，自治体，事業者が協力して，清涼飲料水，酒，しょう油のペットボトルのリサイクルを行っている。

●家電リサイクル工場

2001年，家電リサイクル法施行により，テレビ，冷蔵庫，洗濯機，エアコンのリサイクルが義務づけられ，ブラウン管の再利用やフロンの回収が行われている。

SPOT 身近な環境…用語と実験

「96 化学と環境」の6項目にスポットを当て, それに関連した44の用語を説明した。

●地球の温暖化
- 温室効果ガス ……………207
- 地球温暖化防止京都会議 （京都議定書）…………210
- 地球温暖化の影響 ………210
- メタンハイドレート ……213

●酸性雨
- 硫黄酸化物 SO_x ………206
- 光化学オキシダント ……208
- 窒素酸化物 NO_x …………210
- ハイブリッド自動車 ……211
- クリーンエネルギー ……208
- 酸性雨 ……………………208
- ディーゼル車 ……………210
- 浮遊粒子状物質 (SPM) …212

●水質汚染
- COD(化学的酸素要求量)……208
- トリクロロエチレン ……210
- バイオレメディエーション （生物学的環境修復）……212
- 1,1,1-トリクロロエタン 210
- トリハロメタン …………210
- BOD(生化学的酸素要求量)…212
- 富栄養化 …………………212

●ダイオキシン類
- ダイオキシンと ダイオキシン類 …………209
  - ・ポリクロロジベンゾパラ ジオキシン(PCDD) ……209
  - ・ポリクロロジベンゾ フラン(PCDF) …………209
  - ・コプラナーPCB (Co-PCB) ………………209
- ダイオキシン類の毒性評価…210
  - ・TEF (毒性等価係数) …210
  - ・TEQ (毒性等価量) ……210
  - ・TDI (耐容1日摂取量) …210
- ダイオキシン類の分解 －超臨界水の利用 ………210
- 内分泌攪乱物質 （環境ホルモン）…………211

●フロンとオゾン層の破壊
- オゾン層減少が及ぼす影響…206
- フロン(クロロフルオロカーボン)…212
  - ・特定フロン ……………212
  - ・代替フロン ……………212
- オゾン層の破壊と オゾンホール ……………206
- フロンによるオゾン層破壊の メカニズム ………………212

●資源のリサイクル
- アルミ缶のリサイクル……206
- SPIコードとその他の リサイクルに関するマーク…206
- リサイクル法 ……………213
  - ・家電リサイクル法 ……213
  - ・容器包装リサイクル法と 分別ゴミ …………………213
- エコマーク ………………206
- 紙のリサイクル …………207
- 生分解性プラスチック …208
- コジェネレーションシステム…208
- ゼロエミッション ………208

環境問題で使われる単位

●小さな質量の単位
- 1mg(ミリグラム)　　1000分の1　(10^{-3}) グラム
- 1μg(マイクログラム)　100万分の1　(10^{-6}) グラム
- 1ng(ナノグラム)　　10億分の1　(10^{-9}) グラム
- 1pg(ピコグラム)　　1兆分の1　(10^{-12}) グラム
- 1fg(フェムトグラム)　1000兆分の1　(10^{-15}) グラム

●小さな濃度の単位(数値は率を示す)
- ppm(ピーピーエム)　100万分の1　(10^{-6})
- ppb(ピーピービー)　10億分の1　(10^{-9})
- ppt(ピーピーティー)　1兆分の1　(10^{-12})
- ppq(ピーピーキュー)　1000兆分の1　(10^{-15})

♻ アルミ缶のリサイクル

アルミ缶のリサイクルは, リサイクルの良い見本として知られており, リサイクル率は8割に迫ろうとしている。新しくアルミニウムを製造するのに比べ, リサイクルしたほうがはるかに電力消費量は少ない。このように, 資源の保全や再製品化することによるエネルギー省力化という点で, アルミ缶のリサイクルは優れている。しかし, そのリサイクルの工程を詳しく見ると, やはりリサイクル化にも一定の限界があるということが分かる。

アルミ缶では, 胴体部分は軽量化のためにマンガン系合金, ふたには硬いマグネシウム系合金というように, 異なる合金が使われている。このようにアルミ缶は2種の異なる成分の合金から製造されているため, アルミ缶を融解したものから直接に缶を作ることができない。そのため, 胴体は融解したアルミ缶に新しいアルミニウムを加えて元の合金の成分に近づくように調整して作られ, ふたには新しいアルミニウムを使用している。また, アルミニウムは融解過程で水素を吸収しやすく, その除去に塩素化合物を用いるという難点がある(リサイクル過程では, 塩素などの物質は使用しないほうが望ましい)。なお, 缶の中に入ったゴミは簡単に除去できないので, そのまま缶用回収箱に入れても一般ゴミとして処理されることがある。

💧 硫黄酸化物 SO_x　▶▶ 参照項目p.204

♻ エコマーク

地球(Earth)と環境(Environment)の頭文字Eを図案化したシンボルマークである。地球環境の保護・保全を目的として, 日本環境協会がエコマーク事業を始めた。エコマーク商品は, フロンガスを使用しないスプレー製品などが対象とされていたが, 台所の水切り用の三角コーナー, 廃油用油吸収剤など, その指定製品は年々増加している。

●エコマーク

♻ SPIコードとその他のリサイクルに関するマーク

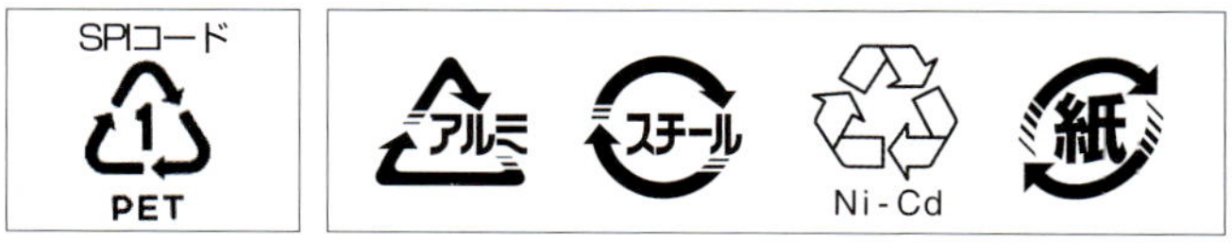

⚫ オゾン層の破壊とオゾンホール

成層圏のオゾン層は, 太陽光に含まれる有害な紫外線の大部分を吸収して地上の生物を保護している。1974年にカリフォルニアのローランド教授らは, フロンによりオゾン層が破壊されるとの研究を発表し, 実際に, 1985年に南極上空のオゾン層において, オゾンの量が極端に減少したオゾンホールが観測された。ローランド教授は, この研究により1995年度のノーベル化学賞を受賞した。その後もオゾンホールは拡大し続け, 2000年9月には, 南極大陸の2.1倍に相当する大規模なオゾンホールが出現している。

⚫ オゾン層減少が及ぼす影響

オゾン層が1%減少すると, 地上に到達する有害紫外線が2%増加して, DNAの損傷が3%増

加するといわれている(国連環境計画・UNEP)。その結果，皮膚がん，白内障などが増加し，免疫力が低下する可能性がある。また，陸上植物に悪影響が出るばかりでなく，水界生態系では，植物プランクトンの減少により海洋食物連鎖に異常が生じる。

温室効果ガス

地球大気に含まれる物質が，地表から宇宙空間に向かう熱線を吸収して，大気圏の温度を上昇させることを温室効果という(▶▶参照項目p.204)。温室のガラスが太陽からの可視光線は通すのに，温室内からの赤外線の一部を吸収して温室内に返し，温室内の温度を高めることに由来する。温室効果を示す気体を温室効果ガスといい，二酸化炭素CO_2，水H_2O，メタンCH_4，オゾンO_3，フロンなどがある。

各ガスの温室効果の比較には，二酸化炭素を1とした指数であるGWP(地球温暖化指数)が用いられる。GWPが低くても，排出量が多いと温室効果の影響率は高くなる。影響率は二酸化炭素約64％，メタン19％，フロン類10％，亜酸化窒素(一酸化二窒素，N_2O)6％などである。

●温室効果ガスのGWPと発生源

温室効果		GWP(100年)*	主な発生源
二酸化炭素CO_2		1 ★	化石燃料，海洋，土壌
メタンCH_4		21 ★	ウシなどの動物，埋立地，水田，メタンハイドレート
窒素酸化物NO_x		40	化石燃料
一酸化二窒素N_2O		310 ★	化学工場，ディーゼルエンジン
フロン類	CFC-11	3800 ☆	発泡断熱材
	CFC-12	8500 ☆	冷媒
	HCFC-22	1500 ◇	冷媒
	PFC	6500 ★	半導体，工業洗浄
六フッ化硫黄(SF_6)		23900 ★	電気機器絶縁用

★COP(気候変動枠組条約)で削減対象ガス　☆1995年末で生産全廃　◇2019年末で全廃
*物質により大気中での寿命が異なるので，GWPはその効果を見積もる期間の長さにより異なり，ここでは100年間の数値を示した。

紙のリサイクル

OA化によるペーパーレス時代の到来が予測されたが，紙の需要は年々増える傾向にある。日本人1人あたりの年間の紙使用量は，1960年の47kgに対し，2000年には250kgになっている。日本全体では約3000万tの消費となり，その膨大な使用量に対して環境保護，資源保護の面から考えると，古紙を効率的に回収し，再生紙として利用するリサイクルが重要である。

日本では，製紙産業全体の当面の目標として古紙利用率を56％としている。なお，日本における再生紙の基準は，古紙配合率50％以上で，他にも白色度などの規制が設定されている。グリーンマークはその基準を合格して再生紙となったことを表示するマークである。

●グリーンマーク

紙の強度は，紙の原料であるパルプの1本1本の繊維が長く，枝分かれしたものどうしがからみあうほど強い。古紙から作る再生パルプは，再生のため繊維をたたいたり，加熱・乾燥したりという工程が繰り返され，また水中で繊維をほぐしたり，薬品を入れたりするので，繊維の質がしだいに弱まり，何回も再利用するというわけにはいかない。しかし，木材からパルプを作るより電力や蒸気エネルギーを大幅に節約でき，資源の節約にもなる(日本ではパルプの多くは廃材を利用する率が高い)ので，古紙からの再生は重要である。古紙は紙以外にも，屋根の下地材や自動車の内装材，剣道の胴，カラーボックスなど，多方面の需要をもっている。

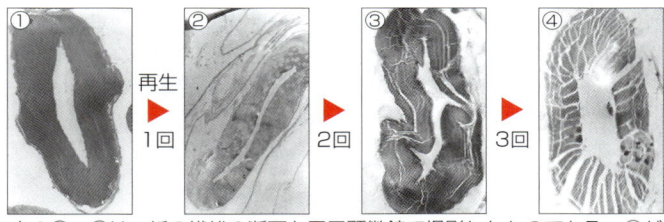

①　→再生→　②　→2回→　③　→3回→　④

上の①〜④は，紙の繊維の断面を電子顕微鏡で撮影したものである。①がパルプの繊維断面。②③④はそれぞれ再生を重ねたときの繊維断面。

●生物を利用した環境測定

ウメノキゴケを指標とした大気汚染調査

樹皮に着生したウメノキゴケ

◀ウメノキゴケ(地衣類)
・着生コケ類に属し，樹木や岩石などの表面に着生する。多年常緑植物。
・大気汚染に敏感。生活のための水分と養分のすべてを雨水から得ていて，しかも植物全体から吸収するので，汚染物質の吸収量が多い。

調査方法
・調査地域の中で，調査ポイントを設定し，分担を決める。
・樹幹や墓石上に生育しているウメノキゴケを探す。
・ウメノキゴケを見つけたら，生育状況を観察し，調査用紙に記入する。
・結果を地図上にプロットし，生育している地点と，生育していない地点を線で結び，測定マップを作る。

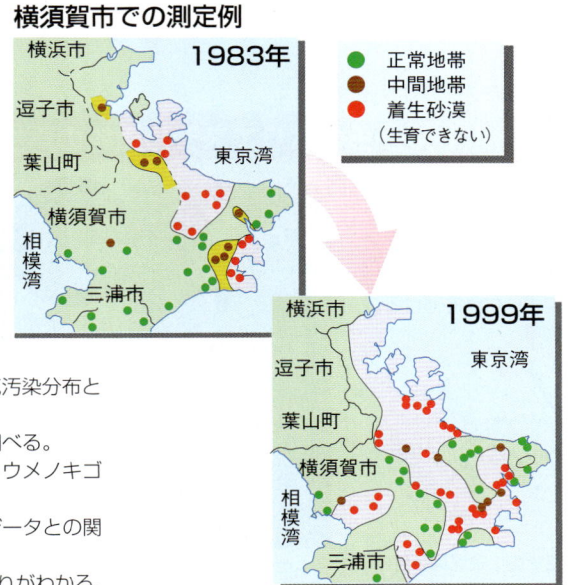

調査結果の分析
・地図上のウメノキゴケの分布が，大気汚染分布となる。
・道路や工場，住宅密集地との関連を調べる。
・二酸化硫黄や二酸化窒素を測定して，ウメノキゴケの分布との相関性を調べる。
・公機関で公表されている環境化学的データとの関連を調べる。
・経年変化を調べると，大気汚染の広がりがわかる。

横須賀市での測定例

1983年
● 正常地帯
● 中間地帯
● 着生砂漠（生育できない）

1999年

身近な環境…用語と実験

クリーンエネルギー 石油・石炭などの化石燃料が燃焼の際に発生する二酸化炭素や有害ガスは，地球温暖化や大気汚染による体への悪影響などの深刻な社会問題を引き起こしている。これに対し，水素の燃焼はその生成物が水だけ（$2H_2+O_2 \rightarrow 2H_2O$，▶▶参照項目p.98）なので，「クリーン」といえる反応であり，クリーンエネルギー源として期待されている。

また，太陽光利用・太陽熱発電・風力発電などもクリーンエネルギーと呼ばれ，有限な資源である石油の代替エネルギーとして注目を集めている。自動車では特に，水素の燃焼を利用した燃料電池が次世代のエネルギー源として期待されている。

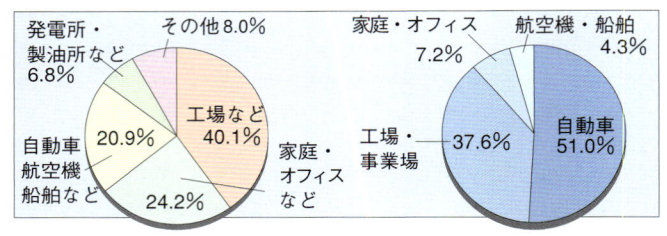

● 二酸化炭素の排出量構成（日本全体）
- 発電所・製油所など 6.8%
- その他 8.0%
- 工場など 40.1%
- 自動車・航空機・船舶など 20.9%
- 家庭・オフィス 24.2%

● 窒素酸化物の排出量構成（首都圏）
- 家庭・オフィス 7.2%
- 航空機・船舶 4.3%
- 工場・事業場 37.6%
- 自動車 51.0%

光化学オキシダント 自動車や工場からの排気ガスに含まれる窒素酸化物や硫黄酸化物，あるいは揮発性の炭化水素などの汚染物質が，太陽光の紫外線により光化学反応を起こして生成するオゾン，アルデヒド，硝酸ペルオキシアセチル（PAN）などの物質をいう。これらの物質は目の粘膜や呼吸器を刺激し，いわゆる光化学スモッグの原因物質となっている。

コジェネレーションシステム 1つのエネルギー源から電気や熱など2つ以上の有効なエネルギーを同時に得るシステムをいう。例えば発電機が排出する熱の利用が注目されている。火力発電のみのシステムでは，エネルギー全体の4割程度しか電力とならず，残りは利用価値なしとしてそのまま捨てられていたが，コジェネレーションシステムを採用し，排熱を冷暖房などに利用すれば，その効率が一気に8割近くまで高まる。病院やホテル，工場などに適したシステムである。

酸性雨 ▶▶参照p.204

COD（化学的酸素要求量） ▶▶参照p.205

生分解性プラスチック 微生物のはたらきにより，最終的に水と二酸化炭素に分解されるプラスチック（▶▶参照p.166）。食品などの包装用フィルム，移植用苗ポットや釣り糸，衛生用品，事務用品などその利用は拡大しているが，コストが高いことが難点である。

ゼロエミッション ゼロエミッションとは，企業の廃棄物や副産物を他の企業の原材料として利用し，システム全体での廃棄物をゼロに近づけようとする社会システム構築のことを意味している。火力発電所やゴミ処理場からの排熱が温水プールや温室栽培などに利用されている例のように，ある企業からの廃棄物（または副産物）を他の企業がエネルギー（あるいは原料）として利用することにより，システム全体として環境問題対策が行える。

● 自動車産業でみるゼロエミッションを目指した開発の一例

分別素材	リサイクル利用例
発泡ウレタン繊維	自動車用防音材
ガラス	タイル強化剤
樹脂	溶融炉などの灯油代替燃料

（国際展示会場ゆめテクの自動車産業展示品/2000年より）

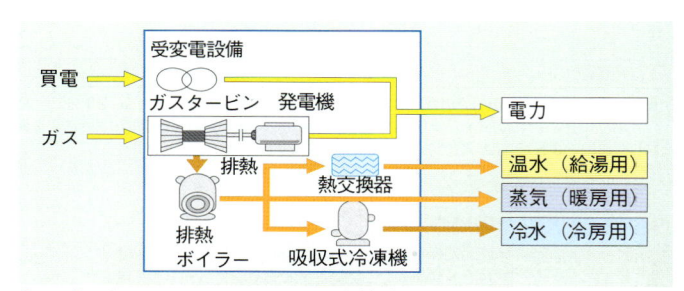

● コジェネレーションシステムの例（ガスタービン）

● プラスチックのリサイクル 1

ペットボトルからのポリエステル繊維の再生

ペットボトルはポリエチレンテレフタラートからできている。これは，シャツなどに用いられているポリエステル繊維（▶▶参照項目p.189）と同じものである。ペットボトルから繊維を再生してみよう。

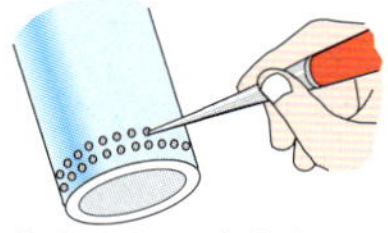

① 空き缶に穴をあける。
② 空き缶に金属棒を付ける。 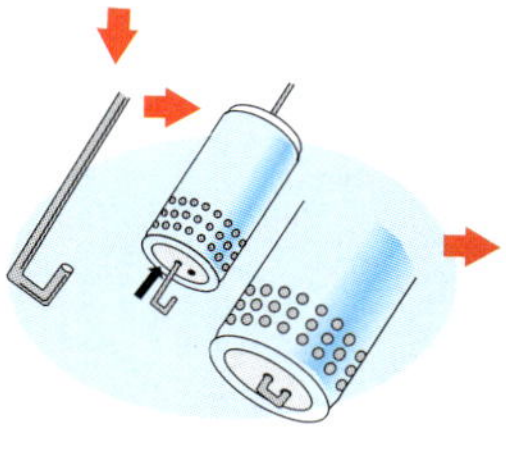
③ モーターと金属棒をつなぐ。 
④ ペットボトルを細かく刻む。 
⑤ 刻んだペットボトルを缶に入れ，加熱しながらモーターを回す。 
⑥ 得られたポリエステル繊維

ダイオキシンとダイオキシン類

ダイオキシン類は，大きく以下の3つに分けられる。
① ポリクロロジベンゾパラジオキシン（略称PCDD）
② ポリクロロジベンゾフラン（略称PCDF）
③ コプラナーPCB（Co-PCB）

なお，ダイオキシンは，ダイオキシン類の総称として使われることが多いが，PCDDを限定してダイオキシンと呼ぶこともある。

・ポリクロロジベンゾパラジオキシン（PCDD） 2個のベンゼン環が2個の酸素原子で架橋されたジベンゾパラジオキシン（下図）の8個の水素原子のいくつかが塩素原子で置き換わった化合物。塩素原子の数と位置により，75種類の異性体が存在するが，毒性は各異性体によって異なる。最も毒性が高いのは，2,3,7,8-テトラクロロジベンゾパラジオキシン（2,3,7,8-TCDD）で，下図に見るように人工物質としては最強の毒性をもつ物質である。

ジベンゾパラジオキシン
1～4，6～9の8つの水素原子Hが塩素原子Clと置き換わる。

2,3,7,8-TCDD

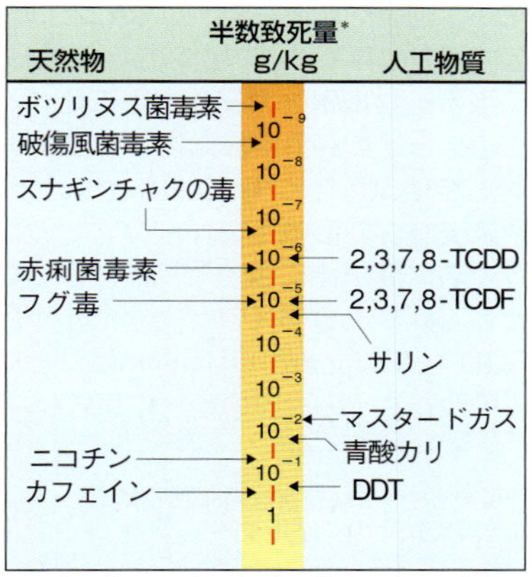

*ねずみ（ラットやマウス）に与えたときに半数のねずみが死亡する量

・ポリクロロジベンゾフラン（PCDF） 2個のベンゼン環が1個の酸素原子で結合したジベンゾフラン（下図左）の8個の水素原子のいくつかが塩素原子で置き換わった化合物。PCDDと比べて酸素が1つ少ない構造で，中央の酸素を含む5員環をフランと呼ぶ。塩素原子の数と位置により，135種類の異性体が存在する。
例：2,3,7,8-テトラクロロジベンゾフラン（2,3,7,8-TCDF）

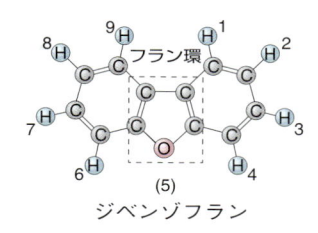

ジベンゾフラン 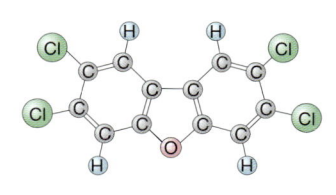　　2,3,7,8-TCDF

・コプラナーPCB（Co-PCB）「コプラナー」とは同一平面との意味で，209種類のPCB（ポリ塩化ビフェニル▶▶参照項目p.205）のうち構成原子がすべて同一平面上にある13種類をいう。PCDDやPCDFと同様に焼却場などで生成し，同様な毒性をもつ。

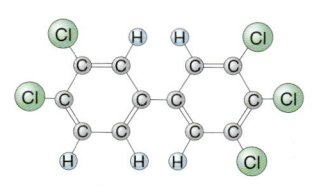

コプラナーPCBの1つの 3,3',4,4',5,-PCB

なお，PCDDもPCDFも分子は平面構造であり，平面状の形をしていることがその生物におよぼす毒性と関係しているのではないかと推測されている。

1968年に起こり，多くの被害者に黒色の発疹や手足のしびれなどを引き起こしたカネミ油症事件では，はじめ熱媒体に含まれていたPCBが食用の米ヌカ油に混入したためと考えられていたが，その後の研究で，コプラナーPCBとPCDFが真の原因物質であることが明らかになった。

● プラスチックのリサイクル2

リモネンを利用した発泡スチロールのリサイクル

発泡スチロール（発泡ポリスチレン）は，ポリスチレンの粒子に発泡剤としてブタンなどを加えて加熱蒸発し，約50倍の体積に膨張させたものである。軽くて丈夫なため，食品トレーや魚箱，電気製品の梱包などに使われている。しかし，かさばるだけに使用後の処理が問題となっていた。

この発泡スチロールのリサイクルに，ミカンなどの柑橘類の皮に含まれているオレンジオイルの主成分リモネンが利用できる。リモネンは分子構造がポリスチレンと似ているため，ポリスチレンをよくとかす。しかも，発泡スチロールを溶かしたリモネン液からリモネンを蒸発させ，残ったポリスチレンを水で冷やし細粒化すれば，再び発泡スチロールの原料となる。また，蒸発させたリモネンは液化させて，再利用できる。ある家電メーカーは，実際にリモネンを利用した発泡スチロールの回収車を走らせ，家電製品の梱包材のリサイクルを行っている。

リモネン 
オレンジオイルの主成分，ミカン皮の香気臭

ポリスチレン 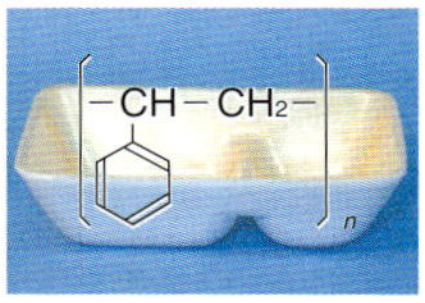
発泡スチロールのトレー

発泡スチロールの塊にリモネン入り洗剤（市販品）を加える。→ 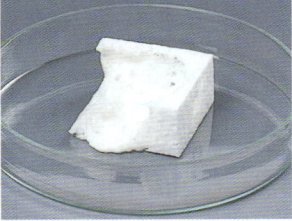 発泡スチロールが徐々にとける（30分後）。→  発泡スチロールがほぼ完全にとける（約1時間後）。

身近な環境…用語と実験

■ダイオキシン類の毒性評価：TEFとTEQとTDI

・**TEF（毒性等価係数）** 最も有毒な2,3,7,8-TCDDの毒性を1としたときのダイオキシン類の異性体の毒性。

●ヒト，ほ乳類に対する WHO（世界保健機構）の毒性等価係数

同族体	WHO-TEF
PCDD	
2,3,7,8-TCDD	1
1,2,3,4,7,8-HxCDD	0.1
PCDF	
2,3,7,8-TCDF	0.1
1,2,3,7,8-PeCDF	0.05
Co-PCB	
3,3',4,4'-TCB	0.0001
3,3',4,4',5-PeCB	0.1

T=tetra(4)
Pe=penta(5)
Hx=hexa(6)

・**TEQ（毒性等価量）** 1つの試料に含まれるすべてのダイオキシン類の毒性の強さを合計して，2,3,7,8-TCDDの何グラム分に相当するかで表したもの。TEQは，含まれる異性体の量にTEFをかけて合計することで求められ，例えば，TEFが0.1の1,2,3,4,7,8-HxCDDが100pg存在すると，10pg TEQということになる。一般に，ダイオキシン類の汚染度はTEQで表現されている。

・**TDI（耐用1日摂取量）** ヒトが一生涯毎日摂取しても，健康に害を及ぼさないと考えられる量。1999年に厚生省と環境庁は，ダイオキシン類のTDIを体重1kgあたり4pgに設定した。なお，WHO（世界保健機関）は体重1kgあたり1〜4pgに設定している。

■ダイオキシン類の分解—超臨界水の利用

物質は，固体・液体・気体の三態をとるが，温度と圧力を同時に上げると，気体でも液体でもない超臨界状態となる。気体では，原子または分子がバラバラに動き回っているが，超臨界状態では液状でありながら分子の集団が激しく動き回っている。水の場合は，温度が374.4℃以上で圧力が$2.21×10^7$Pa以上のときに，超臨界状態になり，有機物を溶解できるようになる。

超臨界水を利用して酸化反応をさせると，ダイオキシンやPCBのような難分解性有機化合物も，水と二酸化炭素と塩酸に分解され，副生成物も発生しない。経済産業省産業技術総合研究所は，この分解システムを利用した試験プラントをすでに稼働させている。

■地球温暖化の影響

地球の温暖化が進むと，エルニーニョ現象による天候不順，台風，竜巻などの増加，熱波・寒波の多発など，異常気象が増加する。また，平均気温の上昇は，気候帯の北上を意味し，植物の生育や農業にも悪影響を与える。熱波や多雨は，感染症，伝染病を増加させ，光化学オキシダントの多発により呼吸器や目の障害も多発する。さらに，温度上昇が続けば，南極や北極の氷，氷河，万年雪がとけ，海面の上昇，高潮の頻発をもたらし，モルジブ諸島をはじめとする低海抜諸国の水没といった国土危機に発展する。

■地球温暖化防止京都会議（京都議定書）

正式名称は「気候変動枠組条約第3回締約国会議」（略称COP3）で，1997年12月に京都で開催され，先進国（CO_2排出量が全世界の2/3を占める）の2000年以降の温室効果ガスの削減目標や対策を定めた。日本は，2008〜2012年のCO_2排出量を1990年比で6％削減することが求められている。

クリーンエネルギー自動車のエネルギーを供給するエコステーション。写真は天然ガスを供給できるステーション。

■窒素酸化物NOx ▶▶参照p.204

■ディーゼル車

ディーゼルエンジンは，シリンダー内に燃料を直接噴射し，すばやく空気と混合するので効率が良いという利点があるが，高圧下での反応でないと混合が不十分になり，有害な粒子状物質（PMと略す）が発生する。また，反応温度との関連を調べてみると，高温下での反応で完全燃焼に近い状態にするとPMは減るが窒素酸化物が増え，逆に，窒素酸化物を減らすために低温にすると不完全燃焼になりPMが増えるという関係にある。結局，両者を同時に削減することは化学的にも難しく，エンジンだけでの改善では限界があると考えられている。

ディーゼル車はガソリン車に比べると二酸化炭素の排出量は少ない。しかし，窒素酸化物の排出量が多く（ガソリン車の3倍に近い），またガソリン車ではほとんど発生しないPMを出して，光化学スモッグや酸性雨の原因の1つとなっている。ディーゼル車の排ガスには法律による規制がかけられつつある。現実的な解決策としては，とりあえずディーゼル車用の軽油の硫黄濃度を現在の300〜350ppmから50ppmに減らすとか，排ガスを除去する装置の改善やその設置の義務化が急がれている。

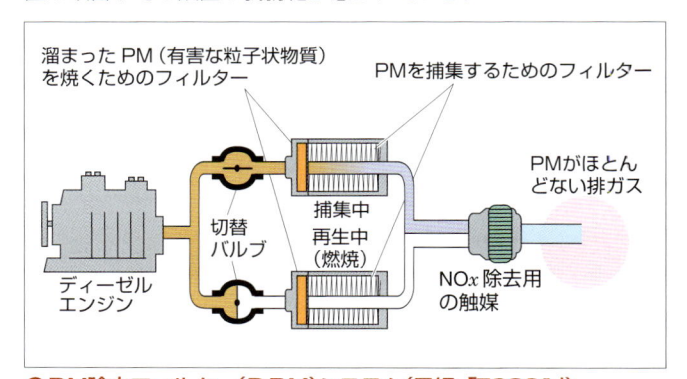

●PM除去フィルター（DPM）システム（日経「ECO21」）

■1,1,1-トリクロロエタン

ドライクリーニングの溶剤や，金属や半導体の洗浄剤として利用されていた。CCl_3-CH_3

■トリクロロエチレン

半導体の洗浄などに使われている。水にほとんどとけず水より密度が大きいため，井戸などの地下水層の底にたまって，長期間にわたって地下水を汚染する。$CHCl=CCl_2$

■トリハロメタン

メタンCH_4の4個の水素原子のうち3個が塩素などのハロゲン原子に置き換わった化合物の総称。発がん性，催奇形性があるとされ，水道水中に微量に検出されて問題となっている。水道水中は主にトリクロロメタン（クロロホルム，$CHCl_3$）である。

内分泌撹乱物質（環境ホルモン）

環境にあって，生体内に取り込まれるとホルモンと同様な作用をし，生体内で営まれている正常なホルモン作用に影響を及ぼす化学物質の総称。通称，環境ホルモンという。1996年にアメリカで出版された「奪われし未来」"OUR STOLEN FUTURE"で，人類が作った化学物質により自然界の生物に異常が発生していることが指摘されてから，世界的に関心が高まった。

●主な内分泌撹乱物質

物質	例，構造など	用途など
ダイオキシン類	2,3,7,8-TCDDなど　参照p.205	化学物質の合成過程や廃棄物の燃焼過程で生成する
PCB（ポリ塩化ビフェニル類）	参照p.205	熱媒体，ノーカーボン紙 1972年に生産中止
DDT（ジクロロジフェニルトリクロロエタン）	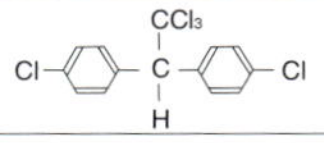 Cl-C$_6$H$_4$-CH(CCl$_3$)-C$_6$H$_4$-Cl	有機塩素系殺虫剤 1971年に使用禁止
ノニルフェノール	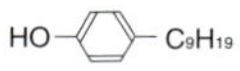 HO-C$_6$H$_4$-C$_9$H$_{19}$	界面活性剤の安定剤，プラスチックの酸化防止剤，ビスフェノールA
ビスフェノールA 2,2'-(p-ヒドロキシフェニル)プロパン	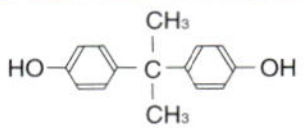 HO-C$_6$H$_4$-C(CH$_3$)$_2$-C$_6$H$_4$-OH	ポリカーボネート樹脂，エポキシ樹脂の原料
トリブチルスズ（TBT）	(C$_4$H$_9$)$_3$SnX　X=ハロゲン	船底や漁網の防汚剤（藻の付着を防ぐため塗料に添加）

ハイブリッド自動車

石油に代わる燃料として天然ガスやメタノール，電気などを使用する自動車をクリーンエネルギー自動車という。エコステーションはこれらの自動車用のガソリンスタンドにあたるものである。また，ハイブリッド自動車は，1台の車で電気とガソリンなどを使い分けるようなエンジン装置を備え，さらにはエンジン関連部分を改善し，ブレーキの際に発生するエネルギーを回収したり，走行中発電して電気を得るなど，さまざまな工夫をこらして燃料を節約し，結果として排ガスを減らすことができる。

●エコステーションのシンボルマーク（電気／天然ガス／メタノール／LPガス）

●ディーゼル車と低公害車の排出物の比較（ディーゼル車を100としたときの低公害車の割合）

種別	窒素酸化物	二酸化炭素	黒煙
ハイブリッド自動車	70	80	30
メタノール自動車	50	100	0
電気自動車	0	0	0

●大気中の二酸化窒素 NO_2 の測定法

ザルツマン法による測定

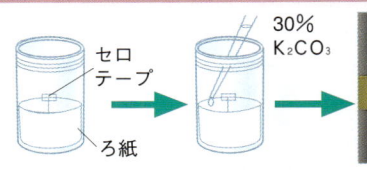

① フィルムケースの内側に，2×8cmのろ紙を貼る。
② 捕集液（30%炭酸カリウム水溶液）を5滴たらす。 
③ 測定地点に，口を下に向けて一昼夜放置し，NO_2を吸収させる。
④ 密封してもち帰る。 
⑤ ザルツマン試薬を加えてよく振る。
⑥ 試験管に移す。 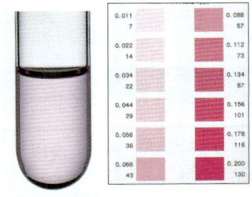
⑦ 比色標準液と色を比較する。キットを利用した場合は，標準変色表と比べる。

ザルツマン試薬
スルファニル酸のリン酸溶液に，N-(1-ナフチル)エチレンジアミン二塩酸塩を加えた溶液。吸収された大気中のNO_2は亜硝酸HNO_2となり，ザルツマン試薬とカップリング反応して，橙赤色のアゾ化合物を生成する。

交通量の多い道路／郊外の公園

簡易キットを利用したNO_2測定 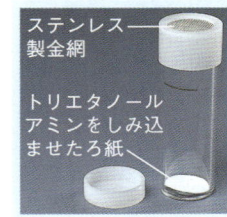
① ふたを開けて測定地点に一昼夜放置する。
② ふたをしてもち帰る。
③ 発色剤を入れて色の変化を見る。

（ステンレス製金網／トリエタノールアミンをしみ込ませたろ紙）

簡易比色計による定量

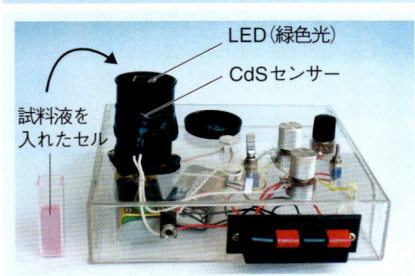

LED（緑色光）／CdSセンサー／試料液を入れたセル

・測定したNO_2の濃度を正確に定量するには，分光光度計で吸光度を測定する。
・上図のようなLEDとCdSの光センサーからなる簡易比色計も利用できる。

身近な環境…用語と実験

バイオレメディエーション（生物学的環境修復）
微生物がもつ有害物質を分解する能力を利用して環境浄化をはかる技術。流出した原油の処理や，PCBやトリクロロエチレンなどで汚染された土壌や地下水を浄化する方法として期待されている。

BOD（生物化学的酸素要求量） ▶▶参照p.205

富栄養化
湖沼や内海などに窒素やリンの化合物などが大量に流入して，水質を汚濁させること。富栄養化が起こると生態系に異変が生じる。湖沼でのアオコの異常発生，海域での赤潮の発生などは，富栄養化による植物プランクトンの異常発生が原因となる。

浮遊粒子状物質（SPM）
大気中に浮遊しているPM（ディーゼル車の項参照）よりさらに粒が小さく，粒径が10μm以下（粒子の大きさの比較は，p.60のコロイド粒子参照）の粒子状物質である。自動車，特にディーゼル車からの排気ガスが主な発生源である。この大きさの粒子は気管へ入りやすいので健康への影響が大きいとされ，なかでも発がん性物質のベンツピレンの影響が憂慮されている。

フロン（クロロフルオロカーボン）
炭化水素のクロロ（Cl-）フルオロ（F-）置換体類の総称。1930年代にデュポン社から「フレオン（Freon）」の名で市販された。「フロン」は日本での通称で，世界的にはクロロフルオロカーボンと呼ばれる。化学的に非常に安定で，金属を腐食せず，不燃性で非爆発性，無毒である。また，加圧・減圧により容易に凝縮・蒸発できるので，冷媒，エアロゾル噴霧剤，洗浄剤，発泡剤など，広範囲な用途に使用された。フロン類は，オゾン層の破壊に対する影響の大小により，特定フロンと代替フロンに分けられる。

・**特定フロン** 炭素，フッ素，塩素からなるクロロフルオロカーボン類（CFC）のうち，オゾン層破壊への影響が強いとして，1987年のモントリオール議定書により1996年までに全廃が決定されたもの。特定フロンには，CFC-11，12，113，114，115の5種類がある。

・**代替フロン** 特定フロンの代替品として開発されたフロン類似品で，炭素，フッ素，塩素，水素からなるクロロフルオロハイドロカーボン類（HCFC）と，炭素，フッ素，水素からなるフルオロハイドロカーボン類（HFC），および炭素とフッ素のみのパーフルオロカーボン類（PFC）がある。これらは，いずれも温室効果作用が強いので，2020年までに全廃することが決定されている。

●特定フロン

特定フロン	分子式	沸点
CFC-11	CCl_3F	23.8
CFC-12	CCl_2F_2	-29.8
CFC-113	CCl_2FCClF_2	47.6
CFC-114	$CClF_2CClF_2$	3.6
CFC-115	$CClF_2CF_3$	-38.7

●代替フロン類の例

代替フロン類	分子式
HCFC-123	CHF_2CCl_2F
HFC-23	CHF_3
HFC-134a	CH_2FCF_3
PFC（パーフルオロメタン）	CF_4

［フロンの表示法のルール］
100の位：C原子の数 − 1（C原子が1個の場合は0なので，2桁の数となる）
10の位：H原子の数 + 1（H原子がなければ1となる）
1の位：F原子の数

●フロン類のオゾン層破壊性と地球温暖化への影響

フロン類	特定フロン	代替フロン		
一般名	CFC	HCFC	HFC	PFC
オゾン層破壊	あり(大)	あり(小)	なし	なし
地球温暖化への影響	あり	あり	あり	あり
先進国の規制	1995年末生産全廃	2020年末生産全廃	2008年から排出抑制	2008年から排出抑制

フロンによるオゾン層破壊のメカニズム ▶▶参照p.204

●飲料水の化学

おいしい水の条件

最近，ミネラルウォーターや天然水と表示したペットボトルや紙パック入りの水が広く普及している。これは，水道水がまずくなってきて，「おいしい水」を求めるようになったからであろう。おいしい水とは，化学的にどのような水をいうのだろうか。水の味をよくする成分，悪くする成分に分けて考えよう。

●水の味をよくする成分

ミネラル Ca^{2+}, Mg^{2+}, Na^+, K^+などの鉱質の総量	多すぎる………苦み，渋み，塩味を感じる 10～100mg/L ……まろやかな味 少なすぎる……こくのない淡白な味
二酸化炭素	新鮮でさわやかな味を与える 適量………3～30mg/L
酸素	水に清涼感を与える 適量………5mg/L以上

●水の味を悪くする成分

有機物	有機物の多い成分は渋みがある。→COD ▶▶参照p.205
残留塩素	残留塩素が(0.4 mg/L)以下であれば，ほとんど臭気を感じない。
Fe^{2+}, Cu^{2+}, Zn^{2+}	渋みを感じる濃度 Fe^{2+}………0.5～2.0mg/L Cu^{2+}………1.50mg/L Zn^{2+}………5～20mg/L
その他	Mg^{2+}の存在で苦み，カビで悪臭など

水温…………水温もおいしい水の条件の1つである。水温は10～15℃が適切で，気温が水温より10～15℃高いと，水がおいしく感じられる。

♻ メタンハイドレート
天然ガスのメタン分子が低温・高圧の一定条件下で，水分子の中に入り込んで固化したもの。北極圏の凍土層や深さ数百メートルの海底に存在する。白い氷状塊（シャーベット状）で採掘される。火をつけると燃えることから「燃える氷」とも呼ばれる。天然ガスの数倍の埋蔵量があるとの試算があり，日本近海にも約360億tの埋蔵量があると推定されている。21世紀のエネルギー資源として期待されている。

●燃える氷：メタンハイドレート

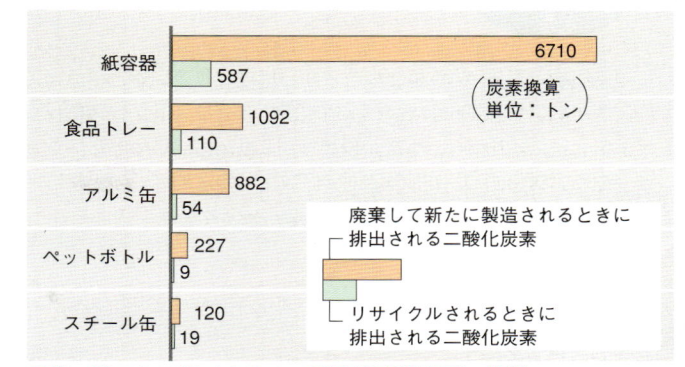

●使い捨てとリサイクルの二酸化炭素排出量の比較
（炭素換算 単位：トン）
- 紙容器：6710／587
- 食品トレー：1092／110
- アルミ缶：882／54
- ペットボトル：227／9
- スチール缶：120／19

（廃棄して新たに製造されるときに排出される二酸化炭素／リサイクルされるときに排出される二酸化炭素）

♻ リサイクル法
一般廃棄物の6割近くを占めるのが，容器や包装に使われたものである。ガラスびんやプラスチック容器，包装紙や手提げ袋などがそれにあたる。これらの中には，再生資源として利用可能なものも多いことから，「容器包装リサイクル法」が制定された。また，廃棄される家庭電気製品は年々増加しているが，古い家電製品には鉛やPCB，フロンなどの有害または環境を破壊する物質が含まれている。これらを回収し，処理する法律として「家電リサイクル法」が制定された。

これらの法律は一般廃棄物の回収，処理，再利用に主眼がおかれているが，処理の際に発生する二酸化炭素量について考えることも，地球温暖化を防止するという観点から重要である。右上の図に示すように，リサイクルの工程で発生する二酸化炭素量のほうが，焼却して新たに製造する段階で発生する二酸化炭素量に比べて圧倒的に少ない。

・**家電リサイクル法** 「特定家庭用機器再商品化法」の通称。家庭用電化製品のリサイクルを推進するための法律で，2001年に施行された。テレビ，冷蔵庫，洗濯機，エアコンの4品目の使用済み家電を家電メーカーが責任をもってリサイクルし，その費用は消費者が負担するという内容である。

・**容器包装リサイクル法と分別ゴミ** 「容器包装に係る分別収集及び再商品化の促進等に関する法律」の通称。家庭から出される分別ゴミのリサイクル化を促進する法律で，1995年に制定された。消費者がガラスびん，缶，ペットボトルなどの容器や紙パックなどの包装材を分別して出し，市町村などの自治体が収集・運搬し，生産メーカーやリサイクル業者が再製品化するように定めたものである。1997年からは大企業を対象にガラスびん，ペットボトルの再商品化が行われ，2000年4月からは中小企業も対象に，ペットボトル以外のプラスチック容器，段ボール，その他の紙の回収と再商品化が行われている。

●水の硬度
水中に溶けているCa^{2+}とMg^{2+}のイオン濃度を表す指標である。アメリカ式では，炭酸カルシウム$CaCO_3$の濃度に換算した合計量を mg/L（ppm）で表した数字を用い，市販のミネラルウォーターのラベルには，その硬度値が表示されていることが多い。一般的に，軟水は硬度100ppm以下，硬水は250ppm以上をいう。

日本の水 ：硬度20〜80ppmが多い。
ヨーロッパの水：硬度200〜400ppmが多い。

（注）水中のCa^{2+}，Mg^{2+}の合計量を酸化カルシウムCaOに換算して，水100mL中に1mg含まれる場合を硬度1という表し方もある（ドイツ硬度）。この場合は，通常20度以上を硬水，10度以下を軟水という。

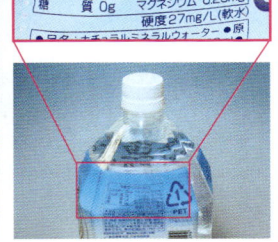

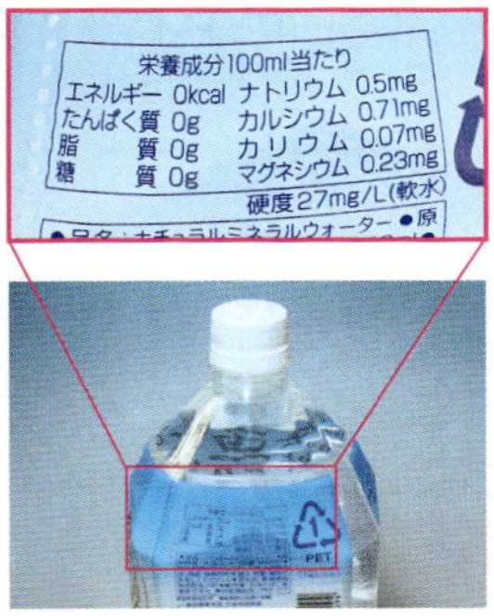

●水道水中の残留塩素の検出と除去
・水道水中の残留塩素は，N,N-ジエチル-p-フェニレンジアミン（DPD試薬）を加えるとピンク色に着色することで検出される。
・水道水にビタミンC（アスコルビン酸）を加えると，ビタミンCには還元作用があるので，残留塩素が還元されてCl^-になる。この溶液にDPD試薬を加えてもピンク色に着色しない。 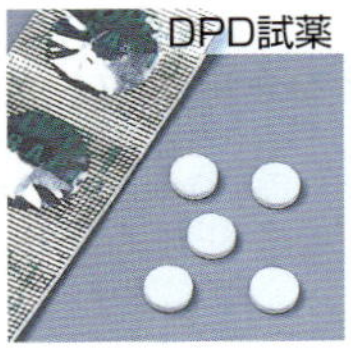

$$Cl_2 + 2e^- \rightarrow 2Cl^-$$

・煮沸したり，浄水器を通した水には，残留塩素がほとんどない。

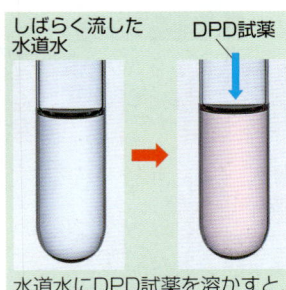

水道水にDPD試薬を溶かすと，ピンク色に着色する。｜アスコルビン酸を加えた水道水｜レモン汁を加えた水道水｜煮沸した水｜浄水器を通した水

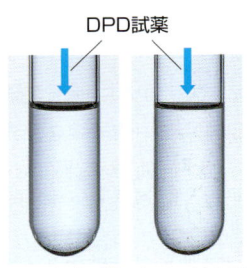

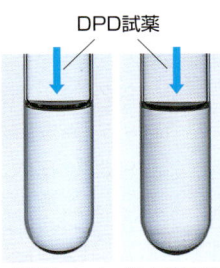

「テーマ別で考える」…化学の歴史

1 原子構造の発見の歴史

物質が原子という小さな粒子から構成されているという考えはギリシャ時代からあったが、17世紀まではアリストテレスに代表される元素説が主流であった。しかし、19世紀のはじめドルトンが、質量保存の法則、定比例の法則、倍数比例の法則などの化学に関する諸法則を統一的に説明するために原子説を唱えた。

さらに19世紀末に電子や原子核が発見されて原子の構造が明らかになるとともに、原子の模型（モデル）も考えられ、その実体がしだいに明らかになっていった。そして20世紀後半になると、走査型トンネル顕微鏡によって原子1個1個が見られるまでになっている。

国名の略記：フランス（仏）、イギリス（英）、ドイツ（独）、イタリア（伊）、ロシア（露）、アメリカ（米）、日本（日）

	年代／年	人物・内容
古典法則の発見から原子説	18世紀 1774	● ラボアジエ（仏）が質量保存の法則を発見。→ p.44
	1799	● プルースト（仏）が定比例の法則を発見。→ p.45
	19世紀 1803	● ドルトン（英）が倍数比例の法則を発見。原子説を発表。→ p.45
	1808	● ゲーリュサック（仏）が気体反応の法則を発表。→ p.44
	1811	● アボガドロ（伊）が分子説を発表。→ p.44
原子構造の発見と原子模型	1827	● ブラウン（英）がブラウン運動を発見。→ p.62
	1858	● プリュッカー（独）が陰極線を発見。
	1869	● メンデレーエフ（露）が周期律と周期表を発表。
	1895	● レントゲン（独）がX線を発見。
	1896	● ベクレル（仏）が放射能を発見。
	1897	● J.J.トムソン（英）が電子を発見。→ p.20
	20世紀 1904	● J.J.トムソン（英）がすいか型原子模型を提唱。 ● 長岡半太郎（日）が土星型原子模型を提唱。
	1909	● ミリカン（米）が電気素量を測定。
	1911	● ラザフォード（英）が原子核の存在を確認。→ p.20
	1913	● ボーア（デンマーク）が原子模型を提唱。→ p.22
	1932	● チャドウィック（英）が中性子を発見。
	1935	● 湯川秀樹（日）が中間子論を発表。
原子を見る	1955	● E.W.ミュラー（独）が電界イオン顕微鏡を開発。金属表面の原子の観察に成功。
	1981	● ビーニッヒ（独）とローラー（スイス）が走査型トンネル顕微鏡（STM）を開発。

J.J.トムソンと陰極線管
トムソンは陰極線が負電荷を帯びた微粒子の流れであること確認した。この粒子は後に電子と名付けられた。

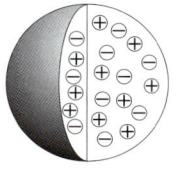

電子が負の電荷をもち、原子全体としては電気的に中性であることから正の電荷の存在も推定され、左のような原子の模型が示された。

すいか型原子模型（J.J.トムソン）　土星型原子模型（長岡半太郎）

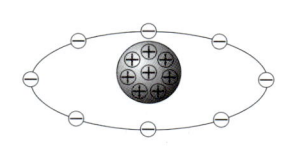

ラザフォード

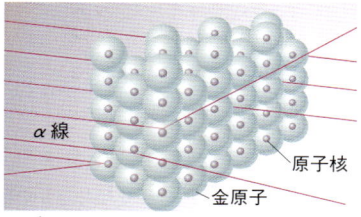

ラザフォードは金箔に当てられたα線の進路が曲げられることを発見し、正電荷を帯びた原子核の存在を確認した。

ラザフォードが原子核発見に用いた装置。

ボーア

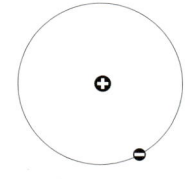

ボーアの水素原子模型
原子核のまわりを電子が回る軌道がある。電子の軌道は一定のとびとびの軌道になる。

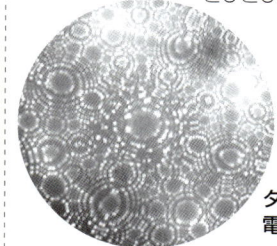

タングステン表面の電界イオン顕微鏡像

身長5nmの「モレキュラー・マン」
STMで28個の一酸化炭素分子を並べてえがいた。

「テーマ別で考える」…化学の歴史

2 電池の歴史

電池はさまざまなエネルギーを電気エネルギーに変える装置である。電気化学の歴史は、ガルバーニによる「カエルの筋肉が金属片に触れると収縮する」現象の発見に始まった。そして、ボルタの電池の発明により直流電源が得られると、電気分解や電磁気などの研究が進み、電気化学の基礎が確立した。

その後、ダニエル電池やルクランシェ電池を経て、軽量で起電力が安定し、電気容量が大きく自己放電が少ないという実用化の条件を満たしたマンガン乾電池やアルカリマンガン乾電池が生まれた。また、充電が可能という鉛蓄電池などの二次電池も発明された。そして現在も、新しい電池が続々と開発されている。

年代／年		人物・内容
古代の電池	紀元前	● ギリシャ人が琥珀の電気的な力（静電気）を「エレクトロン」と呼ぶ。 ● メソポタミア地方でバグダッド電池がつくられる。
電気文明の始まり	18世紀 1791	● ガルバーニ（伊）が電気発生の原因は生物内部にある「動物電気」によると発表。
	1792	● ボルタ（伊）が異種の金属の接触により電流が発生することを発表。
	19世紀 1800	● ボルタ（伊）が電池（電堆）を発明。銅板と亜鉛板の間に塩水をひたした厚紙をはさむと電流が発生した。→ p.82
	1801	● カーライル（英）が、電池を用いて水の電気分解を行い、水が水素と酸素からなることを発見。
	1807	● デービー（英）が溶融した金属塩の電気分解により、カリウムとナトリウムの単離に成功。
	1820	● エールステッド（英）が電磁石を発見。
	1833	● ファラデー（英）が電気分解に関する法則を発表。→ p.87
	1836	● ダニエル（英）がダニエル電池を考案。起電力が安定して気体の発生がなかった。→ p.82
	1838	● グローブ（英）が燃料電池（水素-酸素型）を発明。
	1859	● プランテ（仏）が鉛蓄電池の原型を考案。→ p.83
	1868	● ルクランシェ（仏）がマンガン乾電池の前身であるルクランシェ電池を発表。
実用電池の時代	20世紀 1901	● エジソン（米）がエジソン電池（アルカリ蓄電池の原型）を発明。
	1912	● アルカリマンガン乾電池の発明。
	1917	● フェリー（仏）が空気電池を考案。
	1942	● 水銀電池の発明。
	1947	● ニッケル・カドミウム電池の密閉化に成功。
	1973	● リチウム電池の発明と実用化。
	1981	● リチウムイオン電池の発明。 →最近の電池については、p.84, 85を参照。

バグダッド電池（1932年に発掘）
高さ約15cmの粘土のつぼの中に、銅の円筒と鉄の棒があり、電解液にひたされていた。めっきに利用されていたと思われる。

アスファルト封口／鉄棒（直径1.2cm 長さ8.2cm）／銅筒／成分不明の電解液／土器（直径8.3cm 長さ13.7cm）／アスファルト／銅板底／直径2.8cm／9.9cm

ガルバーニの実験
ガルバーニはカエルの脚に電気ショックを与えてけいれんを起こさせ、筋収縮を研究した。

ボルタ
ボルタの電堆〔パイル（積み重ね）型〕
交互に置いた金属板の大きさや数を増すだけで電流が増加したが、ボルタの電池の最大の欠点は分極であった。

ダニエル（右）とファラデー（左）

ダニエル電池
外筒が銅（a）で、その中央に亜鉛筒を入れた。bは素焼きの円筒で内側の希硫酸（c）と外側の硫酸銅（II）水溶液の混合を防いでいる。

グローブ電池
外側の円筒は亜鉛で中に希硫酸を入れ、内側の素焼きの円筒の中には硝酸を入れて白金を電極とした。

ルクランシェ電池の構造
負極での水素の発生を抑えるために、亜鉛をアマルガムにした。

電子／負極／正極／素焼きの容器／二酸化マンガン／炭素棒／亜鉛／塩化アンモニウム水溶液

日本初の乾電池（大正時代初期）
焼きセッコウをうどん粉で練ったものを電解液に使った日本独自の電池。

「テーマ別で考える」…化学の歴史

3 アルカリ工業の歴史

　古代からアルカリは，酸と並んで化学的な生産技術のうえで重要な物質であった。たとえば，羊毛などの原糸を洗浄するのに用いる洗浄剤の原料としてアルカリが用いられた。また，ガラスの原料としても重要であった。産業革命以降，アルカリの重要性はますます増加し，セッケン，ガラス，また有機合成の原料に用いられた。当時，カセイソーダ（NaOH）はソーダ灰（Na_2CO_3）と水酸化カルシウム$Ca(OH)_2$との反応によって製造されていた。Na_2CO_3の製法として，ルブラン法，ソルベー法（アンモニアソーダ法）が開発された。

　今世紀初頭より，食塩水の電気分解によってNaOHと塩素Cl_2を製造する電解法がさかんになり，現在でもアンモニアソーダ法と共存している。

　日本では，1970年頃までは，塩素需要の増大に合わせて水銀法による生産量が多かった。しかし，水俣病の発生により，隔膜法，さらにイオン交換膜法へと製法が転換されていった。

参考資料

年代／年		人物・内容
古代のアルカリ工業	紀元前2500頃	● シュメール人が天然ソーダでセッケンをつくる。
	800頃	● エジプトで現在のガラスに近いガラスがつくられる。
	1世紀〜700頃	● スペイン，イタリアでセッケン業隆盛。当時のセッケンは植物灰に水，牛脂，オリーブ油，灯油の燃えかす，ソラ豆の粉などが加えられていた。
	800頃	● シルクロードを経て，ガラス玉とその製造法が中国へ伝わる。
	1100頃	● ヨーロッパでセッケンが大量につくられる。
近代のアルカリ工業	18世紀 1791	● ルブラン（仏）が食塩，硫酸，石灰石，石炭よりソーダ灰を製造（ルブラン法）。
	19世紀 1865	● ソルベー（ベルギー）がアンモニアソーダ法を実用化。→ p.199
	1873	● 明治6年，日本初の洗濯セッケンを1本10銭で洗濯屋に販売。
	1885	● 隔膜法による食塩水の電解が工業化される。
	1892	● 水銀法による食塩水の電解が発明される。
	1975	● デュポン社がイオン交換膜を開発し，イオン交換膜法による生産が開始される。→ p.199

エジプト・ベニアッサン墳墓の壁画
もみ洗いなどの洗濯の光景が見られる。

シュメール人のタブレット
セッケンについての記述がある。

ルブラン
ソーダ工業の最初の成功者

ソルベー
ソルベー法は，石炭乾留の副産物であるアンモニアを利用し，さらに反応後回収する効率的な方法であった。

[ルブラン法によるNa_2CO_3の製造]
$2NaCl + H_2SO_4 \rightarrow Na_2SO_4 + 2HCl$
$Na_2SO_4 + 2C \rightarrow Na_2S + 2CO_2$
$Na_2S + CaCO_3 \rightarrow Na_2CO_3 + CaS$

[ソルベー法によるNa_2CO_3の製造]
$NaCl + NH_3 + CO_2 + H_2O \rightarrow NaHCO_3 + NH_4Cl$
$2NaHCO_3 \rightarrow Na_2CO_3 + H_2O + CO_2$

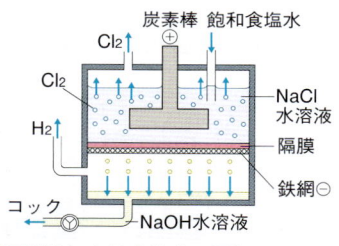

[隔膜法による食塩水の電解]
陽極：$2Cl^- \rightarrow Cl_2 + 2e^-$
陰極：$2H_2O + 2e^- \rightarrow 2OH^- + H_2$
（隔膜法によるNaOHの純度は水銀法より低い。）

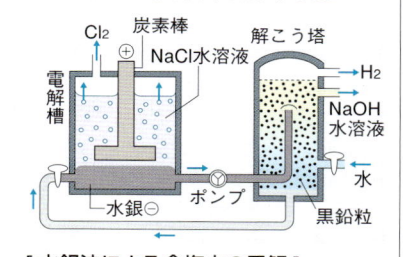

[水銀法による食塩水の電解]
陽極：$2Cl^- \rightarrow Cl_2 + 2e^-$
陰極：$Na^+ + e^- \rightarrow Na$
（NaはHgにとけてアマルガム合金Na(Hg)になる。これを水と反応させる（解こう塔）とNaOHができる。）

日本のアルカリ工業

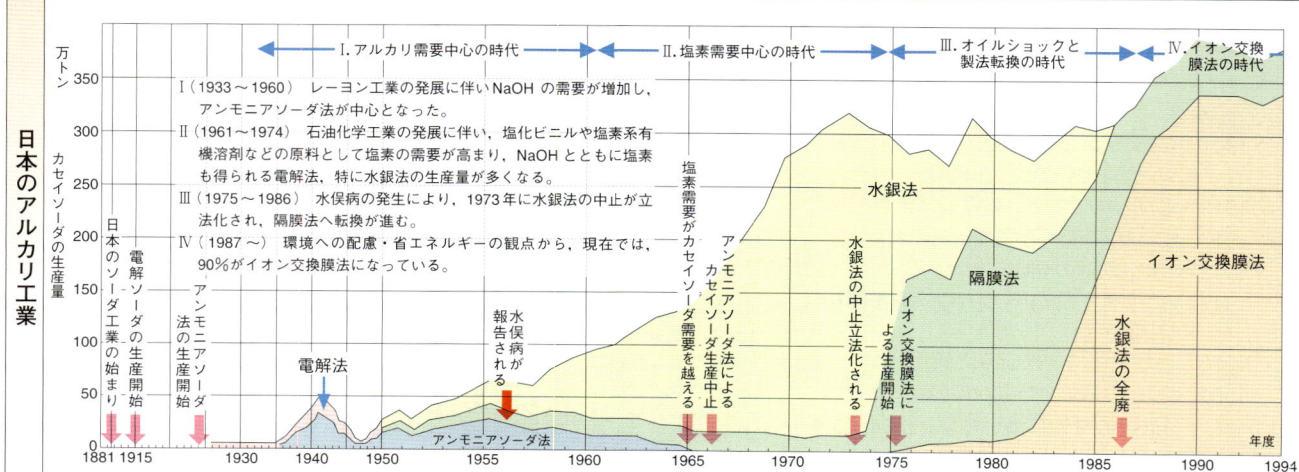

I．アルカリ需要中心の時代 — II．塩素需要中心の時代 — III．オイルショックと製法転換の時代 — IV．イオン交換膜法の時代

I（1933〜1960）レーヨン工業の発展に伴いNaOHの需要が増加し，アンモニアソーダ法が中心となった。

II（1961〜1974）石油化学工業の発展に伴い，塩化ビニルや塩素系有機溶剤などの原料として塩素の需要が高まり，NaOHとともに塩素も得られる電解法，特に水銀法の生産量が多くなる。

III（1975〜1986）水俣病の発生により，1973年に水銀法の中止が立法化され，隔膜法へ転換が進む。

IV（1987〜）環境への配慮・省エネルギーの観点から，現在では，90％がイオン交換膜法になっている。

「テーマ別で考える」…化学の歴史

4 有機化学工業の歴史

石炭の乾留で得られた物質のうち，石炭ガスはガス灯に，コークスは製鉄に使われたが，コールタールは有用な使い道がなかった。しかし，タール中にフェノールやベンゼン，ナフタレンなどの芳香族化合物が発見され，これらを使ったコールタール染料工業がおこり，今日の有機化学工業が出発した。

その後，石油が石炭にとってかわり，原油を常圧蒸留して得られるガス分およびガソリン留分（ナフサ）からエチレン，プロピレン，芳香族化合物などの石油化学工業の出発原料が生産された。そして，プラスチックや合成ゴムなど数々の高分子化合物がつくり出され，有機化学工業の隆盛を生み出した。また，石炭が供給していたタール系の芳香族化合物，水の電解で生産していたアンモニアの原料となる水素も石油から供給されるようになり，今日の有機化学工業においてその原料の大部分を石油に仰ぐようになった。

年代／年		人物・内容
石炭化学工業の時代	18世紀 1792	マードック（英）が石炭ガスの製造を開始する。
	19世紀 1813	ロンドンにガス灯が点灯する。
	1825	ファラデー（英）が魚油ガスからベンゼンを発見。
	1826	ウンフェルドルベン（独）が天然の藍からアニリンを発見。
	1832	ルンゲ（独）が石炭酸（フェノール）を発見。
	1841	ホフマン（独）がベンゼンからアニリンを合成。→ p.156
	1856	パーキン（英）が合成染料「モーブ」を合成。
	1865	ケクレ（独）がベンゼンの六員環構造式を考案。→ p.150
	1869	ハイアット（米）がセルロイドをつくる。
	1897	バイヤー（独）がタールの成分（ナフタレン）からインジゴを合成。
石油化学工業と合成高分子工業の時代	20世紀 1906	ビスコース繊維の製造。→ p.173
	1909	ベークランド（米）が合成樹脂ベークライトを発明。→ p.164
	1920	スタンダード・オイル社（米）がイソプロピルアルコールの製造を企業化する。
	1926	シュタウディンガー（独）が高分子物質の構造を解明する。
	1932	カローザス（米）が合成ゴムのネオプレンを発明。
	1933	ポリエチレンの合成に成功。 ポリ塩化ビニルの合成に成功。
	1937	カローザス（米）がナイロンを発明。→ p.163
	1938	デュポン社（米）がナイロンを工業化。 ICI社（英）がレーダー用にポリエチレン製造を工業化。
	1939	桜田一郎（日）らがビニロンを開発。→ p.162
	1944	アメリカでGR-S（合成ゴム）が大量生産される。
	1953	チーグラー（独）がポリエチレン重合反応における触媒を発明。
	1955	ナッタ（伊）がプロピレンの重合反応の触媒を発明。

マードックがガス灯をともしてから70年以上たって，日本にもようやくガス灯がついた。

ガス灯のついた銀座通り（明治12年頃）

石炭　コールタール

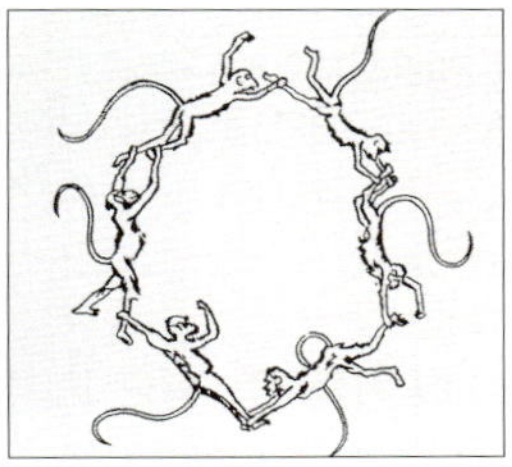

ケクレはくるくると踊り回る原子の夢をみて，ベンゼンの構造を思いついたといわれる。その構造を彼の友人が，6匹の猿が2本の前足と2本の後ろ足でつながり合う姿の戯画で示した。

ケクレ

パーキンはマラリアの特効薬キニーネを合成しようとして紫色の染料「モーブ」を得た。
合成染料モーブとモーブで着色されたショール。

パーキン

ベークランドはフェノールとホルムアルデヒドを反応させて，最初のプラスチック「ベークライト」をつくった。

ベークランド

ベークライト（フェノール樹脂）製のテレビの外箱

カローザス

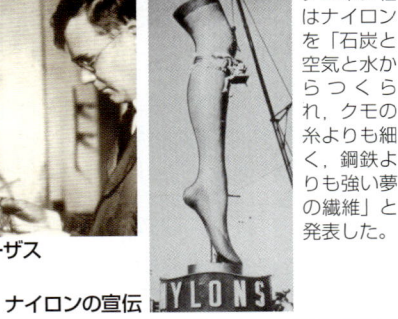

ナイロンの宣伝

デュポン社はナイロンを「石炭と空気と水からつくられ，クモの糸よりも細く，鋼鉄よりも強い夢の繊維」と発表した。

桜田一郎

桜田らは，ポリビニルアルコールよりビニロンを合成した。

有効数字の扱い方

測定値と有効数字

化学実験では，体積や質量，温度，圧力などを測定することが多い。例えば，右の写真のようなビュレットで体積を測定する場合（▶▶p.10 体積の測定 参照），液面の位置は $\frac{1}{10}$ 目盛りまで目測で読みとって，9.68 mL と読める。このように，測定ではふつう目測で最小目盛りの $\frac{1}{10}$ まで読みとるので，最後の桁の数字は，多少不確かな値である。

測定で読みとった桁までの数字を**有効数字**というが，測定値の最後の桁の数値は目測の値なので，有効数字は最後の桁に不確かな数値を含むことになる。

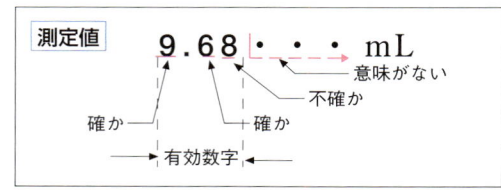

ビュレットの測定法

測定値 9.68 mL → 真の値 x [mL]
9.675 mL < x [mL] < 9.685 mL

測定値 9.68…mL
- 確か：9.6
- 不確か：8
- 意味がない：…
- 有効数字：9.68

この場合，右図に示すように数学的には，測定値 9.68 mL は，9.675 mL より大きく 9.685 mL より小さい値と考えられる。

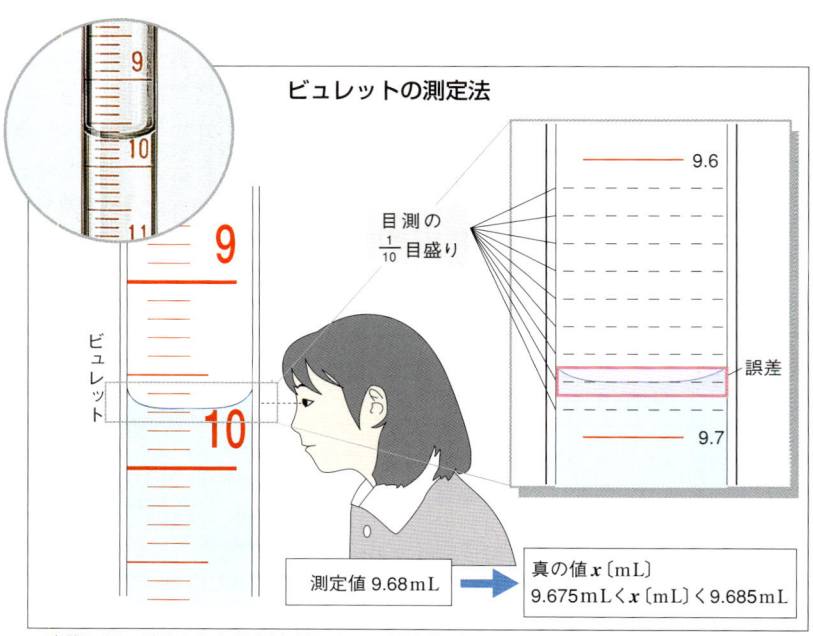

実際には，読みとりには測定者によって個人差があり，同じ量でも 9.69 mL や 9.67 mL と読むこともある。また，測定器や測定方法，測定環境によっても測定値は異なる。このような種々の原因によって生じる誤差を，まとめて測定誤差という。

●測定値と真の値

測定値	真の値（x）
1	$0.5 < x < 1.5$
1.0	$0.95 < x < 1.05$
1.00	$0.995 < x < 1.005$

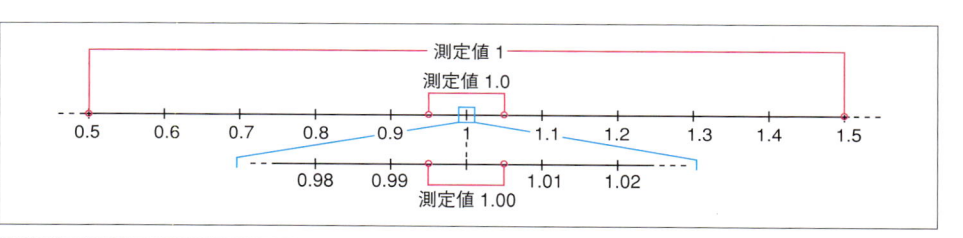

有効数字の表し方

1 mL，1.0 mL，1.00 mL はそれぞれ意味が異なる。

- 1 mL … 有効数字 1 桁
- 1.0 mL … 有効数字 2 桁
- 1.00 mL … 有効数字 3 桁

300 g というかき方では，有効数字がはっきりしないので，次のように表す。

- 有効数字 1 桁 … 3×10^2 g
- 有効数字 2 桁 … 3.0×10^2 g
- 有効数字 3 桁 … 3.00×10^2 g

有効数字を含む計算

1.0 の 1000 倍は 1000 でなく，1.0×10^3 である。1000 とかくと 1.000×10^3 の意味にもとれ，999.5 と 1000.5 の間にあることになってしまう。

●測定値の足し算・引き算

例　体積 11.82 mL と 6.5 mL の和を求める。

11.82 [mL] + 6.5 [mL] = 18.32 [mL] ≒ 18.3 [mL]

- 11.82：小数第 2 位
- 6.5：小数第 1 位
- 18.3：小数第 1 位

計算結果の値は，測定値のうちの位取りの大きいものに合わせる。

●測定値のかけ算・割り算

例　濃度 0.153 mol/L の酢酸 3.6 L 中の酢酸の物質量を求める。

0.153 [mol/L] × 3.6 [L] = 0.5508 [mol] ≒ 0.55 [mol]

- 0.153：有効数字 3 桁
- 3.6：有効数字 2 桁
- 0.55：有効数字 2 桁

計算結果の有効数字の桁数は，測定値のうちの有効数字の桁数が最も少ないものに桁数を合わせる。

●気体の分子量を求める計算例

ある気体 2.53 g を 27 ℃で 2.0 L の容器に入れたら，気体の圧力は 0.762×10^3 hPa であった。この気体の分子量を求めよ。

- 測定値で有効数字 2 桁 … 27 ℃，2.0 L
- 測定値で有効数字 3 桁 … 2.53 g，0.762×10^3 hPa

→答は，この場合すべてかけ算・割り算だから有効数字 2 桁にする。

気体の状態方程式 $PV = \frac{w}{M} RT$ に代入する。

$$M = \frac{2.53 \, [\text{g}] \times 8.31 \times 10^3 \, [\text{Pa} \cdot \text{L}/(\text{K} \cdot \text{mol})] \times (27+273) \, [\text{K}]}{0.762 \times 10^3 \, [\text{hPa}] \times 2.0 \, [\text{L}]}$$

$= 41.4 \, [\text{g/mol}] ≒ 41 \, [\text{g/mol}]$（四捨五入）

したがって，分子量は 41 となる。

付表目次

1. SI単位と基礎定数 ····················· 219
■ 原子半径とイオン半径 ················· 219
2. 原子の電子配置と第一イオン化エネルギー ··· 220
3. 元素と単体の性質 ····················· 221
4. 周期表の族の関係でみた主な物質の性質 ··· 222
5. 主な金属の結晶格子 ··················· 222
6. 天然に存在する同位体とその存在比 ····· 223
7. 水の密度 ····························· 223
8. 水の蒸気圧 ··························· 224
9. 溶解度 ······························· 224
10. 水溶液の密度 ························ 225
11. 無機化合物の溶解度積 ················ 226

12. 反応熱 ······························ 226
13. 結合エネルギー ····················· 226
14. 酸・塩基の電離定数 ················· 227
15. 標準酸化還元電位 ··················· 227
16. 触媒の例とその作用 ················· 227
17. 主な無機化合物とその性質 ··········· 228
18. 主な無機化学反応 ··················· 230
19. 主な気体の製法と性質 ··············· 232
20. 有機化合物の化学式と性質 ··········· 233
21. 油脂の分類と脂肪酸組成 ············· 235
22. タンパク質を構成するアミノ酸 ······· 236
23. 酵素 ······························· 236

1. SI単位と基礎定数

国際単位系(SI)は次の7つを基本単位にしている。また、10^n 倍の単位を表す接頭語を定めている。

SI基本単位

物理量	単位名	記号
長さ	メートル	m
質量	キログラム	kg
時間	秒	s
電流	アンペア	A
温度	ケルビン	K
物質量	モル	mol
光度	カンデラ	cd

SI接頭語（10の整数乗倍の接頭語）

大きさ	記号	名称		大きさ	記号	名称	
10^{15}	P	ペタ	peta	10^{-1}	d	デシ	deci
10^{12}	T	テラ	tera	10^{-2}	c	センチ	centi
10^{9}	G	ギガ	giga	10^{-3}	m	ミリ	milli
10^{6}	M	メガ	mega	10^{-6}	μ	マイクロ	micro
10^{3}	k	キロ	kilo	10^{-9}	n	ナノ	nano
10^{2}	h	ヘクト	hecto	10^{-12}	p	ピコ	pico
10	da	デカ	deca	10^{-15}	f	フェムト	femto

基礎定数

量	記号	数値
アボガドロ定数	N_A	6.02214×10^{23} /mol
気体定数	R	8.31×10^3 Pa·L /(K·mol)
理想気体の標準体積	V_0	22.414 L/mol
ファラデー定数	F	9.64853×10^4 C/mol

量	記号	数値
電子の電荷	e	-1.60218×10^{-19} C
電子の質量	m_e	9.10939×10^{-28} g
陽子の質量	m_p	1.67262×10^{-24} g
中性子の質量	m_n	1.67493×10^{-24} g

■ 原子半径とイオン半径

凡例：元素記号・原子の大きさ（原子半径 $\times 10^{-12}$ m）、イオン記号・イオン半径（$\times 10^{-12}$ m）。例：Mn 112、Mn^{2+} 81*。
色分け：青＝金属結合半径、緑＝共有結合半径、桃＝ファンデルワールス半径（希ガスでは冷却固化したときの原子間距離）、灰＝イオン半径。
（イオン半径は6配位の場合、*のついた数値は低スピン状態であることを示す。）

周期＼族	1	2	3	4	5	6	7	8	9	10	11	12	13	14	15	16	17	18
1	H 37																	He 140
2	Li 152 / Li$^+$ 90	Be 111 / Be^{2+} 59											B 81	C 77	N 74	O 74 / O^{2-} 126	F 72 / F$^-$ 119	Ne 154
3	Na 186 / Na$^+$ 116	Mg 160 / Mg^{2+} 86											Al 143 / Al^{3+} 68	Si 117	P 110	S 104 / S^{2-} 170	Cl 99 / Cl$^-$ 167	Ar 188
4	K 231 / K$^+$ 152	Ca 197 / Ca^{2+} 114	Sc 163 / Sc^{3+} 88	Ti 145 / Ti^{2+} 100	V 131 / V^{2+} 93	Cr 125 / Cr^{2+} 87*	Mn 112 / Mn^{2+} 81*	Fe 124 / Fe^{2+} 75*	Co 125 / Co^{2+} 79*	Ni 125 / Ni^{2+} 83	Cu 128 / Cu^{2+} 87	Zn 133 / Zn^{2+} 88	Ga 122 / Ga^{3+} 76	Ge 122 / Ge^{4+} 67	As 121	Se 117 / Se^{2-} 184	Br 114 / Br$^-$ 182	Kr 202
5	Rb 247 / Rb$^+$ 166	Sr 215 / Sr^{2+} 132	Y 178 / Y^{3+} 104	Zr 159 / Zr^{4+} 86	Nb 143 / Nb^{4+} 82	Mo 136	Tc 135	Ru 133	Rh 135 / Rh^{3+} 81	Pd 138 / Pd^{2+} 100	Ag 144 / Ag$^+$ 129	Cd 149 / Cd^{2+} 109	In 163 / In^{3+} 94	Sn 141 / Sn^{4+} 83	Sb 145 / Sb^{3+} 90	Te 137 / Te^{2-} 207	I 133 / I$^-$ 206	Xe 216
6	Cs 266 / Cs$^+$ 181	Ba 217 / Ba^{2+} 149	La 187 / La^{3+} 117	Hf 156 / Hf^{4+} 85	Ta 143 / Ta^{3+} 86	W 137	Re 137	Os 134	Ir 136	Pt 139 / Pt^{2+} 94	Au 144 / Au$^+$ 151	Hg 150 / Hg^{2+} 116	Tl 170 / Tl^{3+} 103	Pb 175 / Pb^{4+} 92	Bi 156 / Bi^{3+} 117			

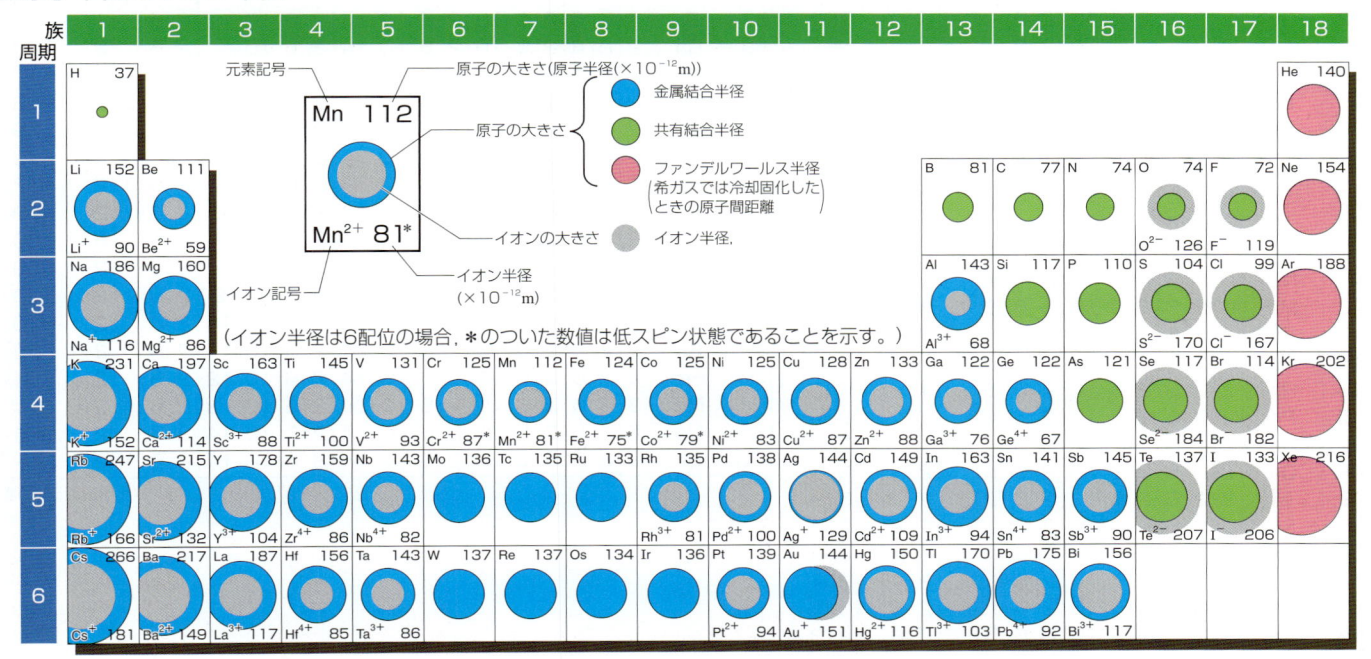

2. 原子の電子配置と第一イオン化エネルギー

原子番号	元素記号	K s	L s	L p	M s	M p	M d	N s	N p	N d	N f	O s	O p	第一イオン化エネルギー〔kJ/mol〕
1	H	1												1360
2	He	2												2459
3	Li	2	1											539
4	Be	2	2											932
5	B	2	2	1										830
6	C	2	2	2										1126
7	N	2	2	3										1453
8	O	2	2	4										1362
9	F	2	2	5										1742
10	Ne	2	2	6										2156
11	Na	2	2	6	1									514
12	Mg	2	2	6	2									765
13	Al	2	2	6	2	1								599
14	Si	2	2	6	2	2								815
15	P	2	2	6	2	3								1049
16	S	2	2	6	2	4								1036
17	Cl	2	2	6	2	5								1297
18	Ar	2	2	6	2	6								1576
19	K	2	2	6	2	6		1						434
20	Ca	2	2	6	2	6		2						611
21	Sc	2	2	6	2	6	1	2						654
22	Ti	2	2	6	2	6	2	2						682
23	V	2	2	6	2	6	3	2						674
24	Cr	2	2	6	2	6	5	1						677
25	Mn	2	2	6	2	6	5	2						744
26	Fe	2	2	6	2	6	6	2						787
27	Co	2	2	6	2	6	7	2						786
28	Ni	2	2	6	2	6	8	2						764
29	Cu	2	2	6	2	6	10	1						773
30	Zn	2	2	6	2	6	10	2						939
31	Ga	2	2	6	2	6	10	2	1					600
32	Ge	2	2	6	2	6	10	2	2					790
33	As	2	2	6	2	6	10	2	3					981
34	Se	2	2	6	2	6	10	2	4					975
35	Br	2	2	6	2	6	10	2	5					1181
36	Kr	2	2	6	2	6	10	2	6					1400
37	Rb	2	2	6	2	6	10	2	6			1		418
38	Sr	2	2	6	2	6	10	2	6			2		570
39	Y	2	2	6	2	6	10	2	6	1		2		638
40	Zr	2	2	6	2	6	10	2	6	2		2		684
41	Nb	2	2	6	2	6	10	2	6	4		1		688
42	Mo	2	2	6	2	6	10	2	6	5		1		710
43	Tc	2	2	6	2	6	10	2	6	5		2		728
44	Ru	2	2	6	2	6	10	2	6	7		1		737
45	Rh	2	2	6	2	6	10	2	6	8		1		746
46	Pd	2	2	6	2	6	10	2	6	10				834
47	Ag	2	2	6	2	6	10	2	6	10		1		758
48	Cd	2	2	6	2	6	10	2	6	10		2		899
49	In	2	2	6	2	6	10	2	6	10		2	1	579
50	Sn	2	2	6	2	6	10	2	6	10		2	2	734
51	Sb	2	2	6	2	6	10	2	6	10		2	3	864
52	Te	2	2	6	2	6	10	2	6	10		2	4	901
53	I	2	2	6	2	6	10	2	6	10		2	5	1045
54	Xe	2	2	6	2	6	10	2	6	10		2	6	1213

原子番号	元素記号	K s	L s	L p	M s	M p	M d	N s	N p	N d	N f	O s	O p	O d	O f	P s	P p	P d	Q s	第一イオン化エネルギー〔kJ/mol〕
55	Cs	2	2	6	2	6	10	2	6	10		2	6			1				389
56	Ba	2	2	6	2	6	10	2	6	10		2	6			2				521
57	La	2	2	6	2	6	10	2	6	10		2	6	1		2				553
58	Ce	2	2	6	2	6	10	2	6	10	1	2	6	1		2				554
59	Pr	2	2	6	2	6	10	2	6	10	3	2	6			2				546
60	Nd	2	2	6	2	6	10	2	6	10	4	2	6			2				553
61	Pm	2	2	6	2	6	10	2	6	10	5	2	6			2				558
62	Sm	2	2	6	2	6	10	2	6	10	6	2	6			2				564
63	Eu	2	2	6	2	6	10	2	6	10	7	2	6			2				567
64	Gd	2	2	6	2	6	10	2	6	10	7	2	6	1		2				615
65	Tb	2	2	6	2	6	10	2	6	10	9	2	6			2				586
66	Dy	2	2	6	2	6	10	2	6	10	10	2	6			2				594
67	Ho	2	2	6	2	6	10	2	6	10	11	2	6			2				602
68	Er	2	2	6	2	6	10	2	6	10	12	2	6			2				611
69	Tm	2	2	6	2	6	10	2	6	10	13	2	6			2				618
70	Yb	2	2	6	2	6	10	2	6	10	14	2	6			2				625
71	Lu	2	2	6	2	6	10	2	6	10	14	2	6	1		2				543
72	Hf	2	2	6	2	6	10	2	6	10	14	2	6	2		2				678
73	Ta	2	2	6	2	6	10	2	6	10	14	2	6	3		2				740
74	W	2	2	6	2	6	10	2	6	10	14	2	6	4		2				760
75	Re	2	2	6	2	6	10	2	6	10	14	2	6	5		2				776
76	Os	2	2	6	2	6	10	2	6	10	14	2	6	6		2				828
77	Ir	2	2	6	2	6	10	2	6	10	14	2	6	7		2				902
78	Pt	2	2	6	2	6	10	2	6	10	14	2	6	9		1				861
79	Au	2	2	6	2	6	10	2	6	10	14	2	6	10		1				923
80	Hg	2	2	6	2	6	10	2	6	10	14	2	6	10		2				1044
81	Tl	2	2	6	2	6	10	2	6	10	14	2	6	10		2	1			611
82	Pb	2	2	6	2	6	10	2	6	10	14	2	6	10		2	2			742
83	Bi	2	2	6	2	6	10	2	6	10	14	2	6	10		2	3			729
84	Po	2	2	6	2	6	10	2	6	10	14	2	6	10		2	4			842
85	At	2	2	6	2	6	10	2	6	10	14	2	6	10		2	5			—
86	Rn	2	2	6	2	6	10	2	6	10	14	2	6	10		2	6			1075
87	Fr	2	2	6	2	6	10	2	6	10	14	2	6	10		2	6		1	—
88	Ra	2	2	6	2	6	10	2	6	10	14	2	6	10		2	6		2	528
89	Ac	2	2	6	2	6	10	2	6	10	14	2	6	10		2	6	1	2	517
90	Th	2	2	6	2	6	10	2	6	10	14	2	6	10		2	6	2	2	608
91	Pa	2	2	6	2	6	10	2	6	10	14	2	6	10	2	2	6	1	2	589
92	U	2	2	6	2	6	10	2	6	10	14	2	6	10	3	2	6	1	2	619
93	Np	2	2	6	2	6	10	2	6	10	14	2	6	10	4	2	6	1	2	627
94	Pu	2	2	6	2	6	10	2	6	10	14	2	6	10	6	2	6		2	580
95	Am	2	2	6	2	6	10	2	6	10	14	2	6	10	7	2	6		2	600
96	Cm	2	2	6	2	6	10	2	6	10	14	2	6	10	7	2	6	1	2	609
97	Bk	2	2	6	2	6	10	2	6	10	14	2	6	10	9	2	6		2	630
98	Cf	2	2	6	2	6	10	2	6	10	14	2	6	10	10	2	6		2	630
99	Es	2	2	6	2	6	10	2	6	10	14	2	6	10	11	2	6		2	652
100	Fm	2	2	6	2	6	10	2	6	10	14	2	6	10	12	2	6		2	664
101	Md	2	2	6	2	6	10	2	6	10	14	2	6	10	13	2	6		2	674
102	No	2	2	6	2	6	10	2	6	10	14	2	6	10	14	2	6		2	684
103	Lr	2	2	6	2	6	10	2	6	10	14	2	6	10	14	2	6	1	2	—

(化学便覧改訂5版)

3. 元素と単体の性質

原子番号	元素	地殻における存在度〔μg/g〕	融点〔℃〕	沸点〔℃〕	密度〔g/cm³〕
1	H		−259.14	−252.87	0.08988*
2	He		−272.2[26atm]	−268.934	0.1785[0]*
3	Li	13	180.54	1347	0.534[20]
4	Be	1.5	1282	2970加圧	1.8477[20]
5	B	10	2300	3658	2.34[20]
6	C		3550	4800昇華	3.513[20]ダイヤモンド
7	N		−209.86	−195.8	1.2506*
8	O		−218.4	−182.96	1.429[0]*
9	F		−219.62	−188.14	1.696[0]*
10	Ne		−248.67	−246.05	0.8999[0]*
11	Na	23 ×10³	97.81	883	0.971[20]
12	Mg	32 ×10³	648.8	1090	1.738[20]
13	Al	84.1 ×10³	660.32	2467	2.6989[20]
14	Si	267.7 ×10³	1410	2355	2.3296
15	P		44.2	280	1.82[20](黄リン)
16	S		119.0(β)	444.674	1.957[20](β)
17	Cl		−101.0	−33.97	3.214[0]*
18	Ar		−189.3	−185.8	1.784[0]*
19	K	9.1 ×10³	63.65	774	0.862[20]
20	Ca	52.9 ×10³	839	1484	1.55[20]
21	Sc	30	1541	2831	2.989[20]
22	Ti	5.4 ×10³	1660	3287	4.54[20]
23	V	230	1887	3377	6.11[19]
24	Cr	185	1860	2671	7.19[20]
25	Mn	1.4 ×10³	1244	1962	7.44
26	Fe	70.7 ×10³	1535	2750	7.874[20]
27	Co	29	1495	2870	8.90[20]
28	Ni	105	1453	2732	8.902
29	Cu	75	1083.4	2567	8.96[20]
30	Zn	80	419.53	907	7.134
31	Ga	18	27.78	2403	5.907[20]
32	Ge	1.6	937.4	2830	5.323[20]
33	As	1.0	817[28atm]	616昇華	5.78[20](灰色)
34	Se	0.05	217	684.9	4.79[20]
35	Br		−7.2	58.78	3.1226[20]
36	Kr		−156.66	−152.3	3.7493[0]*
37	Rb	32	39.31	688	1.532[20]
38	Sr	260	769	1384	2.54[20]
39	Y	20	1522	3338	4.47[20]
40	Zr	100	1852	4377	6.506[20]
41	Nb	11	2468	4742	8.57[20]
42	Mo	1.0 ×10³	2617	4612	10.22[20]
43	Tc		2172	4877	11.5[20](計算値)
44	Ru		2310	3900	12.37[20]
45	Rh		1966	3695	12.41[20]
46	Pd	0.001	1552	3140	12.02[20]
47	Ag	0.08	951.93	2212	10.500[20]
48	Cd	0.098	321.0	765	8.65[20]
49	In	0.05	156.6	2080	7.31
50	Sn	2.5	231.97	2270	7.31[20](β)
51	Sb	0.2	630.63	1635	6.691[20]
52	Te		449.5	990	6.24[20]
53	I		−113.5	184.3	4.93[20]
54	Xe		−111.9	−107.1	5.8971[0]*
55	Cs	1	28.4	678	1.873[20]
56	Ba	250	729	1637	3.594[20]
57	La	16	921	3457	6.145
58	Ce	33	799	3426	6.749(β)
59	Pr	3.9	931	3512	6.773[20]
60	Nd	16	1021	3068	7.007[20]
61	Pm		1168	2700	7.22
62	Sm	3.5	1077	1791	7.52[20]
63	Eu	1.1	822	1597	5.243[20]
64	Gd	3.3	1313	3266	7.90
65	Tb	0.6	1356	3123	8.229[20]
66	Dy	3.7	1412	2562	8.55[20]
67	Ho	0.78	1474	2695	8.795
68	Er	2.2	1529	2863	9.066
69	Tm	0.32	1545	1950	9.321[20]
70	Yb	2.2	824	1193	6.965[20]
71	Lu	0.3	1663	3395	9.84
72	Hf	3	2230	5197	13.31[20]
73	Ta	1	2996	5425	16.654[20]
74	W	1	3410	5657	19.3[20]
75	Re	0.5 ×10⁻³	3180	5596	21.02[20]
76	Os		3054	5027	22.59[20]
77	Ir	0.1 ×10⁻³	2410	4130	22.56[13]
78	Pt		1772	3830	21.45[20]
79	Au	3 ×10⁻³	1064.43	2807	19.32[20]
80	Hg		−38.87	356.58	13.546[20]
81	Tl	0.36	304	1457	11.85[20]
82	Pb	8	327.5	1740	11.35[20]
83	Bi	0.06	271.3	1610	9.747[20]
84	Po		254	962	9.32[20]
85	At		302		
86	Rn		−71	−61.8	9.73[0]*
87	Fr				
88	Ra		700	1140	5
89	Ac		1050	3200	10.06
90	Th	3.5	1750	4790	11.72[20]
91	Pa		1840		15.37(計算値)
92	U	0.91	1132.3	3745	18.950[20](α)

(化学便覧改訂5版)

◎地殻における存在度の単位1μg=10⁻⁶g
◎融点は肩付き数字で圧力を示したもの以外は$1.01×10^5$Paでの値。
◎密度では測定温度(℃)を肩付きの小文字で示した。
また、*印は単位がg/dm³を示す。

4. 周期表の族の関係でみた主な物質の性質

族	元素	物質名	原子量	元素の酸化数	色・状態 (標準状態)	水との反応	酸との反応	NaOH水溶液との反応	特性や用途
アルカリ金属 1	Li	リチウム	6.9	+1	銀白・固	とける $H_2\uparrow$	激しく反応 $H_2\uparrow$		炎色は深赤。もっとも軽い金属
	Na	ナトリウム	23.0	+1	銀白・固	発火 $H_2\uparrow$	激しく反応 $H_2\uparrow$		炎色は淡黄
	K	カリウム	39.1	+1	銀白・固	発火 $H_2\uparrow$	激しく反応 $H_2\uparrow$		炎色は赤紫
アルカリ土類金属 2	Mg	マグネシウム	24.3	+2	銀白・固	熱水に反応 $H_2\uparrow$	とける $H_2\uparrow$	不溶	軽金属
	Ca	カルシウム	40.1	+2	銀白・固	とける $H_2\uparrow$	激しく反応 $H_2\uparrow$		炎色は橙赤
	Sr	ストロンチウム	87.6	+2	銀白・固	はげしく反応 $H_2\uparrow$	激しく反応 $H_2\uparrow$		炎色は深赤
	Ba	バリウム	137.3	+2	銀白・固	とける $H_2\uparrow$	激しく反応 $H_2\uparrow$		炎色は黄緑
遷移元素 4	Ti	チタン	47.9	+2,+3,+4	銀灰・固	不溶			耐食性
5	V	バナジウム	50.9	+2,+3,+4,+5	銀灰・固	不溶	不溶	不溶	有毒。触媒
6	Cr	クロム	52.0	+2,+3,+4,+5,+6	銀白・固		とける。$H_2\uparrow$ 濃硝酸に不動態		耐食性(めっき)
7	Mn	マンガン	54.9	+2,+3,+4,+5,+6,+7	銀白・固	とける $H_2\uparrow$	とける $H_2\uparrow$		
8	Fe	鉄	55.8	+2,+3,+4,+6	灰白・固		とける $H_2\uparrow$	不溶	強磁性
9	Co	コバルト	58.9	+1,+2,+3,+4	灰白・固		とける		強磁性
10	Ni	ニッケル	58.7	+1,+2,+3,+4	銀白・固		とける。濃硝酸に不動態		強磁性。めっき
	Pt	白金	195.1	+2,+3,+4,+5,+6	銀白・固		王水にとける $PtCl_6^{2-}$		
11	Cu	銅	63.5	+1,+2,+3	赤・固		塩酸に不溶。硝酸、熱濃硫酸にとける		電気伝導性,熱伝導性大
	Ag	銀	107.9	+1,+2,+3	銀白・固		塩酸に不溶。硝酸、熱濃硫酸にとける		電気伝導性,熱伝導性最大
	Au	金	197.0	+1,+2,+3	黄金・固		王水にとける $AuCl_4^-$		展延性最大
その他の金属 12	Zn	亜鉛	65.4	+2	青白・固		とける $H_2\uparrow$	とける $H_2\uparrow$	めっき。電池,合金
	Cd	カドミウム	112.4	+2	銀白・固		とける	不溶	有毒
	Hg	水銀	200.6	+1,+2	銀白・液		希硫酸に不溶,硝酸、熱濃硫酸にとける		室温で液体の単体金属。有毒
13	Al	アルミニウム	27.0	+3	銀白・固	高温でとける $H_2\uparrow$	とける $H_2\uparrow$	とける $H_2\uparrow$	展延性。電気伝導性。軽合金
14	Sn	スズ	118.7	+2,+4	白・固		とける $H_2\uparrow$	とける	めっき、合金
	Pb	鉛	207.2	+2,+4	白・固		とける	とける	有毒。合金

(元素・分子)

族	元素	物質名	原子量	元素の酸化数	色・状態	水との反応	酸との反応	NaOH水溶液との反応	特性や用途
1	(H_2)	水素	1.008	±1	無・気				多くの単体と水素化物を生成
13	B	ホウ素	10.8	+3	褐・固		塩酸に不溶、硝酸にとける		半導体
14	C	炭素	12.0	−4,+2,+4	ダイヤモンド:無、黒鉛:黒・固	不溶	不溶	不溶	化合物は多数。ダイヤモンド
	Si	ケイ素	28.1	−4,+2,+4	灰・固		不溶	とける	半導体
15	(N_2)	窒素	14.0	−3,+1,+2,+3,+4,+5	無・気				室温で不活性
	P	赤リン	31.0	−3,+3,+5	赤褐・固				無毒。マッチ
	(P_4)	黄リン			淡黄・固		濃硝酸にとける	とける	猛毒。水中保存
	As	ヒ素	74.9	±3,+5	銀黒・固		とける	不溶	有毒
16	(O_2)	酸素	16.0	−2,−1	無・気				燃焼。生物の呼吸
	(O_3)	オゾン			淡青・気				特異臭。強い酸化力
	S	硫黄	32.1	−2,+4,+6	黄・固	不溶	不溶	とける	
ハロゲン 17	(F_2)	フッ素	19.0	−1	淡黄・気	激しく反応			有毒、特異臭、電気陰性度最大
	(Cl_2)	塩素	35.5	±1,+3,+4,+5,+7	黄緑・気	一部反応			ほとんどの金属と反応
	(Br_2)	臭素	79.9	±1,+3,+5,+7	赤褐・液	一部反応			非金属単体唯一の液体
	(I_2)	ヨウ素	126.9	±1,+3,+5,+7	黒紫・固	一部反応	不溶		特異臭。昇華性
希ガス元素 18	Ar	アルゴン	39.9		無・気				空気中に0.9%
	Kr	クリプトン	83.8		無・気				
	Xe	キセノン	131.3		無・気				キセノンランプ。フッ化物、酸化物を生成

5. 主な金属の結晶格子

	1	2	3	4	5	6	7	8	9	10	11	12	13	14	15
2	Li	Be											非金属		
3	Na	Mg											Al		
4	K	Ca	Sc	Ti	V	Cr	Mn	Fe	Co	Ni	Cu	Zn	Ga	Ge	As
5	Rb	Sr	Y	Zr	Nb	Mo	Tc	Ru	Rh	Pd	Ag	Cd	In	Sn	Sb
6	Cs	Ba	La	Hf	Ta	W	Re	Os	Ir	Pt	Au	Hg	Tl	Pb	Bi

凡例: 体心立方格子、六方最密構造、面心立方格子、その他

6. 天然に存在する同位体とその存在比

原子番号	同位体	天然存在比〔%〕	相対質量
1	^{1}H	99.9885	1.00783
	^{2}H	0.0115	2.01410
2	^{3}He	0.000137	3.01603
	^{4}He	99.999863	4.00260
3	^{6}Li	7.59	6.01512
	^{7}Li	92.41	7.01600
4	^{9}Be	100	9.01218
5	^{10}B	19.9	10.01294
	^{11}B	80.1	11.00931
6	^{12}C	98.93	12
	^{13}C	1.07	13.00335
7	^{14}N	99.632	14.00307
	^{15}N	0.368	15.00011
8	^{16}O	99.757	15.99491
	^{17}O	0.038	16.99913
	^{18}O	0.205	17.99916
9	^{19}F	100	18.99840
10	^{20}Ne	90.48	19.99244
	^{21}Ne	0.27	20.99385
	^{22}Ne	9.25	21.99139
11	^{23}Na	100	22.98977
12	^{24}Mg	78.99	23.98504
	^{25}Mg	10.00	24.98584
	^{26}Mg	11.01	25.98259
13	^{27}Al	100	26.98154
14	^{28}Si	92.297	27.97693
	^{29}Si	4.67	28.97649
	^{30}Si	3.0872	29.97377
15	^{31}P	100	30.97376
16	^{32}S	94.93	31.97207
	^{33}S	0.76	32.97146
	^{34}S	4.29	33.96787
	^{36}S	0.02	35.96708
17	^{35}Cl	75.78	34.96885
	^{37}Cl	24.22	36.96590
18	^{36}Ar	0.3365	35.96755
	^{38}Ar	0.0632	37.96273
	^{40}Ar	99.6003	39.96238
19	^{39}K	93.2581	38.96371
	^{40}K	0.0117	39.96400
	^{41}K	6.7302	40.96183
20	^{40}Ca	96.941	39.96259
	^{42}Ca	0.647	41.95862
	^{43}Ca	0.135	42.95877
	^{44}Ca	2.086	43.95548
	^{46}Ca	0.004	45.95369
	^{48}Ca	0.187	47.95253
29	^{63}Cu	69.17	62.92960
	^{65}Cu	30.83	64.92779
82	^{204}Pb	1.4	203.97303
	^{206}Pb	24.1	205.97445
	^{207}Pb	22.1	206.97588
	^{208}Pb	52.4	207.97664
92	^{234}U	0.0055	234.04095
	^{235}U	0.7200	235.04392
	^{238}U	99.2745	238.05078

(化学便覧改訂5版)

◎ ^{40}Kは半減期 1.277×10^9 年、^{234}Uは半減期 2.454×10^5 年、^{235}Uは半減期 7.037×10^8 年、^{238}Uは半減期 4.468×10^9 年の天然放射性同位体である。

7. 水の密度

温度〔℃〕	密度〔g/cm³〕	温度〔℃〕	密度〔g/cm³〕	温度〔℃〕	密度〔g/cm³〕	温度〔℃〕	密度〔g/cm³〕
0	0.999840	11	0.999606	22	0.997772	65	0.98057
1	0.999899	12	0.999498	23	0.997540	70	0.97779
2	0.999940	13	0.999378	24	0.997299	75	0.97486
3	0.999964	14	0.999245	25	0.997047	80	0.97183
4	0.999972	15	0.999101	30	0.995650	85	0.96862
5	0.999964	16	0.998944	35	0.994036	90	0.96532
6	0.999940	17	0.998776	40	0.992219	95	0.96189
7	0.999902	18	0.998597	45	0.99022	100	0.95835
8	0.999849	19	0.998407	50	0.98805		
9	0.999781	20	0.998206	55	0.98570		
10	0.999700	21	0.997994	60	0.98321		

(化学便覧改訂5版)

8. 水の蒸気圧(圧力の単位はmmHg)

温度[℃]	0	1	2	3	4	5	6	7	8	9
0	4.581	4.925	5.292	5.683	6.099	6.542	7.012	7.513	8.405	8.609
10	9.208	9.844	10.518	11.232	11.988	12.788	13.635	14.531	15.478	16.479
20	17.536	18.651	19.828	21.070	22.379	23.758	25.211	26.741	28.351	30.045
30	31.827	33.699	35.667	37.733	39.903	42.180	44.569	47.074	49.700	52.452
40	55.33	58.35	61.51	64.82	68.28	71.89	75.67	79.62	83.74	88.05
50	92.55	97.24	102.13	107.23	112.55	118.09	123.87	129.88	136.15	142.66
60	149.44	156.50	163.83	171.46	179.38	187.62	196.17	205.05	214.27	223.84
70	233.77	244.07	254.74	265.81	277.29	289.17	301.49	314.24	327.45	341.11
80	355.26	369.89	385.03	400.68	416.86	433.58	450.87	468.72	487.17	506.21
90	525.87	546.17	567.11	588.72	611.01	634.00	657.70	682.14	707.32	733.27
100	760.00	787.54	815.89	845.09	875.14	906.07	937.90	970.64	1004.32	1038.96

(化学便覧改訂5版)

9. 溶解度

(1) 水100gにとける溶質の質量[g]

溶質	水和水	0℃	10℃	20℃	30℃	40℃	60℃	80℃	100℃
$AgNO_3$	0	121	167	216	265	312	441	585	733
$AlCl_3$	6	43.9	46.4	46.6	47.1	47.3	47.7	48.6	49.9
$AlK(SO_4)_2$	12	3.0	4.0	5.9	8.4	11.7	24.8	71.0	109[90]
$Al_2(SO_4)_3$	16	37.9	38.1	38.3	38.9	40.4	44.9	55.3	80.5
$Ba(OH)_2$	8	1.71	2.57	3.77	5.65	8.74	23.1	—	—
$CaCl_2$	6→4→2	59.5	64.7	74.5	100[30.1]	115	137	147	159
$Ca(OH)_2$	0	0.17	—	0.16	—	0.13	0.11	0.091	0.073
$CaSO_4$	2→1/2	0.18	0.19	0.21	0.21	0.21[42]	0.15	0.10	0.07
$CuSO_4$	5	14.0	17.0	20.2	24.1	28.7	39.9	56.0	—
$FeCl_2$	6→4→2	49.7	60.3[12.3]	62.6	65.6	68.6	78.3	90.1[76.5]	94.9
$FeCl_3$	6	74.4	82.1	91.9	107	150	—	—	—
I_2	0	0.01	0.02	0.03	0.04	0.05	0.10	0.23	0.47
KBr	0	53.6	59.5	65.0	70.6	76.1	85.5	94.9	104
KCl	0	27.8	30.9	34.0	37.1	40.0	45.8	51.2	56.4
$KClO_3$	0	3.31	5.15	7.30	10.1	13.9	23.8	37.6	56.3
KI	0	127	136	144	153	160	176	192	207
$KMnO_4$	0	2.83	4.24	6.34	9.03	12.5	22.2	25.3[65]	—
KNO_3	0	13.3	22.0	31.6	45.6	63.9	109	169	245
KOH	2→1	96.9	103	112	135[32.5]	138	152	161	178
$MgCl_2$	6	52.9	53.6	54.6	55.8	57.5	61.0	66.1	73.3
NH_4Cl	0	29.7	33.5	37.5	41.6	45.9	55.0	65.0	76.2
NH_4NO_3	0(斜→三→正)	118	150	190	238	245[32.3]	418	663[84〜85]	931
$(NH_4)_2SO_4$	0	70.5	72.6	75.0	77.8	80.8	87.4	94.1	102
Na_2CO_3	10→7→1	7.0	12.1	22.1	45.3[32]	49.5[35.37]	46.2	45.1	44.7
$NaCl$	0	37.6	37.7	37.8	38.0	38.3	39.0	40.0	41.1
$NaHCO_3$	0	6.93	8.13	9.55	11.1	12.7	16.4	—	23.6
$NaNO_3$	0	73.0	80.5	88.0	96.1	105	124	148	175
$NaOH$	2→1→0	83.5[5]	103[12]	109	119	129	223	313	365[110]
Na_2SO_4	10→0	4.5	9.0	19.0	41.2	49.7[32.4]	45.1	43.3	42.2
$ZnSO_4$	7(斜)→6→1	41.6	47.3	53.8	65.5	70.5	72.1	65.0	60.5

◎水和水の欄に記した数値は水和水の数が変化することを示し,溶解度の右肩の数値はその転移温度を示す。
◎右肩の( )のついた溶解度は,( )内の温度における溶解度である。

(化学便覧改訂5版)

(2) 水100gにとける有機化合物の質量〔g〕

溶質	温度〔℃〕							
	0	10	20	30	40	60	80	100
アセトアニリド	0.37	0.46	0.59	0.79	1.08	2.29	—	—
アニリン塩酸塩	63.4	81.8	100	122	144	223	285	395
安息香酸	0.17	0.21	0.29	0.41	0.55	1.15	2.71	5.88
グリシン	14.2	18.1	22.5	27.6	33.2	45.3	55.5	67.2
D-グルコース	—	—	—	203[28]	209	295	432	564[91]
D-グルコース・H_2O	53.8	69.5	90.8	120	162	—	—	—
サリチル酸	—	0.13	0.18	0.26	0.40	0.87	—	—
ピクリン酸	0.67	0.81	1.11	1.40	1.78	2.85	4.41	7.24
シュウ酸・$2H_2O$	3.54	6.08	9.52	14.2	21.5	44.3	84.5	—
酒石酸	108	120	133	149	166	210	270	361
スクロース(ショ糖)	—	195[19]	198	216	235	287	363	—
尿素	66.7	85.2	108	135	167	251	400	733

◎グラフ紙上で補間または補外した値も含まれている。共通温度以外の溶解度は，右肩に該当温度を記す。 (化学便覧改訂5版)

(3) 水にとける気体の体積

気体名	分子式	温度〔℃〕							
		0	10	20	30	40	60	80	100
水素	H_2	0.0214	0.0195	0.0182	0.0164	0.0161	0.0160	0.0160	0.0160
窒素	N_2	0.0231	0.0183	0.0152	0.0132	0.0116	0.0102	0.0096	0.0095
酸素	O_2	0.0489	0.0380	0.0310	0.0261	0.0231	0.0195	0.0176	0.0170
一酸化炭素	CO	0.0354	0.0282	0.0232	0.0200	0.0178	0.0149	0.0143	0.0141
二酸化炭素	CO_2	1.717	1.1941	0.873	0.666	0.528	0.366	0.283	—
一酸化窒素	NO	0.0738	0.0571	0.0471	0.0400	0.0351	0.0295	0.0270	0.0263
硫化水素	H_2S	4.621	3.362	2.554	2.014	1.664	1.176	0.906	0.800
二酸化硫黄	SO_2	—	53.84	37.96	27.46	20.31	11.74	7.22	4.67
アンモニア	NH_3	476.8	392.2	318.9	257.0	205.9	130.4	81.6	50.6
塩化水素	HCl	517.4	474	442	412	386	339	—	—
メタン	CH_4	0.0556	0.0418	0.0331	0.0276	0.0237	0.0195	0.0177	0.0170
エタン	C_2H_6	0.0987	0.0656	0.0472	0.0362	0.0292	0.0218	0.0183	0.0172

◎($1.01×10^5$Pa)のもとで，水1mLにとける気体の体積(mL)を標準状態に換算した値。 (化学便覧改訂4版)

10. 水溶液の密度

	質量パーセント〔％〕										
	1	10	20	30	40	50	60	70	80	90	100
酸											
H_2SO_4	1.0038	1.0640	1.1365	1.2150	1.2991	1.3911	1.4940	1.6059	1.7221	1.8091	1.8255
HNO_3	1.0024	1.0523	1.1123	1.1763	1.2417	1.3043	1.3600	1.4061	1.4439	1.4741	1.5040
HCl	1.0020	1.0458	1.0957	1.1465							
H_3PO_4	1.0025	1.0518	1.1115	1.1777	1.2512	1.3328	1.4229	1.5215	1.6283	1.7430	1.8648
塩基											
NaOH	1.0095	1.1089	1.2191	1.3279	1.4300	1.5253					
KOH	1.0083	1.0918	1.1884	1.2905	1.3991	1.5143					
NH_3	0.9929	0.9559	0.9213								
塩											
NaCl	1.0041	1.0688	1.1453	1.2287							
KNO_3	1.0032	1.0609	1.1303	1.2065							

◎単位はg/cm^3。KOHは15℃，NaOHは20℃，他は25℃のときの値である。 (化学便覧改訂5版)

11. 無機化合物の溶解度積

物質名	化学式	溶解度積	温度 [℃]
塩化銀	$AgCl$	1.2×10^{-10}	20
クロム酸銀	Ag_2CrO_4	6.7×10^{-13}	25
酸化銀	Ag_2O	4.2×10^{-13}	20
水酸化亜鉛	$Zn(OH)_2$	7.0×10^{-18}	29
水酸化アルミニウム	$Al(OH)_3$	2.7×10^{-52}	20
水酸化銅(II)	$Cu(OH)_2$	2.6×10^{-17}	25
水酸化マグネシウム	$Mg(OH)_2$	4.9×10^{-15}	18
臭化銀	$AgBr$	2.7×10^{-14}	20

物質名	化学式	溶解度積	温度 [℃]
炭酸カルシウム	$CaCO_3$	4.2×10^{-7}	20
フッ化カルシウム	CaF_2	8.6×10^{-12}	25
ヨウ化銀	AgI	1.2×10^{-16}	20
硫化亜鉛	ZnS	2.4×10^{-20}	20
硫化銀	Ag_2S	1.6×10^{-47}	25
硫化銅(II)	CuS	6.8×10^{-32}	25
硫化鉛(II)	PbS	1.3×10^{-23}	25
硫酸バリウム	$BaSO_4$	1.1×10^{-10}	20

(化学データブック)

12. 反応熱

[燃焼熱] (25℃, 1.05×10^5 Pa)

アセチレン	$C_2H_2 + \frac{5}{2}O_2 = 2CO_2 + H_2O + 1301$ kJ
一酸化炭素	$CO + \frac{1}{2}O_2 = CO_2 + 283$ kJ
エタノール	$C_2H_5OH + 3O_2 = 2CO_2 + 3H_2O + 1368$ kJ
エタン	$C_2H_6 + \frac{7}{2}O_2 = 2CO_2 + 3H_2O + 1561$ kJ
エチレン	$C_2H_4 + 3O_2 = 2CO_2 + 2H_2O + 1411$ kJ
水素	$H_2 + \frac{1}{2}O_2 = H_2O(l) + 286$ kJ
炭素	$C(黒鉛) + O_2 = CO_2 + 394$ kJ
	$C(ダイヤモンド) + O_2 = CO_2 + 395$ kJ
ブタン	$C_4H_{10} + \frac{13}{2}O_2 = 4CO_2 + 5H_2O + 2878$ kJ
プロパン	$C_3H_8 + 5O_2 = 3CO_2 + 4H_2O + 2219$ kJ
ベンゼン	$C_6H_6 + \frac{15}{2}O_2 = 6CO_2 + 3H_2O + 3268$ kJ
メタン	$CH_4 + 2O_2 = CO_2 + 2H_2O + 891$ kJ

[生成熱]

アセチレン	$2C(黒鉛) + H_2 = C_2H_2(気) - 227$ kJ
アンモニア	$\frac{1}{2}N_2 + \frac{3}{2}H_2 = NH_3(気) + 45.9$ kJ
一酸化炭素	$C(黒鉛) + \frac{1}{2}O_2 = CO(気) + 111$ kJ
一酸化窒素	$\frac{1}{2}N_2 + \frac{1}{2}O_2 = NO(気) - 90.3$ kJ
エタン	$2C(黒鉛) + 3H_2 = C_2H_6(気) + 83.8$ kJ
エチレン	$2C(黒鉛) + 2H_2 = C_2H_4(気) - 52.5$ kJ
塩化水素	$\frac{1}{2}Cl_2 + \frac{1}{2}H_2 = HCl(気) + 92.3$ kJ
グルコース	$6C + 6H_2 + 3O_2 = C_6H_{12}O_6 + 1273$ kJ
二酸化炭素	$C(黒鉛) + O_2 = CO_2(気) + 394$ kJ
水(液体)	$H_2 + \frac{1}{2}O_2 = H_2O(液) + 286$ kJ
水(気体)	$H_2 + \frac{1}{2}O_2 = H_2O(気) + 242$ kJ
メタン	$C(黒鉛) + 2H_2 = CH_4(気) + 74.9$ kJ

[溶解熱]

アンモニア	$NH_3(気) + aq = NH_3 aq + 34.2$ kJ
塩化水素	$HCl(気) + aq = HCl aq + 74.9$ kJ
塩化ナトリウム	$NaCl + aq = NaCl aq - 3.88$ kJ
硝酸カリウム	$KNO_3 + aq = KNO_3 aq - 34.9$ kJ
水酸化ナトリウム	$NaOH + aq = NaOH aq + 44.5$ kJ
硫酸	$H_2SO_4(液) + aq = H_2SO_4 aq + 95.3$ kJ

[中和熱]

塩酸と水酸化ナトリウム	$HCl aq + NaOH aq = NaCl aq + H_2O(液) + 56.5$ kJ

(希薄な強酸と希薄な強塩基の中和熱は酸や塩基の種類にかかわらずほぼ一定)

(熱データは化学便覧改訂5版)

13. 結合エネルギー　0 Kにおける値

結合 (分子)	結合エネルギー [kJ/mol]
H−H (H_2)	432
H−F (HF)	566
H−Cl (HCl)	428
H−Br (HBr)	362
H−I (HI)	295
C−C (C_2H_6)	366
C−C (ダイヤモンド)	354
C−C (C_6H_6)	576

結合 (分子)	結合エネルギー [kJ/mol]
C=C (C_2H_4)	719
C≡C (C_2H_2)	957
C−H (CH_4)	411
C−F (CH_3F)	472
C−Cl (CH_3Cl)	342
C−Br (CH_3Br)	290
C−I (CH_3I)	231
C−O (CH_3OH)	378

結合 (分子)	結合エネルギー [kJ/mol]
C=O (CO_2)	799
C−N (CH_3NH_2)	358
C≡N (HCN)	745
N−H (NH_3)	386
N≡N (N_2)	942
O−O (H_2O_2)	207
O=O (O_2)	494
O−H (H_2O)	459

結合 (分子)	結合エネルギー [kJ/mol]
O−H (CH_3OH)	435
F−F (F_2)	155
Cl−Cl (Cl_2)	239
Br−Br (Br_2)	190
I−I (I_2)	149
S−S (S_8)	262
S−H (H_2S)	362
P−H (PH_3)	317

(化学便覧改訂5版)

14. 酸・塩基の電離定数(25℃)

	物質名	電離式	電離定数(mol/L)
酸	亜硫酸	$H_2SO_3 \rightleftarrows H^+ + HSO_3^-$	1.38×10^{-2}
		$HSO_3^- \rightleftarrows H^+ + SO_3^{2-}$	6.46×10^{-8}
	塩化水素	$HCl \rightleftarrows H^+ + Cl^-$	1×10^8
	次亜塩素酸	$HClO \rightleftarrows H^+ + ClO^-$	2.95×10^{-8}
	シュウ酸	$H_2C_2O_4 \rightleftarrows H^+ + HC_2O_4^-$	9.12×10^{-2}
		$HC_2O_4^- \rightleftarrows H^+ + C_2O_4^{2-}$	1.51×10^{-5}
	炭酸	$H_2CO_3 \rightleftarrows H^+ + HCO_3^-$	7.76×10^{-7}
		$HCO_3^- \rightleftarrows H^+ + CO_3^{2-}$	1.35×10^{-10}
	ホウ酸	$H_3BO_3 \rightleftarrows H^+ + H_2BO_3^-$	5.75×10^{-10}
	硫酸水素イオン	$HSO_4^- \rightleftarrows H^+ + SO_4^{2-}$	1.02×10^{-2}
	ギ酸	$HCOOH \rightleftarrows H^+ + HCOO^-$	2.88×10^{-4}
酸	リン酸	$H_3PO_4 \rightleftarrows H^+ + H_2PO_4^-$	1.48×10^{-2}
		$H_2PO_4^- \rightleftarrows H^+ + HPO_4^{2-}$	3.72×10^{-7}
		$HPO_4^{2-} \rightleftarrows H^+ + PO_4^{3-}$	3.47×10^{-12}
	硫化水素	$H_2S \rightleftarrows H^+ + HS^-$	9.55×10^{-8}
		$HS^- \rightleftarrows H^+ + S^{2-}$	1.26×10^{-14}
	酢酸	$CH_3COOH \rightleftarrows H^+ + CH_3COO^-$	2.69×10^{-5}
	フェノール	$C_6H_5OH \rightleftarrows H^+ + C_6H_5O^-$	1.35×10^{-10}
塩基	アンモニア水	$NH_3 + H_2O \rightleftarrows NH_4^+ + OH^-$	2.29×10^{-5}
	アニリン	$C_6H_5NH_2 + H_2O \rightleftarrows C_6H_5NH_3^+ + OH^-$	5.25×10^{-10}

(化学便覧改訂5版, 4版のpKaから算出)

15. 標準酸化還元電位(水溶液中:右向きが還元)

電極反応(25℃, 1.0mol/L)	$E°$ [V]
$Li^+ + e^- \rightleftarrows Li$	-3.045
$K^+ + e^- \rightleftarrows K$	-2.925
$Rb^+ + e^- \rightleftarrows Rb$	-2.924
$Cs^+ + e^- \rightleftarrows Cs$	-2.923
$Ba^{2+} + 2e^- \rightleftarrows Ba$	-2.92
$Sr^{2+} + 2e^- \rightleftarrows Sr$	-2.89
$Ca^{2+} + 2e^- \rightleftarrows Ca$	-2.84
$Na^+ + e^- \rightleftarrows Na$	-2.714
$Mg^{2+} + 2e^- \rightleftarrows Mg$	-2.356
$Al^{3+} + 3e^- \rightleftarrows Al$	-1.676
$Mn^{2+} + 2e^- \rightleftarrows Mn$	-1.18
$Zn^{2+} + 2e^- \rightleftarrows Zn$	-0.763
$Fe^{2+} + 2e^- \rightleftarrows Fe$	-0.44
$Cr^{3+} + e^- \rightleftarrows Cr^{2+}$	-0.424
$Cd^{2+} + 2e^- \rightleftarrows Cd$	-0.403
$Co^{2+} + 2e^- \rightleftarrows Co$	-0.277
$Ni^{2+} + 2e^- \rightleftarrows Ni$	-0.257
$Sn^{2+} + 2e^- \rightleftarrows Sn$	-0.138
$Pb^{2+} + 2e^- \rightleftarrows Pb$	-0.126
$2H^+ + 2e^- \rightleftarrows H_2$	0.000
$Sn^{4+} + 2e^- \rightleftarrows Sn^{2+}$	$+0.15$
$Cu^{2+} + e^- \rightleftarrows Cu^+$	$+0.159$
$Cu^{2+} + 2e^- \rightleftarrows Cu$	$+0.340$
$Cu^+ + e^- \rightleftarrows Cu$	$+0.520$
$I_2(固) + 2e^- \rightleftarrows 2I^-$	$+0.536$
$Fe^{3+} + e^- \rightleftarrows Fe^{2+}$	$+0.771$
$Hg_2^{2+} + 2e^- \rightleftarrows 2Hg(液)$	$+0.796$
$Ag^+ + e^- \rightleftarrows Ag$	$+0.799$
$2Hg^{2+} + 2e^- \rightleftarrows Hg_2^{2+}$	$+0.911$
$Br_2(液) + 2e^- \rightleftarrows 2Br^-$	$+1.087$
$Pt^{2+} + 2e^- \rightleftarrows Pt$	$+1.188$
$Cl_2(気) + 2e^- \rightleftarrows 2Cl^-$	$+1.358$
$Mn^{3+} + e^- \rightleftarrows Mn^{2+}$	$+1.51$
$Au^{3+} + 3e^- \rightleftarrows Au$	$+1.52$
$Co^{3+} + e^- \rightleftarrows Co^{2+}$	$+1.92$
$F_2(気) + 2e^- \rightleftarrows 2F^-$	$+2.87$

(固):固体, (液):液体, (気):気体 (化学便覧改訂5版)

16. 触媒の例とその作用

触媒	化学式	反応	化学反応式
塩化水銀(II)	$HgCl_2$	アセチレンから塩化ビニルの合成	$C_2H_2 + HCl \rightarrow CH_2 = CHCl$
塩化鉄(III)	$FeCl_3$	ベンゼンと塩素の反応	$C_6H_6 + Cl_2 \rightarrow C_6H_5Cl + HCl$
希硫酸	H_2SO_4	デンプン,セルロースの加水分解	$(C_6H_{10}O_5)_n + nH_2O \rightarrow nC_6H_{12}O_6$
		タンパク質の加水分解	
酸化亜鉛	ZnO	メタノールの合成	$CO + 2H_2 \rightarrow CH_3OH$
酸化マンガン(IV)	MnO_2	塩素酸カリウムの分解	$2KClO_3 \rightarrow 2KCl + 3O_2$
		過酸化水素の分解	$2H_2O_2 \rightarrow 2H_2O + O_2$
酸化バナジウム(V)	V_2O_5	三酸化硫黄の合成	$2SO_2 + O_2 \rightarrow 2SO_3$
四酸化三鉄	Fe_3O_4	アンモニアの合成	$N_2 + 3H_2 \rightarrow 2NH_3$
鉄	Fe	アセチレンからベンゼンの合成	$3C_2H_2 \rightarrow C_6H_6$
ニッケル	Ni	不飽和油脂への水素付加	(不飽和油脂 + 水素 → 飽和油脂)
白金	Pt	アンモニアの酸化	$4NH_3 + 5O_2 \rightarrow 4NO + 6H_2O$
濃硫酸	H_2SO_4	エステル化	$CH_3COOH + C_2H_5OH \rightarrow CH_3COOC_2H_5 + H_2O$

17. 主な無機化合物とその性質

密度：固体・液体はg/cm³，気体はg/Lで（）で示す。測定温度は室温付近。

分類	物質名	化学式	分子量・式量	色・状態	密度	融点〔℃〕	沸点〔℃〕	特性など
水素化合物	水	H_2O	18.0	無・液	1.00	0.00	100.0	
	アンモニア	NH_3	17.0	無・気	(0.771)	−77.7	−33.4	刺激臭・弱塩基性
	フッ化水素	HF	20.0	無・液	0.99	−83	19.5	水に易溶・弱酸性・有毒
	硫化水素	H_2S	34.1	無・気	(1.54)	−85.5	−60.7	腐卵臭・有毒・弱酸性
	塩化水素	HCl	36.5	無・気	(1.64)	−114.2	−84.9	水溶液は塩酸，強酸性
	臭化水素	HBr	80.9	無・気	(3.64)	−88.5	−67.0	水に易溶・強酸性
	ヨウ化水素	HI	127.9	無・気		−50.8	−35.1	水に易溶・強酸性
酸化物	過酸化水素	H_2O_2	34.0	無・液	1.46	−0.89	151.4	水に易溶・刺激臭
	一酸化炭素	CO	28.0	無・気	(1.25)	−205.0	−191.5	水に難溶・有毒
	二酸化炭素	CO_2	44.0	無・気	(2.00)	−56.6(圧)	−78.5(昇)	固体はドライアイス
	一酸化窒素	NO	30.0	無・気	(1.34)	−163.6	−151.8	水に難溶
	二酸化窒素	NO_2	46.0	赤褐・気	(1.49)	−9.3	21.3	二量化(N_2O_4)しやすい
	酸化アルミニウム(α)	Al_2O_3	102.0	無・固	4.0	2054	2980±60	アルミナ，両性酸化物
	酸化マグネシウム	MgO	40.3	無・固	3.58	2826	3600	水に不溶
	二酸化ケイ素(水晶)	SiO_2	60.1	無・固	2.65	1550	2950	水に不溶
	十酸化四リン	P_4O_{10}	283.9	無・固	2.39	580	350(昇)	潮解性
	二酸化硫黄	SO_2	64.1	無・気	(2.93)	−75.5	−10.0	水に易溶・刺激臭
	酸化カルシウム	CaO	56.1	無・固	3.37	2572	2850	吸湿性
	酸化クロム(III)	Cr_2O_3	152.0	緑・固	5.21	～2300	3000～4000	水に不溶
	酸化鉄(III)	Fe_2O_3	159.7	赤褐・固	5.24	1565(分)		水に不溶
	酸化銅(I)	Cu_2O	143.1	赤・固	6.04	1235, 1800(−O)		水に不溶
	酸化銅(II)	CuO	79.5	黒・固	6.45	1236		水に不溶
	酸化マンガン(IV)	MnO_2	86.9	黒・固	5.03	535(−O)		酸化剤
	酸化銀(I)	Ag_2O	231.7	暗褐・固	7.22	>200(分)		
硫化物	硫化鉄(II)	FeS	87.9	黒褐・固	4.84	1193(分)		水に不溶
	硫化銅(II)	CuS	95.6	黒・固	4.64	220(分)		水に不溶
	硫化亜鉛(α)	ZnS	97.5	白・固	4.09	1700(圧)		水に不溶
	硫化銀	Ag_2S	247.8	黒・固	7.33	825		水に不溶
	硫化カドミウム	CdS	144.5	黄・固	4.58	1750(圧), 980(昇)		水に不溶
	硫化水銀(II)	HgS	232.7	赤・固	8.1	583(昇)		Hg_2Sは黒色
	硫化鉛(II)	PbS	239.3	黒・固	7.5	1114		水に不溶
水酸化物	水酸化ナトリウム	$NaOH$	40.0	無・固	2.13	318.4	1390	潮解性・強塩基性
	水酸化アルミニウム	$Al(OH)_3$	78.0	無・固	2.42	300(−H_2O)		水に不溶，酸・塩基に可溶
	水酸化カリウム	KOH	56.1	無・固	2.04	360.4±0.7	1320～1324	潮解性・強塩基性
	水酸化カルシウム	$Ca(OH)_2$	74.1	無・固	2.24	580(−H_2O)		水に難溶
	水酸化鉄(II)	$Fe(OH)_2$	89.9	淡緑・固	3.40	分		水に不溶，空気中で酸化
	水酸化銅(II)	$Cu(OH)_2$	97.6	青・固	3.37	分(−H_2O)		水に不溶
	水酸化バリウム八水和物	$Ba(OH)_2 \cdot 8H_2O$	315.5	無・固	2.18	78, 550(−$8H_2O$)		水に易溶・風解性
酸	硝酸	HNO_3	63.0	無・液	1.52	−42	83	強酸性・酸化力大
	硫酸	H_2SO_4	98.1	無・液	1.84	10.4	338	脱水性
	リン酸	H_3PO_4	98.0	無・固	1.83	42.35, 213(−$0.5H_2O$)		潮解性・水に易溶
塩	塩化アンモニウム	NH_4Cl	53.5	無・固	1.53	520, 340(昇)		水に易溶
	塩化ナトリウム	$NaCl$	58.4	無・固	2.16	801	1413	水に易溶
	塩化マグネシウム	$MgCl_2$	95.2	無・固	2.32	714	1412	水に可溶
	塩化アルミニウム	$AlCl_3$	133.3	無・固	2.4	190(圧)	182.7(圧)	水に易溶

	名称	化学式	式量	色・状態	密度	融点(℃)	沸点(℃)	その他
塩	塩化カリウム	KCl	74.6	無・固	1.99	770	1500(昇)	水に易溶
	塩化カルシウム	$CaCl_2$	111.0	無・固	1.68	772	>1600	水に易溶・潮解性・乾燥剤
	塩化マンガン(II)四水和物	$MnCl_2 \cdot 4H_2O$	197.9	桃・固	2.01	58, 198($-4H_2O$)		水に易溶
	塩化鉄(III)六水和物	$FeCl_3 \cdot 6H_2O$	270.3	黄褐・固		36.5	280	水に易溶・潮解性
	塩化コバルト(II)六水和物	$CoCl_2 \cdot 6H_2O$	237.9	赤・固	1.92	86, 130($-6H_2O$)		水に易溶
	塩化銅(II)二水和物	$CuCl_2 \cdot 2H_2O$	170.5	緑・固	2.39	100~200($-2H_2O$),(分)		水に易溶
	塩化亜鉛	$ZnCl_2$	136.3	無・固	2.9	283	732	水に易溶
	塩化銀	AgCl	143.3	無・固	5.56	455	1550	水に不溶・光で黒化
	塩化スズ(II)二水和物	$SnCl_2 \cdot 2H_2O$	225.6	無・固	2.71	37.7(分)		水に易溶(分)
	塩化スズ(IV)	$SnCl_4$	260.5	無・固	2.23	-33	114.1	水に可溶
	塩化水銀(I)	Hg_2Cl_2	472.1	無・固	7.15	400(昇)		甘汞,水に不溶
	塩化水銀(II)	$HgCl_2$	271.5	無・固	5.44	276	302	昇汞,水に可溶
	塩化鉛(II)	$PbCl_2$	278.1	無・固	5.85	501	950	水に難溶・熱水に可溶
	臭化カリウム	KBr	119.0	無・固	2.75	730	1435	水に易溶
	臭化銀	AgBr	187.8	淡黄・固	6.47	432, >1300(分)		水に不溶・光で黒化
	ヨウ化カリウム	KI	166.0	無・固	3.13	680	1330	水に易溶
	ヨウ化銀	AgI	234.8	黄・固	5.67	552	1506	水に不溶・光で黒化
	炭酸水素ナトリウム	$NaHCO_3$	84.0	無・固	2.2	270(分)		水に可溶
	炭酸ナトリウム十水和物	$Na_2CO_3 \cdot 10H_2O$	286.2	無・固	1.46	35.3($-9H_2O$)		水に易溶・風解性
	炭酸ナトリウム	Na_2CO_3	106.0	無・固	2.5	851(分)		水に易溶
	炭酸カルシウム	$CaCO_3$	100.1	無・固	2.71	1339(圧), 900(分)		水に不溶
	炭酸二水酸化二銅(II)	$CuCO_3 \cdot Cu(OH)_2$	221.1	暗緑・固	4.0	220(分)		水に不溶・緑青
	硝酸カリウム	KNO_3	101.1	無・固	2.11	339, 400(分)		水に易溶
	硝酸銀(I)	$AgNO_3$	169.9	無・固	4.35	212, 444(分)		水に易溶
	硫酸ナトリウム	Na_2SO_4	142.0	無・固	2.66	884		水に可溶・吸湿性
	硫酸ニッケル(II)六水和物	$NiSO_4 \cdot 6H_2O$	262.8	青緑・固		103($-6H_2O$)		水に易溶
	硫酸鉄(II)七水和物	$FeSO_4 \cdot 7H_2O$	278.0	青緑・固	1.90	64, 300($-7H_2O$)		水に易溶
	硫酸銅(II)五水和物	$CuSO_4 \cdot 5H_2O$	249.7	青・固	2.29	102($-2H_2O$), 113($-4H_2O$), 150($-5H_2O$)		水に易溶
	硫酸カリウムアルミニウム十二水和物	$AlK(SO_4)_2 \cdot 12H_2O$	474.4	無・固	1.75	92.5, 200($-12H_2O$)		水に易溶・カリウムミョウバン
	硫酸バリウム	$BaSO_4$	233.4	無・固	4.5	1149		水に不溶
	亜硫酸ナトリウム	Na_2SO_3	126.0	無・固	1.48	分		水に易溶
	チオ硫酸ナトリウム五水和物	$Na_2S_2O_3 \cdot 5H_2O$	248.2	無・固	1.73	100($-5H_2O$)		水に易溶・ハイポ
	リン酸カルシウム	$Ca_3(PO_4)_2$	310.2	無・固	3.14	1670		水に不溶
	過マンガン酸カリウム	$KMnO_4$	158.0	赤紫・固	2.703	200(分)		水に易溶・酸化力大
	クロム酸カリウム	K_2CrO_4	194.2	黄・固	2.73	975		水に易溶・酸化力大
	二クロム酸カリウム	$K_2Cr_2O_7$	294.2	赤・固	2.69	398, 500(分)		水に易溶・酸化力大
	シアン化カリウム	KCN	65.1	無・固	1.52	634.5		水に易溶・青酸カリ
	チオシアン酸カリウム	KSCN	97.2	無・固	1.89	173, 500(分)		水に易溶・ロダンカリ
	ヘキサシアノ鉄(II)酸カリウム三水和物	$K_4[Fe(CN)_6] \cdot 3H_2O$	422.4	黄・固	1.85	100($-3H_2O$)		水に易溶・フェロシアン化カリウム
	ヘキサシアノ鉄(III)酸カリウム	$K_3[Fe(CN)_6]$	329.2	赤・固	1.85	分		水に易溶・フェリシアン化カリウム

無:無は無色であるが,白色にみえる場合も含む。
分:分解,昇:昇華,圧:圧力を加えたとき。

18. 主な無機化学反応

	反応	化学式	参照ページ
酸・塩基・塩に関する反応	(1)中和反応		
	● 塩素を水酸化ナトリウム水溶液と反応させる。	$2NaOH + Cl_2 \rightarrow NaClO + NaCl + H_2O$（酸化・還元反応である）	
	● 二酸化炭素を水酸化ナトリウム水溶液に吸収させる。	$2NaOH + CO_2 \rightarrow Na_2CO_3 + H_2O$	109
	● 石灰水に二酸化炭素を吹き込む	$Ca(OH)_2 + CO_2 \rightarrow CaCO_3 + H_2O$	111
	（さらに，二酸化炭素を吹き込む）。	$(CaCO_3 + CO_2 + H_2O \rightarrow Ca(HCO_3)_2)$	111
	● 酸化マグネシウムを塩酸と反応させる。	$MgO + 2HCl \rightarrow MgCl_2 + H_2O$	
	● 酸化アルミニウムを塩酸と反応させる。	$Al_2O_3 + 6HCl \rightarrow 2AlCl_3 + 3H_2O$	
	(2)酸化物と水との反応		
	● 酸性酸化物 + 水 → オキソ酸		
	a. 十酸化四リン　　b.二酸化硫黄	$P_4O_{10} + 6H_2O \rightarrow 4H_3PO_4$　　$SO_2 + H_2O \rightarrow H_2SO_3$	105
	c. 三酸化硫黄　　　d.二酸化炭素	$SO_3 + H_2O \rightarrow H_2SO_4$　　$CO_2 + H_2O \rightarrow H_2CO_3$	198
	● 塩基性酸化物 + 水 → 塩基		
	a. 酸化ナトリウム　　b.酸化カルシウム	$Na_2O + H_2O \rightarrow 2NaOH$　　$CaO + H_2O \rightarrow Ca(OH)_2$	97,111
	(3)塩の反応		
	① 弱酸の塩 + 強酸 → 弱酸 + 強酸の塩		
	● 炭酸カルシウムに塩酸を加える。	$CaCO_3 + 2HCl \rightarrow CaCl_2 + H_2O + CO_2$	106
	● 硫化鉄(II)に希硫酸を加える。	$FeS + H_2SO_4 \rightarrow H_2S + FeSO_4$	102
	● 亜硫酸ナトリウムに硫酸を加える。	$Na_2SO_3 + H_2SO_4 \rightarrow SO_2 + H_2O + Na_2SO_4$	102
	② 弱塩基の塩 + 強塩基 → 弱塩基 + 強塩基の塩		
	● 塩化アンモニウムに水酸化カルシウムを加えて加熱する。	$2NH_4Cl + Ca(OH)_2 \rightarrow 2NH_3 + 2H_2O + CaCl_2$	105
	③ 揮発性の酸の塩 + 不揮発性の酸 → 揮発性の酸 + 不揮発性の酸の塩		
	● 塩化ナトリウムに濃硫酸を加えて加熱する。	$NaCl + H_2SO_4 \rightarrow NaHSO_4 + HCl$	101
	④ 塩の加水分解		
	● 塩化アンモニウムを水にとかす。	$NH_4Cl + H_2O \rightarrow NH_3 + H_3O^+ + Cl^-$	75
	● 炭酸ナトリウムを水にとかす。	$Na_2CO_3 + H_2O \rightarrow NaHCO_3 + NaOH$	109
酸化・還元反応	(1)金属のイオン化傾向で説明できる反応		
	● 水素よりイオン化傾向の大きい金属と酸(H^+)との反応	$Zn + 2H^+ \rightarrow Zn^{2+} + H_2$（イオン化列Mg～Pbなどの金属も同様）	80
	● 金属の析出反応(硫酸銅(II)の溶液に鉄板を入れる)	$Cu^{2+} + Fe \rightarrow Cu + Fe^{2+}$（イオン化傾向Fe＞Cu）	81
	● 金属と水との反応(Naと水，Caと水)	$2Na + 2H_2O \rightarrow 2NaOH + H_2$　　$Ca + 2H_2O \rightarrow Ca(OH)_2 + H_2$	108,110
	(2)酸化性のある酸とCu(Hg, Ag)との反応		
	● 銅に希硝酸を反応させる。	$3Cu + 8HNO_3 \rightarrow 3Cu(NO_3)_2 + 2NO + 4H_2O$	118
	● 銅に濃硝酸を反応させる。	$Cu + 4HNO_3 \rightarrow Cu(NO_3)_2 + 2NO_2 + 2H_2O$	118
	● 銅に濃硫酸を加え，加熱して反応させる。	$Cu + 2H_2SO_4 \rightarrow CuSO_4 + SO_2 + 2H_2O$	118
	(3)ハロゲン単体とハロゲン化物イオンの反応		
	● 臭化カリウム水溶液に塩素水を加える。	$2KBr + Cl_2 \rightarrow 2KCl + Br_2$	100
	● ヨウ化カリウム水溶液に臭素水を加える。	$2KI + Br_2 \rightarrow 2KBr + I_2$	100
	(4)酸素との反応		
	● 炭素を燃焼させる。　●硫黄を燃焼させる。	$C + O_2 \rightarrow CO_2$　　　　　　$S + O_2 \rightarrow SO_2$	102,106
	● 二酸化硫黄を空気中の酸素で酸化する(V_2O_5触媒)。	$2SO_2 + O_2 \rightarrow 2SO_3$($V_2O_5$触媒)	198
	● 一酸化窒素を空気中の酸素で酸化する。	$2NO + O_2 \rightarrow 2NO_2$	104
	● アンモニアを空気で酸化する(白金触媒)。	$4NH_3 + 5O_2 \rightarrow 4NO + 6H_2O$（オストワルト法の一部）（白金触媒）	198
	● リンを燃焼させる。	$4P + 5O_2 \rightarrow P_4O_{10}$	105
	● 銅を1000℃以下で加熱する。	$2Cu + O_2 \rightarrow 2CuO$	76
	● 水銀を高温で加熱する。	$2Hg + O_2 \rightarrow 2HgO$	
	(5)その他の酸化・還元反応		
	● 濃塩酸に酸化マンガン(IV)を加え加熱する(Cl_2の生成法)。	$MnO_2 + 4HCl \rightarrow MnCl_2 + Cl_2 + 2H_2O$	101
	● さらし粉に濃塩酸を加える(Cl_2の生成法)。	$CaCl(ClO) \cdot H_2O + 2HCl \rightarrow CaCl_2 + Cl_2 + 2H_2O$	101
	● 塩素を水にとかす。	$Cl_2 + H_2O \rightarrow HCl + HClO$	100
	● 過酸化水素水に酸化マンガン(IV)を加える。(MnO_2触媒)	$2H_2O_2 \rightarrow 2H_2O + O_2$($MnO_2$：触媒)	102
	● 硫酸酸性過マンガン酸カリウム水溶液に硫酸鉄(II)を加える。	$MnO_4^- + 5Fe^{2+} + 8H^+ \rightarrow Mn^{2+} + 5Fe^{3+} + 4H_2O$	

分類	反応	化学反応式	頁
酸化・還元反応	● 硫酸酸性二クロム酸カリウム水溶液に過酸化水素水を加える。	$Cr_2O_7^{2-} + 3H_2O_2 + 8H^+ \rightarrow 2Cr^{3+} + 3O_2 + 7H_2O$	
	● 硫化水素に二酸化硫黄を反応させる。	$2H_2S + SO_2 \rightarrow 2H_2O + 3S$	102
	● マグネシウムを二酸化炭素中で燃焼させる。	$2Mg + CO_2 \rightarrow 2MgO + C$	110
	● 窒素と水素からアンモニアを生成(鉄を主とした触媒)	$N_2 + 3H_2 \rightarrow 2NH_3$ (ハーバー法)	198
	● 二酸化窒素を水と反応させて硝酸をつくる。	$3NO_2 + H_2O \rightarrow 2HNO_3 + NO$ (オストワルト法)	198
	● コークスを用いて,ケイ砂を還元する。	$SiO_2 + C \rightarrow CO_2 + Si$	
	● 赤熱したコークスに水蒸気を送って水性ガスをつくる。	$C + H_2O \rightarrow H_2 + CO$	
	● 赤鉄鉱を溶鉱炉でコークスによって還元し鉄を得る。	$2Fe_2O_3 + 3C \rightarrow 4Fe + 3CO_2$ $Fe_2O_3 + 3CO \rightarrow 2Fe + 3CO_2$	193
錯イオン生成反応	(1)アンミン錯イオン生成反応		
	● 水酸化銅(II)の沈殿にアンモニア水を加える。	$Cu(OH)_2 + 4NH_3 \rightarrow [Cu(NH_3)_4]^{2+} + 2OH^-$	118
	● 水酸化亜鉛の沈殿にアンモニア水を加える。	$Zn(OH)_2 + 4NH_3 \rightarrow [Zn(NH_3)_4]^{2+} + 2OH^-$	113
	● 酸化銀の沈殿にアンモニア水を加える。	$Ag_2O + 4NH_3 + H_2O \rightarrow 2[Ag(NH_3)_2]^+ + 2OH^-$	119
	● 塩化銀の沈殿にアンモニア水を加える。	$AgCl + 2NH_3 \rightarrow [Ag(NH_3)_2]^+ + Cl^-$	119
	(2)両性金属,両性水酸化物と水酸化ナトリウムの反応		
	● アルミニウムに水酸化ナトリウムを加える。	$2Al + 2NaOH + 6H_2O \rightarrow 2Na[Al(OH)_4] + 3H_2$	112
	● 酸化アルミニウムに水酸化ナトリウムを加える。	$Al_2O_3 + 2NaOH + 3H_2O \rightarrow 2Na[Al(OH)_4]$	
	● 水酸化アルミニウムに水酸化ナトリウムを加える。	$Al(OH)_3 + NaOH \rightarrow Na[Al(OH)_4]$	112
	● 酸化亜鉛に水酸化ナトリウムを加える。	$ZnO + 2NaOH + H_2O \rightarrow Na_2[Zn(OH)_4]$	
	● 水酸化亜鉛に水酸化ナトリウムを加える。	$Zn(OH)_2 + 2NaOH \rightarrow Na_2[Zn(OH)_4]$	113
沈殿生成反応	● ハロゲン化物イオンとAg^+との反応	$Ag^+ + Cl^- \rightarrow AgCl$ (白) $Ag^+ + Br^- \rightarrow AgBr$ (淡黄) $Ag^+ + I^- \rightarrow AgI$ (黄)	119
	● 炭酸イオンや硫酸イオンとCa^{2+},Ba^{2+}(Sr^{2+})との反応	$Ca^{2+} + CO_3^{2-} \rightarrow CaCO_3$ (白) $Ca^{2+} + SO_4^{2-} \rightarrow CaSO_4$ (白) $Ba^{2+} + CO_3^{2-} \rightarrow BaCO_3$ (白) $Ba^{2+} + SO_4^{2-} \rightarrow BaSO_4$ (白)	111 110
	● 塩化物イオンとPb^{2+}との反応	$Pb^{2+} + 2Cl^- \rightarrow PbCl_2$ (白) ($PbCl_2$は熱水にとける)	115
	● クロム酸イオンとPb^{2+},Ba^{2+},Ag^+との反応	$Pb^{2+} + CrO_4^{2-} \rightarrow PbCrO_4$ (黄) $Ba^{2+} + CrO_4^{2-} \rightarrow BaCrO_4$ (黄) $2Ag^+ + CrO_4^{2-} \rightarrow Ag_2CrO_4$ (暗赤)	120 120
	● 硫化物イオンとPb^{2+},Cu^{2+},Cd^{2+},Ag^+,Hg^+との反応 (酸性でも沈殿)	$Pb^{2+} + S^{2-} \rightarrow PbS$ (黒) $Cu^{2+} + S^{2-} \rightarrow CuS$ (黒) $Cd^{2+} + S^{2-} \rightarrow CdS$ (黄) $2Ag^+ + S^{2-} \rightarrow Ag_2S$ (黒) $Hg^{2+} + S^{2-} \rightarrow HgS$ (黒)	114,115,118 114,119
	● 硫化物イオンとZn^{2+},Fe^{2+},Mn^{2+}との反応(中性・塩基性で沈殿)	$Zn^{2+} + S^{2-} \rightarrow ZnS$ (白) $Fe^{2+} + S^{2-} \rightarrow FeS$ (黒) $Mn^{2+} + S^{2-} \rightarrow MnS$ (淡赤色)	113,116
	● 水酸化物イオンとMg^{2+},Fe^{2+},Fe^{3+}との反応(沈殿は過剰の水酸化ナトリウムにも過剰のアンモニア水にもとけない)	$Mg^{2+} + 2OH^- \rightarrow Mg(OH)_2$ (白) $Fe^{2+} + 2OH^- \rightarrow Fe(OH)_2$ (淡緑) $Fe^{3+} + 3OH^- \rightarrow Fe(OH)_3$ (赤褐)	116
	● 水酸化物イオンとAl^{3+},Pb^{2+}との反応 (沈殿は過剰の水酸化ナトリウム水溶液にとける)	$Al^{3+} + 3OH^- \rightarrow Al(OH)_3$ (白) $Pb^{2+} + 2OH^- \rightarrow Pb(OH)_2$ (白)	112 115
	● 水酸化物イオンとAg^+,Cu^{2+}との反応 (沈殿は過剰のアンモニア水にとける)	$2Ag^+ + 2OH^- \rightarrow Ag_2O$ (褐) $+ H_2O$ $Cu^{2+} + 2OH^- \rightarrow Cu(OH)_2$ (青白)	119 118
	● 水酸化物イオンとZn^{2+}との反応(沈殿は過剰の水酸化ナトリウム水溶液にも過剰のアンモニア水にもとける)	$Zn^{2+} + 2OH^- \rightarrow Zn(OH)_2$ (白)	113
	● 塩化ナトリウム水溶液にアンモニアと二酸化炭素を吹き込む。	$NaCl + NH_3 + H_2O + CO_2 \rightarrow NaHCO_3 + NH_4Cl$ (アンモニアソーダ法)	199
その他	(1)熱分解		
	● 炭酸カルシウムを加熱する。	$CaCO_3 \rightarrow CaO + CO_2$	111
	● 炭酸水素ナトリウムを加熱する。	$2NaHCO_3 \rightarrow Na_2CO_3 + H_2O + CO_2$	109
	● 水酸化銅(II)を加熱する。	$Cu(OH)_2 \rightarrow CuO + H_2O$	118
	● 酸化銀を加熱する。	$2Ag_2O \rightarrow 4Ag + O_2$	
	● 亜硝酸アンモニウム水溶液を加熱する。	$NH_4NO_2 \rightarrow N_2 + 2H_2O$	
	(2)その他		
	● 塩化銀は光に当たると分解する。	$2AgCl \rightarrow 2Ag + Cl_2$	
	● クロム酸イオンを含む水溶液を酸性にする。	$2CrO_4^{2-} + 2H^+ \rightarrow Cr_2O_7^{2-} + H_2O$	120

19. 主な気体の製法と性質

気体	実験室的製法	工業的製法	性質
水素 H_2 (P.98)	亜鉛に希硫酸を反応させる。 $Zn + H_2SO_4 \longrightarrow ZnSO_4 + H_2$	石油の熱分解。	無色・無臭 水にとけにくい。
窒素 N_2	亜硝酸アンモニウムの熱分解。 $NH_4NO_2 \xrightarrow{\triangle} 2H_2O + N_2$	液化空気の分留。	無色・無臭 水にとけにくい。
酸素 O_2 (P.102)	過酸化水素水の分解(触媒MnO_2) $2H_2O_2 \xrightarrow{MnO_2} 2H_2O + O_2$ 塩素酸カリウムの熱分解(触媒MnO_2) $2KClO_3 \xrightarrow{MnO_2} 2KCl + 3O_2$	液化空気の分留。	無色・無臭 水にとけにくい。
オゾン O_3 (p.103)	酸素中で無声放電させる。 $3O_2 \longrightarrow 2O_3$		気体は淡青色 特異臭
塩素 Cl_2 (P.100)	濃塩酸に酸化マンガン(Ⅳ)を加えて加熱。 $MnO_2 + 4HCl \xrightarrow{\triangle} MnCl_2 + Cl_2 + 2H_2O$ さらし粉に塩酸を加える。 $CaCl(ClO)・H_2O + 2HCl \longrightarrow CaCl_2 + Cl_2 + 2H_2O$	食塩水の電気分解。	黄緑色・刺激臭 有毒
一酸化炭素 CO (P.106)	ギ酸を濃硫酸で脱水させる。 $HCOOH \xrightarrow{H_2SO_4} H_2O + CO$		無色・無臭 有毒
二酸化炭素 CO_2 (p.106)	炭酸カルシウムに塩酸を反応させる。 $CaCO_3 + 2HCl \longrightarrow CaCl_2 + H_2O + CO_2$	$CaCO_3 \longrightarrow CaO + CO_2$	無色・無臭 水に少しとける。
アンモニア NH_3 (P.105)	塩化アンモニウムと水酸化カルシウムを加熱。 $2NH_4Cl + Ca(OH)_2 \xrightarrow{\triangle} CaCl_2 + 2H_2O + 2NH_3$ アンモニア水の加熱。 $NH_4OH \xrightarrow{\triangle} NH_3 + H_2O$	(ハーバー法) $N_2 + 3H_2 \longrightarrow 2NH_3$	無色・刺激臭 水にとけやすい。
一酸化窒素 NO (P.104)	銅に希硝酸を反応させる。 $3Cu + 8HNO_3 \longrightarrow 3Cu(NO_3)_2 + 4H_2O + 2NO$	(オストワルト法の一部) $4NH_3 + 5O_2 \longrightarrow 4NO + 6H_2O$	無色 室温で酸素と反応。
二酸化窒素 NO_2 (P.104)	銅に濃硝酸を反応させる。 $Cu + 4HNO_3 \longrightarrow Cu(NO_3)_2 + 2H_2O + 2NO_2$	$2NO + O_2 \longrightarrow 2NO_2$	褐色・刺激臭 有毒
硫化水素 H_2S (P.102)	硫化鉄(Ⅱ)に希硫酸を加える。 $FeS + H_2SO_4 \longrightarrow FeSO_4 + H_2S$		無色・腐卵臭 有毒
二酸化硫黄 SO_2 (P.102)	亜硫酸ナトリウムに硫酸を加える。 $Na_2SO_3 + H_2SO_4 \longrightarrow Na_2SO_4 + H_2O + SO_2$ 銅に濃硫酸を加えて加熱。 $Cu + 2H_2SO_4 \xrightarrow{\triangle} CuSO_4 + 2H_2O + SO_2$	$S + O_2 \longrightarrow SO_2$	無色・刺激臭 水にとけやすい。
塩化水素 HCl (P.101)	塩化ナトリウムに濃硫酸を加えて加熱。 $NaCl + H_2SO_4 \xrightarrow{\triangle} NaHSO_4 + HCl$		無色・刺激臭 水にとけやすい。
メタン CH_4 (P.136)	酢酸ナトリウムと水酸化ナトリウムを加熱。 $CH_3COONa + NaOH \xrightarrow{\triangle} CH_4 + Na_2CO_3$	天然ガスの分留。	無色・無臭
エチレン C_2H_4 (P.136)	エタノールに濃硫酸を加えて加熱。(160〜170℃) $C_2H_5OH \xrightarrow{H_2SO_4} C_2H_4 + H_2O$	石油のクラッキング。	かすかな甘い臭い。
アセチレン C_2H_2 (P.136)	炭化カルシウム(カーバイド)に水を加える。 $CaC_2 + 2H_2O \longrightarrow C_2H_2 + Ca(OH)_2$	$2CH_4 \longrightarrow C_2H_2 + 3H_2$	ほとんど無臭 不純物で悪臭

(△印は加熱を表す)

20. 有機化合物の化学式と性質

分類	化合物名	化学式	融点〔℃〕	沸点〔℃〕	水溶性	性質など
アルカン C_nH_{2n+2}	メタン	CH_4	-182.8	-161.5		天然ガスの主成分
	エタン	CH_3CH_3	-183.6	-89.0		天然ガスの成分
	プロパン	$CH_3CH_2CH_3$	-187.7	-42.1		液化燃料として利用
	ブタン	$CH_3CH_2CH_2CH_3$	-138.3	-0.5		石油中に含まれる
	2-メチルプロパン	$(CH_3)_3CH$	-159.6	-11.7		別名:イソブタン
	ペンタン	$CH_3CH_2CH_2CH_2CH_3$	-129.7	36.1		石油中に含まれ,芳香あり
	2-メチルブタン	$(CH_3)_2CHCH_2CH_3$	-159.9	27.9		別名:イソペンタン
	2,2-ジメチルプロパン	$C(CH_3)_4$	-16.6	9.5		別名:ネオペンタン
	ヘキサン	$CH_3CH_2CH_2CH_2CH_2CH_3$	-95.3	68.7		揮発性,抽出用の溶媒
	2-メチルペンタン	$(CH_3)_2CHCH_2CH_2CH_3$	-153.7	60.3		別名:イソヘキサン
	3-メチルペンタン	$CH_3CH_2CH(CH_3)CH_2CH_3$		63.3		ヘキサンの異性体
	2,2-ジメチルブタン	$(CH_3)_3CCH_2CH_3$	-99.9	49.7		ヘキサンの異性体
	2,3-ジメチルブタン	$(CH_3)_2CHCH(CH_3)_2$	-128.5	58.0		ヘキサンの異性体
	ヘプタン	$CH_3CH_2CH_2CH_2CH_2CH_2CH_3$	-90.6	98.4		石油中に存在
	オクタン	$CH_3CH_2CH_2CH_2CH_2CH_2CH_2CH_3$	-56.8	125.7		石油中に存在
	ノナン	$CH_3CH_2CH_2CH_2CH_2CH_2CH_2CH_2CH_3$	-53.5	150.8		石油中に存在
	デカン	$CH_3CH_2CH_2CH_2CH_2CH_2CH_2CH_2CH_2CH_3$	-29.7	174.1		石油中に存在
	ウンデカン	$CH_3(CH_2)_9CH_3$	-25.6	195.9		石油中に存在
	ドデカン	$CH_3(CH_2)_{10}CH_3$	-9.6	216.3		石油中に存在
	イコサン	$CH_3(CH_2)_{18}CH_3$	36.8			板状結晶
アルケン C_nH_{2n}	エチレン	$CH_2=CH_2$	-169.2	-103.7		かすかに甘いにおい
	プロペン	$CH_3CH=CH_2$	-185.3	-47.0		合成化学原料で用途が多い
	1-ブテン	$CH_3CH_2CH=CH_2$	-185.4	-6.3		石油分解ガスの成分
	シス-2-ブテン	$CH_3CH=CHCH_3$	-138.9	3.7		石油分解ガスの成分
	トランス-2-ブテン	$CH_3CH=CHCH_3$	-105.6	0.9		石油分解ガスの成分
	2-メチルプロペン	$(CH_3)_2C=CH_2$	-140.4	-6.9		石油分解ガスの成分 ブテンの異性体
アルキン C_nH_{2n-2}	アセチレン	$CH\equiv CH$	-81.8	-74		爆発性,純粋なら芳香
	プロピン	$CH_3C\equiv CH$	-102.7	-23.2	○	エーテルには難溶
	1-ブチン	$CH_3CH_2C\equiv CH$	-125.7	8.1		石炭ガス中に存在
	2-ブチン	$CH_3C\equiv CCH_3$	-32.3	27		石炭ガス中に存在
シクロアルカン C_nH_{2n}	シクロブタン	C_4H_8	<-80	12		メチレン基$-CH_2-$がいくつか結合してできた脂環式炭化水素
	シクロペンタン	C_5H_{10}	-93.5	49.3		
	シクロヘキサン	C_6H_{12}	6.5	80.7		
その他の脂肪族炭化水素	シクロヘキセン	C_6H_{10}	-103.5	83.0		脂環式で二重結合1つ有す
	1,3-ブタジエン	$CH_2=CH-CH=CH_2$	-108.9	-4.4		合成ゴムの原料
芳香族炭化水素	ベンゼン	C_6H_6	5.5	80.1		特有の臭気,有毒
	トルエン	$C_6H_5CH_3$	-95.0	110.6		コールタールの分留や石油の熱分解で得られる。芳香族化合物合成の原料となる。
	o-キシレン	$C_6H_4(CH_3)_2$	-25.2	144.4		
	m-キシレン	$C_6H_4(CH_3)_2$	-47.9	139.1		
	p-キシレン	$C_6H_4(CH_3)_2$	13.3	138.4		
	エチルベンゼン	$C_6H_5CH_2CH_3$	-95.0	136.2		
	スチレン	$C_6H_5-CH=CH_2$	-30.7	145.2		高分子の材料
	ナフタレン	$C_{10}H_8$	80.5	218.0		特有の臭気あり,防虫剤
	フェナントレン	$C_{14}H_{10}$	99.2	340		コールタール中に存在
	アントラセン	$C_{14}H_{10}$	216.2	342		青色の蛍光を発する固体
ハロゲン化合物	クロロメタン	CH_3Cl	-97.7	-23.8		別名:塩化メチル
	ジクロロメタン	CH_2Cl_2	-96.8	40.2		溶媒,別名:塩化メチレン
	トリクロロメタン	$CHCl_3$	-63.5	61.2		溶媒,別名:クロロホルム
	テトラクロロメタン	CCl_4	-28.6	76.7		溶媒,別名:四塩化炭素
	ヨードホルム	CHI_3	125(昇華)			黄色,特異臭

20. 有機化合物の化学式と性質(の続き)

分類	化合物名	化学式	融点[℃]	沸点[℃]	水溶性	性質など
ハロゲン化合物(の続き)	1,1-ジブロモエタン	CH_3CHBr_2	−63.5〜−63	107〜108		
	1,2-ジブロモエタン	CH_2BrCH_2Br	10.1	131.4		エチレンの臭素付加で生成
	クロロエタン	CH_3CH_2Cl	−136.4	12.3		別名：塩化エチル
	塩化ビニル	$CH_2=CHCl$	−159.7	−13.7		ポリ塩化ビニルの原料
	ブロモベンゼン	C_6H_5Br	−30.6	156.2		芳香
	クロロベンゼン	C_6H_5Cl	−45	132		特異臭
	p-ジクロロベンゼン	$C_6H_4Cl_2$	54	174.1		防虫剤
アルコール	メタノール	CH_3OH	−97.8	64.7	○	有毒, 燃料, 溶剤
	エタノール	CH_3CH_2OH	−114.5	78.3	○	酒類に含まれる。溶剤
	1-プロパノール	$CH_3CH_2CH_2OH$	−126.5	97.2	○	フーゼル油中に存在
	2-プロパノール	$CH_3CH(OH)CH_3$	−89.5	82.4	○	アセトンの還元で生成
	1-ブタノール	$CH_3CH_2CH_2CH_2OH$	−89.5	117.3	○	溶剤
	2-ブタノール	$CH_3CH_2CH(OH)CH_3$	−114.7	98.5	○	不斉炭素原子を有する
	2-メチル-1-プロパノール (イソブチルアルコール)	$(CH_3)_2CHCH_2OH$	−108	108	○	香料製造原料, 溶剤
	2-メチル-2-プロパノール (t-ブチルアルコール)	$(CH_3)_3COH$	25.6	82.5	○	2-メチルプロペンの水付加で得られる
	1-ペンタノール	$CH_3(CH_2)_4OH$	−78.9	138.3		別名：アミルアルコール
	1-ドデカノール	$CH_3(CH_2)_{11}OH$	23.5	153.5		
	1,2-エタンジオール (エチレングリコール)	$HOCH_2CH_2OH$	−12.6	197.9	○	甘味, 粘性, 不凍液
	1,2,3-プロパントリオール (グリセリン)	$HOCH_2CH(OH)CH_2OH$	17.8	154	○	甘味, 粘性, 化粧品, 医薬品
エーテル	ジメチルエーテル	CH_3OCH_3	−141.5	−24.8	○	快香をもつ無色の気体
	エチルメチルエーテル	$CH_3OCH_2CH_3$		6.6	○	
	ジエチルエーテル	$CH_3CH_2OCH_2CH_3$	−116.3	34.5		溶剤, 引火・爆発性, 麻酔性
アルデヒド	ホルムアルデヒド	$HCHO$	−92	−19.3	○	刺激臭, ホルマリンは40%水溶液
	アセトアルデヒド	CH_3CHO	−123.5	20.2	○	刺激臭
	プロピオンアルデヒド	CH_3CH_2CHO	−80.1	47.9	○	
	ベンズアルデヒド	C_6H_5CHO	−26	178		芳香
ケトン	アセトン	CH_3COCH_3	−94.8	56.3	○	特異臭, 引火性, 溶剤
	エチルメチルケトン	$CH_3COCH_2CH_3$	−87.3	79.5	○	
	アセトフェノン	$C_6H_5COCH_3$	19.7	202		芳香, 板状結晶
カルボン酸	ギ酸	$HCOOH$	8.4	100.8	○	刺激臭, 触れると皮膚に水泡
	酢酸	CH_3COOH	16.6	117.8	○	刺激臭, 食酢に含まれる
	プロピオン酸	CH_3CH_2COOH	−20.8	140.8	○	刺激臭, 乳製品に含まれる
	酪酸	$CH_3CH_2CH_2COOH$	−5.3	164.1	○	腐敗臭, グリセリドはバター中に
	シュウ酸	$(COOH)_2$	187(分解)		○	二水和物は100℃で無水塩に
	コハク酸	$HOOC(CH_2)_2COOH$	188	235	熱水○	
	アクリル酸	$CH_2=CHCOOH$	14	141		
	メタクリル酸	$CH_2=C(CH_3)COOH$	16	159		
	マレイン酸	$HOOCCH=CHCOOH$ (シス)	133〜134でフマル酸に		○	160℃で無水マレイン酸に
	フマル酸	$HOOCCH=CHCOOH$ (トランス)	300〜302	昇華		約200℃で昇華
	乳酸	$CH_3CH(OH)COOH$	16.8(DL体)		○	不斉炭素原子を含む
	酒石酸	$HOOCCH(OH)CH(OH)COOH$	170			不斉炭素原子2個有す
	クエン酸(一水和物)	$(HOOCCH_2)_2C(OH)COOH \cdot H_2O$	約100		○	柑橘類の酸味の成分
	ラウリン酸	$C_{11}H_{23}COOH$	44.8	298.9		飽和脂肪酸
	パルミチン酸	$C_{15}H_{31}COOH$	62.7			飽和脂肪酸
	ステアリン酸	$C_{17}H_{35}COOH$	70.5			飽和脂肪酸
	オレイン酸	$C_{17}H_{33}COOH$	13.3			不飽和脂肪酸

20.有機化合物の化学式と性質(の続き)

分　類	化　合　物　名	化　　学　　式	融点〔℃〕	沸点〔℃〕	水溶性	性質など
カルボン酸(の続き)	リノール酸	$C_{17}H_{31}COOH$	−5			淡黄色,不飽和脂肪酸
	リノレン酸	$C_{17}H_{29}COOH$	−11			不飽和脂肪酸
	アジピン酸	$HOOC(CH_2)_4COOH$	153		熱水○	合成繊維の原料
	安息香酸	C_6H_5COOH	122.5	250.0	熱水○	アルコール·エーテルに可溶
	フタル酸	$C_6H_4(COOH)_2$ (*o*−)	234	分解	熱水○	アルコールに可溶·エーテルに不溶
	テレフタル酸	$C_6H_4(COOH)_2$ (*p*−)		300(昇華)		エーテルに不溶,合成樹脂の原料
	イソフタル酸	$C_6H_4(COOH)_2$ (*m*−)	348.5	昇華		
	サリチル酸	$C_6H_4(OH)COOH$ (*o*−)	159	昇華	熱水○	防腐剤, $FeCl_3$で紫色に呈色
フェノール類	フェノール	C_6H_5OH	41.0	181.8	熱水○	防腐剤,消毒剤(2〜5%溶液)
	o−クレゾール	$C_6H_4(CH_3)OH$	31	191		コールタールに含まれる。
	m−クレゾール	$C_6H_4(CH_3)OH$	11.9	202.7		フェノールより殺菌力が強い。
	p−クレゾール	$C_6H_4(CH_3)OH$	34.7	201.9		殺菌消毒剤
	ヒドロキノン	$C_6H_4(OH)_2$ (*p*−)	173.8〜174.8	285	熱水○	還元性強い。写真の現像剤
	1−ナフトール	$C_{10}H_7OH$	96	288		針状結晶
	2−ナフトール	$C_{10}H_7OH$	122	296		板状結晶,防腐剤
エステル	酢酸メチル	CH_3COOCH_3	−98.1	56.3	○	溶剤
	酢酸エチル	$CH_3COOCH_2CH_3$	−83.6	76.8		溶剤,合成果実香料
	ギ酸エチル	$HCOOCH_2CH_3$	−79	54.1		酢酸の構造異性体
	酢酸ペンチル	$CH_3COOCH_2CH_2CH_2CH_2CH_3$	−70.8	149		合成果実香料
	酢酸イソペンチル	$CH_3COOCH_2CH_2CH(CH_3)_2$		142		合成果実香料
	ニトログリセリン	$C_3H_5(ONO_2)_3$	13.0			爆薬,無色〜淡黄色の液体
	サリチル酸メチル	$C_6H_4(OH)COOCH_3$	−8.3	223.3		鎮痛用塗擦剤
	アセチルサリチル酸	$C_6H_4(OCOCH_3)COOH$	135		熱水○	鎮痛解熱剤
ニトロ化合物	ニトロベンゼン	$C_6H_5NO_2$	5.9	211		有毒,芳香
	2,4,6−トリニトロトルエン	$C_6H_2(CH_3)(NO_2)_3$	80.9	245〜250		TNT,爆薬
	ピクリン酸	$C_6H_2(OH)(NO_2)_3$	122.5	255		爆薬,かつて多量に使われた
アミン	メチルアミン	CH_3NH_2	−93.5	−6.3	○	アンモニアに似た臭気の
	ジメチルアミン	$(CH_3)_2NH$	−93.0	6.9	○	無色の気体
	ヘキサメチレンジアミン	$H_2N(CH_2)_6NH_2$	45〜46		○	合成繊維の原料
	アニリン	$C_6H_5NH_2$	−6.0	184.6	○	塩基性
(アミド)	アセトアニリド	$C_6H_5NHCOCH_3$	115	305	熱水○	解熱剤

21.油脂の分類と脂肪酸組成

分類	油脂	凝固点〔℃〕	飽和脂肪酸(%)		不飽和脂肪酸(%)		
			パルミチン酸	ステアリン酸	オレイン酸	リノール酸	リノレン酸
乾性油	あまに油	−27〜−18	4〜7	2〜5	5	15	15 (65*)
半乾性油	ごま油	−5〜0	7〜12	3.5〜6.5	35〜50	35〜50	0〜1
	大豆油	−17〜−10	7〜11	2〜6	15〜33	43〜56	5〜11
不乾性油	オリーブ油	0〜6	7.5〜20	0.5〜3.5	56〜83	3.5〜20	0〜1.5
	牛脂	35〜50	3〜6	12〜25	26〜42	0〜3	−
	バター	28〜38	26〜31	9〜13	21〜30	0.5〜2	−

*イソリノレン酸

22. タンパク質を構成するアミノ酸

名称	記号	構造式
アスパラギン (分子量 132.1)	Asn	$H_2N-CO-CH_2-CH(NH_2)-COOH$
アスパラギン酸 (133.1)	Asp	$HOOC-CH_2-CH(NH_2)-COOH$
アラニン (89.09)	Ala	$CH_3-CH(NH_2)-COOH$
アルギニン (174.2)	Arg	$H_2N-C(NH)-NH-(CH_2)_3-CH(NH_2)-COOH$
*イソロイシン (131.2)	Ile	$CH_3-CH_2-CH(CH_3)-CH(NH_2)-COOH$
グリシン (75.07)	Gly	H_2N-CH_2-COOH
グルタミン (146.1)	Gln	$H_2N-CO-(CH_2)_2-CH(NH_2)-COOH$
グルタミン酸 (147.1)	Glu	$HOOC-(CH_2)_2-CH(NH_2)-COOH$
シスチン (240.3)	(Cys)$_2$	$S-CH_2-CH(NH_2)-COOH$ / $S-CH_2-CH(NH_2)-COOH$
システイン (121.2)	Cys	$HS-CH_2-CH(NH_2)-COOH$
セリン (105.1)	Ser	$HO-CH_2-CH(NH_2)-COOH$
チロシン (181.2)	Tyr	$HO-C_6H_4-CH_2-CH(NH_2)-COOH$
*トリプトファン (204.2)	Trp	(インドール)$-CH_2-CH(NH_2)-COOH$
*トレオニン (119.1)	Thr	$CH_3-CH(OH)-CH(NH_2)-COOH$
*バリン (117.1)	Val	$(CH_3)_2CH-CH(NH_2)-COOH$
*ヒスチジン (155.2)	His	(イミダゾール)$-CH_2-CH(NH_2)-COOH$
*フェニルアラニン (165.2)	Phe	$C_6H_5-CH_2-CH(NH_2)-COOH$
プロリン (115.1)	Pro	(ピロリジン)$-COOH$
*メチオニン (149.2)	Met	$CH_3-S-(CH_2)_2-CH(NH_2)-COOH$
*リシン (146.2)	Lys	$H_2N-(CH_2)_4-CH(NH_2)-COOH$
*ロイシン (131.2)	Leu	$(CH_3)_2CH-CH_2-CH(NH_2)-COOH$

*印は必須アミノ酸 (化学便覧改訂5版)

23. 酵素

種類	名称	所在	反応物	生成物
加水分解酵素	アミラーゼ	だ液, すい液, 麦芽, カビ	デンプン	デキストリン, マルトース
	マルターゼ	腸液, だ液, すい液, 麦芽	マルトース	グルコース
	インベルターゼ	植物, 腸液, 酵母	スクロース	グルコース, フルクトース
	ラクターゼ	植物, 腸液, 細菌類	ラクトース	グルコース, ガラクトース
	リパーゼ	すい液, 胃液, 植物	脂肪	脂肪酸, グリセリン
	ペプシン	胃液	タンパク質	ペプチド
	トリプシン	すい液	タンパク質	ペプチド
	ペプチダーゼ	腸液, 酵母	ペプチド	アミノ酸
	セルラーゼ	植物, 菌類, 細菌類	セルロース	セロビオース
酸化還元酵素	カタラーゼ	血液, 肝臓	過酸化水素水	酸素, 水
	アミノ酸オキシダーゼ	肝臓, 腎臓	アミノ酸	ケトカルボン酸, アンモニア, 過酸化水素

索引

あ

- RNA ... 169,180
- アイソトープ ... 21
- アイ染 ... 190
- 亜鉛 ... 113
- 亜鉛イオン ... 122,123
- アクリル繊維 ... 189
- アクリロニトリル-ブタジエンゴム ... 165
- アジピン酸 ... 163,189
- アストン ... 39
- アスピレーター ... 12
- アセタール化 ... 162
- アセチル化 ... 155,156
- アセチルサリチル酸 ... 155
- アセチルセルロース ... 173
- アセチレン ... 136
- アセトアニリド ... 156
- アセトアルデヒド ... 140
- アセトフェノン ... 154
- アセトン ... 140
- アゾ化合物 ... 157
- 圧電モーター ... 197
- 圧力 ... 48
- アデノシン三リン酸 ... 179
- アニリン ... 156,158
- アニリン塩酸塩 ... 156,157
- アニリンブラック ... 156
- アボガドロ ... 45
- アボガドロ数 ... 40
- アボガドロの分子説 ... 44
- アボガドロの法則 ... 44
- アマルガム ... 82,114
- アミノ基 ... 131,156,174
- アミノ酸 ... 174
- アミラーゼ ... 177
- アミロース ... 172
- アミロペクチン ... 172
- アミン ... 131
- アモルファス合金 ... 195
- アラミド繊維 ... 166
- アリザリン ... 191
- アルカリ金属 ... 26,108
- アルカリ工業 ... 216
- アルカリセルラーゼ ... 177
- アルカリ土類金属 ... 26,110
- アルカリマンガン乾電池 ... 84
- アルカリ融解 ... 153
- アルカン ... 131,134,136,137
- アルキン ... 131,134,137
- アルケン ... 131,134,137
- アルコール ... 131,138
- アルゴン ... 99
- アルデヒド基 ... 131
- α線 ... 21
- α-ヘリックス構造 ... 175
- アルミ缶 (リサイクル) ... 206
- アルミニウム ... 112,192,194
- アルミニウムイオン ... 122
- アレーニウスの定義 ... 66
- 安全ピペッター ... 10
- 安息香酸 ... 154,159
- アントラセン ... 150
- アンモニア ... 15,30,33,93,105,198
- アンモニア性硝酸銀溶液 ... 141
- アンモニアソーダ法 ... 199

い

- 硫黄 ... 102,148
- イオン ... 24
- イオン化傾向 ... 80
- イオン化列 ... 80
- イオン結合 ... 28,33,36
- イオン結晶 ... 28,37
- イオン交換樹脂 ... 164
- イオン交換膜法 ... 108,199
- イオン式 ... 24,25,39
- イオン半径 ... 24,219
- いす形構造 ... 134
- 異性体 ... 132
- イソプレン ... 165
- 一次構造 (タンパク質) ... 175
- 一次電池 ... 83,84
- 一酸化炭素 ... 106
- 一酸化窒素 ... 15,104
- イットリウム ... 127
- 医療用高分子 ... 167
- 陰イオン ... 24,28
- 陰極 ... 86
- インジゴ ... 191
- 陰性 ... 24

う

- ウィルス ... 181
- ウッド合金 ... 195
- ウメノキゴケ ... 207
- 上皿てんびん ... 9

え

- ABS 樹脂 ... 167
- ATP ... 179
- エーテル ... 131,138
- エーテル基 ... 131
- エーテル結合 ... 131
- エーロゾル ... 60
- エコステーション ... 211
- エコマーク ... 206
- SI 基本単位 ... 219
- SI 接頭語 ... 219
- S 軌道 ... 22
- エステル ... 131,143
- エステル化 ... 155
- エステル基 ... 131
- エステル結合 ... 131
- エタノール ... 138,140
- エタン ... 131,134
- 1,2-エタンジオール ... 138
- エチルベンゼン ... 150
- エチレン ... 134,136,201
- エチレングリコール ... 58,138
- NBR ... 165
- エボナイト ... 165
- 塩 ... 74
- 塩化アンモニウム ... 66,75,90
- 塩化カルシウム ... 14,111
- 塩化コバルト紙 ... 117
- 塩化コバルト(Ⅱ) ... 90,127
- 塩化水銀(Ⅰ) ... 114
- 塩化水銀(Ⅱ) ... 114
- 塩化水素 ... 101
- 塩化スズ(Ⅱ) ... 81
- 塩化スズ(Ⅱ)水和物 ... 115
- 塩化スズ(Ⅳ) ... 115
- 塩化セシウム型結晶 ... 29
- 塩化鉄(Ⅲ) ... 152,155
- 塩化銅(Ⅱ) ... 76
- 塩化ナトリウム ... 28,108
- 塩化ナトリウム型結晶 ... 29
- 塩化ビニル ... 160
- 塩化物イオン ... 24,123
- 塩化ベンゼンジアゾニウム ... 157
- 塩化マグネシウム ... 110
- 塩化マンガン(Ⅱ)四水和物 ... 121
- 塩化メチル ... 136
- 塩化メチレン ... 136
- 塩化リゾチーム ... 177
- 塩基 ... 66
- 塩基性 ... 68,74
- 塩基性塩 ... 74
- 塩酸 ... 43,66,70,101
- 炎色反応 ... 125
- 延性 ... 34,112
- 塩析 ... 60,63
- 塩素 ... 100,101,148

お

- オービタル ... 22
- 王水 ... 80,121
- オキソニウムイオン ... 30,66
- オストワルト法 ... 198
- オゾン ... 103,207
- オゾン層 ... 204,206
- オゾンホール ... 204,206
- オルト異性体 ... 150
- オレイン酸 ... 144
- 温室効果 ... 204

か

- カーボンナノチューブ ... 107
- 界面活性剤 ... 147
- 化学エネルギー ... 202
- 化学反応式 ... 42
- 化学平衡 ... 91
- 化学平衡の法則 ... 21
- 可逆反応 ... 90
- 核酸 ... 169,180
- 隔膜法 ... 216
- 化合 ... 18
- 化合物 ... 18
- 過酸化水素 ... 79,88
- 加水分解 ... 75,144,174,177
- ガスバーナー ... 11
- ガソリン ... 201
- カタラーゼ ... 176
- 活性化エネルギー ... 88,89
- 活性炭 ... 19,106
- カップリング ... 157

237

索引

価電子 ……………………………………… 23
家電リサイクル法 ………………………… 213
カドミウム ………………………………… 114
カドミウムイオン ………………………… 123
価標 …………………………………………… 30
カフェイン …………………………………… 19
ε-カプロラクタム ………………………… 163
下方置換 ……………………………………… 14
過マンガン酸カリウム ……… 76,78,88,121,137
ガラクトース ……………………………… 171
ガラス ……………………………………… 196
カリウム ……………………………… 108,186
カリウムミョウバン ……………………… 112
加硫 ………………………………………… 165
火力発電所 ………………………………… 202
カルシウム ………………………………… 110
カルシウムイオン ………………………… 123
ガルバーニの実験 ………………………… 215
カルボキシ基 ……………………………… 131
カルボニル基 ……………………………… 131
カローザス ………………………………… 217
β-カロテン ………………………………… 135
環境ホルモン ………………………… 205,211
還元 …………………………………………… 76
還元剤 ………………………………………… 78
甘汞 ………………………………………… 114
感光性高分子 ……………………………… 167
感光性樹脂 ………………………………… 167
環式炭化水素 ……………………………… 131
環状構造 …………………………………… 131
緩衝溶液 ……………………………………… 75
乾性油 ……………………………………… 144
乾燥剤 ……………………… 14,103,105,107
官能基 ……………………………………… 131
γ線 …………………………………………… 21

き

気液平衡 ……………………………………… 48
幾何異性体 ………………………………… 133
希(貴)ガス …………………………………… 99
希(貴)ガス元素 ……………………………… 24
ギ酸 ………………………………………… 142
キサントプロテイン反応 ………………… 175
ギ酸メチル ………………………………… 142
キシレン ……………………………… 150,201
キセノン ……………………………………… 99
キセロゲル …………………………………… 60
気体の圧力 …………………………………… 48
気体の拡散 …………………………………… 46
気体の状態方程式 …………………………… 51
気体の発生 …………………………………… 14
気体の捕集 …………………………………… 14
気体の溶解度 ………………………………… 57
気体反応の法則 ……………………………… 44
キップの装置 …………………………… 15,102
絹 …………………………………………… 188
気泡 …………………………………………… 49
吸引ろ過 ……………………………………… 12
吸水性高分子 ……………………………… 166
吸熱反応 ……………………………………… 64
強塩基 ………………………………… 67,71,75
凝固点降下 …………………………………… 58

強酸 …………………………………… 67,71,75
凝析 ……………………………………… 60,63
鏡像異性体 ………………………………… 133
共通イオン効果 ……………………………… 95
共有結合 ……………………………… 30,33,36
共有結合の結晶 …………………………… 31,37
共有電子対 …………………………………… 30
極性 ……………………………………… 32,54
極性分子 ……………………………………… 32
局部電池 ……………………………………… 81
金 ……………………………… 34,121,192,194
銀 ……………………………………… 119,192,194
銀アセチリド ……………………………… 137
銀イオン …………………………………… 119
銀鏡反応 …………………………………… 141
金コロイド …………………………………… 61
金属結合 ………………………………… 34,36
金属結晶 ………………………………… 35,37
金属元素 ……………………………………… 96
金属樹 ………………………………………… 81
金属のイオン化傾向 ………………………… 80
金属の腐食 …………………………………… 81
銀電池 ………………………………………… 84

く

グアニン …………………………………… 180
空気電池 ……………………………………… 84
クーロン力（静電気力） ……………… 28,32
クメン法 …………………………………… 153
グラファイト …………………………… 31,106
クリーンエネルギー ……………………… 208
グリーンマーク …………………………… 207
グリシン …………………………………… 174
グリセリン …………………………… 138,144
クリプトン …………………………………… 99
グルコース(ブドウ糖) ……… 54,170,178,183
グルタミン酸 ……………………………… 174
クルックス ………………………………… 199
クレアム ……………………………………… 60
o-クレゾール ……………………………… 152
グローブ電池 ……………………………… 215
クロマトグラフィー ………………………… 19
クロム ……………………………………… 120
クロム酸イオン …………………… 120,123
クロム酸カリウム ………………………… 120
クロモトピズム …………………………… 127
クロロフルオロカーボン ………… 204,212
クロロプレンゴム ………………………… 165
クロロベンゼン …………………………… 153
クロロホルム ……………………………… 136
クロロメタン ……………………………… 136

け

ケイ砂 ……………………………… 31,107,196
ケイ酸 ……………………………………… 107
形状記憶合金 ……………………………… 195
ケイ素 ……………………………………… 107
軽油 ………………………………………… 200
ゲーリュサック ……………………………… 44
ケクレ ……………………………………… 217
結合エネルギー ……………………………… 65
結晶格子 …………………………………… 222

結晶水 ………………………………………… 55
ケトン ………………………………… 131,140
ケトン基 …………………………………… 131
ケブラー …………………………………… 166
ケラチン …………………………………… 188
ゲル …………………………………………… 60
ゲルマニウム ………………………………… 96
けん化 ………………………………… 143,146,162
限外顕微鏡 …………………………………… 62
原子 ……………………………………… 16,20
原子核 ………………………………………… 20
原子半径 ………………………………… 24,27
原子番号 ……………………………………… 20
原子容 ………………………………………… 27
原子量 ………………………………………… 38
元素記号 ……………………………………… 17
元素分析 …………………………………… 148
原油 ………………………………………… 200

こ

鋼 …………………………………………… 193
高温超伝導体 ……………………………… 197
光化学オキシダント ……………………… 208
硬化油 ……………………………………… 145
高級脂肪酸 ………………………………… 144
合金 ………………………………………… 194
合成ゴム …………………………………… 165
合成洗剤 …………………………………… 146
合成着色料 ………………………………… 157
酵素 ………………………………………… 176
構造異性体 ………………………………… 132
構造式 ………………………………… 30,148
高分子 ……………………………………… 160
高炉 ………………………………………… 193
氷 ……………………………………………… 33
黒鉛 …………………………………… 31,106
五酸化二リン ……………………………… 105
コジェネレーションシステム …………… 208
コバルト …………………………………… 117
コプラナーPCB …………………………… 209
ごま油 ……………………………………… 145
こまごめピペット …………………………… 10
ゴム ………………………………………… 165
ゴム状硫黄 ……………………………… 18,102
コロイド ……………………………………… 60
コロイド分散系 ……………………………… 60
コロイド粒子 ………………………………… 60
混合気体の圧力 ……………………………… 52
混合物 ………………………………………… 18
コンゴーレッド …………………………… 157

さ

最外殻電子数 ………………………………… 27
再結晶 …………………………………… 19,56
最適温度 …………………………………… 177
最適pH ……………………………………… 177
最密充填構造 ………………………………… 35
錯イオン ……………………………… 126,127
酢酸 …………………………………… 33,142
酢酸エチル ………………………………… 143
酢酸ナトリウム ……………………………… 75
酢酸鉛(II) ………………………………… 148

酢酸ペンチル	143
桜田一郎	217
鎖式炭化水素	131
鎖状構造	131
さらし粉	101,156
サリチル酸	154,155
サリチル酸メチル	155
ザルツマン法	211
酸	66
酸塩基指示薬	69,157
酸化	76
酸化亜鉛	113
3価アルコール	138
酸化アルミニウム	112
酸化還元滴定	79
酸化還元電位	227
酸化銀電池	84
酸化クロム(Ⅲ)	120
酸化剤	78,82
酸化水銀(Ⅱ)	114
酸化数	76,77
酸化鉄(Ⅲ)	112
酸化銅(Ⅰ)	45,118
酸化銅(Ⅱ)	45,118
酸化鉛(Ⅱ)	115
酸化鉛(Ⅳ)	115
酸化バナジウム	198
酸化マグネシウム	43
酸化マンガン(Ⅳ)	101,102,121
三酸化硫黄	198
三重点	47
酸性	68,74
酸性雨	204
酸性塩	74
酸素	30,38,102
酸度	73
酸無水物	143

	し	
次亜塩素酸		79,101
ジアゾ化		157
ジアミン銀(Ⅰ)イオン		122,126
CFC		212
COD		205
ジエチルエーテル		138
四塩化炭素		136
四酸化二窒素		104
脂環式炭化水素		131
式量		39,40
シクロアルカン		131,134
シクロアルケン		134
シクロヘキサン		134,135
シクロペンタン		134
ジクロロプロパン		132
ジクロロメタン		136
ジシアニド銀(Ⅰ)酸イオン		126
指示薬		69,71
シス形		133
シスプラチン		126
GWP		207
実在気体		53
質量作用の法則(化学平衡の法則)		91

質量数	20,21
質量パーセント濃度	55
質量分析器	39
質量保存の法則	44
質量モル濃度	55,59
磁鉄鉱	193
自動かき混ぜ器	13
シトシン	167,180
ジニトロベンゼン	151
脂肪	144,169
2,2-ジメチルプロパン	132
弱塩基	67,71,75
弱酸	67,71,75
斜方硫黄	18,102
シャルルの法則	50
周期表	26,96
重合体	160
シュウ酸	72
十酸化四リン	105
重水	21
臭素	90,100
臭素水	90,136,150
自由電子	34
重油	201
縮合重合	163
酒石酸	142
ジュラルミン	112,194
純物質	18
昇華	19,31,47
蒸気圧	48
蒸気圧曲線	48
蒸気圧降下	59
昇汞	114
硝酸	104,198
硝酸アンモニウム	64
消石灰	111
状態図	47
鍾乳洞	111
しょうのう	58
蒸発	49
蒸発皿	11
蒸留	19
食塩	130
食酢	73
触媒	89
食品	182
ショ糖(スクロース)	59,103,158,171
シリカゲル	107,117
シリコーンゴム	165
親水コロイド	60,63
しんちゅう	194
浸透	59
浸透圧	59

	す	
水銀		114
水銀法		216
水酸化亜鉛		113
水酸化カルシウム		67,111
水酸化鉄(Ⅲ)コロイド溶液		62
水酸化銅(Ⅱ)		67,118
水酸化ナトリウム		67,70,72,107,109,199

水酸化バリウム	67,110
水酸化物イオン	66,122
水晶	31,107
水上置換	14
水素	78,98,148
水素イオン指数	68,94
水素イオンの濃度	68
水素化合物	33
水素吸蔵合金	98,195
水素結合	33,36,180
水浴器	11
水和	54
スクロース(ショ糖)	54,171
スズ	115
スチレン	150,162
スチレン・ブタジエンゴム	165
ステアリン酸	40,144
ステンレス鋼	120,194
ストロンチウム	110
スルホ基	131
スルホン化	151
スルホン酸	131,159

	せ	
正塩		74
正極		82,83
生成熱		64
静電気力		28,32
青銅		118,194
生物化学的環境修復		212
生物化学的酸素要求量		212
生分解性プラスチック		166,208
赤鉄鉱		193
石油化学工業		200
石油ガス		200
赤リン		105
石灰水		106,109
石灰石		111
セッケン		146
セッコウ		111
接触法		198
絶対温度		50
セメント		111,196
セラミックス		196
セルロース		173,188
ゼロエミッション		208
セロビアーゼ		171
セロビオース		171
全圧		52
繊維		188
遷移元素		26,96
遷移状態		89
染色		191
銑鉄		193

	そ	
双性イオン		174
相対質量		38,40
族		26
疎水コロイド		60,63
組成式		28,149
ソーダガラス		109,196

239

索引

ソーダ石灰 …………………………14,149	DNA ……………………………169,180	同位体 ………………………………21,38
ゾル ……………………………………60	d軌道 …………………………………22	透析 ……………………………………61
ソルベー法 ……………………199,216	呈色反応 ……………152,156,172,175	同素体 ………………………………18,115
	ディーゼル車 ………………………210	灯油 …………………………………200
━━ た ━━	TDI ……………………………………210	糖類 ……………………………169,170
第一イオン化エネルギー ………25,26	DDT …………………………………211	特定フロン …………………………212
第一級アルコール ……………139,140	TBT …………………………………211	トタン ……………………………81,113
ダイオキシン類 ……………………205	定比例の法則 …………………………45	トムソン ……………………………20,214
大気圧 …………………………………48	低密度ポリエチレン ………………161	ドライアイス ………………………31,47
大気汚染 ……………………………203	デオキシリボース …………………180	トランス形 …………………………133
第三級アルコール …………………139	デオキシリボ核酸 …………169,180	1,1,1-トリクロロエタン …………210
体心立方格子 …………………………35	滴定 ………………………………72,79	トリクロロエチレン ………………210
代替フロン …………………………212	滴定曲線 ………………………………71	トリクロロメタン …………………136
第二級アルコール ……………139,140	鉄 ………………………………116,193,194	トリチェリーの実験 ………………48
ダイヤモンド ……………………31,106	鉄（Ⅲ）イオン ……………116,122,123	2,4,6-トリニトロフェノール ……153
太陽電池 ………………………………85	鉄（Ⅱ）イオン ………………………123	トリハロメタン ……………………210
ダウンズ法 …………………………108	鉄鉱石 ……………………………116,193	トリプシン …………………………177
多価アルコール ……………………138	テトラアクア銅（Ⅱ）イオン ………126	トリブチルスズ ……………………211
多原子イオン …………………………25	テトラアンミン亜鉛（Ⅱ）イオン …113,126	2,4,6-トリブロモフェノール ……153
脱水シート ……………………………59	テトラアンミン銅（Ⅱ）イオン …118,122,126	トルエン …………………………150,154
多糖類 …………………………169,170	テトラクロリドコバルト（Ⅱ）酸イオン …126	ドルトン ………………………………45
ダニエル電池 …………………………82	テトラクロリドメタン ……………136	ドルトンの原子説 ……………………45
単位格子 …………………………34,35	テトラシアニド亜鉛（Ⅱ）酸イオン …126	ドルトン分圧の法則 …………………52
タングステン ………………………127	テトラヒドロキシド亜鉛（Ⅱ）酸イオン …113,122	
炭酸 ……………………………………75	テトラヒドロキシドアルミン酸イオン …122	**━━ な ━━**
炭酸イオン …………………………123	デュワービン ………………………104	内分泌撹乱物質 ……………………211
炭酸カルシウム ……………………111	テルミット反応 ……………………112	ナイロン ………………………163,189,217
炭酸水 …………………………………57	テレフタル酸 ……………………154,160	ナトリウム ………………………108,138
炭酸水素ナトリウム ……………75,109	電圧計 …………………………………13	ナトリウムエトキシド ……………138
炭酸ナトリウム ……………109,199	電解質 …………………………………54	ナトリウムフェノキシド …………152
単斜硫黄 ……………………………18,102	電解質溶液 ……………………………58	ナフサ ………………………………200
炭水化物 ……………………………169	電解精錬 ……………………………192	ナフタレン …………31,37,58,59,130,150,158
炭素 ………………………………106,148	電気陰性度 …………………………27,32	1-ナフトール ………………………152
単体 ……………………………………18	電気泳動 ………………………………62	2-ナフトール ………………………152
単糖類 …………………………169,170	電気伝導性 ……………………………34	生ゴム ………………………………165
タンパク質 …………168,169,175,183,188	電気分解 ………………………………86	鉛 ……………………………………115
単量体 ………………………………160	電気量 …………………………………87	鉛（Ⅱ）イオン ……………………115,123
	典型元素 ……………………………26,96	鉛蓄電池 ……………………………83,85
━━ ち ━━	電子 ………………………………20,76	
チオシアン酸カリウム ……………92,116	電子雲 …………………………………30	**━━ に ━━**
チオシアン酸鉄（Ⅱ）イオン ………92,116	電子雲モデル …………………………22	ニオブ ………………………………127
チオスルファト銀（Ⅰ）酸イオン …119,126	電子殻 …………………………………22	2価アルコール ……………………138
チオ硫酸ナトリウム ………………119	電子式 ………………………………23,30	にかわ …………………………………63
地球温暖化防止京都会議（京都議定書）…210	電子親和力 …………………………25,27	ニクロム ……………………………120
チタン ………………………………127	電子対 …………………………………30	二クロム酸イオン …………………120
チタン合金 …………………………194	電子の軌道 ……………………………22	二クロム酸カリウム ………………120
窒素 ……………………………30,104,148,186	電子配置 ………………………………23	二酸化硫黄 ……………………78,79,102
抽出 ……………………………………19	展性 ……………………………………34	二酸化ケイ素 ………………………107
中性 ………………………………68,74	電池 ……………………………82〜85,215	二酸化炭素 ………………47,57,75,106,203
中性子 …………………………………20	電着塗装 ………………………………62	二酸化窒素 …………………………104
中和 ………………………………70,71	天然ゴム ……………………………165	二次電池 ……………………………83,85
中和滴定 ………………………………72	デンプン ………………169,172,177,178,183	二重らせん構造 ……………………180
中和熱 …………………………………64	電離定数 ………………………………94	2族元素 ……………………………110
中和反応 …………………………70,74	電離度 ………………………………67,94	ニッケル ……………………………117
潮解 …………………………………109	電離平衡 ………………………………94	ニッケルイオン ……………………117
超臨界流体 ……………………………47	転炉 …………………………………193	ニッケル・カドミウム電池 ……85,114
チロシン ……………………………174		ニッケル・水素電池 …………………85
チンダル現象 …………………………62	**━━ と ━━**	二糖類 …………………………169,170
	糖 ………………………………169,170	ニトロ化 …………………………151,153
━━ て ━━	銅 ………………………………118,192	ニトロ基 ……………………………131
TEF …………………………………210	銅アンモニアレーヨン ……………173	ニトログリセリン …………………143
TEQ …………………………………210	銅（Ⅱ）イオン ……………118,122,123	ニトロセルロース …………………173

見出し	ページ
ニトロベンゼン	151,156
ニンヒドリン反応	174
乳酸	133
乳糖	171
尿素樹脂	164
二量体	33
ニンヒドリン反応	174

ぬ
見出し	ページ
ヌクレオチド	180
ヌッチェ	12

ね
見出し	ページ
熱運動	46
熱化学方程式	64
熱可塑性	160
熱硬化性	160
熱硬化性樹脂	164
熱伝導性	34
燃焼熱	64
年代測定	21
燃料電池	83,85

の
見出し	ページ
濃硫酸	103
ノニルフェノール	211

は
見出し	ページ
ハーバー・ボッシュ法	93,198
配位結合	30,36
バイオレメディエーション	212
バイオリアクター	177
倍数比例の法則	45
ハイブリッド自動車	211
ハイポ	119
バイルシュタイン反応	148
麦芽糖	171
白金	121
白金触媒	121,198
バグダッド電池	215
白銅	194
発熱反応	64
発泡スチロール	209
パパイン	177
パラジクロロベンゼン	58,151
バリウム	110
バリウムイオン	123
パルミチン酸	142,144
ハロゲン	100
ハロゲン化銀	119
ハロゲン化水素	101
半減期	21
はんだ	115
半透膜	59,61
反応熱	64,226
反応の速さ	88
万能pH試験紙	68

ひ
見出し	ページ
pH	68,71,94
pH試示薬	68
pHメーター	68

見出し	ページ
BOD	205
p軌道	22
PCDF	209
PCDD	209
PCB	205,209
BTB	69
ヒートアイランド現象	203
ppm	55
ppb	55
光エネルギー	202
光ファイバー	197
非共有電子対	30
非金属元素	26,96
ピクリン酸	153
ビス(チオスルファト)銀(I)酸イオン	126
ビスコースレーヨン	173
ひだ折りろ紙	12
非電解質	54
ヒトゲノム	181
ヒドロキシアパタイト	197
ヒドロキシ基	131
ヒドロキシ酸	142
ヒドロキシバリラード	166
ビニロン	162
氷酢酸	142
標準電極電位	81
氷晶石	192
漂白作用	101
肥料	186

ふ
見出し	ページ
ファラデー定数	87
ファラデーの電気分解の法則	87
ファンデルワールス力	32
ファントホッフの式	59
フィブロイン	188
風解	109
富栄養化	212
フェーリング液	141
フェロシアン化カリウム	116
フェノール	152,158
フェノール樹脂	164
フェノールフタレイン	69,71,90
フェノキシドイオン	152
フェライト	195
フェリシアン化カリウム	116
付加重合	162
負極	82
複塩	112
腐食	81
不斉炭素原子	133
ブタジエン	201
ブタノール	138,139
ふたまた試験管	14
フタル酸	154
ブタン	135
フッ化水素	33,101
物質の三態	46
物質量	40,52,55
フッ素	100
沸点	49
沸点上昇	59

見出し	ページ
沸騰	49
不凍液	58
ブドウ糖	169,170
舟形構造	134
ブフナー漏斗	12
不飽和結合	131
不飽和炭化水素	131
不飽和溶液	56
フマル酸	133
浮遊粒子状物質	212
フラーレン	107
ブラウン運動	62
ブリキ	81
プルースト	45
フルクトース	169,171
プルシアンブルー	116
プルシャンブルーコロイド溶液	62
ブレンステッドの定義	66
プロテアーゼ	177
1-プロパノール	132,138
プロパン	134,135
1,2,3-プロパントリオール	138
プロピオンアルデヒド	140
ブロモチモールブルー	69
ブロモベンゼン	151
フロン	204
ブロンズ	118
分圧	52
分液漏斗	158
分極	82
分散コロイド	60
分散質	60
分散媒	60
分子	16,30,44
分子間力	31,32,53
分子結晶	31,37
分子式	30,148
分子量	39,40,51,58
分留	200

へ
見出し	ページ
ベークライト	164,217
ベークランド	217
平衡状態	91
平衡定数	91
β線	21
ヘキサアクアニッケル(II)イオン	126
ヘキサシアニド鉄(II)酸イオン	126
ヘキサシアニド鉄(II)酸カリウム	116
ヘキサシアニド鉄(III)酸イオン	126
ヘキサシアニド鉄(III)酸カリウム	116
ヘキサメチレンジアミン	163,189
ヘキサン	135,136
ヘスの法則	65
PET(ペット)	163,189
ペットボトル	163,205,208
ペプチド結合	174
ベンジルアルコール	152
ベンズアルデヒド	154
ベンゼン	33,58,59,150
ベンゼンスルホン酸ナトリウム	153
ベンゼン類	131

241

索引

1-ペンタノール ……………………138
ペンタン ……………………………132
ヘンリーの法則 ……………………57

ほ

ボーアモデル ………………………22
ボイル・シャルルの法則 …………50
ボイルの法則 ………………………50
ボイル油 ……………………………145
ホウケイ酸ガラス …………………196
芳香族アミン ………………………156
芳香族アルデヒド …………………154
芳香族カルボン酸 …………………154
芳香族炭化水素 ……………………150
芳香族ニトロ化合物 ………………151
放射性同位体 ………………………21
放射線 ………………………………21
防虫剤 …………………………151,58
飽和結合 ……………………………131
飽和蒸気圧 …………………………48
飽和炭化水素 ………………………131
飽和溶液 ……………………………56
ホールピペット …………………10,72
ボーキサイト ………………………192
保温漏斗 ……………………………12
墨汁 …………………………………63
保護コロイド ………………………63
ポリアクリル酸ナトリウム ………166
ポリアクリロニトリル …………162,189
ポリイソプレン ……………………165
ポリエステル ……………………163,189
ポリエチレン ………………………161
ポリエチレンテフタラート …161,163,189
ポリ塩化ビニリデン ………………162
ポリ塩化ビニル ……………………162
ポリグリコール酸 …………………167
ポリクロロジベンゾパラジオキシン …209
ポリクロロジベンゾフラン ………209
ポリ酢酸ビニル ……………………162
ポリスチレン ……………………161,162,209
ポリテトラフルオロエチレン（テフロン）…162
ポリビニルアルコール ……………162
ポリプロピレン …………………161,162
ポリペプチド ………………………174
ポリマー ……………………………160
ポリメタクリル酸ヒドロキシエチル …167
ポリメタクリル酸メチル …………167
ボルタ電池 …………………………82
ポルトランドセメント ……………196
ホルミル基 …………………………131
ホルムアルデヒド …………………140

ま

マグネシウム …………………43,97,110
マグネシウム合金 …………………194
マルトース（麦芽糖）…………169,171,183
マレイン酸 …………………………133
マンガン ……………………………121
マンガンイオン ……………………123
マンガン団塊 ………………………121
マンノース …………………………171

み

水 ………………………18,30,32,33,58
水ガラス ……………………………107
ミネラル ……………………………212
ミョウバン …………………………112

む

無機塩類 ………………………169,182
無機化学工業 ………………………198
無機化合物 …………………………130
無極性 ……………………………32,54
無極性分子 …………………………32
無水酢酸 ……………………………143
無水マレイン酸 ……………………143
無水硫酸銅（Ⅱ）………………64,118
無定形炭素 …………………………106
ムラサキキャベツ …………………69

め

メートルグラス ……………………10
メスシリンダー ……………………10
メスピペット ………………………10
メスフラスコ ……………………10,55,72
メタ異性体 …………………………150
メタノール ………………138,139,140
メタン ………………………32,134,136
メタンハイドレート ………………213
メチオニン …………………………174
メチルオレンジ …………………69,71,157
2-メチルブタン ……………………132
2-メチル-2-プロパノール …………139
メチルレッド ………………………157
メニスカス …………………………10
メラミン樹脂 ………………………164
免疫 …………………………………185
面心立方格子 ………………………35

も

モノマー ……………………………160
モル …………………………………41
モル凝固点降下 ……………………58
モル質量 ……………………………41
モル体積 ……………………………41
モル濃度 ……………………………55
モル沸点上昇 ………………………58

ゆ

融解塩電解 …………………………192
有機化合物 …………………………130
有効数字 ……………………………218
融点 …………………27,221,228,233
油脂 …………………………………144
ユリア樹脂 …………………………164

よ

陽イオン …………………………24,28
陽イオン交換樹脂 …………………164
溶解 …………………………………54
溶解度 ………………………………56
溶解度曲線 …………………………56
溶解熱 ………………………………64
溶解平衡 …………………………56,95
ヨウ化カリウム ……………………78
陽極 …………………………………86
洋銀 …………………………………194
溶鉱炉 ………………………………193
陽子 …………………………………20
溶質 …………………………………54
ヨウ素 ………………………47,54,78,100
ヨウ素デンプン反応 ………………172
溶媒 …………………………………54
溶媒和 ………………………………54
羊毛 …………………………………188
溶融塩電解 …………………………192
ヨードホルム反応 …………………141

ら

ラクトース（乳糖）…………………171
ラザフォード …………………20,214
ラテックス …………………………165
ラボアジエ …………………………44
ランタンニッケル合金 ……………98

り

リサイクル法 ………………………213
リシン ………………………………174
理想気体 ……………………………53
リゾチーム …………………………16
リチウムイオン電池 ………………85
リチウム電池 ………………………84
立方最密構造 ………………………35
リトマス ……………………………69
リノール酸 …………………………144
リボ核酸 ……………………………169
リモネン ……………………………209
硫化亜鉛 ……………………………113
硫化カドミウム ……………………114
硫化水銀（Ⅱ）………………………114
硫化水素 ………………………78,95,102
硫化鉄（Ⅱ）…………………………116
硫化鉛（Ⅱ）……………………115,148
硫化物イオン ………………………123
硫酸 ……………………………103,198
硫酸アルミニウム …………………63
硫酸イオン …………………………123
硫酸ドデシルナトリウム ………143,146
硫酸バリウム ………………………110
両性水酸化物 ………………………112
リン ……………………………105,186
リン酸 …………………………105,180

る

ルクランシェ電池 …………………215
ルシャトリエの原理 ……………92,94
ルブラン法 …………………………216
ルミノール発光 ……………………202

れ

レアメタル …………………………127
冷却曲線 ……………………………58

ろ

緑青 …………………………………118
六方最密構造 ………………………35

化学式索引

(元素・無機化合物・有機金属化合物の化学式と名称)

A

- Ag(銀) …… 119
- AgBr(臭化銀) …… 119
- [Ag(CN)$_2$]$^-$(ジシアニド銀(I)酸イオン) …… 126
- AgCl(塩化銀) …… 119,123,128
- Ag$_2$CrO$_4$(クロム酸銀) …… 120,123
- AgI(ヨウ化銀) …… 119
- [Ag(NH$_3$)$_2$]$^+$(ジアンミン銀(I)イオン) …… 119,141,126,128
- AgNO$_3$(硝酸銀) …… 86,119
- Ag$_2$O(酸化銀) …… 122
- Ag$_2$S(硫化銀) …… 123
- Ag$_2$SO$_4$(硫酸銀) …… 119
- [Ag(S$_2$O$_3$)$_2$]$^{3-}$(ビス(チオスルファト銀(I)酸イオン) …… 126
- Al(アルミニウム) …… 112
- Al$_2$O$_3$(酸化アルミニウム) …… 112
- Al(OH)$_3$(水酸化アルミニウム) …… 112,122
- Al$_2$(SO$_4$)$_3$(硫酸アルミニウム) …… 112
- Au(金) …… 121

B

- Ba(バリウム) …… 110
- BaCO$_3$(炭酸バリウム) …… 123
- BaCrO$_4$(クロム酸バリウム) …… 120,123
- Ba(OH)$_2$(水酸化バリウム) …… 110
- BaSO$_4$(硫酸バリウム) …… 110
- Br$_2$(臭素) …… 90

C

- C(黒鉛) …… 65
- C(炭素) …… 106
- CCl$_4$(四塩化炭素) …… 54,136
- CH$_4$(メタン) …… 32,65
- C$_2$H$_6$(エタン) …… 32,134,135
- C$_3$H$_8$(プロパン) …… 32
- C$_6$H$_6$(ベンゼン) …… 150
- CH$_3$CHO(アセトアルデヒド) …… 131
- CH$_3$COCH$_3$(アセトン) …… 131
- CH$_3$COOC$_2$H$_5$(酢酸エチル) …… 131
- CH$_3$COOH(酢酸) …… 33,94,131
- CH$_3$COOK(酢酸カリウム) …… 43
- CH$_3$COONa(酢酸ナトリウム) …… 74
- C$_6$H$_5$NH$_2$(アニリン) …… 131
- C$_6$H$_5$NO$_2$(ニトロベンゼン) …… 131
- C$_2$H$_5$OC$_2$H$_5$(ジエチルエーテル) …… 131
- CH$_3$OH(メタノール) …… 32,64
- C$_2$H$_5$OH(エタノール) …… 32,131
- C$_6$H$_5$OH(フェノール) …… 131
- C$_6$H$_5$SO$_3$H(ベンゼンスルホン酸) …… 131
- CO(一酸化炭素) …… 106
- CO$_2$(二酸化炭素) …… 30,31,32,74,106,109,204
- (COOH)$_2$(シュウ酸) …… 72,89
- Ca(カルシウム) …… 111
- CaCO$_3$(炭酸カルシウム) …… 111,123,128
- CaCl$_2$(塩化カルシウム) …… 74,75,111
- CaCl(ClO)・H$_2$O(さらし粉) …… 101
- CaCl(OH)(塩化水酸化カルシウム) …… 74
- Ca(HCO$_3$)$_2$(炭酸水素カルシウム) …… 111
- CaO(酸化カルシウム) …… 74,111
- Ca(OH)$_2$(水酸化カルシウム) …… 74,75,111
- CaSO$_4$(硫酸カルシウム) …… 123
- Cd(カドミウム) …… 114
- CdS(硫化カドミウム) …… 114,123
- Cl$_2$(塩素) …… 44,64,74,100,101
- Co(コバルト) …… 117
- CoCl$_2$(塩化コバルト(II)) …… 117
- [CoCl$_4$]$^{2-}$(テトラクロリドコバルト(II)酸イオン) …… 126
- Cr(クロム) …… 120
- Cr$_2$O$_3$(酸化クロム(III)) …… 120
- Cu(銅) …… 76,118
- [Cu(H$_2$O)$_4$]$^{2+}$(テトラアクア銅(II)イオン) …… 126
- [Cu(NH$_3$)$_4$]$^{2+}$(テトラアンミン銅(II)イオン) …… 126,129
- CuO(酸化銅(II)) …… 76,118
- Cu$_2$O(酸化銅(I)) …… 118
- Cu(OH)$_2$(水酸化銅(II)) …… 122
- CuS(硫化銅(II)) …… 123,129
- CuSO$_4$(無水硫酸銅(II)) …… 55,118
- CuSO$_4$(硫酸銅(II)) …… 64,82,86
- CuSO$_4$・5H$_2$O(硫酸銅(II)五水和物) …… 55,118

F

- Fe(鉄) …… 116
- [Fe(CN)$_6$]$^{3-}$(ヘキサシアニド鉄(III)酸イオン) …… 126
- [Fe(CN)$_6$]$^{4-}$(ヘキサシアニド鉄(II)酸イオン) …… 126
- FeCl$_3$(塩化鉄(III)) …… 152
- FeCl$_3$・6H$_2$O(塩化鉄(III)六水和物) …… 116
- Fe(OH)$_2$(水酸化鉄(II)) …… 116
- Fe(OH)$_3$(水酸化鉄(III)) …… 61,122,129
- FeS(硫化鉄(II)) …… 116,123
- FeSO$_4$・7H$_2$O(硫酸鉄(II)七水和物) …… 116
- Fe$_2$O$_3$(酸化鉄(III)) …… 112,193

H

- H$_2$(水素) …… 32,43,44,65,76,83,91,93,98
- HCl(塩化水素) …… 101
- HCl(塩酸) …… 43,65,66,70,71,74,80,98,101
- HF(フッ化水素) …… 33,101
- HI(ヨウ化水素) …… 91,101
- HNO$_3$(硝酸) …… 77,104
- H$_2$O(水) …… 32,33
- H$_2$O$_2$(過酸化水素) …… 77,79,88
- H$_2$S(硫化水素) …… 77,78,102,123
- H$_2$SO$_4$(硫酸) …… 67,74,77,78,103
- H$_3$PO$_4$(リン酸) …… 105
- Hg(水銀) …… 114
- HgCl$_2$(塩化水銀(II)) …… 114
- Hg$_2$Cl$_2$(塩化水銀(I)) …… 114
- HgO(酸化水銀(II)) …… 114
- HgS(硫化水銀(II)) …… 114

I

- I$_2$(ヨウ素) …… 31,79,91,100

K

- KBr(臭化カリウム) …… 100
- K$_2$CrO$_4$(クロム酸カリウム) …… 120

243

索 引

$K_2Cr_2O_7$（二クロム酸カリウム）…120
$K_3[Fe(CN)_6]$（ヘキサシアニド鉄(Ⅲ)酸カリウム，フェリシアン化カリウム）
　………………………………81,116
$K_4[Fe(CN)_6]\cdot 3H_2O$（ヘキサシアニド鉄(Ⅱ)酸カリウム，フェロシアン化カリウム）116
KI（ヨウ化カリウム）……43,79,86,100
$KMnO_4$（過マンガン酸カリウム）78,88
KNO_3（硝酸カリウム）…………19,56
KOH（水酸化カリウム）……………83
KSCN（チオシアン酸カリウム）…116
K_2SO_4（硫酸カリウム）……………112

L
Li（リチウム）………………108,125

M
Mg（マグネシウム）………43,74,110
$MgCl_2$（塩化マグネシウム）……43,110
MgCl(OH)（塩化水酸化マグネシウム）
　……………………………………74
$MgSO_4$（硫酸マグネシウム）………74
Mn（マンガン）……………………121
$MnCl_2\cdot 4H_2O$（塩化マンガン(Ⅱ)四水和物）………………………………121
MnS（硫化マンガン）……………123

N
N_2（窒素）…………………30,93,104
NH_3（アンモニア）……33,66,90,93,105
NH_4Cl（塩化アンモニウム）…66,74,75,90
NH_4NO_3（硝酸アンモニウム）…64,187
$(NH_4)_2SO_4$（硫酸アンモニウム）…187
NO（一酸化窒素）…………………104
NO_2（二酸化窒素）……………92,104
N_2O_4（四酸化二窒素）…………92,104
Na（ナトリウム）………………64,74
Na_3AlF_6（氷晶石）………………192
$Na[Al(OH)_4]$（テトラヒドロキシドアルミン酸ナトリウム）………………113
Na_2CO_3（炭酸ナトリウム）
　………………………71,74,109,199
NaCl（塩化ナトリウム）
　…………………………64,70,74,86,108

NaClO（次亜塩素酸ナトリウム）…77,79
$NaClO_2$（亜塩素酸ナトリウム）………77
$NaHCO_3$（炭酸水素ナトリウム）
　………………………71,74,109,199
NaH_2PO_4（リン酸二水素ナトリウム）…74
Na_2HPO_4（リン酸水素二ナトリウム）…74
$NaHSO_4$（硫酸水素ナトリウム）……74
NaOH（水酸化ナトリウム）65,70,74,86,107
Na_2SO_3（亜硫酸ナトリウム）…102,121
Na_2SO_4（硫酸ナトリウム）………102
$Na_2S_2O_3$（チオ硫酸ナトリウム）…119
Na_2SiO_3（ケイ酸ナトリウム）……107
$Na_2[Zn(OH)_4]$（テトラヒドロキシド亜鉛酸ナトリウム）……………………113
Nb（ニオブ）………………………127
Ni（ニッケル）……………………117
$[Ni(H_2O)_6]^{2+}$（ヘキサアクアニッケル(Ⅱ)イオン）……………………………126
$NiSO_4\cdot 6H_2O$（硫酸ニッケル(Ⅱ)六水和物）………………………………117

O
O_2（酸素）…………30,43,76,83,102,103
O_3（オゾン）………………103,204,206

P
P（リン）……………………………105
P_4O_{10}（十酸化四リン）……………105
Pb（鉛）……………………………115
$Pb(CH_3COO)_2$（酢酸鉛(Ⅱ)）………43
$PbCl_2$（塩化鉛(Ⅱ)）……………115,123
$PbCrO_4$（クロム酸鉛(Ⅱ)）…115,120,123
PbI_2（ヨウ化鉛(Ⅱ)）………………43
PbO（酸化鉛(Ⅱ)）…………………115
PbO_2（酸化鉛(Ⅳ)）………………83,115
$Pb(OH)_2$（水酸化鉛(Ⅱ)）………115,120
PbS（硫化鉛(Ⅱ)）………115,123,148
$PbSO_4$（硫酸鉛(Ⅱ)）……………83,115
Pt（白金）…………………………121
$[PtCl_2(NH_3)_2]$（シスプラチン）……126

R
Rb（ルビジウム）…………………108

S
S（硫黄）……………………………102
SO_2（二酸化硫黄）………77,79,102,198
Si（ケイ素）………………………107
SiO_2（二酸化ケイ素）……………107
Sn（スズ）………………80,115,156
$SnCl_2\cdot 2H_2O$（塩化スズ(Ⅱ)二水和物）
　…………………………………115
$SnCl_4\cdot nH_2O$（塩化スズ(Ⅳ)）…115

T
Ti（チタン）………………………127

W
W（タングステン）………………127

Y
Y（イットリウム）………………127

Z
Zn（亜鉛）…………………80,84,113
$ZnCl_2$（塩化亜鉛）………80,83,113
$[Zn(CN)_4]^{2-}$（テトラシアニド亜鉛(Ⅱ)酸イオン）……………………………126
$[Zn(NH_3)_4]^{2+}$（テトラアンミン亜鉛(Ⅱ)イオン）……………………126
ZnO（酸化亜鉛）…………………113
$Zn(OH)_2$（水酸化亜鉛）………113,122
ZnS（硫化亜鉛）………113,123,128
$ZnSO_4$（硫酸亜鉛）………………82

監修
竹内敬人

著者（五十音順）
永川 元, 中村好伸
堀内和夫, 山本進一

アートディレクター
岸野敏彦

表紙デザイン
セットスクエアー

本文デザイン・図版・CG制作
セットスクエアー

化学実験写真コーディネーター
藤沼良三

イラスト
セットスクエアー, 森 淳二

撮影
アルピナ, セットスクエアー
田村公生, ミラージュ(田村 実, 山本泰彦)

写真提供
アーカイブ・フォト　旭化成工業　旭硝子　朝日新聞　アフロ・フォトエージェンシー　飯野晃啓
市野瀬英彦　ウシオ電気　ウシオユーテック　内田写真事務所　宇宙開発事業団
エコステーション推進協会　NEC　MOA美術館　岡山隆之　OPO　オリオンプレス　花王
科学技術庁金属材料研究所　GAS MUSEUM, がす資料館　韓国国立中央博物館　気象庁　北川工業
橿原考古学研究所　キヤノン　京セラ　国立西洋美術館　三幸電気製作所　シチズン商事　シチズン時計
島津製作所　シャープ　純正化学　ジョンソン・エンド・ジョンソンメディカル
新エネルギー・産業技術開発機構(NEDOプロジェクト)　新日本製鐵　住友化学工業　住友金属鉱山
セブンフォト　セットスクエアー　ソニーミュージックエンターテイメント　太平洋セメント
大英科学博物館　ダイヤモンド・インフォメーション・センター　高川商事　田中貴金属工業
たばこと塩の博物館　地質調査所　超電導工学研究会　帝人　TDK　鉄道総合技術研究所　電池工業会
東亜合成　東京医科歯科大　東京ガス　東京国立博物館　東京電力　東京都　東芝電池　東レ・メディカル
同和鉱業　富島正彦　トヨタ自動車　奈良県立橿原考古学研究所　ニチアス　日機装　日清製油　日本IBM
日本海洋掘削　日本原子力研究所　日本黒鉛商事　日本酸素　日本触媒　日本石油　日本蓄電池工業会
日本綿業振興会　日本モンサント　ネイチャープロ　根路銘国昭　日立製作所　福助　プラスコ
古河電気工業　ホーチキ　HOYA　宝野和博　幕内恵三　マック・フォトリサーチ　松下電器産業
無機材質研究所　三井物産　三菱化学　三菱化成　三菱マテリアル　三菱レイヨン　三星ベルト
三和電気計器　ヤマハ　吉田工(表紙写真)　ワタミフード・サービス

ダイナミックワイド 図説化学

2003年2月1日初版発行		支社電話	札幌 011-562-5721	仙台 022-297-2666
2017年2月1日第14版発行			東京 03-5390-7467	金沢 076-222-7581
編著者	竹内敬人ほか5名		名古屋 052-939-2722	大阪 06-6397-1350
発行者	東京書籍株式会社　代表者　千石雅仁		広島 082-568-2577	福岡 092-771-1536
印刷所	株式会社リーブルテック	出張所電話	鹿児島 099-213-1770	那覇 098-834-8084
発行所	東京書籍株式会社	編集電話	03-5390-7336	
	東京都北区堀船2-17-1　〒114-8524			
東書ホームページ　http://www.tokyo-shoseki.co.jp		東書Eネット　http://ten.tokyo-shoseki.co.jp		

落丁・乱丁本はおとりかえいたします。
Copyright © 2003　by Tokyo Shoseki Co., Ltd., Tokyo
All rights reserved.　Printed in Japan

ポリエステル

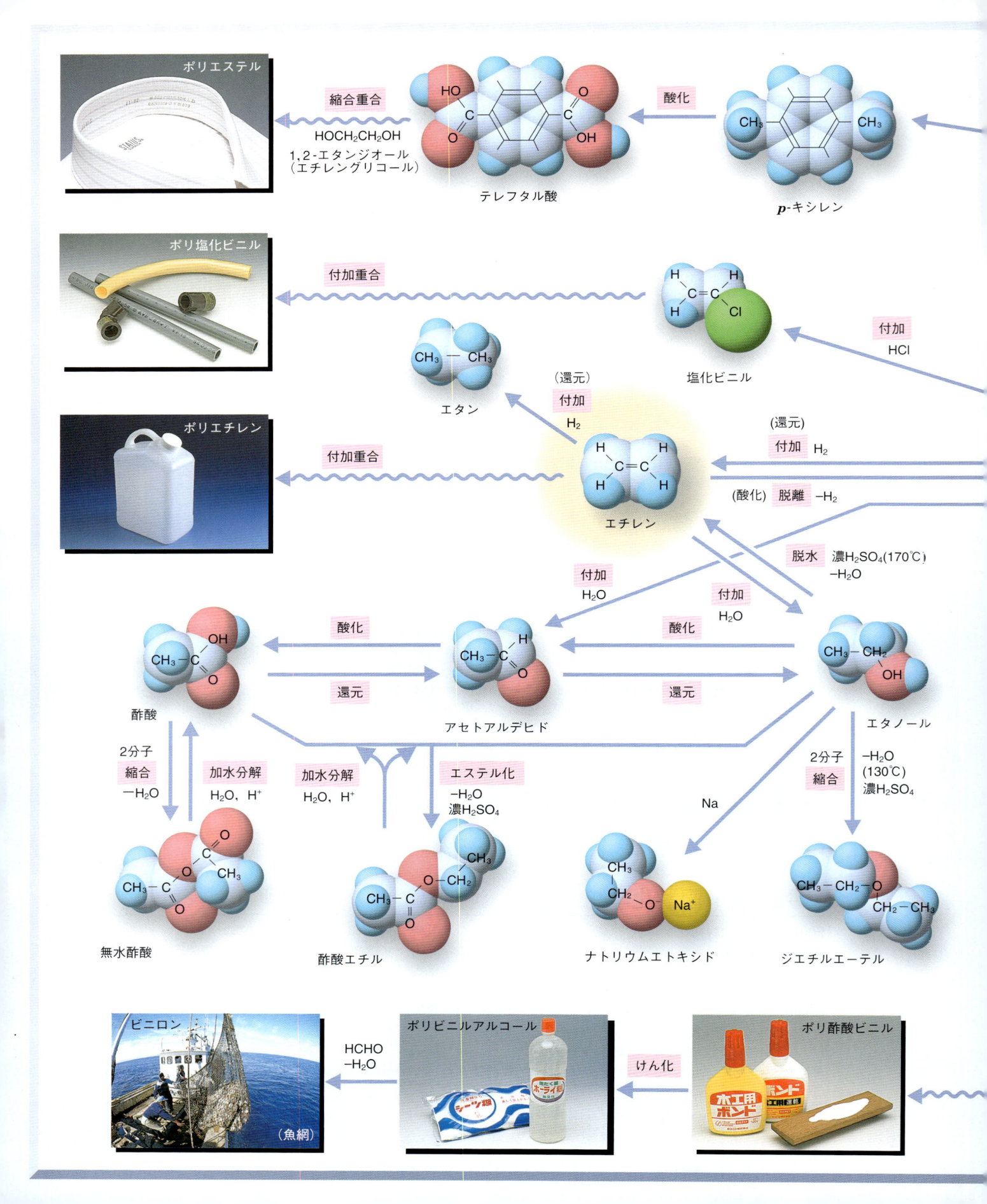

縮合重合
HOCH₂CH₂OH
1,2-エタンジオール
（エチレングリコール）

テレフタル酸 ←**酸化**— p-キシレン

ポリ塩化ビニル

付加重合 ← 塩化ビニル ←**付加** HCl—

エタン ←**（還元）付加** H₂—

ポリエチレン

付加重合 ← エチレン

（還元）付加 H₂
（酸化）脱離 −H₂
脱水 濃H₂SO₄(170℃) −H₂O

酢酸 ←**酸化**— アセトアルデヒド ←**酸化**— エタノール
酢酸 —**還元**→ アセトアルデヒド —**還元**→ エタノール

付加 H₂O（エチレン→アセトアルデヒド）
付加 H₂O（エチレン→エタノール）

無水酢酸：酢酸 **2分子縮合 −H₂O** / **加水分解 H₂O, H⁺**

酢酸エチル：**加水分解 H₂O, H⁺** / **エステル化 −H₂O 濃H₂SO₄**

ナトリウムエトキシド：エタノール + **Na**

ジエチルエーテル：エタノール **2分子縮合 −H₂O (130℃) 濃H₂SO₄**

ビニロン（魚網）

←**HCHO, −H₂O**— ポリビニルアルコール ←**けん化**— ポリ酢酸ビニル（木工用ボンド）

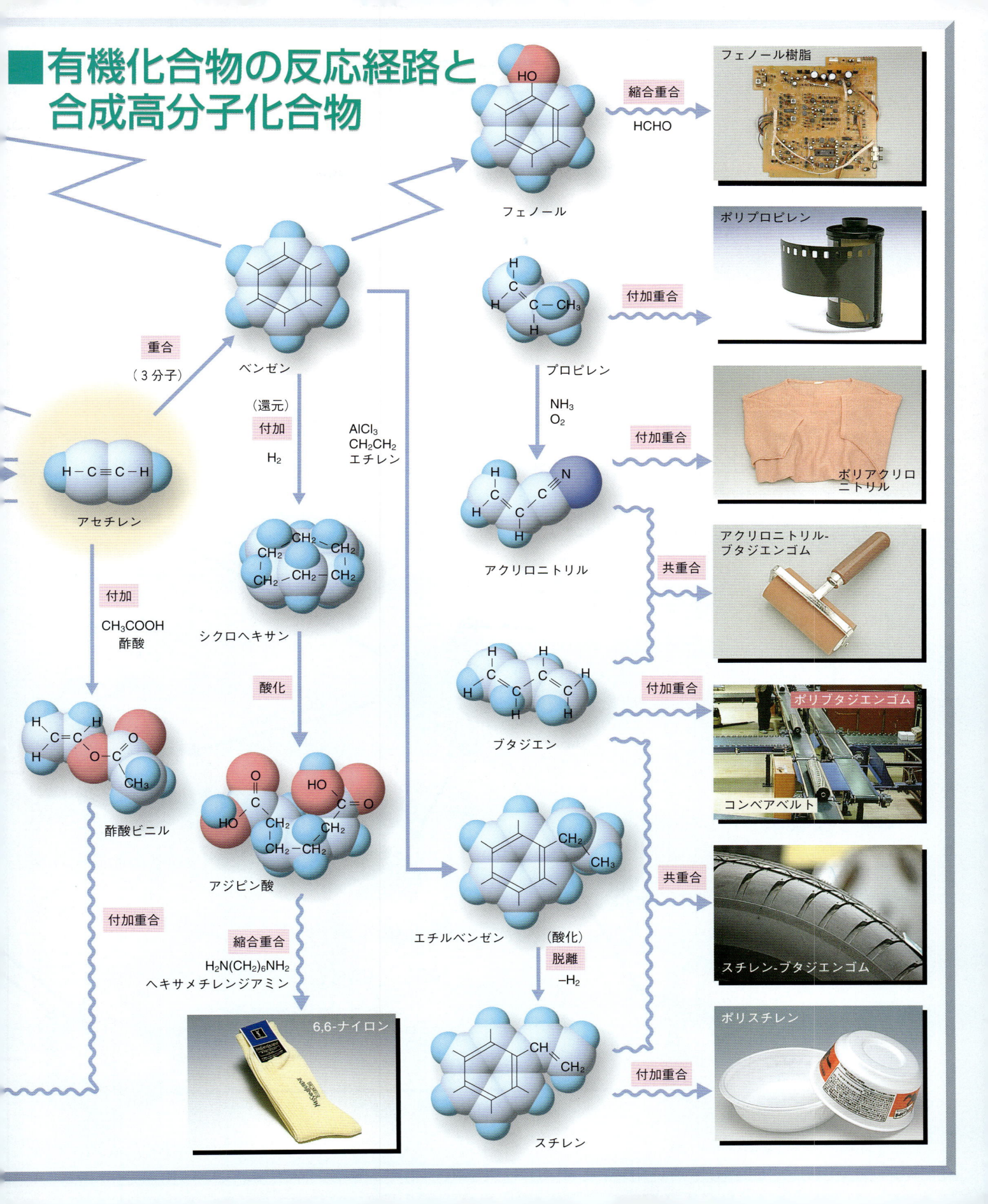

有機化合物の反応経路と合成高分子化合物

フェノール → (縮合重合, HCHO) → フェノール樹脂

プロピレン → (付加重合) → ポリプロピレン

アセチレン → (重合, 3分子) → ベンゼン
ベンゼン → (還元, 付加, H₂) → シクロヘキサン
ベンゼン → (AlCl₃, CH₂CH₂, エチレン) → エチルベンゼン

アセチレン → (付加, CH₃COOH 酢酸) → 酢酸ビニル
酢酸ビニル → (付加重合)

シクロヘキサン → (酸化) → アジピン酸
アジピン酸 + H₂N(CH₂)₆NH₂ ヘキサメチレンジアミン → (縮合重合) → 6,6-ナイロン

プロピレン → (NH₃, O₂) → アクリロニトリル
アクリロニトリル → (付加重合) → ポリアクリロニトリル
アクリロニトリル → (共重合) → アクリロニトリル-ブタジエンゴム

ブタジエン → (付加重合) → ポリブタジエンゴム（コンベアベルト）
ブタジエン → (共重合) → スチレン-ブタジエンゴム

エチルベンゼン → (酸化, 脱離 −H₂) → スチレン
スチレン → (付加重合) → ポリスチレン

芳香族化合物の反応経路図

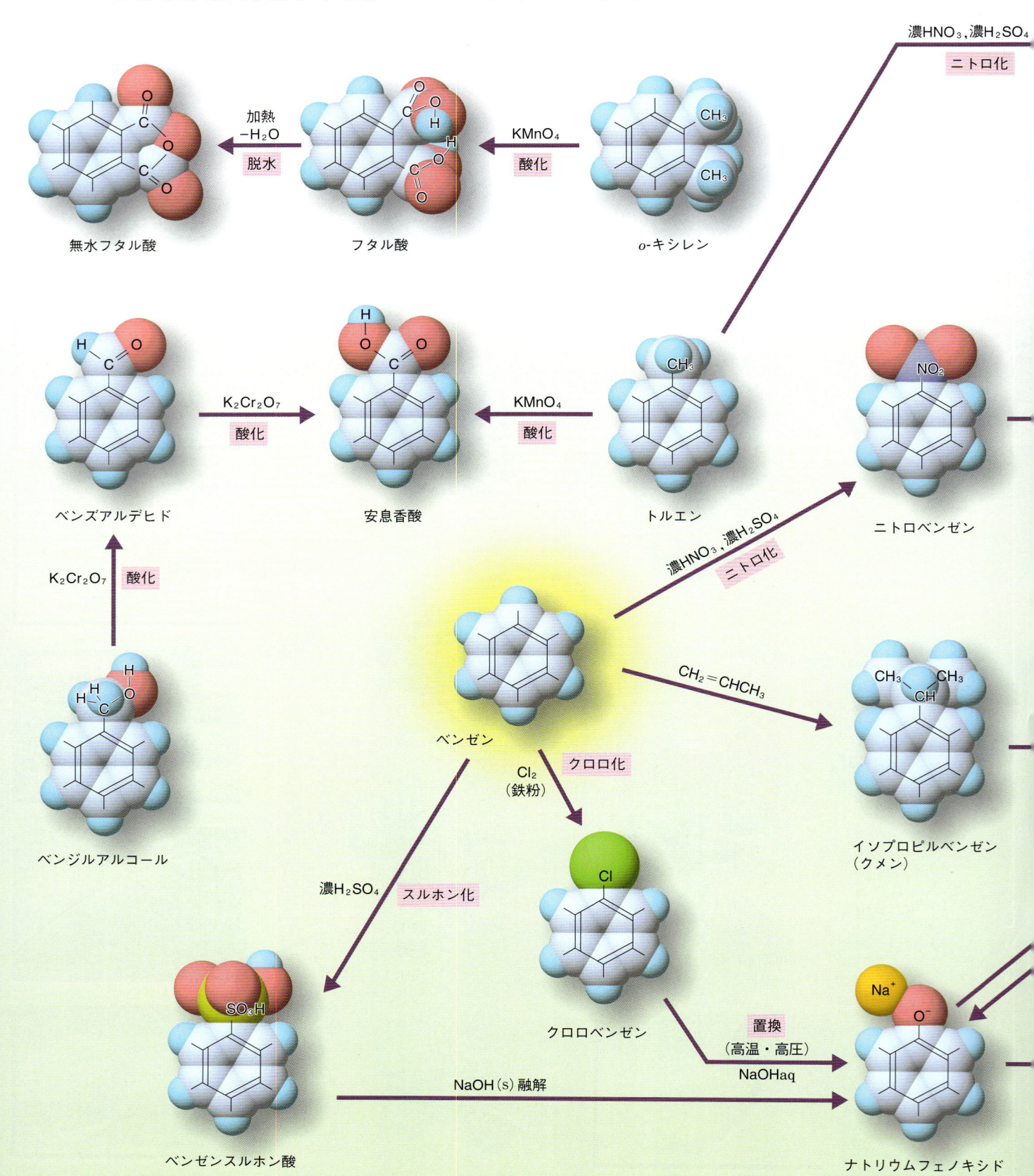

- 無水フタル酸 ←(加熱 −H₂O、脱水)— フタル酸 ←(KMnO₄、酸化)— o-キシレン
- ベンズアルデヒド —(K₂Cr₂O₇、酸化)→ 安息香酸 ←(KMnO₄、酸化)— トルエン
- ベンジルアルコール —(K₂Cr₂O₇、酸化)→ ベンズアルデヒド
- トルエン —(濃HNO₃, 濃H₂SO₄、ニトロ化)→ ニトロベンゼン
- ベンゼン —(濃HNO₃, 濃H₂SO₄、ニトロ化)→ ニトロベンゼン
- ベンゼン —(CH₂=CHCH₃)→ イソプロピルベンゼン(クメン)
- ベンゼン —(Cl₂(鉄粉)、クロロ化)→ クロロベンゼン
- ベンゼン —(濃H₂SO₄、スルホン化)→ ベンゼンスルホン酸
- クロロベンゼン —(NaOHaq、置換(高温・高圧))→ ナトリウムフェノキシド
- ベンゼンスルホン酸 —(NaOH(s) 融解)→ ナトリウムフェノキシド

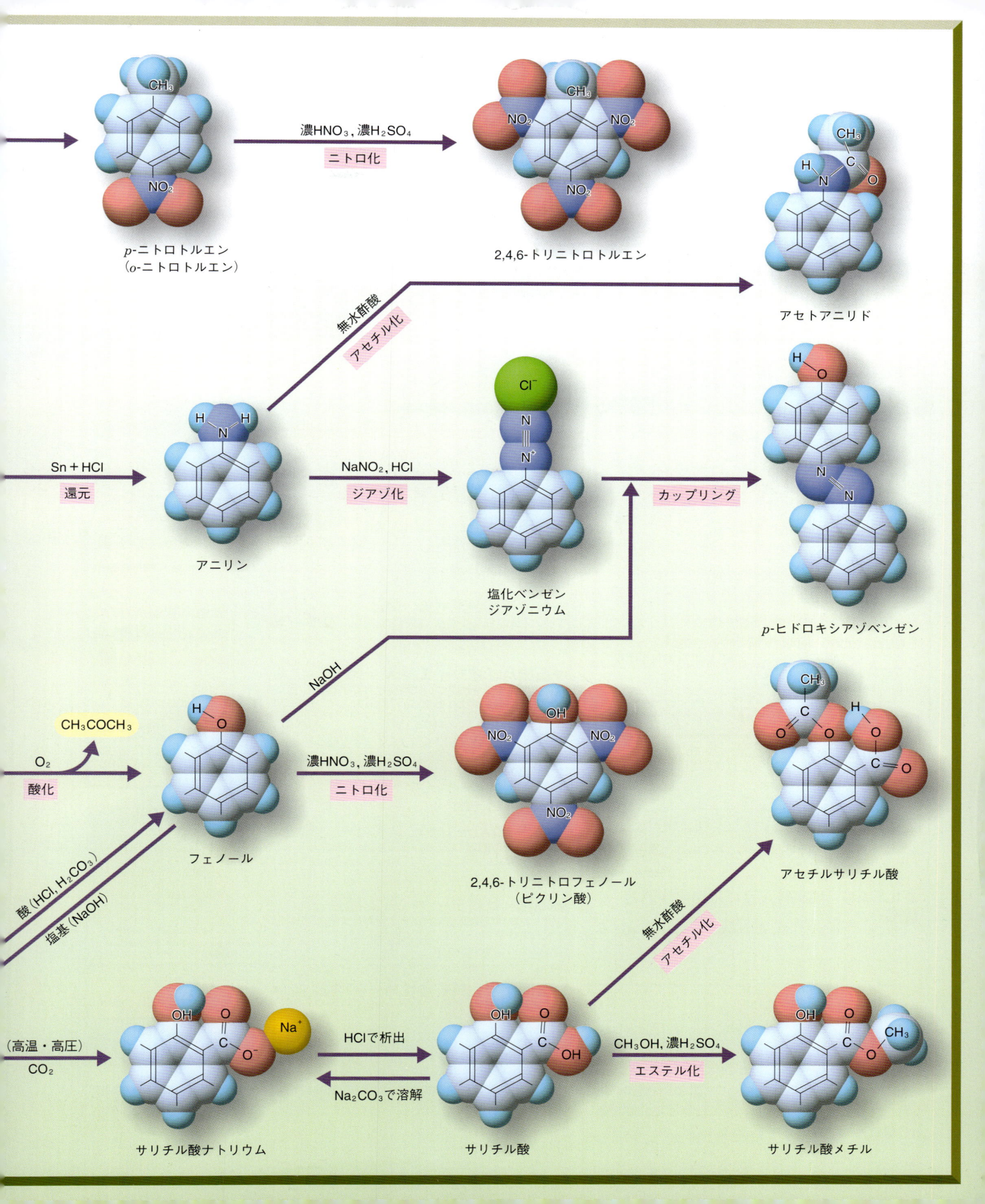

濃HNO₃, 濃H₂SO₄
ニトロ化

p-ニトロトルエン
(o-ニトロトルエン)

2,4,6-トリニトロトルエン

無水酢酸
アセチル化

アセトアニリド

Sn + HCl
還元

NaNO₂, HCl
ジアゾ化

カップリング

アニリン

塩化ベンゼンジアゾニウム

p-ヒドロキシアゾベンゼン

NaOH

CH₃COCH₃

O₂
酸化

濃HNO₃, 濃H₂SO₄
ニトロ化

酸 (HCl, H₂CO₃)
塩基 (NaOH)

フェノール

2,4,6-トリニトロフェノール
(ピクリン酸)

アセチルサリチル酸

無水酢酸
アセチル化

(高温・高圧)
CO₂

HClで析出

Na₂CO₃で溶解

CH₃OH, 濃H₂SO₄
エステル化

サリチル酸ナトリウム

サリチル酸

サリチル酸メチル

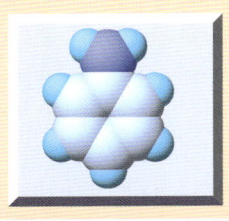

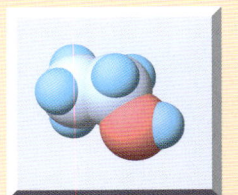

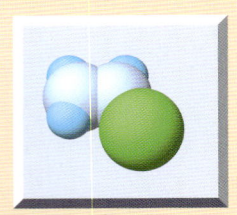

Internet Super Index

インターネットで

ダイナミックワイド図説化学が，厳選した海外および国内のウェブサイト情報です。各URLとともに，サイトの内容がおおまかにわかるように，本書中央上部に示した，各章との関連やサイト情報などをマーク化して紹介しました。あわせてご活用ください。

- 1章　物質の構造
- 2章　物質の状態
- 3章　物質の化学変化
- 4章　無機物質

The homepage which relates to world chemistry

●世界の厳選サイト●

▶American Chemical Society, アメリカ化学会
アメリカ化学会の教育プログラムの一つであるGreen Chemistryに関するサイトです。グローバルな地球環境を見つめ直すためには欠くことができない。
http://www.acs.org/content/acs/en/greenchemistry.html
物質インフォメーション。物質数を知ることができる。
http://www.cas.org/content/chemical-substances

▶Association for Science Education, 科学教育学会
イギリスの科学教育学会ASEが開発した国際的な環境教育プロジェクトのサイトです。
http://www.ase.org.uk/home

▶Chem-station
化学全般に渡る内容が，分野別に説明している。リンクも豊富。
http://www.chem-station.com/

▶IUPAC
化学に関するあらゆる情報が網羅されている。
http://www.iupac.org/

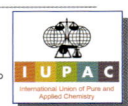

▶IUPAC，国際純正及び応用化学連合
IUPACなどが発表した勧告などが紹介されており，興味のある分野を選んでみよう。
http://www.chem.qmw.ac.uk/iupac/index.html

これらのホームページは，ダイナミックワイド図説化学のホームページ
http://ten.tokyo-shoseki.co.jp/dwkagaku/
で紹介しています。アドレスを打ち込む必要がありませんので，ご利用下さい。

The homepage which relates to world chemistry 1

●日本の厳選化学サイト●

▶旭硝子
「ガラスなんでも情報局」でくらしに役立つガラスの情報が紹介されている。
http://www.agc.com

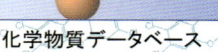

ガラスの王国

▶教育用画像素材集
学校の宿題に使える画像・動画を収録したWEBサイト
https://www2.edu.ipa.go.jp

教育用画像素材集

▶石原バイオサイエンス
農薬の毒性や安全性について解説されている。
http://ibj.iskweb.co.jp/index.html

▶今すぐできるわくわく化学実験
化学の教科書に準拠した演示実験のやり方が詳しく解説されている。
http://www005.upp.so-net.ne.jp/konan/

▶岡山理科大学
大寺研　グリーンケミストリー
化学の視点環境問題に正面から取り組んでいる。
http://www.ous.ac.jp/DAC/otera/gc.index.html

▶物質・材料データベース
物質・材料研究機構が発信する，世界最大級のマテリアルデータベースサイト。
http://mits.nims.go.jp

▶国際化学物質安全性カード
化学物質の安全性についてのカード型データベース。
http://www.nihs.go.jp/ICSC/

国際化学物質安全性カード(ICSC) -日本語版
International Chemical Safety Cards (ICSC) -Japanese Version

▶化学物質データベース
化学物質・農薬のデータベースの紹介と分析。
http://w-chemdb.nies.go.jp/

化学物質データベース
WebKis-Plus

ダイナミックワイド図説化学

入試によく出る 探究問題

1	実験操作・装置	2 〜 3
2	混合物の分離	4 〜 5
3	化学反応における量的関係	6 〜 7
4	気体の分子量測定	8 〜 9
5	溶液の性質	10 〜 11
6	反応熱とヘスの法則	12 〜 13
7	中和滴定	14 〜 15
8	電気分解	16 〜 17
9	化学平衡	18 〜 19
10	ハロゲン	20 〜 21
11	金属イオンの分離・確認	22 〜 23
12	酸素を含む脂肪族化合物	24 〜 25
13	ニトロベンゼンとアニリン	26 〜 27
14	タンパク質	28 〜 29
	演習問題の解答解説	30 〜 36

東京書籍

1 実験操作・装置

→本文　p.9〜15

実験例題 1　気体の製法と検出

次の図の(A)〜(E)は記述した気体を発生させる装置を示したものである。ただし、気体の精製法は省略してある。以下の各問いに答えよ。

弘前大学　1999

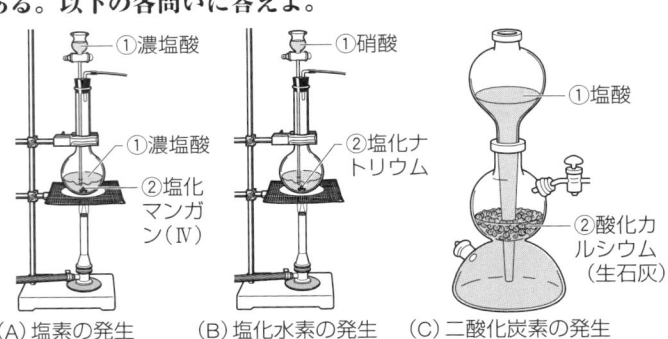

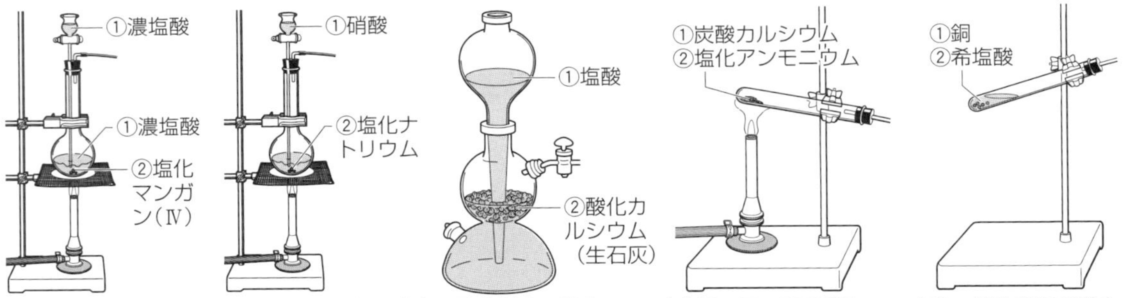

(A) 塩素の発生　①濃塩酸　②塩化マンガン(Ⅳ)
(B) 塩化水素の発生　①硝酸　②塩化ナトリウム
(C) 二酸化炭素の発生　①塩酸　②酸化カルシウム(生石灰)
(D) アンモニアの発生　①炭酸カルシウム　②塩化アンモニウム
(E) 一酸化窒素の発生　①銅　②希硫酸

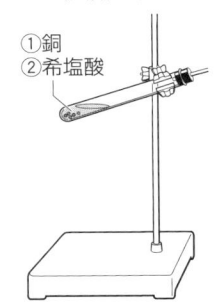

問1　図(A)〜(E)のいずれにおいても、用いた2つの試薬①，②のうちの1つは不適当である。不適当な試薬をそれぞれ図の①，②から1つ選び、その番号と、正しい試薬名を書け。

問2　図(A)〜(E)のそれぞれにおいて、捕集方法として最も適当なものを、次の(ア)〜(ウ)から1つ選べ。
(ア) 上方置換　　(イ) 水上置換　　(ウ) 下方置換

気体の発生法
(A) 塩素の発生　酸化マンガン(Ⅳ)[二酸化マンガン]に濃塩酸を加えて加熱する。
　$MnO_2 + 4HCl \longrightarrow MnCl_2 + 2H_2O + Cl_2 \uparrow$
(B) 塩化水素の発生　塩化ナトリウムに濃硫酸を加えて加熱する。
　$NaCl + H_2SO_4 \longrightarrow NaHSO_4 + HCl \uparrow$
(C) 二酸化炭素の発生　炭酸カルシウムに塩酸を加える。
　$CaCO_3 + 2HCl \longrightarrow CaCl_2 + H_2O + CO_2 \uparrow$
(D) アンモニアの発生　塩化アンモニウムと水酸化カルシウムを混合して加熱する。
　$2NH_4Cl + Ca(OH)_2 \longrightarrow CaCl_2 + 2H_2O + 2NH_3 \uparrow$
(E) 一酸化窒素の発生　銅に希硝酸を加える。
　$3Cu + 8HNO_3 \longrightarrow 3Cu(NO_3)_2 + 4H_2O + 2NO \uparrow$
● 水素の発生　亜鉛に希硫酸を加える。
　$Zn + H_2SO_4 \longrightarrow ZnSO_4 + H_2 \uparrow$
● 二酸化窒素の発生　銅に濃硝酸を加える。
　$Cu + 4HNO_3 \longrightarrow Cu(NO_3)_2 + 2H_2O + 2NO_2 \uparrow$
● 硫化水素の発生　硫化鉄(Ⅱ)に希硫酸を加える。
　$FeS + H_2SO_4 \longrightarrow FeSO_4 + H_2S \uparrow$

気体の捕集法　次の3つの方法があり、気体の水に対する溶解度と空気との分子量の比較(空気の平均分子量28.8)で決まる。
① 水上置換…水に溶けにくい気体の捕集に用いる。H_2, O_2, CO, CO_2, NO, CH_4, C_2H_2など
② 上方置換…水に溶けやすく、空気より軽い気体の捕集に用いる。NH_3など
③ 下方置換…水に溶けやすく、空気より重い気体の捕集に用いる。Cl_2, HCl, H_2S, SO_2, CO_2, NO_2など
(注) CO_2は少し水に溶けるので、下方置換を用いる場合もある。

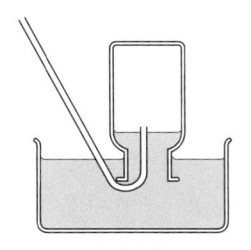

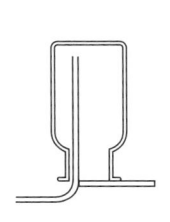

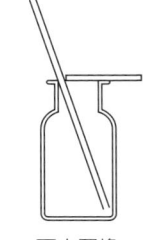

水上置換　　上方置換　　下方置換

解答　**問1**　(A) ②, 二酸化マンガン(酸化マンガン(Ⅳ))　(B) ①, 濃硫酸　(C) ②, 炭酸カルシウム　(D) ①, 水酸化カルシウム　(E) ②, 希硝酸
問2　(A) (ウ)　(B) (ウ)　(C) (ウ)　(D) (ア)　(E) (イ)

演習問題

❶ 表中の3種類の気体について，実験室的製法で発生させるのに必要な物質をⅠ群の(解答番号①～③)，またその気体の性質をⅡ群の(解答番号④～⑥)，および装置をⅢ群(解答番号⑦～⑨)の(ア)～(エ)の内から一つずつ選べ。

	Ⅰ群	Ⅱ群	Ⅲ群
アンモニア	①	④	⑦
塩化水素	②	⑤	⑧
一酸化窒素	③	⑥	⑨

Ⅰ群 (ア) 塩化アンモニウム，水酸化カルシウム　(イ) 希硝酸，銅
　　 (ウ) 希塩酸，炭酸カルシウム　(エ) 濃硫酸，塩化ナトリウム

Ⅱ群 (ア) 水によく溶け，アルカリ性を示す　(イ) 水によく溶け，強い酸性を示す
　　 (ウ) 空気に触れると，赤褐色になる　(エ) 水に少し溶け，弱い酸性を示す

Ⅲ群

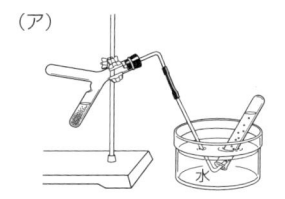

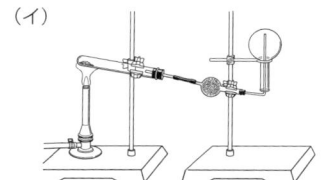

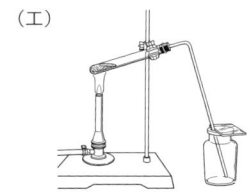

北海道工業大学　2005

❷ 右図はキップの装置といわれ，固体と液体の反応を利用して気体を発生させる装置である。A硫化鉄(Ⅱ)の固体と希硫酸とを反応させ，発生するガスをB乾燥させて捕集する計画を立てた。以下の各問いに答えよ。　星薬科大学　1999

問1　硫化鉄(Ⅱ)の適切な置き場所を，右のキップの装置の図中の記号(ア)～(ウ)で答えよ。

問2　キップの装置のコックを閉じると反応は停止する。その理由を40字以内で記せ。

問3　下線部Aの化学反応式を書け。

問4　下線部Aの反応の種類を次の(a)～(f)から選び，その記号で答えよ。
　(a) 中和反応　　(b) 酸化反応　　(c) 還元反応
　(d) 塩と酸の反応　(e) 塩と塩基の反応　(f) 塩の加水分解

問5　下線部Bの操作に使用できる乾燥剤を次の(a)～(c)から選び，その記号と化学式を答えよ。
　(a) 酸化カルシウム　(b) 塩化カルシウム　(c) 水酸化カリウム

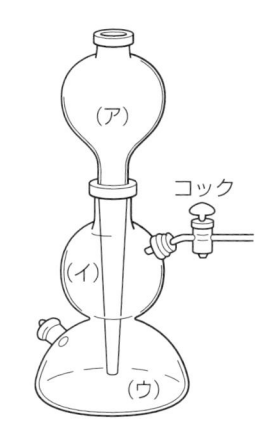

2 混合物の分離

→本文 p.12, 18〜19

実験例題 2　赤ワインの蒸留

右図のような装置を組み，赤ワイン100mLの蒸留を行った。以下の各問いに答えよ。

問1　ワインの他に枝つきフラスコに入れておくべきものは何か。その理由も書け。

問2　温度計の球部の位置は，(ア)〜(ウ)のどれが最も適当であるか記号で答え，その理由も書け。

問3　冷却水を通すとき，(エ)，(オ)のどちらの方向から流しこむのが適当か。記号で答え，その理由も書け。

問4　使用する枝つきフラスコの容積は次の(a)〜(c)のうちどれが最も適当か。記号で答え，その理由も書け。
(a) 300mL　(b) 200mL　(c) 100mL

問5　三角フラスコに集められるものは主に何か。

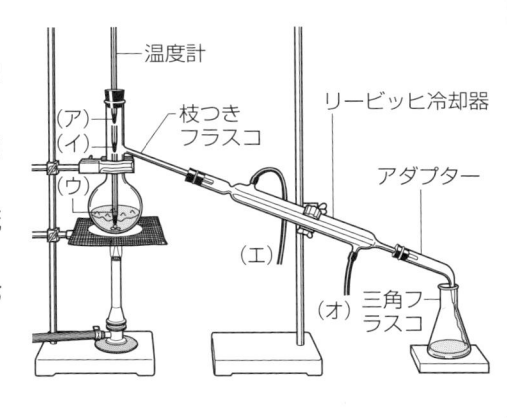

蒸留　混合物中の物質の沸点の差を利用した分離操作を蒸留という。また，沸点の異なる2種類以上の液体の混合物を，蒸留によって分離することを，特に**分留**という。

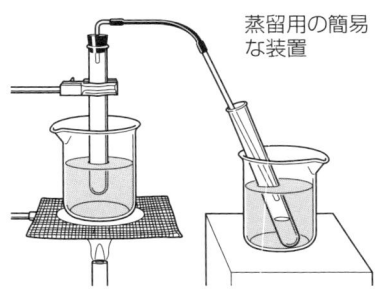

冷却器　気体が通過するまわりを水などで冷却することにより気体を凝縮させ，液体にする器具。主な冷却器としては，基本的なリービッヒ冷却器や，冷却時間を長くし冷却効率を高めるような蛇管冷却器などがある。

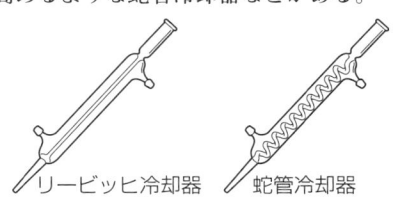

枝つきフラスコ　蒸留したい液体をとり出すガラス管がついたフラスコ。
枝つきフラスコにも，枝管の位置が下方部についている高沸点用と，上方部についている低沸点用とがある。また，丸底のほうが加熱に強い。

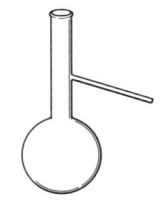

沸騰石　急激な沸騰（突沸）を防ぐもので，素焼きの小片などが用いられる。ただし，蒸留では成分がとけ出して不純物となるおそれがあるので，ガラス毛細管の一端を封じたものが使われる場合がある。

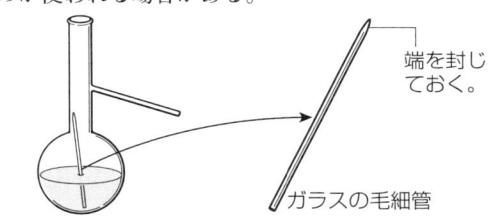

[その他の分離法]

ろ過　ろ紙などを用いた液体と固体の分離法。溶液中の沈殿を分離する際などに用いられる。

抽出　液体を用いて，試料から特定の物質を溶かし出す分離法。分液漏斗を用いる。

昇華　固体混合物から，直接気体になる物質を分離・精製する方法。

再結晶　液体に溶かした物質を，温度変化などにより析出させる方法。

クロマトグラフィー　混合物を適当な溶媒によって，ろ紙上に展開させて分離する方法。

解答
問1　沸騰石　理由…突沸を防ぐため。
問2　(イ)　理由…蒸留物質の沸点を正確に測定するため。
問3　(オ)　理由…リービッヒ冷却器を冷却水で満たすため。
問4　(a)　理由…容積が小さいと，沸騰のときフラスコ内の液が枝のほうに入りこむおそれがあるため。
問5　エタノール

演習問題

3 右の操作ア～ウによって海水から食塩をとり出す。それぞれの操作法の名称の組み合わせとして，最も適当なものを，右の①～⑤のうちから1つ選べ。　　　センターIA追試 1999

ア　汲んできた海水から固形物をとり除く。
イ　海水を天日にさらし，乾かして粗塩をとり出す。
ウ　粗塩を水に溶かし，濃縮し，純度の高い食塩をとり出す。

	ア	イ	ウ
①	蒸留	再結晶	蒸発
②	蒸発	蒸留	再結晶
③	ろ過	蒸発	蒸留
④	蒸発	再結晶	蒸留
⑤	ろ過	蒸発	再結晶

4 実験室で合成した酢酸エチルを精製するために図1の蒸留装置を組み立てた。点線で囲んだ部分A～Cに関する記述ア～キについて，正しいものを選べ。

［部分A］　沸騰石を入れているのは，
ア　フラスコ内の液体の突沸を防ぐためである。
イ　フラスコ内の液体の温度を早く上げるためである。

［部分B］　蒸留されて出てくる成分の沸点を正しく確認するために，
ウ　温度計の最下端を液中に入れる。
エ　温度計の最下端を液面のすぐ近くまで下げる。
オ　温度計の最下端を枝管の付け根の高さまで上げる。

［部分C］　冷却水を流す方向は
カ　矢印の方向でよい。
キ　矢印の方向とは逆にする。

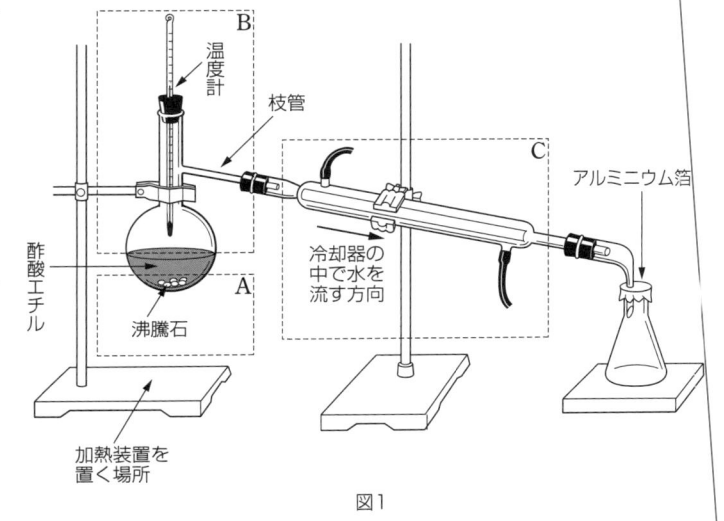

図1

センター本試験 2005

5 <u>ワインを加熱して気化させ，その蒸気を液化して得られるのがブランデーである。</u>下線部の操作を実験室で再現したい。以下の各問いに答えよ。　　　徳島大学 2000

問1　下の(a)～(g)の実験器具から必要なものを3つ選び，その記号と名称を書け。

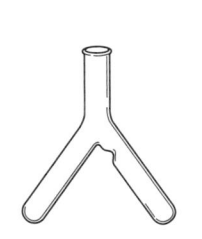

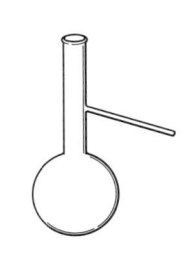

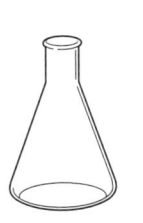

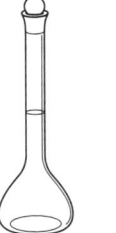

(a)　(b)　(c)　(d)　(e)　(f)　(g)

問2　選んだ実験器具をどのように組み立てて実験を行うか。必要に応じて器具などを追加した上，適切な実験装置を図示せよ。なお，実験器具を保持するためのスタンド類は図示しなくてよい。

3 化学反応における量的関係

→本文 p.42〜43

実験例題 3　マグネシウムと希塩酸の反応

0.24 gのマグネシウムに1.0 mol/Lの塩酸を少量ずつ加え，発生した水素を捕集して，その体積を標準状態で測定した。このとき加えた塩酸の体積と発生した水素の体積との関係を表す図として最も適当なものを，右の①〜④のうちから1つ選べ。

センターIB本試　2000

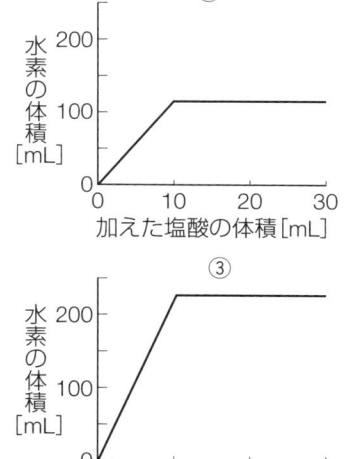

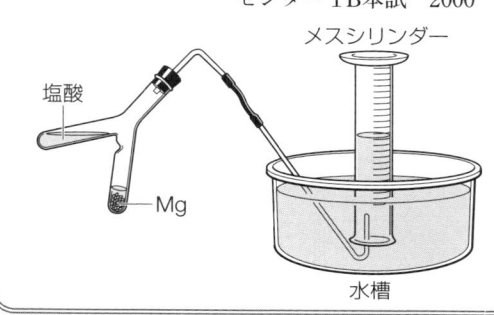

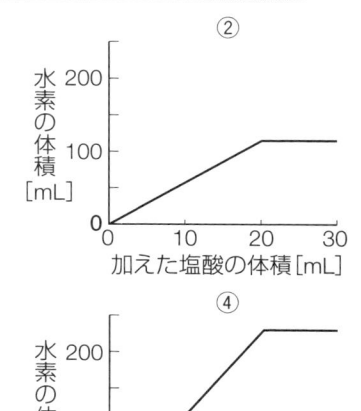

反応する物質量の比　マグネシウムと塩酸の反応において，化学反応式の係数は物質量の関係を表しているので，

$$Mg + 2HCl \longrightarrow MgCl_2 + H_2$$

物質量　1 mol　　2 mol　　　1 mol　　1 mol

これより，MgとHClの物質量の比が1：2のとき，反応が過不足なく起こる。

気体の集め方　発生した気体は，水にとけにくい気体の場合，水上置換で集め，体積をはかる。メスシリンダーに気体を集める場合，メスシリンダー内の液面と水槽の液面を合わせた状態で体積をはかりとると，集めた気体の圧力と大気圧が等しくなる。ただし，メスシリンダー内の気体には水蒸気が含まれているので，発生した気体の圧力は，大気圧から水蒸気圧を差し引かなければならない。

気体の圧力＝大気圧－水蒸気圧

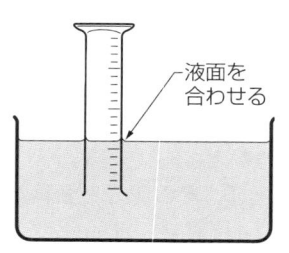

メスフラスコ　一定の濃度の溶液をつくるときに用いるガラス器具。標線まで水を入れることで，液体の体積を正確に決められる。

ふたまた試験管　固体に液体を加えて気体を発生させるときに用いるガラス器具。くびれのあるほうに固体を入れ，反応を途中で止める場合には，液体をくびれのないほうに戻す。

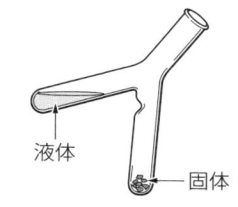

解答　④　用いたMgの物質量は $\frac{0.24}{24} = 0.010$ [mol] だから，必要なHClの物質量は0.020 molとなる。したがって，Mgがすべて反応するのに要する塩酸の体積を v [mL] とすると，

$1.0 \times \frac{v}{1000} = 0.020$　よって，$v = 20$ [mL]

Mgがすべて反応したとき，発生するH₂は0.010 molなので，

$22.4 \times 10^3 \times 0.010 = 224$ [mL]

グラフの折れ曲がり点の座標が（20, 224）であるグラフを選ぶ。

演習問題

6 炭酸カルシウムを主成分とする石灰石15.0gに0.500 mol/Lの塩酸を注いだところ、気体が出なくなるまでに塩酸を0.400 L要した。下の各問いに答えよ。ただし、$CaCO_3$の式量を100とする。　　立教大学　2000

問1　発生した気体の成分は何か。分子式で記せ。

問2　その気体がすべて炭酸カルシウムから発生したとして、標準状態で何Lの気体が生成したか。有効数字3桁で記せ。

問3　上記の石灰石には何%の炭酸カルシウムが含まれていたか。有効数字3桁で記せ。

7 右図のように炭酸水素ナトリウムと炭酸ナトリウム十水和物の混合物を加熱して、発生する気体を吸収管に吸収させたところ、吸収管Aでは360mg、Bでは440mgの質量の増加が観察された。吸収管Aには塩化カルシウム、Bにはソーダ石灰が入っている。次の各問いに答えよ。
自治医科大学改　2000

問1　この混合物を加熱したとき、起こる変化を化学反応式で書け。

問2　吸収管A、Bに吸収される物質は何か。それぞれ物質名で答えよ。

問3　吸収管A、Bに吸収される物質量はそれぞれいくらか。

問4　この混合物中の炭酸水素ナトリウムと炭酸ナトリウム十水和物の物質量の比はいくらか。下から適するものを選べ。
(ア) 1:1　(イ) 2:1　(ウ) 5:1　(エ) 10:1　(オ) 20:1

8 過酸化水素水に少量の二酸化マンガンを加えたところ、すべて反応し、0℃、1気圧で22.4mLの気体が発生した。次の各問いに答えよ。　　青山学院大学　2000

問1　この反応で二酸化マンガンのはたらきは何か。

問2　最初に存在した過酸化水素は何molか。

9 Fe_2O_3を主成分とする鉄鉱石、コークス(C)、石灰石などの原料を溶鉱炉の上から入れ、下から熱風を吹き込む。熱風はコークスと反応し高温の一酸化炭素となって鉄鉱石を還元し、鉄と二酸化炭素が生じる。この鉄を銑鉄といい、炭素を約4%(質量百分率)含んでいる。鉄鉱石から、炭素を4.0%含む銑鉄100kgを得るのに最低限必要なコークスの質量を次の文にしたがって求めよ。ただし、鉄の原子量 Fe=56 とし、解答は小数点第1位を四捨五入して示せ。　　東京工業大学　2000後期

　　銑鉄100kg中に含まれる炭素は(a)kgであるので、鉄は(100−a)kgである。鉄鉱石を還元してこの鉄を得るために必要なコークスは(b)kgである。したがって必要なコークスの総質量は(a+b)kgとなる。

4 気体の分子量測定

→本文 p.50〜53

実験例題 4　分子量と状態方程式

水への溶解度が無視できる気体の分子量を求めるため，図に示す装置を使って，次のa〜dの順序で実験した。

a. 気体がつまったガスボンベの質量を測定したところ，W_1 [g]であった。
b. ガスボンベから，ポリエチレン管を通じて気体をメスシリンダーにゆっくりと導き，内部の水面が水槽の水面より少し上まで下がったとき，気体の導入をやめた。メスシリンダーの目盛りを読んだところ，気体の体積はV_1[L]であった。
c. メスシリンダーを下に動かし，内部の水面を水槽の水面と一致させて目盛りを読んだところ，気体の体積はV_2[L]であった。
d. ポリエチレン管を外してガスボンベの質量を測定したところ，W_2[g]であった。

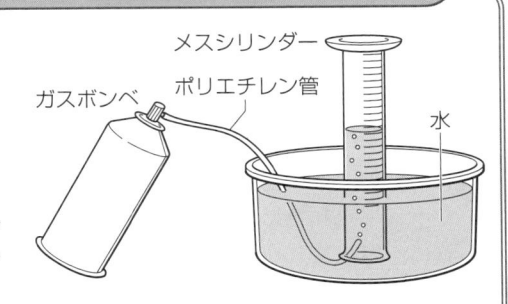

実験中，大気圧はP[Pa]，気温と水温は常にT[K]であった。水の蒸気圧をp[Pa]，気体定数をR[Pa・L/(K・mol)]とするとき，気体の分子量はどのように表されるか。最も適当なものを，次の①〜⑥のうちから1つ選べ。ただし，ポリエチレン管の内容積は無視できるものとする。

① $\dfrac{RT(W_1-W_2)}{(P+p)V_1}$　　② $\dfrac{RT(W_1-W_2)}{PV_1}$　　③ $\dfrac{RT(W_1-W_2)}{(P-p)V_1}$

④ $\dfrac{RT(W_1-W_2)}{(P+p)V_2}$　　⑤ $\dfrac{RT(W_1-W_2)}{PV_2}$　　⑥ $\dfrac{RT(W_1-W_2)}{(P-p)V_2}$

気体の分子量Mを求めるには，気体の状態方程式
$$PV=nRT=\dfrac{W}{M}RT$$
に代入するそれぞれの数値を求める。

　P：水上置換で集めた気体の圧力には，分圧として水蒸気圧が含まれている。したがって，大気圧から水蒸気圧を差し引かなければならない。また，大気圧で捕集するためには，メスシリンダー中の水面と水槽の水面を一致させる。…$(P-p)$[Pa]

　V：上記のように捕集した気体の圧力を大気圧に一致させなければならないから，問題文のbで得た値V_1[L]は不正確である。したがって，cで得た値V_2[L]を採用しなければならない。

　W：質量は，実験の前後におけるガスボンベの質量の差になる。…(W_1-W_2)[g]

　RT：これらは与えられている。

以上の値を気体の状態方程式に代入して，Mを求めればよい。

解答　⑥　$(P-p)\times V_2 = \dfrac{(W_1-W_2)}{M}\times RT$

ゆえに　$M=\dfrac{RT(W_1-W_2)}{(P-p)V_2}$

演習問題

⑩ 気体に関する次の各問いに答えよ。
　　　　　　　　　　　　　　　　　　　　愛知工業大学　1999

問1 次の空欄 ア 〜 カ に適当な語句を記せ。

実際に存在する気体を ア 気体といい，これに対して，厳密に気体の状態方程式に従うような気体を仮定して，これを イ 気体という。すなわち， イ 気体は分子自身の体積が ウ ，分子間力が エ 気体である。 ア 気体では，温度が オ ほど，また，圧力が カ ほど イ 気体からのずれが小さく，気体の状態方程式を適用することができる。

問2　乾いた体積V[L]の丸底フラスコに，ある揮発性液体を少量入れ，小さい穴を開けたアルミニウムはくをフラスコの口にかぶせて，温水中に浸した。液体が完全に蒸発し，容器内はすべて揮発性液体の蒸気で満たされた。その後，丸底フラスコを温水よりとり出して放冷し，蒸気を凝縮させた。この揮発性液体1 mol当たりの質量をM[g/mol]としたとき，Mを求める式を導け。ただし，実験前の乾いた丸底フラスコとアルミニウムはくを合わせた質量をw_1[g]，実験後に凝縮した液体の入った丸底フラスコとアルミニウムはくを合わせた質量をw_2[g] とする。また，揮発性液体が完全に蒸気になったときの温度をT[K]，圧力をP[Pa]，気体定数をR[Pa・L/(K・mol)]とする。

問3　問2において，$P=1.0×10^5$[Pa]，$V=0.340$[L]，$w_1=220.00$[g]，$w_2=220.70$[g]，$T=340$[K]としたときの揮発性液体の分子量を有効数字2桁で求めよ。

11 次の文を読み，下の問いに答えよ。　　　　　　　　　　　　　　　　　　　　　　北海道大学（後）1999

27℃，$1.00×10^5$Paで，理想気体をコックのついた内容量が1.00Lのフラスコに満たし，フラスコのコックを閉じた。フラスコ自体の体積変化は無視できるものとする。計算結果は有効数字3桁で答えよ。

問1　フラスコ内の気体の物質量はいくらか。気体定数は$R=8.31×10^3$[Pa・L/(K・mol)]とする。

問2　この気体の分子量を求めるためには，あと何を測定する必要があるか。最も適切なものを1つ記せ。

12 容積5.2Lの真空の容器がある。これにある液体2.0gを注入し，100℃に保ったら，完全に気化して圧力が$6.5×10^4$Paとなった。次の問いに答えよ。ただし，気体は理想気体とみなし，気体定数は$R=8.3×10^3$ [Pa・L/(K・mol)]とする。　　　　　　　　　　　　　　　　　　　　　　　　　　　　千葉工業大学　2000

問1　容器に入れた液体の物質量は何molになるか。（ア）～（オ）の中から適切なものを1つ選べ。
　　（ア）0.05　　（イ）0.11　　（ウ）0.24　　（エ）0.41　　（オ）2.47

問2　この液体の分子量はいくらになるか。（ア）～（オ）の中から適切なものを1つ選べ。
　　（ア）2　　（イ）14　　（ウ）18　　（エ）32　　（オ）44

13 ある化合物Xの分子量を求めるために，図のような装置を用いて下記の操作1～操作4を行った。このときの室温は27℃，気圧は$1.0×10^5$Paであった。この実験について下の問いに答えよ。ただし，気体は理想気体とし，気体定数は$R=8.3×10^3$[Pa・L/(K・mol)]とせよ。また，フラスコ内の体積は温度によって変化しないものとする。　　　　　　福岡大学　2000

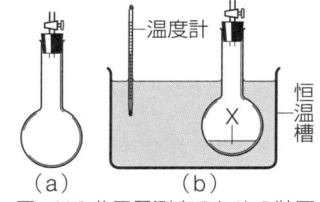

図　Xの分子量測定のための装置

操作1　図aの丸底フラスコを真空にした後，コックを閉じて室温で質量をはかったところ，$W_1=426.61$gであった。

操作2　コックを開けて丸底フラスコ内に空気を入れ，次に約3 mLの化合物Xを入れて，コックを開いた状態で恒温槽に浸した（図b）。恒温槽の温度を上げてしばらく放置したところ，Xは完全に気化して，フラスコ内はXの蒸気だけで満たされた。このときの恒温槽の温度は87℃であった。

操作3　その後，コックを閉じて丸底フラスコを恒温槽から取り出し，室温まで冷却した後，ただちに質量をはかったところ，$W_2=427.55$[g]であった。

操作4　次に，丸底フラスコ内の空間を水で満たし，室温で質量をはかったところ，$W_3=786.35$gであった。

問1　コック付きの栓を取りつけた丸底フラスコ内の体積を知るために必要な操作はどれか。操作1～4の中から2つ選べ。

問2　コック付きの栓を取りつけた丸底フラスコ内の体積V[cm^3]はいくらか。ただし，27℃における水の密度を1.0g/cm^{3}とし，計算結果は有効数字2桁で答えよ。

問3　87℃，$1.0×10^5$PaにおいてV[cm^3]を占める気体状態のXの質量[g]はいくらか。有効数字2桁で答えよ。

問4　Xの分子量を計算せよ。解答は有効数字2桁で示せ。

5 溶液の性質

→本文 p.56〜59

実験例題 5 凝固点降下度の測定

図のような装置を使って，一定量のベンゼンの冷却にともなう温度の時間変化を測定するために，ベックマン温度計の読みを1分ごとに記録した。用いたベンゼン試料は2種類で，高純度ベンゼンと粗製ベンゼンである。表に2つの試料について1分ごとのデータを示す。　日本女子大学　1998

表　冷却にともなうベックマン温度計の読み（℃：相対値）の結果のまとめ

時間(分) 試料	0	1	2	3	4	5	6	7	8	9	10
♯1	3.00	2.38	1.93	1.61	1.35	2.00	2.08	2.09	2.08	2.07	2.07
♯2	2.00	1.55	1.24	1.02	0.89	1.00	1.39	1.47	1.42	1.38	1.33

問1　図の装置では，ベンゼンを入れる試験管が寒剤に直接触れないように二重管構造になっている。それは何のためか。

問2　温度変化の測定は，寒剤，試料ともかき混ぜ棒を上下しながら行う。それは何のためか。

問3　グラフに表の結果をプロットし，温度変化の曲線を描け。ただし，縦軸を温度目盛り，横軸を時間目盛りとする。

問4　試料♯1と♯2のどちらが高純度ベンゼンか。理由とともに解答せよ。

問5　2つの試料の温度変化の曲線で，どの時点で固体ベンゼンが析出し始めたと考えられるか。グラフの曲線上にその点を矢印で示せ。

問6　高純度ベンゼンと粗製ベンゼンの凝固点に相当するベックマン温度計の読みはいくらか。グラフ上に求め方を示し，その数値を記せ。

問7　粗製ベンゼン中の不純物の質量モル濃度（mol/kg）を求めよ。ただし，ベンゼンのモル凝固点降下は5.0として計算せよ。

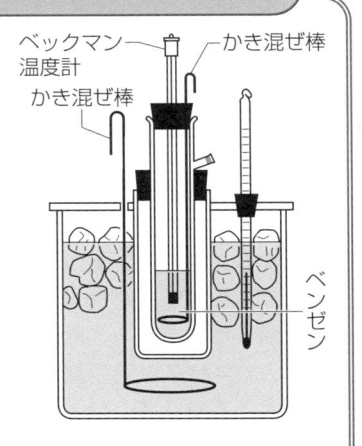

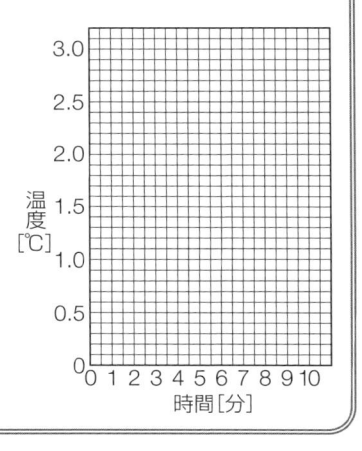

溶液の凝固点と凝固点降下　溶液を冷やしていくと，まず溶媒だけが凝固し始める。この温度を溶液の凝固点という。一般に，溶液の凝固点は純溶媒の凝固点より低い。これを凝固点降下という。溶液の凝固点が純溶媒の凝固点よりも ΔT だけ低いとき，ΔT を凝固点降下度という。

凝固点降下法による分子量測定　非電解質の希薄溶液の凝固点降下度 ΔT は，溶質の種類に無関係に，溶液の質量モル濃度 m [mol/kg]に比例する。

$$\Delta T = K_f \cdot m$$

比例定数 K_f はモル凝固点降下といい，溶媒 1 mol/kg あたりの凝固点降下度を意味し，溶媒の種類により固有の値をもつ。ベンゼンの K_f は，5.12 K·kg/mol である。

解答　**問1**　直接冷却すると，急激に温度が下がり，溶液の温度を均一に保ちにくい。そのため，過冷却現象なども観察できず，正確な温度測定ができない。

問2　試料全体を均一に冷却するため。

問3　右図

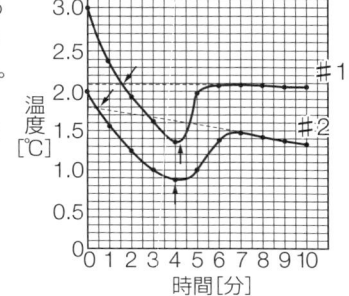

問4　不純物を含むと凝固点が降下するから，凝固点の高い♯1が高純度ベンゼンである。

問5　図の矢印

問6　高純度ベンゼン2.08℃，粗製ベンゼン1.78℃

問7　0.060 mol/kg，0.47%

凝固点降下度は，2.08−1.78＝0.30 [K]

不純物の質量モル濃度を x [mol/kg] とすると，

$1 : x = 5.0 : 0.30$　より　$x = 0.060$ [mol/kg]

演習問題

14 次の文章を読み，以下の各問いに答えよ。

鳴門教育大学　1997

(a)蒸留水50 cm³を沸騰させ，これに0.5 cm³の30％塩化鉄(Ⅲ)水溶液を加えて，赤褐色の水酸化鉄(Ⅲ)コロイド水溶液をつくった。(b)このコロイド水溶液に，横から光をあてると光の通路が輝いて見えた。次にこのコロイド水溶液をセロハンの袋に入れ，これを蒸留水200 cm³の入った300 cm³のビーカーに，5分間浸した。(c)それからただちに万能pH試験紙を用いてビーカー内の水のpHを調べた。次に(d)セロハンの袋の中のコロイド水溶液をU字管に移し，図1の装置で電気泳動の実験を行った。200 Vの直流電圧をかけたところ，6時間後に図2のように変化した。

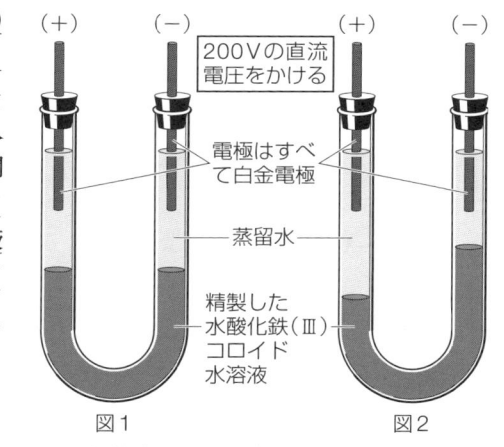

問1　下線部(a)で示された化学変化を化学反応式で表せ。
問2　下線部(b)に見られる現象は，チンダル現象と呼ばれる。チンダル現象が起こる原因について説明せよ。
問3　チンダル現象を利用して，コロイド粒子に側面から光をあてて顕微鏡(このような観察のできる顕微鏡を限外顕微鏡という)で見ると，コロイド粒子は輝く点として見え，不規則な動きをしていた。この不規則なコロイド粒子の運動の原因について説明せよ。
問4　下線部(c)の実験で予想されることを書け。
問5　下線部(d)の実験からわかることを書け。

15 図に示すように半透膜で左右に仕切られたU字管がある。左側に蒸留水を，右側に食塩水を等量ずつ入れ，左右の液面を同じ高さに合わせた。そのまましばらく放置すると，水だけが ㋐ {(a)左方，(b)右方} に移動して，左右の液面の高さに差が生じた。

十分に時間が経って液面の高さが変化しなくなってから，全体の温度を少し上昇させると，液面差は ㋑ {(c)大きく，(d)小さく} なった。

以下の各問いに答えよ。

富山大学　1999

問1　溶液の成分のうち，ある成分は通すが他の成分は通さないような膜を半透膜という。半透膜の具体例を2つ記せ。
問2　{　}の中から正しい方を選び，その記号を記せ。
問3　半透膜を利用して，海水から真水(塩分を除去した水)を製造する方法を60字程度で記せ。

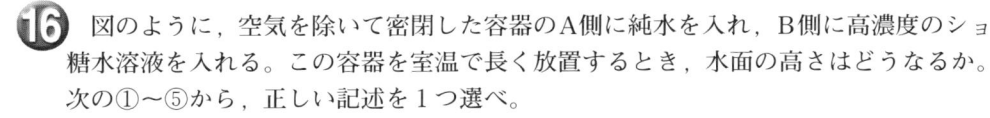

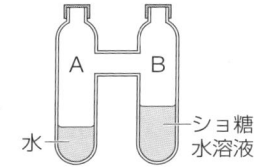

16 図のように，空気を除いて密閉した容器のA側に純水を入れ，B側に高濃度のショ糖水溶液を入れる。この容器を室温で長く放置するとき，水面の高さはどうなるか。次の①～⑤から，正しい記述を1つ選べ。

① A，Bそれぞれの側で蒸発する水分子の数と，凝縮する水分子の数がつり合っているので，水面の高さに変化がない。
② B側の水面がA側より高いので，B側からA側へ水分子が移り，やがて水面の高さが一致する。
③ B側の水蒸気圧がA側より低いため，B側では蒸発する水分子より凝縮する水分子の数が多く，B側の水面がさらに高くなる。
④ 純水を得る蒸留器と同じ機能をもつため，B側で蒸発する水分子がA側で凝縮し，A側の水面が高くなる。
⑤ B側では蒸気圧降下により沸点が上昇するため，A側でのみ蒸発と凝縮が起こり，水面の高さには変化がない。

6 反応熱とヘスの法則

→本文 p.64〜65

実験例題 6 反応熱の測定

反応熱を測定する実験について，下の問いに答えよ。

センターIB改 1999

【実験】ある容器に15℃の水500mLを入れ，そこに固体水酸化ナトリウム1.0molを加え，すばやく溶解させたところ，溶液の温度は右図の領域Aの変化を示した。逃げた熱の補正をすると，溶液の温度は35℃まで上昇したことになる。溶液の温度が30℃まで下がったとき，同じ温度の2.0 mol/L塩酸500 mLをすばやく加えたところ，再び温度が上昇して領域Bの温度変化を示した。

問1 水酸化ナトリウム水溶液に塩酸を加えたとき（領域B）の反応熱を何というか。

問2 領域Bの最高温度は何℃か。

問3 $HCl(aq) + NaOH(固) \longrightarrow NaCl(aq) + H_2O$
の反応熱は何kJ/molか。ただし，固体水酸化ナトリウムの溶解や中和反応による溶液の体積変化はないものとし，溶液の密度は1.0g/mL，比熱は4.2J/(g·K)とする。

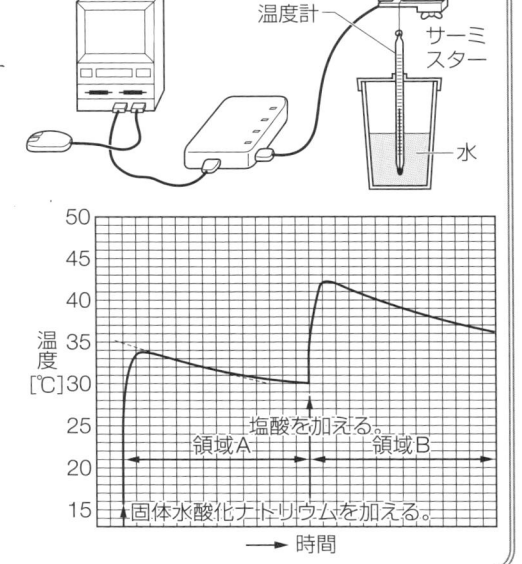

反応熱 化学変化によって放出されたり吸収されたりする熱を反応熱という。反応熱には，中和熱，溶解熱，燃焼熱，生成熱などがある。中和熱は，酸と塩基の反応で1 molの水が生成する際に発生する熱をいう。溶解熱は，溶質1 molを多量の溶媒に溶かしたときに出入りする熱をいう。

熱量の求め方 比熱$c[J/(g·K)]$の物質からできている質量$m[g]$の物体の熱容量$C[J/K]$は，$C = mc$である。よって，この物体の温度を$t[K]$上げるのに必要な熱量$Q[J]$は，次式で示される。

$$Q = Ct = mct$$

発生した反応熱は，容器や空気にも吸収されるから，下図のような時間－温度曲線において点線のように作図して補正し，水溶液の最高温度を求めることにより算出できる。

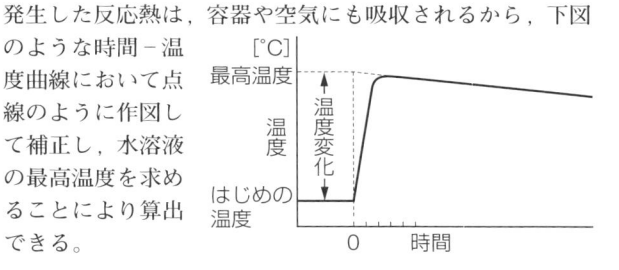

ヘスの法則 総熱量は保存されるので，次の経路Ⅰと経路Ⅱの反応熱の総和は等しい。

経路Ⅰ：固体の水酸化ナトリウムを水に溶かして，いったん水酸化ナトリウム水溶液をつくり，この水溶液を塩酸と反応させる。

経路Ⅱ：固体の水酸化ナトリウムを直接塩酸に加える。上の実験例題6に与えられた反応熱に該当する。この反応熱をQ_3[kJ/mol]とする。すなわち，$Q_1 + Q_2 = Q_3$が成り立つ。ただし，Q_1は水酸化ナトリウムの溶解熱，Q_2は水酸化ナトリウム水溶液と塩酸の中和熱である。

結合エネルギー 気体状態の物質を構成する原子間の共有結合を切断するのに必要なエネルギー。

解答 問1 中和熱

問2 43℃　上の解説の図のように補正して最高温度を決定する。

問3 96.6kJ/mol

溶解熱$Q_1 = mct = 500 \times 4.2 \times (35-15) = 42000$ [J/mol] $= 42.0$ [kJ/mol]

中和熱$Q_2 = mct = (500+500) \times 4.2 \times (43-30) = 54600$ [J/mol] $= 54.6$ [kJ/mol]

よって，反応熱$Q_3 = Q_1 + Q_2 = 42.0 + 54.6 = 96.6$ [kJ/mol]

演習問題

17 0.100mol/Lの水酸化ナトリウム水溶液50.0mLを，発泡ポリスチレン製コップ（ふたつき）に入れ，そこに0.100mol/L塩酸100mLを加え，十分にかき混ぜて完全に中和反応させたところ，溶液の温度が0.450K上昇した。反応後の溶液の質量を150g，この溶液の比熱を4.2J/(g·K)として次の問いに答えよ。　東京水産大学

問1 この中和反応の反応熱はいくらか。

問2 この中和反応の熱化学方程式を書け。

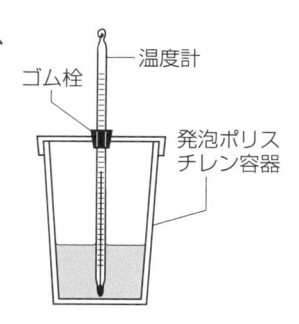

18 次の文を読み，下の熱化学方程式を利用して問いに答えよ。　鳥取大学　2000

メタンCH_4とプロパンC_3H_8はどちらも燃料として有用である。両者の特徴を比べてみると，沸点は $\boxed{a}$ の方が高い。1mol当たりの燃焼熱はメタンが $\boxed{ア}$ kJ，プロパンが $\boxed{イ}$ kJだから，25℃，$1.0×10^5$Paで1.0Lのメタンとプロパンをそれぞれ燃焼させたときの発熱量は $\boxed{b}$ の方が $\boxed{ウ}$ kJ多い。一方，1.0gのメタンとプロパンをそれぞれ燃焼させたときの発熱量は $\boxed{c}$ の方が $\boxed{エ}$ kJ多い。しかし，燃料としての有用性はこれだけでは決まらない。1000kJの熱量を得るために必要な量のメタンとプロパンをそれぞれ燃焼させたときのCO_2の発生量は， $\boxed{d}$ の方が $\boxed{オ}$ mol少ないので，環境保護の面からは優れている。

$$C(黒鉛)+2H_2=CH_4+76kJ \quad \cdots(1) \qquad 3C(黒鉛)+4H_2=C_3H_8+106kJ \quad \cdots(2)$$
$$C(黒鉛)+O_2=CO_2+394kJ \quad \cdots(3) \qquad H_2+\frac{1}{2}O_2=H_2O(液)+286kJ \quad \cdots(4)$$

問1 $\boxed{a}$～$\boxed{d}$ にはメタンとプロパンのどちらを入れるのが適当か答えよ。

問2 $\boxed{ア}$～$\boxed{オ}$ に入る数値を求めよ。また， $\boxed{ウ}$～$\boxed{オ}$ は，数値を求めるための計算式も示せ。ただし，気体は理想気体とみなす。原子量はH=1.0，C=12.0，気体定数Rは$8.3×10^3$Pa·L/(K·mol)とし， $\boxed{ア}$ と $\boxed{イ}$ は有効数字3桁， $\boxed{ウ}$ は有効数字2桁， $\boxed{エ}$ と $\boxed{オ}$ は有効数字1桁で答えよ。

19 次の文章を読み，問1および問2に答えよ。　岩手大学　1999

炭化水素の生成熱は，燃焼熱を利用して求めることが多いが，以下のように結合エネルギーを組み合わせて計算することもできる。

1．熱化学方程式(1)は，黒鉛が気化するときに1mol当たり718kJの熱エネルギーを $\boxed{ア}$ することを示している。式(2)は水素分子の結合を切る反応である。

$$C(黒鉛)=C(気)-718kJ \quad \cdots(1) \qquad \frac{1}{2}H_2(気)=H(気)-\boxed{イ}kJ \quad \cdots(2)$$

2．プロパンC_3H_8は， $\boxed{ウ}$ 個のC-C結合と $\boxed{エ}$ 個のC-H結合からできている。したがって，1molのプロパンが，孤立した状態の成分原子(気体の状態)から生成することを表す熱化学方程式は，式(3)と書ける。

$$\boxed{オ}+\boxed{カ}=C_3H_8(気)+\boxed{キ}kJ \quad \cdots(3)$$

3．生成熱とは，1molの化合物を成分元素の $\boxed{ク}$ から作るときの反応熱である。生成熱をQ kJとして，プロパンの生成反応を熱化学方程式で表すと，式(4)のようになる。

$$\boxed{ケ}+\boxed{コ}=C_3H_8(気)+Q kJ \quad \cdots(4)$$

問1 $\boxed{ア}$～$\boxed{コ}$ に適切な語句，数字または化学式(係数などを含む)を記せ。結合エネルギーが必要なときは，表の数値を使用すること。

問2 熱化学方程式(1)～(3)を用いて，プロパンC_3H_8(気)の生成熱Q kJを求めよ。計算の過程も示すこと。

表　結合エネルギー [kJ/mol]

結合	結合エネルギー	結合	結合エネルギー
C-C	348	C-O	351
C=C	615	O-H	463
C-H	414	H-H	436

7 中和滴定

→本文 p.10, p.72〜73

実験例題 7 中和滴定

中和滴定に関する次の問いに答えよ。
センターIB 1998, 2000

問1 ホールピペットを用いてはかりとった希塩酸10mLを，蒸留水で正確に10倍に薄めたい。それに必要なガラス器具として最も適当なものを，右の①〜⑤のうちから1つ選べ。

問2 希塩酸をはかりとるホールピペットの取り扱いについて，次の記述①〜④のうちから，最も適当なものを1つ選べ。ただし，ホールピペットはあらかじめ蒸留水で洗浄し，ぬれた状態にある。
① そのまま使用する。　② エタノールで中を数回すすいだ後，そのまま使用する。
③ はかりとる希塩酸で中を数回すすいだ後，加熱乾燥して使用する。
④ はかりとる希塩酸で中を数回すすいだ後，そのまま使用する。

問3 濃度のわかっている塩酸をホールピペットを用いてコニカルビーカーにとり，フェノールフタレイン溶液を数滴加えた。これに右図のようにして，濃度のわからない水酸化ナトリウム水溶液をビュレットから滴下した。図はビュレットの目盛りを読むときの視線を示している。目盛りを正しく読む視線を，矢印ア〜ウのうちから1つ選べ。

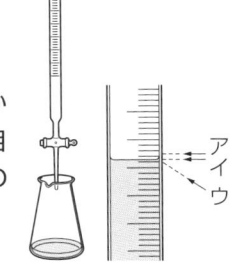

問4 正確に10倍に薄めた希塩酸10mLを，0.10mol/Lの水酸化ナトリウム水溶液で滴定したところ，中和までに8.0mLを要した。薄める前の希塩酸の濃度は何mol/Lか。

① メスフラスコ　② ビーカー　③ メスシリンダー　④ 三角フラスコ　⑤ ビュレット

中和滴定で用いられるガラス器具　ガラス器具内の溶液の濃度が問題となる場合と，ガラス器具内の溶液中の溶質の絶対量が問題になる場合がある。前者はホールピペットやビュレットであり，洗浄した純水が内部に残っていると中に入れる溶液の濃度が薄まるので都合が悪い。そこで乾燥してから用いるか，または使用する溶液の少量で数回すすいでから使用する。この操作を「共洗い」という。後者はメスフラスコやコニカルビーカーであり，純水で洗い，ぬれたまま使用してもよい。溶質の絶対量が問題となるからである。

シュウ酸標準溶液　シュウ酸の結晶$(COOH)_2 \cdot 2H_2O$は安定で，組成が変化しないためその一定量を正確にはかりとることができるので，標準溶液をつくるのに適している。一方，固体の水酸化ナトリウムは空気中で不安定で，純粋な結晶が得られないため，正確にはかりとれない。その水酸化ナトリウム水溶液の正確な濃度はシュウ酸標準溶液との中和滴定により決定される。

中和滴定と酸・塩基の量的関係　濃度が決定された水酸化ナトリウム水溶液を用いて，濃度未知の酸の水溶液の濃度が中和滴定により決定される。濃度既知の塩基(酸)を用いて，濃度未知の酸(塩基)の濃度を，中和反応の量的関係から求める方法が中和滴定である。酸と塩基が過不足なく中和するとき，反応するH^+とOH^-の物質量は等しいから，$zcv=z'c'v'$の関係式が成り立つ。z, z'は酸，塩基の価数，c, c'は酸，塩基のモル濃度，v, v'は酸，塩基の体積である。

指示薬　中和滴定の終点を判定する指示薬はその種類によって固有の変色域(pH値)をもっていることに注意する必要がある。例えば，酢酸を水酸化ナトリウム水溶液で滴定する場合には，塩基性側の指示薬のフェノールフタレインを使用する。

中和滴定曲線　中和滴定において，加えた酸や塩基の体積と，混合水溶液の示すpHとの関係を表す曲線をいう。中和点のpHは中和によって生じる塩の水溶液のpHとなり，中和点付近では急激にpHが変化する。この急激に変化する範囲内に変色域をもつ指示薬を用いて中和点を知る。

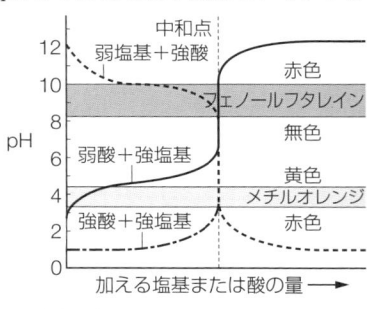

解答　**問1** ①のメスフラスコ　**問2** ④　**問3** イ
問4 薄める前の希塩酸の濃度をx[mol/L]とすると，
$$\frac{x}{10} \times \frac{10}{1000} = 0.10 \times \frac{8.0}{1000} \quad \text{より} \quad x = 0.80 \text{[mol/L]}$$

演習問題

20 濃度 0.100mol/L のシュウ酸標準溶液 250mL を調製したい。はかりとったシュウ酸二水和物を水に溶解して標準溶液とする操作として最も適当なものを，次の①〜③のうちから1つ選べ。　センターIB追試　2000
① 500mL のビーカーにシュウ酸二水和物を入れて，約 200mL の水に溶かし，ビーカーの 250mL の目盛りまで水を加えたあと，よくかき混ぜた。
② 100mL のビーカーにシュウ酸二水和物を入れて少量の水に溶かし，この溶液とビーカーの中を洗った液とを 250mL のメスフラスコに移した。水を標線まで入れ，よく振り混ぜた。
③ 500mL のビーカーにシュウ酸二水和物を入れて，メスシリンダーではかりとった水 250mL を加え，よくかき混ぜた。

21 次の4種類の溶液A〜Dを調製した。このうち2つの溶液を用いて，市販されている食酢中の酢酸の濃度を中和滴定によって求める実験を行った。次の各問いに答えよ。ただし，メチルオレンジの変色域はpH 3.1〜4.4，フェノールフタレインの変色域はpH 8.3〜10.0である。　群馬大学改　2000

A：100mL の蒸留水を入れたビーカーに濃塩酸（約12mol/L）20mL を入れた。さらに蒸留水を加えて全量を 500mL とした。
B：水酸化ナトリウム約 2g をビーカーに取り，これに蒸留水 500mL を加えて溶かした。
C：シュウ酸二水和物 $(COOH)_2 \cdot 2H_2O$ 6.30g をビーカーにとり，これに蒸留水を加えて溶かした。この水溶液とビーカーの洗液を 500mL のメスフラスコに入れ，標線まで蒸留水を加えてよく振り混ぜた。
D：炭酸ナトリウム Na_2CO_3 5.30g をビーカーにとり，これに蒸留水を加えて溶かした。この水溶液とビーカーの洗液を 500mL のメスフラスコに入れ，標線まで蒸留水を加えてよく振り混ぜた。

【実験】　ア　の溶液 5.00mL を三角フラスコに入れ，蒸留水約 10mL と　イ　を加えた。これをビュレットに入れた　ウ　の溶液で滴定したところ，12.50mL を要した。
次に市販されている食酢を水で正確に10倍に薄めた溶液 10.00mL を別の三角フラスコに入れ，　エ　を加え　ウ　の溶液で滴定したところ 8.00mL を要した。

問1 Dの溶液は酸性，中性，塩基性のいずれの性質を示すか。またその理由を30字以内で記せ。
問2 　ア　と　ウ　にあてはまるものを溶液A〜Dより選べ。
問3 　イ　と　エ　に適する指示薬はメチルオレンジまたはフェノールフタレインのどちらか。
問4 市販されている食酢中の酢酸の濃度は何 mol/L か，小数第3位まで求めよ。ただし，食酢中の酸はすべて酢酸とみなし，計算過程も示せ。

22 右の(A)〜(C)の図は，さまざまな酸と塩基の水溶液の組み合わせで得られた中和滴定曲線を示している。中和滴定曲線の中和点前後のpH変化，中和点のpHあるいは液量などから，滴定曲線(A)，(B)，(C)に，それぞれ最も適している酸と塩基の水溶液の組み合わせの実験を，下記の**実験あ〜き**の中から選べ。　立命館大学　1998

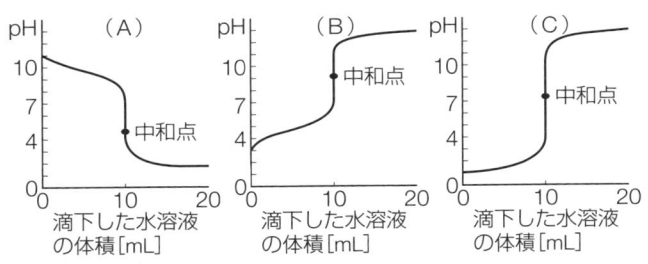

実験あ　0.100mol/L 硫酸 10.0mL を，0.100mol/L 水酸化ナトリウム水溶液で滴定した。
実験い　0.100mol/L 塩酸 10.0mL を，0.100mol/L 水酸化ナトリウム水溶液で滴定した。
実験う　0.100mol/L 塩酸 10.0mL を，0.100mol/L アンモニア水で滴定した。
実験え　0.100mol/L 酢酸水溶液 10.0mL を，0.100mol/L 水酸化ナトリウム水溶液で滴定した。
実験お　0.100mol/L 酢酸水溶液 10.0mL を，0.100mol/L アンモニア水で滴定した。
実験か　0.100mol/L アンモニア水 10.0mL を，0.100mol/L 塩酸で滴定した。
実験き　0.100mol/L 水酸化ナトリウム水溶液 10.0mL を，0.100mol/L 塩酸で滴定した。

8 電気分解

→本文 p.86〜87

実験例題 8　電気分解とファラデーの法則

図に示すように電解槽Ⅰに硝酸銀水溶液を，電解槽Ⅱに硫酸ナトリウム水溶液を入れ，電気分解を行ったところ，白金電極Aに銀が43.2g析出した。原子量はAg = 108として，次の各問いに答えよ。

センター改　1997

問1　白金電極B付近ではどのような変化が見られるか，説明せよ。

問2　電気分解によって，白金電極C，Dで発生した気体はそれぞれ何か。また何molか。

問3　白金電極C，D付近の溶液のpHは，電気分解によって，それぞれどのように変化するか。説明せよ。

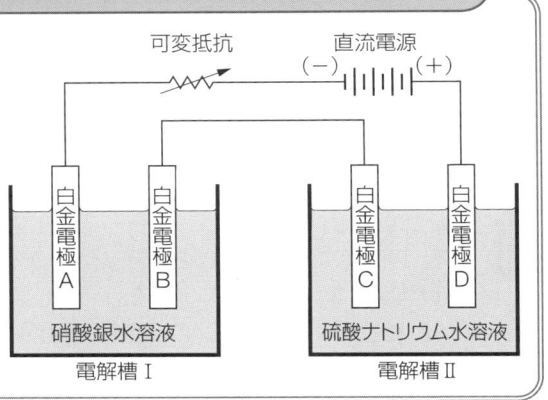

電気分解　電解質水溶液や融解塩に直流電流を流し，酸化還元反応を起こすこと。直流電源の正極につないだ極を陽極，負極につないだ極を陰極という。

電極での反応　陽極：酸化反応。Pt，C極では陰イオン，水分子が電子放出，Cu，Ag極では極板が溶け，電子放出。陰極：還元反応。電極の種類によらず，イオン化傾向の大きな陽イオン，水分子が電子を受け取る。

ファラデーの法則　陰極や陽極で変化するイオンの物質量は，流れた電気量に比例し，イオンの価数に反比例する。

電気分解における量的関係

(1) 電気量
- 1C（クーロン）：1A（アンペア）の電流が1秒間流れたときの電気量

  電気量[C]＝電流[A]×時間[秒]

- ファラデー定数 F：電子1molのもつ電気量で，96500C/mol

(2) ファラデーの電気分解の法則
陰極や陽極で変化するイオンの物質量は，流れた電気量に比例し，イオンの価数に反比例する。

〔例〕1molの電子（96500C）が流れたときの変化量

$Ag^+ + e^- \longrightarrow Ag$　Agが1mol析出

$2H^+ + 2e^- \longrightarrow H_2$　H_2 が $\frac{1}{2}$ mol発生

(3) 電解槽の接続
- 直列：各電解槽に同じ電気量が流れる。
- 並列：電池から流れた電気量は各電解槽を流れた電気量の和となる。

表　電解液と生成物

電解液	陽極 電極	陽極 生成物	陰極 電極	陰極 生成物
H_2SO_4	Pt	O_2	Pt	H_2
Na_2SO_4	Pt	O_2	Pt	H_2
NaOH	Pt	O_2	Pt	H_2
NaCl	Pt	Cl_2	Pt	H_2
融解 NaCl	C	Cl_2	Fe	Na
$AgNO_3$	Pt	O_2	Pt	Ag
$AgNO_3$	Ag	Ag^+	Ag	Ag
$CuSO_4$	Pt	O_2	Pt	Cu
$CuSO_4$	Cu	Cu^{2+}	Cu	Cu

【解答】　**問1**　陽極…酸素が発生し，電極付近の水溶液は酸性となる。

$2H_2O \longrightarrow O_2 + 4H^+ + 4e^-$

問2　電極C（陰極）…水素　$2H_2O + 2e^- \longrightarrow H_2 + 2OH^-$
電極D（陽極）…酸素　$2H_2O \longrightarrow O_2 + 4H^+ + 4e^-$

電極AにAg 43.2gが析出したことから，流れた電子の物質量は

$Ag^+ + e^- \longrightarrow Ag$　$\frac{43.2}{108} = 0.400$ [mol]

電極C，Dで起こる反応の反応式より，電子1molあたり $\frac{1}{2}$ molの水素と $\frac{1}{4}$ molの酸素が発生する。したがって，電子0.400molで発生した気体は

水素　$0.400 \times \frac{1}{2} = 0.200$ [mol]

酸素　$0.400 \times \frac{1}{4} = 0.100$ [mol]

問3　電解液である硫酸ナトリウム水溶液は中性。電気分解により，電極C付近では水酸化物イオンOH^-を生じ，水溶液はアルカリ性を示すのでpHは7より大きくなる。電極D付近では水素イオンH^+を生じるため酸性を示し，pHは7より小さくなる。

演習問題

23 白金板を電極として硫酸銅(Ⅱ)水溶液を，0.50Aの電流で96.5分間電気分解した。陰極で析出する銅の質量[g]と陽極で発生する酸素の標準状態での体積[mL]を求めよ。原子量はCu＝64，ファラデー定数＝9.65×10^4 C/molとする。
〔センター追試　2000〕

24 下図に示すように，素焼き板で仕切った容器の一方に金属aとその硝酸塩水溶液(1mol/L)，他方に金属bとその硝酸塩水溶液(1mol/L)を入れて電池をつくった。金属bが正極となり，しかも起電力が最も大きくなる金属の組み合わせを，下の①〜⑤のうちから1つ選べ。
〔センター追試　2000〕

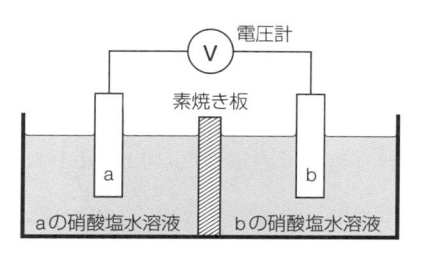

	a	b
①	銅 Cu	銀 Ag
②	亜鉛 Zn	銀 Ag
③	鉛 Pb	銅 Cu
④	銀 Ag	鉛 Pb
⑤	銀 Ag	亜鉛 Zn

25 右の図のように回路を作り，電極に白金板を用いてNaCl水溶液とAgNO₃水溶液を電気分解した。このとき電極Ⅰと電極Ⅱの間には隔膜をおき，電極付近の溶液が互いに混じり合わないようにした。0.500アンペアの一定電流を流して電気分解したところ，電極Ⅳの質量は2.16g増加しており，また電極ⅢとⅣを侵した溶液の体積は200mLあった。

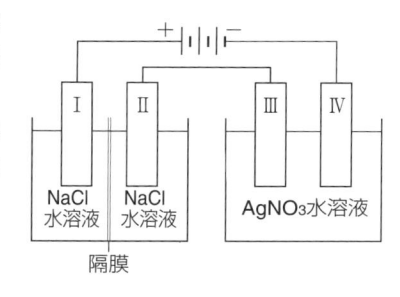

以下の問1〜問6に答えよ。なお，計算問題の答えは有効数字3桁まで求め，その計算過程もあわせて記入すること。ただし，問5については整数値で答えよ。必要があれば，原子量としてH＝1.01，N＝14.0，O＝16.0，Na＝23.0，Cl＝35.5，Ag＝108，ファラデー定数として96500C/molの値を用いよ。

問1　Ⅰ，Ⅱ，Ⅲ，Ⅳの各電極上で主として起こる反応を，イオン反応式で示せ。
問2　この電気分解に使われた電気量は何クーロンか。
問3　電気分解には何分間かかったか。
問4　電極Ⅰで生成する気体は温度273K，圧力0.800atmで何リットルを占めるか。
問5　電極ⅢとⅣを侵した液体のpHはいくらか。
問6　電極Ⅱを侵した液体全体を中和するためには濃度0.500mol/Lの1価の酸の溶液が何mL必要か。
〔信州大学　2005〕

26 金属ナトリウムの製造には，塩化ナトリウムと塩化カルシウムの融解混合物中に黒鉛陽極と銅製陰極を入れ，直流電流を通じる方法(融解塩電解)が使われる。
〔山口大学　1999〕

問1　アルミナAl₂O₃を原料とする金属アルミニウムの製造では，氷晶石Na₃[AlF₆]をアルミナに加えて融解塩電解する。金属ナトリウムの製造では，塩化カルシウムを塩化ナトリウムに加える。氷晶石や塩化カルシウムを原料に加える理由を書け。
問2　融解塩中にはカルシウムイオンが多量にあるにもかかわらず，陰極に析出するのはほとんど金属ナトリウムである。その理由を書け。
問3　陽極と陰極間に50.0Aの直流電流を通じて電気分解するとき，11.5gのナトリウム単体を得るには何秒通電しなければならないか。有効数字3桁で答えよ。ただし，通じた電気はナトリウムイオンの還元にすべて使われたものとする。ファラデー定数＝9.65×10^4 C/mol，原子量はNa＝23.0とする。

9 化学平衡

→本文 p.90～95

実験例題 9　pHの測定と電離定数

0.1mol/Lの酢酸を正確に薄めて，25℃に保ちながらそれぞれのpHを測定したところ，下表のような結果が得られた。この実験では，水の電離による$[H^+]$は無視してよい。

酢酸の濃度 [mol/L]①	pH	$[H^+]$あるいは $[CH_3COO^-]$②	$[CH_3COOH]$ (①－②)	K_a [mol/L]
0.1	2.87	$1.35×10^{-3}$	$9.87×10^{-2}$	
0.05	3.03	$0.933×10^{-3}$	$4.91×10^{-2}$	$1.77×10^{-5}$
0.01	3.39	$0.407×10^{-3}$	$0.959×10^{-2}$	$1.73×10^{-5}$
0.001	3.89	$0.129×10^{-3}$	$0.0871×10^{-2}$	

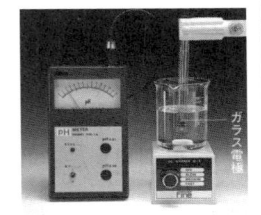

次に，図のような操作で薄めた酢酸水溶液を，0.1mol/L NaOH水溶液で滴定した。0.1mol/L NaOH水溶液1mLごとのpHを測定したところ，表のような結果を得た。

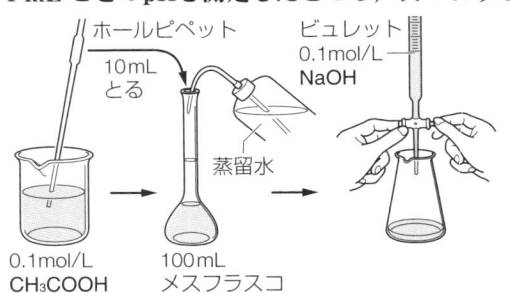

NaOH[mL]	0	1	2	3	4	5	6
pH	3.4	3.8	4.2	4.4	4.6	4.8	4.9
NaOH[mL]	7	8	9	10	11	12	13
pH	5.1	5.3	5.7	8.5	11.0	11.2	11.4
NaOH[mL]	14	15	16	17	18	19	20
pH	11.6	11.7	11.8	11.9	11.9	12.0	12.1
NaOH[mL]	21	22	23	24	25		
pH	12.1	12.1	12.1	12.1			

問1 0.1mol/Lの酢酸を正確に薄めて，0.05mol/Lの酢酸20mLを得る方法を述べよ。
問2 酢酸の電離平衡の反応式を書け。
問3 酢酸の電離定数K_aを$[CH_3COOH]$などを用いて示せ。
問4 表のK_aの値の空欄をうめよ。
問5 問4において，$[CH_3COO^-]=[H^+]$とみなして計算してよい理由を述べよ。
問6 表をもとにして，横軸を0.1mol/L NaOH水溶液の体積，縦軸をpHとしてグラフをかけ。
問7 問6のようなグラフを何とよぶか。
問8 測定前のpHを計算せよ。ただし，酢酸の電離定数K_aを$1.8×10^{-5}$mol/L，log4.2＝0.6とする。
問9 0.1mol/L NaOH水溶液を5mL加えたときのコニカルビーカー中の水溶液の$[CH_3COO^-]$を計算せよ。
問10 問9でのpHを計算せよ。ただし，log1.8＝0.3とする。
問11 中和点でのpHを計算せよ。水のイオン積$K_w=1×10^{-14}$ $[mol/L]^2$，log4.5＝0.7とする。
問12 0.1mol/L NaOH水溶液を25mL加えたときのpHを計算せよ。ただし，log8.3＝0.9とする。

平衡状態 例えば，酢酸エチルの合成・加水分解反応のように，どちらの方向にも進む反応を一般に可逆反応と呼ぶ。可逆反応において，正反応と逆反応の反応速度が等しい状態を平衡状態という。

質量作用の法則 可逆反応 $aA+bB \rightleftarrows cC+dD$ において，平衡状態での各物質の濃度[A]，[B]，[C]，[D]の間には次式のような関係が成り立つ。

$$\frac{[C]^c[D]^d}{[A]^a[B]^b}=K \quad (Kは平衡定数)$$

ルシャトリエの原理 可逆反応が平衡状態になっているとき，濃度や温度などの条件を変えるとその影響をうち消す方向に反応が進み，新しい平衡状態に達する。これをルシャトリエの原理という。

電離平衡 弱電解質を水に溶解すると，その一部が電離して平衡状態に達する。この状態を電離平衡という。各粒子の濃度の間には質量作用の法則が成立する。

緩衝溶液 少量の酸や塩基が加わっても，pHが大きく変化しない水溶液。一般に弱酸とその塩，または弱塩基とその塩の水溶液は緩衝溶液になる。

解答 問1 0.1mol/L 酢酸水溶液を10mL ホールピペットでとり，20mLメスフラスコに移す。これを純水で薄めて正確に20mLとする。

問2 $CH_3COOH \rightleftarrows CH_3COO^- + H^+$

問3 $K_a = \dfrac{[CH_3COO^-][H^+]}{[CH_3COOH]}$

問4 0.1のとき1.85×10^{-5}，0.001のとき1.91×10^{-5}
酢酸濃度0.1mol/L について考えると，pH=2.87より，
$[H^+] = 10^{-2.87} = 1.35 \times 10^{-3}$ [mol/L]
この値は酢酸イオンの濃度にも等しい。よって，
$[CH_3COOH] = 0.1 - 1.35 \times 10^{-3} = 9.87 \times 10^{-2}$ [mol/L]
ゆえに，
$K_a = \dfrac{(1.35 \times 10^{-3})^2}{9.87 \times 10^{-2}} = 1.85 \times 10^{-5}$ [mol/L]
となる。0.001mol/L についても同様に考えればよい。

問5 水の電離による$[H^+]$は無視できるほど小さいから。酸性状態では$[H^+]$が大きいから，水のイオン積$K_w = [H^+][OH^-]$=一定より$[OH^-]$は極めて小さい。また，酢酸水溶液では，$[OH^-]$は水の電離によってのみ生成するから，水の電離によって生成する$[H^+]$は$[OH^-]$に等しく，極めて小さいことになる。ゆえに，酢酸水溶液中の$[H^+]$はほとんどが酢酸の電離によって生じたとみなしてよいので，$[CH_3COO^-]$に等しいとみなせる。

問6 右図

問7 滴定曲線

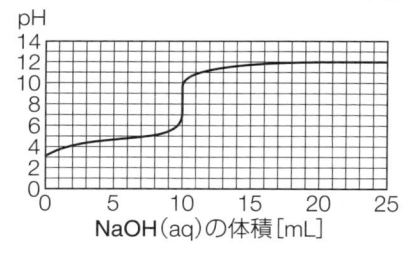

問8 電離度が小さいとみなせるから，$[CH_3COOH] = 0.01$ [mol/L] とみなせる。よって，$[H^+] = [CH_3COO^-]$としてK_aに代入すると，
$K_a = \dfrac{[H^+]^2}{0.01} = 1.8 \times 10^{-5}$ ゆえに，$[H^+] = 4.2 \times 10^{-4}$ mol/L
$pH = -\log[H^+]$ より pH=3.4

問9 滴下した NaOH は酢酸の中和に必要な量の半分である。生成する酢酸ナトリウムはほぼ全量が電離しており，未反応の酢酸はほぼ全量が未電離とみなせるから，
$[CH_3COOH] = [CH_3COO^-]$
$= 0.1 \times \dfrac{5}{1000} \times \dfrac{1000}{105} = 4.8 \times 10^{-3}$ [mol/L]

問10 問9より，$K_a = [H^+] = 1.8 \times 10^{-5}$ よって，
$pH = -\log[H^+] = 5 - 0.3 = 4.7$

問11 中和点では，酢酸は全量酢酸ナトリウムに変化しているから，
$[CH_3COO^-] = 0.01 \times \dfrac{100}{110} = 9.1 \times 10^{-3}$ [mol/L] とみなせる。
しかし，酢酸イオンはわずかに次のように加水分解される。
$CH_3COO^- + H_2O \rightleftarrows CH_3COOH + OH^-$ したがって，
$[CH_3COOH] = [OH^-]$ とみなせる。
よって，
$\dfrac{K_a}{K_w} = \dfrac{[CH_3COO^-][H^+]}{[CH_3COOH]} \times \dfrac{1}{[H^+][OH^-]} = \dfrac{9.1 \times 10^{-3}}{[OH^-]^2} = 1.8 \times 10^9$
$[OH^-] = 2.2 \times 10^{-6}$ [mol/L] となる。これよりK_wを用いて，
$[H^+] = 4.5 \times 10^{-9}$ [mol/L] pH=8.3

問12 NaOH水溶液が，25-10=15 [mL] 過剰だから，
$[OH^-] = 0.1 \times \dfrac{15}{1000} \times \dfrac{1000}{125} = 1.2 \times 10^{-2}$ [mol/L]，K_wより
$[H^+] = \dfrac{1.0 \times 10^{-14}}{[OH^-]} = 8.3 \times 10^{-13}$ [mol/L] pH=12

演習問題

27 次の文章を読み，下の問いに答えよ。　　　　　　　　　　　　　　　　　　　　香川大学 1999

酢酸とエタノール(エチルアルコール)をそれぞれ1.00 mol ずつ用い，有機溶媒中で酸触媒を用いてエステル化反応を可逆反応となる条件下で行うものとする。ただし，反応温度は常に一定に保たれているものとする。

問1 この反応の反応式を記せ。

問2 この温度での平衡定数は4.00であるとする。反応が平衡に達したときに反応溶液中には，酢酸とエタノールはそれぞれ何molずつ残っているか。解答にあたり，計算過程も記せ。

問3 この温度での反応で，酢酸の残量を0.100molとしたい。このためにはあと何mLのエタノールを反応溶液に加えればよいか。解答にあたり，計算過程も記せ。ただし，エタノールの密度は0.800g/mLとする。

28 次の問いに答えよ。　　　　　　　　　　　　　　　　　　　　　　　　　　　　高知大学 1999

問1 塩化アンモニウムNH_4Clの水溶液は弱い酸性を示す。それは，(1)式のようにして，アンモニウムイオンから水素イオンが放出されるからである。　$NH_4^+ \rightleftarrows H^+ + NH_3$ …(1)
アンモニウムイオンの電離定数は5.75×10^{-10}mol/L である。0.10mol/LのNH_4Cl水溶液中のNH_4^+の電離度αを概算せよ。また，そのときの水素イオン濃度を求めよ。水の解離による水素イオンは無視してよい。

問2 フェノールと酢酸の電離定数は，それぞれ1.5×10^{-10}mol/L と，2.75×10^{-5}mol/L である。塩化アンモニウムを加えた3つの酸について，酸としての強さの順を記せ。

10 ハロゲン

→本文 p.100〜101

実験例題 10　ハロゲン・塩素の製法

次の文章を読んで，各問いに答えよ。　　　　　　　　　　　　　　　　　　　神戸大学　2000

周期表17族に属する元素は (ア) と総称され，他の原子から電子を1個奪い，1価の陰イオンになりやすい。その単体は，2原子が結合した分子として存在し，室温で気体である塩素や (イ)，液体である (ウ)，昇華性の固体であるヨウ素があり，毒性が強い。(A)他の物質との反応性(酸化力)は (エ) の順に強くなる。

ヨウ素は水に溶けにくいが，ヨウ化物イオンを含む水溶液には溶ける。ふつうこれをヨウ素溶液という。塩素には刺激臭があり，(B)実験室では酸化マンガン(Ⅳ)に濃塩酸を加え加熱して発生させる。また，塩素の水溶液は，(C)塩素の一部が水と反応して生じた (オ) のため，漂白・殺菌作用をもつ。

問1　空欄 (ア)〜(オ) に適切な語句を記入せよ。

問2　(1) Cl^- の電子配置を例にならって書け。
　　　　[例] $Na : K(2) L(8) M(1)$
　　　(2) 塩素より原子番号の大きい元素の中で，Cl^- と同じ電子配置をもつ原子あるいはイオンの化学式を，原子番号の近いものから2つ書け。

問3　(1) 下線部(A)に関して，臭化ナトリウムに塩素を作用させる場合の化学反応式を示せ。
　　　(2) 下線部(B)を化学反応式を用いて示せ。
　　　(3) 下線部(C)を化学反応式を用いて示せ。

問4　上の図は，実験室での乾燥した塩素の製法を示したものである。
　　　(1) 洗気びん[a]および[b]に入れる物質名を書け。
　　　(2) 洗気びん[a]および[b]は何のために置くのか，それぞれその理由を書け。
　　　(3) 水上置換，上方置換，下方置換のどの捕集方法が適切かを選び，その理由を25字以内で書け。

図　塩素の製法

ハロゲン　原子の最外殻電子7個。単体は2原子分子で有毒。

ハロゲン化水素　HF が水素結合のため会合分子$(HF)_n$ となる。このため水溶液(フッ化水素酸)は電離しにくく，弱酸。沸点はHFが分子間に水素結合を形成するため，他より高くなる。

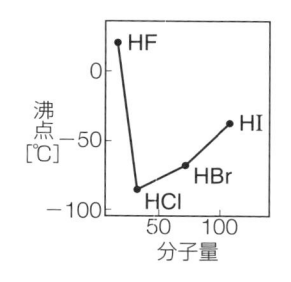

ハロゲン化銀　AgF(黄色)，$AgCl$(白色)，$AgBr$(淡黄色)，AgI(黄色)。AgFは水に可溶，他は水に不溶。ハロゲン化銀には感光性がある。

ヨウ素溶液　ヨウ素は水に溶けにくいが，ヨウ化カリウム水溶液に溶ける。これはヨウ素がヨウ化物イオンと反応して，水に溶けやすい三ヨウ化物イオン(I_3^-)を生成し，褐色の溶液となる。これをヨウ素溶液という。
$$I_2 + I^- \longrightarrow I_3^-$$

ハロゲン単体の性質

単体	分子式	融点[℃]	沸点[℃]	色	状態(常温)	酸化力	水素との反応	水との反応
フッ素	F_2	−220	−188	淡黄色	気体	強 ↑	冷暗所でも爆発的に化合	激しく反応して酸素を発生
塩素	Cl_2	−101	−34	黄緑色	気体		光により爆発的に化合	一部反応してHCl, HClOを生成
臭素	Br_2	−7	59	赤褐色	液体		加熱と触媒により化合	ほとんど反応しない
ヨウ素	I_2	114	184	黒紫色	固体	↓ 弱	加熱と触媒でわずかに化合	ほとんど水に溶けない

ハロゲン化水素

フッ化水素 HF	弱酸	フッ化水素酸
塩化水素 HCl	強酸	塩酸
臭化水素 HBr	強酸	臭化水素酸
ヨウ化水素 HI	強酸	ヨウ化水素酸

解答 問1 ハロゲンは原子番号の小さいものほど酸化力は大きい。(ア)ハロゲン (イ)フッ素 (ウ)臭素 (エ)ヨウ素＜臭素＜塩素＜フッ素 (オ)次亜塩素酸
問2 (1) Cl^-：$K(2)L(8)M(8)$ (2) Ar, K^+
問3 (1) $2NaBr + Cl_2 \longrightarrow Br_2 + 2NaCl$ (酸化力は $Br_2 < Cl_2$)
(2) $MnO_2 + 4HCl \longrightarrow MnCl_2 + 2H_2O + Cl_2$
(3) $Cl_2 + H_2O \rightleftarrows HCl + HClO$

問4 (1) 洗気びん[a] 水
洗気びん[b] 濃硫酸
(2) 洗気びん[a] 塩化水素を除くため。
洗気びん[b] 水蒸気を除くため。
(3) 捕集方法：下方置換 [理由] 塩素は水に溶け、空気より重い気体のため。

演習問題

㉙ 4種類のハロゲン元素A，B，C，Dについて、以下の文章を読み、各問いに答えよ。
お茶の水女子大学 1999

室温において単体のA，Bは気体であり、Cは液体、Dは固体である。Aを水に溶かしたハロゲン化水素酸は他のハロゲン化水素酸と比較して電離度が小さいことが知られている。$KMnO_4$の式量は158として計算せよ。

問1 Aの元素名およびハロゲン化水素酸の電離度が小さい理由を書け。
問2 Bのハロゲン化水素水に含まれているハロゲン化水素酸を硫酸酸性下で完全に酸化するために、1.58gの過マンガン酸カリウムを必要とするとき、そのハロゲン化水素水の質量は何gであるか。反応式および途中の計算過程も示し、有効数字3桁で答えよ。ただし、このハロゲン化水素水の質量パーセント濃度は30％として計算せよ。
問3 Dのハロゲン化物イオンを含む水溶液に単体C(室温では液体)を気体として通ずると、Dの単体が生じ、Cのハロゲン化物イオンを生成する反応が起きる。C，Dの元素名およびその反応式を書け。
問4 Cのハロゲン化物イオンを含む水溶液に硝酸銀水溶液を添加するとハロゲン化銀を生成し沈殿する。この沈殿は何色か。

㉚ A～Dの4種類のハロゲン単体の性質は次のとおりである。下の問いに答えよ。
熊本大学 1999
Aは常温で黒紫色の固体である。水には溶けにくく、その酸化力はBより弱い。
Bは常温で赤褐色の液体である。その酸化力はCより弱くAより強い。
Cは常温で黄緑色の気体である。
Dは常温で淡黄色の気体である。その酸化力は最も強く、水と激しく反応する。
問1 A～Dの元素名をそれぞれ記せ。
問2 A～Dと水素の化合物、すなわちハロゲン化水素をそれぞれ化学式で表し、沸点の低いものから順にならべよ。また、なぜそのような序列になるか、説明せよ。

㉛ 17族のハロゲン元素に関する次の文のうち、誤っているものはどれか。
自治医科大学改 1999
ア フッ化銀は水に可溶である。
イ ヨウ化銀はアンモニア水に溶けて、ジアンミン銀(I)イオンを形成する。
ウ フッ化水素酸は弱酸性を示す。
エ 塩素水をヨウ化カリウム水溶液に加えるとヨウ素を生ずる。
オ 単体の臭素は二原子分子で常温で液体である。
カ ハロゲンの単体は原子番号が大きいものほど酸化力は大きい。
キ ハロゲンの単体は原子番号が大きいものほど融点・沸点は高くなる。
ク ハロゲンの単体は原子番号が大きいものほど水と反応しやすくなる。

11 金属イオンの分離・確認

→本文 p.122〜125

実験例題 11　金属イオンの系統分離

Ag^+，Cu^{2+}，Zn^{2+}，Al^{3+}，Fe^{3+}，Ca^{2+}の6種類の金属陽イオンの混合水溶液からそれぞれのイオンを分離する操作を図に示してある。問1〜3に答えよ。また，表に金属陽イオンの沈殿反応を参考として示してある。

東邦大学　1999

問1　沈殿A〜Eに入る化学式として正しいものをそれぞれ1つ選べ。

沈殿A
① AgCl　② $CuCl_2$　③ $ZnCl_2$
④ $AlCl_3$　⑤ $FeCl_3$　⑥ $CaCl_2$

沈殿B
① Ag_2S　② CuS　③ ZnS
④ Al_2S_3　⑤ Fe_2S_3　⑥ CaS

沈殿C
① Ag_2O　② $Cu(OH)_2$　③ $Zn(OH)_2$
④ $Al(OH)_3$　⑤ $Fe(OH)_3$　⑥ $Ca(OH)_2$

沈殿D
① Ag_2S　② CuS　③ ZnS
④ Al_2S_3　⑤ Fe_2S_3　⑥ CaS

沈殿E
① Ag_2CO_3　② $Cu(OH)_2$　③ $ZnCO_3$
④ $Al(OH)_3$　⑤ $Fe(OH)_3$　⑥ $CaCO_3$

図　金属陽イオンの分離

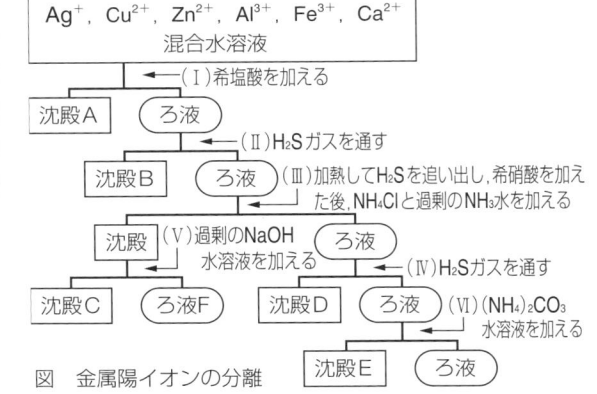

表　金属陽イオンの沈殿反応

イオン	試薬			
	H_2S(酸性)	H_2S(塩基性)	NH_3	NaOH
Ag^+	◯	◯	◯→✕	◯
Cu^{2+}	◯	◯	◯→✕	◯
Zn^{2+}	✕	◯	◯→✕	◯→✕
Al^{3+}	✕	✕(※)	◯	◯→✕
Fe^{3+}	✕	◯	◯	◯
Ca^{2+}	✕	✕	✕	◯

試薬は水溶液である。◯は沈殿するもの，✕は沈殿しないもの，◯→✕は沈殿するが過剰の試薬を加えると溶けるものを示す。
※$Al(OH)_3$として沈殿。

問2　ろ液Fに錯イオンを形成して溶けてくるイオンとして正しいものを1つ選べ。
① Ag^+　② Cu^{2+}　③ Zn^{2+}　④ Al^{3+}　⑤ Fe^{3+}　⑥ Ca^{2+}

問3　(Ⅲ)の操作で希硝酸を加えている理由として正しいものを1つ選べ。
① H_2Sで酸化された鉄イオンを還元するため。　② H_2Sで還元された鉄イオンを酸化するため。
③ H_2Sで酸化された銅イオンを還元するため。　④ H_2Sで還元された銅イオンを酸化するため。

硫化物の沈殿　多くの金属イオンは，その水溶液に硫化水素を吹きこむと，硫化物の沈殿を生じる。硫化物には，沈殿しやすいものと沈殿しにくいものがあり，沈殿するかしないかは，水溶液の酸性，塩基性により決まる。酸性では，Ag_2S，CuS，PbSなど溶解度の小さな硫化物しか沈殿しないが，中性や塩基性ではZnS，NiSのような比較的溶解度の大きな硫化物も沈殿する。

定性分析　数種の金属イオンの混合水溶液から，各金属イオンを分離して確認する操作。ふつう，混合水溶液に右表の順序で試薬を加え，金属イオンを沈殿として分離する。

硫化物の生成条件と色
☆酸性溶液でも沈殿するもの
　Ag_2S，　CuS，　PbS，　SnS，　CdS，　HgS
　(黒色)　(黒色)　(黒色)　(褐色)　(黄色)　(黒色)
☆中性・塩基性溶液で沈殿するもの
　ZnS，　NiS，　FeS，　MnS
　(白色)　(黒色)　(黒色)　(淡赤色)

加える試薬	HCl	⇒H_2S(酸性)⇒	NH_3水	⇒H_2S(塩基性)⇒	$(NH_4)_2CO_3$
沈殿するイオン	Ag^+, Pb^{2+}	Cu^{2+}, Cd^{2+}	Fe^{3+}, Al^{3+}	Zn^{2+}, Ni^{2+}	Ba^{2+}, Ca^{2+}

解答　問1　沈殿A：①　沈殿B：②　沈殿C：⑤　沈殿D：③　沈殿E：⑥　問2　④　問3　②

演習問題

32 温泉水や井戸水などの地下水には，さまざまな金属がイオンの形で含まれることがある。いま，3種類の温泉水から水だけを蒸発させて得た残留物の試料X，Y，Zがある。これら3種類の試料について，次のような実験1〜3を行い，含まれている金属の種類を調べることにした。ただし，温泉水には亜鉛，アルミニウム，カリウム，カルシウム，銀，鉄，銅，ナトリウム，鉛，バリウム以外の金属は含まれていないものとする。以下の各問いに答えよ。

東北大学 2001

【実験1】 各試料に希塩酸を加えたところ，試料YとZは完全に溶解したが，試料Xだけは白色の沈殿物Aが残った。これをろ過し，ろ液に水酸化ナトリウム水溶液を加えると青白色沈殿物Bが生じた。(a)この沈殿物Bにアンモニア水を加えると，沈殿物は溶けて深青色の溶液となった。一方，沈殿物Aに熱湯を注ぐと，沈殿物は溶解し，(b)これにクロム酸カリウム水溶液を加えたところ，黄色の沈殿物が生じた。

【実験2】 実験1で得た試料Yの塩酸溶液に過剰のアンモニア水を加えたところ，白色ゲル状の沈殿物Cが生じた。ろ過後，ろ液に炭酸アンモニウム水溶液を加えると，白色の沈殿物Dが生じたのでろ過した。このろ液の炎色反応は赤紫色であった。また，沈殿物Dは希塩酸に溶けて橙赤色の炎色反応を示した。一方，(c)沈殿物Cは水酸化ナトリウム水溶液に溶けた。

【実験3】 実験1で得た試料Zの塩酸溶液に酸化剤として臭素水を加えて煮沸した後，過剰のアンモニア水を加えたところ，赤褐色の沈殿物Eが生じた。ろ過後，ろ液に炭酸アンモニウム水溶液を加えると，実験2と同じ白色の沈殿物Dが生じたのでろ過した。このろ液は，黄色の炎色反応を示した。一方，沈殿物Eは希塩酸に溶解し，これにヘキサシアニド鉄(II)酸カリウム水溶液を加えると，濃青色の沈殿物が生じた。

問1 沈殿物A，B，C，D，Eを化学式で示せ。
問2 下線部(a)，(b)，(c)の変化を化学反応式で示せ。
問3 この実験結果から，試料X，Y，Zのそれぞれに含まれていることがわかったすべての金属を元素記号で示せ。

33 5種類の硝酸塩 $Pb(NO_3)_2$，$Zn(NO_3)_2$，$Al(NO_3)_3$，$Fe(NO_3)_3$，$AgNO_3$ のうち3種類を含む試料溶液がある。その中に含まれる金属イオンを確認するために，下記の実験を行った。以下の問いに答えよ。

早稲田大学 2000

【操作1】 試料溶液を2つに分割した。片方の試料溶液に過剰量の希塩酸を加えたところ沈殿物が生じた。そこで沈殿をろ過し，この沈殿を熱湯で洗浄したが，変化はなかった。その後，この沈殿にアンモニア水を過剰に加えたところ，沈殿は溶解して均一な溶液となった。

【操作2】 もう一方の試料溶液にクロム酸カリウム水溶液を加えたところ，沈殿が生じた。

【操作3】 操作1のろ液に少量のアンモニア水を加えたところ沈殿が生じた。この沈殿にさらに過剰量のアンモニア水を加えたところ，沈殿の一部が溶解した。そこで，沈殿をろ過した。

【操作4】 操作3の沈殿に過剰量の水酸化ナトリウム水溶液を加えたところ，沈殿は溶解して均一な溶液となった。

問1 操作1の下線部の反応に対応する化学反応式を記せ。
問2 操作2で生じた沈殿の化学式を記せ。
問3 操作3のろ液中に含まれる錯イオンの中心金属をイオン式で書け。また，その配位数を数字で書け。
問4 操作4の後生成する塩の化合物名を記せ。

12 酸素を含む脂肪族化合物

→本文 p.138〜143

実験例題 12 アルコールの性質

それぞれ，C_2H_6O（A），C_3H_8O（B-1，B-2），$C_4H_{10}O$（C-1〜C-4）という分子式で表される合計7種類のアルコールがある。これらを用いて次の実験を行った。下の各問いに答えよ。　　　　山口大学　2000

【実験1】 アルコール（A）を，濃硫酸中で130〜140℃に加熱すると，$C_4H_{10}O$の分子式で表される化合物（D）が得られた。

【実験2】 アルコール（B-1）および（B-2）のそれぞれを二クロム酸カリウムの希硫酸溶液に加えて加熱したところ，（B-1）からは生成物（E）が，（B-2）からは（F）が得られた。続いて生成物（E）に<u>ヨウ素と水酸化ナトリウム水溶液とを加えて加熱すると，特有の臭いをもつ黄色沈殿（G）</u>が反応液中に析出した。

【実験3】 硫酸銅（II）五水和物（3.50g）を水（50.0mL）に溶かした水溶液，酒石酸ナトリウムカリウム（17.5g）と水酸化ナトリウム（5.00g）とを水（50.0mL）に溶かした水溶液とを準備し，それぞれの水溶液を同体積ずつ混ぜた溶液を調製した。これに実験2で得られた生成物（F）を加えて加熱すると，赤色沈殿（H）が析出した。

【実験4】 アルコール（C-1）〜（C-4）のそれぞれを二クロム酸カリウムの希硫酸溶液に加えて加熱したところ，それらのうちの（C-1）および（C-2）はアルデヒドになり，（C-3）はケトンとなった。（C-4）では，同様の反応は進行しなかった。

問1 実験1で生成した化合物（D）の名称と構造式を示せ。

問2 実験2で得られた化合物（E）および黄色沈殿（G）の名称を書け。

問3 実験3で得られた赤色沈殿（H）の名称と（H）が生成した理由を40字以内で書け。

問4 実験4で用いた4種類のアルコール（C-1）〜（C-4）の構造式を示せ（C-1とC-2は順不同）。

問5 実験に用いた7種類のアルコールのうち，実験2の下線部と同様の操作により黄色沈殿（G）を生成するものに○，しないものに×をつけよ。

問6 化合物（A）は，工業的にはリン酸を触媒としてエチレンと水との反応によりつくられる。エチレン140gから化合物（A）が46.0g得られたときの化合物（A）の収率を求めよ。ただし，反応が進行するのに十分な量の水が存在したと仮定する。

アルコールの酸化反応　空気（触媒使用）や硫酸酸性二クロム酸カリウムで酸化。

アルコールの脱水反応　濃硫酸との加熱によって脱水。反応温度によりエーテルやアルケンが生成。

フェーリング液の還元　水酸化ナトリウムと酒石酸ナトリウムカリウムの混合溶液に等量の硫酸銅（II）水溶液を混合したものをフェーリング液という。これにアルデヒドを加えて加熱すると銅（II）イオンCu^{2+}が還元されて赤色の酸化銅（I）Cu_2Oが沈殿する。
$$RCHO + 2Cu^{2+} + 4OH^- \rightarrow RCOOH + Cu_2O + 2H_2O$$

銀鏡反応　硝酸銀水溶液にアンモニア水を少しずつ加えていくと，まず酸化銀Ag_2Oの褐色沈殿を生じる。さらにアンモニア水を加えるとジアンミン銀（I）イオン$[Ag(NH_3)_2]^+$となって溶ける。この溶液をアンモニア性硝酸銀水溶液という。これにアルデヒドを加えると$[Ag(NH_3)_2]^+$が還元されて，容器の表面内側に銀が付着して鏡のようになる。
$$RCHO + 2[Ag(NH_3)_2]^+ + 2OH^- \rightarrow RCOOH + 2Ag + 4NH_3 + H_2O$$

ヨードホルム反応　I_2と水酸化ナトリウム水溶液を加えて加熱すると，特異臭の黄色沈殿CHI_3（ヨードホルム）を生成。$CH_3-CH(OH)-R$またはCH_3-CO-R（RはHでもよい）の化合物に特有の反応。

分類	酸化生成物	変化
第一級アルコール	アルデヒドを経てカルボン酸	$R_1-CH_2-OH \rightarrow R_1-CHO \rightarrow R_1-COOH$ （アルデヒド）（カルボン酸）
第二級アルコール	ケトン	$\begin{matrix}R_1\\R_2\end{matrix}\!\!>\!\!CH-OH \rightarrow \begin{matrix}R_1\\R_2\end{matrix}\!\!>\!\!C=O$ （ケトン）

［注］第三級アルコールは酸化されにくい。

縮合（分子間の脱水反応）	脱離（分子内の脱水反応）
$2R-OH \rightarrow R-O-R + H_2O$ （エーテル）	$R-CH_2-CH_2-OH \rightarrow R-CH=CH_2 + H_2O$ （アルケン）

解答 問1 ジエチルエーテル

```
    H   H       H   H
    |   |       |   |
H – C – C – O – C – C – H
    |   |       |   |
    H   H       H   H
```

問2 （E）アセトン （G）ヨードホルム
問3 （H）酸化銅(Ⅰ) ［理由］実験3で調製したフェーリング液がアルデヒドにより還元されたため。
問4 （C-1）（C-2）順不同
(C-1) $CH_3-CH_2-CH_2-CH_2-OH$　(C-2) $CH_3-CH-CH_2-OH$
                                              $\quad\quad\quad\quad |$
                                              $\quad\quad\quad CH_3$
(C-3) $CH_3-CH_2-CH-CH_3$　(C-4) CH_3-C-CH_3
                  $\quad\quad\quad\quad |$ $\quad\quad\quad |$
                  $\quad\quad\quad OH$ $\quad\quad CH_3,\ OH$

問5 （A）…○ （B-1）…○ （B-2）…× （C-1）…× （C-2）…× （C-3）…○ （C-4）…×

問6 エチレンに水を付加するとエタノールが生成する反応。
$CH_2=CH_2 + H_2O \rightarrow CH_3-CH_2-OH$
この反応式により，エチレン1mol（28.0g）からエタノール1mol（46.0g）が生成するので，今140gのエチレンから，理論上 x [g]のエタノールが生じるとすると次式が成り立つ。
$$\frac{28.0}{140} = \frac{46.0}{x} \quad \therefore\ x = 230\,[g]$$
現実には46.0g得られたので，理論値に対する収率は
$$\frac{46.0}{230} \times 100 = 20.0\,[\%] \quad 答\ 20.0\%$$

演習問題

34 次の文章を読んで，以下の問いに答えよ。　　　　　　　　　　　　　　　都立大学改 2000

化合物A，B，Cはいずれも分子式$C_3H_6O_2$で表される無色の液体である。Aを炭酸水素ナトリウムの水溶液に加えると，気体を発生して溶けたが，BおよびCはほとんど溶けなかった。しかし，Bに水酸化ナトリウム水溶液を加えて熱すると，徐々に溶けた。これを希塩酸で中和して。水溶液(ⅰ)を得た。また，同様の操作をCについて行い，水溶液(ⅱ)を得た。それぞれの水溶液の一部をとってアンモニア性硝酸銀水溶液を加えて熱すると，(ⅰ)からは銀が析出したが，(ⅱ)からは何も析出しなかった。一方，水溶液(ⅱ)の残りにはDとEが含まれていることがわかった。DとEを分離し，Dの1.5gを完全燃焼させたところ，酸素0.05molを消費し，ｂ二酸化炭素と水が生成した。Dを脱水するとFが生成し，ｃまたアセチレンにDを付加させるとGが生成した。一方，ｄEを試験管にとって50℃の温湯につけて気化させ，赤熱した銅線に触れさせたところ，刺激性の気体Hが生成した。Hは水によく溶ける。

問1　化合物A，B，C，Dの示性式を記せ。
問2　下線部ａの水溶液(ⅰ)に含まれている有機化合物2種を示性式で示せ。
問3　下線部ｂで生成する二酸化炭素と水の質量を求めよ。計算過程も示せ。
問4　下線部ｃでDからGが生成する反応を化学反応式で示せ。
問5　下線部ｄでEからHが生成する反応を化学反応式で示せ。

35 次の文章を読み，以下の各問いに答えよ。H＝1.0, C＝12.0, O＝16.0とする。　　長崎大学改 1999

下の表は，炭素，水素，酸素を構成元素とする3種類のモノ（1価）カルボン酸A，B，Cと，3種のアルコールD，E，Fの間でつくった9種類のエステルの沸点を示したものである。D，E，Fは酸化するとA，B，Cのいずれかになり，A，B，Cはカルボキシ基のほかには酸素原子を含まない。

表　3種のカルボン酸A，B，Cと3種のアルコールD，E，Fから得られるエステルの沸点

	アルコールD	アルコールE	アルコールF
カルボン酸A	80℃	99℃	122℃
カルボン酸B	57℃	77℃	102℃
カルボン酸C	32℃	53℃	81℃

問1　カルボン酸A，B，Cの水溶液それぞれにアンモニア性硝酸銀溶液を加えたところ，1本だけ試験管が鏡のようになった。このカルボン酸はA，B，Cのうちどれか，記号とそのカルボン酸の構造式を記せ。
問2　酸化するとAになるアルコールには2種類の異性体が存在する。それらの構造式を記せ。
問3　アルコールEを酸化してカルボン酸にするとき，反応は2段階で進む。最初の段階でできる化合物Jは，化合物Kに1分子の水を付加することでも合成される。KからJを合成するときの反応式を記せ。

13 ニトロベンゼンとアニリン

→本文 p.151, 156〜159

実験例題 13　ニトロベンゼンとアニリンの合成

芳香族化合物の合成実験に関する次の文章を読み，下の問いに答えよ。　　京都産業大学　2000

[A] ベンゼンからアニリンの合成　(ア)□□□と(イ)□□□との混合物(混酸)をフラスコに入れ，約60℃に保ちガラス棒で混ぜながら混酸と同量のベンゼンを1滴ずつ加えて反応させた。反応後，フラスコの内容物を多量の水の入ったビーカーに注ぎ込むと，容器の底に黄色の油状物質ができた。この油状物質をスポイトで別のビーカーに移し，塩化カルシウムの固体を数個入れておだやかに熱すると濁りがとれて油状物質は透明となった。この油状物質を蒸留したところ，約80℃になったところでベンゼンの蒸留が始まり，しだいに蒸留温度が上昇して211℃で一定になった。211℃で蒸留される(ウ)□□□を集めた。次に(a)この(ウ)の入ったフラスコに少量の金属スズを入れ，濃塩酸を少しずつ加えて約50℃に加熱して反応させた。油状物質が見えなくなったら，水酸化ナトリウム水溶液を少しずつ加えて反応液をアルカリ性にした後，その反応液を分液ロートに移してジエチルエーテルを加えて振った。しばらく放置すると水層とジエチルエーテル層の2層に分離した。ジエチルエーテル層をビーカーに移し，ジエチルエーテルを蒸発させるとビーカーの底に油状物質が残った。

　この油状物質に，(b)適当な乾燥剤を入れて放置した。水分を除いた油状物質を蒸留し，185℃で蒸留される物質を集めた。この物質がアニリンであることは，その物質の一部をさらし粉水溶液に加えたときに，この物質が(エ)□□□され(オ)□□□色に着色することから確かめた。

[B] アニリン誘導体の合成　アニリンの希塩酸溶液を5℃以下に冷やし，氷冷した亜硝酸ナトリウム水溶液を混ぜながら加えると，(カ)□□□が生成した。この反応は(キ)□□□化と呼ばれる。この(カ)を含む水溶液に，ナトリウムフェノキシドの水溶液を加えると(ク)□□□反応によって(ケ)□□□基をもつ(コ)□□□が生じ，橙赤色となった。

問1　空欄(ア)〜(コ)に適当な語句を入れよ。
問2　下線部(a)の反応を，化学反応式で表せ。
問3　下線部(b)の乾燥剤として不適当なものを次の①〜③から記号で選び，その理由を説明せよ。
　①　水酸化カリウム　　②　十酸化四リン　　③　硫酸ナトリウム

ニトロ化　ベンゼンの水素原子をニトロ基—NO₂で置換する反応。濃硝酸と濃硫酸の混合液にベンゼンを少しずつ加える。

ニトロベンゼンの還元　ニトロベンゼンにスズと塩酸を加え，穏やかに加熱すると，ニトロ基が還元されアニリンが生成する。

アニリンの抽出　アニリン塩酸塩水溶液に水酸化ナトリウム水溶液を加えて遊離したアニリンをジエチルエーテルで抽出する。

さらし粉反応　アニリンはさらし粉により酸化され，赤紫色を呈する。

ジアゾ化　アニリン塩酸塩水溶液に，氷冷しながら亜硝酸ナトリウム水溶液を加えると，黄色の塩化ベンゼンジアゾニウムが生成する。加熱により窒素を発生して分解し，フェノールとなる。

カップリング反応　塩化ベンゼンジアゾニウム水溶液に，フェノール類の水酸化ナトリウム水溶液を加えると，アゾ化合物が生成する。

解答　**問1**　(ア),(イ) 濃硝酸, 濃硫酸(順不同)
(ウ) ニトロベンゼン　(エ) 酸化　(オ) 赤紫
(カ) 塩化ベンゼンジアゾニウム　(キ) ジアゾ
(ク) カップリング　(ケ) アゾ
(コ) p-ヒドロキシアゾベンゼン

問2　$2\,C_6H_5{-}NO_2 + 3Sn + 14HCl \longrightarrow 2\,C_6H_5{-}NH_3Cl + 3SnCl_4 + 4H_2O$

問3　②　[理由] アニリンは塩基性物質であるから，十酸化四リンのような酸性の乾燥剤とは反応してしまうから。

演習問題

36 次の実験1～5についての文章を読んで、以下の問いに答えよ。　　　京都府立医科大学　2000

【実験1】　トルエンに濃硝酸と濃硫酸の混酸を30℃で反応させると、3種類のニトロトルエンの混合物A，B，Cが得られる。A，B，Cはそれぞれ57%，40%，3%の割合で生成する。文献を調べると右の表のような性質が記載されている。また、化合物Aと化合物Bのそれぞれをさらにニトロ化すると、同一のジニトロ体が得られる。

	o-体	m-体	p-体
融点[℃]	−10～−5	14～16	51～52
沸点[℃]	220～222	230～231	238

【実験2】　混合物から、室温で液体のAを分離し、硫酸存在下で化合物Aに二クロム酸ナトリウムを反応させると、化合物Dが得られる。

【実験3】　化合物Dにスズと塩酸を反応させると、化合物Eが得られる。

【実験4】　希硫酸中で化合物Eに亜硝酸ナトリウムを反応させ、続いて加熱すると、化合物Fが得られる。
　　実験書に書かれている実験4の操作を詳しく記すと、次のようである。化合物E 1.37gを200mLのビーカーにとり、氷水で冷やしながら1 mol/Lの希硫酸30mLを加え、続いて5%亜硝酸ナトリウム水溶液16mLを加える。加え終えたら、氷水の冷浴を外して、ビーカーをガスバーナー上で徐々に加熱し、80～90℃で2分間保つ。細かい泡が激しく発生するが、1分程度で収まる。加熱終了後、ビーカーを実験台上におろし、放冷する。60℃に下がった時点で、水浴につけ、さらに温度が下がったら、氷浴につけて冷やす。反応液中に化合物Fの針状結晶が生じる。これを吸引ろ過し、水洗し、乾燥させて重量を測定する。化合物Fの結晶は0.7～1.0g得られるはずである。

【実験5】　30mLの丸底フラスコに溶媒としてクロロベンゼン6mLをとり、これに化合物Fの結晶0.69gとアニリン0.46mL（比重1.02）を入れ、続いて脱水縮合剤として三塩化リン0.15mL（比重1.57）を加え、130℃で3時間加熱、還流する。加熱終了後、実験4と同様に後処理すると、結晶Gが得られる。

問1　実験1で化合物Aが生成する反応の反応式を書け。

問2　化合物Aを純粋な形で分離することは難しいが、ある程度（90%くらいに）きれいにすることができる。どのようにしたらよいか。その方法とその方法を選んだ理由を書け。

問3　実験2で化合物Aから化合物Dへ変換する反応の反応式を書け。

問4　実験3で化合物Dから化合物Eへ変換する反応の反応式を書け。

問5　実験2と実験3を逆にし、化合物Aにスズおよび塩酸を反応させた後、硫酸存在下で二クロム酸ナトリウムを反応させたらどうなるか。化合物Eが得られると考えた場合は○印だけを記し、得られないと考えた場合は×印を記し、その理由を書け。

問6　実験4で化合物Eから化合物Fへ変換する反応の反応式を書け。

問7　実験5で化合物Fから化合物Gへ変換する反応の反応式を書け。

問8　実験4および実験5において、結晶をろ過する方法として吸引ろ過を使っている。吸引ろ過装置の概略を描け。ただし、アスピレーター（空気を吸い込む装置）の部分は省略してよい。なお、特に注意すべき点がある場合は、図中に書き加えよ。

37　1つのNH₂基をもつ芳香族アミンX 100gを、塩酸溶液中で冷やしながら亜硝酸ナトリウムと反応させると、Yが生成した。このYの塩酸溶液を半分とり加熱すると、芳香族化合物Zが得られた。次に、残りのYの溶液とZの水酸化ナトリウム水溶液を混合したところ、アゾ基をもつ有機化合物が得られ、その分子量は298であった。はじめに用いた芳香族アミン100gの物質量(mol)はいくらか。解答は小数点以下第3位を四捨五入して示せ。ただし、各元素の原子量は、H=1，C=12，N=14，O=16，Cl=35.5とする。

東京工業大学　2001

14 タンパク質

→本文 p.174〜175, 176〜181

実験例題 14 アミノ酸とタンパク質

甲南大学 2000

次の文を読み，下の問いに答えよ。

タンパク質を構成しているアミノ酸には，構造の最も簡単な(a)［　　］や硫黄を含む(ア)システインなどがある。アミノ酸に(b)［　　］水溶液を加えて加熱すると紫色になる。2つのアミノ酸が結合するとき，1つのアミノ酸の(c)［　　］基と，別のアミノ酸のアミノ基とから水がとれる。このとき生じたアミド結合を特に(d)［　　］結合という。

タンパク質(例えば卵白)を加熱したり，タンパク質の溶液に酸，重金属イオンやエタノールなどの有機化合物を加えると，構造が破壊されてもとの構造に戻らなくなることがある。これをタンパク質の(e)［　　］という。(e)したタンパク質は，生理活性を失っている(失活している)。また，タンパク質は，(イ)ビウレット反応や(f)［　　］反応などの呈色反応によって検出することができる。

生体内では，生命の維持に必要な多数の化学反応が温和な条件のもとで速やかに進行している。酵素は主にタンパク質からなる物質で，生体内で起こる化学反応の(g)［　　］としてはたらく。普通の条件では極めて遅い反応も，酵素の存在によって速やかに進むようになる。酵素を(g)とする反応も，通常の化学反応も，ともに温度が上昇するほど反応速度が増す。これは酵素が反応の(h)［　　］を下げるためである。しかし，高温になると酵素が(e)して失活するので，反応の速さは急激に低下する。酵素が最もよくはたらく温度範囲を最適温度といい，35〜40℃の範囲のものが多い。強い酸性や塩基性の条件においてもタンパク質は(e)する。このため各酵素には，それぞれの反応に適したpH範囲が決まっている。これを最適pHといい，pH 5〜8の範囲のものが多い。しかし，胃液に含まれる(i)［　　］のように強酸性下ではたらく酵素もある。また，1つの酵素は特定の反応だけの(g)となる。これを酵素の(j)［　　］特異性という。例えば，酵素カタラーゼは，生体にとって有害な過酸化水素を水と酸素とに分解する。

問1 文中の(a)〜(j)にあてはまる最も適当な語句を記せ。
問2 文中の下線部(ア)のシステインと同様に，硫黄原子をもつアミノ酸の名称を1つ記せ。
問3 文中の下線部(イ)のビウレット反応の方法と呈色について，50字程度で記せ。

α-アミノ酸 カルボキシ基—COOHとアミノ基—NH₂が同一の炭素に結合しているアミノ酸。タンパク質中に見いだされるアミノ酸は約20種である。
ペプチド結合 2つのアミノ酸が縮合して生じたアミド結合—CO—NH—。
ビウレット反応 タンパク質の溶液に水酸化ナトリウム水溶液を加えて塩基性にした後，少量の硫酸銅(Ⅱ)水溶液を加えると銅(Ⅱ)イオンの錯イオンが生じ赤紫色を呈する反応。2つ以上のペプチド結合をもつペプチドでみられる。
キサントプロテイン反応 タンパク質の溶液に濃硝酸を加えて加熱すると，ベンゼン環を含むアミノ酸のベンゼン環がニトロ化され黄色を呈する反応。アンモニア水を加えて塩基性にすると橙黄色になる。

ニンヒドリン反応 アミノ酸やタンパク質の溶液にニンヒドリン液を加え，煮沸して冷却すると，青紫色ないし赤紫色に呈色する反応。
酵素 生体内で起こる化学反応の触媒としてはたらくタンパク質。各酵素には最適温度，最適pHが決まっており，1つの酵素は特定の基質とのみ反応する基質特異性がある。
変性 タンパク質に熱を加えたり，酸や重金属イオン，エタノールなどを加えると，タンパク質の立体構造が破壊されて元に戻らなくなること。これにより，生理活性を失う。

解答 問1 (a) グリシン　(b) ニンヒドリン　(c) カルボキシ　(d) ペプチド　(e) 変性　(f) キサントプロテイン　(g) 触媒　(h) 活性化エネルギー　(i) ペプシン　(j) 基質
問2 メチオニン
問3 タンパク質水溶液に水酸化ナトリウム水溶液と少量の硫酸銅(Ⅱ)水溶液を加えると，赤紫色に呈色する。

演習問題

38 次の文章を読み，問1～5の空欄にあてはまる語句，構造式あるいは化学式を記せ。　徳島大学 1998

次の5種類のα-アミノ酸（一般式：H₂NCH(COOH)－R），アスパラギン酸（R：CH₂COOH），アラニン（R：CH₃），グリシン（R：H），リシン（R：(CH₂)₄NH₂），フェニルアラニン（R：CH₂C₆H₅）の各1分子から構成される直鎖状のペプチドAがある。

問1 ペプチドAを含む水溶液に水酸化ナトリウム水溶液と①□□□水溶液を加えると，錯イオンが生成して溶液が②□□□に変色する。この反応を③□□□反応といい，2つ以上のペプチド結合をもつペプチドの検出に使われる。

問2 キサントプロテイン反応を試験するために，ペプチドAを含む水溶液に④□□□を加えて加熱した結果，反応液の色は⑤□□□となった。さらに，アンモニア水を加えると反応液の色は⑥□□□になった。このような変化がみられるのは，5種のアミノ酸のうち⑦□□□のRが⑧□□□反応を受けるからである。

問3 ペプチドAを塩酸処理で構成アミノ酸に完全に加水分解した後，その溶液のpHを6.0に調節した。この加水分解溶液の少量をろ紙の中央付近（原点）に付け，両端に直流電圧をかけ，pH6.0の条件で電気泳動を行った。泳動後，アミノ酸を検出するために⑨□□□試薬を噴霧し，加温したところ赤紫色のスポットがろ紙上に現れた。それらのスポットに相当するアミノ酸は原点付近にほとんど移動せずに留まったアミノ酸⑩□□□，陰極側に移動したアミノ酸⑪□□□，陽極側に移動したアミノ酸の⑫□□□の3つのグループに分かれた。ただし，⑩～⑫にあてはまるアミノ酸は，それぞれの構造式をイオンの形で書け。

問4 これらの5種のアミノ酸のうち4種は分子内に⑬□□□原子をもつので光学異性体が存在するが，残りのアミノ酸⑭□□□には光学異性体が存在しない。

問5 ペプチドAのアミノ酸の順序を検出したところ，アラニン，リシン，アスパラギン酸，グリシン，フェニルアラニンの順であることがわかった。ただし，アラニンのアミノ基とフェニルアラニンのカルボキシ基は結合に使われていない。このペプチドAの構造式⑮□□□を書け。

39 アラニン，グリシン，グルタミン酸の3種類のアミノ酸から構成されるトリペプチドに関する次の記述のうち，正しいものはどれか。　東京工業大学 2000

① このトリペプチドの可能な構造異性体の数は，3種類である。
② このトリペプチドは，ビウレット反応により紫色を呈する。
③ このトリペプチドは，キサントプロテイン反応により橙黄色を呈する。
④ このトリペプチドに濃水酸化ナトリウム水溶液と酢酸鉛(Ⅱ)水溶液を加えて熱すると，黒色沈殿を生じる。
⑤ このトリペプチドを水酸化ナトリウムとともに熱して完全に分離すると，一酸化窒素を生じる。
⑥ このトリペプチドを加水分解して生じるアミノ酸は，すべて不斉炭素原子をもつ。

40 次の文を読み，各問いに答えよ。なお，化学式は例にならって書け。　香川大学 2001

（例）　CH₃－CH₂－OH　　CH₃－CO－CH₃　　CH₃－CH－O－CH₃　　CH₃－CH₂－NH－CH₃
　　　　　　　　　　　　　　　　　　　　　　　　　　│
　　　　　　　　　　　　　　　　　　　　　　　　　CH₃

1種類のα-アミノ酸Aからなるポリペプチド213mgを濃塩酸とともに加熱して分解してから，十分量の水酸化ナトリウム水溶液を加えて加熱したところ，標準状態でアンモニア67.2mLが発生した。

問1 このポリペプチドの窒素含有率を求めよ。
問2 Aは1分子中に1個のアミノ基を含んでいる。その分子量を求めよ。
問3 Aの化学式（不斉炭素原子に＊を付せ）と名称を書け。
問4 このポリペプチドの構造の一部（最小単位）を書け。
問5 等電点におけるAに等モルの塩酸を反応させたときの化学反応式を書け。

演習問題の解答

❶ ①…(ア) ②…(エ) ③…(イ) ④…(ア) ⑤…(イ) ⑥…(ウ) ⑦…(イ) ⑧…(エ) ⑨…(ア)

アンモニアNH_3は水によく溶けるので，上方置換法で捕集する。水溶液は塩基性を示す。$2NH_4Cl + Ca(OH)_2 \rightarrow 2NH_3 + 2H_2O + CaCl_2$の反応で発生する。
塩化水素HClは水によく溶けるので，下方置換法で捕集する。水溶液は強い酸性を示す。
$NaCl + H_2SO_4 \rightarrow NaHSO_4 + HCl$の反応で発生する。
一酸化窒素NOは水に溶けにくいので水上置換法で捕集する。空気に触れると赤褐色の二酸化窒素のNO_2となる。

❷
問1 (イ)
問2 気体が密封された容器の中にたまり，液面を押し下げて固体と液体の接触がなくなる。
問3 $FeS + H_2SO_4 \rightarrow FeSO_4 + H_2S\uparrow$
問4 (d)
問5 (b) $CaCl_2$

❸ ⑤
解説 いずれも物理的性質の違いを用いた分離法で基本的なものである。

❹ A ア B オ C キ
A 沸騰石は液体の突沸を防ぐ目的で入れる。
B 蒸留する成分の温度を正確にはかるために，温度計の球部は枝管の付け根のところにくるようにする。
C リービッヒ冷却管の下から上に向かって流す。

❺
問1 (b)…枝つきフラスコ (c)…三角フラスコ (f)…リービッヒ冷却器
問2 [図：蒸留装置]

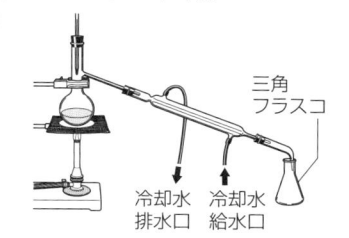

❻
問1 CO_2
問2 2.24 L
問3 66.7%
解説 問1 化学反応式は次のようになる。
$CaCO_3 + 2HCl \rightarrow CaCl_2 + H_2O + CO_2$
問2 用いたHClと発生したCO_2の物質量比は2:1であるから，発生したCO_2の体積をv[L]とすると

$0.500 \times 0.400 : \dfrac{v}{22.4} = 2 : 1$ ∴ $v = 2.24$ [L]

問3 反応した$CaCO_3$の物質量はHClの$\dfrac{1}{2}$であるから，含まれる$CaCO_3$の質量百分率[%]は

$\dfrac{100 \times 0.500 \times 0.400 \times 0.5}{15.0} \times 100 = 66.73$ [%]

❼
問1 $2NaHCO_3 \rightarrow Na_2CO_3 + CO_2 + H_2O$
$Na_2CO_3 \cdot 10H_2O \rightarrow Na_2CO_3 + 10H_2O$
問2 吸収管A：H_2O(気) 吸収管B：CO_2(気)
問3 H_2O 2.0×10^{-2} mol, CO_2 1.0×10^{-2} mol
問4 (オ)
解説 吸収管AではH_2O(気)が
$\dfrac{360 \times 10^{-3} [g]}{18 [g/mol]} = 2.0 \times 10^{-2}$ [mol] 吸収された。
また，吸収管BではCO_2(気)が
$\dfrac{440 \times 10^{-3} [g]}{44 [g/mol]} = 1.0 \times 10^{-2}$ [mol] 吸収された。
混合物中に$NaHCO_3$がx [mol]，Na_2CO_3がy [mol]あるとすると，

$2NaHCO_3 \rightarrow Na_2CO_3 + CO_2 + H_2O$
x mol $\dfrac{x}{2}$ mol $\dfrac{x}{2}$ mol
$Na_2CO_3 \cdot 10H_2O \rightarrow Na_2CO_3 + 10H_2O$
y mol $10y$ mol

発生するCO_2は$\dfrac{x}{2}$ mol，H_2O(気)は$(10y + \dfrac{x}{2})$ mol

$\dfrac{x}{2} = 1.0 \times 10^{-2}$ [mol] …①
$10y + \dfrac{x}{2} = 2.0 \times 10^{-2}$ [mol] …②

①，②より $10y = \dfrac{x}{2}$ $20y = x$
よって，$x : y = 20 : 1$

❽
問1 触媒
問2 2.00×10^{-3} mol
解説 過酸化水素の分解反応は二酸化マンガンを触媒として，次のような反応式で表される。
$2H_2O_2 \rightarrow 2H_2O + O_2$
発生したO_2の物質量は
$\dfrac{22.4 \times 10^{-3}}{22.4} = 1.00 \times 10^{-3}$ [mol]
反応式よりH_2O_2はO_2の2倍あったので，
$1.00 \times 10^{-3} \times 2 = 2.00 \times 10^{-3}$ [mol]

❾ 35 kg
解説 鉄鉱石Fe_2O_3の還元は次のように起こる。
コークス(C)が酸化されて一酸化炭素(CO)になる。
$2C + O_2 \rightarrow 2CO$
$Fe_2O_3 + 3CO \rightarrow 2Fe + 3CO_2$
銑鉄100 kg中に含まれる炭素は4.0 kgであるので，鉄は96.0 kgとなる。2 molのFeを得るためには3 molの炭素が必要だから，96.0 kgのFeを得るため

に必要となる炭素は，
$\frac{96.0}{56} \times \frac{3}{2} \times 12 = 30.8$ [kg]
コークスの総質量は 4.0＋30.8＝34.8 [kg]

⑩ 問1 ア 実在　イ 理想　ウ なく
　　　エ ない　オ 高い　カ 低い
問2 $M = \frac{(w_2 - w_1)RT}{PV}$
問3 58

解説 問2 丸底フラスコ内を液体の蒸気が満たしたときのデータを，気体の状態方程式に代入して求める。その際，単位に注意すること。
$P[\text{Pa}] \times V[\text{L}] = \frac{(w_2 - w_1)[\text{g}]}{M[\text{g/mol}]} \times R \times T[\text{K}]$

問3 $M = \frac{(220.70 - 220.00) \times 8.3 \times 10^3 \times 340}{1.0 \times 10^5 \times 0.340} = 58.1$

⑪ 問1 4.01×10^{-2} mol
問2 フラスコ内の気体の質量

解説 問1 気体の状態方程式 $PV = nRT$ にデータを代入する。
$n = \frac{PV}{RT} = \frac{1.00 \times 10^5 \times 1.00}{8.31 \times 10^3 \times (273 + 27)} \fallingdotseq 0.0401$

問2 気体の物質量 n は気体の分子量 M と質量 w より，$n = \frac{w}{M}$ と表される。
$M = \frac{w}{n} = \frac{w[\text{g}]}{0.0401[\text{mol}]}$

⑫ 問1 （イ）
問2 （ウ）

解説 問1 気体の状態方程式 $PV = nRT$ にデータを代入する。
$n = \frac{PV}{RT} = \frac{6.5 \times 10^4 \times 5.2}{8.3 \times 10^3 \times (273 + 100)} \fallingdotseq 0.109$ [mol]

問2 分子量 M は
$M = \frac{w}{n} = \frac{2.0}{0.109} \fallingdotseq 18$

⑬ 問1 操作1と操作4
問2 3.6×10^2 cm³
問3 9.4×10^{-1} g
問4 78

解説 問2 フラスコにはたらく空気の浮力を F とすると，操作1のフラスコの真の質量は $W_1 + F$ となる。操作4のフラスコの真の質量は $W_3 + F$ となる。よってフラスコ内の水の質量は，
$(W_3 + F) - (W_1 + F) = W_3 - W_1 = 359.74$ [g]
水の密度は1.0g/cm³だから，フラスコ内の体積は，
$359.74 \text{cm}^3 \fallingdotseq 360 \text{cm}^3$

問3 操作3のフラスコの真の質量は，$W_2 + F$ となるので，フラスコ内の蒸気Xの質量は，
$(W_2 + F) - (W_1 + F) = W_2 - W_1 = 0.94$ [g]

問4 Xの分子量を M とすると，気体の状態方程式より，

$PV = \frac{w}{M}RT$
$1.0 \times 10^5 \times \frac{3.6 \times 10^2}{1000} = \frac{9.4 \times 10^{-1}}{M} \times 8.3 \times 10^3 \times (273 + 87)$
∴ $M = 78.02 \fallingdotseq 78$

⑭ 問1 $FeCl_3 + 3H_2O \longrightarrow Fe(OH)_3 + 3HCl$
問2 コロイド粒子が光を強く散乱するため。
問3 水分子の衝突によって，コロイド粒子が不規則に動くから。
問4 万能pH試験紙が橙色に変わる（弱酸性）。
問5 水酸化鉄（Ⅲ）コロイド粒子は，正電荷を帯びている。

⑮ 問1 細胞膜，腸壁膜，ぼうこう膜など
問2 ㋐ (b)　㋑ (c)
問3 半透膜で仕切られた容器の一方に真水を，もう一方に海水を入れる。海水側に浸透圧以上の圧力を加えると，海水側から半透膜を通して真水が押し出される。

⑯ ③

解説 不揮発性の溶質を溶かした溶液の蒸気圧は，純溶媒のそれより低くなる。この現象を蒸気圧降下という。Aでは純水中の水が，またBではショ糖水溶液中の水が蒸発してそれぞれ蒸発平衡に到達しようとするが，純水のほうがショ糖水溶液より蒸気圧が高いので，両者の蒸気圧の差の分だけ水蒸気がショ糖水溶液上で凝縮する。ショ糖水溶液はしだいに薄まり，純水との蒸気圧の差は小さくなるが，必ず濃度差は残るので，最終的にAの純水はすべてBのショ糖水溶液に移る。

⑰ 問1 56.7kJ/mol
問2 $NaOH(aq) + HCl(aq) = NaCl(aq) + H_2O(液) + 56.7$kJ

解説 問1 反応するNaOHとHClの物質量は
$0.100 \times \frac{50.0}{1000} = 0.00500$ [mol]
0.00500molが反応したときに発生する熱量 Q は
$Q = 4.2 \times 150 \times 0.450 = 283.5$ [J]
1mol当たりに換算すると
$283.5 / 0.005 = 56700$ [J/mol] $= 56.7$ [kJ/mol]

⑱ 問1 a：プロパン　b：プロパン
c：メタン　d：メタン
問2 ア：890　イ：2.22×10^3　ウ：54
エ：5　オ：0.2　計算式は以下のとおり。
ウ：25℃，1.0×10^5Paで1.0Lの気体の物質量 n は，
$1.0 \times 10^5 \times 1.0 = n \times 8.3 \times 10^3 \times (25 + 273)$ より
$n = 0.0404$ [mol]

発熱量は，$0.0404 \times (2220-890) = 53.7$ [kJ]
よって，プロパンの方が54kJ多い。
エ：メタン，プロパンの分子量はそれぞれ16，44だから1.0g当たりの発熱量の差は，
$\dfrac{890}{16} - \dfrac{2220}{44} = 5.1$ [kJ]，
よって，メタンの方が5 kJ多い。
オ：メタン1.0molから1.0molのCO_2と890kJの熱量が発生し，プロパン1.0molからは3.0molのCO_2と2220kJの熱量が生成する。メタン，プロパンを燃焼してそれぞれ1000kJの熱量を発生させたとき，生成するCO_2の物質量をそれぞれx，y [mol]とすると，

$x = 1.0 \times \dfrac{1000}{890} = 1.12$ [mol]

$y = 3.0 \times \dfrac{1000}{2220} = 1.35$ [mol]

$1.35 - 1.12 = 0.23$ [mol]

よって，CO_2の発生はメタンの方が0.2mol少ない。

解説 問1 似た構造をもつ分子どうしでは，分子量が大きいほど分子間力が大きくなり，沸点は高くなる。
問2 ア：求める熱化学方程式は
$CH_4 + 2O_2 = CO_2 + 2H_2O$(液)$+Q$ kJ
Qは(3)式+(4)式×2－(1)式より求められる。
$Q = +394 + 286 \times 2 - 76 = 890$ [kJ]
イ：アと同様に，求める熱化学方程式は
$C_3H_8 + 5O_2 = 3CO_2 + 4H_2O$(液)$+Q$ kJ
Qは(3)式×3+(4)式×4－(2)式より
$Q = 394 \times 3 + 286 \times 4 - 106 = 2.22 \times 10^3$ [kJ]

⑲ 問1 ア：吸収 イ：218 ウ：2 エ：8
オ：3C(気) カ：8H(気) キ：4008 ク：単体
ケ：3C(黒鉛) コ：$4H_2$(気)
問2 熱化学方程式(4)の反応熱を求めるためには，
(1)式×3+(2)式×8+(3)式より
$Q = -718 \times 3 - 218 \times 8 + 4008 = 110$ [kJ]

解説 問1 キ：$414 \times 8 + 348 \times 2 = 4008$ [kJ]
ケ：炭素の固体は黒鉛をさす。

⑳ ②
解説 標準溶液を調製するには，試薬を完全に溶かしてからメスフラスコに入れ，水で溶液の体積を調整するので。

㉑ 問1 塩基性 [理由] この塩は弱酸と強塩基よりなり，加水分解すると塩基性を示す。
問2 ア：C ウ：B
問3 イとエ：フェノールフタレイン
問4 0.640mol/L
シュウ酸二水和物(式量126)6.30gの物質量は，

$\dfrac{6.30}{126} = 0.0500$ [mol]

モル濃度は，$\dfrac{0.0500 \text{[mol]}}{0.500 \text{[L]}} = 0.100$ [mol/L]

NaOH水溶液の濃度をx [mol/L] とすると，

$0.100 \times 2 \times \dfrac{5.00}{1000} = x \times 1 \times \dfrac{12.50}{1000}$

∴ $x = 0.0800$ [mol/L]

市販されている食酢の濃度をx' [mol/L] とすると

$x' \times \dfrac{1}{10} \times 1 \times \dfrac{10.00}{1000} = 0.0800 \times 1 \times \dfrac{8.00}{1000}$ より

∴ $x' = 0.640$ [mol/L]

解説 問3 シュウ酸，食酢とも弱酸なので指示薬はフェノールフタレインを使用する。

㉒ (A)：か (B)：え (C)：い
解説 図(A)の滴定曲線は弱塩基に強酸を加えた。図(B)は弱酸に強塩基を，図(C)は強酸に強塩基を加えたものである。また，中和点付近の加えた体積は同じなので，酸と塩基の価数が同じものを選ぶ。

㉓ 銅の質量：0.96g 酸素の体積：168mL
解説 流れた電子の物質量は
$\dfrac{0.50 \times 96.5 \times 60}{9.65 \times 10^4} = 0.030$ [mol]

電極では次の反応が起こる。
陰極 $Cu^{2+} + 2e^- \rightarrow Cu$
陽極 $2H_2O \rightarrow O_2 + 4H^+ + 4e^-$

析出する銅は
$0.030 \times \dfrac{1}{2} \times 64 = 0.96$ [g]

発生する酸素は標準状態で
$0.030 \times \dfrac{1}{4} \times 22.4 \times 10^3 = 168$ [mL]

㉔ ②
解説 電池では一般に，イオン化傾向の大きい金属が負極，小さい金属が正極となる。①〜⑤の金属のイオン化傾向は次のとおりである。
Zn＞Pb＞Cu＞Ag
bが正極になるには，イオン化傾向がa＞bで①〜③のいずれかである。また，金属のイオン化傾向の差が大きいほど起電力は大きくなるから，②の組み合わせとなる。

㉕ 問1 Ⅰ：$2Cl^- \rightarrow Cl_2 + 2e^-$ Ⅱ：$2H_2O + 2e^- \rightarrow H_2 + 2OH^-$ Ⅲ：$2H_2O \rightarrow O_2 + 4H^+ + 4e^-$
Ⅳ：$Ag^+ + e^- \rightarrow Ag$
問2 1.93×10^3クーロン 問3 64.3分
問4 0.280リットル 問5 1 問6 40.0mL

解説 問2　電極Ⅳで$\frac{2.16}{108}=0.0200[\text{mol}]$のAgが析出，電気量は$0.0200\times96500=1.93\times10^3[\text{C}]$

問3　t秒電気分解を行うとすると，$1.93\times10^3=0.500\times t$　$t=3860[秒]$　すなわち64.3[分]

問4　電極Ⅰで発生するCl$_2$は
$$0.0200\times\frac{1}{2}=0.0100[\text{mol}]$$
この気体の体積をV，気体定数をRとすると
$$0.800\times V=0.0100\times R\times273\quad V=0.280[\text{L}]$$

問5　電極Ⅲ・Ⅳの容器中で生じるH$^+$は 0.0200 molである。したがって，
$$[\text{H}^+]=0.0200\times\frac{1000}{200}=1.00\times10^{-1}\quad\text{pH}=1$$

問6　電極Ⅱの溶液中で生じるOH$^-$は0.0200mol。これを中和する1価の酸の溶液の体積を$v[\text{mL}]$とすると，
$$0.500\times\frac{v}{1000}\times1=0.0200\quad v=40.0[\text{mL}]$$

㉖ 問1　アルミナや塩化ナトリウムの融解する温度を下げるために加える。

問2　イオン化傾向がCa＞Naのため，Naが析出する。

問3　9.65×10^2秒

解説 問1　アルミナ（融点2054℃）は，氷晶石を加えると凝固点降下により融点が下がり，約1000℃で融解する。

問3　陰極での反応は
$$\text{Na}^++\text{e}^-\longrightarrow\text{Na}$$
1molの電子が流れると，1molのNaが析出する。11.5gのNaは$\frac{11.5}{23.0}$molであるから，通じた時間は
$$時間[秒]=\frac{電気量[\text{C}]}{電流[\text{A}]}=\frac{11.5}{23.0}\times\frac{9.65\times10^4}{50.0}$$
$$=9.65\times10^2[秒]$$

㉗ 問1　$\text{CH}_3\text{COOH}+\text{C}_2\text{H}_5\text{OH}\rightleftarrows\text{CH}_3\text{COOC}_2\text{H}_5+\text{H}_2\text{O}$

問2　平衡状態における酢酸エチルの物質量をx[mol]，溶液の体積をV[L]とすると
$\text{CH}_3\text{COOH}+\text{C}_2\text{H}_5\text{OH}\rightleftarrows\text{CH}_3\text{COOC}_2\text{H}_5+\text{H}_2\text{O}$
始め　　1.00mol　　1.00mol　　　0　　　0
平衡時$(1.00-x)$mol $(1.00-x)$mol　$x$mol　$x$mol

$$K=\frac{[\text{CH}_3\text{COOC}_2\text{H}_5][\text{H}_2\text{O}]}{[\text{CH}_3\text{COOH}][\text{C}_2\text{H}_5\text{OH}]}=\frac{\frac{x}{V}\times\frac{x}{V}}{\frac{1.00-x}{V}\times\frac{1.00-x}{V}}$$
$$=\frac{x^2}{(1.00-x)^2}=4.00$$
$x>0$より　$x=\frac{2}{3}$[mol]
残っている酢酸もエタノールも$(1.00-x)$molより
$$1.00-\frac{2}{3}=\frac{1}{3}\fallingdotseq0.333[\text{mol}]\quad\cdots\text{答}$$

問3　さらに加えるエタノールの物質量をy[mol]，溶液の体積をV'[L] とすると
$\text{CH}_3\text{COOH}+\text{C}_2\text{H}_5\text{OH}\rightleftarrows\text{CH}_3\text{COOC}_2\text{H}_5+\text{H}_2\text{O}$
始め　　1.00mol　　$(y+1.00)$mol　　0　　　0
平衡時 0.100mol　$(0.100+y)$mol　0.900mol　0.900mol

$$K=\frac{[\text{CH}_3\text{COOC}_2\text{H}_5][\text{H}_2\text{O}]}{[\text{CH}_3\text{COOH}][\text{C}_2\text{H}_5\text{OH}]}=\frac{\frac{0.900}{V'}\times\frac{0.900}{V'}}{\frac{0.100}{V'}\times\frac{y+0.100}{V'}}$$
$$=\frac{0.900\times0.900}{0.100\times(y+0.100)}=4.00$$
$y=1.925[\text{mol}]\fallingdotseq1.93[\text{mol}]$
エタノールの分子量は46なので，
$$\frac{1.93\times46.0}{0.800}=110.98[\text{mL}]\fallingdotseq111[\text{mL}]\quad\cdots\text{答}$$

㉘ 問1　$\text{NH}_4^+\rightleftarrows\text{H}^++\text{NH}_3\quad\cdots(1)$
(1)式より
$$\frac{[\text{H}^+][\text{NH}_3]}{[\text{NH}_4^+]}=K=5.75\times10^{-10}[\text{mol/L}]$$
ここで，塩化アンモニウムは完全電離しているので，$[\text{NH}_4^+]=0.10[\text{mol/L}]$，また，$[\text{H}^+]=[\text{NH}_3]$
∴　$\frac{[\text{H}^+]^2}{0.10}=5.75\times10^{-10}$
∴　$[\text{H}^+]=7.6\times10^{-6}[\text{mol/L}]\quad\cdots\text{答}$

電離度$\alpha=\frac{7.6\times10^{-6}}{0.10}=7.6\times10^{-5}\quad\cdots\text{答}$

問2　強い順に，酢酸，塩化アンモニウム，フェノール

解説 問2　電離定数が大きいほど強酸である。

㉙ 問1　フッ素　[理由]フッ化水素分子はフッ素と水素の結合が強く，また分子間に水素結合があり水溶液は電離しにくくなっている。

問2　（反応式）$2\text{KMnO}_4+10\text{HCl}+3\text{H}_2\text{SO}_4$
　　　$\longrightarrow 5\text{Cl}_2+\text{K}_2\text{SO}_4+2\text{MnSO}_4+8\text{H}_2\text{O}$
（ハロゲン化水素水の質量）6.08g
KMnO$_4$（=158）2molとHCl 10molが反応する。
HClの質量は，
$$\frac{1.58}{158}\times\frac{10}{2}\times36.5=1.825[\text{g}]$$
30%の塩酸の質量は，
$$1.825\times\frac{100}{30}=6.08[\text{g}]$$

問3　（元素名）(C)…臭素　(D)…ヨウ素
（反応式）$2\text{I}^-+\text{Br}_2\longrightarrow\text{I}_2+2\text{Br}^-$

問4　淡黄色

解説 4種類のハロゲン元素は，(A)フッ素，(B)塩素，(C)臭素，(D)ヨウ素
問4　$\text{Ag}^++\text{Br}^-\longrightarrow\text{AgBr}$（淡黄色）

㉚ 問1　(A)…ヨウ素　(B)…臭素　(C)…塩素　(D)…フッ素

問2　HCl＜HBr＜HI＜HF　[理由]無極性分子においては沸点はほぼ分子量に比例して高くなる。フッ化水素はフッ素の電気陰性度が大きく極性の大きな分子となっている。また，分子間で水素結合をつくり，分子間の引力が強いため沸点が最も高くなる。

解説　実験例題10の解説参照

31 イ，カ，ク

解説　イ　ヨウ化銀AgIはアンモニア水に溶けない。
カ　酸化力の強さは$F_2＞Cl_2＞Br_2＞I_2$
ク　ハロゲン単体の反応性は
　$F_2＞Cl_2＞Br_2＞I_2$
F_2は水と激しく反応して，O_2を発生する。
　$2F_2+2H_2O \longrightarrow 4HF+O_2$
Cl_2は水と反応し，HClOを生じる。
　$Cl_2+H_2O \longrightarrow HClO+HCl$
次亜塩素酸HClOは漂白，殺菌作用がある。

32　問1　A：$PbCl_2$　B：$Cu(OH)_2$　C：$Al(OH)_3$
　　　　　D：$CaCO_3$　E：$Fe(OH)_3$
問2　(a)　$Cu(OH)_2+4NH_3 \longrightarrow [Cu(NH_3)_4](OH)_2$
　または　$Cu(OH)_2+4NH_3$
　　　　　$\longrightarrow [Cu(NH_3)_4]^{2+}+2OH^-$
　(b)　$PbCl_2+K_2CrO_4 \longrightarrow PbCrO_4+2KCl$
　(c)　$Al(OH)_3+NaOH \longrightarrow Na[Al(OH)_4]$
　または　$Al(OH)_3+OH^- \longrightarrow [Al(OH)_4]^-$
問3　X：Pb，Cu　　Y：Al，Ca，K
　　　Z：Fe，Ca，Na

解説　問1　塩酸と反応して生じた白色沈殿Aは，熱湯に溶解し，その溶液がクロム酸カリウムで黄色沈殿を生じることから$PbCl_2$である。水酸化ナトリウムと反応して生じた青白色沈殿Bは，アンモニア水によって深青色の溶液になることから$Cu(OH)_2$である。過剰のアンモニア水によって生じた白色ゲル状の沈殿Cは，水酸化ナトリウム水溶液に溶けることから$Al(OH)_3$である。炭酸アンモニウムによって生じた白色沈殿Dは，希塩酸に溶け，橙赤色の炎色反応を示すことから$CaCO_3$である。臭素による酸化後，アンモニア水で生じた赤褐色沈殿Eは，希塩酸に溶け，さらに，ヘキサシアニド鉄(Ⅱ)酸カリウム水溶液で濃青色沈殿を生じることから$Fe(OH)_3$である。
問2　(a)　Cu^{2+}が過剰のアンモニア水と反応し，錯イオンを生じる反応である。(b)　Pb^{2+}の検出反応である。(c)　Al^{3+}が過剰の水酸化ナトリウム水溶液と反応し，錯イオンを生じる反応である。
問3　X：実験1の下線部a，bよりCuとPbが確認できる。　Y：沈殿C，DよりAl，Ca，また，ろ液の炎色反応が赤紫色よりKが確認できる。
Z：沈殿E，DよりFe，Ca，また，ろ液の炎色反応が黄色よりNaが確認できる。

33　問1　$AgCl+2NH_3 \longrightarrow [Ag(NH_3)_2]Cl$
問2　Ag_2CrO_4
問3　イオン式：Zn^{2+}　　配位数：4
問4　テトラヒドロキシドアルミン酸ナトリウムまたはアルミン酸ナトリウム

解説　問1　希塩酸で白色沈殿を生じるは，Ag^+，Pb^{2+}であるが，$PbCl_2$は熱湯に溶けるので，ここで生じた沈殿はAgClである。また，AgClは過剰のアンモニア水と反応して溶ける。
問2　CrO_4^{2-}で沈殿を生じるのは，$PbCrO_4$とAg_2CrO_4であるが，操作1よりこの試料はPb^{2+}を含まないのでこの沈殿はAg_2CrO_4である。
問3　操作1よりこの試料はAg^+を含み，Pb^{2+}を含まないことがわかる。よって，操作1のろ液に含まれているものは，Zn^{2+}，Al^{3+}，Fe^{3+}のうちの2つである。少量のアンモニア水で沈殿を生じ，さらに，過剰のアンモニア水を加えたとき，その沈殿が溶解するのはZn^{2+}だけである。そのときの変化は次式のとおりである。
　$Zn(OH)_2+4NH_3 \longrightarrow [Zn(NH_3)_4]^{2+}+2OH^-$
問4　操作3で溶けなかった沈殿のうち，過剰の水酸化ナトリウム水溶液に溶けるのはAl^{3+}だけである。そのときの変化は次式のとおりである。
　$Al(OH)_3+NaOH \longrightarrow Na[Al(OH)_4]$

34　問1　A：CH_3CH_2COOH　B：$HCOOCH_2CH_3$
　　　　　C：CH_3COOCH_3　D：CH_3COOH
問2　HCOOH，CH_3CH_2OH
問3　二酸化炭素：2.2g　水：0.9g　計算過程は解説参照
問4　$CH\equiv CH+CH_3COOH \longrightarrow CH_2=CHOCOCH_3$
問5　$2CH_3OH+O_2 \longrightarrow 2HCHO+2H_2O$

解説　問1～3　分子式$C_3H_6O_2$で表される化合物のうち，化合物Aは炭酸水素ナトリウム水溶液と反応して気体を発生することからカルボン酸であると考えられる。Aがカルボン酸であるとすると，可能な示性式はCH_3CH_2COOHだけである。また，化合物B，Cは水酸化ナトリウム水溶液を加えて加熱すると徐々に溶けることからエステルであると考えられる。B，Cがエステルであるとすると，可能な示性式は$HCOOCH_2CH_3$，CH_3COOCH_3のいずれかである。これらのうち，$HCOOCH_2CH_3$は水酸化ナトリウムでけん化し，塩酸で中和するとギ酸HCOOHとCH_3CH_2OHを生じ，ギ酸が銀鏡反応を示すことからBは$HCOOCH_2CH_3$である。よって，CはCH_3COOCH_3である。
また，水溶液(ii)に含まれているD，Eは酢酸

CH₃COOHかメタノールCH₃OHのいずれかである。酢酸(分子量60)とメタノール(分子量32)の1.5gはそれぞれ1.5/60＝0.025[mol]，1.5/32＝0.047[mol]である。それぞれの燃焼に必要な酸素は，次の化学反応式から0.05mol，0.070molである。

$$CH_3COOH + 2O_2 \rightarrow 2CO_2 + 2H_2O$$

$$CH_3OH + \frac{3}{2}O_2 \rightarrow CO_2 + 2H_2O$$

よって，1.5gを完全燃焼するために0.05molの酸素を消費するのは酢酸である。つまり，Dは酢酸であり，Eはメタノールである。Dが酢酸であるとき，その1.5gの完全燃焼によってCO_2＝44とH_2O＝18をそれぞれ0.05molずつ，すなわち，二酸化炭素は44×0.05＝2.2[g]，水は18×0.05＝0.9[g]ができる。

問4 三重結合をもったアセチレンへの酢酸の付加反応である。

問5 第一級アルコールであるメタノールが酸化されてホルムアルデヒドが生じる。

㉟ 問1 C，H–C(=O)–OH

問2 CH₃–CH(OH)–CH₃　　CH₃–O–CH₂–CH₃

問3 CH≡CH + H₂O → CH₃CHO

解説 問1 カルボン酸A，B，CとアルコールD，E，Fからつくられたエステルの沸点を比較すると，それぞれの分子量の大きさは，C＜B＜A，D＜E＜Fであることがわかる。また，それぞれの差がほぼ一定していることから，カルボン酸，アルコールは同型の構造をもち，たがいにCH_2ずつ異なっていると考えられる。カルボン酸で銀鏡反応を示すのは分子量が最も小さいギ酸だけであるから，Cはギ酸である。よって，BはCH₃COOH，AはCH₃CH₂COOHである。また，分子量の大きさからカルボン酸C，B，AはそれぞれアルコールD，E，Fの酸化によって生じると考えられるから，DはCH₃OH，EはCH₃CH₂OH，FはCH₃CH₂CH₂OHである。

問2 FはCH₃CH₂CH₂OHであるから，他に第二級アルコールとエーテルの2つの異性体が存在する。

問3 第一級アルコールであるEは酸化によってアルデヒドを経てカルボン酸になる。つまり，JはCH₃CHOになる。アセチレンCH≡CHに水を付加すると，次式によってアルデヒドJになる。よって，Kはアセチレンである。

CH≡CH + H₂O
→ CH₂=CHOH(不安定) → CH₃CHO

㊱ 問1 C₆H₅CH₃ + HNO₃ → o-O₂N-C₆H₄-CH₃ + H₂O

問2 混合物を冷却し，5～10℃くらいで生じる固体をとり除く。[理由] 化合物Aのo-体は融点が－10～－5℃とかなり低い。

問3 o-O₂N-C₆H₄-CH₃ + Na₂Cr₂O₇ + 4H₂SO₄
→ o-O₂N-C₆H₄-COOH + Na₂SO₄ + Cr₂(SO₄)₃ + 5H₂O

問4 2 o-O₂N-C₆H₄-COOH + 3Sn + 12HCl
→ 2 o-H₂N-C₆H₄-COOH + 3SnCl₄ + 4H₂O

問5 × 二クロム酸ナトリウムにより，アミノ基の部分も酸化されるため。

問6 2 o-H₂N-C₆H₄-COOH + 2NaNO₂ + H₂SO₄
→ 2 o-HO-C₆H₄-COOH + 2N₂ + Na₂SO₄ + 2H₂O

問7 o-HO-C₆H₄-COOH + C₆H₅-NH₂
→ o-HO-C₆H₄-CO-NH-C₆H₅ + H₂O

問8

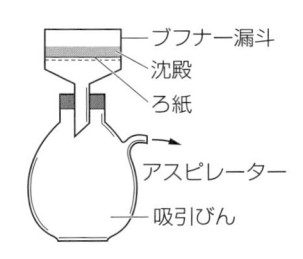

（図：ブフナー漏斗／沈殿／ろ紙／アスピレーター／吸引びん）

解説 問1 トルエンをニトロ化するとニトロ基はo-またはp-の位置に置換されやすい。

問3 メチル基が酸化されてカルボキシ基になる。

問4 ニトロ基が還元されてアミノ基になる。

問5 アミノ基は酸化されやすい。

問6 ジアゾニウム塩は加熱により分解し，窒素を放出してフェノール類になる。

問7 カルボキシ基とアミノ基が縮合し，アミド結合が生じる。

㊲ 0.70mol

解説 XからYへの反応はジアゾ化，YからZへの反応はジアゾニウム塩の加水分解，YとZの反応はカップリング反応である。Xの分子量をMとすると，アゾ基をもつ有機化合物の分子量は，

$2M + 12 = 298$　であるから

$M = 143$

X 100gの物質量は，

$\dfrac{100}{143}=0.699$[mol]

㊳ 問1 ① 硫酸銅(Ⅱ) ② 赤紫色
　　　　③ ビウレット
　　問2 ④ 濃硝酸 ⑤ 黄色 ⑥ 橙黄色
　　　　⑦ フェニルアラニン ⑧ ニトロ化
　　　　⑨ ニンヒドリン
　　問3 ⑩ $H_3N^+-CH-CH_3$　　$H_3N^+-CH_2$
　　　　　　　　|　　　　　　　　　　　|
　　　　　　　COO⁻　　　　　　　　COO⁻

　　　　　$H_3N^+-CH-CH_2-C_6H_5$
　　　　　　　　　|
　　　　　　　　COO⁻

　　　　⑪ $H_3N^+-CH-(CH_2)_4-NH_3^+$
　　　　　　　　　|
　　　　　　　　COO⁻

　　　　⑫ $H_3N^+-CH-CH_2-COO^-$
　　　　　　　　　|
　　　　　　　　COO⁻

　　問4 ⑬ 不斉炭素 ⑭ グリシン
　　問5 ⑮ 下記

解説 問3 pH6.0の溶液中では，アラニン，グリシン，フェニルアラニンなどの中性アミノ酸はほとんど双性イオンとして存在し，いずれの電極へも移動しない。一方，酸性アミノ酸であるアスパラギン酸はおもに陰イオンとして存在し，陽極側に移動する。また，塩基性アミノ酸のリシンはおもに陽イオンとして存在し，陰極側に移動する。

㊴ ②

解説 ① ポリペプチドにはアミノ末端とカルボキシ末端があるため，結合順序の違いにより6種類の構造異性体が存在する。
③ ベンゼン環をもつアミノ酸が含まれていない。
④ 硫黄原子をもつアミノ酸が含まれていない。
⑤ 水酸化ナトリウムとともに熱するとアンモニアが生じる。
⑥ グリシンには不斉炭素原子が存在しない。

㊵ 問1 19.7%
　　問2 89.0
　　問3 化学式 $CH_3-{}^*CH-COOH$
　　　　　　　　　　|
　　　　　　　　　NH_2
　　　　名称 アラニン
　　問4 $-NH-CH-CO-$
　　　　　　　　|
　　　　　　　CH_3
　　問5 $CH_3-CH-COO^- + HCl$
　　　　　　　　|
　　　　　　　NH_3^+
　　　　→ $CH_3-CH-COOH + Cl^-$
　　　　　　　　|
　　　　　　　NH_3^+

解説 問1 発生したアンモニアの物質量は，
$\dfrac{67.2}{22.4\times 10^3}=3.00\times 10^{-3}$[mol]

ポリペプチド中の窒素原子の物質量と発生したアンモニアの物質量は等しいから，窒素含有率は，
$\dfrac{14\times 3.00\times 10^{-3}}{213\times 10^{-3}}\times 100=19.71$[％]

問2 Aの分子量をM，ポリペプチドの重合度をxとすると，ポリペプチドの平均分子量は，
$(M-18)\times x$ となる。
（xが十分大きいとき，$x-1\fallingdotseq x$ より）
問1の結果より，
$\dfrac{14x}{(M-18)\times x}=\dfrac{19.71}{100}$ $M=89.0$

問3 Aの化学式を $R-CH-COOH$ とすると，
　　　　　　　　　　　　　　|
　　　　　　　　　　　　　　NH_2
Rの式量は15.0である。したがって，RはCH_3となる。

㊳ 問5の答え

$H_2N-CH-C(=O)-N(H)-CH-C(=O)-N(H)-CH-C(=O)-N(H)-CH_2-C(=O)-N(H)-CH-COOH$
　　　　|　　　　　　　　|　　　　　　　　|　　　　　　　　　　　　　　　　|
　　　CH_3　　　　　(CH_2)_4　　　　　CH_2　　　　　　　　　　　　　　　CH_2
　　　　　　　　　　　　|　　　　　　　　|　　　　　　　　　　　　　　　　|
　　　　　　　　　　　NH_2　　　　　　COOH　　　　　　　　　　　　　　　C_6H_5